定量遥感
理念与算法

（第二版）

梁顺林　李小文　王锦地 等　著

科学出版社

北京

内 容 简 介

本书论述从遥感观测数据提取地表特征参量信息的定量遥感理念和算法技术，综合介绍近年来定量遥感研究的主要成果和最新进展。第1章通过概述遥感系统构成，综述全书内容、提示各章之间的联系。第2～4章(第一编)介绍遥感辐射和几何信息的定量处理技术和重构高质量、时空连续遥感数据的方法；第 5～20 章(第二编～第四编)分别针对地表辐射收支参量、生物物理和生物化学参量和水循环参量，重点讲解利用可见光、红外、微波波段和雷达遥感观测数据提取近 20 种地表参量的原理与方法；第 21～25 章(第五编)介绍高级数据产品的集成估算方法、遥感数据产品生成系统与应用示例。本书在第一版的基础上，主要对定量遥感新方法、新数据产品和应用拓展做了更新。

本书可以作为地理信息科学及其相关专业高年级本科生和研究生教材，其中第二编到第五编的内容相对独立，每一编均可以单独用于教学。本书也可以作为一部参考书，服务于对遥感数据使用和应用有兴趣的读者。本书更适合已经学习有关遥感概论课程的读者，对于只有少量遥感知识的读者来说，阅读本书也是有帮助的。

图书在版编目(CIP)数据

定量遥感：理念与算法/ 梁顺林等著. —2 版. —北京：科学出版社，
2019.12
  ISBN 978-7-03-063977-6

Ⅰ. ①定… Ⅱ. ①梁… Ⅲ. ①遥感技术 Ⅳ. ①TP7

中国版本图书馆 CIP 数据核字(2019)第 288182 号

责任编辑：朱 丽 李秋艳/责任校对：王 瑞
责任印制：吴兆东/封面设计：耕者工作室

科学出版社 出版
北京东黄城根北街 16 号
邮政编码：100717
http://www.sciencep.com

北京中科印刷有限公司印刷
科学出版社发行 各地新华书店经销
*
2019 年 12 月第 一 版 开本：787×1092 1/16
2025 年 1 月第四次印刷 印张：60 1/2
字数：1 434 000
定价：298.00 元

(如有印装质量问题，我社负责调换)

前　言

自2012年本书第一版出版以来，遥感科学与技术快速发展，遥感数据的应用领域持续增长，本书所述定量遥感的原理与方法也就需要考察和补充。

遥感的发展有几个显著的趋势。第一个趋势是随着高时空分辨率星载传感器数量的增加，遥感数据量持续增长。例如，DigitalGlobe的卫星生成影像数据量激增到每日80TB，多由商业运行的小卫星星座提供着高时空分辨率的图像。基于无人机平台的传感器如今也在收集大量的数据，为用户提供各种低成本的应用服务。

第二个趋势是机器学习技术的广泛应用，将原始卫星观测转换为各种有价值的生物/地学-物理参量。诸如人工神经网络、支持向量回归、随机森林和多元自适应回归样条函数等方法，常可基于辐射传输模型的大量模拟数据来实现从观测到参量的信息转换。

第三个趋势是云计算已被逐渐采用，重要的是开发基础设施，将遍布世界的各种代理和数据中心收集和管理的全球遥感数据关联起来，从而能够高效地共享、处理、存档和分发巨大体量的遥感数据。凭借高性能计算和高吞吐量计算技术使用大量的计算节点，大幅度增强对数据的处理和分析能力。

第四个趋势是生成长期的一致性的更高级卫星产品，能够直接服务于用户的各种应用。这种长期高级陆表产品的生成借助了多源遥感数据的优势，起始于20世纪80年代后期NASA的地球观测系统项目。本书对其中之一的全球陆表卫星产品（GLASS）做了重点的介绍和讨论，GLASS产品已由中国国家地球系统科学数据共享基础设施（http://www.geodata.cn/thematicView/GLASS.html）和美国马里兰大学（www.glass.umd.edu）发布。GLASS数据产品具备一些独有的特征，其中之一是具有自1980年以来长期的时间序列数据。对数据产品做出相当大努力的是由遥感团体发展的气候数据集（Climate Data Records, CDR），美国国家研究委员会将其定义为具有足够长度的、一致性和连续性的时间序列测量数据，可用于确定气候变率和气候变化。

本书注重定量遥感的基本概念和原理，注重陆表遥感产品算法的前沿性。为了体现陆表遥感的最新进展，相比第一版，本书主要在新方法、新数据产品和拓展应用方面做了更新。各章的题目和作者如下表所示。

章序号	题目	作者
1	遥感系统综述	梁顺林，王锦地，江波
第一编　数据处理方法和技术		
2	几何处理与定位技术	袁修孝，曹金山，季顺平，方毅
3	数据合成、平滑和填补	肖志强
4	光学影像的大气校正	赵祥，田信鹏，王昊宇，刘强，张鑫，梁顺林

续表

章序号	题目	作者
第二编　地表辐射收支参量估算		
5	太阳辐射	张晓通，梁顺林
6	宽波段反照率	刘强，闻建光，瞿瑛，何涛，彭菁菁
7	地表温度和发射率	程洁，梁顺林，孟翔晨，张泉，周书贵
8	地表长波辐射收支	程洁，王文辉，梁顺林，杨锋，周书贵
第三编　生物物理和生物化学参量估算		
9	冠层生化特性	牛铮，颜春燕，高帅
10	叶面积指数	方红亮，肖志强，屈永华，宋金玲
11	吸收光合有效辐射比例	陶欣，肖志强，范闻捷
12	植被覆盖度	阎广建，穆西晗，贾坤，宋婉娟，刘耀开，陈珺，高湛
13	植被高度与垂直结构	庞勇，倪文俭，李增元，黄文丽，陈尔学，孙国清
14	地上生物量	倪文俭，庞勇，张志玉，孙皖肖，梁顺林，陈尔学，孙国清
15	陆地生态系统植被生产力的估算	袁文平，郑艺
第四编　水循环参量估算		
16	降水	刘元波，郭瑞芳，傅巧妮，赵晓松，豆翠翠
17	遥感估算陆面蒸散	王开存，Robert E. Dickinson，马倩，毛玉娜
18	土壤水分	梁顺林，江波，何涛，朱秀芳
19	雪水当量	蒋玲梅，杜今阳，潘金梅，熊川，施建成
20	蓄水量	吴桂平，刘元波
第五编　高级遥感数据产品生产和应用示例		
21	高级陆地产品融合方法	汪冬冬
22	卫星遥感数据产品生产和管理	白玉琪，刘素红，赵祥，王志刚，赵需生，刘昱甫，林鸣
23	遥感在城市化中的应用	朱秀芳，梁顺林
24	遥感在农业相关领域中的应用	朱秀芳，梁顺林
25	森林覆盖变化：制图及其气候的影响评价	江波，梁顺林

　　我们对各章内容都做了扩充，并更新了参考文献。在第 1 章中对遥感系统进行了更为详细的介绍，也可作为对本书各章内容的导读。在很多章中都介绍了机器学习技术，我们去掉了第一版中遥感数据融合技术一章，将遥感产品应用示例部分扩充到三章（第 23～25 章）。

　　李小文先生的离开，让我们失去了一位伟大的同事和朋友。作为筹划本书的编者之一，先生曾为本书命名。李小文先生对陆地遥感做出了举世瞩目的重大贡献。例如，先生是著名的 Li-Strahler 植被冠层反射几何光学模型的主要创立者，首创了以简单的核驱动模型结构表达陆地表面的方向反射，由此生成了 MODIS 表面反照率数据产品，并被广泛应用。先生倡导的定量遥感尺度效应研究、构想的将遥感和综合地理相结合方向，等等思路，仍在推动着遥感科学与应用的发展。对李小文先生成就的详细介绍发表在 *Remote Sensing*（Liu Q, Yan G, Jiao Z, et al. 2018. From geometric-optical remote sensing modeling to quantitative remote sensing science—In memory of academician Xiaowen Li. Remote Sensing, 10: 1764）和《遥感学报》（柳钦火，阎广建，焦子锑，等. 2019. 发展几何光学遥感建模理论，推动定量遥感科学前行——深切缅怀李小文院士. 遥感学报，23（1）: 1-10）上。

我们感谢所有作者对本书的重要贡献，感谢更多的同事们为准备本版所做的辅助工作。其中，特别感谢宋柳霖在再版过程中一直帮助联系各章作者，管理所有文件，并为申请本书引用资料的版权使用许可做了大量工作。非常感谢周红敏博士对本书出版的大力帮助。没有他们的帮助，就没有本书的顺利完成。

我们也很感谢科学出版社和 Elsevier 的编辑和制作，特别感谢科学出版社资源与环境分社朱丽分社长和李秋艳博士，感谢 Elsevier 编辑项目经理 Lena Sparks 女士，她与我们共同工作直到本版完成。

我们最要感谢吴传琦老师的支持，感谢我们家人的支持，所有每一位，谢谢你们！

本书的出版受到国家重点研究与发展计划项目（2016YFA0600100）、遥感科学国家重点实验室和北京市陆表遥感数据产品工程技术研究中心，以及国家重点基础研究发展计划项目（2013CB733403）等的资助。

梁顺林　王锦地

2019 年 10 月

第 一 版 序

2010 年夏，由梁顺林教授和李小文教授主持，在北京师范大学召开了遥感定量反演算法研讨会。我在会上讲了地理学和遥感科学在全球化进程中的作用。在 21 世纪，世界发展呈现出三个新的特点，即知识经济不断发展、全球化进程不断推进、可持续发展理念深入人心。地球科学的研究对象是人地关系，在全球化进程与可持续发展研究方面将大有可为。为此，中国地学研究应当树立全球视野，将研究视野扩展到整个世界，科学家应当更加关注全球性问题，更加关注地学与其他学科的交叉渗透，更加重视地学的定量化方法。

遥感是一种重要的对地观测手段，卫星传感器可以持续观察全球地表。随着遥感科学研究的不断深入，基于电磁波辐射传输机理的遥感模型，利用遥感数据定量提取陆地表面特征参量时空变化信息的研究，已成为遥感科学的一个重要发展方向。定量遥感方法生成的数据产品成为全球变化和许多应用领域研究的迫切需求，也是国内外研究的热点和难点。我国遥感科学家，特别是青年学者已充分认识到这一点，对遥感定量化研究的关注日益增强，因而对定量遥感基本原理和定量产品算法的求知欲望也就更加迫切。

在定量遥感的研究领域，李小文院士和梁顺林教授是长期的探索者，是取得举世瞩目研究成果的带头人，还是很多年轻学者信赖的导师和朋友。满足读者、特别是青年学生认知定量遥感的需要，也是他们的美好愿望。

针对广大遥感科研工作者和研究生的需求，在遥感定量反演算法研讨会的基础上，梁顺林教授和李小文院士邀请长期从事定量遥感研究的学者，用了近两年的时间，精心编写了该新书。书中介绍了定量遥感系统、遥感模型和近 20 种陆表特征参量的遥感定量反演算法及其现行的全球数据产品，总结了这方面研究的最新成果，对帮助读者理解定量遥感原理、地学相关学科研究人员的相互借鉴与交流，推动定量遥感成果的应用，都有重要参考价值。

希望该书能够对读者有帮助、对遥感的定量化研究有促进、对 21 世纪地球科学的发展有所贡献。

徐冠华

2012 年 1 月

第一版前言

在过去 20 年里，遥感技术的进步极大地提高了遥感数据产品的科学应用潜力。为了更好地满足社会需求，改进在全球到区域不同尺度上的模型预测能力，辅助各类决策支持系统的决策制定，大量卫星数据需要进一步转化为高级产品。通过数据中心发布更多的高级产品而非简单的初级卫星影像已经成为一种总体趋势。

越来越多不同学科领域的研究人员都在使用遥感数据，而用以处理和分析遥感数据的数学和物理方法变得日益复杂。遥感数据信息提取方法都分散在各种文献期刊中。因此，迫切需要一部教科书或者参考书系统论述这些方法。这样的书应该既是高度定量化的、技术性强的，同时又能让高年级本科生或者刚入学研究生容易理解。

为了满足这个需求，我们邀请了一批活跃在定量遥感前沿的科研工作者，从他们各自的研究专长出发，合作撰写了本书的各个章节。尽管有许多作者参与本书的撰写，但是本书的内容是经过精心设计和整合的。编辑和作者投入了大量的努力以保证本书论述的一致性和完整性。

除了第 1 章，本书包括五编：①数据处理方法和技术；②地表辐射收支参量估算；③生物物理和生物化学参数估算；④水循环参量估算；⑤高级遥感数据产品生产和应用示例。各章的题目和作者列表如下。

章序号	题目	作者
1	遥感系统综述	梁顺林，王锦地，江波
第一编　数据处理方法和技术		
2	几何处理与定位技术	袁修孝，季顺平，曹金山，余翔
3	数据合成、平滑和填补	肖志强
4	遥感数据融合技术	张继贤，杨景辉
5	光学影像的大气校正	赵祥，张鑫，梁顺林
第二编　地表辐射收支参量估算		
6	太阳辐射	张晓通，梁顺林
7	宽波段反照率	刘强，闻建光，瞿瑛，何涛，张晓通
8	地表温度和热红外发射率	程洁，任华忠
9	地表长波辐射收支	王文玮
第三编　生物物理和生物化学参数估算		
10	冠层生化特性	牛铮，颜春燕
11	叶面积指数	方红亮，肖志强，屈永华，宋金玲
12	吸收光合有效辐射比例	范闻捷，陶欣

本书的第 1 章系统地综述了本书的内容，简要介绍了遥感系统的重要组成部分，即遥感平台、传感器、模型算法、信息提取技术和遥感数据应用。

本书的第一编包括有关数据处理的四章。其中，第 2 章介绍了处理遥感数据几何特征属性的各种方法和技术，包括：系统误差校正、几何校正与配准、数字高程模型和数字正射影像的制作。第 3 章介绍了重构高质量、时空连续的遥感影像方法。云和气溶胶可以部分地或者全部地阻碍卫星遥感获取地表信息。遥感观测时间分辨率越高、遥感数据越容易受到云和气溶胶的影响。本章介绍了两组生产高质量遥感数据的处理方法。第一组方法旨在将高时间分辨率(如天)数据整合成低时间分辨率(如周和月)数据；第二组方法讨论在不改变时间分辨率情况下，利用数据平滑和数据间隙填充技术去减少云和气溶胶的影响。第 4 章介绍了基于像元的不同时空分辨率和不同光谱特征(短波、热红外和微波)的多源遥感数据融合的基本原理和技术方法。本章主要涉及的是遥感数据初级产品的融合方法，有关遥感数据高级产品的融合方法将在第 22 章讨论。第 5 章介绍了光学遥感影像的气溶胶和水汽校正方法。有关热红外遥感数据和微波遥感数据的大气校正方法将分别在第 8 章和本书的第四编讨论。

本书的第二编主要介绍了地表辐射收支参量的估算。全波段净辐射 R_n，通常被用来衡量地表能量的收支状况，它是短波净辐射和长波净辐射之和：

$$R_n = S_n + L_n = (S{\downarrow} - S{\uparrow}) + (L{\downarrow} - L{\uparrow}) = (1-\alpha)S{\downarrow} + (L{\downarrow} - L{\uparrow})$$

其中，$S{\downarrow}$ 为下行短波辐射；$S{\uparrow}$ 为上行短波辐射；α 为地表短波反照率；$L{\downarrow}$ 为下行长波辐射；$L{\uparrow}$ 为上行长波辐射。有关下行短波辐射和表面短波反照率的内容将分别在本书的第 6 章和第 7 章里面讨论。长波净辐射可由下式计算：

$$L_n = \varepsilon L\downarrow - \varepsilon \sigma T_s^4$$

其中，σ 为斯蒂芬-玻尔兹曼常数；ε 为地表热红外发射率；T_s 为地表表层温度。有关地表地表温度和热红外发射率的估算方法将会在本书的第 8 章介绍，而有关下行长波辐射和长波净辐射的估算会在本书的第 9 章介绍。

本书的第三编主要介绍植被冠层生物物理和生物化学参数的估算。其中，第 10 章介绍了各种估算植被生物化学变量的方法，如叶绿素、水分、蛋白质、木质素和纤维素。第 11～16 章介绍了有关生物物理变量的估算方法，包括：叶面积指数(第 11 章)、吸收光合有效辐射比例(第 12 章)、植被覆盖度(第 13 章)、植被高度与垂直结构(第 14 章)、地上生物量(第 15 章)、总初级生产力和净初级生产力(第 16 章)。这一部分还介绍了各种反演方法，包括最优化方法(11.3.2 节)、神经网络(11.3.3 节，13.3.3 节和 15.3.4 节)、遗传算法(11.3.4 节)、贝叶斯网络(11.3.5 节)、回归树(13.3.3 节)、数据同化方法(11.4 节)、查找表方法(11.3.6 节)。除了光学遥感影像外，本编还涉及其他多种遥感数据影像，如合成孔径雷达(SAR)、机载激光雷达(LiDAR)和星载极化 SAR 数据。

本书的第四编介绍了水平衡组分的估算。总的水平衡方程可以表达为下式：

$$P = Q + E + \Delta S$$

其中，P 为降水量；Q 为径流量；E 为蒸散量；ΔS 为蓄水量变化量。径流量目前很难通过遥感数据来估算，而有关利用遥感数据估算降水量和蒸散量的方法分别在本书的第 17 章和第 18 章介绍。与蓄水量变化量相关的土壤水分、雪水当量和地表蓄水量的估算方法分别在第 19、20 章和第 21 章中介绍。其中第 19 章主要针对的是光学、热红外和微波遥感数据，第 21 章简单介绍了重力恢复和气候试验(GRACE)中的地面重力数据。

本书的第五编介绍遥感数据高级产品的生产、集成和应用。其中，第 22 章介绍了利用不同遥感数据源或者不同反演算法估算同一个参数(如叶面积指数)的方法。其中各种集成遥感数据低级产品的融合方法已经在第 4 章介绍过了。本部分的第 23 章将介绍从遥感数据低级产品加工成高级产品的常用方法，以及有效管理海量遥感数据的数据管理系统。第 24 章展示了如何利用遥感数据产品研究土地覆盖、土地利用变化，特别是如何利用遥感数据产品绘制主要土地利用类型图(如城市、森林和农田)、监测土地覆盖、土地利用变化以及评估土地覆盖、土地利用变化对环境的影响。

本书的一个重要特点是注重讲解如何利用遥感观测去提取地表信息。有关各章均遵循相同的写作框架：从前沿、基本概念和原理介绍、基于大量参考文献的实用算法综述、代表性算法和案例研究的细致论述、当前遥感产品应用，相关变量的时空变化分析，到对未来研究方向的展望。本书包括了约 500 张图表和近 1700 篇参考文献。

本书可以作为对地观测相关专业的高年级本科生和研究生的教材。整本书可能对一个学期的教学量来说有些过长，但是本书的第二编到第五编都是相对独立的，其中每一编都可以单独用于教学。

本书也可以作为一部参考书，服务于任何对遥感数据使用和应用有兴趣的读者。本书最适合已经修过遥感概论相关课程的读者，但对于那些没有或者只有少量遥感知识的读者来说，阅读本书也是有帮助的。

致谢

本书的最终完成离不开许多人的大力合作。首先，我们要感谢所有作者的努力，以及几次耐心地修改各个章节的内容。我们还要感谢来自 Elsevier 的高级组稿编辑 John Fedor 博士和高级编辑项目经理 Katy Morrissey 女士的鼓励和大力支持，来自华盛顿大学的 Alan Gillespie 教授对本书总体设计的建议和意见，感谢科学出版社编辑韩鹏对本书写作出版的关注与支持，以及很多其他帮助编辑本书的人们，包括马莉娅、宋金玲、张玉珍和周红敏。

本书受国家科学技术部支持的国家高技术研究发展计划(简称"863"计划，项目编号 2009AA122100)以及国家重点基础研究发展计划(简称"973"计划，项目编号 2007CB714400)的资助。参与本书编写的作者也受很多其他项目的资助。

感谢"国家科学技术学术著作出版基金"资助本书的出版。

最后，我们还要感谢所有同事、朋友特别是家人在精神上给予的支持。

梁顺林　李小文　王锦地

2012 年 4 月

目　　录

第二编　地表辐射收支参量估算

第三编　生物物理和生物化学参量估算

第1章 遥感系统综述*

定量遥感，是指从遥感观测电磁波信号中定量提取地球表面信息的原理和方法。用遥感方法获得地表信息的遥感系统，主要包括遥感平台与传感器系统、数据传输与地面接收系统、辐射与几何特征参量处理系统、成像制图与高级数据产品生成分析系统、产品生产和分发系统、产品验证和遥感应用等。本章通过对遥感系统的综述关联本书各章内容，补充其间的可能空缺，综合、全面地介绍遥感科学与技术的发展现状。

1.1 引　　言

我们正生存在一个人口数量迅速增加、自然资源过度消耗的地球环境中，经历着人类活动导致气候变化的影响。我们应对这些挑战的能力，部分将取决于我们对地球系统的了解，并如何利用这些信息来引导我们的行为。遥感已成为国家决策者、资源管理者、气象预报专家及其他使用者所需要的巨大信息来源，在对地球资源的有效利用和未来可持续发展管理方面发挥着越来越重要的作用。遥感系统主要由观测仪器，测量、监测和预测地球系统物理、化学和生物参数的数据处理和分析系统组成。伴随着海量数据采集的遥感技术的新发展，对观测数据进行分析处理的技术及其所使用的数学和物理方法也在不断提高。

本书第一章旨在关联遥感系统的各个组成部分，遥感系统的主要组成部分如图 1.1 所示。本章首先简要介绍获取数据的遥感平台和传感器系统，随后分别介绍数据传输和地面接收系统，数据的几何和辐射特征处理系统，分类制图和地表环境参量的信息提取分析系统，产品生产和分发系统，产品验证系统及最终用户的应用等。遥感数据采集系统的设计要满足应用的需求，数据产品的使用者常需要通过验证来确定数据的误差和不确定性。

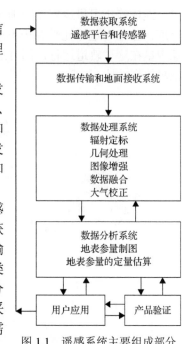

图 1.1　遥感系统主要组成部分

1.2　遥感平台与传感器系统

遥感数据获取系统主要包括传感器和传感器搭载的平台。平台可以建设在地面，也可以是航空平台或航天器。在地面搭放传感器的平台可以是观测架、观测塔、脚手架、

---

* 本章作者：梁顺林[1]，王锦地[2]，江波[2]
1. 美国马里兰大学帕克分校地理系；2. 遥感科学国家重点实验室·北京师范大学地理科学学部

起重机悬吊及高大建筑物等，主要用于获取地表参量的地面验证数据。

　　搭放传感器的航空平台包括飞机、气球或飞艇。无人航空系统(无人机)(Unmanned Aerial Systems, UAS)可以经济有效的方式在相对大的范围内提供更高时空间分辨率的观测，因此被认为将来很有可能从根本上改进对地观测(Manfreda et al., 2018)。近年来除了 UAS 的经济实用性不断增加，传感器技术和数据分析能力的发展也引起了遥感领域学者们的极大兴趣。随着传感器小型化趋势的不断加强，多光谱、高光谱、热成像、合成孔径雷达(Synthetic Aperture Radar, SAR)以及激光雷达(Light Detection and Ranging，LiDAR)等多种类型的传感器都可以搭载在无人机上。

　　航天遥感平台主要包括卫星和航天飞机。1972 年 Landsat-1 发射升空，这是航天遥感历史上具有里程碑意义的事件。从此以后，有 50 多个国家开始研究陆地遥感卫星。地球观测卫星委员会(Committee on Earth Observation Satellites, CEOS)数据库列出了未来的卫星发射任务与相应的传感器，下面主要讨论卫星遥感。

1.2.1　地球静止卫星

　　地球静止卫星运行在距地球高度约为 35 786km 的轨道，定位于地球赤道上空的特定经度，在相对地球几乎静止不动的位置对地面进行观测。现有几百颗通信卫星和一些气象卫星在这种轨道运行，图 1.2 所示为一些典型的分别位于静止轨道和极地轨道的气象卫星轨道对比。

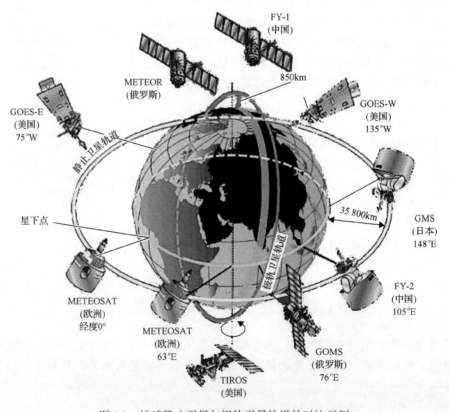

图 1.2　地球静止卫星与极轨卫星轨道的对比示例

　　美国业务气象卫星包括地球静止轨道业务环境卫星(Geostationary Operational Environmental Satellites, GOES)等,其主要用于支持美国气象服务部门的短期预警和实时天气预报的数据需求。GOES 卫星的采购、设计和制造均由美国国家航空航天局(National Aeronautics and Space Administration, NASA)监管,而卫星入轨后的业务运行是由美国海洋大气管理局(National Oceanic and Atmospheric Administration, NOAA)负责。GOES 系列卫星在发射前分别用字母(-A, -B, -C, ···)命名,在成功发射后即采用数字编号(-1, -2, -3, ···)命名。通常情况下会有两颗 GOES 卫星在轨运行。GOES 系列卫星信息参见表 1.1。第三代 GEOS,即 GEOS-R 新卫星系列由四颗卫星组成(自 GOES-16),与之前的 GEOS 系列卫星相比在空间、时间以及光谱观测上都有了显著的提升,如 GOES-R 系列卫星上主要搭载了先进基线成像仪(Advanced Baseline Imager, ABI),可用于地球天气、海洋和环境成像。与之前的系统相比,ABI 能提供三倍的光谱信息、四倍的空间分辨率和高于五倍的时间覆盖率。

表 1.1　GOES 卫星系列详细信息

卫星	发射日期	状态
GOES-1	1975 年 10 月 16 日	已退役
GOES-2	1977 年 6 月 16 日	已退役
GOES-3	1978 年 6 月 18 日	已退役
GOES-4	1978 年 9 月 9 日	已退役
GOES-5	1981 年 5 月 22 日	1990 年 7 月 18 日停用
GOES-6	1983 年 4 月 28 日	已退役
GOES-G	1986 年 5 月 3 日	发射失败
GOES-7	1987 年 2 月 26 日	曾用作通信卫星, 2012 年退役
GOES-8	1994 年 4 月 13 日	2004 年退役
GOES-9	1995 年 5 月 23 日	2007 年退役
GOES-10	1997 年 4 月 25 日	2009 年退役
GOES-11	2000 年 5 月 3 日	2011 年退役
GOES-12	2001 年 7 月 23 日	2013 年退役
GOES-13	2006 年 5 月 24 日	在轨存储
GOES-14	2009 年 6 月 27 日	在轨备用
GOES-15	2010 年 3 月 4 日	备用
16 (GOES-R)	2016 年 11 月 19 日	GOES-East 运行中
17 (GOES-S)	2017 年 3 月 1 日	GOES-West 运行中
GOES-T	计划于 2020 年发射	
GOES-U	计划于 2024 年发射	

欧洲业务卫星目前由欧洲气象卫星开发组织(European Organization for the Exploitation of Meteorological Satellites, EUMETSAT)运行管理。EUMETSAT 的地球静止卫星项目包括 1977 年至 2017 年第一代的气象卫星系统(直到 Meteosat-7)，2004 年到 2025 年第二代 4 颗气象卫星(MSG-1,2,3,4 或 Meteosat-8,9,10,11)，以及 2021 年到 2039 年第三代 6 颗气象卫星(Meteosat Third Generation, MTG)。MSG 卫星搭载了两个高性能传感器，其中旋转扫描增强型可见光和红外成像仪(Spinning Enhanced Visible and InfraRed Imager, SEVIRI)有 12 个光谱波段，每半小时对地观测成像一次；另一个静止轨道地球辐射收支探测器(Geostationary Earth Radiation Budget, GERB)可支持气候研究。1977 年以来，日本地球静止轨道气象卫星(Geostationary Meteorological Satellite, GMS)系列共发射了 5 颗卫星 GMS 1-5 系列，其后续是多功能传输卫星(Multifunctional Transport Satellites, MTSAT)，始于 2010 年的 MTSAT-2 卫星也称为 Himawari-7。Himawari-8 从 2015 年 7 月开始运行，Himawari-9 自 2017 年 3 月开始备份运行，这两颗卫星运行在约东经 140.7 度的轨道上，将对东亚以及西太平洋地区进行为期 15 年的观测。与 ABI 类似的先进 Himawari 成像仪(Advanced Himawari Imager, AHI)包含了从可见光到近红外 6 个多光谱波段，空间分辨率 500m，每 10 分钟进行一次全景圆盘观测，每 2.5 分钟可对日本地区成像一次。

中国自 1997 年以来已经发射了 8 颗被命名为风云 2 系列的第一代静止轨道气象卫星，代号从 FY-2A 到 FY-2H。第二代地球静止轨道气象卫星 FY-4 于 2016 年 12 月发射，多颗 FY-4 卫星计划运行直到 2037 年后续项目的启动。搭载在 FY-4 上的高级地球同步辐射成像仪(Advanced Geosynchronous Radiation Imager, AGRI)与搭载 GOES-R 系列的 ABI 类似，有 14 个光谱波段，每 15 分钟生成一幅空间分辨率提高到 0.5～4km 的全景圆盘图像。

1.2.2 极地轨道卫星

极轨卫星是对完整地球表面进行观测的遥感平台，而静止轨道卫星的观测受限在约南北纬 60°以内的地球表面。极地轨道卫星环绕地球一周的时间约为 100min。大多数对地观测的极轨卫星，如 Terra、ENVISAT、Landsat 等，运行轨道高度约为 800km。极轨卫星运行于太阳同步轨道，即对地面区域观测的过境时间总是为相同的地方时。由于极轨卫星处于相对较低的轨道，其搭载的传感器可以获取比静止卫星有更高空间分辨率的观测数据。

美国 NASA 已经发射了一系列极轨卫星，具有获取地球系统当前状态特征的观测能力，图 1.3 显示了目前仍在运行的卫星，所有卫星可以分为三类：探索类、可运行的新技术实验类和系统类项目。

探索类项目的目标是实现新的科学突破。每个探索卫星项目都是针对解决一些特定科学问题的一次性任务。在一些项目中，探索卫星项目集中于探索一种对地球系统行为进行观测的前沿方法。这些研究项目由美国国家航空航天局 NASA 的地球系统科学计划(Earth System Science Program, ESSP)管理，如重力恢复和气候实验(Gravity Recovery and Climate Experiment, GRACE)，CloudSat 卫星实验等。GRACE 数据可用于土壤水分和地表/地下蓄水量的估算(参见第 20 章)。

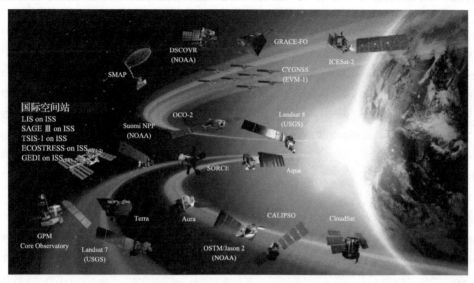

图 1.3 目前 NASA 负责的地球观测卫星(截至 2019 年 2 月)

可运行的新技术实验类项目要求能对已在运行观测系统做出重要改进。NASA 支持具有创新性的传感器技术研究,研制性价比更高的新型科学仪器使其能被业务部门高效地使用。例如,2000 年 11 月 21 日发射的"新千年计划地球观测-1"卫星(New Millennium Program Earth Observing-1, NMP EO-1),搭载了三个先进的陆地成像仪,并拥有 5 项突破性的卫星平台技术(Cross Cutting Spacecraft Technologies)。与 Landsat 类型的地球表面成像仪相比,这三个成像仪具有重量轻、性能高和成本低等新一代传感器的特点,其中高光谱传感器 Hyperion 是首个星载的超过 220 个波段的高光谱成像仪。

系统类项目可系统测量关键的环境变量,这些变量主要受地球系统以外因素(如太阳入射辐射)变化的影响,同时还可记录地球系统各主要成分的变化。比如地球观测系统(Earth Observing System, EOS)计划,是 NASA 近年来地球观测计划的重点,该项目于 20 世纪 80 年代开始构思,90 年代初开始成形。EOS 计划由一系列的卫星和传感器、科学研究组和一套数据系统构成,由相互配合的极轨卫星和低倾角卫星对全球陆地表面、生物圈、固体地球、大气和海洋进行长期观测。表 1.2 和表 1.3 所示为所有的仍在运行的 EOS 卫星。

表 1.2 正在运行的 EOS 卫星(2019 年 4 月)

卫星	发射日期
Aqua	2002 年 5 月 4 日
Aura	2004 年 7 月 15 日
Cloud-Aerosol Lidar and Infrared Pathfinder Satellite Observation (CALIPSO)	2006 年 4 月 28 日
CloudSat	2006 年 4 月 28 日
Cyclone Global Navigation Satellite System (EVM-1) (CYGNSS)	2016 年 12 月 15 日

续表

卫星	发射日期
Deep Space Climate Observatory（DSCOVR）	2015 年 2 月 11 日
ECOsystem Spaceborne Thermal Radiometer Experiment on Space Station（EVI-2）（ECOSTRESS）	2018 年 6 月 29 日
Global Ecosystem Dynamics Investigation Lidar（EVI-2）（GEDI on ISS）	2018 年 12 月 5 日
Global Precipitation Measurement Core Observatory（GPM Core）	2014 年 2 月 27 日
Gravity Recovery and Climate Experiment Follow On（GRACE-FO）	2018 年 5 月 22 日
Ice, Cloud, and land Elevation Satellite-2（ICESat-2）	2018 年 9 月 15 日
Jason-3	2016 年 1 月 17 日
Landsat-7	1999 年 4 月 15 日
Landsat-8	2013 年 2 月 11 日
Lightning Imaging Sensor on ISS（LIS on ISS）	2017 年 2 月 19 日
Ocean Surface Topography Mission/Jason-2（OSTM/Jason-2）	2008 年 1 月 20 日
Orbiting Carbon Observatory 2（OCO-2）	2014 年 7 月 2 日
Quik Scatterometer（QuikSCAT）	1999 年 6 月 19 日
Soil Moisture Active-Passive（SMAP）	2015 年 1 月 31 日
Solar Radiation and Climate Experiment（SORCE）	2003 年 1 月 25 日
Stratospheric Aerosol and Gas Experiment III on ISS（SAGE III-ISS）	2017 年 2 月 18 日
Terra	1999 年 12 月 18 日
The Global Change Observation Mission-Water（GCOM-W1）	2012 年 5 月 18 日
Total Solar Irradiance Spectral Solar Irradiance 1（TSIS-1）	2017 年 12 月 15 日

表 1.3　完整的 EOS 卫星(截至 2019 年 4 月)

卫星	发射日期
Combined Release and Radiation Effects Satellite（CRRES）	1990 年 7 月 25 日
Upper Atmosphere Research Satellite（UARS）	1991 年 9 月 12 日
Atmospheric Laboratory of Applications and Science（ATLAS）	1992 年 3 月 24 日
TOPEX/Poseidon	1992 年 8 月 10 日
Spaceborne Imaging Radar-C（SIR-C）	1994 年 4 月 19 日
Radar Satellite（RADARSAT）	1995 年 11 月 4 日
Total Ozone Mapping Spectrometer-Earth Probe（TOMS-EP）	1996 年 7 月 2 日
Advanced Earth Observing Satellite（ADEOS）	1996 年 8 月 17 日
Orbview-2/SeaWiFS	1997 年 8 月 1 日
Tropical Rainfall Measuring Mission（TRMM）	1997 年 11 月 27 日
Tomographic Experiment using Radiative Recombinative Ionospheric EUV and Radio Sources（TERRIERS）	1999 年 5 月 18 日
Active Cavity Radiometer Irradiance Monitor Satellite（ACRIMSAT）	1999 年 12 月 20 日
Challenging Mini-Satellite Payload（CHAMP）	2000 年 7 月 15 日
Earth Observing-1（EO-1）	2000 年 11 月 21 日

续表

卫星	发射日期
Jason-1	2001 年 12 月 7 日
Stratospheric Aerosol and Gas Experiment（SAGE III）	2001 年 12 月 10 日
Gravity Recovery and Climate Experiment（GRACE）	2002 年 3 月 17 日
SeaWinds（ADEOS II）	2002 年 12 月 14 日
Ice, Cloud, and land Elevation Satellite（ICESat）	2003 年 1 月 12 日
Polarization and Anisotropy of Reflectances for Atmospheric Sciences coupled with Observations from a Lidar（PARASOL）	2006 年 12 月 4 日
Aquarius	2011 年 6 月 10 日
ISS-Rapid Scatterometer（ISS-RapidScat）	2014 年 9 月 21 日
Cloud-Aerosol Transport System on ISS（CATS）	2015 年 1 月 10 日

1.2.3　主要的卫星计划与项目概述

2018 年全世界共有 72 个由不同政府管理的宇航局，有 14 个具有发射卫星的能力。其中六个宇航局具有完全自主发射的能力，包括发射并修复多颗卫星、部署低温火箭发动机以及操控航天探测器的能力。这六个宇航局分别是中国国家航天局(China National Space Administration, CNSA)、欧洲宇航局(European Space Administration, ESA)、印度空间研究组织(Indian Space Research Organization, ISRO)、日本宇宙航天研究机构(Japan Aerospace Exploration Agency, JAXA)、美国国家航空和宇宙航行局(NASA)及俄罗斯联邦航天局(Russian Federal Space Agency，RFSA 或 Roscosmos)。

据相关科学家联合数据库的数据显示，截至 2018 年 11 月 30 日，地球在轨卫星共有 1957 颗(包括美国 849 颗、中国 284 颗、俄罗斯 152 颗)，其中的 36%用于地球观测(Earth Observing，EO)或者地球科学研究。2017 年，所有运行的地球观测卫星的数量为 620 颗，比 2016 年增加了 66%，其中 327 颗用于光学成像，45 颗用于雷达成像，7 颗用于红外成像。下面将介绍美国、欧洲以及中国的主要卫星计划。

1. 美国

美国主要有三个联邦机构涉及 EO 卫星：NASA、NOAA 以及美国地质勘探局(U. S. Geological Survey，USGS)，其中只有 NASA 负责所有卫星的发射，NASA 管理的卫星项目已经在 1.2.2 节进行了介绍，USGS 目前正在管理 Landsat 卫星项目，因此下面我们主要讨论 NOAA 负责运行的卫星。

NOAA 的环境卫星业务运行系统包括两种类型的卫星：地球静止轨道卫星和极轨卫星。在 1.2.1 节我们已经介绍了 GOES 卫星，它主要是用于国家、区域的短程预警和实时天气的预报，与其互补的极轨卫星主要用于全球长期天气预报和环境监测，主要包括极轨环境业务卫星(Polar Operational Environmental Satellites, POES)、Suomi 国家极轨伙伴(Suomi National Polar-orbiting Partnership, S-NPP)以及联合极地卫星系统(Joint Polar

Satellite System, JPSS)。这两种类型的卫星是构成一个完整的全球气象监测系统所必需的。

POES 系统的传感器包括先进的甚高分辨率辐射计(Advanced very High Resolution Radiometer, AVHRR)和搭载电视红外观测卫星(Television infrared Observation Satellite, TIROS)的垂直分布探测仪(TIROS Operational Vertical Sounder, TOVS)。TIROS 是世界上第一颗气象卫星，发射于 1960 年 4 月 1 日，显示了从卫星高度获取地球云覆盖图像的优势。

1970 年 1 月 23 日，首度改进的 TIROS 业务卫星(Improved TIROS Operational Satellite, ITOS)发射升空。1970 年 12 月 11 日至 1976 年 7 月 29 日期间陆续发射了命名为 NOAA-1 至 NOAA-5 共 5 颗 ITOS 卫星。1978 年 10 月 13 日至 1981 年 7 月 23 日期间发射了更新一代的 TIROS-N 系列卫星，包括 NOAA-6 和 NOAA-7 星。1983 年 3 月 28 日发射了首颗高级 TIROS-N(或 ATN)系列卫星，即 NOAA-8。时至今日，NOAA 仍继续将新型传感器搭载于 ATN 系列卫星运行。作为对地球静止轨道卫星的补充，NOAA 还有 2 颗极轨卫星，分别在地方时上午 7：30 和下午 1：40 穿越赤道。最近的是 2009 年 2 月 6 日发射的 NOAA-19 星。作为连续传输数据的备用星有 NOAA-18(下午辅助星)、NOAA-17 星(上午备份星)、NOAA-16 星(下午辅助星)和 NOAA-15 星(上午辅助星)。目前，NOAA-19 是主要的业务运行下午星，欧洲气象卫星组织(EUMETSAT)运营的 METOP-A 是主要的业务运行上午星。

第一代 AVHRR 传感器是一个 4 波段的辐射计，先是搭载在 TIROS-N 卫星(1978 年 10 月发射)，随后它被改进为 5 波段的传感器(AVHRR/2)，初始搭载于 NOAA-7(1981 年 6 月发射)。最新的传感器是 AVHRR/3，具有 6 个波段，搭载于 1998 年 5 月发射的 NOAA-15 星。迄今为止，多个全球植被指数数据集是采用 NOAA-7 星的数据生成的。

从 2011 年起，NOAA 开始了新的 JPSS 计划，它是 NOAA 与 NASA 合作进行的项目，这种协作是为了生产出美国最新一代的极轨环境卫星。2011 年 10 月发射的 S-NPP 卫星是 JPSS 系列航天器的前身，它也被视为 NOAA 旧的极轨卫星系列、NASA 的 EOS 计划以及 JPSS 卫星星座之间的桥梁。S-NPP 的设计寿命为 5 年，但到目前它仍然在正常运转。NOAA-20(旧称 JPSS-1)于 2017 年 11 月 18 日发射，它是 NOAA 下一代极轨卫星的第一个航天器。VIIRS 和 MODIS 很相似，NOAA-20 所携带的 5 个传感器和 Suomi NPP 很相似。后续的卫星发射计划为：JPSS-2(2021 年)、JPSS-3(2026 年)和 JPSS-4(2031 年)。

Landsat 卫星计划提供了长时间更高空间分辨率的地表观测(图 1.4)。1972 年 7 月 23 日，地球资源技术卫星(Earth Resources Technology Satellite, ERTS-1)发射，并在之后更名为 Landsat 1。Landsat 2、Landsat 3、Landsat 4 和 Landsat 5 分别发射于 1975 年、1978 年、1982 年和 1984 年。Landsat 5 提供了 28 年 10 个月的专题制图仪(Thematic Mapper, TM)的影像，Landsat 6 在 1993 年升轨失败，Landsat 7 搭载 ETM+传感器于 1999 年成功发射，Landsat 8 在 2013 年发射，这两颗卫星都还在继续采集数据，Landsat 9 预计将在 2020 年 12 月发射。

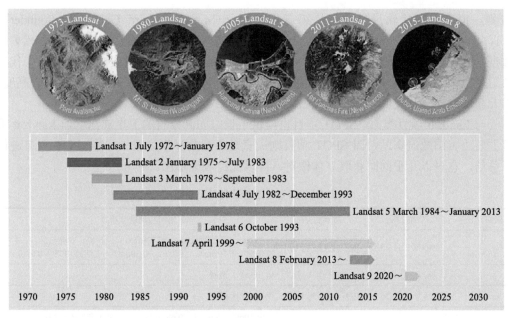

图 1.4　Landsat 卫星的发展历程

2. 欧洲

欧洲气象卫星开发组织(European Organization for the Exploitation of Meteorological Satellites,EUMETSAT)的极地系统(EUMETSAT Polar System,EPS)主要是指 Metop,它包括三颗极轨气象卫星:Metop-A(2006 年 10 月 19 日发射)、Metop-B(2012 年 9 月 17 日发射)和 Metop-C(2018 年 11 月 7 日发射),目前它们同时正常运行。

欧洲宇航局(European Space Agency,ESA)已经发射了一系列的极轨卫星,比如 Cryosat、土壤水分海洋盐度卫星(Soil Moisture Ocean Salinity,SMOS)及 Envisat。Envisat 于 2002 年发射,它载有 10 个传感器,但是在 2012 年 4 月 8 日停止了运行,并在之后意外失去联系。SMOS 计划是一个在轨的电波望远镜,但它指向的不是太空而是地球,它是在 2009 年 11 月 2 日发射升空的。Cryosat 是欧洲第一个冰雪计划,它携带的先进雷达高度计是专门为了检测地球冰冻圈动态变化最剧烈的区域而设计的,它于 2010 年 4 月 8 日发射升空。

ESA 正在发展哨兵(Sentinels)系列卫星,每一个哨兵计划都基于双星星座,以此来满足重访时间与覆盖范围的需求。这些计划所涉及的技术有很多,比如雷达和多光谱成像仪。哨兵 1 号(Sentinel-1)搭载有全天候全时段的极轨雷达成像仪,可提供陆地与海洋的相关服务,其中哨兵 1A(Sentinel-1A)发射于 2014 年 4 月 3 号,哨兵 1B(Sentinel-1B)发射于 2016 年 4 月 25 日。哨兵 2 号(Sentinel-2)搭载多光谱高分辨率的极轨成像仪用于土地管理,其中哨兵 2A(Sentinel-2A)发射于 2015 年 6 月 23 日,哨兵 2B(Sentinel-2B)发射于 2017 年 3 月 7 日。哨兵 3 号(Sentinel-3)搭载了多个传感器,主要用于测量海面形态、海洋与陆地表面的温度与叶绿素含量。哨兵 3A(Sentinel-3A)发射于 2016 年 2 月 16 日,哨兵 3B(Sentinel-3B)发射于 2018 年 4 月 25 日。哨兵 4 号(Sentinel-4)主要用于大气监测，拟基于静止轨道气象卫星第三代探测仪(Meteosat Third Generation-Sounder，MTG-S)。哨兵 5 号的前身(Sentinel-5P)用于提供实时的与众多痕迹气体和气溶胶相关的数据，它于 2017 年 10 月 13 日发射。哨兵 5 号(Sentinel-5)通过搭载在 MetOp 第二代极轨卫星上来监测大气。哨兵 6 号(Sentinel-6)通过携带的雷达高度计来测量全球海表高度，以此帮助海洋学与气候研究。

与 Landsat 项目类似，SPOT 项目也提供了长时间高分辨的卫星观测，但 Landsat 项目主要由美国政府资助，而 SPOT 项目则一直是由商业操作。表 1.4 对 SPOT 卫星进行了总结，它可以几乎同时获取立体像对，并以此绘制地形图。

表 1.4　SPOT 卫星及其数据特征

SPOT 卫星	发射日期	终止日期	空间与光谱分辨率
1	1986 年 2 月 22 日	1990 年 12 月 31 日	一个 10m 全色波段(0.51~0.73μm)，三个 20m 多光谱波段：绿(0.50~0.59μm)、红(0.61~0.68μm)、近红外(0.79~0.89μm)
2	1990 年 1 月 22 日	2009 年 7 月	和 SPOT-1 相同
3	1993 年 9 月 26 日	1997 年 11 月 14 日	和 SPOT-1 相同
4	1998 年 3 月 24 日	2013 年 7 月	一个 10m 波段(0.61~0.68μm)，三个 20m 多光谱波段：绿(0.50~0.59μm)、红(0.61~0.68μm)、近红外(0.79~0.89μm)
5	2002 年 5 月 4 日	2015 年 3 月 31 日	2.5/5m 的全色波段，三个 10m 多光谱波段：绿(0.50~0.59μm)、红(0.61~0.68μm)、近红外(0.79~0.89μm)，一个 20m 短波红外波段(1.58~1.75μm)
6	2012 年 9 月 9 日		一个 1.5m 全色波段，四个 6m 多光谱波段：蓝(450~525nm)、绿(530~590nm)、红(625~695nm)、近红外(760~890nm)
7	2014 年 6 月 30 日		和 SPOT-6 相同

3. 中国

中国发展了多个卫星系列，比如风云气象卫星系列(FY)，海洋卫星系列(HY)，地球资源卫星系列(ZY)及环境与灾害监测小卫星星座(HJ)等，图 1.5 显示了它们的发射时间。

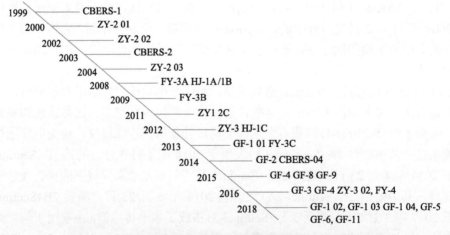

图 1.5　中国主要的陆地卫星及其发射时间(Liang et al., 2018)

资源卫星系列开始于中国与巴西联合研制的中巴地球资源卫星(China-Brazil Earth Resource Satellite，CBERS)，CBERS-1 发射于 1999 年，CBERS-2 发射于 2003 年 10 月 21 日，ZY-102C 发射于 2011 年 12 月 22 日。ZY-3 卫星是中国首颗高分辨率民用光学投射式立体制图卫星，它同时具有测量、制图与资源研究等功能，它的前后都装有 CCD 相机，分辨率高于 3.5m，其中一个 CCD 相机的分辨率高于 2.1m，另一个多光谱相机的分辨率高于 5.8m，幅宽大约为 50km。

风云气象卫星系列包括静止卫星(FY2 和 FY4)和极轨卫星(FY1 和 FY3)，FY3 是中国第二代极轨气象卫星，其中 FY-3A 发射于 2008 年 5 月 27 日并携带有 11 个传感器，FY-3D 是该系列最新的卫星，它发射于 2017 年 11 月 15 日。此外，该卫星系列计划包括即将发射的 FY-3E(2019 年)、FY-3F(2019 年)与 FY-3G (2022 年)。FY-4A 发射于 2016 年 12 月 10 日，未来还会有五颗 FY-4 系列卫星发射。

高分辨率卫星(GF)系列是中国高分辨率对地观测系统(China High-Resolution Earth Observing System，CHEOS)的一部分，它类似于欧洲哨兵地球观测卫星的哥白尼计划 (Europe's Copernicus Program of Sentinel Earth Observing Satellites)，表 1.5 显示了中国最早的一些卫星及其特性。

表 1.5　高分系列首批七颗卫星及其数据特征

GF	发射日期	注解
1	2013 年 4 月 2 日	两个传感器：高分辨率相机(HRC)和大视场成像仪(WFI)。HRC 包括 2m 的全色波段、四个 8m 多光谱波段(蓝、绿、红、近红外)，幅宽 68km；WFI 有相近的四个 16m 的多光谱波段，幅宽 830km，赤道的重访周期小于等于 4 天
2	2014 年 8 月 19 日	一个单独相机：一个 1m 的全色波段和 4m 的多光谱波段(蓝、绿、红和近红外)，幅宽 45km，赤道的重访周期小于等于 4 天
3	2016 年 8 月 9 日	一个全极化(垂直-垂直(VV)、水平-水平(HH)、垂直-水平(VH)、水平-垂直(HV)C 波段 SAR，空间分辨率 25m，重访周期 26 天
4	2015 年 12 月 28 日	一颗搭载包含了五个波段相机的静止卫星，前四个波段(蓝、绿、红和近红外)分辨率为 50m，中红外(3.5~4.1μm)分辨率为 400m，幅宽 400km
5	2018 年 5 月 9 日	两个高光谱(多光谱)传感器用来观测地球陆表，四个观测大气的传感器：可见短波红外高光谱相机、全光谱成像仪、大气气溶胶多角度极化探测仪、大气痕迹气体微分吸收光谱仪、大气主要温室气体监测器，超高分辨率红外大气探测器
6	2018 年 6 月 2 日	和高分 1 号卫星类似，但使用了不同的仪器装置，由 2/8m 分辨率的全色/高光谱相机和 16m 分辨率的宽视场角相机组成
7	2019 年 11 月 3 日	和资源 3 号卫星类似，带有 3D 地形制图功能

1.2.4　小卫星与卫星星座

所有的卫星根据质量可以分为 7 类(表 1.6)。由于具有较大质量的卫星需要借助具有更大推力的火箭来发射，为了降低成本，目前有一种趋势是使用小卫星对地球进行观测。小卫星也被称为小型化卫星，是人造的具有较小质量和尺寸的卫星，通常小于 500kg。绝大多数小卫星是通过接收它们的"母亲"卫星的操作信号来运行的，然而，最近发射的小卫星却都是独立运行的。微小卫星(Femtosatellite)和其他的小卫星都有了突破性变化，不仅是谁来发射卫星系统，还包括数据收集方面前所未有的便利。

表 1.6　EO 卫星系统分类

卫星	大尺寸卫星	中尺寸卫星	小卫星	微卫星	纳卫星	皮卫星	毫微微卫星
质量/kg	>1000	500~1000	100~500	10~100	1~10	0.1~1	<0.1

根据相关科学家联合数据库的数据统计，2017 年所有仍在运行的 620 颗 EO 卫星中包括了 186 颗大质量卫星、74 颗小卫星、100 颗微型卫星和 215 颗纳卫星/立方卫星，其余 45 颗卫星没有指明发射质量，其中纳卫星/立方卫星的数量相较于 2016 年提高了34.68%。

卫星系统正从单一的卫星模式过渡到多卫星协作的模式，对于需要实时或短期的全球或连续覆盖范围的任务，卫星星座具有潜在的优势。卫星星座是指一群协调一致的卫星组合，全球定位系统(Global Position System，GPS)便是有名的卫星星座(图 1.6)。

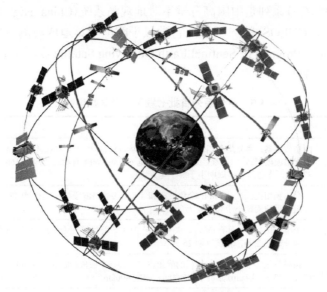

图 1.6　GPS 卫星星座

小卫星星座可为某些科学任务提供新方法，这些任务可以通过大量更低成本的传感器来进行更加频繁的采样，以较低精度而更高频率对类似于云量等随时间变化参量的监测便是一个很好的例子。

美国加州旧金山的一个私人公司"行星实验室"(Planet Labs)已经发射了 298 颗卫星，截至 2018 年 9 月，其中 150 颗仍在运行。该公司运行多个对地观测卫星星座，包括 Flock、RapidEye 和 Skysat。Flock 星座由 Dove 立方卫星组成，重达 4kg，长宽高为10cm×10cm×30cm。尽管每个 Dove 卫星很小并且只有 1~3 年的寿命，但它观测地球的空间分辨率却高达 3~5m。

RapidEye 星座由五颗卫星组成，可生产空间分辨率为 5m 的影像，2015 年由德国的BlackBridge 公司提供。这五颗卫星运行在同一个轨道平面(高度为 630km)，每天能够共同收集包含五个波段的超过四百万千米空间分辨率为 5m 的影像，这五个波段分别为蓝光波段(440～510nm)、绿光波段(520～590nm)、红光波段(630～690nm)、红边(690～730nm)和近红外波段(760～880nm)。

Skysat 星座是 2017 年购买自谷歌,它由观测地表的立方卫星组成,其 400～900nm 的全色波段空间分辨率为 0.9m,是能进入轨道运行并提供如此高分辨率影像的最小的卫星,其他四个多光谱波段的空间分辨率是 2m,四个波段分别为蓝光波段(450～515nm),绿光波段(515～595nm),红光波段(605～695nm)和近红外波段(740～900nm)。截至 2016 年 9 月共有六颗 Skysat 卫星发射升空,2017 年 10 月另有四颗 Dove 卫星发射,也成了该星座的一部分。

除了这些具有实际的同步卫星轨道的星座,人们还提出了虚拟星座的概念。地球观测卫星委员会(Committee on Earth Observation Satellites, CEOS)定义虚拟星座为“一套为了满足可合并的且常见的地球观测需求的以协调一致方式工作的空间与地面段”。具有以协调方式运行生成空间-地面部分数据功能,满足组合与通用地球观测需求的数据集。

由于可用的数据总会存在各种潜在的限制,并且受各种原因影响,现有的卫星系统会在设计和最终实现时有所权衡,因此如果使用单一卫星传感器或者平台的数据来试图解决全球环境快速变化的各种问题时面临着巨大的困难和挑战。虚拟星座主要通过将具有类似的空间、光谱、时间以及辐射特性的传感器组合来提供更多的地球观测,这种将计划中的以及现有的卫星传感器组合的虚拟星座可以克服单一传感器的限制。虽然多传感器的应用并不新颖,但是将多传感器很好地综合使用仍然具有很大的挑战性,这需要无数科学家和用户团体的不懈努力。

目前,CEOS 已经形成了七个星座,并以此来协调基于星载的、基于地面的和/或数据发布系统,从而满足某些具体研究领域一些常见需求,例如大气成分(AC-VC)、地表成像(LSI-VC)、海洋水色辐射测量(OCR-VC)、海面形态(OST-VC)、海面矢量风(OSVW-VC)、降水(P-VC)和海表温度(SST-VC)等。他们利用跨机构间的合作来弥补观测的缺失,保证关键变量的常规采集,最小化观测之间的重叠和重复,并同时维持 CEOS 各个机构贡献的独立性。

1.2.5　传感器类型

Toth 和 Jozkow(2016)总结了近年来的传感器技术。遥感传感器可分为两种类型:被动传感器和主动传感器。被动传感器探测到的是由被观测目标发射的辐射或反射的自然辐射,如太阳光,而仪器本身无辐射源。典型的被动传感器包括:

(1)辐射计:可定量测量可见光、红外波段或微波频段范围电磁辐射的辐亮度的仪器。

(2)成像辐射计:这种辐射计采用扫描方式生成二维像元阵列的遥感图像,其扫描仪主要由探测器阵列和机械扫描或电子扫描装置组成。其中,交叉轨道扫描仪的扫描方向与搭载平台飞行方向垂直,采用旋转棱镜实现从传感器的一侧到另一侧的扫描,称为旋转式扫描仪(Whiskbroom Scanner)。AVHRR 传感器采用这种扫描方式。单轨扫描仪采用电荷耦合器件(Charge Coupled Devices, CCD)的探测器线阵实现跨轨扫描,扫描方向同样垂直于飞行方向,不使用机械旋转装置,称为推扫式扫描仪(Pushbroom Scanner)。SPOT

卫星的 HRV(High Resolution Visible)传感器、EO-1 卫星的 ALI(Advanced Land Imager)
传感器均采用这种扫描方式。

(3)光谱辐射仪：该辐射计能测量目标物多光谱波段的辐亮度，如中分辨率成像光谱仪
(Moderate Resolution Imaging Spectroradiometer, MODIS)和多角度成像光谱仪(Multi-angle
Imaging Spectro Radiometer, MISR)。

主动传感器具有向观测视场发射电磁辐射的功能，传感器发送一束脉冲能量到观测
目标视场，然后接收目标视场反射或后向散射的辐射能量。典型的主动传感器包括：

(1)雷达(Radio Detection and Ranging, Radar)：微波雷达使用微波频率的发射机发出
电磁辐射，使用定向天线或接收器，通过测量从观测目标反射或后向散射辐射脉冲的返
回时间，来确定与观测目标间距离。

(2)合成孔径雷达(Synthetic-aperture Radar, SAR)：SAR 是侧视雷达成像系统，该系
统利用天线和地球表面之间的相对运动，通过组合遥感器沿飞行轨道运行中雷达接收到
的回波信号，获得高空间分辨率图像。已有多个合成孔径雷达运行系统，本书第 18.3.2
节介绍了用合成孔径雷达获取遥感数据生成土壤水分图的一些实例。

(3)干涉合成孔径雷达(Interferometric Synthetic Aperture Radar, InSAR)：干涉合成孔
径雷达技术利用 SAR 平台对同一区域在不同过境轨道和不同时间接收的数据，通过比较
两个或多个振幅值和相位图像探测目标信息。典型的 InSAR 探测垂直高度的分辨率可达
厘米级，像元空间分辨率为 30m，覆盖面积为 100km×100km(标准光束模式)。例如
ERS-1(1991)、JERS-1(1992)、RADARSAT-1、ERS-2(1995)和 ASAR(2002)。迄今为止
多数的 InSAR 采用 C 波段传感器，近期计划扩展采用 L 和 X 波段，如 ALOS PALSAR、
TerraSAR-X 和 COSMO SKYMED 等。

(4)散射计(Scatterometer)：散射计是一种高频微波雷达，专门用于探测目标表面的
标准雷达散射截面。微波后向散射辐射的测量数据可用于海洋表面风速和风向的制图，
也可用于陆地表面土壤水分和冻融状态制图。典型的散射计有搭载 ERS-1 和 ERS-2 的先
进微波探测仪(Advanced Microwave Instrument, AMI)。

(5)激光雷达(Light Detection and Ranging, LiDAR)：激光雷达是一种主动光学传感
器，用紫外、可见光或近红外光谱段的激光器发射激光脉冲，用敏感接收器测量后向散
射或反射光信号。通过记录发射和后向散射脉冲之间的时间，利用光速来计算传输距离。
具体内容可参考第 13、14 章。

(6)激光测高仪(Laser Altimeter)：激光测高仪利用激光雷达测量传感器平台的高度。
已知传感器平台相对于地球平均表面的高度，就可以确定被测陆地表面的地形。搭载
ICESat 卫星的地球科学激光测高仪系统(Geoscience Laser Altimeter System, GLAS)是一
个典型的星载激光测高仪。

1.2.6　遥感数据特征

遥感平台和传感器系统的技术参数决定了遥感数据的特征，即：空间分辨率、光谱分辨
率、时间分辨率和辐射分辨率。

1. 空间分辨率

空间分辨率是指传感器所能分辨的最小目标的测量值，或是传感器瞬时视场 (Instantaneous Field of View, IFOV)成像的地面面积，或是每个像素所表示地面的直线尺寸。图 1.7 的示例为不同空间分辨率的马里兰大学校园的影像，表 1.7 列出了一些常见传感器的空间分辨率。

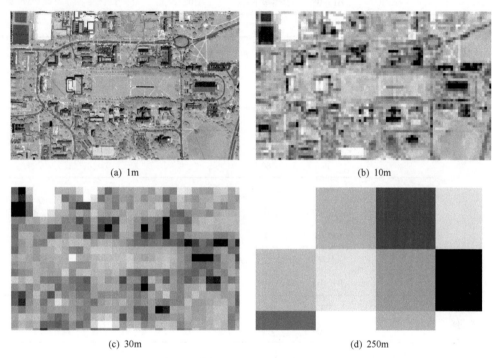

(a) 1m   (b) 10m

(c) 30m   (d) 250m

图 1.7 不同空间分辨率的美国马里兰大学帕克分校校园影像

2. 光谱分辨率

光谱分辨率描述传感器系统的光谱波段数量和带宽。许多传感器系统在可见光谱段有一个全色波段，在可见光至近红外或热红外光谱段有多个光谱波段(表 1.7)。高光谱系统通常有数百个窄谱波段，例如，搭载 EO-1 卫星的 Hyperion 传感器具有 220 个波段，其空间分辨率为 30m。

表 1.7 一些常用卫星传感器的特征信息

	卫星传感器	光谱波段	空间分辨率/m	辐射分辨率/bits	时间分辨率/d	时间范围
粗分辨率 （>1000m）	POLDER	B1~B9	6000×7000	12	4	POLDER 1: 1996 年 10 月至 1997 年 6 月 POLDER2: 2003 年 4~10 月

	卫星传感器	光谱波段	空间分辨率/m	辐射分辨率/bits	时间分辨率/d	时间范围
中等分辨率 (100~1000m)	MODIS	B1~b2	250	12	1	1999 年
		B3~b7	500			
		B8~b36	1000			
	AVHRR	B1~B5	1100(星下点)	10	1	
高分辨率 (5~100m)	ALI/EO1					
	ASTER/Terra	B1	15	8		
		B2~B9	30			
		B11~B14	90	12		
	ETM+/Landsat7	Pan	15	8	16	1999 年至今
		B1~B5,B7	30			
		B6	60			
	HRV/SPOT5	Pan	2.5 or 5	8	26/2.4	2002 年至今
		B1~B3	10			
		SW-IR	20			
超高分辨率 (<5m)	Ikonos	全色波段	0.82(星下点)	11	(南北纬 40°) 3	1999 年至今
		B1~b4	3.2(星下点)			
	Quickbird	Pan	0.61	11	1~3.5	2001 年至今
		B1~B4	2.44			
	World view	pan	0.5(星下点)	11	1.7~5.9	2007 年至今
	Geoeye-1	pan	1.41(星下点)	11	(南北纬 40°) 2.1~8.3	2008 年至今
		B1~B4	1.65(星下点)			

3. 时间分辨率

时间分辨率是指传感器重访地球表面相同区域的重复观测周期或频率。这一频率取决于对卫星传感器和卫星运行轨道的设计，表 1.7 列出了常用传感器获取数据的时间分辨率。

4. 辐射分辨率

辐射分辨率指每一波段传感器接收辐射数据的动态范围，或可输出数值的数量，记录数据的比特位数决定了对辐射数据的量化分级。例如，以 8 比特位数记录的数据，每个像元的数字值(Digital Numbers，DN)的取值范围可从 0~255(2^8=256)。显然记录数据采用的比特位数越高，传感器获取数据的辐射精度就越高，如图 1.8 所示。表 1.7 列出了常用传感器辐射分辨率。

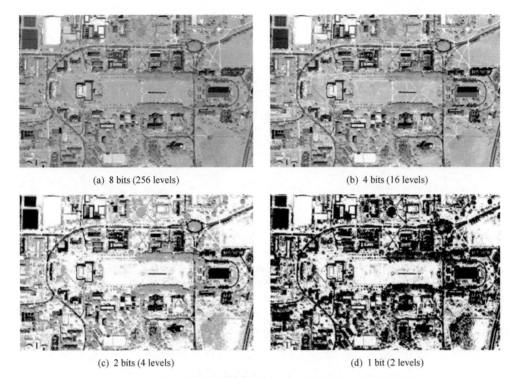

(a) 8 bits (256 levels)

(b) 4 bits (16 levels)

(c) 2 bits (4 levels)

(d) 1 bit (2 levels)

图 1.8　不同辐射分辨率的美国马里兰大学帕克分校校园影像

1.3　数据传输与地面接收系统

卫星传感器获取陆表数据的传输方式主要有三种:

(1)如果卫星地面接收站(Ground Receiving Station, GRS)在卫星的视场之中则可以直接将数据传回;

(2)在卫星平台上在轨记录数据,随后传输到地面接收站;

(3)通过跟踪和数据中继卫星系统(Tracking and Data Relay Satellite System,TDRSS)延时传到地面接收站。TDRSS 包括一系列地球同步轨道通信卫星,数据是从一个卫星传输到另一个卫星,直至到达其特定的地面接收站。NASA 的 TDRS 于 20 世纪 70 年代初期提出,已经经历了三代的发展。目前的 TDRSS 是由十颗在轨卫星(四颗第一代、三颗第二代和两颗第三代卫星)组成,提供地面站和在轨卫星(例如 Landsat)之间的通信联系。

卫星地面接收站有两种类型:固定型和移动性。大多数卫星地面接收站是固定的,图 1.9 显示了由美国(只有两个在南达科他州和阿拉斯加州)和国际合作地面站网负责的现阶段所有在运行的地面站位置,这些地面站为 Landsat 7(L7)和/或 Landsat 8(L8)的影像数据提供下行传输和分发服务。如图 1.9 所示,卫星的地面接收站还无法实现全球覆盖,利用移动接收站则可以填补固定接收站的空缺,这也是为偏远地区的特殊需要(如区域制图)而进行长期大量的图像数据接收的有效手段。

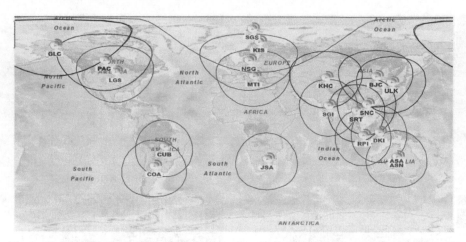

图 1.9 由美国和国际合作(International Cooperator, IC)地面站点网络负责运营的地面站分布图

这些地面站用于 Landsat 8 和 Landsat 9 卫星影像数据的下行传输和分发

图中圆圈表示每个地面站能直接接收 Landsat 数据的近似范围

地面接收站的作用在于采集、预处理、存档和处理数据，其典型构成和功能包括：数据获取设备、数据处理设备、数据加工设备和用户支持服务。

1.4 数据处理系统

从遥感数据中准确提取环境信息之前，需要进行一系列的数据预处理工作。预处理操作主要包括两种：辐射处理和几何处理。辐射处理包括传感器辐射校准、图像增强（主要是噪声滤除）、大气校正和图像融合。

1.4.1 辐 射 标 定

辐射标定处理是将传感器接收记录的电压信号或数字值(DN)转换为绝对量纲的辐射亮度或反射率。由于地球外太空环境恶劣，所有卫星传感器的性能会随着时间的推移而下降。为了获取一致准确的测量数据用于探测气候和环境变化，需要将 DN 值转化为物理量。

测量值标定的过程可以分为三个阶段：发射前、在轨和发射后。

（1）发射前标定是指在传感器送入太空之前测量传感器的辐射特性，发射前的仪器标定是在传感器制造商处完成，实验室可控和稳定的环境可保证很高的标定准确度和精度。

（2）在轨标定通常采用常规的星上定标系统完成，越来越多的光学传感器具有星上定标设备。例如，AVHRR 光学传感器还没有星上定标设备，但 ETM+传感器有三个星上定标设备：内部定标、局部孔径太阳定标器和全孔径太阳定标器。MODIS 传感器也有三个专用定标设备用于反射波段：太阳漫散射器、太阳漫散射稳定性监视器和光谱辐射计定标组件。此外，MODIS 还有另外两项以月球表面和深空辐射为参考的标定技术，可使标定的绝对误差小于2%。

（3）发射后的标定数据必须采用替代标定技术获取，通常利用在地面选定的天然或人造试验场进行标定。发射前和星上标定方法已经很成熟，而面对新型仪器不断变化的设计和需求，利用不变试验场的发射后标定技术更实用。基于准不变定标场作为一种标准的发射后定标方法应用于对接收反射太阳辐射信号传感器的长期性能监测。对标准定标场的特性有一定的要求，例如具有时间稳定性、空间分布均一、很少或没有植被覆盖、接近朗伯反射的高反射率表面。常用的定标场有撒哈拉沙漠、沙特阿拉伯沙漠、索诺兰沙漠、白色沙滩以及玻利维亚相对稳定的沙漠区。卫星传感器系统通过对定标场的长期观测，可以监测和定量化传感器灵敏度的下降趋势。

有些传感器既没有在轨定标装置，也没有定期的发射后标定，例如 AVHRR。解决这种传感器定标的方案则是交叉定标。作为一种经过良好定标的仪器（Xiong et al.，2018），MODIS 已被用作校准其他传感器的参考，主要基于 MODIS 和目标传感器在定标场上的重合观测进行校准。例如，Vermote 和 Kufman（1995）提出了一种使用 MODIS 和 AVHRR 对撒哈拉沙漠定标场的时间序列观测数据进行交叉标定的方法。

使用准不变定标场上的数据进行定标的这两种方法可为传感器提供绝对辐射标定。许多传感器包含具有不完全相同响应度的多个探测器。因此这些传感器生成的图像可能包含显著的条带。一种解决方案是匹配每个探测器在一段时间内的平均值，使所有探测器生成相对一致的值。

1.4.2　几 何 处 理

从传感器获取的影像并不能完全地表现陆表景观的真实空间特征。许多因素可以使遥感数据产生几何形变，如传感器搭载平台的高度、角度和速度的变化、地球自转和曲率、地表高程位移和透视投影的变化等。这其中的某些因素造成的系统几何畸变可以通过分析传感器特性和卫星平台运行轨道数据进行纠正，但其他的随机性畸变必须利用地面控制点（Ground Control Points, GCP）进行纠正。

在传感器的地面瞬时视场中（Instantaneous Field of View, IFOV），地表各单元对像元值的贡献是不等的，位于视场中心的部分对像元值的贡献最大。这种空间效应通常用传感器在空间域的点扩散函数（Point Spread Function，PSF）表示，而点扩散函数的傅里叶变换被称为调制传递函数（Modulation Transfer Function，MTF），是对这种空间效应在频率域的精确度量。传感器的点扩散函数常用高斯分布模拟。图 1.10 为点扩散函数的二维和三维图，其中 TGSD 是地面采样距离的阈值，即相邻像元中心的距离。

地面瞬时视场的实际响应函数往往不是矩形的；以 MODIS 为例，由于扫描过程中的时间累积，响应函数在与轨道垂直方向的宽度是沿轨方向的两倍。对于多数推扫式扫描仪，如 AVHRR 和 MODIS，地面瞬时视场的实际大小是扫描角度的函数（图 1.11和图 1.12）

几何问题的重要性在于，为了得到真实的绝对地球物理参数，在计算这些参数之前首先需要对 1 级辐亮度数据或 2 级反射率数据进行几何纠正。对几何纠正的详细讨论参见本书的第 2 章。

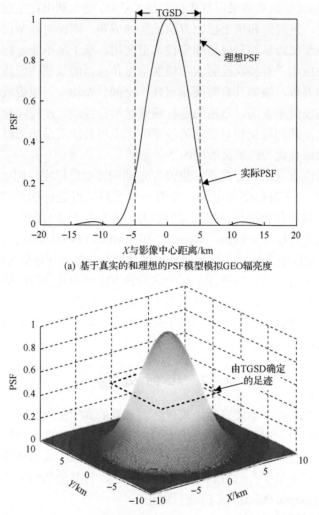

(a) 基于真实的和理想的PSF模型模拟GEO辐亮度

(b) PSF的EE概图，图中虚线方框显示了由TGSD确定的EE累积区域

图 1.10　点扩散函数 PSF

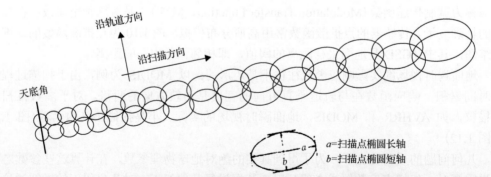

图 1.11　AVHRR 相邻扫描行的像元几何图及其相关性(Breaker, 1990)

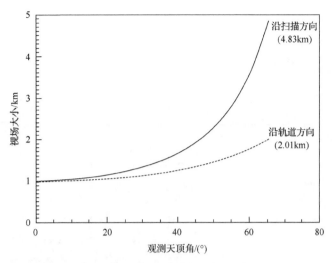

图 1.12　传感器瞬时视场与观测角度的关系

1.4.3　图像质量增强

　　遥感影像的不完整或异常的情况是由于遥感仪器的电子器件、失效或濒临失效的探测器和数据下行传输错误等持续导致的。已知的异常情况包括扫描行位移、存储器问题、调制传递函数异常及相干噪声。由于数据通信错误和探测器故障，也会存在数据行缺失和探测器不工作的异常现象，还可能有条带化等潜在问题。过去，这些问题常被忽略，或在辐射预处理阶段用修补算法人为删除。例如，缺失行的数据通常使用历史数据或邻近行数据的均值作为填充，而条带可通过使用简单的沿行向卷积、高通滤波、前向和逆向主成分变换等方法予以消除。

　　为了帮助人们目视解译，遥感数字图像处理系统中含有多种图像增强技术。这些图像增强的方法可以大致分为基于空间域和基于频率域。基于空间域的技术是直接对图像像元进行处理。图 1.13 阐明了线性增强技术的效果，对像元值直接进行操作以达到预期的增强效果。基于频率域的增强方法中，图像首先需要变换到频率域。也就是说，首先对图像进行傅里叶变换，所有的增强运算都是在傅里叶变换后的图像上执行的，然后再对图像进行逆傅里叶变换以获得最终的增强效果图像。

(a) 原始影像

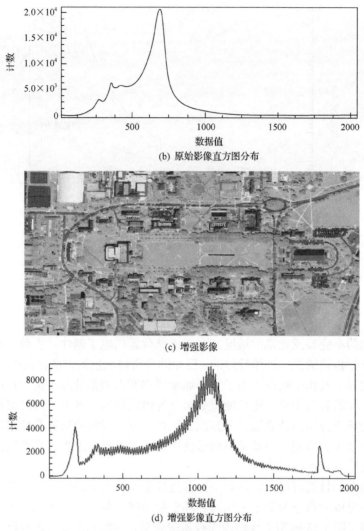

图 1.13　图像线性增强的例子

需要注意的是，图像增强处理会人为改变图像原有环境的辐射特性。大多数用作辅助目视解译的增强图像不应用于定量估算生物物理变量。

1.4.4　大气校正

由于星载或机载传感器观测到的辐射亮度信号包含了大气和地表的信息，因此必须要去除大气的影响来估算地表生物地球物理变量，尤其是遥感可见光的反射和热红外数据，而微波信号对大气条件的变化不是很敏感。

云在很大程度上阻碍了地球表面信息的获取，使得大多数光学和热红外图像不能用于地面应用。目前已发展了多种云和云阴影的检测算法，云掩膜已是高级大气产品之一。然而相关研究依旧活跃，需要发展更有效和可靠的算法。对于千米级粗分辨率的影像(如AVHRR 和 MODIS)，即使应用云掩膜后，仍有很多云或混合云像元。已有很多方法尝试解决这一问题。一种解决方案是利用时间融合技术，基于最大植被指数或其他标准将日观测数据转换为每周或每月的数据；其他的解决方案包括使用平滑算法替换被云污染的像元等。这个专题将在本书第 3 章讨论。对于高分辨率的遥感影像，已发展了不同的识别云和云阴影的方法（Sun et al., 2017b），如阈值法、辐射传输和统计方法。图 1.14 为示例。

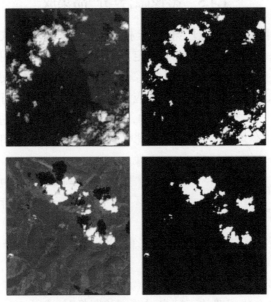

图 1.14　云检测示例（Sun et al., 2017b）

两幅 Landsat 假彩色合成影像（左）及其检测出的云（右）

对于光学遥感影像，气溶胶和水汽都会散射和吸收地表的反射辐射。常用的大气校正方法有两种：第一种方法假设已知大气特性，通常表达为大气柱中的气溶胶和水汽总量，这些变量的估算值可从其他传感器和（或）数据源获取。很多大气辐射传输模型（如MODTRAN, 6S）可以用于计算大气校正所需的参量。第二种方法只依赖于图像本身进行大气校正，不用其他辅助信息。如果大气信息可以通过其他数据源准确估算，采用第一种方法更好，但常常实际情况并不如此。图 1.15 展示了大气校正前后 MODIS 表面反射率的显著差异（Liang et al., 2002; Gui et al., 2010）。这个专题将在本书第 4 章讨论。

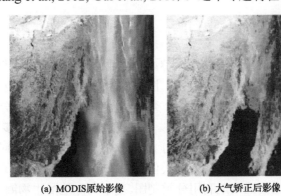

(a) MODIS原始影像　　　　　　　(b) 大气矫正后影像

图 1.15　MODIS 原始影像及大气矫正后影像（Gui et al., 2010）

如果可以从探空数据中获取大气廓线信息(主要指温度和水汽)，就可直接对热红外影像进行大气校正。在没有可用的大气廓线信息时，常用基于两个热红外波段的分裂窗算法估算地表温度，该方法不用大气校正。详细方法请参见本书第 7 章。

1.4.5　影像融合与产品集成

在许多情况下，我们需要通过影像融合技术获取集成影像。文献中对影像融合技术的定义有很多。影像融合可以看作从输入的多幅影像生成单幅影像的数据处理过程，融合后的影像应该有更完整的信息用于地表参量的估算。如图 1.16 所示，影像融合可通过使用冗余信息来提高影像信息的可靠性，也可通过补充信息来改善影像。

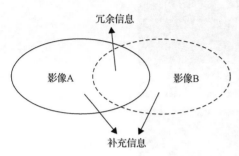

图 1.16　影像融合图示

影像融合与影像合并或影像集成并没有显著区别，但在像元级可能存在很多不同的融合形式，例如：

(1)融合相同或多个传感器的多时相影像用于变化检测(如合并在不同时间获取的 TM 影像)；

(2)融合相同或多个传感器的多景影像(如融合 ETM+全色和多光谱影像)；

(3)融合相同或多个传感器的不同光谱范围的图像(如合并 SAR 与光学遥感数据，或可见光波段和热红外波段)；

(4)融合遥感影像和辅助数据(如地形图)。

评价高级卫星产品时会惊讶地发现，大多数产品主要是用单一传感器数据生成的。例如，MODIS 反照率产品主要是采用 MODIS 数据产生，MISR、MERIS 传感器产品也一样。不同卫星传感器数据生成的相同变量的产品也可能具有不同的特性(例如时空分辨率、精度等)。我们可以从多传感器卫星产品生成一套合成的或是集成产品，而不是要求用户选择同一变量的"最佳"产品。本书的第 21 章以叶面积指数(Leaf Area Index, LAI)为例专门讨论了这一问题。

1.5　地表参量制图

我们一般对两种类型的地表参量感兴趣：分类数据和定量参数数据。类别变量代表目标地物的类型，通常通过图像分类制图。图像分类的目的是将具有相似特性的像元组合到一起，放在有限的类别分组中。图像分类的一个实例是土地覆盖分类图。图 1.17 是由 MODIS 数据生成的全球土地覆盖分类图。图像分类处理中的关键步骤主要有：

(1)分类系统(方案)的设计：主要依赖于应用目标和遥感数据的特点。方案设计的目的是提供一个可从数据中组织和提取分类信息的框架。现已发展了众多的分类方案，并已用于区域和全球土地覆盖土地利用分类制图。基于国际地圈生物圈计划(International Geosphere-Biosphere Program, IGBP)的土地覆盖分类系统用 MODIS 数据进行分类得到的全球土地分类图如图 1.17 所示。

（2）特征选取：基于特征空间上的一系列特征数据进行分类。该方法基于给定的判断规则将特征空间划分为若干类。这种方法不使用原始波段数据，而是将其变换到特征空间以进行类别间的区分。特征分类的实例包括多种植被指数、主成分变换和缨帽变换，以及基于其他的空间、时间和角度特征。选择特征分集是为了最大限度地分辨不同类别。

（3）训练数据的采样：训练是指通过选择样本定义分类标准，是计算机对遥感图像进行自动识别、分类的学习过程，用于监督或非监督分类方法。监督分类的训练样本完全由用户控制，从高分辨率图像、地面真实数据或地图中筛选出若干完全能代表每一类别特征的像元作为样本；非监督分类的训练样本是基于给定算法由计算机自动计算完成，不要求用户自己筛选训练样本，用户可以指定算法中的一些参数，计算机由此确定算法采用的统计模式，这些统计模式表达了数据的内在特征，不需要与分类方案中的类别相对应。

（4）分类：所谓分类器即参数化或非参数化的决策规则，用于将图像中的待分像元划归到各个明确的类别，赋予类别值。分类器有多种，如并行管道分类器、最小距离分类器、最大似然分类器、回归树分类器和支持向量机分类器。分类器都要与训练数据比较以选择最适用的决策规则进行分类。

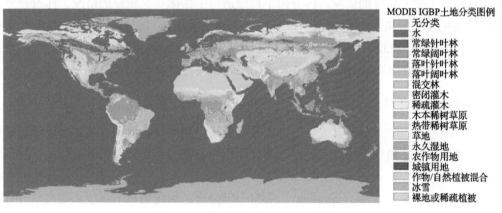

图 1.17　MODIS 全球土地覆盖分类图

（5）精度评估：检查和验证分类结果的准确性和可靠性。通常将训练数据分为两部分，分别用于训练和验证。评价分类误差常使用分类误差矩阵，又称为混淆矩阵或列联表。

本书没有涉及图像分类技术细节的内容，其基本原理和处理方法可参考（Dash and Ogutu, 2016; Lu and Weng, 2007）。本书第 23～24 章介绍了一些关于土地利用分类专题图的制图实例。在大多数空间分辨率的图像中大多数像元都是混合像元。如果不是要求将一个像元分为一个确定的覆盖地类，而是要估计像元中覆盖地类所占的百分比，那就更难。本书将在第 12 章讨论如何估计一个像元内的植被覆盖率。

1.6　地表参量的定量估算

为驱动、校准和验证地表过程模型，并支持多种应用，人们更期望直接使用高级的地表参量遥感定量产品。本书主要论述的就是如何生产这些地表参量的定量产品。在遥感技术发展的早期阶段，目视解译是提取地表信息的常用技术。随后，统计分析方法在地表信息定量估算中运用越来越广泛。从本书接下来各章中可见，基于物理的地表辐射模型的各种反演技术已成为定量反演地表参量的主流研究方向(Liang, 2007)，因此有必要先概括介绍这些建模和反演技术。由于许多反演算法均基于前向辐射模型，因此我们先从介绍前向模型开始。

1.6.1　前向辐射模型

前向辐射模型，即用数学模型表达遥感影像的像元值与地表特征参量之间关系(Liang, 2004)。本节我们主要讨论地表景观生成、地表与大气辐射传输建模和传感器模型。

1. 场景生成

场景生成是基于人们对地表景观的理解，对其进行定量描述。Strahler 等(1986)认为有两种不同场景的遥感模型：H-分辨率和 L-分辨率模型。其中 H-分辨率模型适用于描述场景单元大于像元尺寸的情况；L-分辨率模型适用于描述与此相反的情况。H-分辨率的场景可以采用计算机图形学技术生成，比如一个植被冠层可以由 Onyx 软件制作而成(http://www.onyxtree.com/)。L-分辨率的场景可以由数学模型或者地理信息系统(Geographic Information System, GIS)技术生成。

2. 表面辐射建模

给定地表景观的组成及其光学特性，我们就可以预测其辐射场。描述地表景观辐射场特征的光学遥感模型大致有三种：几何光学模型、混浊介质辐射传输模型和计算机模拟模型。

在几何光学模型(Li and Strahler，1985，1986)中，假定植被冠层或土壤由具有特定形状、大小和光学特性的几何体(如圆柱体、球体、圆锥、椭球体、球状体等)以一定的方式(规则或随机地)分布于背景表面而构成。像元的总亮度值是像元内光照植冠、光照地面、阴影植冠及阴影地面亮度的加权平均。图 1.18 是以椭球状树冠为例模拟的冠层场景，以及对光照和阴影组分的计算原理。

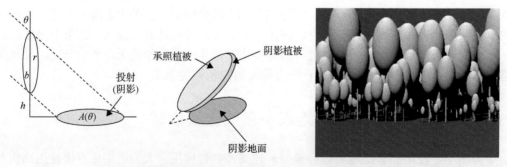

图 1.18　几何光学模型对椭球状树冠光照和阴影组分的计算原理以及模拟的植被场景

混浊介质的辐射传输模型将表面元素(叶片或土壤粒子)看作具有给定光学特征的吸收和散射粒子,随机分布在景观中并有给定的方向。在一维冠层模型中(Kuusk, 1995; Liang and Strahler, 1993b; Liang and Townshend, 1996; Verhoef, 1984),假设树冠元素在像元内随机分布,而三维辐射传输模型(Kuusk, 2018; Myneni et al., 1989)考虑了像元内场景的结构信息,如图 1.19 所示。几何光学模型的进一步发展引入了辐射传输理论分别计算光照/阴影组分的亮度,此类模型通常称为混合模型。在计算机仿真模型中,场景元素在像元内的位置和朝向由计算机模拟,场景元素的辐射特性由辐照度方程(Borel et al., 1991; Huang et al., 2013; Qin and Gerstl, 2000)和(或)蒙特卡洛光线跟踪方法确定(Disney et al., 2006; Gastellu-Etchegorry et al., 2015; Lewis, 1999; North, 1996; Qi et al., 2019)。图 1.20 比较了草地的照片和基于光线追踪技术的植物园植物建模系统的模拟场景(Lewis, 1999)。

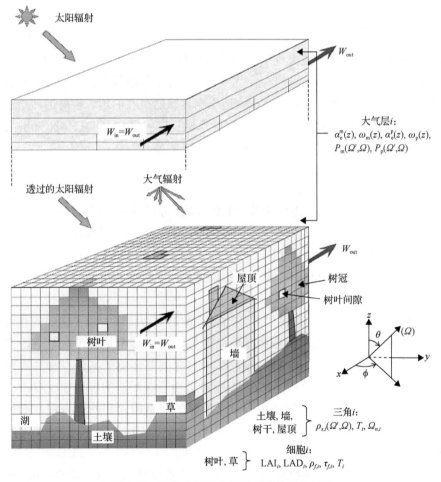

图 1.19　离散各向异性辐射传输模型 DART
(Discrete Anisotropic Radiative Transfer)(Gastellu-Etchegorry, 2008)

(a) 草地照片　　　　　　　　　　(b) 模拟图像

图 1.20　草地照片及模拟的图像
由英国伦敦大学学院 Dr. Mathias Disney 提供

3. 大气辐射传输

地球表面的辐射能量在被大气层中的传感器(机载传感器)或大气层顶传感器(星载传感器)接收到之前会受到大气的干扰。大气气体分子、气溶胶和云会散射和吸收太阳入射辐射和地表反射或发射的辐射，会极大地影响传感器接收的地表辐射的波谱和空间分布。大气辐射传输理论已经相当成熟，许多计算机程序包(如 MODTRAN，6S)可以用来计算我们所需要的大气参量，如大气程辐射、透过率等。

4. 传感器建模

由于通用的传感器材料不能响应整个光谱波段，大多数传感器对每个光谱段有各自的聚焦平面和噪声源。传感器模型(Kerekes and Baum, 2005)可以描述成像光谱仪对地表光谱辐射均值和协方差统计值的影响。每个光谱波段的输入辐射统计值经过传感器系统的电子增益、辐射噪声源及相对标定误差的修正后，生成的辐射信号统计量才是传感器成像的场景影像。

传感器模型包括对光谱响应函数和辐射噪声源的近似描述。每个仪器的光谱响应函数可以通过测量得到，一般由传感器制造商提供。辐射噪声是通过在波谱协方差矩阵对角线元素上叠加方差来模拟。辐射噪声源来自探测器和电子器件。探测器的噪声包括光子(光束)噪声、热噪声及多路器/读出噪声。由于探测器的参数往往取决于电子器件参数，噪声项总计为在转换到噪声等效光谱辐射前感应之和的平方根。噪声处理源于电子器件，包括量化噪声、比特数据误差(在记录或传输过程中产生)及电器元件所产生的噪声。

除了传感器的光谱响应函数和辐射噪声，传感器模型还可以使用点扩散函数(PSF)和调制传递函数(MTF)模拟空间效应。

1.6.2　反　演　方　法

发展遥感反演算法用于地表参量的定量化估算已经有了很长的历史，如图 1.21 所示。早期应用较多的是统计方法，而后转为基于物理的方法。统计方法主要基于各种植被指数建立回归关系；物理方法是基于地表辐射模型的反演，基于物理模型和优化算法；现在的趋势是将统计方法和物理方法相结合，本节中"直接估算方法"则是一个典型例子。

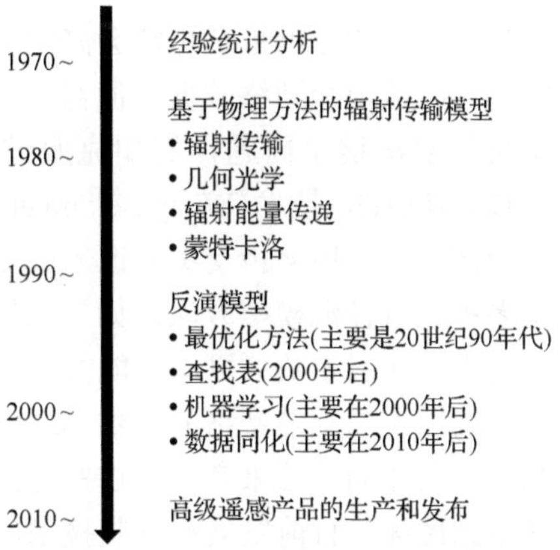

图右侧内容：

1970~　经验统计分析

1980~　基于物理方法的辐射传输模型
- 辐射传输
- 几何光学
- 辐射能量传递
- 蒙特卡洛

1990~　反演模型
- 最优化方法(主要是20世纪90年代)
- 查找表(2000年后)
- 机器学习(主要在2000年后)
- 数据同化(主要在2010年后)

2000~

2010~　高级遥感产品的生产和发布

图 1.21　定量遥感主要发展里程碑
(Liang et al., 2019)

1. 统计分析与机器学习技术

很多实例证明，统计模型在各种遥感应用中是非常有效的。统计模型是使用地面测量数据构建，由于很难收集到大量的各种条件的地面测量数据，因而统计模型的最大缺陷是对现实的表达受样本限制。一种变通的方法是使用经过实测数据验证和校正的物理辐射模型模拟的遥感数据。第 1.6.1 节专门讨论了物理模型的建模要点。

可以使用不同的统计方法来关联模型模拟的输入和输出。除了传统的多元回归分析外，不同的机器学习方法也得到了应用，如人工神经网络(Artificial Neural Networks, ANN)、支持向量机(Support Vector Machine)、自组织映射(Self-organizing map)、决策树(Decision Tree)、随机森林(Random Forest)、基于案例的推理、神经模糊算法(Neuro-Fuzzy)、遗传算法(Genetic Algorithm)，以及多元自适应回归样条(Multivariate Adaptive Regression Splines, MARS)等。它们主要用于两个方面：一方面是在反演过程的正向模拟中简化复杂的物理模型。复杂模型(例如大气–地表辐射传输模型)用于重复的前向模拟的计算成本很高，如果反演过程需要这样的模型，则可以使用机器学习方法来替代；其次是可以直接用于反演。基于遥感数据作为输入和相应的地表观测值作为输出建立机器学习模型，而这种输入和输出数据对也可以通过模型模拟生成。

1) 人工神经网络(ANN)

人工神经网络是受人类神经系统启发而发展的复杂的计算模型，它能够从训练数据中学习从而用于新数据的预测。人工神经网络可能是过去十年中用于地表变量估算使用最广泛的机器学习方法，并且人工神经网络的运用越来越广泛。

有许多不同类型的人工神经网络用于地表生物地球物理变量的估算，如多层感知器(Multilayer Perceptron, MLP)，自适应共振理论(Adaptive Resonance Theory, ART)，自组织映射(SOM)，径向基函数(Radial-Basis Function, RBF)，递归神经网络(Recurrent Neural Network)等。Mas 和 Flores(2008)的调查表明，MLP 是使用最多的方法。虽然人工神经网络被认为是"黑箱"，但该方法在不同的应用中仍然具有一定的灵活性，例如可选择输入变量，确定训练数据的可用特征，优化网络结构(层数和节点数)等，此类方法需要避免过度训练。

过拟合是这类方法常常出现的问题。由于观测的不确定性，训练样本通常含有误差。对训练样本的过度拟合可能会降低人工神经网络模型的预测能力。一个过度训练的网络能够精确地拟合训练数据，但对具有细微变化的新数据集则预测效果不佳。有一些技术可以解决这个问题，例如克服过拟合的误差反向传播和 Levenberg-Marquardt 算法(EBaLM-OTR)技术(Wijayasekara et al., 2011)。该方法将所有数据分成训练、验证和测试三个部分，使用 k 折交叉验证来确定最佳结构。 Piotrowski 和 Napiorkowski(2013)评估了多种流域径流模拟方法，如早期停止、噪声注入、权重衰减和优化近似，这些方法也具有用于地表参数估算的可能性。

确定人工神经网络的参数(如隐藏层的数量和隐藏层中节点的数量等)通常通过试验和误差估计的方法来完成，这些方法通常基于经验，并且耗时，且很可能导致模型配置达不到最优。目前发展的一些技术，例如遗传算法(Castillo et al., 2000)和粒子群优化算法(Particle Swarm Optimization, PSO)(Da and Xiurun, 2005; Liu et al., 2015b)，这些方法将来也可以应用于遥感反演。

大家都希望能够从训练好的神经网络中提取知识(如明确的数学函数)，从而使用户能更好地理解神经网络是如何解决非线性回归问题的。Chan 和 Chan(2017)发展了分段线性人工神经网络(Piece-wise Linear ANN，PWL-ANN)算法，目的是"打开"一个受过训练的神经网络结构模型的黑箱，通过近似人工神经网络中隐藏神经元的 Sigmoid 激活函数来生成线性方程形式的规则。Setiono 等(2002)描述了一种从函数近似神经网络中提取规则(Rule Extraction from Function Approximating Neural Network, REFANN)的方法，从训练的神经网络中提取规则用于非线性函数近似或回归。

由多层组成的人工神经网络被称为深度学习。在目标函数非常复杂且大数据应用中，深度学习已被证明是一项重大突破和极其有效的工具，它已成为遥感领域越来越重要的一种方法(Zhang et al., 2016; Zhu et al., 2017a)。现有应用主要聚焦于图像分类和数据融合，但也有一些关于地表变量定量反演的研究，比如升尺度土壤水分(Zhang et al., 2017a)、陆表温度(Land Surface Temperature, LST)(Yang et al., 2010)、蒸散发(Evapotranspiration, ET)(Chen et al., 2013)、降水(Tao et al., 2016b)、植被覆盖(Jia et al., 2015)、地表净辐射(Jiang et al., 2014)、水质光学参数(Chen et al., 2014; Jamet et al., 2012)、下行太阳辐射(Tang et al., 2016)、土壤湿度(Xing et al., 2017)等参数的反演。

2) 支持向量机(SVM)

支持向量回归(Support Vector Regression, SVR)是机器学习中一种基于核函数的算法，也用于回归分析。它最大限度地减少了训练误差和模型的复杂性，并使用非线性核函数将输入数据转换至高维特征空间。与其他机器学习方法相比，SVR 更适用于解决数据量小的训练样本的高维非线性问题。

Mountrakis 等(2011)回顾了 SVR 在遥感领域的广泛应用，但该方法更多地被应用在图像分类中。定量反演的应用实例包括水稻中的叶氮浓度(Du et al., 2016; Sun et al.,

2017a)、叶面积指数(Zhu et al., 2017b)、蒸散发(Ke et al., 2016)、净辐射(Jiang et al., 2016a)、水深和浊度(Pan et al., 2015)、草地生物量(Marabel and Alvarez-Taboada, 2013)、叶片氮浓度(Omer et al., 2017; Wang et al., 2017; Yao et al., 2015)、土壤水分(Ahmad et al., 2010)和其他化学参数(Axelsson et al., 2013)的定量反演。

3) 回归树

回归树和分类树通常被视为一类,但主要区别在于一个是将变量进行分类,一个是对变量值的估算。树由根节点(包含所有数据)、一组内部节点(拆分)和一组终端节点(叶子)组成。递归分割算法用于减少类内的熵。输入数据分层,内部节点的值取决于每个终端节点的预测值的平均。其在定量反演中应用的例子包括生物量估算(Blackard et al., 2008)、森林结构参数(Gomez et al., 2012; Mora et al., 2010)和森林地面覆盖(Donmez et al., 2015)的反演。

4) 随机森林

随机森林方法是由无数小回归树构成用来预测变量。对这些小回归树的构建基于训练数据集的一个随机样本子集。随机森林方法可以有效地克服回归过度拟合的问题,以及"噪声"影响和大数据集的问题。由于随机森林方法受训练数据集中的噪声影响较小,因此在参数估计中比传统的回归树方法更好。

随机森林方法已被广泛用于图像分类(Belgiu and Dragut, 2016),但越来越多地用于参数的定量估算,如草的营养物质和生物量(Ramoelo et al., 2015)、水稻中的氮浓度(Sun et al., 2017a)、LAI(Beckschäfer et al., 2014; Li et al., 2017; Yuan et al., 2017; Zhu et al., 2017b)、植被覆盖(Halperin et al., 2016)、生物量(Lopez-Serrano et al., 2016; Mutanga et al., 2012; Wang et al., 2016; Xia et al., 2018)、地表温度下降(Hutengs and Vohland, 2016)、总初级生产力(Tramontana et al., 2015)、积雪深度(Tinkham et al., 2014)、降水(Kuhnlein et al., 2014)、森林覆盖度和高度(Ahmed et al., 2015)、森林地上生物量(Karlson et al., 2015; Pflugmacher et al., 2014; Tanase et al., 2014)和其他森林参数(Garcia-Gutierrez et al., 2015)的定量反演。

随机森林是一种用于预测森林叶面积指数的稳健的非线性算法。然而,随机森林回归算法的一个缺点是当使用许多输入预测器时,RF 选择的预测器可能彼此相关(Omer et al., 2016)。

5) 多自适应回归样条函数(MARS)

MARS 是一种非线性和非参数回归模型,它是逐步线性回归的一个扩展,用于适应非线性回归。它在建立加和关系或变量之间非常牢固的关系方面更具有灵活性。它可以看作是一个扩展的线性模型,可以自动模拟非线性和变量之间的相互作用,因此具有很高的计算效率。

应用实例包括大气校正以反演地表反射率(Kuter et al., 2015)、土壤盐度(Nawar et al., 2014)、地表净辐射(Jiang et al., 2016a)、地上生物量(Filippi et al., 2014)、土壤有机碳含量(Liess et al., 2016)、叶绿素浓度(Gholizadeh et al., 2015)和积雪覆盖率(Kuter et al., 2018)的反演等。

2. 优化算法

优化反演是早期估算地表参量的主要反演方法(Liang, 2004)。它主要基于物理模型(例如冠层辐射传输模型)，通过多次迭代的方法不断调整模型参数(x)，使得基于一个或多个辐射传输模型的模型计算值 $H(x)$ 与卫星观测值(y)之间的差异不断减小。其在数值上的差异通常用代价函数 $J(x)$ 来表达。迭代过程的目的是使得代价函数取得最小值。

$$J(x) = \left[H(x) - y \right]^{T} R^{-1} \left[H(x) - y \right] + J_0 \qquad (1.1)$$

其中，R 是观测误差的协方差矩阵；J_0 是限制项，用来强制估计值尽可能接近背景值(或取值范围)。这些背景值或取值范围可能来自现有卫星数据的气候资料、野外观测或其他先验知识。

以下是使用这种方法的一些例子。该方法在早期被广泛用于估算冠层和土壤性质(Goel and Grier, 1987; Liang and Strahler, 1993a; Liang and Strahler, 1994)，以及地表温度(Liang, 2001)。He 等(2012)应用优化方法估算气溶胶光学厚度和表面 BRDF 参数，进一步用在从 MODIS 大气层顶观测中计算地表反照率。Zhang 等(2018)进一步扩展了该方法用于入射太阳辐射的估算。

目前，还没有使用优化方法生成的全球陆表卫星产品。其中一个主要原因是其计算成本高，因为它在反演过程中迭代运行辐射传输模型。最近有研究旨在开发各种仿真技术，即使用计算上成本较低的仿真器来替换原始辐射传输模型并提供模型输出轨迹的近似值。仿真器已经在许多学科得到了应用(Castelletti et al., 2012; Conti et al., 2009; Lucia et al., 2004; Machac et al., 2016)。有两种不同的仿真方法：动态仿真和统计仿真。动态仿真是原始动态模型的一种简化表示。比如，Xiao 等(2015)在同时估算多种地表参量时，用简单微分方程表示 LAI 随时间的变化，代替了复杂的地表动态模型(如动态植被模型)。统计仿真则首先通过调整所有的关键参数获取综合全面的模型模拟值，再基于统计方法将输入参数与模型模拟值关联。Verrelst 等(2016)在对辐射传输模型进行的全局敏感分析中，探索了用三种机器学习回归算法(核岭回归、神经网络和高斯过程回归)来近似表现三种辐射传输模型的功能(叶片辐射传输模型 PROSPCT-4，冠层辐射传输模型 PROSAIL 和大气辐射传输模型 MODTRAN5)，结果表明，使用原始辐射传输模型需要一个月才能完成的敏感性分析可以在几分钟内完成。Gomez-Dans 等(2016)发展了高斯过程统计仿真器，其可准确近似于冠层辐射传输模型(PROSAIL 和 SEMIDISCRETE)以及大气辐射传输模型(6S)。这一仿真器可以提供快速简便的方法来估计原始模型的雅可比行列式，从而使得一些优化算法(如有效梯度下降方法)得以运用。Rivera 等(2015)发展了一个名为 SCOPE 的统计仿真器工具箱，使多元输出机器学习回归算法在 MATLAB 中使用，从而用于近似辐射传输模型。Akbar 和 Moghaddam(2015)应用可调节的全局优化方法从具有相同空间分辨率的主动雷达和被动辐射计微波数据组合中估算土壤水分。类似的方案也适用于土壤湿度和粗糙度的估算(Akbar et al., 2017)。

3. 查找表(Look-up Table, LUT)算法

优化算法如果用于海量遥感数据的反演过程,需要考虑其昂贵的计算成本,并且计算速度也会非常慢,因此高效率的 LUT 算法在反演中得到了广泛应用。LUT 方法预先在模型中输入参数的所有可能组合,以此获取各种条件下的反射率模拟数据。这样,最耗时的运算就可以在反演算法执行之前完成,进而将反演的计算问题压缩为搜索 LUT,找到与待反演观测参数集最为接近的模型模拟反射率值。

为了使估算的参数精度高,一般的 LUT 方法建立的表的维数必须够大,从而造成在线搜索的速度很慢。并且,LUT 方法需要固定许多参数。为了降低 LUT 维数以提高搜索的速度,就采用经验函数拟合 LUT 的数值,使得搜索 LUT 的过程变为对局部函数的简单计算,或简单的线性回归计算,而不需要在表中依次搜索。

为了降低查找表维数以提高搜索的速度,Gastellu-Etchegorry 等(2003)开发了经验函数以拟合查找表的值,使得表搜索过程成为局部函数的简单计算。Hedley 等(2009)发展了一种名为自适应 LUT 方法,它依赖于后处理步骤将数据组织成二进制空间分区树,这有助于形成一个有效的反演搜索算法。

由于 LUT 简单且易于实施,该方法现阶段依然被广泛使用,最新的例子包括多种参量的反演,如叶面积指数(Banskota et al., 2015; Qu et al., 2014c; Tao et al., 2016a; Yang et al., 2017)、叶绿素浓度(Darvishzadeh et al., 2012; Darvishzadeh et al., 2008)、基于 LiDAR 数据的作物生物物理参数(Ben et al., 2017)、植被覆盖度(Ding et al., 2016)、草地燃料水分含量(Quan et al., 2016)、土壤水分(Bai et al., 2017)、积雪深度(Che et al., 2016)、地表宽波段发射率(Cheng et al., 2017)以及地表入射太阳辐射(Zhang et al., 2014a)等。

4. 直接估算法

直接估算法与 LUT 算法非常相似,但主要区别在于用回归分析取代 LUT 搜索(Liang 2003; Liang et al., 1999)。该方法的第一部分与 LUT 方法几乎相同,即运用前向辐射传输模型模拟大气层顶反射或辐射值,然后将需要反演的参数与模拟的反射/辐射值建立回归,通过该回归函数而不是搜索 LUT 进行反演。这种方法有时被称为混合反演算法,因为它结合了辐射传输模型模拟(物理部分)和回归分析(统计部分)。图 1.22 说明了如何用直接估算方法估算地表反照率。

Liang 等(2005)应用这种方法从 MODIS 数据估算地表雪反照率,首先基于太阳入照和传感器观测几何信息建立角度组合,并在每个组合中使用模拟数据训练线性回归方程,再在对应的角度组合中应用线性回归函数反演。这种地表反照率估算的算法已经用不同的遥感数据测试,如 MODIS(Wang et al., 2015c)、Landsat 数据(He et al., 2018)、AVIRIS (He et al., 2014b)和中国 HJ 数据(He et al., 2015a)等。并且,该方法已用于生产现有的一些全球陆地地表反照率产品,例如由 MODIS 数据生产的 GLASS 反照率产品(Liang et al., 2013c; Qu et al., 2016; Qu et al., 2014a)以及 VIIRS(Visible Infrared Imager Radiaometer Suite)反照率产品(Wang et al., 2013a; Zhou et al., 2016)。与传统的反照率估算算法相比,直接估算法不需要经过了大气校正的地表反射率数据,此外,它也不需要一段时间内的累积观测数据用于表面 BRDF 建模,而通常这些数据不能反映快速的表面变化。

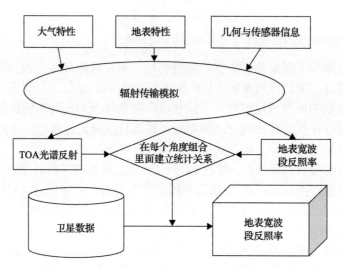

图 1.22　从卫星数据直接估算陆表反照率的图示说明

最近这种方法也被用于地表短波净辐射(He et al., 2015b; Kim and Liang, 2010; Wang et al., 2015a; Wang et al., 2015b; Wang et al., 2014)，以及大气层顶短波反照率和辐射通量的估算(Wang and Liang, 2016; Wang and Liang, 2017)。

5. 数据同化方法

以上小节所介绍的地表参量的估算方法，均使用了不同的遥感数据源，因此多个参量的估算值之间可能不能满足物理意义的一致性。多数算法不能利用多时相观测数据的优势，也不能处理不同空间分辨率的观测数据。尤其值得注意的是，这些方法只能估算对某一传感器接收的辐射有显著影响的那些参量。但在许多情况下，我们还需要估算那些不与辐射直接相关的参量。

针对遥感反演的病态问题(即未知参数的个数远大于观测值及多波段数据高度相关)，和井喷式增加的遥感观测数据，对多源数据进行简单的配准和组合利用的数据融合技术应该是一种可行的解决方法。数据同化(Data Assimilation, DA)方法可使用一个时间窗口内所有可用的信息来估算地表模型中的多个未知参量(Liang, 2007; Liang et al., 2013a; Liang and Qin, 2008)，这些能够引入的信息包括观测数据和已有的相关先验信息，以及更重要的有理论解释的描述所涉及系统的动态模型。

数据同化方法通常包括以下几个组成部分：①前向动态模型，描述状态变量(如表面温度、土壤水分和碳存储量)随时间的变化；②遥感观测模型，可关联状态变量的模型估算值和卫星观测数据；③目标函数，将模型参量估算值和观测数据基于相关先验信息和误差结构组合而成；④优化方案，用来调整前向模型参数或状态变量，使模型估算和卫星观测值之间的差异达到最小；⑤误差矩阵，用于表达观测数据、模型和背景信息(通常包含在目标函数中)的不确定性。

地表参数反演的 DA 过程不仅可以整合具有不同特征的遥感数据(多光谱、多角度和多时相)，还可以整合各种测量数据和先验知识(Lewis et al., 2012; Liang and Qin, 2008)。

DA 与之前介绍的优化方法的主要区别在于，它必须依赖于动态方程，该方程可以是物理模型，例如作物生长模型，也可以是统计模型。数据同化的近期应用包括估算土壤湿度(Chen et al., 2015b; Fan et al., 2015; Han et al., 2015; Qin et al., 2013; Qin et al., 2015; Yang et al., 2016)、水文参数(Lei et al., 2014; Xie et al., 2014)、热通量(Wang et al., 2013b; Xu et al., 2015; Xu et al., 2014)、碳通量(Liu et al., 2015a)和作物产量(Cheng et al., 2016; Huang et al., 2015a; Huang et al., 2016; Huang et al., 2015b)等。

最近提出了一种新的遥感数据同化方法，该方法可以同时估算一套改进的陆表产品，图 1.23 所示为该方法的框架。与传统的反演方法相比，该方法具有几个独有的特征：利用多源卫星数据，特别是时间序列的观测数据；能够纳入先验知识和各种约束；通过利用单个算法的优势，调整多个反演算法的集合来估算相同的地表参量。更重要的是，这种方法同时使用直接和间接的方法估算地表参量。能够被直接估算对观测的辐射/反射率数据最敏感的地表辐射传输模型中的关键参数，同时其他参数(例如 FAPAR 和地表反照率)也能作为间接反演的结果被计算出来。一系列实验证明该方法的稳健性很好(Liu et al., 2014; Ma et al., 2017a; Ma et al., 2018; Ma et al., 2017b; Shi et al., 2017; Shi et al., 2016; Xiao et al., 2015)。然而，该方法的缺点是计算成本昂贵，目前无法用于全球产品的生成。如果大气层顶(Top of Atmosphere, TOA)观测数据被直接同化(Shi et al., 2016)，则计算量更大。计算机仿真技术将来可用于解决这一问题(Gomez-Dans et al., 2016; Rivera et al., 2015)。

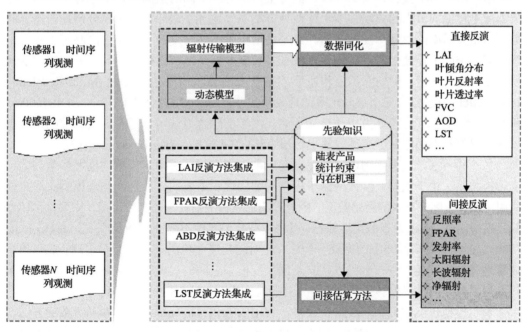

图 1.23　一个可同时估算一系列陆表参量的数据同化反演方案

6. 时空尺度转换

具有不同空间分辨率的遥感数据也具有不同的时间分辨率。一般而言，高空间分辨率数据的时间分辨率较低。例如，Landsat 具有 30 米空间分辨率的多光谱光学数据，但其搭载卫星重访周期为 16 天，并且云污染导致有效观测数据的时间分辨率更低。相反，MODIS 数据具有更高的时间分辨率而其空间分辨率更低。通过组合不同空间分辨率的数据，我们能够生成具有高空间和时间分辨率的新数据产品。

Gao 等(2006)提出一种新的时空自适应反射率融合模型(Spatial and Temporal Adaptive Reflectivity Fusion Model, STARFM)，该方法利用了高空间分辨率低时间分辨率 Landsat 数据和高时间分辨率低空间分辨率的 MODIS 数据，可生产出一套类似于 Landsat 空间分辨率30m 的日均反照率产品。Zhu 等(2010)提出了 STARFM 的增强版(ESTARFM)算法。类似的想法也被应用于生产高时空分辨率的陆表温度产品(Moosavi et al., 2015; Weng et al., 2014)。这些方法在文献中被称为时空数据融合方法(Chen et al., 2015a; Wu et al., 2015; Zhang et al., 2015)。

如果我们需要生产多种空间分辨率的高级产品，我们需要不同的方法。第一种情况是，如何用同时获得的具有不同空间分辨率的遥感数据来估算高级产品。理论上，我们可以对它们分别进行反演。但是，如果我们将多个空间分辨率的观测值结合起来进行联合反演，那么不同尺度的相关信息相互传递就可以提高反演精度。比如，Jiang 等(2016b)使用集合多尺度滤波器有效地提高了基于 ETM+ 和 MODIS 数据的 LAI 的反演精度。De Vyver 等(2009)用尺度递归估计法估算降水量。这些多尺度估计过程可以由"树"结构表示。所有网格覆盖相同的区域，但每个网格对应不同的空间分辨率。每个节点与更精细或更粗糙的节点相关联。多尺度估计方法不停地上下循环，运用高分辨率的信息向上更新粗分辨率的信息，反之亦然。第二种情况是不同尺度的卫星反演产品可能存在系统误差、空间不连续性和不确定性。融合多尺度数据产品，这样不同尺度的信息就能被用来提高每个尺度上的估算精度和质量。He 等(2014c)采用多分辨率树(Multi-Resolution Tree，MRT)方法整合三个不同尺度的地表反照率产品：MISR(1100m)，MODIS(500m)和 ETM +(30m)。这些研究工作证明了多尺度数据融合方法可以填补缺失的数据，减少系统的误差和不确定性。这种方法也被用于整合 FAPAR 产品(Tao et al., 2017)。

另一种方法，是基于物理原理建立适用于不同空间分辨率的模型或模型参数间的尺度转换关系。由于遥感尺度效应源于模型的非线性和地表的异质性，物理模型不一定能适用于所有空间分辨率的遥感数据。因此在用遥感模型估算地表参量之前，先要评价模型的尺度适用性，认识模型的尺度特征，可将模型分为尺度不变的或随尺度变化的(Li et al., 2000)。根据遥感产品要求的空间分辨率，先对随尺度变化的模型进行尺度纠正，再用于估算地表参量产品。进一步可以建立不同尺度模型之间的尺度转换关系，或直接建立不同模型参数之间的尺度转换关系，用于不同空间尺度产品间的尺度转换。

表示模型尺度效应和尺度转换关系，常用的方法有，分数维法、泰勒级数展开法、直方变差图法等。Li 等(1999)以地表温度的遥感估算为例，用普朗克定律的泰勒展开法表达同温亚像元发射率与非同温像元发射率的关系，建立了非同温表面等效发射率模型(详见第 7 章)；进而以模拟的山谷像元场景为例证明了像元内部三维结构导致的尺度效应，并用几何光学模型解释不同尺度模型参量的变化(Li et al., 2000)。李小文和王祎婷(2013)进一步提出了遥感尺度效应与尺度转换研究，可以参考自然地理学"自上而下的演绎方法和自下而上归纳方法的结合"研究"尺度综合"思路。针对遥感产品的真实性检验，张仁华(2016)等讨论了遥感产品尺度效应的普适性表达途径，给出了几种数学表达形式，和信息分维尺度转换方法在 LAI 反演验证中的应用实例，刘良云(2014)讨论了不同产品间尺度差异的来源和升尺度转换方法。阎广建在 2012～2017 年国家 973 项目专著(李增元等，2019)第 3 章中总结了有关遥感空间尺度效应及尺度转换的一系列研究成果，针对叶面积指数的间接测量提出了有效的改进方法(Hu et al., 2014; Yan et al., 2016)。范闻捷等(2010)发展了基于空间尺度转换同步反演作物播种面积和叶面积指数的方法。针对遥感数据的地学应用，李新等分析了在陆表系统模拟和观测的不确定性中观测参量的尺度代表性引起的误差，和在流域水文研究中解决升尺度问题的方法(李新，2013；程国栋和李新，2015)。

这种方法的特点，是对反演参量空间分辨率的针对性强，基于模型的尺度特征或模型参数间的尺度关系，从原理上实现模型和产品的尺度转换。遥感尺度问题来源于基本物理定律和原理的产生基础与遥感数据观测尺度的不一致，也因此成为遥感科学的本质问题，但对遥感尺度问题的认识，发展普适可行的尺度转换方法，还需进一步研究。

7. 正则化方法

为了克服病态反演的问题，可以采用各种正则化方法(Delahaies et al., 2017; Laurent et al., 2014)通过增加信息量增强反演的稳定性和精度，如利用多源数据和先验知识。

1)使用多源数据

现代遥感技术的发展需要搭载在不同平台上的不同传感器获取的不同空间、时间和辐射分辨率的海量遥感观测数据来监测地球环境的变化。地球静止卫星数据由于其高时间分辨率和相对低的波谱分辨率(波段少)的特点，能够用于揭示许多系统中参数的日变化，而极轨卫星通常有高的波段分辨率和能够全球覆盖，但时间分辨率比较低。不同的传感器有不同的波段设定、观测角度、时间和空间分辨率，因此在不同的应用中具有各自的优势。多种不同遥感数据的综合利用正成为一种新的趋势，可增加已知信息，从而提高陆表参数反演的准确性。

许多研究项目的工作显示，整合多源遥感数据得到的产品精度明显高于基于单一传感器数据反演的产品。通常，根据数据特征有三种类型的融合方式：

(1)整合基于类似原理获得的相似空间分辨率的数据，例如，都来自极轨卫星和/或地球静止卫星的不同传感器的多光谱数据，如粗分辨率(MODIS/MERIS/VIIRS/MISR)和高分辨率(ETM+/SPOT...)数据；

(2)整合不同空间分辨率的数据；

(3)整合使用不同原理传感器获得的数据。

比如，Sun 等(2011)证明了激光雷达数据和 SAR 图像联合用于森林生物量估算的潜力。后续研究进一步探讨了综合使用激光雷达、SAR 和多光谱影像(Landsat)数据来实现全球森林生物量的精确制图(Montesano et al., 2013)。其他森林生物量制图的研究也证明了整合多光谱数据和 LiDAR 数据的有效性，多光谱数据可以有效地将离散的 LiDAR 测量的森林结构的三维信息扩展到远大于 LiDAR 足迹的其他空间尺度(Pflugmacher et al., 2014; Zhang et al., 2014b)等。

2) 先验知识的使用

任何对像元值有影响的先验信息都有助于提高反演的精度和稳定性。先验知识是支持成功实现遥感反演的重要信息来源(Li et al., 1998，2001)。Cui 等(2014)证明，在观测数量不足或者角度分布很差的情况下，结合先验知识和正则化反演方法，通过线性核驱动二向反射分布函数(Bi-Directional Reflectance Distribution Function，BRDF)模型，能够稳健地估算地表反照率。

先验知识的生成是第一步。先验知识可以来自观测数据，专家知识或各种现有的数据产品。通过分析地表观测、现有卫星数据产品的时间和空间分布或数值模型的模拟值等，都可以生成反演需要的先验知识。陆表产品的先验知识主要由统计值、统计约束和地表变量之间的内在固有的物理相关性组成。统计值包括陆表产品的年平均值和方差，以及它们的时间和空间分布，例如，地表温度、发射率、宽波段反照率和 LAI 之间的经验关系。

有许多数学方程可用于表征植物生长曲线(Tsoularis and Wallace，2002)，例如经典的傅里叶函数描述 NDVI(Hermance，2007; Zhou et al., 2015)和地表温度(Xu and Shen, 2013)的动态变化。Logistic 函数已用于 LAI 反演(Qu et al., 2012)，双重 Logistic 函数也常用于表征植被指数的年变化(Beck et al., 2006; Fisher, 1994; Zhang et al., 2003)。

贝叶斯原理可用于将先验知识有效地结合到反演过程中(Qu et al., 2014c; Shiklomanov et al., 2016; Varvia et al., 2018)。贝叶斯网络方法已被用于反演 LAI 和其他参数(Qu et al., 2014b; Quan et al., 2015; Zhang et al., 2012)。大多数使用贝叶斯网络方法的研究都假设要反演的变量是相互独立的，但 Quan 等(2015)考虑了变量之间的相关性。Laurent 等(2014)通过结合先验知识和耦合植被大气辐射传输模型使用贝叶斯反演算法估算了 LAI 和其他参数。李小文提出将贝叶斯反演方法进一步扩展到对多种时空分辨率地表要素的估算框架，用地表环境要素信息、站点观测和过程模型相结合构建遥感趋势面的先验知识，用新的遥感产品数据对地理要素趋势面在时间、空间两个尺度上进行调整，通过贝叶斯定理更新先验趋势面为后验趋势面，生成应用需要时空分辨率的地表要素产品(王祎婷等，2014)。

许多卫星产品有缺失值和"噪声"，在进行统计分析之前，这些都需要进行填充和平滑处理。已有的研究利用了基于多个卫星数据产品获取的先验知识，比如，反照率(Fang et al., 2007; He et al., 2014a; Moody et al., 2005; Zhang et al., 2010)、叶面积指数(Fang et al., 2013; Fang et al., 2008b)、FAPAR 和植被覆盖度(Verger et al., 2015)、陆表温度(Bechtel, 2015)、海表温度(Banzon et al., 2014)、地面辐射(Krahenmann et al., 2013; Posselt et al., 2014)、气溶胶光学特性(Aznay et al., 2011)、土壤湿度(Owe et al., 2008)、雪/冰覆盖(Husler et al., 2014)、地表覆盖(Broxton et al., 2014)以及植被季节变化(Verger et al., 2016)等。

3) 时空约束

卫星对地球表面特定位置的观测是周期性的，并且当前用于估算地表特征参量的反演算法主要使用特定时间的观测数据。然而，许多地表变量随时间变化，例如叶面积指数，表面温度和短程地表短波辐射。仅依赖于离散时刻卫星观测的反演不能有效地捕获时间变化信息。因此，发展先进反演算法的解决方案之一是通过耦合表面动态过程模型和辐射传输模型来反演地表参量的时间序列，其中动态过程模型描述陆地表面参量随时间的变化，辐射传输模型关联地表状态变量与卫星传感器获取的辐射观测值。

时间约束应用于从遥感时间序列数据反演地表参数，需要假设一些参数是常数，而一些参数随时间变化(Houborg et al., 2007; Lauvernet et al., 2008)，或假设参数(如叶面积指数)遵循一定的季节变化模式，或者在时间上是平滑的(Quaife and Lewis, 2010)。时间序列遥感观测和地表参量的动态变化特征都可以用随时间变化的模型来描述，并可以作为时间约束条件，用于改进具有周期性变化特征地表参量的反演精度，补充对缺少观测时刻数据的地表参量估计(Tian et al., 2015；Zhou et al., 2017；Wang et al., 2019)，还可用于对森林干扰信息的探测(Wang et al., 2017)。在国家 973 项目成果专著(李增元等，2019)第 4 章中，总结了有关遥感动态特征模型与时间尺度扩展的研究进展。

空间约束应用于小邻域的数据序列。假设某些参数在空间上是均一的(例如相同的土地覆盖类型)，把这些像素聚集可以减少未知变量的个数(Atzberger, 2004; Laurent et al., 2013)。例如，作物 LAI 反演运用 3×3 窗口作为约束(Atzberger and Richter, 2012)。在大气校正中，通常假设整景影像是一个窗口可共用一组大气光学参数，但有时整景影像被分成多个窗口，每个窗口要估算的大气参数相同。空间平滑度也用于约束参数反演，类似于时间平滑约束的情况(Wang et al., 2008)。

4) 算法集成

目前，大多数卫星产品的生产，对每一产品都是采用对此产品"最佳"算法生成的。由于不同的算法通常具有不同的特征，因此很难确定哪个算法"最佳"。结果容易导致系统偏差，并且这些产品在不同条件下的精度在不同地区也差别很大。算法集成通过整合一组算法的输出，可以大大提高反演的精度和稳定性。

这种方法首先应用于 GLASS 产品的开发(Liang et al., 2013c)。GLASS 陆表反照率产品是两种算法整合后生产的(Liu et al., 2013a; Liu et al., 2013b)，GLASS 蒸散产品是综合了五个算法的结果(Yao et al., 2014)。

贝叶斯模型平均(Bayesian Model Average，BMA)方法被用于整合多个下行长波辐射模型(Wu et al., 2012)。该类方法还有许多其他示例(Chen et al., 2015d; Kim et al., 2015; Shi and Liang, 2013a, b; Shi and Liang, 2014)。

1.7　高级数据产品的生产、归档和分发

基于如上概述的反演方法将卫星观测数据转换成高级的生物/地球物理参量产品，必须通过一套生产系统来实现。即使收集了卫星观测数据并确定了反演算法，由于数据量巨大，也不能直接生产高级产品，因此必须要建立数据信息系统。例如，美国国家航空航天局主要的地球科学信息系统是自 1994 年 8 月以来一直运行的地球观测系统数据和信息系统(Earth Observing System Data and Information System，EOSDIS)。EOSDIS 基于卫星数据获取、处理、存档和分发地球科学数据和信息产品，每天处理超过四万亿字节(4TB)的数据量。高性能计算能力可支撑的信息系统也越来越多。

EOSDIS 采用的数据产品分级的定义如下。对于有些观测仪器，没有与 Level-1A 级产品有明显区别的 Level-1B 级产品。在这种情况下，Level-1B 级数据可假定为 Level-1A 级数据。简要定义如下：

Level-0 级：重建的、未经处理的观测仪器/有效载荷获取的全分辨率数据，任意或全部的通讯记录，如同步帧、通信头标记、被删除的重复数据。在大多数情况下，这些数据是由 EDOS 提供给 DAAC 作为生产数据集，由 SDPS 在 DAAC 处理或由 SIPS 生产高级产品。

Level-1A 级：重建的、未经处理的仪器获取的全分辨率数据，有参考时间，并有辅助信息标注，包括辐射和几何标定系数以及地理参数，如平台星历、计算的和添加的但没有用于 Level 0 级的数据。

Level-1B 级：已处理为传感器单位的 Level-1A 级数据(并非所有传感器都有相当于 Level-1B 级数据)。

Level-2 级：反演的地球物理变量，与 Level-1 级数据具有相同空间分辨率和坐标。

Level-3 级：在统一的时空网格尺度的变量图，通常具有一定的完整性和一致性。

Level-4 级：模型输出或出自较低级别数据的分析结果，例如，从多次测量导出的变量。

对海量数据和产品的存档和分发也是具有挑战性的工作，作为用户，我们有几种方式来搜寻感兴趣的地球观测数据。

NASA 地球科学信息在美国各地的分布式存档中心 DAAC 存档(图 1.24)。存档中心是按照主题区域进行分类，并将他们的数据提供给世界各地的研究人员使用。几乎所有的 EOSDIS 数据都在网络上发布，人们可以通过 ftp 或者 https 的方式来获取。

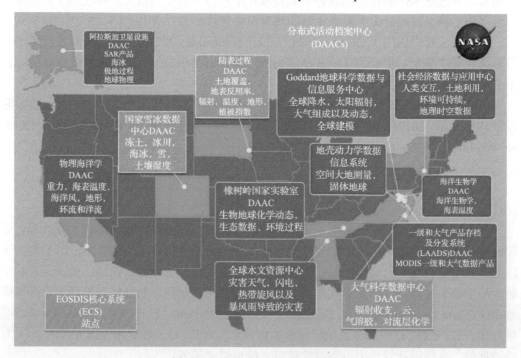

图 1.24　NASA DAAC 的分布情况

NASA 的全球影像浏览服务(Global Imagery Browse Services, GIBS)可以快速提供超过 800 个卫星影像产品,覆盖整个世界范围。绝大多数影像在卫星过境后几小时内就能获取,有些产品已经持续了接近 30 年,这些影像可以用于网页客户端或者 GIS 应用中。

NASA 的陆地与大气近实时的地球观测系统(Land Atmoshpere Near real-time Capatility for EOS, LANCE)利用 NASA 的一些传感器提供近实时的影像和高级产品,包括 AIRS、AMSR2、LIS(ISS)、MISR、MLS、MODIS、MOPITT、OMI 以及 VIIRS,它们都能够在卫星观测后 3 小时内获得。

ESA 分发从 EO 计划、三方计划、ESA 活动和哥白尼太空部门提供的地球观测数据,以及从若干卫星和仪器中获取的观测样本和辅助数据(https://earth.esa.int/web/guest/data-access),该分发是基于不同的数据管理政策和不同的访问机制。

中国的卫星数据通过一些机构存档与发布,比如中国气象局(Chinese Meteorological Administration)主要负责气象卫星数据发布(http://www.cma.gov.cn/en2014/satellites/),中国资源卫星数据与应用中心(China Centre for Resources Satellite Data and Application)主要负责其他陆地遥感卫星数据的发布(http://www.cresda.com/EN/)。中国国家地球系统科学数据共享服务平台(China National Data Sharing Infrastructure of Earth System Science)(www.geodata.cn)负责发布中国主要的研究项目所生产的数据产品,包括地面测量数据、高级遥感产品和模型模拟数据。该平台创建于 2004 年,目前中国有超过四十家研究所(包括多家区域数据中心)上传了数据。

CEOS 国际目录网络(International Directory Network,IDN)提供了获取全世界地球科学数据的途径(https://idn.ceos.org/),它作为全世界共同努力的成果,旨在协助研究人员在可用的数据集中寻找信息。

除了从服务年限有限的卫星数据生产高级产品的航天机构外,一些大学和研究所的研究团队也在利用多源卫星数据生产高级卫星产品,例如,GLASS 产品系列最开始包括五种产品(Liang et al., 2013b; Liang et al., 2013c),最近扩展到了十二种产品(表 1.8),这些产品基于 AVHRR、MODIS 以及其他的卫星数据生产。

表 1.8　GLASS 产品(2019 年)及其时空属性

序号	产品	时间范围	空间范围	时间分辨率	空间分辨率
1	叶面积指数	1981~2018	全球陆表	8 天	2000 年前 5km, 2000 年后 1km
2	宽波段反照率	1981~2018	全球	8 天	2000 年前 5km, 2000 年后 1km
3	宽波段发射率	1981~2018	全球陆表	8 天	2000 年前 5km, 2000 年后 1km
4	植被光合有效辐射	2000~2018	全球陆表	每天	5km
5	下行短波辐射	2000~2018	全球陆表	每天	5km
6	长波净辐射	1983, 1993, 2003, 2013	全球陆表	8 天	2000 年前 5km, 2000 年后 1km
7	全波段净辐射	2000~2018	全球陆表	每天	5km

序号	产品	时间范围	空间范围	时间分辨率	空间分辨率
8	陆表温度	1983, 1993, 2003, 2013	全球陆表	瞬时	2000 年前 5km, 2000 年后 1km
9	植被光合有效辐射吸收比	1981~2018	全球陆表	8 天	2000 年前 5km, 2000 年后 1km
10	植被覆盖比	1981~2018	全球陆表	8 天	2000 年前 5km, 2000 年后 1km
11	蒸散发	1981~2018	全球陆表	8 天	2000 年前 5km, 2000 年后 1km
12	总初级生产力	1981~2018	全球陆表	8 天	2000 年前 5km, 2000 年后 1km

更多关于数据、产品生产和分发系统的详细介绍参见第 22 章。

1.8　产品验证

验证是信息提取的关键一步。不了解产品的精度，高级产品不能被放心地使用，因此产品的适用性也会受到限制。随着多种类的陆表产品的出现，用户需要知道产品不确定性的定量信息，以便于根据他们的特定需求来选择最适用的产品或产品组合。由于遥感观测一般都会与其他信息源或过程模型同化结合使用，因此遥感产品的精度评价很有必要。向用户提供定量化的精度信息，可以最终为产品研发人员提供必要的反馈以用于提高产品质量，并可能为融合生成一致的长时间序列表面产品提供方法。

地表产品的验证依赖于地面测量数据，而地面测量工作即耗时，成本也高。由于验证工作的重要性，验证工作必须有整体遥感研究人员的共同努力。验证方法、仪器、测量数据和结果的共享帮助实现成功和进步。产品验证中的关键问题是在异质地表的地面"点"的测量数据与公里尺度像元值之间的不匹配。使用高分辨率遥感影像数据将"点"测量值做升尺度转换，是解决这个问题的关键。Loew 等（2017）综合介绍了卫星验证的最先进的方法，记录了这些方法的异同，本书的其他相关章节中也将介绍不同的高级地表产品验证的细节。

1.9　遥感应用

从遥感观测可以生成综合全面的、近实时的环境数据、信息和分析资料，这项重要的技术可为广大用户服务，还使决策者能更有效地应对现代多种环境问题的挑战。遥感信息可用于很多方面（Balsamo et al., 2018; Pasetto et al., 2018），我们可以把这些信息分为以下几类，如图 1.25 所示：

（1）检测和监测。长时间序列的单个或组合的高级产品可用于描述由自然变化和人类活动引起的地表动态，例如，用于全球"绿化"趋势研究的叶面积指数（Zhu et al., 2016），用于区域和全球气候变化研究的积雪覆盖和地表反照率（Chen et al., 2015c; He et al., 2014a; He et al., 2013）。

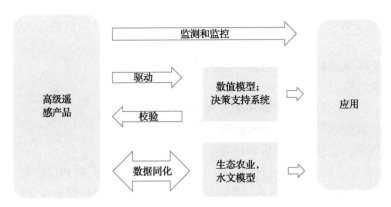

图 1.25 高级遥感产品的应用领域

(2)驱动数学模型和用于决策支持系统。卫星产品已被用作各种模型的输入,比如生态模型(Pasetto et al., 2018)、水文模型(McCabe et al., 2017)、数值天气预报模型(Fang et al., 2018)、地球系统模型(Balsamo et al., 2018; Simmons et al., 2016),或者决策支持系统(Mohammed et al., 2018; Murray et al., 2018; Rahman and Di, 2017)。

(3)模型模拟值验证。数值模型中可能不会使用卫星产品,但它们的模拟结果用卫星产品验证,比如土壤水分(Gu et al., 2019)、降水(Tapiador et al., 2018)、温度(Ouyang et al., 2018)以及储水量(Zhang et al., 2017b)等。

(4)用于数值模型同化。数值模型通常包含许多参数,这些参数可能是随空间变化的,难以预先定义。数据同化方法通过迭代匹配模型模拟值与卫星产品来调整这些参数(Liang et al., 2013a; Liang and Qin, 2008)。因此,模型可以生成时空连续的模拟值(卫星产品通常是不规律的),例如土壤湿度(Qin et al., 2009),或者模拟不能直接观察到或从遥感数据中获得的变量,例如碳通量(Scholze et al., 2017)和粮食产量(Fang et al., 2008a; Huang et al., 2019; Jin et al., 2018)。

图 1.26 描绘了从遥感观测和其他站点数据到社会效益的信息联系和流动方式。数据可用于驱动、校准和验证模型和决策支持工具。本书的最后三章说明了不同的遥感数据和产品如何用于监测土地覆盖和土地利用变化以及评估其对环境的影响。

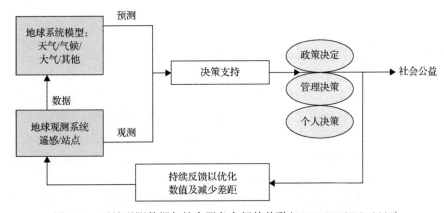

图 1.26 对地观测数据与社会服务之间的关联(CENR/IWGEO, 2005)

GEO 定义了协调的地球观测系统可产生的具有明显社会效益的九大领域如图 1.27 所示，比如：

(1)了解影响人类健康和幸福的环境因素；

(2)改善能源资源的管理；

(3)认识、评估、预测、减轻和适应气候变异和变化；

(4)进一步理解水循环，改善水资源管理；

(5)改进气象信息获取、预报和预警。

在这些社会受益领域中存在一些复杂的问题，与许多不同的利益者相关。在每个领域都有多种变量的观测需求，包括对变量的精度、空间和时间分辨率和交付速度等要求。这些社会受益领域现阶段的成熟程度与用户需求、观测要求的确定和协调系统的实现有关，因此差别很大。

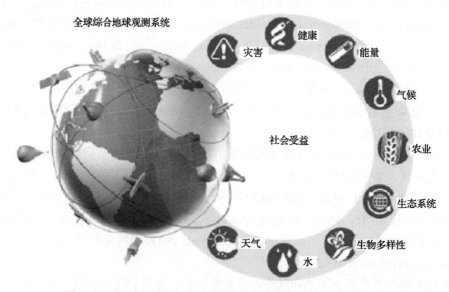

图 1.27　全球综合地球观测系统中的社会受益情况(GEO, 2005)

1.10　小　　结

工程硬件的重大进展使得遥感平台和传感器系统有了显著的改进，如对信噪比、分辨率、定位精度、几何和光谱辐射的完整性和标定等的改进。遥感观测提供的海量数据给我们带来了巨大的挑战。为理解地表辐射机理，在物理模型发展的研究领域已有很大的投入，其中有些模型已应用在从卫星观测估算地表参量的算法中。然而，仍然迫切需要发展适用于从卫星数据反演地表参量的实用性强和计算简化的表面辐射模型。地表参数的反演通常为非线性的病态问题，通过引入先验知识以及集成多源数据，利用更多的空间和时间约束等解决这一问题是未来研究的主要方向。

尽管遥感数据产品现已得到广泛使用，但遥感技术的发展和应用之间仍没有得到很好的衔接。遥感科学家们发展的一些遥感产品还没有得到广泛的应用，而地表过程模型和决策支持系统所需要的很多变量也还没有成功生产，并且已有数据产品的精度和应用需求有时可能还不一致。新型传感器、数据处理和网络技术的融合发展将促进遥感数据产品的成功应用。增进遥感科学和应用的结合将对遥感和相关学科的发展十分有益。

<h1 style="text-align:center">参 考 文 献</h1>

程国栋, 李新. 2015. 流域科学及其集成研究方法. 中国科学: 地球科学, 45: 811-819

范闻捷, 闫彬彦, 徐希孺. 2010. 尺度转换规律与同步反演作物播种面积和叶面积指数. 中国科学: 地球科学, 40(12): 1725-1732

李小文, 王祎婷. 2013. 定量遥感尺度效应刍议. 地理学报, 68(9): 1163-1169

李新. 2013. 陆地表层系统模拟和观测的不确定性及其控制. 中国科学: 地球科学, 43: 1735-1742

李增元, 柳钦火, 阎广建, 等. 2019. 复杂地表定量遥感模型与反演. 北京: 科学出版社

刘良云. 2014. 植被定量遥感原理与应用. 北京: 科学出版社

王祎婷, 谢东辉, 李小文. 2014. 构造地理要素趋势面的尺度转换普适性方法探讨. 遥感学报, 18(6): 1139-1146

张仁华. 2016. 定量遥感若干关键科学问题研究. 北京: 高等教育出版社

AhmadK A, Stephen H. 2010. Estimating soil moisture using remote sensing data: A machine learning approach. Advances in Water Resources, 33: 69-80

Ahmed O S, Franklin S E, Wulder M A, et al. 2015. Characterizing stand-level forest canopy cover and height using landsat time series, samples of airborne LiDAR, and the random forest algorithm. ISPRS Journal of Photogrammetry and Remote Sensing, 101: 89-101

Akbar R, Cosh M H, O'Neill P E, et al. 2017. Combined radar-radiometer surface soil moisture and roughness estimation. IEEE Transactions on Geoscience and Remote Sensing, 55: 4098-4110

Akbar R, Moghaddam M. 2015. A combined active-passive soil moisture estimation algorithm with adaptive regularization in support of SMAP. IEEE Transactions on Geoscience and Remote Sensing, 53: 3312-3324

Atzberger C. 2004. Object-based retrieval of biophysical canopy variables using artificial neural nets and radiative transfer models. Remote Sensing of Environment, 93: 53-67

Atzberger C, Richter K. 2012. Spatially constrained inversion of radiative transfer models for improved LAI mapping from future Sentinel-2 imagery. Remote Sensing of Environment, 33: 208-218

Axelsson C, Skidmore A K, Schlerf M, et al. 2013. Hyperspectral analysis of mangrove foliar chemistry using PLSR and support vector regression. International Journal of Remote Sensing, 34: 1724-1743

Aznay O, Zagolski F, Santer R. 2011. A new climatology for remote sensing over land based on the inherent optical properties. International Journal of Remote Sensing, 32: 2851-2885

Bai X J, He B B, Li X, et al. 2017. First assessment of sentinel-1A data for surface soil moisture estimations using a coupled water cloud model and advanced integral equation model over the Tibetan Plateau. Remote Sensing, 9: 714

Balsamo G, Agusti-Panareda A, Albergel C, et al. 2018. Satellite and in situ observations for advancing global earth surface modelling: A Review. Remote Sensing, 10: 2038

Banskota A, Serbin S P, Wynne R H, et al. 2015. An LUT-based inversion of DART model to estimate forest LAI from hyperspectral data. IEEE Journal of Selected Topics in Applied Earth Observations and Remote Sensing, 8: 3147-3160

Banzon V F, Reynolds R W, Stokes D, et al. 2014. A 1/4 degrees-spatial-resolution daily sea surface temperature climatology based on a blended satellite and in situ analysis. Journal of Climate, 27: 8221-8228

Bechtel B. 2015. A new global climatology of annual land surface temperature. Remote Sensing, 7: 2850-2870

Beck P S A, Atzberger C, Hogda K A, et al. 2006. Improved monitoring of vegetation dynamics at very high latitudes: A new method using MODIS NDVI. Remote Sensing of Environment, 100: 321-334

Beckschäfer P, Fehrmann L, Harrison R D, et al. 2014. Mapping Leaf Area Index in subtropical upland ecosystems using RapidEye imagery and the randomForest algorithm. Iforest-Biogeosciences and Forestry, 7: 1

Belgiu M, Dragut L. 2016. Random forest in remote sensing: A review of applications and future directions. ISPRS Journal of Photogrammetry and Remote Sensing, 114: 24-31

Ben Hmida S, Kallel A, Gastellu-Etchegorry J P, et al. 2017. Crop biophysical properties estimation based on LiDAR full-waveform inversion using the DART RTM. IEEE Journal of Selected Topics in Applied Earth Observations and Remote Sensing, 10: 4853-4868

Blackard J A, Finco M V, Helmer E H, et al. 2008. Mapping US forest biomass using nationwide forest inventory data and moderate resolution information. Remote Sensing of Environment, 112: 1658-1677

Borel C C, Gerstl S A W, Powers B J. 1991. The radiosity method in optical remote sensing of structured 3-D surfaces. Remote Sensing of Environment, 36: 13-44

Breaker L C. 1990. Estimating and removing sensor-induced correlation from advanced very high resolution radiometer satellite data. Journal of Geophysical Research, 95: 9701-9711

Broxton P D, Zeng X B, Sulla-Menashe D, et al. 2014. A global land cover climatology using MODIS data. Journal of Applied Meteorology and Climatology, 53: 1593-1605

Castelletti A, Galelli S, Ratto M, et al. 2012. A general framework for dynamic emulation modelling in environmental problems. Environmental Modelling and Software, 34: 5-18

Castillo P A, Merelo J, Prieto A, et al. 2000. G-Prop: Global optimization of multilayer perceptrons using GAs. Neurocomputing, 35: 149-163

CENR/IWGEO. 2005. Strategic Plan for the U. S. Integrated Earth Observation System. Washington DC: National Science and Technology Council Committee on Environment and Natural Resources

Chan V, Chan C. 2017. Towards developing the piece-wise linear neural network algorithm for rule extraction. International Journal of Cognitive Informatics and Natural Intelligence, 11: 17

Che T, Dai L Y, Zheng X M, et al. 2016. Estimation of snow depth from passive microwave brightness temperature data in forest regions of northeast China. Remote Sensing of Environment, 183: 334-349

Chen B, Huang B, Xu B. 2015a. Comparison of spatiotemporal fusion models: A review. Remote Sensing, 7: 1798-1835

Chen J, Quan W T, Cui T W, et al. 2014. Remote sensing of absorption and scattering coefficient using neural network model: Development, validation, and application. Remote Sensing of Environment, 149: 213-226

Chen W J, Huang C L, Shen H F, et al. 2015b. Comparison of ensemble-based state and parameter estimation methods for soil moisture data assimilation. Advances in Water Resources, 86: 425-438

Chen X, Liang S, Cao Y, et al. 2015c. Observed contrast changes in snow cover phenology in northern middle and high latitudes from 2001–2014. Scientific Reports, 5: 16820

Chen Y, Yuan W P, Xia J Z, et al. 2015d. Using Bayesian model averaging to estimate terrestrial evapotranspiration in China. Journal of Hydrology, 528: 537-549

Chen Z Q, Shi R H, Zhang S P. 2013. An artificial neural network approach to estimate evapotranspiration from remote sensing and AmeriFlux data. Frontiers of Earth Science, 7: 103-111

Cheng J, Liu H, Liang S, et al. 2017. A framework for estimating the 30m thermalinfrared broadband emissivity from landsat surface-reflectance data. Journal of Geophysical Research: Atmospheres, 122: 11405-11421

Cheng Z Q, Meng J H, Wang Y M. 2016. Improving spring maize yield estimation at field scale by assimilating time-series HJ-1 CCD data into the WOFOST model using a new method with fast algorithms. Remote Sensing, 8(4): 303

Conti S, Gosling J P, Oakley J E, et al. 2009. Gaussian process emulation of dynamic computer codes. Biometrika, 96: 663-676

Cui S C, Yang S Z, Zhu C J, et al. 2014. Remote sensing of surface reflective properties: Role of regularization and a priori knowledge. Optik, 125: 7106-7112

Da Y, Xiurun G. 2005. An improved PSO-based ANN with simulated annealing technique. Neurocomputing, 63: 527-533

Darvishzadeh R, Matkan A A, Ahangar A D. 2012. Inversion of a radiative transfer model for estimation of rice canopy chlorophyll content using a lookup-table approach. IEEE Journal of Selected Topics in Applied Earth Observations and Remote Sensing, 5: 1222-1230

Darvishzadeh R, Skidmore A, Schlerf M, et al. 2008. Inversion of a radiative transfer model for estimating vegetation LAI and chlorophyll in a heterogeneous grassland. Remote Sensing of Environment, 112: 2592-2604

Dash J, Ogutu B O. 2016. Recent advances in space-borne optical remote sensing systems for monitoring global terrestrial ecosystems. Progress in Physical Geography, 40: 322-351

De Vyver H V, Roulin E. 2009. Scale-recursive estimation for merging precipitation data from radar and microwave cross-track scanners. Journal of Geophysical Research-Atmospheres, 114: 14

Delahaies S, Roulstone I, Nichols N. 2017. Constraining DALECv2 using multiple data streams and ecological constraints: analysis and application. Geoscientific Model Development, 10: 2635-2650

Ding Y L, Zhang H Y, Li Z W, et al. 2016. Comparison of fractional vegetation cover estimations using dimidiate pixel models and look- up table inversions of the PROSAIL model from Landsat 8 OLI data. Journal of Applied Remote Sensing, 10: 15

Disney M, Lewis P, Saich P. 2006. 3D modelling of forest canopy structure for remote sensing simulations in the optical and microwave domains. Remote Sensing of Environment, 100: 114-132

Donmez C, Berberoglu S, Erdogan M A, et al. 2015. Response of the regression tree model to high resolution remote sensing data for predicting percent tree cover in a Mediterranean ecosystem. Environmental Monitoring and Assessment, 187: 12

Du L, Shi S, Yang J, et al. 2016. Using different regression methods to estimate leaf nitrogen content in rice by fusing hyperspectral LiDAR data and laser-induced chlorophyll fluorescence data. Remote Sensing, 8: 14

Fan L, Xiao Q, Wen J G, et al. 2015. Mapping high-resolution soil moisture over heterogeneous cropland using multi-resource remote sensing and ground observations. Remote Sensing, 7: 13273-13297

Fang H, Jiang C, Li W, et al. 2013. Characterization and intercomparison of global moderate resolution leaf area index（LAI）products: Analysis of climatologies and theoretical uncertainties. Journal of Geophysical Research - Biogeosciences, 118（2）: 529-548

Fang H, Kim H, Liang S, et al. 2007. Developing a spatially continuous 1 km surface albedo data set over North America from Terra MODIS products. Journal of Geophysical Research, 112: D20206

Fang H, Liang S, Hoogenboom G, et al. 2008a. Crop yield estimation through assimilation of remotely sensed data into DSSAT-CERES. International Journal of Remote Sensing, 29: 3011-3032

Fang H, Liang S, Townshend J, et al. 2008b. Spatially and temporally continuous LAI data sets based on an new filtering method: Examples from North America. Remote Sensing of Environment, 112: 75-93

Fang L, Zhan X W, Hain C R, et al. 2018. Impact of using near real-time green vegetation fraction in noah land surface model of NOAA NCEP on numerical weather predictions. Advances in Meteorology, 12: 1-12

Filippi A M, Guneralp I, Randall J. 2014. Hyperspectral remote sensing of aboveground biomass on a river meander bend using multivariate adaptive regression splines and stochastic gradient boosting. Remote Sensing Letters, 5: 432-441

Fisher A. 1994. A model for the seasonal variations of vegetation indices in coarse resolution data and its inversion to extract crop parameters. Remote Sensing of Environment, 48: 220-230

Gao F, Masek J, Schwaller M, et al. 2006. On the blending of the Landsat and MODIS surface reflectance: Predicting daily Landsat surface reflectance. IEEE Transactions on Geoscience and Remote Sensing, 44: 2207-2218

Garcia-Gutierrez J, Martinez-Alvarez F, Troncoso A, et al. 2015. A comparison of machine learning regression techniques for LiDAR-derived estimation of forest variables. Neurocomputing, 167: 24-31

Gastellu-Etchegorry J P. 2008. 3D modeling of satellite spectral images, radiation budget and energy budget of urban landscapes. Meteorology and Atmospheric Physics, 102: 187-207

Gastellu-Etchegorry J P, Gascon F, Esteve P. 2003. An interpolation procedure for generalizing a look-up table inversion method. Remote Sensing of Environment, 87: 55-71

Gastellu-Etchegorry J P, Yin T G, Lauret N, et al. 2015. Discrete anisotropic radiative transfer (DART 5) for modeling airborne and satellite spectroradiometer and LIDAR acquisitions of natural and urban landscapes. Remote Sensing, 7: 1667-1701

GEO. 2005. GEOSS 10-Year Implementation Plan Reference Document. Netherlands: ESA Publications Division

Gholizadeh H, Robeson S M, Rahman A F. 2015. Comparing the performance of multispectral vegetation indices and machine-learning algorithms for remote estimation of chlorophyll content: a case study in the Sundarbans mangrove forest. International Journal of Remote Sensing, 36: 3114-3133

Goel N S, Grier T. 1987. Estimation of canopy parameters of row planted vegetation canopies using reflectance data for only four directions. Remote Sensing of Environment, 21: 37-51

Gomez-Dans J L, Lewis P E, Disney M. 2016. Efficient emulation of radiative transfer codes using gaussian processes and application to land surface parameter inferences. Remote Sensing, 8: 32

Gomez C, Wulder M A, Montes F, et al. 2012. Modeling forest structural parameters in the Mediterranean pines of central Spain using QuickBird-2 Imagery and classification and regression tree analysis (CART). Remote Sensing, 4: 135-159

Gu X H, Li J F, Chen Y D, et al. 2019. Consistency and discrepancy of global surface soil moisture changes from multiple model-based data sets against satellite observations. Journal of Geophysical Research-Atmospheres, 124: 1474-1495

Gui S, Liang S, Wang K, et al. 2010. Assessment of three satellite-estimated land surface downwelling shortwave irradiance data sets. IEEE Geoscience and Remote Sensing Letters, 7: 776-780

Halperin J, LeMay V, Coops N, et al. 2016. Canopy cover estimation in miombo woodlands of Zambia: Comparison of Landsat 8 OLI versus RapidEye imagery using parametric, nonparametric, and semiparametric methods. Remote Sensing of Environment, 179: 170-182

Han X J, Li X, Rigon R, et al. 2015. Soil moisture estimation by assimilating L-Band microwave brightness temperature with geostatistics and observation localization. Plos One, 10: 20

He T, Liang S, Song D X. 2014a. Analysis of global land surface albedo climatology and spatial-temporal variation during 1981-2010 from multiple satellite products. Journal of Geophysical Research: Atmospheres, 119: 10, 281-210, 298

He T, Liang S, Wang D, et al. 2018. Evaluating land surface albedo estimation from Landsat MSS, TM, ETM+, and OLI data based on the unified direct estimation approach. Remote Sensing of Environment, 204: 181-196

He T, Liang S, Wang D, et al. 2015a. Land surface albedo estimation from Chinese HJ satellite data based on the direct estimation approach. Remote Sensing, 7: 5495-5510

He T, Liang S, Wang D, et al. 2015b. Estimation of high-resolution land surface net shortwave radiation from AVIRIS data: Algorithm development and preliminary results. Remote Sensing of Environment, 167: 20-30

He T, Liang S, Wang D, et al. 2014b. Estimation of high-resolution land surface shortwave albedo from AVIRIS data. IEEE Journal in Special Topics in Applied Earth Observations and Remote Sensing, 7: 4919-4928

He T, Liang S, Wang D, et al. 2012. Estimation of surface Albedo and reflectance from moderate resolution imaging spectroradiometer observations. Remote Sensing of Environment, 119: 286-300

He T, Liang S, Wang D D, et al. 2014c. Fusion of satellite land surface albedo products across scales using a multiresolution tree method in the north central United States. IEEE Transactions on Geoscience and Remote Sensing, 52: 3428-3439

He T, Liang S, Yu Y, et al. 2013. Greenland surface albedo changes 1981-2012 from satellite observations. Environmental Research Letters, 8: 044043

Hedley J, Roelfsema C, Phinn S R. 2009. Efficient radiative transfer model inversion for remote sensing applications. Remote Sensing of Environment, 113: 2527-2532

Hermance J F. 2007. Stabilizing high-order, non-classical harmonic analysis of NDVI data for average annual models by damping model roughness. International Journal of Remote Sensing, 28: 2801-2819

Houborg R, Soegaard H, Boegh E. 2007. Combining vegetation index and model inversion methods for the extraction of key vegetation biophysical parameters using Terra and Aqua MODIS reflectance data. Remote Sensing of Environment, 106: 39-58

Hu R H, Yan G J, Mu X H, et al. 2014. Indirect measurement of leaf area index on the basis of path length distribution. Remote Sensing of Environment, 155: 239-247.

Huang H G, Qin W H, Liu Q H. 2013. RAPID: A Radiosity applicable to porous individual objects for directional reflectance over complex vegetated scenes. Remote Sensing of Environment, 132: 221-237

Huang J, Ma H, Sedano F, et al. 2019. Evaluation of regional estimates of winter wheat yield by assimilating three remotely sensed reflectance datasets into the coupled WOFOST–PROSAIL model. European Journal of Agronomy, 102: 1-13

Huang J X, Ma H Y, Su W, et al. 2015a. Jointly assimilating MODIS LAI and ET products into the SWAP model for winter wheat yield estimation. IEEE Journal of Selected Topics in Applied Earth Observations and Remote Sensing, 8: 4060-4071

Huang J X, Sedano F, Huang Y B, et al. 2016. Assimilating a synthetic Kalman filter leaf area index series into the WOFOST model to improve regional winter wheat yield estimation. Agricultural and Forest Meteorology, 216: 188-202

Huang J X, Tian L Y, Liang S, et al. 2015b. Improving winter wheat yield estimation by assimilation of the leaf area index from Landsat TM and MODIS data into the WOFOST model. Agricultural and Forest Meteorology, 204: 106-121

Husler F, Jonas T, Riffler M, et al. 2014. A satellite-based snow cover climatology (1985-2011) for the European Alps derived from AVHRR data. Cryosphere, 8: 73-90

Hutengs C, Vohland M. 2016. Downscaling land surface temperatures at regional scales with random forest regression. Remote Sensing of Environment, 178: 127-141

Jamet C, Loisel H, Dessailly D. 2012. Retrieval of the spectral diffuse attenuation coefficient K-d (lambda) in open and coastal ocean waters using a neural network inversion. Journal of Geophysical Research-Oceans, 117: 14

Jia K, Liang S, Liu S H, et al. 2015. Global land surface fractional vegetation cover estimation using general regression neural networks from MODIS surface reflectance. IEEE Transactions on Geoscience and Remote Sensing, 53: 4787-4796

Jiang B, Liang S, Ma H, et al. 2016a. Glass daytime all-wave net radiation product: algorithm development and preliminary validation. Remote Sensing, 8: 222

Jiang B, Zhang Y, Liang S, et al. 2014. Surface daytime net radiation estimation using artificial neural networks. Remote Sensing, 6: 11031-11050

Jiang J, Xiao Z, Wang J, et al. 2016b. Multiscale estimation of leaf area index from satellite observations based on an ensemble multiscale filter. Remote Sensing, 8: 229

Jin X L, Kumar L, Li Z H, et al. 2018. A review of data assimilation of remote sensing and crop models. European Journal of Agronomy, 92: 141-152

Karlson M, Ostwald M, Reese H, et al. 2015. Mapping tree canopy cover and aboveground biomass in Sudano-Sahelian woodlands using Landsat 8 and random forest. Remote Sensing, 7: 10017-10041

Ke Y H, Im J, Park S, et al. 2016. Downscaling of MODIS one kilometer evapotranspiration using landsat-8 data and machine learning approaches. Remote Sensing, 8: 26

Kerekes J P, Baum J E. 2005. Full-spectrum spectral imaging system analytical model. IEEE Transactions on Geoscience and Remote Sensing, 43: 571-580

Kim H, Liang S. 2010. Development of a new hybrid method for estimating land surface shortwave net radiation from MODIS data. Remote Sensing of Environment, 114: 2393-2402

Kim J, Mohanty B P, Shin Y. 2015. Effective soil moisture estimate and its uncertainty using multimodel simulation based on bayesian model averaging. Journal of Geophysical Research-Atmospheres, 120: 8023-8042

Krahenmann S, Obregon A, Muller R, et al. 2013. A satellite-based surface radiation climatology derived by combining climate data records and near-real-time data. Remote Sensing, 5: 4693-4718

Kuhnlein M, Appelhans T, Thies B, et al. 2014. Improving the accuracy of rainfall rates from optical satellite sensors with machine learning - A random forests-based approach applied to MSG SEVIRI. Remote Sensing of Environment, 141: 129-143

Kuter S, Akyurek Z, Weber G W. 2018. Retrieval of fractional snow covered area from MODIS data by multivariate adaptive regression splines. Remote Sensing of Environment, 205: 236-252

Kuter S, Weber G W, Akyurek Z, et al. 2015. Inversion of top of atmospheric reflectance values by conic multivariate adaptive regression splines. Inverse Problems in Science and Engineering, 23: 651-669

Kuusk A. 1995. A fast invertible canopy reflectance model. Remote Sensing of Environment, 51: 342-350

Kuusk A. 2018. Canopy radiative transfer modeling. Earth Systems and Environmental Sciences, 3: 9-22

Laurent V C E, Schaepman M E, Verhoef W, et al. 2014. Bayesian object-based estimation of LAI and chlorophyll from a simulated Sentinel-2 top-of-atmosphere radiance image. Remote Sensing of Environment, 140: 318-329

Laurent V C E, Verhoef W, Damm A, et al. 2013. A Bayesian object-based approach for estimating vegetation biophysical and biochemical variables from APEX at-sensor radiance data. Remote Sensing of Environment, 139: 6-17

Lauvernet C, Baret F, Hascoët L, et al. 2008. Multitemporal-patch ensemble inversion of coupled surface–atmosphere radiative transfer models for land surface characterization. Remote Sensing of Environment, 112: 851-861

Lei F N, Huang C L, Shen H F, et al. 2014. Improving the estimation of hydrological states in the SWAT model via the ensemble Kalman smoother: Synthetic experiments for the Heihe River Basin in northwest China. Advances in Water Resources, 67: 32-45

Lewis P. 1999. Three-dimensional plant modelling for remote sensing simulation studies using the botanical plant modelling system. Agronomie, 19: 185-210

Lewis P, Gomez-Dans J, Kaminski T, et al. 2012. An earth observation land data assimilation system (EO-LDAS). Remote Sensing of Environment, 120: 219-235

Li X, Strahler A. 1985. Geometric-optical modeling of a coniferous forest canopy. IEEE Transactions on Geoscience and Remote Sensing, 23: 705-721

Li X, Strahler A. 1986. Geometric-optical bi-directional reflectance modeling of a coniferous forest canopy. IEEE Transactions on Geoscience and Remote Sensing, 24: 906-919

Li X, Strahler A, Friedl M. 1999. A conceptual model for effective directional emissivity from nonisothermal surface. IEEE Transactions on Geoscience and Remote Sensing, 37(5): 2508-2525

Li X, Wang J, Hu B, et al. 1998. On utilization of prior knowledge in inversion of remote sensing models. Science in China, (Series D), 41(6): 580-586.

Li X, Wang J, Strahler A. 1999. Scale effects of planck law over a non-isothermal blackbody surface. Science in China, (Series E: Technological Sciences), 42(6): 652-656

Li X, Wang J, Strahler A. 2000. Scale effects and scaling-up by Geometric-optical model. Science in China (Series E), 43(Supp.): 17-22

Li X, Gao F, Wang J, et al. 2001. A priori knowledge accumulation and its application to linear BRDF model in version. Journal of Geophysical Research: Atmospheres, 106(D11): 11925-11935

Li ZW, Xin X P, Tang H, et al. 2017. Estimating grassland LAI using the random forests approach and landsat imagery in the meadow steppe of Hulunber, China. Journal of Integrative Agriculture, 16: 286-297

Liang S. 2001. An optimization algorithm for separating land surface temperature and emissivity from multispectral thermal infrared imagery. IEEE Transactions on Geoscience and Remote Sensing, 39: 264-274

Liang S. 2003. A direct algorithm for estimating land surface broadband albedos from MODIS imagery. IEEE Transactions on Geoscience and Remote Sensing, 41: 136-145

Liang S. 2004. Quantitative Remote Sensing of Land Surfaces. New York: John Wiley and Sons, Inc

Liang S. 2007. Recent developments in estimating land surface biogeophysical variables from optical remote sensing. Progress in Physical Geography, 31: 501-516

Liang S, Fang H, Chen M, et al. 2002. Atmospheric correction of landsat ETM+land surface imagery: II. validation and applications. IEEE Transactions on Geoscience and Remote Sensing, 40: 2736-2746

Liang S, Li X, Xie X. 2013a. Land Surface Observation, Modeling and Data Assimilation. Singapore: World Scientific Publishing

Liang S, Liu Q, Yan G, et al. 2019. Foreword to the special issue on the recent progress in quantitative land remote sensing: Modeling and estimation. IEEE Journal of Selected Topics in Applied Earth Observations and Remote Sensing, 12: 391-395

Liang S, Qin J. 2008. Data assimilation methods for land surface variable estimation. //Liang S. Advances in Land Remote Sensing: System, Modeling, Inversion and Application. New York: Springer

Liang S, Shi J, Yan G. 2018. Recent progress in quantitative land remote sensing in China. Remote Sensing, 10: 1490

Liang S, Strahler A H. 1993a. An analytic BRDF model of canopy radiative transfer and its inversion. IEEE Transactions on Geoscience and Remote Sensing, 31: 1081-1092

Liang S, Strahler A H. 1993b. The calculation of the radiance distribution of the coupled atmosphere-canopy. IEEE Transactions on Geoscience and Remote Sensing, 31: 491-502

Liang S, Strahler A H. 1994. Retrieval of surface BRDF from multiangle remotely sensed data. Remote Sensing of Environment, 50: 18-30

Liang S, Strahler A, Walthall C. 1999. Retrieval of land surface albedo from satellite observations: A simulation study. Journal of Applied Meteorology, 38: 712-725

Liang S, Stroeve J, Box J E. 2005. Mapping daily snow/ice shortwave broadband albedo from Moderate Resolution Imaging Spectroradiometer (MODIS): The improved direct retrieval algorithm and validation with Greenland in situ measurement. Journal of Geophysical Research-Atmospheres, 110: D10109

Liang S, Townshend J R G. 1996. A modified Hapke model for soil bidirectional reflectance. Remote Sensing of Environment, 55: 1-10

Liang S, Zhang X, Xiao Z, et al. 2013b. Global LAnd Surface Satellite (GLASS) Products: Algorithms, Validation and Analysis. NewYork: Springer

Liang S, Zhao X, Yuan W, et al. 2013c. A long-term global land surface satellite (GLASS) dataset for environmental studies. International Journal of Digital Earth, 6: 5-33

Liess M, Schmidt J, Glaser B. 2016. Improving the spatial prediction of soil organic carbon stocks in a complex tropical mountain landscape by methodological specifications in machine learning approaches. Plos One, 11: 22

Liu M, He H L, Ren X L, et al. 2015a. The effects of constraining variables on parameter optimization in carbon and water flux modeling over different forest ecosystems. Ecological Modelling, 303: 30-41

Liu N, Liu Q, Wang L, et al. 2013a. A statistics-based temporal filter algorithm to map spatiotemporally continuous shortwave albedo from MODIS data. Hydrology and Earth System Sciences, 17: 2121-2129

Liu Q, Liang S, Xiao Z Q, et al. 2014. Retrieval of leaf area index using temporal, spectral, and angular information from multiple satellite data. Remote Sensing of Environment, 145: 25-37

Liu Q, Wang L, Qu Y, et al. 2013b. Preliminary evaluation of the long-term GLASS albedo product. International Journal of Digital Earth, 6: 69-95

Liu Y M, Niu B, Luo Y F. 2015b. Hybrid learning particle swarm optimizer with genetic disturbance. Neurocomputing, 151: 1237-1247

Loew A, Bell W, Brocca L, et al. 2017. Validation practices for satellite-based Earth observation data across communities. Reviews of Geophysics, 55: 779-817

Lopez-Serrano P M, Lopez-Sanchez C A, Alvarez-Gonzalez J G, et al. 2016. A comparison of machine learning techniques applied to Landsat-5 TM spectral data for biomass estimation. Canadian Journal of Remote Sensing, 42: 690-705

Lu D, Weng Q. 2007. A survey of image classification methods and techniques for improving classification performance. International Journal of Remote Sensing, 28: 823-870

Lucia D J, Beran P S, Silva W A. 2004. Reduced-order modeling: new approaches for computational physics. Progress in Aerospace Sciences, 40: 51-117

Ma H, Liang S, Xiao Z, et al. 2017a. Simultaneous inversion of multiple land surface parameters from MODIS optical–thermal observations. ISPRS Journal of Photogrammetry and Remote Sensing, 128: 240-254

Ma H, Liang S, Xiao Z, et al. 2018. Simultaneous estimation of multiple land surface parameters from VIIRS optical-thermal data. IEEE Geoscience and Remote Sensing Letters, 15: 151-160

Ma H, Liu Q, Liang S, et al. 2017b. Simultaneous estimation of leaf area index, fraction of absorbed photosynthetically active radiation and surface albedo from multiple-satellite data. IEEE Transactions on Geoscience and Remote Sensing, 55: 4334-4354

Machac D, Reichert P, Albert C. 2016. Emulation of dynamic simulators with application to hydrology. Journal of Computational Physics, 313: 352-366

Manfreda S, McCabe M E, Miller P E, et al. 2018. On the use of unmanned aerial systems for environmental monitoring. Remote Sensing, 10: 28

Marabel M, Alvarez-Taboada F. 2013. Spectroscopic determination of aboveground biomass in grasslands using spectral transformations, support vector machine and partial least squares regression. Sensors, 13: 10027

Mas J F, Flores J J. 2008. The application of artificial neural networks to the analysis of remotely sensed data. International Journal of Remote Sensing, 29: 617-663

McCabe M F, Rodell M, Alsdorf D E, et al. 2017. The future of Earth observation in hydrology. Hydrology and Earth System Sciences, 21: 3879-3914

Mohamme I N, Bolten J D, Srinivasan R, et al. 2018. Improved hydrological decision support system for the lower mekong river basin using satellite-based earth observations. Remote Sensing, 10: 17

Montesano P M, Cook B D, Sun G, et al. 2013. Achieving accuracy requirements for forest biomass mapping: A spaceborne data fusion method for estimating forest biomass and LiDAR sampling error. Remote Sensing of Environment, 130: 153-170

Moody E G, King M D, Platnick S, et al. 2005. Spatially complete global spectral surface albedos: Value-added datasets derived from terra MODIS land products. IEEE Transactions on Geoscience and Remote Sensing, 43: 144-158

Moosavi V, Talebi A, Mokhtari M H, et al. 2015. A wavelet-artificial intelligence fusion approach (WAIFA) for blending Landsat and MODIS surface temperature. Remote Sensing of Environment, 169: 243-254

Mora B, Wulder M A, White J C. 2010. Segment-constrained regression tree estimation of forest stand height from very high spatial resolution panchromatic imagery over a boreal environment. Remote Sensing of Environment, 114: 2474-2484

Mountrakis G, Im J, Ogole C. 2011. Support vector machines in remote sensing: A review. ISPRS Journal of Photogrammetry and Remote Sensing, 66: 247-259

Murray N J, Keith D A, Bland L M, et al. 2018. The role of satellite remote sensing in structured ecosystem risk assessments. Science of the Total Environment, 619: 249-257

Mutanga O, Adam E, Cho M A. 2012. High density biomass estimation for wetland vegetation using WorldView-2 imagery and random forest regression algorithm. International Journal of Applied Earth Observation and Geoinformation, 18: 399-406

Myneni R B, Ross J, Asrar G. 1989. A review on the theory of photon transport in leaf canopies. Agricultural and Forest Meteorology, 45: 1-153

Nawar S, Buddenbaum H, Hill J, et al. 2014. Modeling and mapping of soil salinity with reflectance spectroscopy and landsat data using two quantitative methods (PLSR and MARS). Remote Sensing, 6: 10813-10834

North P R J. 1996. Three-dimensional forest light interaction model using a Monte Carlo method. IEEE Transactions on Geoscience and Remote Sensing, 34: 946-956

Omer G, Mutanga O, Abdel-Rahman E M, et al. 2016. Empirical prediction of Leaf Area Index (LAI) of endangered tree species in intact and fragmented indigenous forests ecosystems using WorldView-2 data and two robust machine learning algorithms. Remote Sensing, 8: 26

Omer G, Mutanga O, Abdel-Rahman E M, et al. 2017. Mapping leaf nitrogen and carbon concentrations of intact and fragmented indigenous forest ecosystems using empirical modeling techniques and WorldView-2 data. ISPRS Journal of Photogrammetry and Remote Sensing, 131: 26-39

Ouyang X Y, Chen D M, Lei Y H. 2018. A generalized evaluation scheme for comparing temperature products from satellite observations, numerical weather model, and ground measurements over the Tibetan Plateau. IEEE Transactions on Geoscience and Remote Sensing, 56: 3876-3894

Owe M, de Jeu R, Holmes T. 2008. Multisensor historical climatology of satellite-derived global land surface moisture. Journal of Geophysical Research, 113: F01002

Pan Z G, Glennie C, Legleiter C, et al. 2015. Estimation of water depths and turbidity from hyperspectral imagery using support vector regression. IEEE Geoscience and Remote Sensing Letters, 12: 2165-2169

Pasetto D, Arenas-Castro S, Bustamante J, et al. 2018. Integration of satellite remote sensing data in ecosystem modelling at local scales: Practices and trends. Methods in Ecology and Evolution, 9: 1810-1821

Pflugmacher D, Cohen W B, Kennedy R E, et al. 2014. Using Landsat-derived disturbance and recovery history and lidar to map forest biomass dynamics. Remote Sensing of Environment, 151: 124-137

Piotrowski A P, Napiorkowski J J. 2013. A comparison of methods to avoid overfitting in neural networks training in the case of catchment runoff modelling. Journal of Hydrology, 476: 97-111

Posselt R, Mueller R, Trentmann J, et al. 2014. A surface radiation climatology across two Meteosat satellite generations. Remote Sensing of Environment, 142: 103-110

Qi J, Xie D, Yin T, et al. 2019. LESS: LargE-Scale remote sensing data and image simulation framework over heterogeneous 3D scenes. Remote Sensing of Environment, 221: 695-706

Qin J, Liang S, Yang K, et al. 2009. Simultaneous estimation of both soil moisture and model parameters using particle filtering method through the assimilation of microwave signal. Journal of Geophysical Research-Atmospheres, 114: 13

Qin J, Yang K, Lu N, et al. 2013. Spatial upscaling of in-situ soil moisture measurements based on MODIS-derived apparent thermal inertia. Remote Sensing of Environment, 138: 1-9

Qin J, Zhao L, Chen Y Y, et al. 2015. Inter-comparison of spatial upscaling methods for evaluation of satellite-based soil moisture. Journal of Hydrology, 523: 170-178

Qin W H, Gerst S A W. 2000. 3-D scene modeling of semidesert vegetation cover and its radiation regime. Remote Sensing of Environment, 74: 145-162

Qu Y, Liang S, Liu Q, et al. 2016. Estimating Arctic sea-ice shortwave albedo from MODIS data. Remote Sensing of Environment, 186: 32-46

Qu Y, Liu Q, Liang S, et al. 2014a. Improved direct-estimation algorithm for mapping daily land-surface broadband albedo from MODIS data. IEEE Transactions on Geoscience and Remote Sensing, 52: 907-919

Qu Y, Zhang Y, Xue H. 2014b. Retrieval of 30-m-resolution leaf area index from China HJ-1 CCD Data and MODIS Products through a dynamic bayesian network. IEEE Journal of Selected Topics in Applied Earth Observations and Remote Sensing, 7: 222-228

Qu Y H, Zhang Y Z, Wang J D. 2012. A dynamic Bayesian network data fusion algorithm for estimating leaf area index using time-series data from in situ measurement to remote sensing observations. International Journal of Remote Sensing, 33: 1106-1125

Qu Y H, Zhang Y Z, Xue H Z. 2014c. Retrieval of 30-m-resolution Leaf Area Index from China HJ-1 CCD data and MODIS products through a dynamic bayesian network. IEEE Journal of Selected Topics in Applied Earth Observations and Remote Sensing, 7: 222-228

Quaife T, Lewis P. 2010. Temporal constraints on linear BRDF model parameters. IEEE Transactions on Geoscience and Remote Sensing, 48: 2445-2450

Quan X W, He B B, Li X. 2015. A bayesian network-based method to alleviate the Ill-Posed inverse problem: A case study on leaf area index and canopy water content retrieval. IEEE Transactions on Geoscience and Remote Sensing, 53: 6507-6517

Quan X W, He B B, Li X, et al. 2016. Retrieval of grassland live fuel moisture content by parameterizing radiative transfer model with interval estimated LAI. IEEE Journal of Selected Topics in Applied Earth Observations and Remote Sensing, 9: 910-920

Rahman M S, Di L P. 2017. The state of the art of spaceborne remote sensing in flood management. Natural Hazards, 85: 1223-1248

Ramoelo A, Cho M A, Mathieu R, et al. 2015. Monitoring grass nutrients and biomass as indicators of rangeland quality and quantity using random forest modelling and World View-2 data. International Journal of Applied Earth Observation and Geoinformation, 43: 43-54

Rivera J P, Verrelst J, Gomez-Dans J, et al. 2015. An emulator toolbox to approximate radiative transfer models with statistical learning. Remote Sensing, 7: 9347-9370

Scholze M, Buchwitz M, Dorigo W, et al. 2017. Reviews and syntheses: Systematic earth observations for use in terrestrial carbon cycle data assimilation systems. Biogeosciences Discussions, 1: 1-49

Setiono R, Wee Kheng L, Zurada J M. 2002. Extraction of rules from artificial neural networks for nonlinear regression. IEEE Transactions on Neural Networks, 13: 564-577

Shi H, Xiao Z, Liang S, et al. 2017. A method for consistent estimation of multiple land surface parameters from MODIS top-of-atmosphere time series data. IEEE Transactions on Geoscience and Remote Sensing, 55: 5158-5173

Shi H, Xiao Z, Liang S, et al. 2016. Consistent estimation of multiple parameters from MODIS top of atmosphere reflectance data using a coupled soil-canopy-atmosphere radiative transfer model. Remote Sensing of Environment, 184: 40-57

Shi Q, Liang S. 2013a. Characterizing the surface radiation budget over the Tibetan Plateau with ground-measured, reanalysis, and remote sensing data sets: 1. Methodology. Journal of Geophysical Research: Atmospheres, 118: 9642-9657

Shi Q, Liang S. 2013b. Characterizing the surface radiation budget over the Tibetan Plateau with ground-measured, reanalysis, and remote sensing data sets: 2. Spatiotemporal analysis. Journal of Geophysical Research: Atmospheres, 118: 8921-8934

Shi Q, Liang S. 2014. Surface sensible and latent heat fluxes over the Tibetan Plateau from ground measurements, reanalysis, and satellite data. Atmospheric Chemistry and Physics, 14: 5659-5677

Shiklomanov A N, Dietze M C, Viskari T, et al. 2016. Quantifying the influences of spectral resolution on uncertainty in leaf trait estimates through a Bayesian approach to RTM inversion. Remote Sensing of Environment, 183: 226-238

Simmons A, Fellous J L, Ramaswamy V, et al. 2016. Observation and integrated Earth-system science: A roadmap for 2016-2025. Advances in Space Research, 57: 2037-2103

Strahler A H, Woodcock C E, Smith J A. 1986. On the nature of models in remote sensing. Remote Sensing of Environment, 20: 121-139

Sun G, Ranson K J, Guo Z, et al. 2011. Forest biomass mapping from lidar and radar synergies. Remote Sensing of Environment, 115: 2906-2916

Sun J, Yang J, Shi S, et al. 2017a. Estimating rice leaf nitrogen concentration: Influence of regression algorithms based on passive and active leaf reflectance. Remote Sensing, 9: 15

Sun L, Mi X T, Wei J, et al. 2017b. A cloud detection algorithm-generating method for remote sensing data at visible to short-wave infrared wavelengths. ISPRS Journal of Photogrammetry and Remote Sensing, 124: 70-88

Tanase M A, Panciera R, Lowell K, et al. 2014. Airborne multi-temporal L-band polarimetric SAR data for biomass estimation in semi-arid forests. Remote Sensing of Environment, 145: 93-104

Tang W J, Qin J, Yang K, et al. 2016. Retrieving high-resolution surface solar radiation with cloud parameters derived by combining MODIS and MTSAT data. Atmospheric Chemistry and Physics, 16: 2543-2557

Tao L L, Li J, Jiang J B, et al. 2016a. Leaf Area Index inversion of winter wheat using modified water-cloud model. IEEE Geoscience and Remote Sensing Letters, 13: 816-820

Tao X, Liang S, He T, et al. 2017. Integration of satellite fraction of absorbed photosynthetically active radiation products: Method and validation. IEEE Transactions on Geoscience and Remote Sensing, 56(4): 1-12

Tao Y M, Gao X G, Hsu K L, et al. 2016b. A deep neural network modeling framework to reduce bias in satellite precipitation products. Journal of Hydrometeorology, 17: 931-945

Tapiador F J, Navarro A, Jimenez A, et al. 2018. Discrepancies with satellite observations in the spatial structure of global precipitation as derived from global climate models. Quarterly Journal of the Royal Meteorological Society, 144: 419-435

TianL, Wang J, Zhou H, et al. 2015. MODIS NBAR time series modeling with two statistical methods and application to Leaf Area Index recursive estimation. IEEE Journal of Selected Topics in Applied Earth Observations and Remote Sensing, 8(4): 1404-1412

Tinkham W T, Smith A M S, Marshall H P, et al. 2014. Quantifying spatial distribution of snow depth errors from LiDAR using Random Forest. Remote Sensing of Environment, 141: 105-115

Toth C, Jozkow G. 2016. Remote sensing platforms and sensors: A survey. ISPRS Journal of Photogrammetry and Remote Sensing, 115: 22-36

Tramontana G, Ichii K, Camps-Vall G, et al. 2015. Uncertainty analysis of gross primary production upscaling using random forests, remote sensing and eddy covariance data. Remote Sensing of Environment, 168: 360-373

Tsoularis A, Wallace J. 2002. Analysis of logistic growth models. Mathematical Biosciences, 179: 21-55

Varvia P, Rautiainen M, Seppänen A. 2018. Bayesian estimation of seasonal course of canopy leaf area index from hyperspectral satellite data. Journal of Quantitative Spectroscopy and Radiative Transfer, 208: 19-28

Verger A, Baret F, Weiss M, et al. 2015. GEOCLIM: A global climatology of LAI, FAPAR, and FCOVER from VEGETATION observations for 1999-2010. Remote Sensing of Environment, 166: 126-137

Verger A, Filella I, Baret F, et al. 2016. Vegetation baseline phenology from kilometric global LAI satellite products. Remote Sensing of Environment, 178: 1-14

Verhoef W. 1984. Light scattering by leaf layers with application to canopy reflectance modeling: The SAIL model. Remote Sensing of Environment, 16: 125-141

Vermote E, Kaufman Y J. 1995. Absolute calibration of AVHRR visible and near-infrared channels using ocean and cloud views. International Journal of Remote Sensing, 16: 2317-2340

Verrelst J, Sabater N, Rivera J P, et al. 2016. Emulation of leaf, canopy and atmosphere radiative transfer models for fast global sensitivity analysis. Remote Sensing, 8: 27

Wang D, Liang S. 2016. Estimating high-resolution top of atmosphere albedo from Moderate Resolution Imaging Spectroradiometer data. Remote Sensing of Environment, 178: 93-103

Wang D, Liang S. 2017. Estimating top-of-atmosphere daily reflected shortwave radiation flux over land from MODIS data. IEEE Transactions on Geoscience and Remote Sensing, 55: 4022-4031

Wang D, Liang S, He T, et al. 2013a. Direct estimation of land surface albedo from VIIRS data: Algorithm improvement and preliminary validation. Journal of Geophysical Research, 118: 12577-12586

Wang D, Liang S, He T. 2014. Mapping high-resolution surface shortwave net radiation from landsat. IEEE Geoscience and Remote Sensing Letters, 11: 459-463

Wang D, Liang S, He T, et al. 2015a. Surface shortwave net radiation estimation from FengYun-3 MERSI data. Remote Sensing, 7: 6224-6239

Wang D, Liang S, He T, et al. 2015b. Estimation of daily surface shortwave net radiation from the combined MODIS data. IEEE Transactions on Geoscience and Remote Sensing, 53: 5519-5529

Wang D, Liang S, He T, et al. 2015c. Estimating daily mean land surface albedo from MODIS data. Journal of Geophysical Research-Atmospheres, 120: 4825-4841

Wang J, Wang J D, Zhou H, et al. 2017. Detecting forest disturbance in northeast China from GLASS LAI time series data using dynamic model. Remote Sensing, 9(12): 1293

Wang J, Wang J D, Shi Y, et al. 2019. A recursive update model for estimating high-resolusion LAI based on the NARX neural network and MODIS time series. Remote Sensing, 11(3): 219

Wang K, Tang R L, Li Z L. 2013b. Comparison of integrating LAS/MODIS data into a land surface model for improved estimation of surface variables through data assimilation. International Journal of Remote Sensing, 34: 3193-3207

Wang L A, Zhou X D, Zhu X K, et al. 2016. Estimation of biomass in wheat using random forest regression algorithm and remote sensing data. Crop Journal, 4: 212-219

Wang L A, Zhou X D, Zhu X K, et al. 2017. Estimation of leaf nitrogen concentration in wheat using the MK-SVR algorithm and satellite remote sensing data. Computers and Electronics in Agriculture, 140: 327-337

Wang Y, Yang C, Li X. 2008. Regularizing kernel‐based BRDF model inversion method for ill‐posed land surface parameter retrieval using smoothness constraint. Journal of Geophysical Research: Atmospheres, 113: D13101

Weng Q H, Fu P, Gao F. 2014. Generating daily land surface temperature at Landsat resolution by fusing Landsat and MODIS data. Remote Sensing of Environment, 145: 55-67

Wijayasekara D, Manic M, Sabharwall P, et al. 2011. Optimal artificial neural network architecture selection for performance prediction of compact heat exchanger with the EBaLM-OTR technique. Nuclear Engineering and Design, 241: 2549-2557

Wu H, Zhang X, Liang S, et al. 2012. Estimation of clear-sky land surface longwave radiation from MODIS data products by merging multiple models. Journal of Geophysical Research, 117: D22107

Wu P H, Shen H F, Zhang L P, et al. 2015. Integrated fusion of multi-scale polar-orbiting and geostationary satellite observations for the mapping of high spatial and temporal resolution land surface temperature. Remote Sensing of Environment, 156: 169-181

Xia J Z, Ma M N, Liang T G, et al. 2018. Estimates of grassland biomass and turnover time on the Tibetan Plateau. Environmental Research Letters, 13: 12

Xiao Z, Liang S, Wang J, et al. 2015. A framework for the simultaneous estimation of Leaf Area Index, fraction of absorbed photosynthetically active radiation and albedo from MODIS time series data. IEEE Transactions on Geoscience and Remote Sensing, 53: 3178-3197

Xie X, Meng S, Liang S, et al. 2014. Improving streamflow predictions at ungauged locations with real-time updating: application of an EnKF-based state-parameter estimation strategy. Hydrology and Earth System Sciences, 18: 3923-3936

Xing C J, Chen N C, Zhang X, et al. 2017. A machine learning based reconstruction method for satellite remote sensing of soil moisture images with in situ observations. Remote Sensing, 9: 24

Xiong X X, Angal A, Barnes W L, et al. 2018. Updates of Moderate Resolution Imaging Spectroradiometer on-orbit calibration uncertainty assessments. Journal of Applied Remote Sensing, 12: 18

Xu T, Bateni S, Liang S. 2015. Estimating turbulent heat fluxes with a weak-constraint data assimilation scheme: A case study (HiWATER-MUSOEXE). IEEE Geoscience and Remote Sensing Letters, 12: 68-72

Xu T, Bateni S M, Liang S, et al. 2014. Estimation of surface turbulent heat fluxes via variational assimilation of sequences of land surface temperatures from geostationary operational environmental satellites. Journal of Geophysical Research: Atmospheres, 119: 10, 780-710, 798

Xu Y M, Shen Y. 2013. Reconstruction of the land surface temperature time series using harmonic analysis. Computers and Geosciences, 61: 126-132

Yan G J, Hu R H, Wang Y T, et al. 2016. Scale effect in indirect measurement of leaf area index. IEEE Transactions on Geoscience and Remote Sensing, 54(6): 3475-3484.

Yang B, Knyazikhin Y, Mottus M, et al. 2017. Estimation of leaf area index and its sunlit portion from DSCOVR EPIC data: Theoretical basis. Remote Sensing of Environment, 198: 69-84

Yang G J, Pu R L, Huang W J, et al. 2010. A novel method to estimate subpixel temperature by fusing solar-reflective and thermal-infrared remote-sensing data with an artificial neural network. IEEE Transactions on Geoscience and Remote Sensing, 48: 2170-2178

Yang K, Zhu L, Chen Y Y, et al. 2016. Land surface model calibration through microwave data assimilation for improving soil moisture simulations. Journal of Hydrology, 533: 266-276

Yao X, Huang Y, Shang G Y, et al. 2015. Evaluation of six algorithms to monitor wheat leaf nitrogen concentration. Remote Sensing, 7: 14939-14966

Yao Y, Liang S, Li X, et al. 2014. Bayesian multimodel estimation of global terrestrial latent heat flux from eddy covariance, meteorological, and satellite observations. Journal of Geophysical Research: Atmospheres, 119: 2013JD020864

Yuan H, Yang G, Li C, et al. 2017. Retrieving soybean leaf area index from unmanned aerial vehicle hyperspectral remote sensing: Analysis of RF, ANN, and SVM regression models. Remote Sensing, 9: 309

Zhang D Y, Zhang W, Huang W, et al. 2017a. Upscaling of surface soil moisture using a deep learning model with VIIRS RDR. International Journal of Geo-Information, 6: 20

Zhang H K K, Huang B, Zhang M, et al. 2015. A generalization of spatial and temporal fusion methods for remotely sensed surface parameters. International Journal of Remote Sensing, 36: 4411-4445

Zhang L J, Dobslaw H, Stacke T, et al. 2017b. Validation of terrestrial water storage variations as simulated by different global numerical models with GRACE satellite observations. Hydrology and Earth System Sciences, 21: 821-837

Zhang L P, Zhang L F, Du B. 2016. Deep learning for remote sensing data: a technical tutorial on the state of the art. IEEE Geoscience and Remote Sensing Magazine, 4: 22-40

Zhang X, Liang S, Wang K, et al. 2010. Analysis of global land surface shortwave broadband albedo from multiple data sources. IEEE Journal in Special Topics in Applied Earth Observations and Remote Sensing, 3: 296-305

Zhang X, Liang S, Zhou G, et al. 2014a. Generating global land surface satellite incident shortwave radiation and photosynthetically active radiation products from multiple satellite data. Remote Sensing of Environment, 152: 318-332

Zhang X Y, Friedl M A, Schaaf C B, et al. 2003. Monitoring vegetation phenology using MODIS. Remote Sensing of Environment, 84: 471-475

Zhang Y, He T, Liang S, et al. 2018. Estimation of all-sky instantaneous surface incident shortwave radiation from moderate resolution imaging spectroradiometer data using optimization method. Remote Sensing of Environment, 209: 468-479

Zhang Y, Liang S, Sun G. 2014b. Mapping forest biomass with GLAS and MODIS data over Northeast China. IEEE Journal in Special Topics in Applied Earth Observations and Remote Sensing, 7: 140-152

Zhang Y, Qu Y, Wang J, et al. 2012. Estimating leaf area index from MODIS and surface meteorological data using a dynamic Bayesian network. Remote Sensing of Environment, 127: 30-43

Zhou H, Wang J D, Liang S, et al. 2017. Extended data-based mechanistic method for improving leaf area index time series estimation with satellite data, Remote Sensing, 9 (5): 533

Zhou J, Jia L, Menenti M. 2015. Reconstruction of global MODIS NDVI time series: Performance of Harmonic Analysis of Time Series (HANTS). Remote Sensing of Environment, 163: 217-228

Zhou Y, Wang D, Liang S, et al. 2016. Assessment of the Suomi NPP VIIRS land surface albedo data using station measurements and high-resolution Albedo maps. Remote Sensing, 8: 137

Zhu X L, Chen J, Gao F, et al. 2010. An enhanced spatial and temporal adaptive reflectance fusion model for complex heterogeneous regions. Remote Sensing of Environment, 114: 2610-2623

Zhu X X, Tuia D, Mou L, et al. 2017a. Deep learning in remote sensing: A comprehensive review and list of resources. IEEE Geoscience and Remote Sensing Magazine, 5: 8-36

Zhu Y H, Liu K, Liu L, et al. 2017b. Exploring the potential of worldview-2 Red-Edge band-based vegetation indices for estimation of mangrove leaf area index with machine learning algorithms. Remote Sensing, 9: 20

Zhu Z, Piao S, Myneni R B, et al. 2016. Greening of the earth and its drivers. Nature Climate Change, 6: 791-795

第一编

数据处理方法和技术

第 2 章　几何处理与定位技术[*]

卫星遥感影像几何处理与定位是指利用一定数量的地面控制点，根据遥感传感器的成像机理，将影像映射到设定的物方空间坐标系下，从而获取被摄物体空间位置信息的技术。为了对卫星遥感影像进行精确几何处理，更好地生成各级遥感影像产品，研究卫星遥感影像几何处理的理论与方法具有重要意义。本章内容主要涉及卫星遥感影像系统误差检校、影像几何纠正、影像配准、数字地面模型(DTM)生成和数字正射影像图(DOM)制作等关键技术，旨在对其基本原理和主要作业方法进行系统的介绍和简要讨论。

2.1　概　　述

遥感影像几何处理与定位是卫星遥感信息提取的一项重要内容，其关键在于建立一套适合卫星传感器成像特点的几何处理模型和解算方法。由于大量光学卫星遥感影像是通过一维线阵列传感器以行中心投影方式连续推扫获得二维影像的，如 IKONOS、QuickBird、SPOT 等，影像每一扫描行的成像时刻不同、位置及姿态各异，其与框幅式中心投影成像机理不相同。因此，传统的遥感影像几何处理与定位理论就不能完全适用。为此，人们根据对传感器姿轨变化规律的不同假设及其具体参数的设定提出了多种卫星遥感影像严格几何处理模型，具体如下：

(1)张祖勋等将线阵遥感影像的外方位元素作为随时间线性变化的函数进行 SPOT 影像的单像空间后方交会(张祖勋和周月琴，1988)。基于类似的思想，黄玉琪以一阶多项式描述影像外方位元素的变化规律，并用有偏岭估计代替最小二乘估计，有效地解决了法方程组的病态问题(黄玉琪，1998)。郭海涛等采用广义岭估计和岭-压缩组合估计求解影像各定向参数，使模型精度和稳定性得到了进一步提高(郭海涛等，2003；张艳等，2004)。李德仁等也将线阵遥感影像的外方位元素作为随时间线性变化的函数，在光束法平差中整体求解立体像对的 24 个定向参数以及各个地面点的物方空间坐标(李德仁和程家喻，1988)。为了克服定向参数之间的强相关性，保证平差迭代具有良好的收敛条件，平差采用了将定向参数作为虚拟观测值处理的策略。然而，该平差模型要求有较多的地面控制点(9 个以上)，当控制点发生变化时，所求得的影像定向参数之间存在较大的差别。

(2)瑞士苏黎世联邦技术大学的 Poli 对上述严格几何处理模型进行了总结和拓展，以二次多项式拟合影像外方位元素，其模型进一步考虑了像主点偏移、焦距变化、镜头畸变等因素，理论更趋严密，解算精度更高(Poli，2005)。经对 MOMS-02、SPOT-5 等影像的试验表明，平面和高程精度均可达到±1 像素的水平。通过影像分段并引入连接约束条

---

[*] 本章作者：袁修孝，曹金山，季顺平，方毅. 武汉大学遥感信息工程学院

件，该模型也可用于长条带卫星遥感影像的高精度定位。

(3) 以定向点几何模型为基础，德国航宇中心(Deutsches Zentrum für Luft-und Raumfahrt, DLR)的 Kornus 和 Ebner 提出了定向片模型，用于 MOMS-2P 三线阵影像的几何处理和定位(Kornus and Ebner, 1999a, 1999b)。其基本思想是：根据获取的传感器姿态、卫星轨道参数观测值，按一定时间间隔抽取若干线阵影像作为定向片，对于任意时刻 t 的线阵影像 P 的外方位元素，可根据最邻近 n 个定向片的外方位元素内插得到。在平差过程中，将像控点所在扫描行的坐标误差归算到相关定向片中，通过最小二乘平差原理求解各定向片的外方位元素。试验结果表明，在地面控制点分布良好的情况下，基于定向片法的光束法区域网平差可以获得很高的对地目标定位精度。但对于单航线、长条带的卫星遥感影像，仅在条带首尾布设少量地面控制点时，平差几何条件较弱的部分容易产生模型扭曲，影像定位精度明显下降。

(4) 在定向片模型的基础上，王任享提出了类似的等效框幅式像片空中三角测量方法(王任享，2001)。该方法包括自由网平差和利用控制点作三维线性变换两个步骤。平差过程中，通过引入卫星摄影条件下线元素和角元素都能成立的"同类外方位元素二阶差分等于零"的约束条件，可使等效框幅式像片空中三角测量获得稳定的解。针对航线扭曲现象，王任享等还提出了线阵-面阵 CCD 组合相机的构想(王任享等，2004)。即在定向片时刻，利用 4 个小面阵相机获取地面影像，以加强空中三角锁与地面模型之间的有效连接，从而控制模型的扭曲。

(5) 加拿大遥感中心(Canada Center for Remote Sensing, CCRS)的 Toutin 提出了 3D 物理模型，可用于单传感器平台和多传感器平台。该模型充分考虑了卫星遥感影像成像过程中的多种误差源，包括平台位置和速度、传感器姿态角、瞬时视场角、像元积分时间、高程差异、投影变形等。经对相关误差源进行分离和综合，模型最终精简为一套独立的参数集，从而保证了参数求解的稳定性，理论上只需要 3 个地面控制点便可以求解出所有的模型参数。Toutin 利用该模型对覆盖某地区的多源高分辨率遥感影像(ETM+, SPOT, ASTER, ERS-1)进行联合区域网平差定位，在减少地面控制点数量的同时能够保证影像定位精度不变，表明该模型具有良好的可靠性和普适性(Toutin, 2004a)。目前，该模型已成功集成到加拿大商业遥感处理软件 PCI 中，用于多种高分辨率卫星遥感影像的几何处理。

(6) 针对卫星遥感影像窄视场角的特点，Okamoto 提出了一种以平行光投影代替中心投影的仿射变换模型，用于摄影测量重建(Okamoto, 1988, 1992)。该模型假定传感器运行在一条直线轨道上，卫星的速度和姿态在成像过程中保持不变。张剑清等对此进行了深入研究，推导出了中心投影与平行光投影之间严格的数学转换关系，将行中心投影影像转化为相应的平行光投影影像后，以仿射影像为基础进行了地面点的空间定位和光束法区域网平差处理(张剑清和张祖勋，2002；张剑清等，2005)。总体看来，基于仿射变换的严格几何处理模型形式简单，参数解算稳定且无需初始值，对于一定覆盖范围的卫星遥感影像可以获得与行中心投影模型相当的定位精度。

就卫星遥感影像的以上各种严格几何处理模型而言，其基本原理依然是基于摄影测量中的共线条件方程，理论严密，几何处理精度高，但形式复杂，几何处理难度较大，且要求用户具有较好的摄影测量背景。为了使用上的方便和对遥感卫星特殊技术参数保密的需要，采用一般数学函数来描述影像坐标与其对应地面坐标几何关系的经验模型应运而生。这类模型无需影像的内外方位元素信息，形式简单且便于计算。常用的经验模型主要有一般多项式模型、直接线性变换(Direct Linear Transformation, DLT)模型、仿射变换模型和有理函数模型(Rational Function Model, RFM)，其中有理函数模型是前三者的扩展，是更广义和更完善的一种经验模型。自从美国高分辨率遥感卫星 IKONOS 采用RFM 替代以共线条件方程为基础的物理模型对影像进行几何处理与定位以来，RFM 受到了广泛的关注，亦被学者们深入研究，且取得了很好的对地目标定位精度。Tao 和 Hu研究了采用最小二乘平差原理求解有理多项式系数(RPC 参数)的算法，并对一景 SPOT影像和一景航空影像进行过试验，指出有分母的 RFM 比没有分母的 RFM 精度要高(Tao and Hu, 2001)。Yang 对一对 SPOT 影像和一对黑白航空摄影影像试验发现，对于 SPOT影像，用 3 阶甚至 2 阶带不同分母的 RFM 就能够取代严格几何处理模型；而对于航空摄影影像，1 阶 RFM 就足够了(Yang, 2000)。Di 等研究了在基于物方和基于像方两种方式下，如何利用地面控制点提高 RFM 精度的方法(Di et al., 2003; Fraser and Hanley, 2005)。Fraser 等研究了基于 RFM 的区域网平差方法(Fraser et al., 2006; Grodecki and Dial, 2003)。朱述龙等比较了基于 RFM、DLT 和一般多项式模型的遥感影像几何处理精度(朱述龙等，2004)。袁修孝等研究了基于 RFM 的高分辨率卫星遥感影像匹配和近似核线影像生成方法(袁修孝和刘欣，2009；张永军和丁亚洲，2009)。Grodecki 等证实了在单线阵推扫式卫星遥感影像几何处理中可以用 RFM 取代严格几何处理模型，以用于影像纠正、正射影像制作和目标三维重建等(Grodecki and Dial, 2001; Tao and Hu, 2002)。目前，很多高分辨率卫星遥感影像商已将 RPC 参数作为标准的影像定位辅助数据随同影像一并提供给用户，现有的商用遥感图像处理软件(如 ERDAS、PCI、ENVI 等)均增加了基于 RPC 参数的影像几何处理模块。现今，有理函数模型已成为高分辨率卫星遥感影像的通用几何处理与定位模型，人们对 RPC 参数的精确解算、误差传播特性及平差优化方案等进行了深入的探讨(曹金山和袁修孝，2011; Zhang et al., 2012)。

此外，由于卫星遥感影像在成像过程中受到各种因素的影响，影像数据不可避免地包含有一系列的误差，产生了几何变形。为了从卫星遥感影像上提取到精确、可靠的地理空间信息，在利用上述几何处理模型对影像进行几何纠正、DEM 自动生成、DOM 制作之前，对卫星遥感影像进行系统误差预改正也是一个不容忽视的重要环节，以便消除影像几何变形对所提取的地理空间信息精度的影响。

2.2　卫星遥感影像在轨几何标定

2.2.1　卫星遥感成像的系统误差源

由不同传感器获取的遥感影像具有与其自身几何特性相对应的一系列几何变形，主要涉及卫星运行过程中的姿态变化、地球曲率引起的像点位移、地形起伏引起的像点位移、大气折射引起的像点位移、地球自转造成的影像平行错动以及传感器自身的性能，如 CCD 线阵的构造误差等，同时还与用户最终所选择的投影方式等条件有关。

Toutin 将引起卫星遥感影像几何变形的系统误差源分为两类(Toutin, 2004b)：一类是源于影像获取系统的误差(遥感平台，传感器，成像系统中的其他测量装置如陀螺仪和星敏感器等)；另一类是源于被观测物体的误差(大气、地球等)，详细列于表2.1。

表 2.1　高分辨率卫星遥感影像误差源分类

类别	子类别	误差源
源于影像获取系统的误差	平台	平台运动速度的变化；平台姿态的变化
	传感器	传感器扫描速度的变化；扫描侧视角的变化
	测量设备	钟差或时间不同步
源于被观测物体的误差	大气	折射
	地球	地球曲率；地球自转；地形因素等
	地图投影	大地体到椭球体以及椭球体到地图投影的变换

表 2.1 所包含的各种误差源大多是可以预测的，且产生的影像几何变形均为系统性误差。一部分误差，特别是与测量仪器相关的影像变形，可以通过卫星地面站或影像商提供的成像参数予以改正；另一部分误差，如大气条件所致的影像畸变，则往往难以得到改正。因为与影像获取瞬间大气参数相关的信息往往不易准确获取。各种误差源对遥感影像的主要影响为：

(1)遥感平台高度、相机主距和地形起伏将影响影像像素的间距；

(2)传感器姿态(俯仰、翻滚和偏航)和侧视角变化将影响影像的形状；

(3)遥感平台运行速度将影响影像的行间距，导致扫描行影像间产生裂隙或重叠；

(4)侧视角、地球曲率和地形起伏将引起影像分辨率的变化，并产生扫描方向上的影像视差。

除此之外，用参考椭球面代替大地水准面及将参考椭球投影到切平面所产生的投影误差也是不可忽视的。

在卫星遥感影像的几何处理与定位中，影像的几何变形一般可用像素坐标的某种或者某几种函数来表示。对于系统误差中的变化部分，可以将其作为时间序列在平差随机模型中予以考虑，或可将其简单地视为偶然误差的一部分(李德仁和袁修孝，2012)，并可利用地面控制点来消除其影响。

1. 地球曲率改正

地球表面是一个曲面，而遥感影像几何处理的基准面是与地表面相切的水平面，因此地面点 $P(X,Y,Z)$ 实际的成像位置在 P_0 点，并在遥感影像上产生大小为 dr 的偏移量，如图 2.1 所示。

在不考虑像片倾角影响的前提下，由地球曲率引起的像点坐标偏移在径向上的改正量为

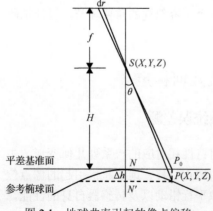

图 2.1　地球曲率引起的像点偏移

$$\delta = \frac{H}{2Rf^2}r^3 \tag{2.1}$$

式中，r 是以像底点为极点的向径，且 $r = \sqrt{x'^2 + y'^2}$。这里，x'，y' 为影像上的像点坐标；f 为摄影机的主距；H 为摄站点的航高；R 为地球的曲率半径。

于是，像点坐标偏移在 x，y 方向上的改正量分别为

$$\begin{cases} \delta_x = \dfrac{x'}{r}\delta = \dfrac{x'Hr^2}{2f^2R} \\[3mm] \delta_y = \dfrac{y'}{r}\delta = \dfrac{y'Hr^2}{2f^2R} \end{cases} \tag{2.2}$$

对于线阵推扫式卫星遥感影像，从图 2.1 容易看出像点坐标偏移改正值随着像点与投影中心距离的变大而变大，而且会产生额外的上下误差。同时，为了严格考虑地球曲率对影像对地目标定位精度的影响，最好取用地心直角坐标系或者切平面坐标系来进行空中三角测量(李德仁和袁修孝，2012)。随着高分辨率遥感卫星的出现和普及，摄影机的主距变大，遥感平台的飞行高度越来越高，地球曲率对像点坐标造成的影响越来越小。以资源一号 02B 卫星为例，飞行高度为 780km，相机焦距为 3.396m，按照式(2.2)计算出来的地球曲率引起的边缘像点的最大坐标偏移值仅为 1/4 像素，这相当于像点坐标的量测误差，基本可以忽略不计。

由地形起伏引起的像点位移与地球曲率引起的像点位移是相似的，对共线条件方程

$$\begin{cases} x - x_0 = -f\dfrac{a_1(X-X_S)+b_1(Y-Y_S)+c_1(Z-Z_S)}{a_3(X-X_S)+b_3(Y-Y_S)+c_3(Z-Z_S)} \\[4mm] y - y_0 = -f\dfrac{a_2(X-X_S)+b_2(Y-Y_S)+c_2(Z-Z_S)}{a_3(X-X_S)+b_3(Y-Y_S)+c_3(Z-Z_S)} \end{cases} \tag{2.3}$$

进行微分可得

$$\begin{cases} \mathrm{d}x = -f\dfrac{c_1\overline{Z}-c_3\overline{X}}{\overline{Z}^2}\mathrm{d}Z \\[4mm] \mathrm{d}y = -f\dfrac{c_2\overline{Z}-c_3\overline{Y}}{\overline{Z}^2}\mathrm{d}Z \end{cases} \tag{2.4}$$

式中，X_S,Y_S,Z_S 为影像外方位线元素；$a_i,b_i,c_i(i=1,2,3)$ 为由影像外方位角元素构成的方向余弦；

$\mathrm{d}x,\mathrm{d}y$ 为地形起伏($\mathrm{d}Z$)引起的像点位移；

$$\overline{X} = a_1(X-X_S)+b_1(Y-Y_S)+c_1(Z-Z_S)\,;$$

$$\overline{Y} = a_2(X-X_S)+b_2(Y-Y_S)+c_2(Z-Z_S)\,;$$

$$\bar{Z} = a_3(X - X_S) + b_3(Y - Y_S) + c_3(Z - Z_S)。$$

在中心投影影像上，地形起伏引起的像点偏移指向背离像主点的方向；而在斜距投影的雷达影像上，地形起伏引起的像点偏移则指向像主点方向。

2. 大气折射改正

大气是一种非均匀介质，电磁波在大气中传输的折射率随着高度的变化而变化，因此电磁波的传播路径并非一条直线，这就破坏了遥感影像成像时刻的地面点、摄影中心和像点三者之间的共线条件关系，造成了像点位置的偏移。中心投影影像受大气折光影响的通用改正模型为

$$\Delta r = \frac{n_H(n - n_H)}{n(n + n_H)} \left(r + \frac{r^3}{f^2} \right) \tag{2.5}$$

式中，n 和 n_H 分别为地面和传感器所在位置处的大气折射率。

令 $K = \dfrac{n_H(n - n_H)}{n(n + n_H)}$，由大气折射引起的像点位移在 x，y 方向上的改正量分别为

$$\begin{cases} \Delta x = K \left(1 + \dfrac{r^2}{f^2} \right) x \\ \Delta y = K \left(1 + \dfrac{r^2}{f^2} \right) y \end{cases} \tag{2.6}$$

系数 K 的解求通常可引用 Bertram 博士根据 1959 年的 ARDC 大气模型导出的表达式(卫征等，2006)：

$$K = \left(\frac{2410H}{H^2 - 6H + 250} - \frac{2410H}{h^2 - 6h + 250} \times \frac{h}{H} \right) \times 10^{-6} \tag{2.7}$$

式中，H 是遥感平台航高(以千米为单位)；h 是摄影地区平均地面高程(以千米为单位)。

假设摄影地区的平均高程 h 为 0，则系数 K 只与遥感平台高度 H 有关，即

$$K = \frac{2410H}{H^2 - 6H + 250} \times 10^{-6} = \frac{2410}{H + \dfrac{250}{H} - 6} \times 10^{-6} \tag{2.8}$$

于是，由大气折射引起的像点位移改正量为

$$D_r = \left[\frac{0.113(P_1 - P_2)H}{H - h} - \left(\frac{2410H}{H^2 - 6H + 250} - \frac{2410h}{h^2 - 6h + 250} \right) \left(\frac{r^3}{r + f^2} \right) \right] \times 10^{-6} \tag{2.9}$$

式中，P_1，P_2 分别为地面和传感器所在高度的气压值，且 $P_1 = e^{6.94 - 0.125H}$，$P_2 = e^{6.94 - 0.125h}$。

需要指出的是，像点位移改正式(2.9)只适用于航高在 12km 以下的传统航空摄影，而对于轨道高度为几百千米的卫星传感器平台并不适用。特别是当地面海拔高度达到 4000km 以上时，则不能按照式(2.9)计算像点偏移改正值，而必须根据大气分层成像原

理进行计算。如图 2.2 所示，对于卫星传感器平台，摄影高度通常都在几百千米以上，由大气折光产生的像点偏移量只有几个微米，远远小于根据式(2.9)计算出来的数值(李德仁和袁修孝，2002)。因此，对于卫星遥感影像暂且不考虑此项误差。

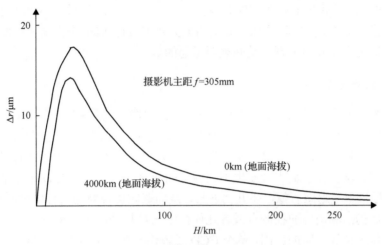

图 2.2　大气折光的影响

3. 地球自转改正

地球自转对线阵推扫式卫星遥感成像会造成影像的平行错动。特别是卫星由北向南飞行时，地球自西向东转动，由于卫星影像各扫描行的成像时刻不同，地球自转会造成扫描行在地面上的投影依次向西偏移，从而产生像点位移。对于以单线阵 CCD 推扫方式获取的遥感影像，单条扫描影像不会受到地球自转的影响，但由于每一条扫描行影像的成像时刻不同，各扫描行影像之间就会受到由地球自转引起的像点位移的影响，如图 2.3 所示：

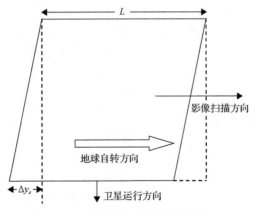

图 2.3　地球自转造成的影像平行错动

由地球自转造成的影像错动量 Δy_e 为

$$\Delta y_e = t_e \cdot v_\varphi \tag{2.10}$$

式中，t_e 为获取整幅影像的时间，可从卫星星历文件中获得；v_φ 为地球在该纬度处的自转线速度，且 $v_\varphi = 40000 \times \cos B / 24$，这里 B 是影像覆盖地面区域中心处的纬度。

以资源一号 02B 卫星遥感影像覆盖的武汉地区为例，地球赤道周长取 40000km，相机焦距为 3.396m，卫星飞行高度为 780km，武汉地区所处的纬度为北纬31°，则按照式(2.10)计算出的影像错动量 Δy_e 反映到像平面上的最大数值接近 900 个像素。由此可见，此项误差在卫星遥感影像几何处理中是必须要考虑的。

4. CCD 制造误差改正

现有的光学成像卫星通常都载有线阵 CCD 传感器。一般说来，在卫星发射前都会对传感器进行实验室标定，以确定 CCD 的相对、绝对位置和像主点、焦距等系统参数。而在卫星的发射过程中，过大的加速度会改变 CCD 线阵的位置；在卫星运行过程中，CCD 线阵的焦距和各项仪器参数也会发生不同程度的变化。由此造成 CCD 在焦平面上的成像存在误差，导致卫星遥感影像产生几何变形，从而影响影像对地目标定位的精度。因此，在卫星发射后仍需利用地面控制点或者几何标定场对其进行几何校正。

由于制作工艺等方面的原因，单个 CCD 线阵仍不足以覆盖整个摄区德范围，因此现有的 CCD 线阵都采用多个 TDI CCD 拼接来获取影像(Baltsavias et al., 2006)，如图 2.4 所示：

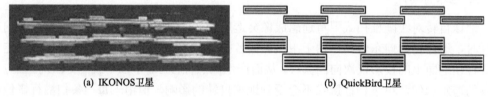

(a) IKONOS卫星　　　　　　　　　(b) QuickBird卫星

图 2.4　CCD 线阵构造

TDI CCD 是一种具有面阵结构和线阵输出的新型 CCD，它具有多重级数延时积分功能，即在扫描成像时，对同一景物在积分方向上可以反复曝光，并将曝光量做积分处理后输出。它可以保证相机在近红外波谱段等低照度情况下仍然具有较好的成像性能。

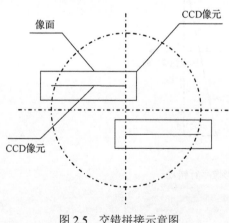

图 2.5　交错拼接示意图

由于 CCD 元器件成品都有封装结构，具有一定的几何尺寸，实际像元数也大于 CCD 的有效像元数，因此直接将两个 CCD 元器件拼接在一起时，两个元器件之间一定会产生缝隙，从而形成拍照盲区，使影像数据受损。目前比较常见的 CCD 拼接方式主要有光学拼接和机械拼接两种模式。

图 2.5 为 CCD 交错机械拼接原理图。虽然每个 CCD 在同一时刻所成的像不在同一条直线上，但可以通过拼接的方式形成连续完整的影像，只是在影像的初始位置和结束位置会有影

像交错现象。实际应用中，可以适当扩大成像的覆盖范围，通过影像处理技术将交错的多余影像去除，以满足应用需求。

相比于光学拼接，交错机械拼接由于没有引入分光棱镜，因此不会产生色差，能量也不会分散。而且，交错机械拼接不受分光棱镜加工长度、胶合长度制约条件的限制，适用于各种形式的光学系统。由于 CCD 交错拼接并被放置在一个焦平面的通光口径内，因此会给检光和检焦等元器件的布置带来一定的难度。

无论是光学拼接还是机械拼接，其拼接方式都会带来很多几何上的系统问题：

(1) 传感器可能有不同的像主距；

(2) 传感器相对于像平面的直线可能有旋转；

(3) 相对于像平面也有旋转；

(4) 在像平面上可能有偏移。

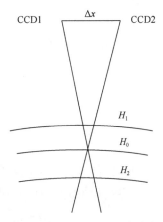

图 2.6　不同位置 CCD 线阵在不同高度产生的像素偏移

CCD 线阵位置的不同导致了成像角度的不同(图 2.6)，对于一定的参考地面高度 H_0，单独的一景影像可以很好地拟合到这个平面上，但如果被摄区域高程变化很大，CCD 线阵位置的差异将会引起几何偏移误差。例如，对于 IRS-1C/1D 卫星，相对于参考平面的 450m 高差会引起约 1 个像素的偏移，而对于 QuickBird 卫星，高差达到 2.8km 时才会引起 1 个像素的偏移。目前，CCD 制造误差主要通过基于地面标定场的在轨几何标定方法进行改正，详见 2.2.2 节。

2.2.2　在轨几何标定模型

为了建立卫星遥感影像在轨几何标定模型，首先需要建立卫星遥感影像严格几何处理模型。受卫星成像传感器物理结构及星上定轨测姿设备工作原理差异性的影响，不同卫星遥感影像的严格几何处理模型通常略有差异。本节仅以中国资源三号卫星遥感影像为例，介绍其在轨几何标定模型。

严格几何处理模型描述了点的一系列空间坐标变换关系，可抽象为：影像坐标系→传感器坐标系→卫星本体坐标系→卫星姿态测量参考坐标系→空间固定惯性参考坐标系→地球固定地面参考坐标系。实际处理过程中，空间固定惯性参考坐标系通常采用 J2000 坐标系，地球固定地面参考坐标系通常采用 WGS84 坐标系。因此，卫星遥感影像严格几何处理模型可以表示为

$$
\begin{bmatrix} X \\ Y \\ Z \end{bmatrix}_{\text{WGS84}} = \begin{bmatrix} X \\ Y \\ Z \end{bmatrix}_{\text{GPS}} + m \boldsymbol{R}_{\text{J2000}}^{\text{WGS84}} \boldsymbol{R}_{\text{Star}}^{\text{J2000}} (\boldsymbol{R}_{\text{Star}}^{\text{Body}})^{\text{T}} \boldsymbol{R}_{\text{Sensor}}^{\text{Body}} \begin{bmatrix} \tan(\psi_Y) \\ \tan(\psi_X) \\ -1 \end{bmatrix} f \qquad (2.11)
$$

式中，$(X, Y, Z)_{\text{WGS84}}$ 为地面点 P 在 WGS84 坐标系下的物方空间坐标；$(X, Y, Z)_{\text{GPS}}$ 为 GPS 天线相位中心在 WGS84 坐标系下的空间坐标；λ 为比例因子；$\boldsymbol{R}_{\text{J2000}}^{\text{WGS84}}$ 为 J2000 坐标系至 WGS84 坐标系的旋转矩阵；$\boldsymbol{R}_{\text{Star}}^{\text{J2000}}$ 为姿态测量参考坐标系至 J2000 坐标系的旋转

矩阵；$\boldsymbol{R}_{\text{Star}}^{\text{Body}}$ 为星敏感器在卫星本体坐标系下的安置矩阵；$\boldsymbol{R}_{\text{Sensor}}^{\text{Body}}$ 为传感器在卫星本体坐标系下的安置矩阵；(ψ_Y, ψ_X) 为地面点 P 所对应的 CCD 探元在传感器坐标系下的指向角；f 为成像传感器主距。

为了便于构建基于探元指向角的高分辨率遥感卫星成像传感器在轨几何标定模型，可令

$$\begin{bmatrix} x \\ y \\ z \end{bmatrix} = (\boldsymbol{R}_{\text{Star}}^{\text{Body}})^{\text{T}} \boldsymbol{R}_{\text{Sensor}}^{\text{Body}} \begin{bmatrix} \tan(\psi_Y) \\ \tan(\psi_X) \\ -1 \end{bmatrix} f \tag{2.12}$$

式中，(x, y, z) 描述的是 CCD 线阵各探元在卫星姿态测量参考坐标系下的坐标。

进一步令

$$\begin{cases} \tan(\psi_Y') = -\dfrac{x}{z} \\[2mm] \tan(\psi_X') = -\dfrac{y}{z} \end{cases} \tag{2.13}$$

式中，(ψ_Y', ψ_X') 为 CCD 线阵各探元在卫星姿态测量参考坐标系下的指向角。

将式 (2.12) 的两边分别除以 $-z$ 得

$$\begin{bmatrix} -x/z \\ -y/z \\ -1 \end{bmatrix} = \begin{bmatrix} \tan(\psi_Y') \\ \tan(\psi_X') \\ -1 \end{bmatrix} = -\frac{f}{z} (\boldsymbol{R}_{\text{Star}}^{\text{Body}})^{\text{T}} \boldsymbol{R}_{\text{Sensor}}^{\text{Body}} \begin{bmatrix} \tan(\psi_Y) \\ \tan(\psi_X) \\ -1 \end{bmatrix} \tag{2.14}$$

由式 (2.14) 可知，(ψ_Y', ψ_X') 可以同时描述外标定参数 $\boldsymbol{R}_{\text{Star}}^{\text{Body}}$、$\boldsymbol{R}_{\text{Sensor}}^{\text{Body}}$ 以及内标定参数 (ψ_Y, ψ_X)、f 对高分辨率卫星影像对地目标定位精度的综合影响。另一方面，卫星在轨运行的一段时期内(如三个月)，$\boldsymbol{R}_{\text{Star}}^{\text{Body}}$、$\boldsymbol{R}_{\text{Sensor}}^{\text{Body}}$ 以及 (ψ_Y, ψ_X)、f 变化都非常小，可以认为是常量。因此，(ψ_Y', ψ_X') 也可以认为是常量，这就为在卫星姿态测量参考坐标系下对各 CCD 探元指向角进行几何标定提供了可能性。

将式 (2.14) 代入式 (2.11)，可得

$$\begin{bmatrix} X \\ Y \\ Z \end{bmatrix}_{\text{WGS84}} = \begin{bmatrix} X \\ Y \\ Z \end{bmatrix}_{\text{GPS}} + \lambda \boldsymbol{R}_{\text{J2000}}^{\text{WGS84}} \boldsymbol{R}_{\text{Star}}^{\text{J2000}} \begin{bmatrix} \tan(\psi_Y') \\ \tan(\psi_X') \\ -1 \end{bmatrix} \tag{2.15}$$

式中，$\lambda = -mz$。

将式 (2.15) 变形可得

$$\begin{bmatrix} \tan(\psi_Y') \\ \tan(\psi_X') \\ -1 \end{bmatrix} = \frac{1}{\lambda} (\boldsymbol{R}_{\text{J2000}}^{\text{WGS84}} \boldsymbol{R}_{\text{Star}}^{\text{J2000}})^{\text{T}} \left\{ \begin{bmatrix} X \\ Y \\ Z \end{bmatrix}_{\text{WGS84}} - \begin{bmatrix} X \\ Y \\ Z \end{bmatrix}_{\text{GPS}} \right\} \tag{2.16}$$

式 (2.16) 即为基于探元指向角的高分辨率遥感卫星成像传感器在轨几何标定模型。就高分辨率遥感卫星成像传感器而言，一条 CCD 线阵往往包含很多个探元。如果直接利

用式(2.16)求解每个探元的指向角,则需要在影像每列方向上至少布设 1 个地面控制点,实际应用中难以操作。这里采用文献(李德仁, 2012; Wang et al., 2014; Zhang et al., 2014; Cao et al., 2015)中的方法,以一般多项式作为 CCD 探元的指向角模型,即

$$\begin{cases} \psi'_Y = a_0 + a_1 N + a_2 N^2 + a_3 N^3 + \cdots \\ \psi'_X = b_0 + b_1 N + b_2 N^2 + b_3 N^3 + \cdots \end{cases} \tag{2.17}$$

式中,$(a_0, a_1, a_2, a_3, \cdots b_0, b_1, b_2, b_3, \cdots)$ 为多项式系数;N 为 CCD 探元编号。

当高分辨率卫星遥感影像覆盖范围内有足够数量的、分布合理的地面控制点时,可以采用最小二乘平差原理求解标定参数。具体算法流程如下:

(1)利用地面控制点,由式(2.16)的第三式求出比例因子 λ;

(2)根据式(2.17)求解控制点对应的 CCD 探元在卫星姿态测量参考坐标系下的指向角 (ψ'_Y, ψ'_X);

(3)根据式(2.17)建立误差方程:

$$V = Ax - l \tag{2.18}$$

式中,$V = \begin{bmatrix} v_{\psi'_Y} \\ v_{\psi'_X} \end{bmatrix}$; $A = \begin{bmatrix} 1 & N & N^2 & N^3 & \cdots & 0 & 0 & 0 & 0 & 0 \\ 0 & 0 & 0 & 0 & 0 & 1 & N & N^2 & N^3 & \cdots \end{bmatrix}$; $x = [a_0 \ a_1 \ a_2 \ a_3 \ \cdots$ $b_0 \ b_1 \ b_2 \ b_3 \ \cdots]^T$; $l = \begin{bmatrix} \psi'_Y \\ \psi'_X \end{bmatrix}$。

(4)根据最小二乘平差原理,求解式(2.18)中的未知数 x:

$$x = (A^T A)^{-1} A^T l \tag{2.19}$$

(5)根据式(2.17)求解每个 CCD 探元在卫星姿态测量参考坐标系下的指向角。

综上可以看出,本节方法在求解单线阵传感器几何标定参数时,建立的误差方程为线性方程,无需迭代求解,也无需实验室标定值作为未知参数的初始值,求解过程非常便捷。

2.2.3　资源三号卫星在轨几何标定

本节以覆盖中国嵩山星载成像传感器标定场的高精度地面控制点作为地面控制条件,对资源三号卫星成像传感器进行在轨几何标定,并将获得的几何标定参数用于国内外其他实验区卫星遥感影像的对地目标定位,以说明本节所介绍的高分辨率遥感卫星成像传感器在轨几何标定方法的正确性和有效性。

资源三号卫星主要用于 1:50000 比例尺地形图测绘、更大比例尺基础地理信息产品更新以及国土资源调查与监测。资源三号卫星上搭载了前视、下视和后视三台全色相机,下视相机的影像空间分辨率为 2.1m,前、后视相机的影像空间分辨率为 3.5m,三台相机所获取影像的幅宽均约 51km。前、后视相机与下视相机构成的夹角分别为+22°和−22°,形成的立体影像基高比约为 0.8。本节所采用各实验区资源三号卫星遥感影像的基本参数列于表 2.2,实验区内地面控制点的分布如图 2.7 所示。

表 2.2　各实验区资源三号影像的基本参数

实验区	中国嵩山	中国洛阳	中国南阳	中国太原	法国贝勒加德
影像获取时间	2012.2.3	2012.1.24	2012.2.3	2012.3.13	2012.2.29
地形起伏/m	86～1130	88～370	61～138	743～1545	54～245
控制点数/个	48	24	28	17	9

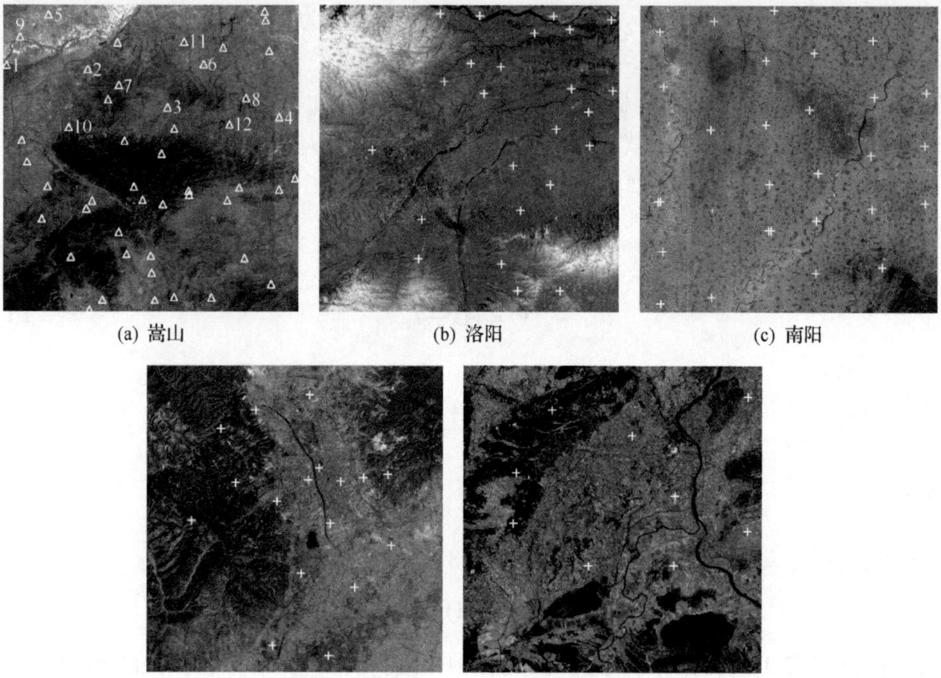

(a) 嵩山　　　　　　　　　　(b) 洛阳　　　　　　　　　　(c) 南阳

(d) 太原　　　　　　　　　　(e) 法国贝勒加德

图 2.7　各实验区的地面控制点分布

1. CCD 探元指向角标定精度分析

资源三号卫星配置的前视、下视和后视相机均为线阵 CCD 传感器，对各 CCD 探元指向角进行在轨几何标定时，理论上要求地面控制点对应的 CCD 探元在 CCD 线阵上均匀分布，即地面控制点应覆盖整个影像幅宽方向，且在影像幅宽方向上均匀分布。基于这一原则，这里选取了不同数量的地面控制点(分布示意如图 2.7 中的△)，5 个地面控制点为 1～5 号点(其余同)。针对不同的地面控制点，获得的 CCD 探元指向角标定精度列于表 2.3。

利用本节方法进行资源三号卫星单线阵传感器在轨几何标定时，待求解的未知数实质上仅为 CCD 探元指向角模型系数。从表 2.3 中的实验结果可以看出，当影像覆盖范围内布设有 5 个地面控制点时，获得的 CCD 探元指向角标定精度达到了约±1.0″。而随着控制点数量的逐步增加，CCD 探元指向角标定精度并没有明显提升，这就表明本节方法在消除标定参数之间强相关性的同时，可以从模型本身减少资源三号卫星传感器在轨几何标定对地面控制点的需求。

表 2.3　前视、下视和后视相机 CCD 探元指向角标定精度

相机	控制点数/个	检查点数/个	最大误差/(″)		中误差/(″)	
			ψ'_Y	ψ'_X	ψ'_Y	ψ'_X
前视	5	43	−1.822	−1.913	0.899	0.911
	7	41	−1.712	1.837	0.836	0.976
	9	39	−1.724	−2.196	0.852	0.770
下视	5	43	−2.145	−1.283	1.020	0.583
	7	41	−2.390	−1.379	0.970	0.597
	9	39	−2.363	−1.506	1.010	0.591
后视	5	43	2.524	−2.260	1.122	1.050
	7	41	−2.076	−2.625	0.947	0.880
	9	39	−2.262	−2.699	1.000	0.925

2. 直接对地目标定位精度分析

为了进一步分析获得的 CCD 探元指向角的有效性,这里以资源三号卫星下视影像为例,进行了对地目标定位实验,即:首先利用嵩山星载成像传感器标定场内的地面控制点求解资源三号卫星下视相机各 CCD 探元在卫星姿态测量参考坐标系下的指向角;然后根据式(2.15)实施嵩山实验区资源三号卫星下视影像对地目标定位,并统计各检查点坐标的最大残差和中误差,列于表 2.4。

表 2.4　嵩山实验区资源三号卫星下视影像对地目标定位结果

方法	控制点数/个	检查点数/个	最大残差/m			中误差/m		
			X	Y	平面	X	Y	平面
标定前	0	48	772.255	671.104	1022.145	765.757	621.666	986.333
标定后	5	43	−2.897	−4.976	5.522	1.279	1.957	2.338
	7	41	−3.112	−4.249	4.946	1.361	1.532	2.049
	9	39	−3.396	−4.193	4.869	1.332	1.661	2.129

注:"标定前"指直接利用影像辅助数据根据式(2.11)进行的对地目标定位

分析表 2.4 中的实验结果可以看出:

(1)在轨几何标定前,资源三号卫星下视影像直接对地目标定位的平面精度约为 ±1km,这说明实验室标定获得的参数值与卫星在轨运行时的实际值存在较大的差异。

(2)当在影像覆盖范围内有 5 个地面控制点时,可利用本节方法分别求解各 CCD 探元在卫星姿态测量参考坐标系下的指向角,能有效消除 $R_{\text{Star}}^{\text{Body}}$ 与 $R_{\text{Sensor}}^{\text{Body}}$ 等参数包含的系统误差,显著提高资源三号卫星遥感影像的对地目标定位精度。就嵩山实验区下视影像而言,平面定位精度提高至 ±2.338m,接近于 ±1pixel 的水平。随着地面控制点数量的增加,资源三号卫星下视影像对地目标定位精度不再有明显的提高。当地面控制点数量由 5 个增加至 9 个时,其平面定位精度仅提升了 ±0.209m。

3. 外推对地目标定位精度分析

对于高分辨率卫星成像传感器在轨几何标定而言，更需要关心的是影像外推对地目标定位精度，即：将由标定场内地面控制点求解获得的资源三号卫星前视、下视和后视相机各CCD探元在卫星姿态测量参考坐标系下的指向角用于其他实验区影像的对地目标定位所能够达到的定位精度。为此，这里在利用嵩山实验区内 5 个地面控制点进行资源三号卫星成像传感器在轨几何标定的基础上，根据式(2.15)进行了洛阳、南阳、太原以及贝勒加德四个实验区资源三号卫星下视影像对地目标定位实验，结果一并列于表 2.5。

表 2.5　资源三号卫星下视影像对地目标定位结果

实验区	方法	检查点数/个	最大残差/m			中误差/m		
			X	Y	平面	X	Y	平面
洛阳	标定前	24	934.527	430.075	1028.739	927.104	389.327	1005.534
	标定后	24	9.597	8.207	11.118	6.159	5.311	8.133
南阳	标定前	28	783.342	646.714	1014.351	773.924	608.874	984.727
	标定后	28	−5.555	6.439	6.555	2.077	2.707	3.412
太原	标定前	17	782.802	669.247	1029.889	771.619	631.003	996.775
	标定后	17	−8.264	−9.973	12.419	6.102	7.440	9.623
贝勒加德	标定前	9	475.397	−1351.071	1432.269	423.522	1330.623	1396.399
	标定后	9	5.600	8.104	9.796	3.328	5.981	6.845

分析表 2.5 中的结果可以看出，相比于标定前的资源三号卫星影像对地目标定位精度，将在嵩山标定场求解出的各CCD探元指向角用于其他实验区的影像直接对地目标定位，使其定位精度有了显著提高。洛阳实验区下视影像对地目标定位的平面精度由±1005.534m 提高至±8.133m，其他三个实验区的下视影像亦取得了优于±10m 的对地目标定位精度。由此可见，相机安置误差、CCD探元在相机坐标系下的指向角误差等是影响资源三号卫星遥感影像对地目标定位精度的主要因素，本节方法用于卫星姿态测量参考坐标系下的各CCD探元指向角的在轨几何标定是行之有效的，能够有效消除这些误差对影像对地目标定位精度的影响，明显了提高资源三号卫星影像的无地面控制点自主定位精度。

综上所述，本节介绍的在卫星姿态测量参考坐标系下对资源三号卫星各相机CCD探元指向角进行在轨几何标定方法是切实可行的。该方法简单易行，无需实验室标定获得的相机和星敏感器安置矩阵等信息，仅需影像幅宽方向上均匀分布的 5 个地面控制点即可求解出各 CCD 探元的指向角，显著提高了资源三号卫星影像的直接对地目标定位精度。当然，从式(2.16)也可以看出，卫星位置与星敏感器姿态观测精度、地面控制点坐标量测精度是影响本节方法精度的主要因素，其观测精度的高低决定了在轨几何标定结果的优劣。就资源三号卫星而言，目前卫星定轨精度可以达到厘米级、星敏感器姿态观测精度可以达到角秒级，因此本节方法取得了较好的在轨几何标定结果。

2.3 单景遥感影像几何纠正

卫星遥感影像几何纠正是指将影像投影到某一选定的参考坐标系下并消除原始影像存在的几何变形，产生一幅符合某种地图投影或者图形表达要求的新影像的过程。主要分两步：一是像素坐标的转换，即将影像坐标转换为地图投影坐标或者地面坐标；二是对坐标转换后的像素灰度值进行重采样。遥感影像几何纠正处理流程如下（孙家柄，2003）：

(1)根据遥感影像的成像方式确定影像坐标与地面坐标之间的几何处理模型；

(2)根据所采用的几何处理模型确定影像几何纠正公式；

(3)根据地面控制点和对应像点坐标进行平差解算模型参数，并评定精度；

(4)对原始影像进行几何变换，并对影像进行重采样。

2.3.1 影像几何纠正模型

线阵 CCD 传感器的出现，使得利用卫星遥感影像实现高精度的对地目标定位与较大比例尺的地形图测绘成为可能。卫星遥感影像几何纠正模型的建立是实现影像几何处理的基础，它反映了地面点的三维物方空间坐标与相应像点的二维像平面坐标之间的数学关系。由于各种传感器特性的差异，不同的几何处理模型间势必存在着严密性、复杂性、准确性等多方面的差异。当前所采用的遥感影像几何处理模型大体上可以分为物理模型和经验模型两大类。

1. 物理模型

就线阵推扫式卫星遥感影像而言，整幅影像由传感器沿飞行方向逐一扫描而成，而每一扫描行影像与被摄物体之间具有严格的中心投影关系，即被摄地物、物镜透视中心以及相应像点满足严格的中心投影关系，并且各扫描行都具有自身的外方位元素。物理模型是从传感器的成像机理出发，依据线阵 CCD 行中心投影的成像特性，利用成像瞬间地面点、传感器物镜透视中心和相应像点位于同一条直线上的严格几何关系而建立起来的数学模型，如式(2.20)所示(Poli, 2004)。由于各扫描行影像都有一套独立的外方位元素，因此为与经典的共线条件方程相区别，将其称之为扩展共线条件方程。以此为基础的物理模型，较好地反映了单线阵推扫式成像的几何特性，其理论严密，用于高分辨率卫星遥感影像几何处理的精度较高。

$$\begin{bmatrix} X \\ Y \\ Z \end{bmatrix} = \lambda \boldsymbol{M}_t \begin{bmatrix} x \\ 0 \\ -f \end{bmatrix} + \begin{bmatrix} X_{St} \\ Y_{St} \\ Z_{St} \end{bmatrix} \tag{2.20}$$

式中，(X, Y, Z) 为地面点的物方空间坐标；(X_{St}, Y_{St}, Z_{St}) 为 t 时刻传感器物镜透视中心的物方空间坐标；λ 为比例因子；$\boldsymbol{M}_t$ 为 t 时刻所对应的扫描行影像坐标系与物方空间坐标系之间的旋转角 $(\varphi_t, \omega_t, \kappa_t)$ 所构成的正交变换矩阵，即

$$M_t = \begin{bmatrix} \cos\varphi_t\cos\kappa_t - \sin\varphi_t\sin\omega_t\sin\kappa_t & -\cos\varphi_t\sin\kappa_t - \sin\varphi_t\sin\omega_t\cos\kappa_t & -\sin\varphi_t\cos\omega_t \\ \cos\omega_t\sin\kappa_t & \cos\omega_t\cos\kappa_t & -\sin\omega_t \\ \sin\varphi_t\cos\kappa_t + \cos\varphi_t\sin\omega_t\sin\kappa_t & -\sin\varphi_t\sin\kappa_t + \cos\varphi_t\sin\omega_t\cos\kappa_t & \cos\varphi_t\cos\omega_t \end{bmatrix}$$

$$(2.21)$$

由于航天遥感平台(如卫星、航天飞机等)运行比较稳定，相邻扫描行成像时间间隔极短(大多为毫秒级)。因此，实际处理中通常是将每一扫描行的外方位元素表示为随成像时刻 t 变化的多项式函数，即

$$\begin{cases} X_{St} = m_0 + m_1 t + m_2 t^2 + \cdots + m_n t^n \\ Y_{St} = n_0 + n_1 t + n_2 t^2 + \cdots + n_n t^n \\ Z_{St} = s_0 + s_1 t + s_2 t^2 + \cdots + s_n t^n \\ \varphi_t = d_0 + d_1 t + d_2 t^2 + \cdots + d_n t^n \\ \omega_t = e_0 + e_1 t + e_2 t^2 + \cdots + e_n t^n \\ \kappa_t = f_0 + f_1 t + f_2 t^2 + \cdots + f_n t^n \end{cases} \quad (2.22)$$

式中，$(X_{St}, Y_{St}, Z_{St}, \varphi_t, \omega_t, \kappa_t)$ 为 t 时刻扫描行影像的外方位元素；$(m_i, n_i, s_i, d_i, e_i, f_i)$ $(i = 0, 1, \cdots n)$ 为外方位元素的多项式系数，也可以理解为各自的 n 阶变化率；t 为各扫描行对应的成像时刻，可根据中心扫描行成像时刻以及相邻两扫描行的时间间隔确定，具体形式为

$$t = t_c + \mathrm{lsp} \times (y - y_c) \quad (2.23)$$

式中，t_c 为中心扫描行成像时刻；lsp 为影像扫描时间间隔；y 为任意行影像的行坐标；y_c 为中心扫描行影像的行坐标。

多项式阶数可以根据实际情况灵活选取。通常情况下，对于中高轨道的卫星遥感影像(如 SPOT)，卫星轨道较为平稳，受各种摄动力的影响较小，选取 1 阶或 2 阶多项式模型就可以精确的拟合其轨道方程；而对于低轨遥感卫星(如 QuickBird、IKONOS 等)，卫星运行轨道受到大气、辐射和地球引力等因素影响较大，需要用 2 阶乃至更高阶的多项式模型来拟合其轨道方程。然而，考虑到多项式系数求解时法方程系数矩阵的病态性、多项式阶数过高容易造成外方位元素的多项式拟合值与其真值之间存在振荡现象等问题，用多项式来拟合轨道方程的阶数并不是越高越好。因此，线阵列遥感影像在进行几何处理时需要根据具体情况来选取拟合外方位元素的多项式阶数。

在求解卫星遥感影像的定向参数时，可将式(2.20)变形为

$$\begin{cases} x = -f \dfrac{a_1(X - X_{St}) + b_1(Y - Y_{St}) + c_1(Z - Z_{St})}{a_3(X - X_{St}) + b_3(Y - Y_{St}) + c_3(Z - Z_{St})} \\ 0 = -f \dfrac{a_2(X - X_{St}) + b_2(Y - Y_{St}) + c_2(Z - Z_{St})}{a_3(X - X_{St}) + b_3(Y - Y_{St}) + c_3(Z - Z_{St})} \end{cases} \quad (2.24)$$

将式(2.21)和式(2.22)代入式(2.24)，并按照泰勒级数将其展开至一次项，线性化后便可以得到线阵列影像定向参数求解的误差方程，其矩阵形式为

$$V_x = A_1 t_1 + A_2 t_2 - L_x \tag{2.25}$$

式中，$V_x = [v_x \quad v_y]^{\mathrm{T}}$ 为像点坐标观测值改正数向量；

$t_1 = [\Delta m_0 \quad \Delta n_0 \quad \Delta s_0 \quad \Delta m_1 \quad \Delta n_1 \quad \Delta s_1 \cdots]^{\mathrm{T}}$ 为拟合影像外方位线元素的多项式系数增量向量；

$t_2 = [\Delta d_0 \quad \Delta e_0 \quad \Delta f_0 \quad \Delta d_1 \quad \Delta e_1 \quad \Delta f_1 \cdots]^{\mathrm{T}}$ 为拟合影像外方位角元素的多项式系数增量向量；

A_1, A_2 分别为未知数 t_1, t_2 的系数矩阵，即各观测方程对未知数的一阶偏导数，形式为

$$A_1 = \begin{bmatrix} \dfrac{\partial x}{\partial m_0} & \dfrac{\partial x}{\partial n_0} & \dfrac{\partial x}{\partial s_0} & \dfrac{\partial x}{\partial m_1} & \dfrac{\partial x}{\partial n_1} & \dfrac{\partial x}{\partial s_1} & \cdots \\[2mm] \dfrac{\partial y}{\partial m_0} & \dfrac{\partial y}{\partial n_0} & \dfrac{\partial y}{\partial s_0} & \dfrac{\partial y}{\partial m_1} & \dfrac{\partial y}{\partial n_1} & \dfrac{\partial y}{\partial s_1} & \cdots \end{bmatrix} = \begin{bmatrix} \dfrac{\partial x}{\partial X_{Si}} & \dfrac{\partial x}{\partial Y_{Si}} & \dfrac{\partial x}{\partial Z_{Si}} & t\dfrac{\partial x}{\partial X_{Si}} & t\dfrac{\partial x}{\partial Y_{Si}} & t\dfrac{\partial x}{\partial Z_{Si}} & \cdots \\[2mm] \dfrac{\partial y}{\partial X_{Si}} & \dfrac{\partial y}{\partial Y_{Si}} & \dfrac{\partial y}{\partial Z_{Si}} & t\dfrac{\partial y}{\partial X_{Si}} & t\dfrac{\partial y}{\partial Y_{Si}} & t\dfrac{\partial y}{\partial Z_{Si}} & \cdots \end{bmatrix},$$

$$A_2 = \begin{bmatrix} \dfrac{\partial x}{\partial d_0} & \dfrac{\partial x}{\partial e_0} & \dfrac{\partial x}{\partial f_0} & \dfrac{\partial x}{\partial d_1} & \dfrac{\partial x}{\partial e_1} & \dfrac{\partial x}{\partial f_1} & \cdots \\[2mm] \dfrac{\partial y}{\partial d_0} & \dfrac{\partial y}{\partial e_0} & \dfrac{\partial y}{\partial f_0} & \dfrac{\partial y}{\partial d_1} & \dfrac{\partial y}{\partial e_1} & \dfrac{\partial y}{\partial f_1} & \cdots \end{bmatrix} = \begin{bmatrix} \dfrac{\partial x}{\partial \varphi_i} & \dfrac{\partial x}{\partial \omega_i} & \dfrac{\partial x}{\partial \kappa_i} & t\dfrac{\partial x}{\partial \varphi_i} & t\dfrac{\partial x}{\partial \omega_i} & t\dfrac{\partial x}{\partial \kappa_i} & \cdots \\[2mm] \dfrac{\partial y}{\partial \varphi_i} & \dfrac{\partial y}{\partial \omega_i} & \dfrac{\partial y}{\partial \kappa_i} & t\dfrac{\partial y}{\partial \varphi_i} & t\dfrac{\partial y}{\partial \omega_i} & t\dfrac{\partial y}{\partial \kappa_i} & \cdots \end{bmatrix};$$

L_x 为像点坐标观测值残差向量。

根据最小二乘平差原理可得到法方程式的矩阵形式为

$$\begin{bmatrix} A_1^{\mathrm{T}} A_1 & A_1^{\mathrm{T}} A_2 \\ A_2^{\mathrm{T}} A_1 & A_2^{\mathrm{T}} A_2 \end{bmatrix} \begin{bmatrix} t_1 \\ t_2 \end{bmatrix} = \begin{bmatrix} A_1^{\mathrm{T}} L_x \\ A_2^{\mathrm{T}} L_x \end{bmatrix} \tag{2.26}$$

每量测一个地面控制点，就可以建立一对形如式(2.25)的误差方程，若量测了 n 个地面控制点，就可根据最小二差平差原理便求解各个未知数。当采用 2 阶多项式拟合影像外方位元素变化时，共需求解 18 个未知数，理论上至少需要量测 9 个控制点，否则将引起法方程组的秩亏而无法求解。然而，即便具有足够数量的地面控制点，由于窄视场角成像条件下未知数间存在强相关，法方程求解过程也容易出现不稳定甚至偏离其真值的情形(黄玉琪，1998)。

2. 经验模型

经验模型避开了传感器的成像几何过程，利用一般的数学函数直接建立地面点的三维空间坐标与相应像点的二维像平面坐标之间的数学关系。该类模型形式简单，适用于各种类型的遥感传感器，而且无需传感器在成像过程中的各种几何参数。在很长的一段时间内，该类模型一直是卫星遥感影像几何处理的实用模型。常用的经验模型有一般多项式模型、直接线性变换模型、仿射变换模型和有理函数模型等。

1) 一般多项式模型

一般多项式模型是一种简单的经验模型，直接对影像变形进行数学模拟。该模型将影像的总体变形看作缩放、平移、旋转、仿射、偏扭、弯曲以及更高层次的基本变形综

合作用的结果，用一个适当的多项式表达地面点的物方空间坐标(X, Y, Z)与相应像点的像平面坐标(x, y)之间的数学关系，即

$$\begin{cases} x = a_0 + a_1X + a_2Y + a_3X^2 + a_4XY + a_5Y^2 + a_6X^3 + a_7X^2Y + a_8XY^2 + a_9Y^3 + \cdots \\ y = b_0 + b_1X + b_2Y + b_3X^2 + b_4XY + b_5Y^2 + b_6X^3 + b_7X^2Y + b_8XY^2 + b_9Y^3 + \cdots \end{cases} \tag{2.27}$$

一般多项式模型形式简单、计算量较小，但忽略了地形起伏变化对影像几何处理精度的影响，因此该模型只适用于几何变形较小影像的几何处理。对于地形起伏较大的区域，尤其当传感器的侧视角较大时，式(2.27)的定位精度将明显下降。此时，可引入地面高程值，得到改进的一般多项式模型：

$$\begin{cases} x = a_0 + a_1X + a_2Y + a_3Z + a_4X^2 + a_5Y^2 + a_6Z^2 + a_7XY + a_8XZ + a_9YZ + \cdots \\ y = b_0 + b_1X + b_2Y + b_3Z + b_4X^2 + b_5Y^2 + b_6Z^2 + b_7XY + b_8XZ + b_9YZ + \cdots \end{cases} \tag{2.28}$$

改进的一般多项式模型考虑了地形起伏的变化，影像几何处理精度有所提高，但仍受到地面控制点的数量、分布、精度以及实际地形的影响。采用一般多项式模型进行影像定位时，在控制点上具有很高的拟合精度，但在其他点的内插值可能明显偏离其实际值，即在某些点处产生振荡现象。

2) 直接线性变换模型

直接线性变换(Direct Linear Transformation, DLT)模型直接建立像平面坐标(x, y)与其对应地面点的物方空间坐标(X, Y, Z)之间的数学关系，具体形式为

$$\begin{cases} x = \dfrac{L_1X + L_2Y + L_3Z + L_4}{L_9X + L_{10}Y + L_{11}Z + 1} \\ y = \dfrac{L_5X + L_6Y + L_7Z + L_8}{L_9X + L_{10}Y + L_{11}Z + 1} \end{cases} \tag{2.29}$$

该模型包含有 11 个变换参数，它们可以与框幅式中心投影共线条件方程中的内外方位元素进行严密地相互转换(冯文灏，2002)，但将该模型应用于高分辨率卫星遥感影像的几何处理显然是一种近似处理，因为它没有考虑卫星遥感影像中各扫描行影像的外方位元素随时间变化的特点，将动态推扫式遥感影像等同于静态框幅式遥感影像进行处理，其几何处理精度理论上应低于基于共线条件方程的物理模型(朱述龙等，2004)。

在 DLT 模型的基础上，针对航天 CCD 线阵传感器的成像特点，Okamoto 提出了扩展的直接线性变换模型(Extended Direct Linear Transformation, EDLT)(Okamoto, 1999)：

$$\begin{cases} x = \dfrac{L_1X + L_2Y + L_3Z + L_4}{L_9X + L_{10}Y + L_{11}Z + 1} + L_{12}x^2 \\ y = \dfrac{L_5X + L_6Y + L_7Z + L_8}{L_9X + L_{10}Y + L_{11}Z + 1} + L_{13}xy \end{cases} \tag{2.30}$$

Wang 提出了自检校直接线性变换模型(Self-Calibration Direct Linear Transformation,
SDLT)(Wang, 1999):

$$\begin{cases} x = \dfrac{L_1X + L_2Y + L_3Z + L_4}{L_9X + L_{10}Y + L_{11}Z + 1} \\ y = \dfrac{L_5X + L_6Y + L_7Z + L_8}{L_9X + L_{10}Y + L_{11}Z + 1} + L_{12}xy \end{cases} \tag{2.31}$$

EDLT 模型和 SDLT 模型是在不同的假设条件下对 DLT 模型进行的改进,加入了像
点坐标改正项,计算量没有太大增加,但定位精度却有了明显的提高(邵茜,2006)。

3)仿射变换模型

基于平行投影理论,仿射变换模型利用仿射变换参数 $A_1 \sim A_8$ 建立像点的像平面坐标
(x, y) 与相应地面点的物方空间坐标 (X, Y, Z) 之间的数学关系,如下式所示:

$$\begin{cases} x = A_1X + A_2Y + A_3Z + A_4 \\ y = A_5X + A_6Y + A_7Z + A_8 \end{cases} \tag{2.32}$$

现有研究表明,当线阵传感器的视场角较小或者卫星遥感影像已由影像提供商经过
初步几何校正和重采样时,利用该模型进行卫星遥感影像的近似几何处理可以获得较高
的处理精度。

4)有理函数模型

有理函数模型(Rational Function Model, RFM)是一般多项式、直接线性变换、仿射
变换等模型的扩展,是各种遥感影像几何处理模型的更广义和更完善的一种表达形式。
RFM 形式简单,适用于各种类型的遥感传感器,包括新型的航空/航天传感器,而且无
须使用成像过程中的各种几何参数,如卫星轨道星历、传感器姿态角及其物理特性参数
和成像方式等。此外,有理函数模型各多项式系数(Rational Polynomial Coefficients, RPC)
不具有明确的物理意义,能够很好地隐藏传感器的核心信息。现有研究表明,在单线阵
推扫式卫星遥感影像几何处理中可用有理函数模型取代物理模型,可以用于影像纠正、
正射影像制作和目标三维重建等(Tao and Hu, 2002)。

有理函数模型将像点坐标 (r, c) 表示为含地面点坐标 (X, Y, Z) 的多项式的比值(OGC,
1999),即

$$\begin{cases} r_n = \dfrac{p_1(X_n, Y_n, Z_n)}{p_2(X_n, Y_n, Z_n)} \\ c_n = \dfrac{p_3(X_n, Y_n, Z_n)}{p_4(X_n, Y_n, Z_n)} \end{cases} \tag{2.33}$$

式中,(X_n, Y_n, Z_n) 和 (r_n, c_n) 分别表示地面点坐标 (X, Y, Z) 和像点坐标 (r, c) 经平移和缩放
后的正则化坐标,取值在 $[-1,1]$ 之间。

RFM 采用正则化坐标是为了提高模型中各系数求解的稳定性并减少计算过程中由
于数据级差过大而引起的舍入误差,正则化公式为

$$\begin{cases} X_n = \dfrac{X - X_0}{X_s} \\[2mm] Y_n = \dfrac{Y - Y_0}{Y_s} \\[2mm] Z_n = \dfrac{Z - Z_0}{Z_s} \end{cases} \tag{2.34}$$

$$\begin{cases} r_n = \dfrac{r - r_0}{r_s} \\[2mm] c_n = \dfrac{c - c_0}{c_s} \end{cases} \tag{2.35}$$

式中，$(X_0, Y_0, Z_0, r_0, c_0)$ 为正则化的平移参数；$(X_s, Y_s, Z_s, r_s, c_s)$ 为正则化的比例参数，具体形式为

$$\begin{cases} X_0 = \dfrac{\sum X}{m} \\[2mm] Y_0 = \dfrac{\sum Y}{m} \\[2mm] Z_0 = \dfrac{\sum Z}{m} \\[2mm] r_0 = \dfrac{\sum r}{m} \\[2mm] c_0 = \dfrac{\sum c}{m} \end{cases} \tag{2.36}$$

$$\begin{cases} X_s = \max(|X_{\max} - X_0|, |X_{\min} - X_0|) \\ Y_s = \max(|Y_{\max} - Y_0|, |Y_{\min} - Y_0|) \\ Z_s = \max(|Z_{\max} - Z_0|, |Z_{\min} - Z_0|) \\ r_s = \max(|r_{\max} - r_0|, |r_{\min} - r_0|) \\ c_s = \max(|c_{\max} - c_0|, |c_{\min} - c_0|) \end{cases} \tag{2.37}$$

式中，m 为控制点数。

式 (2.33) 中，各多项式 p_i (i=1,2,3,4) 中每一项的各个坐标分量 X_n, Y_n, Z_n 的幂次最大不超过 3，每一项各个坐标分量的幂之和也不超过 3，则各多项式的形式为(为书写方便，省略下标 n，下同)：

$$p = \sum_{i=0}^{m1} \sum_{j=0}^{m2} \sum_{k=0}^{m3} a_{ijk} X^i Y^j Z^k$$

$$= a_0 + a_1 Z + a_2 Y + a_3 X + a_4 ZY + a_5 ZX + a_6 YX + a_7 Z^2 + a_8 Y^2 + a_9 X^2 + a_{10} ZYX \tag{2.38}$$

$$+ a_{11} Z^2 Y + a_{12} Z^2 X + a_{13} Y^2 Z + a_{14} Y^2 X + a_{15} ZX^2 + a_{16} YX^2 + a_{17} Z^3 + a_{18} Y^3 + a_{19} X^3$$

式中的 $a_i (i = 0, 1, \cdots, 19)$ 称为有理函数的多项式系数(RPC)。

在 RFM 中,光学系统产生的误差可用一次项来描述,地球曲率、大气折光和镜头畸变等产生的误差可用二次项来表示,一些具有高阶分量的未知误差如相机震动等可用三次项来表示(Toutin, 2004a)。

在求解 RPC 参数时,可将式(2.33)变形为

$$\begin{cases} F_r = p_1(X,Y,Z) - rp_2(X,Y,Z) = 0 \\ F_c = p_3(X,Y,Z) - cp_4(X,Y,Z) = 0 \end{cases} \tag{2.39}$$

则误差方程的矩阵形式为

$$V = BX - L, \qquad P \tag{2.40}$$

式中, $B = \begin{bmatrix} \dfrac{\partial F_r}{\partial a_i} & \dfrac{\partial F_r}{\partial b_j} & \dfrac{\partial F_r}{\partial c_i} & \dfrac{\partial F_r}{\partial d_j} \\[2mm] \dfrac{\partial F_c}{\partial a_i} & \dfrac{\partial F_c}{\partial b_j} & \dfrac{\partial F_c}{\partial c_i} & \dfrac{\partial F_c}{\partial d_j} \end{bmatrix}$, $(i = 0, 1, \cdots, 19; j = 1, 2, \cdots 19)$; $X = [a_0, \cdots, a_{19}, b_1, \cdots,$

$b_{19}, c_0, \cdots, c_{19}, d_1, \cdots d_{19}]^{\mathrm{T}}$; $L = [r, c]^{\mathrm{T}}$; P 为权矩阵,一般设为单位矩阵。

根据最小二乘平差原理可得到法方程为

$$B^{\mathrm{T}} PBX = B^{\mathrm{T}} PL \tag{2.41}$$

式(2.41)中共有 78 个未知参数,当一幅影像覆盖有 39 个以上的地面控制点时,可以根据最小二乘平差原理求解 RPC 参数的估值:

$$X = (B^{\mathrm{T}} PB)^{-1} B^{\mathrm{T}} PL \tag{2.42}$$

根据线性变形后的 RFM 得到的误差方程为线性形式,无须迭代便可求解出 RPC 参数的最小二乘估计值,且无须提供 RPC 参数的初值。然而,地面控制点的非均匀分布或模型的过度参数化仍会引起法方程的病态,从而导致参数求解的不稳定性。此时,可以采用岭估计方法求解(袁修孝和林先勇, 2008),RPC 参数的岭估计值为

$$X = (B^{\mathrm{T}} PB + kE)^{-1} B^{\mathrm{T}} PL \tag{2.43}$$

式中, k 为岭参数,一般为正值小数; E 为单位矩阵。

2.3.2　控制点布设

卫星遥感影像几何纠正时,需要先根据地面控制点坐标及其对应像点的像空间坐标求解出成像几何模型参数,而控制点的数量、分布和精度将直接影响影像几何纠正的精度。对于物理模型,当采用 1 阶多项式拟合外方位元素变化时,共需解求 12 个未知参数,理论上至少需要 6 个控制点,否则将引起法方程组的秩亏而无法求解;对于有理函数模型,为求解 78 个 RPC 参数,至少需要 39 个地面控制点,而在大多数情况下,获取如此

多的地面控制点是相当困难的。因此，根据有理函数模型进行卫星遥感影像几何纠正时，通常先采取地形无关方案求解出 RPC 参数(Tao and Hu, 2001)，然后再根据少量的地面控制点消除参数中的系统误差(Di et al., 2003; Fraser and Hanley, 2005)，进而替代物理模型进行卫星遥感影像的几何处理。

1. 控制点的选择原则

地面控制点一般可分为人工标志点和明显地物点两类。为便于在影像上判读和量测控制点坐标，并且保证控制点自身的精度，布设人工标志点时，其大小一般按照影像比例尺确定，而且标志点与周围地物应有良好的反差。所谓明显地物点是指实地存在而且不易受到破坏的、在影像上可准确辨认的自然点，如房屋角点、道路拐角点、接近正交的线状地物交点、固定的点状地物等。

由于一景卫星遥感影像覆盖的地面区域很大且地面空间分辨率有限，用于影像纠正的地面控制点一般选用明显地物点，其数量应取决于所采用的纠正模型。

2. 控制点的分布要求

除了控制点的数量和坐标精度外，控制点的分布也是影响影像几何纠正精度的一个重要因素。利用相同数量而不同分布的地面控制点进行影像几何纠正，所得到的纠正影像精度可能会相差很大。因此，在卫星遥感影像上选取控制点时，应尽可能使控制点均匀分布于整景影像，并且应尽可能地顾及地形特征，控制点间应存在足够的高差。当控制点数量较少时，应尽可能地在影像四角或沿着影像的周边布设地面控制点。

2.3.3 影像重采样

在实施影像几何纠正时，需根据几何纠正模型将待纠正影像坐标投影至原始影像上，得到采样点坐标。通常情况下，采样点坐标并非为整数，需要采用适当的方法将该点位邻近整数点位上的灰度值按对该点的灰度贡献累积起来，构成该点位新的灰度值，这个过程称之为影像灰度重采样。按贡献度的不同，影像灰度重采样主要有最邻近像元法、双线性内插法和双三次卷积法三种方法(孙家抦，2003)。

1. 最邻近像元法

最邻近像元采样法实质是取距离被采样点 $P(x, y)$ 最近的已知像素 N 的灰度 I_N 作为采样灰度。采样函数为

$$W(x_c, y_c) = 1, \qquad (x_c = x_N, y_c = y_N) \tag{2.44}$$

采样灰度为

$$I_p = W(x_c, y_c)I_N = I_N \tag{2.45}$$

式中，$x_N = \text{int}(x_p + 0.5)$；$y_N = \text{int}(y_p + 0.5)$。

最邻近像元采样法最简单，辐射保真度较好，但有可能造成像点在一个像素范围内

的位移，其几何精度较其他两种方法要差。

2. 双线性内插法

双线性内插法的重采样函数是对辛克函数的较粗略近似，可以用图 2.8 所示的三角形线性函数来表达：

$$W(x_c) = 1 - |x_c|, \qquad (0 \leqslant |x_c| \leqslant 1) \tag{2.46}$$

当实施双线性内插时，需要有被采样点 p 周围 4 个已知像素的灰度值参加计算。

采样点 p 的灰度值为

$$I_p = W_x I W_y^{\mathrm{T}} = [W_{x_1} \quad W_{x_2}] \begin{bmatrix} I_{11} & I_{12} \\ I_{21} & I_{22} \end{bmatrix} \begin{bmatrix} W_{y_1} \\ W_{y_2} \end{bmatrix} \tag{2.47}$$

式中，$W_{x_1} = 1 - \Delta x$；$W_{x_2} = \Delta x$；$W_{y_1} = 1 - \Delta y$；$W_{y_2} = \Delta y$。

由于双线性内插法的计算较为简单，并且具有一定的灰度采样精度，所以在实践中经常被采用，但重采样后的影像略显模糊。

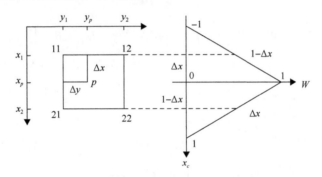

图 2.8 双线性内插法灰度重采样(孙家抦，2003)

3. 双三次卷积法

双三次卷积法用一个三次重采样函数来近似表达辛克函数(图 2.9)：

$$\begin{cases} W(x_c) = 1 - 2x_c^2 + |x_c|^3, & 当 0 \leqslant |x_c| \leqslant 1 时 \\ W(x_c) = 4 - 8|x_c| + 5x_c^2 - |x_c|^3, & 当 1 \leqslant |x_c| \leqslant 2 时 \\ W(x_c) = 0, & 当 |x_c| > 2 时 \end{cases} \tag{2.48}$$

式中，x_c 是以被采样点 p 为原点的邻近像素 x 的坐标值，其像素间隔为 1。

当把式 (2.48) 作用于影像 y 方向时，只需要把 x 换成 y 即可。

设 p 点为被采样点，它距离左上方最近像素 22 的坐标差 Δx，Δy 是一个小数值，即

$$\begin{cases} \Delta x = x_p - \mathrm{int}(x_p) = x_p - x_{22} \\ \Delta y = y_p - \mathrm{int}(y_p) = y_p - y_{22} \end{cases} \tag{2.49}$$

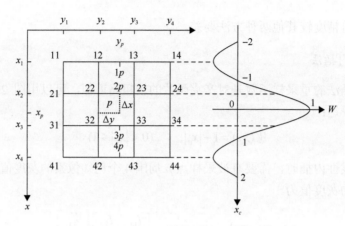

图 2.9　双三次卷积法灰度重采样(孙家抦，2003)

当利用三次函数对 p 点灰度重采样时，需要 p 点邻近的 4×4 个已知像素 (i, j) $(i=1, 2,$ $3, 4; j=1, 2, 3, 4)$ 的灰度值 I_{ij} 参加计算。

采样点 p 的灰度值为

$$I_p = W_x I W_y^{\mathrm{T}} \tag{2.50}$$

式中，$\boldsymbol{W}_x = \begin{bmatrix} W_{x_1} & W_{x_2} & W_{x_3} & W_{x_4} \end{bmatrix}$；$\boldsymbol{W}_y = \begin{bmatrix} W_{y_1} & W_{y_2} & W_{y_3} & W_{y_4} \end{bmatrix}$；

$$\boldsymbol{I} = \begin{bmatrix} I_{11} & I_{12} & I_{13} & I_{14} \\ I_{21} & I_{22} & I_{23} & I_{24} \\ I_{31} & I_{32} & I_{33} & I_{34} \\ I_{41} & I_{42} & I_{43} & I_{44} \end{bmatrix}; \quad \begin{cases} W_{x_1} = -\Delta x + 2\Delta x^2 - \Delta x^3, & W_{y_1} = -\Delta y + 2\Delta y^2 - \Delta y^3 \\ W_{x_2} = 1 - 2\Delta x^2 + \Delta x^3, & W_{y_2} = 1 - 2\Delta y^2 + \Delta y^3 \\ W_{x_3} = \Delta x + \Delta x^2 - \Delta x^3, & W_{y_3} = \Delta y + \Delta y^2 - \Delta y^3 \\ W_{x_4} = -\Delta x^2 + \Delta x^3, & W_{y_4} = -\Delta y^2 + \Delta y^3 \end{cases} \circ$$

双三次卷积法重采样的精度较高，但计算量很大。

2.3.4　精度评定

卫星遥感影像经过几何纠正以后，需定量评定几何纠正的精度，以便用户提取陆地遥感信息时可根据不同的精度要求选择不同的影像。几何纠正精度是对纠正影像上的点位与其真实位置之间的差异度量，具体计算公式如下：

$$\begin{cases} m_X = \sqrt{\dfrac{\sum\limits_{i=1}^{N} (X_{\text{真}} - X_{\text{纠}})_i^2}{N}} \\ m_Y = \sqrt{\dfrac{\sum\limits_{i=1}^{N} (Y_{\text{真}} - Y_{\text{纠}})_i^2}{N}} \\ m_{\text{平面}} = \sqrt{m_X^2 + m_Y^2} \end{cases} \tag{2.51}$$

式中，m_X、m_Y、$m_{平面}$分别为纠正影像的 X 方向、Y 方向和平面精度；$(X_真, Y_真)$ 和 $(X_纠, Y_纠)$ 分别为检查点的真实坐标和纠正影像上的坐标；N 为参与精度评定的检查点数。

2.4　遥感影像的几何配准

随着传感器技术的发展，遥感影像越来越丰富。覆盖同一地区的卫星遥感影像有不同传感器、不同波谱范围和不同成像时刻所获取的各种影像。为了充分发挥各种遥感影像的优点，需要对同一地区多源、多时相或多分辨率的影像数据进行融合处理，以实现专题图制作、计算机自动分类、灾害监测以及其他的应用。而实施影像融合处理的前提是必须保证各种影像间的几何一致性，事先需要进行影像间的精确几何配准。

影像几何配准是根据不同影像间的变换参数将由不同传感器、不同视角、不同时间获取的覆盖同一地区的两幅或多幅遥感影像变换到同一坐标系下，在像素层上得到最佳匹配的过程。首先在不同影像间提取配准点，然后利用配准点计算配准模型参数，最后根据配准模型进行影像配准。

2.4.1　影像配准点的自动提取

为了实现不同遥感影像间变换参数的解求，同名特征的提取是首要步骤。同名特征包括点、线和区域特征。基于线和区域的特征提取算法在数学形式上尚没有固定的表示，因此本节仅介绍基于点的同名特征提取方法。

1. 基于灰度的影像匹配

1）相关系数匹配

最初的影像匹配采用灰度相关的方法实现，因此影像匹配也称为数字相关。数字相关算法是通过计算两块影像间的互相关系数，评价其相似性，并通过设定相似性测度阈值的方法来确定同名点。

影像数字相关一般在二维尺度空间上进行。首先在参考影像上选定一个参考点，以其为中心选取 $m \times n$ 个像素的灰度阵列作为目标窗口；然后在待匹配影像上搜索同名点。此时，必须先估计出参考点在待匹配影像上所对应的同名点可能存在的范围，并建立大小为 $k \times l$ 个像素（$k > m$，$l > n$）的搜索窗口。数字相关的过程就是在 $k \times l$ 个像素的搜索窗口中依次取出中心为 (c, r)，大小为 $m \times n$ 个像素的匹配窗口，计算其与目标窗口的相似性测度 ρ。当相似性测度取得最大值且大于给定的阈值时，则认为该匹配窗口的中心像素是参考点所对应的同名像点。影像匹配也经常用到一维匹配，此时 $n = 1$，即只需要在行方向进行搜索即可。

最常用的相似性测度是灰度相关系数，如式 (2.52) 所示。它是灰度的线性不变量，因此不受辐射整体变化的影响。

$$\rho(c,r) = \frac{\sum_{i=1}^{m}\sum_{j=1}^{n}(g_{i,j} - \overline{g})(g'_{i+r,j+c} - \overline{g}'_{r,c})}{\sqrt{\sum_{i=1}^{m}\sum_{j=1}^{n}(g_{i,j} - \overline{g})^2 \cdot \sum_{i=1}^{m}\sum_{j=1}^{n}(g'_{i+r,j+c} - \overline{g}'_{r,c})^2}} \tag{2.52}$$

式中，$\overline{g}'_{r,c} = \dfrac{1}{mn}\sum_{i=1}^{m}\sum_{j=1}^{n}g'_{i+r,j+c}$ 为待匹配窗口的平均灰度；$\overline{g} = \dfrac{1}{mn}\sum_{i=1}^{m}\sum_{j=1}^{n}g_{i,j}$ 为目标窗口的平均灰度。

2) 最小二乘匹配

德国 Ackermann 教授提出了新的影像匹配方法——最小二乘匹配(Least Squares Matching, LSM)(Ackermann, 1983)。该方法以对应匹配窗口的灰度差平方和最小为准则，通过一系列的推导将最小二乘平差原理应用到了影像匹配当中。

事实上，不同时刻拍摄的两幅影像之间除了存在辐射畸变外，还存在着几何变形。由于局部匹配窗口较小，所以一般只考虑一次几何变形，如

$$\begin{cases} x_2 = a_0 + a_1 x + a_2 y \\ y_2 = b_0 + b_1 x + b_2 y \end{cases} \tag{2.53}$$

假如两幅影像之间的灰度畸变是线性的，则根据两匹配窗口内任意一对像点的灰度值可列出方程式(2.54)，式中共包含有 2 个辐射畸变参数 h_0, h_1 和 6 个几何变形参数 $a_0, a_1, a_2, b_0, b_1, b_2$。

$$g_1(x,y) = h_0 + h_1 g_2(a_0 + a_1 x + a_2 y, b_0 + b_1 x + b_2 y) \tag{2.54}$$

若以辐射畸变参数和几何变形参数为未知数，对式(2.54)线性化，可得

$$v = c_1 \Delta h_0 + c_2 \Delta h_1 + c_3 \Delta a_0 + c_4 \Delta a_1 + c_5 \Delta a_2 + c_6 \Delta b_0 + c_7 \Delta b_1 + c_8 \Delta b_2 + g_2 - g_1 \tag{2.55}$$

式中，

$$c_1 = 1; \qquad c_2 = g_2; \qquad c_3 = \frac{\partial g_2}{\partial a_0} = \dot{g}_x;$$

$$c_4 = \frac{\partial g_2}{\partial a_1} = x\dot{g}_x; \quad c_5 = \frac{\partial g_2}{\partial a_2} = y\dot{g}_x; \quad c_6 = \frac{\partial g_2}{\partial b_0} = \dot{g}_y;$$

$$c_7 = \frac{\partial g_2}{\partial b_1} = x\dot{g}_y; \quad c_8 = \frac{\partial g_2}{\partial b_2} = y\dot{g}_y \text{。}$$

由此可得法方程矩阵形式为

$$(\boldsymbol{C}^{\mathrm{T}}\boldsymbol{C})\ \boldsymbol{X} = (\boldsymbol{C}^{\mathrm{T}}\boldsymbol{L}) \tag{2.56}$$

式中，

$$\boldsymbol{C} = \begin{bmatrix} c_1 & c_2 & c_3 & c_4 & c_5 & c_6 & c_7 & c_8 \end{bmatrix}^{\mathrm{T}};$$

$$\boldsymbol{X} = \begin{bmatrix} \Delta h_0 & \Delta h_1 & \Delta a_0 & \Delta a_1 & \Delta a_2 & \Delta b_0 & \Delta b_1 & \Delta b_2 \end{bmatrix}^{\mathrm{T}};$$

$$\boldsymbol{L} = \begin{bmatrix} g_2 - g_1 \end{bmatrix} \text{。}$$

　　如果在两匹配窗口中有 8 对以上的同名点，则可逐点形成形如式 (2.56) 的法方程，将它们联合求解，根据最小二乘平差原理可得

$$X = (C^{\mathrm{T}}C)^{-1}(C^{\mathrm{T}}L) \tag{2.57}$$

　　法方程需要迭代求解，各变形参数初始值可设为：$h_0 = 0, h_1 = 1, a_0 = 0, a_1 = 1, a_2 = 0,$ $b_0 = 0, b_1 = 0, b_2 = 1$。由于变形参数的改正值是根据经过几何、辐射纠正后的右方影像灰度阵列求得的。因此，计算出各参数的改正数 X 后，应根据下列算法求得各变形参数，设 $h_0^{i-1}, h_1^{i-1}, a_0^{i-1}, a_1^{i-1}, a_2^{i-1}, b_0^{i-1}, b_1^{i-1}, b_2^{i-1}$ 为前一次变形参数，$\Delta h_0^i, \Delta h_1^i, \Delta a_0^i, \Delta a_1^i, \Delta a_2^i, \Delta b_0^i, \Delta b_1^i,$ Δb_2^i 为本次迭代所求得的改正数，则对于几何变形参数有

$$\begin{bmatrix} 1 \\ x_2 \\ y_2 \end{bmatrix} = \begin{bmatrix} 1 & 0 & 0 \\ a_0^i & a_1^i & a_2^i \\ b_0^i & b_1^i & b_2^i \end{bmatrix} \begin{bmatrix} 1 \\ x \\ y \end{bmatrix} = \begin{bmatrix} 1 & 0 & 0 \\ \Delta a_0^i & 1+\Delta a_1^i & \Delta a_2^i \\ \Delta b_0^i & \Delta b_1^i & 1+\Delta b_2^i \end{bmatrix} \begin{bmatrix} 1 & 0 & 0 \\ a_0^{i-1} & a_1^{i-1} & a_2^{i-1} \\ b_0^{i-1} & b_1^{i-1} & b_2^{i-1} \end{bmatrix} \begin{bmatrix} 1 \\ x \\ y \end{bmatrix} \tag{2.58}$$

所以

$$\begin{cases} a_0^i = a_0^{i-1} + \Delta a_0^i + a_0^{i-1}\Delta a_1^i + b_0^{i-1}\Delta a_2^i \\ a_1^i = a_1^{i-1} + a_1^{i-1}\Delta a_1^i + b_1^{i-1}\Delta a_2^i \\ a_2^i = a_2^{i-1} + a_2^{i-1}\Delta a_1^i + b_2^{i-1}\Delta a_2^i \\ b_0^i = b_0^{i-1} + \Delta b_0^i + a_0^{i-1}\Delta b_1^i + b_0^{i-1}\Delta b_2^i \\ b_1^i = b_1^{i-1} + a_1^{i-1}\Delta b_1^i + b_1^{i-1}\Delta b_2^i \\ b_2^i = b_2^{i-1} + a_2^{i-1}\Delta b_1^i + b_2^{i-1}\Delta b_2^i \end{cases} \tag{2.59}$$

对于辐射变形参数有

$$\begin{bmatrix} 1 \\ g_1 \end{bmatrix} = \begin{bmatrix} 1 & 0 \\ \Delta h_0^i & 1+\Delta h_1^i \end{bmatrix} \begin{bmatrix} 1 & 0 \\ h_0^{i-1} & h_1^{i-1} \end{bmatrix} \begin{bmatrix} 1 \\ g_2 \end{bmatrix} \tag{2.60}$$

则

$$\begin{cases} h_0^i = h_0^{i-1} + \Delta h_0^i + h_0^{i-1}\Delta h_1^i \\ h_1^i = h_1^{i-1} + h_1^{i-1}\Delta h_1^i \end{cases} \tag{2.61}$$

　　获得本次迭代后各变形参数值以后，再重新计算式 (2.55) 中各未知数的系数值，并根据式 (2.57) 解算各参数的改正数。如此迭代，直到 g_1，g_2 间的相关系数小于前一次迭代所求得的相关系数或者几何变形参数的改正数 (特别是位移改正数 Δa_0，Δb_0) 小于给定的阈值为止。

　　基于灰度的影像匹配方法一般需要已知影像间的相对位置关系，以恢复近似行排列影像 (核线影像) 才能获得较好的匹配效果。图 2.10 为 UCD 数字航摄仪拍摄的立体影像对，先采用相关系数匹配再按最小二乘匹配自动寻找出的同名像点 (如图中的十字丝标记)。

图 2.10　匹配效果图

2. 基于特征的影像匹配

相比于基于灰度的影像匹配方法，基于特征的影像匹配一般更为复杂，特征的提取和描述是其关键内容。特征匹配一般包括四个步骤：①特征的检测。这些特征通常是灰度变化的局部极值，含有显著的结构性信息。②特征的描述，即建立特征参数或向量，它反映了各种特征匹配算法的主要差异。特征参数的选择决定了影像的哪些特征参与匹配，哪些特征将被忽略。③特征匹配获得匹配候选点。特征匹配根据特征向量间的相似性，采用某种距离函数如欧氏距离、街区距离、马氏距离等，作为特征的相似性度量来进行匹配。④剔除误匹配点。无论采用何种特征描述参数和相似性判定度量，错误匹配都是难以避免的。匹配完成之后，可根据影像间的几何约束信息来剔除匹配候选点中的误匹配点。常用的几何约束是核线约束关系。下面将以尺度不变特征转换(Scale Invariant Feature Transform, SIFT)算法为例简要介绍基于 SIFT 特征的影像匹配方法(Lowe, 2004)，其主要步骤如下：

1)尺度空间的极值检测

为构建 SIFT 算子，需引入图像尺度空间的概念。图像尺度空间 $L(x, y, \sigma)$ 的定义如式(2.62)所示，它是尺度变化的高斯函数 G 与影像 I 的卷积。

$$L(x, y, \sigma) = G(x, y, \sigma) \otimes I(x, y) \tag{2.62}$$

其中高斯函数定义为

$$G(x, y, \sigma) = \frac{1}{2\pi\sigma^2} e^{-\frac{x^2 + y^2}{2\sigma^2}} \tag{2.63}$$

式中，(x, y) 为像素坐标；σ 为尺度空间因子，σ 的大小决定了图像的平滑程度，大尺度对应图像的概貌特征，小尺度对应图像的细节特征。

建立了尺度空间后，可进行极值点的检测。首先建立图像的 DoG（Difference of Gaussian）金字塔影像，即

$$D(x,y,\sigma) = (G(x,y,k\sigma) - G(x,y,\sigma)) \otimes I(x,y) = L(x,y,k\sigma) - L(x,y,\sigma) \qquad (2.64)$$

如果一个点在 DoG 尺度空间本层以及上下两层的 26 个邻域中为最大或最小值，就认为该点是图像在该尺度下的一个关键点 DoG 函数中的极值点与尺度无关，SIFT 算法正是利用这一特性，选择 DoG 函数的极大值点或极小值点作为特征点，来实现其尺度不变性。

2）关键点方向分配

利用关键点邻域像素的梯度方向分布特性为每个关键点指定方向参数，使算子具备旋转不变性。

$$\begin{cases} m(x,y) = \sqrt{(L(x+1,y) - L(x-1,y))^2 + (L(x,y+1) - L(x,y-1))^2} \\ \theta(x,y) = \tan^{-1}\left(\dfrac{L(x,y+1) - L(x,y-1)}{L(x+1,y) - L(x-1,y)}\right) \end{cases} \qquad (2.65)$$

式（2.65）为 (x,y) 处梯度的模值 (m) 和方向 (θ) 计算公式，其中 L 所用的尺度为每个关键点各自所在的尺度。实际计算时，在关键点为中心的邻域窗口内采样，并用直方图统计邻域像素的梯度方向。梯度直方图的范围是 $0°\sim360°$，每 $10°$ 代表一个方向，共 36 个方向。直方图的峰值代表该特征点处邻域梯度的主方向，用作为该关键点的方向。

3）特征点的描述

在构造特征描述符时，首先将特征点周围局部区域顺时针旋转 θ 角（调整至 $0°$），以确保其具有旋转不变性。在旋转后的区域内，将以关键点为中心的 16×16 的矩形窗口均匀地分成 16 个 4×4 的子块（图例 2.11 中为 2×2 子块），在每个子块上分别计算 8 个方向的梯度累加值，并绘制梯度方向直方图。16 个子块一共可得到 128 个梯度累加值，由其构成的向量就被定义为该特征点的描述符。经过上述处理，得到的 SIFT 特征向量已经去除了尺度变化、旋转等几何变形因素的影响，如果再将其进行归一化，则可以进一步减小光照变化的影响。

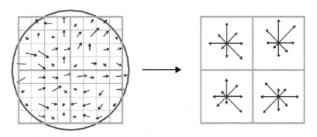

图 2.11　由梯度图构建特征向量(Lowe, 2004)

4）特征匹配

当两幅影像的 SIFT 特征向量生成后，采用欧氏距离作为两幅影像中关键点的相似性

度量。取基准影像中的某个关键点，并找出待匹配影像中与其特征描述向量间欧氏距离最近的前两个关键点。在这两个关键点中，如果最近距离与次近距离的比值小于某个阈值，则匹配成功。

5）误匹配点的剔除

一般采用影像间的几何约束关系来剔除误匹配点。对于卫星遥感影像，可以采用近似核线模型作为几何约束模型，也可采用单应矩阵模型或者仿射变换模型，而检测误匹配点可采用 RANSAC 算法（Fischler and Bolles, 1981）。

图 2.12　SIFT 特征匹配效果图

相对于相关系数匹配，特征匹配在相对位置关系未知的不同影像间仍然能够获得较好的匹配结果。如图 2.12 所示，左右影像分别为初始定向参数未知的航摄影像和 SPOT-5 影像采用 SIFT 特征匹配方法得到的匹配结果。由此可见，不同影像间的空间分辨率差异和相对旋转角度较大时，采用 SIFT 特征匹配方法仍能获得较好的匹配结果，而若直接采用相关系数匹配方法，则很难匹配出影像间的同名点。

2.4.2　影像配准的数学模型

影像配准的数学模型描述了两幅影像之间的几何映射关系。由于目前尚难以在物理意义上实现两幅影像间子像素级的一一对应（主要是受地形起伏、地物高低引起的视差影响），因此，实际应用中通常根据两幅影像中匹配出的一定数量的同名像点采用几何拟合模型而非物理模型来实现两幅影像间的几何配准。几何配准模型可分为线性变换模型和非线性变换模型两种，下面将分别进行介绍。

1. 线性变换模型

在线性变换模型中最常用的是仿射变换模型，即一阶多项式模型，如式（2.53）所示。该模型忽略了地形起伏和影像成像方式，将两幅影像间的配准完全转换为两个影像平面间的变换。仿射变换模型需要解求两幅影像之间的旋转、平移和比例缩放共 6 个参数，需要利用 3 对以上同名点才能求解出式（2.53）中的仿射变换系数。

2. 非线性变换模型

在非线性变换模型中最常用的是高于一阶的一般多项式模型和小面元纠正模型。相对于仿射变换模型，高阶多项式模型除了可模拟旋转、平移和缩放变形外，还可模拟其他的一些高阶变形。但高阶多项式模型也存在自身的缺点：一是需要更多的同名点对。如果人工选取同名点，则会加大人工工作量；二是参数求解不稳定。事实上，高阶多项式模型不一定能够精确模拟未知的变形，其主要原因在于多项式系数间存在较高的相关性。阶数越高，参数求解就越不稳定，实际应用中一般只采用 2 阶或者 3 阶多项式模型。2 阶多项式模型为

$$\begin{cases} x_2 = a_0 + a_1 x + a_2 y + a_3 x^2 + a_4 y^2 + a_5 xy \\ y_2 = b_0 + b_1 x + b_2 y + b_3 x^2 + b_4 y^2 + b_5 xy \end{cases} \tag{2.66}$$

在山区和山区与平地的交界处，由地形起伏引起的几何变形是不一样的，对整幅影像利用一般多项式模型进行影像配准往往达不到精度要求。此时，需采用局部形变模拟的方法，即通过对整幅影像进行分块配准的方法来实现。小面元配准模型就是将整幅影像分解为若干个小面片，分别对每一个面片进行配准，其前提是必须精确配准小面元的边界点。最常用的小面元为三角形，影像配准时一般先利用影像匹配所获得的大量同名点将影像分割成若干个三角形，然后对每一个三角形面片采样仿射变换模型进行几何配准。这里的三角形可采用狄洛尼三角网（Delaunay Triangle Irregular Network, D-TIN）算法来生成（邬伦等，2001）。

2.5　数字地面模型的建立

2.5.1　DEM 概念和结构模型

数字地面模型（Digital Terrain Model, DTM）由 Miller 教授于 1956 年提出，最初用于高速公路设计，其定义为描述地球表面形态多种信息空间分布的有序数值阵列。主要包含地貌信息、地物信息、自然资源和环境信息、经济信息等。当 DTM 仅用于描述和表达空间信息的地形起伏或高程分量时，则称之为数字高程模型（Digital Elevation Model, DEM）。

DEM 有多种表达形式，最常用的有规则格网 DEM 和不规则三角网 DEM 两种形式。

1. 规则格网 DEM

规则格网（Grid, Raster）将地面划分成一系列规则的格网单元，每个格网单元采用地物点的高程表示（图 2.13），即

$$\text{DEM} = \{Z_{ij}\}, \quad (i = 1, 2, \cdots, m; \ j = 1, 2, \cdots, n) \tag{2.67}$$

规则格网 DEM 存储量小，易于压缩，适合于计算机管理，是目前最广泛的应用形式，许多国家的 DEM 数据都是以规则格网形式提供的。表 2.6 列出了几种常用的 DEM 数据库的部分参考信息。

57	82	84	83	81	88
55	54	53	82	87	83
59	57	55	56	89	84
35	59	58	52	57	63
33	35	30	34	64	64
87	89	34	65	66	68

图 2.13　规则格网 DEM

表 2.6　几种常用的 DEM 数据库参数

名称	DEM 格式	分辨率	覆盖范围	数据源	发布时间
SRTM1/SRTM3	经纬度格网	1″/3″	全球陆地	SRTM	2002
中国 1:5 万 DEM	方里格网	25m	中国	地形图	2002
ASTER GDEM	经纬度格网	1″	全球陆地	ASTER	2009
GMTED2010	经纬度格网	7.5″/15″/30″	全球陆地	多数据源	2011
WorldDEM	经纬度格网	12m	全球陆地	TanDEM-X	2014

规则格网 DEM 存在明显的缺点。譬如，在固定分辨率下用格网 DEM 去描述简单、平坦的地区往往会存在大量的数据冗余，而描述复杂、地形起伏较大的地区时则显得较为粗糙，不能准确地反映地形特征。因此，采用规则格网 DEM 描述地表面时一般需附加山脊线、山谷线、断裂线等地形特征数据，以提高地形的表达精度。

2. 不规则三角网 DEM

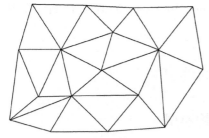

不规则三角网(Triangulated Irregular Network, TIN)直接利用原始采样点数据按照一定的规则连接成覆盖整个区域且互不重叠的许多三角形，以三角形面片来近似描述地表面(图 2.14)。与规则格网相比，TIN 保留了原始采样点，可很好地顾及地面特征点、线，如山脊、山谷、地形断裂等；同时能随地形变化而改变采样点分布，具有可变分辨率的特征，因而能够避免地形平坦地区的数据冗余。

由于 TIN 的不规则性，其数据组织、存储和应用要比规则格网复杂得多。除了存储点的高程外，还

图 2.14　不规则三角网 DEM

需要记录点的平面位置以及与相邻三角形间的拓扑关系等。

TIN 的构建也是一个重要环节，通常采用三角剖分准则将离散地面采样点构成互不相交的三角形，目前最常用的三角化方法是 Delaunay 算法，此外还有辐射扫描算法、模拟退火法、基于数学形态学的方法等(刘学军和龚健雅，2001)。

2.5.2　DEM 数据预处理

建立 DEM 数据需要先获取地形数据。地形数据主要是指高程数据，在可能的条件下还应包括各种地形特征线，如山脊线、山谷线、断裂线等。获取源数据后，需进行 DEM 数据的预处理，主要包括数据格式转换、坐标系统转换、粗差检测、滤波处理和数据分块等。由于本书主要针对陆地卫星遥感影像，下面主要介绍原始数据的采集、粗差检测和滤波处理。

1. DEM 数据采集

目前 DEM 数据的主要来源有：地形图数字化、摄影测量和遥感数据、地面测量数据、激光点云数据等，其中航空摄影测量一直是地形图测绘和更新最主要的手段，也是

DEM 生产最有价值的数据源。陆地卫星遥感影像也是一种快速获取大范围 DEM 数据的有效数据源，但受卫星传感器空间分辨率的影响，由 Landsat 和 SPOT 获取的影像只适合于制作小比例尺的 DEM 数据，而由 IKONOS、QuickBird、合成孔径雷达获取的影像则能用于制作高精度、高分辨率的 DEM 数据。表 2.7 反映了 DEM 分辨率与原始数据尺度之间的关系，除了航空影像和中、大比例尺地形图，高分辨率卫星遥感影像也是制作精尺度 DEM 的重要数据源。

表 2.7　DEM 分辨率与原始数据尺度的关系

尺度	DEM 分辨率/m	原始数据
精尺度	5～50	航空影像，1∶5000 至 1∶50000 地形图
粗尺度	50～200	航空影像，1∶50000 至 1∶200000 地形图
中尺度	200～5000	1∶100000 至 1∶250000 地形图
宏尺度	5000～500 000	1∶250000 至 1∶1000000 地形图，国家等级平面、高程控制点

2. 源数据的粗差检测

无论采用何种数据采集方法，DEM 原始数据都不可避免地存在着误差。在数据预处理过程中需要对误差尽可能进行处理，以防止误差在 DEM 制作过程中的传播和放大。根据误差的性质，DEM 原始数据中的误差可分为三类：偶然误差、系统误差和粗差。对于由遥感影像获取的 DEM 数据而言，粗差往往是主要的误差源，预处理时必须将其剔除。最常用的剔除 DEM 中粗差的方法有立体人工目视检查法和基于拟合曲面或趋势面的粗差探测方法两种。

1) 立体人工目视检查法

对于由遥感立体像对获取的离散数据点，通常采用不规则三角网生成三维地形表面模型，将其置于三维可视化环境下，通过人机交互的方式可以检测粗差点。该方法要求软件平台具有较高的三维构网、浏览和快速交互响应能力，对作业员也有较高的经验要求。

2) 基于拟合曲面的粗差探测方法

该方法认为地球表面的变化符合一定的自然趋势，可以用连续光滑的曲面来描述。该趋势面表达了地形的宏观变化趋势，某一采样点的高程观测值如果远离趋势面，则认为该点存在粗差。因此，采用拟合曲面进行粗差探测主要包含两个步骤：拟合曲面的选取和阈值的确定。虽然任何连续曲面都可由高阶多项式无限逼近，但高阶多项式模型参数的求解一般都不稳定，实际生产中一般采用 2 阶或 3 阶多项式模型。阈值的确定通常采用统计的方法，首先获取或者假设 DEM 源数据点的中误差，然后可取 2 倍或 3 倍中误差作为阈值。事实上，地表的变化情况也无法全部用统计的方法来描述，因此阈值的选择对结果影响较大。

一般而言，基于拟合曲面的方法可发现大部分含有粗差的数据点，但同时也带有较大的不确定性，通常需要采用人工目视检查等方法进一步分析。

3. 源数据的滤波处理

由影像立体像对获取的 DEM 源数据通常是密集的三维离散点云，点的密度、分布和精度都有可能影响 DEM 对地形描述的精度和合理性，需采用滤波算法对源数据进行滤波，以提高地形表达的精度和准确性。

常用的数据滤波方法有最邻近采样法、均值滤波、基于移动窗口的中值滤波以及基于频率域的低通滤波等。大量试验表明，采用恰当的滤波处理可提高 DEM 的地形描述精度。然而，滤波处理并非适用于所有情况。当偶然误差而非系统误差或粗差占据误差的主要部分时，采用滤波处理可有效提高数据质量；反之，效果则不明显，甚至不能提高数据质量(李志林和朱庆，2003)。

2.5.3 DEM 数据内插

DEM 数据内插是 DEM 生成和应用的一个重要步骤。生成 DEM 时，需要根据离散点内插出规则格网点所在平面位置的高程值；在 DEM 应用过程中，往往需要知道非格网点的高程值，此时亦需要经过内插才能获取。DEM 数据内插方法非常多，且每种方法都有各自的优缺点，实际处理时应根据不同的情况选择不同的内插方法，本节仅介绍移动曲面内插法。

移动曲面内插法的主要步骤如下(张祖勋和张剑清，1997)：

(1)对每一个 DEM 格网点 $P(X_p, Y_p)$，从数据点中检索出对应的几个分块格网中的数据点 $P_i(X_i, Y_i)$，并将坐标原点平移到该 DEM 格网点上：

$$\begin{cases} \overline{X}_i = X_i - X_p \\ \overline{Y}_i = Y_i - Y_p \end{cases} \tag{2.68}$$

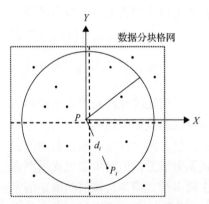

图 2.15　选取 P 为圆心 R 为半径的圆内数据点

(2)为了选取邻近的数据点，以待定点 P 为圆心，以 R 为半径作圆(如图 2.15 所示)，凡落在圆内的数据点即被选用。所选定的点数由所选用的局部拟合函数来确定，在二次函数内插时，要求所选用的点数必须大于6。当数据点 $P_i(X_i, Y_i)$ 到待定点 $P(X_p, Y_p)$ 的距离

$$d_i = \sqrt{\overline{X}_i^2 + \overline{Y}_i^2} < R \tag{2.69}$$

时，该点即被选用。若所选用的点数不够，则应增大 R，直至数据点的个数满足要求。

(3)建立误差方程。若选用二次曲面作为拟合曲面，其曲面方程为

$$Z = AX^2 + BXY + CY^2 + DX + EY + F \tag{2.70}$$

由数据点 $P_i(X_i, Y_i)$ 列出的误差方程为

$$v_i = \overline{X}_i^2 A + \overline{X}_i \overline{Y}_i B + \overline{Y}_i^2 C + \overline{X}_i D + \overline{Y}_i E + F - Z_i \tag{2.71}$$

(4)给定各数据点的权 w_i。w_i 的确定与该数据点到待定点 P 的距离 d_i 有关。d_i 越小，它对待定点的影响越大，则权越大；反之，d_i 越大，权则越小。通常采用的定权公式有

$$w_i = \frac{1}{{d_i}^2} \quad 或 \quad w_i = \left(\frac{R - d_i}{d_i} \right) \tag{2.72}$$

(5)建立法方程并求解。根据最小二乘平差原理，由式(2.71)构建法方程的解为

$$X = (M^{\mathrm{T}}WM)^{-1}M^{\mathrm{T}}WZ \tag{2.73}$$

式中，M 为由式(2.71)中的系数构成的设计矩阵；Z 为常数向量；W 为数据点的权矩阵。由于 $\overline{X}_p = 0$，$\overline{Y}_p = 0$，所以系数 F 就是待定点的内插高程值 Z_p。

2.6　正射影像的制作

遥感影像能够真实地反映地面景物，比地形图更加直观。然而，航空摄影影像和卫星遥感影像通常是中心投影或者多中心投影影像，存在着影像倾斜和地面起伏引起的几何变形，并非地面景物简单的缩小，与地面景物也并不完全相似。因此，实际应用中，需将遥感影像纠正为以正射投影为基础的正射影像，这一过程称之为影像正射化。由于正射化的过程采用了将影像划分为很多微小的区域并逐一纠正的方法，所以影像正射化也称之为数字微分纠正。

2.6.1　框幅式中心投影影像的数字微分纠正

1. 数字微分纠正原理

数字微分纠正的基本任务是实现两个二维影像间的映射变换。纠正过程中，首先需要确定原始影像和正射影像的几何关系。设任一像元在纠正前和纠正后影像上的坐标分别为 (x, y) 和 (X, Y)，并设定它们有以下映射关系：

$$\begin{cases} x = f_x(X, Y) \\ y = f_y(X, Y) \end{cases} \tag{2.74}$$

或

$$\begin{cases} X = \varphi_x(x, y) \\ Y = \varphi_y(x, y) \end{cases} \tag{2.75}$$

式(2.74)是通过正射影像的像点坐标 (X, Y) 计算其在原始影像上的像平面坐标 (x, y)，称之为反解法或间接法。而式(2.75)正好相反，它是根据原始影像的像点坐标计算正射影像上的像点坐标，称之为正解法或直接法。

2. 反解法数字微分纠正

反解法数字微分纠正的流程如图 2.16 所示。

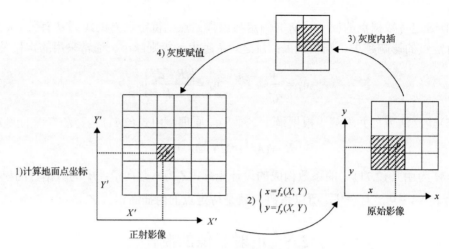

图 2.16　反解法数字微分纠正(张祖勋和张剑清，1997)

1)计算地面点坐标

设正射影像上任一点 P 的坐标为 (X',Y')，正射影像左下角起始点坐标为 (X_0,Y_0)，正射影像比例尺分母为 M，则 P 点的地面坐标 (X,Y) 为

$$\begin{cases} X = X_0 + MX' \\ Y = Y_0 + MY' \end{cases} \tag{2.76}$$

2)计算像点坐标

根据反解公式(2.74)计算 P 点在原始影像上相应的像平面坐标 (x,y)。对框幅式中心投影影像而言，反解公式即为共线条件方程：

$$\begin{cases} x - x_0 = -f\dfrac{a_1(X - X_S) + b_1(Y - Y_S) + c_1(Z - Z_S)}{a_3(X - X_S) + b_3(Y - Y_S) + c_3(Z - Z_S)} \\[3mm] y - y_0 = -f\dfrac{a_2(X - X_S) + b_2(Y - Y_S) + c_2(Z - Z_S)}{a_3(X - X_S) + b_3(Y - Y_S) + c_3(Z - Z_S)} \end{cases} \tag{2.77}$$

式中，Z 为 P 点的高程，通常由 DEM 内插获得。

3)灰度重采样

求得像点的像平面坐标后，需要根据内定向参数将其转换为像素坐标。此时，像素坐标不一定位于像素中心，需要进行灰度重采样。通常可采用双线性内插法(见 2.3.3 节)以求得 $p(x,y)$ 的灰度值 $g(x,y)$。

4)灰度赋值

将像点 p 的灰度值赋给正射影像的对应像元 $P(X',Y')$，即

$$G(x,y) = g(x,y) \tag{2.78}$$

依次对正射影像上每个像元进行上述运算，即可获得正射纠正后的数字影像。

3. 正解法数字微分纠正

正解法数字微分纠正从原始影像出发，将影像上的每个像元按照正解公式(2.75)求

得纠正后的像点坐标(图 2.17)。对中心投影影像而言，正解公式为共线条件方程的变形形式，即

$$\begin{cases} X = Z\dfrac{a_1x + a_2y - a_3f}{c_1x + c_2y - c_3f} \\ Y = Z\dfrac{b_1x + b_2y - b_3f}{c_1x + c_2y - c_3f} \end{cases} \tag{2.79}$$

根据式(2.79)计算正射影像上的像点坐标时需已知高程 Z，而 Z 又是待求像点坐标(X, Y)的函数。因此，在影像正射纠正时需根据 DEM 设定一个初始高程值 Z_0，求解出 (X, Y) 后再根据 DEM 内插出新的 Z 值，并反复迭代求解，以获得精确的正射影像坐标。除需要迭代求解之外，正解法所获得的像点在正射影像上是非规则排列的，有些像元可能存在空白，而有些像元可能出现重复点。由于正解法上述的缺点，正射影像纠正通常采用反解法。

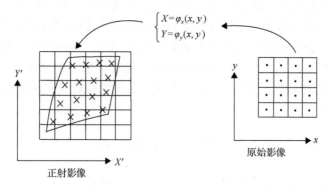

图 2.17　正解法数字微分纠正(张祖勋和张剑清，1997)

2.6.2　线阵列推扫遥感影像的数字微分纠正

对线阵列推扫式卫星遥感影像进行数字微分纠正所采用的几何纠正模型通常为物理模型和有理函数模型，而对正射影像产品的几何纠正精度要求不高时，也可采用一般多项式模型或仿射变换模型等经验模型。由于目前数字微分纠正通常采用反解法，因此本节将主要介绍基于反解法的卫星遥感影像数字微分纠正原理。

1. 基于物理模型的数字微分纠正

线阵推扫式卫星遥感影像各扫描行的像点与对应地面点间存在严格的中心投影关系，但各扫描行影像所对应的卫星轨道和姿态参数各异，根据物理模型计算地面点所对应像点的像平面坐标时，需要先求出该点所在扫描行的卫星轨道参数和姿态参数，因此反解法数字微分纠正的基本步骤为：

(1)根据式(2.23)计算 y 行影像所对应的扫描时刻 t；

(2)根据式(2.22)计算 t 时刻扫描行影像的外方位元素；

(3)根据式(2.21)计算旋转矩阵中的各方向余弦值；

(4)根据式(2.24)中的第二式计算给定地面点所对应像点的影像坐标 y'；

(5)以 $y+y'$ 作为新的 y 值，重复步骤(1)～(4)。当 y' 小于某一阈值(一般设为 0.001 个像素)时，迭代收敛，并用此时的影像外方位元素按式(2.24)中的第一式计算出像点 x 坐标。若 y' 大于阈值，则需要重新迭代计算，直至 y' 小于给定阈值为止，由此即可得到地面点所对应像点的像平面坐标 (x,y)。

上述过程通常需要多次迭代，且需要已知地面点所对应的像点在像平面坐标系中的 y 坐标初值。数字微分纠正过程中，通常很难获取其较为准确的初值，一般可以中心扫描行影像的 y 坐标作为其初始值。

对正射影像上的每一个像素按照上述步骤计算其在原始影像上所对应的像点坐标，并进行灰度重采样，便可获得数字微分纠正影像。

2. 基于有理函数模型的数字微分纠正

利用有理函数模型对线阵推扫式卫星遥感影像进行数字微分纠正的过程与传统框幅式中心投影影像的数字微分纠正过程完全相同，但需将式(2.77)换为式(2.33)。

对于大像幅高分辨率卫星遥感影像的数字微分纠正，利用物理模型对其进行逐点微分纠正将是相当耗时的。如以有理函数模型替代物理模型，根据式(2.33)便可直接获得地面点所对应像点的像平面坐标，由此可避免大量的迭代计算，使得逐点微分纠正在可接受的时间内完成。

2.6.3　正射影像镶嵌

正射影像是由单张原始影像通过数字微分纠正生成的。实际应用中，需要按图幅或者指定区域将单张正射影像拼接为一幅大的正射影像图，这种操作就称之为正射影像镶嵌。正射影像镶嵌就是将若干相互邻接的正射影像通过处理、拼接为统一的正射影像图的过程。为了达到良好的视觉效果，新生成的正射影像图应该做到几何与色彩上的"无缝"。因此，正射影像镶嵌的过程不仅需要进行几何接边，还需要进行匀光和匀色处理，其中的拼接线搜索是一个关键环节。

1. 影像匀光与匀色

在遥感影像获取过程中，受内部和外部环境因素的干扰，单幅遥感影像内部不同区域的色调、亮度、反差等存在不同程度的差异，主要表现为：在一幅影像内有些区域偏亮，而有些区域偏暗(一般为中心区域偏亮，四周偏暗)，甚至同种地物在影像的不同部分呈现出不同的色调。区域范围内多幅遥感影像间也会存在着色彩不平衡的现象，主要表现为同名地物在相邻的影像上呈现出不同的亮度值。因此，为了建立无缝的正射影像镶嵌图，需要在单幅影像上和多幅影像之间进行匀光、匀色处理以达到色彩平衡。

1)单幅遥感影像的匀光

单幅遥感影像的匀光处理可分为影像的预处理、背景影像生成、Mask 掩膜运算和后期处理四个部分。

(1)对于彩色遥感影像的匀光处理，需要对影像进行色彩空间变换，将 RGB 空间的彩色影像变换到 IHS 空间，提取 IHS 空间影像的 I 分量，单独对其进行匀光处理，对 I 分量进行匀光和对黑白影像进行匀光的流程是一样的。

(2)将原始影像进行重采样缩小，再用傅立叶变换得到频率谱，并进行频率域的高斯低通滤波处理，然后用傅立叶逆变换得到小尺寸的背景图，再将其放大至原始尺寸，得到背景影像。

(3)根据 Mask 匀光原理，一幅光照亮度分布不均匀的影像可以看成是受光均匀的影像和一个背景影像相叠加的结果，可以采用如下的数学模型进行描述(王密等，2008)：

$$I'(x, y) = I(x, y) + B(x, y) \tag{2.80}$$

式中，$I'(x, y)$ 表示实际的不均匀光照影像；$I(x, y)$ 表示理想条件下光照亮度均匀的影像；$B(x, y)$ 表示背景影像。

将原始影像与背景影像执行相减操作便可以得到亮度分布改善的影像，这种处理方法称为 Mask 掩膜运算，其数学表达式为

$$I_{\text{out}} = I_{\text{in}} - I_{\text{blur}} + \text{offset} \tag{2.81}$$

式中，I_{out} 是亮度分布改善的影像；I_{in} 是原始影像；I_{blur} 是背景影像；offset 是偏移量。

在式(2.81)引入一个偏移量是为了使处理后影像的像素灰度值分布在灰度级的取值范围之内。此外，偏移量的大小决定了结果影像的平均亮度，如果要保持原影像的平均亮度，则偏移量可取原影像的亮度均值。

(4)遥感影像经过 Mask 掩膜运算之后，其灰度值的动态范围会降低，使得结果影像的总体反差减小。此时，可采用分段线性拉伸的方法对结果影像进行处理，以增强影像的总体反差。

对于彩色遥感影像而言，上述处理都是在 IHS 空间的 I 分量上进行的。经过以上处理后得到的是光照分布均匀的 I' 分量，然后用 I' 分量替换 IHS 空间的 I 分量并进行 IHS 色彩空间到 RGB 色彩空间的逆变换，便可以得到一幅光照分布改善的彩色遥感影像。

采用 Mask 匀光方法对单幅遥感影像进行匀光处理时，结果影像会出现对比度降低、反差减小等现象。针对这一问题，姚芳等(2013)、孙文等(2014)对 Mask 匀光方法进行了改进，可在一定程度上解决结果影像对比度降低的问题，但对于原始影像存在明显梯度突变的区域，其匀光效果仍不理想，匀光后的结果影像在梯度突变的区域存在光晕现象，灰度明显失真。针对这一不足，袁修孝等(2014)对影像高反差区域进行扩张吞噬，消除了特殊区域交界处影像的灰度失真现象，明显增强了暗区域原始影像的纹理清晰度。

2)多幅影像之间的色彩平衡

多幅遥感影像间的色彩平衡处理可采用基于 Wallis 滤波器的色彩平衡方法(李德仁等，2006)。

Wallis 滤波器是一种比较特殊的滤波器，它可以在增强原始信号反差的同时压制噪声，并具有局部自适应功能。Wallis 滤波是一种局部的影像变换，能够使影像不同位置处的灰度方差和均值近似相等，既可使影像反差小的区域的反差增大，又可影像反差大的区域的反差减小，使影像中灰度的微弱信息得到增强。对遥感影像使用 Wallis 滤波，

可以将影像的灰度均值和方差映射到给定的灰度值和方差值。

Wallis 变换的一般数学表达式为

$$f(x,y) = [g(x,y) - m_g] \frac{c_f}{cv_g + (1-c)v_f} + bm_f + (1-b)m_g \qquad (2.82)$$

式中，$g(x,y)$ 为原始影像的灰度值；$f(x,y)$ 为 Wallis 变换后结果影像的灰度值；m_g 和 v_g 分别为原始影像的局部灰度均值与标准差；m_f 和 v_f 分别为结果影像局部灰度均值和标准差的目标值；$c \in [0,1]$ 为影像方差的扩展常数；$b \in [0,1]$ 为影像的亮度系数，当 $b \to 1$ 时，影像均值被强制映射到 m_f，当 $b \to 0$ 时，影像均值被强制映射到 m_g。

式 (2.82) 也可以表示为

$$f(x,y) = g(x,y)r_1 + r_0 \qquad (2.83)$$

式中，$r_1 = \dfrac{cv_f}{cv_g + (1-c)v_f}$，$r_0 = bm_f + (1-b-r_1)m_g$，参数 r_1 和 r_0 分别为乘性系数和加性系数。

在典型的 Wallis 滤波器中 $c = 1$，$b = 1$，则式 (2.82) 变为

$$f(x,y) = [g(x,y) - m_g] \frac{v_f}{v_g} + m_f \qquad (2.84)$$

此时，

$$\begin{cases} r_1 = \dfrac{v_f}{v_g} \\ r_0 = m_f - r_1 m_g \end{cases} \qquad (2.85)$$

基于 Wallis 滤波的多幅遥感影像间的色彩平衡流程为：

(1) 数据准备。在进行多幅遥感影像的色彩平衡处理之前，应该确保各幅影像都经过了单幅影像内部的匀光处理。单幅影像内部色调和反差的不一致会影响到后续多幅影像间色彩平衡处理的效果。

(2) 确定标准参数。从待处理的多幅影像中选取一张色调和反差比较理想的影像，统计它的均值和标准差，并作为目标均值和标准差；或者对待处理的每一张影像的均值和标准差进行统计，并用它们的平均值作为目标均值和标准差。

(3) 计算 Wallis 滤波器系数。为了使各幅影像具有近似一致的均值和标准差，可以令 Wallis 滤波器中的 $c = 1$，$b = 1$，然后根据式 (2.85) 计算出乘性系数和加性系数。

(4) 进行 Wallis 滤波处理。根据式 (2.83) 对各幅影像进行 Wallis 滤波处理。

(5) 重叠区域的进一步处理。经过以上处理后，各幅影像在整体上具有了一致的色调和反差，但相邻影像的重叠区域可能仍然存在一定程度的色彩差异，这种差异可能会影响到整个区域影像镶嵌后的色彩效果。为了消除这种色彩差异，需要对重叠区域内的影像做进一步的色彩平衡处理。因为重叠区域内的影像具有相同的地物分布，直方图的形状也应该大致相同，所以可以采用直方图匹配的方法对相邻影像的重叠区域进行色彩平

衡处理，以进一步改善整个区域影像镶嵌的色彩效果。

Wallis 滤波本质上是对影像各色彩通道像素值的一种线性变换。尽管线性变换可以完成多幅遥感影像色彩一致性校正，但线性变换的级联传递方式存在着累积误差这一固有缺陷，决定了常规的 Wallis 滤波无法有效地应用于大场景的影像色彩一致性校正。孙明伟(2009)在 Wallis 滤波基础上，提出了基于最小二乘区域网平差的匀色处理方法，并应用于数字摄影测量网格系统 DPGrid 中。该方法首先统计单幅正射影像及其相邻影像公共重叠区域的色调信息(灰度均值与灰度方差)，根据匀色后正射影像的重叠区域应该具有相同(或相近)色调的基本要求，利用最小二乘平差方法，整个测区整体解算每幅影像的色调调整参数，使影像之间的色调差异取得整体意义上的最小二乘值。此外，采用加权 Wallis 滤波也可以避免空间传递引起的累积误差，实现大场景下多幅遥感影像色彩一致性校正(Fan, 2017)。

2. 影像拼接

正射影像拼接是指将相互之间具有一定重叠区域的多幅正射影像拼接成测区内一幅大的正射影像，再按图廓进行裁剪，得到正射影像图的过程。如何在有效重叠区域内确定最佳拼接线是影像拼接的一项关键技术。合理的拼接线应避开高出地面的地物如房顶、树冠，避开颜色反差较大的区域，以提高拼接影像的几何质量，并提高正射影像图的生产效率。

1)拼接线搜索

正射纠正过程中使用的 DEM 不能很好地顾及房屋、树木等高出地面的物体，屋顶、树冠等区域并没有被纠正到正确的位置，而是产生了投影差。由于中心投影的特性，投影差在不同影像上的大小、方向也不相同。很显然，若拼接线经过了投影差大的区域是不可能做到"无缝"的。为了很好地避开反差大的区域，可以在待拼接影像的差分影像上搜索拼接线。差分影像可由下式得到

$$g(i,j) = g_1(i_1,j_1) - g_2(i_2,j_2) \tag{2.86}$$

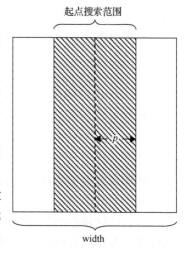

式中，$g(i,j)$ 是差分影像上的像素灰度；$g_1(i_1,j_1)$ 和 $g_2(i_2,j_2)$ 分别是待拼接影像上对应像素的灰度。

两者之间反差大的区域在差分影像上表现为高亮区域。因此，拼接线搜索的原理就是在差分影像上避开灰度值较大的像素而选择灰度较小的像素。

搜索拼接线的算法很多，这里仅介绍一种比较简单的随机贪心法，其步骤为：

(1)选择拼接线起点。由于正射影像中间部分物体的投影差较小，因此镶嵌线的选择应尽量靠近中间部分。如图 2.18 所示，以从上向下搜索为例，在差分影像第一行偏中间的位置随机选取一个像点作为起点。搜索的范围为 $[(0.5-p)\times$

图 2.18　拼接线起点选择示意图

$\text{width}, (0.5 + p) \times \text{width}]$，其中 p 为区间范围的百分比，width 为差分影像宽度。图中晕线范围为拼接线起点的选择范围。

(2)下一路径点的选择。确定了起点后，采用贪心搜索法选择下一个路径点，即在待选像素中选择灰度值最小的像素作为下一个路径点。待选像素为搜索前方的 n 个像素，如图 2.19 所示。以从上向下为搜索方向，第 i 行的路径点为第 j 个像素，则第 $i+1$ 行的备选像素为 $j-n/2$ 到 $j+n/2$ 之间的 n 个像素，n 一般取 3，5 或者 7。

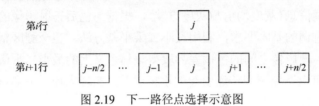

图 2.19　下一路径点选择示意图

(3)计算灰度和。待搜索到影像最后一行时，将路径上各像素的灰度累加，得到路径上各像素累积的灰度和。

(4)多次搜索，取最优路径。由于拼接线的起点具有随机性，得到的路径也具有随机性，是不可靠的。因此，需要多次选择不同的起点并重复上述过程。每次搜索得到最优路径后，都需将当前路径与历史最优路径作比较，如果当前路径的累积灰度和小于历史最优路径累积灰度和，则将当前路径设为最优路径，否则继续下一次搜索，直到搜索次数达到设定的次数(通常为 1000～10000 次，也可根据实际情况设置)。

2)影像填充

拼接线生成以后，通过多边形求交的方法可得到每一幅影像的有效填充区域。影像填充的方法很多，这里仅介绍边标记填充法。

边标记填充法可分为两步：

(1)对待填充区域的每一条边进行扫描线转换，即对区域边界上的像素打标记。

(2)对区域逐行填充，每一行都设置一标记参数，参数初始值设为区域外，当遇到区域的边界时，参数值修改为区域内，再次遇到区域边界时，将参数值修改为区域外。当参数标记为区域内时，则将对应影像区域的灰度信息赋给待填充影像。

2.7　小　　结

本章主要介绍了卫星遥感影像几何处理与定位技术，主要涉及影像系统误差检校、几何纠正、几何配准、DEM 生成和 DOM 制作等方面的问题，其关键在于建立一套合适的卫星遥感影像几何处理模型以及模型中各种参数的精确求解。实际应用中，用户可根据不同的应用需求选择合适的几何模型实施卫星遥感影像的几何处理。在对影像产品精度要求不高时，可以选择一般多项式模型、直接线性变换模型、仿射变换模型等参数易于求解、计算量小的几何处理模型。反之，对影像产品精度要求较高时，则应选择扩展共线条件方程或有理函数模型。此外，相比于基于扩展共线条件方程的影像数字微分纠正，基于有理函数模型的影像数字微分纠正可以获得与其相当的几何精度，且无须迭代计算，计算量远远小于前者。因此，在 RPC 参数已知的情况下，应尽可能使用有理函数模型进行影像数字微分纠正。

　　作为从遥感影像提取地理空间信息的前提，不同级别的遥感影像产品的生成是必不可少的，其几何精度将直接影响到后续的一系列分析和决策。因此，如何从卫星遥感影像生成高精度的各级影像产品一直是摄影测量与遥感领域的主要研究内容，已取得了一定的研究成果，但仍需进一步研究。例如，在影像几何纠正时，需要根据一定数量的地面控制点来求解几何纠正模型参数，而对于那些地形复杂、环境恶劣、人迹罕至而不得不采用卫星遥感影像进行地形测图的困难区域，控制点的获取成本很高；而对于边境、境外等地区，地面控制点的获取几乎是不可能的。这种情况下，如何实施无地面控制点的高精度卫星遥感影像几何纠正是一项亟须突破的技术；再譬如，根据覆盖同一地区的多景多源多时相遥感影像自动生成 DEM，通常采用影像密集匹配技术，而对于影像遮蔽、纹理贫乏、森林覆盖以及重复纹理等区域，采用该项技术仍难以匹配出高精度、高可靠性的密集点云，以至于难以自动生成 DEM；还有，在正射影像拼接处理时，如何自动搜索最佳镶嵌线，使其避开房屋等人工建筑物，等等。这一切都是需要值得研究的。

问题：

(1) 卫星遥感影像在轨几何标定精度受哪些因素的影响？

(2) 卫星遥感影像几何纠正所采用物理模型与经验模型的优缺点有哪些？

(3) 卫星遥感影像几何纠正精度受哪些因素的影响？

(4) 卫星遥感影像几何配准精度受哪些因素的影响？

(5) 规则格网 DEM 和不规则三角网 DEM 的优缺点有哪些？

(6) 正解法数字微分纠正和反解法数字微分纠正的优缺点有哪些？

(7) 框幅式和线阵推扫式卫星遥感影像数字微分纠正的区别有哪些？

(8) 卫星遥感影像拼接需要重点考虑哪些因素？

参 考 文 献

曹金山, 袁修孝. 2011. 利用虚拟格网系统误差补偿进行 RPC 参数精化. 武汉大学学报·信息科学版, 36(2): 185-189

冯文灏. 2002. 近景摄影测量. 武汉: 武汉大学出版社

郭海涛, 张保明, 归庆明. 2003. 广义岭估计在解算单线阵 CCD 卫星影像外方位元素中的应用. 武汉大学学报·信息科学版, 28(4): 44-47

黄玉琪. 1998. 基于岭估计的 SPOT 影像外方位元素的解算方法. 解放军测绘学院学报, 15(1): 25-27

李德仁. 2012. 我国第一颗民用三线阵立体测图卫星——资源三号测绘卫星. 测绘学报, 41(3): 317-322

李德仁, 程享喻. 1988. SPOT 影像的光束法平差. 测绘学报, 17(3): 162-170

李德仁, 王密, 潘俊. 2006. 光学遥感影像的自动匀光处理及应用. 武汉大学学报·信息科学版, 31(9): 753-756

李德仁, 袁修孝. 2012. 误差处理与可靠性理论. 武汉: 武汉大学出版社

李志林, 朱庆. 2003. 数字高程模型. 武汉: 武汉大学出版社

刘学军, 龚建雅. 2001. 约束数据域的 Delaunay 三角剖分与修改算法. 测绘学报, 30(1): 82-88

邵茜. 2006. 线阵 CCD 卫星遥感影像成像处理模型研究. 郑州: 解放军信息工程大学硕士学位论文

孙家抦. 2003. 遥感原理与应用. 武汉: 武汉大学出版社

孙明伟. 2009. 正射影像全自动快速制作关键技术研究. 武汉: 武汉大学博士学位论文

孙文, 尤红建, 傅兴玉, 等. 2014. 基于非线性 MASK 的遥感影像匀光算法. 测绘科学, 39(9): 130-134

王密, 艾靖波, 潘俊. 2008. 一种影像匀光中色彩真实性的校验方法. 武汉大学学报·信息科学版, 33(11): 1134-1137

王任享. 2001. 卫星摄影三线阵 CCD 影像的 EFP 法空中三角测量(一). 测绘科学, 26(4): 1-5

王任享, 胡莘, 杨俊峰, 王新义. 2004. 卫星摄影测量 LMCCD 相机的建议. 测绘学报, 33(2): 18-21

卫征, 胡方超, 张兵. 2006. 大气折射对航空 CCD 成像精度影响的研究. 遥感学报, 10(5): 651-655

邬伦, 刘瑜, 张晶等. 2001. 地理信息系统——原理、方法和应用. 北京: 科学出版社

姚芳, 万幼川, 胡晗. 2013. 基于 Mask 原理的改进匀光算法研究. 遥感信息, 28(3): 8-13

余俊鹏. 2009. 高分辨率卫星遥感影像的精确几何定位. 武汉: 武汉大学博士学位论文

袁修孝, 韩宇韬, 方毅. 2014. 改进的航摄影像 Mask 匀光算法. 遥感学报, 18(3): 630-641

袁修孝, 林先勇. 2008. 基于岭估计的有理多项式参数求解方法. 武汉大学学报·信息科学版, 33(11): 1130-1133

袁修孝, 刘欣. 2009. 基于有理函数模型的高分辨率卫星遥感影像匹配. 武汉大学学报·信息科学版, 34(6): 671-674

张剑清, 张勇, 程莹. 2005. 基于新模型的高分辨率遥感影像光束法区域网平差. 武汉大学学报·信息科学版, 30(8): 659-663

张剑清, 张祖勋. 2002. 高分辨率遥感影像基于仿射变换的严格几何模型. 武汉大学学报·信息科学版, 27(6): 555-559

张艳, 王涛, 朱述龙, 等. 2004. 岭-压缩组合估计在线阵推扫式影像外定向中的应用. 武汉大学学报·信息科学版, 9(10): 93-96

张永军, 丁亚洲. 2009. 基于有理多项式系数的线阵卫星近似核线影像的生成. 武汉大学学报·信息科学版, 34(9): 1068-1071

张祖勋, 张剑清. 1997. 数字摄影测量学. 武汉: 武汉大学出版社

张祖勋, 周月琴. 1988. SPOT 卫星图象外方位元素的解求. 测绘信息工程, (2): 29-43

朱述龙, 史文中, 张艳, 等. 2004. 线阵推扫式影像近似几何校正算法的精度比较. 遥感学报, 8(3): 220-226

Ackermann F. 1983. High Precision Digital Image Correlation. Stuttgart, Germany: Proceedings of the 39th Photogrammetric Week

Baltsavias E, Zhang L , Eisenbeiss H. 2006. DSM generation and interior orientation determination of IKONOS images using a testfield in Switzerland. Photogrammetric, Fernerkundung, Geoinformation, 1: 41-54

Cao J S, Yuan X X , Gong J Y. 2015. In-orbit geometric calibration and validation of ZY-3 three-line cameras based on CCD-detector look angles. The Photogrammetric Record, 30(150): 211-226

Di K C, Ma R J, Li R X. 2003. Rational functions and potential for rigorous sensor model recovery. Photogrammetric Engineering and Remote Sensing, 69(1): 33-41

Fan C, Chen X, Zhong L, et al. 2017. Improved wallis dodging algorithm for large-scale super-resolution reconstruction remote sensing images. Sensors, 17(3): 623

Fischler M A , Bolles R C. 1981. Random sample consensus: A paradigm for model fitting with applications to image analysis and automated cartography. CACM, 24(6): 381-395

Fraser C S, Dial G, Grodecki J. 2006. Sensor orientation via RPCs. ISPRS Journal of Photogrammetry and Remote Sensing, 60(3): 182-194

Fraser C S, Hanley H B. 2005. Bias-compensated RPCs for sensor orientation of high-resolution satellite imagery. Photogrammetric Engineering and Remote Sensing, 71(8): 909-915

Grodecki J, Dial G. 2001. IKONOS Geometric Accuracy. Hanover, Germany: Proceedings of ISPRS Working Groups on High Resolution Mapping from Space 2001

Grodecki J, Dial G. 2003. Block adjustment of high-resolution satellite images described by rational polynomials. Photogrammetric Engineering and Remote Sensing, 69(1): 59-68

Kornus W, Ebner M, Schoeder M. 1999a. Photogrammetric Block Adjustment Using MOMS-2P Imagery of the Three Intersecting Stereo-strips. Portland, Maine, USA: ISPRS Workshop on Integrated Sensor Calibration and Orientation

Kornus W, Ebner M, Schroeder M. 1999b. Geometric in Flight Calibration by Block Adjustment Using MOMS-2P Imagery of Three Intersecting Stereo Strips. Hanover, Germany: ISPRS Workshop on Sensors and Mapping from Space

Lowe D G. 2004. Distinctive image features from scale-invariant key points. International Journal of Computer Vision, 60(2): 91-110

OGC (Open GIS Consortium). 1999. The OpenGIS Abstract Specification～Topic7: The Earth Imagery Case. http://portal. opengeospatial. org/files/?artifact_id=892 [1999-01-01]

Okamoto A. 1988. Orientation theory of CCD line-scanner images. International Archives of ISPRS, 27(B3): 609-617

Okamoto A. 1992. Orientation Theory for satellite CCD line scanner imagery of mountainous terrain. International Archives of ISPRS, 29(Part B2): 205-209

Okamoto A. 1999. Geometric Characteristics of Alternative Triangulation Models for Satellite Imagery. Oregon, USA: ASPRS 1999 Annual Conference Proceedings

Poli D. 2004. Orientation of Satellite and Airborne Imagery from Multi-Line Pushbroom Sensors with A Rigorous Sensor Model. Istanbul, Turkey: International Archives of Photogrammetry and Remote Sensing

Poli D. 2005. Modeling of Spaceborne Linear Array Sensors. Zurich: Swiss Federal Institute of Technology Zurich

Tao C V, Hu Y. 2001. A comprehensive study of the rational function model for photogrammetric processing. Photogrammetric Engineering and Remote Sensing, 67(12): 1347-1357

Tao C V, Hu Y. 2002. 3D Reconstruction methods based on the rational function model. Photogrammetric Engineering and Remote Sensing, 68(7): 705-714

Toutin T. 2004a. Spatio-triangulation with multi-sensor VIR/SAR images. IEEE Transactions on Geoscience and Remote Sensing, 42(10): 2096-2103

Toutin T. 2004b. Geometric processing of remote sensing images: Models, algorithms and methods. International Journal of Remote Sensing, 25(10): 1893-1924

Wang M, Yang B, Hu F, et al. 2014. On-orbit geometric calibration model and its applications for high-Resolution optical satellite imagery. Remote Sensing, 6: 4391-4408

Wang Y N. 1999. Automated Triangulation of Linear Scanner Imagery. Hanover, Germany: Proceedings of ISPRS Work Groups on "Sensors and Mapping from 1999"

Yang X H. 2000. Accuracy of Rational Function Approximation in Photogrammetry. Washington DC: Proceedings of 2000 ASPRS Annual Conference

Zhang G, Jiang Y H, Li D R, et al. 2014. In-orbit geometric calibration and validation of ZY-3 linear array sensor. The Photogrammetric Record, 29(145): 68-88

Zhang Y J, Lu Y, Wang L, et al. 2012. A new approach on optimization of the rational function model of high-resolution satellite imagery. IEEE Transactions on Geoscience and Remote Sensing, 50(7): 2758-2764

Zhang Z X, Li Z J, Zhang J Q, et al. 2003. Use Discrete Chromatic Space to Tune the Image Tone in Color Image Mosaic. Beijing, China: The Third International Symposium on Multispectral Image Processing and Pattern Recognition

第3章　数据合成、平滑和填补[*]

由于云覆盖、季节积雪、传感器故障等多种因素的影响，导致从遥感数据中提取的地表参数存在时间序列上的不连续、空间分布上的数据缺失等问题，严重制约了地表参数在全球变化等诸多研究领域的应用。本章将介绍几种对遥感时间序列数据进行合成、平滑和填补的处理方法，以生成时空连续的地表参数产品。

多时相数据合成方法在合成时间窗口内，根据一定的标准选择最好的遥感数据作为合成时间范围内的像元值，是用来获得无云和空间连续图像的常用处理方法之一。本章3.1 节将详细介绍几种常用的合成算法。时间序列数据的平滑和填补方法以重建时间连续、空间完整的高质量时间序列数据为目的，剔除云等的影响。本章 3.2 节介绍了几种典型的时间序列数据的平滑和填补算法。

3.1　多时相数据合成

由于云、气溶胶等多种因素的影响，单一时相遥感影像常存在数据缺失的问题，严重制约了各类地表参数在全球变化等诸多研究领域的应用。通过合成多个时相的遥感观测数据，可以部分消除这些因素的影响(Holben, 1986; Cihlar et al., 1994)。

多时相数据合成就是依据一定的标准，选择某一时间范围内的多景相互匹配的数据中质量最好的象元值，作为该时间范围内合成结果的像元值。针对不同的应用目标，国内外学者提出了多种不同的数据合成准则，尽可能地减小云盖、气溶胶等的影响(Cihlar et al., 1994; Qi and Kerr, 1997)。本节将对几种典型的数据合成算法进行简要介绍。

3.1.1　植被指数的最大值合成法

植被指数通常由遥感数据的红光和近红外波段反射率的线性或非线性组合运算得到，是表征地表植被覆盖、生长状况的一个简单有效的参数。植被指数最大值合成法以给定时间范围内植被指数的最大值作为遥感数据选择的准则。

最早由 Holben(1986)提出的最大值合成法(Maximum Value Composites, MVC)采用归一化植被指数(Normalized Difference Vegetation Index, NDVI)最大值的选择准则合成多时相的 AVHRR 数据。针对给定时间范围内的相互匹配的多景卫星观测数据，计算相应的 NDVI 图像，然后逐象元比较，选择具有最大 NDVI 值的遥感数据，得到 MVC 算法的合成结果。该方法简单，易实现，已广泛应用于全球植被盖度变化监测(Illera et al.,

---

　＊ 本章作者：肖志强. 遥感科学国家重点实验室·北京市陆表遥感数据产品工程技术研究中心·北京师范大学地理科学学部

1996; Kasischke et al., 1993; Peters et al., 2002; Potter and Brooks, 2000)。但在实际应用中，MVC 方法往往倾向于选择远离星下点观测的数据(Cihlar et al., 1994)，而且对覆盖某些植被类型的云的去除效果较差(Sousa et al., 2002)。

3.1.2　波段反射率的最小值合成方法

针对 MVC 合成方法存在的问题，国内外许多学者提出了波段反射率值最小的遥感数据选择准则(Qi and Kerr, 1997)。这类方法主要包括选择蓝光波段最小值(Vermote and Vermeulen, 1999)、红光波段最小值(Cabral et al., 2003；Chuvieco et al., 2005)等。

在红光波段，云的反射率明显高于植被的反射率，依据红光波段反射率最小值的准则，可以减小选择受云污染的象元值的概率。然而，由于红光波段云影区的反射率也较低，因此导致该方法的合成结果中保留了大量受云影影响的象元值(Qi and Kerr, 1997)。

为了消除云影的影响，一些学者提出了选择近红外波段第三最小值、第三最暗值等合成方法。

图 3.1 中几种合成方法对每天的 VEGETATION 数据合成的结果表明，近红外波段第三最小值和第三最暗值两种合成算法合成的图像质量较高，视觉上比较光滑，有效地去除了云及云影的影响。

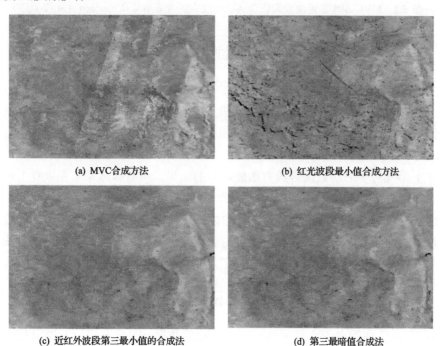

(a) MVC合成方法　　　　　　　　　(b) 红光波段最小值合成方法

(c) 近红外波段第三最小值的合成法　　　(d) 第三最暗值合成法

图 3.1　不同合成方法的结果比较(Cabral et al., 2003)

3.1.3　地表温度最大值合成法

对于过火区制图，基于地表温度最大值选择遥感数据是一种非常有效的合成方法。

这是因为刚刚过火区域的温度比周围的植被温度高，而且比云及云影的温度也高(Pereira et al., 1999)。

　　在 MODIS 和 AVHRR 数据合成中，地表温度最大值合成法在区分过火区域和周围植被区域都取得了很好的效果。图 3.2 为利用 MVC 合成法和地表温度最大值合成法对林火区 MODIS 数据的合成的图像。比较两种方法的结果可以看出，地表温度最大值合成法可以很好地区分过火区域和周围植被区，而 MVC 合成方法则很难区分。

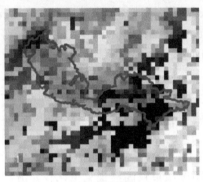

(a) MVC合成法　　　　　　　　　　　(b) 地表温度最大值合成法

图 3.2　MVC 和地表温度最大值合成法的过火区合成图像(Chuvieco et al., 2005)

3.1.4　多种准则组合合成法

　　在多时相数据合成中，一些学者提出组合多种准则选择遥感数据的合成方法(Qi et al., 1993)。前述的植被指数最大值、地表温度最大值、观测天顶角最小值等选择准则都可以组合，形成不同的数据合成方法(Cabral et al., 2003; Carreiras and Pereira, 2005; Carreiras et al., 2003; Cihlar et al., 1994)。

　　图 3.3 为几种多时相数据合成方法处理后的结果。所有合成结果在视觉上都明显优于每天的观测数据，但 MaxNDVI、MinR1 和 MinR2 的合成结果中，仍然存在云和云影，也就是这些方法不能很好地去除受云污染的数据。相比较而言，MaxTs 方法的合成结果最好，几乎去除了每天的遥感数据中所有的云和云影。组合最大温度和最小观测天顶角或最小 NIR 反射率的合成方法，也很好的消除了所有的云和云影。

3.1.5　MODIS 植被指数合成法

　　MVC 方法往往倾向于选择远离星下点观测的数据，因此一些学者提出观测天顶角最小的合成方法(Chuvieco et al., 2005)。但在数据合成之前，该方法需要对数据进行严格的筛选，去除受云影响的数据。为了避免选择远离星下点的观测数据，MODIS 植被指数合成法采用 BRDF 模型校正的方法合成数据(van Leeuwen et al., 1999; Schaaf et al., 2002)。

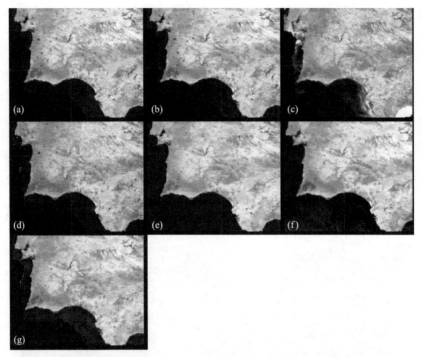

图 3.3　2003 年 9 月 MODIS 多时相数据的合成结果（Chuvieco et al., 2005）

(a) MinR1；(b) MinR2；(c) MaxTs；(d) MaxNDVI；(e) MinAZMaxTs；(f) MinR2MaxTs；(g) MaxTsMinR2

图 3.4 是 MODIS 植被指数合成法的算法流程图。基于云标识等信息，在 16 天的时间窗口内选取所有高质量的方向反射率数据。当时间窗口内高质量的方向反射率数据量大于 5 时，利用 Walthall BRDF 模型分别拟合每一波段的反射率数据。Walthall BRDF 模型（Walthall et al., 1985）如式 3.1 所示。

$$\rho_\lambda(\theta_v, \varphi_s, \varphi_v) = a_\lambda \theta_v^2 + b_\lambda \theta_v \cos(\varphi_v - \varphi_s) + c_\lambda \tag{3.1}$$

其中，$a_\lambda, b_\lambda, c_\lambda$ 为模型参数，通过最小二乘法拟合确定，然后利用式（3.1）确定 16 天时间窗口内每个像元在天顶观测方向的反射率。

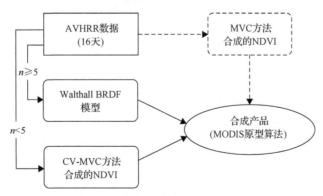

图 3.4　MODIS 植被指数合成法流程图（van Leeuwen et al., 1999）

当时间窗口内数据量少于 5 时则采用约束观测天顶角的最大值合成法(CV-MVC)。首先对时间窗口内所有无云反射率数据按观测角度值大小进行排列，然后选择最接近天顶观测角的两个无云反射率数据分别计算 NDVI，选取 NDVI 值最大的反射率数据作为时间窗口内的合成结果。如果在合成时间窗口内仅有一个无云观测，这个观测将自动被选择代表合成时间内的最优值。如果 16 天内的数据都受了云的影响，则分别计算这 16 天的植被指数，在所有的观测中选择 NDVI 最大的像元值作为合成值。

利用 MODIS 植被指数合成法对每天的 AVHRR 数据进行合成，合成时间窗口大小为 16 天，1 年的 AVHRR 数据可以得到 23 景连续的合成影像。图 3.5 为 1989 年 8 月 13 日至 28 日的 NDVI 合成结果。为便于比较，利用 MVC 合成法也对每天的 AVHRR 数据进行合成，两个方法合成影像 NDVI 的全球均值如图 3.6 所示。从图中可以看出，整个时间剖面，MODIS 植被指数合成法得到的 NDVI 值都略小于 MVC 合成法的 NDVI 值。

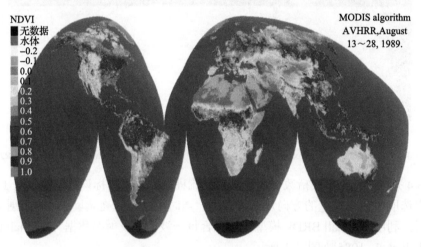

图 3.5　MODIS 植被指数合成法合成的全球 NDVI 图像(van Leeuwen et al., 1999)

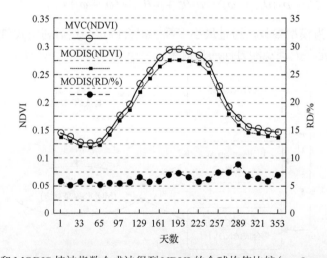

图 3.6　MVC 和 MODIS 植被指数合成法得到 NDVI 的全球均值比较(van Leeuwen et al., 1999)

3.2　时间序列数据的平滑与填补

在多时相数据合成技术中，若选择的时间范围太长，则合成的结果不能反映地表参数的真实变化；反之，又不能有效消除云的影响，特别是在多云覆盖地区。时间序列数据的平滑和填补方法以重建高质量时间序列数据为目的，剔除云等的影响。迄今已经发展了多种对时间序列遥感数据进行平滑与填补的方法（Viovy et al., 1992; Hermance, 2007; Julien et al., 2006; Roerink et al., 2000; Moody et al., 2005）。总的来说，这些方法可以分为两大类：一类是时间域的平滑与填补方法，主要包括非对称高斯函数拟合法（Jonsson and Eklundh, 2004）、带权的最小二乘线性回归方法（Sellers et al., 1994）、Savitzky-Golay（SG）滤波法（Chen et al., 2004；Cao et al., 2018），另一类是频率域的平滑与填补的方法，如基于傅立叶函数的拟合法（Roerink et al., 2000）。

本小节将重点介绍几种常用的时间序列数据的平滑与填补方法。

3.2.1　曲线拟合方法

基于最小二乘拟合，Jönsson 和 Eklundh（2004）提出了多种拟合 NDVI 时间序列外包络线的方法。这些方法主要包括自适应 SG 滤波、非对称高斯函数和双 logistic 函数拟合法。

给定时间序列数据 (t_i, y_i), $i = 1, 2, \cdots, N$，则拟合模型 $f(t; c)$ 的参数 c 可以通过最小化如下的代价函数得到。

$$\chi^2 = \sum_{i=1}^{N} \left[\omega_i (f(t_i; c) - y_i) \right]^2 \tag{3.2}$$

其中，ω_i 为第 i 个数据的权重。

考虑到噪音的负偏置，Jönsson 和 Eklundh（2002）在对 AVHRR NDVI 数据进行处理时，分两步确定拟合模型的参数 c。第一步对于所有数据点最小化代价函数获取模型参数；一般认为大于第一步拟合模型模拟值的数据点受噪声的影响较小、数据质量好，因此在第二步拟合中，将低质量的数据点的权重减小 0.1 倍。这样经过两步处理后可以得到平滑的 NDVI 时间序列外包络曲线，如图 3.7 所示。图中细实线为 NDVI 时间序列曲线，虚线为第一步迭代后的拟合曲线，粗实线为经过两步迭代后得到的 NDVI 外包络。

1. 自适应 SG 滤波

为了抑制噪声，使数据变得平滑，对于等间隔分布的时间序列数据 (t_i, y_i), $i = 1, 2, \cdots, N$ 的每个位置 i，SG 滤波（Savitzky and Golay, 1964）用一个多项式方程 $f(t) = c_1 + c_2 t + c_3 t^2$ 拟合滑动窗口中的 $2n+1$ 个数据，然后根据拟合多项式在位置 i 的模拟值 g_i 替换 y_i。考虑到遥感数据中负偏置的噪音，利用前述的两步拟合得到时间序列数据的平滑外包络。

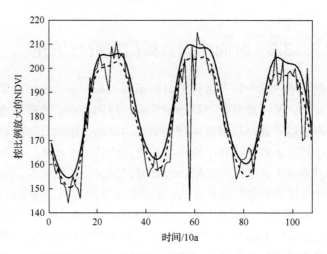

图 3.7　两步拟合 NDVI 曲线外包络线 (Jönsson and Eklundh, 2004)

滑动窗口大小 n 决定了自适应 SG 滤波结果的平滑程度，也对自适应 SG 滤波拟合时间序列上快速变化数据的能力有很大影响。图 3.8 是滑动窗口分别为 5 和 3 的滤波结果。可以看出，当滑动窗口为 5 时，滤波结果对一些突变的峰值数据不能很好地拟合，而当滑动窗口为 3 时，滤波结果与突变的峰值数据基本一致。

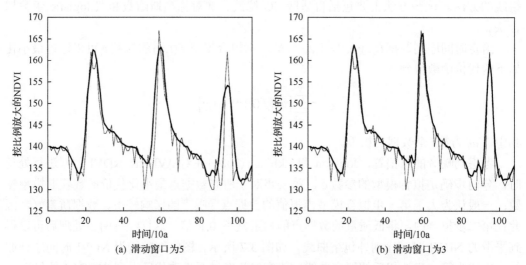

(a) 滑动窗口为5　　　　　　　　　　　　　　(b) 滑动窗口为3

图 3.8　不同滑动窗口自适应 SG 滤波结果 (Jönsson and Eklundh, 2004)

2. 非对称高斯函数和双 logistic 函数拟合法

在这两种函数拟合方法中，采用的拟合模型的一般形式如下：

$$f(t;c) = c_1 + c_2 g(t;x) \tag{3.3}$$

其中，x 为基函数 $g(t;x)$ 的参数。

对于非对称高斯函数拟合法，采用如下的基函数

$$g\left(t;x_1,x_2,\cdots,x_5\right)=\begin{cases}\exp\left[-\left(\dfrac{t-x_1}{x_2}\right)^{x_3}\right] & \text{当}t\geqslant x_1\\[4mm]\exp\left[-\left(\dfrac{x_1-t}{x_4}\right)^{x_5}\right] & \text{当}t<x_1\end{cases}\tag{3.4}$$

其中，x_1 表示基函数取得最大或最小值的位置；x_2 和 x_3 分别表示右侧基函数的宽度和平整度。类似地，x_4 和 x_5 分别表示左侧基函数的宽度和平整度。为了确保模型模拟结果平滑，并与时间序列数据一致，参数 x_2、x_3、x_4 和 x_5 需给定具体的取值范围。

对于双 logistic 函数拟合法，其基函数如下：

$$g\left(t;x_1,x_2,x_3,x_4\right)=\dfrac{1}{1+\exp\left(\dfrac{x_1-t}{x_2}\right)}-\dfrac{1}{1+\exp\left(\dfrac{x_3-t}{x_4}\right)}\tag{3.5}$$

其中，x_1 为左拐点的位置；x_2 表示基函数在左拐点的斜率。类似地，x_3 为右拐点的位置，x_4 表示基函数在右拐点的斜率。与非对称高斯函数拟合一样，也需要给定这些参数的具体取值范围，以确保模型模拟结果的平滑。

Gao 等(2008)利用时间序列 MODIS LAI 数据对前述的几种拟合方法进行比较(图 3.9)。并利用非对称高斯函数拟合法对 MODIS LAI 产品进行平滑和填补处理，生产了时空连续的高质量的 LAI 产品。

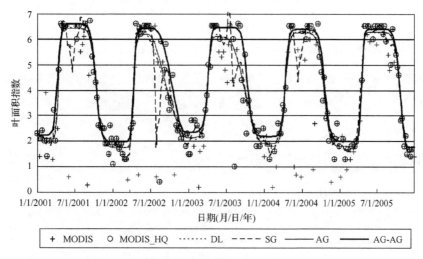

图 3.9　几种拟合方法的结果对比(Gao et al., 2008)

3.2.2　基于生态分类的时间插值技术

在小区域内，同一生态类别的像元应该表现出相似的生长和物候行为，用以描述一个生态类别的植被参数如何随时间变化。每种生态类别应该在类似或者相同的时间里进入连续的物候阶段(生长，成熟，衰老和休眠)。因此，在像元水平和区域中参数的生态行为曲线形状应该非常相似。但不同生长条件下，像素间参数的生态行为曲线的幅度存在一定差异。利用这种内部联系，Moody 等(2005)提出了依赖于生态分类的时间插值技术。

　　该方法主要是利用像元水平上的和区域中生态物候行为曲线，获取像元参数的高质量时间序列数据。Moody 等已经用这个算法完成了对标准 MOD43B3 反照率产品的缺失数据填补。图 3.10 为 0.86 微米处，4 个季节中 MOD43B3 反照率白天空产品。图 3.11 是

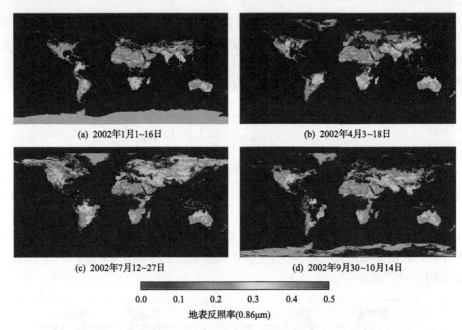

图 3.10　MOD43B3 反照率白天空产品(Moody et al., 2005)

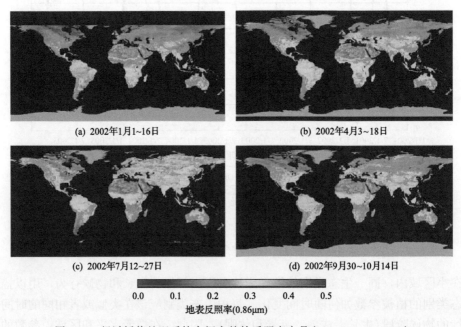

图 3.11　经过插值处理后的空间完整的反照率产品(Moody et al., 2005)

经过插值处理后的反照率产品,经过基于生态分类的时间插值技术处理后得到的反照率产品保持了原始数据的质量信息,同时也提供了填补数据的统计和处理质量信息。

Ding 等(2017)改进了基于生态分类的时间插值技术,以解决异质草地区,在卫星反演 LAI 时间序列插入缺失数据的不确定性较大的问题。改进的算法可以更准确地预测不同季节和缺失数据比例的 LAI 缺失值(Ding et al., 2017)。

3.2.3 时空滤波算法

现行 MODIS 标准 LAI 产品在时间和空间是不连续的,为了填补空隙和改进产品质量,Fang 等(2008)在 MODIS 标准 LAI 产品基础上,提出了生成连续 LAI 数据的时空滤波算法(TSF)。时空滤波算法的功能是处理原产品中质量低和缺失数据的像元(质量控制标识(QC)>32),其算法流程如图 3.12 所示,主要包括下面三个步骤。

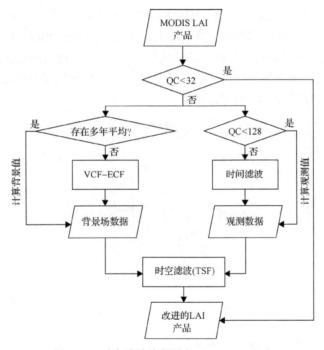

图 3.12 时空滤波流程图(Fang et al., 2008)

(1)计算背景值,对于同一功能的植被类型,数据缺失的像元首先由多年均值补充。如果所有年份像元都没有值,也就不存在多年均值,这时采用植被连续场的生态曲线拟合方法(VCF-ECF)计算像元值作为背景值。新的 VCF-ECF 方法对每个目标像元的时间序列数据强调区域 VCF 物候行为间的依赖性,以此保持像元水平上的空间和时间的完整性。

(2)计算观测值,将原 MODIS LAI 数据看成观测值。当 32≤QC<128(此时 LAI 是用备用算法得到),原 MODIS LAI 值可以当成观测值。在对同一功能植被类型的 LAI 计算其方差时采用相同的质量标记。当 QC≥128 时,没有 LAI 反演值,需要用局部时间滤波方法从相邻时刻 LAI 获得观测值。如果在相邻时刻也没有满足要求的 QC 值,那么将通过时间滤波方法处理背景值,如采用 SG 滤波方法计算观测值。

(3)时空滤波，由上面两步获取的背景值 x_b 和观测值 x_o 计算目标值 x_a。

$$x_a(r_i) = \frac{E_o^2 x_b(r_i) + E_b^2 w(r_i,r_j)\{x_b(r_i) + [x_o(r_j) - x_b(r_j)]\}}{E_b^2 + E_o^2} \tag{3.6}$$

其中，E_b^2 和 E_o^2 分别是背景和观测的误差方差。假设背景和观测的误差是同质的并且空间无相关的，认为 E_b^2 和 E_o^2 局部独立。$w(r_i,r_j)$ 为权函数，与点 r_i 和点 r_j 时间距离 $d_{i,j}$ 有关，表达式如下：

$$w(r_i,r_j) = \max\left(0, \frac{R^2 - d_{i,j}^2}{R^2 + d_{i,j}^2}\right) \tag{3.7}$$

其中，R 为预先给定的影响半径。Fang 等(2008)在处理 MODIS LAI 数据时，影响半径设为 16。

Fang 等(2008)利用 TSF 算法对 MODIS LAI 产品进行处理，生成了整个北美地区的 LAI 连续产品。图 3.13(a)为 2000 年第 225 天北美地区的 MODIS LAI 产品，由于云的覆盖，尤其在高纬度地区，MODIS LAI 产品的质量较低。经过处理后的 LAI 数据如图 3.13(b)所示，可以看出时空滤波处理后的 LAI 在空间上完整。验证结果表明经过 TSF 滤波后的 LAI 产品的时空连续性得到了明显改善。

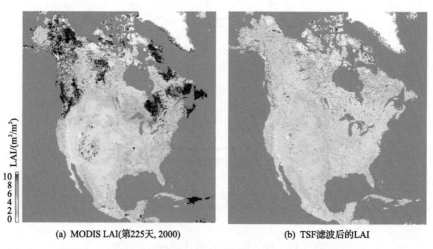

(a) MODIS LAI(第225天, 2000)　　　　　　　(b) TSF滤波后的LAI

图 3.13　利用 TSF 滤波算法对 MODIS LAI 产品处理前后的比较(Fang et al., 2008)

TSF 算法也可以用于其他地表参数的处理。Fang 等(2007)利用 TSF 方法对 MODIS 反照率产品进行滤波处理，生成北美地区空间连续的 1km 分辨率反照率产品。

3.2.4　基于小波变换的平滑与填补算法

小波转换(WT)可以在时频空间对信号进行分析，可在减少噪音的同时保留原始信号的重要信息成分。在过去的 20 多年，WT 已成为一种非常有效的信号处理工具。目前 WT 广泛用在遥感应用领域，如图像融合(见本书第 4 章；Ranchin et al., 2003)、高光谱数据特征提取(Pu and Gong, 2004)、物候检测(Sakamoto et al., 2005)等。

　　Lu 等(2007)提出一种利用小波变换削除时间序列观测数据的噪音，并对缺失数据进行填补的算法。首先根据质量标识和蓝光波段数据，对时间序列数据进行线性插值；然后将时间序列数据分解成不同的时间尺度，利用若干具有最高相关性的相邻尺度重构新的时间序列数据。

　　图 3.14 和图 3.15 分别为 MODIS LAI 和 Albedo 产品小波变换处理前后的时间序列数据。与原始数据相比，重构的 LAI 与 Albedo 时间序数据比较平滑，没有大的波动，相对更符合这些参数的自然变化规律。

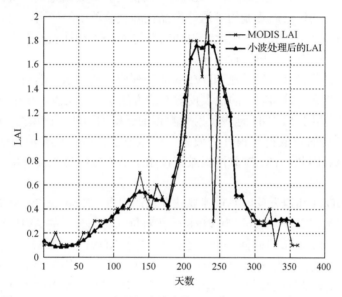

图 3.14　MODIS LAI 产品经小波变换处理前后对比 (Lu et al., 2007)

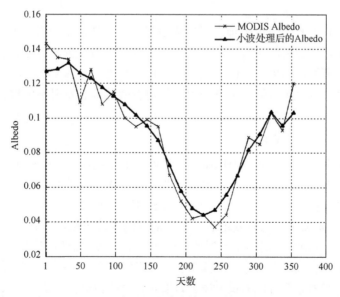

图 3.15　MODIS Albedo 产品经小波变换处理前后对比 (Lu et al., 2007)

3.2.5　时间序列地表反射率重建方法

当前，基于 AVHRR 数据，利用不同数据处理方法，生成了多个长时间序列数据集。这些数据具有不用的时空分辨率和时间跨度。其中，最有代表性的一套长时间序列数据集是由 LTDR 项目生产的每天分辨率的全球 NDVI 和地表反射率。相对于早期的版本，LTDR AVHRR NDVI 和地表反射率产品的质量已有了明显提高，但这些产品中仍然包含大量云的干扰信息，而且一些时间的 NDVI 和地表反射率数据完全缺失。地表反射率和 NDVI 产品中云等的污染严重制约了这些产品在陆表监测中的应用，而且也会导致遥感参数高级产品的时空不一致性。因此，迫切需要对 NDVI 和地表反射率产品中受云影响的数据进行剔除，并对缺失值进行填充。

如前所述，目前已有多种重建 NDVI 时间序列曲线的方法。然而，对地表反射率数据进行云检测，并重建时间连续的地表反射率的方法却少之又少。Tang 等(2013)提出了一个 TSCD 算法，用于 MODIS 地表反射率数据的云检测和缺失值填充。TSCD 算法在地表稳定或变化缓慢时，取得了很好的效果。但该方法依赖于蓝光波段的反射率数据及其他的辅助信息。因此，TSCD 算法很难直接用于 AVHRR 地表反射率数据的云检测和重建。

针对目前 NDVI 和地表反射率重建算法存在的问题，Xiao 等(2015)提出了一种时间序列地表反射率数据重建方法(记为 VIRR)。在对每天时间分辨的 AVHRR 地表反射率数据进行聚合的基础上，重建时间序列上连续平滑的 NDVI 上包络线；基于时间序列的 NDVI 及其上包络线检测受云影响的反射率，以时间序列上连续平滑的 NDVI 上包络线为约束，基于高质量的地表反射率重建时间连续的地表反射率。VIRR 算法流程如图 3.16 所示，主要包括下面五个主要步骤：

1) 有效地表反射率筛选

对每天时间分辨的 AVHRR 地表反射率数据进行筛选，确定有效的地表反射率值。对于每一个像元点，如果红光波段反射率大于近红外波段反射率，则该像元点的地表反射率为无效值；另外，如果一个像元的两波段增强植被指数(EVI2)大于 NDVI，则该像元点的地表反射率也为无效值。本方法中，仅对有效的地表反射率值进行 NDVI 最大值合成。

2) AVHRR 地表反射率合成

为尽可能减小云和大气对 AVHRR 地表反射率的影响，将每天时间分辨率的 AVHRR 地表反射率合成为 8 天时间分辨率的地表反射率。在 8 天的合成窗口内，如果存在两个及以上的有效地表反射率值，则采用观测角度约束的 NDVI 最大值合成方法进行地表反射率合成。首先对合成窗口内有效地表反射率的观测天顶角按从小到大的顺序进行排列；然后，根据观测天顶角最小的两个反射率，分别计算 NDVI；最后，选择具有较大的 NDVI 的反射率作为 8 天合成的反射率。如果 8 天合成窗口内，只有一个有效的地表反射率，则选择该反射率作为 8 天合成的反射率。如果 8 天合成窗口内，没有有效的地表反射率，则计算多年均值作为 8 天合成的反射率。

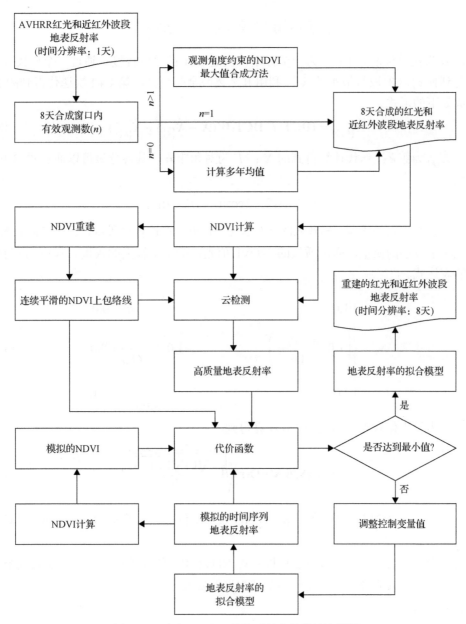

图 3.16 重建 AVHRR 地表反射率的算法流程图

3）NDVI 重建

合成的地表反射率仍然包含大量云的信息。因此，根据地表反射率计算得到的 NDVI 时间序列上不连续。考虑到受云影响的地表反射率计算得到的 NDVI 值偏低，本方法中，采用基于三维离散余弦变换的惩罚最小二乘回归重建 NDVI 上包络线。

令向量 X 包含时间序列的 NDVI 值，$x_i, i = 1, 2, \cdots, n$。W 为对角矩阵，包含对应 NDVI 值 x_i 的权重 w_i。基于三维离散余弦变换的惩罚最小二乘回归通过最小化如下的函数，得到 X 的最优的平滑估计 $\hat{X}$。

$$F(\hat{X}) = \left\| W^{1/2}(\hat{X} - X) \right\|^2 + s \left\| D\hat{X} \right\|^2 \tag{3.8}$$

其中，D 为拉普拉斯算子；s 为一个标量，决定了 $\hat{X}$ 的平滑程度。通过一个迭代过程，可以得到使式 (3.8) 取得最小的 $\hat{X}$。利用 II 类离散余弦变换，第 $k+1$ 次迭代得到的 $\hat{X}$ 可以写成如下的形式。

$$\hat{X}_{\{k+1\}} = \mathbf{IDCT}(\varGamma\, \mathbf{DCT}(W(X - \hat{X}_{\{k\}}) + \hat{X}_{\{k\}})) \tag{3.9}$$

其中，$\hat{X}_{\{k\}}$ 为第 k 次迭代计算得到的 $\hat{X}$；$\varGamma$ 为对角矩阵，其各分量可以通过式 (3.10) 计算得到。

$$\varGamma_{i,i} = (1 + s(2 - 2\cos((i-1)\pi / n))^2)^{-1} \tag{3.10}$$

由于云等因素的影响，导致 NDVI 值偏低。因此，在迭代过程中，这些偏低的 NDVI 值被赋予了较小的权重，而高质量的 NDVI 值则被赋予了较大的权重。式 (3.11) 为权重计算的表达式。

$$w_i = \begin{cases} 1.0 & u_i > 0.0 \\ \left(1.0 - \left(\dfrac{u_i}{4.685}\right)^2\right)^2 & -1.0 < \dfrac{u_i}{4.685} < 0.0 \\ 0.0 & \dfrac{u_i}{4.685} < -1.0 \end{cases} \tag{3.11}$$

其中，u_i 为学生化残差，由式 (3.15) 计算得到。

$$u_i = r_i \left(1.4826\, \mathbf{MAD}(r) \sqrt{1 - \frac{\sqrt{1 + \sqrt{1 + 16\,s}}}{\sqrt{2}\sqrt{1 + 16\,s}}}\,\right)^{-1} \tag{3.12}$$

其中，$r_i = x_i - \hat{x}_i$ 为第 i 个观测的残差；MAD 表示中位数绝对偏差 (Rousseeuw and Croux, 1993)。

借助于离散余弦变换，该方法可以实现 NDVI 上包络线的快速重建，而且整个重建过程全自动，尤其适合长时间序列的全球数据的处理。

4) 云检测

云等对地表反射率的影响一般会导致 NDVI 值的负偏置噪声。本方法中，采用时间序列的 NDVI 及其上包络线对受残余云影响的反射率进行检测。对于第 i 时刻的 NDVI 值 (记为 NDVI_i)，如果满足如下的条件，则认为该时刻的地表反射率受云等的影响。否则，则认为该时刻的地表反射率的质量好，不受云等的影响。

$$\left| \mathrm{NDVI}_i - \mathrm{NDVI\_Env}_i \right| > \alpha \times \mathrm{NDVI\_Env}_i \tag{3.13}$$

其中，$\mathrm{NDVI\_Env}_i$ 表示 NDVI 上包络线第 i 时刻的 NDVI 值；α 为阈值。

利用以上方法对地表反射率数据中的残余云进行检测，剔除所有受云影响的反射率，只保留质量好的地表反射率数据，融合 NDVI 的上包络线，重建时间序列上连续的地表反射率。

5）地表反射率重建

本方法将根据高质量的地表反射率和 NDVI 上包络线重建时间连续的地表反射率。令 $(t_i, \boldsymbol{I}_i)$，$i = 1, 2, \cdots, m$ 为时间序列点集，其中 t_i 为时间，$\boldsymbol{I}_i$ 为不同波段的反射率。本方法中只对红光和近红外波段反射率进行处理，因此 $\boldsymbol{I}_i = (\rho_i^{\mathrm{red}}, \rho_i^{\mathrm{NIR}})^{\mathrm{T}}$，其中，$\rho_i^{\mathrm{red}}$ 和 ρ_i^{NIR} 分别为 t_i 时刻红光和近红外波段反射率。

对每一数据点，利用二次多项式函数 $f(t) = at^2 + bt + c$ 拟合滑动窗口内 $2n+1$ 个地表反射率数据，即最小化如下的代价函数。

$$
\begin{aligned}
J(X_i) = {} & \sum_{j=-n}^{n} (f_{\mathrm{red}}(t_{i+j}) - \rho_{i+j}^{\mathrm{red}})^2 + \sum_{j=-n}^{n} (f_{\mathrm{NIR}}(t_{i+j}) - \rho_{i+j}^{\mathrm{NIR}})^2 \\
& + \sum_{j=-n}^{n} (\mathrm{NDVI\_Sim}_{i+j} - \mathrm{NDVI\_Env}_{i+j})^2
\end{aligned}
\tag{3.14}
$$

其中，$f_{\mathrm{red}}(t_i)$ 和 $f_{\mathrm{NIR}}(t_i)$ 分别为红光和近红外波段的二次多项式函数；$X_i = (a_{\mathrm{red}}, b_{\mathrm{red}}, c_{\mathrm{red}}, a_{\mathrm{NIR}}, b_{\mathrm{NIR}}, c_{\mathrm{NIR}})^{\mathrm{T}}$ 为二次多项式函数的系数；$\mathrm{NDVI\_Sim}_i$ 是用二次多项式函数拟合的反射率计算的 NDVI；n 为滑动窗口的大小。利用优化方法迭代计算二次多项式函数的系数，然后利用二次多项式函数计算 t_i 时刻的红光和近红外波段反射率 (Xiao et al., 2015)。

Xiao 等 (2017) 利用以上 VIRR 方法实现了 1982～2015 年 AVHRR 全球 NDVI 和地表反射率的重建。为了验证该方法的有效性，在不同植被类型站点上，将 GLASS AVHRR NDVI 和地表反射率与 LTDR AVHRR NDVI 和地表反射率进行比较。在这些站点上，也将 GLASS AVHRR NDVI 与利用 SG 滤波重建的 NDVI（记为 SG AVHRR）进行了比较。同时，在空间上将 GLASS AVHRR 地表反射率与 LTDR AVHRR 地表反射率进行了比较。

图 3.17 给出了 6 个不同类型站点 1982～2015 年的 GLASS AVHRR NDVI 和地表反射率，以及 LTDR AVHRR NDVI 和地表反射率。为便于评估 VIRR 算法，各站点的 SG AVHRR NDVI 也在图 3.17 中给出。在 2000 年和 1994 年下半年，LTDR AVHRR 地表反射率数据缺失。图 3.17 表明在这些站点，VIRR 算法在 LTDR AVHRR 地表反射率缺失的时间段，都提供了合理的 NDVI 和地表反射率数据。在这些站点，大多数 LTDR AVHRR 红光波段反射率值都在 0.2 以上，对应的 NDVI 值都接近 0，这主要是由于云等污染导致。VIRR 算法成功的剔除了这些受云影响的地表反射率，并重建了时间序列上连续的 NDVI 和地表反射率数据。重建的 GLASS AVHRR NDVI 与 LTDR AVHRR NDVI 的上包络线具有非常好的一致性；而重建的 GLASS AVHRR 地表反射率与 LTDR AVHRR 地表反射率的下包络线具有很好的一致性。

SG 滤波需要确定合适的平滑窗口。在图 3.17 中，设置了大小为 5 的平滑窗口，SG 滤波在 Zhangbei，Puechabon，Larose，Wankama 和 Turco 站点都取得了很好的 NDVI 重建效果。Yucheng 站点的植被类型为具有两个生长季节的作物。在该站点，SG AVHRR NDVI 不能很好地重建两个生长季节之间较小的 NDVI 值。这主要是由于 SG 滤波的窗口设置过大，导致 SG 滤波不能很好地重建两个生长季节之间较小的 NDVI 值。与 SG 滤波方法不同，VIRR 算法无须设置任何参数，而且 VIRR 算法稳定，非常适合长时间序列的全球数据的处理。

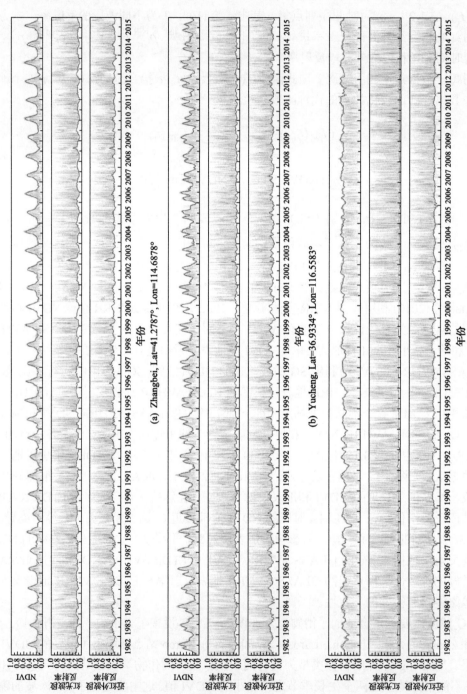

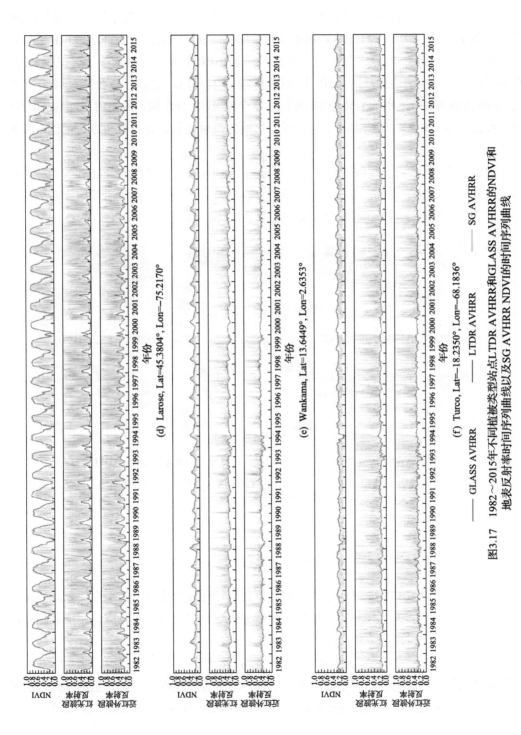

(d) Larose, Lat=-45.3804°, Lon=-75.2170°

(e) Wankama, Lat=13.6449°, Lon=2.6353°

(f) Turco, Lat=-18.2350°, Lon=-68.1836°

—— GLASS AVHRR　　—— LTDR AVHRR　　—— SG AVHRR

图3.17　1982~2015年不同植被类型站点LTDR AVHRR和GLASS AVHRR的NDVI和地表反射率时间序列曲线以及SG AVHRR NDVI的时间序列曲线

　　图 3.18 给出了 2010 年 1 月 9 日和 7 月 12 日地表反射率的全球分布图。图 3.18(a)
为 2010 年 1 月 9 日 GLASS AVHRR 地表反射率的 RGB 影像。为便于比较，图 3.18(b)
给出了 2010 年 1 月 9 日 LDTR AVHRR 地表反射率的 RGB 影像。LDTR AVHRR 地表反
射率被云污染，图 3.18(b)中存在大片的云。应用 VIRR 算法，有效剔除了这些残余云，
得到了空间上完整的地表反射率[图 3.18(a)]。图 3.18(c)和 3.18(d)分别为 2010 年 7 月
12 日 GLASS AVHRR 和 LDTR AVHRR 反射率全球 RGB 分布图。图 3.18(d)中大部分区
域都被云覆盖。VIRR 算法剔除了所有受云影响的反射率值，并重建了合理的地表反射
率值。

　　VIRR 算法不依赖于任何辅助信息，可以用于 MODIS、VIIRS、Landsat 等不同传感
数据的重建。VIRR 算法的另一个优点是可以同时重建不同波段的地表反射率数据，避
免了不同波段数据分别重建时导致的物理意义上的不一致性。

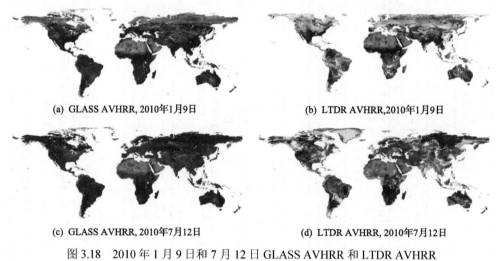

(a) GLASS AVHRR, 2010年1月9日　　　　　　　　　(b) LTDR AVHRR,2010年1月9日

(c) GLASS AVHRR, 2010年7月12日　　　　　　　　　(d) LTDR AVHRR, 2010年7月12日

图 3.18　2010 年 1 月 9 日和 7 月 12 日 GLASS AVHRR 和 LTDR AVHRR
地表反射率的全球分布图

3.3　小　　结

　　遥感获取的地表参数的时间序列数据是研究全球环境变化模型的重要输入，然而由
于数据噪音的存在影响了模型的表征和预测能力。通过多时相数据合成、平滑和填补，
可重建地表参数的时间序列数据并改进现有地表参数产品的质量。

　　这些方法也有一些不足，如 SG 滤波需要通过经验分析确定平滑窗口大小等。现在
的合成产品只是比原始产品有较低的大气干扰，这种合成过程并没有完全消除大气的影
响，并且可能无法适用于长时间数据缺失区域(如热带雨林)的地表参数产品改进。

参 考 文 献

Cabral A, De Vasconcelos M J P, Pereira J M C, et al. 2003. Multi-temporal compositing approaches for SPOT-4 VEGETATION. International Journal of Remote Sensing, 24 (16): 3343-3350

Cao R Y, Chen Y, Shen M G, et al. 2018. A simple method to improve the quality of NDVI time-series data by integrating spatiotemporal information with the Savitzky-Golay filter. Remote Sensing of Environment, 217: 244-257

Carreiras J M B, Pereira J M C. 2005. SPOT-4 VEGETATION multitemporal compositing for land cover change studies over tropical regions. International Journal of Remote Sensing, 26 (7): 1323-1346

Carreiras J M B, Pereira J M C, Shimabukuro Y E, et al. 2003. Evaluation of compositing algorithms over the Brazilian Amazon using SPOT-4 VEGETATION data. International Journal of Remote Sensing, 24 (17): 3427-3440

Chen J, Jonsson P, Tamura M, et al. 2004. A simple method for reconstructing a high-quality NDVI time-series data set based on the Savitzky–Golay filter. Remote Sensing Environment, 91: 332-344

Chuvieco E, Ventura G, Martin M O, et al. 2005. Assessment of multitemporal compositing techniques of MODIS and AVHRR images for burned land mapping. Remote Sensing of Environment, 94 (4): 450-462

Cihlar J, Manak D, D'Iorio M. 1994. Evaluation of compositingalgorithms for AVHRR over land. IEEE Transactions on Geoscience and Remote Sensing, 32 (2): 427-437

Ding C, Liu X N, Huang F. 2017. Temporal interpolation of satellite-derived leaf area index time series by introducing spatial-temporal constraints for heterogeneous grasslands. Remote Sensing, 9: 12

Fang H, Liang S, Townshend J R, et al. 2008. Spatially and temporally continuous LAI data sets based on and integrated filtering method: Examples from North America. Remote Sensing of Environment, 112 (1): 75-93

Fang H, Liang S, Kim H, et al. 2007. Developing a spatially continuous 1 km surface albedo data set over North America from Terra MODIS products. Journal of Geophysical Research – Atmosphere, 112: D20206

Gao F, Morisette J T, Wolfe R E, et al. 2008. An algorithm to produce temporally and spatially continuous MODIS LAI time series. IEEE Geoscience and Remote Sensing Letter, 5 (1): 60-64

Hermance J F. 2007. Stabilizing high-order, non-classical harmonic analysis of NDVI data for average annual models by damping model roughness. International Journal of Remote Sensing, 28 (12): 2801-2819

Holben B N. 1986. Characteristics of maximum-value composite images for temporal AVHRR data. International Journal of Remote Sensing, 7 (11): 1417-1434

Illera P, Fernández A, Delgado J A. 1996. Temporal evolution of the NDVI as an indicator of forest fire danger. International Journal of Remote Sensing, 17 (6): 1093-1105

Jönsson P, Eklundh L. 2004. TIMESAT—a program for analyzing time-series of satellite sensor data. Computers and Geosciences, 30 (8): 833-845

Julien Y, Sobrino J A, Verhoef W. 2006. Changes in land surface temperatures and NDVI values over Europe between 1982 and 1999. Remote Sensing of Environment, 103 (1): 43-55

Kasischke E S, French N H F, Harrell P, et al. 1993. Monitoring of wildfires in Boreal Forests using large area AVHRR NDVI composite image data. Remote Sensing of Environment, 45 (1): 61-71

Lu X, Liu R, Liu J, et al. 2007. Removal of noise by wavelet method to generate high quality temporal data of terrestrial MODIS products. Photogrammetric Engineering and Remote Sensing, 73 (10): 1129-1139

Moody E G, King M D, Platnick S, et al. 2005. Spatially complete global spectral surface albedos: value-add datasets derived from Terra MODIS land products. IEEE Transactions on Geoscience and Remote sensing, 43 (1): 144-157

Pereira J M C, Sa A C L, Sousa A M O, et al. 1999. Regional-scale burnt area mapping in Southern Europe using NOAA-AVHRR 1 km data. // Chuvieco E. Remote Sensing of Large Wildfires in the European Mediterranean Basin. Berlin: Springer-Verlag: 139-155

Peters A J, Walter-Shea E A, Ji L, et al. 2002. Drought monitoring with NDVI-based standardized vegetation index. Photogrammetric Engineering and Remote Sensing, 62(1): 71-75

Potter C S, Brooks V. 2000. Global analysis of empirical relations between annual climate and seasonality of NDVI. International Journal of Remote Sensing, 19(15): 2921-2948

Pu R L, Gong P. 2004. Wavelet transform applied to EO-1 hyperspectral data for forest LAI and crown closure mapping. Remote Sensing of Environment, 91: 212-224

Qi J, Huete A R, Hood J, et al. 1993. Compositing Multitemporal Remote Sensing Data Sets. Sioux Falls: American Society of Photogrammetry and Remote Sensing: 206-213

Qi J, Kerr Y. 1997. On current compositing algorithms. Remote Sensing Reviews, 15:235-256

Ranchina T, Aiazzib B, Alparonec L, et al. 2003. Image fusion-The ARSIS concept and some successful implementation schemes. ISPRS Journal of Photogrammetry and Remote Sensing, 58: 4-18

Roerink G J, Menenti M, Verhoef W. 2000. Reconstructing cloudfree NDVI composites using Fourier analysis of time series. International Journal of Remote Sensing, 21(9): 1911-1917

Rousseeuw P J, Croux C. 1993. Alternatives to the median absolute deviation. Journal of American Statistical Association, 88: 1273-1283

Sakamoto T, Yokozawa M, Toritani H, et al. 2005. A crop phenology detection method using time-series MODIS data. Remote Sensing of Environment, 96(3-4): 366-374

Savitzky A, Golay M J E. 1964. Smoothing and differentiation of data by simplified least squares procedures. Analytical Chemistry, 36(8): 1627-1639

Schaaf C B, Gao F, Strahler A H, et al. 2002. First operational BRDF, albedo and nadir reflectance products from MODIS. Remote Sensing of Environment, 83(1): 135-148

Sellers P, Tucker C, Collatz G, et al. 1994. A global 1 by 1 NDVI data set for climate studies. Part 2: The generation of global fields of terrestrial biophysical parameters from the NDVI. International Journal of Remote Sensing, 15(17): 3519-3546

Sousa A M O, Pereira J M C, Silva J M N. 2002. Evaluating the performance of multitemporal image compositing algorithms for burned area analysis. International Journal of Remote Sensing, 24(6): 1219-1236

Tang H, Yu K, Hagolle O, et al. 2013. Cloud detection method based on a time series of MODIS surface reflectance images. International Journal of Digital Earth, 6: 157-171

Van Leeuwen W J D, Huete A R, Laing T W. 1999. MODIS vegetation index compositing approach: A prototype with AVHRR data. Remote Sensing Environment, 69(3): 264-280

Vermote E F, Vermeulen A. 1999. Atmospheric Correction Algorithm: Spectral Reflectances (MOD09). MODIS algorithm theoretical basis document on line at http://modis.gsfc.nasa.gov[1999-05-25]

Viovy N, Arino O, Belward A S. 1992. The best index slope extraction (Bise)—a method for reducing noise in NDVI time-series. International Journal of Remote Sensing, 13(8): 1585-1590

Walthall C L, Norman J M, Welles J M, et al. 1985. Simple equation to approximate the bi-directional reflectance from vegetative canopies and bare soil surfaces. Applied Optics, 24(3): 383-387

Xiao Z, Liang S, Wang T, et al. 2015. Reconstruction of satellite-retrieved land-surface reflectance based on temporally-continuous vegetation indices. Remote Sensing, 7: 9844-9864

Xiao Z, Liang S, Tian X, et al. 2017. Reconstruction of long-term temporally continuous NDVI and surface eflectance from aVHRR data. IEEE Journal of Selected Topics in Applied Earth Observations and Remote Sensing, 10(12): 5551-5568

第4章　光学影像的大气校正[*]

遥感定量化是二十一世纪遥感应用研究的一个必然发展趋势，其核心是建立电磁波谱与传感器所获取信息之间的定量关系，进而利用电磁波信息定量探测有关的各类地表特征参数信息。遥感定量化的基础是传感器的精确定标和遥感数据的大气校正。本章介绍大气对遥感影像成像过程的影响，并重点论述多种遥感数据处理中的大气校正方法。4.1 节介绍大气效应的背景；4.2 节讨论估算气溶胶属性的多种算法，概括为基于光谱、时间、角度、空间、偏振等特征以及地表-大气参数联合反演算法；4.3 节介绍大气水汽含量的估算方法以及其他大气成分影响去除方法；4.4 节介绍了常用的大气辐射传输模型和成熟的大气校正软件，之后 4.5 节以高分 WFV 数据为实例介绍了大气校正的基本流程。

4.1　大气效应概述

4.1.1　大气在定量遥感模型中的表征

一个光学遥感系统可以被分为五个子系统(图 4.1)：图像辐射传输机理模型(Scene Radiative Transfer)、大气辐射传输模型(Atmospheric Radiative Transfer)、遥感平台系统(Navigation System)、传感器系统(Sensor System)和投影成像系统(Mapping and Binning)。图像辐射传输机理模型描述了地面辐射信号与地表特征参数之间的关系；大气辐射传输模型表征了大气对遥感传感器接收到的地表辐射信号的影响；遥感平台系统主要涉及搭载卫星、飞机等传感器平台的对地成像系统；传感器系统主要包括传感器的光谱响应、空间响应、波段划分、噪音处理、数字成像等；投影成像系统主要涉及图像成像的投影变换和重采样处理等。

在光学遥感系统中，大气辐射传输模型是承上启下的关键一环，是连接地表特征参数与遥感传感器接收信号的纽带，是影响利用遥感影像进行地表特征参数定量反演的重要因素。

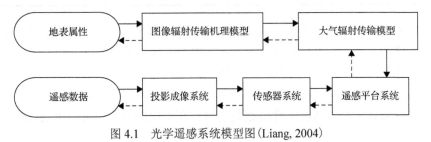

图 4.1　光学遥感系统模型图(Liang, 2004)

　　[*] 本章作者：赵祥[1]，田信鹏[2]，王昊宇[1]，刘强[2]，张鑫[1]，梁顺林[3]
　　1. 遥感科学国家重点实验室·北京市陆表遥感数据产品工程技术研究中心·北京师范大学地理科学学部；2. 北京师范大学全球变化与地球系统科学研究院；3. 美国马里兰大学帕克分校地理系

4.1.2　大气的组成

大气是介于星载传感器与地球表层之间的一层由多种气体及气溶胶组成的介质层，当电磁波由大气层外传至地球表层及地球表层传至传感器过程中，大气是必经的通道。低层大气对电磁辐射传输产生较大的影响，主要表现在改变辐射光谱的分布和能量强度。高层大气(高度在 100km 以上的大气)对常用遥感窗口的电磁辐射传输的影响很小，可以忽略不计。

大气是由多种气体混合组成的气体及悬浮其中的液态和固态杂质所组成，大气中除去水汽和杂质的空气称为干洁空气。地球表面大气主要由氧、氮和几种惰性气体组成，约占空气总量的 99.9%。除二氧化碳和臭氧外，其他组成在对流层是稳定的。水蒸气和二氧化碳受地区、季节和气象条件的影响而有所变化，在通常情况下，大气中水蒸气的含量为 0～4%，二氧化碳的含量为 0.033%，如表 4.1 所示。

表 4.1　大气的主要组成成分

稳定成分		变化成分	
成分	体积比/%	成分	体积比/%
N_2	78.084	H_2O	0.04
O_2	20.948	O_3	12×10^{-4}
Ar	0.934	SO_2	0.001×10^{-4}
CO_2	0.033	NO_2	0.001×10^{-4}
Ne	18.18×10^{-4}	NH_3	0.001×10^{-4}
He	5.24×10^{-4}	NO	0.0005×10^{-4}
Kr	1.14×10^{-4}	H_2S	0.00005×10^{-4}
Xe	0.089×10^{-4}	硝酸蒸气	痕量
H_2	0.5×10^{-4}		
CH_4	1.5×10^{-4}		
N_2O	0.27×10^{-4}		
CO	0.19×10^{-4}		

大气中大量悬浮的固体和液体粒子称为气溶胶，典型的有霾、烟、雾等。自然界中火山喷发、地面尘埃、沙暴、林火烟灰和各种酸性粒子，以及人类工业、交通、建筑、农业等生产生活是气溶胶的主要来源。将气溶胶按粒径大小分类为：粒径 5.0×10^{-3}～$0.2\mu m$ 的称为爱根核，粒径 0.2～$1\mu m$ 的称为大粒子，粒径大于 $1\mu m$ 的称为巨粒子。在对流层内，气溶胶浓度随高度上升呈指数衰减；在平流层中，气溶胶浓度比较稳定。

4.1.3　电磁波与大气的相互作用

大气中气体分子、气溶胶、云雾水滴、冰晶等粒子含有许多带电的电子和质子，这些电荷在粒子中分布不均匀，当电磁波照射到粒子上，电荷在电磁波激发下作受迫振动，从而向各方向发射次生电磁波，这样产生的次生电磁波称为散射。粒子中电荷被电磁波激发的能量并不全部变为次生电磁波向外散射，一部分电磁能转化为热能，这种过程称为吸收。在忽略极化效应的情况下，如果粒子可以被认为是各向同性的，则电磁波在大气的传播过程可用一维辐射传输方程表达为

$$\mu\frac{\mathrm{d}L(\tau,\mu,\varphi)}{\mathrm{d}\tau}=L(\tau,\mu,\varphi)-\frac{\omega}{4\pi}\int_0^{2\pi}\int_{-1}^1 L(\tau,\mu_i,\varphi_i)P(\mu,\varphi,\mu_i,\varphi_i)\mathrm{d}\mu_i\mathrm{d}\varphi_i \tag{4.1}$$

其中，L 为辐亮度；(μ,φ) 为观测角度坐标系；φ 为太阳照射方向与观测方向的相对方位角；$\mu=\cos(\theta)$，θ 为天顶角；τ 为气溶胶光学厚度，$\tau=\int_0^z\sigma_e(z)\mathrm{d}z$。$\omega$ 为单次散射反照率，描述光子撞击介质中粒子时发生散射的概率。$P(\mu,\varphi,\mu_i,\varphi_i)$ 是散射相函数，描述了光子从其他方向散射过来的概率。

电磁波与大气的相互作用，主要有两种基本的物理过程——散射和吸收，其他作用如折射等，可忽略不计。大气对电磁波的吸收主要是大气分子的作用，而散射则主要是受到大气中粒径较大的颗粒的影响。对电磁波有吸收作用的大气分子主要有 O_2、O_3、H_2O、CO_2、CH_4、N_2O 等，其中 O_3、CO_2 和水汽对太阳辐射能的吸收最有效，大气气体分子的吸收是把辐射能转化为分子的激发震荡能量。臭氧在紫外($0.22\sim0.32\mu m$)有一个强吸收带，在 $0.6\mu m$、$4.7\mu m$、$9.6\mu m$ 和 $14\mu m$ 处也有吸收带。CO_2 主要分布于低层大气，在 $1.4\mu m$、$1.6\mu m$、$2.0\mu m$、$2.7\mu m$、$4.3\mu m$、$4.8\mu m$、$5.2\mu m$ 以及 $15.0\mu m$ 有吸收带，其中 $2.7\mu m$、$4.3\mu m$ 和 $15\mu m$ 处为强吸收带。水汽在 $0.94\mu m$、$1.1\mu m$、$1.38\mu m$、$1.87\mu m$、$2.7\mu m$、$3.2\mu m$ 以及 $6.3\mu m$ 处有吸收带，水汽吸收几乎覆盖了整个红外辐射波段。

散射是将入射方向的能量重新发布到其他方向，总的效应是将能量从入射方向转移走。大气散射对电磁波的传输影响极大，它降低了太阳光直射的强度，削弱了电磁波到达地面或地面向外的辐射。此外，它还改变了太阳辐射的方向，产生了漫反射的天空散射光(又叫天空光或天空辐射)，从而增强了地面的辐照和大气层本身的"亮度"。根据引起散射的大气粒子直径与波长的关系进行分类判别，大气对电磁波散射主要分为选择性散射和无选择性散射两大类，其中选择性散射又分为瑞利散射和米散射两类。当引起散射的大气粒子直径远小于入射电磁波波长时，出现瑞利散射。大气中 O_2、N_2 等气体分子对可见光的散射属于此类。散射强度与波长的 4 次方成反比，前向散射与后向散射强度相同。瑞利散射是造成遥感可见光图像辐射畸变、图像模糊的主要原因之一。当引起散射的大气粒子的直径与入射波长相当时，出现米散射。大气中的悬浮微粒——霾、花粉、微生物、海上盐粒、火山灰等气溶胶粒子的散射多属于此类。米散射的前向散射通常远远大于后向散射，在一般大气条件下，瑞利散射起主导作用，但米散射叠加于瑞利散射之上，使天空变得阴暗。当引起散射的大气粒子直径远大于入射波长时，出现无选择散射，其散射强度与波长无关。大气中的云、雾、水滴、尘埃的散射属于此类。

从大气在定量遥感模型中的重要意义、大气对电磁波信号的衰减作用中我们可以得出结论，大气效应是定量遥感研究中关键问题之一。大气效应给遥感定量应用带来一定的干扰，尤其是针对不同时刻获取的遥感影像进行定量化比较，更需要去除大气的影响。

4.1.4　大气校正的主要内容及难点

大气校正主要由两部分组成，分别是大气参数估算和地表反射率的反演。假设地表为朗伯体，如果所有的大气参数可知，根据辐射传输模型，对遥感影像进行计算就可以直接反演出地表反射率。基于辐射传输理论，假设目标为均一、朗伯地表时，大气上界传感器接收到的辐亮度可表示为

$$L = L_0 + \frac{\rho}{1-s\rho} \cdot \frac{TF_d}{\pi} \tag{4.2}$$

其中，L_0 为零地表反射时大气引起的程辐射；T 为地表到传感器的透过率；s 为大气球形(Sphere)反照率；ρ 为地表目标反射率；F_d 为到达地表的下行辐射通量。根据公式，给定传感器接收到的辐亮度 L，并且通过辐射传输模型模拟计算出 L_0、s 及 TF_d/π 即可以计算出地表反射率。

如图 4.2 所示，使用 MODTRAN 模拟出的 0.4～2.5μm 波长范围的大气顶层辐亮度，模拟时采用植被反射率作为背景值，气候类型设为中纬度夏季，气溶胶类型设为乡村型，水汽含量保持不变，能见度为 2～65km 时模拟的结果。从模拟结果可以看出，能见度对可见光波段的影响比较大，随着能见度降低，可见波段的辐亮度逐渐减少。

太阳电磁波辐射能量由大气层顶经与大气相互作用到地表，经地表反射再经大气到被卫星传感器记录接收，这一过程非常复杂，遥感传感器自身的光电系统特征、太阳高度、地形以及大气条件等都会引起光谱亮度的失真。

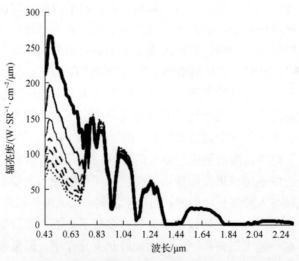

图 4.2　植被光谱辐亮度在不同能见度情况下的变化

图中曲线自上而下，能见度分别为 2km，5km，10km，16km，23km，35km，60km

　　造成大气效应的气体分子和气溶胶的吸收、散射中，主要吸收体包括水汽、臭氧、二氧化碳和氧气等。大气分子散射和由臭氧、氧气等气体引起的吸收相对比较容易纠正，因为这些要素的浓度在时间和空间上都比较稳定，困难的是气溶胶和水汽参量估算，因此，去除气溶胶与水汽的影响成为大气校正的主要内容。目前主流传感器采用的不同大气校正算法生产地表反射率产品，相关介绍参见表 4.2。

表 4.2　常见卫星传感器大气校正算法及产品信息

卫星/传感器	算法	产品时间范围	空间分辨率	波段	参考文献
Terra/MODIS; Aqua/MODIS	—	2000～ 2002～	250/500/1000m	Bands 1～7	Vermote et al., 2002
Terra/MISR	—	2000～	1100m		
Suomi NPP/VIIRS	—	2012～	500/1000m 0.05°	Bands 1～11	Justice et al., 2013
NOAA/AVHRR	—	1981～	0.05°	Bands 1～3	Tanre et al., 1992
Landsat4、5/TM; Landsat5/ETM+; Landsat8/OLI	LEDAPS; LaSRC	Landsat 4 TM: 1982～1993; Landsat 5 TM: 1984～2012; Landsat 7 ETM+: 1999～; Landsat 8 OLI: 2013～	30m	TM/ETM+: Bands 1～5,7; OLI: Bands 1～7	Schmidt et al., 2013; Vermote et al., 2016
Sentinel-2MSI; SENTINEL-3 Synergy	Sen2Cor	2015.06～; 2016.10～	10/20/60m 300m	Bands 1～12; S1～S4, S6	Malenovsky et al., 2012
FY3A/MERSI&VIRR FY3A/VIRR	—	FY3A/MERSI& VIRR: 2009.06～2014.09 FY3C/VIRR: 2014～	250/1000m 1100m 1100m		Fan et al., 2016

　　从卫星信号中通过大气校正去除大气影响，精确获取地表信息非常困难。主要有以下两个方面影响着大气校正的精度：

　　(1)遥感传感器内部误差。

　　理想情况下，遥感传感器系统记录的各个波段的电磁辐射能精确表达离开目标地物的辐射信息。然而，进入数据采集系统的噪声(误差)种类繁多，这些被传感器接收到与信号无关的噪声，会严重影响遥感影像的信噪比。由传感器灵敏度特征引起的畸变主要是其光学系统或光电变换系统的特征所形成的，并随着传感器使用年限的增加，光电系统对信号的灵敏度会发生不同程度的衰减。

　　(2)环境因素引起的外部误差。

　　即使遥感系统工作正常，获取的数据仍然带有辐射误差，大气和地形是引起辐射误差的两种最重要的环境衰减源。在利用大气辐射传输模型估算大气散射和吸收对卫星影像影响时，一旦确定了大气各参数就可以消除大气影响，实现对影像的大气校正。遗憾的是，同步获取影像大气状况特征值是非常困难的，尤其对历史卫星数据而言，已无法获知当时的大气信息。

　　地形中的坡度和坡向也会引起辐射误差，尤其是当研究区完全处于阴影中会极大影响其像元辐亮度值。坡度和坡向校正的目的是去除由地形引起的光照度变化。校正后使两个反射特性相同的地物，虽然坡度和坡向不一样，但在影像中具有相同的辐亮度值。在具有大范围的山区的遥感影像中，要想精确获得地表反射率，那么坡度坡向影响的校正是必不可少的。

遥感影像大气校正问题已经有过众多研究，这些研究促使了一大批大气辐射传输程序(模型)的产生。针对传感器的不同特点，如光谱设置差异、成像机理差异等，出现了多种大气校正方式。但是对于任何一副图像，由于存在诸多影响因素以及其中存在的不确定性，因而完美的校正每一个像元几乎是不可能的。本章后续内容将主要介绍气溶胶属性和水汽含量两个参数的估算，并简要介绍其他大气成分的影响去除方法。

4.2　气溶胶影响的去除方法

大气气溶胶是指悬浮在大气中的固体和(或)液体微粒与气体载体共同组成的多相体系，其尺度范围约在 $0.001\sim100\mu m$ 之间。大气气溶胶对全球气候有着重要影响，它通过对太阳辐射和红外辐射的吸收和散射，造成地-气系统辐射收支的改变。气溶胶对辐射的吸收和散射作用，可直接干扰光学传感器的信号接收。估算气溶胶属性主要是估计气溶胶光学厚度(Aerosol Optical Thickness, AOT)，它定义为介质的消光系数在垂直方向上的积分，用来描述气溶胶对光的衰减作用，是一个随着波长变化的函数。本节全面介绍基于光谱、时间、角度、空间、偏振等信息特征来反演气溶胶光学厚度的算法，分别适用于不同传感器的特性。

4.2.1　基于光谱特征

随着多光谱与高光谱传感器的发展，基于光谱特征的大气校正方法最早被提出，暗目标法就是基于光谱特征的最早的经典算法。这种方法的核心是假定有些波段受气溶胶影响较大，有些波段影响不大。利用受气溶胶影响不大的波段来确定地表反射率，进而估算对气溶胶敏感的那些波段的气溶胶光学厚度。这种方法有很长的历史，也是现在最常用的大气校正方法之一。MODIS(Moderate-Resolution Imaging Spectroradiometer)和MERIS (Medium-Resolution Imaging Spectrometer)数据也是采用暗目标方法估算气溶胶光学厚度并进行大气校正(Santer et al., 1999; Vermote et al., 2002)。暗目标方法主要用于具有以浓密植被为暗目标的影像，对于缺少暗目标的遥感影像则难以适用。

1. 长波近红外(LW-NIR)暗目标法

该方法的基本原理是使用待校正图像上的暗目标像元，如浓密植被，利用其在 $2.1\mu m$ 长波近红外(LW-NIR)波段与红、蓝两个波段反射率之间的线性关系计算气溶胶光学厚度(Kaufman et al., 1997a; Kaufman et al., 1997b)。在地表为朗伯面反射、大气性质均一、大气多次散射作用和邻近像元漫反射作用可以忽略的前提下，暗目标在长波近红外波段表观反射率受大气的影响很小，可以近似等于地表反射率，利用其反射率与蓝光和红光波段的反射率线性关系，计算蓝光和红光波段的地物反射率，进而估算气溶胶在这二个波段的光学厚度。再根据气溶胶模型，确定其他波段的光学厚度。暗目标方法不仅被应用到多光谱遥感影像中，还被扩展应用到高光谱影像中(Liang et al., 2004; Zhao et al., 2008)。

针对 Landsat TM 影像，长波近红外暗目标方法(Liang et al., 1997)处理步骤如下：

(1)确定暗目标：通过设置一个较低的反射率阈值(如 0.05)，在含 2.1μm 波长周围的中红外波段(波段 7)图像中找出暗目标像元，像元反射率计作 $\rho_{2.1}$。同时，为了提取浓密植被作为暗目标，经常同时使用植被指数辅助判断植被的浓密程度。

(2)计算可见光波段地表反射率：采用以下统计线性关系式计算蓝光波段(blue，波段 1)和红光波段(red，波段 2)的地表反射率：

$$\rho_{\text{red}} = 0.5\rho_{2.1}$$
$$\rho_{\text{blue}} = 0.25\rho_{2.1}$$

(4.3)

(3)计算气溶胶光学厚度：根据红光和蓝光波段地表反射率和遥感表观反射率，可以通过辐射传输模型计算得到红、蓝波段气溶胶光学厚度。再通过 Ångström 指数公式来确定其他波段的气溶胶光学厚度：

$$\tau_i = a\lambda_i^{-b}$$

(4.4)

其中，τ_i 和 λ_i 分别为气溶胶光学厚度和通道 i($1 \leq i \leq 5$)的中心波长。参数 a 和 b 通过估算蓝波段和红波段的光学厚度得到；参数 a 为 Ångström 指数，参数 b 为大气浑浊度系数。

(4)地表反射率计算：针对图像中非浓密植被像元，采用移动窗口内插技术估算气溶胶光学厚度的空间分布后，即可计算出全部像元的地表反射率。

图 4.3 是应用这种方法的一个实例，为一幅原始的彩色合成图像(波段 1，2 和 3)与经大气校正后图像的对比。这幅 TM 图像在 1990 年 2 月 26 日获得，中心经度为 63°45′19″，中心纬度为 17°20′39″，覆盖区域为南美洲玻利维亚。这幅图像为 800 像元×800 像元。从图中很清晰地看到，大气校正后很多模糊区已被消除，被模糊大气所覆盖的地表特性得到很好的恢复。尽管图上还有少量的云，但图像整体的对比度得到提高。

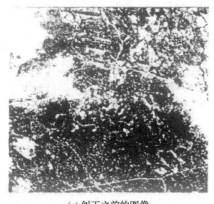 

(a) 纠正之前的图像　　　　　　　　(b) 纠正之后的图像

图 4.3　用暗物目标方法进行大气校正的实例(Liang et al., 1997)

针对 MODIS 数据反演气溶胶反演的研究，存在大量的气溶胶光学厚度反演方法，其中应用最广泛方法是暗目标方法。经过几十年的发展，MODIS 气溶胶产品经历了多次版本更新。目前，NASA 官网提供 C5 和 C6 两个版本的气溶胶产品。C5 版本空间分辨率为 10km，C6 版本空间分辨率为 3km(Remer et al., 2013)和 10km。C6 版本与 C5 相比在气溶胶类型、产品质量控制等方面做了较大改进。MODIS 暗目标算法大致包括以下几个环节(Levy et al., 2007a)。

(1)选取暗像元。

对于 MODIS 陆地气溶胶反演来说，如何确定暗像元，以及如何确定暗像元红光和蓝光波段与短波红外波段地表反射率的关系是反演中一个重要的技术步骤。首先从图像中选出一个 10km×10km 的空间范围，其中包含的像元个数因不同波段空间分辨率的不同而不同。将这个范围内所有的云、冰雪以及大陆水体像元剔除，然后挑选出波长 2.1μm 处的像元表观反射率大于 0.01 小于 0.25 的像元，之后再剔除这些像元中红光波段反射率高于 50%和低于 20%的像元，剩下的像元可认为是这 10km×10km 空间范围的暗像元。

(2)确定其地表反射率。

已有研究表明，浓密植被在 2.1μm 的反射率和 0.47μm、0.66μm 波长处的反射率之间的关系，不仅与散射角有关，而且与植被茂密程度有关(Gatebe et al., 2001; Remer et al., 2001)。因此，可以通过加入散射角和短波红外归一化植被指数作为辅助数据，利用 2.1μm 波段表观反射率来估计可见光红、蓝波段反射率。估算表达式如下(Levy et al., 2007b)：

(3)确定气溶胶模式。

气溶胶反演中，需要确定气溶胶模式，但想准确确定模式非常困难。陆地气溶胶模式随着季节和地区有很大的变化，所以在反演时往往需根据经验假设被反演地区的气溶胶模式。早期对气溶胶类型的确定方法是利用气溶胶在红光和近红外波段的差异，利用简单的比值方法确定气溶胶类型(Kaufman et al., 1997a)。然而由于气溶胶组成的复杂性，以及地表反射率影响的不确定性，该方法很难有效表达气溶胶真实的光学特性。目前通常是利用地基 AERONET 观测数据通过聚类方法建立了全球各个季节和地区的陆地气溶胶模式数据集(Levy et al., 2007a)。该数据集将气溶胶模式分为强吸收型、弱吸收型和中度吸收型三种，每种都由粗细气溶胶粒子混合而成(Levy et al., 2013)。

(4)获取暗像元上空气溶胶光学厚度。

目前利用 MODIS 暗目标算法陆地气溶胶反演，NASA 已发布了全球大气气溶胶产品(MOD04/MYD04)。该数据经过算法更新，现已更新到版本 C6.1。同时算法精度也得到了较大改善，尤其位于高亮城市地区(Tian et al., 2018a)。该算法在部分沙漠(例如撒哈拉沙漠)及冰雪覆盖的格陵兰岛等以外，其他大部分地区均可获取气溶胶信息(Levy et al., 2013)。

2. 短波近红外(SW-NIR)暗目标法

在传统的暗目标法大气校正中，需要使用长波近红外波段的数据。但是，当前大量的对地观测卫星传感器仅仅只提供四个波段，从可见光到短波近红外波段(400～1000nm)，缺少长波近红外波段，此时常规暗目标法无法使用。鉴于对此种数据进行大气校正的需求，Richter 提出了一种基于可见光波段和 0.85μm 短波近红外波段暗目标(SW-NIR)的大气校正算法，并使用这种算法对 TM 和 ETM+图像进行大气校正(Richter et al., 2006)。

短波近红外暗目标方法与长波暗目标方法相比,其特点在于其利用 0.85μm 的浓密植被反射率和红光波段反射率之间的线性关系:

$$\rho_{red} = \alpha\rho_{nir} = \frac{\rho_{nir}}{10} \tag{4.5}$$

在确定了暗目标后,根据上式的关系,可以得到暗目标区域红光波段的地表反射率,从而根据地表反射率与表观辐亮度的关系得到红光波段的能见度。

通过与使用长波红外确定暗目标算法的大气校正结果的对比,这种算法与其的标准差低于 0.005,说明这种算法具有可用性的,同时也可以推广到对其他传感器数据的大气校正处理。

3. 深蓝算法

大部分地物在深蓝波段(412nm)的地表反射率都在 0～0.1 之间,从而这些地表反射率对表观反射率的贡献明显低于其他波段。这在一定程度上增加了卫星传感器接收信号对气溶胶的敏感性,因此利用卫星观测的深蓝波段表观反射率反演气溶胶光学厚度是一个行之有效的方法。据此,可以利用反射率数据构建先验知识库的方式解决气溶胶反演中地表和大气解耦问题(Hsu et al., 2004, 2006)。由于这种算法用的是 MODIS 深蓝波段,所以也称之为深蓝算法(Deep Blue, DB)。使用该算法实现了非浓密植被地区的遥感影像气溶胶光学厚度反演,并且它经过改进后用于 MODIS C5 及 C6 版本的气溶胶产品的处理(Hsu et al., 2013)。此外,在进一步考虑到陆地表面 BRDF 特性的影响,有研究在深蓝算法思想的基础上提高了高亮地区的气溶胶光学厚度反演精度(Tian et al., 2018b)。MODIS 气溶胶产品中深蓝算法的基本流程可总结为以下三个步骤(Hsu et al., 2013)。

(1)像元选择。

深蓝算法与暗目标法类似,反演之前需要将云、冰雪覆盖的像元剔除。一般利用 0.412μm、0.650μm、1.38μm、11μm 和 12μm 波段,采用阈值法进行云污染像元检测;冰雪像元使用归一化冰雪指数(Normalized Difference Snow Index, NDSI)、0.555μm、0.86μm 反射率数据及 11μm 亮温数据;而水体则使用 MODIS 地表覆盖产品进行筛选。

(2)确定地表反射率。

对于影像的某一个像元,深蓝算法根据 MODIS 地表覆盖产品以及植被覆盖情况,将地表分为三种类型:①自然植被覆盖,②城市地区,③干旱/半干旱地区。对于不同区域分别采用三种不同的方法确定地表反射率,植被覆盖地区与暗目标法类似,建立 0.65μm、0.47μm 与 2.1μm 之间的相关关系模型;而干旱/半干旱地区则使用长时间序列的 MODIS 数据,利用最小值合成方法,预先构建 0.1×0.1 分辨率的先验地表反射率数据库实现云检测和气溶胶反演;城市地区采用混合方法,该算法在构建先验地表反射率数据的同时,利用 AERONET 及遥感数据确定不同 NDVI 下的地表 BRDF 角度形状信息。

(3)确定气溶胶模型。

深蓝算法中气溶胶模型的选择与 MODIS C6 版本类似,只是针对沙尘区域做了部分修改。研究表明,8.6μm 和 11μm 的两波段亮温差可以很好地检测出在蓝光波段有强吸收的矿物沙尘颗粒(Hansell et al., 2007)。因此,在 C6 版本的暗目标算法对强吸收型气溶胶区域的确定进行了优化(Hsu et al., 2013)。

(4)获取气溶胶光学厚度。

与暗目标算法类似，基于深蓝算法，NASA 也在全球范围内对气溶胶产品进行了生产发布。相对应的，目前其最新的产品版本为 C6.1。这里值得一提的是，对于城市高亮地表，深蓝产品 C6.1 版本与 C6 版本精度差异相差较小，新版本并没有特别明显的提高。从已有的结果(Hsu et al., 2013)可以看出，该算法无论是低反射的植被地区，还是高反射率的沙漠等地区均可获取气溶胶信息，但在积雪覆盖地区仍不适用。同时，其空间分布趋势与暗目标产品也有较高的一致性。

4.2.2　基于时间序列影像

随着卫星时间分辨率的提高，基于时间序列多景影像的大气校正方法被提了出来。这种方法通过假定在一定时间段内地物属性不变来获取气溶胶属性信息。这种方法的核心是假定对每个像元在一定时间段内有些数值受气溶胶影响较大，有些影响不大。利用受气溶胶影响不大的数值来确定地表反射率，进而估算受气溶胶影响较大的那些数值的气溶胶光学厚度。这种方法需要数据具备较高的时间分辨率，对于目前的大部分中分辨率传感器数据都适用。本节首先介绍基于时间序列影像的传统线性回归法大气校正方法，接着介绍 Liang 针对 MODIS 反射率产品改进的基于时间特征的大气校正算法(Liang et al., 2006)。

1. 线性回归法

通过假设一幅图像中有些像元的地面反射率在时间序列上是很稳定的，其遥感的表观反射率的差异主要反映的是大气条件的变化。基于这些"不变"像元表观反射率，建立起不同时间图像的线性关系，可用来消除由于大气干扰所造成的差异。这一方法是相对的大气校正，如果在图像获取时刻同步有相应的地表反射率测量，那么这个过程将会更加精准。

假设 N 个"不变"像元能够全部从不同时刻得到的 M 图像上辨认出。如果我们选择一幅清晰的图像，比如，参考图像 J，那其他的图像都能利用基于图像 J 上的 N 个像元值的线性回归被校正，参见图 4.4。

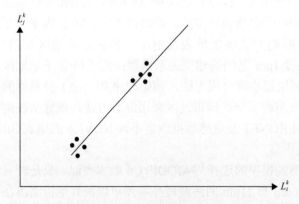

图 4.4　不变像元大气校正算法的线性回归(Liang, 2004)

L_j 代表参考图像 J 的辐射量，L_i 表示另一图像 I 的辐射量。相应处理的公式即

$$L_j^k = a_i^k + b_i^k L_i^k \qquad (4.6)$$

对两图像中每一波段 K 的 N 个像元辐射量的线性回归分析都会产生 a 和 b 两个系数。利用这两个系数来校正每幅图像 I 波段 k 的所有其他像元。因此，在每一波段，都需要找出具有不同亮度的不变像元。如果图像上只有一个类别的像元且其亮度变化很小，那么这种线性变换就会存在很大的误差。

2. 改进的多时间影像方法

MODIS 反射率产品中大气校正是使用暗目标法进行校正的，这种算法仅仅适用于有着浓密植被的影像，当没有浓密植被时，MODIS 产品是不准确的。Liang 等根据 MODIS 产品时间分辨率较高的特点，假定在一个时间段内地物的地表反射率是固定的，提出一种改进的气溶胶光学厚度估算方法(Liang et al., 2006)，其流程如图 4.5 所示。这种算法主要是在一个时间段中检测多时间序列影像中每个像元的最清洁(受大气影响最小)观测，然后通过查找表计算出非清洁区域的气溶胶光学厚度。这种算法对于没有浓密植被的影像，特别是"亮目标"影像，有着较好的校正结果。

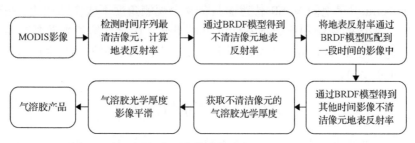

图 4.5　基于时间序列影像估算流程(Liang et al., 2006)

使用这种算法对 MODIS 2002 年 11 月 11 日的一景看起来受气溶胶影响较大的影像进行气溶胶光学厚度估算，蓝光波段气溶胶关学厚度如图 4.6。

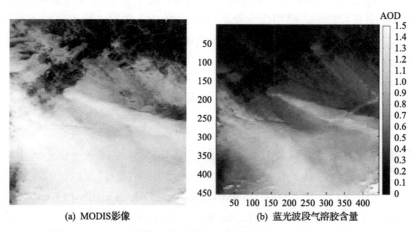

图 4.6　MODIS 影像和蓝光波段气溶胶含量(Liang et al., 2006)

图(b)中横纵轴数据表示像元行数值

4.2.3　基于角度信息

现实中有许多机载和航天传感器同时从多角度观察地球表面，例如 MISR(Multi-angle Imaging Spectro Radiometer)。MISR 每 9 天可以获取一次全球观测数据，空间分辨率为 275～1100m。MISR 传感器由 9 个相机组成，每个相机有 4 个波段，分别是蓝光波段(446nm)、绿光波段(558nm)、红光波段(672nm)和近红外波段(867nm)。这 9 个相机对地观测角度分别是±70.5°、±60.0°、±45.6°、±26.1°、0°，其中正数表示前向观测，负数为后向观测(Diner et al., 1999)。一般而言大的观测角度对气溶胶的影响更加敏感，这给使用多角度数据进行大气校正提供了帮助。所以这种方法的核心是利用从不同角度所获得的图像中气溶胶的影响不同这一特性进行大气校正。

例如，霾是浮游在空中大量极微细的尘粒或烟粒等造成的空气混浊现象，在气象学中被称为气溶胶颗粒。当垂直观测陆地表面时，由于地面目标较亮，探测通过的大气路径较短，因此对霾的探测比较困难。而当对目标观测采用大角度观测时，观测的大气路径变长了，因此增加了阴霾的程辐射强度，这让天顶观测时不容易探测的阴霾在大观测角度时更加敏感和容易检测(Martonchik et al., 2004)。

搭载于 Terra 卫星上的 MISR 传感器具备 9 个观测角度下成像的功能。在观测天顶角比较大时，雾霾的观测相比天顶条件下更加明显，这给气溶胶光学厚度的计算带来了方便。更进一步的基于角度信息进行大气校正方法可以参阅相关文献(Liang, 2004; Martonchik et al., 2004)。

4.2.4　基于空间特征匹配

在大气校正众多方法中，基于空间特征匹配的大气校正方法也经常应用，包括直方图匹配法和像元聚类匹配法。直方图匹配法假定一幅影像同时存在清晰与由于气溶胶散射所造成的模糊的区域，通过匹配得到气溶胶光学厚度(Richter, 1996)；Liang 等(Liang et al., 2001; Liang et al., 2002)在这个基础上假设每一地物在不同大气条件下(从透明到模糊)的平均反射率是相同的，使用像元聚类匹配法对 TM 数据进行大气校正，同时考虑了邻近效应纠正。这种方法也已经应用于其他图像，如 MODIS 和 SeaWiFS(海洋宽视角传感器)(Liang et al., 2002)的大气校正。

4.2.5　基于偏振信息

在可见光波段，大气散射具有很强的偏振特性，而地表反射是低偏振的，卫星观测到的偏振辐射对气溶胶粒子的大小及折射指数比较敏感，对地表变化不敏感，利用偏振信息和辐射信息的联合可以更好地反演气溶胶的光学特性。目前运行的遥感偏振探测器主要是法国空间局研制的 POLDER(POLarization and Directionality of Earth Reflectance)。POLDER 为气溶胶的反演提供了辐射、偏振和多角度的信息，由此发展了一系列基于偏振的大气校正算法(Deuzé et al., 2001)。Kawata 等对利用 POLDER 资料反演日本海域上空气溶胶光学厚度进行了研究，比较了单独利用反射率或偏振反射率与两者同时利用的方法反演得到的气溶胶光学厚度，数据验证表明后者的反演结果更好（Kawata et al., 2000）。Sano 等用 POLDER 资料反演了陆地上空的气溶胶特性，给出陆地上空气溶胶指数和 Angstr6m 指数的全球分布，研究结果发现中非和东南亚终年气溶胶的光学厚度都较大（Sano, 2004）。

4.2.6　多传感器协同算法

为充分发挥不同传感器对气溶胶反演相关参数提取的优势，许多研究者提出并使用了多传感器协同反演气溶胶的方法。如使用 GOME-ATSR2 和 CIAMACHY-AATSR 传感器实现了气溶胶光学厚度和气溶胶类型的多传感器协同反演方法（Holzer-Popp et al., 2002）；使用多角度 MISR 数据提取地表信息，其结果用来支持多波段 MODIS 数据反演气溶胶信息（Vermote et al., 2007）；使用 Terra 和 Aqua 两卫星上的 MODIS 数据的三个波段来求算辐射传输方程，从而实现两颗 MODIS 卫星气溶胶的协同反演方法（Tang et al., 2005）。多传感器协同反演方法利用现有的遥感数据源为气溶胶的反演提供了更多的已知参量，在一定程度上有效解决了气溶胶反演中"病态方程"求解的问题。但由于该方法多是基于多传感器在同时或短时间间隔的数据，对数据获取条件要求苛刻，且蕴含了太多的近似与假设。实时数据处理的误差被传递到气溶胶的反演中，难以有效用于陆地气溶胶的业务化反演。

4.2.7　地表-大气参数联合反演

准确的大气校正需要准确的大气参数，而遥感反演大气参数（特别是气溶胶参数）又需要地表反射光谱信息，这就存在一个矛盾。前面介绍的几种气溶胶估算方法都对地表反射做简化处理，如采用朗伯地表的假定。而事实上，忽略地表二向反射特性可能会引起较大的气溶胶参数反演误差。因此研究者提出地表-大气联合优化反演的方法，同时求解大气气溶胶参数和地表二向反射参数。例如针对静止气象卫星 MSG/SEVIRI 数据开展了联合反演研究（Govaerts et al., 2010; Wagner et al., 2010），图 4.7 显示了其在欧洲进行反演实验结果。

这类方法（He et al., 2012; Zhang et al., 2018）首先需要构建地表-大气耦合的辐射传输模型，刻画地表二向反射选择 RPV 模型（Rahman et al., 1993），大气辐射传输选择 6S 模型（Vermote et al., 2006）。然后通过最优化方法反演模型，同时获得地表参数（二向反射模型参数）和大气参数（气溶胶光学厚度）。最优化方法是在合理的范围内求取待估计参数的一组（或多组）最优估计来使得代价函数达到最小值。这里设计的代价函数为

$$J(x) = (y_m(x) - y_o)S_y^{-1}(y_m(x) - y_o)^{\mathrm{T}} + (x - x_b)S_b^{-1}(x - x_b)^{\mathrm{T}} = J_y + J_x \tag{4.7}$$

其中，x 代表地表和大气参数的联合向量；y_o 代表观测到的大气层顶的表观反射率；$y_m(x)$ 为把 x 输入前面介绍的地表-大气耦合的辐射传输模型后预测的大气层顶的表观反射率；x_b 是模型参数的先验知识均值；S_y 是表观反射率误差的协方差矩阵；S_b 是模型

参数先验知识的协方差矩阵。简言之，代价函数分为两部分，J_y 是模型预测对卫星遥感观测的表观反射率的拟合效果，J_x 是模型参数与先验知识的符合程度。

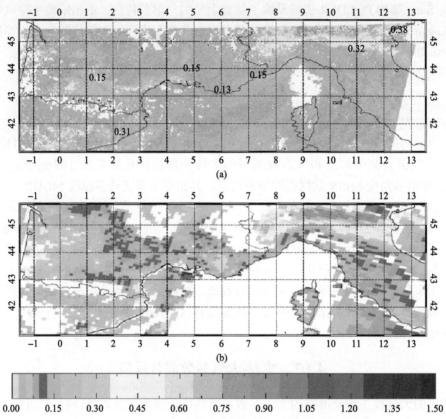

图 4.7 （a）基于 SEVIRI 的气溶胶光学厚度以及 AERONET 站点观测数据示例；
（b）相应地区的 MODIS 气溶胶产品(Wagner et al., 2010)

4.3 水汽及其他气体影响的去除方法

4.3.1 水汽影响的去除

除了气溶胶的影响以外，大气中的水汽也是影响遥感影像的一个主要因素，因此在近红外和中红外遥感影像的定量应用时必须设法去除大气中水汽吸收的影响。如图 4.8 所示，使用 MODTRAN 模拟出的 0.4～2.2μm 波长范围的表观辐亮度，模拟时采用植被反射率作为背景值，气候类型设为中纬度夏季，气溶胶类型设为乡村型，能见度设为 23km，水汽含量(Column Water Vapor Content)分别为 0.2g/cm² 递增到 9.0g/cm²。从模拟结果可以看出，图中曲线自上而下分别是水汽从 0.2g/cm² 变化到 9.0g/cm² 模拟的结果，水汽在 0.94μm 及 1.14μm 处的吸收特征表现很明显，水汽含量逐渐越大，水汽吸收特征越明显。

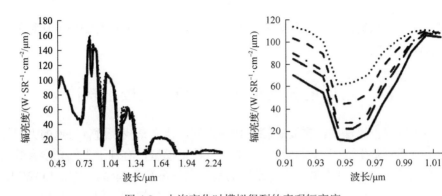

图 4.8　水汽变化时模拟得到的表观辐亮度

中纬度夏季气候类型及乡村型气溶胶类型，能见度设为 23km；水汽含量自上而下分别为 0.2g/cm² 递增到 9g/cm²

大气柱的水汽含量一般都是通过水汽吸收通道得到。目前已有多种算法可以求取大气柱的水汽含量，这些算法包括窄波段与宽波段比值(Narrowband and Wideband Ratio)法(Frouin et al., 1990)，连续统内插(Continuum Interpolated Band Ratio，CIBR)法(Bruegge et al., 1992; Kaufman and Gao, 1992)，三通道比值(3-channel Ratio)法(Gao and Kaufman, 2002)，曲线拟合(Curve Fitting)法(Gao and Goetz, 1990)，大气预处理微分吸收(Atmospheric Precorrected Differential Absorption，APDA)法(Schlapfer et al., 1998)，光滑度测试(Smoothness Test)法(Qu et al., 2003)以及由 CIBR 演变的线性内插回归比值(Linear Interpolated Regression Ratio，LIRR)法(Schlapfer et al., 1996)等。

对于那些直接采用波段比值估算水汽含量的方法(Bruegge et al., 1992; Frouin et al., 1990; Schlapfer et al., 1996)，由于没有去除大气程辐射的影响，当地表反射率逐渐降低时，比值受大气程辐射影响逐渐增大，因此这些算法更加适用于高背景反射率地区。在低反射率区域，水汽估算精度将会降低，在较暗的地表通常会低估水汽含量(Gao and Goetz, 1990)。Schlapfer 后又改进并提出了 APDA 比值方法(Schlapfer et al., 1998)由于去除了大气程辐射的影响，在低背景地区水汽含量估算结果将会得到改善。

更多的估算整层大气水汽总量的方法，如差分吸收法、分裂窗算法以及有关单位转换等细节，可以参阅《定量遥感》相关内容(Liang and Fang, 2004)。

4.3.2　其他大气成分影响的去除

前面介绍了消除大气中的气溶胶和水汽影响的校正方法。除了气溶胶和水汽外，地球表层的大气还包括氮、氧、氩和二氧化碳等混合气体(表 4.1)，这些混合气体也称为干洁气体。在大气的气体成分中，气溶胶和水汽是最重要、最活跃的成分，随着时间、空间的变化而剧烈变化。由于大气中对流、湍流运动盛行，使不同高度、不同地区间气体得到充分交换和混合，因此，干洁空气各成分间的百分比数从地面直到 85km 高度间，基本保持稳定不变。

针对可见光遥感影像的大气校正，气溶胶、水汽等易变成分需要基于影像进行参数提取和校正，而对于一些不易变化的气体，由于其在大气中的含量随着时间地点的变化并不明显，通常可以通过不同地区、不同高程、不同季节的常年观测值或计算值进行设定，从而去除其影响。

4.4 常用的大气传输模型和大气校正软件

在大多大气校正算法中，需要解辐射传输方程，建立查找表进行快速的大气校正，从而产生了一系列基于大气辐射传输理论的大气校正模型，有基于大气光学参数的比如RADFIELD 辐射传输计算模型，也有常用的基于大气参数的模型，比如 LOWTRAN，MODTRAN，6S(Vermote et al., 2006)及 FASCODE 等大气辐射近似计算模型。由于这些模型软件大多供专业人员使用，操作和学习较为复杂，于是出现了很多界面化的大气校正软件，如 ENVI 中自带的大气校正模块 FLAASSH，基于 ERDAS 的 ACTOR 和 ImSpec LLC 研发的 ACORN。他们都是基于 MODTRAN，内建大量的查找表，用于对各种传感器数据进行方便快捷的大气校正。本节首先概要介绍常用的辐射传输模型，之后简要介绍几种界面化的快速大气校正软件。

4.4.1 MODTRAN 模型

MODTRAN(Moderate resolution atmospheric Transmittance and Radiance code)，即中等光谱分辨率大气透过及辐射传输算法软件(Berk et al., 2008)。MODTRAN 能够计算大气透过率、大气背景辐射(大气的上行和下行辐射)、包括太阳或月亮单次散射的辐射亮度、直射太阳辐照度等。MODTRAN 是在 LOWTRAN 基础上发展的，目前它的光谱分辨率达到 $1cm^{-1}$。在 MODTRAN 5.2 中对几个重要的基础数据库加以更新，使计算的精度得到很大提高，同时改进了瑞利散射和复折射指数的计算精度，增加了 DISORT 计算太阳散射贡献的方位角相关选项，并且将 7 种 BRDF 模型引进到模型中，使物体表面散射逾越了朗伯体假设的局限，使地表特性的参数化输入成为可能。更加准确的透过率和辐射计算极大增强了对高光谱影像数据的分析功能。

运行 MODTRAN 的输入参数可以分为五类，均通过编写 CARD1 至 CARD5 确定。

第一类，控制运行参数：如采用何种辐射传输模型，是否进行多次散射计算等。这些设置主要在 CARD1 中完成，CARD5 提供了重复计算的选项。

第二类，大气参数：其中大气类型通过 CARD1 中的选项确定，其他具体参数包括气溶胶主要通过 CARD2 来进行选择。

第三类，地表参量：在 CARD1 提供了地表参数设定的初步选项，在 CARD4 根据 CARD1 中设定的参数对地表的参数进行具体设定。

第四类，观测几何条件：在 CARD1 确定大气路径的几何类型；CARD3 中是观测几何参数的输入选项，通过多种方式组合来实现参数的输入，用户可根据自己方便方式进行选择。

第五类，传感器参数：CARD1A 中有是否输入传感器通道响应函数的选项；在 CARD1A3 中输入通道响应函数的文件名；在 CARD4 中输入模拟计算的波长范围。

根据输入的地表反射率和大气参数，得到在特定大气参数下的表观辐亮度。可以使用辐射传输模型模拟结果，获得大气校正所需要的参数，从而建立查找表，用于大气校正的计算。

4.4.2　6S 模型

6S 模型(Second Simulation of the Satellite Signal in the Solar Spectrum)是在法国大气光学实验室的 5S(Simulation of the Satellite Signal in the Solar Spectrum)模型的基础上发展起来的改进版本。6S 模型使用 FORTRAN 编程语言编写，适用于太阳反射波段(0.25～4μm)的大气辐射传输模式的模拟计算。该模式采用了最新近似和逐次散射算法来计算散射和吸收，改进了模型的参数输入，使得其算法模拟结果更加精确。这种模式是在假定无云的情况下考虑了水汽、二氧化碳、臭氧和氧气的吸收，分子和气溶胶散射以及非均一地面和双向反射率的问题。其中气体的吸收以 $10cm^{-1}$ 的光谱间隔来计算，且光谱积分的步长达到了 2.5nm，目前多用于处理可见光、近红外的多角度遥感数据(Vermote et al.，2006)。当考虑散射光的偏振或者是有高精度要求时，需用矢量辐射传输方程，6S 也发布有矢量版的辐射传输模型，目前最新已发布的版本为 6SV2.1，可在网上下载(http://6s.ltdri.org/pages/downloads.html)。此外，6S 模型还在进一步扩展模拟的波段范围，未来可进行 0.25～12.5μm 的辐射传输模拟(Roger et al.，2017)。

在 6S 模型中，大气层视为仅在垂直方向上变化，水平方向均匀一致的平行平面大气。此外，还将地表分为三类：均一地表朗伯体模型、非均一地表朗伯体模型和 BRDF 模型。6S 模型中考虑了大气顶的太阳辐射能量通过大气传递到地表，以及地表的反射辐射通过大气到达传感器的整个辐射传输过程，主要包括以下几个部分：

(1)太阳、地物与传感器之间的几何关系：用太阳天顶角、太阳方位角、观测天顶角、观测方位角四个变量来描述。

(2)大气模式：定义了大气的基本成分以及温湿度廓线，包括 7 种模式，还可以通过自定义的方式来输入由实测的探空数据，生成局地更为精确、实时的大气模式，此外，还可以改变水汽和臭氧含量的模式。

(3)气溶胶模式：定义了全球主要的气溶胶参数，如气溶胶相函数、非对称因子和单次散射反照率等，6S 中定义了 7 种缺省的标准气溶胶模式和一些自定义模式。

(4)传感器的光谱特性：定义了传感器的通道的光谱响应函数，6S 中自带了大部分主要传感器的可见光近红外波段的通道相应光谱响应函数，如 TM，MSS，POLDER 和 MODIS 等。

(5)地表反射率：定义了地表的反射率模型，包括均一地表与非均一地表两种情况，在均一地表中又考虑了有无方向性反射问题，在考虑方向性时用了 9 种不同模型。

虽然 6S 模式采用了一些先进的算法进行模拟计算，提高了计算结果的精确度，是一个比较成熟的辐射传输模式，但它还是有一些不足之处，具体表现为：

(1)由于 6S 模式对吸收和散射分开处理的方法，对于不太强的吸收情况，吸收和散射的处理是正确的。如果想要在强吸收波段内计算信号，那么吸收和散射之间的相互作用必须重新予以考虑。

(2)由于气溶胶和水汽可以在 2~3km 内的大气层中同时存在，因此它们之间的耦合作用不可忽略。因为吸收必须沿每次散射后的每一路径进行计算，所以 6S 模式还不能准确的处理这一问题。在实际计算中，6S 采用的是统计平均法计算水汽和气溶胶的耦合作用。

(3)气溶胶模式选择上，能见度要在 5km 以上，能见度太小使计算出来的结果可能不可靠。

(4)光谱条件只能使在 0.25~4μm 范围，且不能处理有云情况下的辐射问题。

4.4.3　FLAASH

FLAASH(Fast Line-of-sigh Atmospheric Analysis of Spectral Hypercubes)是由波谱科学研究所(Spectral Sciences)在美国空气动力实验室支持下开发的大气校正模块(Adler-Golden et al., 1998)，目前已经集成在遥感图像处理软件 ENVI 中。可以对 Landsat，SPOT，AVHRR，ASTER，MODIS，MERIS，AATSR，IRS 等多光谱、高光谱数据、航空影像及自定义格式的高光谱影像进行快速大气校正分析。能有效消除大气和光照等因素对地物反射的影响，获得地物较为准确的反射率和辐射率、地表温度等真实物理模型参数。FLAASH 模块直接结合了 MODTRAN4+的大气辐射传输编码，任何有关影像的标准 MODTRAN 大气模型和气溶胶类型都可以直接被选用，并进行地表反射率的计算。FLAASH 模块可以对临近像元效应进行纠正，同时提供对整幅影像的能见度的计算。此外，FLAASH 能够生成卷云与薄云的分类影像，对光谱进行平滑(QUAC, 2009)。

4.4.4　ACTOR

ATCOR(the ATmospheric CORrection)程序最初是由德国 Aerospace 中心 DLR 开发，是 ERDAS IMAGINE 的一个大气因子校正和雾霾去除模块，用于纠正大气对地球表面地物光谱反射的影响和去除薄云及雾霾。该算法用 MODTRAN4+辐射传输代码计算大气校正函数(程辐射、大气透射、太阳的直射和漫射辐射通量)的查找表。ATCOR 包括 ATCOR2(用于平坦地区)，ATCOR3(用于山区，3 代表三维)以及 ATCOR4(用于处理亚轨道遥感系统获取的数据)三个模块(Richter, 2010a, 2010b)。因此，ATCOR 可对成像地区相对平坦的影像进行纠正，也可对成像地区高差变化较大的影像进行纠正，此时需要有成像地区的 DEM。由于气象和太阳高度角的变化造成大气条件的变化，这必然影响与改变地面物质的光谱反射，应用 ATCOR 模块所提供的大气校正功能就可以去除这些干扰。

4.4.5　ACORN

ACORN(Atmospheric CORrection Now)是由美国科罗拉多州 ImSpec LLC 责任有限公司开发的一种基于图像自身的大气校正软件，可以用于实现从图像辐射值到地表反射

率的计算，其工作的波长范围为 350～2500nm（Analytical Imaging and Geophysics LLC，2002）。ACORN 提供了一系列大气校正策略，包括经验法和基于辐射传输理论的方法，既可以对高光谱数据进行大气校正，也可以对多光谱图像数据进行大气校正，提供了多种大气校正模式。

4.4.6　ATREM

ATREM（Atmospheric REMoval）（Gao et al.，1999）程序主要应用于高光谱数据中，其采用 6S 辐射传输模型和用户指定的气溶胶类型来计算分子瑞利散射，用 Malkmus 的窄波段光谱模型和用户提供或选定的标准大气模式（温度、压力和水汽垂直分布）计算大气吸收。水汽总量是通过水汽波段（0.94μm 和 1.14μm）和三通道比值方法从高光谱数据中逐像元获取的。然后，将获取的值用于 400～2500μm 范围的水汽吸收影响建模。结果得到一个由表面反射率构成的大气校正数据集。

4.5　GF-1WFV 大气校正应用

高分一号卫星（简称 GF-1）于 2013 年 4 月在酒泉卫星发射中心成功发射入轨。该星采用太阳同步轨道，平均轨道高度约为 644km，属于光学成像遥感卫星，设计寿命为 5～8 年。GF-1 星搭载有 4 个中分辨率相机，星下点能达到 16m 的空间分辨率，共有蓝、绿、红、近红外 4 个波段。每个相机幅宽能够达到 200km，拼接 4 台相机（WFV1、WFV2、WFV3、WFV4）的观测数据可实现 800km 幅宽的观测，具有高分辨率、宽覆盖等特点，且拥有 4 天覆盖中国全境的能力。

为了更好地将 GF-1 卫星 WFV 数据进行定量应用，消除大气对相机信号的影响，完成高精度大气校正成为一个重要步骤。由于存在辅助数据不足、波段设置较少等问题，WFV 数据大气校正主要存在以下几个方面的难点。

（1）有限波段导致获取气溶胶信息不足。

WFV 传感器波段较少，没有像 MODIS 传感器那样的 2.1μm 短波红外波段，因此不能简单采用气溶胶暗像元反演算法，从而导致其高精度大气校正难以开展。

（2）角度辅助信息不足。

GF-1 卫星上搭载有 WFV1、WFV2、WFV3 和 WFV4 四个传感器，同时成像的幅宽可达 800 公里左右。由于其元数据 xml 文档中仅提供图像中心点的四个角度信息（太阳高度角及方位角、传感器天顶角及方位角），对于 WFV 宽幅相机，图像边缘像元与中心点像元的观测几何角度差异，会对定量应用带来较大误差，还需计算每个像元的观测几何角度。

（3）数据定标问题。

由于 WFV 传感器自身硬件问题，其辐射测量能力并不能长年稳定，且随着老化，该传感器存在较大的定标误差（Yang et al.，2015）。WFV 宽覆盖范围是由四台相机拼接而成，这也会给四台相机定标到同一量度带来了更大的挑战。

针对以上问题,构建了一个 WFV 相机大气校正通用模型,其基本流程如图 4.9 所示。

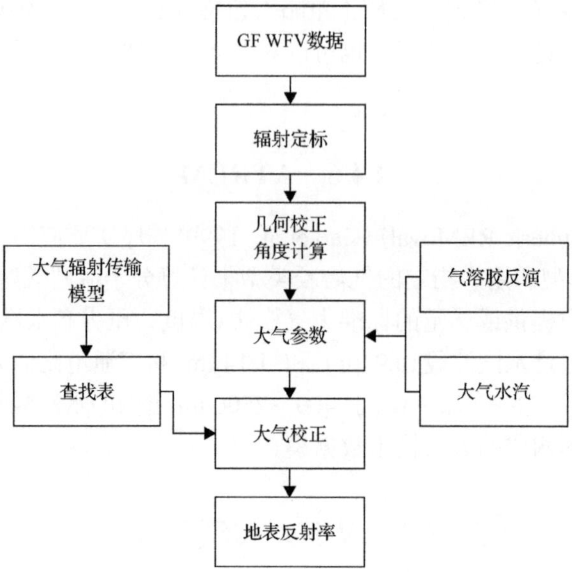

图 4.9　GF WFV 数据大气校正基本流程图

(1)辐射定标。

GF WFV 相机辐射定标工作由资源卫星应用中心承担,每年会定期发布一次辐射定标结果(表 4.3)所示。除 2013 年,其他年份的定标公式为

$$L_e(\lambda_e) = \text{Gain} \cdot \text{DN} + \text{Offset} \tag{4.8}$$

式中, $L_e(\lambda_e)$ 为转换后辐亮度;DN 为卫星载荷观测值;Gain 为定标斜率;Offset 为绝对定标系数偏移量。

2013 年的数据定标公式有所不同,其采用下式完成定标:

$$L_e(\lambda_e) = \frac{\text{DN} - \text{Offset}}{\text{Gain}} \tag{4.9}$$

表 4.3　GF WFV 相机辐射定标系数汇总

年份	传感器	B1		B2		B3		B4	
		Gain	Offset	Gain	Offset	Gain	Offset	Gain	Offset
2016	WFV 1	0.1843		0.1477		0.122		0.1365	
	WFV 2	0.1929		0.154		0.1349		0.1359	
	WFV 3	0.1753		0.1565		0.148		0.1322	
	WFV 4	0.1973		0.1714		0.15		0.1572	
2015	WFV 1	0.1816		0.156		0.1412		0.1368	
	WFV 2	0.1684		0.1527		0.1373		0.1263	
	WFV 3	0.177		0.1589		0.1385		0.1344	
	WFV 4	0.1886		0.1645		0.1467		0.1378	

续表

年份	传感器	B1		B2		B3		B4	
		Gain	Offset	Gain	Offset	Gain	Offset	Gain	Offset
2014	WFV 1	0.2004		0.1733		0.1745		0.1713	
	WFV 2	0.1648		0.1383		0.1514		0.16	
	WFV 3	0.1243		0.1122		0.1257		0.1497	
	WFV 4	0.1563		0.1391		0.1462		0.1435	
2013	WFV 1	5.851	0.0039	6.014	0.0125	5.82	0.0071	5.35	0.0369
	WFV 2	7.153	0.0047	6.823	0.0193	6.239	0.0334	6.235	0.0235
	WFV 3	8.368	0.003	9.451	0.0429	7.010	0.0226	6.992	0.0217
	WFV 4	7.474	0.0274	8.996	0.0011	7.711	0.0117	7.462	0.005

注：Gain 为定标斜率；Offset 为绝对定标系数偏移量

(2) 几何校正及角度辅助数据计算。

几何校正是遥感影像处理和应用的一项十分关键的技术。通常的传感器模型都是以共线条件方程为理论基础，建立严格的成像几何模型。但是卫星在成像期间烦琐的姿态控制导致影像的严格成像几何模型十分复杂，建立模型时需要知道卫星准确的轨道、姿态、传感器成像参数和成像方式等信息。

中国资源卫星应用中心发布的 GF WFV 数据分为两级产品：预处理级辐射校正影像产品(L1A 级)和预处理级几何校正影像产品(L2A 级)，其中 L1A 级为经过数据解析、均一化辐射校正等处理的影像数据产品，提供有理多项式函数模型校正参数文件(Rational Polynomial Coefficients，RPC)。L2A 级数据产品是在 L1A 级数据的基础上，经几何校正、地图投影生成的影像产品，具有影像投影信息。目前发布的 L2A 级数据较少，对于大量 L1A 级数据，可根据其提供的 RPC 参数文件(*.rpb)，基于 RPC 模型实现 GF WFV 数据的几何校正。在实现几何校正的同时，基于几何关系，同时完成逐像元的角度计算。

(3) 大气参数获取。

由于 WFV 传感器 4 个波段受大气水汽影响较小，尤其是可见光波段，且直接通过 WFV 数据获取大气水汽含量信息十分困难，因此这里采取的方式为从与待校正图像同日期的 MODIS 大气水汽产品中获取。与大气分子相比，陆地上空的气溶胶时空分布差异较大，如何获得整景图像的气溶胶信息对大气校正至关重要。考虑到 WFV 缺少 2.1μm 附近的短波红外波段，以及高分辨率图像的地表方向性反射更明显，这里采用一种改进的深蓝算法获取大气气溶胶信息，其基本思想为：使用现有成熟的 MODIS BRDF 参数产品数据集(MOD43B1)，基于核驱动模型精确获取 GF-1 WFV 观测几何条件下的 500m 分辨率地表反射率信息，用于支持 GF-1 WFV 数据的气溶胶光学厚度反演，反演结果如图 4.10 所示。

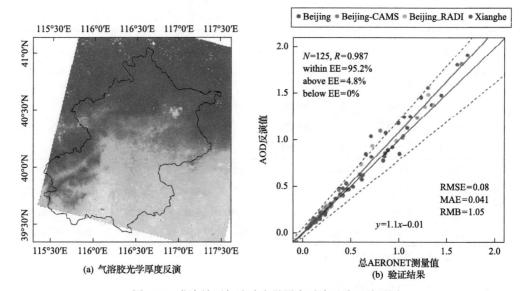

图 4.10　北京地区气溶胶光学厚度反演及验证结果图

(4)辐射传输法大气校正。

辐射传输法大气校正是通过对大气－地表－传感器之间的辐射传输过程进行模拟，获取卫星同步的大气参数和地表的真实反射率之间的关系。当确定大气参数信息后，就可从卫星传感器获取的辐射信息中将地气各自贡献进行分离，进而获取地表反射率。基于辐射传输模型的大气校正基本思路是，通过 MODTRAN 模型模拟出各种大气参数状况(大气气溶胶光学厚度)、大气模式(与大气气体参数有关)、地表高程以及卫星观测几何条件(卫星天顶角、太阳天顶角和相对方位角)下的电磁波在地气系统中的传播情况，利用模拟的结果，结合卫星传感器的光谱响应函数构建大气辐射传输参数的查找表。根据大气条件(水汽、气溶胶等)，观测几何以及地表高程等参数，从查找表中查算出相应的大气参数(透过率、半球反照率、程辐射等)实现逐像元的大气校正。

图 4.11 为 WFV 数据大气校正前后的真彩色合成图对比结果。从图中可以看出，大气校正过程较好地去除了大气影响，尤其是大气气溶胶散射影响，提升了图像的清晰度。

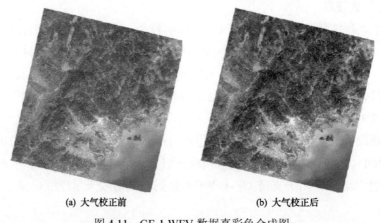

(a) 大气校正前　　　　　　　　　　(b) 大气校正后

图 4.11　GF-1 WFV 数据真彩色合成图

4.6　小　　结

大部分用于估算陆地表面变量的实用算法都是基于地表反射率遥感数据。大气校正是一个将传感器接收的大气顶部辐射亮度转化为地表反射率的过程。大气中的气溶胶和水汽在空间和时间上的动态变化使大气校正很困难。气溶胶分布主要影响了短波波段的信号，而水汽则主要影响了近红外波段的信号。本章分别介绍了一些利用光谱、时间、角度、空间、特征和偏振等信息估算气溶胶含量的大气校正方法，这些方法适用于各种不同成像模式的遥感数据，并简要评价了每种算法的优劣及其适用性，同时概要介绍了对水汽含量影响的估算方法，之后介绍了常用的大气校正模型和软件，最后以高分卫星WFV 为实例，介绍了大气校正的基本流程。

尽管本文介绍了很多种大气校正算法，但是由于传感器波段设计，空间、时间分辨率等的差异，导致没有一种算法是可以普遍适用于所有传感器的。如暗目标方法在反演气溶胶时，需要影像中存在浓密植被暗目标，且需要假设暗目标的地表反射率在短波红外波段与可见光波段存在一定线性关系，在这些前提条件下，暗目标方法显然不适用于没有短波红外波段的遥感影像。深蓝算法虽然没有短波红外波段的限制，但是利用构建的先验反射率数据库支持其他传感器气溶胶反演时，未考虑地表方向反射特性的影响。因此，有研究在深蓝算法的基础上，提出了将地表 BRDF 信息作为先验知识构建数据库支持气溶胶的算法，但是受限于 BRDF 产品精度问题，仍需较大的改进。可见，在大气校正工作中大气参数获取这一步骤就存在诸多算法，因此，研究者在选用大气校正方法时应根据研究的目的、要求以及本身的研究条件选择合适的大气校正算法。

参 考 文 献

Adler-Golden S, Berk A, Bernstein L, et al. 1998. FLAASH, a MODTRAN4 atmospheric correction package for hyperspectral data retrievals and simulations in Proc. 7th Ann. JPL Airborne Earth Science Workshop. JPL Publication Pasadena, CA

Analytical Imaging, Geophysics LLC. 2002. ACORN 4. 0 User's Guide. Boulder: AIG

Berk A, Anderson G, Acharya P, et al. 2008. 5. 2. 0. 0 User's Manual Air Force Res. Lab. , Space Veh. Directorate, Air Force Materiel Command, Bedford, MA, USA

Bruegge C J, Conel J E, Green R O, et al. 1992. Water-vapor column abundance retrievals during FIFE. Journal of Geophysical Research, 97: 18759-1878

Deuzé J L, Bréon F M, Devaux C, et al. 2001. Remote sensing of aerosols over land surfaces from POLDER-ADEOS-1 polarized measurements. Journal of Geophysical Research, 106(D5): 4913-4926

Diner D, Martonchik J, Borel C, et al. 1999. Level 2 surface retrieval algorithm theoretical basis document. NASA/JPL, JPL: D11401

Fan C, Guang J, Xue Y, et al. 2016. An atmospheric correction algorithm for FY3/MERSI data over land in China. Beijing: IEEE in Geoscience and Remote Sensing Symposium (IGARSS)

Frouin R, Deschamps P Y, Lecomte P. 1990. Determination from space of atmospheric total water vapor amounts by differential absorption near 940nm: Theory and airborne verification. Journal of Applied Meteorology, 29: 448-459

Gao B, Heidebrecht K, Goetz A. 1999. Atmosphere REMoval Program (ATREM) User's Guide, Version 3. 1. Center for the Study of Earth from Space (CSES), Cooperative Institute for Research in Environmental Sciences (CIRES), University of Colorado, Boulder, Colo

Gao B C, Goetz A. 1990. Determination of total column water vapor in the atmosphere at high spatial resolution from AVIRIS data using spectral curve fitting and band ratioing techniques. Proceeding of SPIE, 1298: 138-149

Gao B C, Kaufman Y J. 2002. The MODIS Near-IR water vapor algorithm, Algorithm Technical Background Document. ATBD-MOD05, NASA

Gatebe C K, King M D, Tsay S C, et al. 2001. Sensitivity of off-nadir zenith angles to correlation between visible and near-infrared reflectance for use in remote sensing of aerosol over land. IEEE Transactions on Geoscience and Remote Sensing, 39 (4): 805-819

Govaerts Y M, Wagner S, Lattanzio A, et al. 2010. Joint retrieval of surface reflectance and aerosol optical depth from MSG/SEVIRI observations with an optimal estimation approach: 1. Theory. Journal of Geophysical Research-Atmospheres, 115: D02203

Hansell R A, Ou S C, Liou K N, et al. 2007. Simultaneous detection/separation of mineral dust and cirrus clouds using MODIS thermal infrared window data. Geophysical Research Letters, 34 (11): L11808

He T, Liang S L, Wang D D, et al. 2012. Estimation of surface albedo and directional reflectance from Moderate Resolution Imaging Spectroradiometer (MODIS) observations. Remote Sensing of Environment, 119: 286-300

Holzer-Popp T, Schroedter M, Gesell G. 2002. Retrieving aerosol optical depth and type in the boundary layer over land and ocean from simultaneous GOME spectrometer and ATSR-2 radiometer measurements, 1. Method description. Journal of Geophysical Research-Atmospheres, 107 (D21): 4770

Hsu N C, Tsay S C, King M D, et al. 2004. Aerosol properties over bright-reflecting source regions. IEEE Transactions on Geoscience and Remote Sensing, 42 (3): 557-569

Hsu N C, Tsay S C, King M D, et al. 2006. Deep blue retrievals of Asian aerosol properties during ACE-Asia. IEEE Transactions on Geoscience and Remote Sensing, 44 (11): 3180-3195

Hsu N C, Jeong M J, Bettenhausen C, et al. 2013. Enhanced Deep Blue aerosol retrieval algorithm: The second generation. Journal of Geophysical Research-Atmospheres, 118 (16): 9296-9315

Justice C O, Roman M O, Csiszar I, et al. 2013. Land and cryosphere products from Suomi NPP VIIRS: Overview and status. Journal of Geophysical Research-Atmospheres, 118 (17): 9753-9765

Kaufman Y J, Gao B C. 1992. Remote sensing of water vapor in the near IR from EOS/MODIS. IEEE Transactions on Geoscience and Remote Sensing, 30: 871-884

Kaufman Y J, Tanre D, Remer L A, et al. 1997. Operational remote sensing of tropospheric aerosol over land from EOS moderate resolution imaging spectroradiometer. Journal of Geophysical Research-Atmospheres, 102 (D14): 17051-17067

Kaufman Y J, Wald A E, Remer L A, et al. 1997. The MODIS 2. 1-μm channel-correlation with visible reflectancefor use in remote sensing of aerosol. Geoscience and Remote Sensing, 35: 12

Kawata Y, Izumiya T, Yamazaki A. 2000. The estimation of aerosol optical parameters from ADEOS/POLDER data. Applied Mathematics and Computation, 116 (1-2): 197-215

Levy R C, Mattoo S, Munchak L A, et al. 2013. The Collection 6 MODIS aerosol products over land and ocean. Atmospheric Measurement Techniques, 6 (11): 2989-3034

Levy R C, Remer L A, Dubovik O. 2007. Global aerosol optical properties and application to Moderate Resolution Imaging Spectroradiometer aerosol retrieval over land. Journal of Geophysical Research-Atmospheres, 112 (D13): D13210

Levy R C, Remer L A, Mattoo S, et al. 2007. Second-generation operational algorithm: Retrieval of aerosol properties over land from inversion of Moderate Resolution Imaging Spectroradiometer spectral reflectance. Journal of Geophysical Research-Atmospheres, 112 (D13): D13211

Liang S L. 2004. Quantitative Remote Sensing of Land Surfaces. New Jersey: Wiley-Interscience

Liang S L, Fallash-Adl H, Kalluri S, et al. 1997. An operational atmospheric correction algorithm for landsat Thematic Mapper imagery over the land. Journal of Geophysical Research Atmospheres, 40: 2736-2746

Liang S L, Fang H L. 2004. An Improved Atmospheric Correction Algorithm for Hyperspectral Remotely Sensed Imagery. IEEE Geoscience and Remote Sensing Letters, 1(2): 112-117

Liang S L, Fang H L, Chen M Z. 2001. Atmospheric correction of landsat ETM+ land surface imagery - Part I: Methods. IEEE Transactions on Geoscience and Remote Sensing, 39(11): 2490-2498

Liang S L, Fang H L, Morisette J T, et al. 2002. Atmospheric correction of landsat ETM plus land surface imagery - Part II: Validation and applications. IEEE Transactions on Geoscience and Remote Sensing, 40(12): 2736-2746

Liang S L, Zhong B, Fang H L. 2006. Improved estimation of aerosol optical depth from MODIS imagery over land surfaces. Remote Sensing of Environment, 104(4): 416-425

Malenovsky Z, Rott H, Cihlar J, et al. 2012. Sentinels for science: Potential of Sentinel-1, -2, and -3 missions for scientific observations of ocean, cryosphere, and land. Remote Sensing of Environment, 120: 91-101

Martonchik J V, Diner D J, Kahn R, et al. 2004. Comparison of MISR and AERONET aerosol optical depths over desert sites. Geophysical Research Letters. , 31(16): L16102

Qu Z, Kindel B C, Goetz A F H. 2003. The High Accuracy Atmospheric Correction for Hyperspectral Data (HATCH) model. IEEE Transactions on Geoscience and Remote Sensing, 41: 1223-1231

QUAC. 2009. Atmospheric Correction Module: QUAC and FLAASH User's Guide. Module Version, 4: 1-44

Rahman H, Verstraete M M, Pinty B. 1993. Coupled Surface-Atmosphere Reflectance (Csar) Model . 1. Model description and inversion on synthetic data. Journal of Geophysical Research-Atmospheres, 98(D11): 20779-20789

Remer L A, Mattoo S, Levy R C, et al. 2013. MODIS 3 km aerosol product: algorithm and global perspective. Atmospheric Measurement Techniques, 6(7): 1829-1844

Remer L A, Wald A E, Kaufman Y J. 2001. Angular and seasonal variation of spectral surface reflectance ratios: Implications for the remote sensing of aerosol over land. IEEE Transactions on Geoscience and Remote Sensing, 39(2): 275-283

Richter R. 1996. Atmospheric correction of satellite data with haze removal including a haze/clear transition region. Computers and Geosciences, 22: 675-681.

Richter R. 2010a. ATCOR-2/3 User Guide Version 7. 1. DLR - German Aerospace Center Remote Sensing Data Center. Wessling, Germany: DLR

Richter R. 2010b. ATCOR-4 User Guide Version 5. 1. DLR - German Aerospace Center Remote Sensing Data Center. Wessling, Germany: DLR

Richter R, Schlapfer D, Muller A. 2006. An automatic atmospheric correction algorithm for visible/NIR imagery. International Journal of Remote Sensing, 27(9-10): 2077-2085

Roger J C, Guilleric P, Vermote E, et al. 2017. New version of the 6S code (Second simulation of the satellite signal in the solar spectrum) including the thermal spectrum. Torrent: The 5th International Symposium on Recent Advances in Quantitative Remote Sensing

Sano I. 2004. Optical thickness and Angstrom exponent of aerosols over the land and ocean from space-borne polarimetric data. Advances in Space Research, 34(4): 833-837

Santer R, Carrere V, Dubuisson P, et al. 1999. Atmospheric correction over land for MERIS. International Journal of Remote Sensing, 20(9): 1819-1840

Schlapfer D, Borel C C, Keller J, et al. 1998. Atmospheric precorrected differential absorption technique to retrieve columnar water vapor. Remote Sensing of Environment, 65: 353-366

Schlapfer D, Keller J, Itten K I. 1996. Imaging spectrometry of tropospheric ozone and water vapor.//Proceedings of the 15th EARSeL Symposium Basel. Rotterdam: Brookfield

Schmidt G, Jenkerson C, Masek J, et al. 2013. Landsat ecosystem disturbance adaptive processing system (LEDAPS) algorithm description.//US Geological Survey. Virginia: Reston

Tang J, Xue Y, Yu T, et al. 2005. Aerosol optical thickness determination by exploiting the synergy of TERRA and AQUA MODIS. Remote Sensing of Environment, 94 (3): 327-334

Tanre D, Holben B N, Kaufman Y J. 1992. Atmospheric correction algorithm for noaa-avhrr products - theory and application. IEEE Transactions on Geoscience and Remote Sensing, 30 (2): 231-248

Tian X, Liu Q, Li X, et al. 2018a. Validation and comparison of MODIS C6. 1 and C6 aerosol products over Beijing, China. Remote Sensing, 10 (12): 2021

Tian X, Liu S, Sun L, et al. 2018b. Retrieval of aerosol optical depth in the arid or semiarid region of northern Xinjiang, China. Remote Sensing, 10 (2): 197

Vermote E, Justice C, Claverie M, et al. 2016. Preliminary analysis of the performance of the Landsat 8/OLI land surface reflectance product. Remote Sensing of Environment, 185: 46-56

Vermote E, Tanré D, Deuzé J L, et al. 2006. Second simulation of a satellite signal in the solar spectrum vector. 6S User Guide Version 3. http://6s.ltdri.org [2013-05-01]

Vermote E F, Roger J C, Sinyuk A, et al. 2007. Fusion of MODIS-MISR aerosol inversion for estimation of aerosol absorption. Remote Sensing of Environment, 107 (1-2): 81-89

Vermote E F, Saleous N Z E, Justice C O. 2002. Atmospheric correction of MODIS data in the visible to middle infrared: first results. Remote Sensing of Environment, 83 (1/2): 15

Wagner S C, Govaerts Y M, Lattanzio A. 2010. Joint retrieval of surface reflectance and aerosol optical depth from MSG/SEVIRI observations with an optimal estimation approach: 2. Implementation and evaluation. Journal of Geophysical Research-Atmospheres, 115 (D2): 11780

Yang A X, Zhong B, Lv W B, et al. 2015. Cross-calibration of GF-1/WFV over a desert site using landsat-8/OLI imagery and ZY-3/TLC data. Remote Sensing, 7 (8): 10763-10787

Zhang Y, He T, Liang S L, et al. 2018. Estimation of all-sky instantaneous surface incident shortwave radiation from Moderate Resolution Imaging Spectroradiometer data using optimization method. Remote Sensing of Environment, 209: 468-479

Zhao X, Liang S L, Liu S H, et al. 2008. Improvement of dark object method in atmospheric correction of hyperspectral remotely sensed data. Science in China (Series D: Earth Sciences), 51 (3): 349-356

第二编

地表辐射收支参量估算

第5章 太阳辐射[*]

本章主要介绍目前如何从遥感数据中估算地表下行短波辐射和光合有效辐射的原理和方法，并比较各种方法的优缺点。本章 5.1 节简单介绍一些基本的概念，如太阳辐射光谱、太阳常数、短波辐射和光合有效辐射，以及目前估算太阳辐射的方法类型；5.2 节介绍目前的全球太阳辐射的观测网如 GEBA，BSRN，SURFRAD，FLUXNET 等；5.3 节详细介绍地表太阳辐射遥感估算算法；5.4 介绍当前主要地表短波辐射产品及其时空变化特征；最后是本章小结。

5.1 基 本 概 念

5.1.1 太阳辐射光谱

能量通过三种方式进行传播：传导、对流和辐射。传导和对流都需要一定的分子做媒介，在真空中不能进行传播。太阳距离地球十分遥远，两者之间除了地球的大气层和太阳蒙气圈外，其余大都是真空。因此太阳热能不可能靠传导和对流的形式传递到地球，唯一的方式只有辐射。通过辐射，太阳不断地给地球输送能量，是地球上生物活动能量的主要源泉。太阳辐射还有其他重要作用，如伴随纬度高低地面接收辐射能的差异造成冷暖气团的南北交流，形成大气环流；地面随着接收太阳辐射的能量增多而增温，促进了大气的垂直运动，形成对流天气；此外云雾雨雪的形成，同样需要大气辐射。因此太阳辐射的研究非常重要。

太阳辐射能量随着波长的分布称为太阳辐射光谱。太阳辐射的波长范围虽然很广，但是在波长极长和极短的部分，能量很小，绝大部分能量集中在波长 250~2500nm 范围之间，大约占太阳总辐射量的99%。其中可见光波长区占 50%；红外波长区占 44%左右；紫外波长区占 6%，其中辐射峰值的波长大约在 480nm，在可见光区域。太阳光在通过大气层的时候，大气会对太阳辐射有一定的削弱作用，如吸收、散射或者反射等，详见本章 5.1.4 小节。

5.1.2 太 阳 常 数

到达大气层顶(Top of Atmosphere, TOA)上界的辐照度变化主要依赖于太阳和地球之间的距离(D)，给定的日地平均距离处的太阳辐照度或称地外辐照度 $\overline{E_0}$，利用式(5.1)计算任意一天的太阳辐照度(Duffle and Beckman, 1980; Liang, 2004)。

---

* 本章作者：张晓通[1]，梁顺林[2]

1. 遥感科学国家重点实验室·北京市陆表遥感数据产品工程技术研究中心·北京师范大学地理科学学部；2. 美国马里兰大学帕克分校地理系

$$E_0 = \overline{E_0}(1 + 0.033 \cdot \cos(2\pi d_n / 365)) \tag{5.1}$$

其中，d_n 是一年中的天数，从 1~365。还有更精确的公式是 (Liang, 2004; Spencer, 1971)：

$$E_0 = \overline{E_0}[1.0000128\sin\chi + 0.000719\cos 2\chi + 0.000077\sin 2\chi] \tag{5.2}$$

其中，$\chi = 2\pi(d_n - 1) / 365$。对于大多数状况下这两个方程的计算结果差别很小。

太阳常数一般是指在全波长范围的辐照度积分，用式(5.3)计算。

$$I_0 = \int_0^\infty \overline{E_0}(\lambda)\mathrm{d}\lambda \tag{5.3}$$

在 20 世纪 80 年代，监测到的平均太阳常数为 1369W/m^2，不确定性为±0.25% (Hartmann et al., 1999)。在 MODTRAN4 (Anderson et al., 1999) 中也提供了由不同数据源给出的大气层顶辐照度数据集，这些不同数据集对应的太阳常数也不相同，分别为 1362.12W/m^2，1359.75W/m^2，1368.00W/m^2 和 1376.23W/m^2 (Liang, 2004)。根据美国国家宇航局太阳辐射与气候实验(Solar Radiation and Climate Experiment，SORCE)辐照度测量 (Total Irradiance Monitor，TIM)和辐射计实验结果显示 2008 年间最精确的太阳常数结果为 1360.8 ± 0.5W/m^2 (Kopp and Lean, 2011)。

5.1.3　短波辐射和光合有效辐射

短波辐射是太阳辐射中波长为 300~3000nm 的部分，通常定义为

$$I_g = \int_{0.3\mu m}^{3.0\mu m} I(\lambda)\mathrm{d}\lambda \tag{5.4}$$

其中，$I(\lambda)$ 是光谱辐照度；λ 是波长。地表短波辐射是地表辐射收支平衡重要参量之一。

光合有效辐射(Photo-synthetically Active Radiation, PAR)是太阳辐射中波长 400~700nm 的部分，即

$$\mathrm{PAR} = \int_{0.4\mu m}^{0.7\mu m} I(\lambda)\mathrm{d}\lambda \tag{5.5}$$

光合有效辐射是形成生物量的基本能源，控制着陆地生物有效光合作用的速度，直接影响到植被的生长、发育。同时也是重要的气候资源，影响着地表与大气环境物质、能量交换(Li et al., 1997)。众多陆面生态系统模型，包括很多生物地理模型、陆面-大气模型等都有生态动态模拟以及与全球碳循环和水循环中相互作用的功能，基本上这些模型都涉及使用光合作用调节植被冠层和大气之间的水分和碳交换(Liang et al., 2006)，而入射光合有效辐射正是此类模型的最重要的输入参数之一。

研究表明光合有效辐射与下行短波太阳辐射之间存在着一定的关系，即 PAR 是下行太阳辐射的一部分,其具体的关系可以由下式表明：

$$\mathrm{PAR} = I_g \cdot \xi \tag{5.6}$$

其中，I_g 为到达地表的太阳短波辐射量；ξ 是光合有效系数，即光合有效辐射占太阳短波辐射的比例系数。光合有效系数是一个较稳定的值(约为 0.5)，但是它并不是一个常数。

5.1.4　太阳辐射的削弱

由于地球外大气圈的存在，太阳辐射在通过大气层到达地面的过程中有一定的削弱，这种削弱包括了大气对太阳辐射的吸收和散射以及云层的反射等，参见 5.1 节。一般地，太阳辐射在通过大气的时候，水汽和二氧化碳吸收红外部分的能量，臭氧吸收紫外部分的能量。可见光波长较短的部分将会被气溶胶颗粒和空气分子散射，最终只有部分的太阳辐射能穿过大气层到达地表。到达某一水平地表的辐射总量由三部分组成，即直射辐射、散射辐射和由于地表的反射所形成的辐射。可以由下式表达：

$$I_g = I_b \cdot \cos\theta + I_{as} + I_r \tag{5.7}$$

$$I_d = \int I_b \cdot \sin\theta \mathrm{d}\theta \tag{5.8}$$

其中，I_b 是与太阳辐射正交方向上的地面太阳直射辐射；I_d 是入射到某一水平地表的太阳直射辐射；I_{as} 是散射辐射；I_r 是地表反射辐射；θ 是入射的角度即太阳天顶角，即太阳高度角的余角。

5.1.5　地表辐射收支平衡

什么是陆表的辐射收支平衡？如图 5.1 所示，入射太阳辐射会被地球、水汽、气体，

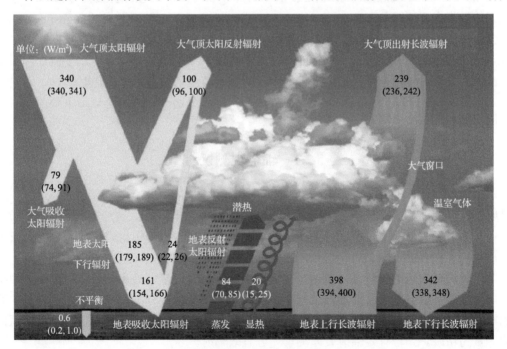

图 5.1　地表辐射收支平衡示意图(Wild et al., 2013)

以及大气中的气溶胶所吸收，同时也有部分被地球陆表，云和大气等反射。此外，地气系统吸收太阳辐射能以后以长波的形式辐射能量。这是地表辐射收支平衡过程的形象化描述。

如果地球和大气吸收的太阳辐射的能量大于其向外辐射的能量，地球将会变暖；如果地球和大气向外太空辐射的能量大于吸收的太阳辐射的能量，则地球会变冷。吸收的太阳辐射能量可以提升地表的温度，向外辐射的能量可以降低地表的温度，当吸收的太阳辐射能量和向外太空辐射的能量相等时候，地表的温度就不会有变化，此时就处于辐射收支平衡状态。

地表的短波净辐射和长波净辐射常被用来计算地表净辐射，净辐射是短波净辐射 (S_n)和长波净辐射(L_n)之和，如下式：

$$R_n = S_n + L_n = (S\downarrow - S\uparrow) + (L\downarrow - L\uparrow) = (1-\alpha)S\downarrow + (L\downarrow - L\uparrow) \tag{5.9}$$

其中，$S\downarrow$ 是下行短波辐射；$S\uparrow$ 是上行短波辐射；α 是地表短波反照率；$L\downarrow$ 是下行长波辐射；$L\uparrow$ 是上行长波辐射。

5.2 地表辐射观测网

为了测量和获取地表辐射，在一定的气象或者气候观测站点进行辐射测量是极其必要的。全球具有代表性的地面辐射观测的网络有：全球能量平衡数据库(Global Energy Balance Archive, GEBA)(Gilgen and Ohmura, 1999; Liang et al., 2010)、基准地表辐射网(Baseline Surface Radiation Network, BSRN)(Liang et al., 2010; Ohmura et al., 1998)、地表辐射能量收支观测网(Surface Radiation Budget Network, SURFRAD) (Augustine et al., 2005; Augustine et al., 2000; Liang et al., 2010)和陆地生态系统通量观测网(FLUXNET) (Baldocchi et al., 2001; Liang et al., 2010)。这些观测网络的测量数据可以用于验证经验模型或者大气辐射传输模型模拟的准确性，从而预测其他未测量站点的辐射值。

本节将首先简单介绍测量太阳辐射的仪器，然后分别介绍目前全球最重要的辐射观测网络的数据及站点分布。

5.2.1 辐射观测仪器

由于测量目的不同，测量地表辐射的仪器也有不同的要求和类型，基本可以分为：总日射表、直接日射表、地球辐射表(长波辐射表)、(净)全辐射表、光合有效辐射表等。

总日射表是目前测量中最普遍使用的一种仪器，通过总日辐射表可以测量地面日辐射总量；直接日射表顾名思义可以测量地面直射辐射量的仪表。地球辐射表是测量下行和上行长波辐射量的仪器。一般地，全辐射表同时涉及测量短波和长波辐射测量，如果扩展到净全辐射表则更是要涉及上行和下行两个方向，因此复杂程度高，由于测量仪器的敏感性，如果将长波短波以及下行和上行使用同一仪器观测，会有一定误差，从而影响测量的精度。光合有效辐射表即测量光合有效辐射。

5.2.2　全球能量平衡数据库(GEBA)

Global Energy Balance Archive(GEBA)是一个在全球范围内收集地面太阳辐射数据的数据库,这个数据库由苏黎世理工学院(ETH Zurich)进行维护。GEBA 收集了从 1950年开始全球超过了 2000 个站点 250000 多个月平均的地面辐射平衡和地面太阳辐射的观测数据。GEBA 的数据可以被用来:

(1)研究长时间序列的太阳辐射地面观测数据的变化趋势,进而分析全球变化(Gilgen et al., 1998);

(2)验证由各种模型模拟的地面太阳辐射量;

(3)验证遥感算法;

(4)研究大气对太阳辐射的吸收作用;

(5)其他商业应用。

Gilgen 等(1998)估算并评价了 GEBA 月和年平均下行太阳辐射数据的精度,其均方根误差,分别为 5%和 2%。表 5.1 表中列出了 GEBA 数据库中所测地表能量和辐射平衡的数据项。

表 5.1　GEBA 观测的能量平衡数据集列表

1	地表短波辐射	11	潜热
2	直接辐射	12	地表热惯量
3	散射辐射	13	融化潜热
4	地表反照率	14	紫外辐射
5	上行短波辐射	15	吸收的地表总辐射
6	下行长波辐射	16	上行短波长波辐射之和
7	上行长波辐射	17	潜热感热之和
8	长波净辐射	18	球面总辐射
9	净辐射	19	其他参量
10	感热	—	—

5.2.3　基准地表辐射网(BSRN)

Baseline Surface Radiation Network(BSRN)是一个提供全球范围内连续观测地表辐射的观测网络,其中很多的站点从 1992 年开始观测。截至目前,总共有 59 个观测站点,其中至少有 40 个站点在运行观测中,BSRN 的观测精度:太阳短波是 5W/m², 直射辐射和散射辐射的精度分别为 2W/m² 和 5W/m²。图 5.2 所示为目前 BSRN 的站点和计划站点的全球的地理位置分布图。

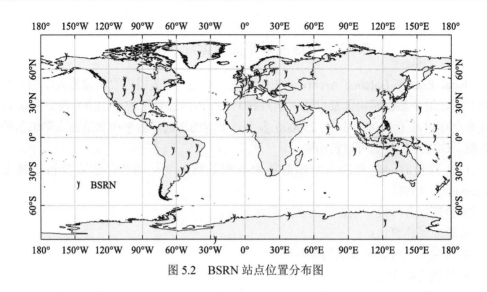

图 5.2　BSRN 站点位置分布图

5.2.4　地表辐射能量收支观测网(SURFRAD)

为了理解和把握全球地表辐射平衡，同时也为了了解气候变化的机理。美国国家海洋气象局(NOAA)在 1993 年建立了 Surface Radiation Budget Network(SURFRAD)观测网。SURFRAD 辐射观测网络的目的非常明确，就是为气候变化研究提供精确的、连续的、长期的地表辐射观测资料。

SURFRAD 共有 7 个站点，其中上行和下行的太阳辐射量为主要观测量；此外还观测直射辐射、散射辐射、光合有效辐射以及气溶胶光学厚度等一些气象参数。数据可通过互联网进行下载(http://www.srb.noaa.gov)，测量的相对误差在±2%～±5%之间。如图 5.3 为 SURFRAD 站点位置分布示意图，图 5.4 为 SURFRAD 七个站点的照片。表 5.2 为 SURFRAD 七个站点的海拔，地表类型等的简介。

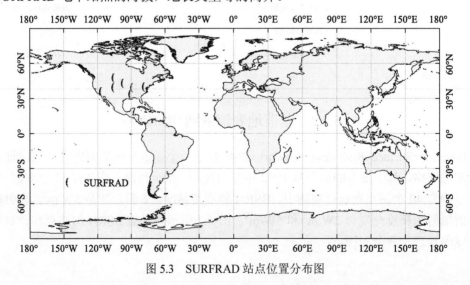

图 5.3　SURFRAD 站点位置分布图

(a) Bondville, IL

(b) Boulder, CO

(c) Fort Peck, MT

(d) Sioux Falls, SD

(e) Penn State, PA

(f) Goodwin Creek, MS

(g) Desert Rock, NV

图 5.4 SURFRAD 各观测站点照片

表 5.2 SURFRAD 站点详细信息

站点名称	经纬度	海拔/m	植被覆盖类型
Bondville, IL	40.05ºN, 88.37ºW	213	农田
Boulder, CO	40.13ºN, 105.24ºW	1689	草地
Fort Peck, MT	48.31ºN, 105.10ºW	634	草地
Sioux Falls, SD	43.73ºN, 96.62ºW	473	草地
Penn State, PA	40.72ºN, 77.93ºW	376	农田
Goodwin Creek, MS	34.25ºN, 89.87ºW	98	草地
Desert Rock, NV	36.63ºN, 116.02ºW	1007	沙漠

5.2.5 陆地生态系统通量观测网(FLUXNET)

FLUXNET 是一个全球的微气象塔站的观测网络,FLUXNET 采用涡动相关的方法测量大气与地面之间的二氧化碳、水汽以及能量的交换。它是由一系列的区域的网络组成的,如 AmeriFlux,CarboEuropeIP,AsiaFlux,KoFlux,OzFlux,Flux-Canada,以及 China Flux 等。

从 1996 年开始,到 2009 年 7 月已经有 500 个持续观测塔站在进行长期的通量及相关参数的观测,由于各种各样不同的仪器在不同的区域或国家进行测量,因此 FLUXNET

没有统一标准的地表辐射观测精度评定。图 5.5 中列出了 FLUXNET 观测站点分布区域和位置。

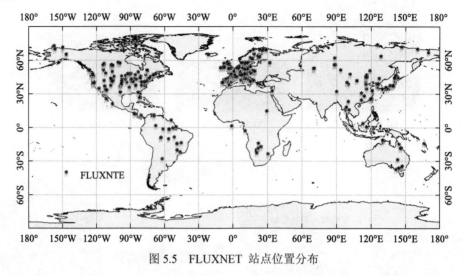

图 5.5　FLUXNET 站点位置分布

除了这些大型的全球辐射观测网，还有很多区域性的辐射观测网络，如 the Atmospheric Radiation Measurement（ARM），ARM 站点的数据可通过 http://www.arm.gov/ 网址获取；GEWEX Asia Monsoon Experiment（GAME/AAN），其目的是通过研究亚洲季风在全球能量平衡和水平衡中的作用，从而提高对亚洲季风模拟的季节性预测准确性（Yang et al., 2008）；Greenland Climate Network（GC-net）有 18 个站点观测格陵兰岛的地表辐射和相关气象参数信息，其观测的精度为 5%~15%（Liang et al., 2010）；Aerosol Robotic Network（AERONET）是由 NASA 建立的地表气溶胶观测网络，其中部分站点提供辐射相关观测，在亚马孙区域其观测高估地表辐射大约为 6~13W/m^2。如图 5.6 列出了 AERONET 观测网中具有一级太阳辐射数据观测的站点分布图。

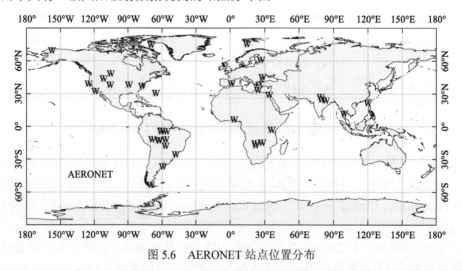

图 5.6　AERONET 站点位置分布

5.3　地表太阳辐射遥感估算方法

基于卫星遥感技术估算到达地表辐射是最实际和最可靠的方法，这是因为遥感观测的高空间覆盖度(Liang, 2004)。目前计算地表辐射算法多种多样，但是全球地表辐射产品数量屈指可数。这在很大程度上是由目前算法适用性和局限性所造成的。本节将重点讨论目前估算地表辐射量算法及其优缺点和其适用性等。

从 20 世纪 60 年代开始，气象卫星已经拓展了我们对地表辐射能量辐射平衡的认识。有很多典型的测量或者观测地表辐射的辐射仪或者传感器，如搭载在 Nimbus-7 上的 Earth Radiation Budget(ERB)传感器(Jacobowitz and Tighe, 1984)；搭载在三个卫星上的 Clouds and the Earth's Radiant Energy System(CERES)传感器(Barkstrom and Smith, 1986)；搭载在 Meteosat-8 和 Meteosat-9 上的 Geostationary Earth Radiation Budget(GERB)传感器(Harries et al., 2005)。多波段传感器也被用来生产地表辐射产品，如 METEOSAT Second Generation(MSG)卫星上的 Spinning Enhanced Visible and Infrared Imager(SEVIRI)传感器，以及 GOES-R ABI(Laszlo et al., 2008)和 Moderate Resolution Imaging Spectroradiometer(MODIS)传感器等(Liang et al., 2006)。

目前估算到达地表辐射有很多种方法：如严谨的传输模型、大气对太阳辐射的吸收、散射，以及反射过程的参数化公式、纯数学经验模型、查找表方法、混合算法和机器学习算法等。中等分辨率大气透过率计算程序(Moderate Resolution Transmission，MODTRAN)(Anderson et al., 1999)就是第一种方法的代表，由于其计算过程效率较低，直接用它来估算全球高时空分辨率地表辐射参量并不适用。

参数化公式可以分为两类，即波谱模型和宽波段模型。波谱模型是通过计算不同波段到达地表辐射，最后通过积分求得到达地表辐射的总量，而宽波段模型则直接通过各种模型计算到达地表的太阳辐射总量。相对于宽波段模型来说，波谱模型有一定的局限性，如计算的复杂性。许多的波谱模型已经在各种文献中介绍并做了测试应用(Gueymard, 1995; Iqbal, 1983; Van Laake and Sanchez-Azofeifa, 2004)。使用相对简单的宽波段模型进行地表辐射的研究就更多了(Bird and Hulstrom, 1981a, b; Gueymard, 1993a, b; Iqbal, 1983; Maxwell, 1998; Pinker and Laszlo, 1992; Ryu et al., 2008; Yang et al., 2000)。这种方法估算的精度依赖于模型的选择、输入参数质量、仪器定标、所选数据的空间时间分辨率，以及卫星数据获取时间和地表测量数据的时间差异等(Wang and Pinker, 2009)。大多数的宽波段模型都是仅仅估算短波辐射，直接估算光合有效辐射的模型相比于估算短波辐射模型还是比较少，很多估算光合有效辐射的方法都是通过建立短波辐射模型到光合有效辐射模型之间的转换关系来实现，但是这种转换关系受到多个因素影响，直接使用常数转换必然影响其反演精度。

一些经典传统方法如经验回归的方法和基于相对日照指数也可估算地表辐射的，但是此类方法的缺陷在于其普适性和所需地面输入观测数据的有限性。此外，还有很多研究利用机器学习方法估算地表短波太阳辐射(Wei et al., 2019; Yang et al., 2018)，常用的方法包括：人工神经元网络(Artificial Neural Network, ANN)，随机森林方法(Random Forest,

RF)、梯度提升回归树(Gradient Boosting Regression Tree, GBRT)和多元自适应回归样条(Multivariate Adaptive Regression Spline, MARS)等。

Liang(2006)提出了采用查找表方法估算地表光合有效辐射,这种方法克服了之前估算模型所需输入参数多、复杂的缺点,同时该方法几乎只需遥感观测简单的参数,而不需要诸如云、气溶胶光学厚度等需复杂模型进行反演的参量,从而减少算法对于参数反演精度的依赖性,而且该方法适用于多个传感器。

采用遥感方法进行地表辐射反演受传感器定标精度影响相对较大。据文献(Pinker et al., 1995; Schmetz, 1989)等的研究,通过静止卫星估计瞬时地表短波太阳辐射的精度误差是在10%~15%,小时累积的到达地表辐射在晴空条件下误差是5%~10%,而全天候的状况下误差会高达15%~30%,地表辐射的估算精度仍有待提高(Liang et al., 2010)。

除了通过遥感手段进行太阳辐射的估算方法,全球或者大区域的气候变化过程的大气动力学模型如GCM以及再分析数据也提供相关地表辐射参量产品。

5.3.1　统 计 方 法

通过统计模型来估算地表短波辐射是建立地表下行短波辐射同一些大气或者气象因素的关系来实现的。这种方法不需要清楚知道具体的大气状况或成分,只要建立卫星观测和地表的辐射观测数据之间的统计关系。比如说Heliosat模型,就是基于阴天和晴天的晴朗指数建立Meteosat可见光波段的数据和地表短波辐射数据之间的统计关系估算地表短波辐射(Cano et al., 1986)。

一般来说,用统计模型计算辐射的最大的优点是其简单性,甚至不需要知道其中的物理机理和大气辐射传输的过程,就可以直接计算获得地表的光合有效辐射或者短波辐射。同时,这种统计模型的最大的弊端就是其普适性差,在某一特定区域或者大气条件下建立的关系,在另外一种状况下可能并不适用,这就使得这种方法很难在大的区域或者不同环境下使用,因此统计模型的应用和推广有着很大的限制性。

1. 经验模型——Gueymard 数学模型

Gueymard 经验模型(Gueymard, 1993a)是一种纯数学的模型,不像许多其他模型需要计算出大气对太阳辐射的透过率,然后分别计算直射辐射和散射辐射,两者之和为总辐射。此模型直接通过如下公式计算地表下行短波辐射:

$$I_g = I_0 F_{bg}(w) F_g(p, \beta) \sum_{j=0}^{4} g_j \sin^j h \tag{5.10}$$

其中,$F_{bg}(w)$是关于水汽的函数;$F_g(p, \beta)$是关于站点压强p、标准大气压p_0和大气浑浊度系数β的函数,此函数在海平面时值为1.0。

$$F_g(p, \beta) = 1 + (0.0752 - 0.107\beta)(1 - p / p_0) \tag{5.11}$$

$$p / p_0 = \exp(0.00177 - 0.11963z - 0.00136z^2) \tag{5.12}$$

其中，式(5.12)中的系数 g_j 是大气浑浊度系数的一个函数，其计算的方法是

$$T = \ln(1 + 10\beta) \tag{5.13}$$

$$g_j = \sum_{k=0}^{3} d_{kj}T^k \text{ 当 } j = 1 \sim 4 \quad \text{并且当 } j = 0 \text{ 时，} g_0 = 0.006 \tag{5.14}$$

表 5.3 中给出了 d_{kj} 系数的具体数值(Gueymard, 1993a)。

表 5.3　式 (5.14) 中所使用 d_{kj} 系数值(Gueymard, 1993a)

j	1	2	3	4
d_{0j}	0.387 02	1.353 69	−1.598 16	0.668 64
d_{1j}	−3.8625	1.533 00	−1.903 77	0.801 72
d_{2j}	0.092 34	−1.077 36	1.631 13	−0.757 95
d_{3j}	0	0.237 28	−0.387 70	0.188 95

2. 相对日照时数模型

基于相对日照时数估算地表日积辐射是最常用的估算模型(Falayi et al., 2008; Hanna and Siam, 1981; Kumar et al., 2001; Safari and Gasore, 2009; Telahun, 1987)。此类模型中最常用的为 Angstrom(1924)提出的建立日积总辐射与相应完全晴空状况下日积总辐射之比和日均日照时数与日最大可能日照时数比值的线性关系，如式(5.15)。

$$H = H_0 \left(a + b\frac{n}{N} \right) \tag{5.15}$$

其中，H 和 H_0 分别为日积总辐射和完全晴空状况下日积总辐射；n 和 N 分别为日照时数和月均日最长日照时数；a 和 b 为回归系数。完全晴空状况下日积总辐射通过式(5.16)计算：

$$H_0 = \frac{24}{\pi} I_0 \left(\cos(\text{lat})\cos\delta\sin w_s + \frac{\pi}{180} w_s \sin\lambda\sin\delta \right) \tag{5.16}$$

其中，lat 是站点的纬度；δ 是太阳赤纬；w_s 为太阳月均时角，可以通过式(5.17)求得。

$$w_s = \arccos(-\tan(\text{lat})\tan\delta) \tag{5.17}$$

月均日最长日照时数，N 可以通过式(5.18)计算。

$$N = \frac{2}{15} w_s \tag{5.18}$$

建立日积总辐射与相应完全晴空状况下日积总辐射之比和日均日照时数与日最大可能日照时数比值的线性关系，同样可以通过二次、三次和对数方程式的形式表述(Akinoğlu and Ecevit, 1990; Almorox and Hontoria, 2004; Ampratwum, 1999; Ertekin and

Yaldiz, 2000)。除上述经验和相对日照时数模型来求解地表下行短波辐射外，还有一些其他的方法来求得，如 Thornton 和 Running(1999)提出的使用站点测量的温度、湿度以及降水量来估算地表辐射的算法，具体算法不做详细介绍。

5.3.2　物理模型参数化方法

参数化方法通过建立某种物理模型模拟太阳辐射和大气的直接作用来估算到达地表的太阳辐射量。当太阳辐射在穿过大气的时候有部分能量被水汽吸收、有部分能量被气体吸收、有部分能量被气溶胶散射或者吸收、有部分被臭氧吸收，通过模型详细计算太阳辐射被上述不同因子吸收、反射以及散射量估算地表辐射。

目前，大多数参数化模型都是只适应于晴空，阴天状况下的模型相对比较少。云的物理模拟仍然是辐射估算的关键所在。截至目前，还没有一种完美的模型可以很好地模拟太阳辐射和云之间的相互作用。

本小节将介绍晴天和阴天估算地表辐射的参数化模型与算法。

1. 参数化模型所需参数来源

估算晴空状况下到达地表的太阳辐射的模型有很多。这些模型相对比较复杂，需要的参数也多。这些模型大多需要以地表或者大气参数为输入估算到达地面的太阳辐射量。所需大气参数如水汽含量、臭氧含量、气溶胶光学厚度、Angstrom 浑浊度系数等。而这些地表参数获取方式，以 Terra 和 Aqua 上搭载的 MODIS 传感器为例，MODIS 就提供了各种各样的地表和大气的产品，而且这些产品的精度已经被广泛地验证和评定(Gao and Kaufman, 2003; Kahn et al., 2007; Liu et al., 2009)。这里选择部分宽波段模型来估算地表辐射，其复杂度相对于 MODTRAN 等辐射传输软件来说复杂度大大降低。

选择的宽波段模型所需的地表生物物理参量不尽相同，表 5.4 为不同的晴空宽波段模型所需输入参数的比较。这些基本输出参数可以从 MODIS 的陆面或者大气的产品中获得，这些模型所需 MODIS 的产品列表见表 5.5，表中也给出了这些参数的空间分辨率和所使用的不同产品的具体参数名称。

表 5.4　晴空宽波段模型中参数列表

模型名称	z	w	u_o	τ_a	β	α	p	u_i	r_g	T
Bird	√	√	√	√			√		√	
Davies and Hay	√	√					√		√	
Hoyt	√	√	√	√			√			
Lacis and Hansen	√	√	√				√		√	√
Choudhury	√	√	√		√		√			
CPCR2	√	√	√		√	√	√			

注：所需参数：z，太阳天顶角；w，水汽含量；u_o，臭氧含量；τ_a，气溶胶光学厚度；β，Angstrom 浑浊度系数；α，Angstrom 波长指数；p，站点压强；u_i，混合气体含量；r_g，地表反照率；T，地表温度

表 5.5 参数化模型所需 MODIS 产品

MODIS 产品	产品名称	版本	空间分辨率	参数
地理位置产品	MOD03 MYD03	5	1km	太阳天顶角
陆表产品	MCD43B3 (Terra & Aqua)	5	1km	地表反照率
气溶胶产品	MOD04 MYD04	5	10km	气溶胶光学厚度； 大气浑浊度系数
水汽产品	MOD05 MYD05	5	1km	水汽
大气产品	MOD07 MYD07	5	5km	臭氧
云产品	MOD06 MYD06	5	1km, 5km	云掩模(1km)；地表温度 (5km)；地表压强(5km)

2. 晴空模型

晴空模型主要有宽波段和波谱模型两类，两类模型的具体算法描述如下。

1）宽波段模型

多数基于宽波段透过率的参数化模型中，大气对太阳直射辐射的吸收都是通过计算透过率 T_t 来获得，如下式所示：

$$I_d = I_0 \cos\theta \cdot T_t \tag{5.19}$$

其中，I_0 是太阳常数，I_0 随日地距离的变化而变化，可以通过式 5.1 进行改正。T_t 是由大气对太阳辐射削弱而产生的透过率的总和。

$$T_t = T_R T_A T_O T_W T_G T_N \tag{5.20}$$

其中，T_R, T_A, T_O, T_W, T_G 和 T_N 分别代表由于大气中的瑞利散射、气溶胶散射、臭氧吸收、水汽吸收、混合气体吸收，以及 NO_2 所对应透过率。在有些宽波段模型中，并没有考虑 T_N，这是因为二氧化氮对辐射的影响非常小，可以忽略不计。下面将详细介绍两种宽波段模型的原理及算法。

（1）Modified Bird 模型。

Bird 的模型是基于 SOLTRAN3 和 SOLTRAN4 的比较所得到的（Bird and Hulstrom, 1981b），而且已经被许多研究进行了推广或验证（Gueymard, 2003a, 2003b）。Bird 模型通过下式来估算到达地表的太阳直射辐射量：

$$I_d = I_0 \cos(\theta) 0.9662 T_A T_R T_G T_O T_W \tag{5.21}$$

相应的散射辐射可以通过下式来计算：

$$I_{AS} = I_0 \cos(\theta) 0.79 T_O T_W T_G T_{AA} \frac{0.5(1-T_R) + B_a(1-T_{AS})}{1 - M + M^{1.02}} \tag{5.22}$$

其中，T_{AA} 是由于气溶胶对太阳辐射吸收作用产生的太阳辐射的透过率；T_{AS} 是由于气溶胶对于太阳辐射的散射作用而产生的太阳辐射的透过率。B_a 是由于气溶胶所产生的对太阳辐射向前散射的比例，通常可以设置为一个常数 0.84(Annear and Wells, 2007)。M 是光学空气质量，可通过下式求得

$$M = (\cos(\theta) + 0.15(93.884 - \theta)^{-1.25})^{-1} \tag{5.23}$$

由于地表多次反射所产生的太阳辐射量，可以通过下面的式子求取：

$$I_r = r_g r_s (I_b + I_d) / (1 - r_g r_s) \tag{5.24}$$

其中，r_s 是大气顶反照率；r_g 是地表反照率，可以通过 MODIS 的陆面产品 MCD43B3 得到，大气顶的反照率可通过下式计算：

$$r_s = 0.0685 + (1 - B_a)\left(1 - \frac{T_A}{T_{AA}}\right) \tag{5.25}$$

由于气溶胶的吸收作用所产生的透过率 T_{AA} 可以通过下式计算(Bird and Hulstrom, 1981b)：

$$T_{AA} = 1 - K_l(1 - M + M^{1.06})(1 - T_A) \tag{5.26}$$

其中，K_l 是一个经验系数，Bird 和 Hulstrom(1981b)推荐使用 0.1。气溶胶的总透过率，T_A 可以通过下式求得

$$T_A = \exp(-\tau_a^{0.873}(1 + \tau_a - \tau_a^{0.7088})M^{0.9108}) \tag{5.27}$$

在原文中，气溶胶的光学厚度 τ_a 是通过计算 380nm 和 500nm 两处的光学厚度计算得到的(Bird and Hulstrom, 1981b; Gueymard, 2003a)。由于 MODIS 的大气产品中提供了气溶胶的光学厚度，因此直接使用 MODIS 的气溶胶光学厚度产品代替这种计算的方法。同时由于气溶胶散射所产生的透过率，T_{AS} 可以通过下式计算：

$$T_{AS} = T_A / T_{AA} \tag{5.28}$$

瑞利散射的透过率，T_R 可以通过下式求得

$$T_R = \exp(-0.0903M_p^{0.84}(1 + M_p - M_p^{1.01})) \tag{5.29}$$

其中，M_p 是经过压强改正过的空气质量，即

$$M_p = M_p / 1013.25 \tag{5.30}$$

水汽吸收的透过率，T_W 通过下式求得

$$T_W = 1 - 2.4959X_w((1 + 79.034X_w)^{0.6828} + 6.385X_w)^{-1} \tag{5.31}$$

其中，X_w 是斜程水汽含量，可以通过下式计算：

$$X_w = wM \tag{5.32}$$

臭氧吸收的透过率，T_O 可以通过下式计算求得

$$T_O = 1 - 0.1611X_o(1 + 139.48X_o)^{-0.3035} - 0.002715X_o(1 + 0.044X_o + 0.0003X_o^2)^{-1} \quad (5.33)$$

其中，X_o 为斜程臭氧含量，同样可以通过下式得到

$$X_o = u_o M \quad (5.34)$$

最后混合气体的透过率，T_G 可以通过下式求得

$$T_G = \exp(-0.0127M_p^{0.26}) \quad (5.35)$$

这样经过简单修改 Bird 模型可以直接采用遥感数据来估算地表短波辐射。图 5.7 为基于 2003～2005 年 MODIS Terra 数据的 Bird 模型在 Bondville 站点的验证。

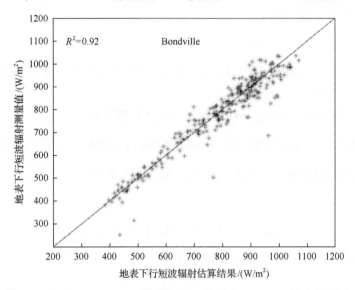

图 5.7　基于 MODIS Terra 数据的 Bird 模型在 Bondville 站点的验证

(2) CPCR2 模型。

CPCR2 模型将短波 (0.29～2.7μm) 波长部分，分成了两个宽波段，即紫外/可见光波段和红外波段。紫外/可见光波段 (B1) 的波谱范围是 290～700nm 之间，红外波段 (B2) 的波谱范围是 700～2700nm。这两个波段所占太阳常数 I_0 能量的比例分别是 46.04% 和 50.57%。因此，系数 0.4604 和 0.5057 分别被应用于不同波段来计算各个波段的大气层顶辐亮度 I_{01} 和 I_{02} (Gueymard, 2003a, b; Gueymard, 1989)。

Gueymard (1989) 提出估算太阳直射辐射的公式为

$$I_{di} = I_{0i} \cos(\theta) T_{Oi} T_{Ri} T_{Gi} T_{Wi} T_{Ai} \quad (5.36)$$

其中，$i = 1$ 代表宽波段 B1；$i = 2$ 代表宽波段 B2，下标 O，R，G，W，A 分别代表了臭氧吸收、瑞利散射、混合气体吸收、水汽吸收以及气溶胶的散射，总的太阳直射辐射可以通过 2 个波段的直射辐射求和得到，即

$$I_{d0} = I_{d1} + I_{d2} \quad (5.37)$$

两个宽波段 B1、B2 臭氧的吸收的透过率的计算公式如下：

$$T_{O1} = 1 - \exp(-2.5686 + 0.6706\ln(M_o u_o)) \tag{5.38}$$

$$T_{O2} = 1 \tag{5.39}$$

其中，M_o 为臭氧的光学质量，计算方法为

$$M_o = 13.5(181.25\cos^2(\theta) + 1)^{-0.5} \tag{5.40}$$

瑞利散射的透过率的计算方法为

$$T_{R1} = \exp(-M_p \sigma_R) \tag{5.41}$$

其中，M_p 为绝对空气质量；σ_R 为瑞利散射的波段光学厚度，相对光学空气质量可以通过下式计算获得(Kasten, 1965)：

$$M = (\cos(\theta) + f_1(90 - \theta + f_2)^{f_3})^{-1} \tag{5.42}$$

其中，$f_1 = 0.15, f_2 = 3.885°, f_3 = -1.253$，水汽的光学质量 M_w 通过该式可以获得(当 $f_1 = 0.0548, f_2 = 2.65°, f_3 = -1.452$)。

瑞利散射的波谱光学厚度，σ_R 可以通过下式计算获得

$$\sigma_R = 1 - \exp(-0.24675 + 0.0639\ln(1 + M_p) - 0.00436\ln^2(1 + M_p)) \tag{5.43}$$

水汽对太阳辐射作用产生的水汽的透过率，计算方式为

$$T_{W1} = 1 \tag{5.44}$$

$$T_{W2} = 0.8221 - 0.0519\ln(wM_w) - 0.0033\ln^2(wM_w) \tag{5.45}$$

混合气体的透过率，分别的计算公式为

$$T_{G1} = 1 \tag{5.46}$$

$$T_{G2} = 0.9776 - 0.0094\ln(M_p) - 0.0019\ln^2(M_p) \tag{5.47}$$

气溶胶的透过率的计算公式为

$$T_{A1} = \exp(-M_A \beta \lambda_{e1}^{-\alpha}) \tag{5.48}$$

$$T_{A2} = \exp(-M_A \beta \lambda_{e2}^{-\alpha}) \tag{5.49}$$

其中，M_A 是气溶胶的光学质量，此处可以假设它的大小等于水汽的光学质量 M_w。

$$\lambda_{ei} = a_{i0} + a_{i1}u_A + a_{i2}u_A^2 \tag{5.50}$$

$$u_A = \ln(1 + M_p\beta) \tag{5.51}$$

$$a_{10} = 0.510941 - 0.028607\alpha + 0.006835\alpha^2 \tag{5.52}$$

$$a_{11} = -0.026895 + 0.054857\alpha + 0.006872\alpha^2 \tag{5.53}$$

$$a_{12} = 0.009649 + 0.005536\alpha - 0.009349\alpha^2 \tag{5.54}$$

$$a_{20} = 1.128036 - 0.0642\alpha + 0.005066\alpha^2 \tag{5.55}$$

$$a_{21} = -0.032851 + 0.036112\alpha + 0.005066\alpha^2 \tag{5.56}$$

$$a_{22} = 0.027787 + 0.064655\alpha - 0.021385\alpha^2 \tag{5.57}$$

在 CPCR2 模型中，散射辐射量是通过三个散射辐射量的求和计算得到的，三个散射辐射分量为瑞利散射 I_{asRi}，气溶胶散射 I_{asAi}，以及地表与大气的向后散射 I_{asGSi}。这三个量也分别通过两个宽波段模型估算得到，基本的公式为

$$I_{asRi} = I_{di}\cos(\theta)B_R T_{Oi} T_{Gi} T_{Wi} T_{AAi}(1 - T_{Ri}) \tag{5.58}$$

$$I_{asAi} = I_{di}\cos(\theta)B_A T_{Oi} T_{Gi} T_{Wi} T_{AAi} T_{Ri}(1 - T_{ASi}) \tag{5.59}$$

$$I_{asGSi} = r_g r_{si}(I_d \cos(\theta) + I_{asRi} + I_{asAi})/(1 - r_g r_{si}) \tag{5.60}$$

$$I_g = I_d + I_{asR} + I_{asA} + I_{asGS} \tag{5.61}$$

其中，$B_R = 0.5$ 和 B_A 分别代表了瑞利和气溶胶散射直接向下部分的比例。B_A 可以通过下式计算得到

$$B_A = 1 - \exp(-0.6931 - 1.8326\cos(\theta)) \tag{5.62}$$

T_{AAi} 和 T_{ASi} 分别是由于气溶胶吸收和散射所产生的透过率。r_{si} 代表大气顶的波段反照率。气溶胶的总透过率，

$$T_{Ai} = T_{AAi} T_{ASi} \tag{5.63}$$

$$\ln(T_{ASi}) = w_{Ai}\ln T_{Ai} \tag{5.64}$$

其中，w_{Ai} 是气溶胶波段单次散射反照率，为气溶胶光学厚度的一个函数，为了方便起见，此处，$w_{A1} = 0.93$，$w_{A2} = 0.83$ 分别代表了两个波段 B1 和 B2 的波段单次散射反照率。

大气顶的波段反照率，r_{si} 可以通过下式计算得到

$$r_{si} = ((1 - B_R{}')(1 - T_{Ri}{}') + (1 - B_A)(1 - T_{ASi}{}')T_{Ri}{}')T_{Gi}{}' T_{Wi}{}' T_{Ai}{}' \tag{5.65}$$

其中的 "'" 符号表示此处的透过率的函数中的相对的光学质量的值为 1.66（Gueymard，1989）。通过这样复杂的计算最终可以计算到达地表的太阳辐射量。

2）波谱模型

晴空状况下，使用波谱模型来估算到达地表辐射的算法相对于宽波段的模型要复杂一些。波谱模型要计算在不同波长范围内的臭氧、水汽、气溶胶以及混合气体的透过率，最后在一定的波长范围进行积分求和，最终得到地表辐射。因此波谱模型相对于宽波段模型的优点是可以计算任意波长上或者波长范围内到达地表的太阳辐射能量。但是，同时由于其计算的复杂度，效率是该方法业务化运行的障碍。下面将介绍两种相对比较简单的波谱模型，即 Iqbal（1983）波谱模型和 Gueymard（1995）波谱模型。

（1）Iqbal 波谱模型。

同一般的宽波段模型相类似，波谱模型也是通过大气顶的辐亮度乘以大气对太阳辐

射作用产生的透过率所得到的。但是由于日地距离的变化，会引起大气顶辐亮度的变化，因此同宽波段模型一样，波谱模型同样要对大气顶的辐照度数据进行修正。与宽波段模型相同，波谱模型估算到达地表的太阳辐射同样也分为两个部分，即太阳直射辐射和散射辐射两个部分。Iqbal 的波谱模型同样把大气对太阳辐射的削弱分为几个部分，即

$$T_{t\lambda} = T_{O\lambda}T_{R\lambda}T_{G\lambda}T_{W\lambda}T_{A\lambda} \tag{5.66}$$

其中，$T_{O\lambda}$，$T_{R\lambda}$，$T_{G\lambda}$，$T_{W\lambda}$ 和 $T_{A\lambda}$ 分别代表在不同波长上，臭氧吸收、瑞利散射、混合气体吸收、水汽吸收以及气溶胶散射的透过系数。这些透过系数可以分别通过下面的计算公式计算获得

$$T_{O\lambda} = \exp[-k_{o\lambda}u_0 M] \tag{5.67}$$

$$T_{R\lambda} = \exp[-0.008735\lambda^{-4.08}M_p] \tag{5.68}$$

$$T_{G\lambda} = \exp[-1.41k_{g\lambda}M / (1+118.93k_{g\lambda}M)^{0.45}] \tag{5.69}$$

$$T_{W\lambda} = \exp[-0.2385k_{w\lambda}wM(1+20.07k_{w\lambda}wM)^{0.45}] \tag{5.70}$$

$$T_{A\lambda} = \exp[-\beta\lambda^{-1.3}M_p] \tag{5.71}$$

其中，λ 为波长（μm）；u_0 和 w(cm) 分别代表了臭氧和水汽的含量；β 是 Angstrom 大气浑浊度系数。$k_{g\lambda}$，$k_{w\lambda}$ 和 $k_{o\lambda}$ 分别代表和波长相关的混合气体、水汽和臭氧对太阳辐射的吸收系数，具体数值请参照 Iqbal(1983)。M 是相对的空气质量，M_p 是经过压强改正的空气质量，其计算的公式如下：

$$M = 1/\cos\theta \quad\quad \theta \leqslant 60° \tag{5.72}$$

$$M = 1/(\cos\theta + 0.15(93.385 - \theta)^{-1.253}) \quad \theta > 60° \tag{5.73}$$

$$M_p = Mp / 1013.25 \tag{5.74}$$

其中，θ 代表太阳天顶角，通过上面这些公式分别算出在不同波长上透过率，然后通过波长上的积分可以求得到达地面太阳辐射量。

　　Iqbal 波谱模型对于散射辐射量的求解，是通过下面的公式来计算获得的。

$$F = 0.9302\cos z^{0.2556} \tag{5.75}$$

$$I_{as\lambda} = E_{0\lambda}\cos z T_{O\lambda}T_{w\lambda}[0.5T_{A\lambda}(1-T_{R\lambda}) + [Fw_0 T_{R\lambda}(1-T_{A\lambda})]] \tag{5.76}$$

其中，w_0 是单次散射反照率，可以通过 MODIS 气溶胶产品中给定的气溶胶类型获得 (Kaufman and Tanre, 1998; Van Laake and Sanchez-Azofeifa, 2004)。

　　式(5.76) 左边的括号部分代表由于瑞利散射对于直射辐射作用所产生的散射辐射部分，右边的部分代表由于气溶胶对直射辐射的散射所产生的散射辐射部分。图 5.8 给出了在 DesertRock 和 Boulder 站点波谱模型的验证效果，计算复杂性导致波谱模型的应用性降低。

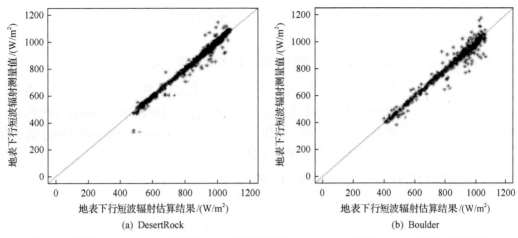

图 5.8　基于 MODIS Terra 数据的 Iqbal 波谱模型在 DesertRock (a) 和 Boulder (b) 站点的验证

(2) Gueymard 波谱模型。

Gueymard 波谱模型计算到达地表辐射的方法与 Iqbal 的波谱模型非常类似，都分为直射辐射和散射辐射两个部分。只是在具体的参数化方法上有所不同，如 Gueymard 在计算直射辐射时，将大气的透过率分解为几个不同的部分，即

$$T_{t\lambda} = T_{O\lambda} T_{R\lambda} T_{G\lambda} T_{W\lambda} T_{A\lambda} T_{N\lambda} \tag{5.77}$$

其中，$T_{O\lambda}$，$T_{R\lambda}$，$T_{G\lambda}$，$T_{W\lambda}$ 和 $T_{A\lambda}$ 分别代表在不同波长对臭氧吸收、瑞利散射、混合气体吸收、水汽吸收以及气溶胶散射的透过率，与前面介绍的 Iqbal 的波谱模型相同，只是增加了二氧化氮透过率计算，$T_{N\lambda}$。

同时对于瑞利散射、气溶胶、二氧化氮、臭氧、混合气体以及水汽的光学质量统一计算公式，如式 (5.78)。

$$M_i = [\cos\theta + a_{i1} z^{a_{i2}} (a_{i3} - \theta)^{a_{i4}}]^{-1} \tag{5.78}$$

其中的系数如下表 5.6 所示。

表 5.6　Gueymard 波谱模型光学质量系数表 (Gueymard, 1995)

消光过程	a_{i1}	a_{i2}	a_{i3}	a_{i4}	$M_i@Z=90°$
瑞利散射	4.5665×10^{-1}	0.07	96.4836	−1.6970	38.136
臭氧	2.6845×10^{2}	0.5	115.42	−3.2922	16.601
N₂O	6.0230×10^{2}	0.5	117.96	−3.4536	17.331
混合气体	4.5665×10^{-1}	0.07	96.4836	−1.6970	38.136
水汽	3.1141×10^{-2}	0.1	92.4710	−1.3814	71.443
气溶胶	3.1141×10^{-2}	0.1	92.4710	−1.3814	71.443

注：$M_i@Z=90°$ 表示 $Z=90°$ 时，M_i 的值

对于具体的瑞利散射、气溶胶散射、混合气体吸收、水汽吸收以及臭氧吸收的具体透过率的计算公式暂不一一列举了，具体请参照 Gueymard (1995) 一文，此模型的透过率计算方式相对于 Iqbal 模型又复杂了许多。

Gueymard 模型对于散射辐射的计算是分为三部分来分别计算的，分别为瑞利散射产

生的散射辐射、气溶胶散射产生的散射辐射以及地面和大气之间向后散射形成散射辐射部分，下面分别介绍计算这三部分的辐射的方法。

由瑞利散射所形成的散射部分是由下面的公式计算获得的：

$$I_{\text{as}R\lambda} = F_R E_{\text{on}\lambda}(1 - T_{R\lambda}{}^{0.9}) \varGamma_{\text{O}\lambda} T_{\text{G}\lambda} T_{\text{W}\lambda} T_{\text{AA}\lambda} T_{\text{N}\lambda} \cos\theta \tag{5.79}$$

其中，$F_R = F_{R1}F_{R2}$ 是散射辐射向下的部分，$F_{R1} = 0.5$ 是大气单次瑞利散射向下的部分，而由于大气分子多次散射的部分，F_{R2} 则是由 Skartveit 和 Olseth(1988)提出的方法获得的，Gueymard(1995)详细介绍了每个参数的计算公式及方法。$\varGamma_{\text{O}\lambda}$ 是向下散射的有效透过率，具体的计算方法请参照 Gueymard(1995)。

由于气溶胶散射部分则是通过下面的公式来计算：

$$I_{\text{as}a\lambda} = F_a E_{\text{on}\lambda}(1 - T_{\text{as}\lambda}) \varGamma_{\text{O}\lambda} T_{R\lambda} T_{\text{G}\lambda} T_{\text{W}\lambda} T_{\text{AA}\lambda} T_{\text{N}\lambda} \cos\theta \tag{5.80}$$

其中，F_a 是散射通量向下的部分，和上面的 F_R 一样，F_a 分为两个部分，即单次散射部分 F_{a1} 和多次散射的改正部分 F_{a2}。F_{a1} 和 F_{a2} 具体的求解办法请参考 Bird 和 Riordan (1986)，Justus 和 Paris(1985)，以及 Gueymard(1995)。

大气和地表相互作用而产生的向后散射部分通过下式来计算的：

$$I_{\text{asb}\lambda} = \rho_{\text{s}\lambda}(\rho_{\text{b}\lambda} E_{\text{bn}\lambda} \cos\theta + \rho_{\text{d}\lambda} E_{\text{d0}\lambda}) / (1 - \rho_{\text{d}\lambda} \rho_{\text{s}\lambda}) \tag{5.81}$$

其中，$E_{\text{bn}\lambda}$ 是到达地面的直射辐射量；$E_{\text{d0}\lambda}$ 是由于气溶胶散射和瑞利散射形成的散射太阳辐射量之和；$\rho_{\text{b}\lambda}$ 是太阳直射辐射区域地表波谱反射率；$\rho_{\text{d}\lambda}$ 是太阳散射辐射的区域地表波谱反射率；$\rho_{\text{s}\lambda}$ 是大气总的反射率。具体的计算公式请参照 Gueymard(1995)。

最终 Gueymard 模型的散射辐射量就由这三部分的总和求得，即

$$I_{\text{as}\lambda} = I_{\text{as}R\lambda} + I_{\text{as}a\lambda} + I_{\text{asb}\lambda} \tag{5.82}$$

而到达地表辐射的总量则是直射辐射和散射辐射的和，即

$$I_\lambda = I_{\text{b}\lambda} \cos\theta + I_{\text{as}\lambda} \tag{5.83}$$

3. 阴天模型

相对于晴空状况下估算地表太阳辐射模型，在有云的状况下，估算地表太阳辐射要复杂得多，估算不确定性也相对比较大。一般来说，晴天天数相对于阴天来说要少得多，特别是在污染比较严重地区和热带区域，如中国北京和热带区域如南美的亚马孙地区等。在有云的天气状况下，求解到达地表的太阳辐射的方法和晴空模型类似，也可以分为简单的宽波段模型和复杂的窄波段模型，下面将详细分别介绍。

1) 宽波段模型

此阴天状况下的宽波段模型是由 Choudhury(1982)提出的。这个模型非常简单，所需要的参数容易获得。此模型的基本思想是如果已知天空的云的覆盖度、太阳天顶角、云的光学厚度以及地表反照率，就可以求得阴天地表辐射，具体的求解公式如下：

$$I_{\text{gcld}} = I_0(1 - F_{\text{cld}} + F_{\text{cld}} T_{\text{cld}}) / (1 - F_{\text{cld}} r_g x_{\text{cld}}) \tag{5.84}$$

$$T_{cld} = (0.97(2 + 3\cos\theta)) / (4 + 0.6\tau_{cld}) \tag{5.85}$$

$$x_{cld} = 0.6\tau_{cld} / (4 + 0.6\tau_{cld}) \tag{5.86}$$

其中，I_{gcld} 是阴天地表短波总辐射；F_{cld} 是云的覆盖度；τ_{cld} 是云层的光学厚度；r_g 是地表反照率，这些基本的输入量都可以从 MODIS 产品获取。图 5.9 给出了结合晴空 Bird 模型和阴天宽波段模型使用 MODIS 数据在 SURFRAD 站点的验证效果，其中蓝色代表晴空，红色代表阴天。

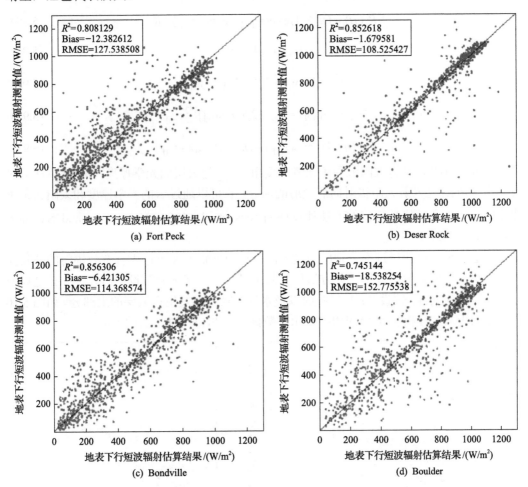

图 5.9　基于 MODIS 数据的 Bird 和阴天宽波段模型在 SURFRAD 站点的验证

2) 双波段模型

在有云的状况下，云层顶部将会反射一部分太阳辐射回太空，一部分穿过云层而到达地表，因此，首先通过晴天模型计算到达云顶的辐射，再求解云层对于太阳辐射的反射率、透过率等参数，最终求得到达地表的辐射。Stephens(1978a, b) 这种方法将太阳短波分为两个波段即 300~750nm 和 750~4000nm，假设太阳光束以太阳天顶角 θ 入射到云顶并且假设云下部的边界是不反射的边界，通过光学厚度为 τ_{cld} 的云层，其反射率 R_e 和透过率T_r的计算方法如下(Coakley and Chylek, 1975)：

(1)对于非吸收性的介质，$w_0 = 1$

$$R_e(u) = \frac{\beta(\mu)\tau_{cld} / \mu}{1 + \beta(\mu)\tau_{cld} / \mu} \tag{5.87}$$

$$T_r(\mu) = 1 - R_e(\mu) \tag{5.88}$$

(2)对于吸收性介质，$w_0 < 1$

$$R_e(\mu) = (u^2 - 1)\exp(\tau_{eff}) - \exp(-\tau_{eff}) / R \tag{5.89}$$

$$T_r(\mu) = 4u / R \tag{5.90}$$

$$u^2 = [1 - w_0 + 2\beta w_0] / (1 - w_0) \tag{5.91}$$

$$\tau_{eff} = \{(1 - w_0)[1 - w_0 + 2\beta(\mu)w_0]\}^{1/2} \tau_{cld} / \mu \tag{5.92}$$

$$R = (u + 1)^2 \exp(\tau_{eff}) - (u - 1)^2 \exp(-\tau_{eff}) \tag{5.93}$$

其中，$\mu = \cos\theta$，θ为太阳天顶角或者高度角；τ_{cld}是云层的光学厚度；w_0是单次散射反照率；$\beta(\mu)$是入射太阳辐射向后散射的部分，它可以通过云的光学厚度和太阳天顶角建立的查找表通过线性插值的方法计算(Stephens et al., 1984; Van Laake and Sanchez-Azofeifa, 2004)。

将这两个波段的透过率分别应用到太阳下行短波辐射和下行光合有效辐射的波长部分，求得云层的辐射透过率，此方法估算基于以下二个基本的假设：假设一：云是均匀分布而且各向同性。假设二：臭氧吸收以及水汽的吸收都发生在云层的上部分。如图5.10为基于阴天双波段模型和MODIS TERRA数据在SURFRAD站点的验证。

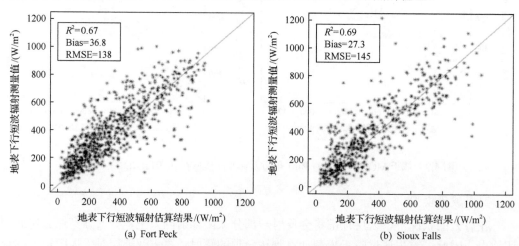

图5.10　基于阴天双波段模型和MODIS TERRA数据在SURFRAD站点的验证

总的来说，参数化的方法依赖输入参数的精度，如果用做输入参数产品存在精度问题，那么就会影响地表下行短波辐射和光合有效辐射的反演精度。

5.3.3 查找表方法

1. 算法描述

本小节将介绍基于查找表方法估算地表辐射的方法。影响太阳辐射的关键因素是大气状况，大气状况包括云、大气气体成分、水汽、臭氧以及其他的大气组成成分。在 5.3.2 节介绍了利用参数化的方法估算到达地表的太阳辐射，参数化方法需要很多输入参数如气溶胶光学厚度、臭氧含量等，但是这些输入参数有时难以获取，或者其反演估算精度达不到模型要求，从而降低参数化模型普适性。但是，基于查找表方法估算地表辐射不需要复杂的输入参数，而且所需输入参数几乎不需要进行反演，所需参数为卫星遥感的观测数据和几何姿态等。

基于查找表方法估算地表下行短波辐射和光合有效辐射的基本流程如图 5.11 所示。

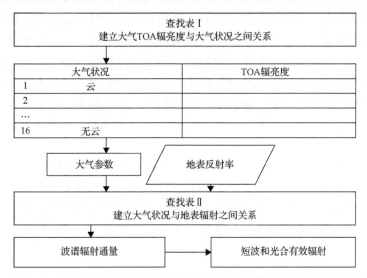

图 5.11　查找表估算地表下行短波辐射和光合有效辐射的基本流程图

传感器响应的辐亮度即大气顶辐亮度包括 2 个部分：一部分是路径辐射和由于小颗粒和大气分子向后散射被传感器感知部分，路径辐射是由大气的光学性质所决定，而不受地表状况的影响；而另一部分则通过大气到达地表辐射，并被反射回大气最终被传感器感知的部分。

如果假设地表是一个表面均一的朗伯体，那么大气顶的辐亮度可以用以下的公式来表示(Liang et al., 2006; Vermote et al., 1997)：

$$I_{\text{TOA}}(\mu,\mu_v,\varphi) = I_0(\mu,\mu_v,\varphi) + \frac{r_g(\mu,\mu_v,\varphi)}{1-r_g(\mu,\mu_v,\varphi)r_s}\mu\overline{E}_0\gamma(\mu)\gamma(\mu_v) \tag{5.94}$$

其中，在给定观测几何条件下(太阳天顶角 θ ($\mu = \cos\theta$)，观测天顶角 θ_v ($\mu_v = \cos\theta_v$)，以及相对方位角 φ)， $I_{\text{TOA}}(\mu,\mu_v,\varphi)$ 为传感器所感知的辐亮度。式中，右边的第一项 $I_0(\mu,\mu_v,\varphi)$ ，是路径辐射，第二项是由地表反射辐射部分，第二项就会受到大气状况的影响，影响因子包括：从太阳到地表方向的透过率 $\gamma(\mu)$；从地表到传感器方向的透过率 $\gamma(\mu_v)$；大气球形反照率 r_s；地表反射率 $r_g(\mu, \mu_v, \varphi)$ 和地外辐照度 $\overline{E_0}$。

假设地表为表面均一的朗伯体，到达地表辐射可以通过下式来表达(Liang et al., 2006; Vermote et al., 1997)：

$$F(\mu) = F_0(\mu) + \frac{r_g(\mu, \mu_v, \varphi) r_s}{1 - r_g(\mu, \mu_v, \varphi) r_s} \mu \overline{E_0} \gamma(\mu) \tag{5.95}$$

其中，θ 是太阳天顶角（$\mu = \cos\theta$）；$F_0(\mu)$ 是下行辐射不包括地面反射的部分；$r_g(\mu, \mu_v, \varphi)$ 是地表反射率；r_s 大气球形反照率；$\overline{E_0}$ 是地外辐照度；$\gamma(\mu)$ 为透过率。

大气的光学特性决定了大气层顶辐亮度、地表下行短波辐射和光合有效辐射的变化，一种特定大气状况会对应一组地表光合有效辐射或短波辐射值和 TOA 辐亮度。因此，如果有 N 种大气状态，那么就会有 N 组对应的地表光合有效辐射或短波辐射的值和大气顶辐亮度，如果取 N 的变化情况足够多的话，就可以通过大气顶辐亮度获得短波和光合有效辐射值。因此地表光合有效辐射或短波辐射可以直接由大气顶辐亮度得到，而无需其他大气状况参数。具体思想是将大气分为有云和无云两种基本类型，然后在不同类型中设置云的吸收系数和能见度，这样就形成了一个从有云到无云，有无云到能见度越来越大的多种大气状况参数集。通过 MODTRAN 模拟不同的观测条件信息和大气状况下的到达地表的短波辐射和光合有效辐射，从而建立查找表实现不同大气状况下的短波和光合有效辐射估算。

Liang 等(2006)设置了不同的观测几何信息和大气状况，采用建立查找表的方法，建立并检验大气顶辐亮度到地表短波辐射和光合有效辐射的求解关系。为了建立大气顶辐亮度到地表光合有效辐射和短波辐射的关系，可以采用大气辐射传输模型 MODTRAN4 进行模拟。MODTRAN4 被认为是目前最为复杂和精确的大气辐射传输模型，可以模拟和输出任何传感器上行大气顶辐亮度和地表辐射，通过指定波段积分得到光合有效辐射或者短波辐射。

要使用 MODTRAN4 来进行模拟下行地表辐射和大气顶辐亮度，需要输入的参数信息包括大气气体成分、水汽、气溶胶、云以及地表状况，和相应的观测几何信息，包括太阳天顶角、观测天顶角以及相对方位角。大气顶辐亮度和地表辐射会随着不同的观测几何条件变化而变化，为了模拟尽可能多的观测条件下大气顶辐亮度和地表辐射的变化，所采用的观测几何角度如表 5.7 所示。

表 5.7　MODTRAN4 模拟中观测几何信息及高程设置参数列表

太阳天顶角	0°,10°, 20°, 30°, 40°, 50°, 55°, 60°,70°, 80°,85°, 90°
观测天顶角	0°, 10°, 20°, 30°, 45°, 65°, 85°
相对方位角	0°, 30°, 60°, 90°, 120°, 150°, 180°
高程/km	0, 1.500, 3.000, 4.500, 5.900

地表高程也是影响地表下行短波辐射和光合有效辐射值的因素之一，有很多方法用

来估算这种影响，如最简单一种方法，是通过大气辐射传输软件进行模拟，通过统计回归关系建立高程和地表辐射关系，进而进行高程改正。但这种做法会忽略大气中臭氧、水汽以及气溶胶信息等随着高程变化的分布，为了减少这种影响，因此可以将地表高程作为 MODTRAN 模拟参数之一，模拟所采用高程变化参数如表 5.7 所示。

在 MODTRAN4 中，大气光学特性参数可以简单分为三类：第一类是大气模型，包括指定大气成分组成、水汽以及臭氧含量等；第二类是气溶胶光学属性；第三类是云光学属性。根据可见光波段的属性，后二类相比于第一类处于更加主导的影响因素的地位。

在模拟中，水汽、臭氧含量都直接使用 MODTRAN4 中的默认值。臭氧含量对下行短波辐射和光合有效辐射的影响被认为是微乎其微的可以忽略不计。而水汽对于太阳辐射的吸收主要集中在红外波段，而对于可见光波段的影响就非常微小，因此使用查找表方法反演短波辐射时需要进行后期改正。改正的思路非常简单，首先计算真实水汽含量作用于太阳辐射的透过率，比上查找表法计算中固定水汽含量对应的透过率，得到一个改正系数，然后用查找法估算的辐射值乘以改正系数，就可以得到改正之后的辐射值。

采用 MODTRAN4 模拟大气辐射的传输过程来说，最主要的因素是气溶胶类型和云的参数设置。MODTRAN4 中，其中的参数设置包括气溶胶类型和能见度即气溶胶光学厚度，而云的参数设置通过设置云的类型和云的吸收系数来实现的。表 5.8 中列出了模拟时所采用气溶胶参数。表 5.9 中列出了模拟所使用云参数。

表 5.8　MODTRAN 模拟中气溶胶类型及能见度

项目	乡村型	对流层型	城市型
	5	5	5
	10	10	10
	20	20	20
能见度/km	30	30	30
	100	100	100
	300	300	300

表 5.9　MODTRAN 模拟中云在 550nm 处吸收系数及相关设置

项目	高层云	层云	层积云	雨云
	1	1	1	1
	5	5	3	5
	7	20	10	10
	15	50	15	30
吸收系数/km^{-1}	20	56.9	38.7	45
	50	—	—	—
	90	—	—	—
	128	—	—	—
云层厚度/km	0.6	0.67	1.34	0.5
云层高度/km	2.4	0.33	0.66	0.16

通过式(5.94)，设置不同地表反射率，可以建立大气顶辐亮度与三个变量：$I_0(\mu,\mu_v,\varphi)$、r_s 和 $\mu\overline{E_0}\gamma(\mu)\gamma(\mu_v)$ 之间的联系。因此，通过设置不同地表反射率的进行模拟。这样可以根据不同的大气状况建立第一个查找表，这个查找表包括九个基本的变量：云吸收系数、大气的能见度信息、太阳天顶角、观测天顶角、相对方位角、高程、$I_0(\mu,\mu_v,\varphi)$、r_s、$\mu\overline{E_0}\gamma(\mu)\gamma(\mu_v)$，如表5.10所示。

表 5.10　查找表 1——建立大气顶辐亮度与大气状况指数之间的联系

云吸收系数能见度(大气状况)	太阳天顶角	观测天顶角	相对方位角	高程	$I_0(\mu,\mu_v,\varphi)$	r_s	$\mu\overline{E_0}\gamma(\mu)\gamma(\mu_v)$
…	…	…	…	…	…	…	…
…	…	…	…	…	…	…	…

可以用相同的方法通过式(5.95)建立第二个查找表，此查找表通过设置地表反射率建立地表辐射与四个变量之间关系：$F_0(\mu)$、r_s、$\mu\overline{E_0}\gamma(\mu)$ 和 $F_d(\mu)$。其中，$F_d(\mu)$ 为散射辐射的部分，如表5.11所示。

表 5.11　查找表 2——建立地表辐射与大气状况指数之间的联系

云吸收系数能见度(大气状况)	太阳天顶角	高程	$F_0(\mu)$	r_s	$\mu\overline{E_0}\gamma(\mu)$	$F_d(\mu)$
…	…	…	…	…	…	…
…	…	…	…	…	…	…

通过第一个查找表建立与第二个查找表的关系，即建立各个传感器可见光波段大气顶辐亮度与地表辐射之间关系。具体描述为通过第一个查找表建立大气顶辐亮度和大气状况指数之间的联系，再通过第二个表建立了大气状况指数和地表辐射之间的关系。具体的计算方法是：

(1)通过直接使用地表反射率产品或其他方法，获得地表的反射率数据；

(2)通过获取的反射率计算从最晴天到最阴天之间所有大气状况的大气顶辐亮度值，比较不同传感器观测的大气顶辐亮度值与通过查找表计算的不同大气状况下的大气顶辐亮度值，确定大气状况指数；

(3)通过查找表二，根据所得大气状况指数计算地表辐射。

2. 多源卫星数据的应用

查找表方法首先建立大气顶辐亮度到大气状况指数的联系，然后由大气状况指数建立到地表辐射量的联系。对于不同卫星传感器都涉及两个查找表：大气顶辐亮度查找表和地表辐射查找表。由于不同传感器的波段范围和波谱响应函数不同，因此针对不同的传感器，必须分别指定其波谱范围和波谱响应函数，分别建立大气顶辐亮度查找表。对于地表辐射查找表，它与传感器的波谱范围和响应函数是无关的，所以不同传感器所对应的地面辐射查找表是相同的。

此查找表方法现在已经被应用于中国的"863"重点项目全球陆表特征参量产品的生

产算法中，计划生产 2008～2010 年间全球范围内 5 千米空间分辨率、3 小时时间分辨率的光合有效辐射和下行短波辐射数据产品(Zhang et al.,2014)。

为了满足覆盖全球的需求，须选择多种卫星数据来反演陆表下行短波辐射和光合有效辐射。由于静止卫星空间覆盖区域的限制和极轨卫星时间分辨率偏低的限制，采取静止卫星和极轨卫星数据结合的方法，能够克服其各自的不足，充分发挥其优势。为此该算法选择的静止卫星数据有：Geostationary Operational Environmental Satellites(GOES)、风云 2C(FY2C)、Meteosat Second Generation(MSG)、The Multifunctional Transport Satellites(MTSAT)，选择的极轨卫星数据为：MODIS。图 5.12 列示了目前几种静止卫星的覆盖区域。

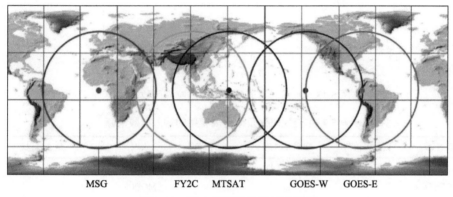

MSG　　　　FY2C　MTSAT　　　GOES-W　GOES-E

图 5.12　静止卫星覆盖区域示意图

查找表法估算地表下行短波和光合有效辐射的关键是建立大气顶辐亮度和地表辐射之间的联系。而这种联系首先是通过卫星观测实际某波段的大气顶的辐亮度与查找表中不同大气状况下对应的大气顶辐亮度的比较，根据比较结果判断当时的大气状况，然后再根据第二个查找表计算此种大气状况下的地表的下行短波辐射量和光合有效辐射量。考虑短波辐射波段范围，该算法选择上述各个卫星的可见光波段，通过这些波段的辐亮度数据，得到卫星观测时刻的大气实际状况指数，所选各个卫星的波段特性参数如表 5.12 所示。

表 5.12　所选卫星波段特性比较

卫星或传感器	波段	波段范围/μm	量化等级/bit	空间分辨率/km
MODIS	波段 3	0.459～0.479	10	1
GOES11	可见光	0.55～0.75	10	1
MSG	可见光 0.6	0.485～0.785	10	5
MTSAT	可见光(VIS)	0.55～0.90	10	5
FY2C	可见光(VIS)	0.55～0.90	6	5

图 5.13 中给出了不同卫星数据可见光波段所对应光谱响应函数比较示意图，由于极轨卫星和静止卫星不同特点，表 5.13 中给出了不同卫星数据获取查找表方法进行辐射反

演所需输入数据的来源比较分析。

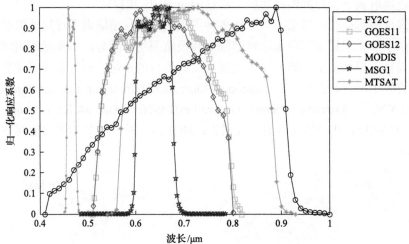

图 5.13　所选卫星或传感器波谱响应函数示意图

表 5.13　查找表法反演地表辐射的输入参数来源

传感器或卫星	太阳天顶角	观测天顶角	方位角	水汽	地表反射率
MODIS	MODIS L1B	MODIS L1B	MODIS L1B	MOD05	MOD09
GOES				MOD05	
MSG		几何关系计算		MOD05	反演方法或 MODIS 产品
MTSAT				MOD05	
FY2C				MOD05	

　　查找表方法的实质就是建立 TOA 辐亮度与下行短波辐射和光合有效辐射之间的关系。如图 5.14 展示了 FY2C 所选可见光波段的 TOA 响应的辐射亮度值在不同太阳天顶角下与地表下行短波辐射和光合有效辐射之间的关系，图 5.15 为 GOES11 所选可见光波段的 TOA 辐亮度与地表下行短波辐射和光合有效辐射之间关系。

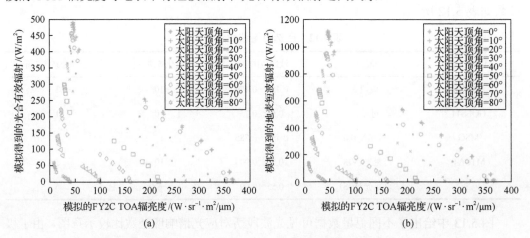

图 5.14　FY2C 所选可见光波段的 TOA 辐亮度和地表辐射之间关系

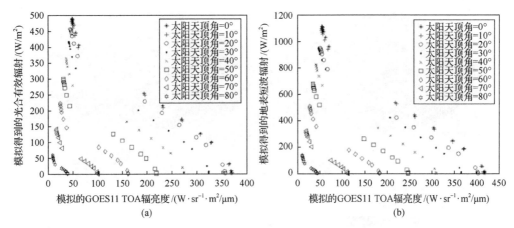

(a)　　　　　　　　　　　　　　　(b)

图 5.15　GOES11 所选可见光波段的 TOA 辐亮度和地表辐射之间关系

3. 结果与分析

基于查找表方法估算地表下行短波辐射或者光合有效辐射方法，可以适用于多种卫星，其验证的结果可以满足辐射反演的精度要求。如图 5.16 为使用 GOES12 数据反演地表短波和光合有效辐射的结果。如图 5.17 为使用 GOES11 数据反演地表短波和光合有效辐射的结果。图 5.18 为使用 MTSAT 数据反演得到亚洲区域地表下行短波辐射和光合有效辐射结果。图 5.19 为使用 MSG2 卫星数据反演地表下行短波辐射和光合有效辐射结果。

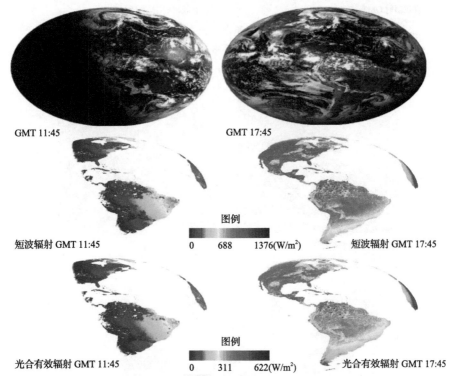

GMT 11:45　　　　　　　　　　　　　GMT 17:45

图例
0　　688　　1376(W/m²)

短波辐射 GMT 11:45　　　　　　　　　短波辐射 GMT 17:45

图例
0　　311　　622(W/m²)

光合有效辐射 GMT 11:45　　　　　　　光合有效辐射 GMT 17:45

图 5.16　利用 GOES12 数据和查找表方法短波及光合有效辐射
反演结果(时间：2008 年 11 月 12 日)

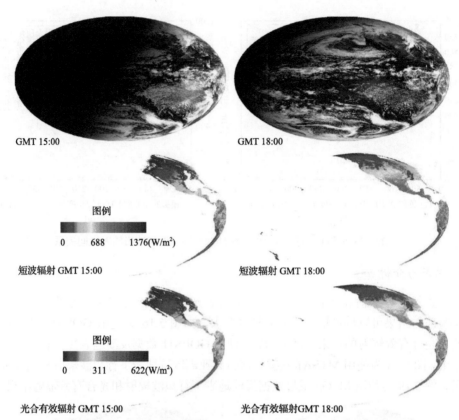

图 5.17　利用 GOES11 数据和查找表方法短波及光合有效辐射
反演结果(时间：2008 年 11 月 12 日)

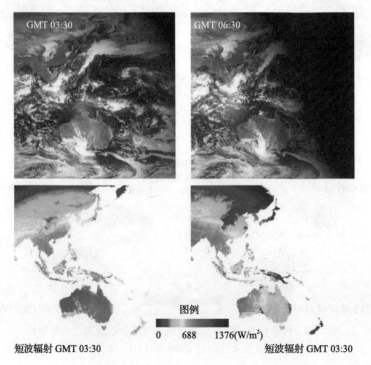

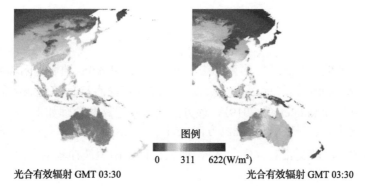

光合有效辐射 GMT 03:30　　　　　　　　光合有效辐射 GMT 03:30

图 5.18　利用 MTSAT 数据和查找表方法短波及光合有效辐射
反演结果(时间：2008 年 11 月 12 日)

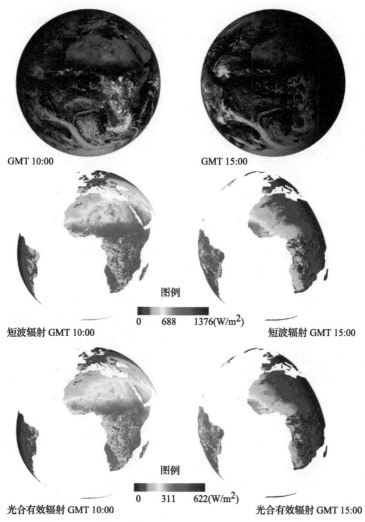

GMT 10:00　　　　　　　　　　GMT 15:00

短波辐射 GMT 10:00　　　　　　　　　短波辐射 GMT 15:00

光合有效辐射 GMT 10:00　　　　　　　　光合有效辐射 GMT 15:00

图 5.19　利用 MSG2 数据和查找表方法短波及光合有效辐射
反演结果(时间：2008 年 11 月 12 日)

5.3.4　混 合 算 法

除了以上几种地表短波辐射估算方法，第二期的 GLASS 地表太阳辐射产品同样提出了一种利用 MODIS 大气顶辐亮度数据基于混合算法直接估算地表太阳辐射的方法(Wang et al., 2015；Zhang et al., 2019)，该方法的基本思路和原理如下。

在给定观测几何(包括入照和观测方向)条件下(太阳天顶角 θ ($\mu = \cos\theta$)，观测天顶角 θ_v ($\mu_v = \cos\theta_v$)，以及相对方位角 φ)，地表日积太阳短波净辐射($S_{\text{net}}^{\text{daily}}$)可以通过式(5.96)计算得到

$$S_{\text{net}}^{\text{daily}} = C_0(\Omega, \zeta) + \sum_b C_b(\Omega, \zeta) \cdot r_b \tag{5.96}$$

其中，Ω 代表不同的观测几何条件；ζ 代表不同的云覆盖状况；$C_0(\Omega, \zeta)$ 是截距系数；$C_b(\Omega, \zeta)$ 是 MODIS 不同波段(b)对应的系数；r_b 是 MODIS 波段的大气顶辐射亮度。$C_0(\Omega, \zeta)$ 和 $C_b(\Omega, \zeta)$ 系数可以通过不同观测几何条件(Ω)和大气状况下(ζ)的辐射传输模拟获得。

在估算的日积太阳短波净辐射($S_{\text{net}}^{\text{daily}}$)基础上，利用 GLASS 的地表反照率数据(Liu et al., 2013; Qu et al., 2014)，地表日积短波辐射(S^{daily})和日积光合有效辐射($S_{\text{par}}^{\text{daily}}$)可以通过式(5.97)和式(5.98)计算得到。

$$S^{\text{daily}} = S_{\text{net}}^{\text{daily}} / (1 - \alpha) \tag{5.97}$$

$$S_{\text{par}}^{\text{daily}} = S^{\text{daily}} \cdot \varepsilon \tag{5.98}$$

其中，α 为 GLASS 地表短波反照率数据；ε 为地表下行短波辐射和光合有效辐射转换比例，该比例系数可以通过已有地表下行短波辐射数据和光合有效辐射数据直接计算得到。

基于混合算法估算的 GLASS 地表太阳辐射数据产品，所使用 MODIS 大气顶辐亮度数据包括了 MODIS 传感器提供的陆表波段(波段 1～7)和水汽波段(波段 19)。基于混合算法的 GLASS 地表太阳辐射数据产品利用 MODTRAN 辐射传输模拟软件通过复杂的辐射传输模拟回归得到式(5.96)中不同波段对应的回归系数 $C_0(\Omega, \zeta)$ 和 $C_b(\Omega, \zeta)$，详细的参数设置如表 5.14 和表 5.15 所示。

表 5.14　MODTRAN5 模拟中观测几何信息

几何参数	角度变化设置
太阳天顶角	0°, 10°, 20°, 30°, 45°, 60°, 75°
观测天顶角	0°, 10°, 20°, 30°, 45°, 60°
相对方位角	0°, 30°, 60°, 90°, 120°, 150°, 180°

表 5.15 MODTRAN5 模拟中观测云参数信息

云类型	云底高度/km		
高层云	0.15	1.5	3.0
积云	0.2	0.6	1.5
雨层云	0.15	1.5	3.0
层云	0.2	0.6	1.0

MODTRAN 模拟过程中分别考虑了晴空和有云的状况。晴空时，考虑了四种不同气溶胶类型（乡村、城市、沙漠和生物质燃烧），气溶胶变化光学厚度变化范围为 0～0.4，以及对应的 5 种不同的水汽含量（0.5g/cm³，1.0g/cm³，1.5g/cm³，3.0g/cm³，5.0g/cm³，7.0g/cm³）。有云时，考虑了四种不同云类型，云光学厚度变化范围为 5～240，对应不同的云底高度和水汽含量（1.5g/cm³，3.0g/cm³，7.0g/cm³，12.0g/cm³）。由于 MODTRAN 直接输出瞬时的地表短波净辐射模拟结果，日积短波净辐射可以通过正弦函数积分得到。通过 MODTRAN 模拟得到的大气顶辐亮度数据和相应的模拟得到日积净辐射数据可以作为训练数据，通过回归得到相应不同波段对应的回归系数 $C_0(\Omega, \zeta)$ 和 $C_b(\Omega, \zeta)$，然后利用该系数通过式 (5.96) 计算得到对应 MODIS 地表短波净辐射估算结果，最后利用经过重新投影后的 MODIS 地表日积短波净辐射和 GLASS 地表短波反照率，通过式 (5.97) 和式 (5.98) 计算得到日积地表下行短波辐射和光合有效辐射。

对于基于混合方法生成的 GLASS 地表日积下行短波辐射数据，利用 BSRN 和 CMA 站点观测辐射观测资料进行了验证，验证的结果如图 5.20 和图 5.21 所示。其中，基于混合方法生成的 GLASS 地表日积下行短波辐射数据在 BSRN 站点验证相关系数为 0.92，偏差为 16W/m²，均方根误差为 41.3W/m²。在 CMA 站点验证相关系数为 0.92，偏差 −2.7W/m²，均方根误差为 32.2W/m²。基于混合方法生产的 GLASS 地表日积短波辐射数据如图 5.22 示。

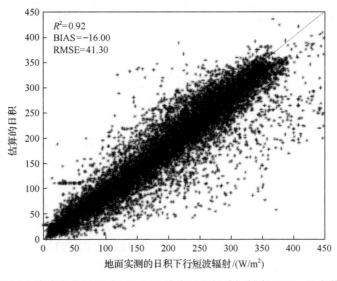

图 5.20 基于混合算法生成 2008 年 GLASS 地表日积短波辐射在 BSRN 站点数据验证结果

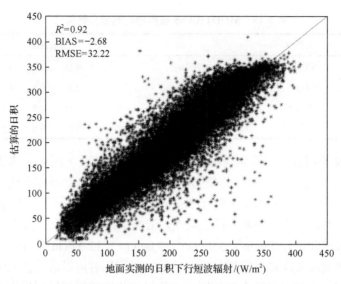

图 5.21　基于混合算法生成 2008 年 GLASS 地表日积短波辐射在 BSRN 站点数据验证结果

图 5.22　基于混合方法生产的 GLASS 地表日积下行短波辐射数据(2008 年 1 月 1 日)

5.4　当前全球地表短波辐射数据产品与时空变化分析

目前全球的地表太阳辐射数据产品类型很多，主要包括再分析资料、模式模拟数据、卫星产品三大类，除此之外还有利用数据同化等方法生成的地表太阳辐射数据。这些地表太阳辐射数据集的精度已经被众多学者利用地面观测数据广泛的验证(Betts and Jakob, 2002; Bony et al., 1997; Garratt, 1994; Gui et al., 2010; Wild et al., 2015; Wild et al., 2013; Wild et al., 1995; Wu and Fu, 2011; Xia et al., 2006; You et al., 2013; Zhang et al., 2016; Zhang et al., 2015)。此外，利用这些已有数据分析地表太阳辐射时空变化特征的研究也被广泛报道(Pinker et al., 2005; Stephens et al., 2012; Wild, 2012; Wild et al., 2005; Xia, 2010; You et al., 2013; Zhang et al., 2016; Zhang et al., 2015)。

5.4.1 遥感地表短波辐射数据产品

卫星遥感数据地表短波辐射数据产品主要包括：the Global Energy and Water Cycle Experiment-Surface Radiation Budget（GEWEX-SRB V3.0），the International Satellite Cloud Climatology Project-Flux Data（ISCCP-FD），the University of Maryland（UMD）/Shortwave Radiation Budget（SRB）（UMD-SRB V3.3.3），以及 the Earth's Radiant Energy System（CERES）EBAF 短波辐射数据等，这些卫星遥感地表短波辐射数据产品的基本信息如表 5.16 所示。已有的研究表明卫星遥感地表短波辐射数据产品相比于再分析资料和大气模式模拟来说精度较高（Zhang et al., 2016; Zhang et al., 2015）。

表 5.16 卫星遥感地表短波辐射数据产品基本信息

数据产品	空间分辨率	时间分辨率	时间范围	参考文献
GEWEX-SRB V3.0	1°	3h, 日, 月	1983.7~2007.12	Pinker and Laszlo, 1992
ISCCP-FD	~280km	3h	1983.7~2009.12	Zhang et al., 2004
CERES-EBAF	1°	月	2000.3~2013.3	Kato et al., 2018
UMD-SRB V3.3.3	0.5°	月	1983.7~2007.6	Ma and Pinker, 2012

5.4.2 再分析地表短波辐射数据产品

再分析数据是在多源气象数据驱动下，基于数值天气预报模式同化得到长时间序列、高时空分辨率的网格化历史气象数据。目前，常用的基于数据同化的再分析数据主要包括：欧洲述职预报中心（ECMWF）提供的 ERA 系列再分析数据；美国国家环境预报中心（NCEP）提供的 NCEP 系列再分析数据；日本气象厅提供的 JRA 系列数据；美国国家航空航天局（NASA）提供的 MERRA 再分析数据集等。目前，几种具有代表性的再分析资料的地表太阳辐射资料基本信息如表 5.17 所示。

表 5.17 再分析地表太阳辐射数据基本信息

再分析资料	时间跨度	时间分辨率	空间分辨率	参考文献
JRA-55	1958~2013 年	3h	0.56°×0.56°	Kobayashi et al., 2015
ERA-Interim	1979 年至今	3h	0.75°×0.75°	Simmons et al., 2006
MERRA	1979 年至今	3h	0.5°×0.667°	Rienecker et al., 2011
NCEP-DOE	1979 年至今	6h	1.9°×1.9°	Kanamitsu et al., 2002
NCEP-NCAR	1948 年至今	6h	1.9°×1.9°	Kalnay et al., 1996
CFSR	1979~2009 年	6h	0.3°×0.3°	Saha et al., 2010

5.4.3 GCM 地表短波辐射数据产品

全球气候模式目前已广泛应用于气候变化预估，为气候变化引起的区域和大陆尺度的影响研究提供了数据支撑。2008 年，世界气候小组提出了新一轮气候模式实验 CMIP5，与 IPCC AR4 中使用的 CMIP3 的模式相比，CMIP5 对于历史气候(1850~2005)模拟进行了模拟实验。其中包括模拟的历史地表太阳辐射数据，但是这些已有大气模式模拟数据产品的空间分辨率都很低，大多数模型的空间分辨率大多都高于一度，但是其时间分辨率一般是 6h。表 5.18 中详细描述了 IPCC/AR5 CMIP5 主要模式的基本信息以及根据不同数据计算出来全球、陆表及海洋地表下行短波辐射年均值的比较信息。如表 5.18 所示，根据 CMIP5 模式模拟的 2001~2005 年全球地表下行短波辐射的年均值变化范围为 179~195W/m²，平均值为 191.5W/m²，标准差为 4.6W/m²。这些结果表明已有模式模拟的地表短波辐射数据之间存在较大差异。

表 5.18　大气模式模拟的地表短波辐射产品基本信息及年均值差别(Ma et al., 2015)

序号	模式	空间分辨率	短波辐射年均值/(W/m²)		
			陆地	海洋	全球
1	CMCC-CESM	3.75z°×3.75°	170.16	182.92	179.15
2	HadCM3	3.75°×3.47°	190.02	187.37	188.16
3	FGOALS-g2	2.81°×3.00°	191.33	191.88	191.72
4	BCC-CSM1.1	2.81°×2.81°	178.79	183.42	182.05
5	BNU-ESM	2.81°×2.81°	184.78	187.45	186.66
6	CanCM4	2.81°×2.81°	190.56	186.54	187.73
7	CanESM2	2.81°×2.81°	195.88	187.19	189.77
8	FIO-ESM	2.81°×2.81°	191.37	186.12	187.67
9	MIROC-ESM-CHEM	2.81°×2.81°	201.35	177.68	184.69
10	MIROC-ESM	2.81°×2.81°	201.88	177.93	185.02
11	IPSL-CM5A-LR	3.75°×1.88°	210.56	187.7	194.48
12	IPSL-CM5B-LR	3.75°×1.88°	205.57	190.7	195.11
13	GFDL-CM2.1	2.50°×2.00°	187.88	188.45	188.28
14	GFDL-CM3	2.50°×2.00°	194.49	184.35	187.35
15	GFDL-ESM2G	2.50°×2.00°	187.01	188.93	188.36
16	GFDL-ESM2M	2.50°×2.00°	187	188.9	188.34
17	GISS-E2-H-CC	2.50°×2.00°	184.83	196.19	192.84
18	GISS-E2-H	2.50°×2.00°	184.1	196.07	192.54
19	GISS-E2-R-CC	2.50°×2.00°	185.59	195.54	192.6

续表

序号	模式	空间分辨率	短波辐射年均值/(W/m²)		
			陆地	海洋	全球
20	GISS-E2-R	2.50°×2.00°	185.48	195.44	192.5
21	CESM1-CAM5.1.FV2	2.50°×1.88°	176.75	186.07	183.31
22	CESM1-WACCM	2.50°×1.88°	182.85	181.26	181.73
23	NorESM1-ME	2.50°×1.88°	187.17	181.28	183.03
24	NorESM1-M	2.50°×1.88°	186.42	181.08	182.67
25	CMCC-CMS	1.88°×1.88°	176.91	187.83	184.57
26	CSIRO-Mk3.6.0	1.88°×1.88°	200.99	184.14	189.16
27	MPI-ESM-LR	1.88°×1.88°	186.9	185.97	186.25
28	MPI-ESM-MR	1.88°×1.88°	188.34	188.41	188.39
29	MPI-ESM-P	1.88°×1.88°	187.55	186.02	186.48
30	IPSL-CM5A-MR	2.50°×1.26°	210.85	187.62	194.51
31	INM-CM4	2.00°×1.50°	198.99	194.91	196.12
32	ACCESS1.0	1.88°×1.24°	199.86	192.9	194.98
33	ACCESS1.3	1.88°×1.24°	200.59	193.78	195.81
34	HadGEM2-AO	1.88°×1.24°	200.34	193.13	195.28
35	HadGEM2-CC	1.88°×1.24°	198.77	191.8	193.88
36	HadGEM2-ES	1.88°×1.24°	198.19	192.12	193.93
37	CNRM-CM5-2	1.41°×1.41°	188.87	188.47	188.58
38	CNRM-CM5	1.41°×1.41°	189.96	188.7	189.08
39	MIROC5	1.41°×1.41°	196.15	179.65	184.54
40	BCC-CSM1.1 (m)	1.13°×1.13°	186.43	181.37	182.87
41	MRI-CGCM3	1.13°×1.13°	199.95	196.51	197.53
42	MRI-ESM1	1.13°×1.13°	199.58	196.6	197.49
43	CCSM4	1.25°×0.94°	190.79	190.85	190.83
44	CESM1-BGC	1.25°×0.94°	191.1	191.02	191.04
45	CESM1-CAM5	1.25°×0.94°	182.08	188.52	186.61
46	CESM1-FASTCHEM	1.25°×0.94°	191.21	191.48	191.4
47	CMCC-CM	0.75°×0.75°	179.87	189.38	186.56
48	MIROC4h	0.56°×0.56°	206.16	182.32	189.39
	平均值		191.51	188.21	189.19

5.4.4　地表短波辐射时空变化

地表辐射在全球的空间和时间变化呈现规律性的变化趋势。地表全年接收的地表辐射总量总是低纬度地区大于高纬度地区，且高纬度的季节变化趋势明显大于低纬度地区。理论上，在春分日和秋分日，太阳直射赤道区域，使得赤道区域接受的辐射最大，向两极方向减少，当然受云等因素的影响，这种变化趋势也有可能不同。

在夏季，北半球白昼时间较长，且纬度越高白昼越长，北极圈甚至出现极昼。高纬度区域虽然受到太阳高度角的影响太阳辐射较低，但是由于日照时间长，其接受的太阳辐射总量大。冬季，南半球白昼时间加长，且纬度越高白昼越长，到南极圈以南出现极昼。因此南极和高纬度区域接受的辐射最大。如图 5.23 根据 GEWEX 地表短波辐射数据在 2007 年 3 月、6 月、9 月、12 月月积地表短波辐射时空分布变化的规律。

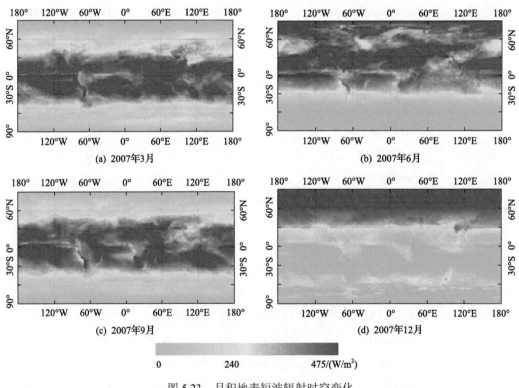

图 5.23　月积地表短波辐射时空变化

全球变暗(Global Dimming)是指到达地球的太阳光和能量相比以往在减少，而全球变亮(Global Brightening)就是指到达地球的太阳光和能量在增加。目前来说，太阳变化并不是发生这两种现象的主要原因，大气成分的变化才是地球变亮或者变暗的最主要的原因。通过对长期的地面辐射观测数据的分析，发现到达地表的下行短波辐射显示出规律性的变化趋势(Ohmura, 2009; Pinker et al., 2005; Wild et al., 2005)。研究发现截至 1990

年,多数站点观测记录的地表下行短波辐射存在一个下降的趋势,即呈现 Global Dimming 趋势。使用最新的观测数据分析得到,1980 年后期开始,下行短波辐射呈现上升的趋势,即 Global Brightening 趋势(Wild et al., 2005)。如图 5.24 中给出了在不同区域不同站点观测到的在无云条件下大气透过率随时间的变化趋势。图 5.25 为 GEBA 欧洲站点观测到在不同条件下的地表下行短波辐射的变化趋势与规律。

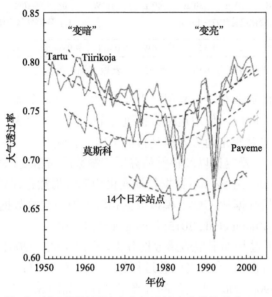

图 5.24　时间序列上不同地区站点大气透过率变化趋势(Wild et al., 2005)

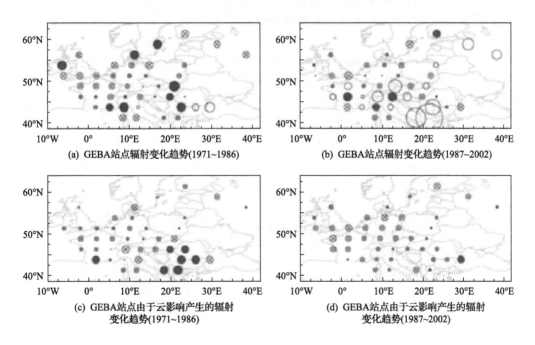

(a) GEBA站点辐射变化趋势(1971~1986)

(b) GEBA站点辐射变化趋势(1987~2002)

(c) GEBA站点由于云影响产生的辐射
变化趋势(1971~1986)

(d) GEBA站点由于云影响产生的辐射
变化趋势(1987~2002)

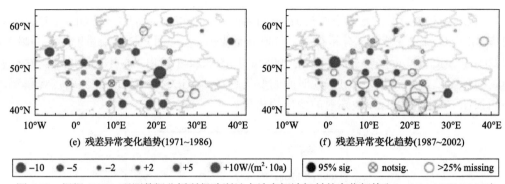

(e) 残差异常变化趋势(1971~1986)　　　(f) 残差异常变化趋势(1987~2002)

| ● −10 | ● −5 | ● −2 | ● +2 | ● +5 | ● +10W/(m²·10a) | ● 95% sig. | ⊗ notsig. | ○ >25% missing |

图 5.25　根据 GEBA 观测数据分析所得欧洲站点地表短波辐射的变化规律(Norris and Wild, 2007)

由于站点数据观测数据有限，利用站点观测数据来进行全球或者区域尺度全球变亮变暗研究具有一定的局限性。使用遥感数据进行全球范围辐射变化的研究相比更能反映区域或者全球尺度的辐射变化趋势，但是目前全球陆表辐射产品精度还受各种因素的影响，如卫星的更替、传感器定标以及辐射估算所需参数反演精度(如气溶胶和云光学厚度等)等，导致其在分析地表短波辐射数据长期变化趋势时仍然存在较大的不确定性。已有研究表明，当前再分析数据和 GCM 模拟数据相较于地面观测数据并不能很好反映辐射数据长期的变化趋势(Zhang et al., 2015; Zhang et al., 2016)。

Pinker 等(2005)通过长期卫星遥感数据分析，指出 1983~2001 年之间地表辐射以每年 0.16W/m² 的速度升高，这个升高的总过程包括了两个子过程，即 1983~1990 年之间降低子过程，以及 1990~2001 年之间的升高子过程，如图 5.26 所示。如图 5.27 所示，Zhang 等(2015)分析了现有四种不同的遥感短波辐射数据产品的长期变化趋势，结果表明不同数据的辐射数据长期变化趋势截然不同，其中云和气溶胶输入数据是其变化趋势的主要决定因素。

全球的"Dimming"和"Brightening"对于研究气候变化以及水循环等有重要的意义。在 IPCC(Intergovernmental Panel on Climate Change)第四次评估报告中指出大陆以及全球的地表温度在 1950~1970 年有稍微降低的趋势，但在 1980 年后明显上升，尤其在北半球的大陆上升幅度最大。这种变化的趋势与地表短波辐射年际变化趋势相类似(Liang et al., 2010)。

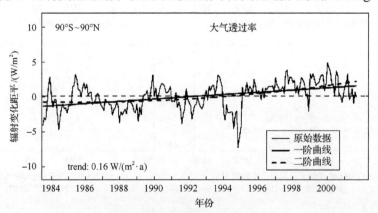

图 5.26　全球地表短波辐射变化趋势(Pinker et al., 2005)

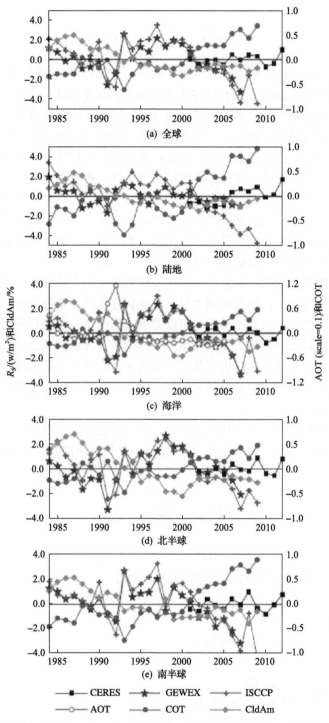

图 5.27 长时间序列遥感地表短波辐射数据（CERES、GEWEX 和 ISCCP）、气溶胶光学厚度（AOT）、
云光学厚度（COT）和云量（CldAm）变化趋势（Zhang et al., 2005）

5.5　小　　结

　　本章主要介绍了太阳辐射理论一些基本概念；全球具有代表性的地表辐射观测网络；以及通过遥感观测和 GCMs 模型估计地表太阳辐射的基本方法：包括一般的统计回归方法、参数化方法、和查找表方法，以及不同模型反演结果的初步验证。

　　使用遥感观测数据进行估算时，当前算法受多种因素影响如地形等。尤其对于高分辨率数据地形影响是必须考虑的因素。首先，地形可以直接影响大气的路径长度，从而影响到辐射的透过率；此外，地形可能影响大气廓线；在可见光区域，冰雪和云具有相类似的反射特性：冰雪和云在可见光波段都是亮目标。这种特性增加了传感器区分冰雪和云的难度，从而导致了使用遥感数据反演辐射数据难度。冰雪覆盖的区域可能被当作是云，而被云覆盖的区域会被当作是冰雪覆盖。不能有效识别冰雪和云会导致地表反射率反演的错误，最终影响地表辐射反演精度。

　　对于一般的参数化模型，其算法优劣不仅仅取决于模型的好坏，由于它需要多个地表或者大气参数作为输入，这些参数本身的质量就存在反演精度、分辨率等问题，从而限制参数化方法的应用。相对于参数化方法来说，基于查找表进行反演的方法不需要太多的输入参数，而且比较简单，如果要生产全球或者大区域的长期辐射产品这种方法是最好的选择之一。但是这种方法也有缺点，如这种方法的一个基本假设为假设地表是表面均一的朗伯表面，而实际中地形的起伏和变化非常复杂；此外辐射定标的精度也会对反演精度产生影响。

　　总之，目前没有一套完整的算法能适用于所有的地区，不管用什么方法必须不断地在不同区域不同地表类型上做大量的验证试验，同时与已有的辐射产品不断比较，找到算法的优点和缺点，这样才能不断改正，提高辐射算法的普适性。

附录　术　　语

E_0　太阳分光辐照度$[W/(m^2\mu m)]$

$\overline{E_0}$　平均日地距离太阳分光辐照度$[W/(m^2\mu m)]$

I_0　地外辐照度(W/m^2)

I_g　地表总辐射(W/m^2)

I_b　正交方向地表直射辐射(W/m^2)

I_d　入射到某一水平地表的太阳直射辐射(W/m^2)

I_{as}　太阳散射辐射(W/m^2)

I_r　地表多次反射产生的辐射(W/m^2)

θ　太阳天顶角

z　地表高程(km)

$\beta_{Angstrom}$　浑浊度系数

α_{Angstrom}　　波长指数

H　　日积地表总辐射(W/m^2)

H_0　　月均最大日积总辐射(W/m^2)

n　　日照时数

N　　月均日最长日照时数

lat　　站点纬度

δ　　太阳赤纬

w_s　　云平均太阳时角

w　　水汽含量(cm)

u_o　　臭氧含量(cm)

τ_a　　气溶胶光学厚度

p　　地表压强(mb 或 hPa)

u_i　　混合气体$(CO_2, CO, N_2O, CH_4 \text{ 或 } O_2)$

T　　地表温度(K)

T_t　　大气总透过率

T_R　　瑞利散射透过率

T_A　　气溶胶吸收散射透过率

T_O　　臭氧吸收散射透过率

T_W　　水汽吸收透过率

T_G　　混合气体吸收透过率

T_N　　二氧化氮透过率

T_{AA}　　气溶胶吸收透过率

T_{AS}　　气溶胶散射透过率

B_a　　气溶胶前向散射比

M　　空气光学质量

M_p　　经压强改正空气光学质量

M_A　　气溶胶光学质量

M_o　　臭氧光学质量

M_w　　水汽光学质量

w_0　　单次散射反照率

F_{cld}　　云覆盖度

I_{gcld}　　阴天地表总辐射

τ_{cld}　　云光学厚度

θ_v　　观测天顶角

φ　　相对方位角

μ　　太阳天顶角余弦

μ_v　　观测天顶角余弦

$\gamma(\mu)$　　太阳光照方向透过率

$\gamma(\mu_v)$　　传感器观测方向透过率

φ_s　　太阳方位角

r_g　　地表反照率

$r_g(\mu,\mu_v,\varphi)$　　地表反射率

r_s　　大气球面反照率

ξ　　光合有效系数

参 考 文 献

Akinoğlu B G, Ecevit A. 1990. Construction of a quadratic model using modified Ångstrom coefficients to estimate global solar radiation. Solar Energy, 452: 85-92

Almorox J, Hontoria C. 2004. Global solar radiation estimation using sunshine duration in Spain. Energy Conversion and Management, 45(9-10): 1529-1535

Ampratwum D. 1999. Estimation of solar radiation from the number of sunshine hours. Applied Energy, 633: 161-167

Anderson G P, Berk A, Acharya P K, et al. 1999. MODTRAN4: radiative transfer modeling for remote sensing. Proceeding of SPIE, 38: 66

Angstrom A. 1924. Solar and terrestrial radiation. Report to the international commission for solar research on actinometric investigations of solar and atmospheric radiation. Quarterly Journal of the Royal Meteorological Society, 50210: 121-126

Annear R L, WellsS A. 2007. A comparison of five models for estimating clear-sky solar radiation. Water Resources Research, 43: W10415

Augustine J A, Deluisi J, Long C N. 2000. SURFRAD-a national surface radiation budget network for atmospheric research. Bulletin of the American Meteorological Society, 81(10): 2341-2357

Augustine J A, Hodges G B, Cornwall C R, et al. 2005. An update on SURFRAD—The GCOS surface radiation budget network for the continental United States. Journal of Atmospheric and Oceanic Technology, 22(10): 1460-1472

Baldocchi D, Falge E, Gu L, et al. 2001. FLUXNET: a new tool to study the temporal and spatial variability of ecosystem-scale carbon dioxide, water vapor, and energy flux densities. Bulletin of the American Meteorological Society, 82: 2415-2434

Barkstrom B R, Smith G L. 1986. The earth radiation budget experiment: science and implementation. Reviews of Geophysics, 242: 379-390

Betts AK, Jakob C. 2002. Evaluation of the diurnal cycle of precipitation, surface thermodynamics, and surface fluxes in the ECMWF model using LBA data. Journal of Geophysical Research: Atmospheres, 107: LBA 12-11-LBA 12-18

Bird R E, Hulstrom R L. 1981a. Review, evaluation, and improment of sirect irradiance models. Journal of Solar Energy Engineering, 1033: 182-192

Bird R E, Hulstrom R L. 1981b. A Simplified Clear Sky Model for Direct and Diffuse Insolation on Horizontal Surfaces, Technical Report No. SERI/TR-642-761. Golden, Colorado: Solar Energy Research Institute

Bird R E, Riordan C. 1986. Simple solar spectral model for direct and diffuse irradiance on horizontal and tilted planes at the earth's surface for cloudless atmospheres. Journal of Climate and Applied Meteorology, 25: 87-97

Bony S, Sud Y, Lau K M, et al. 1997. Comparison and satellite assessment of NASA/DAO and NCEP–NCAR reanalyses over tropical ocean: Atmospheric hydrology and radiation. Journal of Climate, 10: 1441-1462

Cano D, Monget J M, Albuisson M, et al. 1986. A method for the determination of the global solar radiation from meteorological satellite data. Solar Energy, 371: 31-39

Choudhury B. 1982. A parameterized model for global insolation under partially cloudy skies. Solar Energy, 296: 479-486

Coakley J A, Chylek P. 1975. The two-stream approximation in radiative transfer including the angle of the incident radiation. Journal of Atmospheric Sciences, 32: 409-418

Davies J A, Hay J E. 1979. Calculation of the solar radiation incident on a horizontal surface. //Proceedings of the First Canadian Solar Radiation Data Workshop. Canada: Toronto

Dubayah R. 1992. Estimating net solar radiation using Landsat Thematic Mapper and digital elevation data. Water Resources Research, 289: 2469-2484

Dye D G, Shibasaki R. 1995. Intercomparison of global PAR data sets. Geophysical Research Letters, 2215: 2013-2016

Ertekin C, Yaldiz O. 2000. Comparison of some existing models for estimating global solar radiation for Antalya Turkey. Energy Conversion and Management, 414: 311-330

Evan A T, Heidinger A K, Vimont D J. 2007. Arguments against a physical long-term trend in global ISCCP cloud amounts. Geophysical Research Letters, 344: L04701

Falayi E O, Adepitan J O, Rabiu A B. 2008. Empirical models for the correlation of global solar radiation with meteorological data for Iseyin, Nigeria. International Journal of Physical Sciences, 39: 210-216

Gao B C, KaufmanY J. 2003. Water vapor retrievals using moderate resolution imaging spectroradiometer MODIS near-infrared channels. Journal of Geophysical Research-Atmospheres, 108 (D13): 4389

Garratt J R. 1994. Incoming shortwave fluxes at the surface—A comparison of GCM results with observations. Journal of Climate, 7: 72-80

Gilgen H, Ohmura A. 1999. The global energy balance archive. Bulletin of the American Meteorological Society, 805: 831-850

Gilgen H, Wild M, Ohmura A. 1998. Means and trends of shortwave irradiance at the surface estimated from global energy balance archive data. Journal of Climate, 118: 2042-2061

Gueymard C. 1989. A two-band model for the calculation of clear sky solar irradiance, illuminance, and photosynthetically active radiation at the earth's surface. Solar Energy, 435: 253-265

Gueymard C. 1993a. Mathermatically integrable parameterization of clear-sky beam and global irradiances and its use in daily irradiation applications. Solar Energy, 505: 385-397

Gueymard C. 1993b. Critical analysis and performance assessment of clear sky solar irradiance models using theoretical and measured data. Solar Energy, 512: 121-138

Gueymard C. 1995. SMARTS2, A Simple Model of Atmospheric Radiative Transfer of Sunshine: Algorithms and Performance Assessment. Cocoa, FL: Florida Solar Enegy Center

Gueymard C A. 2003a. Direct solar transmittance and irradiance predictions with broadband models. Part I: detailed theoretical performance assessment. Solar Energy, 745: 355-379

Gueymard C A. 2003b. Direct solar transmittance and irradiance predictions with broadband models: Part II: validation with high-quality measurements. Solar Energy, 745: 381-395

Gui S, Liang S, Wang K, et al. 2010. Assessment of three satellite-estimated land surface downwelling shortwave irradiance data sets. IEEE Geoscience and Remote Sensing Letters, 77: 776-780

Hanna L W, Siam N. 1981. The empirical relation between sunshine and radiation and its use in estimating evaporation in North East England. International Journal of Climatology, 11: 11-19

Harries J E, Russell J E, Hanafin J A, et al. 2005. The geostationary earth eadiation budget project. Bulletin of the American Meteorological Society, 86: 945-960

Hartmann D L, Bretherton C S, CharlockT P, et al. 1999. Radiation, Clouds, Water Vapor, Precipitation, and Atmospheric Circulation. The State of Science in the EOS Program: Citeseer

Hoyt D V. 1978. A model for the calculation of solar global insolation. Solar Energy, 211: 27-35

Huang G, Liang S, Lu N, et al. 2018. Toward a broadband parameterization scheme for estimating surface solar irradiance: Development and preliminary results on MODIS products. Journal of Geophysical Research: Atmospheres, 123 (12): 180-112, 193

Iqbal M. 1983. An Introduction to Solar Radiation. Toronto: Academic Press

Jacobowitz H, Tighe R. 1984. The earth radiation budget derived from the Nimbus 7 ERB experiment. Joural of Geophysical Research, 89(D4): 4997-5010

Justus C G, ParisM V. 1985. A model for solar spectral irradiance and radiance at the bottom and top of a cloudless atmosphere. Journal of Climate and Applied Meteorology, 243: 193-205

Kahn R A, Garay M J, Nelson D L, et al. 2007. Satellite-derived aerosol optical depth over dark water from MISR and MODIS: comparisons with AERONET and implications for climatological studies. Journal of Geophysical Research: Atmospheres, 112(D18): D18205

Kalnay E, Kanamitsu M, Kistler R, et al. 1996. The NCEP/NCAR 40-year reanalysis project. Bulletin of the American Meteorological Society, 77: 437-471

Kanamitsu M, Ebisuzaki W, Woollen J, et al. 2002. NCEP–DOE AMIP-II reanalysis R-2. Bulletin of the American Meteorological Society, 83: 1631-1643

Kasten F. 1965. A new table and approximation formula for the relative optial air mass. Theoretical and Applied Climatology, 142: 206-223

Kato S, Loeb N G, Rose F G, et al. 2013. Surface irradiances consistent with CERES-derived top-of-atmosphere shortwave and longwave irradiances. Journal of Climate, 26: 2719-2740

Kato S, Rose F G, Rutan D A, et al. 2018. Surface irradiances of Edition 4.0 clouds and the Earth's radiant energy system CERES energy balanced and filled EBAF data product. Journal of Climate, 31: 4501-4527

Kaufman Y J, Tanre D. 1998. Algorithm for remote sensing of tropospheric aerosols from MODIS. MODIS ATBD MOD02, 9: 1-85

Kobayashi S, Ota Y, Harada Y, et al. 2015. The JRA-55 reanalysis: General specifications and basic characteristics. Journal of the Meteorological Society of Japan, 93(1): 5-48

Kopp G, Lean J L. 2011. A new, lower value of total solar irradiance: Evidence and climate significance. Geophysical Research Letters, 381: L01706

Kumar N M, Kumar P V H, Rao P R. 2001. An empirical model for estimating hourly solar radiation over the Indian seas during summer monsoon season. Indian Journal of Marione Sciences, 30: 123-131

Lacis A A, Hansen J E. 1974. A parameterization for the absorption of solar radiation in the earth's atmosphere. Journal of the Atmospheric Sciences, 311: 118-133

Laszlo I, Ciren P, Liu H, et al. 2008. Remote sensing of aerosol and radiation from geostationary satellites. Advances in Space Research, 4111: 1882-1893

Li Z, Moreau L, Cihlar J. 1997. Estimation of photosynthetically active radiation absorbed at the surface. Journal of Geophysical Research, 102(D24): 29717-29727

Liang S. 2004. Quantitative Remote Sensing of Land Surfaces. Hoboken, New Jersey: Wiley

Liang S, Wang K, Zhang X, et al. 2010. Review on estimation of land surface radiation and energy budgets from ground measurement, remote sensing and model simulations. IEEE Journal of Selected Topics in Applied Earth Observations and Remote Sensing, 33: 225-240

Liang S, Zheng T, Liu R G, et al. 2006. Estimation of incident photosynthetically active radiation from moderate resolution imaging spectrometer data. Journal of Geophysical Research: Atmospheres, 111(D15): D15208

Liu J C, Schaaf C, Strahler A, et al. 2009. Validation of Moderate resolution imaging spectroradiometer MODIS albedo retrieval algorithm: dependence of albedo on solar zenith angle. Journal of Geophysical Research-Atmospheres, 114: D01106

Liu Q, Wang L Z, Qu Y, et al. 2013. Preliminary evaluation of the long-term GLASS albedo product. International Journal of Digital Earth, 6: 69-95

Ma Q, Wang K C, Wild M. 2015. Impact of geolocations of validation data on the evaluation of surface incident shortwave radiation from Earth System Models. Journal of Geophysical Research: Atmospheres, 120: 6825-6844

Ma Y, Pinker R T. 2012. Modeling shortwave radiative fluxes from satellites. Journal of Geophysical Research: Atmospheres, 117: D23202

Maxwell E L. 1998. METSTAT--the solar radiation model used in the production of the National Solar Radiation Data Base NSRDB. Solar Energy, 624: 263-279

Norris J R, Wild M. 2007. Trends in aerosol radiative effects over Europe inferred from observed cloud cover, solar "dimming"; and solar "brightening". Journal of Geophysical Research, 112 (D8): D08214

Ohmura A. 2009. Observed decadal variations in surface solar radiation and their causes. Journal of Geophysical Research, 114: D00D05

Ohmura A, Dutton E G, Forgan B, et al. 1998. Baseline surface radiation network BSRN/WCRP:new precision radiometry for climate research. Bulletin of the American Meteorological Society, 7910: 2115-2136

Pinker R T, Laszlo I. 1992. Modeling surface solar irradiance for satellite applications on a global scale. Journal of Applied Meteorology, 312: 194-211

Pinker R T, Zhang B, Dutton E G. 2005. Do satellites detect trends in surface solar radiation? Science, 3085723: 850-854

Pinker R T, Frouin R, Li Z. 1995. A review of satellite methods to derive surface shortwave irradiance. Remote Sensing of Environment, 511: 108-124

Pinker R T, Laszlo I. 1992. Modeling surface solar irradiance for satellite applications on a global scale. Journal of Applied Meteorology, 31: 194-211

Pinker R T, Zhang B, Dutton E G. 2005. Do satellites detect trends in surface solar radiation? Science, 308: 850-854

Qin J, Tang W, Yang K, et al. 2015. An efficient physically based parameterization to derive surface solar irradiance based on satellite atmospheric products. Journal of Geophysical Research: Atmospheres, 120: 4975-4988

Qu Y, Liu Q, Liang S, et al. 2014. Direct-estimation algorithm for mapping daily land-surface broadband Albedo from MODIS data. IEEE Transactions on Geoscience and Remote Sensing, 52: 907-919

Rienecker M M, Suarez M J, Gelaro R, et al. 2011. MERRA: NASA"s modern-era retrospective analysis for research and applications. Journal of Climate, 24: 3624-3648

Ryu Y, Kang S, Moon S K, et al. 2008. Evaluation of land surface radiation balance derived from moderate resolution imaging spectroradiometer MODIS over complex terrain and heterogeneous landscape on clear sky days. Agricultural and Forest Meteorology, 148 (10): 1538-1552

Safari B, Gasore J. 2009. Estimation of global solar radiation in Rwanda using empirical models. Asian Journal of Scientific Research, 2: 68-75.

Saha S, Moorthi S, Pan H L, et al. 2010. The NCEP climate forecast system reanalysis. Bulletin of the American Meteorological Society, 91: 1015-1057

Schmetz J. 1989. Towards a surface radiation climatology: Retrieval of downward irradiances from satellites. Atmospheric Research, 23 (3-4): 287-321

Simmons A, Uppala S, Dee D, et al. 2006. ERAInterim: New ECMWF reanalysis products from 1989 onwards. ECMWF Newsletter, No. 110, ECMWF, Reading, United Kingdom. 25-35

Skartveit A, Olseth J A. 1988. Some simple formulas for multiple Rayleigh scattered irradiance. Solar Energy, 411: 19-20

Spencer J W. 1971. Fourier series representation of the position of the sun. Serarch, 25: 172-172

Stephens G L. 1978a. Radiation profiles in extended water clouds. II: parameterization schemes. Journal of Atmospheric Sciences, 3511: 2123-2132

Stephens G L. 1978b. Radiation profiles in extended water clouds. I. theory. Journal of Atmospheric Sciences, 3511: 2111-2122

Stephens G L, Ackerman S, Smith E A. 1984. A shortwave parameterization revised to improve cloud absorption. Journal of Atmospheric Sciences, 41: 687-690

Stephens G L, Li J L, Wild M, et al. 2012. An update on Earth's energy balance in light of the latest global observations. Nature Geoscience, 5: 691-696

Tang W, Qin J, Yang K, et al. 2016. Retrieving high-resolution surface solar radiation with cloud parameters derived by combining MODIS and MTSAT data. Atmospheric Chemistry and Physics, 16: 2543-2557

Telahun Y. 1987. Estimation of global solar radiation from sunshine hours, geographical and meteorological parameters. Solar and Wind Technology, 42: 127-130

Thornton P E, Running S W. 1999. An improved algorithm for estimating incident daily solar radiation from measurements of temperature, humidity, and precipitation. Agricultural and Forest Meteorology, 934: 211-228

Trenberth K E, Fasullo J T. 2012. Tracking Earth's energy: From El Niño to global warming. Surveys in Geophysics, DOI 10.1007/s10712-10011-19150-10712

Van Laake P E, Sanchez-Azofeifa G A. 2004. Simplified atmospheric radiative transfer modelling for estimating incident PAR using MODIS atmosphere products. Remote Sensing of Environment, 9 (11): 98-113

Vermote E, Tanré D, Deuzé J L, et al. 1997. Second simulation of the satellite signal in the solar spectrum, 6S: an overview. IEEE Transactions on Geoscience and Remote Sensing, 353: 675-686

Wang D, Liang S, He T, et al. 2015. Estimation of daily surface shortwave net radiation from the combined MODIS data. IEEE Transactions on Geoscience and Remote Sensing, 53: 5519-5529

Wang H, Pinker R T. 2009. Shortwave radiative fluxes from MODIS: model development and implementation. Journal of Geophysical Research: Atmospheres, 114: D20201

Wang K, Zhou X, Liu J, et al. 2005. Estimating surface solar radiation over complex terrain using moderate-resolution satellite sensor data. International Journal of Remote Sensing, 261: 47-58

Wei Y, Zhang X, Hou N, et al. 2019. Estimation of surface downward shortwave radiation over China from AVHRR data based on four machine learning methods. Solar Energy, 177: 32-46.

Wild M. 2008. Short-wave and long-wave surface radiation budgets in GCMs: a review based on the IPCC-AR4/CMIP3 models. Tellus A, 605: 932-945

Wild M. 2012. Enlightening global dimming and brightening. Bulletin of the American Meteorological Society, 93: 27-37

Wild M, Folini D, Hakuba M, et al. 2015. The energy balance over land and oceans: an assessment based on direct observations and CMIP5 climate models. Climate Dynamics, 44: 3393-3429

Wild M, Folini D, Schär C, et al. 2013. The global energy balance from a surface perspective. Climate Dynamics, 40: 3107-3134

Wild M, Gilgen H, Roesch A, et al. 2005. From dimming to brightening: Decadal changes in solar radiation at Earth's surface. Science, 308: 847-850

Wild M, Ohmura A, Gilgen H, et al. 1995. Validation of general circulation model radiative fluxes using surface observations. Journal of Climate, 8: 1309-1324

Wu F T, Fu C B. 2011. Assessment of GEWEX/SRB version 3.0 monthly global radiation dataset over China. Meteorology and Atmospheric Physics, 112: 155-166

Xia X. 2010. A closer looking at dimming and brightening in China during 1961–2005. Annals of Geophysics, 28: 1121-1132

Xia X A, Wang P C, Chen H B, et al. 2006. Analysis of downwelling surface solar radiation in China from National Centers for Environmental Prediction reanalysis, satellite estimates, and surface observations. Journal of Geophysical Research: Atmospheres, 111: D09103

Yang K, Huang G W, Tamai N. 2000. A hybrid model for estimating global solar radiation. Solar Energy, 70 (1): 13-22

Yang K, Koike T, Ye B. 2006. Improving estimation of hourly, daily, and monthly solar radiation by importing global data sets. Agricultural and Forest Meteorology, 137: 43-55

Yang L, Zhang X, Liang S, et al. 2018. Estimating surface downward shortwave radiation over China based on the gradient boosting decision tree method. Remote Sensing, 10: 185

You Q, Sanchez-Lorenzo A, Wild M, et al. 2013. Decadal variation of surface solar radiation in the Tibetan Plateau from observations, reanalysis and model simulations. Climate Dynamics, 40: 2073-2086

Zhang X, Liang S, Wang G, et al. 2016. Evaluation of the reanalysis surface incident shortwave radiation products from NCEP, ECMWF, GSFC, and JMA using satellite and surface Observations. Remote Sensing, 8: 225

Zhang X, Liang S, Wild M, et al. 2015. Analysis of surface incident shortwave radiation from four satellite products. Remote Sensing of Environment, 165: 186-202

Zhang X, Liang S, Zhou G, et al. 2014. Generating Global LAnd Surface Satellite incident shortwave radiation and photosynthetically active radiation products from multiple satellite data. Remote Sensing of Environment, 152: 318-332

Zhang Y, Rossow W B, Lacis A A, et al. 2004. Calculation of radiative fluxes from the surface to top of atmosphere based on ISCCP and other global data sets: Refinements of the radiative transfer model and the input data. Journal of Geophysical Research: Atmospheres, 109: D19105

Zhang X, Wang D, Liu Q, et al. 2019. An operational approach for generating the global land surface downward shortwave radiation product from MODIS data. IEEE Transactions on Geoscience and Remote Sensing, 1-15

Zheng T, Liang S, Wang K. 2008. Estimation of incident photosynthetically active radiation from GOES visible imagery. Journal of Applied Meteorology and Climatology, 473: 853-868

第6章　宽波段反照率[*]

地表反照率(Albedo)是一个广泛应用于地表能量平衡、中长期天气预测和全球变化研究的重要参数(Dickinson, 1995)，其定义为短波波段地表所有反射辐射能量与入射辐射能量之比。地表反照率反映了地球表面对太阳辐射的反射能力，是地表辐射能量平衡以及地气相互作用中的驱动因子之一。地表反照率的增加，会导致净辐射的减小，相应地感热通量和潜热通量减少，进而造成大气辐射上升减弱，云和降水减少，土壤湿度减小，使得地表反照率增加，形成一个正反馈过程；而云量的减少使得太阳辐射增加，净辐射加大，形成一个负反馈作用。在正负反馈作用下最终达到稳定状态的过程中，地表反照率起着关键作用(Charney et al., 1975)。因此，地表反照率是影响地表能量收支平衡的决定性因素，也是影响大气运动的最重要因素之一，甚至影响着局地、区域乃至全球的气候变化。地表反照率的时空变化受到自然过程以及人类活动的影响，具体影响因子如土地利用、土壤湿度、植被覆盖、积雪覆盖等(Gao et al., 2005)。

遥感是在区域或全球尺度获取地表反照率信息的必要技术手段。早期的文献中提出气候研究对于地表反照率反演的精度需求是±0.05(Henderson-Sellers and Wilson, 1983)；评估反照率变化在大陆尺度、十年尺度的对全球地表辐射平衡的作用，需要的地表反照率精度要求为0.01(Jacob and Olioso, 2005)。全球气候观测系统(GCOS)提出地表反照率产品应达到的精度要求是相对精度优于5%，或者绝对精度优于0.005，空间分辨率1km，时间分辨率为每天(GCOS, 2006)。以上也是通过定量遥感方法反演地表反照率产品的研究目标。

本章首先介绍地表反照率计算过程中对光线入射/反射角度的考虑(6.1节)，然后介绍基于BRDF模型的窄波段反照率的反演方法，以及论窄波段反照率向宽波段反照率的转换方法(6.2节)；接下来描述了可用于全球反照率产品生产的直接估算方法(6.3节)；随后两节中则给出对全球地表反照率数据的介绍(6.4节)以及基于全球地表反照率产品进行时空分析的应用实例(6.5节)，最后对地表反照率遥感中存在的问题进行了简要分析和展望(6.6节)。

6.1　地表二向反射模型

6.1.1　地表二向反射与宽波段反照率的定义和关系

地表反照率反映了地球表面对太阳辐射光的反射能力，其特性分为波谱特性和方向特性两个主要方面。我们首先针对单一波长的辐射光讨论地物反射的方向特性。

---

* 本章作者：刘强[1]，闻建光[2]，瞿瑛[3]，何涛[4]，彭菁菁[5]

1. 北京师范大学全球变化与地球系统科学研究院；2. 遥感科学国家重点实验室·中国科学院空天信息创新研究院；3. 东北师范大学地理学与遥感科学学院；4. 武汉大学遥感信息工程学院；5. 马里兰大学地球系统科学跨学科研究中心

1. 二向反射分布函数（BRDF）

理想光滑表面的反射是镜面反射，理想粗糙表面的反射是漫反射（朗伯反射），而自然地表往往既不满足镜面反射也不满足漫反射的条件。二向反射的概念是指物体表面反射光的能力与入射和反射光的方向有关。1977 年 Nicodemus 给出二向性反射分布函数（Bidirectional Reflectance Distribution Function, BRDF）的定义（Nicodemus，1977）：

$$\text{BRDF} = f_r(\theta_i, \varphi_i; \theta_r, \varphi_r; \lambda) = \frac{\mathrm{d}L_r(\theta_i, \varphi_i; \theta_r, \varphi_r; \lambda)}{\mathrm{d}E_i(\theta_i, \varphi_i; \theta_r, \varphi_r; \lambda)} \tag{6.1}$$

式中，θ_i 为太阳（入射光）天顶角；φ_i 为太阳（入射光）方位角；θ_r 为观测天顶角；φ_r 为观测方位角；$\mathrm{d}E_i(\theta_i, \varphi_i; \theta_r, \varphi_r; \lambda)$ 表示在一个微分面积元 $\mathrm{d}A$ 上，入射光方向的微分立体角内光谱辐照度的增量；$\mathrm{d}L_r(\theta_i, \varphi_i; \theta_r, \varphi_r; \lambda)$ 则是由于入射光增量引起反射光方向的光谱辐射亮度的增量，参见图 6.1。BRDF 的单位为 1/sr（球面度$^{-1}$）。

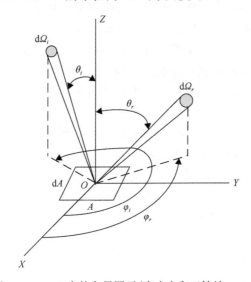

图 6.1　BRDF 中的参量图示（李小文和王锦地，1995）

在不引起误解的情况下，我们常常省略波长符号，简化为

$$\text{BRDF} = f_r(\theta_i, \varphi_i; \theta_r, \varphi_r) = \frac{\mathrm{d}L_r(\theta_i, \varphi_i; \theta_r, \varphi_r)}{\mathrm{d}E_i(\theta_i, \varphi_i; \theta_r, \varphi_r)} \tag{6.2}$$

Nicodemus 的 BRDF 定义基于微分面积元以及微分立体角。严密的数学定义使其具有明确的物理内涵，它是反映目标反射特性的物理量，与测量条件无关。但是，BRDF 使用中的困难在于实际观测中无法直接测量，因此，应用中常用的是在其基础上定义的其他物理量。

2. BRDF、反射率、反射率因子与反照率的概念与区别

反射率（Reflectance）定义为面元反射辐射通量（Radiant Flux）与入射辐照度

(Irradiance)的比值。反射率通常定义在单一波长，称为波谱反射率(Spectral Reflectance)或者光谱反射率，实际测量时往往取足够小的波长间隔进行辐射通量测量。反射率是无量纲的量，取值介于 0～1 之间的，通常用符号 ρ 来表示。

反射比因子(Reflectance Factor)定义为入射光和传感器等因素不变的情况下，面元向某一个方向反射的辐射通量与假定该面元为一理想漫反射表面时该方向的辐射通量的比值。反射比因子也是定义在单一波长的无量纲的量，其取值可以大于 1，通常用符号 R 来表示。

反射率和反射比因子都是比值，他们的区别表现在两方面：一、比值的分母对于反射率而言是入射的辐照度，对于反射比因子而言则是理想漫反射表面的反射辐射通量；二、比值的分子对反射率而言是反射到半球空间所有方向的通量，而对于反射比因子而言则只是反射到某一方向上的通量。

反照率(Albedo)定义为面元反射的能量与入射能量的比值。可以看出，反照率的定义与反射率非常相似，实质上，单一波长的反照率也就是反射率。但是反照率通常定义于一定的波长范围，例如可见光反照率或者短波反照率。

反射率、反射率因子与反照率都是可测量的物理量。反射率与反照率的测量是针对半球空间的，使用的是具有余弦积分的探测器，比如积分球、辐射表。反射比因子的测量则是针对某一出射光方向，需使用具有指向性的探测器，比如光谱仪；为了获得理想漫反射表面的出射光，一般需要使用参考板。

如前所述，BRDF 是反映物体表面自身特性的物理量，与测量方法无关。而反射率、反射率因子和反照率均与测量条件有关，尤其是与入射辐射能量的角度分布有关。对于宽波段反照率而言，还与入射辐射能量的波谱分布有关。根据不同的入射角度分布以及不同的观测方法，人们进一步定义了 DHR，BHR，BRF，HDRF 等物理量(见下文)。这些量都可以通过 BRDF 积分得到。

对于这些物理量定义中的面元，一般来说，我们将被测量表面假设成平坦、均匀的平面，则测量中面元的大小并不影响测量结果。但由于遥感像元往往是具有一定面积的非均匀表面，这时 BRDF 无法有效定义，而反射率、反射比因子与反照率的定义仍然成立。

需要说明的是，在部分文献中并没有严格按照本文中定义来命名这些物理量，而是使用一些约定俗成的称谓，最常见的是把测量的 BRF 数据称为 BRDF，实际上这二者不仅物理含义不同，而且即使对于朗伯表面其值也相差了 π 倍。另外还会习惯性地把反射比因子叫作反射率，或者把窄波段的反照率叫作反射率。这些物理量的混淆在一定的上下文表达中，或者是对于观测目标均匀、表面朗伯的情况下是可以接受的，但是在更精准的研究中就有必要弄清楚各物理量的内涵并准确使用。一些文献中对相关物理量的定义做了详细的解释(Schaepman-Strub et al., 2006; Martonchik et al., 2000; Liang and Strahler, 2000)。

3. 相关物理量的定义

地物反射光线的能力是与光线的入射和出射几何相关的。对于出射光线而言，人们常用的几何设置是特定方向的观测和半球积分观测两种。因为反射率(反照率)的定义是基于辐射通量(能量)的，只有半球积分观测才满足其定义，所以对于出射方向进行半球积分的观测，我们用反射率(反照率)来描述。而出射方向是单一方向的观测则用反射比因子来描述。

对于入射光线而言，人们常用的几何设置是自然光、理想直射光和理想漫射光三种；因此，入射光和出射光几何设置的组合就有方向-方向反射、漫射半球-方向反射、半球-方向反射、方向-半球反射、漫射半球-半球反射、半球-半球反射 6 种。

1)二向反射比因子(BRF)

BRF 是最接近 BRDF 的可测量物理量，其定义为直射光入射条件下，某一观测方向上目标反射的辐射通量与假定该目标被一理想漫反射表面代替时反射的辐射通量之间的比值。

$$\text{BRF} = R(\theta_i, \varphi_i; \theta_r, \varphi_r) = \frac{\mathrm{d}\Phi_r(\theta_i, \varphi_i; \theta_r, \varphi_r)}{\mathrm{d}\Phi_r^{\mathrm{id}}(\theta_i, \varphi_i)} \tag{6.3}$$

式中，$\mathrm{d}\Phi_r(\theta_i, \varphi_i; \theta_r, \varphi_r)$ 是观测方向的一个微分辐射通量，它与微分辐射亮度的关系如下：

$$\mathrm{d}\Phi_r(\theta_i, \varphi_i; \theta_r, \varphi_r) = \cos\theta_r \sin\theta_r \mathrm{d}L_r(\theta_i, \varphi_i; \theta_r, \varphi_r)\mathrm{d}\theta_r \mathrm{d}\varphi_r \mathrm{d}A \tag{6.4}$$

式(6.3)中的 $\mathrm{d}\Phi_r^{\mathrm{id}}(\theta_i, \varphi_i)$ 是理想漫反射表面反射到观测方向的一个微分辐射通量，因为漫反射表面的反射与出射方向无关，所以省略了观测角度。对于理想反射表面，所有入射光线被反射，所以：

$$\mathrm{d}\Phi_r^{\mathrm{id}}(\theta_i, \varphi_i) = \mathrm{d}\Phi_i(\theta_i, \varphi_i) = \mathrm{d}E_i(\theta, \varphi_i)\mathrm{d}A \tag{6.5}$$

BRF 与 BRDF 的关系为

$$\text{BRF} = R(\theta_i, \varphi_i; \theta_r, \varphi_r) = \frac{f_r(\theta_i, \varphi_i; \theta_r, \varphi_r)}{f_r^{\mathrm{id}}(\theta_i, \varphi_i)} = \pi f_r(\theta_i, \varphi_i; \theta_r, \varphi_r) = \pi\text{BRDF} \tag{6.6}$$

即理想状态的 BRF 与 BRDF 成正比，是 BRDF 的 π 倍。实际测量 BRF 时测量仪器的视场角都具有一定的大小，而不可能视为无穷小。因为一般地物的 BRDF 具有连续性，人们通常忽略仪器视场角的影响，但对于视场角较大的仪器仍需要注意。

2)漫射半球-方向反射比因子(HDRF_diff)

HDRF_diff 定义为理想的漫射光入射条件下，观测目标向某一观测方向反射的辐射通量与假定该目标被一理想漫反射表面代替时反射的辐射通量的比值。它等于 BRDF 在入射半球空间的积分。

$$\text{HDRF\_diff} = R(2\pi; \theta_r, \varphi_r) = \frac{\mathrm{d}\Phi_r(2\pi; \theta_r, \varphi_r)}{\mathrm{d}\Phi_r^{\mathrm{id}}(2\pi)} = \int_0^{2\pi}\int_0^{\pi/2} f_r(\theta_i, \varphi_i; \theta_r, \varphi_r)\sin\theta_i \cos\theta_i \mathrm{d}\theta_i \mathrm{d}\varphi_i \tag{6.7}$$

3)半球-方向反射比因子(HDRF)

HDRF 定义为自然光入射条件下，观测目标向某一观测方向反射的辐射通量与假定该目标被一理想漫反射表面代替时反射的辐射通量的比值(Strub et al., 2003)，HDRF 是本书介绍得最接近人们用光谱和参考板测量数据的物理量。虽然该定义允许入射光通量服从任意的角度分布，但是在使用中人们通常假设入射光是由一定比例的理想直射光和理想漫射光组合而成。

$$\text{HDRF} = R(\theta_i, \varphi_i, 2\pi; \theta_r, \varphi_r) = \frac{\mathrm{d}\Phi_r(\theta_i, \varphi_i, 2\pi; \theta_r, \varphi_r)}{\mathrm{d}\Phi_r^{\text{id}}(\theta_i, \varphi_i, 2\pi)}$$

$$= \frac{\displaystyle\int_0^{2\pi}\int_0^{\pi/2} \pi f_r(\theta_i, \varphi_i; \theta_r, \varphi_r)\sin\theta_i\cos\theta_i L_i(\theta_i, \varphi_i; \theta_r, \varphi_r)\mathrm{d}\theta_i\mathrm{d}\varphi_i}{\displaystyle\int_0^{2\pi}\int_0^{\pi/2}\sin\theta_i\cos\theta_i L_i(\theta_i, \varphi_i; \theta_r, \varphi_r)\mathrm{d}\theta_i\mathrm{d}\varphi_i} \tag{6.8}$$

当入射光由(θ_0, φ_0)方向的直射光和漫射光组合而成时：

$$\text{HDRF} = R(\theta_i, \varphi_i, 2\pi; \theta_r, \varphi_r)$$

$$= (1-s)\pi f_r(\theta_0, \varphi_0; \theta_r, \varphi_r) + s\int_0^{2\pi}\int_0^{\pi/2} f_r(\theta_i, \varphi_i; \theta_r, \varphi_r)\sin\theta_i\cos\theta_i\mathrm{d}\theta_i\mathrm{d}\varphi_i \tag{6.9}$$

$$= (1-s)\text{BRF}(\theta_0, \varphi_0; \theta_r, \varphi_r) + s\,\text{HDRF\_diff}(\theta_r, \varphi_r)$$

其中，s是漫射光通量占所有入射光通量的比例：

$$s = \frac{L_i^{\text{diff}}}{\left(\dfrac{1}{\pi}\right)E_{\text{dir}}(\theta_0, \varphi_0) + L_i^{\text{diff}}} \tag{6.10}$$

4) 方向-半球反射率(DHR)

DHR 定义为直射光入射条件下，面元向半球空间反射的辐射通量与入射到该面元的辐射通量的比值。它等于 BRDF 在出射半球空间的积分。

$$\text{DHR} = \rho(\theta_i, \varphi_i; 2\pi) = \frac{\mathrm{d}\Phi_r(\theta_i, \varphi_i; 2\pi)}{\mathrm{d}\Phi_i(\theta_i, \varphi_i)} = \int_0^{2\pi}\int_0^{\pi/2} f_r(\theta_i, \varphi_i; \theta_r, \varphi_r)\sin\theta_r\cos\theta_r\mathrm{d}\theta_r\mathrm{d}\varphi_r \tag{6.11}$$

对于单一波长的光线，上式也可以作为黑空反照率(Black-Sky Albedo—BSA)这一物理量的定义(Lucht et al., 2000)。

5) 漫射半球-半球反射率(BHR_diff)

BHR_diff 定义为理想漫射光入射条件下，面元向半球空间反射的辐射通量与入射到该面元的辐射通量的比值。它等于 BRDF 在入射半球空间和出射半球空间的积分，也等于 DHR 在入射半球空间的积分。

$$\text{BHR\_diff} = \rho(2\pi; 2\pi) = \frac{\mathrm{d}\Phi_r(2\pi; 2\pi)}{\mathrm{d}\Phi_i(2\pi)} = \frac{1}{\pi}\int_0^{2\pi}\int_0^{\pi/2}\rho(\theta_i, \varphi_i; 2\pi)\sin\theta_i\cos\theta_i\mathrm{d}\theta_i\mathrm{d}\varphi_i \tag{6.12}$$

对于单一波长的光线，上式也定义了白空反照率(White-Sky Albedo—WSA)这一物理量。

6) 半球-半球反射率(BHR)

BHR 定义为自然光照条件下，面元向半球空间反射的辐射通量与入射到该面元的辐射通量的比值。同 HDRF 一样，虽然 BHR 的定义允许入射光通量服从任意的角度分布，但是在使用中人们通常假设入射光是由一定比例的理想直射光和理想漫射光组合而成。

$$
\begin{aligned}
\mathrm{BHR} = \rho(\theta_i,\varphi_i,2\pi;2\pi) &= \frac{\mathrm{d}\varPhi_r(\theta_i,\varphi_i,2\pi;2\pi)}{\mathrm{d}\varPhi_i(\theta_i,\varphi_i,2\pi)} \\
&= \frac{\displaystyle\int_0^{2\pi}\!\!\int_0^{\pi/2} \rho(\theta_i,\varphi_i;2\pi)L_i(\theta_i,\varphi_i)\sin\theta_i\cos\theta_i\mathrm{d}\theta_i\mathrm{d}\varphi_i}{\displaystyle\int_0^{2\pi}\!\!\int_0^{\pi/2} L_i(\theta_i,\varphi_i)\sin\theta_i\cos\theta_i\mathrm{d}\theta_i\mathrm{d}\varphi_i}
\end{aligned}
\tag{6.13}
$$

当入射光由 (θ_0,φ_0) 方向的直射光和漫射光组合而成，其中漫射光比例是 s 时：

$$
\mathrm{BHR} = (1-s)\mathrm{DHR}(\theta_0,\varphi_0;2\pi) + s\,\mathrm{BHR\_diff}(2\pi;2\pi)
\tag{6.14}
$$

对于单一波长的光线，上式也定义了称为蓝空反照率(Blue-Sky Albedo)或者真实反照率(Actual albedo)的物理量。

7) 宽波段反照率(Broadband albedo)

单一波长的 DHR，BHR_diff 和 BHR 也就是单一波长的黑空反照率、白空反照率和蓝空反照率，也称为光谱反照率。以下我们用 $\alpha(\theta,\lambda)$ 表示光谱反照率，它是波长和入射光角度分布的函数，入射光可以是直射光、漫射光或者自然光。

某一波段的反照率可以由光谱反照率在波长维积分得到，积分时用入射光能量随波长的分布加权：

$$
A(\theta,\lambda) = \frac{\displaystyle\int_{\lambda_1}^{\lambda_2} \alpha(\theta,\lambda)F_d(\theta,\lambda)\mathrm{d}\lambda}{\displaystyle\int_{\lambda_1}^{\lambda_2} F_d(\theta,\lambda)\mathrm{d}\lambda}
\tag{6.15}
$$

其中，$A(\theta,\lambda)$ 表示波段反照率；F_d 是入射光能量，对于地表遥感来说就是大气下界下行的太阳辐射能量，它是波长和入射光角度分布的函数。λ_1 和 λ_2 是波段的起止波长。

遥感中常用的波段反照率有：①窄波段反照率，对应于某一传感器的特定波段，比如 TM 的 1 波段反照率、MODIS 的 2 波段反照率等。②短波反照率，因为到达地表的太阳辐射绝大部分分布在短波波段，所以短波反照率也就是地表能量平衡研究中主要关注的反照率，文献中常用到的短波范围有 0.25~5μm 和 0.3~3μm 两种，前者对整个太阳光的能量分布覆盖得相对更全面，后者与测量中使用的短波辐射表的波长相对应。由于在小于 0.3μm 或大于 3μm 的波段太阳入射辐射值几乎为零，因此这两种不同波段范围的反照率差别很小，一般不做区别。③可见光反照率和近红外反照率，可见光反照率定义在 0.3~0.7μm 波长范围上，近红外反照率定义在 0.7~3μm 波长范围上。这样定义的主要原因是植被和土壤的反射特性在这两个波段范围有明显的差异。短波反照率、可见光反照率和近红外反照率都可以称为宽波段反照率，在多数文献中，提到宽波段反照率时如果不加限定，通常是指短波反照率。

6.1.2　地表二向反射观测数据

1. 室内和野外观测数据

人们对于二向反射现象的关注最早表现在测量数据上，其中对于人造材料或其他小样品表面二向反射性的测量要早于对自然地表的测量。这里主要介绍对于自然地表的二向反射观测数据。

野外测量二向反射时通常是将光谱仪、参考板和多角度观测架配合使用。如前所述，严格定义的 BRDF 不可观测，所以我们习惯上所说的测量 BRDF 实际上是测量反映地表二向反射特性的 BRF 或者 HDRF。理想情况是在没有天空漫射光的条件下用小视场角的光谱仪分别测量目标物和理想漫反射参考板的辐亮度，二者的比值就是 BRF。实际上自然条件的入射光是由直射光和漫射光组成的，测量结果是 HDRF。晴空条件下直射光占总入射光比例一般超过 80%，人们在一定误差允许范围内常常忽视 BRF 和 HDRF 的差别。但是研究表明，在漫射光较多的情况下必须考虑漫射光的影响，并提出了可以把 HDRF 校正为 BRF 的测量和数据处理方法(宋芳妮等，2007；周晔等，2008)。

不同的多角度观测架，其自动化程度有所差异，典型的全自动多角度观测架如 FIGOS (Field Goniometer System)(Sandmeier and Itten, 1999) 以及 NASA(美国宇航局)制作的观测架(Sandmeier, 2000)。这二者具有相似的功能：通过电机驱动实现观测天顶角和方位角的自动定位，完成一个周期(11 个天顶角 18 个方位角)的多角度观测需要 10~20min。图 6.2 中给出了中国科学家研制的自动多角度观测架，其复杂程度和造价低于 FIGOS。如图所示，该装置采用吊杆结构改变观测天顶角，采用半弧形的轨道改变观测方位角，另外观测架的高度也可以随着作物的生长状态进行动态调整，这种设计明显减轻了观测架重量，并减少了自然入射光受到的干扰。昂贵的全自动多角度观测架通常较为笨重，因此在很多测量中也常常用简易观测架替代。对裸土二向反射特性的测量也可以在制备样本后于室内进行，以人造灯作为光源，并可使用较小的观测架(图 6.3)。尽管已有多种观测架的设计，但是在野外测量二向反射方面仍然存在很多待解决的问题，例如观测架安装过程中常会对观测目标及周边环境有较大破坏，难以实现较高的测量高度等。

图 6.2　中国科学家研制的自动多角度观测架(Liu et al., 2002)

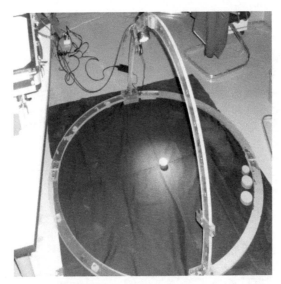

图 6.3　室内测量用的简易多角度观测架(Wu et al., 2010)

　　因为多角度观测需要的时间较长，这期间太阳角度以及光照条件的改变不利于多角度数据集的规范化，为了减少测量时间，也可以仅测量少量典型采样平面。地物的二向反射特征常常在观测主平面上表现最为明显。所谓观测主平面，就是太阳入射光线与观测方向法线确定的观测方位角范围。通常，观测仪器在主平面内从后向观测向前向观测运动时，观测天顶角从后向大倾角观测(90°)变化到天底观测(0°)然后再变化到前向大倾角观测(90°)，观测方位角在后向观测时设为 0°，在前向观测时设为 180°。在野外二向反射观测中，如果不能采集整个半球空间的二向反射分布，通常会优先测量主平面上的二向反射。

　　1) 植被冠层二向反射数据特征

　　图 6.4 显示了 2008 年 6 月 22 日张掖市盈科气象站玉米样地测量的冠层二向反射率在主平面上的分布图，严格地说这个测量结果是 HDRF。图中观测天顶角为负值时表示后向观测，正值表示前向观测。测量采用了 ASD FieldSpec Pro FR 2500 光谱仪和北京师范大学研制的多角度观测架，共测量了主平面、垂直主平面、顺垄和垂直垄 4 个观测平面，最大观测天顶角 60°，间隔 10°。测量目标是玉米地，叶面积指数约为 2.5。我们可以看到植被反射特性的一个主要特征是近红外(860nm)反射率显著高于红光(670nm)反射率；第二个特点是红光的二向反射率多呈丘状，这主要是表面散射造成的，近红外的二向反射率多呈碗状，这主要是体散射造成的(李小文和王锦地，1995)；第三个特点是"热点"现象的存在，热点现象是指观测方向与太阳照射方向一致时，观测到二向反射率明显增大，对于图 6.4 中列出的数据，在观测天顶角为后向 22°时为热点方向。图中可见，在观测天顶角为−20°和−30°处确实有二向反射率增大的现象，但是由于观测角采样间隔太大，难以分辨出热点附近的细节。在实际的地面多角度观测中，由于传感器本身会在热点方向投下阴影，造成二向反射率测量结果的减小，成为一种干扰，所以热点现象是很难捕捉到的。

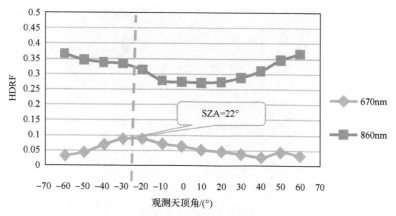

图 6.4　植被冠层的二向反射特点

SZA 为太阳天顶角(Solar Zenith Angle)，下同

2）裸土二向反射数据特征

图 6.5 显示了 2008 年 6 月 22 日张掖市花寨子荒漠二号样地测量的 HDRF 在主平面上的分布图。所采用仪器包括 ASD FieldSpec Pro FR 2500 光谱仪和简易多角度观测架，测量了主平面和垂直主平面 2 个观测平面，最大观测天顶角 60°，间隔 10°。测量目标是荒漠地表，有少量旱生植被，盖度小于 0.02，基本可认为是裸土。我们看到裸土在可见光和近红外波段反射率的差别不如植被显著，且二者的方向性特征几乎一致。图中数据对应的太阳天顶角大致在 19°，即热点方向在图中的后向 19°处。可以看到二向反射率最大值出现在后向 30°处，这说明热点现象虽然存在，但是影响反射率最大值位置的还有其他很多因素。

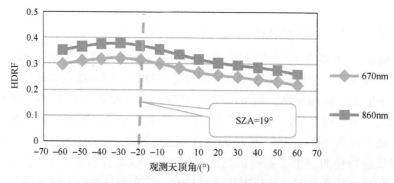

图 6.5　裸土的二向反射特点

3）冰雪二向反射数据特征

图 6.6 显示了 2008 年 3 月 23 日祁连县冰沟样地测量的 HDRF 在主平面上的分布图。测量采用了 ASD FieldSpec Pro FR 2500 光谱仪和转盘式多角度观测架，观测方位角取 10 度间隔，观测天顶角取 5°间隔(最大 60°)，进行了观测半球空间的多角度观测，测量目标是雪地。我们可以看到雪地反射率很高，并且在可见光和近红外波段的差别不大，二者的方向性特征几乎一致。从图中看，热点现象不明显，另外，与植被和裸土后向反射

占优势的特点不同，雪地的前向反射大于后向反射。我们还可以看到测量的雪地 HDRF 最大值超过 1，根据反射因子的定义，这样的现象是存在的。虽然有时我们习惯性地把测量得到的数据叫作 BRDF 或者反射率，但是在真正把数据用于科学分析时必须明白其真正对应的物理量的含义。

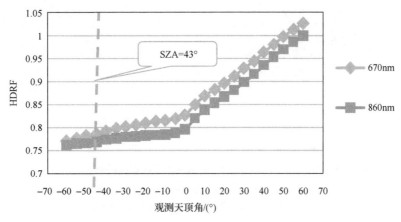

图 6.6　冰雪的二向反射特点

2. 遥感观测数据

一般来说，利用遥感获取多角度观测数据有 3 种方式：

第一种方式与地面观测相似，传感器沿轨道运动的过程中始终对准同一地面目标，通过调整传感器倾角获取沿轨道方向的若干个观测角度的数据。采用这种观测方式成像的典型星载传感器如 PROBA 卫星上的 CHRIS，它通过调整卫星平台姿态来调整观测角度，可以获得 5 个角度的观测。另外，也可以搭载多个不同角度的相机成像，省去调整卫星姿态，典型的传感器如 Terra 卫星上的 MISR，它用 9 个相机实现 9 个角度的观测，最大观测角 70°。

第二种方式是采用面阵相机广角成像，从同一轨道拍摄的多景相邻图像或者相邻轨道拍摄的图像中提取对同一地面目标的重复观测，不同景图像中提取的数据具有不同的观测角度。采用这种观测方式成像的典型星载传感器如 PARASOL 卫星上的 POLDER，其图像的分辨率约 6km，最大观测角度 70°，从一轨数据中最多能提取 14 个角度的观测数据。

第三种方式是采用广角扫描传感器，从相邻多轨道获取的图像中提取对同一地面目标的重复观测。很多中低分辨率遥感传感器，如 NOAA-AVHRR、Terra-MODIS、SPOT-VEGETATION、FY3-VIRR/MERSI 都具有超过 50° 的扫描角，对全球大部分区域基本都能每天覆盖一次。这样，选取不同日期获取的同一像元数据也能组成多角度观测数据集。因为这种方式需要多天观测才能获得多角度数据集，在此期间地表状态的变化不容忽略，所以这些传感器都不是严格意义的多角度传感器。另一方面，由于这些传感器的观测倾角大，所以定量使用这些传感器数据时必须考虑地表的二向反射特性。

第一种方式获得的多角度观测数据的时间同步性较好，观测角都位于传感器轨道平面内。第三种方式获得的数据时间同步性差，观测角度基本位于垂直于轨道方向的平面内。

如图 6.7 显示了半球空间中 MODIS 和 MISR 传感器获取的多角度数据集的观测角和太阳角度分布的一个示例。可以看到这两种方式获得数据的观测角度都不多且分布不均匀。

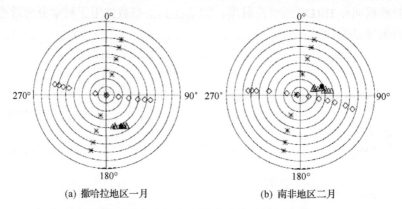

(a) 撒哈拉地区一月　　　　　　　　　　　(b) 南非地区二月

图 6.7　MODIS 和 MISR 传感器数据太阳/观测角度在半球空间的分布(Jin et al., 2002)极坐标
图中极径代表天顶角，极角代表方位角；菱形和星号分别表示 MODIS 和 MISR 的
观测方向，三角形和圆点分别表示 MODIS 和 MISR 数据对应的太阳方向

第二种方式既能在轨道方向获得多角度观测(准实时)，也能通过图像的旁向重叠获得相邻轨道的多角度观测(多天)，因此获得的观测角度采样最多，在半球空间的分布也较均匀。不过由于采用面阵探测器广角成像，这种方式获得的数据的空间分辨率比较低。欧空局 Service Centre of the POSTEL Thematic Centre 从 POLDER 数据提取的 BRDF 数据集，是目前能获得的质量较好的覆盖全球不同地类像元的二向反射率观测数据集(实为遥感数据经过大气校正后得到的 HDRF)。每一个数据集为同一像元 1 个月内多次观测的集合，其中剔除了受云干扰的数据。图 6.8 显示了一个 POLDER-BRDF 数据集，其像元经纬度

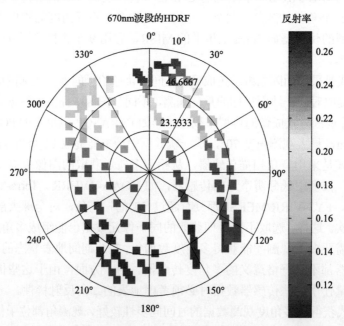

图 6.8　一组典型的 POLDER-BRDF 数据的角度分布以及 670nm 波段的反射率值

坐标为(27.08°N，123.75°E)，地表类型为 Open Shrublands(IGBP_class 7)，获取时间是
2006 年 7 月。可以看到该数据集由若干轨数据构成，每一轨数据在观测半球空间沿左上
到右下的一条弧线分布。太阳角的方向由紫色点表示，可以看到在太阳方向附近的观测
数据具有较大反射率，即我们常说的热点现象。

　　多角度遥感模型的使用者总是希望二向反射率数据集中的太阳/观测角度越多、分布
越均匀越好，另一方面，因为地面状况是不断变化的，所以数据的获取时间越短越好。
单星、单传感器获取的多角度观测数据集的角度分布具有局限性(Barnsley et al., 1994)。
使用多星、多传感器则能在较短时间内获取更多角度的观测数据，且数据的太阳/观测角
度变化更多，有利于多角度遥感模型的反演。研究表明联合使用 MODIS 和 MISR 数据
进行 BRDF/albedo 反演能够更好地提取地表二向反射性的信息(Lucht, 1998; Jin et al.
2002；陈永梅等，2009)。但是不同传感器波段的差异以及定标、几何校正和大气校正中
的误差是联合使用多星多传感器数据的主要障碍。

　　与卫星遥感相比，航空遥感具有灵活和分辨率高的优点，因此机载多角度遥感传感
器一直是地表二向反射模型和反演研究的重要数据源。至今为止，用于采集二向反射数
据的机载传感器有 ASAS(Irons et al., 1991)，AirMISR(Diner et al., 1998)，AMTIS(李小
文，2001; Wang, 2000)等，它们都采用沿航线方向改变相机观测角度的多角度数据获取
方式(即前述第一种方式)。另外还可以采用第二种方式，通过各种带广角镜头的面阵
CCD 相机获取多角度图像，如 AirPOLDER(Leroy et al., 2001)，DuncanTech camera
(Chopping et al., 2003)，WiDAS(方莉等，2009)。

6.1.3　地表二向反射模型

1. 物理(Physical)模型

　　陆地表面的二向反射物理模型基于入射光与地表相互作用的物理过程建立地表二向
反射与地表参数之间的关系，模型参数具有明确的物理意义。以植被冠层反射模型为例，
根据建模机理与参数化方式的不同，物理模型可分为辐射传输模型、几何光学模型、几
何光学—辐射传输混合模型和真实场景计算机模拟模型四类。

1) 辐射传输(RT)模型

　　植被冠层辐射传输模型的理论基础是混沌介质中的辐射传输理论。以研究辐射在水
平均匀冠层薄层中的传输方程为基础，通过对辐射传输方程求解，推算辐射与冠层的相
互作用，进而得到冠层及其下垫面对入射辐射的吸收、透射和反射的方向及光谱特性(李
小文和王锦地，1995)，是各种二向性反射模型的基础。

　　辐射传输方程是辐射传输理论的核心，可描述电磁波在水平面内均一、垂直方向变
化的介质中的辐射传输特征。对于非极化形式的辐射，方程可表示为

$$\frac{\partial I(\tau,s)}{\partial \tau} = -I(\tau,s) + (1/4\pi)\int P(s,s')I(\tau,s')\mathrm{d}\omega' + \varepsilon(r,s)/\sigma\rho \tag{6.16}$$

其中，I 为光强；$P(s,s')$ 为介质的散射函数；τ 为光学路径；ε 为来自植被冠层内的发射。

对于近似水平均匀的植被冠层，可将其分解为若干水平均一的薄层，每个薄层中均一分布着微小散射体，通过引入光学路径、散射相函数等概念来描述冠层薄层中的辐射传输特性。对辐射传输方程的求解，一般需要采用近似解或数值解。例如 KM 理论(Kubelka and Munk, 1931)假设冠层薄层中的辐射通量可近似为上行、下行的散射光通量以及入射、反射的太阳直射光通量四个分量，从而建立一组微分方程对辐射传输方程进行近似：

$$dE_- / d(-\tau) = -(\alpha + \gamma)E_- + \gamma E_+ + s_1 F_- + s_2 F_+$$
$$dE_+ / d(\tau) = -(\alpha + \gamma)E_+ + \gamma E_- + s_1 F_+ + s_2 F_-$$
$$dF_- / d(-\tau) = -(K + s_1 + s_2)F_- \tag{6.17}$$
$$dF_+ / d(\tau) = -(K + s_1 + s_2)F_+$$

其中，E_-，E_+ 分别表示垂直水平面上的向下和向上的散射光通量，由吸收系数 α 和反射系数 γ 决定；F_-，F_+ 表示入射、反射的太阳直射光通量，由吸收系数 K 以及直射光前向和后向散射系数 s_1、s_2 描述。KM 理论的实质是对辐射传输方程进行近似求解，即以四个通量密度的一阶偏微分方程代替复杂的微分-积分方程。

基于辐射传输理论建立的冠层反射模型主要包括：以 KM 理论为基础的解析模型，如 Suits 模型(Suits, 1972)，SAIL 模型(Verhoef, 1984)，考虑了热点效应的 Kuusk 模型(Kuusk, 1985)；Idso 和 deWit 建立的离散植被模型(Idso and Wit, 1970)及其后发展的 Goudriaan 模型(Goudriaan, 1977)，Cupid 模型(Norman et al., 1985)等；进一步考虑冠层结构特征的三维辐射传输模型(Disney et al., 2006)等。

2) 几何光学(GO)模型

与辐射传输模型基于微体积内的散射方程不同，几何光学模型是基于"景合成模型"而构建的。它从遥感像元的观测尺度出发，将视场分为光照植被、光照地面、阴影植被，阴影地面，则传感器接收到辐射亮度是各组分亮度的面积加权和。Jackson 和 Palmer(1972)提出了行播作物的四分量模型。Li 和 Strahler(1986, 1988, 1992)根据稀疏林的实际情况，用森林结构的主要参数(株密度、树冠大小和高度等)计算了四个分量随太阳角和观测角的变化，建立了天然林的二向反射模型。Jupp 等(1986)在此基础上建立了适用于多层林冠的几何光学模型。Strahler 和 Jupp(1990)进而在林冠和叶两个不同尺度上用几何光学模型解释了不连续植被的二向反射特性。为使几何光学模型能适用于郁闭度较高的森林，Li 和 Strahler(1992)又作了进一步研究，解决了树冠间相互荫蔽的问题。

最具代表性的几何光学模型是 Li-Strahler 的纯几何光学模型(Li and Strahler, 1986)。模型表示为

$$L_s = K_g L_g + K_c L_c + K_t L_t + K_z L_z \tag{6.18}$$

其中，L_s 为像元的总的辐射亮度；L_g, L_c, L_t, L_z 分别为光照地面、光照树冠、阴影树冠、阴影地面的辐亮度；K_g, K_c, K_t, K_z 为相应各组分的比例，均可表示为冠层结构参数的函数。求解该模型的关键在于光照面与阴影面分别所占比例以及各自不同亮度的计算。

几何光学模型的优势在于适合描述离散植被的表面散射特性和热点效应，如稀疏森林、果园等。

3) 混合(GO-RT mixed)模型

几何光学模型和辐射传输模型在不同的尺度上各有优势。Li 等(1995)在纯几何光学模型和不连续植被间隙率模型的基础上，用辐射传输方法求解了多次散射对各面积分量亮度的贡献，分两个层次模拟了承照面与阴影区反射强度，并以间隙率模型将二者联系起来，发展成为几何光学和辐射传输混合(GORT)模型，在对不同太阳高度下的森林反照率和二向反射率计算中获得了较好的结果。

混合模型兼具了辐射传输模型和几何光学模型的优势，在学术界得到广泛采用，其典型代表如 4-scale 模型(Chen and Leblanc, 1997)，GeoSAIL 模型(Huemmrich, 2001)，FLIM 模型(Rosema et al., 1992)。

4) 真实场景的计算机模拟模型(Real Scene Computer Simulation)

真实场景下的计算机模拟模型利用计算机的高速计算和处理图像、图形的能力，模拟真实的植被冠层或其他场景结构，通过追踪计算冠层表面遥感信号产生过程建立模型。计算机模拟模型的典型建模方法有：蒙特卡罗光线追踪(Ray Tracing)方法(Ross and Marshak, 1988, 1989)、辐射度(Radiosity)方法(Borel et al., 1991)、三维辐射传输(DART)模型(Gastelluetchegorry et al., 1996)。

计算机模拟模型可以通过模拟仿真技术求解复杂的辐射传输方程，直观地呈现植被的真实结构和多种观测条件，为其他模型研究及验证提供有效手段。

2. 经验(Empirical)模型

经验模型是用一些数学函数来拟合二向反射分布的形状，也称为统计模型，本身无需具备明确的物理意义。代表性的经验模型有 Minnaert 模型(Minnaert., 1941)，Shibayama 模型(Shibayama and Wiegand, 1985)，Walthall 模型(Walthall et al., 1985)及其改进模型。

由于经验模型是对观测到的数据作经验性的统计描述或相关分析，具有简单、易于计算的优点。但是经验模型的建立需要大量的实测数据，并且对于不同的植被冠层需要建立不同的模型，即模型的普适性不强。另外，由于其不同波段的参数之间没有逻辑关系，模型参数随着波段的增加而增加，导致反演困难(Goel, 1988)。

1) Minnaert 模型

Minnaert 模型(Minnaert, 1941)是最早提出的描述陆地表面二向反射的经验模型之一，主要用于描述月球表面的反射率。模型的优点在于简单互易，但只能粗略近似地表达地球表面的反射率。

$$\rho(\theta_i, \theta_r, \varphi) = \rho_L \frac{(k+1)}{2} (\cos\theta_i \cos\theta_r)^{(k-1)} \tag{6.19}$$

式中，ρ 为地表反射率；ρ_L 为地表反照率；i 为入射角；r 为出射角。k 为 Minnaert 常数，是描述地物非朗伯特性的一个参数，在 0~1 之间取值；当 $k=1$ 时，表示地表是朗伯反射体；对于暗表面，k 取 0.5 左右；k 随物体表面亮度的增加而增加，当表面非常亮时，k 接近于 1。

2) Shibayama 模型

Shibayama 和 Wiegand (1985)提出了一个满足互易原理的线性经验模型。

$$\rho(\theta_i, \theta_r, \varphi) = a + b\sin\theta_r + c\sin\theta_r \sin\frac{\varphi}{2} + d\frac{\sin\theta_r}{\cos\theta_i} \tag{6.20}$$

其中，a,b,c,d 为拟合系数。

3) Walthall 模型及改进的 Walthall 模型

Walthall 等(1985)基于 18 种大豆冠层反射率分布的模拟数据，包括三种太阳天顶角、可见光和近红外 2 个波段、3 种叶面积指数条件下的反射率分布，提出了二向反射率与观测天顶角、观测方位角、太阳方位角之间的函数关系：

$$\rho(\theta_i, \theta_r, \varphi) = a\theta_r^2 + b\theta_r \cos(\varphi_r - \varphi_i) + c \tag{6.21}$$

其中，a、b、c 为待定系数。该模型初期主要是针对土壤建立的，但在 Walthall 等 1985 年发表的文章中，其对大豆的二向反射率模拟效果很好。

Nilson 和 Kuusk(1989)对此方程进行了修改使之互易，表达式写成

$$\rho(\theta_i, \theta_r, \varphi) = a\theta_i^2 \theta_r^2 + b\left(\theta_i^2 + \theta_r^2\right) + c\theta_i \theta_r \cos\varphi + d \tag{6.22}$$

其中，a,b,c,d 为拟合系数。

3. 半经验(Semi-empirical)模型

半经验模型介于经验模型和物理模型之间，通过对物理模型的近似和简化，降低了模型的复杂度，因此既保留了一定的物理意义，又兼有易于计算的优点。

1) 核驱动模型

核驱动模型是目前最为通用的一个半经验模型，它是对水平均一冠层的辐射传输模型和冠层几何光学模型的结合与近似，一般包括各向同性核、体散射核和几何光学核(Roujean et al., 1992)。核模型具备一定的物理意义，能够对地表二向反射现象的机理进行解释；同时，相较于物理模型，核驱动模型反演简单，易于业务化实现，如以 MODIS 产品为代表的 Ambrals(Algorithm for MODIS Bidirectional Reflectance Anisotropies of the Land Surface)算法采用的就是核驱动模型。

$$R(\theta_i, \theta_r, \varphi; \lambda) = f_{iso}(\lambda)k_{iso} + f_{geo}(\lambda)k_{geo}(\theta_i, \theta_r, \varphi) + f_{vol}(\lambda)k_{vol}(\theta_i, \theta_r, \varphi) \tag{6.23}$$

上式为核驱动模型的一般表达式，k_{iso} 为各向同性核函数，一般取值为常数 1；k_{geo} 和 k_{vol} 分别为几何光学核和体散射核函数，是入射和反射角的函数，与波长无关。f_{iso}、f_{geo} 和 f_{vol} 分别是各向同性核、几何光学核和体散射核的系数，是波长的函数而与角度无关。

核驱动模型随核函数的组合不同而有所差异。目前比较常用的核包括：

(a) RossThick 核

Roujean 等(1992)提出，是对 Ross 辐射传输理论(Ross,1981)的近似，用于描述浓密植被冠层。模型假设背景和介质中的微小散射面都是朗伯散射，介质中散射面的朝向是随机分布，仅有一次散射，不考虑多次散射。并且在太阳天顶角和观测天顶角均为 0 时，核的值归一化为 0。核函数形式如下：

$$k_{\text{thick}}(\theta_i, \theta_r, \varphi) = \frac{\left(\dfrac{\pi}{2} - \xi\right)\cos\xi + \sin\xi}{\cos\theta_i + \cos\theta_r} - \frac{\pi}{4} \tag{6.24}$$

其中，ξ 为相位角，$\cos\xi = \cos\theta_i \cos\theta_r + \sin\theta_i \sin\theta_r \cos\varphi$。

（b）RossThin 核

Wanner 等（1995）提出，适用于 LAI 较小时的体散射描述。核函数的形式如下：

$$k_{\text{thin}} = \frac{\left(\dfrac{\pi}{2} - \xi\right)\cos\xi + \sin\xi}{\cos\theta_i \cos\theta_r} - \frac{\pi}{2} \tag{6.25}$$

（c）RossHotspot 核（Modified RossThick kernel）

Maignan 等（2004）在 RossThick 核的基础上考虑了冠层的热点效应，形成了新的体散射核。核函数形式如下：

$$k_{\text{thickM}}(\theta_i, \theta_r, \varphi) = \frac{4}{3\pi}\frac{1}{\cos\theta_i + \cos\theta_r}\left[\left(\frac{\pi}{2} - \xi\right)\cos\xi + \sin\xi\right]\left[1 + \left(1 + \frac{\xi}{\xi_0}\right)\right] - \frac{1}{3} \tag{6.26}$$

其中，ξ_0 是一个特征角度，反映了介质中散射体的尺寸和冠层垂直密度的比例。为了减少模型中参数的个数，ξ_0 设为 1.5°。

（d）LiSparse 和 LiSparseR 核

LiSparse 核（Wanner et al., 1995）由几何光学模型简化而来，适用于朗伯散射地面背景上分布的稀疏冠层。核函数形式如下：

$$k_{\text{sparse}}(\theta_i, \theta_r, \varphi) = O(\theta_i, \theta_r, \varphi) - \sec\theta_i - \sec\theta_r + \frac{1}{2}(1 + \cos\xi)\sec\theta_r \tag{6.27}$$

其中，

$$O(\theta_i, \theta_r, \phi) = \frac{1}{\pi}(t - \sin t \cos t)(\sec\theta_i + \sec\theta_r)$$

$$\cos t = \frac{h}{b}\frac{\sqrt{D^2 + (\tan\theta_i \tan\theta_r \sin\varphi)}}{\sec\theta_i + \sec\theta_r}$$

$$D = \sqrt{\tan^2\theta_i + \tan^2\theta_r - 2\tan\theta_i \tan\theta_r \cos\varphi}$$

$$\cos\xi = \cos\theta_i \cos\theta_r + \sin\theta_i \sin\theta_r \cos\varphi$$

其中，h/b 描述了树冠椭球体高度与宽度的比例，一般取值为 2.0。由于卫星得到的多角度观测数据常因太阳天顶角变化范围小导致拟合的二向反射模型在外推到其他太阳天顶角时出现较大误差。如果模型满足互易原理，即太阳角度和观测角度互易时地表二向反射率不变，则能够从一定程度上控制误差，因此 LiSparse 核经过按照互易原理改写后得到 LiSparseR 核（Lucht, 1998）。

$$k_{\text{sparseR}}(\theta_i, \theta_r, \varphi) = O(\theta_i, \theta_r, \varphi) - \sec\theta_i - \sec\theta_r + \frac{1}{2}(1 + \cos\xi)\sec\theta_i \sec\theta_r \tag{6.28}$$

(e) LiDense 核

Wanner 等(1995)针对植被密度较大冠层给出几何光学模型的简化描述。核函数形式如下：

$$k_{\text{dense}}(\theta_i, \theta_r, \varphi) = \frac{(1 + \cos\xi)\sec\theta_r}{\sec\theta_r + \sec\theta_v - O(\theta_i, \theta_r, \varphi)} - 2 \tag{6.29}$$

(f) LiTransit 核

为了克服 LiSparse 核在太阳天顶角较大时可能的外推误差，李小文等(2000)指出互易原理对于像元尺度的二向反射率并不总是成立，因此提出另一种非互易的解决方案(Gao et al., 2001)。其基本思想认为当太阳天顶角和观测天顶角增大时，由于观测到的冠层孔隙率减小，应该转而用 LiDense 核来描述冠层二向反射，即从小天顶角时使用 LiSparse 核过渡到大天顶角时使用 LiDense 核。核函数表述为

$$k_{\text{Transit}} = \begin{cases} k_{\text{Sparse}}, & B \leqslant 2 \\ k_{\text{Dense}} = \dfrac{2}{B} k_{\text{Sparse}}, & B > 2 \end{cases} \tag{6.30}$$

其中，$B(\theta_i, \theta_v, \varphi) = \sec(\theta_i) + \sec(\theta_r) - O(\theta_i, \theta_r, \varphi)$。

(g) Roujean 几何核

Roujean 等(1992)提出的模型以水平面上随机分布的不透明垂直物体来模拟低植被覆盖地表的散射特性。核函数形式如下：

$$k_{\text{Roujean}}(\theta_i, \theta_r, \varphi) = \frac{1}{2\pi} [(\pi - \varphi)\cos\varphi + \sin\varphi] \tan\theta_i \tan\theta_r - \frac{1}{\pi}(\tan\theta_i + \tan\theta_r + \sqrt{\tan\theta_i^2 + \tan\theta_r^2 - 2\tan\theta_i \tan\theta_r \cos\varphi}) \tag{6.31}$$

2) RPV 模型

为了描述大气-地表耦合的二向反射特征，Rahman 等(1993)引入了一个植被冠层半经验非线性的三参数模型，简称 RPV(Rahman-Pinty-Verstraete)模型。模型考虑了热点效应，且满足互易原理。其基本表达形式如下：

$$\rho(\theta_i, \theta_r, \varphi) = \rho_0 M(\theta_i, \theta_r, a) F(\xi, \Phi) H(\rho_0, \theta_i, \theta_r, \varphi) \tag{6.32}$$

$$M(\theta_i, \theta_r, a) = (\cos\theta_i \cos\theta_r)^{a-1} (\cos\theta_i + \cos\theta_r)^{a-1}$$

$$F(\xi, \Phi) = \frac{1 - \Theta^2}{(1 + 2\Phi\cos g + \Theta^2)^{3/2}}$$

$$H(\rho_0, \theta_i, \theta_r, \varphi) = 1 + \frac{1 - \rho_0}{1 + G}$$

$$G = \sqrt{\tan^2\theta_i + \tan^2\theta_r - 2\tan\theta_i \tan\theta_r \cos\varphi}$$

其中，ξ 为相位角；Θ 为描述散射相函数的一个经验参数，$\Theta > 0$ 表示前向散射占优，$\Theta < 0$ 表示后向散射占优。

Martonchik 等(1998)利用一个指数函数替换了模型中的 Heyney-Greenstein 函数，得到改进后的 MRPV 模型。

$$F(\xi, b) = \exp(-b\cos\xi) \tag{6.33}$$

其中，b 是一个描述散射相函数的经验参数。

6.2　基于二向反射模型反演的反照率估算方法

6.2.1　二向反射模型反演及窄波段反照率计算

现行相对成熟并可业务化运行的基于二向反射模型的反照率算法是 MODIS 的二向反射/反照率产品模型算法，即 AMBRALS(Lucht et al., 2000; Schaaf et al., 2002)。AMBRALS 计算地表反照率的步骤是：①对卫星观测到的大气上界向上辐射进行大气订正，计算地表半球-方向反射比因子 HDRF。②根据不同视角的晴空观测，利用二向反射模型，拟合模型的参数后对其进行积分，就可以得到窄波段地表黑空反照率和白空反照率。③根据太阳辐射光谱和传感器各波段的响应函数，对反照率进行从窄波段到宽波段的转换，得到宽波段黑空反照率和白空反照率。

这里首先介绍地表二向性反射模型的拟合和窄波段反照率的计算，我们可将窄波段反照率近似等同于中心波长的波谱反照率进行计算。

1. 二向反射模型以及数据拟合

AMBRALS 算法采用的是核驱动的线性二向反射模型[式(6.23)]，目前业务化的算法中采用体散射 Ross Thick 核和几何光学 LiSparsR 核的组合，因此该模型也被称为 RTLSR 模型。核驱动模型具有简洁、高速、数据拟合能力强的优点，这对于大批量数据处理来说具有巨大优势。

模型的反演一般通过最小二乘法求取拟合观测数据 $\rho(\wedge)$ 最优的 f_k，即已知 θ_i，θ_r，φ 角度的反射率观测值 $\rho(\wedge)$，通过最小化误差函数得到方程组的数值解，误差函数形如：

$$e^2(\wedge) = \frac{1}{d}\sum_n \frac{\left(\rho(\theta_{i,n}, \theta_{r,n}, \varphi_n, \wedge) - R(\theta_{i,n}, \theta_{r,n}, \varphi_n)\right)^2}{\omega_n} \tag{6.34}$$

其中，$\wedge$ 代表模型参数，即核系数 $\{f_k | k=1,\cdots,3\}$；d 为自由度，即观测样本数减去核系数 f_k 的个数；ω_n 为给定的相应第 n 个观测的权重因子。反演出核系数之后，可以通过核驱动模型外推求出任意太阳入射角和观测角条件下的二向反射率。

2. 二向反射积分获得反照率

波谱反照率与 BRDF 有明确的数学关系，黑空波谱反照率 $\alpha_{b\lambda}(\theta_i)$ 为 BRDF 值在观测方向 2π 空间范围上的积分，而白空波谱反照率 $\alpha_{w\lambda}$ 为黑空的波谱反照率 $\alpha_{b\lambda}(\theta_i)$ 在太阳入射方向 2π 空间范围上的积分。为了便于快速计算，分别定义方向-半球积分核

(Directional-Hemispherical Integral) $h_k(\theta_i, \lambda)$ 以及半球 - 半球积分核 (Bi-Hemispherical Integral) $H_k(\lambda)$，如式 (6.37) 和式 (6.38) 所示。基于核驱动模型的线性特征，$\alpha_{b\lambda}(\theta_i)$ 及 $\alpha_{w\lambda}$ 可以分别表达为 $h_k(\theta_i, \lambda)$ 及 $H_k(\lambda)$ 的加权平均，权重即为模型反演时得到的核系数，如式 (6.35) 和式 (6.36)。进而，实际光谱反照率 (Spectral Actual Albedo) $\alpha_{a\lambda}(\theta_i)$ 可以由 $\alpha_{b\lambda}(\theta_i)$ 及 $\alpha_{w\lambda}$ 的加权平均得到，权重分别为天空光散射辐射占总辐射的比值(s) 及太阳直射辐射占总辐射的比值(1-s)，如式 (6.39)。在实际应用中，为了避免多次积分，节约系统资源，将积分核预先计算好。对于 $h_k(\theta_i, \lambda)$，根据不同的观测几何，建立入射天顶角→核积分值的查找表，或者得到入射天顶角与方向-半球积分核的近似函数，如式 (6.40)。而对于 $H_k(\lambda)$ 则由数值积分计算得到常数值。

$$\alpha_{b\lambda}(\theta_i) = \sum_k f_k(\lambda) h_k(\theta_i, \lambda) \tag{6.35}$$

$$\alpha_{w\lambda} = \sum_k f_k(\lambda) H_k(\lambda) \tag{6.36}$$

$$H_k(\theta_i, \lambda) = \frac{1}{\pi} \int_0^{2\pi} \int_0^{\frac{\pi}{2}} \left[K_k(\theta_i, \theta_v, \varphi, \lambda) \right] \sin\theta_v \cos\theta_v \mathrm{d}\theta_v \mathrm{d}\varphi \tag{6.37}$$

$$H_k(\lambda) = 2 \int_0^{\frac{\pi}{2}} h_k(\theta_i, \lambda) \sin\theta_i \cos\theta_i \mathrm{d}\theta_i \tag{6.38}$$

$$\alpha_{a\lambda}(\theta_i) = s\alpha_{w\lambda} + (1-s)\alpha_{b\lambda}(\theta_i) \tag{6.39}$$

表 6.1 给出常用各向同性(k_iso)、表面散射(k_geo)、体散射(k_vol)核函数的积分值，按照惯例，核函数在不同角度的黑空反照率积分一般采用太阳天顶角的三次多项式近似。

$$h_k(\theta) = g_{0k} + g_{1k}\theta^2 + g_{2k}\theta^3 \tag{6.40}$$

综上所述，窄波段的白空反照率由下式给出：

$$\alpha_{ws}(\lambda) = f_{iso}(\lambda)g_{iso} + f_{vol}(\lambda)g_{vol} + f_{geo}(\lambda)g_{geo} \tag{6.41}$$

黑空反照率为

$$\begin{aligned}
\alpha_{bs}(\theta, \lambda) = & f_{iso}(\lambda)(g_{0iso} + g_{1iso}\theta^2 + g_{2iso}\theta^3) \\
& + f_{vol}(\lambda)(g_{0vol} + g_{1vol}\theta^2 + g_{2vol}\theta^3) \\
& + f_{geo}(\lambda)(g_{0geo} + g_{1geo}\theta^2 + g_{2geo}\theta^3)
\end{aligned} \tag{6.42}$$

表 6.1　常用核函数的白空、黑空反照率计算系数

核函数名称	g_k	g_{0k}	g_{1k}	g_{2k}
Isotropic	1	1	0	0
LiSparsR	−1.377 622	−1.284 909	−0.166 314	0.041 840
RossThick	0.189 184	−0.007 574	−0.070 987	0.307 588
RossHotspot	0.095 295 5	0.010 939	−0.024 966	0.132 210

6.2.2 窄波段反照率向宽波段反照率转换

地表宽波段反照率是在一定波长范围内的地表上行辐射通量(F_u)与下行辐射通量(F_d)的比值。

$$A(\theta, \Lambda) = \frac{F_u(\Lambda)}{F_d(\theta, \Lambda)} = \frac{\int_\Lambda F_d(\theta, \lambda) \alpha(\theta, \lambda) \mathrm{d}\lambda}{\int_\Lambda F_d(\theta, \lambda) \mathrm{d}\lambda} \tag{6.43}$$

其中，Λ 为波长 λ_1 到 λ_2 的波段范围，如果 Λ 取 $0.3 \sim 3.0 \mu m$，那么 $\alpha(\theta_i, \Lambda)$ 为短波波段反照率。当波长范围 Λ 分别取 $0.3 \sim 0.7 \mu m$ 和 $0.7 \sim 3.0 \mu m$ 时，$\alpha(\theta_i, \Lambda)$ 则分别为可见光和近红外波段反照率。

地表宽波段反照率并不仅仅取决于地表反射特性，也与大气状况相关。大气下界下行辐射通量的谱分布是从波谱反照率向宽波段反照率转换的权重函数，在不同的太阳角和大气条件下，下行辐射通量在不同波长的分布不同，因此宽波段反照率也会变化。在地表反照率研究中，常用的方法是将固有反照率(例如常用的黑空反照率和白空反照率)和表观反照率(即受到大气状态影响的反照率观测值)分开，固有反照率与大气条件完全无关，表观反照率则为实验场内用反照率表测量的结果(Liang et al., 1999)。如果固有反照率已知，使用者就可以将它们转换成任何需要的大气条件下的表观反照率。在大气下行辐射通量已知的情况下，对光谱反照率进行积分即可以得到更精确的宽波段反照率，然而在实际应用中，大多数使用者倾向于在窄波段反照率已知的情况下，根据一般的大气状况直接估算平均宽波段反照率。

窄波段反照率向宽波反照率段转换的一般近似方法可以表达为

$$A = c_0 + \sum_{i=1}^n c_i \alpha_i \tag{6.44}$$

其中，A 是地表宽波段反照率；α_i 为第 i 个波段的窄波段反照率；c_i 为相应的转换系数，可以由特定地面测量数据或模拟数据计算得到。在实际中，由于要获取不同大气状况和地表条件下的大量地面测量数据较为困难，因此仅利用有限的地面观测数据较难得到准确、通用的窄波段反照率向宽波段反照率转换的公式。利用辐射传输模型模拟不同大气状况下的数据是一种非常有效的方法，且易于利用地面测量数据进行验证。

梁顺林(Liang, 2001)在利用 SBDART (Santa Barbara DISORT Atmospheric Radiative Transfer)大气辐射传输模型(Ricchiazzi et al., 1998)模拟大量数据的基础上建立了不同传感器的窄波段反照率向宽波段反照率转换的系数。该研究采用了较以往更多的地表反射率数据，共计 256 种地表反射率光谱，包括土壤(43)、植被冠层(115)、水(13)、湿地和沙滩(4)、雪和霜(27)、城市(26)、道路(15)、岩石(4)等地物类型；用了 11 种大气能见度值(2km, 5km, 10km, 15km, 20km, 25km, 30km, 50km, 70km, 100km 和 150km)来描述气溶胶，利用 MODTRAN 默认的五种大气廓线(热带、中纬度冬季、副极地夏季、副极地

冬季和 US62 标准大气)来描述不同的水汽含量，同时也使用了其他气体含量及垂直分布
廓线；太阳天顶角从 0°～80°，以 10°为间隔，共取 9 个值。在确定下行辐射通量(直射
和天空散射)后，利用传感器光谱响应函数对下行辐射通量及地表反射率光谱进行积分来
计算窄波段的光谱反照率。宽波段的反照率可以根据定义由宽波段地表上行辐射通量与
下行辐射通量的比值来计算得到。通过回归分析共得到 ALI、ASTER、AVHRR、GOES、
Landsat7-ETM+、MISR、MODIS、POLDER 和 SPOT-VEGETATION 九种传感器对应的
窄波段反照率向宽波段的转换系数。Peng 等(2017)针对无冰雪覆盖的植被/土壤地表，基
于 7000 余条典型地物测量光谱数据，考虑不同的 NDVI 区间建立了 AVHRR、MODIS
和 POLDER 传感器的窄-宽波段反照率转换系数。

1) 植被和土壤

梁顺林(Liang, 2001)发表的窄波段反照率向短波波段宽波段反照率的转换系数如下
所示。在一般大气状况下，可以使用这些转换系数生成宽波段反照率的产品。

$$A^{\text{ASTER}} = 0.484\alpha_1 + 0.335\alpha_3 - 0.324\alpha_5 + 0.551\alpha_6 + 0.305\alpha_8 - 0.367\alpha_9 - 0.0015$$

$$A^{\text{AVHRR}} = -0.3376\alpha_1^2 - 0.2707\alpha_2^2 + 0.7074\alpha_1\alpha_2 + 0.2915\alpha_1 + 0.5256\alpha_2 + 0.0035$$

$$A^{\text{GOES}} = 0.0759 + 0.7712\alpha$$

$$A^{\text{ETM+}} = 0.356\alpha_1 + 0.130\alpha_3 + 0.373\alpha_4 + 0.085\alpha_5 + 0.072\alpha_7 - 0.0018$$

$$A^{\text{MISR}} = 0.126\alpha_2 + 0.343\alpha_3 + 0.451\alpha_4 + 0.0037$$

$$A^{\text{MODIS}} = 0.160\alpha_1 + 0.291\alpha_2 + 0.243\alpha_3 + 0.116\alpha_4 + 0.112\alpha_5 + 0.081\alpha_7 - 0.0015$$

$$A^{\text{POLDER}} = 0.112\alpha_1 + 0.388\alpha_2 - 0.266\alpha_3 + 0.668\alpha_4 + 0.0019$$

$$A^{\text{VEGETATION}} = 0.3512\alpha_1 + 0.1629\alpha_2 + 0.3415\alpha_3 + 0.1651\alpha_4$$

2) 雪盖

由于雪盖表面可见光波段反射率较高，因此在进行窄波段向宽波段转换时最好采用
单独的计算公式，这样才能够得到较为准确的转换系数。Stroeve 等(2004)给出了具有较
高反照率的雪盖表面 MODIS 传感器窄波段反照率向宽波段转换的系数，如下所示：

$$A^{\text{MODIS}} = -0.0093 + 0.1574\alpha_1 + 0.2789\alpha_2 + 0.3829\alpha_3 + 0.1131\alpha_5 + 0.0694\alpha_7$$

6.3　地表反照率直接估算方法

6.3.1　直接估算法概述

基于二向反射模型反演反照率的方法具有清晰明确的物理意义，但算法处理流程比
较复杂，计算量大，且运算中每一步的不确定性都可能在数据处理过程中累积，从而影

响算法估算结果的总体精度。例如，MODIS 采用的 AMBRALS 算法对大气校正的结果具有依赖性，同时由于该算法在地表二向性反射模型建模的过程中，假设了地表二向反射特性在 16 天内基本保持不变，而这种假设在实际情况下并不总是成立(如降雪、融雪、农作物收割等过程)，从而常常导致二向性反射模型参数反演的失败，影响到地表宽波段反照率的估算精度。

　　直接反演算法的思路是舍弃多步骤的复杂反演过程，直接建立窄波段的大气层顶二向反射率(或者地表二向反射率)和地表宽波段反照率之间的统计关系。该方法将大气校正、窄波段反照率计算、窄波段反照率向宽波段转换这三个基于物理过程的步骤融合为一个统计分析步骤来解决，算法更为简单高效，非常适合作为全球反照率产品的生成算法。在该算法中，不需要经过大气校正的步骤，可以极大地提高数据处理分析的效率，且不受图像气溶胶估算算法精度的影响。其通过一个方向的大气层顶反射率信息即可估算地表宽波段反照率，使得利用 MODIS 数据进行日分辨率地表反照率产品的生成成为可能，从而实现对反照率快速变化过程更为准确的监测。

　　直接估算地表宽波段反照率的研究思路可以回溯到早期通过建立大气层顶反照率与地表宽波段反照率之间的线性关系来估算地表反照率的一系列算法(Chen and Ohring, 1984; Pinker, 1985; Koepke and Kriebel, 1987)。早期的研究主要致力于寻找行星反照率与地表宽波段反照率之间的关系，梁顺林等(Liang et al., 1999)建立了大气层顶光谱反射率和地表宽波段反照率的关系，并将其应用到 MODIS 数据的反照率估算中，提高了反演精度。由于在这些算法中，大气辐射传输模拟采用的是地表朗伯假设，而未考虑地表反射率的各向异性对算法结果的影响，因此在 2005 年梁顺林等发展的算法(Liang et al., 2005)中对此进行了改进，采用 DISORT 模型模拟冰雪地表的方向性反射，考虑了地表反射率各向异性对算法的影响。

　　通过辐射传输模拟获取训练数据集后，就可以建立大气层顶二向反射率和地表宽波段反照率之间的统计关系。在早期的研究中，梁顺林等采用了神经网络(Liang et al., 1999)、投影追踪(Liang et al., 2003)等方法建立两者之间的关系，在 2005 年又提出通过划分太阳/观测角度格网(Angular Bin)的方式(Liang et al., 2005)，在每一格网中建立大气层顶二向反射率和地表宽波段反照率之间简单的多元线性回归关系，并对这一思路在格陵兰冰雪类型地表站点上进行了验证，取得了较好效果。

　　在北京师范大学全球陆表特征参量产品生成与应用研究团队开发的全球陆表卫星 (Global LAnd Surface Satellite, GLASS)产品系列中的反照率算法中采用了两种直接估算方法，分别是基于 MODIS 地表二向反射率的宽波段反照率直接反演算法(AB1—Angular Bin 1)和基于 MODIS 大气层顶二向反射率的宽波段反照率直接反演算法(AB2—Angular Bin 2)。该系列的算法也被用于与 MODIS 在同一卫星平台的多角度传感器(MISR)数据(He et al., 2017)，计划用于在下一代传感器代替 MODIS 的可见光红外成像辐射仪(VIIRS)数据(Wang et al., 2013)，以及一系列中高分辨率的单一角度遥感数据，如我国环境减灾小卫星电耦合器件相机(HJ-CCD)数据(He et al., 2015; Wen et al., 2015)，Landsat MSS, TM, ETM +, and OLI 传感器数据(He et al., 2018)等。这里以 AB1、AB2 算法为例对直接反演算法进行说明。

6.3.2　基于地表二向反射率数据的反照率估算方法

1. 总体思路

AB1 算法假设地表宽波段反照率与 MODIS 前 7 个波段的地表二向反射率之间存在着多元线性回归关系，基本公式如下：

$$A = c_0(\theta_i, \theta_r, \varphi) + \sum_{i=1}^{n} c_i(\theta_i, \theta_r, \varphi) \rho_i(\theta_i, \theta_r, \varphi) \tag{6.45}$$

式中，A 表示地表宽波段反照率，具体地说是短波$(0.3\sim3\mu m)$波段的白空反照率或者某一太阳角的黑空反照率；c_i 是回归系数，ρ_i 是 MODIS 第 i 个波段的地表二向反射率，它们都是太阳/观测角度的函数。

地表反照率反演的第一步工作就是求取回归系数 c_i。因为地表存在二向反射特性，回归系数 c_i 是随太阳/观测角度变化的，为了方便数值计算，首先把太阳/观测角度空间格网化，不同的网格分别求取回归系数。共有太阳天顶角、观测天顶角和相对方位角 3 个变量。虽然从反演精度方面来说，网格划分得越细越好，但是这样也会占用更多的计算机资源，因此需要在二者之间寻求平衡。这里采用的网格划分方案是：太阳天顶角以 4° 间隔进行划分，范围是 0°~80°，网格中心点分别是 0°，4°，8°等；观测天顶角以 4° 间隔进行划分，范围是 0°~64°，网格中心点分别是 0°，4°，8°等；相对方位角以 10° 间隔进行划分，范围是 0°~180°，网格中心点分别是 0°，10°，20°等。

AB1 算法是在太阳/观测角度空间网格化的基础上，对每一个网格建立 MODIS 各波段地表二向反射率与宽波段反照率之间的线性回归关系。算法具有计算简单、对输入数据要求低的优点，同时也充分考虑了地表的二向反射和波谱特性。

2. 训练数据集的生成

直接估算方法中的回归系数需要通过训练数据回归得到，因此首先需要建立包含多波段二向反射比因子和宽波段反照率的训练数据集，其质量和代表性在很大程度上决定了AB1 算法的精度。作为全球反照率产品的生产算法，AB1 算法需要考虑全球不同地区的多种地表类型。用辐射传输模型模拟所有的地表类型的工作量太大，这里参考了文献(Cui et al., 2009)中的方法，以 POLDER-BRDF 数据集为基础建立代表全球各种地表的训练数据集。虽然 POLDER-BRDF 数据集覆盖了很多不同的观测角度，但是仍不能保证每个网格内都有足够多的观测数据，因此我们先用半经验二向反射模型拟合 POLDER-BRDF 数据集，再利用拟合模型插值得到每一个网格的二向反射比因子，并积分得到宽波段反照率。

1) POLDER-BRDF 数据集的拟合和插值方法

由法国空间研究中心(French Centre National d'Etudes Spatiales, CNES)于 2004 年 12 月 18 日发射的 PARASOL 卫星上面搭载了第 3 代 POLDER 传感器，可以收集到全球范围内地气系统反射太阳辐射的偏振性和方向性数据。POLDER 产品的空间分辨率为 6km× 7km，有丰富的角度、光谱和极化信息，是目前能获得的角度分布较为理想的多角度卫星遥感数据，从中可以获知地表、大气气溶胶及云的许多特性。POLDER 传感器成像的特点在于每一轨可获取多达 14 个角度的观测数据，最大观测角度达到 60°，每月的合成数据集包含有数百个观测值，被认为是能够全面反映地表二向反射特性的遥感数据源，其中 POLDER Level 3 BRDF 数据集包含了经过云去除、大气校正等处理得到的所有轨道观测的地表反射率。数据处理算法考虑了云检测、分子吸收校正、平流层及对流层气溶胶等因素的影响。

POLDER Level3 算法中选用核驱动模型描述地表二向反射特性，其中的核函数为 LiSparseR 和修改后的 RossThick（以下简称为 RossHotspot，见 6.1.3）。对于每一个 POLDER-BRDF 多角度观测数据集，利用最小二乘法拟合得到核驱动模型系数，然后代入模型计算所有网格中心点的二向反射率。

核驱动模型也用于计算各个数据集对应的地表反照率，这里将 0.3～3μm 的短波反照率分为白空反照率（WSA）和黑空反照率（BSA）。因为黑空反照率是太阳天顶角的函数，为了反映其变化，我们计算了 0° 到 80° 之间以 5° 为间隔的所有黑空反照率。根据核驱动模型的原理，窄波段反照率是核函数积分的加权和，权重系数即为核系数（详见 6.2.1），波段反照率向宽波段反照率的转换采用 6.2.2 中介绍的算法，对冰雪和非冰雪分别使用不同的转换系数。

2）地表分类

不同地表类型具有不同的二向反射特征。虽然 AB1 地表反照率反演算法是一个回归算法，可以通过太阳/观测角度格网的划分在一定程度上适应二向反射形状的变化。但是，线性回归模型本身存在近似误差，因此有必要引入地物分类信息，进一步细分训练样本，以减少线性回归模型的不确定性。

如果采用全球的分类数据（如 MODIS 分类产品）来支持反照率反演，会增加算法的输入数据，降低其通用性，并且还有两方面问题：一是全球分类数据中也有很多误差，尤其是 1km 分辨率数据中的混合像元问题十分突出；二是地表反照率是一个变化率很大的物理量，而地表分类则是根据地表长期覆盖状态而得出的一种主观判断结果，它们在时间尺度上不一致，如农田下雪之后其反照率就会发生显著的变化，但在分类上它依然属于农田。

因此，我们采用直接根据遥感观测数据分类的策略和相对简单的分类体系。具体来说，根据遥感观测值把陆地像元大致分为 3 类，分别对应植被、冰雪、裸地，分类准则是：①对于每一次遥感观测，如果像元的 NDVI 大于 0.2，则判断为植被；②剩下的像元中，如果在中高纬度地区且蓝光波段反射率大于 0.3，或者红光波段反射率大于 0.3，则判断为冰雪；③剩下的像元则为裸地。

以上准则用于反照率的计算过程。在生成训练数据集时，我们对每一个 POLDER-BRDF 数据集，计算其各波段的平均反射率和平均 NDVI，作为分类的依据。为了让各类别过渡处的观测数据计算的反照率保持连续一致，我们设计了分类过渡区。举例来说，我们把平均 NDVI 介于 0.18～0.24 的数据作为过渡区，蓝光反射率介于 0.24～0.4 的作为另一个过渡区，分别称为"过渡类 1"和"过渡类 2"。过渡区之外的像元我们暂时称为纯植被、纯裸地和纯冰雪。

根据上述准则把POLDER-BRDF数据集划分成5类。分类结果：纯植被数据集共4737组；纯裸地数据集共2401组；纯冰雪数据集共627组；过渡类1数据集1136组；过渡类2数据集123组。在生成"植被"的训练数据集时，把纯植被和过渡类1的数据都包含进去；在生成"裸地"训练数据集时，也把纯裸地和过渡类1、过渡类2的数据都包含进去；在生成"冰雪"的训练数据集时，把纯冰雪和过渡类2的数据都包含进去。这样，各类训练数据集适当的重叠保证了回归结果在分类过渡处也具有较好的一致性。图 6.9 在 NDVI-R_{490} 特征空间显示了 5 种类别的训练数据的散点图，其中 R_{490} 表示蓝光波段平均反射率。

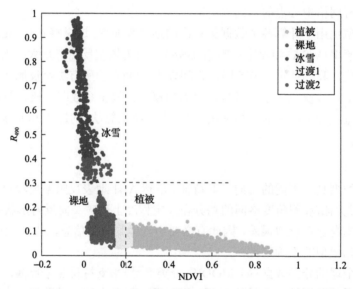

图 6.9　POLDER-BRDF 数据集蓝光波段平均反射率和平均 NDVI 的散点图
蓝色像元被判别为纯冰雪，红色被判别为纯裸地，绿色被判别为纯植被，黄色为过渡类 1，紫色为过渡类 2

3）POLDER 波段向 MODIS 波段的转换

因为训练数据集来自于 POLDER 传感器，而算法将用于 MODIS 传感器数据的反演，所以需要建立两个传感器各波段地表反射率之间的关系，并进行波段转换。波段转换的前提是假设地物波谱存在一定的规律，不同波长的地表反射率之间具有相关性，这一假设在对地遥感领域基本得到了一致认可。而且对于全球反照率产品算法而言，少量的异常也是可容忍的。因此，首先收集典型地物的连续波谱，根据 POLDER、MODIS各波段的波谱响应函数计算其反射率，再根据这些波段数据的统计信息建立线性的波段转换系数。

目前算法选用了《定量遥感》专著所附光盘中提供的 119 条波谱、"我国典型地物标准波谱数据库"提供的 224 条植被和土壤波谱、黑河综合遥感联合实验采集的 103 条黑河地区典型地物波谱、格陵兰采集的 47 条冰雪波谱数据作为样本，生成的波段转换系数如表 6.2。

表 6.2 POLDER 传感器向 MODIS 传感器波段转换系数表

Bandname	MODIS-b1-648	MODIS-b2-859	MODIS-b3-466	MODIS-b4-554	MODIS-b5-1244	MODIS-b6-1631	MODIS-b7-2119
POLDER-b1-490	0.024593	0.032882	0.912575	0.207528	−0.356931	−1.039259	−1.153855
POLDER-b2-565	0.306280	−0.036396	0.143223	0.613727	−0.015207	−0.441590	−0.504465
POLDER-b3-670	0.691690	−0.011160	−0.060149	0.121219	0.418777	1.540050	1.822514
POLDER-b4-765	−0.044711	0.299618	0.005727	0.119292	−0.117775	−0.186372	−0.114003
POLDER-b5-865	−0.005402	0.645341	0.021614	−0.026334	−0.580513	−0.792087	−0.776048
POLDER-b6-1020	0.030160	0.081619	−0.026446	−0.043885	1.488419	1.267713	0.918089
offset	0.004258	0.001039	−0.007456	−0.000374	0.022993	0.070931	0.070192
RMSE	0.003089	0.003553	0.004188	0.004286	0.020661	0.041961	0.047242

可以看到前 4 个波段转化后 RMSE 较小,后 3 个波段对应的 RMSE 相对较大。因此 MODIS 后三个波段的转换中引入了较大的不确定性,这在后期建立反照率回归方程的过程中将加以考虑。

3. 回归方法

上述公式(6.45)描述地表多波段二向反射比因子与宽波段反照率之间的转换关系,其中回归系数待定,对应于每一个太阳/观测角度网格,就有一组回归系数,需要通过训练数据估算,即求解 $c_i \mid i = 0, \cdots, n$。

简单的方法即通过线性最小二乘法求解方程,可先把方程写成矩阵形式:

$$Y = AX \tag{6.46}$$

式中,X 是由训练数据中的多波段反射率构成的矩阵,维数为 $(n+1) \times m$,n=7 为 MODIS 相关波段数,m 为该网格的训练数据个数;Y 为训练数据中的反照率构成的矩阵,维数是 $18 \times m$,因为需要计算 WSA 以及 $0° \sim 80°$ 每 $5°$ 间隔的 BSA,所以共有 18 个形态的反照率。A 是回归系数矩阵,维数为 $(n+1) \times 18$。

线性方程组的普通最小二乘解 A^* 如下:

$$A^* = (X^{\mathrm{T}} X)^{-1} X^{\mathrm{T}} Y \tag{6.47}$$

线性最小二乘法形式简单,通常情况下具有很好的效果。但是如果训练数据内部存在相关性,就会出现最小二乘解不稳定的情况。经试验证明,如果用最小二乘法对 MODIS 的 7 个波段回归计算出 A^*,再用 A^* 计算反照率,则所得结果对 MODIS 波段反射率数据中存在的噪声非常敏感。

POLDER 传感器的 6 个波段都集中在可见光/近红外波长范围内,最大波长到 1020nm,而短波反照率是 $300 \sim 3000$nm 范围内的积分,因此 POLDER 并不能提供短波红外波段的地物波谱信息。MODIS 传感器的前 7 个波段分布在可见光/近红外到短波红外谱段范围内,用 7 个波段数据计算反照率显然是比较合适的。但是 MODIS 第 5、6、7 波段在波段转换过程中的不确定性较大,带来反演的不稳定性,另一方面,这三个波段也包含有地表反照率的信息,我们并不希望放弃使用它们,因此采用了另一条技术途径:

通过在回归算法中添加对数据噪声的模拟以求得稳定解。具体来说，X 是由 POLDER 数据插值并转换到 MODIS 波段生成的训练数据，我们假设训练数据是准确的，而观测数据包含噪声，因此在 X 中添加服从一定统计规律的随机噪声，使之成为 $\tilde{X}$，则如此设计的抗噪声最小二乘解形式如下，它是在使用带噪声的观测数据时预测误差最小的解。

$$A^* = (\tilde{X}^T\tilde{X})^{-1}\tilde{X}^T Y \qquad (6.48)$$

事实上我们并不打算真正在数据中添加噪声，因为仅在有限个数据中加入特定的噪声并不能代表噪声的统计规律，我们真正需要获得的是反映有噪声数据统计规律的 $\tilde{X}^T\tilde{X}$ 和 $\tilde{X}^T Y$。假设 MODIS 的 7 个波段数据噪声的均值为 0，协方差矩阵为 Δ，则在样本足够多的情况下可以得出

$$\tilde{X}^T\tilde{X} = X^T X + m\Delta，\quad \tilde{X}^T Y = X^T Y \qquad (6.49)$$

因此，抗噪声最小二乘解可以按如下方式计算：

$$A^* = (X^T X + m\Delta)^{-1}X^T Y \qquad (6.50)$$

目前算法中我们对 MODIS 的 7 个波段的数据噪声做了简单的估计，因此设置 Δ 为对角矩阵，对角线上元素是 MODIS 各波段噪声的方差。认为主要有两个因素体现在 Δ 中，一是大气校正中残余的不确定性；二是 POLDER 向 MODIS 波段转换过程中引入的不确定性。目前的算法中认为 MODIS 的第 1、2 波段噪声较小，标准差设为 0.01，第 3、4 波段容易受到气溶胶误差影响，噪声标准差设为 0.02，第 5~7 波段的模拟数据在波段转换中引入了不确定性，因此噪声标准差设为 0.04。需要说明的是，在带约束的反演方法中，往往很难对约束条件进行严格估算；但另一方面，即使约束条件不准确，通常对反演结果的影响也不明显，而约束条件的存在对于提高稳定性的效果却是显著的。

为了查看回归效果，统计了使用训练数据(即由 POLDER 数据插值并转换到 MODIS 波段生成的训练数据)时的 WSA 和 45°太阳角对应的 BSA 的反演误差。对共计 50061 个格网，统计的 RMSE 平均值如表 6.3 所示。结果表明对于植被覆盖的地表，回归公式拟合训练数据的效果最好，残差在 0.01 以内，随着裸地和冰雪地表平均反照率的增高，拟合残差也逐渐增大，但是相对误差均在 6%以内；WSA 和 45°太阳角的 BSA 的变化趋势相同。

表 6.3　AB1 算法作用于训练数据时的残差统计

训练数据类别	WSA 的平均 RMSE	45°太阳角 BSA 的平均 RMSE	WSA 的相对误差/%	45°太阳角 BSA 的相对误差/%
植被	0.0078	0.0063	4.91	4.25
裸地	0.0118	0.0103	5.12	4.67
冰雪	0.0248	0.0199	3.85	3.19

4. AB1 算法结果实例

为了说明用 AB1 算法反演地表反照率的效果，我们选取北美 Fort-Peck 站点 2000~2006 年的晴天 MODIS 地表反射率产品(MOD09GA)数据，用 AB1 算法计算了白空反照

率和局地正午的黑空反照率，以天空光比例 $s=0.3$ 简单加权计算了蓝空反照率，与地面通量站实测的反照率数据对比，结果见图 6.10。作为对比，图中也给出了 MODIS 标准反照率算法的反演结果（MCD43B3 产品）。该站点位于西经 105.101°，北纬 47.3079°，下垫面为草地。图中可以看到 AB1 算法结果和 MCD43B3 产品都能够反映出地表测量反照率的时间序列规律，但是因为未能完全去除有云数据的影响，数据噪声较大，特别是冬季地表反照率表现出剧烈震荡，这一方面是降雪的影响，另一方面是因为云和雪的区分比较困难。与 MCD43B3 产品相比，AB1 算法提取反照率的时间分辨率较高，噪声也比较明显。另一方面我们看到，即使是地面测量数据，其起伏也是比较明显的，根据定义，反照率是与光线和测量条件相关的，因此地面测量结果也会受到天气的影响。

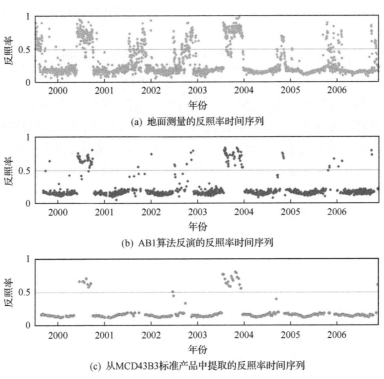

图 6.10　北美 Fort-Peck 站点 2000～2006 年地表反照率时间序列

6.3.3　基于大气层顶反射率的方法

基于 MODIS 大气层顶（TOA）方向反射率的反照率反演算法（AB2）可以利用 Terra/Aqua 平台上的 MODIS 传感器每天获取的大气层顶方向反射率数据直接反演地表宽波段反照率，算法不依赖于 MODIS 数据的大气校正，也就回避了大气校正中的困难以及可能引入的误差。AB2 算法与 AB1 算法的主要区别在于 AB2 算法正演中含有大气辐射传输模拟，反演时不需要经过大气校正，其他的处理过程与 AB1 算法完全相同，在此就不再重复说明，重点介绍大气辐射传输模拟和多元线性回归的方法。

1. 大气辐射传输模拟

为了建立大气层顶窄波段二向反射率和地表宽波段反照率之间的线性回归关系，AB2 算法需要建立一个能够代表各种地表二向反射特性和各种大气状况的训练数据集。具体方法是在 AB1 算法使用的训练数据集(地表二向反射)的基础上，采用 6S(Second Simulation of a Satellite Signal in the Solar Spectrum)大气辐射传输模型(Vermote et al., 1997)模拟在不同大气参数下的大气层顶表观反射率，从而获得涵盖多种大气状况、各种地表二向性反射特性的训练数据集。因为 6S 模型计算量比较大，常用的方法是采用基于物理过程的解析公式进行大气辐射传输的近似，解析公式中的参数则是从 6S 模型模拟结果中获得。覃文汉等(Qin et al., 2001)提出了一种基于非朗伯表面的近似公式来计算大气层顶表观反射率。

$$\rho^*(i,r) = \rho_0(i,r) + \frac{T(i) \cdot R(i,r) \cdot T(r) - t_{dd}(i) \cdot t_{dd}(r) \cdot |R(i,r)| \cdot \bar{\rho}}{1 - r_{hh}\bar{\rho}} \tag{6.51}$$

其中，$\rho^*(i,r)$ 为大气层顶表观反射率；$\rho_0(i,r)$ 为大气程反射率，即由大气本身对于太阳下行辐射的散射到达卫星传感器的部分；$\bar{\rho}$ 是大气半球反照率；T 是大气透过率矩阵；r_{hh} 是地表的漫射半球-半球反射率，也就是白空反照率；R 是地表反射率矩阵。公式中有两类参数，他们相互之间是独立的：一类是反映了大气成分的固有性质，另一类反映了地表方向反射的特性。

大气透过率矩阵可以用下面的公式定义：

$$T(i) = [t_{dd}(i) \; t_{dh}(i)] \tag{6.52}$$

$$T(r) = \begin{bmatrix} t_{dd}(r) \\ t_{hd}(r) \end{bmatrix} \tag{6.53}$$

其中，t_{dd} 为方向透过率；t_{dh} 为方向半球透过率；t_{hd} 为半球方向透过率。在这里，下标 d 代表方向的，h 代表半球的。

针对地表，反射率矩阵公式如下：

$$R(i,v) = \begin{bmatrix} r_{dd}(i,v) & r_{dh}(i) \\ r_{hd}(v) & r_{hh} \end{bmatrix} \tag{6.54}$$

其中，r_{dd} 是地表方向-方向反射率(即二向反射比因子)；r_{dh} 和 r_{hd} 是方向-半球和漫射半球-方向反照率，r_{hh} 是漫射半球-半球反照率。

大气辐射传输模拟采用的参数如表 6.4 所示：其中大气类型设置为热带、中纬度夏季、中纬度冬季、副极地夏季、副极地冬季和 US62 标准大气 6 种；气溶胶类型设置为大陆型气溶胶、海洋型气溶胶、城市型气溶胶、沙漠型气溶胶、生物燃烧型气溶胶和灰霾型(气溶胶中沙尘、水溶性、烟尘和海洋粒子所占比例分别为 15%, 75%, 10%和 0%)气溶胶 6 种；550nm 的气溶胶光学厚度设置为 0.01, 0.05, 0.1, 0.2 共 4 个梯度，包含了从清洁大气到较浑浊大气的情况；水汽含量采用模型默认参数；目标海拔高度设置为 0 到

3500m，以 500m 为步长共计 8 个梯度；太阳/观测角度的模拟如 6.3.2 所述。

表 6.4　6S 大气辐射传输模型参数设置

6S 大气参数	参数设置
大气类型	热带、中纬度夏季、中纬度冬季、副极地夏季、副极地冬季、US62 标准大气
气溶胶类型	大陆型、海洋型、城市型、沙漠型、生物燃烧型、灰霾型
气溶胶光学厚度	0.01, 0.05, 0.1, 0.2
目标海拔/km	0, 0.5, 1.0, 1.5, 2.0, 2.5, 3
太阳天顶角/(°)	0, 4, 8, …, 76, 80
观测天顶角/(°)	0, 4, 8, …, 60, 64
相对方位角/(°)	0, 20, 40, …, 160, 180

在创建了大气层顶表观反射率及对应的地表反照率数据集后，采用回归分析的方法，建立卫星观测的大气层顶表观反射率与地表宽波段反照率之间的经验关系，即式 (6.49)。考虑到 POLDER-BRDF 数据集中的地表方向反射率数据波段与 MODIS 前 4 个光学波段在波长范围上较为一致，相对于 MODIS 后 3 个光学波段而言波段转换的 RMSE 更小，转换精度更高，并且 MODIS 后 3 个光学波段容易受到大气中水汽吸收的影响，因此我们最终选用 MODIS 前 4 个波段作为回归分析中大气层顶方向反射率的输入数据。

采用 6.3.2 中的回归方法计算得到线性回归系数，用 R^2 和 RMSE 来评价回归模型的稳定性，统计结果表明，在不同大气类型和气溶胶类型下模拟得到的大气层顶反射率与地表宽波段反照率线性回归的结果对应的 RMSE 基本都在 0.01 以下，R^2 也大都在 0.90 以上。选择太阳天顶角为 32°，观测天顶角为 56°，相对方位角为 100° 的格网进行分析测试，发现经过大气辐射传输模拟后，方向反射率与地表宽波段反照率回归结果之间的 R^2 从 0.978 下降到 0.959，RMSE 从 0.006 上升到 0.008，差别并不显著，说明大气层顶方向反射率与地表宽波段反照率之间具有良好的线性回归关系，使用未经校正的大气层顶反射率也能获得与使用地表真实反射率相似的反照率估算效果。因为 AB2 算法不依赖于大气校正，因此简化了数据处理流程，而且避免了大气参数估算及大气校正不不理想时可能引入的误差。

2. AB2 算法结果实例

图 6.11 是利用地面辐射观测站点测量数据对该算法的验证结果，在 Fork Peck 站点 2003~2006 年的反照率的估算结果(蓝色点)和地面观测结果(红色点)具有较好的一致性。相对于地面观测结果，AB2 算法计算的结果相对散乱，并且在冰雪时段的反演误差要大于植被和裸土时段。相对于 MODIS 反照率估算算法，因为该方法可以获得 1 天分辨率的地表反照率产品，对于降雪过程和融雪过程的响应更为明显和准确，能够更好地反映降雪过程中反照率随时间变化的过程。

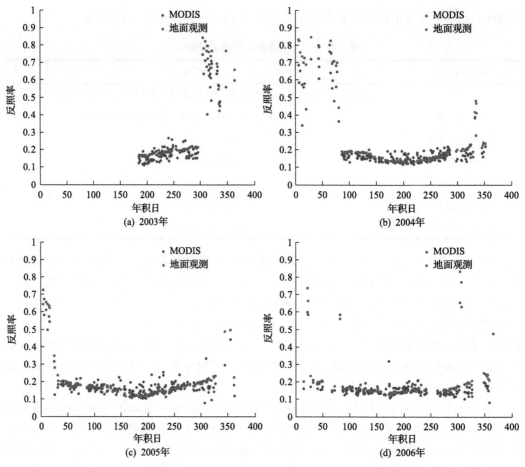

图 6.11　Fork Peck 站点 2003～2006 年 AB2 算法计算反照率结果验证图

6.4　全球地表反照率产品和验证

6.4.1　全球地表反照率卫星遥感产品

目前一些卫星反照率产品已经业务化生产并发布，空间分辨率从 250m 到 20km，时间分辨率从日到月不等 (Schaaf et al., 2008)。其中基于核驱动模型的地表二向反射/反照率遥感反演算法是目前地表反照率遥感反演中应用最广泛的方法，已经在 MODIS 地表反照率产品中得到了很好的应用。另外，POLDER 系列传感器具有更好的多角度观测能力，空间分辨率稍低(6km)，也发布了非常有特色的全球反照率产品。其他如静止轨道气象卫星 Meteosat、MSG，极轨卫星传感器 AVHRR、VEGETATION、MERIS、VIIRS 等都生产和发布了不同覆盖范围的反照率产品。我国风云系列气象卫星数据也可用于区域和全球范围的地表反照率反演。另外，还有一类低空间分辨率宽波段观测的传感器，如 CERES 和 ERBE，其主要设计功能是对云和辐射通量进行观测，也被用于计算地表反照率。

用单一传感器数据生成的定量产品在时间、空间覆盖范围以及产品质量方面存在局限，因此近年来也出现了多传感器数据的反照率产品，例如 GLASS、GLOBALBEDO 和 MuSyQ 反照率产品，前二者通过多源遥感数据的组合提高了产品时间序列的长度，后者通过多源遥感数据的联合反演提高产品的实际时间分辨率。虽然使用多源数据具有提高反照率产品的时空分辨率和精度的潜力，但不同传感器数据间的差异问题尚未很好地解决。另外，地表反照率受地形的影响、尺度效应（Davidson and Wang, 2004；Li et al., 2000）等问题都在现有的业务化反照率反演算法中被忽视。

1. MODIS albedo

MODIS 是美国 NASA 的地球观测系统计划的系列卫星上的主要传感器。搭载有 MODIS 的 Terra 星从 2000 年开始收集数据，Aqua 星则于 2003 年开始收集数据。

MODIS 反照率产品利用半经验的二向反射核驱动模型及多天合成的多角度多波段观测数据反演得到（Gao et al., 2005; Schaaf et al., 2002; Lucht et al., 2000），包括 Terra 星数据反演的产品 MOD43 系列、Aqua 星数据反演的产品 MYD43 系列和双星数据联合反演的反演的产品 MCD43 系列标准产品。MODIS 二向反射/反照率数据是目前世界上反照率数据资料最详细丰富的产品之一。表 6.5 是 MODIS 二向反射/反照率产品的种类。

表 6.5　NASA 发布的 MODIS 反照率产品的种类

产品名	产品种类	格网种类	空间分辨率	合成周期
MOD/MYD/MCD43A3	Albedo	Tile	500m	16 天
MOD/MYD/MCD43B3	Albedo	Tile	1000m	16 天
MOD/MYD/MCD43C3	Albedo	CMG	0.05°	16 天
MOD/MYD/MCD43A1	BRDF-Albedo Model Parameters	Tile	500m	16 天
MOD/MYD/MCD43B1	BRDF-Albedo Model Parameters	Tile	0.05°	16 天
MOD/MYD/MCD43C1	BRDF-Albedo Model Parameters	CMG	0.05°	16 天
MOD/MYD/MCD43A2	BRDF-Albedo Quality	Tile	500m	16 天
MOD/MYD/MCD43B2	BRDF-Albedo Quality	Tile	1000m	16 天
MOD/MYD/MCD43C2	BRDF-Albedo Snow-free Quality	Tile	0.05°	16 天
MOD/MYD/MCD43A4	Nadir BRDF-Adjusted Reflectance	Tile	500m	16 天
MOD/MYD/MCD43B4	Nadir BRDF-Adjusted Reflectance	Tile	1000m	16 天
MOD/MYD/MCD43C4	Nadir BRDF-Adjusted Reflectance	CMG	0.05°	16 天

需要说明的是，上表中的 Tile 和 CMG 分别代表在 MODIS 产品中采用两种不同投影方法对地球进行的网格划分。Tile 是 Sinusoidal 投影网格并将地球表面分幅成为 36×18 个发布单元，CMG（Climate Modeling Grid）则是将全球数据按等经纬度（0.05°、1°等）划分而成的网格。

以 MCD43A3 产品为例，它具有 500m 的空间分辨率，16 天的多角度数据合成周期，早起版本为 8 天更新，在最新发布的 Collection 6 版本中为 1 天更新。其数据产品中包含 MODIS 传感器 1～7 波段共 7 个窄波段，以及可见光、近红外及短波 3 个宽波段的白空反照率和局地正午太阳角的黑空反照率。

2. POLDER albedo

POLDER 传感器是法国和美国合作的 A-train(卫星列车)计划中的主要传感器之一。它具有能在可见光和近红外波段进行偏振观测以及轨道方向多角度观测等特点。

POLDER 反照率产品(Leroy et al., 1997; Maignan et al., 2004; Bacour and Breon, 2005)分为三期，对应时间段分别为 1996.11～1997.06，2003.04～2003.10，2005.07～2010.08，相应的 POLDER 传感器分别搭载在 ADEOS-1、ADEOS-2、PARASOL 三颗卫星上。三个版本的 POLDER 数据在发布格式上略有不同。POLDER 反照率产品覆盖全球，采用 sinusoidal 投影，每个像元约占 1/12°，时间分辨率是每旬。

3. VIIRS albedo

VIIRS 是续 MODIS 之后美国在光学定量遥感领域的一个主要传感器，其搭载的 NPP 卫星于 2011 年 10 月发射。

目前有两套基于 VIIRS 数据的全球反照率产品，一套由 NASA 生产和发布，采用了与 MODIS 二向反射/反照率相似的算法，也形成了与之相似的产品体系(Liu et al., 2017)，产品的空间分辨率有 500m、1km 和 0.05°三种，时间分辨率为每天；另一套由 NOAA 产品和发布，采用了基于大气层顶反射率的直接估算方法(Wang et al., 2013; Zhou et al., 2016)，其生成的产品仅为宽波段蓝空反照率，保留了原始数据按轨道存储的几何特征，没有进行投影。

4. Meteosat albedo

Meteosat 系列地球同步气象卫星隶属于欧洲气象卫星开发组织。Meteosat 目前已成功发射两代卫星，即 MFG(Meteosat First Generation)和 MSG(Meteosat Second Generation)。

用 MFG 卫星数据生产的 Meteosat 长时间序列地表反照率产品覆盖了两个区域(Pinty et al., 2000; Govaerts et al., 2004, 2006)，分别是以 0°经度为中心的欧洲、非洲区域和以 63°E 经度为中心的印度洋地区。这两个区域的产品都是基于 10 天数据复合而成的反照率产品，具有大约 3km 的空间分辨率，包括了可见光近红外波段(0.4～1.1μm)的白空反照率和黑空反照率。

MSG 的反照率产品(van Leeuwen and Roujean, 2002; Geiger et al., 2008)是由欧洲气象卫星开发组织根据 MSG 卫星上的 SEVIRI 传感器数据生成的，其时间分辨率为每天，空间分辨率约为 3km，数据产品由 5 天的数据复合合成，含有可见光、近红外和短波波段的三种宽波段反照率。

5. CLARA-SAL

CLARA-SAL(Clouds, Albedo, and Radiation-Surface Albedo)产品(Karl-Göran et al., 2017)由欧洲气象卫星开发组织 CM02SAF 项目组基于长时间序列 AVHRR 数据生产，产品覆盖全球陆地和海洋，空间分辨率略低，为 0.25°，时间分辨率为 5 天平均和月平均两种。A2 版本的 CLARA-SAL 产品时间序列长度达到 34 年(1982～2015)，是研究反照率长期变化的重要数据源之一。但是 CLARA-SAL 仅提供了短波波段黑空反照率产品，其 5 天平均和月平均产品是对每日卫星过境瞬时的黑空反照率平均的结果。

6. CERES albedo

CERES(Clouds and the Earth's Radiant Energy System)科学计划中开发的用于辐射通量观测的 CERES 传感器已在 TRMM、EOS-terra、EOS-aqua 和 S-NPP 卫星上运行。项目组基于 CERES 数据开发了能量平衡填充产品(EBAF)(Wielicki et al., 1998)。CERES-EBAF 数据分别包括月平均大气层顶和地表的短波和长波辐射通量，空间分辨率是 1°，数据覆盖起始于 2000 年至今，根据地表上行和下行短波辐射的比值计算 CERES 反照率。

7. GLOBALBEDO

欧空局 ESA 的 GLOBALBEDO 项目组基于核驱动模型和波段转换方法，使用了 AATSR, SPOT4-VEGETATION、SPOT5-VEGETATION2 和 MERIS 多个传感器数据联合反演生产了 GLOBALBEDO 反照率产品(Lewis et al., 2011; Muller et al., 2012)，其空间分辨率为 1km、0.05°和 0.5°，时间分辨率为 8 天和月均，时间跨度为 1998～2011 年，具有可见光、近红外和短波三个宽波段。该产品的一个特点是进行了缺失填补，全球陆地均有值。

8. GLASS albedo

GLASS 反照率产品是由北京师范大学在"863"项目支持下，基于直接估算方法和时空滤波算法生产的定量遥感产品，滤波后的产品覆盖全球陆地无缺失(Qu et al., 2014; Liu et al., 2013a; Liu et al., 2013b)。产品主要使用了 MODIS 和 AVHRR 两个数据源，基于 MODIS 的产品时间范围是 2000～2015 年，空间分辨率为 1km 和 0.05°，时间分辨率 8 天；基于 AVHRR 的产品时间范围是 1981～2015 年，空间分辨率为 0.05°，时间分辨率 8 天。GLASS 反照率产品是目前时间序列最长且具有较高时空分辨率的高质量反照率产品。

9. MuSyQ albedo

MuSyQ 反照率是由中国科学院遥感与数字地球研究所基于 MODIS 和 FY3-MESSI 传感器数据联合反演生产的多源反照率产品(Wen et al., 2017)。MuSyQ 反照率采用 10 天合成周期，具有 5 天的时间分辨率，包括了三个宽波段(可见光，近红外，短波)的黑空反照率和白空反照率。MuSyQ 反照率产品采用类似于 MODIS 的正弦投影，空间分辨率为 1km。

6.4.2　反照率遥感产品验证方法

1. 地表反照率的验证和尺度匹配方法

陆表反照率作为影响地表能量平衡中的一个重要因子，其产品的精度和质量需要通过验证进行真实性检验。真实性检验是指通过将遥感反演产品与能够代表地面目标相对真值的参考数据(如地面实测数据，机载数据，高分辨率遥感数据等)进行对比分析，正确评估遥感产品的精度，而且要让应用者相信这种精度。用于全球反照率产品验证的地面测量数据，常从世界范围分布的地表辐射通量观测网络获取，如 FLUXNET 超过 500 个站点中有相当一部分站点进行了太阳短波辐射入射与出射的观测(提供每半小时的观测数据)，BSRN 超过 40 个站点中部分站点提供每分钟间隔的短波辐射的输入与输出通量数据，可以应用于反照率数据的验证(参见第 5 章 5.2.5)。始于 1999 年的 GC-NET 收集了格陵兰岛上的 18 个自动天气观测站的气象信息、地表短波辐射(可见光和近红外)通量、热通量等的观测数据，数据集提供一小时间隔的上行和下行短波辐射，可用于验证冰雪地表的反照率数据。

传统获取地表反照率的主要方式是利用下行和上行短波辐射表进行测量，其结果对应于几米到几十米的空间尺度，常常不能代表低分辨率遥感像元尺度上的反照率情况。由于地表异质性和点面数据的不匹配，直接利用地面测量数据进行低分辨率遥感产品的验证将会带来许多问题，因此需要遥感反照率产品的验证必须考虑尺度匹配问题。

常用于降低尺度匹配差异的方法主要有三种。第一种方法是选择均一区域内的站点观测值直接验证遥感反照率产品，这种情况下即使地面观测范围较小也可以代表遥感像元尺度。Susaki 等(2007)证明在地表均一的情况下，不同分辨率观测数据之间差异很小。然而，事实上很难找到在中低分辨率像元尺度上完全均一的区域，地表非均一性是低分辨率反照率产品验证中无法回避的问题。

第二种，也是最常用方法是选择观测视场能够代表整个卫星像元的站点(Barnsley et al., 2000; Román et al., 2009; Cescatti et al., 2012)，这些站点一般架设于高塔上端，观测视场半径可达几十米到一两百米，仪器视场范围对整个中低分辨率像元的代表性通过对站点周围地表进行的统计来评价(Lucht et al., 2000; Román et al., 2009)。这种验证方法的局限性在于代表性足够的站点有限，且在全球范围内分布不均匀，覆盖的地表类型不全面。

因此，第三种方法引入高分辨率数据作为桥梁从地表观测值向中低分辨率像元进行升尺度转换，该方法适用性更广(Liang et al., 2002; Wang et al., 2004)，而且该方法也可以和第一种方法结合使用，在较为均匀的站点上结合高分辨率数据对站点观测进行修正，获得更为准确的参考真值。早期的研究中使用高分辨率影像反演不同地表类型的反照率，并统计其组分比例，通过线性加权估计低分辨率卫星像元的反照率，这种方法受限于地表分类精度和类内反照率值的代表性。梁顺林等(2002)对此进行了改进，用高分辨率卫星数据反演得到的反照率作为尺度转换桥梁。这种多尺度验证方法被可以概括为"两恰"：第一恰是指地面观测值与高分辨率数据之间相一致；第二恰是指高分辨率数据与中低分辨率产品之间相一致。当两恰同时满足时，说明中低分辨率产品精度可靠(张仁华等，2010)。这种方法的优势在于引入了高分辨率数据的信息，然而同时也受到了高分辨率反照率中的不确定性的干扰。

图 6.12 展示了对低分辨率反照率产品进行多尺度验证的简明流程图，采用三个主要步骤获得低分辨率像元反照率的参考真值：①地面采样测量反照率；②计算高分辨率反

照率并根据地面数据进行校正；③由高分辨率反照率升尺度得到低分辨率参考真值，并逐像元进行不确定性评估。利用参考真值与低分辨率反照率产品比较，以验证其精度。根据参考真值中不确定性的来源和传播，采取一系列措施以减少不确定性：在地面观测时，大小样方嵌套的采样策略能够同时捕捉 30 m 和 1 km 尺度上的异质性；基于地面观测值对高分辨率反照率影像进行标定；根据各像元参考真值不确定性大小对 1 km 像元进行分级，参考真值不确定较大的像元不用于验证。

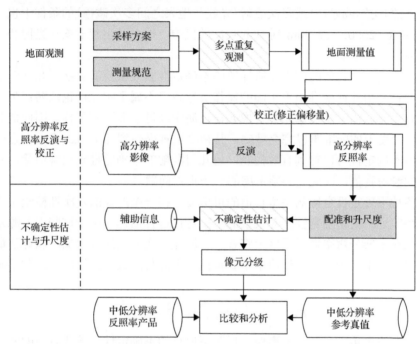

图 6.12 遥感反照率产品的多尺度验证流程(彭菁菁等，2015)
图中灰色填充框提示可能引入不确定性的步骤，斜线填充框表示减小不确定性的方法

2. 参考真值的不确定性来源

验证卫星反照率产品的关键是得到像元尺度的参考真值。多尺度验证中，参考真值由高分辨率影像反演的反照率聚合到中低分辨率像元尺度估算，并非是绝对准确的真值，参考真值本身的不确定性对验证结果的影响不容忽略。

地面观测值与高分辨率反照率均具有不确定性。地面观测值的不确定性来源于仪器的有限精度、测量中的操作误差与采样代表性的误差。当这几种误差源均得到有效控制时，地面观测中的不确定性最小。高分辨率反照率的不确定性源自传感器的局限性以及辐射校正、几何配准、大气校正与反演算法的误差。各种数据中的误差可从总体上分为偏差和随机误差。地面观测值中的偏差通过使用仪器前精确校准与使用中合理操作进行控制，随机误差可通过取多次重复测量的均值来减小。由于平均过程倾向于使随机误差相互抵消，高分辨率反照率中的随机误差在升尺度过程中可得到有效抑制，而偏差仍然存在，因此需要在验证过程中尽可能消除偏差。所以需要通过地面观测值对高分辨率反照率校正来削弱偏差的影响。

在升尺度过程中，尺度效应和影像间的几何配准误差是主要不确定性来源。吴骅和李召良等将尺度效应定义为"不同尺度数据间相同特征的差异性"(Wu and Li, 2009)。尺度效应主要取决于地表特征的异质性和反演算法的线性/非线性，尺度效应引起的不确定性由空间异质性和反演模型综合估计。已有研究表明，反演模型的线性/非线性是决定尺度效应的关键因素之一。反照率通常基于线性模型反演得到。然而，即使是线性模型，在非均一光照(阴影或遮挡)或多次散射(光线与地表之间多次碰撞)的条件下也会导致尺度效应(Li et al., 2000)。从30m到1km尺度转换中，地形是引起非均一光照和多次散射的主要原因。

与之不同的是，几何匹配误差所导致的不确定性独立于反演算法。几何匹配误差包括两种：一种是由几何配准中不正确的操作所导致，不属于本文讨论范畴；另一种是几何匹配固有误差。由于反照率影像各像元在反演中经过了多次重采样，因此低分辨率像元在亚像元尺度上的配准难以完全精确，其精度很难提高到优于 0.5 像元。在升尺度过程中，很多不确定性可以得到有效控制，但几何匹配的不确定性则很难消除，且直接传递到最终的参考真值，因此是必须考虑的一个重点问题。

上述各种不确定性会影响参考真值的可信度，在一个严谨的真实性检验实验中，应尽可能减小验证中的不确定性并对残余的不确定性进行估计。由于这些误差源是相互独立的，因此在中低分辨率像元尺度上将各误差源在二次方项线性累加，以评估最终验证值中的总误差。下式表示了验证值中不确定性的来源与组成，并给出了总体不确定性的估计方法：

$$\varepsilon_{\text{tot}}^2 = \varepsilon_{\text{grd}}^2 + \varepsilon_{\text{high}}^2 + \varepsilon_{\text{gm}}^2 + \varepsilon_{\text{scale}}^2 \tag{6.55}$$

其中，等式左边表示一个低分辨率像元反照率值总的不确定性，等式右边的四项分别表示地面测量值中的不确定性、高分辨率反照率中的不确定性、多尺度影像几何配准中的不确定性、尺度效应带来的不确定性，其各自分解表达见参考文献(彭菁菁等, 2015)。

3. 山区反照率尺度效应的纠正

反照率的尺度效应主要发生于山区。对于低分辨率遥感影像而言，在平坦地表下大空间尺度反照率是局地反照率的面积加权和，对应着一个线性变换过程，从高分辨率到低分辨率光谱反照率的升尺度规律基本上是线性的。然而当地表并不平坦，即具有一定的地形起伏时，由于入射和反射的能量受到了坡度、坡向、天空可视因子以及周围地形等多种因素影响，致使其反照率的尺度转换过程不再是简单的线性关系，表现出空间的尺度效应。闻建光等讨论了地形引起的地表反照率尺度效应，提出通过尺度影响校正因子来解决由地表中高分辨率反照率产品升尺度至低分辨率反照率产品中尺度效应的问题(Wen et al., 2009)。尺度影响校正因子通过像元内部微小面元的坡度、坡向以及相互遮挡情况计算得到。

图 6.13 显示了模拟的平均坡度 30.7°的山地场景下，不同太阳角以及不同空间分辨率的受地形影响的反照率。假设无尺度效应，理论计算的像元反照率是 0.30，但是因为

受地形影响，不同空间分辨率计算的像元反照率可从 0.19～0.24。引入尺度影响校正因子后，求得的反照率在不同空间分辨率下趋于真实值 0.3。而且分辨率越低，计算的反照率与真实值越接近，如图 6.13(a)。图 6.13(b) 显示了与真实反照率 0.3 相比之下计算反照率的均方根误差。由于像元内部地形的影响，不同空间分辨率计算的反照率受地形尺度效应影响的大小不同，特别是在分辨率较高的时候，计算得到的地表像元反照率均方根误差较大，达到了 30% 以上，随着空间分辨率尺度的降低，均方根误差也随之降低并逐渐趋于平缓，在 20% 左右。而通过尺度影响校正因子计算的地表反照率，在不同空间分辨率尺度下，反照率计算的均方根误差仅在 5% 以内，较好地克服了地形影响下的尺度效应。当太阳入射角度较大的时候，均方根误差增大，达到 10% 左右。

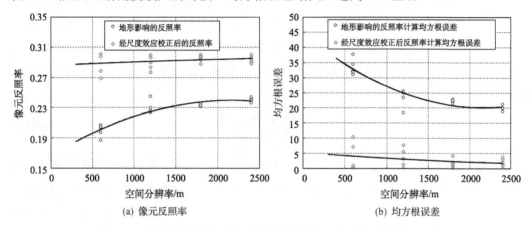

图 6.13 地形起伏条件下不同空间分辨率像元反照率及均方根误差

6.5 全球地表反照率的时空分析

6.5.1 时间平均和区域平均反照率的计算方法

地表反照率不仅对地表净辐射有很大的影响，还在全球和区域的气候模型中扮演着重要角色，地表反照率数据产品可为气候建模提供有利信息。地表反照率受很多种因素影响，例如植被覆盖、雪盖和冰盖以及大气中云和气溶胶的性质等(Jin et al., 2002; Zhou et al., 2003; Greenfell and Perovich, 2004)，因而出现季节变化和地域差异。因此气象学中对区域尺度的地表反照率及其变化趋势开展了很多分析研究。

因为地表反照率遥感产品往往只提供黑空反照率和白空反照率，在开展地表反照率气象学分析之前需要把它们转换为蓝空反照率(也叫真实反照率)，转换公式参考式(6.14)，或者按一般习惯写为

$$\alpha = (1-s)\alpha_{\mathrm{BSA}} + s\,\alpha_{\mathrm{WSA}} \tag{6.56}$$

其中，α 表示短波波段的蓝空反照率；α_{BSA} 和 α_{WSA} 分别表示短波波段的黑空反照率和白空反照率；s 表示天空漫散射光在总的下行短波辐射中占的比例。因为对于多数无雪

陆地表面来说，黑空反照率和白空反照率之间的差别很小，所以在一些分析中会忽略二者的差异，直接用黑空反照率进行分析，或者用常数值 s 来转换成蓝空反照率。实际上 s 的分布存在时间和空间变化，因此在这里使用了 NCEP(National Centers for Environmental Prediction)气候数据集中的月均直射、散射辐射数据来获取 s 的时空分布。

气象学分析通常是在较低的时间分辨率(月、年)和较大的空间尺度(区域、半球全球)进行的，因此需要对高分辨率的遥感反照率产品求取时间和空间尺度的平均。计算时间尺度平均反照率的方法，通常是通过下行辐射对每日或 8 日反照率进行加权平均。计算空间平均反照率，也是需要通过下行辐射对不同像元的反照率进行加权平均。但是，这里还需要考虑像元面积的影响，如果卫星产品不是等面积投影，比如等经纬度投影，忽略像元面积的差异就会造成反照率估算的误差。张晓通等(Zhang et al., 2010)提出一种计算大区域尺度反照率的方法，同时使用太阳辐射和像元面积对 NASA 发布的 MODIS 反照率产品进行加权得到大区域尺度的反照率。全球或区域尺度上加入了像元面积权重的平均反照率 $\bar{\alpha}$ 定义如下：

$$\bar{\alpha} = \frac{\sum F_{\rm d} \cdot \omega_{\rm area} \cdot \alpha_i}{\sum F_{\rm d} \cdot \omega_{\rm area}} \tag{6.57}$$

其中，α_i 是各像元的反照率；$F_{\rm d}$ 是地表下行辐射权重；$\omega_{\rm area}$ 表示像元的面积权重。这里的求和可以仅是空间域的求和，也可以是时间和空间同时求和，即可获得区域的月、年均反照率。与 s 一样，地表下行辐射也可从气候数据集中获取，这里使用 MERRA (Modern-Era Retrospective Analysis for Research and Applications)数据集的月均下行辐射数据，其空间分辨率(1/2°×2/3°)在目前的气象数据集中比较高。

因为大量的验证和应用研究表明 MODIS 反照率产品具有较高的精度和时空分辨率，所以常常被用作评价其他反照率数据集的参照。张晓通等(Zhang et al., 2010)通过 MODIS 产品计算的年平均或月平均的全球或区域反照率，并与 ISCCP、GEWEX 等通过模型模拟出的反照率进行了比较。何涛等(He et al., 2014)对 GLASS、GlobAlbedo、MODIS 等遥感反照率产品以及其他反照率进行了对比和气象学分析，以下基于他们的结果简要说明地表反照率的时空变化。

6.5.2　全球反照率的季节变化

表 6.6 给出基于 MODIS 数据统计的全球(Global)、南半球(SH)和北半球(NH)从 2000 到 2008 年年平均和季平均的黑空反照率及白空反照率。全球 MODIS 黑空反照率和白空反照率的多年平均值分别是 0.235 和 0.245，标准差为 0.001，没有考虑面积权重时的估计值为 0.30 和 0.31，其结果相对偏大是因为没考虑面积加权的方法会增加高纬度的冰盖/雪盖的反照率对于均值的贡献。

在一年中，地表反照率值在通常冬天达到最高值，在夏天达到最低值，因为冬天有雪的出现会使反照率增大，而夏季植被相对繁茂，植被反照率较低。2000~2008 年间四季的反照率变化如表 6.6 所示，其中春季指 3～5 月，其他季节以此类推。图 6.14 表示全球尺度、南半球和北半球的黑空和白空反照率的月变化，可以很明显地看出这 9 年中反照率随季节的变化规律一致。

表 6.6　2000～2008 年全球、北半球和南半球短波反照率的四季变化

区域	反照率类型	年均反照率	季节反照率			
			春季	夏季	秋季	冬季
北半球	BSA	0.225±0.002	0.251±0.003	0.202±0.003	0.209±0.003	0.243±0.003
	WSA	0.235±0.001	0.262±0.003	0.216±0.003	0.217±0.003	0.248±0.003
南半球	BSA	0.255±0.004	0.174±0.004	0.148±0.002	0.268±0.008	0.361±0.004
	WSA	0.264±0.004	0.184±0.004	0.157±0.002	0.277±0.008	0.37±0.004
全球	BSA	0.235±0.001	0.231±0.002	0.19±0.002	0.233±0.003	0.302±0.002
	WSA	0.235±0.001	0.242±0.002	0.203±0.002	0.242±0.003	0.309±0.002

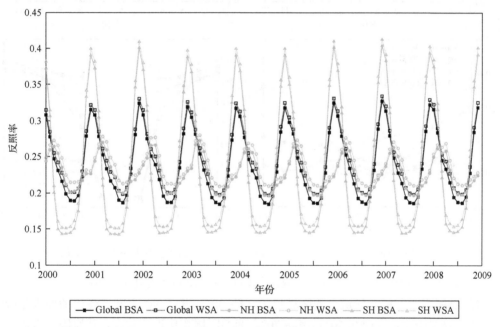

图 6.14　2000～2008 年全球、北半球和南半球短波反照率月平均值的变化

值得注意的是，夏季黑空和白空反照率的差别大于冬季，这可能是由于夏季植被茂密时地表二向反射比裸土和冰雪明显所导致。此外，年平均的白空反照率值比黑空反照率值高出 0.01 左右。

对于北半球来说，冬季的太阳天顶角比较大，日照时间短，高纬度地区在白天的时候天空比较暗。因此，MODIS 从 12 月到次年 2 月之间北半球高纬度地区没有反照率反演结果。同样，南半球的高纬度地区在 5～7 月间也没有反照率反演结果。

6.5.3　不同纬度带的反照率

图 6.15 是基于 2000～2008 年 MODIS 反照率统计的全球不同纬度带黑空和白空反照率的季节变化，可以看出以下特征：

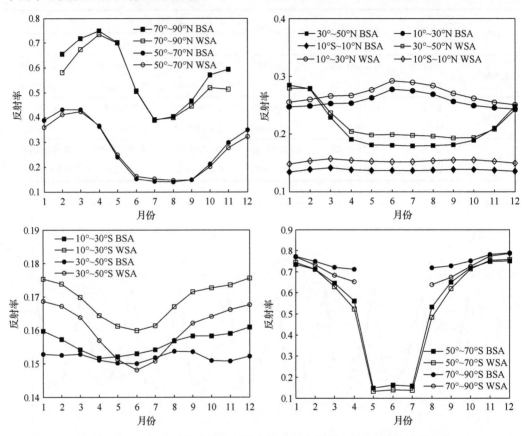

图 6.15　MODIS 产品的全球不同纬度带黑天空和白天空反照率的季节变化

（1）北纬 30°和南纬 50°之间的区域，年均和月均反照率变化非常小。

（2）反照率季节性变化最大的区域位于北纬 30°和北纬 90°之间，变化的原因是降雪和植被的物候变化；在南纬 50°到南纬 70°之间的区域变化也非常大，其原因是雪盖和冰盖的季节性变化明显。

（3）反照率最小的是南纬 10°和北纬 10°之间的区域。

（4）北半球地表反射率的季节性变化大于南半球。

（5）北纬 70°到 90°以及南纬 70°到 90°的区域反照率出现 0 值(无效值)是因为该地区光照太小，卫星过境时接收能量不足而无法形成有效观测。

6.5.4　反照率产品之间的比较

何涛等(2014)对 9 种全球尺度的反照率数据集进行了比较，其中 5 个数据集在 6.4.1

进行了介绍，其他 4 个反照率数据集的主要参数如表 6.7。

表 6.7　几个反照率数据集的基本参数

数据集名称	全名	空间分辨率	时间范围	参考文献
ISCCP	International Satellite Cloud Climatology Project	2.5°	1983~2009	Zhang et al., 2004
GEWEX	Global Energy and Water Exchanges Project	1°	1983~2007	Pinker et al., 1992
ERBE	Earth Radiation Budget Experiment	0.25°	1985~1989	Li et al., 1994
MERIS	Medium Resolution Imaging Sectrometer	0.25	2002~2006	Popp et al., 2011

图 6.16 给出了不同反照率产品统计的全球、北半球、南半球陆表的多年月平均反照率。可以看到多数反照率产品在均值意义上具有较好的一致性，差异小于 0.02，可以满足气象学分析的精度要求，但仍然存在一定的差异。ISCCP 反照率存在比较明显的低估，尤其是在 7~9 月，这与 Stackhouse 等的报告(Stackhouse et al., 2012)的结论一致，该报告同时也指出了 GEWEX 反照率在冰雪覆盖区有显著低估。CLARA-SAL 在南北半球都高于其他反照率产品，这可能有三方面原因，一是 CLARA-SAL 产品包含海冰反照率，其空间分辨率又偏低(0.25°)，混合像元问题使其反照率统计值与其他较高分辨率的产品不一致，而与其分辨率一致的 CERES 产品则与之接近；二是 CLARA-SAL 产品仅包含黑空反照率，而太阳角偏大时的黑空反照率通常比蓝空反照率偏高；三是 AVHRR 传感器数据很难区分云和雪，高纬度地区的部分有云数据没有被成功检测和排除，因此造成了 CLARA-SAL 反照率的高估。

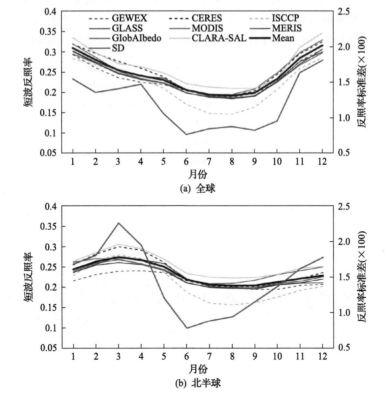

(a) 全球

(b) 北半球

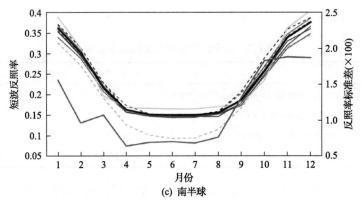

(c) 南半球

图 6.16　不同全球反照率数据集统计得到的月平均反照率的比较

　　我们也看到不同反照率数据集之间的差异在北半球比在南半球更明显，这可能是因为季节性降雪区域的主要分布在北半球。季节性降雪带来地表反照率的剧烈时空变化，因此不同反照率数据集在空间分辨率上的差异以及在时序合成方面采用的不同策略的差异都在季节性降雪区域被放大，而且各种反照率数据集在采用的冰雪反照率模型和算法方面也存在差异。此外，北半球大陆型气候还导致植被类型、物候等与气候相关的地表参量也表现出比南半球更为复杂的分布，从而凸显了反照率数据集之间的差异。当然，不同传感器之间波段配置以及定标精度之间的差别也是这些反照率数据集之间差异的原因之一。

　　进一步，图 6.17 显示了按照纬度带统计的不同反照率数据集的 1 月和 7 月平均反照率。1 月平均反照率的有效纬度范围是北纬 70°到南纬 80°，7 月平均反照率的有效纬度范围是北纬 80°到南纬 70°。可以看到多数反照率数据集在中低纬度区域一致性较好，只

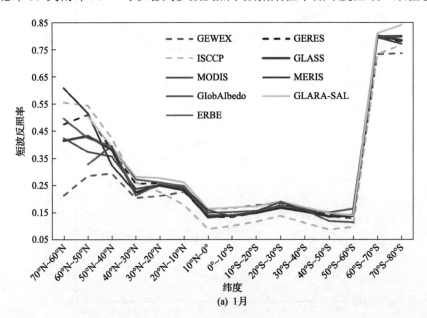

(a) 1月

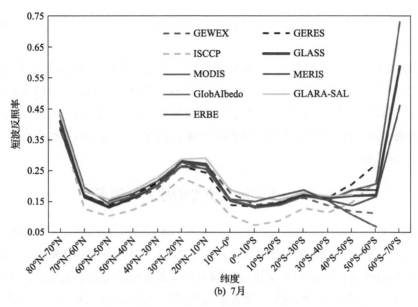

图 6.17 不同反照率数据集统计得出的纬度带的月平均反照率

有 ISCCP 反照率有明显总体低估,另外 GEWEX 反照率在冬季和高纬度地区有明显低估。在南纬 40°到南纬 60°区域,不同反照率数据集之间的差别有所放大,这可能与这个区域的陆地面积较小且地形复杂有关。

不同反照率数据集在高纬度地区的差异在冬季非常明显,在夏季则相对不明显,这可能是因为高纬度冬季太阳天顶角大,而不同反照率数据集的算法在处理大天顶角时的地表二向反射使用的模型不同,而造成反照率估算的误差。

如果认为 MODIS 反照率精度最可靠的话,在参加比较的 9 个数据集之中,GLASS反照率与 MODIS 反照率一致性最好,它们之间的差异在 1 月份北纬 40°到北纬 60°之间稍大,这可能是二者在冰雪反照率计算中采取了不同策略造成的。MODIS 反照率对有雪和无雪情况采取不同的处理,而其对有无雪的判断又倾向于做无雪处理,这时,算法会排除合成周期(16 天)内的有雪观测而仅使用无雪观测去反演地表反照率。而GLASS 则是在其合成周期(17 天)内用平滑滤波算法去处理所有的有雪或无雪数据。因此短暂的降雪过程会造成 GLASS 反照率相对于 MODIS 反照率的高估。MERIS 反照率的纬度带统计结果也和 MODIS 反照率接近,事实上 MERIS 反照率产品中使用了MODIS 的气溶胶产品和 BRDF 参数来进行大气纠正和角度纠正,因此他们之间一致性较好。但是在 1 月份北半球高纬度地区(>50°N)MERIS 反照率相对 MODIS 反照率有高估,这在 Fischer 等(2009)的报告中也被报道,其原因可能是 MERIS 数据大气纠正中的误差。

GLOBALBEDO 反照率产品也和 MODIS 反照率有较好的一致性,GLOBALBEDO反照率的生产算法进行缺失填补时中使用了 MODIS 的 BRDF 产品,但是这种缺失填补过程也会在短期降雪或气候快速变化时产生不确定性。GLOBALBEDO 反照率在高纬度冬季也存在一定程度的高估，这可能与高纬度地区难以区分云和雪有关(Muller, 2013)。

　　CLARA-SAL 反照率总体的高估可能部分由于其在 AVHRR 数据的大气纠正中采用了固定的气溶胶参数，但也因为 CLARA-SAL 反照率产品提供的是卫星过境瞬时反照率的月平均，而其他反照率产品则把卫星过境瞬时反照率归一化到正午瞬时反照率再取月平均。ERBE 数据集仅提供了中低纬度的反照率，而其中低纬度的平均反照率基本与其他反照率产品相近。

6.5.5　不同地表类型的地表反照率

　　针对不同地表覆盖类型的反照率统计知识在气象模型中被广泛使用。根据前面对不同反照率数据集的比较和分析结果，这里选取了 2001~2010 年 GLASS, GlobAlbedo, and MODIS 三个 0.05°分辨率的数据集进行不同地表覆盖类型的反照率的统计。统计中使用的地表覆盖类型数据来自 MODIS 的地表覆盖类型年产品(MCD12C1)，从中提取多年不变的地表覆盖类型图。

　　图 6.18 是上述三个产品联合统计的不同地表覆盖类型在不同纬度带的月平均反照率。图中可见多数地表覆盖类型的反照率在中低纬度区域(南北纬 40°之间)的季节变化不大。南北纬 20°之间的统计结果在图中没有画出，这是因为这个区域的地表覆盖类型较单一，且统计数据几乎没有季节变化。在中高纬度区域，由于降雪/融雪过程、植被的物候以及土壤含水量的变化，反照率均值的季节变化也变得明显。降雪对不同植被类型反照率的影响存在差异，稀疏植被(如 glasslands, wetlands,shurbland)在高纬度冬季的反照率显著高于浓密植被(forest)在同一时期的反照率(Gao et al., 2005; Wu et al., 2012)。

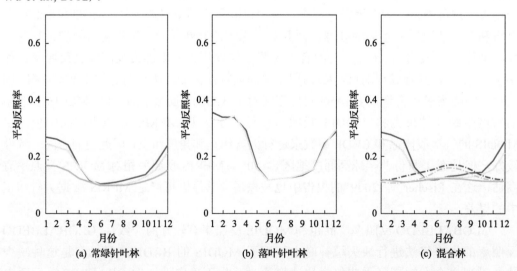

(a) 常绿针叶林　　　　　　(b) 落叶针叶林　　　　　　(c) 混合林

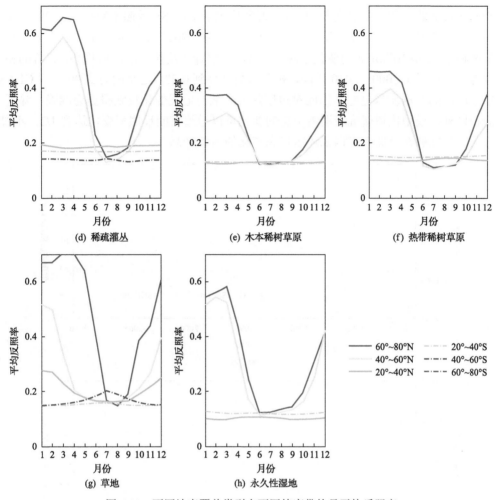

图 6.18　不同地表覆盖类型在不同纬度带的月平均反照率

6.5.6　反照率的多年变化趋势

现有的全球反照率遥感数据集之中，除了 CLARA-SAL 反照率分辨率偏低以外，仅有 GLASS 反照率的时间序列最长，且数据质量较高，还有无缺失的特点。因此这里选取 GLASS 反照率来分析全球尺度长时间序列的反照率变化趋势。根据前面的纬度带分析，北半球陆地面积大且反照率变化显著，所以这里以北半球为例介绍分析结果。

为了将季节性变化趋势从月平均反照率数据的时间序列中去除，以便比较 1981 年到 2010 年北半球月均反照率的非周期性变化，我们首先对反照率进行距平处理，反照率距平值由以下公式计算：

$$\Delta\alpha(\mathrm{yy,mm}) = \alpha(\mathrm{yy,mm}) - \bar{\alpha}(\mathrm{mm}) \tag{6.58}$$

其中，$\alpha(\mathrm{yy,mm})$ 表示第 "yy" 年 "mm" 月的月平均反照率；$\bar{\alpha}(\mathrm{mm})$ 表示多年第 mm 月的平均值。

图 6.19 显示了 1981～2010 年北半球 1 月和 7 月平均反照率的距平的时间序列，以

及相应时段的北半球雪覆盖面积。根据长时间序列的 GLASS 反照率数据集，1981～2010年间北半球 7 月平均反照率呈降低趋势，变化率为–0.00013/a。与此同时，北半球 7 月雪覆盖面积以 5.46×10⁴km²/a 的变化率减小，这部分解释了反照率的降低趋势，二者的相关系数为 0.61；而在 2000～2010 年间，相关系数升高到 0.77，这是因为 2000 以后 GLASS反照率产品的数据质量更好，因此对短期降雪区域的地表变化反映得更为准确。除了覆盖面积以外，模型模拟研究表明雪形态的变化可以导致雪面反照率变化达到 1/3，不过，目前还缺少能够在全球范围内描述雪形态变化的遥感产品。

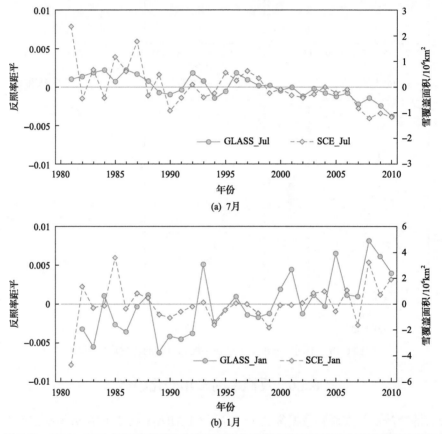

图 6.19　1981～2010 年间北半球陆地表面月平均反照率的距平以及北半球雪覆盖面积

我们也发现在北半球冬季反照率的变化趋势与夏季相反。GLASS 的反照率增速为0.00029/a。这期间 SCE 增长率为 4.4×10⁴km²/a，GLASS 反照率距平与 SCE 的相关系数为 0.44，如果仅考虑 GLASS 产品质量较好的 2000～2010 年时段，则相关系数增加到 0.56。对这种相关的一个解释是近几十年来全球变暖增加了北半球冬季的大气水汽含量，因此产生更多的降雪。

和夏季相对显著的相关性不同，冬季反照率与 SCE 的相关性降低，这可能是因为遥感反照率产品由于自身的局限，在冬季高纬度地区缺乏有效的遥感观测，因此数据质量低甚至数据缺失，造成了分析结果的不可信。这部分工作有待将来进行补充。

全球不同区域显示出不同的反照率变化趋势。图 6.20 基于 2000～2010 这一段数据质量最好的 GLASS 产品逐像元计算了春夏秋冬四季的平均反照率变化趋势。这些年来的全球升温导致春季融雪和植被返青提前，表现为早春反照率的降低趋势。另外，西伯利亚北部出现的急剧的反照率降低(>0.005/a)的原因是植被对雪的遮盖效应(Loranty et al., 2014)：由于近年来的气温升高，北部森林的覆盖范围向北扩展，覆盖了原来的苔原地带，原有的苔原植物相对低矮，都被雪覆盖，而新生长的森林植物较为高大，反而遮盖了地面的积雪，因此导致反照率的大幅度降低。

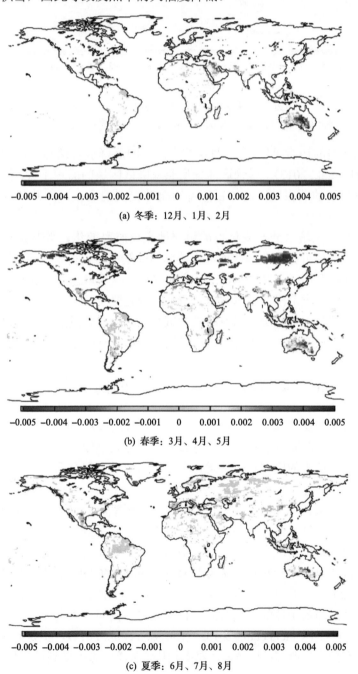

(a) 冬季：12月、1月、2月

(b) 春季：3月、4月、5月

(c) 夏季：6月、7月、8月

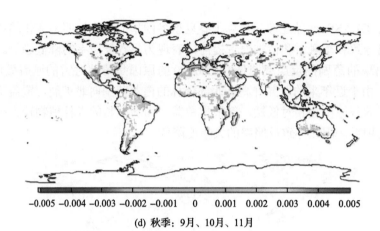

（d）秋季：9月、10月、11月

图 6.20　全球季节平均反照率变化率的空间分布图

图中仅显示了置信度大于95%的趋势，南极洲的反照率变化趋势没有计算

在格林兰冰盖的边缘可发现 7 月反照率的大幅度降低，这与之前的区域研究的结论是一致的(He et al., 2013)。尽管这部分反照率降低区域的面积不大，但是它代表了我们数据中没有显示的北极地区海冰反照率对全球变暖的反馈，因此其气候效应是非常重要的。

除了冰雪外，土壤水分的变化也能引起地表反照率变化，尤其是在半干旱地区。Dorigo 等(2012)的研究指出非洲西南部反照率的降低和澳大利亚中部反照率的升高可以分别归因于上述两个地区土壤含水量的升高和降低，这可以在图 6.20(b)、图 6.20(c)中看出。在半干旱区，大范围的土壤含水量变化主要是降水量变化驱动的，如果旱情多发或持续，造成土壤含水量减少，以及植被的减少，从而导致反照率的升高。而这种情况还会引起地表蒸发量的减少，进而加剧干旱气候，形成一个正反馈过程。

6.6　宽波段反照率研究中的问题和展望

虽然地表反照率反演算法和产品已经取得了很大的成功，但是仍然存在着一些问题，既表现在产品精度、时间分辨率、数据完整性方面需要继续提高，更表现在对于冰雪、海洋、山地等特殊地表的研究相对缺乏，另外还需要长期和全面开展遥感反照率产品的验证工作。

目前常用的以核驱动二向反射模型为基础的反照率反演算法主要针对植被地表，对于特殊地表类型缺乏针对性的模型。在高纬度地区，冬季雪盖的高反照率对于地表能量平衡有着重要影响，但是现有的核驱动模型的核函数对冰雪地表前向散射占优的特征难以描述(瞿瑛等，2016)，一些研究认为 NASA 发布的 MODIS 反照率产品在极地出现低估现象(Wang, 2010)，其有效性有待深入考察。相比于种类丰富的陆表反照率产品，却很少有反照率产品覆盖全球的广阔海洋，目前能够获得的覆盖全球海洋的时间序列反照率仅有 CLARA 产品(Riihelä et al., 2013； Karlsson et al., 2017)，但是其空间分辨率低，产品形态也仅有黑空反照率。与陆表反照率相比，海洋反照率受到风速和太阳角的影响，表现出明显的时间变化，因此，有必要设计与陆表不同的海洋反照率产品形态和产品生产流程(Fent et al., 2016)，这可能是较为成熟的物理模型尚未用到海洋反照率的业务化生产中的原因之一。另一个重要而又研究不足的地表类型是山地，它占据了四分之一的地球陆地表面，对中国而言，山地更是占到了国土陆地总面积的 2/3。但是，地表反照率的地形影响(Davidson and Wang, 2004; Wen et al., 2009)在现有的业务化运行的算法中完全被忽略，即使在理论研究和实验研究中对地形的考虑也少之又少(Wen et al., 2018)。山地反照率研究的难点在于其空间尺度效应，由此引出在不同尺度的观测和应用中该如何定义反照率的思考，很难建立对于像元内部的复杂地形及其影响的简洁模型描述。总之，为了在全球范围提高地表反照率估算总体精度，有必要加强特殊区域的地表二向反射和反照率模型和反演研究。

为了进一步提高反照率产品的时空分辨率和质量，有必要引入更多的信息源，使用多传感器遥感数据。多传感器遥感数据的使用方式有融合参数产品和联合反演两种形式。第一种方式首先基于各单一传感器数据分别反演反照率，然后，在验证和分析不同来源的反照率产品的误差特性基础上，对几种反照率产品进行融合。第二种方式联合使用多传感器观测数据反演二向反射模型，再基于模型估算反照率。获得足够数量和质量的多角度观测数据是成功实现模型反演的必要条件，而从单一传感器观测中提取多角度数据需要累积较长时间，因此，现有反照率产品的有效时间分辨率低，不能反映雨雪或者植被快速生长过程中地表反照率的快速变化。随着遥感技术的飞速发展，越来越多的传感器同时运行于地球轨道，联合使用多传感器数据不仅可以在较短的时间内获得足够数量的观测数据，而且也有利于得到较为理想的太阳/观测角度分布(Wen et al., 2017)。但是，多传感器数据的联合反演还面临不同传感器波段设置不一致，空间分辨率不一致，以及定标不准确、数据质量参差不齐等科学和技术问题。另外，从遥感数据反演的反照率产品受天气因素影响，难以避免的存在噪声和缺失数据现象，给数据用户带来不便，因此有必要引入统计数据、时空相关性等先验知识实现反照率产品的缺失填补。

同其他定量遥感产品一样，地表反照率产品也需要严格而且广泛的验证。目前在极地、海洋和山区等特殊地区还缺少高质量的观测数据，未能给这些区域的反照率产品验证提供支撑。常用的地表反照率验证数据为通量塔或者自动气象站的测量数据，这些数据的观测尺度与典型低分辨率遥感像元尺度有较大差距，因此直接用地面测量数据验证遥感像元尺度的反照率产品会有很大的不确定性。目前虽然有少量学者报道了对非均匀地表的反照率测量方法或者基于高分辨率遥感图像做尺度转换桥梁的方法，但是，总的说反照率产品验证中的尺度问题未得到解决。反照率的时间尺度转换也是近年来逐渐引起人们注意的一个科学问题，地面观测的反照率数据通常是时间连续的，其数值随着太阳角度以及大气状态的改变而有一定起伏，地表能量平衡研究中需要的反照率常常是日平均值，而卫星遥感通常是瞬时观测，在产品生产过程中又规一化为局地正午太阳角的黑空反照率和白空反照率，其间的差异带来地表反照率产品验证以及地表能量平衡估算的不确定性。

以下列出地表反照率研究中迫切需要深入探讨的 10 个问题：

(1)如何更好地描述冰雪及含冰雪的混合像元地表的二向反射和波谱特性,提高高纬度地区反照率估算精度?

(2)如何设计和生产能反映海洋反照率时间变化,特别是日变化的数据产品?

(3)像元内部的地形起伏如何影响像元尺度的二向反射和反照率,如何在遥感像元尺度上对地形及其影响进行参数化?

(4)在利用不用传感器数据联合反演地表反照率时,如何解决不同传感器之间波段配置不一致的问题?

(5)如何衡量引入多传感器数据,尤其是一些质量较低数据,对反演精度的贡献?

(6)如何综合使用不同空间分辨率的遥感数据、地面观测数据以及先验知识进行反照率产品的滤波和缺失填补?

(7)在进行不同数据源反照率产品融合时,如何评估和量化各产品的误差?

(8)如何在极地、海洋和山区等特殊地区开展地表二向反射和反照率的观测实验?

(9)如何进行反照率地面观测数据与卫星遥感产品的空间尺度匹配或尺度转换?

(10)如何观测和评估地表反照率的日变化,并进行反照率的时间尺度转换?

参 考 文 献

陈永梅, 王锦地, 梁顺林, 等. 2009. MISR 和 MODIS 二向性反射数据产品的对比分析. 遥感学报, 13(5): 801-815

方莉, 刘强, 肖青, 等. 2009. 黑河试验中机载红外广角双模式成像仪的设计及实现. 地球科学进展, 24(7): 696-705

李小文, 高峰, 刘强, 等. 2000. 新几何光学核的验证以及用核驱动模型反演地表反照率(之一). 遥感学报, 第 4 卷(增刊): 1-15

李小文, 汪骏发, 王锦地. 2001. 多角度与热红外对地遥感. 北京: 科学出版社

李小文, 王锦地. 1995. 植被光学遥感模型与植被结构参数化. 北京: 科学出版社

彭菁菁, 刘强, 闻建光, 等. 2015. 卫星反照率产品的多尺度验证与不确定性分析. 中国科学:地球科学, (1): 66-82.

瞿瑛, 刘强, 刘素红. 2016. 基于前向散射核函数拟合冰雪反射光谱各向异性. 光谱学与光谱分析, 36(9): 2749-2754

宋芳妮, 范闻捷, 刘强. 2007. 一种获得野外实测目标物 BRDF 的方法. 遥感学报, 11(3): 298-302

张仁华, 田静, 李召良, 等. 2010. 定量遥感产品真实性检验的基础与方法. 中国科学: 地球科学, 40(2): 211-222

周烨, 柳钦火, 刘强. 2008. 两种 BRDF 室外测量方法的 RGM 模拟对比与误差分析. 遥感学报, 12(4): 568-579

Bacour C. Bréon F M. 2005. Variability of land surface BRDFs. Remote Sensing Environment, 98: 80-95

Barnsley M J, Strahler A H, Morris K P, et al. 1994. Sampling the surface bidirectional reflectance distribution function (BRDF): 1. Evaluation of current and future satellite sensors, Remote Sensing Reviews, 8(4): 271-311

Barnsley M, Hobson P, Hyman A, et al. 2000. Characterizing the spatial variability of broadband albedo in a semidesert environment for MODIS validation. Remote Sensing of Environment, 74(1): 58-68

Borel C C, Gerstl S, Powers B J. 1991. The radiosity method in optical remote sensing of structured 3-D surfaces. Remote Sensing of Environment, 36(1): 13-44

Cescatti A, Marcolla B, Santhana Vannan S K, et al. 2012. Intercomparison of MODIS albedo retrievals and in situ measurements across the global FLUXNET network. Remote Sensing of Environment, 121: 323-334

Charney J, Stone P, Quirk W. 1975. Drought in the Sahara-A biogeophysical feedback mechanism. Science, 187: 434

Chen J M, Leblanc S. 1997. A 4-scale bidirectional reflection model based on canopy architecture. IEEE Transactions on Geoscience and Remote Sensing, 35: 1316-1337

Chen T, Ohring G. 1984. On the relationship between clear-sky planetary and surface albedos. Journal of Atmospheric Sciences, 41: 156-158

Chopping M J, Rango A, Havstad K M, et al. 2003. Canopy attributes of Chihuahuan Desert grassland and transition communities derived from multi-angular 0.65μm airborne imagery. Remote Sensing Environment, 85 (3): 339-354

Cui Y, Mitomi Y, Takamura T. 2009. An empirical anisotropy correction model for estimating land surface Albedo for radiation budget studies. Remote Sensing Environment, 113: 24-39

Davidson A, Wang S. 2004. The effects of sampling resolution on the surface albedos of dominant land cover types in the north American boreal region. Remote Sensing Environment, 93: 211-224

Dickinson R E. 1995. Land processes in climate models. Remote Sensing of Environment, 55 (1): 27-38

Diner D J, Barge L M, Bruegge C J, et al. 1998. The Airborne Multi-angle SpectroRadiometer (AirMISR): instrument description and first results. IEEE Transactions on Geoscience and Remote Sensing, 36: 1339–1349

Disney M, Lewis P, Saich. 2006. 3D modelling of forest canopy structure for remote sensing simulations in the optical and microwave domains. Remote Sensing of Environment, 100 (1): 114-132

Dorigo W, Jeu R D, Chung D, et al. 2012. Evaluating global trends (1988–2010) in harmonized multi‐satellite surface soil moisture. Geophysical Research Letters, 39 (18): 18405

Fischer J, Preusker R, Muller J, et al. 2009. ALBEDOMAP-Validation Report. http://www.brockmann-consult.de/albedomap/pdf/MERIS-AlbedoMap-Validation-1.0.pdf.

Gao F, Schaaf C, Strahler A, et al. 2005. The MODIS BRDF/Albedo climate modeling grid products and the variability of albedo for major global vegetation types. Journal of Geophysical Research, 110: D01104

Gastelluetchegorry J P, Demarez V, Pinel V, et al. 1996. Modeling radiative transfer in heterogeneous 3-d vegetation canopies. Remote Sensing of Environment, 58 (58): 131-156

GCOS. 2006. Satellite- based products for climate. Supplemental details to the satellite- based component of the "Implementation Plan for the Global Observing System for Climate in Support of the UNFCCC", GCOS-107 (WMO/TD No. 1338). 90p

Geiger B, Carrer D, Franchistéguy L, et al. 2008. Land surface albedo derived on a daily basis from meteosat second generation observations. IEEE Transactions on Geoscience and Remote Sensing, 46 (11): 3841-3856

Goel N S. 1988. Models of vegetation canopy reflectance and their use in estimation of biophysical parameters from reflectance data. Remote Sensing Reviews, 4 (1): 1-212

Goudriaan J. 1977. Crop Micrometeorology: A Simulation Study. Wageningen: Pudoc

Govaerts Y, Lattanzio A, Pinty B, et al. 2004. Consistent surface albedo retrieved from two adjacent geostationary satellite. Geophysical Research Letters, 31: L15201D

Govaerts Y, Pinty, Taberner M, et al. 2006. Spectral conversion of surface albedo derived from Meteosat first generation observations. IEEE Transaction on Geoscience Remote Sensing Letters, 3: 23-27

Greenfell T C, Perovich D K. 2004. Seasonal and spatial evolution of albedo in a snow-ice-land-ocean environment. Journal of Geophysical Research, 109: C01001

He T, Liang S, Song D. 2014. Analysis of global land surface albedo climatology and spatial-temporal variation during 1981–2010 from multiple satellite products. Journal of Geophysical Research Atmospheres, 119: 10281-10298

He T, Liang S, Wang D. 2017. Direct estimation of land surface albedo from simultaneous MISR data. IEEE Transactions on Geoscience and Remote Sensing, 55: 2605-2617

He T, Liang S, Wang D, et al. 2018. Evaluating land surface albedo estimation from Landsat MSS, TM, ETM +, and OLI data based on the unified direct estimation approach. Remote Sensing of Environment, 204: 181-196

He T, Liang S, Wang D, et al. 2015. Land surface albedo estimation from Chinese HJ satellite data based on the direct estimation approach. Remote Sensing, 7: 5495-5510

He T, Liang S, Yu Y, et al. 2013. Greenland surface albedo changes in July 1981–2012 from satellite observations. Environmental Research Letters, 8 (4): 044043

Henderson-Sellers A, Wilson M F. 1983. Surface albedo data for climatic modeling. Reviews of Geophysics, 21 (8): 1743-1778

Huemmrich K F. 2001. The GeoSail model: A simple addition to the SAIL model to describe discontinuous canopy reflectance. Remote Sensing of Environment, 75: 423-431.

Idso S B, Wit C T. 1970. Light relations in plant canopies. Applied Optics, 9(1): 177-184

Irons J R, Ranson K J, Irish R R, et al. 1991. An off-nadir-pointing imaging spectroradiometer for terrestrial ecosystem studies. IEEE Transactions on Geoscience and Remote Sensing, (29): 66-74

Jackson J E, Palmer J W. 1972. Interception of light model hedgerow orchards in relation to latitude, time of year and hedgerow configuration and orientation. The Journal of Applied Ecology, 9(2): 341-358.

Jacob F, Olioso A. 2005. Derivation of diurnal courses of albedo and reflected solar irradiance from airborne POLDER data acquired near solar noon. Journal of Geophysical Research, 110: D10104

Jin Y, Gao F, Schaaf C B, et al. 2002. Improving MODIS surface BRDF/Albedo retrievals with MISR observations. IEEE Transaction on Geoscience. Remote Sensing, 40(7): 1593-1604

Jin Y, Schaaf C B, Gao F, et al. 2002. How does snow impact the albedo of vegetated land surface as analyzed with MODIS data? Geophysical Research Letters, 29: 1374

Jupp D L B, Walker J, Penridge L K. 1986. Interpretation of vegetation structure in Landsat MSS imagery: A case study in disturbed semi-arid eucalypt woodlands. Part 2. Model-based analysis. Journal of Environmental Management, 23(1): 35-57

KarlssonK G, Anttila K, Trentmann J, et al. 2017. Clara-a2: the second edition of the CM SAF cloud and radiation data record from 34 years of global AVHRR data. Atmospheric Chemistry and Physics, 17(9): 5809-5828

Koepke P, Kriebel K T. 1987. Improvements in the shortwave cloud-free radiation budget accuracy, part I: Numerical study including surface anisotropy. Journal of Applied Meteorology and Climatology, 26: 374-395

Kubelka P J, Munk F. 1931. Ein Beitrag zur Optik der Farbanstriche. Z. Tech Physik, 12: 593-601

Kuusk A. 1985. The Hotspot effect of uniform vegetative cover. Soviet Journal of Remote Sensing, 3: 645-658

Leroy M, Deuze J L, Breon F M, et al. 1997. Retrieval of atmospheric properties and surface bidirectional reflectances over land from POLDER/ADEOS. Journal of Geophysical Research, 102: 17023-17037

Leroy M, Hautecoeur O, Ponchaut F, et al. 2001. The Digital Airborne Spectrometer Experiment(DAISEX). European Space Agency, ESA SP-499: 13

Lewis P, Brockmann C, Danne O, et al. 2001. GlobAlbedo Algorithm Theoretical Basis Document: Version 3.0. 323pp., available from http://www.globalbedo.org[2013-05-01]

Li X, Strahler A H. 1986. Geometric-Optical bidirectional reflectance modeling of a conifer forest canopy. IEEE Transaction. on Geoscience and Remote Sensing, GE-24(6): 906-919

Li X, Strahler A H. 1988. Modeling the gap probability of a discontinuous vegetation canopy. IEEE Transaction on Geoscience and Remote Sensing, 26(2): 161-170

Li X, Strahler A H. 1992. Geometric-Optical bidirectional reflectance modeling of the discrete crown vegetation canopy: Effect of crown shape and mutual shadowing. IEEE Transaction on Geoscience Remote Sensing, 30(2): 276-292

Li X, Strahlar A, Woodcock C E. 1995. A hybrid geometric optical-radiative transfer approach for modeling albedo and directional reflectance of discontinuous canopies. IEEE Transaction on Geoscience Remote Sensing, 33: 466-480

Li X, Wang J, Strahler A H. 2000. Scale effects and scaling up by geometric optical model. Science in China(Series E), 43: 17-22

Li Z, Garand L. 1994. Estimation of surface albedo from space: A parameterization for global application. Journal of Geophysical Research Atmospheres, 99(D4): 8335-8350.

Liang S. 2001. Narrowband to broadband conversions of land surface albedo. Remote Sensing of Environment., 76: 213-238

Liang S, Fang H, Chen M, et al. 2002. Validating MODIS land surface reflectance and albedo products: Methods and preliminary results. Remote Sensing of Environment, 83(1-2): 149-162

Liang S, Shuey C, Russ A, et al. 2003. Narrowband to broadband conversions of land surface Albedo: II. validation. Remote Sensing of Environment, 84(1): 25-41

Liang S, Strahler A. 2000. Land surface bidirectional reflectance distribution function (BRDF): Recent advances and future prospects. Remote Sensing of Environment., 18: 83-551

Liang S, Strahler A, Walthall C. 1999. Retrieval of land surface albedo from satellite observations: A simulation study. Journal of Applied Meteorology, 38: 712-725.

Liang S, Stroeve J, Box J. 2005. Mapping daily snow shortwave broadband albedo from MODIS: The improved direct estimation algorithm and validation. Journal of Geophysical Research, 110 (D10): D10109

Liu N F, Liu Q, Wang L Z, et al. 2013a. A statistics-based temporal filter algorithm to map spatiotemporally continuous shortwave albedo from MODIS data. Hydrol. Hydrology and Earth System Sciences, 17 (6): 2121-2129

Liu Q H, Li X W, Chen L F. 2002. Field Campaign for Quantitative Remote Sensing in Beijing. Beijing: Proceedings of IGARSS02, 3133-3135

Liu Q, Wang L Z, Qu Y, et al. 2013b, Preliminary evaluation of the long-term GLASS albedo product. International Journal of Digital Earth, 6 (supp1): 5-33

Liu Y, Wang Z, Sun Q, et al. 2017. Evaluation of the VIIRS BRDF, Albedo and NBAR products suite and an assessment of continuity with the long term MODIS record. Remote Sensing of Environment, 201: 256-274

Loranty M M, Berner L T, Goetz S J, et al. 2014. Vegetation controls on northern high latitude snow-albedo feedback: Observations and CMIP5 model simulations. Global Change Biology, 20 (2): 594-606

Lucht W. 1998. Expected retrieval accuracies of bidirectional reflectance and albedo from EOS-MODIS and MISR angular sampling. Journal of Geophysical Research, 103: 8763-8778

Lucht W, Schaaf C B, Strahler A H. 2000. An algorithm for the retrieval of albedo from space using semiempirical BRDF models. IEEE Transactions on Geoscience and Remote Sensing, 38: 977-998

Maignan F, Bréon F, Lacaze R. 2004. Bidirectional reflectance of Earth targets: Evaluation of analytical models using a large set of spaceborne measurements with emphasis on the Hot Spot. Remote Sensing of Environment, 90 (2): 210-220

Martonchik J V, Diner D J, Pinty B, et al. 1998. Determination of land and ocean reflective, radiative, and biophysical properties using multiangle imaging. IEEE Transaction on Geoscience. Remote Sensing, 36: 1266-1281

Martonchik J V, Bruegge C J, Strahler A. 2000. A review of reflectance nomenclature used in remote sensing. Remote Sensing Reviews, 19: 9-20

Minnaert M. 1941. The reciprocity principle in lunar photometry. Astrophysical Journal, 93: 403-410

Muller J P. 2013. GlobAlbedo final validation report. University College London. Available at http://www.globalbedo.org/docs/GlobAlbedo_FVR_V1_2_web.pdf. [2013-05-01]

Muller J P, et al. 2012. The ESA GlobAlbedo project for mapping the Earth's land surface albedo for 15 years from European sensors. IEEE Geoscience and Remote Sensing Symposium (IGARSS) 2012, IEEE, Munich, Germany

Nicodemus F E, et al. 1977. Geometric considerations and nomenclature for reflectance. Monograph 161, National Bureau of Standards (US)

Nilson T, Kuusk A. 1989. A reflectance model for the homogeneous plant canopy and its inversion. Remote Sensing of Environment, 27: 157-167

Norman J M, Welles J M, Walter-Shea E A. 1985. Constrasts among bidirectional reflectances of leaves, canopies, and soils. IEEE Transactions on Geoscience and Remote Sensing, 23: 659-668

Peng S, Wen J G, Xiao Q, et al. 2017. Multi-staged NDVI dependent snow-free land-surface shortwave albedo narrowband-to-broadband (NTB) coefficients and their sensitivity analysis. Remote Sensing, 9: 93

Pinker R T. 1985. Determination of surface albedo from satellite. Advances in Space Research, 5: 333-343

Pinker R T, Laszlo I. 1992. Modeling surface solar irradiance for satellite applications on a global scale. Journal of Applied Meteorology, 31 (2): 194-211

Pinty B, Roveda F, Verstraete M M, et al. 2000. Surface albedo retrieval from METEOS AT-Part 1: Theory. Journal of Geophysical Research, 105: 18099-18112

Popp C, Wang P, Brunner D, et al. 2011. MERIS albedo climatology for FRESCO+O-2 A-band cloud retrieval. Atmospheric Measurement Techniques, 4(3): 463-483

Qin W H, Herman J R, Ahmad Z. 2001. A fast, accurate algorithm to account for non-Lambertian surface effects on TOA radiance. Journal of Geophysical Research-Atmospheres, 106(D19): 22671-22684

Qu Y, Liu Q, Liang S, et al. 2014. Direct-estimation algorithm for mapping daily land-surface broadband albedo from MODIS data. IEEE Transactions on Geoscience and Remote Sensing, 52(2): 907-919

Rahman H, Pinty B. Verstraete M M. 1993. Coupled surface-atmosphere reflectance (CSAR) model, 2, Semiempirical surface model usable with NOAA advanced very high resolution radiometer data. Journal of Geographysical Research-All Searies, 98: 20-20

Ricchiazzi P, Yang S, Gautier C, et al. 1998. SBDART: A research and teaching software tool for plane parallel radiative transfer in the earth's atmosphere. Bulletin of the American Meteorological Society, 79: 2101-2114

Riihelä A, Manninen T, Laine V, et al. 2013. CLARA-SAL: A global 28 yr timeseries of Earth's black-sky surface albedo. Atmospheric Chemistry and Physics, 13: 3743-3762

Román M O, Schaaf C B, Woodcock C E, et al. 2009. The MODIS (Collection V005) BRDF/albedo product: Assessment of spatial representativeness over forested landscapes. Remote Sensing of Environment, 113(11): 2476-2498

Rosema A, Verhoef W, Noorbergen H, et al. 1992. A new forest light interaction model in support of forest monitoring. Remote Sensing of Environment, 42: 23-41

Ross J. 1981. The Radiation Regime and the Architecture of Plant Stands. The Netherlands: Junk Publishers

Ross J K, Marshak A L. 1988. Calculation of canopy bidirectional reflectance using the Monte Carlo method. Remote Sensing of Environment, 24(2): 213-225

Ross J, Marshak A. 1989. The influence of leaf orientation and the specular component of leaf reflectance on the canopy bidirectional reflectance. Remote Sensing of Environment, 27(3): 251-260

Roujean J L, Leroy M, Deschamps P Y. 1992. A bi-directional reflectance model of the earth's surface for the correction of remote sensing data. Journal of Geophysical Research, 97(D18): 20455-20468

Sandmeier S R. 2000. Acquisition of bidirectional reflectance factor data with field goniometers. Remote Sensing of Environment, 73(3): 257-269

Sandmeier S R, Itten K I. 1999. A field goniometer system (FIGOS) for acquisition of hyperspectral BRDF data. IEEE Transactions on Geoscience and Remote Sensing, 37(2): 978-986

Schaaf C, Gao F, Strahler A H, et al. 2002. First operational BRDF, Albedo and Nadir reflectance products from MODIS. Remote Sensing of Environment, 83: 135-148

Schaaf C, Martonchik J, Pinty B, et al. 2008. Retrieval of Surface Albedo from Satellite Sensors, Advances in Land Remote Sensing: System, Modeling, Inversion and Application. New York: Springer

Schaepman-Strub G, Schaepman M E, Painter T H, et al. 2006. Reflectance quantities in optical remote sensing-definitions and case studies. Remote Sensing of Environment, 103(1): 27-42

Shibayama M, Wiegand C L. 1985. View azimuth and zenith, and solar angle effects on wheat canopy reflectance. Remote Sensing of Environment, 18: 91-103

Stackhouse P W, Cox S J, Mikovitz J C, et al. 2012. Surface Radiation Budget. World Climate Research Programme, NASA

Strahler A H, Jupp D. 1990. Modeling bidirectional reflectance of forests and woodlands using Boolean models and geometric optics. Remote Sensing of Environment, 34(3): 153-166

Stroeve J, Box J E, et al. 2004. Accuracy assessment of the MODIS 16-day albedo product for snow: comparisons with Greenland in situ measurements. Remote Sensing of Environment, 94(1): 46-60

Suits G H. 1972. The calculation of the directional reflectance of vegetative canopy. Remote Sensing of Environment, 2: 117-175

Susaki J, Yasuoka Y, Kajiwara K, et al. 2007. Validation of MODIS albedo products of paddy fields in Japan. IEEE Transactions on Geoscience and Remote Sensing, 45(1): 206-217

Van Leeuwan W, Roujean J L. 2002. Land surface albedo from the synergistic use of polar(EPS) and geo-stationary(MSG) observing systems an assessment of physical uncertainties. Remote Sensing Environment, 81, (2-3): 273-289

Verhoef W. 1984. Light scattering by leaf layers with application to canopy reflectance modeling: the SAIL model. Remote Sensing of Environment, 16: 125-141

Vermote E F, Tanre D, Deuze J L, et al. 1997. Second simulation of the satellite signal in the solar spectrum: An overview. IEEE Transaction on Geoscience and Remote Sensing, 35(3): 675-685

Walthall C L, et al. 1985. Simple equation to approximate the bidirectional reflectance from vegetative canopies and bare soil surfaces. Applied Optics, 24(3): 383-387

Wang D, Liang S, HeT, et al. 2013. Direct estimation of land surface albedo from VIIRS data: algorithm improvement and preliminary validation. Journal of Geophysical Research: Atmospheres, 118(22): 12577-12586

Wang J F. 2000. An airborne multi-angle TIR/VNIR imaging system. Remote Sensing Reviews, 19(1-4): 161-170

Wang K, Liu J, Zhou X, et al. 2004. Validation of the MODIS global land surface albedo product using ground measurements in a semidesert region on the Tibetan Plateau. Journal of Geophysical Research, 109(D5): D05107

Wang X, Zender C S. 2010. MODIS snow albedo bias at high solar zenith angles relative to theory and to in situ observations in Greenland. Remote Sensing of Environment, 114: 563-575

Wanner W, Li X, Strahler A H. 1995. On the derivation of kernels for kernel-driven models of bidirectional reflectance. Journal of Geophysical Research, 100: 77-89

Wen J G, Liu Q, Liu Q H, et al. 2009. Scale effect and scale correction of land-surface albedo in rugged terrain. International Journal of Remote Sensing, 30: 5397-5420

Wen J G, Liu Q, Tang Y, et al. 2015. Modeling land surface reflectance coupled BRDF for HJ-1/CCD data of rugged terrain in Heihe river basin. China. IEEE Journal of Selected Topics in Applied Earth Observations and Remote Sensing, 8(4): 1506-1518

Wen J, Dou B, You D, et al. 2017. Forward a small-timescale BRDF/Albedo by multisensor combined BRDF inversion model. IEEE Transactions on Geoscience and Remote Sensing, 55(2): 683-697

Wielicki B, Barkstrom B R, Baum B, et al. 1998. Clouds and the Earth's Radiant Energy System(CERES): algorithm overview. Bulletin of the American Meteorological Society, 36(4): 1127-1141

Wu H, Li Z L. 2009. Scale issues in remote sensing: A review on analysis, processing and modeling. Sensors, 9(3): 1768-1793

Wu H, Liang S, Tong L, et al. 2012. Bidirectional reflectance for multiple snow-covered land types from MISR products. IEEE Geoscience and Remote Sensing Letters, 9(5): 994-998

Wu Y Z, Lu H Y, Liu Q. 2010. Inversion of the asymmetry factor for desert areas of China. Sci China Earth Sci, 53(4): 561-567

Zhang X T, Liang S L, Wang K C, et al. 2010. Analysis of global land surface shortwave broadband albedo from multiple data sources. Journal of Selected Topics in Earth Observations and Remote Sensing, 3(3): 296-305

Zhang Y C, Rossow W B, Lacis A A, et al. 2004. Calculation of radiative fluxes from the surface to top of atmosphere based on ISCCP and other global data sets: Refinements of the radiative transfer model and the input data. Journal of Geophysical Research, 109: D19105

Zhou L, Dickinson R E, Tian Y, et al. 2003. Comparison of seasonal and spatial variations of albedos from Moderate-Resolution Imaging Spectroradiometer(MODIS) and Common Land Model. Journal of Geophysical Research, 108: 4488

第 7 章　地表温度和发射率[*]

地表温度(Land Surface Temperature, LST)由局地尺度上的地表状况和大尺度上的大气状况决定,是地表和大气之间相互作用过程中物质与能量交换的结果。地表温度和地表发射率(Land Surface Emissivity, LSE)共同决定了地表辐射能量平衡中的长波辐射,是气候、水文、生态和生物地球化学模式中的关键输入参数(Cheng et al., 2010; Li et al., 1993; Li et al., 2018; Norman et al., 1995; Yu et al., 2018)。此外,地表发射率是地表的固有特性,由它的物理状态和成分决定,可以用于地表以及行星的地质研究、基岩绘图和资源开发利用(Gillespie et al., 1998; Hook et al., 1992)。遥感具有宏观、动态和快速的特点,是获取全球和区域尺度上地表温度和发射率的唯一途径。

本章 7.1 节介绍传统的地表温度与发射率的定义,以及遥感像元尺度上非均质、非均温混合像元温度与发射率的几种定义。7.2 节介绍用于地表平均温度反演的算法,包括常用的针对热红外数据和被动微波数据的反演算法。7.3 节首先介绍地表发射率测量的两类方法,然后介绍典型的地表发射率反演算法,最后给出将窄波段发射率转化为宽波段发射率的公式。7.4 节列举了常用的地表温度与发射率产品。7.5 节介绍融合热红外地表温度和微波地表温度、获取空间完整地表温度的方法。7.6 节为本章小结。

7.1　地表温度和发射率的定义

对于均质、均温的物体,其温度与发射率可以沿用经典物理学上的定义。然而在遥感像元尺度上,除大面积的水体、沙漠、茂盛的草原外,很难找到均一的像元,像元混合是非常普遍的自然现象,且不可避免(Li et al., 1999)。混合像元内部非均质、非均温,它的温度和发射率的定义不能简单套用经典物理学中温度与发射率的定义。如何定义混合像元的温度与发射率,是热红外遥感需要解决的科学问题。下面简要回顾已有的温度和发射率的定义。

7.1.1　地表温度的定义

1. 热力学或动力学温度(Norman et al., 1995; 田国良, 2006)

物体表面的真实温度可以利用高精度的温度计,通过接触目标测得。热力学温度是宏观尺度上的一个量,所有处于热力学平衡中的热力学温度都是一样的。由这些亚系统构成的体系热力学平衡条件,可以通过各亚系统的熵对能量的最大化来获取。在整个系

---

[*] 本章作者:程洁[1],梁顺林[2],孟翔晨[1],张泉[1],周书贵[1]

1. 遥感科学国家重点实验室·遥感科学与工程研究院·北京师范大学地理科学学部;2. 美国马里兰大学帕克分校地理系

统中熵对能量的微分不变时，各子系统就达到了平衡，此时有

$$\frac{\partial S}{\partial E} = \frac{1}{T} \tag{7.1}$$

其中，S 是熵；E 为能量，单位为 J；T 是动力学温度，单位为 K。上式中 S 对 E 的偏微主要是说明这种状态下别的参数不发生变化。虽然没有使用最大化总熵来指明上式右边部分，但它和理想气体定义的绝对温度是一致的。

$$PV = NkT \tag{7.2}$$

其中，P 是气压，单位通常为 kPa 或 atm；V 是体积，单位为 L；N 是分子数，单位为 mol；$k = 1.38 \times 10^{-23}$J/K，是 Boltzmann 常数；T 是热力学温度或绝对温度，单位为 K。热力学温度从统计学角度可以解释为动力学温度，它可在微观尺度上根据粒子的平均动能来定义。没有旋转和振动的单原子气体粒子体系的平均传输动能可以表示为

$$\frac{1}{2}m\langle v^2 \rangle = \frac{3}{2}kT \tag{7.3}$$

其中，m 是粒子的质量；$\langle v^2 \rangle$ 是粒子速度平方的均值；k 是 Boltzmann 常数。上式定义的温度可以称为"移动动力学温度"，但比较常用的是动力学温度。更普遍的动力学温度定义必须考虑旋转动能，相关更详细的讨论请参考 Present 的专著（Present, 1958）。

2. 亮度温度

在热红外地面测量和热红外遥感应用中，亮度温度被广泛使用。亮度温度的定义是，当一个物体的辐射亮度与某一黑体的辐射亮度相同时，该黑体的物理温度就被称为该物体的亮度温度。亮度温度具有温度的量纲，但不具有温度的物理意义。

3. 辐射温度（Becker et al.,1995）

辐射温度由地表发射的辐亮度 L_λ 定义。假设地表的发射率为 ε_λ，辐射计测得的辐射值 R_λ 可以近似为

$$R_\lambda = L_\lambda + (1 - \varepsilon_\lambda)R_{d,\lambda} \tag{7.4}$$

其中，$L_\lambda = \varepsilon_\lambda B_\lambda(T)$，单位为 W/(m²·sr·μm)；$T$ 为地表辐射温度，单位为 K；$R_{d,\lambda}$ 为大气下行辐射，单位为 W/(m²·sr·μm)。B_λ 是普朗克函数：

$$B_\lambda(T) = \frac{2hc^2}{\pi\lambda^5(e^{\frac{hc}{k\lambda T}}-1)} = \frac{C_1}{\lambda^5(e^{\frac{C_2}{\lambda T}}-1)} \tag{7.5}$$

其中，h=6.626×10⁻³⁴J·s；c=2.99793×10⁸m/s；k=1.3806×10⁻²³J/K；C_1=2πhc²/π=1.19104×10⁸W/(m²·sr·μm⁴)；C_2=hc/k=14388μm·K。

辐射温度就是辐亮度为 $L_\lambda/\varepsilon_\lambda$ 的黑体的温度，也就是

$$T = B^{-1}[L_\lambda/\varepsilon_\lambda] = \cfrac{C_2}{k\ln\left(\cfrac{C_1}{\lambda^5(L_\lambda/\varepsilon_\lambda)}+1\right)} \qquad (7.6)$$

其中，B^{-1} 表示普朗克函数的反函数；ln 表示取自然对数。

4. 等效温度或平均温度

对于非均质、非均温像元，即使每个子像元为黑体，整体像元的辐射行为在热红外波段(8～14μm)无法用一个同温黑体来描述。这时倾向于使用等效温度或平均温度的概念。需要指出的是：大多数遥感估算温度与发射率的算法没有考虑地表非均质、非均温的客观事实，假设在传感器的波段范围内地表均温或近似均温，由传感器的辐射测量反演出像元的等效温度或平均温度(Gillespie et al., 1998; Wan et al., 1996)。

7.1.2　地表发射率的定义

1. 光谱发射率

$$\varepsilon(\lambda, T) = \frac{M(\lambda, T)}{M_b(\lambda, T)} \qquad (7.7)$$

其中，$M(\lambda, T)$ 为物体的出射度，单位为 W/m^2；$M_b(\lambda, T)$ 为同温黑体的出射度；$\varepsilon(\lambda, T)$ 由物体的成分和物理状态决定，刻画的是物体发射热辐射的能力。对于大多数地表，发射率具有方向性。

在遥感像元尺度上，像元内部的非均质、非同温使得上述定义不再适用，需要重新定义遥感像元尺度上的地表发射率。

2. e-emissivity(Norman and Becker, 1995)

它被定义为自然物体表面的总辐射与相同温度分布下黑体辐射的比值。当像元有 N 个组分时，

$$\varepsilon_{e,i}(\theta, \phi) = \frac{\sum\limits_{k=1}^{N} a_k \varepsilon_{r,i,k}(\theta, \varphi) T_{R,i,k}^n(\theta, \varphi)}{\sum\limits_{k=1}^{N} a_k T_{R,i,k}^n(\theta, \varphi)} \qquad (7.8)$$

其中，a_k 是组分 k 归一化后的面积比例；$\varepsilon_{r,i,k}(\theta, \varphi)$ 是 (θ, φ) 方向上各组分的发射率；$T_{R,j,k}^n(\theta, \varphi)$ 是黑体辐射的幂函数近似。e-emissivity 是物体组分温度的函数。

3. r-emissivity(Norman and Becker, 1995)

它可以表示为组分发射率的面积加权，与组分的温度无关。假设像元有 N 个组分，

$$\varepsilon_{r,i}(\theta,\varphi) = \sum_{k=1}^{N} a_k \varepsilon_{r,i,k}(\theta,\varphi)$$ (7.9)

上述两种发射率都没有包括组分内部的多次散射的贡献。Wan 和 Dozier（Wan et al., 1996）定义了两种等效发射率，与 Norman 和 Becker 的定义异曲同工。

$$\overline{\varepsilon}_i = \frac{\displaystyle\int_{\lambda_1}^{\lambda_2} f(\lambda)[a_1\varepsilon_1(\lambda)B(\lambda,T_1) + a_2\varepsilon_2(\lambda)B(\lambda,T_2)]\mathrm{d}\lambda}{\displaystyle\int_{\lambda_1}^{\lambda_2} f(\lambda)[B(\lambda,T_1) + B(\lambda,T_2)]\mathrm{d}\lambda}$$ (7.10)

$$\overline{\varepsilon}_i = \frac{\displaystyle\int_{\lambda_1}^{\lambda_2} f(\lambda)[a_1\varepsilon_1(\lambda) + a_2\varepsilon_2(\lambda)]\mathrm{d}\lambda}{\displaystyle\int_{\lambda_1}^{\lambda_2} f(\lambda)\mathrm{d}\lambda}$$ (7.11)

其中，$\overline{\varepsilon}_i$ 为波段 i 的等效发射率；λ_1 和 λ_2 分别为波段 i 的上下边界；$f(\lambda)$ 为波段 i 的响应函数；a_i 为组分面积比；ε_i 为组分发射率；B 为普朗克函数；T_i 为组分温度。

4. 非同温表面的等效发射率

这个定义由李小文等（Li et al., 1999）给出。对于三维结构像元，

$$\varepsilon_0 = \varepsilon_{\mathrm{BRDF}} + \Delta\varepsilon(T \mid T_0)$$ (7.12)

其中，$\varepsilon_{\mathrm{BRDF}} = \overline{\varepsilon} + \Delta\varepsilon_{\mathrm{multi}}$ 为地表材料与结构决定的、在假定为同温 T_0 条件下的发射率；$\overline{\varepsilon}$ 为像元的材料发射率；$\Delta\varepsilon_{\mathrm{multi}}$ 为像元内部组分之间的多次散射对 $\varepsilon_{\mathrm{BRDF}}$ 的贡献；$\Delta\varepsilon(T \mid T_0)$ 为像元内三维结构和非同温导致的视在发射率增量。

5. 组分有效发射率

陈良富等（2000）给出了组分有效发射率的定义。对于两组分的非同温像元，组分有效发射率定义为

$$\varepsilon_{e1} = a_1(\theta)\varepsilon_1(\theta) + \Delta\varepsilon_{1s}(\theta)$$ (7.13)

$$\varepsilon_{e2} = a_2(\theta)\varepsilon_2(\theta) + \Delta\varepsilon_{2s}(\theta)$$ (7.14)

其中，$a_1(\theta)$ 和 $a_2(\theta)$ 为组分面积比，θ 为观测角度；$\varepsilon_1(\theta)$ 和 $\varepsilon_2(\theta)$ 为组分发射率；$\Delta\varepsilon_{1s}(\theta)$ 和 $\Delta\varepsilon_{2s}(\theta)$ 可分别理解为两种组分热辐射因多次散射而引起的发射率增量,它只与目标的几何结构、组分的光学特性和观测方向有关，与组分温度无关。像元的热辐射表达为

$$L(\theta) = \varepsilon_{e1}(\theta)B(T_1) + \varepsilon_{e2}(\theta)B(T_2)$$ (7.15)

其中，T_1 和 T_2 为组分温度。虽然几位学者从各自不同的角度给出了非均质、非均温像元的发射率定义,如何从遥感传感器的辐射测量中得到它们，仍然是悬而未决的问题。Cheng 等（2008）分析了两组分非同温平面像元辐射温度变化趋势，假设在窄光谱区间内辐射温度不变，由模拟热红外高光谱数据反演出平面混合像元的 r-emissivity，讨论了如何得到整个热红外光谱区域的 r-emissivity。

7.2　地表平均温度估计方法

虽然 7.1.1 节给出了几种不同的地表温度定义，目前遥感能获取的仍然是像元的平均温度。为保持简洁，后面简称地表温度。全球或区域尺度上的地表温度主要通过红外和被动微波传感器探测。红外传感器探测的地表温度具有较高的空间分辨率，从 ASTER 的 90m 到 MODIS 的 1km，再到气象卫星的数十千米，但红外波段穿透能力有限，仅能获得晴空条件下的地表温度信息。微波受大气的影响小，能够获得全天候的地表温度，与红外相比，被动微波得到的地表温度空间分辨率较粗，精度略差。无论是红外还是微波，目前地表温度的反演精度都不能满足 1K 的应用需求(Li et al., 2013; Wang et al., 2008)。例如，目前最可靠的地表温度产品为 MODIS 的全球地表温度产品，在均一地表，如水体和沙地，地面验证的精度可以达到 1K(Wan et al., 2002; Wan et al., 2004)，而全球陆表，1km 尺度上均一地表是非常稀少的。微波反演的地表温度精度远达不到 1K。

表 7.1 给出用于地表温度反演的典型红外传感器及其波段设置情况。根据传感器的波段设置，对应的地表温度反演方法可以三种，单波段算法、分裂窗算法和多波段算法。表 7.2 列出用于地表温度反演的几种被动微波传感器及其特征参数。

表 7.1　用于反演地表温度典型的红外传感器

传感器	波段	光谱范围/μm	主要算法
AVHRR/NOAA	3，4，5	3.55~3.93 10.30~11.30 11.50~12.50	分裂窗算法[a] TISI 算法[b]
ETM+/Landsat 7	6	10.4~12.5	单波段算法[c]
MODIS/EOS	20, 22, 23, 29, 31, 32, 33	3.66~3.84 3.929~3.989 4.02~4.08 8.4~8.7 10.78~11.28 11.77~12.77 13.185~13.485	分裂窗算法[a] 昼/夜算法[b]
ASTER/EOS	10, 11, 12, 13, 14	8.125~8.475 8.475~8.825 8.925~9.275 10.25~10.95 10.95~11.65	TES 算法[d]
AATSR/ENVISAT	6，7	中心波长: 10.85, 12.0 波段宽度: 0.9, 1.0	分裂窗算法[a]
ABI/GOES-R	14, 15	中心波长: 11.2, 12.3	分裂窗算法[a]
SEVIRI/MSG	9, 10	中心波长: 10.8, 12.0	分裂窗算法[a]
IRMSS/CBRES	9	10.4~12.5	单波段算法[c]
IRS/HJ-1	4	10.5~12.5	单波段算法[c]
S-VISSR/FY-2	IR1，IR2	10.3~11.3 11.5~12.5	分裂窗算法[a]
VIRR/FY-3	3, 4, 5	3.55~3.93 10.3~11.3 11.5~12.5	分裂窗算法[a] TISI 算法[b]
MERSI/FY-3	5	中心波长: 11.25	单波段算法[c]

　a 参考 7.2.2 节；b 参考 7.2.3 节；c 参考 7.2.1 节；d 参考 7.3.4 节

表 7.2　用于反演地表温度的典型被动微波传感器

传感器	频率/GHz	37GHz 空间分辨率/km	幅宽/km	发射日期
SMMR（Nimbus-7）	6.6, 10.7, 18, 21, 37	18×27	780	1978 年
SSM/I（DMSP）	19.35, 22.235, 37, 85.5	28×37	1400	1987 年
AMSR-E（EOS Aqua）	6.925, 10.65, 18.7, 23.8, 36.5, 89	8×14	1445	2002 年

7.2.1　单波段热红外算法

红外传感器在 (θ_r, φ_r) 方向上接收的光谱幅亮度可以表示为

$$L_\lambda(\theta_r, \varphi_r) = \begin{pmatrix} \varepsilon_\lambda(\theta_r, \varphi_r) B_\lambda(T_s) + \\ \int\limits_{2\pi} \rho_{b,\lambda}(\theta_i, \varphi_i, \theta_r, \varphi_r) L_{\downarrow,\lambda}(\theta_i, \varphi_i) \cos\theta_i \mathrm{d}\Omega + \\ \rho_{b,\lambda}(\theta_i, \varphi_i, \theta_r, \varphi_r) E_{\mathrm{sun},\lambda}(\theta_s) \end{pmatrix} \tau_{\uparrow,\lambda}(\theta_r, \varphi_r) + L_{\uparrow,\lambda}(\theta_r, \varphi_r) \quad (7.16)$$

其中，θ_r 和 φ_r 分别为传感器的天顶角和方位角；θ_i 和 φ_i 为大气下行辐射的天顶角和方位角；$\varepsilon_\lambda(\theta_r, \varphi_r)$ 为地表发射率；$B_\lambda(T_s)$ 温度为 T_s 时的黑体辐射；$\rho_{b,\lambda}(\theta_i, \varphi_i, \theta_r, \varphi_r)$ 为地面 BRDF；$L_{\downarrow,\lambda}(\theta_i, \varphi_i)$ 为大气散射和辐射的大气下行辐射；$E_{\mathrm{sun},\lambda}(\theta_s)$ 为在到达地面的太阳辐照度；θ_s 太阳天顶角；$\tau_{\uparrow,\lambda}(\theta_r, \varphi_r)$ 是地面到传感器的整层大气透过率；$L_{\uparrow,\lambda}(\theta_r, \varphi_r)$ 大气上行辐射。散射的太阳辐射未考虑。遥感传感器的光谱分辨能力是有限的，每一波段具有一定的宽度，将式(7.16)与传感器的波段响应函数卷积，得到每一个波段的辐亮度表达式。假设地表为朗伯体，忽略太阳辐射的能量，热红外的辐射传输方程可以表达为

$$L_i = [\varepsilon_i B_i(T_s) + (1 - \varepsilon_i) L_{d,i}] \tau_i + L_{u,i} \quad (7.17)$$

其中，$L_{u,i}$ 和 $L_{d,i}$ 分别为大气上行辐亮度和大气下行辐亮度（后面分别简称大气上行辐射和大气下行辐射）。

从式(7.17)可以直观地看出，从数据(L_i)求解地表温度(T_s)，需要知道地表发射率 ε_i 和大气参数($L_{u,i}$，$L_{d,i}$ 和 τ_i)。对于只有一个热红外波段的传感器，如 TM，由数据本身反演出地表温度是非常困难的。理想状况下，地表发射率和大气温、湿度廓线已知，借助辐射传输方程，计算大气参数，由式(7.17)，求解地表温度，这就是辐射传输方程法。现实中很难得到大气温、湿度廓线，同时地表发射率也难以确定，人们寻求不同的参数化方案，确定大气参数和地表发射率，提出了辐射传输方程法、单波段算法和普适性单窗算法。

1. 辐射传输方程法

如果能够获取大气的温、湿度廓线，使用大气辐射传输方程，便可模拟出式(7.17)中的三个大气参数：上行辐亮度、下行幅亮度和透过率，假设地表发射率已知，可由普朗克函数求逆得到地表温度。但大气模拟所需的实时大气温、湿度廓线数据很难获取，

作为实时廓线的代替品，再分析数据被广泛用于热红外波段的大气校正。如：Barsi 等 (2003) 和 Tardy 等 (2016) 分别利用 National Centers for Environmental Prediction (NCEP) 和 European Centre for Medium-Range Weather Forecasts (ECMWF) Interim Reanalysis (ERA-Interim) 开发了 Landsat 系列卫星热红外波段的大气校正工具。Meng 和 Cheng (2018) 对比了 NCEP/FNL、NCEP/DOE Reanalysis2、MERRA-3、MERRA-6、MERRA2-3、MERRA2-6、JRA-55 和 ERA-Interim 八种全球再分析数据的精度，这为研究者选择大气校正的数据提供了参考。研究表明 ERA-Interim 和 MERRA-6 在不同水汽含量和不同高程条件下的精度均较高；利用这两种数据反演的 Landsat 8 LST 和真实 LST 之间的偏差和 RMSE 均小于 0.2K 和 1.1K。

此外，Meng 等 (2017) 针对宽通道热红外波段发展了一种新的发射率估算方法来提高辐射传输方程法反演 FY-3C/MERSI LST 的精度。该方法包括三部分：基于查找表来确定植被区发射率、根据 GLASS BBE (Global LAnd Surface Satellite BroadBand Emissivity) 产品利用经验方法来估算裸土区发射率和角度相关的大气校正。具体如下：

(1) 查找表需要三个输入参数：叶片发射率、叶面积指数 (leaf area index, LAI) 和土壤背景发射率。根据 MODIS 地表分类产品分别计算不同植被类型的叶片发射率，对应的土壤背景发射率由非植被覆盖季节的 GLASS BBE 计算得到，LAI 直接从 GLASS LAI 产品获取。

(2) 根据 ASTER 波谱库、MODIS 波谱库和实测土壤发射率波谱建立 GLASS BBE 和 FY-3C/MERSI 土壤发射率的回归关系。

(3) 利用 SeeBor V5.0 大气廓线库建立不同观测角度下的大气参数 (大气透过率、大气上行辐射和大气下行辐射) 与星下点观测的大气参数之间的回归关系。

验证结果显示地表温度的绝对偏差小于 1K，标准差和 RMSE 均小于 1.95K，表明新发射率计算方法能够提高 LSE 的精度，可以用来提高宽通道热红外波段地表温度的反演精度。

2. 单波段算法

Qin 和 Karnieli (2001) 提出了针对 TM 的单窗算法。使用中值定理 (McMillin, 1975)，引入大气平均作用温度 T_a 来近似表达大气上行辐亮度和下行辐亮度。假设大气向上的平均作用温度和向下的平均作用温度相等，并在常温下对普朗克函数线性近似，得到地表温度的表达式：

$$T_s = [a(1-C-D) + (b(1-C-D) + C + D)T_6 - DT_a]/C \tag{7.18}$$

其中，T_6 为 TM 第 6 波段的亮温；a=−67.355351；b=0.458606；$C = \varepsilon_6 \tau_6$；$D = (1-\tau_6)[1+\tau_6(1-\varepsilon_6)]$。$\varepsilon_6$ 和 τ_6 分别为第 6 波段的地表发射率和大气透过率。

算法仅需要 3 个参数：地表发射率，大气透过率和平均作用温度。大气透过率和平均作用温度可由大气温、湿度廓线或气象站点的观测数据估算。算法的不足之处在于：大气透过率和平均作用温度估算的经验公式的确定仅使用了标准大气廓线数据。标准大气廓线是大样本统计的结果，无法反映实际的大气状况，因而限制了该算法的适用性。

3. 普适性单窗算法

Jimenez-Munoz 和 Sobrino (2003) 提出了一个普适性的单窗算法，该算法可以针对任何一种热红外数据反演地表温度，同样适用于 TM6 数据。算法中地表温度表示为

$$T_s = \gamma \left\{ \frac{1}{\varepsilon} [\varphi_1 L_\lambda^{\text{at-sensor}} + \varphi_2] + \varphi_3 \right\} + \delta \tag{7.19}$$

$$\gamma = \left\{ \frac{c_2 B_\lambda(T_o)}{T_o^2} \left[\frac{\lambda^4}{c_1} B_\lambda(T_o) + \lambda^{-1} \right] \right\}^{-1} \tag{7.20}$$

$$\delta = -\gamma B_\lambda(T_o) + 1 \tag{7.21}$$

其中， $L_\lambda^{\text{at-sensor}}$ 为星上辐亮度； ε 为地表发射率； λ 为等效波长； $c_1 = 1.19104 \times 10^8 \, \text{W} / (\text{m}^2 \cdot \text{sr} \cdot \mu\text{m}^4)$ ； $c_2 = 14388 \mu\text{m} \cdot \text{K}$ ； T_o 为参考温度，通常为星上辐亮度对应的亮温； φ_1 、 φ_2 、 φ_3 为大气含水量 w 的简单函数，它们的表达式通过拟合得到。

相比单波段算法，普适性单窗算法的输入参数为地表发射率和大气含水量，更具有吸引力。Jimenez-Munoz 等 (2009) 对该算法进行了修订，在回归大气函数系数时重新加入了 4 个大气廓线库，并且分别为 Landsat 4、5 和 7 波段计算了新的大气函数系数，利用模拟数据对算法进行了评价。研究结果表明当大气水汽含量在 0.5~2g/cm² 之间时，该算法可以取得较好的效果，误差在 1~2K；当大气水汽含量大于 3g/cm² 时，算法误差不可接受。Cristóbal 等 (2009) 对 Jimenez-Munoz 和 Sobrino 提出的普适性单波段算法进行了改进，在计算大气函数 φ_1 、 φ_2 、 φ_3 时加入了近地表气温作为输入参数，并使用了 Landsat TM/ETM+ 数据对改进的算法进行了验证，表明同时利用大气水汽含量和近地表气温来反演地表温度可以提高精度，均方根误差 (RMSE) 达到了 0.9K，而只使用大气水汽含量算法的 RMSE 为 1.5K。

对于上述三种算法而言，他们的精度如何是用户最关注的问题。Sobrino 和 Romaguera (2004) 对辐射传输方程法、单窗算法和普适性单波段算法进行了比较分析。当使用实时大气廓线数据时，辐射传输方程法的 RMSE 是 0.6K，单窗算法和普适性单波段算法的 RMSE 都是 0.9K；而没有实时大气廓线数据时，辐射传输方程法不再适用，单窗算法和普适性单波段算法的 RMSE 分别是 2K 和 0.9K。Meng 等 (2017) 验证了用辐射传输方程法和普适性单波段算法反演的 FY-3C/MERSI LST 的精度，辐射传输方程法的精度稍高于普适性单波段算法，两种算法的 RMSE 分别为 1.77K 和 1.89K。

7.2.2 分裂窗热红外算法

McMillin 提出的分裂窗算法，用于从遥感数据中估计海面温度 (McMillin, 1975)。它主要利用大气窗口 (10.5~12.5μm) 两个波段不同的大气吸收特性，通过这两个波段亮温的某种组合 (主要是线性) 来消除大气的影响。算法采用的基本假设：①海水近似为黑体，发射率等于 1；②大气窗口的吸收很弱，水汽吸收系数近似不变；③普朗克函数可用中

心波长处的一阶泰勒展开公式近似。典型的分裂窗算法的表达式如下

$$T_s = a_0 + a_1 T_i + a_2 T_j \tag{7.22}$$

其中，a_i $(i=1, 2)$为系数；T_i和T_j为波段亮温。分裂窗算法形式简单，经常被当作经验公式使用，实际上公式推导是非常复杂的，具体的推导过程请参照(Prata et al., 1995; 徐希孺, 2005)。根据海面温度，大气温、湿度廓线的先验知识，随机生成大量的样本，使用大气辐射传输方程(如 Lowtran，MODTRAN 等)模拟出对应波段亮温，通过回归得到式(7.22)中的系数。不同的作者采用不同的方法得到的系数略有不同(Wan et al., 1996)。

由于海水非常均一，发射率稳定且接近 1，分裂窗算法在海面温度反演中取得了巨大的成功，反演精度达到 0.3K(Niclos et al., 2007)。很多学者将分裂窗算法用于陆面温度的反演中。相比于海面，陆面的情况要复杂得多。陆地表面具有三维结构，影响其发射率时空变化的因素众多且不确定性大，不能近似为黑体。徐希孺详细分析了海面和陆面的差异(徐希孺, 2005)。不同的作者从各自不同的角度推导出陆面温度反演的分裂窗算法公式(Becker et al., 1990; Caselles et al., 1997; Mao et al., 2005; Prata et al., 1991; Price, 1984; Sobrino et al., 1994; Tang et al., 2008; Ulivieri et al., 1985; Ulivieri et al., 1992; Vidal, 1991; Wan et al., 1996; Yu et al., 2009)，这里不一一列出，简单介绍一些具有代表性的算法。

Price 最早将海温分裂窗算法用于陆温反演(Price, 1984)。算法中地表温度表示为

$$T_s = [T_4 + 3.33(T_4 - T_5)]\left(\frac{3.5 + \varepsilon_4}{4.5}\right) + 0.75 T_5(\varepsilon_4 - \varepsilon_5) \tag{7.23}$$

其中，T_4和T_5为 AVHRR 第 4、5 波段的亮温；ε_4和ε_5为对应的地表发射率。

Becker 和 Li(1995)将大气含水量(大气柱的总含水量)引入他们之前提出的局地分裂窗算法(Becker et al., 1990)，使之能够适用于大多数的大气状况。

$$T_s = A_0 + P\frac{T_4 + T_5}{2} + M\frac{T_4 - T_5}{2} \tag{7.24}$$

$$A_0 = -7.49 - 0.407w \tag{7.25}$$

$$P = 1.03 + (0.211 - 0.031\cos\theta \cdot w)(1 - \varepsilon_4) - (0.37 - 0.074w)(\varepsilon_4 - \varepsilon_5) \tag{7.26}$$

$$M = 4.25 + 0.56w + (3.41 + 1.59w)(1 - \varepsilon_4) - (23.58 - 3.89w)(\varepsilon_4 - \varepsilon_5) \tag{7.27}$$

其中，θ为观测天顶角；w为大气含水量。

针对 MODIS 的陆面温度反演，Wan 和 Dozier(1996)提出了通用分裂窗算法。相比于其他的陆面分裂窗算法，通用分裂窗算法是一个业务化的算法，用于 MODIS 全球陆面温度产品生成，并经过广泛的验证。

$$T_s = C + \left(A_1 + A_2\frac{1-\varepsilon}{\varepsilon} + A_3\frac{\Delta\varepsilon}{\varepsilon^2}\right)\frac{T_{31} + T_{32}}{2} + \left(B_1 + B_2\frac{1-\varepsilon}{\varepsilon} + B_3\frac{\Delta\varepsilon}{\varepsilon^2}\right)\frac{T_{31} - T_{32}}{2} \tag{7.28}$$

其中，A_i，B_i和C为系数；$\varepsilon = (\varepsilon_{31} + \varepsilon_{32})/2$，$\Delta\varepsilon = \varepsilon_{31} - \varepsilon_{32}$；$\varepsilon_{31}$和$\varepsilon_{32}$为 MODIS 第 31

和 32 波段的发射率。

实际上文献中的分裂窗算法远不止上面介绍的这些，针对某一特定的热红外传感器，哪种算法具有更广泛的适用性和更高的精度需要通过大量的地面验证和比对才能回答。Yu 等在为 ABI/GOES-R 发展陆表温度反演算法时，使用模拟数据分析了九种分裂窗算法的精度，发现 Ulivieri 和 Cannizzaro（1992）的分裂窗算法形式简单，对发射率和水汽不敏感，是针对 ABI/GOES-R 的最佳算法，并使用匹配的 SURFRAD 地面实测温度和 GOES-8 数据对最佳算法进行评价，结果表明最佳算法能够达到 GOES-R 计划 2.3K 的精度要求（Yu et al.,2009）。

7.2.3　多波段热红外方法

对于具有多个热红外波段的传感器（如 MODIS、ASTER、AVHRR），可以使用多波段热红外方法估算地表温度，还可以估算地表发射率。本节介绍的算法都可以同时反演地表温度和发射率。后续 7.3 节中介绍的地表发射率估算方法，具有多个波段的观测数据，在确定地表发射率后，待反演参数仅剩地表温度，故也可用于估算地表温度。

1. 温度不变光谱指数法

Becker 和 Li 定义了温度不变的光谱指数（Temperature-Independent Spectral Indices, TISI），用于从 NOAA AVHRR 的第 3、4、5 波段的昼夜两次观测中反演地表温度和发射率（Becker et al., 1990）。夜晚 TISI 定义为

$$\text{TISI}_n = M \frac{L_3(T_{g3n})}{L_4(T_{g4n})^{\alpha_4} L_5(T_{g5n})} \tag{7.29}$$

其中，$L_3(T_{g3n})$，$L_4(T_{g4n})$ 和 $L_5(T_{g5n})$ 为 AVHRR 第 3、4、5 波段晚上的辐亮度；T_{g3n}、T_{g4n}、T_{g5n} 分别是对应的地面亮温；M 是一个已知的常数；α_4 用来消除地表温度对 TISI 的影响，具体的表达式请参考他们的文章。同时假定

$$\text{TISI}_n \cong \text{TISIE}_n = \frac{\varepsilon_3}{\varepsilon_4^{\alpha_4} \varepsilon_5} \tag{7.30}$$

其中，ε_3、ε_4、ε_5 分别是 AVHRR 第 3、4、5 波段的发射率。

白天 TISI 定义为

$$\text{TISI}_d = M \frac{L_3(T_{g3d})}{L_4(T_{g4d})^{\alpha_4} L_5(T_{g5d})} \tag{7.31}$$

其中，$L_3(T_{g3d})$，$L_4(T_{g4d})$ 和 $L_5(T_{g5d})$ 为 AVHRR 第 3、4、5 波段白天的辐亮度；T_{g3d}、T_{g4d}、T_{g5d} 分别是对应的地面亮温。白天，第 3 波段的太阳辐射和地表热辐射在同一数量级上，需要考虑。忽略多次散射，第 3 波段的幅亮度为

$$L_3(T_{g3d})=D_3(T_{g3d})+\rho_3(\theta_s,\theta)R_{g3}^s(\theta_s)\cos(\theta_s) \tag{7.32}$$

其中，$D_3(T_{g3d})$ 表示不含太阳辐射贡献波段 3 观测到的辐亮度；$\rho_3(\theta_s,\theta)$ 为地表双向反射率；$R_{g3}^s(\theta_s)$ 为到达地面的太阳辐射。白天的 TISI 可用下式表示

$$\mathrm{TISI}_d = \mathrm{TISIE}_d + M\frac{\rho_3(\theta_s,\theta)R_{g3}^s(\theta_s)\cos(\theta_s)}{L_4(T_{g4d})^{\alpha_4}L_5(T_{g5d})} \tag{7.33}$$

假设白天野外 TISI 不变，即 $\mathrm{TISIE}_e = \mathrm{TISIE}_d$，得到地表双向反射率，再由基尔霍夫定律得到波段的方向发射率

$$\rho_3(\theta_s,\theta) = \frac{(\mathrm{TISI}_d - \mathrm{TISI}_n)L_4(T_{g4d})^{\alpha_4}L_5(T_{g5d})}{MR_{g3}^s(\theta_s)\cos(\theta_s)} \tag{7.34}$$

$$\varepsilon_3(\theta) = 1 - \frac{\pi\rho_3(\theta_s,\theta)}{f_3(\theta_s,\theta)} \tag{7.35}$$

其中，$f_3(\theta_s,\theta)$ 为方向形状因子。得到波段 3 的方向发射率，可相应地计算出第 4、5 波段的发射率，用于局地分裂窗算法(Becker et al.，1990)，计算出地表温度。

一些作者(Goita et al.，1997; Li et al.，2000; Li et al.，1999; Nerry et al.，1998; Petitcolin et al.，2002)，对算法进行了改进，使算法理论上趋于完善。算法过于复杂，采取了较多的假设，限制了算法的推广与应用。

2. MODIS 昼/夜算法

Wan 和 Li(1997)提出了利用 MODIS 白天和晚上两次观测同时反演地表温度与发射率的物理方法，使昼/夜算法首次实现了业务化。算法采取的关键假设有：①白天和夜晚的地表发射率相同且地表为朗伯体；②中红外波段的二向反射比因子相同；③MODIS 的探空波段和相应反演算法能够提供大气温、湿度廓线，廓线的形状是准确的，可用两个参数(大气底层温度和水汽含量)描述。根据 MODIS 7 个红外波段(第 20、22、23、29、31、32、33 波段)的昼夜观测，构建 14 个方程，同时求解 14 个地表和大气参数(白天地表温度、夜晚地表温度、7 个波段的地表发射率、白天的大气底层温度和水汽含量、夜晚的大气底层温度和水汽含量、二向反射比因子)。理论上讲，方程组适定，具有唯一解。实际的反演过程中，具有很多不确定因素，影响算法的精度。算法使用 14 个方程，计算过程比较复杂，并且是在利用大气模型来确定若干参数的情况下才能进行求解。由于白天和晚上同一地区的天气变化较大，很多时候白天晴朗的地区晚上则有云，况且由于卫星轨道的变化，只有进行几何校正才能使白天和晚上两景图幅形成配匹，但几何校正的像元数值重采样又使像元数值发生变化，从而带来误差。

3. 一体化反演算法

Ma 等(2000)提出了针对 MODIS 机载模拟器(MAS)的一体化反演算法，又名两步反演法，并将其用到 MODIS 数据上(Ma et al.，2002)。MAS 在 0.47~14.17μm 有 50 个波段，其中 19 个波段与 MODIS 对应，波长大于 3μm 的波段中有 11 个与 MODIS 对应。一体

化反演算法同时反演大气温、湿度廓线、地表温度和发射率。假设 3～5μm 和 8～14.5μm 波长范围内地表发射率不变，大气温、湿度廓线分别离散为 40 层，加上地表温度，待反演的未知数个数为 83 个，而 MAS 仅有 20 个波段（MODIS16 个波段），是一个欠定方程。一体化方法采用大气温、湿度廓线的特征向量表达（Smith et al., 1976），用 3 个特征向量代表温度廓线变化，5 个特征向量代表湿度廓线变化，待反演参数由 83 个减少为 11 个，原先的欠定方程组转化为超定方程组。在参数反演上，采用两步法。第一步，通过统计回归的方法得到待反演参数的初始值；第二步物理反演算法中，先使用 Tikhonov 正则化（Hansen, 1998）方法对初值进行调整，得到正则化解，再使用牛顿法对正则化解进行进一步修正，得到最终结果。

从文献（Ma et al., 2000; Ma et al., 2002）中的反演结果来看，一体化反演算法比较成功地反演了大气温湿度廓线、地表温度和发射率。受制于大气、地表的复杂性及观测数据所能提供的信息量，算法难以用于生产全球尺度上的陆表温度产品，但在反演方法上已经是比较大的进步。

4. 针对高光谱气象卫星数据的算法

目前为止，针对陆表温度和热红外发射率信息获取的高光谱卫星数据仍不具备。用于探测大气温、湿度廓线及大气成分的高光谱热红外传感器已经可以提供业务化的产品（程洁等, 2007）。对于天底观测方式的传感器而言，接收的热辐射信号来自地表和大气的热辐射，从中反演地表或大气信息都需要分离干扰信息，而两者都是未知的。因此，人们通常选择同时反演地表参数和大气参数。地表温度和发射率常作为高光谱气象卫星产品的副产品。

算法通常采用统计回归的方法（Smith and Woolf., 1976）得到地表温度，地表发射率及大气成分（温、湿度廓线及大气成分）的初始值，再通过迭代方法进行优化，最终得到各参数的最佳估值。Susskind 等（2003）针对 AIRS/AMSU/HSB 数据，给出了地表参数和大气参数的算法。Li 和 Li（2008）给出了针对 AIRS 数据同时反演地表温度、发射率和大气温、湿度廓线的物理算法。

7.2.4　微波方法

在有云覆盖或部分云覆盖的情况下，热红外无法获得地表温度信息。被动微波能够穿透云层，并且受大气的影响非常小。根据 Planck 黑体辐射原理和 Rayleigh-Jeans 近似，一般地物的微波辐射亮度温度与真实温度之间具有简单的线性关系。因此，研究如何利用被动微波数据反演地表温度显得非常必要。

卫星遥感传感器观测到的被动微波辐射可由下面的辐射传输方程描述：

$$B_p\left(T_{bp}\right)=\tau_p e_p B_p\left(T_s\right)+\left(1-e_p\right)\tau_p B_p\left(T_{a\text{down}}\right)+B_p\left(T_{a\text{up}}\right) \tag{7.36}$$

式中，下标 p 表示频率；T_{bp} 和 T_s 分别是亮度温度和地表温度，单位为 K；$B_p\left(T_{bp}\right)$ 和 $B_p\left(T_s\right)$ 分别为传感器端辐射和地表辐射，单位为 W/($\text{m}^2\cdot\text{sr}\cdot\text{Hz}$)；$\tau_p$ 为大气透过率；e_p 为地表发

射率；T_a 为平均大气温度；$B_p(T_{a\,down})$ 和 $B_p(T_{a\,up})$ 分别为大气下行辐射和上行辐射，单位为 $W/(m^2 \cdot sr \cdot Hz)$。根据 Rayleigh-Jeans 近似，式(7.36)可以改写为

$$T_{bp} = \tau_p e_p T_s + (1 - e_p) \tau_p T_{a\,down} + T_{a\,up} \tag{7.37}$$

式(7.37)清楚地表明了计算地表温度所需的 4 个参数，分别是 τ_p，e_p，$T_{a\,down}$ 和 $T_{a\,up}$。对于低频率通道，大气影响可忽略，此时地表温度可通过亮度温度除以发射率得到。然而，更高频率的通道应该考虑大气的影响，以便获取精度更好的地表温度估计。式(7.37)表明，地表温度与亮度温度具有近似的线性关系。

不幸的是，在微波频段，影响地面发射率的因素复杂且难以确定，地面发射率时空变化剧烈；传感器的空间分辨率较粗，地面实测资料的获取非常困难。总体上，微波频段的地表辐射机理研究目前还不成熟，相应的被动微波地表温度反演算法较少。大多数算法使用单个或多个微波极化通道的亮温数据的线性或非线性组合，建立它们与地表温度在不同环境条件下的回归关系来反演地表温度。下面简单回顾针对表 7-2 中列出的传感器的地表温度反演算法。

Owe 和 Criend(2001)发现在半干旱地区，SMMR 37GHz 垂直极化亮温和地表温度具有很好的线性关系，可用于地表温度反演。Guha 和 Lakshmi(2004)使用 SMMR 6.6、10.7 和 18GHz 的亮温数据反演美国中南部的土壤水分和地表温度，并同 NCEP 的再分析产品进行比较，结果表明 SMMR 数据能够定性地预测陆面水文变化的季节循环。

McFarland 等(1990)通过 19 和 37GHz 的平均极化差及 85 和 37GHz 垂直极化波段的亮温差将地表分类为作物/牧场、湿土壤、干土壤三种类型，使用统计回归的方法反演它们的温度，取得了较好的结果。Weng 和 Grody(1998)发展了一个由 SSM/I 19.35 和 22.23GHz 亮温反演地表温度的物理算法，算法使用相邻两波段消除地表发射率的变化，从而不需要任何地表分类信息。模拟数据的测试结果表明，温度反演的均方根误差为 3.8K，SSM/I 数据的温度反演均方根误差为 4.4K。Fily 等(2003)发现雪面、无冰陆面的微波(SSM/I 的 19 和 37GHz)水平极化发射率和垂直极化发射率具有很好的线性关系，并推导出地表温度的表达式，用于从 SSM/I 数据中反演加拿大亚极区的地表温度。与同步实测空气温度、地表温度、红外传感器反演的温度的比较表明，均方根误差在 2~3.5K 之间，偏差在 1~3K 量级上。

基于地表和大气的辐射传输方程，Njoku 和 Li(1999)提出使用 AMSR-E 6~18GHz 数据反演地表参数(土壤湿度、植被含水量、地表温度)的算法。使用模拟数据的算法测试表明，除裸土外，地表温度的反演精度能够达到 2K，非洲萨赫勒地区的 SMMR 数据测试表明反演结果和 NCEP 的模型输出结果之间的标准差为 2.7K。Gao 等(2008)使用 AMSR-E 数据反演了亚马孙林区的地表温度，其与气象站的数据具有很好的相关性。下面以 AMSR-E 为例，介绍一种基于经验统计模型的微波地表温度反演算法的建立过程：

Holmes 等(2009)选取了 FLUXNET 通量塔网络中的位于全球不同植被覆盖和气候类型区的 17 个站点，这些站点具备较高质量的长波辐射、显热通量以及近地空气温度观测值。利用 2005 年全年的站点显热通量观测值确定不同植被覆盖类型区的地表长波

发射率典型值，再通过史蒂芬-玻尔兹曼(Stefan-Boltzmann)定律计算各站点的地表温度值。在认为 AMSR-E 的 37 GHz 垂直极化亮度温度相比于其他微波通道更适合反演地表温度的前提下(Colwell et al.，1983)，针对选取的不同植被覆盖区建立 AMSR-E 的 37GHz 垂直极化亮度温度($T_{B,27V}$)与地表温度(T_s)的简单线性关系来反演地表温度，公式如下：

$$T_s = 1.11 T_{B,27V} - 15.2, \quad T_{B,27V} > 259.8 \tag{7.38}$$

再将含水量、单次散射反照率、植被冠层粗糙度、凋萎点等重要的参数输入到辐射传输模型中来评价公式的精度，得到反演的 T_s 精度在森林覆盖区可以达到 2K，在稀疏植被区可以达到 3.5K 的结论。

从上述工作中可以看出，相比于热红外地表温度反演，开展的工作偏少且反演精度明显偏低。发挥被动微波在地表温度反演中的优势，需要开展大量的微波辐射机理方面的研究工作。

7.3 地表发射率估计方法

本节介绍地表光谱发射率的估计方法。对于自然界绝大多数地表，发射率具有方向性。间接测量法可以测量 10°天顶角的方向发射率，直接测量法具有比较大的灵活性，理论上可以测得(0°，90°]天顶角的方向发射率。在地表发射率的遥感反演中，通常假设地表为朗伯体，忽略其方向性。

7.3.1 发射率测量方法

发射率的测量方法可分为两类：间接测量法和直接测量法。

间接测量法(Salisbury et al.，1994)是从基尔霍夫定律(对不透明物体有 $\varepsilon_\lambda = 1 - \rho_\lambda$，这里 ρ_λ 是方向半球反射率)出发，通过测量 ρ_λ 得到红外波段的发射率。方向半球反射率的测定需要一个主动辐射源，并在 2π 空间测量各个方向上的双向反射率，然后对所有双向反射率进行半球积分得到方向-半球反射率。在实验室条件下，基于互易原理的积分球法比较容易实现 ρ_λ 的近似测量。但由于工作条件和尺寸的限制，目前积分球法只能对小尺度的样品进行测量，还不能对自然条件下目标物的发射率进行测量。间接测量法得到的发射率具有非常高的精度，常用来衡量其他方法提取发射率的精度，Salisbury 等(1994)的工作表明，间接测量法得到的发射率，其绝对精度优于 0.01。ASTER 光谱库(Baldridge et al.，2009)和 MODIS UCSB 光谱库(Snyder and Van，1998; Snyder et al.，1998)中的地物红外光谱信息通过间接测量法获取。

直接测量法测量发射率的原理，基于发射率的定义：$\varepsilon_\lambda = L_\lambda / L_{b\lambda}(T_s)$，只要知道物体表面的温度便可求出发射率值。这一方法需要解决两个问题：①精确地获取目标物的表面温度。利用传统的接触测温方式测量表面温度，由于测温感应元件接触物体表面而破坏了原表面的热平衡机制，会造成较大误差。②目标物与周围环境温度相近，周围环境物体辐射有一部分被目标物反射后而与目标物的自身辐射一起进入传感器，因此必须从传感器测得的辐射亮度值中减去对环境辐射的反射部分。

"黑体桶"法自提出后得到广泛应用。该方法主要思路是采用一个无底的桶子覆盖在被测物上，桶子的内壁具高反射率，盖板采用两种不同性质的材料，一种是高反射，另外一种是高发射的。通过两个盖板的切换，改变环境辐射，从而实现求解热红外辐射方程。该方法避免了直接的温度测量，同时控制了环境辐射，具有较强的适用性。该方法测量精度受桶壁材料性质所限制。其他的方法还有野外测量的遮阴法和参考板法(Korb et al., 1996; Wan et al., 1994)。遮阴法是基于背景辐射各向同性以及地表的朗伯性假设，有一定的应用局限；而参考板要求参考板的反射率已知，并稳定。Xiao 等(2003)设计了一种野外发射率测量方法：使用铝板(参考板)获得环境辐射，使用光谱迭代平滑算法(Borel, 1998, 2008)由测量的高光谱地表出射辐射和环境辐射提取地表的发射率光谱和温度。

张仁华在地表发射率的测量方面做了大量的工作，提出了一些实用的野外发射率测量方法，研发出相应的地表发射率野外测量设备，如旋转式双筒发射率测量装置、便携式发射率测定装置和发射率方向性测量装置(张仁华, 2009)。

间接测量法、直接测量法或主被动结合方法都有其自身的优缺点。因此室内或野外发射率的测量方法，不同作者只能根据被测对象的特点及所拥有的实验条件设计最适当的测量方法。目前在实验室内发射率的测量基本以间接测量法为主，在野外测量主要采用辐射桶法。另外，由于可靠的高光谱温度与发射率分离算法的提出(Cheng et al., 2010; Cheng et al., 2011; Wang et al., 2008)，使用高光谱傅里叶变换光谱仪和镀金的参考反射板获取地物和环境辐射信息，提取发射率光谱和温度已成为可能。

7.3.2　基于分类的方法

在陆面温度反演的分裂窗红外算法中，假设地表的发射率已知。实际上地表发射率随时空的变化非常大，尤其是土壤(Ogawa and Schmugge, 2004)，很难获得像元尺度上准确的地表发射率。Snyder 和 Wan(1998)根据实验室测量的发射率光谱数据，利用 BRDF 核驱动模型拟合出了国际地圈生物圈计划(International Geosphere-Biosphere Program, IGBP)分类体系的 14 种地物的发射率，结合 MODIS 提供的土地分类产品，建立发射率与土地覆盖之间对应关系，通过查找表的方式获得每一个像元的发射率，并将其用于分裂窗算法中反演地表温度(Wan and Dozier, 1996)。对于水体、冰/雪、植被等，他们的发射率稳定且变化很小，使用分类方法能够获得比较好的结果。其他的地表覆盖类型，如裸露的岩石、土壤，本身发射率变化比较大，赋予一个定值，势必会带来比较大的误差。需要说明的是，分类本身具有比较大的不确定，尤其对于混合像元和不同类别的过渡情况，故使用分类方法得到的地表发射率存在不连续的情况。

7.3.3　基于 NDVI 的方法

Van de Griend 和 Owe 根据博茨瓦纳地区的与 AVHRR 波段相匹配的辐射计测量数据，发现发射率和植被指数(Normalized Difference Vegetation Index, NDVI)具有很好的对

数关系(Griend et al., 1993)

$$\varepsilon = 1.0094 + 0.047\ln(\mathrm{NDVI})\tag{7.39}$$

Olioso(1995)进一步研究了地表发射率和 NDVI 的关系，并且指出这种关系对土壤和叶片组分发射率、冠层结构、叶片光学特性、太阳的方位以及能照射的土壤比例有很大关系，但是对观测几何条件不敏感。

Valor 和 Caselles(1996)利用基于植被覆盖度的方法(Vegetation Cover Method)来计算地表发射率，并把这种方法推广为更复杂的混合像元，取得了较好的效果，具体公式为

$$\varepsilon = \varepsilon_{\mathrm{v}}P_{\mathrm{v}} + \varepsilon_{\mathrm{g}}(1 - P_{\mathrm{v}}) + \mathrm{d}\varepsilon\tag{7.40}$$

其中，ε_{v} 为植被发射率；ε_{g} 为非植被覆盖的地表发射率，通常是土壤；P_{v} 为植被覆盖度；$\mathrm{d}\varepsilon$ 为像元内部几何结构引起的多次散射对发射率的贡献。

Sobrino 等(2001)针对 AVHRR 数据，提出了 NDVI 阈值法。使用 NDVI 区分植被与非植被区，分别获得其发射率，并给出了针对 AVHRR、MODIS、SEVIRS、AASTR 和 TM 等数据的数学表达式(Sobrino et al.,2008)。其基本形式为

$$\varepsilon_{\lambda} = \begin{cases} a_{\lambda} + a_{\lambda}\rho_{\mathrm{red}} & \mathrm{NDVI} < \mathrm{NDVI}_{\mathrm{s}} \\ \varepsilon_{\mathrm{v}\lambda}P_{\mathrm{v}} + \varepsilon_{\mathrm{s}\lambda}(1 - P_{\mathrm{v}}) + C_{\lambda} & \mathrm{NDVI}_{\mathrm{s}} \leqslant \mathrm{NDVI} \leqslant \mathrm{NDVI}_{\mathrm{v}} \\ \varepsilon_{\mathrm{v}\lambda} & \mathrm{NDVI} > \mathrm{NDVI}_{\mathrm{v}} \end{cases}\tag{7.41}$$

其中，ρ_{red} 为土壤红光波段的反射率；$\varepsilon_{\mathrm{s}\lambda}$ 为土壤的发射率；$\varepsilon_{\mathrm{v}\lambda}$ 为植被的发射率；$\mathrm{NDVI}_{\mathrm{s}}$ 为土壤对应的 NDVI；$\mathrm{NDVI}_{\mathrm{v}}$ 为植被的 NDVI 值；$P_{\mathrm{v}} = \left(\dfrac{\mathrm{NDVI} - \mathrm{NDVI}_{\mathrm{s}}}{\mathrm{NDVI}_{\mathrm{v}} - \mathrm{NDVI}_{\mathrm{s}}}\right)^2$ 为覆盖度；C_{λ} 为修正因子。当 $\mathrm{NDVI} < \mathrm{NDVI}_{\mathrm{s}}$，像元标识为土壤。当 $\mathrm{NDVI}_{\mathrm{s}} \leqslant \mathrm{NDVI} \leqslant \mathrm{NDVI}_{\mathrm{v}}$，像元表示为植被与土壤混合像元，即部分植被覆盖。当 $\mathrm{NDVI} > \mathrm{NDVI}_{\mathrm{v}}$，像元标识为植被。式(7.41)会导致 $\mathrm{NDVI} = \mathrm{NDVI}_{\mathrm{s}}$ 和 $\mathrm{NDVI} = \mathrm{NDVI}_{\mathrm{v}}$ 时发射率不连续。并且对于某些土壤样本，ε_{λ} 和 ρ_{red} 的关系较差。对其简化得到

$$\varepsilon_{\lambda} = \begin{cases} \varepsilon_{\mathrm{s}\lambda} & \mathrm{NDVI} < \mathrm{NDVI}_{\mathrm{s}} \\ \varepsilon_{\mathrm{v}\lambda}P_{\mathrm{v}} + \varepsilon_{\mathrm{s}\lambda}(1 - P_{\mathrm{v}}) + C_{\lambda} & \mathrm{NDVI}_{\mathrm{s}} \leqslant \mathrm{NDVI} \leqslant \mathrm{NDVI}_{\mathrm{v}} \\ \varepsilon_{\mathrm{v}\lambda} & \mathrm{NDVI} > \mathrm{NDVI}_{\mathrm{v}} \end{cases}\tag{7.42}$$

虽然 NDVI 阈值相比于分类方法有所改进，但它同样无法反映地表发射率的巨大变化，尤其对于非植被覆盖区域。

7.3.4　多波段方法

基于分类和 NDVI 的发射率确定方法主要使用的是地表的可见光和近红外波段信息。地表发射率确定的多波段方法，主要利用红外波段自身的信息。发射率和温度的耦合，使得由红外传感器的辐射测量值分离温度和发射率在本质上是一个病态反演问题。它属于由 N 个方程求解 $N+1$ 个未知数，方程组不完备(Liang, 2004)。必须采取一定的策略(如构造多余方程，减少待反演参数等)，使方程组完备。为了解决这一病态问题，前

人做了大量的工作，提出了大量的算法(Kahle et al., 1980; Becker and Li, 1990; Gillespie, 1985; Gillespie et al., 1998; Goita and Royer, 1997; Jaggi et al., 1992; Kealy and Hook, 1993; Liang, 2001; Liu and Xu, 1998; Matsunaga, 1994; Wan and Li, 1997; Watson, 1992a, 1992b)。算法的出发点是已经对星上辐亮度进行过大气校正，已经消除大气透过率和路径辐射的影响，并且大气的下行辐亮度已知，即从方程出发。

$$L_{g,i} = \varepsilon_i B_i(T_s) + (1 - \varepsilon_i)L_{d,i} \tag{7.43}$$

其中，$L_{g,i}$ 为地表出射辐亮度，可以理解为传感器放置在地表接受的辐亮度；ε_i 为发射率；B_i 为普朗克公式；T_s 为地表温度；$L_{d,i}$ 为下行辐射。

1. 发射率归一化法(NEM)

发射率归一化法也叫黑体曲线拟合方法。它不固定哪个波段的发射率为最高，可以选择最为合适的波段作为发射率值最高的波段，所以算法的弹性较大，能适合更加复杂的地物光谱(Gillespie, 1985)。算法中的最大发射率值是固定的，不管它具体分配到哪个波段。如果先基于图像分类把植被和岩石分开，然后分别赋予不同的最大发射率值，效果会更好，不过分类常常会引发类别间的不连续等不利的方面。

在 Hook 等(1992)对 81 种物质光谱做的实验中，用 NEM 方法反演得到的温度有 58% 距离真值不到 1K，而相对来说，用简单的参考波段方法反演得到的温度只有 21% 在精度 1K 里面，精度显然不及前者。不过由于单一值的最大发射率很难照顾到所有的地物种类，所以在保证地质目标有较高反演精度的情况下，对于灰体的结果就会有较大的误差，难以兼顾。NEM 方法的效果主要取决于假定的最大发射率值的合理性。

2. α 剩余法

α 剩余法由 Kealy 和 Gabel(1990)提出，它利用了普朗克定律的维恩近似，把分母中的减 1 项忽略掉，对于温度 300K 的黑体，在波长 1μm 处使用维恩近似大约引起 1% 的误差。

通过对地物的发射辐射取对数得到由发射率和发射辐射表达的温度表达式，用一个波段表述的温度减去用 N 个波段均值表述的温度，得到 α 残差表达式

$$\alpha_i = \lambda_i \ln \varepsilon_i - \mu_\alpha \tag{7.44}$$

其中，$\mu_\alpha = \frac{1}{N}\sum_{k=1}^{N} \lambda_k \ln \varepsilon_k$。$\alpha_i$ 可以由地面辐射测量求得，根据已知的各种地物热红外发射率光谱可以拟合出 μ_α 与光谱比照(用 α 的方差表征)之间的关系，可以确定 μ_α。μ_α 确定后，根据 α 残差的定义，能够求出每个波段的发射率 ε_i。然后由普朗克函数可以得到每个波段的温度值，取平均作为地物的温度估值。唐世浩等对其进行改进，提出了基于改进的偏差准则的温度与发射率分离算法(唐世浩等，2006)。

由于采用了维恩近似，发射率光谱与真值相比会有系统的误差，而且误差会随温度变化，而且从数学的角度看，α 剩余法比大多数方法要复杂。

3. MMD 法

Matsunaga 于 1994 年给出了波段平均发射率和发射率光谱的反差(最小发射率–最大发射率之差，MMD)之间的经验关系，并用它来提取地物的发射率信息(Matsunaga, 1994)。算法的第一步采用一定的方法由辐射测量得到发射率的初始猜测值，再根据拟合的经验关系对初始猜测值进行调整，用调整后的发射率结合辐射测量计算出目标各个波段的温度，取其均值作为目标的温度。不断迭代，直到相邻两次计算得到的目标温度差小于仪器的噪声等效温差为止。由最终的目标温度和辐射测量得到地物的发射率。算法的精度主要取决于经验关系的准确性和仪器的噪声水平。

4. ASTER 的 TES 法

针对 ASTER 热红外波段数据的 TES 算法，它综合利用 NEM 方法、光谱比值方法、MMD 方法的优势，增加一些外部约束，通过不断迭代优化，从而达到逐步求精的效果(Gillespie et al., 1998)。由四个模块组成：

(1)NEM 模块，通过假定一个最大发射率，得到温度和发射率的初始值，去除大气下行辐射的影响。它的改进之处在于最大发射率的确定是一个迭代的过程，最大发射值可以调整，减小单一最大发射率给不同类型地物发射率初始值获取以及大气下行辐射分离带来的误差。

(2)比值模块，NEM 模块得到的发射率除以其均值，得到发射率比。使发射率比对初始温度的敏感性减弱。

(3)MMD 模块，是 TES 算法核心部分，根据最小发射率和比值发射率光谱最大值最小值之差的经验关系，确定最终的发射率和温度。

(4)质量评价模块，报告温度和发射率的可靠性。

ASTER TES 算法反演温度的误差大约是±1.5K，波段发射率的误差大约在±0.015。算法中潜在的不稳定因素之一是发射率与光谱比照的经验关系，尤其是对于 MMD<0.03 的灰体，算法精度很差，近乎失效(Jimenez-Munoz et al., 2006)。Payan 和 Royer(2004)对 TES 在地面高光谱热红外数据中的应用做了评价，共选择了 ASTER 光谱库中包括土壤在内的约 490 条不同类型的地物光谱产生模拟数据，得到的发射率均方根误差约为 0.02，NEM 模块的不确定性应该是主要的误差源。

5. 优化方法

Liang 利用优化算法同时估计地表温度和发射率(Liang, 2001)。算法的关键在于建立经验约束(或经验关系)。对于 MODIS，经验关系为

$$\hat{\varepsilon}_{\min} = 0.067 + 0.319\varepsilon_{20} + 0.232\varepsilon_{22} + 0.271\varepsilon_{23} + 0.381\varepsilon_{29} + 0.280\varepsilon_{31} \\ + 0.261\varepsilon_{32} - 0.583\varepsilon_{\text{range}} - 0.822\varepsilon_{\text{med}} \tag{7.45}$$

其中，ε_{ij} 为 MODIS 第 ij 波段的发射率；$\varepsilon_{\text{range}}$ 为 6 个波段绝对发射率的范围；ε_{med} 则为中值。对于 ASTER，经验关系为

$$\hat{\varepsilon}_{\min} = 0.101 + 0.3098\varepsilon_{10} + 0.2352\varepsilon_{11} + 0.3477\varepsilon_{12} + 0.2458\varepsilon_{13} + 0.2862\varepsilon_{14} \\ - 0.5406\varepsilon_{\mathrm{range}} - 0.4411\varepsilon_{\mathrm{med}} \tag{7.46}$$

符号的含义与 MODIS 同。然后建立带约束的代价函数，采用非线性的优化方法迭代求解。作者使用一系列的数值试验对新算法进行评估，证明了算法的有效性。新算法具有显著的特点：①经验方程大为不同；②正则化方法是可行的；③定义了更多的先验知识，并正式地将这些知识自然地融入反演算法；④新算法运用具有坚实计算数学基础的优化反演算法。

分析前述各种多光谱热红外提取地表温度和发射率方法的原理和特点，可以发现：①大气校正需要借助别的传感器或独立的实测大气资料的支持来解决。②为了将欠定问题转化为适定问题，有的方法对发射率作了假设和简化，有的方法利用了发射率和其光谱变化之间的经验关系。这些假设和关系往往只对一部分地表情况有很好的近似性。

7.3.5 高光谱数据反演算法

1. 光谱迭代平滑算法

光谱迭代平滑温度与发射率[the Iterative Spectrally Smooth(ISS)Temperature and Emissivity Separation Algorithm]算法由 Borel 提出，用于热红外高光谱数据的温度与发射率分离(Borel, 1998, 2008)。基于自然地表热红外发射率光谱比大气下行辐射平滑的假设，来估计地表温度。如果地表温度估值偏离真值，由式(7.47)计算的发射率光谱在大气发射线的位置，呈现出锯齿状特征，称之为大气下行辐射残留。通常定义一个形如式(7.48)的指数来描述地表发射率的大气下行辐射残留程度(平滑程度)，具有最小指数的发射率对应的温度当作地表温度的最佳估值，使用式(7.47)计算地表的发射率光谱。图 7.1 给出了不同地表温度估值引起的大气下行辐射残留情况。

$$\varepsilon_i = \frac{(L_{g,i} - L_{d,i})}{(B_i(T_s) - L_{d,i})} \tag{7.47}$$

$$S = \sum_{i=2}^{N-1} \left\{ \varepsilon_i - \frac{\varepsilon_{i-1} + \varepsilon_i + \varepsilon_{i+1}}{3} \right\}^2 \tag{7.48}$$

其中，ε_i 为发射率；$L_{g,i}$ 表示出射辐亮度；$L_{d,i}$ 为大气下行辐射；$B_i(T_s)$ 为普朗克函数；T_s 为地表温度；i 表示波段。

ISS 算法不需要借助任何经验关系，避免了经验关系不确定性给温度发射率分离带来的误差，同时利用了大气光谱特征信息，不需要事先分离大气下行辐射贡献，避免了大气下行辐射剥离的误差在发射率信息提取中的传播。

其他作者提出了类似于 ISS 算法的高光谱温度与发射率分离算法(Bower, 2001; Knuteson et al., 2004; Xie, 1993)，形式上有所差异，本质上一样。

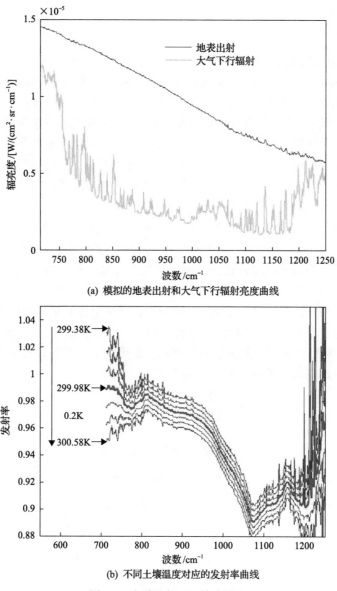

(a) 模拟的地表出射和大气下行辐射亮度曲线

(b) 不同土壤温度对应的发射率曲线

图 7.1　光谱迭代平滑算法描述

地表真实温度为 300K

　　Ingram 等(2001)详细地分析了 ISS 算法对模型误差和仪器噪声的敏感性，他们的工作表明该算法在处理高光谱数据时能获得很高的精度。Cheng 等(2008b)的工作表明 ISS 算法存在失效的情况，由发射率计算过程中的奇异发射率引起，ISS 算法本身无法克服，提出使用多层感知器网络同时反演地表温度和发射率光谱，可以作为平滑算法的有益补充。Cheng 等(2010a)提出的新算法——逐步求精的温度与发射率分离(Stepwise Refining (SR) Temperature and Emissivity Separation Algorithm)算法，能够克服由奇异发射率引起的算法失效情况，同时具有较高的温度与发射率估算精度。

2. 相关性算法

目前文献出现的温度与发射率分离算法的前提是假设像元内部均温，包括 ASTER TES 算法(Gillespie et al., 1998)和 MODIS 的白天-夜晚 LST 算法(Wan and Li, 1997)，在整个热红外只能给出一个平均的等效温度。事实上，像元内部的非同温以及混合像元是一个普遍的自然现象，并且在有太阳直射光的影响下，组分之间的温差甚至可以达到 20K 以上。当在整个热红外光谱区域定义一个等效温度时，由辐射测量和这个等效温度，必然不能在每个波长得到混合像元的 r-emissivity。这相当于一个问题的两个方面，必须进行折中。对于光谱覆盖范围较宽的高光谱分辨率的热红外传感器，从应用的角度，我们更希望借助它获得和地表物理化学特征密切相关的 r-emissivity。

Cheng 等(2008a)提出了高光谱温度与发射率分离的相关性算法(CBTES, Correlation-Based Temperature and Emissivity Separation Algorithm)。算法将等效大气下行辐射和地表发射率的相关性作为地表温度优化的判据，将地表发射率和等效大气下行辐射分别看作 n 维的向量 X 和 Y，以地表出射辐射所对应亮温的最大值为中心，仪器的等效噪声温差为间隔，产生一系列地表温度，由式(7.49)分别计算每个地表温度对应的发射率 X_i 和等效大气下行辐射 Y 的相关性，取其绝对值，具有最小相关性对应的地表温度即为地表温度的最佳估值，然后由传感器的辐射测量和地表温度的最佳估值计算地表发射率。图 7.2 给出了大气下行幅亮度和地表发射率之间的关系。

$$\mathrm{corr}(i) = \frac{X_i \cdot Y}{\|X_i\|\|Y\|}, \quad X_i \in R^n, Y \in R^n \tag{7.49}$$

$$\mathrm{optimal}T = T_i\Big|_{\min(\mathrm{abs}(\mathrm{corr}(i)))} \tag{7.50}$$

其中，· 表示向量内积；‖ ‖表示向量的模；abs 表示取绝对值；min 表示取最小值。

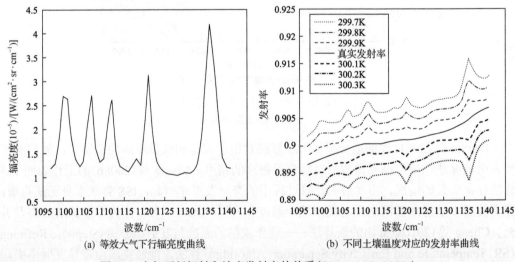

(a) 等效大气下行辐亮度曲线　　　　　　　　(b) 不同土壤温度对应的发射率曲线

图 7.2　大气下行辐射和地表发射率的关系(Cheng et al., 2008a)

考虑两种比较典型的非同温像元：一种是混合像元，例如土壤和植被的混合体系，在太阳直射光影响下，它们的温度差异很大；另一种是裸土或戈壁，由于像元内部的相互遮挡，形成光照和阴影两个温差明显的部分。假设非同温像元由两个组分构成，各组分具有朗伯特性，像元内部大气状况一致，模拟数据分析当其发射率定义为 r-emissivity 时，在 $714 \sim 1250 \mathrm{cm}^{-1}$ $(8 \sim 14 \mu\mathrm{m})$ 光谱区间的辐射温度变化；假定在比较窄的光谱区间，辐射温度近似不变，使用 CBTES 算法反演窄区间非同温像元的等效温度。植被发射率来自 ASTER 光谱库 (http://speclib.jpl.nasa.gov/) 中植被发射率的均值土壤发射率来自 MODIS UCSB 光谱库 (http://g.icess.ucsb.edu/modis/EMIS/html/em.html) 中土壤发射率的均值。表 7.3 给出了模拟非同温土壤混合像元的参数设置。

表 7.3　非同温像元模拟的参数设置

温差/K	组分温度/K		组分发射率	组分面积
10	$T_1=289.2$	$T_2=299.2$	$\varepsilon_1=\varepsilon_2=\varepsilon_{\mathrm{soil}}$	$a_1=a_2=0.5$
15	$T_1=289.2$	$T_2=304.2$	$\varepsilon_1=\varepsilon_2=\varepsilon_{\mathrm{soil}}$	$a_1=a_2=0.5$
20	$T_1=289.2$	$T_2=309.2$	$\varepsilon_1=\varepsilon_2=\varepsilon_{\mathrm{soil}}$	$a_1=a_2=0.5$

图 7.3 给出了算法反演的辐射温度和 r-emissivity 与真值的对比情况，反演值和真实值的变化趋势符合较好。说明 CBTES 算法在非同温平面像元 r-emissivity 提取中的有效性。

(a) 10K温差

(b) 15K温差

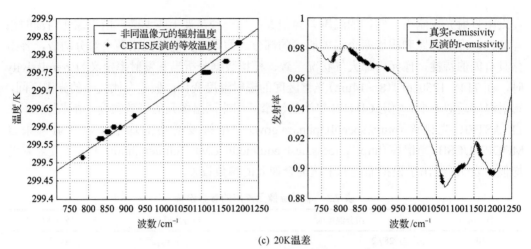

(c) 20K温差

图 7.3   不同温度的土壤组成的非同温像元辐射温度变化趋势，
CBTES 算法反演的等效温度和 r-emissivity

3. 下行辐射残余指标法

Wang 等(2008, 2010)提出了下行辐射残余指标法。与上述两种算法一样，从一般性的假设出发，即地表发射率光谱比大气下行辐射光谱，构建了一个用于描述发射率估值谱线中带有大气下行辐射光谱特征强弱的量 DRRI(Downward Radiance Residue Index)，如式(7.51)所示。

$$DRRI = \varepsilon_2 - \left(\frac{v_3 - v_2}{v_3 - v_1} \varepsilon_1 + \frac{v_2 - v_1}{v_3 - v_1} \varepsilon_3 \right) \tag{7.51}$$

其中，v_1，v_2 和 v_3 表示相邻的三个波段，其中 v_2 位于大气发射率的位置；ε_1，ε_2 和 ε_3 为对应的发射率估计值。图 7.4 给出算法原理示意图。当地表温度估值不准确时，计算的

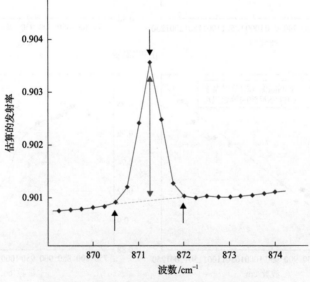

图 7.4   大气下行辐射残余特征与 DRRI 分量

发射率含有大气发射线残留，呈现出图中所示的形状。通过计算 DRRI，可以判断地表温度估值的精度。在估算的整条发射率曲线上会有多处大气下行辐射残余特征，选择其中最合适的 N 处，累加得到最终的 DRRI。具有最小 DRRI 的温度对应的发射率即为所求的地表发射率，对于温度也是如此。

下行辐射残余指标方法较之光谱平滑度方法（Borel,1998）有很多优点：选择较少的波段，从而节省运算时间，对于大批量星载遥感数据的处理很有帮助；与此同时，下行辐射残余指标方法很好地避免了奇异值问题，使得其可以更好地运用于各种天气气候条件（Wang et al.,2008）。

4. 基于多尺度小波变换的温度发射率分离算法

热红外温度发射率分离通常假设自然地表的物体的发射光谱比大气的光谱更平滑，估算的温度如果偏离真实地表温度，那么计算得到的发射率会残留锯齿状的大气发射线。Zhou 和 Cheng（2018）提出基于多尺度小波的温度发射率分离算法（Multi-scale Wavelet Based Temperature and Emissivity Separation Algorithm, MSWTES）。该算法认为利用错误的地表温度计算地表发射率时，得到的地表发射率内会残留大气下行信号，而通过多尺度小波可将空间域的发射率光谱转换到频率域并重构其低频部分和高频部分。其中低频部分的小波能量主要由地表发射贡献，高频部分的小波能量主要由大气下行辐射贡献，发射率频率域内高频能量的低频能量的比值可以用来衡量发射率光谱内大气下行辐射残留程度。多尺度小波分解可以由下列公式表示：

$$f(t) = \sum_{k=-\infty}^{\infty} c(k)\varphi_k(t) + \sum_{j=0}^{\infty} \sum_{k=-\infty}^{\infty} d(j,k)\psi_{j,k}(t) \tag{7.52}$$

其中，$\varphi_k(t)$ 是尺度函数；$\psi_{j,k}(t)$ 是小波函数；$c(k)$ 和 $d(j,k)$ 分别为尺度系数和小波系数；$f(t)$ 是地表出射辐射光谱。公式右边第一项为低频部分，第二项则是高频部分。以 1095～1145cm^{-1} 区间为例，利用多尺度小波对地表出射辐射进行分解，并且重构其高频部分。其中地表出射辐射的高频重构部分与大气下行辐射的对比如图 7.5 所示。

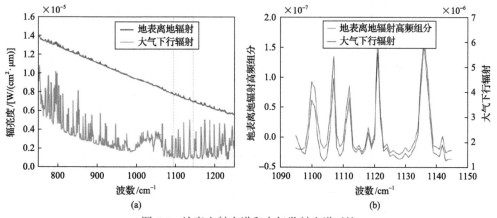

图 7.5　地表出射光谱和大气发射光谱对比

(a) 750～1250cm^{-1} 区间内地表出射辐射和大气下行辐射光谱对比；

(b) 地表出射辐射高频重构信号和大气下行辐射光谱对比（1095～1145cm^{-1}）

从图 7.5 可以看出地表出射辐射光谱的高频部分主要是大气下行辐射构成。由式 (7.47)计算发射率到时候，如果输入的温度偏离真实地表温度，那么计算得到的发射率光谱会残留大气下行辐射信号。因此发射率的求解过程可以看成寻找最优温度估算使得估算的发射率里面高频贡献达到最小的过程。假设式(7.47)计算得到的发射率光谱的频率范围和地表出射辐射的频率范围一致，我们可以通过比较大气下行辐射和分解后重构的地表出射辐射之间的相关系数来得到最优的分解尺度，即高频信号的频率范围。高频能量和低频能量的比值可以用于衡量估算的地表发射率里面的大气下行辐射信号的残留程度。

多尺度小波温度发射率分离算法主要包括 3 个部分：

确定分解尺度。分解尺度主要由地表出射辐射里面大气下行辐射的频率范围决定 (图 7.6)。通过对地表出射辐射进行小波分解，并重构高频部分。比较地表出射辐射高频部分($D_1+D_2+\cdots$)和大气下行辐射的相关系数，相关系数达到最大时对应的分解尺度为最优尺度(图 7.7)。

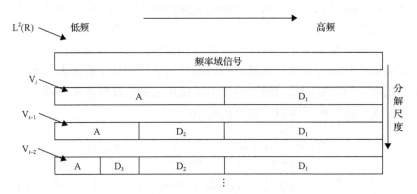

图 7.6　多尺度小波分解示意图

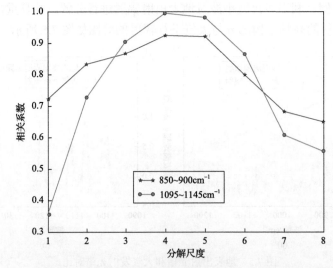

图 7.7　大气下行辐射和重构的地表出射辐射高频部分的相关系数随分解尺度变化情况($850\sim900\mathrm{cm}^{-1}$ 和 $1095\sim1145\mathrm{cm}^{-1}$)

（1）确定最优地表温度估算值。以 850～900cm^{-1} 光谱区间为例（图 7.8），首先计算该区间的平均亮温，并作为地表温度的初始值。同时以亮温为中心，±20K 为搜索范围，通过迭代得到最优温度。其中，我们以高频信号能量和低频信号能量的比值作为代价函数，当求解的发射率光谱中包含的大气下行信号能量最低的时候，代价函数取最小值。代价函数的公式如下：

$$\text{Loss} = \frac{\sum\limits_{k}\sum\limits_{j=1}^{L} d_{j,k}^2}{\sum\limits_{k} a_k^{\,2}} \tag{7.53}$$

其中，Loss 是代价函数；$d_{j,k}$ 是高频信号在 i 层位移 k 处的小波系数；L 是分解层数；a_k 是低频的尺度系数。

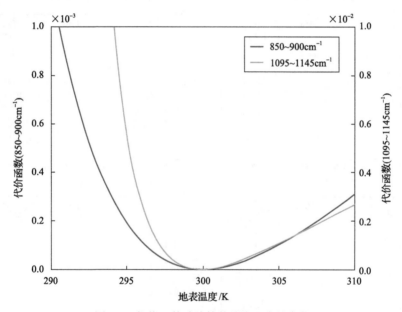

图 7.8　代价函数随估算的地表温度的变化

（2）在 776～854cm^{-1}，1095～1145cm^{-1}，1196～1248cm^{-1} 和 750～1250cm^{-1} 区间重复步骤 2，将得到的 5 个估算的地表温度进行平均得到最终估算的地表温度。

法国科学家 Laurent Poutier 和 Francoise Nerry 于 2004 年开展了野外实验，测量了土壤、岩石和人造材料的辐射数据，同时在实验室使用积分球测量了这些样本的方向-半球反射率（Kanani et al., 2007）。根据基尔霍夫定律可以计算得到各样本的发射率。作者使用他们的数据对算法进行验证。图 7.9 给出了 10 个样本的发射率，图 7.10 给出了发射率反演的均方根误差，并同 ISS 算法的反演结果进行了比较。MSWTES 的结果要优于 ISS 算法。

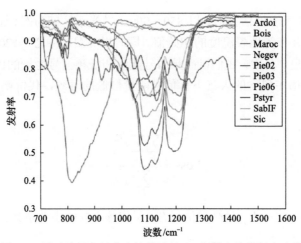

图 7.9　用于验证多尺度小波算法的 10 个样本的发射率光谱

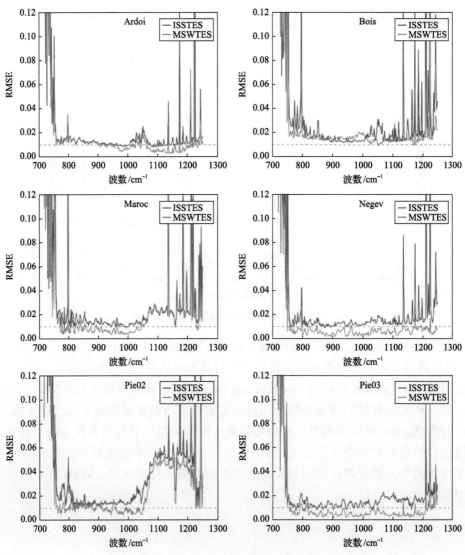

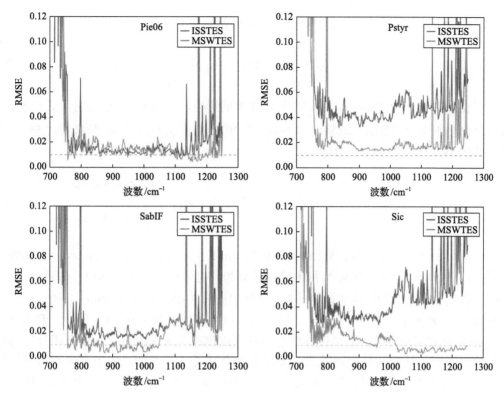

图 7.10　10 个样本每个波段的均方根误差

绿线为 MSWTES 的均方根误差，蓝线为 ISS 算法的均方根误差，点线表示均方根误差为 0.01

7.3.6　地面长波宽波段发射率计算

地表宽波段发射率是估算地表长波净辐射的必要参数，高精度的宽波段发射率反演是保证高精度长波净辐射的关键。一般认为，宽波段发射率的 10%误差能够引起长波净辐射 $15 \sim 20 \mathrm{W/m^2}$ 的偏差(Ogawa and Schmugge, 2004)。宽波段发射率的空间变化明显，特别是在非植被区，将宽波段发射率以一常值输入模型(如 GCM)中具有潜在的不确定性。遥感能够提供更加真实的宽波段发射率，但目前遥感仅能提供约 $3 \sim 14 \mu m$ 内的窄波段发射率产品，无法满足辐射能量平衡计算需要 $3 \sim \infty \mu m$ 的宽波段发射率。本节使用辐射传输模型模拟的 $1 \sim 200 \mu m$ 水、雪和矿物的发射率波谱，来研究估算地表长波净辐射的最优宽波段发射率光谱范围，并以 MODIS 和 ASTER 为例来讨论将窄波段发射率转为宽波段发射率的方法。

地表长波净辐射是地表上行长波辐射和地表下行长波辐射的差值，公式如下所示：

$$L_n = \int_{\lambda_1}^{\lambda_2} \varepsilon_\lambda \left[B(T_s) + \rho_\lambda L_{a\lambda} \right] \mathrm{d}\lambda - \int_{\lambda_1}^{\lambda_2} L_{a\lambda} \mathrm{d}\lambda \tag{7.54}$$

其中，ε_λ 为地表光谱发射率；$B(T_s)$ 为温度等于 T_s 时的普朗克函数；ρ_λ 为方向半球光谱反射率；$L_{a\lambda}$ 是地表下行长波辐射。波长的上下限分别为 $\lambda_1 = 0$ 和 $\lambda_2 = \infty$。假设地表处于热

力学平衡状态并遵循基尔霍夫定律，式(7.54)可表示为

$$L_n = \int_{\lambda_1}^{\lambda_2} \varepsilon_\lambda \left[B(T_s) - L_{a\lambda} \right] \mathrm{d}\lambda \tag{7.55}$$

假设 ε_λ 独立于 $B(T_s)$ 和 $L_{a\lambda}$，忽略通道宽度的影响，式(7.55)可以改写为式(7.56)。这个假设会影响净辐射的计算精度，Cheng 等(2013)研究表明式(7.56)替换式(7.55)后的 bias 和 RMS 分别为 0.55 和 2.31W/m^2。

$$L_n = \varepsilon_{BB} \left(\sigma T_s^4 - L_a \right); \quad \text{其中}, \quad L_a = \int_{\lambda_1}^{\lambda_2} L_{a\lambda} \mathrm{d}\lambda; \quad \varepsilon_{BB} = \frac{\int_{\lambda_1}^{\lambda_2} \varepsilon_\lambda B_\lambda (T_s) \mathrm{d}\lambda}{\int_{\lambda_1}^{\lambda_2} B_\lambda (T_s) \mathrm{d}\lambda} \tag{7.56}$$

其中，σ 为斯蒂芬玻尔兹曼常数[5.67×10^{-8}W/(m^{2}K^4)]；L_a 为 $L_{a\lambda}$ 的值；ε_{BB} 为 BBE。理论上，$\lambda_1 = 0$ 和 $\lambda_2 = \infty$，实际操作上难以计算如此宽光谱范围的 ε_λ 和 $L_{a\lambda}$。目前，4～100μm 被用于地表长波辐射平衡的计算。黑体温度为 300K 时，4～100μm 光谱范围可以占总辐射的 99.5%，而 1～200μm 光谱范围可以占总辐射的 99.92%，因此，利用 1～200μm 光谱范围计算的地表长波净辐射的精度应该高于 4～100μm 光谱范围计算的地表长波净辐射。然而计算全谱段的 L_n 在实际操作中是不可行的，本节首先利用模拟数据研究不同光谱范围的 L_n (3～100μm, 2.5～100μm, 2.5～200μm, 1～200μm 和 4～100μm)代替全谱段的 L_n 后的精度。

(1)首先通过现代辐射传输工具，计算出水、雪和矿物质在 1～200μm 的发射率光谱。

(2)利用 TIGR 大气廓线计算出 0.2~1000μm 范围内的大气下行辐射。其中，地表温度设置为 Ta，$Ta+8$ 和 $Ta+15$，Ta 为 TIGR 大气廓线的近地表空气温度。

(3)利用式(7.55)计算全谱段和不同光谱范围的 L_n。

使用上述方法计算得到的不同光谱范围的 L_n 和全谱段 L_n 之间的偏差和均方根如表 7.4 所示。4～100μm，3～100μm 和 2.5～100μm 范围内的偏差在 3.725～4.460W/m^2。2.5～200μm 范围内的平均偏差和均方根分别为 0.920W/m^2 和 0.985W/m^2，而比 4～100μm 范围内的值低 3.052W/m^2 和 4.148W/m^2。因此，2.5～200μm 光谱范围计算的净辐射要优于其他光谱范围计算的结果。

表 7.4　使用不同光谱范围计算的 L_n 与全谱段 L_n 之间的偏差和均方根

光谱范围/μm	偏差/(W/m^2)			均方根/(W/m^2)		
	Ta	$Ta+8$	$Ta+15$	Ta	$Ta+8$	$Ta+15$
4～100	4.212	3.979	3.725	5.387	5.140	4.871
3～100	4.460	4.388	4.322	5.679	5.618	5.562
2.5～100	4.459	4.393	4.336	5.676	5.624	5.578
2.5～200	0.928	0.920	0.912	0.993	0.984	0.977
1～200	0.929	0.921	0.914	0.993	0.986	0.979

目前遥感仅能提供约 3～14μm 内的窄波段发射率产品，不同学者将这些窄波段发射

率转换为不同的光谱范围的宽波段发射率(如 3～14μm，8～12μm，8～13.5μm 和 8～14μm)，必须系统地量化使用这些 BBE 在计算总长波净辐射中的误差。利用式(7.56)分别计算 2.5～200μm，3～14μm，8～12μm，8～13.5μm 和 8～14μm 光谱范围内的 BBE 和净辐射，结果如表 7.5 所示，其中 L_a 为 2.5～200μm 光谱范围内的积分值。

表 7.5　使用不同光谱范围计算的 BBE 估算的 2.5～200μm 光谱范围内的 L_n 的偏差和均方根

光谱范围/μm	偏差/(W/m²)			均方根/(W/m²)		
	Ta	$Ta+8$	$Ta+15$	Ta	$Ta+8$	$Ta+15$
3～14	0.07	0.387	0.687	0.863	0.990	1.292
8～12	−0.046	−0.254	−0.451	1.383	1.585	2.070
8～13.5	0000	0.001	0.002	0.978	1.120	1.453
8～14	0.010	0.054	0.096	0.911	1.045	1.373

从表 7.5 可以看出，3～14μm 光谱范围具有最大的偏差，尽管具有最低的均方根，但和其他几个光谱范围的差异较小。8～12μm 光谱范围具有最大的均方根，偏差为负值，绝对误差仅次于 3～14μm 光谱范围。因此，3～14μm 和 8～12μm 这两个光谱范围不适合用来计算 2.5～200μm 光谱范围内的 L_n。8～13.5μm 光谱范围具有最小的偏差和可接受的均方根误差，平均偏差和均方根分别为 0.001W/m² 和 1.184W/m²。8～14μm 光谱范围的偏差高于 8～13.5μm 光谱范围，但均方根则相反。因此，8～13.5μm 光谱范围的 BBE 最适合用来计算 2.5～200μm 光谱范围内的 L_n。当利用该范围的 BBE 计算的净辐射代替全谱段的净辐射时，平均偏差和均方根分别为 1.473W/m² 和 2.746W/m²。

以地物的光谱发射率 ε_λ 为基础，宽波段发射率可定义为 (Ogawa et al.,2002)：

$$\varepsilon_{\lambda_1-\lambda_2} = \frac{\int_{\lambda_1}^{\lambda_2} \varepsilon(\lambda) B(\lambda,T) \mathrm{d}\lambda}{\int_{\lambda_1}^{\lambda_2} B(\lambda,T) \mathrm{d}\lambda} \tag{7.57}$$

其中，$B(\lambda,T)$ 为普朗克函数；T 为地物温度，研究发现当 T 从 270K 变化为 300K 时，宽波段发射率仅存在 0.005 的变化，因此可取 T 为常值，如 300K；λ_1 和 λ_2 分别为宽波段发射率的波长上限和下限。理论上，辐射能量平衡计算需要 3～∞μm 的宽波段发射率，但目前遥感仅能提供约 3～14μm 内的窄波段发射率产品。Ogawa 和 Schmvgge(2004)，Cheng 等(2013)认为晴空下 8～13.5μm 的宽波段发射率估算长波净辐射的精度最高，这里给出 8～13.5μm 宽波段发射率的计算方法。

若在式 7.57 中引入 MODIS 或者 ASTER 热红外波段的光谱响应函数 $f(\lambda)$，那么窄波段发射率便可表示为 (Ogawa et al., 2002)：

$$\varepsilon_{\mathrm{ch}} = \frac{\int_{\lambda_1}^{\lambda_2} \varepsilon(\lambda) B(\lambda,T) f(\lambda) \mathrm{d}\lambda}{\int_{\lambda_1}^{\lambda_2} B(\lambda,T) f(\lambda) \mathrm{d}\lambda} \tag{7.58}$$

其中，λ_1 和 λ_2 为 MODIS 或者 ASTER 热红外窄波段的波长响应范围。在已知宽波段发射率和窄波段发射率的前提下，二者的转换关系一般用线性形式来表达：

$$\varepsilon_{\lambda_1-\lambda_2} = \sum_{ch=1}^{N} a_{ch}\varepsilon_{ch} + c \tag{7.59}$$

其中，a_{ch} 为各个窄波段的转换系数；c 为常数；N 为窄波段的个数，MODIS 在 8~13.5μm 间具有 3 个窄波段的发射率产品，ASTER 在 8~13.5μm 间具有 5 个窄波段的发射率产品，这些窄波段的相关信息如表 7.6 所示。

表 7.6　MODIS 和 ASTER 的热红外波段响应范围

MODIS		ASTER	
波段	光谱范围/μm	波段	光谱范围/μm
29	8.40~8.70	10	8.13~8.48
31	10.8~11.3	11	8.48~8.83
32	11.8~12.3	12	8.93~9.28
—	—	13	10.25~10.95
—	—	14	10.95~11.65

从 ASTER 光谱库(Baldridge et al., 2009)，MODIS UCSB 光谱库(Snyder et al., 1997; Snyder et al., 1998)和实测数据(Cheng et al., 2013)共选择了 424 条地物的光谱发射率用于式(7.57)和式(7.58)拟合宽波段和窄波段发射率，其中 240 条来自于 ASTER 波谱数据库，109 条来自于 MODIS UCSB 数据库，75 条来自于室外实测的土壤发射率光谱，地物类型包括土壤、植被、岩石、水体和冰雪。由于 ASTER 波谱数据库中的数据为方向半球反射率，需要基于基尔霍夫定律将其转化为发射率，即在假设热平衡的条件下，发射率与反射率的关系为 $\varepsilon_\lambda = 1 - \rho_\lambda$。利用以上波谱数据，回归分析得到了从 MODIS 和 ASTER 各个热红外窄波段发射率转为宽波段发射率的公式，如式(7.60)和式(7.61)所示。式(7.60)的 RMSE 和决定系数为 0.005 和 0.983，式(7.61)的 RMSE 和决定系数为 0.010 和 0.932。

$$\varepsilon_{bb\_ast} = 0.197 + 0.025\varepsilon_{10} + 0.057\varepsilon_{11} + 0.237\varepsilon_{12} + 0.333\varepsilon_{13} + 0.146\varepsilon_{14} \tag{7.60}$$

$$\varepsilon_{bb\_mod} = 0.095 + 0.329\varepsilon_{29} + 0.572\varepsilon_{31} \tag{7.61}$$

其中，ε_{bb_ast} 是 ASTER 宽波段发射率；ε_{10}~ε_{14} 是 ASTER 五个窄波段发射率；ε_{bb_mod} 是 MODIS 宽波段发射率；ε_{29} 和 ε_{31} 是 MODIS 第 29 和 31 波段的窄发射率。很多研究使用 MODIS 第 29、31 和 32 波段计算宽波段发射率，实际上第 31 和 32 波段的发射率变化很小而且高度相关，故式(7.61)未考虑第 32 波段。通过留一法交叉验证对转换公式进行了测试，即 423 条地物的光谱发射率用于计算转换公式系数，剩余 1 条用来验证。整个过程重复 424 次，每次获得一个转换公式，以及估算的 BBE 和真实的 BBE 之间的偏差和相关系数。利用 ASTER 转换公式计算的宽波段发射率的平均误差和平均 RMSE 分别为 0 和 0.005，相关系数为 0.983±0.0001。利用 MODIS 转换公式计算的宽波段发射率的平均误差和平均 RMSE 分别为 0 和 0.010，相关系数为 0.932±0.0005。由此得到 ASTER 转换式 (7.60) 的系数分别为 0.197±0.0，0.025±0.0，0.057±0.0，0.237±0.0，0.333±0.0 和 0.146±0.0；MODIS 转换式 (7.61) 的系数分别为 0.095±0.002，0.329±0.0 和 0.572±0.002。

7.3.7　地面长波宽波段发射率反演

根据基尔霍夫定律，地表发射率和地表反射率之间存在互补关系，可以通过反射率来计算发射率。但对于只有一个或两个热红外通道的卫星传感器，很难从卫星收到的信号中反演地表发射率。虽然可以通过建立的地表发射率和红光波段反射率之间的经验线性关系来估算发射率，但内部物理机制仍不清楚。本节利用 Hapke 辐射传输模型模拟的结果来探讨从可见光波段计算地表长波宽波段发射率的可行性。

假设粒子各向同性地发射和散射，Hapke 模型模拟的反射和发射信息可由下式表示 (Cheng et al., 2017)：

$$r_{hd}(e) = (1-\gamma)/(1+2\gamma\mu)$$
$$\varepsilon_d(e) = \gamma \frac{1+2\mu}{1+2\gamma\mu} \tag{7.62}$$

其中，$r_{hd}(e)$ 和 $\varepsilon_d(e)$ 分别为半球方向反射率和方向发射率；$\mu=\cos(e)$，e 是观测天顶角；$\gamma=\sqrt{1-w}$，w 是粒子单次散射反照率。

根据不同矿物的光学常数和粒子半径可获取米散射系数，输入到 Hapke 模型即可得到不同地物的反射和发射波谱。利用模拟的波谱和 Landsat TM 不同波段的光谱响应函数进行卷积可得到对应波段的发射率和反射率，研究发现发射率与蓝光，绿光和红光波段的反射率有明显的线性关系，回归方程如下所示：

$$\varepsilon = 0.988 - 0.496R_1 + 1.186R_2 - 0.737R_3 \tag{7.63}$$

其中，ε 是 TM 第六波段发射率；$R_1 \sim R_3$ 是 TM 第 1，2 和 3 波段的反射率。该方程的决定系数为 0.811，bias 和 RMSE 分别为 0.001 和 0.006。

假设地表是朗伯体，将模拟的波谱和 MODIS 七个可见光波段进行卷积，可得到相应波段的反照率。根据 Cheng 等 (2013) 的研究，假设地表温度是 300K，可以从模拟的发射率波谱计算宽波段发射率。获取地表反照率和宽波段发射率之后，回归发现宽波段发射率和其中四个波段存在明显的线性关系：

$$\varepsilon_{bb} = 0.989 - 0.292\alpha_1 - 0.377\alpha_2 + 0.688\alpha_4 - 0.027\alpha_7 \tag{7.64}$$

其中，ε_{bb} 是宽波段发射率；α_i 是 MODIS 第 i 波段的反照率。方程的决定系数为 0.753，bias 和 RMSE 分别为 1×10^{-6} 和 0.003。以上结果表明，地表反射率和地表发射率之间在一定程度上存在有明显的物理关系，可以利用地表反射率来计算地表发射率。

在此基础上，根据 2000~2010 年的 MODIS 数据生成了 8 天 1km 的 GLASS BBE 产品，迄今为止，这是世界上首套宽波段发射率产品，具有最高的空间分辨率 (1km) 和时间分辨率 (8 天)。图 7.11 给出了 2003 年第 1 天的全球宽波段发射率示意图。

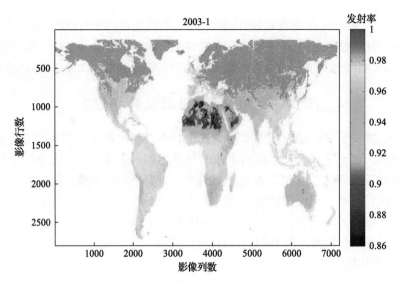

图 7.11　全球宽波段发射率示意图

　　算法根据像元的 NDVI，将地表划分为 5 类：水、冰/雪、裸土（$0 < \text{NDVI} \leqslant 0.156$）、植被覆盖区（$\text{NDVI} > 0.156$）和过渡区（$0.1 < \text{NDVI} < 0.2$）。根据 ASTER 和 MODIS 波谱库数据以及使用辐射传输模型模拟的雪的 BBE（Cheng 等，2010b），将水和冰/雪的 BBE 设定为 0.985。针对裸土和过渡区域，分别建立 BBE 和 MODIS 7 个窄波段黑空反照率之间的线性方程，用于反演他们各自的 BBE。当 $\text{NDVI} < 0.1$ 或 $0.2 < \text{NDVI}$ 时，使用裸土区或植被覆盖区的算法计算各自的 BBE。在裸土和过渡区的重叠部分（$0.1 < \text{NDVI} \leqslant 0.156$），BBE 的值是由用裸土和过渡区的公式分别计算 BBE，然后求平均得到的。类似的，过渡区和植被覆盖区的重叠部分（$0.156 < \text{NDVI} < 0.2$）的 BBE 是由过渡区和植被覆盖区的公式分别计算，然后求平均得到的。

　　反演裸土和过渡区域的 BBE 使用的卫星数据分别为：①MODIS 反照率产品（MCD43B3 和 MCD43B2）；②MODIS 植被指数（NDVI）产品（MOD13A2）；③ASTER 发射率产品（AST05）。辅助数据为土壤分类图，空间分辨率为 0.0333°，共有 12 种土壤类型。理想情况是由提取的所有的 BBE-反照率数据对，拟合得到一个方程，用与后续的 BBE 反演。原因有二：①土壤分类的空间分辨率远比所使用的卫星数据低；②土壤分类的精度相对较低。从裸土中提取的所有 BBE-反照率数据对推导出一个公式，然而并不适用于所有土壤类型。因此，我们根据拟合情况，给出了三个方程，一种用于灰烬土，一种用于变性土，另外一种用于剩余土壤类型。公式表示如下：

$$\varepsilon_{\text{BB}\_s1} = 0.963 + 0.643a_1 - 1.011a_3 - 0.137a_7 \tag{7.65}$$

$$\varepsilon_{\text{BB}\_s2} = 0.976 + 0.138a_1 + 0.040a_2 + 0.264a_3 - 0.383a_4 + 0.031a_6 - 0.124a_7 \tag{7.66}$$

$$\varepsilon_{\text{BB}\_s3} = 0.953 - 0.827a_1 + 0.447a_2 + 0.570a_3 - 0.041a_4 + 0.130a_5 + 0.006a_6 - 0.153a_7 \tag{7.67}$$

其中，$\varepsilon_{\text{BB}\_s1}$，$\varepsilon_{\text{BB}\_s2}$ 和 $\varepsilon_{\text{BB}\_s3}$ 分别是灰烬土、变性土和剩余土壤类型的 BBE。表 7.7

列出了不同土壤类型在裸土区对应的偏差和 RMSE。

表 7.7　八种土壤类型在裸土区的 bias 和 RMSE

土壤类型	淋溶土	旱成土	新成土	冻土	始成土	黑土	氧化土	变性土
样本数量	34	12547	33025	34009	513	2821	11	157
bias	0.004	−0.002	0.002	−0.003	−0.008	−0.006	−0.004	−0.001
RMSE	0.010	0.011	0.011	0.012	0.019	0.009	0.016	0.008

在稀疏植被地区，很难判断像元属于裸土还是植被覆盖。因此，这种像元的 BBE 变化比实际的变化要大，在本节中，将过渡区像元定义成 NDVI 值为 0.1～0.2 的像元。如果像元 NDVI 值为 0.1～0.156，它的 BBE 值由裸土和过渡区的公式分别计算取平均值得到。如果像元的 NDVI 值在 0.156～0.2，它的 BBE 值是由过渡区和植被的公式分别计算取平均值得到的。采取和裸土相似的方法，拟合出三个方程，一种用于灰烬土，一种用于变性土，另外一种用于剩余土壤类型。公式表示如下：

$$\varepsilon_{BB\_t1} = 1.006 - 0.339a_2 + 0.142a_7 \tag{7.68}$$

$$\varepsilon_{BB\_t2} = 0.964 + 0.195a_1 + 0.256a_2 - 0.745a_3 + 0.099a_6 - 0.300a_7 \tag{7.69}$$

$$\varepsilon_{BB\_t3} = 0.954 - 0.782a_1 + 0.345a_2 + 0.7760a_3 - 0.111a_4 + 0.056a_5 + 0.080a_6 - 0.131a_7 \tag{7.70}$$

其中，ε_{BB_t1}，ε_{BB_t2} 和 ε_{BB_t3} 分别是灰烬土、变性土和剩余土壤类型的 BBE。表 7.8 列出了不同土壤类型在过渡区对应的偏差和 RMSE。

表 7.8　八种土壤类型在过渡区的 bias 和 RMSE

土壤类型	淋溶土	旱成土	新成土	冻土	始成土	黑土	氧化土	变性土
样本数量	75	22927	19977	26013	944	5418	12	1730
bias	0.008	−0.002	0.007	−0.001	0.005	−0.008	0.008	0.004
RMSE	0.012	0.010	0.015	0.010	0.016	0.014	0.010	0.007

如果地表为植被覆盖区，输入叶面积指数，叶片发射率和土壤背景 BBE，可通过 4SAIL 模型构建的 BBE 查找表得到植被覆盖像元的 BBE。表 7.9 给出了从 14 个 IGBP 地表类型合成的 6 个植被覆盖类型的 BBE。由于缺乏方向发射率测量数据，发射率的方向性没有考虑。使用 2001～2010 年的 GLASS BBE 数据，计算每种土壤类型 8 天平均的 BBE，作为土壤背景的 BBE。叶面积指数从对应的 GLASS LAI 获取。为了使查找表适应能力更强，尽可能地将三个主要的模型输入的变化范围设置更宽，叶片发射率变化范围为 0.935～0.995，步长为 0.01；土壤 BBE 的变化范围为 0.71～0.99，步长为 0.01；LAI 的变化范围为 0～6，步长为 0.5。根据 Verhoef 等(2007)的研究结果，分别采用四种叶倾角分布函数(planophile, plagiophile, spherical and erectophile)，其他参数保持一样，当 LAI 为 0.5～4 时，4SAIL 模拟的方向发射率的差异在 0.05 之间，因此本节假设植被结构参数可用球形分布的叶倾角分布函数来描述。模拟的光谱范围设置为 8～13.5μm。首先使用 4SAIL 模拟方向 BBE，方向变化范围为 0°～85°，步长为 5°。然后，对方向 BBE 进行半

球积分，得到半球 BBE。在构建的半球 BBE 查找表中共分为 2710 种情况。

表7.9　6个合成植被覆盖类型的叶片宽波段发射率

合成类型	IGBP 类型	叶片 BBE	叶片发射率
森林	1, 2, 3, 4, 5	0.9771	ASTER 光谱库中三条活的冠层 BBE 和 MODIS 光谱库中 24 个叶片 BBE 的均值
草地	10	0.9785	ASTER 光谱库中草的 BBE 和 Pandya 等(2013)测量的草的 BBE 的均值
农田	12,14	0.9627	Pandya 等(2013)测量的玉米 BBE、高粱 BBE、珍珠谷子 BBE、Li 等(2013)测量的玉米 BBE 与 Luz 和 Crowley (2007)测量的秋火焰 BBE 的均值
热带大草原	8, 9	0.9778	森林 BBE 和草地 BBE 的均值
灌木	6, 7	0.9771	森林 BBE
其他类型	16，254	0.9785	上述五种类型 BBE 的均值

注：1–常绿针叶林; 2–常绿阔叶林; 3–落叶针叶林; 4–落叶阔叶林; 5–混合森林; 6–封闭灌木; 7–开放灌木; 8–木本热带大草原; 9–热带大草原; 10–草地; 12–农作物; 14–农田/自然植被; 16–荒地或者稀疏植被; 254–未分类

　　Cheng 和 Liang(2014)利用实测数据对裸土区的 BBE 进行了验证，裸土区的总体精度为 0.016。与用 MODIS V5 发射率产品计算得到的 BBE 相比，反演的 BBE 与 MODIS BBE 在裸土区和过渡区的偏差分别为−0.008 和−0.010，RMSE 分别为 0.026 和 0.023。与用 MODIS V4.1 发射率产品计算得到的 BBE 相比，反演的 BBE 与 MODIS BBE 在裸土区和过渡区的偏差分别为 0.001 和 0.003，RMSE 分别为 0.015 和 0.013。此外，反演的 BBE 与 ASTER BBE 在裸土区和过渡区具有较高的一致性，偏差分别为-0.001 和 0.001，RMSE 分别为 0.012 和 0.011。Cheng 等(2016)利用实测数据对植被区的 BBE 进行了验证，植被覆盖区总体的精度优于 0.005。与利用 ASTER 和 MODIS11C2 V5 发射率产品计算得到的 BBE 相比，GLASS BBE 能够体现 BBE 的季节变化，而另外两种产品则无法呈现季节变化趋势。图 7.12 和图 7.13 分别给出了 GLASS BBE 产品和 NAALSED BBE 产品在北美地区的夏季和冬季的对比图。从图中可以看出，GLASS BBE 产品更加完整，几乎没有缺失，NAALSED BBE 产品则存在部分缺失。GLASS BBE 产品和 NAALSED BBE 产品的空间分布比较相似，吻合程度高，冬季的偏差和 RMSE 分别为-0.001 和 0.007，夏季的偏差和 RMSE 分别为-0.001 和 0.008。由上述描述可知，GLASS BBE 产品整体精度较高，可为相关研究提供数据支持。

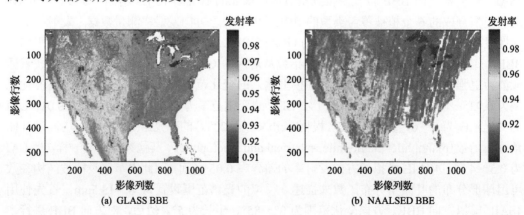

(a) GLASS BBE　　　　　　　　　　　(b) NAALSED BBE

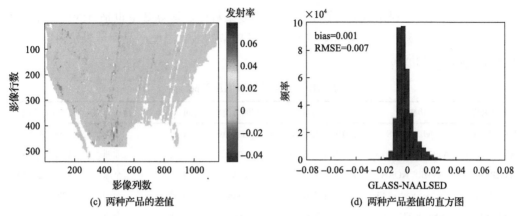

图 7.12　GLASS BBE 产品和 NAALSED BBE 产品在北美地区夏季的对比图（Cheng et al.，2014）

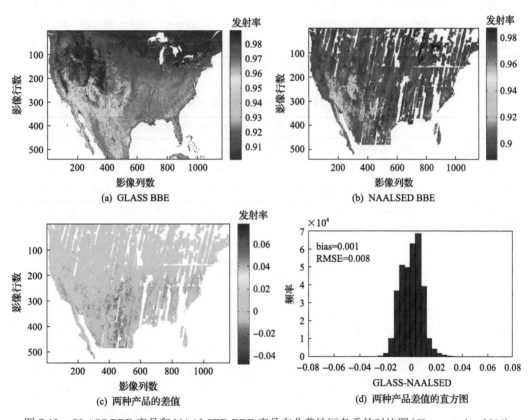

图 7.13　GLASS BBE 产品和 NAALSED BBE 产品在北美地区冬季的对比图（Cheng et al.，2014）

7.4　温度与发射率产品

　　本章 7.2 节和 7.3 节介绍了反演地表温度和发射率的方法，虽然有很多方法可用，但用于反演大尺度上的地表温度和发射率，并生成地表温度与发射率产品的算法却很少。地表复杂多变，对算法中的假设和近似提出了严峻的挑战，局地尺度上成立的假设或近似，通常在大尺度上很难成立。此外，算法的复杂程度、运算效率也是制约算法生成大尺度产品的重要因素。表 7.10 和表 7.11 列举了典型的地表温度产品和地表发射率产品，并给出了他们的相应特征。

表 7.10　典型的地表温度产品

产品名称	传感器	反演算法	空间分辨率	时间分辨率	覆盖范围	时间范围
MODIS LST[*]	MODIS/EOS	分裂窗算法昼/夜算法	1km/6km	1 天	全球	2000 年至今
AVHRR LST	AVHRR/NOAA14	分裂窗算法	8km	1 天	非洲	1995~2000 年
AVHRR LST	AVHRR/NOAA	分裂窗算法	1.1km	1 天	全球	1998~2007 年
AATSR LST	AATSR/ENVISAT	分裂窗算法	1km	3 天	全球	2004 年至今
ASTER LST	ASTER/TERRA	TES	90m	16 天	全球	2000 年至今
MVIRI LST	MVIRI/METEOSAT	神经网络	5km	30 分钟	欧洲/非洲	1999~2005 年
SEVIRI LST	SEVIRI/MSG	分裂窗算法	3km	15 分钟	欧洲/非洲/南美	2006 年至今
VIIRS LST	VIIRS/S-NPP	分裂窗算法	750m	4 天	全球	2012 年至今

* 这里仅列举了 MODIS 最基本的温度产品，在此产品基础上，可以生成其他类型的温度产品

表 7.11　典型的地表发射率产品

产品名称	传感器	反演算法	空间分辨率	时间分辨率	覆盖范围	时间范围
MODIS LSE	MODIS/EOS	昼/夜算法	6km	1 天	全球	2000 年至今
ASTER LSE	ASTER/TERRA	TES	90m	16 天	全球	2000 年至今
GLASS LSE[*]	MODIS/EOSAVHRR/NOAA	回归方法	1km/5km	8 天	全球	1985 年至今

* GLASS LSE 是 8~13.5μm 和 3~14μm 窗口的宽波段发射率产品，由 AVHRR 和 MODIS 的可见、近红外产品反演得到

7.5　地表温度产品的融合

目前地表温度产品反演所使用的遥感数据都位于热红外光谱区间(表 7.5)。热红外温度反演算法仅在晴空条件下有效，受到云覆盖的影响，这些地表温度产品都无法达到全地表覆盖，例如，MODIS 地表温度产品超过 60%的区域都受云覆盖的影响(Chen et al., 2011)。然而区域或全球尺度的资源环境动态监测需要完整和连续的全地表温度信息，而现有的地表温度产品无法满足这些应用的需求。相比而言，微波辐射受大气条件的影响要小很多，可以穿透云层到达地表，因此微波数据具有较高的空间完整性，目前也已发展出很多微波地表温度的反演算法(见 7.2.4 节)。

为了获取全天候地表温度产品，近几年来学者们开始尝试使用微波地表温度数据对热红外地表温度数据中的空缺进行填补。Wang(2013)最早尝试融合 MODIS 和 AMSR-E 的地表温度数据，利用 MODIS 云覆盖比例作为权重计算融合像元的地表温度，融合公式如下：

$$\mathrm{LST_{cloud}} = \frac{\mathrm{LST_{AMSR-E}} - \mathrm{LST_{MODIS}} \cdot (1-C)}{C} \tag{7.71}$$

式中，LST_{cloud} 是求解的有云覆盖的 AMSR-E 像元地表温度；LST_{AMSR-E} 和 LST_{MODIS} 分别为晴空条件下的 AMSR-E 和 MODIS 地表温度；C 为单个 AMSR-E 像元内的云量比例。但是，受到传感器特性的限制，微波地表温度数据的空间分辨率和精度比热红外地表温度数据低很多，如 AMSR-E 微波传感器数据的空间分辨率为 25km，不同温度反演算法得到地表温度精度约在 5~6K 左右。因此，这种利用云量比例权重计算的地表温度数据虽然可以实现全天候地表覆盖，但是填补区域的数据精度并没有实质的提升，并且存在格网效应。

为了解决上述问题，Kou 等(2016)提出了一种使用贝叶斯最大熵来融合 MODIS 和 AMSR-E 地表温度数据的方法，并在青藏高原对方法的效果做了验证。融合后的温度数据精度介于 2.31K 和 4.53K 之间。这种融合方法利用地统计学插值法消除了融合后地表温度的格网效应，能在一定程度上反映填补区温度变化的细节信息，但 Kou 等(2016)并没有对低空间分辨率和精度的 AMSR-E 做修正，融合区的地表温度精度仍然较低。进一步地，Duan 等(2017)以式(7.71)为基础，提出了一种 MODIS 和 AMSR-E 地表温度数据时空插值模型融合方法，在融合之前对 AMSR-E 地表温度数据进行了修正和降尺度处理，提升了精度。并以 2009 年的中国地区为例，验证了此方法的效果，其中无云条件下的地表温度误差约为 2K，而云覆盖区的地表温度误差在 3.5~4.4K 之间。

目前利用热红外和微波地表温度数据融合生成全天候覆盖的地表温度产品的研究还处于初步的探索阶段，由于 MODIS 和 AMSR-E 数据较大的尺度差异，AMSR-E 的温度数据的尺度转换成为融合过程中的一个关键问题，但现有的融合算法对这一问题的关注度还远远不够。此外，微波地表温度数据反演算法的精度提升以及优秀的融合策略的发展也是需要深入研究的问题。

7.6　小　　结

本章回顾了地表温度和发射率的遥感估算方法。无论是热红外还是被动微波，其温度反演精度都达不到 1K 的应用需求。如何提高地表温度的遥感反演精度以及提供全球尺度上时无缝、具有一定时间分辨率的地表温度产品，仍需要开展大量的工作。热红外与微波的模型与反演算法协同是一个值得尝试的方向。

高光谱数据的温度与发射率分离算法有望获得高精度的地表发射率光谱，目前的研究仍处于初级阶段。虽然已有一些算法相继问世，但仍达不到实用化的程度。这些算法需要进一步使用实际的星载数据来验证。

缩　略　词

NOAA　National Oceanic and Atmospheric Administration

AVHRR　Advanced Very High-Resolution Radiometer

MODIS　Moderate-Resolution Imaging Spectroradiometer

AATSR   Advanced Along-Track Scanning Radiometer

ASTER   Advanced Spaceborne Thermal Emission and Reflection Radiometer

EOS   Earth Observing System

TM   Thematic Mapper

ETM   Enhanced Thematic Mapper

MODTRAN   MODerate resolution TRANSmittance

Landsat   Land remote sensing satellite

SMMR   Scanning Multichannel Microwave Radiometer

SSM/I   Special Sensor Microwave/Imager

DMSP   Defense Meteorological Satellite Program

AMSR-E   Advanced Microwave Scanning Radiometer-Enhanced

CBRES   China-Brazil Earth Resources Satellite

IRMSS   Infrared Multi-Spectral Scanner

HJ-1   Huan Jing-1

IRS   Infrared Scanner

FY-2   Feng Yun-2

S-VISSR   Stretched-Visible and Infrared Spin-Scan Radiometer

FY-3   Feng Yun-3

VIRR   Visible and Infrared Radiometer

MERSI   MEdium Resolution Spectral Imager

GLASS   Global LAnd Surface Satellite

BBE   BroadBand Emissivity

LSE   Land Surface Emissivity

LST   Land Surface Temperature

SAIL   Scattering by Arbitrarily Inclined Leaves

MVIRI   Meteosat Visible and Infrared Imager

METEOSAT   Meteorology Satellite

SURFRAD   SURface RADiation Network

关 键 词

辐射温度：Radiometric Temperature

平均温度/等效温度：Average Temperature or Effective Temperature

非同温：Non-isothermal

动力学/热力学温度：Thermodynamic or Kinetic Temperature

亮度温度：Brightness Temperature

发射率视在增量：Apparent Emissivity Increment

组分有效比辐射率：Component Effective Emissivity

单波段：Single Channel

分裂窗算法：Split-window Algorithm

参 考 文 献

陈良富, 庄家礼, 徐希孺. 2000. 非同温混合像元热辐射有效比辐射率概念及其验证. 科学通报, 45: 22-28

程洁, 柳钦火, 李小文. 2007. 星载高光谱热红外传感器反演大气痕量气体综述. 遥感信息, 2: 90-97

李小文, 王锦地. 1999. 地表非同温像元发射率的定义问题. 科学通报, 44: 1612-1617

唐世浩, 李小文, 王锦地, 等. 2006. 改进的基于订正ALPHA差值谱的TES算法. 中国科学(D辑): 地球科学, 36(7): 663-671

田国良. 2006. 热红外遥感. 北京: 电子工业出版社

王新鸿, 邱实, 姜小光, 等. 2010. 高光谱热红外数据反演地表温度与比辐射率方法研究. 干旱区地理, 33(3): 419-426

徐希孺. 2005. 遥感物理. 北京: 北京大学出版社

张仁华. 2009. 定量热红外遥感模型与地面实验基础. 北京: 科学出版社

Baldridge A M, Hook S J, Grove C I, et al. 2009. The ASTER spectral library version 2.0. Remote Sensing of Environment, 113: 711-715

Barsi J A, Barker J L, Schott J R. 2003. An atmospheric correction parameter calculator for a single thermal band earth-sensing instrument. In: Geoscience and Remote Sensing Symposium, IGARSS'03. Proceedings of 2003 IEEE, 3014-3016

Becker F, Li Z L. 1990. Temperature-independent spectral indices in thermal infrared bands. Remote Sensing of Environment, 32: 17-33

Becker F, Li Z L. 1990. Toward a local split window method over land surface. International Journal of Remote Sensing, 11(3): 369-393

Becker F, Li Z L. 1995. Surface temperature and emissivity at various scales: definition, measurement and related problems. Remote Sensing Reviews, 12: 225-253

Borel C C. 1998. Surface emissivity and temperature retrieval for a hyperspectral sensor. Proceedings of IEEE Conference on Geoscience and Remote Sensing, 504-509

Borel C C. 2008. Error analysis for a temperature and emissivity retrieval algorithm for hyperspectral imaging data. International Journal of Remote Sensing, 29(17-18): 5029-5045

Bower N. 2001. Measurement of land surface emissivity and temperature in the thermal infrared using a ground-based interferometer in Department of Applied Physics, School of Applied Science. Curtin: Curtin University of Technology.

Caselles V, Coll C, Valor E. 1997. Land surface temperature determination in the whole Hapex Sahell area from AVHRR data. International Journal of Remote Sensing, 18(5): 1009-1027

Chen L F, Liu Q H, Chen S, et al. 2004. Definition of component effective emissivity for heterogeneous and non-isothermal surfaces and its approximate calculation. International Journal of Remote Sensing, 25(1): 231-244

Chen S S, Chen X Z, Chen W Q, et al. 2011. A simple retrieval method of land surface temperature from AMSR-E passive microwave data case study over Southern China during the strong snow disaster of 2008. International Journal of Applied Earth Observation and Geoinformation, 13(1): 140-151

Cheng J, Liang S. 2014. Estimating the broadband longwave emissivity of global bare soil from the MODIS shortwave albedo product. International Journal of Remote Sensing, 119: 614-634

Cheng J, Liang S, Liu Q, et al. 2011. Temperature and emissivity separation from ground-based MIR hyperspectral data. IEEE Transactions on Geoscience and Remote Sensing, 49(4): 1473-1484

Cheng J, Liang S, Nie A, et al. 2017. Is there a physical linkage between surface emissive and reflective variables over non-vegetated surfaces? Journal of Indian Society of Remote Sensing, 46(4): 1-6

Cheng J, Liang S, Verhoef W, et al. 2016. Estimating the hemispherical broadband longwave emissivity of global vegetated surfaces using a radiative transfer model. IEEE Transaction on Geoscience and Remote Sensing, 54(2): 905-917

Cheng J, Liang S, Wang J, et al. 2010. A stepwise refining algorithm of temperature and emissivity separation for hyperspectral thermal infrared data. IEEE Transactions on Geoscience and Remote Sensing, 48(3): 1588-1597

Cheng J, Liang S, Weng F, et al. 2010. Comparison of radiative transfer models for simulating snow surface thermal infrared emissivity. IEEE Journal of Selected Topics in Earth Observations and Remote Sensing, 3(3): 323-336

Cheng J, Liang S, Yao Y, et al. 2013. Estimating the optimal broadband emissivity spectral range for calculating surface longwave net radiation. IEEE Geoscience Remote Sensing Letter, 10(2): 401-405

Cheng J, Liang S L, Yao Y J, et al. 2014. A comparative study of three land surface broadband emissivity datasets from satellite data. Remote Sensing, 6: 111-134

Cheng J, Liu Q, Li X, et al. 2008. Correlation-based temperature and emissivity separation algorithm. Science in China Series D: Earth Sciences, 51(3): 363-372

Cheng J, Xiao Q, Li X, et al. 2008. Multi-layer perceptron neural network based algorithm for simultaneous retrieving temperature and emissivity from hyperspectral FTIR data. Spectroscopy and Spectral Analysis, 28(4): 780-783

Cristóbal J, Jimenez-Munoz J C, Sobrino J A, et al. 2009. Improvements in land surface temperature retrieval from the landsat series thermal band using water vapor and air temperature. Journal of Geophysical Research, 114(D08103): doi:10.1029/2008JD010616

Duan S B, Li Z L, Leng P. 2017. A framework for the retrieval of all-weather land surface temperature at a high spatial resolution from polar-orbiting thermal infrared and passive microwave data. Remote Sensing Environment, 195: 107-117

Fily M, Royer A, Goita K, et al. 2003. A simple retrieval method for land surface temperature and fraction of water surface determination from satellite microwave brightness temperatures in sub-arctic areas. Remote Sensing of Environment, 85: 328-338

Gao H, Fu R, Dickinson R E, et al. 2008. A practical method for retrieving land surface temperature from AMSR-E over the amazon forest. IEEE Transactions on Geoscience and Remote Sensing, 46(1): 193-199

Gillespie A R. 1985. Lithologic mapping of silicate rocks using TIMS. Abbott E A. Proceedings of the TIMS Data Users' Workshop. Pasadena: Jet Propulsion Laboratory: 29-44

Gillespie A R, Rokugawa S, Matsunaga T, et al. 1998. A temperature and emissivity separation algorithm for Advanced Spaceborne Thermal Emission and Reflection Radiometer(ASTER) images. IEEE Transactions on Geoscience and Remote Sensing, 36: 1113-1126

Goita K, Royer A. 1997. Surface temperature and emissivity separability over land surface from combined TIR and SWIR AVHRR data. IEEE Transactions on Geoscience and Remote Sensing, 35: 718-733

Griend A A V D, Owe M. 1993. On the relationship between thermal emissivity and the normalized difference vegetation index for natural surfaces. Internatoinal Journal of Remote Sensing, 14(6): 1119-1131

Guha A, Lakshmi V. 2004. Use of the scanning multichannel microwave radiometer(SMMR) to retrieve soil moisture and surface temperature over the central United States. IEEE Transactions on Geoscience and Remote Sensing, 42(7): 1482-1494

Hansen P C. 1998. Rand-deficient and Discrete Ill-posed Problems. Philadephia, USA: Society for Industrial and applied Mathematics

Holmes T, De Jeu R, Owe M, et al. 2009. Land surface temperature from Ka band(37GHz) passive microwave observations. Journal of Geophysical Research: Atmospheres, 114(D4): 113

Hook S J, Gabell A R, Green A A, et al. 1992. A comparison of techniques for extracting emissivity information from thermal infrared data for geological studies. Remote Sensing of Environment, 42: 123-135

Ingram P M, Henry M. 2001. Sensitivity of iterative spectrally smooth temperature/Emissivity to algorithmic assumption and measurement noise. IEEE Transactions on Geoscience and Remote Sensing, 39(10): 2158-2167

Jaggi S, Quattrochi D, Baskin R. 1992. An algorithm for the estimation of bounds on the emissivity and temperatures from thermal multispectral air-borne remtoely sensed data. in Proc. Summary 3rd Annu. JPL Airborne Geosci. Workshop. Pasadena, CA.

Jimenez-Munoz J C, Cristobal J, Sobrino J A, et al. 2009. Revision of the single-channel algorithm for land surface temperature retrieval from Landsat Thermal-Infrared data. IEEE Transactions on Geoscience and Remote Sensing, 47 (1): 339-349

Jimenez-Munoz J C, Sobrino J A. 2003. A generalized single-channel method for retrieving land surface temperature from remote sensing data. Journal of Geophysical Research, 108: doi: 10.1029/2003JD003480

Jimenez-Munoz J C, Sobrino J A, Gillespie A, et al. 2006. Improved land surface emissivities over agricultural areas using ASTER NDVI. Remote Sensing of Environment, 103 (4): 474-487

Kahle B A P, Madura D, Soha J M. 1980. Middle infrared multispectral aircraft scanner data: analysis for geological applications. Applied Optics, 19 (14): 2279-2290

Kanani K, Poutier L, Nerry F, et al. 2007. Directional effects consideration to improve out-doors emissivity retrieval in teh 3-13 μm domain. Optics Express, 15 (19): 12464-12482

Kealy P S, Gabel A R. 1990. Estimation of Emissivity and Temperature Using Alpha Coefficients. Proc. 2nd TIMS Workshop. Pasadena, CA: JPL Publication

Kealy P S, Hook S J. 1993. Separating temperature and emissivity in thermal infrared multispectral scanner data: implication for recovering land surface temperatures. IEEE Transactions on Geoscience and Remote Sensing, 31: 1154-1164

Knuteson R O, Best F A, DeSlover D H, et al. 2004. Infrared land surface temperature remote sensing using high spectral resolution aircraft observations. Advances in Space Research, 33: 1114-1119

Korb A R, Dybwad P, Wadsworth W, et al. 1996. Protable fourier transform infrared spectrometer for field measurements of radiance and emissivity. Applied Optics, 35: 1679-1692

Kou X, Jiang L, Bo Y, et al. 2016. Estimation of land surface temperature through blending MODIS and AMSR-E data with the Bayesian maximum entropy method. Remote Sensing, 8 (2): 105

Li H, Liu Q H, Du Y M, et al. 2013. Evaluation of the NCEP and MODIS atmospheric products for single channel land surface temperature retrieval with ground measurements: a case study of HJ-1B IRS data. IEEE Journal of Selected Topics in Applied Earth Observations and Remote Sensing, 6 (3): 1399-1408

Li J, Li J L. 2008. Derivation of a global hyperspectral resolution surface emissivity spectra from advanced infrared sounder radiance measurements. Geophysical Research Letters, 35: L15807

Li X, Strahler A H, Friedl M A. 1999. A conceptual model for effective directional emissivity from nonisothermal surfaces. IEEE Transactions on Geoscience and Remote Sensing, 37 (5): 2508-2517

Li Z L, Becker F. 1993. Feasibility of land surface temperature and emissivity determination from AVHRR data. Remote Sensing of Environment, 43: 67-85

Li Z L, Becker F, Stoll M P, et al. 1999. Evaluation of six methods for extracting relative emissivity spectra from thermal infrared images. Remote Sensing of Environment, 69: 197-214

Li Z L, Duan S B. 2018. 5.11-Land Surface Temperature, in Comprehensive Remote Sensing. Oxford: Elsevier

Li Z L, Petitcolin F, Zhang R. 2000. A physically based algorithm for land surface emissivity retrieval from combined mid-infrared and thermal infrared data. Science in China Series D: Earth Sciences, 43 (Supp.): 23-33

Li Z L, Tang B H, Wu H, et al. 2013. Satellite-derived land surface temperature: Current status and perspectives. Remote Sensing of Environment, 131 (131): 14-37

Liang S. 2001. An optimization algorithm for separating land surface temperature and emissivity from multispectral thermal infrared imagery. IEEE Transactions on Geoscience and Remote Sensing, 39: 264-274

Liang S. 2004. Quantitative Remote Sensing of Land Surface. New Jersey: John Wiley and Sons, Inc.

Liu Q, Xu X. 1998. The retrieval of land surface temperature and emissivity by remote sensing data: Theory and digital simulation. Journal of Remote Sensing, 2 (1): 1-9

Luz B R, Crowley K. 2007. Spectral reflectance and emissivity features of broad leaf plants: Prospects for remote sensing in the thermal infrared (8.0-14.0μm). Remote Sensing of Environment, 109: 393-405

Ma X L, Wan Z, Moeller C C, et al. 2002. Simultaneous retrieval of atmospheric profiles, land-surface temperature, and surface emissivity from Moderate-Resolution Imaging Spectrometer themal infrared data: Extension of a two-step physical algorithm. Applied Optics, 41(5): 909-924

Ma X L, Wan Z, Moller C C, et al. 2000. Retrieval of geophysical parameters from moderate resolution imaging spectrometer thermal infrared data: Evalution of a two-step physical algorithm. Applied Optics, 39: 3537-3550

Mao K, Qin Z, Shi J, et al. 2005. A practical split-window algorithm for retrieving land surface temperature from MODIS data. International Journal of Remote Sensing, 26: 3181-3204

Matsunaga T. 1994. A temperature-emissivity separation method using an empirical relationship between the mean, the maximum, the minimum of the thermal infrared emissivity spectrum. Journal of the Remote Sensing Society of Japan, 14(2): 230-241

Mcfarland M J, Miller R L, Neale C M U. 1990. Land surface temperature derived from the SSM/I passive microwave brightness temperatures. IEEE Transactions on Geoscience and Remote Sensing, 28(5): 839-845

McMillin L M. 1975. Estimation of sea surface temperature from two infrared window measurements with different absorption. Journa of Geophysical Research, 20: 11587-11601

Meng X, Cheng J. 2018. Evaluating eight global reanalysis products for atmospheric correction of thermal infrared sensor-application to landsat 8 TIRS10 data. Remote Sensing, 10(3): 474

Meng X, Cheng J, Liang S. 2017. Estimating land surface temperature from feng yun-3C/MERSI data using anew land surface emissivity scheme. Remote Sensing, 9(12): 1247

Nerry F, Petitcolin F, Stoll M P. 1998. Bidirectional reflectivity in AVHRR channel 3: application to a region in northern Africa. Remote Sensing of Environment, 66: 298-316

Niclos R, Caselles V, Coll C, et al. 2007. Determination of sea surface temperature at large observation angles using an angular and emissivity dependent split-window equation. Remote Sensing of Environment, 111(1): 107-121

Njoku E G, Li L. 1999. Retrieval of land surface parameters using passive microwave measurments at 6-18 GHz. IEEE Transactions on Geoscience and Remote Sensing, 37(1): 79-93

Norman J M, Becker F. 1995. Terminology in thermal infrared remote sensing of natural surfaces. Remote Sensing Review, 12: 159-173

Ogawa K, Schmugge T. 2004. Mapping surface broadband emissivity of the sahara desert using ASTER and MODIS data. Earth Interactions, 8: 1-14

Ogawa K, Schmugge T, Jacob F, et al. 2002. Estimation of Broadband Emissivity from Satellite Multi-spectral Thermal Infrared Data using Sepctral Libraries. Toronto: IGARSS'02

Olioso A. 1995. Simulating the relationship between thermal emissivity and the normalized difference vegetation index. International Journal of Remote Sensing, 16(16): 3211-3216

Owe M, Griend A A V D. 2001. On the relationship between thermodynamic surface temperature and high-frequency (37GHz) vertically polarized brightness under semi-arid conditions. International Journal of Remote Sensing, 22(17): 3521-3532

Pandya M R, Shah D B, Trivedi H J, et al. 2013. Field measurements of plant emissivity spectra: an experimental study on remote sensing of vegetation in the thermal infrared region. Journal of the Indian Society of Remote Sensing: DOI: 10.1007/s12524-013-0283-2

Payan V, Royer A. 2004. Analysis of temperature and emissivity separation (TES) algorithm applicability and sensitivity. International Journal of Remote Sensing, 25(1): 15-37

Petitcolin F, Vermote E. 2002. Land surface reflectance, emissivity and temperature from MODIS middle and thermal infrared data. Remote Sensing of Environment, 83: 112-134

Prata A J, Caselles V, Coll C, et al. 1995. Thermal remote sensing of land surface temperature from satellites: current status and future prospects. Remote Sensing of Environment, 12: 175-224

Prata A J,Platt C M R. 1991. Land surface temperature measurements from the AVHRR. Tromso Norway: Proc. 5th AVHRR Data Users Conf

Present R D.1958. Kinetic Theory of Gases. NY: McGraw-Hill Book Co.

Price J C. 1984. Land surface temperature measurements from the split window channels of the NOAA 7 Advanced Very High Resolution Radiometer. Journal of Geophysical Research, 89 (D5): 7231-7237

Qin Z, Karnieli A. 2001. mono-window algorithm for retrieving land surface temperature from Landsat TM data and its application to the Israel-Egype border region. International Journal of Remote Sensing, 22 (18): 3719-3746

Salisbury J W, Wald A,D'aria D M. 1994. Thermal-infrared remote sensing and Kirchhoff's law 1. Laboratory measurements. Journal of Geophysical Research, 99 (B6): 11897-11911

Smith W L,Woolf H M. 1976. The use of eigenvectors of statistical covariance matrices for interpreting satellite sounding radiometer observations. Journal of the Atmospheric Sciences, 33 (7): 1127-1140

Snyder W C, Wan Z, Zhang Y, et al. 1997. Thermal infrared (3-14μm) bidirectional reflectance measurements of sands and soils. Remote Sensing of Environment, 60: 101-109

Snyder W C, Wan Z, Zhang Z, et al. 1998. Classification-based emissivity for land surface temperature measurement from space. Internatoinal Journal of Remote Sensing, 19: 2753-2774

Snyder W C,Wan Z. 1998. BRDF modles to predict spectral reflectance and emissivity in the thermal infrared. IEEE Transactions on Geoscience and Remote Sensing, 36: 214-225

Sobrino J A, Jiménez-Muñoz J C, Sòria G, et al. 2008. Land surface emissivity retrieval from different VNIR and TIR sensors. IEEE Transactions on Geoscience and Remote Sensing, 46: 316-327

Sobrino J A, Li Z-L, Stoll M P, et al. 1994. Improvements in the split-window technique for land surface temperature determination. IEEE Transactions on Geoscience and Remote Sensing, 32 (2): 243-253

Sobrino J A, Raissouni N, Li Z-L. 2001. A comparative study of land surface emissivity retrieval using NOAA data. Remote Sensing of Environment, 75: 256-266

Sobrino J A,Romaguera M. 2004. Land surface temperature retrieval from MSG1-SEVIRI data. Remote Sensing of Environment, 92 (2): 247-254

Susskind J, Barnet C D,Blaisdell J M. 2003. Retrieval of atmoshperic and surface parameters from AIRS/AMSU/HSB data in the presence of clouds. IEEE Transactions on Geoscience and Remote Sensing, 41 (2): 390-409

Tang B, Bi Y, Li Z-L, et al. 2008. Generalized split-window algorithm for estimate of land surface temperature from Chinese geostationary FenyYun meteorologican satellite (FY-2C) data. Sensors, 8: 933-951

Tardy B, Rivalland V, Huc M, et al. 2016. A software tool for atmospheric correction and surface temperature estimation of Landsat infrared thermal data. Remote Sensing, 8 (9): 696

Ulivieri C,Cannizzaro G. 1985. Land surface temperature retrievals from satellite measurements. ACTA Astronaut. 12 (12): 985-997

Ulivieri C, Castronouvo M M, Francioni R, et al. 1992. A SW algorithm for estimating land surface temperature from satellites. Advances in Space Research, 14 (3): 59-65

Valor E,Caselles V. 1996. Mapping land surface emissivity from NDVI: Application to European, African, and South American areas. Remote Sensing of Environment, 57 (3): 167-184

Verhoef W, Jia L, Xiao Q, et al. 2007. Unified optical-thermal four-stream radiative transfer theory for homogeneous vegetation canopies. IEEE Transactions on Geoscience and Remote Sensing, 45 (6): 1808-1822

Vidal A. 1991. Atmospheric and emissivity correction of land surface temperature measured from satellite using ground measurements or satellite data. International Journal of Remote Sensing, 12 (12): 2449-2460

Wan Z, Ng D, Dozier J. 1994. Spectral emissivity measurements of land-surface materials and related radiative transfer simulations. Advances in Space Research, 14 (3): 91-94

Wan Z, Dozier J. 1996. A generalized split-window algorithm for retrieving land-surface temperature form space. IEEE Transactions on Geoscience and Remote Sensing, 34: 892-905

Wan Z,Li Z-L. 1997. A Physics-based algorithm for retrieving land-surface emissivity and temperature from EOS/MODIS data. IEEE Transactions on Geoscience and Remote Sensing, 35 (4)：980-996

Wan Z, Zhang Y L, Zhang Q C, et al. 2002. Validation of the land surface temperature products retrieved from Terra Moderate Resolution Imaging Sepctrometer data. Remote Sensing of Environment, 83 (12)：163-180

Wan Z, Zhang Y, Q.C.Zhang, et al. 2004. Quality assessment and validation of the MODIS global land surface temperature. International Journal of Remote Sensing, 25 (1)：261-274

Wang T, Shi J, Yan G, et al. 2014. Recovering Land Surface Temperature under Cloudy Skies for Potentially Deriving Surface Emitted Longwave Radiation by Fusing MODIS and AMSR-E Measurements. Quebec: Geoscience and Remote Sensing Symposium (IGARSS)

Wang W, Liang S,Meyer T. 2008. Validating MODIS land surface temperature products using long-term nighttime ground measurements. Remote Sensing of Environment, 112: 623-635

Wang X, Ouyang X Y, Tang B-H, et al.2008. A New Method for Temperature/Emissivity Separation from Hyperspectral Thermal Infrared Data. Boston: IGARSS

Watson K. 1992. Spectral ratio method for measuring emissivity. Remote Sensing of Environment, 42 (2)：980-996

Watson K. 1992. Two-temperature method for measuring emissivity Remote Sensing of Environment, 42 (2)：117-121

Weng F,Grody N C. 1998. Physical retrieval of land surface temperature using the special sensor microwave imager. Journal of Geophysical Research, 103 (D8)：8839-8848

Xiao Q, Liu Q H, Li X W, et al. 2003. A field measurements method of spectral emissivity and research on the feature of soil thermal infrared emissivity. Journal of Infrared Millimeter Waves, 22 (5)：373-378

Xie R.1993. Retrieving surface temperature and emissivity from high spectral resolution radiance observations. Wisconsin: University of Wisconsin.

Yu Y, Liu Y, Yu P, et al.2018. 5.12-land surface temperature product development for JPSS and GOES-R Missions. Comprehensive Remote Sensing, 5: 284-303

Yu Y, Tarpley D, Privette J L, et al. 2009. Developing algorithm for operational GOES-R land surface temperature product. IEEE Transactions on Geoscience and Remote Sensing, 47 (3)：936-951

Zhou S, Cheng J. 2018. A multi-scale wavelet-based temperature and emissivity separation algorithm for hyperspectral thermal infrared data. International Journal of Remote Sensing, 39 (22)：8092-8112

第8章 地表长波辐射收支[*]

第8章讨论的主要对象是地表长波辐射收支（4～100μm），其中包括地表下行长波辐射、地表上行长波辐射和地表净长波辐射。地表下行长波辐射是大气对地表热辐射的直接度量。地表上行长波辐射是反映地球表面冷暖状况的指标，主要受地表温度控制，地表温度在第7章有详细阐述。地表上行和下行长波辐射都是数值天气预测模型的诊断参数。地表净长波辐射是地表下行与上行长波辐射之差。地表长波辐射是地表辐射收支的重要组成部分，夜间以及极地区域全年大部分时间里的地表辐射收支以长波辐射为主导。遥感技术能够以较低成本提供时间和空间分辨率足够高的对地观测数据，是估算区域和全球尺度上地表长波辐射收支的有效方式。

本章的8.1节介绍地表下行长波辐射的研究背景以及各种估算方法，8.2节介绍地表上行长波辐射的估算方法，8.3节介绍地表净长波辐射估算方法，8.4节介绍现有的地表长波辐射产品以及时空趋势分析，8.5节为本章小结。

8.1 地表下行长波辐射

8.1.1 背　景

地表下行长波辐射是太阳辐射经大气吸收、发射和散射的结果。晴空地表下行长波辐射取决于大气温度、湿度以及其他气体的垂直廓线（Cheng et al., 2020; Ellingson, 1995; Lee and Ellingson, 2002）：

$$F_d = 2\pi \int_{\lambda_1}^{\lambda_2} \int_0^1 I_\lambda(z=0,-\mu)\mu d\mu d\lambda \tag{8.1}$$

其中，λ_1 和 λ_2 指定地表下行长波辐射光谱范围的边界；λ 是波长；z 是海拔高度；$\mu = \cos(\theta)$，θ 是观测天顶角；$I_\lambda(z=0,-\mu)$ 是地表下行光谱辐亮度。I_λ 可以表示为

$$I_{\lambda,\text{clear}}(z=0,-\mu) = -\int_0^{Z_t} B(T_z)\frac{\partial T_\lambda(0,z;-\mu)}{\partial z}dz \tag{8.2}$$

其中，$B(T_z)$ 为高度为 z 的普朗克函数；T_z 为高度为 z 的大气温度；Z_t 为卫星高度；T_λ 为地表到高度 z 的大气层透射率。

地表下行长波辐射主要是由接近地球表面的薄层大气向地表的辐射所决定。距离地

---

[*] 本章作者：程洁[1]，王文晖[2]，梁顺林[3]，杨锋[1]，周书贵[1]
1. 遥感科学国家重点实验室·遥感科学与工程研究院·北京师范大学地理科学学部；2. I.M.Systems Group@NOAA/NESDIS/STAR；3.马里兰大学帕克分校地理系

表 500m 以上的大气对地表下行长波辐射的贡献只占总值的 16%～20%,而距离地表 10m 以内的大气的贡献占 32%～36%(Schmetz, 1989)。以往的研究表明, 大气温度和湿度廓线是估算晴空地表下行长波辐射最重要的参数。对于 CO_2 和 O_3 则使用多年平均值就足够了, 因为这两种气体混合比的变化对地表下行长波辐射的影响很小, 它们的混合比 50% 的变化仅仅带来地表下行长波辐射 $1W/m^2$ 的变化(Smith and Wolfe, 1983)。云底高度、云底温度、云量、云发射率是阴天下估算下行长波辐射下的重要参数。云的贡献主要来自大气窗口区域(Schmetz, 1989)。

在过去几十年中, 研究者们对估算地表下行长波辐射做出了诸多努力, 许多文献对这些研究成果进行了综述(Diak et al., 2004; Ellingson, 1995; Flerchinger et al., 2009; Niemelä et al., 2001; Schmetz, 1989)。估算下行长波辐射的方法可以分为三类: 基于大气廓线的方法(物理方法), 混合模型方法和基于气象参数的方法。基于大气廓线的方法使用辐射传输模型以及卫星遥感数据估算的或无线电探空仪探测的大气廓线数据计算地表下行长波辐射。混合模型方法一般首先用辐射传输模型和大量的大气廓线模拟地表下行长波辐射和某一特定传感器相应的大气层顶(Top of Atmosphere, TOA)辐亮度, 然后通过统计分析建立地表下行长波辐射和 TOA 辐亮度或者亮温的经验关系得到参数化模型, 模型的物理意义包含在辐射传输模拟过程中。基于气象参数的方法使用近地表(距离地面约 2m)空气温度和湿度的观测对地表下行长波辐射进行估算。每类方法中具有代表性的算法将在以下小节中分别进行详细阐述。

8.1.2　基于大气廓线的方法

基于大气廓线的方法思路非常简单, 即利用辐射传输模型或高度参数化的辐射传输方程和大气温度/湿度廓线计算地表下行长波辐射。这类方法的优点是它们直接描述与地表下行长波辐射相关的物理过程; 主要缺点之一是输入参数(大气廓线和云参数)的误差会影响地表下行长波辐射估算的准确性, 此外大气廓线的获取较为昂贵, 且并不是在任何时间和地点都能得到。

Darnell 等(1983)使用了辐射传输模型, 将 NOAA TIROS(Television and InfraRed Observation Satellite)卫星的业务垂直探测器(Operational Vertical Sounder, TOVS)产品(温度廓线, 可降水量, 云覆盖度和有效云顶高度)作为输入, 计算晴天和阴天的地表下行长波辐射。在后续研究中, Darnell 等(1983)将其估计值进行了深入的验证, 该研究将估计值与美国 4 个站点 1 年观测的月平均值进行比较: 标准差为 $10W/m^2$, R^2 为 0.98。

Frouin 等(1988)开发了一种辐射传输技术用于估算海洋表面的下行长波辐射, 该方法使用 TOVS 的温度产品以及基于 GOES 可见光和红外自旋扫描辐射计(the Visible and Infrared Spin Scan Radiometer, VISSR)观测的湿度廓线和云参数(云层覆盖度, 云发射率以及云顶和底部的高度)产品。该研究对四种不同复杂程度的方法进行了深入分析。方法 A 是四种方法中最为精细的方法。该方法首先确定云在可见光波段的反射率, 然后估算云中液态水路径、云向上和向下的发射率、云覆盖度、云顶部高度, 最后从云顶高度和云中液态水路径估算云底高度。在方法 B 中, 云向下发射率和几何厚度通过云中液态水路径由经验公式计算得到。在方法 C 中，云的厚度为一个假设的常数(0.5km)。在方法 D 中，云对下行长波辐射的影响只是云覆盖度的函数。前两种方法并不适用于对夜间下行长波辐射的估算。验证结果表明，最复杂的方法得到的结果最好，半小时平均结果与观测值之间的相关系数为 0.73，标准差为 20.6W/m²；日均估算值与观测值之间的相关系数和标准差依次为 0.83 和 15.7W/m²。但是，用最简单的方法得到的估算结果，其标准差与最复杂的方法相比只大了 4W/m²。因此，作者建议使用较简单方法(C 和 D)估算全球尺度的地表下行长波辐射。

云与地球辐射能量系统(Clouds and the Earth's Radiant Energy System，CERES)科学小组采用了三种估算地表下行长波辐射的方案。方案 A 和 C 属于混合模型方法，将在第 8.1.3 节详细阐述。方案 B 使用了参数化方程对全天候的下行长波辐射进行估算(Gupta et al., 1997)，该方法最初是为用 TOVS 气象数据计算全球地表下行长波辐射而开发的(Gupta et al., 1997; Gupta, 1989; Gupta and Wiber, 1992)。CERES 科学小组将其改造成能够用其他气象数据计算地表下行长波辐射的方法(Gupta et al., 1997)。该方法的输入参数是表面温度和发射率、温度和湿度廓线、云覆盖度，以及从气象臭氧与气溶胶(Meteorology Ozone and Aerosol，MOA)产品、可见红外扫描仪(Visible Infrared Scanner，VIRS)数据、中分辨率成像光谱仪(Moderate-Resolution Imaging Spectroradiometer，MODIS)数据中获取的云顶数据。云底的高度和云底以下的水汽压由上述参数估算。地表下行长波辐射可以由下列公式计算：

$$F_d = F_{d,c} + \sum C_{21} A_{c1} \tag{8.3}$$

其中，$F_{d,c}$ 是晴空地表下行长波辐射；C_{21} 和 A_{c1} 是每一层云的云驱动因子和云覆盖度。晴空地表下行长波辐射可以通过下式计算：

$$F_{d,c} = (A_0 + A_1 V + A_2 V^2 + A_3 V^3) T_e^{3.7} \tag{8.4}$$

其中，$V = \ln(W)$（W 是大气的水汽压）；T_e 是大气的有效辐射温度，可以通过下式进行计算：

$$T_e = k_s T_s + k_1 T_1 + k_2 T_2 \tag{8.5}$$

其中，T_1 和 T_2 是靠近地表第一层(地表~800hPa)和第二层(800~680hPa)的大气平均温度；k_s，k_1 和 k_2 通过敏感性分析确定。对于每一层云，云的驱动因子可以通过下式表示：

$$C_{21} = T_{cb}^4 / (B_0 + B_1 W_c + B_2 W_c^2 + B_3 W_c^3) \tag{8.6}$$

其中，T_{cb} 是云底温度；W_c 是云底以下大气的水汽压。这两个变量通过下列程序进行计算：

云底气压(P_{cb})是通过云顶气压和云厚度的气象估计值进行估算。

T_{cb} 通过将 P_{cb} 与温度廓线匹配获得。

W_c 则通过已知的湿度廓线进行计算。

8.1.3　混合模型方法

混合模型方法在辐射传输模拟的基础上通过统计分析得到统计模型。相对于基于大气廓线的方法，这类方法对大气廓线数据的误差不那么敏感。Smith 和 Woolf(1983)用 1200 条地面测量的大气廓线数据模拟了 VISSR 大气探测器(Atmosphere Sounder，VAS) 的 TOA 辐亮度，通过对 TOA 辐亮度和 1000hPa 地表长波辐射收支数据的线性统计分析，建立了晴天和阴天情况下二者的相关关系。晴天模型能够解释模拟数据中 98.1%的方差，标准差为 10.3W/m²。Morcrette 和 Deschamps(1986)使用回归模型用第二代高分辨率红外探测器(the Second High Resolution Infrared Sounder，HIRS/2)的 TOA 辐亮度数据估算晴空地表长波辐射。估算结果与欧洲西部 3 个站点的小时平均观测值进行比较，标准差从 16 到 30W/m² 不等。Lee and Ellingson(2002)开发的非线性地表下行长波辐射模型能够通过 HIRS/2 数据估算晴天和阴天条件下的地表下行长波辐射。

Wang 等(2009, 2009, 2010)提出了一个利用 MODIS 和 GOES 观测估算晴空条件下地表下行和上行长波辐射的混合模型总体框架。下面第 1 小节将介绍这个总体框架。在这一总体框架下，基于 MODIS 和 GOES 观测的地表下行长波辐射模型将分别在第 2 和 3 小节进行介绍。CERES 科学小组采用的地表下行长波辐射混合模型将在第 4 小节介绍。

1. 混合模型总体框架

Wang 等(2009, 2009, 2010)开发的混合模型总体框架(如图 8.1)分为两步。第一步是使用辐射传输模型和大气廓线建立模拟数据库。对于一个特定的传感器，用大量晴空大气廓线数据，通过辐射传输模拟得到地表下行(或上行)长波辐射和 TOA 辐亮度。地表长

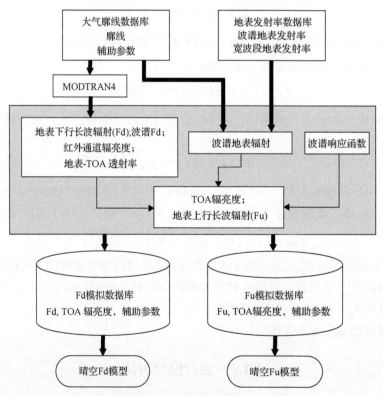

图 8.1　混合模型总体框架流程图(Wang, 2008)

波辐射收支平衡的物理过程包含在辐射传输模拟过程中。第二步是基于模拟数据库进行统计分析，推导出地表下行(或上行)长波辐射模型。以前的研究已用了类似的思路估算地表宽波段反照率和地表下行短波辐射(Diak et al., 1996; Liang, 2003; Liang et al., 2005)。

模拟数据库使用辐射传输模型、大气廓线数据库以及地表发射率数据库通过以下步骤生成：

(1)用 MODTRAN4(the Moderate Resolution Transmittance Code Version 4)模拟每一条大气廓线数据对应的地表下行长波辐射光谱，热红外通道辐亮度以及大气透射率(Berk et al., 1999)。热红外通道辐亮度和大气透射率分别针对 5 个观测天顶角(0°，15°，30°，45°和60°)进行计算。在这一步骤中，地表温度设为大气廓线数据中地面表层的空气温度。

(2)用 MODTRAN4 计算每条大气廓线所对应的宽波段地表下行长波辐射。

(3)用 Planck 函数计算每条大气廓线所对应的下行长波辐射光谱和宽波段地表辐射。设定地表温度和近地表气温之间的差异为–10℃，–8℃，–6℃，–4℃，–2℃，0℃，2℃，4℃，6℃，8℃和10℃，然后使用这 11 个地表温度与每条大气廓线数据相匹配来模拟相似大气情况但不同土地覆盖下的地表状况。地表发射率的影响使用加州大学 Santa Barbara 分校(UCSB)和约翰霍普金斯大学(JHU)的波谱发射率数据库(参见第 8 章 8.3.6 节)进行模拟。

(4)地表上行长波辐射通过第 8.2 节式(8.34)进行计算。宽波段发射率通过波谱发射率计算。

(5)用式(8.7)计算 TOA 辐亮度：

$$L = \int_{\lambda_1}^{\lambda_2} \left(\left(L_{\downarrow\lambda} (1-\varepsilon_\lambda) + \varepsilon_\lambda B(T_s) \right) \tau_\lambda + L_{p\lambda} \right) \mathrm{SRF}\, \mathrm{d}\lambda \tag{8.7}$$

其中，λ 为波长；$L_{\downarrow\lambda}$ 是波谱地表下行长波辐射；ε_λ 是波幅发射率；T_s 是地表温度；$B(T_s)$ 是 Planck 函数；τ_λ 是地表到大气层顶的大气透射率；$L_{p\lambda}$ 是大气热红外路程辐射；SRF 是特定传感器某一波段的波谱响应函数；λ_1 和 λ_2 指定该波段的波谱范围。

表 8.1 为模拟数据库的结构。地表下行或上行长波辐射的模拟数据库通过上述大气廓线数据库和地表发射率数据库分别建立。这个框架假设地表为朗伯表面。除了 TOA 辐亮度和地表下行/上行长波辐射，宽波段发射率和对应于每条大气廓线数据的地表高程、地表温度、地表空气温度和水汽含量也存储在模拟数据库中。只有 TOA 辐亮度需要随传感器的观测天顶角变化。

表 8.1　用于建立地表下行和上行长波辐射模型的模拟数据库的结构(Wang, 2008)

域名	0°	15°	30°	45°	60°
TOA 辐亮度(通道 1···n)					
地表下行(或上行)长波辐射					
地面高程(H)					
地表温度(T_s)					
近地面空气温度(T_{air})		独立于观测天顶角			
水汽含量					
宽波段地表发射率(ε)					

　　辐射传输模拟需要具有代表性的不同地表的大气廓线和地表发射率。从理论上说，模拟数据库中有代表性的大气廓线和地表波谱发射率越多，得出的模型越好。然而实际中，模拟数据库的大小必须限制，因为辐射传输模拟十分耗费时间，并且统计软件包能够处理的数据量也有限。晴空地表下行长波辐射主要是由近地表大气温度和湿度决定，它对地表发射率(ε)并不敏感。因此，地表下行长波辐射模拟数据库可以使用较大的大气廓线资料库和较小的发射率库生成。地表上行长波辐射主要是由地表温度(T_s)和ε所决定，对大气条件不敏感。因此，地表上行长波辐射模拟数据库可以用较小的大气廓线资料库和较大的发射率库建立。

　　通过辐射传输模拟建立模拟数据库之后，下一步是利用统计技术对模拟数据库进行分析得到地表上行和下行长波辐射模型，理想波段和非线性项可以用逐步回归方法来确定。5 个固定观测天顶角各自所对应的回归系数是分开估算的。任意观测天顶角对应的地表下行或上行长波辐射可以使用线性插值进行计算。

2. MODIS 晴空地表下行长波辐射模型

（1）北美地区地表下行长波辐射模型

　　式(8.8)为基于混合模型总体框架，Wang 和 Liang(2009)开发的用 MODIS 观测估算地表下行长波辐射的线性模型：

$$F_d = a_0 + \sum a_i L_i + bH \tag{8.8}$$

其中，F_d 为地表下行长波辐射；a_0、a_i 和 b 是回归系数；L_i 是 MODIS 大气层顶辐亮度(i=27，28，29，31，32，33，34)；H 是地面高程。对应于五个观测天顶角(0°，15°，30°，45°，60°)和两种观测时间(白天和夜间)，总共估算了 10 组参数。这些线性模型能够解释模拟数据 92%的方差，偏差和标准差小于 16.50W/m²。

　　式(8.8)中所使用的波段是使用逐步回归方法通过标准误差(地表下行长波辐射的模型估算值和模拟数据库中地表下行长波辐射之间的标准差)和 R^2 确定的。结果表明，MODIS 27～29 和 31～34 波段对地表下行长波辐射的估算最有价值。这与地表下行长波辐射相关的物理过程一致：27 和 29 波段是水汽通道；33 和 34 波段是近地表大气温度廓线通道；29、31 和 32 波段是用于反演 T_s 的通道。地表气压也是估算地表下行长波辐射估算的一个重要因子，因为大气中气体的光谱线随着气压增加而变宽(Flerchinger et al., 2009; Lee and Ellingson, 2002)。在此模型中，地面高程(H)被用来替代地表气压来描述气压对地表下行长波辐射的影响。

　　残差分析表明，线性模型往往在高温/高湿条件下低估地表下行长波辐射，在低温条件下高估地表下行长波辐射。为了解决这些问题，Wang 和 Liang(2009c)推出了一个非线性模型来描述地表下行长波辐射过程中的非线性效应。这个非线性模型使用与线性模型相同的 MODIS 波段组合：

$$F_d = L_{\text{Tair}}\left(a_0 + a_1 L_{27} + a_2 L_{29} + a_3 L_{33} + a_4 L_{34} + b_1 \frac{L_{32}}{L_{31}} + b_2 \frac{L_{33}}{L_{32}} + b_3 \frac{L_{28}}{L_{31}} + c_1 H\right) \tag{8.9}$$

其中，L_{Tair} 代表地表空气温度(它在夜间模型为 L_{31}，在白天模型为 L_{32})；a_i，b_i 和 c_1 是回归系数(参考表 8.2)；H 是地面高程。三个比值项代表水汽对地表下行长波辐射的影响。b_i 的正负符号与响应物理过程一致，因为 $\dfrac{L_{32}}{L_{31}}$ 和 $\dfrac{L_{28}}{L_{31}}$ 与水汽呈负相关；$\dfrac{L_{33}}{L_{32}}$ 与水汽呈正相关。c_1 的负值也与地表气压效应一致。非线性模型能够解释模拟数据中 93%的方差，其偏差和标准差小于 14.90W/m^2(夜间)和 15.20W/m^2(白天)。

表 8.2　MODIS 非线性地表下行长波辐射模型回归系数(Wang et al., 2009)

	白天					夜间				
	0°	15°	30°	45°	60°	0°	15°	30°	45°	60°
a_0	150.204	153.149	162.142	180.911	214.228	84.143	87.069	95.437	112.646	142.438
a_1	4.453	4.344	3.909	3.119	2.129	5.365	5.274	4.899	4.184	3.049
a_2	−1.740	−1.800	−1.989	−2.411	−3.279	−1.782	−1.833	−1.993	−2.374	−3.199
a_3	−21.030	−20.367	−18.460	−14.022	−3.723	−15.508	−14.870	−13.068	−8.880	0.425
a_4	32.217	31.676	30.225	−26.553	16.927	27.077	26.520	25.066	21.511	13.061
b_1	−150.869	−154.969	−167.043	−192.689	−239.237	−106.529	−110.082	−119.872	−140.713	−177.342
b_2	33.176	34.007	35.638	40.589	53.681	62.673	63.050	63.200	64.904	69.793
b_3	−26.812	−25.894	−22.376	−16.065	−6.780	−40.546	−39.727	36.611	−30.986	−21.948
c_1	−1.911	−1.907	−1.902	−1.914	−1.987	−1.984	−1.977	−1.966	−1.962	−2.001

Wang 和 Liang(2009c)将非线性模型应用于 MODIS Terra 和 Aqua TOA 辐亮度，并在地表辐射观测网络(SURFRAD)的 6 个站点上进行了验证。6 个站点的平均均方根误差(RMSE)为 17.60W/m^2(Terra，如图 8.2)和 16.17W/m^2(Aqua)。Gui 等(2010)用北美地区，中国的青藏高原，东南亚和日本的 15 个不同的土地覆盖类型和地表高程的站点一年(2003)的地面测量对非线性模型进行了验证。结果表明，15 个站点的平均偏差为 −9.2W/m^2，平均标准差为 21.0W/m^2，西藏网站(海拔>4000m)存在较大的误差。

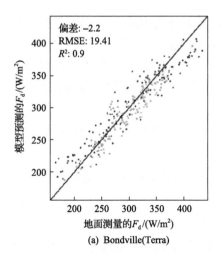
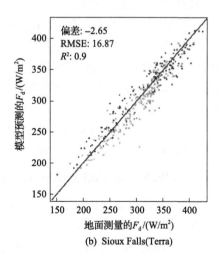

(a) Bondville(Terra)　　　　　　　(b) Sioux Falls(Terra)

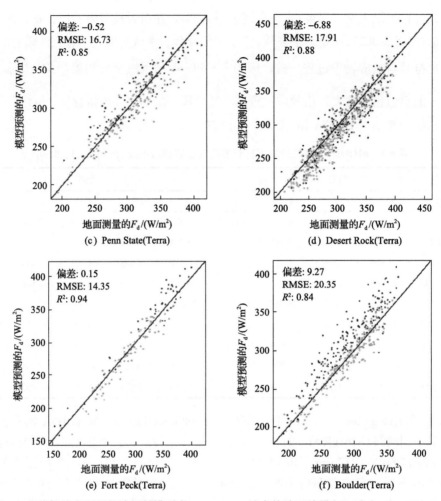

图 8.2　非线性地表下行长波辐射模型在 SURFRAD 站点的验证结果(Terra)(Wang et al., 2009)

(2)全球地表下行长波辐射

在上一小节介绍了 Wang 和 Liang(2009c)针对北美地区地表下行长波辐射发展的混合算法，如果将该方法推广到全球尺度，需要大量的工作，例如构建全球大气廓线库。大气温湿度廓线具有较大的时空变化，在全球尺度上保证所构建的大气廓线的代表性，非常困难。因此本节发展了一个新的方法，利用主要的大气参数估算地表下行长波辐射，回避全球大气廓线库的构建。

Cheng 等(2017)基于 MODIS 热红外观测和热红外水汽含量产品，发展了一个非线性混合模型来估算晴空瞬时 1km 分辨率地表下行长波辐射：

$$\text{LWDN} = a_0 + a_1\text{LWUP} + a_2 \log(1+w) + a_3 \log(1+w)^2 + a_4\text{Rad29} \tag{8.10}$$

其中，LWDN 为地表下行长波辐射；LWUP 为地表上行长波辐射；w 是总水汽含量；Rad29 是 MODIS 第 29 通道的大气层顶辐射亮度；a_0，a_1，a_2，a_3，a_4 为回归系数。LWUP 是基于 MODIS 第 29、31 和 32 通道的大气层顶辐射亮度来估算的。考虑构建式

8.10 混合模型主要考虑以下几个方面:

LWUP 是地气交互作用的结果,其值等于地表发射的长波辐射和反射下行长波辐射之和。由于温度常常受到云等影响,具有很大不确定性,LWUP 经常被用来作为一个地气交互作用的指示因子(Gupta et al., 2010; Zhou et al., 2007);这个估算 LWUR 混合方法很容易实现,并且精度高。因此,LWDN 考虑 LWUP 作为一个输入参数。

水汽是大气中主要的温室气体,也是一个最显著的短时间尺度变量。它的垂直分布对于下行长波辐射非常敏感。以前,水汽常常被用来估算 LWDN 以及反演温度的重要输入参数(Gupta et al., 2010; Zhou et al., 2007; Qin and Karnieli, 2001)。因此,估算 LWDN 将水汽作为一个输入参数。

一定程度上,MODIS 29 通道是反演大气湿度廓线的通道,其权函数的峰值在近地面,因此可以用来表征近地面的空气湿度。因此,将 MODIS 29 辐射亮度作为估算 LWDN 的一个输入参数。

式(8.10)中一个重要输入参数为 LWUP,因此 LWUP 的估算精度肯定会影响 LWUP 的反演精度。基于 32 个观测数据来验证 LWUP 的估算精度,结果表明,当 LWUP 小于 500W/m^2 时,没有出现明显的高估或者低估现象;当 LWUP 大于 500W/m^2 时,一些观察数据存在正的偏差(图 8.3)。另外,偏差为 0.569W/m^2,均方根误差为 24.291W/m^2,该结果和 LWUP 算法发展阶段时保持一致(Cheng and Liang, 2016)。

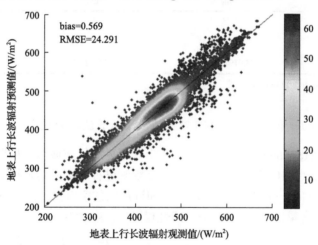

图 8.3 对混合方法中 LWUP 的验证结果(Cheng et al., 2017)

该研究基于六个观测网络的 62 个全球分布的观测数据对提出的方法进行验证。结果表明,偏差和均方根误差分别为 0.0597W/m^2 和 21.008W/m^2(图 8.4)。同时,本研究提出的方法在高海拔区域(CWV<0.5g/cm^2),存在高估现象;在热带气候地区(CWV 很高),存在低估现象。为了解决这些问题,Cheng 等(2017)提出了一个互补的方法:

$$LWDN = 283.157CWV^{0.245} \tag{8.11}$$

其中,LWDN 为地表下行长波辐射;CWV 为水汽柱含量。采用观测点 Qinghai Flux (37.01°,101.33°)和 D105AWS(33.06°,91.94°)对所提出的方法进行验证。结果表明,该互补方法克服了高海拔地区高估现象，偏差和均方根误差分别从 9.407W/m² 和 23.919W/m² 到−0.924W/m² 和 19.895W/m²(表 8.3)，也减轻了热带地区低估现象。

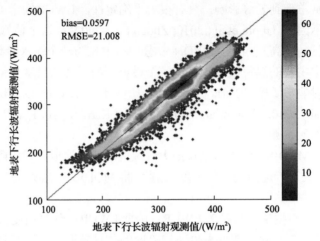

图 8.4　本所提出混合方法的总体验证结果(Cheng et al., 2017)

表 8.3　基于式(8.10)和式(8.11)的高海拔地区与气候类型 af、am 验证结果的对比(Cheng et al., 2017)

点类型	高海拔	af	am
观测点数	5	3	2
偏差/(W/m²)	9.407(0.924)	13.164(4.824)	26.743(20.299)
标准偏差/(W/m²)	23.919(19.895)	26.339(22.858)	30.353(26.3834)

注：括号内部为使用式(8.11)的验证结果

3. GOES Sounder 和 GOES-R ABI 晴空地表下行长波辐射模型

GOES 探测仪(Sounder)提供与 MODIS 十分相近的长波通道。根据混合模型总体框架，Wang 和 Liang(2010)也对 GOES Sounder 观测进行了辐射传输模拟和统计分析。他们采用 GOES Sounder4～6 通道(较低对流层和近地面的空气温度)，7～8 通道(T_s)和 10～12 通道(大气水汽含量)，提出了一个非线性模型[式(8.12)]：

$$F_d = a_0 + L_7\left(a_1 + a_2L_{12} + a_3L_{10} + a_4L_5 + a_5L_4 + a_6\frac{L_7}{L_8} + a_7\frac{L_5}{L_7} + a_8\frac{L_{11}}{L_8} + a_9H\right) \quad (8.12)$$

其中，L_i 是 i 波段的 TOA 辐亮度[W/(m²·μm·sr)]；a_j (j=0, 9)是回归系数；H 是地面高程。上述模型采用 Wang 和 Liang 的方法，用地面高程 H 代替地表气压，考虑了地表气压对地表下行长波辐射的影响(Lee et al., 2002)。非线性模型能够解释超过 93%的模拟数据方差，偏差和标准差(e)小于 16W/m²(典型条件下约为 6%)。H 能够解释约 1.5%的方差。公式中的三个比值项代表水汽，能够解释约 1%的变化。表 8.4 给出了 GOES-12 探测仪地表下行长波辐射非线性模型的拟合结果。该模型用 4 个 SURFRAD 站点一整年的观测数据进行了验证，4 个站点的均方根误差都低于 22.50W/m²。

表 8.4　GOES-12 Sounder 非线性地表下行长波辐射模型拟合结果（Wang et al., 2010）

VZA	0º	15º	30º	45º	60º
a_0	−44.8722	−51.6357	−72.1654	−120.3777	−228.1702
a_1	96.3724	97.1171	99.3169	106.5137	126.8047
a_2	2.6209	2.5206	2.1459	1.5720	0.9204
a_3	1.4669	1.4733	1.5315	1.6141	1.8386
a_4	−27.1931	−26.9319	−26.3887	−25.1835	−22.9124
a_5	35.4864	35.1178	34.3086	32.0538	25.9863
a_6	−92.2204	−93.7095	−97.6262	−108.2041	−131.6922
a_7	43.5084	46.8090	56.2904	79.3296	131.6080
a_8	−27.0000	−26.7329	−25.9316	−24.5630	−22.4952
a_9	−1.9935	−1.9968	−2.0179	−2.0717	−2.1967
标准差(e)	14.78	14.82	14.91	15.13	15.63
R^2	0.936	0.936	0.935	0.933	0.930

Wang 和 Liang（2010）还对将混合模型框架应用于 GOES-R ABI（Advanced Baseline Imager）数据进行了可行性分析。研究结果表明，在该框架下，地表下行长波辐射可能无法使用 ABI 数据通过进行估计。ABI 只有一个温度探测通道在 13.3μm（权重函数峰值在地面附近），缺乏波长更长（权重函数峰值更高）的大气通道。虽然地表 500 米以上的大气对总地表下行长波辐射的贡献仅约为 20%（Schmetz, 1989），但 Wang 和 Liang 对 MODIS（Wang et al., 2009c）和对 GOES Sounders（2010）的研究结果表明地表下行长波辐射的估算需要一个对流层低层的温度通道，该通道的波长应约为 13.64μm（权重函数峰值在距离地面约 2km 左右），提供距离地面超过 500m 的大气温度信息。Wang 和 Liang 修改了 GOES-12 Sounder 的地表下行长波辐射模型，修改后的模型仅适用于 GOES-R ABI 能够提供的通道。主要是由于缺乏 13.64μm 通道，修改后的模型与原来的模型相比少解释了 1%的模拟数据变化。地面验证结果表明，这个修改后的模型得到的均方根误差很大（>40W/m^2），在大气温度较高的情况下的偏差也很大（>20W/m^2）。

4. CERES 地表下行长波辐射混合模型

第 8.1.2 小节介绍了 CERES 科学小组的地表下行长波辐射算法方案 B（基于大气廓线的方法）。本小节介绍 CERES 的另外两个基于混合模型的地表下行长波辐射算法：方案 A 和方案 C。CERES 提供三个宽波段（broadband）通道辐亮度的观测：全波段通道（0.2～100μm）、短波通道（0.2～5μm）和长波通道（8～12μm）。方案 A 算法（Inamdar and Ramanathan, 1997a, 1997b）是针对宽波段传感器设计的，本章介绍的其他方法都是针对窄波段传感器。该算法使用 TOA 宽波段长波辐射（从宽波段辐亮度得到）和其他相关的气象参数，包括总水汽含量（w），地表温度，和近地表大气温度，来估算晴空条件下的地表下行长波辐射。这个算法使用辐射传输模型和船上观测的大气廓线模拟长波 TOA 和地表的长波辐射。大气窗口（8～14μm）和非窗口下行长波辐射模型是分别通过回归分析得到的，回归系数随着地理区域而变化（Kratz et al., 2010）：

$$F_d = F_{d,\text{win}} + F_{d,\text{nw}} \tag{8.13}$$

大气窗口区域的地表下行长波辐射($F_{d,\text{win}}$)模型使用地表上行长波辐射(F_u, 见第8.2节)，窗口区域地表上行长波辐射($F_{u,\text{win}}$)，窗口区域 TOA 上行长波辐射($F_{\text{toa,win}}$)，w，近地表大气温度(θ_0)和 P_e 气压层大气温度(θ_a, $P_e = (P_s / 2000.0 + 0.45)P_s$，$P_s$ 为地表气压，单位是 hPa)来估算[式(8.14)]，$c_1 \sim c_6$ 是回归系数。因为在大气窗口区域水汽的吸收不会饱和，所以大气水汽的长波辐射使用 w 的线性项来表示。$\ln\left(\dfrac{F_{\text{toa,win}}}{F_{u,\text{win}}}\right)$ 项用于代表大气光学厚度。

$$F_{d,\text{win}} = c_1(F_{u,\text{win}} - F_{\text{toa,win}}) + \left[c_2 w + c_3 \ln\left(\frac{F_{\text{toa,win}}}{F_{u,\text{win}}}\right) + c_4 \theta_0 + c_5 \theta_a\right] F_{\text{toa,win}} + c_6 F_u \tag{8.14}$$

非窗口区域的地表下行长波辐射($F_{d,\text{nw}}$)使用 F_u，非窗口区域地表上行长波辐射($F_{u,\text{nw}}$)，非窗口区域 TOA 上行长波辐射($F_{\text{toa,nw}}$)，θ_0，以及 θ_a 作为模型输入参数[见(式 8.15)]。在非窗口区域水汽吸收存在一个对数极限，因此用 $\ln(w)$ 项来代表水汽向地表的长波辐射。

$$F_{d,\text{nw}} = c_7(F_{u,\text{nw}} - F_{\text{toa,nw}}) + \left[c_8 \ln(w) + c_9 \theta_0 + c_{10} \theta_a\right] F_{\text{toa,nw}} + c_{11} F_u \tag{8.15}$$

下一代 CERES 传感器中，窗口通道将被取代。为了维持两个独立的地表下行长波辐射算法，CERES 科学小组最近采用了 Zhou 等(2007)作为它的方案 C 算法。方案 C 算法分别估算晴空以及阴天条件下的地表下行长波辐射，全天气条件下的总地表下行长波辐射用式(8.16)，式(8.17)和式(8.18)估算：

$$F_{d,\text{all}} = F_{d,\text{clr}} f_{\text{clr}} + F_{d,\text{cld}}(1 - f_{\text{clr}}) \tag{8.16}$$

$$F_{d,\text{clr}} = a_0 + a_1 F_u + a_2 \ln(1 + \text{PWV}) + a_3\left[\ln(1 + \text{PWV})\right]^2 \tag{8.17}$$

$$F_{d,\text{cld}} = b_0 + b_1 F_u + b_2 \ln(1 + \text{PWV}) + b_3\left[\ln(1 + \text{PWV})\right]^2 + b_4(1 + \text{LWP}) + b_5(1 + \text{IWP})$$
$$\tag{8.18}$$

其中，$F_{d,\text{all}}$，$F_{d,\text{clr}}$ 和 $F_{d,\text{cld}}$ 分别是全天气、晴天以及阴天条件下的地表下行长波辐射；F_u 是地表上行长波辐射；PWV 是可降水量；LWP 是云中液态水路径；IWP 是冰水路径；$a_0 \sim a_3$ 以及 $b_0 \sim b_5$ 是回归系数。晴天和阴天模型是基于对辐射传输模型和地面观测数据的详细研究而开发的。Zhou 等(2007)也假设地表下行长波辐射由窗口和非窗口(H_2O 和 CO_2 通道)下行长波辐射两部分组成。在非窗口区域下行长波辐射用温度为大气有效发射温度的黑体来近似；PWV 和 LWP(代替云底高度)控制窗口区域的下行长波辐射，涉及水汽连续吸收以及云底有效辐射。

8.1.4　基于气象数据的方法

卫星或无线电探空仪并不总是能够提供对垂直温度和湿度廓线的观测。此外，在阴天情况下地表下行长波辐射与卫星观测(TOA 辐亮度)脱节，因为卫星往往只能提供云层以上的信息。许多参数化方法使用地面气象测量数据对地表下行长波辐射进行估算，所用的气象数据包括地面表层的空气温度，水汽压以及云覆盖度(Choi et al., 2008; Dilley and O'Brien, 1998; Flerchinger et al., 2009; Idso and Jackson, 1969; Iziomon et al., 2003; Kjaersgaard et al., 2007; Niemela et al., 2001; Prata, 1996)。

1. BMA 方法原理

贝叶斯模型平均(Bayesian Model Averaging, BMA)方法是基于贝叶斯统计理论建立的预报概率模式，把单一集合成员提供的确定性估算结果转化为概率预报(Hoeting et al., 1999)。贝叶斯方法主张样本信息和先验样本信息的使用，以做出更好的判断与决策，而经典统计学根据样本信息对总体分布或总体特征分布进行统计推断。这是其与经典统计学的最大差别(Raftery et al., 2003)。

BMA 方法是一种统计后处理方法，是一种基于贝叶斯理论的将模型本身的不确定性考虑在内的统计分析方法，可将不同来源的资料有机结合，以最大限度地利用各个模型的估算结果。它以模型的后验概率为权重，对各模型的估算结果进行加权平均，从而获得目标变量的最优估计。BMA 方法的目标是对待估参数的概率密度函数进行修正，直至达到与该参数真实值的概率密度函数最为接近的程度。其基本原理如下：

待估参数用 r 表示，某时刻的观测值用 R 表示，$\{f_1, f_2, f_3, \cdots, f_n\}$ 为估算 r 的单个模型的集合，根据全概率公式，待估参数的概率密度函数可用下式表示：

$$p(r \mid f_1, f_2, \cdots, f_n) = \sum_{i=1}^{n} p(r \mid f_i) p(f_i \mid R) \tag{8.19}$$

其中，$p(r \mid f_i)$ 单个模型 f_i 对待估参数进行估算得到的概率密度函数，假设其为高斯分布，可以表示为 $g(r \mid \{E_i, \sigma_i^2\})$，$E_i$ 为均值，σ_i^2 为方差；$p(f_i \mid R)$ 为单个模型 f_i 的最优后验概率，表征了该模型的估算能力，后验概率为非负值且满足所有模型的后验概率之和为 1，这样，就可以把每个模型的后验概率看作权重，式(8.19)可表示为

$$p(r \mid f_1, f_2, \ldots, f_n) = \sum_{i=1}^{n} w_i g(r \mid \{E_i, \sigma_i^2\}) \tag{8.20}$$

所以，问题的关键是如何估算各模型的后验概率，使得 BMA 方法得到的 r 概率密度函数与观测值最为接近。根据贝叶斯理论，当式(8.20)最大时，BMA 得到的估算值为真值的概率最大，因此我们可以将式(8.20)作为代价函数，当其达到最大时获得各模型的权重。为了方便计算，我们对代价函数进行转化：

$$l = \sum_{(t)} \log\left(\sum_{i=1}^{n} w_i g(r \mid \{E_i, \sigma_i^2\}) \right) \tag{8.21}$$

使用最大期望(EM)算法对代价函数进行优化，EM 算法通过迭代计算，以使训练期内期望值最大化，迭代过程分为两个步骤：第一步，求期望，即在已知变量和当前参数估计的情况下，对隐藏变量进行最大似然估计。第二步，期望最大化，根据第一步得到的最大似然估计值重新对参数进行估计，重新计算的参数用于下一步骤计算。两个步骤

迭代直到函数收敛。在本研究中，参数为各模型的权重和各模型估计值的方差，给定权重 w_i 初始值为 $1/n$，方差初始值通过各模型的估算值与对应观测值计算，给定初始值后迭代计算 EM 算法的两个步骤，直到 $l(k) - l(k-1)$ 的值小于设定的阈值循环结束，得到权重值。

2. 晴空下的参数化方法

接近地球表面的那一薄层大气对地表下行长波辐射贡献最大。晴空下基于气象参数的地表下行长波辐射模型通常都基于斯蒂芬-玻尔兹曼方程：

$$F_{d,c} = \varepsilon_{a,\text{clear}} \sigma T_a^4 \tag{8.22}$$

其中，$F_{d,c}$ 是晴空下的地表下行长波辐射；σ 是斯蒂芬-玻尔兹曼常数；T_a 是近地面的空气温度；$\varepsilon_{a,\text{clear}}$ 是大气发射率。$\varepsilon_{a,\text{clear}}$ 通常用 T_a、近地面水汽压（e_0，从近地面露点气温得到）或者可降水量（w）进行估计。表 8.5 对诸多研究者提出的 $\varepsilon_{a,\text{clear}}$ 模型进行了一个总结。

表 8.5 式（8.22）中晴空下大气发射率的估算方法

参考文献	晴空大气发射率模型
Angstrom, 1918	$\varepsilon_{a,\text{clear}} = a - b \times 10^{-c e_0}$
Brunt, 1932	$\varepsilon_{a,\text{clear}} = 0.52 + 0.065 \sqrt{e_0}$
Idso and Jackson, 1969	$\varepsilon_{a,\text{clear}} = 1 - 0.261 \exp\{-7.77 \times 10^{-4}(T_a - 273)^2\}$
Brutsaert, 1975	$\varepsilon_{a,\text{clear}} = 1.24(e_0 / T_a)^{1/7}$
Satterlund, 1979	$\varepsilon_{a,\text{clear}} = 1.08\left[1 - \exp(-e_0^{T_a/2016})\right]$
Idso, 1981	$\varepsilon_{a,\text{clear}} = 0.7 + 5.95 \times 10^{-5} e_0 \exp(1500 / T_a)$
Prata, 1996	$\varepsilon_{a,\text{clear}} = 1 - (1 + w)\exp(-\sqrt{1.2 + 3.0w})$
Dilley and O'Brien, 1998	$\varepsilon_{a,\text{clear}} = 1 - \exp\left[-1.66(2.232 - 1.875(T_a / 273.16) + 0.7365(w / 25)^{0.5})\right]$
Niemela et al., 2001	$\varepsilon_{a,\text{clear}} = 0.72 + 0.009(e_0 - 0.2), \quad e_0 \geqslant 0.2$ $\varepsilon_{a,\text{clear}} = 0.72 - 0.076(e_0 - 0.2), \quad e_0 < 0.2$
Iziomon et al., 2003	$\varepsilon_{a,\text{clear}} = 1 - X \exp(-Y e_0 / T_a)$ 低海拔站点：$X = 0.35$，$Y = 10.0$ 高海拔站点：$X = 0.43$，$Y = 11.5$

注：e_0 是近地面水汽压；T_a 是近地面大气温度（K）；w 是可降水量

与第 8.1.2 节和 8.1.3 节中介绍的基于廓线的方法以及混合模型方法相比，基于气象参数的模型通常只在特定的站点有效，受地理位置和当地的大气条件影响（Choi et al., 2008）。

举例来说，Brutsaert（1975）的模型在温暖潮湿的条件下能够较好的估算大气发射率

（Prata, 1996）；Satterlund（1979）的模型在温度低于 0℃ 时能更好地估算大气发射率；Idso
（1981）的模型在非常干燥的条件下对大气发射率的估计值过高（Niemela et al., 2001;
Prata, 1996）。此外，基于气象参数的模型的系数可能因为地面站点不同而不同。被广泛
使用的 Brunt（1932）晴空大气发射率模型有不同的模型系数，系数的变化高达 32%
（Iziomon et al., 2003; Monteith et al., 1961; Swinbank, 1963）。基于气象参数的模型精确度
通常是从 5～30W/m² 不等，模型的适用性取决于当地的大气条件和模型校准所使用的数
据。一些基于气象参数的晴空模型并非基于大气发射率。Swinbank（1963）认为由于强烈
的吸收线，只有水蒸气的最底层影响地表下行长波辐射。他介绍了一个只使用近地面温
度的简单模型：

$$F_{d,c} = 5.31 \times 10^{-14} T_a^6 \qquad (8.23)$$

Dilley 和 O'Brien（1998）认为相比于水汽压，近地面温度能更好地代表水汽含量，并
将近地面温度和可降水量（kg/m²）作为其模型的两个参数：

$$F_{d,c} = 59.38 + 113.7(T_a / 273.16)^6 + 96.96(w / 25)^{0.5} \qquad (8.24)$$

对于非位于海平面高度的研究站点（Flerchinger et al., 2009），基于气象参数的模型应
该包含高程校正。Marks 和 Dozier（1979）对 Brutsaert（1975）的晴空模型提出了一个高程
校正的方案：

$$\varepsilon_{a,c,\text{cle}} = 1.723(e_0' / T_a')^{1/7} \times (P_0 / P_{\text{sl}}) \qquad (8.25)$$

其中，T_a' 和 e_0' 是近地面温度和水汽压换算到海平面的当量；P_0 站点的地表气压（hPa）；
P_{sl} 是海平面的气压。Deacon（1970）对 Swinbank（1963）的晴空模型提出了一个高程修正
的方案：

$$F_{d,c,\text{cle}} = F_{d,c} - 3.5 \times 10^{-5} z \sigma T_a^4 \qquad (8.26)$$

其中，z 是高程（m）。

因此，为了尽可能利用各种参数模型的优势以及使所发展参数化模型在大区域乃至
全球尺度上具有更好的稳健性，Guo 等（2018）选用了 7 种典型参数化方案，他们的具体
形式如表 8.6 所示。使用 Guo 等（2018）文中介绍的站点数据得到 7 种参数化方案的下行
长波辐射估算值并与实测数据比较分析，同时使用 BMA 的方法集成 5 种优秀的参数化
方案，得到下行长波辐射集成结果。由于 Swinbank（1963）与 Idso 和 Jackson（1969）精度
明显比其他 5 个低，因此 BMA 集成时排除这两个参数化方案。具体验证结果见小节 4。

表 8.6　晴空下行长波辐射典型参数化方案（Guo et al., 2018）

参数化方案	表达公式
Brunt, 1932	$\text{LWDR} = (a_1 + b_1 e_a^{1/2})\sigma T_a^4$
Swinbank, 1963	$\text{LWDR} = (a_2 T_a^2)\sigma T_a^4$
Idso and Jackson, 1969	$\text{LWDR} = (1 - a_3 \exp[b_3(273 - T_a)^2])\sigma T_a^4$

参数化方案	表达公式
Brutsaert, 1975	$\mathrm{LWDR} = \left(a_4\left(\dfrac{e_a}{T_a}\right)^{b4}\right)\sigma T_a^4$
Idso, 1981	$\mathrm{LWDR} = \left(a_5 + b_5 e_a \exp\left[\dfrac{1500}{T_a}\right]\right)\sigma T_a^4$
Prata, 1996	$\mathrm{LWDR} = \left(1 - \left[\left(1 + 46.5\left(\dfrac{e_a}{T_a}\right)\right)\exp\left(-\left(a_6 + b_6 46.5\left(\dfrac{e_a}{T_a}\right)\right)^{1/2}\right)\right]\right)\sigma T_a^4$
Carmona, 2014	$\mathrm{LWDR} = (a_7 + b_7 T_a + d_7 \mathrm{Rh})\sigma T_a^4$

首先需要将所有站点观测数据中晴天条件下的有效数据提取出来，根据 Crawford 和 Ducho(1999)提出的方法，引入云量参数 c 来判断是否晴空，其公式如下：

$$c = 1 - \frac{\mathrm{SW}_\downarrow}{\mathrm{SW}_{\downarrow 0}} \tag{8.27}$$

其中，$\mathrm{SW}_\downarrow$ 为地面测量的短波辐射值，$\mathrm{SW}_{\downarrow 0}$ 为短波辐射理论值，与观测时间和站点所在位置(经纬度)有关，具体计算方法参照 Carmon(2014)。当 $c < 0.05$ 时，判断为晴空。参数化方案中 T_a (单位为 K)由站点观测的 2m 观测气温提供，e_a (单位为 hPa)由站点观测的相对湿度间接计算得到，计算公式如下：

$$e_a = e_s\left(\frac{\mathrm{RH}}{100}\right) = \left(6.108\exp\left[\frac{17.27 T_a}{T_a + 237.3}\right]\right)\left(\frac{\mathrm{RH}}{100}\right) \tag{8.28}$$

其中，e_s 为饱和水汽压；T_a 输入单位为摄氏度。

3. 全天候参数化方法

云的存在增加了到达地表的大气长波辐射。大多数全天候模型使用云覆盖率对晴空下的大气发射率进行修正。表 8.7 总结了由不同研究者开发的全天的大气发射率模型。全天候模型的准确性与晴空模型类似。此外，全天候模型与晴空模型相同，其系数也需要本地校准。

表 8.7　全天候大气发射率参数化方法(c 为云覆盖度)

参考文献	全天候大气发射率模型
Brunt, 1932	$\varepsilon_{a,\mathrm{cloudy}} = (1 + 0.22c)\varepsilon_{a,\mathrm{clear}}$
Jacobs, 1978	$\varepsilon_{a,\mathrm{cloudy}} = (1 + 0.26c)\varepsilon_{a,\mathrm{clear}}$
Maykut et al., 1973	$\varepsilon_{a,\mathrm{cloudy}} = (1 + 0.22c^{2.75})\varepsilon_{a,\mathrm{clear}}$
Sugita et al., 1993	$\varepsilon_{a,\mathrm{cloudy}} = (1 + uc^v)\varepsilon_{a,\mathrm{clear}}$　u, v 是系数

参考文献	全天候大气发射率模型
Unsworth et al., 1975	$\varepsilon_{a,\text{cloudy}} = (1 - 0.84c)\varepsilon_{a,\text{clear}} + 0.84c$
Crawford et al., 1999	$\varepsilon_{a,\text{cloudy}} = (1 - c) + c\varepsilon_{a,\text{clear}}$
Lhomme et al., 2007	$\varepsilon_{a,\text{cloudy}} = 1.18 \times (1.37 - 0.34c)\left(\dfrac{e_0}{T_a}\right)^{1/7}$
Iziomon et al., 2003	$\varepsilon_{a,\text{cloudy}} = 1 - X\exp(-Ye_0/T_a)(1 + Z\,N^2)$ N 是云覆盖度（单位 okta） 低海拔站点：$X = 0.35$，$Y = 10.0$，$Z = 0.0035$ 高海拔站点：$X = 0.43$，$Y = 11.5$，$Z = 0.0050$

　　Kimball 等(1982)开发了一个基于 Idso(1981)晴空模型的全天候模型。该模型假设云对大气下行辐射做出额外的贡献，大气在云所辐射的波长为 $8\sim14\mu m$ 的窗口区域外是不透明的。这个模型最多能够支持 4 云层：

$$F_{d,\text{cloudy}} = F_{d,\text{clear}} + \sum_i \tau_{8i} c_i \varepsilon_i f_{8i} \sigma T_{ci}^{\,4} \tag{8.29}$$

$$\tau_{8i} = 1 - \varepsilon_{8zi}(1.4 - 0.4\varepsilon_{8zi})$$

$$\varepsilon_{8zi} = 0.24 + 2.98 \times 10^{-6} e_0^{\,2} \exp(3000/T_a)$$

$$f_{8i} = -0.6732 + 0.6240 \times 10^{-2} T_{ci} - 0.9140 \times 10^{-5} T_{ci}^{\,2}$$

其中，τ_{8i} 是 $8\sim14\mu m$ 窗口区域的大气透射率；ε_{8zi} 是窗口区域天顶方向的大气发射；f_{8i} 是在云温度下窗口区域辐射占黑体辐射的比例；c_i，ε_i 和 T_{ci} 是第 i 层云的云覆盖度，云发射率和云底温度。

　　Diak 等(2000)提出了一种估算全天候地表下行长波辐射的方法：

$$F_d = F_{d,c} + (1 - \varepsilon_{a,c})c\sigma T_c^4 \tag{8.30}$$

其中，$F_{d,c}$ 是晴空下的地表下行长波辐射；$\varepsilon_{a,c}$ 是晴空下的大气发射率；c 是 GOES 云产品所提供的实时有效云覆盖度；T_c 是云温度。$F_{d,c}$ 和 ε_a 用 Prata(1996)的晴空模型进行估算。

　　估计全天候条件下的地表下行长波辐射都需要云覆盖度。云覆盖度可以从目视观测或者卫星数据获取。MODIS 和 GOES 的云产品都提供云覆盖度数据。在白天，云覆盖度可以通过下行短波辐射和理论晴空下的地表下行短波辐射进行估算(Crawford et al., 1999；Lhomme et al., 2007)：

$$c = 1 - S_i / S_{\text{io}} \tag{8.31}$$

其中，S_i 是在近地表实际观测的地表下行短波辐射；S_{io} 是晴空条件下地外辐射到达地表的辐射量。

　　Wang 和 Liang(2009b)对两个使用广泛的基于气象参数的方法：Brunt(1932)方程和

Brutsaert(1975)方程进行了评估，该研究使用36个全球分布的站点观测对两个方程在全天气条件下估算的大气下行长波辐射进行了验证。他们使用 Crawford 和 Duchon(1999)参数化方法来估算云对下行长波辐射的贡献。结果表明，这两种方法可以适用于地球大部分陆地表面。Brunt(1932)方程在海拔小于1000m时更为准确，而 Brutsaert(1975)方程在海拔高于1000m时更为准确。总的来说，两个模型估算的全天气条件下的瞬时地表下行长波辐射的平均偏差为2W/m²(0.6%)，平均标准差为20W/m²(6%)，平均相关系数为0.86；全天候下日平均地表下行长波辐射估计值的标准差为12W/m²(3.7%)，平均相关系数为0.93。Wang 和 Liang(2009b)将这两种方法应用在全球3200气象观测站点上，对地表下行长波辐射的年际变化进行估计。结果表明，从1973～2008年，日平均地表下行长波辐射每十年的平均增长率为 2.2W/m²。这种上升趋势形成的主要原因是气温，大气水汽含量以及 CO_2 浓度的增加。

同样，采取与 Guo 等(2018)类似的思路，Cheng 等(2019)选用了7种典型阴天参数化方案，它们的具体形式如下表所示。使用 Guo 等(2018)文中介绍的站点数据得到7种参数化方案的下行长波辐射估算值并与实测数据比较分析，同时使用 BMA 集成这7种优秀的参数化方案得到新的地表下行长波辐射(表 8.8 所示)。具体验证结果见小节4。

表 8.8 阴天下行长波辐射典型参数化方案

参数化方案	表达式
Jacobs, 1978	$LWDR = LWDR_{clr}(1 + a_1 c)$
Maykut and Church, 1973	$LWDR = LWDR_{clr}(1 + a_2 c^{b_2})$
Lhomme et al., 2007	$LWDR = LWDR_{clr}(a_3 + b_3 c)$
Konzelmann et al., 1994	$LWDR = LWDR_{clr}(1 - a_4 c^{b_4}) + d_4 c^{e_4} \sigma T^4$
Crawford and Duchon, 1999	$LWDR = LWDR_{clr}(1 - c) + c\sigma T^4$
Carmona, 2014	$LWDR = \left[(a_6 + b_6 T + d_6 RH)(1 - c) + c\right]\sigma T^4$
Carmona, 2014	$LWDR = \left[a_7 + b_7 T + d_7 RH + e_7 c\right]\sigma T^4$

注：Maykut and Church 在下文中记为 MC。其中，a，b，d，e 为模型系数；$LWDR_{clr}$ 为晴空下行长波辐射，通过晴空 Carmona 参数化方案得到；T 为 2m 空气温度，单位为 K；σ 为斯蒂芬-玻尔兹曼常数($5.67×10^{-8}$ W/m² K⁴)；RH 为相对湿度(%)；c 为云量

与晴空估算方法类似，首先根据云量提取出阴天的有效数据，当 $c > 0.05$ 判断为阴天；然后对参数化方案系数进行校正，最后验证7种参数化方案和 BMA 集成的精度。

4. 基于地面测量数据的验证

(1)晴天验证结果

由于参数化方案都是在特定区域数据支持下得到的，因此原始参数化方案中的系数有一定局限性，本文首先要用平均分布在全球的71个站点的数据对系数进行校正，具体校正方法如下：将每个站点晴空条件下的有效数据随机分为两部分，每个站点 2/3

的数据合并在一起用于系数校正,得到各参数化方案全球系数,剩余的 1/3 的数据验证
参数化方案估算结果的精度。本研究选取偏差(bias)和均方根误差(RMSE)作为主要评价
指标。

$$\text{bias} = \frac{1}{n} \sum_{i=1}^{n} \left[\text{LWDR}_{p,i} - \text{LWDR}_{o,i} \right] \tag{8.32}$$

$$\text{RMSE} = \sqrt{\frac{1}{n-1} \sum_{i=1}^{n} \left[\text{LWDR}_{p,i} - \text{LWDR}_{o,i} \right]^2} \tag{8.33}$$

其中, $\text{LWDR}_{p,i}$ 为下行长波辐射估算值; $\text{LWDR}_{o,i}$ 为下行长波辐射观测值; n 为样本
个数。

因为各参数化模型的系数都是由特定区域的数据发展而来,具有一定局限性,因此
在使用之前要对系数根据研究区域状况进行标定。全球系数校正结果如下表 8.9 所示,
总体上,系数差别比较大,除了 Swinbank(1963) 和 Prata(1996) 两个参数化方案的系数变
化小于 15%,其他系数变化均在 15% 以上,因此,在使用参数化方案估算下行长波辐射
时,根据研究区进行系数校正是非常有必须要的。

表 8.9 晴空参数化方案系数校正结果(Guo et al., 2018)

参数化方案	系数	校正值	原始值	相对变化/%
Brunt, 1932	$a1$	0.63	0.52	21.88
	$b1$	0.04	0.07	−34.46
Swinbank, 1963	$a2$	9.01×10^{-6}	9.37×10^{-6}	−3.83
Idso and Jackson, 1969	$a3$	0.26	0.26	−1.88
	$b3$	-2.90×10^{-4}	-7.77×10^{-4}	−62.67
Brutsaert, 1975	$a4$	1.05	1.24	−15.68
	$b4$	0.09	1/7	−38.53
Idso, 1981	$a5$	0.68	0.7	−2.34
	$b5$	4.69×10^{-5}	5.95×10^{-5}	−21.23
Prata, 1996	$a6$	1.35	1.2	12.26
	$b6$	2.78	3	−7.55
Carmona, 2014	$a7$	−0.44	−0.34	28.62
	$b7$	3.7×10^{-3}	3.36×10^{-3}	10.12
	$d7$	2.7×10^{-3}	1.94×10^{-3}	39.18

将所有站点的数据合并在一起得到总体的验证精度,图 8.5 为下行长波辐射观测值
与 7 个参数化方案及 BMA 估算值的对比验证散点图,表 8.10 为于图 8.5 对应的统计结
果。可以看出,使用原始系数得到的偏差为 −16.96～15.99W/m²,均方根误差为 22.23～
36.65W/m²,校正系数后的偏差为 −4.53～0.01W/m²,均方根误差为 20.35～34.38W/m²,
验证精度有了极大的提高。除了 Idso 和 Jackson(1969),其他参数化方案均低估。因为

Swinbank(1963)与 Idso 和 Jackson(1969)两个参数化方案只考虑了近地表温度因素，没有考虑湿度，它们的均方根误差明显高于其他参数化方案，精度比其他参数化方案差，这一结论和很多已有研究(Duarte et al., 2006; Kjaersgaard et al., 2007; Kruk et al., 2010)一致。Carmona(2014)精度最高，偏差为–0.11W/m^2，均方根误差为 20.35W/m^2，其次分别是 Idso(1981)，Prata(1996)，Brunt(1932) 和 Brutsaert(1975)。BMA 集成结果和 Carmona(2014)精度相近，但是 BMA 较其他参数化方案更稳定。

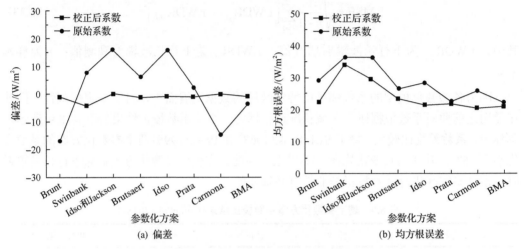

图 8.5　晴空参数化方案及 BMA 总体精度

表 8.10　晴空参数化方案及 BMA 总体精度统计结果

参数化方案	校正后系数			原始系数		
	bias	RMSE	R^2	bias	RMSE	R^2
Brunt, 1932	–1.27	22.41	0.91	–16.96	29.05	0.91
Swinbank, 1963	–4.53	34.38	0.83	7.72	36.65	0.83
Idso and Jackson, 1969	0.01	29.62	0.81	15.99	36.31	0.83
Brutsaert, 1975	–1.36	23.35	0.9	5.77	26.5	0.91
Idso, 1981	–0.79	21.21	0.92	15.82	28.19	0.92
Prata, 1996	–1.13	21.96	0.91	2.05	22.41	0.92
Carmona, 2014	–0.11	20.35	0.92	–14.81	25.85	0.91
BMA	–0.89	21.13	0.92	–3.60	22.23	0.92

(2)阴天验证结果

与晴空系数校正方法类似，将数据分为两部分，3/2 的数据用于系数校正，得到阴天 7 种参数化方案的全球系数，如下表 8.11 所示，其中，由于 Crawford(1999) 为 Konzelmann 等(1994)模型系数为 1 的特殊情况，没有可变系数。由结果可以看出，阴天参数化方案系数的变化除去 Lhomme(2007)其他均大于 30%，有一半以上的系数变化大于 50%。

表 8.11　阴天参数化方案系数校正结果

参数化方案	系数	原始值	校正值	相对变化/%
Jacobs, 1978	$a1$	0.26	0.17	−34.62
Maykut and Church, 1973	$a2$	0.22	0.12	−45.45
	$b2$	2.75	0.30	−89.09
Lhomme et al., 2007	$a3$	1.03	1.06	2.91
	$b3$	0.34	0.07	−79.41
Konzelmann et al., 1994	$a4$	1.00	0.29	−71.00
	$b4$	4.00	0.23	−94.25
	$d4$	0.95	0.34	−64.29
	$e4$	4.00	0.27	−93.25
Carmona1, 2014	$a6$	−0.88	0.33	−137.5
	$b6$	5.20×10^{-3}	8.05×10^{-4}	−84.512
	$d6$	2.02×10^{-3}	3.90×10^{-3}	93.07
Carmona2, 2014	$a7$	−0.34	0.55	−261.77
	$b7$	3.36×10^{-3}	5.05×10^{-4}	−84.97
	$d7$	1.94×10^{-3}	2.57×10^{-3}	32.47
	$e7$	0.21	5.60×10^{-2}	−73.71

　　7 种参数化方案及 BMA 总体验证精度如图 8.6 所示，表 8.12 为精度统计结果，系数校正后偏差均在 10W/m² 以内，均方根误差均在 30W/m² 以内，校正前偏差最高 29.76W/m²，均方根误差最高为 47.15W/m²，可见精度有了很大的提升。除了 Carmonal（2014）与 Crawford 和 Duchon（1999），其他均有不同程度的低估，与晴空条件恰好相反。Carmona2（2014）精度最高，偏差为 0W/m²，均方根误差为 20.13W/m²。BMA 集成结果和 Carmona 2（2014）精度相近，但是 BMA 较其他参数化方案更稳定。

表 8.12　阴天参数化方案及 BMA 总体精度统计

参数化方案	原始系数			校正后系数		
	bias	RMSE	R^2	bias	RMSE	R^2
Jacobs, 1978	7.63	31.25	0.85	−6.91	26.36	0.86
Maykut and Church, 1973	−16.78	31.68	0.85	−2.70	24.62	0.87
Lhomme et al., 2007	29.76	47.15	0.83	−2.69	24.65	0.87
Konzelmann et al., 1994	−25.55	34.68	0.86	−1.69	23.32	0.87
Crawford and Duchon, 1999	0.96	26.58	0.82	0.96	26.58	0.82
Carmona1, 2014	−8.80	31.72	0.79	4.44	24.21	0.83
Carmona2, 2014	−11.33	30.01	0.83	0.00	20.13	0.87
BMA	−5.47	27.28	0.85	−1.08	21.99	0.88

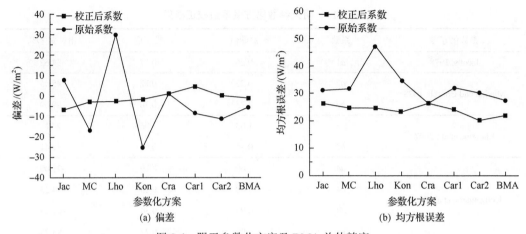

图 8.6 阴天参数化方案及 BMA 总体精度

Jac、MC、Lho、Kon、Cra、Car1、Car2 分别代表 Jacobs、Maykut and Church、Lhomme、Konzelmann、
Crawford and Duchon、Carmona1、Carmona2

如上所述，在本节中，我们对下行长波辐射估算参数化方法和 BMA 方法进行探究。本节共分为三部分：BMA 原理和参数化方法介绍、常见晴空和全天参数方法简单梳理以及适应性，对分别选取七种晴空与阴天算法的精度分析与验证。通过 Guo 等(2018)文中介绍的 71 个站点观测数据的验证和分析，我们可以得到如下结论：

(1)在使用参数化方法时，必须先对模型系数进行标定。

(2)不同参数化方法都有一定区域适用性，而采用 BMA 集成各种参数方法估算下行长波辐射结果的精度至少不比单独使用其他参数方法估算结果的精度差。

(3)晴空条件下，Carmona 等(2014)精度最高，其次分别为 Idso(1981)、Prata(1996)、Brunt(1932)和 Brutsaert(1975)，BMA 集成方法和 Carmona 等(2014)精度相近；阴天条件下 Carmona2(2014)精度最高，其次分别为 Konzelmann(1994)、Lhomme(2007)、Maykut 和 Church(1973)。

8.2 地表上行长波辐射

本节的重点是介绍三种地表上行长波辐射的估算方法。第 8.2.1 节将介绍被广泛使用的温度-发射率方法。第 8.2.2 节介绍基于混合模型总体框架(见第 8.1.3 节)开发的线性模型和人工神经网络模型。

8.2.1 温度-发射率方法

理论上讲，地表上行长波辐射由两部分组成：地表发射的长波辐射和反射的地表下行长波辐射(Liang, 2004)：

$$F_u = \varepsilon \int_{\lambda_1}^{\lambda_2} \pi B(T_s) \mathrm{d}\lambda + (1-\varepsilon) F_d \tag{8.34}$$

其中，F_u 是地表上行长波辐射；ε 是地表的宽波段发射率；T_s 是地表温度；$B(T_s)$ 是 Planck

函数；λ_1 和 λ_2 指定地表上行长波辐射的波段范围（4～100μm）；F_d 是地表下行长波辐射。精确估算地表上行长波辐射需要三个参数：T_s，ε 和 F_d。T_s 和 ε 可以通过第 7 章介绍的方法获取；F_d 可以通过第 8.1 节中的方法进行估算。

　　地表上行长波辐射主要由地表发射的长波辐射决定。在过去的几十年里，人们普遍认为地表上行长波辐射可以准确地用卫星观测估算的地表温度和发射率产品进行估计。然而，虽然海洋表面温度已经能够被较为准确的估计（精度约为 0.5K），同时海洋表面的发射率基本是均一的，但估算陆地表面温度和发射率仍然充满挑战。现有的卫星陆表温度产品的精度大约是 1～3K，直到今天陆表发射率的准确性依然是未知的。

8.2.2　混 合 模 型

　　晴空 TOA 辐亮度包含了地表温度、发射率和地表下行长波辐射的信息。混合模型能够避免分别估算式(8.34)右侧的三个参数，直接从卫星的 TOA 辐亮度或亮温估算地表上行长波辐射。地表上行和下行长波辐射在同一数量级上。式(8.34)右侧两项的符号相反，因此能够对地表发射率产生的误差有所缓和（Diak et al., 2000）。这种方法的优点是能够绕过地表温度和发射率的分离问题，从而能够更准确地估计地表上行长波辐射。

　　混合模型主要被用来估算地表下行长波辐射（Inamdar et al., 1997; Lee, 1993; Lee et al., 2002; Morcrette et al., 1986; Smith et al., 1983）。Smith 和 Woolf(1983)用混合模型从 NOAA 静止卫星 VISSR VAS 辐亮度数据同时估算地表 1000hPa 的上行和下行长波辐射。Meerkoetter 和 Grassl(1984)用混合模型从 AVHRR 辐亮度估算地表上行长波辐射和地表净长波辐射。但是，这些研究往往重点估计海平面的长波辐射，并通常假定发射率是常数。

　　在 8.1.3 节中介绍的混合模型总体框架基础上，Cheng 等(2016)建立了用 MODIS 数据估算晴空下地表上行长波辐射的模型。他们在辐射传输模拟过程明确地考虑了发射率效应。以下第 1 和第 2 小节分别介绍基于 MODIS 数据的线性模型和动态学习神经网络（Dynamic Learning Neural Network，DLNN）模型。第 3 小节介绍基于 VIIRS/S-NPP 数据的地表长波辐射估算模型。第 4 小节介绍基于 GOES Sounder 和 GOES-R ABI 数据的地表上行长波辐射模型。

1. MODIS 线性地表上行长波辐射模型

　　基于混合模型总体框架的地表上行长波辐射估算包含两个步骤：①建立训练数据库。对于特定的传感器，利用大量具有代表性的大气廓线数据和典型地物发射率光谱，通过辐射传输模型可以模拟得到地表上行长波辐射，TOA 辐亮度。②对数据库进行分析，建立传感器多通道的 TOA 辐亮度和地表上行长波辐射的模型。地表上行长波辐射线性模型中使用的波段使用多元回归分析确定。分析结果表明地表发射对地表上行长波辐射贡献最大，MODIS 的第 29、31 和 32 波段对地表温度的变化很敏感且处在大气窗口区，估算地表长波辐射最为适宜，这也与产生地表上行长波辐射的物理过程一致。Cheng 等在上述混合模型的框架下，提出了兼顾物理定律同时拥有较高计算效率的估算全球地表上行长波辐射的线性模型(Nie et al., 2016)。该线性模型公式如下所示：

$$\text{LWUP} = a_0 + a_1 L_{29} + a_2 L_{31} + a_3 L_{32} \tag{8.35}$$

其中，LWUP 是地表上行长波辐射；L_{29}、L_{31} 和 L_{32} 分别为通道 29, 31 和 32 的辐亮度；a_0、a_1、a_2 和 a_3 为系数。上述公式通过训练数据进行拟合，其中的系数可以通过最小二乘法求解得到。

　　将全球按照气候类型分为 3 个区域：高纬度(60°N～90°N，60°S～90°S)，低纬度(0°N～30°N，0°S～30°S)和中纬度(30°N～60°N，30°S～60°S)。针对不同区域，不同观测天顶角生成地表上行长波辐射和通道辐亮度。模拟数据通过大气辐射传输模型 MODTRAN 计算得到，其中大气廓线和地表发射率是两个重要输入参数。此处，大气廓线采用的是 AIRS 的 L2 产品，该产品有 28 个大气温度层，对应的气压从 1100mb 到 0.1mb，水汽有 14 层，对应的气压从 1100mb 到 50mb。Cheng 搜集了 2007～2008 两年的全球 AIRS L2 产品，并采用算法精简掉相似的廓线最终分别得到 41724, 35487, 2842 条低纬度，中纬度和高纬度的大气廓线。地表温度的值为大气廓线底层温度加上偏差得到，偏差的范围根据统计的各个区域 AIRS 产品里地表温度和大气廓线底层温度的差异确定。以中纬度为例，地表温度和大气廓线底层温度的差异在–15K 到 20K 之间。地表发射率主要来自 ASTER 光谱库和 MODIS 光谱库，主要类型包括土壤，冰/雪，水体和植被以及它们之间的组合，共计 84 条。由于地表长波辐射主要集中在 4～100 μm，而发射率光谱库最大范围为 14 μm，超出部分假设热红外的发射率与 14 μm 处相同。将上述输入参数输入 MODTRAN 可以计算得到地表上行长波辐射和大气参数(大气上行辐射，大气下行辐射，大气透过率)，利用下列公式可以得到 MODIS 的波段 TOA 辐亮度：

$$L_i = \frac{\int_{\lambda_1}^{\lambda_2} \left(\left(\varepsilon_\lambda B(T_s) + (1 - \varepsilon_\lambda) L_{\downarrow\lambda} \right) \tau_\lambda + L_{\uparrow\lambda} \right) f_i(\lambda) \mathrm{d}\lambda}{\int_{\lambda_1}^{\lambda_2} f_i(\lambda) \mathrm{d}\lambda} \tag{8.36}$$

其中，L_i 是 MODIS 辐亮度；$L_{\uparrow\lambda}$ 和 $L_{\downarrow\lambda}$ 为上行辐射和下行辐射；τ_λ 为大气透过率；$f_i(\lambda)$ 为光谱响应函数；λ_1 和 λ_2 为波段的上下限。

　　生成模拟数据之后，针对不同的区域跟不同的观测角分别拟合模型系数，模型的拟合结果见表 8.13。统计显示，线性模型可以解释模拟数据 97.9%的方差，均方根误差小于 12.31W/m^2。

表 8.13　不同区域 MODIS 地表上行长波辐射线性模型拟合结果(Cheng et al., 2016)

	Θ	a_0	a_1	a_2	a_3	R^2	bias	RMSE
	0°	118.807	–1.236	155.740	–126.281	0.991	0.00	7.87
	15°	121.078	–1.182	158.025	–129.038	0.991	0.00	7.99
低纬度区域	30°	128.588	–0.884	165.195	–137.866	0.990	0.00	8.46
	45°	144.119	0.348	178.241	–154.825	0.988	0.00	9.51
	60°	176.288	6.153	198.059	–185.369	0.979	0.00	12.31

续表

	Θ	a_0	a_1	a_2	a_3	R^2	bias	RMSE
中纬度区域	0°	98.654	−1.460	138.154	−104.873	0.994	0.01	6.32
	15°	100.396	−1.505	140.500	−107.528	0.994	0.01	6.42
	30°	106.164	−1.566	147.916	−116.038	0.993	0.00	6.76
	45°	118.150	−1.252	161.760	−132.508	0.991	0.00	7.47
	60°	143.546	1.590	185.170	−163.217	0.987	0.00	9.33
高纬度区域	0°	74.506	−6.201	114.816	−73.069	0.996	0.00	4.78
	15°	48.974	4.817	18.136	20.384	0.999	0.00	1.76
	30°	48.918	4.695	19.121	19.476	0.999	0.00	1.81
	45°	48.897	4.442	21.289	17.455	0.999	0.00	1.93
	60°	49.262	3.829	26.592	12.446	0.999	0.00	2.20

注：Θ 为观测天顶角

2. MODIS 地表上行长波辐射动态学习神经网络(DLNN)模型

神经网络技术已经被证明对非线性问题建模具有优势。神经网络无须事先知道数据的统计分布特征以及输入数据和输出变量之间的关系等先验知识，可以通过训练集直接建立输入变量和输出变量之间的关系。Cheng 等(2016)使用动态学习神经网络建立了估算地表上行长波辐射的模型。动态学习神经网络是一种将 Kalman 滤波技术应用到学习过程，结构上改进的多层感知器。DLNN 以全局方式更新权重，避免反向传播导致学习过程过于冗长，提高了学习速度。此外，DLNN 具有全局最小化、收敛保证以及内置加权函数等特性。DLNN 模型的输入参数与线性模型相同，为 MODIS 第 29、31 和 32 波段 TOA 辐亮度，输出为地表上行长波辐射。DLNN 模型能够解释模拟数据库超过 99.2% 的方差。传感器视角从 0°到 60°，RMSE 变化范围为 1.45~7.76W/m²，从训练结果看，DLNN 的 RMSE 要小于线性模型。

利用 SURFRAD，ASRCOP 和 GAME-AAN 观测网络观测的上行长波辐射对线性模型和 DLNN 模型进行验证。19 个观测站点的位置分布如图 8.7 所示，验证结果见表 8.14。

从表中可以看出，线性模型的精度要高于 DLNN 模型。对于 SUFFRAD，ASRCOP 和 GAME-AAN 观测网络，线性模型的偏差分别为–4.49W/m²，1.06W/m² 和 2.49W/m²，均方根误差分别为 13.47W/m²，17.61W/m² 和 28.67W/m²。从模拟数据拟合结果看 DLNN 更适合拟合 LWUP 和 TOA 之间的非线性关系，但是训练数据是无噪声的，而卫星实际观测中有仪器噪声，定标误差等问题存在，这些问题可能会被 DLNN 放大，最终造成预测结果差于线性模型。此外，线性模型的计算效率要远远高于 DLNN 模型，因此线性模型更适合用于估算全球地表上行长波辐射。

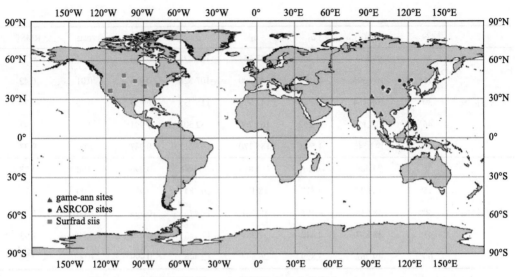

图 8.7　3 个观测网络的 19 个观测站点分布情况(Cheng et al., 2016)

表 **8.14**　线性模型和 **DLNN** 模型验证结果(Cheng et al., 2016)　(单位：W/m²)

观测网络	站点名称	观测数	线性模型		DLNN	
			偏差	均方根误差	偏差	均方根误差
SUFFRAD	Bondville	545	0.89	16.51	−0.37	18.88
	Boulder	683	−0.67	15.00	−1.09	18.23
	Desertrock	1192	−16.2	17.5	−14.12	19.44
	Fortpeck	616	−1.66	11.52	−4.10	14.34
	Pennstate	384	−0.74	7.70	−3.08	10.08
	Siouxfalla	583	−8.58	12.60	−10.84	16.05
ASRCOP	Arou	148	13.66	26.29	11.8	27.05
	Dongsu	122	−3.68	12.71	−5.78	13.89
	Jingzhou	76	3.92	11.11	−2.71	10.56
	Miyun	49	8.36	13.35	6.55	13.96
	Naiman	41	−2.07	10.76	−4.43	11.94
	Shapotou	51	−11.06	33.83	−12.38	34.45
	Tongyu grass	71	−4.82	14.20	−6.99	15.26
	Tongyu crop	77	−3.09	12.41	−5.26	13.18
	Yinke	73	11.86	23.15	10.78	22.68
	Yuzhong	113	−2.53	18.27	−3.49	20.18
GAME-AAN	Amdo	220	−3.51	15.85	−4.91	17.86
	Kogma	32	8.75	35.62	8.46	35.53
	Tiksi	28	2.22	34.52	0.58	31.95

3. VIIRS 地表上行长波辐射模型

在过去几年里, NASA 运行了很多卫星系统, 包括著名的 EOS 系统(MODIS、ASTER

等）。现在 NASA 正在构建一个新的卫星系统——Joint Polar Satellite System（JPSS），其中 S-NPP 为该卫星系统中最重要的卫星之一，而 VIIRS（Visible Infrared Imaging Radiometer）是搭载在 S-NPP 卫星上的重要传感器。VIIRS 是高分辨率辐射仪 AVHRR 和地球观测系列中分辨率成像光谱仪 MODIS 的拓展和改进，目前已成为确保全球尺度上的气候数据记录长期延续的关键桥梁。

VIIRS 的中分辨率波段的空间分辨率为 750m，热红外波段 M14，M15 和 M16 的都在大气窗口区间，且和 MODIS 29, 31 和 32 的光谱区间相似（图 8.8）。

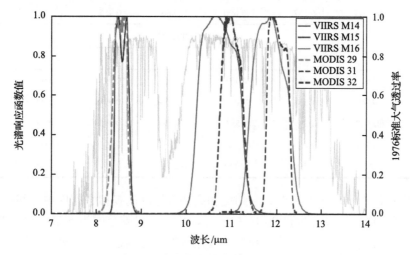

图 8.8　VIIRS M14，M15 和 M16 波段的光谱响应函数以及 MODIS 29, 31 和 32 波段的光谱响应函数（Zhou et al., 2018）

灰线为 1976 标准大气的透过率

VIIRS 上行辐射模型的建立过程与 MODIS 类似，线性模型可以写成：

$$\text{LWUP} = a_0 + a_1 M14 + a_2 M15 + a_3 M16 \tag{8.37}$$

其中，LWUP 为地表上行长波辐射；a_0，a_1，a_2 和 a_3 为系数；$M14$，$M15$ 和 $M16$ 为波段的辐亮度。上述系数可以通过训练数据拟合得到，训练数据的构建与上一节类似。模型的训练结果如表 8.15 所示。

表 8.15　线性模型的拟合结果（Zhou et al., 2018）

观测角	低纬度地区						
	a_0	a_1	a_2	a_3	R^2	bias	RMSE
0°	124.404	2.687	119.530	−93.350	0.989	0.00	8.82
15°	126.927	2.833	121.603	−95.997	0.988	0.00	8.97
30°	135.126	3.434	128.092	−104.459	0.988	0.00	9.13
45°	151.431	5.290	139.829	−120.664	0.985	0.00	10.46
60°	182.429	12.293	157.379	−149.538	0.977	0.00	13.02

续表

观测角	中纬度地区						
	a_0	a_1	a_2	a_3	R^2	bias	RMSE
0°	99.959	1.747	104.644	−73.428	0.993	0.00	6.94
15°	101.853	1.769	106.772	−75.933	0.992	0.00	7.04
30°	108.090	1.922	113.550	−84.018	0.992	0.00	7.39
45°	120.822	2.647	126.401	−99.870	0.990	0.00	8.11
60°	146.517	6.157	148.690	−129.866	0.985	0.00	9.79
观测角	高纬度地区						
	a_0	a_1	a_2	a_3	R^2	bias	RMSE
0°	77.525	0.915	87.049	−50.963	0.995	0.00	5.27
15°	79.219	1.588	88.103	−52.734	0.995	0.00	5.16
30°	82.928	1.339	94.582	−59.759	0.995	0.00	5.41
45°	90.741	1.020	107.407	−73.892	0.994	0.00	5.91
60°	107.699	1.298	132.253	−102.344	0.991	0.00	6.95

从表中可以看出，在低纬度、中纬度和高纬度地区的模拟数据库中，线性模型可以分别分解解释 97.7%，98.5% 和 99.1% 的方差，均方根误差范围为 5.27~13.02W/m²。低纬度地区的均方根误差大于中纬度和高纬度地区的均方根误差。另外，大观测角情况下的均方根误差大于小视角的均方根误差。

利用 SURFRAD 观测网络的观测到的上行长波辐射对模型进行验证，结果表明 7 个 SURFRAD 站点的平均偏差和均方根误差分别为 −4.59W/m² 和 16.15W/m²。验证结果如图 8.9 所示。

从图 8.9 可以看出，验证结果基本都集中在 1∶1 线上，并且夜晚比白天更集中。这可能是因为夜晚地表的温度场比白天更均一。相比其他站点，Desert_Rock_NV 站点存在明显的低估情况，Wang 等(2009)认为卷云的污染是这个站点上行长波辐射低估的主要原因。

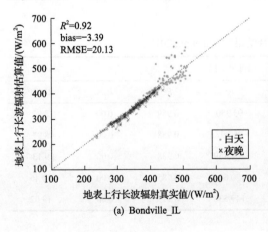

(a) Bondville_IL

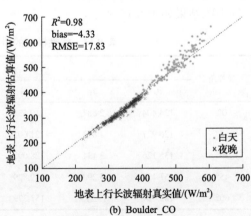

(b) Boulder_CO

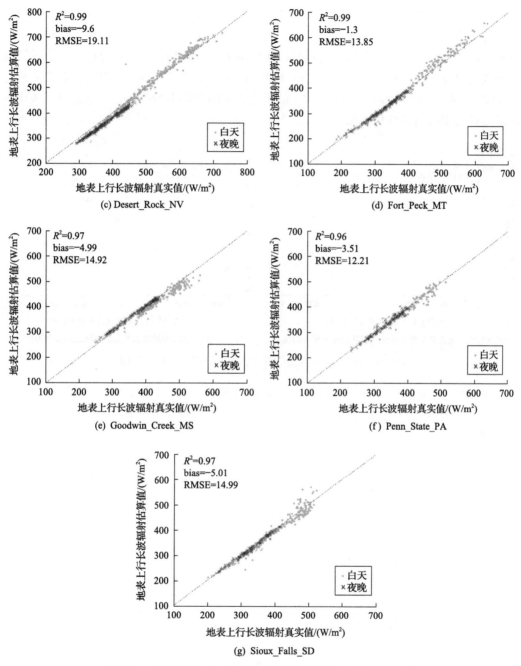

图 8.9　SURFRAD 站点线性模型验证结果 (Zhou et al., 2018)

　　为了验证这一推断，我们从 Atmospheric Radiation Measurement (ARM) SGP C1 站点下载了 3 年 (2014~2017) 的地面观测数据。下载的数据包括上行长波辐射，云底高度以及其他辅助数据。云底高度信息是利用 Micropulse Lidar (MPL) 获取的。MPL 是地基的激光雷达，通过向天空发射激光脉冲再利用接收器接收后向散射信号来判断云底高度。先使用 VIIRS 的云掩膜过滤掉非晴空的像元，在此基础上，再根据地面 MPL 同步观测的云底高度信息来进一步筛选 VIIRS 晴空像元。没有明显后向散射的 VIIRS 像元被认为是真正的晴空像元，而有一个或多个云底高度信息的像元被认为是非晴空像元。利用前面发展的线性混合模型计算上行长波辐射，计算结果见图 8.10。从图中可以看出阴天的偏差和均方根误差分别是–6.65W/m² 和 16.04W/m²，而晴天的偏差和均方根误差则为–2.94W/m² 和 15.62W/m²。因此 VIIRS 的云掩膜不能识别出所有的云，进而导致 VIIRS 反演的长波辐射出现低估现象。

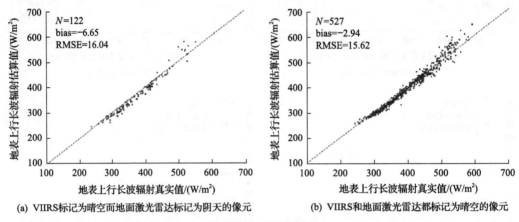

(a) VIIRS标记为晴空而地面激光雷达标记为阴天的像元　　　　(b) VIIRS和地面激光雷达都标记为晴空的像元

图 8.10　SGP C1 站点线性模型验证结果(Zhou et al., 2018)

　　Desert_Rock_NV 站点的明显低估可能还与 BBE 有关。我们计算了训练库所用到的样本的 BBE，以及对应的上行长波辐射偏差和均方根误差。BBE 和偏差的关系见图 8.11。

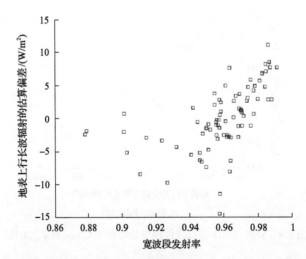

图 8.11　BBE 和长波辐射估算偏差的关系(Zhou et al., 2018)

　　从图 8.11 可以看出 BBE 小于 0.966 时，78%的样本会出现负的偏差，而当 BBE 大于 0.966 时，88%的样本会出现正的偏差。Desert_Rock_NV 站点的 BBE 小于 0.966，因此使用线性模型估算上行长波辐射时极有可能出现负的偏差。此外，我们还检查了残差和地表温度的关系，结果没有发现明显的低估和高估趋势。因此，云以及地表的 BBE 是影响晴空上行长波辐射估算的两个主要因素。

4. GOES Sounder 和 GOES-R ABI 地表上行长波辐射模型

对 GOES Sounder 和 GOES-R ABI 的辐射传输模拟和统计分析过程与针对 MODIS 的方法类似。式(8.33)为用 GOES Sounder 第 10、8 和 7 波段估算地表上行长波辐射的线性模型。GOES Sounder 第 10、8 和 7 波段与大气水汽含量和 T_s 相关，对应于 MODIS 的 29、31 和 32(Wang et al., 2010)：

$$F_u = b_0 + b_1 L_7 + b_2 L_8 + b_3 L_{10} \tag{8.38}$$

其中，F_u 是地表上行长波辐射；b_j $(j=0, 1, 2, 3)$ 是回归系数。表 8.16 为 GOES-12 Sounder 地表上行长波辐射线性模型的拟合结果。该模型能够解释模拟数据超过 99%的方差，偏差为 0，标准差小于 5W/m²。

表 8.16　GOES-12 Sounder 地表上行长波辐射线性模型拟合结果

VZA	0°	15°	30°	45°	60°
b_0	124.9927	125.9401	128.9878	135.2046	148.1727
b_1	−130.4156	−132.0319	−137.2860	−148.0604	−170.4925
b_2	153.7796	155.1242	159.4967	168.4509	187.0587
b_3	4.6375	4.8304	5.4884	6.9761	10.5636
标准差 (e)	2.99	3.04	3.21	3.64	4.95
R^2	0.999	0.999	0.999	0.998	0.997

式(8.39)为针对 GOES-R 上搭载的 Advanced Baseline Imager(ABI)地表上行长波辐射模型：

$$F_{u, \text{GOES-R}} = d_0 + d_1 L_{11} + d_2 L_{13} + d_3 L_{14} + d_4 L_{15} \tag{8.39}$$

ABI 模型的拟合结果与 GOES Sounder 和 MODIS 类似。ABI 地表上行长波辐射模型的可行性不存在任何疑问，因为 GOES-R ABI 提供所有 MODIS 和 GOES Sounder 地表上行长波辐射模型中所使用的波段。此外，ABI 还提供了一个额外的 10.35μm 通道，也可以用于估算地表上行长波辐射。

本节中介绍了 MODIS、VIIRS 和 GOES Sounder 上行长波辐射估算的方法并使用地面测量网络对相应算法进行了验证和评估。对于 MODIS 数据，在混合模型的框架下，Cheng 分别建立了地表上行长波辐射的线性模型和 DLNN 模型，并利用 3 个观测网络 19 个站点对建立的模型进行了验证，结果表明线性模型的精度高于 DLNN 模型(Cheng et al., 2016)。SUFFRAD，ASRCOP 和 GAME-AAN 观测网络，线性模型的偏差分别为 −4.49W/m²，1.06W/m² 和 2.49W/m²，均方根误差分别为 13.47W/m²，17.61W/m² 和 28.67W/m²。VIIRS 继承了拓展了 MODIS，针对 MODIS 设计的线性模型用于 VIIRS 同样能取得很高的精度，地面站点验证表明 VIIRS 线性模型的平均偏差和 RMSE 分别为

-4.59W/m^2 和 16.15W/m^2。对于 GOES-12 Sounder 线性模型，RMSE 在 4 个 SURFRAD 站点都小于 21W/m^2。

8.3　地表长波净辐射

8.3.1　晴空下地表长波净辐射估算

长波净辐射(longwave net radiation, LWNR)是辐射能量平衡的重要组成部分，其准确估算对天气预报、气候模拟、陆表过程模拟结果等具有重要意义。目前，长波净辐射有两种方法可以获得：第一种方法是分量模式，使用 8.1.3 节和 8.2.2 节介绍的方法可以确定下行长波辐射和上行长波辐射，将下行长波辐射和上行长波辐射作差即得到分量模型的长波净辐射；第二种方法是一体化模式，根据式(8.40)，可以直接建立长波净辐射和上行长波辐射与大气含水量的函数关系，使用 Cheng 等(2017)中的数据，得到如下函数关系：

$$\text{LWNT} = 73.133 - 0.698 \times \text{LWUP} + 130.726 \times \ln(1 + \text{PWV}) - 15.335 \times [\ln(1 + \text{PWV})]^2 \quad (8.40)$$

以上方法均是以 MODIS 数据为基础实现的，但是，MODIS 数据仅提供 2000 年以后的数据，这导致无法用这一套方案对 2000 年前的长波净辐射进行估算。针对这一问题，我们提出如下解决方案，但是在未来的工作中还需要对这一解决方案进行精度验证。

MERRA2 再分析数据可以提供 2000 年以前参数化方案所需要的近地表温度及湿度数据，并且由 Guo 等(2018)对参数化方法的分析结果可以看出，BMA 集成参数化方法在不同气候、地表覆盖情况下表现较为稳定。因此，可以以 MERRA2 为输入数据，在 Guo 等(2018)对参数化方法的分析结果的基础上，通过集成参数化方法实现对 2000 年前下行长波辐射的遥感估算。

基于 AVHRR 数据可以反演 2000 年前地表温度，并且 GLASS 数据可以提供 2000 年前的发射率数据，因此可以考虑，以此为输入，基于玻尔兹曼定律，用温度-发射率方法计算 2000 年前长波上行辐射。

总之，以 MERRA2 再分析数据为输入数据，采用集成参数化方法计算得到下行长波辐射；以 AVHRR 反演的温度数据、GLASS 发射率数据为输入数据，采用温度-发射率方法计算得到上行长波辐射，两者作差实现对 2000 年前长波净辐射的遥感估算，这弥补了 2000 年前的数据产品空缺。同时，对分量模式和一体化模式两种长波净辐射估算方法进行验证，验证结果如图 8.12 所示。结果显示，分量模式和一体化模式的平均偏差和平均标准偏差分别为 0.23308W/m^2 和 29.2471W/m^2，-0.082923W/m^2 和 29.1925W/m^2。

8.3.2　阴天下长波净辐射估算

LWNR 是地面辐射预算的重要组成部分。在晴空 LWNR 估算方面取得了重大进展。然而，估计多云天空 LWNR 仍然是一个重大挑战。因此，此节尝试发展一种线性方法和 MARS 模型来估算地表阴天下行长波辐射(Guo et al., 2018)。

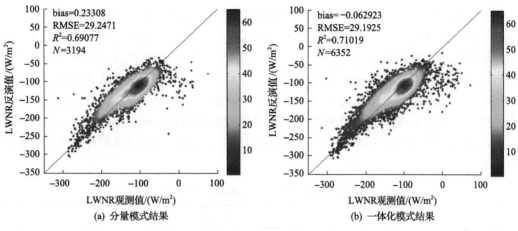

图 8.12　长波净辐射验证结果

1. 方法介绍

地表净辐射是短波净辐射和长波净辐射之和，可以表示为

$$R_n = R_{ns} + R_{nl} \tag{8.41}$$

由式(8.41)可得下式：

$$R_{nl} = R_n - R_{ns} \tag{8.42}$$

已有的研究表明，地表净辐射可以通过表面短波辐射直接估算。比如，Kaminsky 和 Dubaya(1997)探讨了加拿大中部地表净辐射和短波辐射通量之间的关系，并认为使用表面净短波辐射的单一线性方程可用于估算地表净辐射；Alados 等(2003)在半干旱地区做了类似的研究工作。因此，式(8.42)的右边可以仅由 R_{ns} 表示。这暗示着我们可以通过 R_{ns} 直接估算 LWNR。由于可以在各种天气条件下精确估算地表短波净辐射，因此我们探索了 LWNR 和 R_{ns} 之间的关系，以用来估算多云天空下的 LWNR。这样可以避开云信息的测量，包括不稳定的云顶温度，云顶高度和云光学深度。具体而言，本研究使用线性模型和多元自适应回归样条(MARS)模型来估算 LWNR。此外，还将 NDVI 纳入已发展的模型中，以评估植被对 LWNR 估计的影响。

(1)线性模型

线性模型可按照下式表示：

$$R_{nl} = a_1 R_{ns} + b_1 \tag{8.43}$$

$$R_{ns} = (1 - \alpha) R_{sd} \tag{8.44}$$

当考虑 NDVI 时，线性模型变为

$$R_{nl} = a_2 R_{ns} + b_2 \mathrm{NDVI} + c_2 \tag{8.45}$$

其中，a_1，b_1，a_2，b_2 和 c_2 是回归系数；α 是 GLASS 短波宽波段反照率产品；R_{sd} 是来自 GLASS 下行短波辐射产品；NDVI 来源于 MOD13A2。

为了拟合上述表达式，卫星数据和实地观测数据(站点信息见表 8.17 所示)之间的空间和时间匹配通过三个步骤实现：①空间匹配。每个站点的位置是通过匹配站点的坐标和影像的地理位置来确定的。②云天空识别。这些站点的多云天空条件由云量决定。该计算参考来自(Carmon et al., 2014)。当大于 0.05 时，天空被认为是阴天。③时间匹配。卫星数据和测量的时间使用最近邻方法进行匹配以获得时间匹配数据。经过上述过程，获得了 90000 多个实验数据。实验数据被随机分成两部分。通过线性回归拟合，2/3 的样本被用于拟合式(8.43)和式(8.45)中的系数，并且 1/3 的样本被用于验证所发展的模型。

表 8.17　站点信息的描述(Guo et al., 2018)

站点名称	纬度/(°)	经度/(°)	海拔/m	土地覆盖类型	时间范围
Bondville[1]	40.05	−88.37	213	Cropland	2008～2010
Boulder[1]	40.13	−105.24	1689	Grassland	2008～2010
Fort Peck[1]	48.31	−105.10	634	Grassland	2008～2010
Desert Rock[1]	36.63	−116.02	1007	Desert	2008～2010
Penn State[1]	40.72	−77.93	376	Cropland	2008～2010
Sioux Falls[1]	43.73	−96.62	473	Cropland	2008～2010
Brookings[2]	44.35	−96.84	510	Grassland	2008～2010
Canaan Valley[2]	39.06	−79.42	994	Grassland	2008～2010
Fort Peck[2]	48.31	−105.10	634	Grassland	2008
Morgan Monroe[2]	39.32	−86.41	275	Forest	2008～2010
Wind River[2]	45.82	−121.95	371	Forest	2008～2010
MissouriOzark[2]	38.74	−92.20	220	Forest	2008～2010
PAY[3]	46.82	6.94	491	Cultivated	2008～2010
TAT[3]	36.05	140.13	25	Grassland	2008～2010
TOR[3]	58.25	26.46	70	Grassland	2008～2010
Arou[4]	38.04	100.46	3033	Grassland	2008～2009
Dongsu[4]	44.09	113.57	970	Grassland	2008～2009
Jinzhou[4]	41.15	121.20	22	Cropland	2008～2009
Miyun[4]	40.63	117.32	350	Cropland	2008～2009
Naiman[4]	42.93	120.70	361	Desert	2008
Tongyu grass[4]	44.57	122.88	184	Grassland	2008～2009
Tongyu crop[4]	44.57	122.88	184	Cropland	2008～2009
Yingke[4]	38.85	100.40	1519	Cropland	2008～2009
Yuzhong[4]	35.95	104.13	1965	Desert	2008～2009

1 SURFRAD sites; 2 AmeriFlux sites; 3 BSRNsites; 4 ASRCOP sites

（2）MARS 模型

多变量自适应回归样条（MARS）是 Friedman（1991）引入的一种回归分析形式。MARS 以下列形式建立模型：

$$f(x) = \sum_{i=1}^{k} c_i B_i(x) \tag{8.46}$$

其中，$B_i(x)$ 是一个基本函数，它是一个常数，或者具有形式 $\max(0, x - \text{const})$，或者具有一个形式 $\max(0, \text{const} - x)$，并且 c_i 是一个常系数。

MARS 是一种非参数回归技术，其中变量之间的非线性响应由一系列不同斜率的线性段描述，每个线段都使用基本函数进行拟合。段之间的断点由模型中的一个节点定义，该模型最初过度拟合数据，然后使用向后/向前逐步交叉验证过程来简化以识别最终模型中要保留的部分。这产生了具有连续导数的连续模型，并且具有更多的能力和灵活性来模拟关系。

在本研究中，MARS 被应用于 LWNR 估算。为了探索 LWNR，净短波辐射和 NDVI 之间的非线性，我们使用 MARS 建立了与节（1）线性模型中相同的样本的非线性关系。这是在 MATLAB 平台上用一个名为 ARESLab 的工具实现的：首先，我们基于函数 aresev 使用交叉验证来选择基本函数的数量。图 8.13 显示随着基本功能数量的增加，每次折叠模型的均方误差（MSE）的变化。粉红色的十条虚线显示每个折叠模型的 MSE，粉色实线是每个模型尺寸的平均 MSE，圆弧和垂直虚线是实线的最小值，这是基本函数的最佳数量。如图 8.13 所示，基本函数的数量被设置为 11。然后，我们使用节（1）线性模型中的两部分样本来发展和验证 MARS 模型。

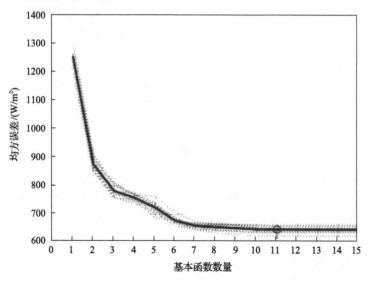

图 8.13　基本函数最优数的确定（Guo et al., 2018）

2. 线性模型验证

使用小节 1 中描述的方法，我们获得了 92220 个样本。式（8.43）中的系数通过使用

2/3 样本的线性回归拟合：

$$R_{nl} = -0.12R_{ns} - 11.74 \qquad (8.47)$$

偏差和均方根误差被用作准确度的主要指标。除偏差和均方根误差外，决定系数(R^2)也用作评估所发展模型性能的指标。训练结果如图 8.14(a)所示，R^2 为 0.34，偏差和均方根误差分别为 0.006W/m^2 和 30.22W/m^2。N 是用于训练线性表达式样本数量。然后，使用提取的剩余 1/3 样本对模型的精度进行评估。验证结果如图 8.14(b)所示，N 是用于验证模型的样本数量，R^2 为 0.34，偏差和均方根误差分别为 0.02W/m^2 和 30.19W/m^2。在 LWNR 范围的低端，LWNR 值被高估，其中地面测量的 LWNR 值大约为–150W/m^2，而 LWNR 值在 LWNR 范围的高端被低估(地面测量的 LWNR 值大约为 0)。此外，线性模型还有一个上限，这可能是因为地表短波净辐射不足以估算 LWNR。

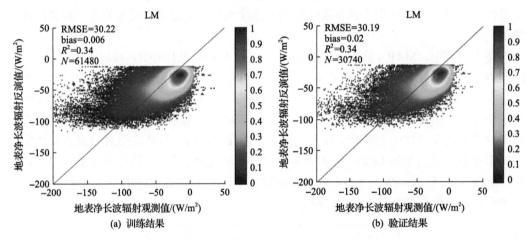

图 8.14　线性模型精度的验证结果(Guo et al., 2018)

除云之外，许多因素都会影响地表辐射估算，包括近地表气温和湿度、土壤湿度和土地覆盖类型。然而，在阴天条件下，大多数这些参数不能直接由光学卫星获得。MOD13 的 NDVI 被用来提供额外的地表信息。然后，我们获得了一个新的线性模型(LM-NDVI)，其具有两个变量如下：

$$R_{nl} = -0.12R_{ns} + 28.11\text{NDVI} - 23.76 \qquad (8.48)$$

训练结果如图 8.15(a)所示，R^2 为 0.37，偏差和均方根误差分别为 0.013W/m^2 和 29.56W/m^2。然后，1/3 的样本被提取并用于验证 LM-NDVI 模型。图 8.15(b)显示了 LM-NDVI 的评估结果，R^2 为 0.37，偏差和均方根误差分别为 0.08W/m^2 和 29.54W/m^2。与 LM 模型相比，LM-NDVI 模型没有显著的改善，但散布的分布似乎更合理。同样，LM-NDVI 没有明显的上限。

3. MARS 模型验证

MARS 模型使用小节 2 中使用的相同样本进行训练。图 8.16(a)显示了 MARS 模型的训练结果，而验证 MARS 模型精度结果见图 8.16(b)所示。显然，MARS 模型的性能略好于 LM 模型。决定系数为 0.36，对于验证结果，偏差和均方根误差值分别为 $0.02W/m^2$ 和 $29.86W/m^2$；与 LM 模型类似，检索到的 LWNR 的明显最大值和最小值分别为 -20 和 -120。

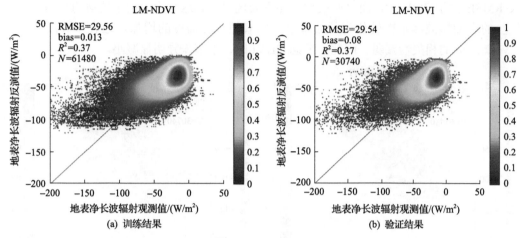

图 8.15　考虑 NDVI 的线性模型精度的验证结果（Guo et al., 2018）

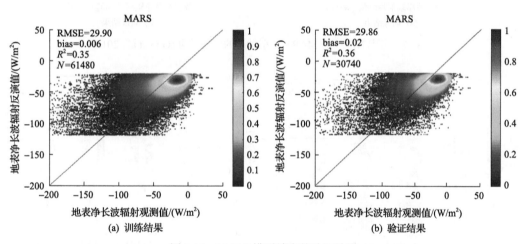

图 8.16　MARS 模型精度的验证结果

出于与小节 2 相同的原因，对于新的 LWNR 估算（MARS-NDVI 模型），NDVI 被考虑并输入到 MARS 模型中。图 8.17 分别使用训练样本和验证样本绘制了地面测量的散射密度与 MARS-NDVI 模型估算的 LWNR。验证结果与训练结果几乎相同。这表明训练样本是足够的。验证结果表明，LWNR 预测与地面测量结果具有很好的相关性，决定系数为 0.46，偏差和均方根误差值分别为 $0.08W/m^2$ 和 $27.49W/m^2$。此外，MARS-NDVI 模型比 MARS 模型表现得更好，表明 NDVI 是一个不可忽视的因素，需要纳入 LWNR 估计。同时，MARS-NDVI 模型比 LM-NDVI 模型具有更好的性能，表明非线性模型比线性模型更稳健。

植被具有明显的季节变化，可能对不同的 LWNR 估算模型有一定的影响。因此，为了进一步研究不同季节的 LWNR 估计模型的适应性，将样本分为春、夏、秋、冬四个部分，对 4 个模型进行估算。结果如图 8.18 所示，总结在表 8.18 中。结果表明，在不考虑 NDVI 的情况下，LWNR 预测具有明显的季节差异。LM 和 MARS 在夏季表现最差，最大 RMSE 大于 30W/m²，而这些模型在冬季表现更好。这是因为由于植被的蒸腾作用，较少的表面短波净辐射转化为长波辐射。随着植被覆盖度的增加，地表短波净辐射与 LWNR 之间的相关性减弱。因此，考虑 NDVI 时，季节差异明显减小。

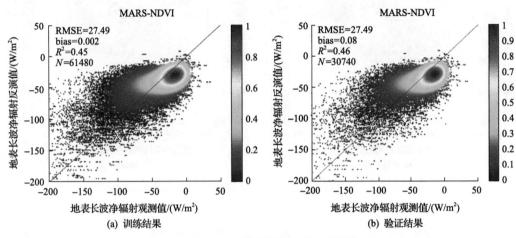

图 8.17　考虑 NDVI 的 MARS 模型精度的验证结果(Guo et al., 2018)

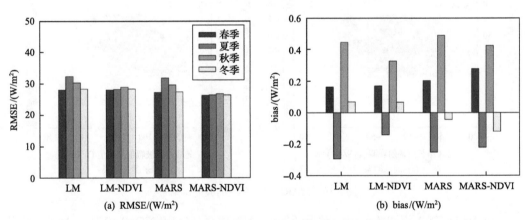

图 8.18　在春季、夏季、秋季和冬季上四种发展模型的验证结果(Guo et al., 2018)

表 8.18　在春季、夏季、秋季和冬季上四种发展模型的估算地面长波净辐射的统计结果(Guo et al., 2018)

季节	样本数	LM		LM-NDVI		MARS		MARS-NDVI	
		RMSE	bias	RMSE	bias	RMSE	bias	RMSE	bias
春季	9275	28.05	0.16	28.04	0.17	27.25	0.20	26.30	0.28
夏季	9287	32.37	−0.29	28.24	−0.14	31.84	−0.25	26.48	−0.22
秋季	7194	30.31	0.45	28.94	0.33	29.62	0.49	26.86	0.43
冬季	4111	28.35	0.07	28.36	0.07	27.44	−0.05	26.45	−0.12

所发展的 MARS-NDVI 模型的验证准确度与 Zhou 等(2013)的模型的准确度相当,据报道其分别具有–2.31W/m² 和 29.25W/m² 的偏差和均方根误差。所发展的 MARS-NDVI 模型是使用当前卫星产品(例如,GLASS SDR 和 ABD, MODIS NDVI)估算 LWNR 的有前景的方法。

8.3.3　全球长波辐射产品生成

根据以上估算算法,编写生产程序,输入 2003 年 MOD02、MOD03、MOD05、MOD11 数据反演全球晴空瞬时长波净辐射,空间分辨率为 1km,时间分辨率为瞬时。程序流程如下:

(1)读取 MOD021KM 数据并确定与其对应的 MOD03、MOD05、MOD11 数据。

(2)读取 band29、band31、band32 三个波段的辐亮度值,MOD03 经纬度信息及角度信息,MOD05 水汽数据及 QC、MOD11 的 QC。

(3)逐像元循环,当像元为晴空时(MOD11 的 QC 判断),根据不同纬度选择不同系数,得到上行长波辐射;由上行辐射和水汽数据得到下行长波辐射,两者之差得到长波净辐射。

(4)对计算结果以 HDF 标准格式输出保存。

将输出数据进行拼接,得到全球反演结果。图 8.19 为 2003 年第 181 天反演结果。

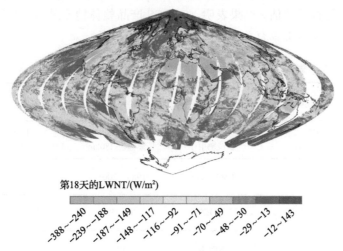

第18天的LWNT/(W/m²)

-388~-240　-239~-188　-187~-149　-148~-117　-116~-92　-91~-71　-70~-49　-48~-30　-29~-13　-12~143

图 8.19　2003 年第 181 天全球长波净辐射结果

由以上反演结果可以看出,由于受云的影响,数据存在缺失,将严重影响用户使用,因此,研究阴天长波净辐射的估算,填补数据缺失是非常必要的。

8.4　现有的遥感地表长波辐射产品

准确定量估算地表长波辐射收支是进行可靠的气象预报,气候模拟和陆面过程建模的基本前提(Wild et al., 2001)。气象,水文和农业等研究领域要求地表长波辐射收支的估算精度能够达到 $5\sim10W/m^2$，空间分辨率为 $25\sim100km$，时间分辨率为每 3 小时到每日(CEOS et al., 2000; GCOS, 2006; GEWEX, 2002)。然而，现有的全球地表长波辐射产品都不能达到这些要求。下文将介绍现有的基于卫星观测的地表长波辐射收支产品。

8.4.1　现有地表长波辐射收支产品

目前主要有四个长时间序列地表长波辐射收支数据产品。第一个地表长波辐射收支数据产品是 CERES 卫星观测数据估算得到的。CERES 传感器搭载在美国航天局(NASA)地球观测系统(Earth Observing System，EOS)的 Terra 和 Aqua 卫星以及热带降雨测量任务(the Tropical Rainfall Measuring Mission，TRMM)卫星上(Charlock et al., 1996; Kato et al., 2015)。第二个数据产品是用 GOES 数据估算得到的，由美国航空航天局 WCRP/GEWEX 提供(ASDC, 2006)。第三个数据产品是用 ISCCP(the International Satellite Cloud Climatology Project)数据估算的 18 年地表长波辐射收支数据(Zhang et al., 1995; Zhang et al., 2002; Zhang et al., 2004)。第四个数据产品是北极地区 22 年的地表下行长波辐射数据(Francis et al., 2004)。表 8.19 总结了 4 个数据产品的空间分辨率、时间覆盖范围、所使用卫星数据对应的传感器、传感器空间分辨率，以及官方公布的精度。Gui 等(2010)使用 15 个站点 1 年的地面观测数据，对 CERES，WCRP/GEWEX 和 ISCCP 地表长波辐射数据集进行了评估。结果表明，CERES 产品整体精度最高；但是所有产品都有偏差。读者可以查阅该文章有关详细信息。

表 8.19　现有地表长波辐射收支数据集相关信息总结

	CERES	WCRP/GEWEX	ISCCP	北极地表下行长波辐射	GLASS 长波辐射
数据产品及空间分辨率	地表下行与上行长波辐射 1°	地表下行与上行长波辐射 1°	地表下行与上行长波辐射 280km	地表下行长波辐射 100km	2000 年以前，5km；2000 年以后，1km
时间覆盖范围	1998～现在	1983～2005	1983～2001	1979～2002	1983; 1993; 2000～2018
卫星传感器	TRMM, EOS Terra/Aqua	GOES	TOVS	TOVS	AVHRR; MODIS
传感器空间分辨率/km	20	10×40	40	40	1/5km
官方公布的精度/(W/m²)	21	33.6	20～25	30	晴空下优于 20

大气环流模式(GCM)模拟也会输出地表长波辐射收支。然而，大部分大气环流模式对地表发射率的处理都比较简单，模式输出和卫星产品存在较大差异。图 8.20 和图 8.21 对 ISCCP、GEWEX 以及 IPCC 第四次评估(AR4)报告中的大气环流模式所提供的月平均地表下行和上行长波辐射进行了比较。

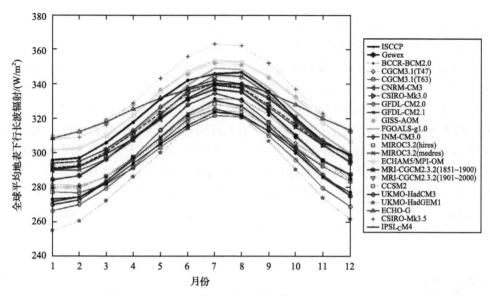

图 8.20　ISCCP、GEWEX 和 IPCC AR4 大气环流模式提供的月平均地表下行长波辐射的比较
（Liang et al., 2010）

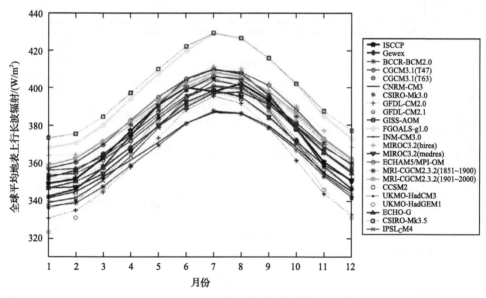

图 8.21　ISCCP、GEWEX 和 IPCC AR4 大气环流模式提供的月平均地表上行长波辐射的比较
（Liang et al., 2010）

8.4.2　地面下行长波辐射时空变化分析

许多学者已基于当前多种长波辐射产品（包括卫星产品和再分析数据）分析了全球或区域尺度上地表下行长波辐射时空分布特征，同时也得到了不少有价值的结果（Kato et al.，2011；Wang et al.，2013；Wang et al.，2017）。比如，Wang 等（2013）基于六种再

分析数据(ERA-Interim，ERA-40，CSFR，MERRA，NCEP 和 JRA-25)与两种卫星产品 (CERES SYN 和 GEWEX SRB)，对比了长时间尺度上全球地表下行长波辐射和时间变化 趋势。结果发现，尽管不同产品估算的辐射值存在一定差异性，但是在全球、海洋和陆 地上多种长波辐射数据自 1979 年以来基本上呈现增加趋势(图 8.22)。这可能由于温室气 体不断增加，从而造成全球逐渐变暖所致(Prata，2008；Wang and Liang，2009a)。另外也 发现，地表下行长波辐射的变化小于海洋下行长波辐射的变化，这结果和过去 10 多年站 点观测结果保持一致(Trenberth et al.，2011)。该研究也评估了空间上再分析数据和卫星 产品，认为 CERES SYN 地表下行长波辐射产品估算精度最高且具有最小偏差，而 ERA-Interim 在沙漠地区对地面下行长波辐射估算效果最好。因此，基于 CERES SYN 和 ERA-Interim 产品制作了 2003~2010 年的地表下行长波辐射空间分布图(图 8.23)。从海 洋向陆地，地表下行长波辐射呈现下降现象。

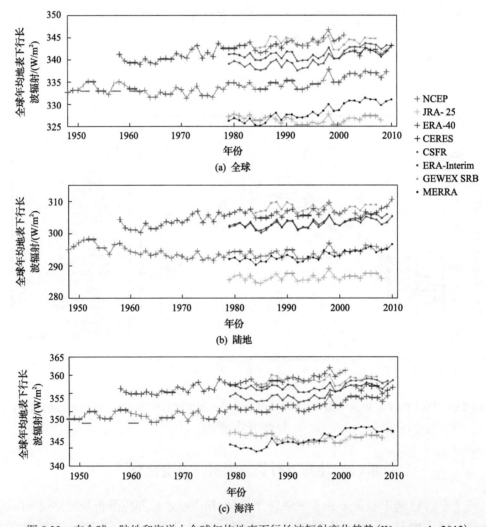

图 8.22　在全球、陆地和海洋上全球年均地表下行长波辐射变化趋势(Wang et al.，2013)

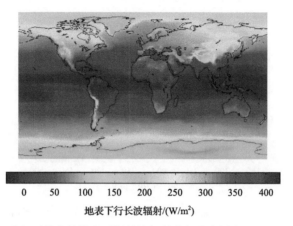

地表下行长波辐射/(W/m²)

图 8.23 多年平均全球地表下行长波辐射空间分布图(Wang et al., 2018)

2003~2010 年的 CERES SYN 产品，在沙漠上为 ERA-Interim 再分析数据

又比如，Wang 等(2018)基于发展方法生产的地面下行长波辐射产品和已有产品(CERES-SSF，ERA-Interim，MERRA 和 NCEP-CFSR)，分析了高海拔地区(青藏高原)的地面下行长波辐射空间分布特征。对比结果发现，这 5 种辐射产品在研究区呈现出一种类似空间分布格局，即西藏高原地区和西北部高海拔地区的辐射值较低，而该地区以外的地区具有较高的辐射值(图 8.24)。这可以通过以下事实来解释：大气温度(包括云底温度)和湿度随着海拔而下降；因此，由于其与近地表大气温度和湿度的密切关系，地面下行长波辐射相应地减少了。但是，这些产品之间的差异仍然很明显。

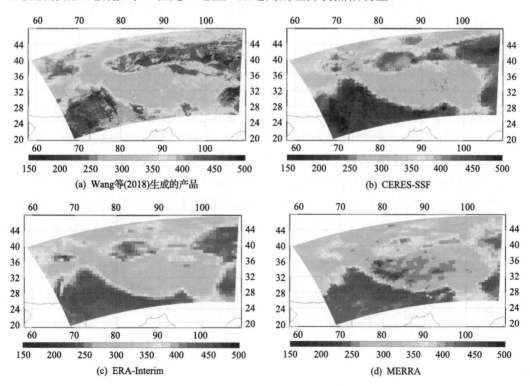

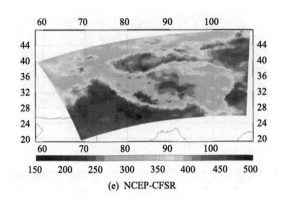

图 8.24　2010 年 7 月 29 日亚洲高海拔地区的地面下行长波辐射图(Wang et al., 2018)

　　总的来讲，我们发现多种再分析数据和卫星产品得到地面长波辐射的时空变化格局呈现出一定的不确定性，因此当分析地面长波辐射时空变化格局时，最好结合目前发展算法生产的多种卫星产品和再分析数据开展分析工作，甚至可以考虑使用贝叶斯平均方法集成多种产品结果，这样得到分析结果有较好一致性，也更令人信服。

8.5　小　　结

　　本章讨论了地表长波辐射收支的估算方法，主要由三个部分组成：第一部分介绍了地表下行长波辐射估算方法；第二部分讨论了地表上行长波辐射的估算方法；第三部分介绍了地表净长波辐射的估算方法。

　　在近几十年里，许多研究都致力于地表下行长波辐射的估算。本章介绍了三类地表下行长波辐射的估算方法：①基于大气廓线的方法；②混合模型方法；③基于气象参数的方法。基于大气廓线的方法和混合模型方法能够用于通过卫星观测估算全球尺度的下行长波辐射。基于气象参数的方法往往是针对特定的地点，需要在当地进行校准。

　　本章总结的三种地表上行长波辐射估算方法为：①温度-发射率方法；②线性模型方法；③人工神经网络模型方法。虽然温度-发射率方法已被广泛使用，但是不同来源的遥感地表温度与发射率产品具有较大的误差，且在空间上不完整。基于线性模型和人工神经网络模型的方法能够直接从卫星的 TOA 辐亮度估算地表上行长波辐射。这两种方法的优点是能够绕过地表温度和发射率的分离问题直接对上行长波辐射进行估算，因此，能够实现更准确地估计。

　　地表净长波辐射是地表下行和上行长波辐射之差。地表净长波辐射既可以通过计算地表上行和下行长波辐射的差值得到，也可以使用混合模型直接进行估算。地表下行短波辐射和气象参数等也可用于估计地表净长波辐射或地表净辐射。

参 考 文 献

Alados I, Foyo-Moreno I, Olmo F J, et al. 2003. Relationship between net radiation and solar radiation for semi-arid shrub-land. Agricultural and Forest Meteorology, 116: 221-227

Angstrom. 1918. A study of the radiation of the atmosphere. Smithsonian Miscellaneous Collection, 65: 1-159

ASDC. 2006. Radiation Budget. Apr 5, 2006 http: //eosweb.larc.nasa.gov/HPDOCS/projects/ rad_budg.html. [2006-11-22]

Berk A, Anderson G P, Acharya P K, et al.1999. MODTRAN4 user's manual. Air Force Research Laboratory, Space Vehicles Directorate, and Air Force Materiel Command: Hanscom AFB, MA

Brunt D. 1932. Notes on radiation in the atmosphere. Quarterly Journal of the Royal Meteorological Society, 58: 389-420

Brutsaert W. 1975. On a derivable formula for long-wave radiation from clear skies. Water Resource Research, 11 (5): 742-744

Carmona F, Rivas R,Caselles V. 2014. Estimation of daytime downward longwave radiation under clear and cloudy skies conditions over a sub-humid region. Theoretical and Applied Climatology, 115 (1-2): 281-295

CEOS, WMO. 2000. CEOS/WMO online database: satellite systems and requirements. September 2000 http: //www.wmo.int/pages/ prog/sat/Databases.html.[2007-02-07]

Charlock T, Alberta T. 1996. The CERES/ARM/GEWEX experiment (CAGEX) for the retrieval of radiative transfer fluxes with satellite data. Bulletin of the American Meteorological Society, 77 (11): 2673-2683

Cheng J, Liang S. 2016. Global estimates for high-spatial-resolution clear-sky land surface upwelling longwave radiation from MODIS data. IEEE Transactions on Geoscience and Remote Sensing, 54 (7): 4115-4129

Cheng J, Liang S, Shi J. 2020. Impact of air temperature inversion on the clear-sky surface downward longwave radiation estimation. IEEE Transactions on Geoscience and Remote Sensing: 1-7

Cheng J, Liang S, Wang W, et al. 2017. An efficient hybrid method for estimating clear-sky surface downward longwave radiation from MODIS data. Journal of Geophysical Research: Atmospheres, 122 (5): 2616-2630

Cheng J, Yang F, Guo Y. 2019. A comparative study of bulk parameterization schemes for estimating cloudy-sky surface downward longwave radiation. Remote Sensing, 11 (528): doi: 10.3390

Choi M, Jacobs J M, Kustas W P. 2008. Assessment of clear and cloudy sky parameterizations for daily downwelling longwave radiation over different land surfaces in Florida, USA. Geophysical Research Letters, 35 (20): L20402

Crawford T M, Duchon C E. 1999. An improved parameterization for estimating effective atmospheric emissivity for use in calculating daytime downwelling longwave radiation. Journal of Applied Meteorology, 38 (4): 474-480

Darnell W L, Gupt S K, Staylor W F. 1983. Downward longwave radiation at the surface from satellite measurements. Journal of Climate and Applied Meteorology, 22: 1956-1960

Deacon E L. 1970. The derivation of Swinbank's long-wave radiation formula. Quarterly Journal of the Royal Meteorological Society, 96 (408): 313-319

Diak G R, Bland W L, Mecikaski J. 1996. A note on first estimates of surface insolation from GOES-8 visible satellite data. Agricultural and Forest Meteorology, 82 (1-4): 219-226

Diak G R, Bland W L, Mecikalski J R, et al. 2000. Satellite-based estimates of longwave radiation for agricultural applications. Agricultural and Forest Meteorology, 103 (4): 349-355

Diak G R, Mecikalski J R, Anderson M C, et al. 2004. Estimating land surface energy budgets from space: review and current efforts at the University of Wisconsin—Madison and USDA ARS. Bulletin of the American Meteorological Society, 85 (1): 65-78

Dilley A C, O'Brien D M. 1998. Estimating downward clear sky long-wave irradiance at the surface from screen temperature and precipitable water. Quarterly Journal of the Royal Meteorological Society, 124 (549): 1391-1401

Duarte H F, Dias N L, Maggiotto S R. 2006. Assessing daytime downward longwave radiation estimates for clear and cloudy skies in Southern Brazil. Agricultural and Forest Meteorology, 139 (3-4): 171-181

Ellingson R G. 1995. Surface longwave fluxes from satellite observations: a critical review. Remote Sensing of Environment, 51: 89-97

Flerchinger G N, Wei X, Marks D, et al. 2009. Comparison of algorithms for incoming atmospheric long-wave radiation. Water Resources Research, 45(3): 450-455

Francis J,Secora J. A 22-year dataset of surface longwave fluxes in the Arctic. in Fourteenth ARM Science Team Meeting Proceedings. Albuquerque, New Mexico

Frouin R, Gautier C,Morcrette J J. 1988. Downward longwave irradiance at the ocean surface from satellite data: Methodology and in situ validation. Journal of Geophysical Research Oceans, 93(C1): 597-619

GCOS.2006. Systematic observation requirements for satellite-based products for climate-supplemental details to the satellite-based component of the implementation plan for the global observing system for climate in support of the UNFCCC. The Global Climate Observation System: 90

GEWEX.2002. Global enery and water cycle experiment. Transactions American Geophysical Union, 73: 2

Gui S, Liang S,Li L. 2010. Evaluation of satellite-estimated surface longwave radiation using ground-based observations. Journal of Geophysical Research, 115: D18214

Guo Y,Cheng J. 2018. Feasibility of estimating cloudy-sky surface longwave net radiation using satellite-derived surface shortwave net radiation. Remote Sensing, 10(4): 596

Guo Y, Cheng J,Liang S. 2019. Comprehensive assessment of parameterization methods for estimating clear-sky surface downward longwave radiation. Theoretical and Applied Climatology, 135: 1045-1058

Gupta R K, Prasad S,Viswanadham T S. 1997. Estimation of surface temperature over agriculture region. Advances in Space Research, 19(3): 503-506

Gupta S K. 1989. A Parameterization for longwave surface radiation from sun-synchronous satellite data. Journal of Climate, 2(4): 305-320

Gupta S K,Wilber A C. 1992. Longwave surface radiation over the globe from satellite data: an error analysis. International Journal of Remote Sensing, 14(1): 95-114

Gupta S K, Whitlock C H, Ritchey N A, et al.1997. Clouds and the Earth's Radiant Energy System (CERES) algorithm theoretical basis document: an algorithm for longwave surface radiation budget for total skies (subsystem 4.6.3)

Idso S B. 1981. A set of equations for full spectrum and 8 to 14 micron and 10.5 to 12.5 micron thermal radiation from cloudless skies. Water Resource Research, 17(2): 295-304

Idso S B,Jackson R D. 1969. Thermal radiation from the atmosphere. Journal of Geophysical Research, 74(23): 5397-5403

Inamdar A K,Ramanathan V. 1997. On monitoring the atmospheric greenhouse effect from space. Tellus Series B-Chemical and Physical. Meteorology, 49(2): 216-230

Iziomon M G, Mayer H,Matzarakis A. 2003. Downward atmospheric longwave irradiance under clear and cloudy skies: Measurement and parameterization. Journal of Atmospheric and Solar-Terrestrial Physics, 65: 1107-1116

Jacobs J D.1978. Radiation climate of Broughton Island.// Barry R G. Energy Budget Studies in Relation to Fast-ice Breakup Processes in Davis Strait. Occas: University of Colorado

Kato S, Loeb N G, Rutan D A, et al. 2015. Clouds and the Earth's Radiant Energy System (CERES) data products for climate research. Journal of the Meteorological Society of Japan, 93(6): 597-612

Kimball B A, Idso S B,Aase J K. 1982. A model of thermal radiation from partly cloudy and overcast skies. Water Resource Research, 18(4): 931-936

Kjaersgaard J H, Plauborg F L,Hansen S. 2007. Comparison of models for calculating daytime long-wave irradiance using long term data set. Agricultural and Forest Meteorology, 143(1-2): 49-63

Kratz D P, Gupta S K, Wilber A C, et al. 2010. Validation of the CERES edition 2B surface-only flux algorithms. Journal of Applied Meteorology and Climatology, 49(1): 164-180

Kruk N S, Vendrame Í F, Rocha H R D, et al. 2010. Downward longwave radiation estimates for clear and all-sky conditions in the Sertãozinho region of São Paulo, Brazil. Theoretical and Applied Climatology, 99(1-2): 115-123

Lee H T. 1993. Development of a statistical technique for estimating the downward longwave radiation at the surface from satellite observations, in Dept. of Meteorology. University of Maryland: College Park, Maryland. p. 150

Lee H T, Ellingson R G. 2002. Development of a nonlinear statistical method for estimating the downward longwave radiation at the surface from satellite observations. Journal of Atmospheric and Oceanic Technology, 19: 1500-1515

Lhomme J P, Vacher J J,Rocheteau A. 2007. Estimating downward long-wave radiation on the Andean Altiplano. Agricultural and Forest Meteorology, 145(3-4): 139-148

Liang S. 2003. A direct algorithm for estimating land surface broadband albedos from MODIS imagery. IEEE Transactions on Geoscience and Remote Sensing, 41(1): 136-145

Liang S.2004. Quantitative remote sensing of land surfaces.// Kong J A. Wiley Series in Remote Sensing. New Jersey: John Wiley and Sons

Liang S, Stroeve J,Box J. 2005. Mapping daily snow shortwave broadband albedo from MODIS: The improved direct estimation algorithm and validation. Journal of Geophysical Research, 110: D10109

Liang S, Wang K, Zhang X, et al. 2010. Review on estimation of land surface radiation and energy budgets from ground measurement, remote sensing and model simulations. Selected Topics in Applied Earth Observations and Remote Sensing, 3(3): 225-240

Maykut G A,Church P E. 1973. Radiation climate of Barrow, Alaska. Journal of Applied Meteorology, 12: 620-628

Meerkoetter H,Grassl H. 1984. Longwave net flux at the ground from radiance at the top. in IRS '84 current problems in atmospheric radiation. Perugia, Italy: Proceedings of the International Radiation Symposium

Monteith J L,Szeicz G. 1961. The radiation balance of bare soil and vegetation. Quarterly Journal of the Royal Meteorological Society, 87(372): 159-170

Morcrette J J,Deschamps P Y. 1986. Downward longwave radiation at the surface in clear sky atmospheres: comparison of measured, satellite-derived and calculated fluxes. in Proc. ISLSCP Conf. Rome, ESA SO-248M Darmstadt, Germany

Nie A, Liu Q,Cheng J. 2016. Estimating clear-sky land surface longwave upwelling radiation from MODIS data using a hybrid method. International Journal of Remote Sensing, 37(8): 1747-1761

Niemela S, Raisanen P,Savijarvi H. 2001. Comparison of surface radiative flux parameterizations: Part I: Longwave radiation. Atmospheric Research, 58(1): 1-18

Prata A J. 1996. A new long-wave formula for estimating downward clear-sky radiation at the surface. Quarterly Journal of the Royal Meteorological Society, 122(533): 1127-1151

Satterlund D R. 1979. An improved equation for estimating long-wave radiation from the atmosphere. Water Resource Research, 15(6): 1649-1650

Schmetz J. 1989. Towards a surface radiation climatology: retrieval of downward irradiances from satellites. Atmopsheric Research, 23(3-4): 287-321

Smith W L,Wolfe H M. 1983.Geostationary satellite sounder (VAS) observations of longwave radiation flux. The Satellite Systems to Measure Radiation Budget Parameters and Climate Change Signal. Igls, Austria: International Radiation Commission

Sugita M,Brutsaert W. 1993. Cloud effect in the estimation of instantaneous downward longwave radiation. Water Resource Research, 29(3): 599-605

Swinbank W C. 1963. Long-wave radiation from clear skies. Quarterly Journal of the Royal Meteorological Society, 89(381): 339-348

Unsworth M H,Monteith J L. 1975. Long-wave radiation at the ground I. Angular distribution of incoming radiation. Quarterly Journal of the Royal Meteorological Society, 101(427): 13-24

Wang K,Dickinson R E. 2013. Global atmospheric downward longwave radiation at the surface from ground - based observations, satellite retrievals, and reanalyses. Reviews of Geophysics, 51(2): 150-185

Wang K,Liang S. 2009. Global atmospheric downward longwave radiation over land surface under all-sky conditions from 1973 to 2008. Journal of Geophysical Research, 114: D19101

Wang T, Shi J, Yu Y, et al. 2018. Cloudy-sky land surface longwave downward radiation (LWDR) estimation by integrating MODIS and AIRS/AMSU measurements. Remote Sensing of Environment, 205: 100-111

Wang W.2008. Estimating high spatial resolution clear-sky land surface longwave radiation budget from MODIS and GOES data. Maryland: University of Maryland

Wang W,Liang S. 2009. Estimation of high-spatial resolution clear-sky longwave downward and net radiation over land surfaces from MODIS data. Remote Sensing of Environment, 113 (4): 745-754

Wang W, Liang S. 2010. A method for estimating clear-sky instantaneous land-surface longwave radiation with GOES sounder and GOES-R ABI data. IEEE Geoscience and Remote Sensing Letters, 7 (4): 708-712

Wang W, Liang S,Augustine J A. 2009. Estimating high spatial resolution clear-sky land surface upwelling longwave radiation from MODIS Data. IEEE Transactions on Geoscience and Remote Sensing, 47 (5): 1559-1570

Wild M, Ohmura A,Gilgen H. 2001. Evaluation of downward longwave radiation in general circulation models. Journal of Climate, 14: 3227-3238

Zhang Y C, Rossow W B. 2002. New ISCCP global radiative flux data products. GEWEX News, 12 (4): 7

Zhang Y C, Rossow W B,Lacis A A. 1995. Calculation of surface and top of atmosphere radiative fluxes from physical quantities based on ISCCP data sets: 1. Method and sensitivity to input data uncertainties. Journal of Geophysical Research, 100 (D1): 1149-1165

Zhang Y, Rossow W B, Lacis A A, et al. 2004. Calculation of radiative fluxes from the surface to top of atmosphere based on ISCCP and other global data sets: Refinements of the radiative transfer model and the input data. Journal of Geophysical Research, 109: D19105

Zhou S,Cheng J. 2018. Estimation of high spatial-resolution clear-sky land surface-upwelling longwave radiation from VIIRS/S-NPP data. Remote Sensing, 10 (2): 253

Zhou Y, Kratz D P, Wilber A C, et al. 2007. An improved algorithm for retrieving surface downwelling longwave radiation from satellite measurements. Journal of Geophysical Research, 112: D15102

第三编

生物物理和生物化学参量估算

第 9 章　冠层生化特性*

　　植物体内含有叶绿素、水分、蛋白质、木质素和纤维素等，我们将这些物质称之为生化组分。正确估计植被冠层的生化组分含量为了解不同尺度的生态系统功能提供了非常有用的帮助。遥感作为新型技术与传统学科相结合的探测手段，它提供了多种不同时间和空间尺度的地表物理和化学特性的信息。与传统点尺度上耗时耗力的人工量测相比，遥感为获得不同尺度生化组分含量提供了便捷的多元化工具。

　　本章介绍遥感提取植被生化组分信息的方法与模型，共分为五节。9.1 节回顾了遥感提取植被生化组分的原理与方法，介绍了叶片结构与生物物理化学特性、植被冠层光谱特性，专用于提取植被生化组分的高光谱遥感技术、所采用的主要理论与方法及其分类。9.2 节重点介绍了经验和半经验提取方法，利用多种实验数据提取叶片水平的纤维素、木质素、总碳和总氮含量等生化组分含量，并介绍了叶片水平和冠层水平叶绿素含量的光谱指数提取方法。9.3 节重点介绍了各种辐射传输理论模型及其反演方法在植被生化组分提取中的应用，针对叶片水平和冠层水平分别利用模拟数据和实际观测数据反演植被生化组分，分析了理论模型中各参数的敏感性，介绍了反演算法和反演策略，并简介了光谱分辨率对反演生化组分含量的影响，以及针对生化组分含量反演的波段选择思路。9.4 节重点介绍了基于高光谱激光雷达提取植被生化组分垂直分布研究，论述了高光谱激光雷达提取生化组分垂直分布的可行性，介绍了对地高光谱激光雷达仪器及其数据处理流程，展示了依托该仪器开展的植被叶绿素和胡萝卜素垂直分布反演结果，最后对高光谱激光雷达植被生化组分提取进行了总结并讨论了其发展趋势。9.5 节是对本章的讨论和总结，归纳了植被生化组分遥感反演特点，提出未来可能的发展方向。

9.1　遥感提取植被生化组分的原理与方法

　　本节简要介绍植被生化组分及其光谱特性，论述高光谱遥感提取植被生化组分的可行性。在遥感反演理论与方法方面，介绍植被生化组分提取所采用的两类主要方法：经验、半经验方法和辐射传输理论模型，并详细介绍各自特点，比较两类方法的优势和局限，讨论其发展趋势和可能的改进方向。

9.1.1　植被生化组分遥感

　　许多生态过程，例如光合作用、呼吸、蒸腾和分解等都与植物生化含量密切相关。同时植被的生化含量也传递了某种或某些胁迫的信息。提取植物生化含量无论是对于农

*　本章作者：牛铮[1]，颜春燕[2]，高帅[1]
1. 中国科学院空天信息创新研究院；2.中国地质大学(北京)

业经济，还是对于生态系统平衡、环境安全等都具有重要意义。传统的提取植物生化含量的方法一般都是事后性、破坏性的，难以真正大面积应用。

美国航空航天局(NASA)于 1991 年开展了冠层化学促进计划(Accelerated Canopy Chemistry Programme，ACCP)，该计划旨在为利用遥感数据提取生态系统的氮素和木质素含量提供理论和经验上的基础。通过该计划，不仅获取了大量生化数据和光谱数据，更推动了遥感提取生化组分的研究。随后，欧洲许多国家的组织和研究机构组织了大型试验，开展了类似研究。中国从"九五"期间(1996～2000 年)开始，以精准农业、全球变化研究为目标，也在国家重点基础研究发展规划(973)、国家高技术研究发展计划(863)中相继设立了相关研究项目，极大地促进了相关学科在中国的发展(牛铮等，2000)。

20 世纪 90 年代以来，遥感传感器硬件也在不断发展改进，多光谱和高光谱甚至超光谱传感器得到了前所未有的发展，为遥感反演不同尺度上的生化参数提供了条件。从机载到星载传感器获取了光谱分辨率从几纳米到几十纳米，空间分辨率从几米到几百米不同尺度的遥感图像。20 世纪 80 年代，研究者已经意识到可以利用植被光谱特性来提取其生化信息，但是大量的提取植被生化组分含量的定量化研究是随着高光谱技术的发展而飞快发展起来的。人们最先想到的是利用经验或半经验方法，随着前者局限性的暴露，物理模型反演方法吸引了更多人的视线。

植物体内各种生化组分由于其内部组成元素和化学键结构的差异，对不同波长的电磁波具有选择性吸收的特性。比如植物叶片中含量最多的水，其波谱在近红外和短波红外的1400nm 和1940nm 附近有两个明显的吸收特征，这与水分子中原子的振动过程有关，取决于水分子的内部结构；又如叶绿素 a 和 b，由于分子内部的电子跃迁，在可见光的蓝波段和红波段形成两处明显的吸收特征，其中蓝波段处的吸收特征宽度约为 90nm，红波段处的则小于 50nm，而对于波长处于近红外和短波红外区域的电磁波则几乎没有吸收。叶片中的主要含碳物质纤维素、半纤维素、木质素等以及蛋白质、糖类的吸收特征更加复杂，而且每个吸收特征的宽度通常小于 100nm，且吸收程度明显偏弱。如果采用传统宽波段传感器进行生化组分研究，其百纳米级的光谱分辨率通常大于生化组分吸收特征本身的宽度，只能得到该范围内的平均反射率。而且宽波段传感器离散的波段设置无法获取研究对象连续的波谱曲线，极大地限制了其在生化组分研究中的应用。可见，光谱分辨率的提高和连续波谱曲线的获得，可以反映出生化组分的细微吸收特征，对于生化组分研究具有重要意义。20 世纪 80 年代开始建立的成像光谱学(Imaging Spectroscopy)，研究在电磁波谱的紫外、可见光、近红外和中红外区域，获取许多非常窄且光谱连续的图像数据技术，有效促进了植被生化组分的遥感反演。

1. 叶片结构与生物物理化学特性

植物通过光合作用制造养分的过程影响了叶片或相应的冠层辐射信号。一个健康叶片需要三个要素来制造养分：CO_2、水和光能。空气中的 CO_2 和根茎系统提供的水是光合作用的基本原材料，太阳提供了光能从而启动了光合作用。叶片是光合作用的主要器官。图 9.1 是典型绿色叶片的假想剖面和真实显微剖面。随着植物种类的不同和生长过程中环境条件的差异，叶片的细胞结构差别非常大。大气中的 CO_2 主要通过位于下表皮的气孔进入叶片内部。气孔被保卫细胞包围着，这些细胞既可以膨胀也可以收缩。当它们膨胀的时候，气孔打开允许 CO_2 进入。

叶片上表皮细胞的顶端有一层角质层，它对光线有漫射作用，但几乎不反射光。许多叶子在直射光下会从上表皮和下表皮生出一层绒毛般的"毛发"。这些"毛发"是有益的，它们可以减少入射到植物上的阳光的强度。不过，仍有许多可见光和近红外的光透过角质层和上表皮到栅栏组织和海绵组织的叶肉细胞里去了。

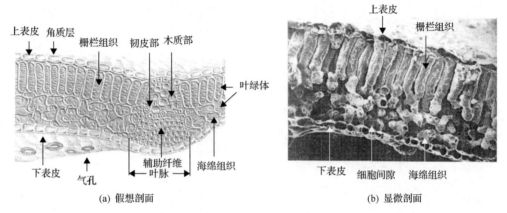

(a) 假想剖面　　　　　　　　　　　　(b) 显微剖面

图 9.1　典型叶片的假想剖面和显微剖面(Campbell, 1987)

在通常的绿叶中，光合作用发生在两种细胞中，栅栏组织和海绵组织的叶肉细胞。栅栏组织和海绵组织细胞含有叶绿体，而叶绿体中含有叶绿素。通常在朝向叶面的栅栏组织细胞中，叶绿体比较多。因此往往我们看到叶子的上表面比下表面更绿一些。当被一束光波照射的时候，叶肉中的生化组分分子会反射一些能量，或者吸收一些从而进入高能状态或激发状态。因不同分子吸收或反射的特征，从叶片出射的辐射光谱可反推出叶片各种组分含量。

叶片内的海绵组织控制着近红外反射的能量。海绵组织位于栅栏组织的下部，由许多细胞和细胞间隙组成。在这里，氧气和二氧化碳为光合作用和呼吸作用进行交换。叶子在近红外的高反射能量是由于内部的细胞壁和空气间隙间的多重散射造成的。

2. 生化组分光谱特性

从以上的介绍我们可以看出，叶片结构和生化组分含量对入射辐射的影响最终可以通过反射光谱特征表现出来。实际上，每种生化组分都有其特征吸收光谱曲线，如图 9.2。Curran(1989) 列出了可见和近红外波段与叶片内生化组分相关的 42 个吸收特征(表 9.1)。叶片内生化组分含量或多或少地会在其光谱——例如我们最熟悉的叶片反射率表现出来。例如由于叶绿素浓度的增加，植被光谱的红边(680～750nm 处反射率光谱一阶导数的最大值)会向长波方向移动，所谓红移现象。由此，研究者自然想到在植被反射率和生化组分之间建立联系，从而能够提取生化组分含量。实际上，以后的研究也正是基于此。

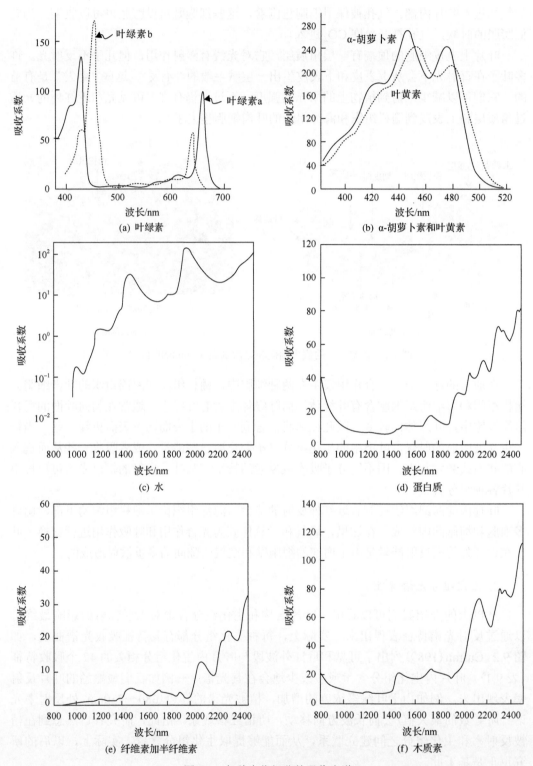

图 9.2 各种生化组分的吸收光谱

表 9.1　叶片内生化组分在可见和近红外波段的吸收特征(Curran，1989)

波长/μm	电子跃迁或化学键振动	生化组分	遥感考虑的因素
0.43	电子跃迁	叶绿素 a[+]	大气散射
0.46	电子跃迁	叶绿素 b[+]	
0.64	电子跃迁	叶绿素 b[+]	
0.66	电子跃迁	叶绿素 a[+]	
0.91	C—H 键伸展，三次谐波	蛋白质	
0.93	C—H 键伸展，三次谐波	油	
0.97	O—H 键弯曲，一次谐波	水[+]、淀粉	
0.99	O—H 键伸展，二次谐波	淀粉	
1.02	N—H 键伸展	蛋白质	
1.04	C—H 键伸展，C—H 键变形	油	
1.12	C—H 键伸展，二次谐波	木质素	
1.20	O—H 键弯曲，一次谐波	水[+]、纤维素、淀粉、木质素	
1.40	O—H 键弯曲，一次谐波	水[+]	
1.42	C—H 键伸展，C—H 键变形	木质素	
1.45	O—H 键伸展，一次谐波 C—H 键伸展，C—H 键变形	淀粉、糖 木质素、水	大气吸收
1.49	O—H 键伸展，一次谐波	纤维素、糖	
1.51	N—H 键伸展，一次谐波	蛋白质[+]、氮[+]	
1.53	O—H 键伸展，一次谐波	淀粉	
1.54	O—H 键伸展，一次谐波	淀粉、纤维素	
1.58	O—H 键伸展，一次谐波	淀粉、糖	
1.69	C—H 键伸展，一次谐波	木质素[+]、淀粉、蛋白质、氮	
1.78	C—H 键伸展，一次谐波/ O—H 键伸展/ H—O—H 键变形	纤维素、糖、淀粉	
1.82	O—H 键伸展/ C—O 键伸展，二次谐波	纤维素	
1.90	O—H 键伸展，C—O 键伸展	淀粉	
1.94	O—H 键伸展，O—H 键变形	水[+]、木质素、蛋白质、氮、淀粉、纤维素	大气吸收
1.96	O—H 键伸展，O—H 键弯曲	糖、淀粉	
1.98	N—H 键不对称	蛋白质	
2.00	O—H 键变形，C—O 键变形	淀粉	传感器信噪比迅速下降
2.06	N≡H 键弯曲，二次谐波/ N≡H 键弯曲/N-H 键伸展	蛋白质、氮	
2.08	O—H 键伸展/O-H 键变形	糖、淀粉	

波长/μm	电子跃迁或化学键振动	生化组分	遥感考虑的因素
2.10	O=H 键弯曲/C—O 键伸展/ C—O—C 键伸展，三次谐波	淀粉+、纤维素	
2.13	N—H 键伸展	蛋白质	
2.18	N—H 键弯曲，二次谐波/ C—H 键伸展/C—O 键伸展 C=O 键伸展/C—N 键伸展	蛋白质+、氮+	
2.24	C—H 键伸展	蛋白质	
2.25	O=H 键伸展，O—H 键变形	淀粉	
2.27	C—H 键伸展/O—H 键伸展/ CH$_2$ 弯曲/CH$_2$ 伸展	纤维素、淀粉、糖	传感器信噪比迅速下降
2.28	C—H 键伸展/CH$_2$ 变形	淀粉、纤维素	
2.30	N—H 键伸展，C=O 键伸展， C—H 键弯曲，二次谐波	蛋白质、氮	
2.31	C—H 键弯曲，二次谐波	油+	
2.32	C—H 键伸展/CH$_2$ 变形	淀粉	
2.34	C—H 键伸展/O—H 键变形/ C—H 键变形/O—H 键伸展	纤维素	
2.35	CH$_2$ 弯曲，二次谐波， C—H 键变形，二次谐波	纤维素、蛋白质、氮	

注：+表示生化组分在此波长处有较强的吸收

在图 9.2 中我们看到的植被光谱曲线或组分的特征吸收光谱曲线都是连续的。提取植被生化组分含量需要植被光谱细微变化信息，但是实际的遥感传感器光谱分辨率有粗有细。图 9.3 是四种传感器，包括 AVHRR、TM、MODIS(在可见和近红外通道)和中国科学院上海技术物理所研制的机载成像光谱仪(Operational Modulator Image System, OMIS)，获得的 400nm 到 2500nm 范围内(OMIS 选用 1100nm 之前的各通道)植被像元反射率，将每个波段的反射率连接起来得此图。从图中可见，随着传感器光谱分辨率的增加，光谱信息愈加丰富。对于 AVHRR，我们只能获得两个宽通道的数值，显然，用这样的光谱来提取体现在细微光谱处的生化组分含量是不可能的。传感器 TM 在光学遥感范围内有五个通道，其光谱曲线已能反映一定的植被信息(如绿峰、红谷)，但这样的光谱分辨率还是较粗的。MODIS 在 400~2500nm 的光谱分辨率比 TM 有了很大提高，9个可见近红外通道，16 个中红外通道，提供了植被光谱较为连续的信息。OMIS 在 1100nm之前有 64 个通道，其植被的光谱曲线基本可以看作是个连续曲线。

高光谱遥感的发展为定量提取植被内部的生化组分信息提供了可能。20 世纪 90 年代以来高光谱遥感技术得到了迅速发展。高光谱遥感由于可以将光谱波段在一特定光谱域进行细分，可以获取地物精确而连续的光谱信息，从而使得对地物的细微光谱信息进行识别与分析成为可能。

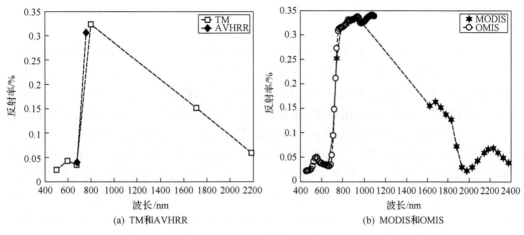

图 9.3　不同传感器植被的光谱曲线

9.1.2　遥感提取理论与方法简介

提取植被生化组分含量的方法可以分为两类，即经验和半经验方法、物理模型反演方法。

经验或半经验方法如图 9.4(a)，通过考察所研究的生化组分含量(y)与光谱因子(反射率或其变化形式、光谱指数等)(x)间的相关关系建立统计模型，如果我们已知 x，应用该模型，即可获得生化组分含量 y。物理模型反演方法如图 9.4(b)，通过植被物理模型，已知模型输入参数，可以模拟植被光谱，该过程称为前向过程，亦称正演。如果已知植被光谱，通过后向过程，我们就可以反演模型参数。生化参数通常是叶片物理模型的输入参数，通过反演，我们就可以得到生化组分含量。

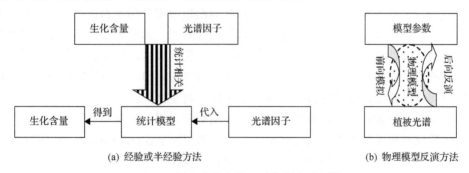

图 9.4　提取生化参数的两种方法示意图

这两种方法各有其利弊，经验或半经验方法简单易行，能够快速应用，但是受方法本身及样本数据的采集时间地点等限制，缺少鲁棒性；模型反演方法的物理意义明确，在模型假设范围内，可在任意时间地点应用，但是受模型精度及算法限制，相当耗时，如推广应用还必须发展准确的模型及快速的算法。因此，在今后一定时期内，对于两种方法的研究还将是并行的。

1. 经验和半经验方法

经验模型的一个重要方面是基于实验室的近红外光谱学方法(NIRS, Marten et al., 1989)，这种方法被提出后就广泛地用在提取植被生化组分上了(Curran et al., 1992; Peñuelas et al., 1995; Jacquemoud et al., 1995)。这种方法通常是利用逐步多元回归筛选出训练样本中反射率或它的变化形式(通常指导数光谱)与生化组分含量相关最密切的波段，建立回归方程。然后利用这些回归方程来提取未知样本的生化组分含量。

NIRS 在控制良好的实验室状态下应用时，效果是非常好的。然而，当将这种方法推广到采用遥感数据的时候，出现了大量的干扰因素，包括太阳辐射强度和角度的变化、观测环境、冠层结构、下覆地表和大气的影响，这种方法可能失去鲁棒性和可移植性(Robustness and Portability)。Grossman 等(1996)、Dawson 等(1999)利用叶片反射率仔细检验了利用逐步多元回归来定量估算叶片碳、氮、木质素、纤维素、干物质重和水分含量的方法。他们的研究指出，虽然生化数据和反射率光谱的逐步多元回归可以得出很高的相关系数，但是因为回归过程利用的是自数据库中随机选取的数据，利用作者所用的数据库选中的波段和其他研究者选中的波段间缺乏联系，波段选择对于所用数据的依赖性以及已知的吸收特征不能解释所用数据库中的生化信息，因此对这些高相关系数的意义提出了质疑。作者指出：对于鲜叶反射率光谱利用逐步多元线性回归必须小心，因为所选波段似乎并不依赖于生化组分的吸收特征。

然而，这种方法毕竟简单易行。许多研究者也在尝试对其进行改进，以期能用在不同尺度的遥感数据上。Kokaly 和 Clark(1999)、Kokaly(2001)提出了一种改进方法，利用光谱估测植物氮、木质素和纤维素含量。他们利用去连续(Continuum-removed)的反射率光谱，经过波深归一化，与逐步多元线性回归相结合，利用实验室干叶光谱建立经验方法，确定了一组与叶片生化特性高度相关的波长。将这些波段独立地应用于 7 个观测点的生化数据，获得了良好的效果。此外，将从数据集中部分样本得出的回归方程应用到剩余样本估测生化含量的时候，对于新生森林树叶数据，木质素和纤维素的预测效果要好于非森林树叶数据。对于氮含量，利用面积归一化的波深，所有样本的预测效果都比较好。这种方法的连续性体现在可以应用于独立的数据集和不同的植物种类。Curran 等(2001)对此作了验证，发现这种方法在一定条件下表现良好。

还有一种半经验的方法，我们姑且称之为指数法。很早以前研究者就注意到植被在可见光区的反射率光谱主要是由叶绿素含量决定的(Thomas and Gaussman, 1977)。半经验方法的一个重要方面就是发展与生化组分含量高度相关的多种指数。经典方法是将几个窄波段的反射率相组合成一个与植被某种特性相联系的指数，例如我们熟悉的归一化植被指数 NDVI。利用这些指数，估测了叶绿素含量(Yoder and Daley, 1990; Chapelle et al., 1992; Gitelson and Merzlyak, 1996; Lichtenthaler et al., 1996)和水分含量(Hunt et al.,1987, 1989; Inoue et al., 1993; Peñuelas et al., 1993)。实际上，常用来获取叶片即时叶绿素含量的叶绿素计 Minolta SPAD-502，其原理也是基于此。红边参数是广为应用的指数，与植被功能和叶绿素含量密切相关，它已被用来估测叶绿素含量(Horler et al., 1983; Curran et al., 1991; Rosemary et al., 1999)。我们将红边参数也归为光谱指数，以区别于单纯地利用反射率或其变化形式与生化组分回归的经验方法。

　　然而，与经验方法一样，指数法通常仍然缺乏鲁棒性，尤其是当应用于冠层水平的时候，会受到背景的极大干扰。Verstraete 和 Pinty（1996a）从数学和物理的角度阐述了如何设计一个最佳的光谱指数，给出了总的设计原则。他们指出：设计一个对于某个影响光谱的因子最敏感，而对于其他干扰因子最不敏感的光谱指数是可能的；但他们同时也指出：设计一个对于某个影响光谱的因子完全敏感，而对于其他干扰因子完全不敏感的光谱指数也是不可能的。因此，对于生化组分信息提取，发展光谱指数的一个重要原则是：该指数应该对诸如下覆地表、大气影响等干扰因子尽量不敏感，而对于生化组分尽量敏感（Huete, 1988; Baret et al., 1994; Verstraete et al., 1996b）。研究者发展和提出了许多光谱指数并应用到不同尺度的遥感数据上，并在不断改进和发展中，目前仍然是活跃研究的方向之一（Chappelle et al., 1992; Gitelson et al., 1996; Bisun, 1998; Blackburn, 1998; Thenkabail et al., 2000; Haboudane et al., 2002）。

　　2. 辐射传输理论模型

　　模型能够反演生化组分信息的前提是该模型必须包含有生化信息的输入参数。叶片物理模型考虑光与叶片相互作用的物理机制及叶片的结构，详细描述了光线在叶片内部的传输过程。以下简介几种叶片物理模型。

　　1）N 流模型

　　这些模型是从 K-M 理论得出的。它们将叶片假设成充满散射和吸收物质的厚板（如图 9.5）。N 流方程是对辐射传输方程的一个简化。解这些方程可以得到叶片反射率和透过率的简单解析解。

　　二流模型（Allen and Richardson, 1968）和四流模型（Fukshanky et al., 1991; Richter and Fukshansky, 1996）已成功地用于描述叶片辐射传输的前向过程，计算叶片的散射和吸收等光学参数。Yamada 和

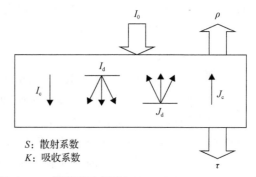

图 9.5　二流模型示意图（Allen and Richardson, 1968）
S、K 为厚板的参数

Fujimura（1991）后来提出了一个更加复杂的模型，将叶片分为平行的四层：上表皮、栅栏组织、海绵组织和下表皮。在每一层通过不同的参数应用 K-M 理论，通过将解与合理的边界条件相结合，可以给出叶片反射率和透过率，它们是散射和吸收系数的函数。这些作者还进行了更深入的研究，将可见光区的吸收系数与叶绿素含量相联系。通过反演，他们的模型可以作为一种无破坏性的测量光合色素的方式。

　　2）随机模型

　　Tucker 和 Garatt（1977）最早提出了一个随机模型。通过马尔可夫链来模拟辐射传输（图 9.6）。它将叶片分割为两个独立的组织：栅栏组织和海绵组织。定义了四种辐射状态（漫射、反射、吸收、透过）以及从一种辐射状态到另一种辐射状态的转换概率。这些概

率是以叶片物质的光学特性为基础确定的。给定一个表述入射辐射的初始矢量，通过状态转移的迭代，直到达到平稳状态，就可以获得叶片的反射率和透过率。

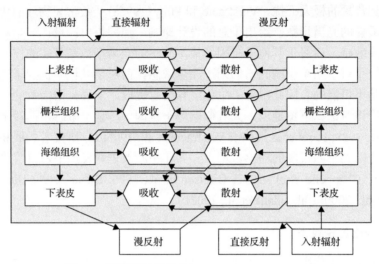

图 9.6　随机模型示意图(Tucker and Garratt, 1977)

　　该方法又被一些作者加以改进，SLOP 模型即为其中一个代表(Maier et al., 1999)。Ma 等(1990)将叶片描述成由水分组成的平板，表面随机分布着不规则的球形粒子。Ganapol 等(1998)提出了 LEAFMOD，他将叶片类比为充满散射和吸收光线的生化物质的均匀混合。该模型对于叶片光学特性模拟较好。

　　3) Ray tracing 模型

　　在目前所有模型中，只有 Ray tracing 模型可以描述如显微镜下显示的叶片内部(图 9.7)复杂的结构。模型需要对单个细胞和它们在组织内的排列作详尽的描述。还需要定义叶物质(细胞壁，细胞质，色素，气孔等)的光学常量。利用反射、折射和吸收定律，就可以确定入射到叶面上的单个光子的传播过程。当足够多光子的去向模拟出来后，就可以从统计意义上估计叶片内的辐射传输过程。最早的研究是基于细胞水平的，尤其是表皮细胞，其形状可能影响到入射光线的路径：某些植物弯曲的表皮细胞作用类似镜头，可将含有很多叶绿体的栅栏组织上部区域的光聚集起来。

图 9.7　Ray tracing 模型示意图(Govaers et al., 1996)

有些研究也直接以了解光线在整个叶片内的透射路径为导向：Allen 等(1973)通过两个介质中的 100 个圆弧(细胞间隙和细胞壁)来模拟白化枫叶的光谱。这个模型用来检验细胞壁的镜面和漫反射特性。Kumar 和 Silva(1973)发现该模型对近红外反射平台的反射率有低估而透过率有高估现象，同时还发现通过再添加两个介质——细胞质和叶绿体从而增加内部散射，可以更好地再现实际光谱。但是这些方法，都忽略了表征近红外平台以外叶片光学特性的吸收现象。而且在这些模型中，叶片通常被描述为二维物体，尽管叶片器官的三维结构对于生理作用(例如对于 CO_2，H_2O 和 O_2 扩散)和光散射非常重要(Vogelman et al., 1993)。三维 Ray tracing 模型 RAYTRAN 正是基于上述考虑发展起来的(Govaerts et al., 1996)，该模型需要叶片内部结构的三维描述，能够符合叶片解剖形态和生理特征。

4) 平板模型

最初的平板模型是将叶片当作一个吸收板，具有朗伯表面。所需的参数为折射指数和吸收系数。这个模型成功地用于模拟紧密(没有空气和细胞间隔)的玉米叶片。

然而很多种叶片的结构并不是这样的，于是后来人们又将其推广到非紧密叶，将叶片看作 N 个平板，被 N–1 个空气间隔分开。后来又推广使得 N 可以取实数(即 N 不一定是整数)。PROSPECT(Jacquemoud and Baret, 1990)模型即是在此基础上发展起来的。该模型假设在叶片内部，光通量是各向同性的，并令 ρ_{90} 和 τ_{90} 为内部每层的反射率和透过率。对于各向同性入射光，叶片的反射率 $R_{N,90}$ 和透过率 $T_{N,90}$ 可以表达为

$$\frac{R_{N,90}}{b_{90}^N - b_{90}^{-N}} = \frac{T_{N,90}}{a_{90} - a_{90}^{-1}} = \frac{1}{a_{90}b_{90}^N - a_{90}^{-1}b_{90}^{-N}} \tag{9.1}$$

其中，

$$a_{90} = (1 + \rho_{90}^2 - \tau_{90}^2 + \delta_{90}) / (2\rho_{90})$$
$$b_{90} = (1 - \rho_{90}^2 + \tau_{90}^2 + \delta_{90}) / (2\tau_{90})$$
$$\delta_{90} = \sqrt{(\tau_{90}^2 - \rho_{90}^2 - 1)^2 - 4\rho_{90}^2}$$

在式(9.1)中，叶片光学特性与其结构参数 N 紧密相关。理论上，N 是与叶内细胞排列相联系的参量。ρ_{90} 和 τ_{90} 与每层的折射指数 $n(n \approx 1.4$，与波长有关)和透射系数 τ 有关。其中，τ 是和吸收系数紧密联系的一个变量，而吸收系数与各生化组分含量是直接挂钩的。

5) 针叶模型 LIBERTY

上述所有的模型都是针对阔叶结构发展起来的，阔叶具有延展的平面和明显不同的层。但是针叶具有自己特殊的结构：没有明显的栅栏组织，其剖面内几乎都是球形细胞。如何表征和模拟针叶叶片的元素存在着很多问题。而且，针叶叶片的形状和尺寸使得光谱特性测量也很困难，即使在实验室内，也很难测定单叶的反射率和透过率。上述这些原因，使得平板模型不能用于针叶，也限制了针叶模型的发展。LIBERTY 模型(Dawson et al., 1998)即是针对针叶发展起来的。它模拟了针叶簇叶或单叶的光谱特性，可以较为准确地模拟松树叶的干湿簇叶光谱。

LIBERTY 模型假设单叶叶片细胞为球形粒子。叶片表层由若干层等距排列的、具有均一尺寸的球形细胞集合组成，细胞球体间则由空气间隔隔开。叶片内部由于细胞紧密聚合形成准无限厚的介质。LIBERTY 模型需要 6 个输入参数：平均细胞直径 d，表征细胞内上行辐射分量的细胞间隙 x_u，基吸收 a_b，白化吸收 a_a，针叶厚度 t 和生化组分含量 C。我们考虑其中的生化组分包含叶绿素、水分、蛋白质和木质素加纤维素。

9.2　经验和半经验方法提取

生化组分含量的多寡影响到叶片光谱从而影响到整个冠层反射率，两者之间存在着紧密的联系，因此研究者很容易联想到在生化组分含量和光谱或其变换形式(导数，对数，光谱指数)之间建立某种关系并以此来推测组分含量。这种方法因其简单，从而引起了相当多研究者的兴趣。本节利用国外实验数据和自测数据对该种方法在叶片和冠层水平的应用做一探讨。

9.2.1　叶片水平生化组分含量提取

本小节利用的叶片光谱和生化数据来自国外的 ACCP 实验数据(Aber and Martin, 1999)。叶片类型均为树叶(椴木，白橡树，糖枫，红枫，红橡树，红杉，红松，白松，美洲落叶松，美洲山毛榉等)，对纤维素和木质素含量分析采用一种连续分离方法(Newman, 94)。碳氮含量采用燃烧法获得。叶片光谱测量利用的是 Perkin Elmer 2400 分光光度计。我们所使用的 ACCP 实验数据简单列表如表 9.2。叶片反射率光谱为 400～2498nm，间隔 2nm 的数据。我们将光谱重采样到 10nm 进行分析。

表 9.2　所用的国外实验数据简表

采集地区(简写)	叶片类型	样本数	生化组分类型
Blackhawk Island (BHI)	干叶	182	纤维素，木质素，总碳，总氮
Howland (HOW)	干叶	187	纤维素，木质素，总碳，总氮
Harvard Forest (HF)	干叶	187	纤维素，木质素，总碳，总氮
Jasper Ridge (JR)	鲜叶	40	纤维素，木质素，总碳，总氮

1. 叶片水平纤维素含量提取

逐步多元线性回归利用自变量 x_i 的线性组合来拟合观测的因变量集合 Y，如式(9.2)：

$$Y = a_0 + \sum_{i=1}^{N} a_i x_i \tag{9.2}$$

式中，Y 代表某个生化组分含量；a_0 为常数；x_i 代表 i 波段反射率或其变化形式(一阶导数)；$a_i(i=1, N)$ 为第 i 波段的回归系数。

分别以反射率和一阶导数为自变量，对 BHI 地区的纤维素含量进行了逐步多元线性回归。表 9.3 为分别利用反射率和一阶导数为自变量的入选波段及系数。

表 9.3 叶片纤维素含量回归关系和入选波长

反射率 ($a_0=28.862$)		反射率一阶导数 ($a_0=44.631$)	
波段 i/nm	系数 a_i	波段 i/nm	系数 a_i
2130	658.476	2320	−20895.564
2410	2508.026	2300	−24385.654
2250	−376.588	1680	−15278.368
2440	−2088.553	600	3686.841
1890	436.844	2420	−10197.646
1490	−314.556	850	−9854.551
2280	1042.409	1790	−28876.059
2010	−1139.557	2080	41889.11
660	256.934	700	−998.719
2340	−1441.54	2460	−41827.108
2090	272.333	2250	6590.467
680	−171.765	2480	25451.451
2230	−380.955		
2020	767.107		

分析表 9.3，在以反射率为自变量的入选波段中，其中 2250nm，1890nm，1490nm，2280nm，2340nm，2090nm 处于纤维素分子的吸收波段或附近；而在以反射率一阶导数为自变量的入选波段中，其中 2320nm，1790nm 和 2250nm 为纤维素分子的吸收波段。其他入选的波段可能或者是我们未知的纤维素分子的吸收波段，或者是随机性引起的。

利用 BHI 地区数据得到的两个回归方程，代入 HOW 和 HF 地区的样本，估计了这两个地区的叶片纤维素含量，并与真实值进行了比较。如图 9.8。可以看到，不论是以反射率为自变量，还是以一阶导数为自变量，对于校正样本(BHI 地区)，都能够得到很好的回归效果，误差在 3% 左右。对于验证样本(HOW 和 HF)，也能很好地估计它们的纤维素含量，误差分别为 14.48%，14.65%和 10.07%，9.07%，可见，对于干叶片样本，得到某个通用的估计模型是可以的。

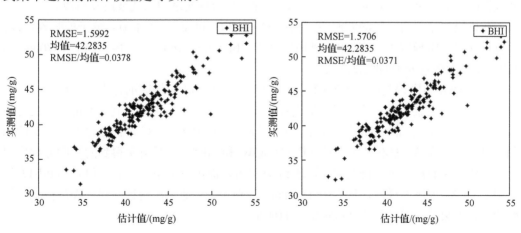

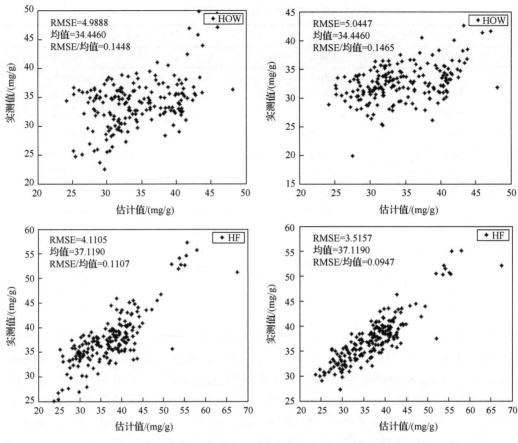

图 9.8　叶片纤维素含量回归方程在三个地区的检验

左为以反射率为自变量，右为以反射率一阶导数为自变量

2. 叶片水平木质素含量提取

同样，分别以反射率和一阶导数为自变量，对 BHI 地区的木质素含量进行了逐步多元线性回归。表 9.4 分别为利用反射率和一阶导数为自变量的入选波段及系数。

在以反射率为自变量的回归中，只有1430nm 和1700nm 处于木质素分子的吸收波段；而以反射率一阶导数为自变量的回归中，其中 1450nm，1630nm，1940nm，1370nm 和 1190nm 为木质素分子的吸收波段。

利用 BHI 地区得到的两个回归方程，代入 HOW 和 HF 地区的样本，估计了这两个地区的叶片木质素含量。并与真实值进行了比较。如图 9.9。可以看到，不论是以反射率为自变量，还是以一阶导数为自变量，对于校正样本(BHI 地区)，都能够得到很好的回归效果，误差在 5%左右。对于验证样本(HOW 和 HF)，由反射率得到的回归方程应用于 HOW 地区的样本时，误差偏大，达到31.77%，而由反射率一阶导数得到的回归方程应用于 HOW 地区的样本，误差为 13.44%；而对于 HF 地区，两种回归方程都得到了较好的估计效果，误差分别为 12.06%，10.04%。

表 9.4　叶片木质素含量回归关系和入选波长

反射率 ($a_0=28.706$)		反射率一阶导数 ($a_0=35.265$)	
波段 i/nm	系数 a_i	波段 i/nm	系数 a_i
2300	−1354.39	2370	−33132.118
2320	1950.590	2420	38257.306
1430	−257.738	1580	13674.827
2380	−1809.06	1450	10686.943
2260	−1260.58	2210	26456.241
650	−57.189	1630	21175.473
2310	1133.209	1940	4686.527
2230	2165.731	790	8043.826
2210	−2200.30	1810	−27402.878
1370	93.656	1370	3657.470
2430	314.154	2160	11054.804
2170	1466.705	1190	8562.878
2150	−734.812	2390	16785.976
1700	204.359		
2480	350.061		

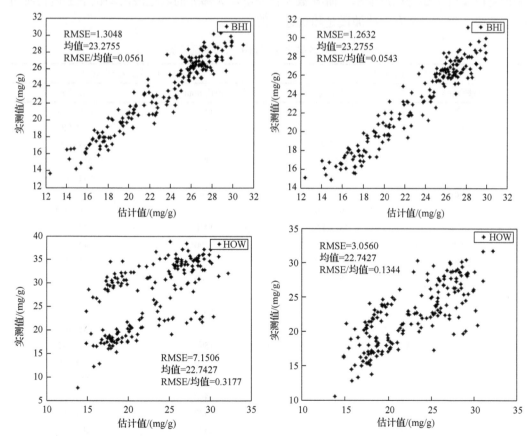

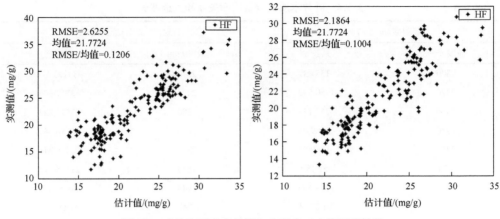

图 9.9　叶片木质素含量回归方程在三个地区的检验

左为以反射率为自变量，右为以反射率一阶导数为自变量

3. 叶片水平碳含量提取

分别以反射率和一阶导数为自变量，对 BHI 地区的叶片碳含量进行了逐步多元线性回归，如表9.5。碳素主要分布在纤维素，木质素，淀粉等物质中，对于回归方程，如表9.5，无论是以反射率还是以反射率一阶导数为自变量，大部分的入选波段均位于上述物质的吸收波段，但是仍然有一些波段是随机选入的。

表 9.5　叶片碳含量回归关系和入选波长

反射率(a_0=44.402)		反射率一阶导数(a_0=49.164)	
波段 i/nm	系数 a_i	波段 i/nm	系数 a_i
1720	−138.915	1580	3984.504
1790	129.109	1940	3760.091
1480	98.774	550	1485.997
2060	322.160	1870	2735.807
2150	−380.731	2430	8329.378
2380	−45.154	430	−1883.896
1550	−493.709	1240	−3926.871
1610	331.447	1730	3340.442
2220	205.722	1700	1421.357
2240	−118.428	1200	3617.996
2120	76.902	2200	5307.829
		1650	−1589.747
		2070	−1917.720
		520	−516.603
		1590	3799.942
		1260	−4698.241
		2310	3108.189
		2400	3591.095
		1520	3043.164
		2370	−2808.535

　　将 BHI 地区得到的两个回归方程，代入 HOW 和 HF 地区的样本，估计了这两个地区的叶片碳含量。并与真实值进行了比较。如图 9.10。可以看到，不论是以反射率为自变量，还是以一阶导数为自变量，对于校正样本(BHI 地区)，都能够得到非常好的回归效果，总体误差仅有 0.71% 和 0.51%。对于验证样本(HOW 和 HF)，也得到了很好的估计结果。总体误差仅有 2.61%、1.62% 和 2.20%、1.36%。

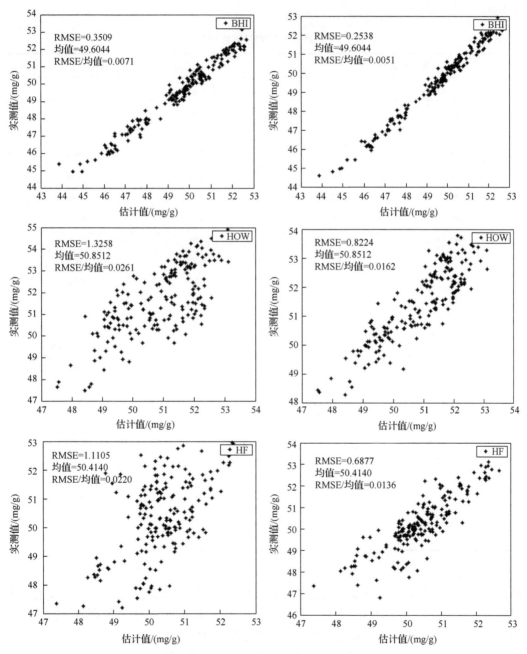

图 9.10　叶片碳含量回归方程在三个地区的检验

左为以反射率为自变量，右为以反射率一阶导数为自变量

4. 叶片水平氮含量提取

分别以反射率和一阶导数为自变量，对 BHI 地区的叶片氮含量进行了逐步多元线性回归，如表 9.6。在入选波段中，以反射率为自变量有 4 个蛋白质分子的吸收波段选入，以反射率一阶导数为自变量有 5 个蛋白质分子的吸收波段，而其他多数波段认为是随机选入的。

表 9.6　叶片氮含量回归关系和入选波长

反射率(a_0=3.087)		反射率一阶导数(a_0=2.869)	
波段 i/nm	系数 a_i	波段 i/nm	系数 a_i
1450	47.898	2140	−1209.906
2040	−159.654	2060	940.667
2030	102.770	2250	380.397
2480	56.822	2280	1328.752
2180	−22.362	410	−638.220
1510	−29.422	1960	−1679.859
660	−21.375	2470	1073.881
1640	41.277	1620	1143.008
680	17.600	1910	−648.372
1980	−10.092	1350	886.454
1400	−22.404	2420	3274.417
		2410	−1626.489
		790	708.796
		680	135.718
		1030	1277.322
		1870	−1247.685
		1500	−1441.210
		2020	−682.345
		850	−450.175
		1840	1397.505
		1280	−1125.733

利用 BHI 地区得到的两个回归方程，代入 HOW 和 HF 地区的样本，估计了这两个地区的叶片氮含量。并与真实值进行了比较。如图 9.11。可以看到，不论是以反射率为自变量，还是以一阶导数为自变量，对于校正样本(BHI 地区)，都能够得到非常好的回归效果，总体误差为 4.56%和 3.31%。对于验证样本(HOW 和 HF)，也得到了很好的估计结果。总体误差分别为 15.79%、14.70%和 11.47%、13.18%。

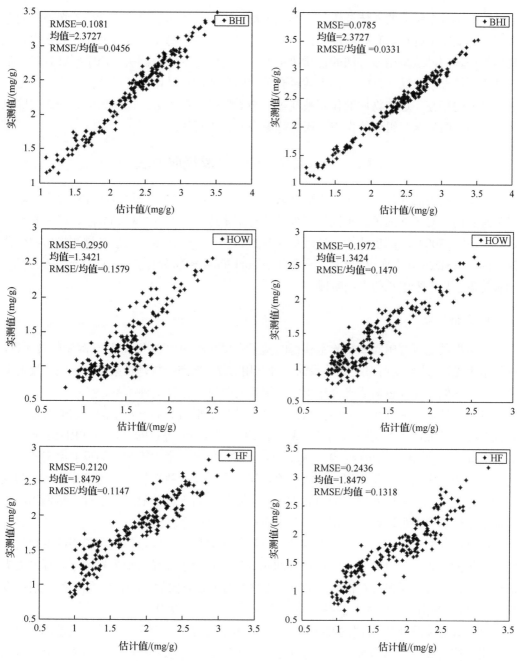

图 9.11　叶片氮含量回归方程在三个地区的检验

左为以反射率为自变量，右为以反射率一阶导数为自变量

由上述对干叶片纤维素，木质素，总碳和总氮含量与叶片光谱的回归和验证可见，对于干叶片，无论是以反射率还是以一阶导数为自变量，利用逐步多元线性回归的统计关系，都可以很好地预测这些组分的含量，并且所建立的关系可应用于其他的样本，当然，以后者为自变量能够很好地去除某些随机因子，因而回归和验证结果都好于前者。

但是，对于各个组分的入选波段，并不完全都处于相关物质的吸收波段，入选波段的意义我们不能完全解释，有些可能是处于我们还未知的相关物质的吸收波段，有些也许就是随机进入的，这是由该方法的性质决定的。并且当将这些预测关系用于鲜叶片时，估计结果不很理想，这一方面跟样本数量有关，但主要的还是由于鲜叶片内的水分作用。由于水分的存在，这些物质的作用被掩盖，相对属于弱势组分，因而如何有效地去除水分的影响，凸显这些组分的作用，还有待更进一步的研究。

9.2.2　叶绿素含量的半经验提取方法

本小节利用的叶片光谱和生化数据来自我们在 2003 年 7 月至 9 月间，在北京市农林科学院农场，对不同品种、不同氮肥处理的夏玉米进行的农学采样和冠层、叶片光谱测量(颜春燕，2003)。同步测量了生理形态参数和生化组分含量。冠层光谱测量所用仪器为美国产 ASD2500 光谱仪，叶片光谱采用 Licor1800-12s 积分球外接 ASD 光谱仪测量。测量覆盖了夏玉米生长的不同阶段。

1. 光谱指数

光谱指数是研究田间或实验室获得的基于生理状态的生物指示因子(例如色素含量，叶绿素荧光)与植被反射率之间关系的一种常用方法。光谱指数是指某些特定波段反射率的组合，它们与叶片色素或光合作用以及植被的胁迫状态有某种关系。

许多与植被功能联系的光谱指数都是基于叶片水平而非冠层水平的，它们与色素含量或叶绿素荧光的关系可以容易地观测到。例如 Gamon 等(1997)提出 PRI(531nm 和570nm 的反射率组合：PRI＝$(R_{531}-R_{570})/(R_{531}+R_{570})$)是一个生理学上的反射率指数，它与叶黄素环色素的环氧化作用以及氮胁迫冠层的光合作用效率相关，可以作为叶片和完全照射冠层的光合辐射利用率的中间指数，但是不能用于遮蔽冠层。不过，他们指出如果冠层结构的问题可以解决，相对光合速率亦可以通过遥感获得。

Horler 等(1983)和最近的一些叶片和冠层的研究探讨了红边位置和斜率的变化与叶绿素含量的关系。当健康叶片经历积极的光合作用到由于叶绿素损失导致不同程度衰老的过程中，红边位置和斜率将会变化。红边位置向短波方向的移动称作"蓝移"，研究发现，"蓝移"是由于叶绿素 b 的减少引起的(Rock et al.，1988)。

为更好地反演叶片/冠层的叶绿素含量，很多研究者都重视在一定的理论基础上建立和应用一些高效的光谱指数。这一方法是经验或半经验方法反演的重要组成部分。按照光谱区域和所考虑的参数，这些具有潜在价值的光谱指数可以分为四类(Zarco-Tejada et al., 1999a, 1999b)：

(1)可见光比值指数：NPCI($(R_{680}-R_{430})/(R_{680}+R_{430})$)；NPQI($(R_{415}-R_{435})/(R_{415}+R_{435})$)；PRI1($(R_{531}-R_{570})/(R_{531}+R_{570})$)，PRI2($(R_{550}-R_{531})/(R_{550}+R_{531})$)，PRI3($(R_{570}-R_{539})/(R_{570}+R_{539})$)；SRPI($R_{430}/R_{680}$)；Carter1($R_{695}/R_{420}$)；绿度指数 G($R_{554}/R_{677}$)以及 Lichtenthaler1(简称为

Lic1，(R_{440}/R_{690})）；$450\sim680\text{nm}$ 反射率下覆盖的面积 $\text{AR}=\int_{450}^{680}R$。

（2）可见/近红外比值指数：NDVI（$(R_{774}-R_{677})/(R_{774}+R_{677})$）；Lichtenthaler2（简称为 Lic2，$(R_{800}-R_{680})/(R_{800}+R_{680})$）；Lichtenthaler3（简称为 Lic3，(R_{440}/R_{740})）；SIPI（$(R_{800}-R_{450})/(R_{800}+R_{650})$）；MCARI（$((R_{700}-R_{670})-0.2\times(R_{700}-R_{550}))\times(R_{700}/R_{670})$）；TCARI（$3\times((R_{700}-R_{670})-0.2\times(R_{700}-R_{550})\times(R_{700}/R_{670}))$）；SR（$R_{774}/R_{677}$）；PSSRa（$R_{800}/R_{680}$），PSSRb（$R_{800}/R_{635}$）。

（3）红边反射率植被指数：Vogelmann1（简称为 Vog1，$(R_{734}-R_{747})/(R_{715}-R_{720})$）；Vogelmann2（简称为 Vog2，$(R_{734}-R_{747})/(R_{715}-R_{726})$）；Vogelmann3（简称为 Vog3，$(R_{740}/R_{720})$）；Gitelson 和 Merzylak（1997）提出的植被指数［简称为 GM，$(R_{750}/R_{700}$；Carter2（R_{695}/R_{760}）］；曲线指数 CI（$R_{675}\cdot R_{690}/(R_{683}^{2})$）。

（4）红边导数指数：D（D_{715}/D_{705}）；DPR1（$D_{\lambda p}/D_{\lambda p+12}$）；DPR2（$D_{\lambda p}/D_{\lambda p+22}$）；DP21（$D_{\lambda p}/D_{703}$）；DP22（$D_{\lambda p}/D_{720}$）；导数光谱红边下的面积 $\text{AD}=\int_{680}^{760}D$。

2. 叶片水平叶绿素含量的提取

利用实测的玉米叶片光谱数据和叶绿素含量数据，考察各个光谱指数与叶绿素含量的相关关系，并考察两种叶绿素含量（质量/干重和质量/面积）表示方法的差异。

研究发现，叶绿素含量与大多数的光谱指数在某个含量范围内都具有明显的相关性。同时，以质量/面积为量纲的叶绿素含量表示方法与各个光谱指数的相关性要优于以质量/干重为量纲的叶绿素含量表示方法与光谱指数的相关性，说明如果利用遥感数据来提取叶绿素含量，应以前者表示的量纲为宜。这是从理论上可以解释的，根据辐射传输理论，光线在叶片内的消光作用分为散射和吸收，与光线在叶片内走过的光程有关，而光程又是与单位面积内的散射吸收物质直接相关的。

理论上大多数的光谱指数在某个特定的范围内，都可以用来估计叶片的叶绿素含量。由于个别指数对植被种类不敏感，建立一个对各种类型叶片通用的叶绿素含量估计模型是可能的。如果样本类型固定，建立的回归关系应用于该类植被叶片叶绿素含量的提取，效果将会更好。

3. 农作物冠层水平叶绿素含量的提取

遥感所探测到的冠层光谱是植被和土壤的混合光谱，最初研究者利用冠层光谱来提取叶绿素含量最直接的方法就是将冠层光谱反射率或其变换形式与某些样本的叶绿素含量建立相关关系，再将此关系运用于其他样本以预测其叶绿素含量。人们发现，这种方法受诸多因素影响，难以找到一个普适的关系，预测方程因时因地而异。显然，用这种混合光谱与植被参数建立相关受到太多随机因素的影响，建立的关系难以给出理论的解释。

光谱指数建立时考虑了部分植被内部的散射、吸收机制，有一定的物理意义。而且我们也看到，在叶片层次，找到一个通用的关系是完全可能的。但是在冠层层次，受背景影响，简单将某种光谱指数与叶绿素含量在一批样本上建立的相关用于提取其他样本的叶绿素含量时，效果往往不好，所以必须找到一种能够剔除背景影响的方法。

近年来的一些研究发现土壤可调节植被指数(Soil Adjusted Vegetation Index，SAVI)与某个光谱指数结合，能够大大地减小背景的影响(Huete, 1988)。例如 OSAVI(Optimized Soil Adjusted Vegetation Index)是一个土壤可调节植被指数(Rondeaux et al., 1996)。它是冠层 800nm 和 670nm 反射率的一个组合，定义为 $OSAVI = (1+0.16)(R_{800}-R_{670})/(R_{800}+R_{670}+0.16)$。

从 OSAVI 的定义可以看出，相对于其他依赖于一定实际土壤光谱特性的指数而言，它的确定不要任何土壤或特定场景的信息，而且，对于大部分农作物，它去除土壤背景影响的效果也是最好的。

叶面积指数(LAI)可以在一定程度上反映植被和土壤背景在遥感像元中的比例，因此在利用某个光谱指数反演叶绿素含量时，讨论是否存在土壤背景的影响，可以转化为观察所建立的相关关系是否受 LAI 的影响。将某个光谱指数与某个 SAVI 结合，建立与叶绿素含量的(不依赖于 LAI 的)普适关系从理论上说是可能的。

光谱指数 TCARI($TCARI=3\times((R_{700}-R_{670})-0.2\times(R_{700}-R_{550})\times(R_{700}/R_{670}))$)是对 MCARI 的一个改进。Haboudane 等(2002)发现尽管 LAI 对于 TCARI 和 OSAVI 这两个指数与叶绿素含量的关系的影响都非常大，但是可以尝试将 TCARI 和 OSAVI 结合以分离 LAI 和土壤背景对估算叶绿素含量的影响。图 9.12 显示在不同叶绿素含量，不同叶面积指数下 TCARI 和 OSAVI 的分布。

图 9.12 给出的最重要的信息是叶绿素含量值在 OSAVI-TCARI 空间的分布。对于所有的覆盖水平(LAI)，叶绿素含量沿着相同中心的弧线分布，高的值靠近 x 轴(OSAVI)，低值靠近 y 轴(TCARI)。此外，代表相同叶绿素含量水平而不同 LAI 水平的点沿着以裸露土壤为原点的直线分布。这些叶绿素含量的等值线在散点图的原点附近相交，并且随

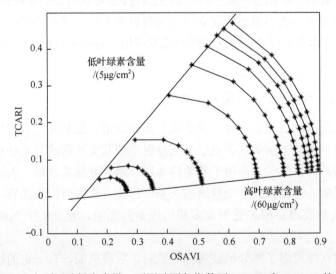

图 9.12　在不同叶绿素含量，不同叶面积指数下 TCARI 和 OSAVI 的分布

着覆盖度(LAI)的增加向外辐射。为了看得清楚，图中只列出了低叶绿素值(5μg/cm²)和高叶绿素值(60μg/cm²)的两条等值线。这个图显示叶绿素含量只和等值线的斜率有关，而与 LAI 无关，随着叶绿素含量的增加，等值线的斜率减小。即利用 TCARI 对 OSAVI 的斜率，可以去除 LAI 的影响，提取叶绿素含量。

实际上，TCARI 对 OSAVI 的比率明显地减小了对 LAI 的敏感性，同时保留了对叶绿素含量变化的高敏感性：它在很宽的 LAI 范围内(0.3~8)都与叶绿素含量呈现近似唯一的关系，对于叶绿素含量在 15~60μg/cm² 的范围内，这一点表现得尤为明显。通过以上这些分析，Haboudane 提出了叶绿素含量和 TCARI/OSAVI 之间的一个预测关系式，如图 9.13 中所列出，其中 y 代表叶绿素含量，x 代表 TCARI/OSAVI。认为这可能是一个普适的提取农作物冠层叶绿素含量的关系。

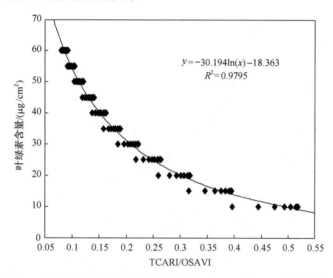

图 9.13　不考虑交点的冠层叶绿素含量与 TCARI-OSAVI 之间的关系

可以尝试的一项重要工作是对 Haboudane 提出的关系式进行改进。叶绿素含量在 TCARI 和 OSAVI 的空间中的分布，等值线的斜率与叶绿素含量的大小有关，这些等值线的交点接近坐标原点，但并不是原点。Haboudane 的关系的建立隐含着认为这个交点是原点，或者忽略了其影响。但是，从图中可以大致找到一个交点，假设为 O'(0.11，−0.01)，如果假设叶绿素含量是与以 O' 点为原点的直线的斜率相关的，重新绘出叶绿素含量与(TCARI-(−0.01))/(OSAVI−0.11)的关系，如图 9.14。可见相对于图 9.13，图 9.14 的样本更加集中，也即对于 LAI 和土壤的影响更加不敏感。因此，在建立叶绿素含量与 TCARI 和 OSAVI 组合间的关系时，最好考虑这个交点的影响。实际建模时，为准确起见，将交点 O' 的坐标设为未知数，通过样本拟合得到。

此外，根据图 9.14，从叶绿素含量和 TCARI/OSAVI 的分布来看，叶绿素含量与 TCARI/OSAVI 的关系以倒数函数的形式更为宜。因此，综合起来，叶绿素含量与 TCARI、OSAVI 的关系应以式(9.3)拟合得到：

$$y = \frac{a'}{\dfrac{\mathrm{TCARI} - b'}{\mathrm{OSAVI} - c'} - d'} + e \qquad (9.3)$$

其中，y 为叶绿素含量；b' 和 c' 为要找的等值线的交点的纵坐标和横坐标。为方便最小二乘拟合，将该式化简得到：

$$y = (a \cdot \mathrm{OSAVI} - b)/(\mathrm{TCARI} - c \cdot \mathrm{OSAVI} - d) + e \qquad (9.4)$$

以式(9.4)的函数形式，重新拟合了叶绿素含量与 TCARI 和 OSAVI 间的回归关系，图 9.15 为样本的叶绿素含量与拟合叶绿素含量间的关系，图中列出了回归关系和对应于式(9.4)中的 a, b, c, d 和 e。

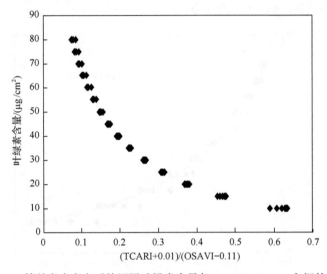

图 9.14　简单考虑交点后的冠层叶绿素含量与 TCARI-OSAVI 之间的关系

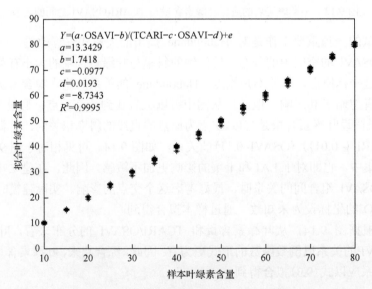

图 9.15　样本的叶绿素含量与拟合叶绿素含量间的关系及冠层叶绿素含量估计模型

利用 Haboudane(H 方法)和牛铮等(2000)建立的冠层叶绿素含量的提取关系,对在北京市农林科学院测量的玉米冠层光谱数据,分别提取了各个样点的叶绿素含量,并与实测值进行了对比。结果表明,利用改进的冠层叶绿素含量估计模型提取实测玉米的叶绿素含量,无论从估计的叶绿素含量与实测叶绿素含量的相关关系看,还是估计值与实测值的均方根误差与真实值平均值的比(RMSE/均值,代表总体误差)来看,新提出的预测关系都优于 Haboudane 提出的关系。由于建模时所用的数据均为理论模型得到的样本,因此,改进的预测关系有可能应用于其他地区玉米冠层叶绿素含量的估计。而很多农作物都属于禾本科单子叶植物、具有相近的叶肉结构,因此,该关系也很可能可以用于这些种类农作物冠层的叶绿素含量提取。当然,这还有待更多的实测数据的进一步验证。

9.3　理论模型反演

在叶片水平和冠层水平反演生化参数都需要叶片模型,两者的反演方法相似又有所不同,基本方法通常都是构造一个代价函数,通过某种优化方法使代价函数最小化得到参数估计值。其中涉及如何合理有效地选择一个代价函数,如何优化该代价函数,如何选择既准确又省时的反演算法,这些都直接影响到反演方法能否真正应用。

高光谱数据提供了植被的准连续光谱,为反演生化参数提供了可能。但是一方面高光谱数据提供了丰富的信息,另一方面其数据又存在冗余性。反演中,如果利用所有波段,就会大大地增加计算时间,如何利用尽可能少的波段,同时又最大限度地保留必要信息,剔除冗余信息也是反演中应该考虑的问题。

9.3.1　反演方法

植被遥感物理模型是输入参数的非线性表达,甚至可能不是解析的表达。那么如何从遥感数据通过反演得到所需的地表参数(模型的输入参数)?这一类问题实际上是非线性最优化问题。一个成功的反演是三个因子的结合,好的代价函数,好的优化算法和一个好的反演策略。

1. 反演中的代价函数

9.5a 式的代价函数是传统反演算法选择较多的形式,因为它比较简单直观,其中 Y_M 为模型模拟值,Y_{obs} 为观测值,对于冠层和叶片水平,分别表示冠层反射率和叶片光谱;S 为模型的其他参数;X 即为要反演的生化参数。从其形式即能明确反演的目的是使模拟值和真实值最逼近。

$$COST(X) = \sum [Y_M - Y_{obs}(S;X)]^2 \tag{9.5a}$$

考虑到每个观测值对代价函数的贡献可能不一样,因此有时人们更愿意使用如式(9.5b)的代价函数,与式(9.5a)不同的是式(9.5b)对每个观测值加以不同的权重,当然总的权重之和为 1,权重的取值或者人为指定,或者通过某些观测数据统计求得。

$$\text{COST}(X) = \sum W_k [Y_{\text{M, }k} - Y_{\text{obs, }k}(S_k; X)]^2 \tag{9.5b}$$

实际代价函数的选取需根据具体的问题来分析，本文在讨论几种代价函数的选取，重点分析贝叶斯反演。

贝叶斯反演从概率论的角度出发，以先验概率分布的形式给出约束条件，并以后验概率分布的形式给出反演结果。相对于其他方法而言，贝叶斯理论的特点在于：①先验概率有明确的物理意义，它提供了将其他来源的信息引入方程求解问题的途径；②在有噪声或方程欠定的条件下，精确求解方程是不可能的，贝叶斯理论明确指出反演结果是一个概率分布，而反演的作用表现在后验概率分布的信息相对先验概率分布信息的增加。因此，贝叶斯反演不但是解决欠定问题的理想方法，只要数据中存在噪声，同时具有对参数的先验知识，也可以使用贝叶斯反演来提高反演精度和稳定性。

贝叶斯反演的理论基础为贝叶斯推论，在地质、大气等领域中很早就吸收了贝叶斯方法，其应用已经非常普遍，很多论著中都讨论了贝叶斯推论用于地学的原则和方法(Menke, 1984；Tarantola, 1987；杨文采，1997)。但遥感界运用贝叶斯反演还是从近十几年才开始(李小文等，1998；刘强，2002; Moulin et al., 2003)，这主要是因为对先验知识(即先验概率分布)存在性的质疑。先验知识指除了方程以外，我们能搜集到的所有关于未知参数的信息。事实上不使用先验知识只能是表面现象，对于反演问题的任何解法都必然隐含使用了某种先验知识。几十年来人们积累了大量观测数据，建立了各种数据库，这些都可以成为先验知识。当遥感研究的对象是地球而不是其他星球时，对地面特定时间和特定地点的任何一个参数做出先验估计总不会差得太远。

简单说，贝叶斯推论可以表示为

$$P(X \mid Y) = \frac{P(X)P(Y \mid X)}{\int P(x)P(Y \mid x)\mathrm{d}x} \tag{9.6}$$

其中，$P(X|Y)$ 为已知事件 Y 时 X 发生的条件概率，$P(Y|X)$ 为已知事件 X 时 Y 发生的条件概率，$P(X)$ 就是所谓的先验概率，即我们不知道 Y 以前对 X 发生概率的预测，分母为归一化因子。

为了在反演问题中应用贝叶斯推论，我们的做法是令 X 表示未知参数的取值，Y 表示观测数据。$P(X|Y)$ 取最大值时对应的参数值称作反演问题的最大后验概率解，这里用 X^* 表示。假设数据噪声为高斯分布，未知参数的先验概率分布为高斯分布，则最大后验概率解是如下代价函数的极值点：

$$\text{COST}(X) = (Y_{\text{M}} - Y_{\text{obs}})^{\text{T}} \Sigma^{-1} (Y_{\text{M}} - Y_{\text{obs}}) + (X - \overline{X_{\text{prior}}})^{\text{T}} \Delta^{-1} (X - \overline{X_{\text{prior}}}) \tag{9.7}$$

其中，Y_{M} 为冠层或叶片光谱 Y 的模型模拟值，Y_{obs} 为观测值，$\sum$ 是噪声分布的协方差，$\overline{X_{\text{prior}}}$ 是未知参数(生化组分含量)先验分布的平均值，Δ 是未知参数先验分布的协方差矩阵。

2. 反演算法

物理模型反演最终目的就是使得代价函数最小，此时的参数值就是反演解。生化组分信息反演也就是利用冠层或叶片模型，利用实测光谱数据，通过最小化代价函数得到。由于冠层模型或叶片模型都是生化组分参数的泛函，我们无法通过像解线性方程那样得到模型参数的精确解析解，而通常都是通过迭代优化的方法，使得代价函数最小而得到一个可以接受的解估计。优化的过程可以流程图 9.16 表示：

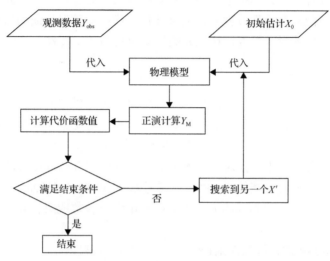

图 9.16　反演流程图

①给出模型参数 X 的一个初始估计 X_0，代入模型，计算模拟值；②通过观测数据和①的结果，计算代价函数 $COST(X_0)$；如果代价函数小于某个给定的阈值则反演结束，否则进入③；③通过某个搜索方向找到另一个 X'，代替 X_0 重复步骤①和②；④重复③直到代价函数收敛或小于某个给定的阈值，或者迭代次数达到给定值反演结束。

流程图中的虚框实际上是优化中的重要一步，不同的算法决定了搜索的快慢、精度及能否找到全局最小。SIMPLEX（Lagarias，1998）是一种流行于优化领域的传统迭代算法，因其简单，并且不需要知道所要优化函数的导数信息，因此得到了广泛使用。下述大部分优化算法将使用 SIMPLEX 算法，同时也将对一些其他算法的表现做一讨论。

3. 反演策略

在反演中，我们需要反演的参数可能有很多，有的敏感，有的不敏感，或者所需反演的模型是几个模型的组合，那么是所有参数一起反演，还是固定一部分不敏感参数，是从最终模型直接反演还是几个模型分别反演等等问题，就构成了反演中的策略选择问题。

我们可以分别在叶片和冠层水平反演生化组分信息。通常生化参数是叶片模型的直接输入参数，对于冠层，则是通过叶片模型耦合到冠层模型中去的。那么在叶片水平，显然我们可以直接反演生化参数；对于冠层，我们可以通过耦合模型直接反演生化信息，而如果组分光谱可知或者通过反演可得，那么实际上剩下的又是对于叶片模型的反演了。因此这两个水平的反演既相互关联，又相互独立，而叶片模型的反演实际上是所有反演过程的基础。下面分别在叶片和冠层水平分析反演生化信息的可能性、存在的问题等。

9.3.2　叶片水平生化组分反演

采用一定的叶片光学物理模型，通过代价函数反演算法，就可以开展叶片水平生化组分的理论模型反演。在反演过程中，应该评估各模型参数对反演的敏感性，以及数据噪声对反演结果精度的影响程度，认识先验知识对反演的重要性！

1. 无偏差数据反演

为了利用真正遥感实测数据反演生化组分信息，可用模拟的无偏差数据进行反演实验，讨论模型的可反演性和模型参数的敏感性。方法是选定某个模型，指定一些模型的输入参数，利用模型模拟出叶片光谱，然后将这些输入参数值"忘记"，以模拟的光谱为真实值(或者称作观测值)来反演这些输入参数。部分研究者(Maire et al., 2004)曾利用类似方法研究叶绿素含量的反演策略。也可以参考 Goel 和 Strebel(1983) 的反演策略：改变代价函数的形式；改变参数和观测值的个数；使用组合参数或组合光谱；利用不同的优化方法和先验知识。

下面分析 PROSPECT 和 LIBERTY 两个模型的可反演性。

1) PROSPECT 模型反演

从前面的介绍可见，PROPSECT 需要结构参数 N 和生化组分含量两类参数，如果生化组分考虑叶绿素 c_{ab}、水分 c_w、蛋白质 c_p 和纤维素加木质素 c_{cl}，那么就有 5 个参数。分别取 $[N, c_{ab}, c_w, c_p, c_{cl}]$ 的先验知识如下(Jacquemoud et al., 1996)：

下界=[1, 16.5μg/cm^2, 0.0046cm, 0.00048g/cm^2, 0.00034g/cm^2]

上界=[5, 85.5μg/cm^2, 0.0405cm, 0.00172g/cm^2, 0.0085g/cm^2]

均值=[2, 48.6μg/cm^2, 0.0115cm, 0.00096g/cm^2, 0.00168g/cm^2]

标准差=[1, 15.2μg/cm^2, 0.0067cm, 0.00029g/cm^2, 0.00129g/cm^2]

在上下界范围内，按照高斯分布随机找 100 个参数集，利用 PROSPECT 模型模拟了 100 个叶片从 400~2500nm，间隔 5nm 共 421 个波段的光谱数据，每个叶片光谱包括反射率和透过率。以这些模拟的叶片光谱为观测值，反演生化组分参数。

实验将连同叶肉结构参数 N 在内的 5 个参数同时反演，因为是无偏差数据，所以代价函数未加先验知识，也即选择如式 (9.5a) 的形式。反演算法选择常用的 SIMPLEX 迭代优化算法。

反演结果如表 9.7。以 RMSE(root mean square error)/均值代表反演总体平均误差。可以看出，对于无偏差的叶片数据，利用 PROSPECT 模型反演，很好地"再现"了"真

表 9.7　无偏差数据反演 PROSPECT 模型参数结果

反演参数	N	c_{ab}/($\mu g/cm^2$)	c_w/cm	c_p/(g/cm^2)	c_{cl}/(g/cm^2)
平均值	1.98	48.6	0.0118	0.00094	0.0017
RMSE/均值	6×10^{-11}	8×10^{-10}	1×10^{-9}	1×10^{-9}	8×10^{-9}

实"参数,这为利用实测光谱反演生化组分含量提供了基础。

2)LIBERTY 模型反演

如果考虑叶绿素、水分、蛋白质和木质素加纤维素四种生化组分,那么 LIBERTY 模型就有 9 个输入参数,利用 LIBERTY 模型模拟了 100 个叶片从 400~2500nm,间隔 5nm 共 421 个波段的光谱数据,每个叶片光谱包括准无限厚叶片反射率以及单叶反射率和透过率。以这些模拟的叶片光谱为观测值同时反演 9 个参数的结果如表 9.8。从表中可见,模型反演结果基本可以容忍,对于 4 个生化参数,叶绿素误差在 13%,水分误差为 15%,蛋白质误差较大,在 20%,木质素加纤维素误差为 16%。但是对于无偏差数据,这样的反演结果并不是很理想。

表 9.8 LIBERTY 模型反演所有模型参数结果

反演参数	D	x_u	t	a_b	a_a	c_{ab}	c_w	c_p	c_{cl}
均值	45.8	0.03	1.60	0.0006	5.15	512.	115.86	0.59	17.24
RMSE	7.87	0.001	0.007	0.0001	0.76	67.5	16.9	2.57	0.12
RMSE/均值	0.17	0.04	0.004	0.14	0.15	0.13	0.15	0.20	0.16

要想准确反演生化组分含量,必须减少反演参数,对反演过程进行某些约束。假设其他非生化参数(平均细胞直径 D,细胞间隙 x_u,针叶厚度 t,基吸收 a_b,白化吸收 a_a)均已知,将其固定,只反演生化参数就能够准确地反演出来,结果如表 9.9。因此,由于 LIBERTY 模型参数过多,准确地反演生化参数严重地依赖于对其他参数准确的先验知识。

表 9.9 LIBERTY 模型反演生化组分结果

反演参数	c_{ab}	c_w	c_p	c_{cl}
均值	515.4486	115.5689	0.609918	15.99231
RMSE	3.556004	0.287294	0.046136	$6.84×10^{-9}$
RMSE/均值	0.0069	0.0025	0.0756	0

2. 噪声数据反演

真实的观测数据都带有这样或那样的噪声,即使校正再好的数据也不可能把所有的噪声都消除,那么反演的时候就不得不考虑噪声的影响。其中,随机噪声代表数据中无规律的随机出现的噪声,例如斑点噪声等,这里假设随机噪声是服从均值为零的高斯分布的加性噪声。系统噪声代表由于系统偏差而出现的数据整体"漂移",例如由于传感器的校正误差,观测数据较真实值出现的整体偏高或偏低,这里假设系统噪声均为乘性。

利用 PROSPECT 模型,我们在各个参数的边界范围内随机选择 100 个参数组合模拟了叶片光谱。然后对这些数据分别添加均值为零、标准差为 0.01,0.05,0.1 的高斯随机噪声,和偏差为 5%,10% 和 15% 的系统噪声,利用如式 9.5a 的代价函数,也即无先验知识,对全波段噪声数据进行了反演。表 9.10 列出了在不同的噪声下生化组分含量的反演结果。第一行表示随机噪声水平，第一列表示系统噪声水平，表格中的四个值分别代表叶绿素，水分，蛋白质和纤维素加木质素的。

可以看到，各个生化参数在不同的噪声下表现不尽一致，基本上，叶绿素和水分可以归为一类；蛋白质及纤维素加木质素可以归为一类。

当系统噪声较小时，水分和叶绿素都能得到比较理想的反演结果，即使随机噪声水平比较高(标准差为0.1)，它们的反演误差也仅有8%左右；而蛋白质和纤维素加木质素对于随机噪声非常敏感，当噪声水平中等(标准差为0.05)时，反演已经失败。

当系统噪声较大时，无论是叶绿素和水分还是蛋白质和纤维素加木质素的反演结果都受到了严重影响。即使没有随机噪声，系统噪声水平较低(5%偏差)，蛋白质和纤维素加木质素的反演也完全失败，叶绿素和水分的反演误差还较低，只有5%和4%左右；当系统噪声增大到10%，叶绿素和水分的反演误差增加到14%和12%左右，当系统噪声增加到15%，叶绿素和水分的反演也几乎不可能。

这里我们看到，叶绿素和水分，蛋白质和纤维素加木质素对于噪声的抵抗能力明显的不同。随机噪声对于叶绿素和水分基本没有太大影响，而系统噪声对于它们的影响较大。而对于蛋白质和纤维素加木质素，两种噪声均能严重地影响它们的反演精度。

为什么会出现这种结果呢？一方面，对于叶绿素和水分，因为这里是在全波段反演的，我们这里假设随机噪声是服从均值为零的高斯分布，因此，随机噪声对于叶绿素和水分反演的影响在各个波段间从统计上抵消了，为什么同样的"抵消作用"对蛋白质和木质素加纤维素就无效了呢？因为在四个生化参数中，水分含量最敏感，其次是叶绿素，纤维素加木质素和叶绿素的敏感性差不多，蛋白质的敏感性最小。那么为什么纤维素加木质素和叶绿素的敏感性相差不多反演结果却相差很多呢？如果我们分波段讨论一下各个组分在每个波段的敏感性也许理解起来就容易多了。在800nm以前，基本只有叶绿素对光谱具有敏感性，而水分等其他三个生化组分的敏感度比叶绿素小得多。800nm以后，叶绿素对光谱不再敏感，取而代之的是水分等生化组分，而在这三个参数中，水分在各个波段的敏感性均远远大于另外两个参数，水分的作用掩盖了蛋白质和纤维素加木质素的影响，因此也就不难理解为什么蛋白质和纤维素加木质素的反演结果对于噪声的抵抗能力如此之弱了。这也就意味着实际上从遥感数据反演来提取这两个生化组分含量是不可能的。Jacquemoud等(1996)提出将除去色素和水分后连同这两个组分在内的其余组分归结为一个组分：干物质。

从表9.10还可以看到，系统噪声对于所有四个生化组分反演结果的影响都非常明显，对于较高的系统噪声，叶绿素和水分含量的反演结果也不理想，那么如何解决这个问题呢？我们设想，对于带有系统噪声的遥感数据，如果已知噪声属性，也许我们可以通过改变代价函数的形式来提高反演精度。例如，对于系统噪声，它相当于对真实数据的整体"平移"，并未改变数据的"形状"，如果对于光谱而言，在二维平面中，真实光谱和噪声光谱是两条相互平行的曲线，其相关性必然是100%，因此，对于这样的噪声数据的反演，我们以观测光谱和模型模拟光谱的相关系数作为代价函数来反演生化组分含量也许是比较适宜的。

表 9.10　不同噪声水平结合下生化组分含量的反演结果

系统噪声/%	生化组分	随机噪声					
		0.01		0.05		0.1	
		RMSE	RMSE/均值	RMSE	RMSE/均值	RMSE	RMSE/均值
5	C_{ab}	2.4986	0.0521	3.4149	0.0712	3.8575	0.0804
	C_w	0.0005	0.0431	0.0007	0.0616	0.0008	0.0720
	C_p	0.0009	0.8729	0.0009	0.9108	0.0009	0.9203
	C_{cl}	0.0011	0.6519	0.0012	0.7126	0.0014	0.8213
10	C_{ab}	5.7194	0.1193	7.0091	0.1462	7.7808	0.1623
	C_w	0.0011	0.0985	0.0014	0.1261	0.0016	0.1462
	C_p	0.0018	1.8918	0.0019	1.9986	0.0021	2.1650
	C_{cl}	0.0033	1.9586	0.0037	2.1532	0.0046	2.6958
15	C_{ab}	9.9874	0.2083511	10.5121	0.2401	12.7429	0.2658
	C_w	0.0023	0.2111035	0.0024	0.2251	0.0025	0.2341
	C_p	0.0028	2.8779056	0.0028	2.8727	0.0029	2.9872
	C_{cl}	0.0059	3.481261	0.0062	3.6498	0.0066	3.8529

3. 观测数据反演

我们利用 LOPEX93 数据库(Hosgood et al., 1995)中的实测数据，尝试叶片水平的生化组分反演工作。LOPEX 数据库包括 70 个叶片样本，代表了 50 种木本和草本植物。数据体现了叶片内部结构、色素含量、水分含量和其他组分含量的多样性，因此叶片的光谱特性也在比较宽的范围内变动。我们采用其中 62 个鲜叶片数据进行了研究。叶片的光谱数据是从 400～2500nm 的半球反射率和透过率，采样间隔为 1nm。每个样本的光谱数据是同一种类 5 片不同叶片的光谱平均，并将细分光谱平均到 5 个纳米采样间隔。

在叶片水平，采用 PROSPECT 模型反演感兴趣的三种生化参量：叶绿素、水分、干物质。反演过程通过最小化式(9.5a)的代价函数来实现，且仍然利用 SIMPLEX 迭代优化的算法最小化该函数。

我们利用采样过的光谱数据在整个光谱区域，也就是从 400nm 到 2500nm 同时反演生化含量和结构参数。结果如图 9.17～图 9.19，图中给出了三个生化参量，叶绿素、水分和干物质的反演结果。可以看到，叶绿素和水分含量的反演结果都比较好。对于叶绿素含量，模型反演值和实测值的相关系数为 0.88，RMSE 为 7.14μg/cm²，而真实值的平均值为 48.79μg/cm²，也就是说反演的平均准确率达到 85%；对于水分含量，模型反演值和实测值的相关系数为 0.97，RMSE 为 0.0021cm，真实值的平均值为 0.0114cm，平均准确率为 82%。而对于干物质含量，反演效果不太好，相关系数仅有 0.58，RMSE 为 0.0032g/cm²，而平均值为 0.0055，已无准确率可言，或者说，反演是失败的。

那么为什么叶绿素和水分的反演效果都比较好，而干物质的反演结果比较差呢？是不是因为在反演中，该参数为相对不敏感参数，从而导致反演失败呢？我们又做了这样一个实验，将其他参数都固定在真实值，单独反演干物质含量。

然而，反演结果仍然很不理想。从组分的吸收光谱也许可以说明反演失败的原因。图 9.20 显示了这三种组分的吸收光谱。从图中可见，干物质的吸收光谱非常的小。在可见光部分，它的作用完全被叶绿素掩盖，而到了近红外区域，其吸收光谱又远远小于水分，而它的含量又远小于水分含量，因此，它对叶片光谱的贡献又被水分掩盖了。此外，就模型本身而言，我们发现对于水分的敏感程度远远大于对干物质的敏感程度，因此也就不难解释为什么对于鲜叶片，干物质比较难以反演了。

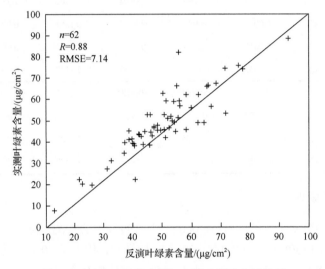

图 9.17　反演叶绿素含量与实测叶绿素含量关系

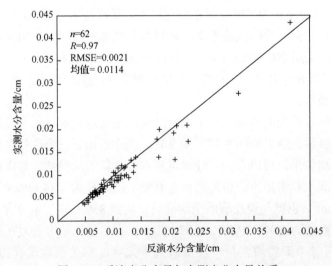

图 9.18　反演水分含量与实测水分含量关系

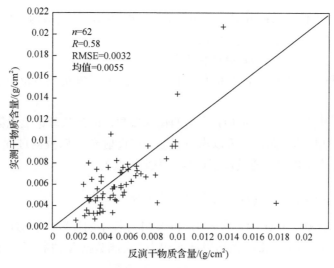

图 9.19　反演干物质含量与实测干物质含量关系

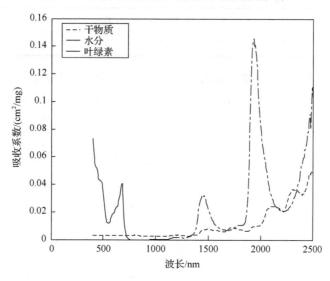

图 9.20　叶绿素、水分和干物质的吸收光谱

9.3.3　冠层水平生化组分反演

本小节的冠层反射率模型采用辐射传输模型 SAILH（Verhoef, 1984; Kussk, 1991）。该模型假设冠层均匀分布，它描述了在这个均匀冠层中上行和下行的四个通量。模型参数包括：叶片反射率 $\rho(\lambda)$ 和透过率 $\tau(\lambda)$，叶面积指数（LAI），平均叶倾角 θ_1，热点大小 s，土壤反射率 $\rho_s(\lambda)$ 以及水平能见度 Vis（用于计算太阳辐射的散射分量）。方向光谱是通过改变测量条件来模拟的：太阳天顶角 θ_s 和太阳方位角 φ_s，观测天顶角 θ_v 和观测方位角 φ_v。如果将 PROSPECT 嵌入 SAILH 模型提供其输入参数：叶片光谱，则整个 PROSPECT+SAILH 模型需要的参数可以分为：

(1)冠层生理生化参数：叶绿素含量 c_{ab}，水含量 c_w，叶肉结构参数 N，叶面积指数 LAI，平均叶倾角 θ_l 和热点尺寸参数 s；

(2)土壤反射率 $\rho_s(\lambda)$，假定是朗伯性的；

(3)外部参数：观测天顶角 θ_v 和方位角 φ_v，太阳天顶角 θ_s 和方位角 φ_s 以及水平能见度 Vis。

可以看到，叶片光谱是 SAILH 模型的输入参数，因此从理论上说耦合 PROSEPCT 模型和 SAILH 模型，其前向过程可以模拟冠层二向反射光谱 R，反向过程可以反演 SAILH 模型的参数，生化参数即是通过反演耦合模型来提取的。

1. 模拟数据的反演-冠层水平生化组分的多阶段反演

我们利用冠层模型 SAILH，带入 LOPEX 叶片样本的反射率和透过率，设定其他参数(表 9.11)，模拟了冠层光谱，然后以此光谱为"实测数据"，进行了生化组分含量反演。

表 9.11　SAILH 模型模拟参数设置

LAI	θ_i	θ_s	S	Vis/km	θ_s	φ_s	θ_v	φ_v
2	57	实测	0.25	50	30°	0°	60°	0°

首先将 PROSPECT 模型耦合到 SAILH 模型中，由冠层光谱直接反演生化参量，其他参数固定于真实值。图 9.21 是在容许的迭代次数和搜索域值内反演的叶绿素含量和水分含量，可以看出，虽然叶绿素含量在有些样本得出了比较满意的结果，但很多样本反演的叶绿素含量陷在了初值附近，因此总的来说，反演是不成功的。而水分含量反演精度基本可以忍受，但也远不如在叶片水平的反演结果。

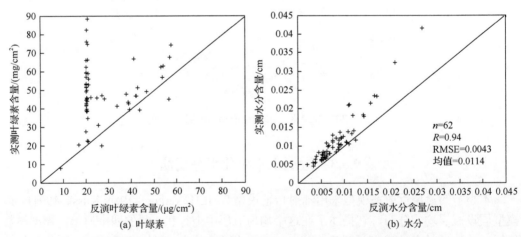

图 9.21　直接从冠层光谱反演的叶绿素和水分含量与真实值的关系

这是因为将 PROSPECT 与 SAILH 模型耦合，直接从冠层数据反演叶片数据，其难度无疑比单纯反演 PROPSECT 大，而待反演参数的敏感程度又不一样，致使有些参数反演结果不尽如人意。

2. 真实观测数据的生化组分含量反演

利用在北京市农科院观测的冠层玉米光谱和生理生化数据，利用 PROSPECT＋SAILH 模型，我们进行了生化组分含量的贝叶斯反演。我们选取了 8 月 20 日的玉米的光谱和生理数据作为我们的实验数据。太阳天顶角根据观测时间算得，因为是垂直观测，相对方位角为零度，土壤光谱以当天的测量光谱带入，水平能见度以当天的气象数据为准。剩余 6 个冠层生理生化参数：叶绿素含量 c_{ab}，水分含量 c_w，叶肉结构参数 N，叶面积指数 LAI，平均叶倾角 θ_l 和热点尺寸参数 s，我们作为未知自由变量，同时反演。我们进行了两种参数设置的反演：①先验均值和方差设在实测值。噪声水平估计为 0.0005 的方差；②噪声水平估计为 0.005 的方差，其他同①。

结果表明，在第一种噪声水平下，反演结果受到实际数据噪声和冠层其他敏感参数的影响，叶绿素和水分含量的反演结果大部分陷于边界处，而 LAI 的反演虽然没有在边界处，但是与实际值比较，还是有很大的差距。

对于第二种噪声水平，反演结果受先验知识的约束，精度有很大改善。虽然反演结果仍不够理想，但是这个结果与第一种噪声水平下受实测数据噪声影响完全反演不出的相比，毕竟是本质的区别，同样再次肯定了先验知识的重要性。

9.3.4 光谱分辨率对反演生化组分含量的影响及波段选择

高光谱数据存在冗余性，多光谱数据又可能由于信息量不够，不能准确反演生化组分含量(叶绿素、水分)。生化组分反演究竟需要多高的光谱分辨率，需要多少个波段，是开展相应遥感工作的重要依据。为此，我们对包括高光谱数据在内的多种遥感数据进行了反演生化组分的波段选择，并对所选波段的意义进行了分析。

1. 光谱分辨率对反演生化组分含量的影响

NOAA-AVHRR 在可见近红外有 2 个波段，中心波长分别为 680nm 和 760nm；TM 有 6 个波段，中心波长分别为 500nm、595nm、677.5nm、800nm、1707.5nm、2187.5nm；MODIS 在可见近红外波段有 25 个波段，这 25 个波段的中心波长分别为 547nm，664nm，707nm，745nm，786nm，834nm，875nm，910nm，945nm，1623nm，1680nm，1730nm，1780nm，1830nm，1880nm，1930nm，1980nm，2030nm，2080nm，2142nm，2180nm，2230nm，2280nm，2330nm，2380nm；OMIS 在 1100nm 前有 64 个波段，光谱分辨率 10nm 左右。这 4 种传感器光谱分辨率逐渐增大，我们来分析一下，光谱分辨率对于生化组分含量反演的影响。我们仍然用 PROSPECT 模型模拟的从 400nm 到 2500nm，间隔 5nm 的叶片光谱并添加少量随机噪声为基础，分别按照 AVHRR、TM、MODIS 和 OMIS 的传感器响应函数重采样为等同的各传感器叶片光谱，比较了各种传感器数据反演叶绿素含量和水分含量的结果。

表 9.12 是以叶绿素和水分含量为例，在各种传感器等同光谱下的反演结果。表中给出了各种传感器用于反演生化组分的可用性评价。

表 9.12　光谱分辨率对生化组分含量反演的影响

传感器	反演结果(c_{ab}，c_{w}，RMSE/均值)	评价
AVHRR	0.09338，0.28096	×
TM	0.07553，0.14131	√×
MODIS	0.04223，0.03315	√
OMIS	0.01912，0.09338	√

从表中可见，对于 NOAA-AVHRR 传感器，只有两个波段，一个在可见光，一个在近红外，并且光谱分辨率仅有 100nm，反演生化组分含量几乎不可能，这个结果其实从反演过程的数学要求上也是可以解释的，两个波段相当于只有两个方程，而未知参数却有 3 个(叶片结构参数、叶绿素、水分)，是欠定方程的求解问题，而因此反演是失败的；对于 TM 传感器，光谱分辨率有所提高，波段数比 AVHRR 增加了 4 个，因此反演结果比 AVHRR 有了明显提高，但是考虑到我们使用的噪声比较小，这样的反演结果并不是很理想，如果利用 TM 反演生化组分含量只能是不得已而为之的事情；MODIS 有 25 个波段，光谱分辨率从 10～50nm 不等，利用其光谱数据反演的叶绿素和水分含量结果已比较理想；利用 OMIS 数据反演的叶绿素含量与预想的一样好。

由此说明，生化组分含量反演对于光谱分辨率要求较高，多光谱或高光谱遥感是其中一个必要条件。

2. 针对生化组分含量反演的波段选择

从前面分析我们看到，利用 MODIS 和 OMIS 数据反演的生化组分含量结果相差不多，我们也知道，实际上高光谱数据波段间相关性很强，信息存在冗余性，而真正利用遥感数据反演的话，计算量也是个重要考虑因素，过多的波段增加冗余信息，增加计算时间，因此有必要对其进行波段选择。这里我们仍然以 100 个模拟的叶片光谱叠加标准差 0.01 的随机噪声和偏差 5%的系统噪声，按照如下步骤分别对全波段数据和 MODIS 等同数据进行了针对叶绿素含量和水分含量反演的波段选择(如表 9.13～表 9.16)：①首先在每个波段单独反演生化组分含量，具有最低 RMSE 的波段首先被选入；②然后固定①选入的波段，分别在剩余的每个波段和固定的波段反演生化组分含量，具有最低 RMSE 的波段再被选入；③当选入 10 个波段后，波段选择停止。

表 9.13　利用全波段数据针对叶绿素含量反演的波段选择结果

入选顺序	1	2	3	4	5
波长/nm	630	1080	585	705	565
RMSE/均值	0.1512	0.0408	0.0337	0.0311	0.0320

入选顺序	6	7	8	9	10
波长/nm	1215	1090	700	1085	570
RMSE/均值	0.0319	0.0328	0.0317	0.0300	0.0319

表 9.14　利用 MODIS 等同数据针对叶绿素含量反演的波段选择结果

入选顺序	1	2	3	4	5
MODIS 波段/nm	547	834	707	745	786
RMSE/均值	0.4258	0.0534	0.0501	0.0479	0.0479
入选顺序	6	7	8	9	10
MODIS 波段/nm	664	875	910	945	1623
RMSE/均值	0.0478	0.0478	0.0477	0.0477	0.0477

表 9.15　利用全波段数据针对水分含量反演的波段选择结果

入选顺序	1	2	3	4	5
波长/nm	1900	935	1405	1400	1905
RMSE/均值	0.2431	0.0488	0.0412	0.0306	0.0243
入选顺序	6	7	8	9	10
波长/nm	770	1405	1410	1400	1415
RMSE/均值	0.0188	0.0189	0.0182	0.0248	0.0186

表 9.16　利用 MODIS 等同数据针对水分含量反演的波段选择结果

入选顺序	1	2	3	4	5
MODIS 波段/nm	1880	786	1830	1623	1780
RMSE/均值	0.8087	0.1652	0.0696	0.0261	0.0261
入选顺序	6	7	8	9	10
MODIS 波段/nm	834	1680	875	1730	910
RMSE/均值	0.0261	0.0174	0.0174	0.0174	0.0174

图 9.22 是利用 421 个波段光谱数据进行波段选择时，RMSE/均值随着入选波段的增加的变化情况。由图可见，无论对于叶绿素和水分含量，反演的 RMSE/均值随着所选波段的增加而减小，当波段数增加到一定程度后，RMSE/均值的减小缓慢或不再减小。对于全波段的波段选择，无论是叶绿素含量的反演波段还是水分的，当选到第三个波段后，RMSE/均值的减小就很平缓了。对于模拟的 MODIS 数据的生化组分反演波段选择结果也有类似的结果。由此可见，利用多光谱或高光谱数据反演生化组分含量仅需要有限的几个波段就已足够，过多的波段增加机时，信息冗余，有时还会有副作用，所以进行波段选择是很有必要的。

我们再来分析一下叶绿素和水分选入波段的意义。对于叶绿素含量，利用全波段数据选择波段，首先入选的是 630nm，是红光，第二个进入的是 1080nm，近红外光，第三个波段是绿光；利用 MODIS 等同数据选择的波段，第一个是绿光，第二个是近红外，第三个是红光。这和叶绿素的生物属性是吻合的，我们知道，叶绿素强烈吸收红光反射绿光。换句话说，叶绿素对红光和绿光非常敏感。对于水分含量，利用全波段数据选择波段，首先进入的是 1900nm，其次是 935nm，第三个是 1405nm；利用 MODIS 等同数据选择的波段，第一个对应 1880nm，其次对应 786，第三个对应 1830nm，其中第一和第三个波段都是与水分吸收特征相吻合的。

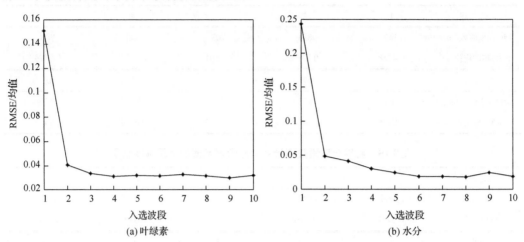

图 9.22　RMSE/均值随着波段选入的变化情况

我们发现，无论对于叶绿素和水分，第二个入选的波段都是近红外光，而从它们的敏感性我们可见，叶绿素和水分在这个区域是最不敏感的，这似乎和上述解释相互矛盾，但实际上我们看干物质含量的敏感性分析，也就不矛盾了。在近红外区，叶绿素和水分都极不敏感，而干物质却正相反，它在这个区域较为敏感，而且没有被水分和叶绿素的作用掩盖。而我们的反演可以认为是多参数反演，虽然考虑的是叶绿素和水分，但是反演中是将所有参数一起反演的，只有每个参数反演"准确"了，误差才会最小，因此在对叶绿素和水分含量反演的波段选择中，第二个波段总是在近红外区也就不奇怪了。

从第四个波段后，无论对于叶绿素还是水分，入选的波段或者是次敏感波段，或者是近红外波段，这是和理论分析相吻合的。另外，随着入选波段的增多，误差减小非常缓慢，这时入选波段的意义也就不是很明显了。

9.4　高光谱激光雷达提取植被生化组分垂直分布

对地高光谱激光雷达可以获得观测对象含有高光谱属性的全波形激光雷达回波，为探测植被生化特征的立体分布提供了新的遥感手段。本节简要介绍高光谱激光雷达植被特征垂直探测的最新进展，论述高光谱激光雷达提取生化组分垂直分布的可行性，介绍了对地高光谱激光雷达仪器研究及其数据处理流程；针对叶绿素和胡萝卜素垂直分布信息提取，依托仪器开展了探测研究并给出了反演的结果，讨论了这一方法的发展趋势。

9.4.1　高光谱激光雷达植被特征垂直提取研究

在生物物种丰富的地区，自然植被群落通常呈现乔-灌-草立体分布，不同高度处光照、水分和养分有较大差异，因此，探测三维立体分布特性不仅是精确的生态系统监测和管理的需要，而且对病虫害早期预警、预估生态系统演化等研究也具有重要意义(王纪华等，2004；Asner et al., 2014)，但是现有的遥感手段在解决这些问题时遇到了较大的困难。

对于复杂的植被垂直分布状况，被动光学传感器接收的遥感信息通常包含了不同高度的贡献，实际上是三维立体分布状况下的二维累加，在实际成像的过程中将三维立体目标二维化，给植被参数反演带来较大的不确定性。虽然多角度观测能够获取植被各个角度的光学信息，进而获取叶绿素等生化组分的垂直分布信息（赵春江等，2006），但是在航空和卫星尺度上很难获取"热点"和"冷点"等关键观测角度的信息，难以直接应用到卫星尺度上进行垂直分层分布反演。激光雷达虽然已经广泛应用于植被结构参数提取研究，但是主要利用了其测距特征，受到单一波段限制对光谱特征的挖掘较少。因此，将上述两种传感器进行融合受到广泛关注，但研究发现两种传感器协同无论是数据前期获取，还是后处理都存在很多缺点和误差，为进一步结合这两种传感器的优势，更直接的方法是利用一种仪器设备，直接采集带有光谱属性信息的激光雷达点云或波形数据，进行植被结构参数和生化参数提取。

高光谱激光雷达结合了被动光学的高光谱观测能力及激光雷达的垂直探测特点，具有探测冠层内部或者底部的精细结构和光谱的能力（Wing et al.，2012；Hopkinson et al.，2016），因此具有较大的优点，它不依赖于太阳光，不受观测几何信息的影响；通过调整光束的出射，可以形成精确的点观测能力，减少混合像元的效应。目前已经有多个国家的实验室开展了高光谱激光雷达的研制和应用工作，例如 Morsdorf 等曾经利用英国爱丁堡大学 4 波段仪器开展了植被生理参数信息的垂直分布诊断，对利用生态过程模型模拟的不同年龄的树木进行了诊断，研究了不同树龄对植被 NDVI，PRI 剖面的影响（Morsdorf et al.，2009）。Suomalainen 等（2011）利用芬兰大地测量研究所 8 波段仪器研究发现，光谱的垂直分布也可以用于目标的自动探测和分类研究，垂直几何和光谱信息可以通过一次观测同时获取。Hakala 等（2012）在室内对砍伐的云松研究表明，利用不同的波段组合不仅可以对冠层枝、叶进行区分，利用其叶可以探测出冠层不同高度的叶片含水率、叶绿素等生化组分的差异。Rall 和 Knox（2004）基于 2 波段仪器首先提出了主动植被指数的概念，并通过低功率的激光二极管实现了水平方向的落叶植被叶片的观测，在 680nm 附近的波段可以检测出植被叶绿素含量的特征变化。Gong 等利用其设计的 4 波段仪器研究表明其可以捕捉到精细的叶片生化组分浓度的变化（Gong et al.，2012）。李旺等利用遥感地球所研制的高光谱激光雷达样机开展了红花羊蹄甲、紫薇等两种叶片叶绿素、胡萝卜素、氮素的提取试验，与实验室化验分析比较表明其提取决策系数分别达到 0.85，0.71，0.51（Li et al.，2014）。

上述研究表明，高光谱激光雷达仪器结合了高光谱和激光雷达两种传感器的特点，可以探测植被生理结构和光合作用直接相关的生理过程，在复杂地表植被特征探测过程中具有极强的科学价值和应用潜力。但是针对植被生化组分垂直分布反演方面，目前还没有基于高光谱激光雷达特定方法流程，高帅等基于高光谱激光雷达开展了植被生化组分垂直探测研究，对生化组分导致的不同波段的激光反射信号的差异进行了研究，提出基于该仪器的生化组分垂直分布反演方法，并提出适应于仪器特点的定标和处理方法（高帅等，2018）。

9.4.2　高光谱激光雷达仪器试验与数据处理

1. 高光谱激光雷达仪器

孙刚等在遥感科学国家重点实验室自行研制的 32 波段高光谱激光雷达样机(Sun et al., 2014)，样机覆盖波长范围从可见光到近红外区域(图 9.23)。该设备主要由二维扫描平台、超连续谱脉冲激光光源、固定于扫描平台的同轴发射接收系统、多通道全波形测量装置、控制中心等组成(Niu et al., 2015)，其中扫描系统采用了二维转台方案 PTU-D48 E(FLIR Systems Inc)，设计的水平和垂直的最小角度步长分别为 0.026°和 0.013°，对应十米距离处的水平扫描位移约为 4～5mm。扫描系统与主控系统采用串口连接，遵循转台的通信协议。

	409	426	442	458
	474	491	507	523
	540	556	572	589
	605	621	637	653
	670	686	703	719
	735	751	768	784
	800	816	833	849
	865	882	898	914

图 9.23　高光谱激光雷达样机及波长设置

左图：样机图；右图：中心波长 nm

超连续谱脉冲激光光源(NKT SuperK Compact)的脉冲宽度为 1～2ns，峰值功率约 20KW，脉冲频率为 20～40KHz。超连续谱激光器所发出的"白光"激光经过准直器后变成汇聚的光束(发散角小于 5mrad)，该光束经过两个反射镜(M1，M2)产生两次折射，进入望远镜光轴并发射出去。其中反射镜 M1 为微透反射镜，激光束中绝大部分光反射到镜筒内，少部分光透过反射镜再经过光纤投射到发射探测传感器 APD1 中，实现发射光束的采集，采集的信号用来触发一次测量。被探测目标的散射光经过消色差折射式望远镜(焦距 400mm，口径 80mm)进行收集，在焦点处由光纤进行收集，然后通过光栅光谱仪进行分光，产生 32 个独立的波段，分光后的出射光投射到相应的线性探测器(PA)上，同时实现 4 个波段的回波探测。探测器采用线阵 PMT 光电倍增阵列(Hamamatsu Photon Techniques Inc)，敏感波长为 400～1000nm，上升时间为 0.6ns。光电探测器输出信号通过高速示波器(DPO5204B，Tektronix Inc)进行采样和存储，生产高分辨率的波形回波。扫描过程由控制主机控制扫描云台产生 X，Y 两轴的运动，高光谱激光雷达光路图参见图 9.24。

原型系统可以通过对各个通道记录波形的后处理实现飞行时间和回波的光谱的测量。两轴转台带动光学部分进行扫描，可以获取一系列的不同波长的回波信号。

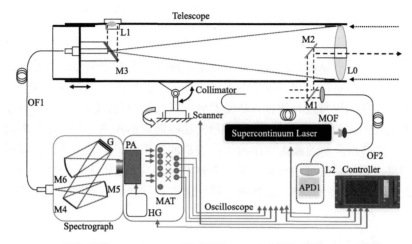

APD1：雪崩二极管；L0，L1，L2：消色差透镜；M1：45度微透反射镜；M2：反射镜；
M3：漫反射镜；Spectrograph：摄谱仪；M4：反射镜；M5：准直镜；M6：会聚镜；
G：光栅；PA：光电倍增管阵列；HG：灵敏度调节器；MAT：开关矩阵；Scanner：扫
描转台；Oscilloscope：示波器；OF1，OF2：光纤；MOF：微结构光纤；Collimator：准
直器；Controller：控制主机；Supercontinuum Laser：超连续谱激光；Telescope：望远镜

图 9.24　高光谱激光雷达光路图

2. 试验数据处理

试验以火炬花（*Kniphofia uvaria*）为扫描对象，火炬花属多年生草本植物，宜生长于疏松肥沃的沙壤土中，多丛植于草坪之中或植于假山石旁，用作配景。试验中高光谱激光雷达在距离其顶部 7 米距离处进行扫描。

试验中，高光谱激光雷达扫描的水平步长为 80，垂直步长为 160，因此共扫描 12800 个点。在扫描过程中，首先对准扫描目标的中心，转台运动到扫描范围的左上角，然后向右转动，转动的角度为一个水平步长角度，每转完一个步长，要测量 32 次，然后，依次重复到指定位置后，向下转动一个倾斜步长的角度，然后再向左转动到指定位置后停止，依次重复最终完成面扫描。

高光谱激光雷达对地物扫描，在每个点记录 32 个波段回波波形信息，典型的回波波形如图 9.25 所示，其中 (a) 图为一个波形的情形，(b) 图为两个波形的情形。

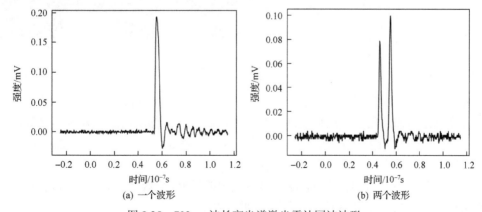

(a) 一个波形　　　　　　　　　　　(b) 两个波形

图 9.25　703nm 波长高光谱激光雷达回波波形

对于记录的 32 个波段的回波波形文件，首先进行数据清洗，包括将文件进行重命名，删除重复数据等，然后根据信号出现频率进行噪声的去除，继而进行波段分割获取每个波段的信息，并单独进行保存。对于每个波段的回波波形信号，通过发射波形和接收波形能量分布，确定发射和接收信号的阈值范围，例如统计所有发射波形，对发射波形强度最大值出现的位置进行统计，从而得到近似高斯分布，以 3 倍的 Sigma 为阈值确定发射波形位置的阈值范围。根据发射波形和接收波形的阈值范围，提取出阈值距离范围的信号，通过高斯分解的最大值作为该段波形的强度并记录其位置，并利用接收强度除以发射强度进行发射强度的校正，最后依次获得 32 个波段在某个位置处的校正强度值，并以点云的方式进行存储，最终通过算法提取各种参数，典型的处理流程如图 9.26 所示。

3. 高光谱激光雷达点云

根据激光雷达仪器扫描结果，经过基本数据处理，获取了高光谱激光雷达点云数据，图 9.27 为点云数据高程分布情况，顶部为距离仪器较近的位置，底部为距离较远的区域，从图中可以看出高光谱激光雷达在 40cm 范围内能够准确区分叶片的不同高度。

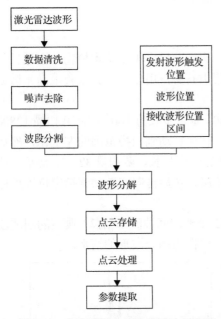

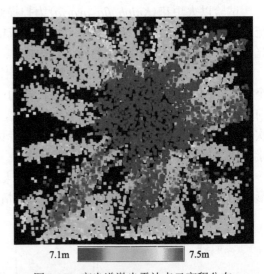

7.1m　　　　　　　7.5m

图 9.26　高光谱激光雷达数据处理流程　　　　图 9.27　高光谱激光雷达点云高程分布

根据以上介绍的数据处理方法，对 32 个波段的激光雷达回波波形进行拟合，以高斯拟合的峰值作为该波段在该点处的回波强度值，将此回波强度值除以发射强度值从而得到 32 个波段的光谱定标回波强度信息，图 9.28 分别是 800nm，670nm，572nm 和 523nm 处激光雷达回波强度点云，从图中可以看出，红色和绿色火炬花叶片对 800nm 激光都具有较强的反射，红色叶片对 670nm 激光具有较强的反射，而绿色叶片则反射较弱，572nm 和 523nm 的激光点云也在绿色叶片处存在明显的差别。

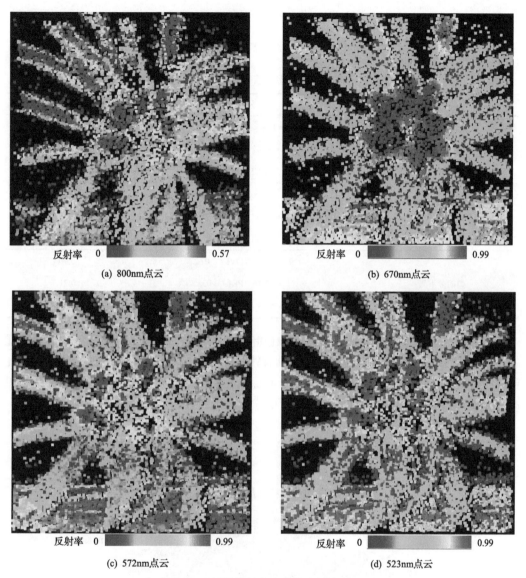

(a) 800nm点云　　　　　　　　　　(b) 670nm点云

(c) 572nm点云　　　　　　　　　　(d) 523nm点云

图 9.28 不同波长高光谱激光雷达点云

9.4.3 植被生化组分垂直分布反演方法与结果

1. 生化组分化验值与高光谱激光雷达关系

扫描完成后，将叶片进行破坏性采样，并在实验室中采用萃取法进行化验，图 9.29 为火炬花不同位置叶片的高光谱激光雷达回波强度曲线。对采样样本试验室内化验得到叶片叶绿素 ab、类胡萝卜素、凯氏氮、水分等生化组分含量，将测量生化组分与激光雷达光谱建立关系，在研究中主要利用 NDVI 和 PRI 与植被生化组分建立关系，建模总样本数为 18 个，包括 9 个红色叶片和 9 个绿色叶片样本，相关关系如表 9.17 所示。

$$\text{NDVI} = (\rho_{800} - \rho_{670}) / (\rho_{800} + \rho_{670}) \tag{9.8}$$

$$\text{PRI} = (\rho_{572} - \rho_{523}) / (\rho_{572} + \rho_{523}) \tag{9.9}$$

表 9.17　高光谱激光雷达植被指数与生化组分关系

	公式	统计指标 R^2
叶绿素 a	$Y = 1.78 \times \text{NDVI} + 0.15$	0.86
	$Y = -4.42 \times \text{PRI} - 0.01$	0.67
	$Y = 0.39 \times \text{NDVI} + 1.78 \times \text{PRI} + 0.23$	0.84
叶绿素 b	$Y = 0.62 \times \text{NDVI} + 0.06$	0.88
	$Y = -1.54 \times \text{PRI} + 0.01$	0.68
	$Y = 0.83 \times \text{NDVI} + 0.61 \times \text{PRI} + 0.23$	0.85
类胡萝卜素	$Y = 0.47 \times \text{NDVI} + 0.07$	0.90
	$Y = -1.16 \times \text{PRI} + 0.03$	0.71
	$Y = 0.60 \times \text{NDVI} + 0.39 \times \text{PRI} + 0.09$	0.88

　　从图 9.29 中可以看出，红色叶片与绿色叶片的高光谱激光雷达回波强度曲线有明显的不同，红色叶片 670nm 附近红光波段具有较强的反射，而绿色叶片在此波段区域存在明显的波谷，研究表明波谷的存在是由于叶绿素在此波段有较强的吸收作用，由此可见高光谱激光雷达强度曲线能够反映植被叶绿素含量的变化。

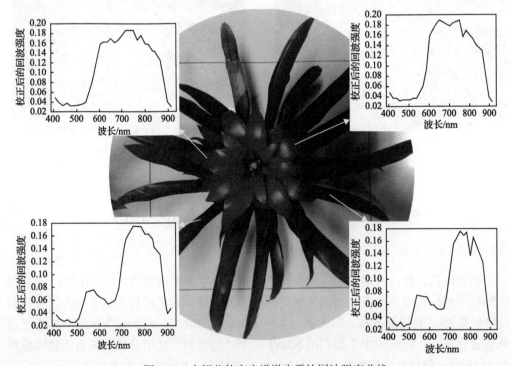

图 9.29　火炬花的高光谱激光雷达回波强度曲线

2. 高光谱激光雷达植被指数垂直分布

对点云的光谱反射强度进行处理，得到激光雷达植被指数点云数据，图 9.30 是获取的 NDVI 点云和 PRI 点云。基于植被指数点云数据，计算了植被指数的垂直分布图，右图为对应的植被指数沿着高度分布的曲线，NDVI 明显在顶部红色叶片处(7.1 米)的值偏低，而在中部 7.2 米左右值较高。PRI 植被指数则在垂直方向上变化不明显。

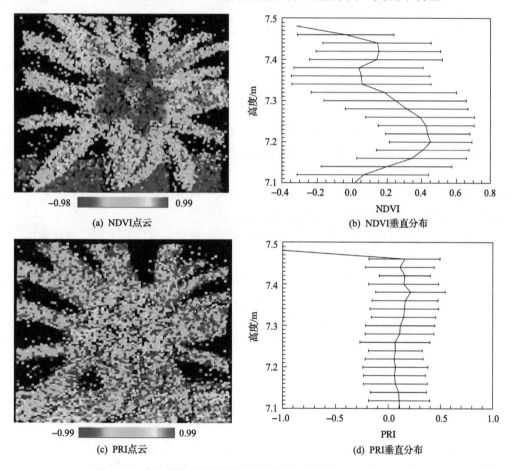

图 9.30 高光谱激光雷达不同波长处点云(800nm, 670nm，PRI)

3. 生化组分垂直分布

基于高光谱激光雷达植被指数与生化组分的关系(表 9.19)，可以将植被指数点云根据公式进行计算从而得到各种生化参数点云。以火炬花为例计算了叶绿素 a 和类胡萝卜素(单位：mg/g)生化组分含量沿高度的变化，在顶部(7.1 米)处，叶片的生化组分含量较低，叶绿素 a 普遍低于 0.5，胡萝卜素低于 0.2，而在中部叶片处(7.2 米)，生化组分含量较高，这与植被红色叶片与绿色叶片在垂直方向上分布一致，即顶部的红色叶片叶绿素、胡萝卜素含量低，而中部的绿色叶片生化参数含量高(图 9.31)。

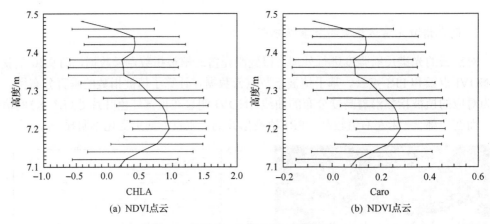

图 9.31　叶绿素 a 和类胡萝卜素垂直分布

这项研究利用研究室自行研制的对地高光谱激光雷达仪器，以火炬花为例开展了室内扫描，针对获取的含有 32 个波段的激光雷达点云数据提出了数据处理的基本流程。然后根据生化组分与光谱的关系，获取生化组分(叶绿素 a，胡萝卜素)在三维空间的垂直分布，与实验室化验结果具有较好的一致性，研究表明新型的对地高光谱激光雷达仪器可以为精确的植被三维建模和定量遥感反演提供支持。

高光谱激光雷达仪器可以详细测量不同位置处的光谱，可以对不同位置处的生化组分进行详细的测定，避免了结构参数对生化组分反演的影响，相比于多角度被动光学观测能够提供更有效的观测手段。相比于被动的高光谱遥感，该仪器能够获取不同位置的高光谱信息，从而避免不同高度处光谱信息的干扰，相比于激光雷达传感器，能够提供丰富的光谱信息，从而可以与地物属性建立联系。已有研究表明，随着硬件水平的提高和更多试验的开展，高光谱激光雷达仪器可以获得更多更高质量的数据，在植被生理生化特征探测方面具有极大的应用前景。

9.5　结论与讨论

本章围绕遥感提取植被生化组分信息这一中心，从经验半经验的统计回归提取方法到物理模型反演方法，从叶片水平到冠层水平，从理论到实践，从应用到模型建立，进行了一个较为系统的介绍。通过分析上述工作的结果，我们可以得出以下结论：

1) 利用经验或半经验的统计回归方法提取植被生化组分含量是一种简单的方法，因而也是可能在遥感上加以应用的方法

对于弱势组分(纤维素，木质素等等)虽然能够在干叶水平得到很好的通用估计模型，但是对于鲜叶，水分的影响掩盖了它们的作用，因而如何建立鲜叶甚至冠层的这些组分含量的提取方法仍然是该领域需要解决的问题。

利用光谱指数提取植被叶绿素含量，具有一定的理论意义，是一种有潜在应用价值的方法，在叶片水平，目前研究者提出的大部分光谱指数在一定的叶绿素含量范围内，

对于某种特定的叶片类型都能得到某个通用的回归方程，这解释了为什么研究者利用这些指数都能很好地提取叶片叶绿素含量，但是由于这些指数对于叶片类型的敏感性，从一组数据回归出的预测模型用于其他样本时会失效；但是有个别光谱指数也表现出了对于叶片类型的弱敏感性，我们利用指数 GM 建立的叶片叶绿素含量预测关系通过实验数据验证，估计值和实际值非常一致，是一种可能加以应用的预测模型。

在冠层水平，利用光谱指数 TCARI 和土壤可调节指数 OSAVI 的结合，能够有效地去除背景因素的影响，我们改进了预测模型，经过实验数据验证，可以用于提取农作物冠层叶绿素含量。

2) 通过反演物理模型来提取植被生化组分信息的方法由于物理意义明确，因而在未来一段时间内，仍将是研究者的兴趣所在

辐射传输方法受模型可反演性的约束，因而只有那些可反演的模型才能是我们选择的对象，叶片模型 PROSPECT 是一个完全可反演的模型，而 LIBERTY 模型对于生化组分含量的准确反演则依赖于对于其他参数准确的先验知识。

对于具体应用，反演中应根据数据的性质选择不同的代价函数，由于数据中的系统噪声，利用相关系数为代价函数可明显地减小反演对于系统噪声的敏感性；贝叶斯反演充分利用先验知识，反演结果受数据中随机噪声和先验知识的共同制约，对于大噪声数据，利用贝叶斯反演能够很好地约束反演结果；实际的反演问题常常是非常复杂的，利用多阶段反演，能够将复杂的问题简化，通过反演冠层模型得到叶片光谱，再反演叶片光谱得到所需参数是对这一思想的实践；通过反演物理模型来提取生化参数要想真正推广应用，还受反演算法精度和计算量的限制。

高光谱数据存在冗余性，因此，进行波段选择是必要的，针对生化组分含量反演所进行的波段选择说明，并不是波段数越多，反演生化组分信息就越准确，波段数达到一定数目后，反演准确性不再提高，因此实际反演中只需要有限几个最优波段的组合就能达到目的(颜春燕，2003；施润和，2006)。

通过反演物理模型来提取生化参数受模型准确性和所考虑参数的限制，因此，发展准确和易反演的模型将是改进这一方法所需解决的根本问题。

3) 改进高光谱遥感反演植被生化组分的精度，提高该方法的实用性是未来重要的目标

需要说明的是，本章未涉及利用高光谱图像实际反演植被生化组分。相比较地面数据，高光谱图像数据可能有更多的不确定性，这既包括图像数据的定标和大气校正过程中的误差，也包括由于观测尺度的增大而带来的混合像元问题，后者属于混合像元分解问题，在此不作讨论。定标和大气校正的误差基本上属于系统误差，对于我们提出的利用光谱指数建立的叶绿素含量预测模型，影响不大。因为这些模型是不同波段的加减乘除组合，系统误差在此过程中大部分将会被消除，这也是该种模型的一个优势。对于理论模型的反演，系统误差会有相当影响，因此获得校正精度良好的图像是进行模型反演的先决条件。此外，对于模型反演，时间也是一个主要考虑因素，是必须进行优化算法选择的原因。当然，模型和方法走向应用是我们最终的目标，这样才能真正显示出遥感

的优势，很多研究者已经尝试利用星载和机载高光谱遥感数据估算植被生化组分信息。(Huang et al., 2004; 沈艳，2006; 袁金国，2008; 董晶晶，2009)。今后研究的方向应致力于提高其估算精度，满足实用要求。

4)高光谱激光雷达是植被生化组分提取的新思路，对植被定量遥感的发展具有重要意义

由于自然界的植被，叶面积密度、生化参数等都呈现一定的垂直分布特征，垂直特征参数的获取既是生态系统中立体生态环境详查的需要，也是提高定量遥感反演精度重要途径。目前，被动光学遥感只是在水平方向参数反演具有较高的精度，但是对于垂直方向分布的特征参数不能进行很好的反演，只能对"立体柱"总量或平均量进行描述，不能反映其垂直分布状况。因此，必须结合激光雷达的波形信息解决这一难题。高光谱激光雷达覆盖范围从可见光到近红外区域，不仅可以完成单波段激光雷达的植被高度、密度等结构参数的测量，同时还具有多光谱窄波段信息，能够探测植被的生物化学特征，获取植被养分、水分等的垂直分布状况，既可以观测到植被的光谱特征，又能够获取植被精确的结构信息，是实现植被生化参数立体分布的反演的重要手段。目前，相关研究主要在仪器设计和研制方面，对辐射传输理论定量分析激光雷达信息的关注度不够，例如传统的激光雷达波形模拟多只考虑单次散射，但对于具有较高穿透性的波段会存在较大误差，未考虑单次散射和多次散射情况对激光雷达波形的影响，从而影响回波模型的模拟精度，因此未来需要加强高光谱激光雷达植被定量遥感的研究水平，为开展高光谱激光雷达机载和星载应用奠定基础。

参 考 文 献

董晶晶. 2009. 高光谱遥感反演植被生化组分研究. 北京: 中国科学院遥感应用研究所博士学位论文

高帅, 牛铮, 孙刚, 等. 2018. 高光谱激光雷达提取植被生化组分垂直分布. 遥感学报, 22(5): 737-744

李小文, 王锦地, 胡宝新, 等. 1998. 先验知识在遥感反演中的作用. 中国科学, 28(1): 67-72

刘强. 2002. 地表组temperature温度反演方法及遥感像元的尺度结构. 北京: 中国科学院遥感应用研究所博士论文

牛铮, 陈永华, 隋洪智, 等. 2000. 叶片化学组成成像光谱遥感探测机理分析. 遥感学报, 4(2): 125-130

沈艳. 2006. 植被生化组分高光谱遥感定量反演研究——以西双版纳地区为例. 南京: 南京信息工程大学博士学位论文

施润和. 2006. 高光谱数据定量反演植被生化组分研究. 北京: 中国科学院地理科学与资源研究所博士学位论文

王纪华, 王之杰, 黄文江, 等. 2004. 冬小麦冠层氮素的垂直分布及光谱响应. 遥感学报, 8(4): 309-316

颜春燕. 2003. 遥感提取植被生化组分信息方法与模型研究. 北京: 中国科学院遥感应用研究所博士学位论文

杨文采. 1997. 地球物理反演的理论与方法. 北京: 地质出版社

袁金国. 2008. 基于多源遥感数据的植被生化参数提取研究. 北京: 中国科学院遥感应用研究所博士学位论文

赵春江, 黄文江, 王纪华, 等. 2006. 用多角度光谱信息反演冬小麦叶绿素含量垂直分布. 农业工程学报, 22(6): 104-109

Aber J D, Martin M. 1999. Leaf Chemistry, 1992-1993 (ACCP). http://daac.ornl.gov/cgi-bin/dsviewer.pl?ds_id=421. [2011-10-10]

Allen W A, Gausman H W, Richardson A J. 1973. Willstätter-Stoll theory of leaf reflectance evaluation by ray tracing. Applied Optics, 12: 2448-2453

Allen W A, Richardson A J. 1968. Interaction of light with a plant canopy. Journal of the Optical Society of America, 58: 1023-1028

Asner G P, Anderson C B, Martin R E, et al. 2014.Landscape-scale changes in forest structure and functional traits along an Andes-to-Amazon elevation gradient. Biogeosciences, 11(3): 843-856

Baret F, Vanderbilt V C, Steven M D, et al. 1994. Use of spectral analogy to evaluate canopy reflectance sensitivity to leaf optical properties. Remote Sensing of Environment, 48: 253-260

Bisun D. 1998. Remote sensing of chlorophyll a, chlorophyll b, chlorophyll a+b, and total carotenoid content in Eucalyptus leaves. Remote Sensing of Environment, 66: 111-121

Blackburn G A. 1998. Quantifying chlorophylls and carotenoids at leaf and canopy scales: an evaluation of some hyperspectral approaches. Remote Sensing of Environment, 66: 273-285

Campbell J B. 1987. Introduction to Remote Sensing. New York, London: Guilford Press

Chappelle E W, Kim M S, McMurtrey J E. 1992. Ratio analysis of reflectance spectra (RARS): an algorithm for the remote estimation of the concentrations of chlorophyll A, chlorophyll B and the carotenoids in soybean leaves. Remote Sensing of Environment, 39: 239-247

Curran P J. 1989. Remote sensing of foliar chemistry. Remote Sensing of Environment, 30: 271-278

Curran P J, Dungan J L, Macler B A, et al. 1992. Reflectance spectroscopy of fresh whole leaves for the estimation of chemical composition. Remote Sensing of Environment, 39: 153-166

Curran P J, Dungan J L, Peterson D L. 2001. Estimating the foliar biochemical concentration of leaves with reflectance spectrometry: Testing the Kokaly and Clark methodologies. Remote Sensing of Environment, 76: 349-359

Curran P J, Dungan J L, Macler B A, et al. 1991. The effect of a red leaf pigment on the relationship between red-edge and chlorophyll concentrations. Remote Sensing of Environment, 35: 69-75

Dawson T P, Curran P J, North P R J, et al. 1999. The propagation of foliar biochemical absorption features in forest canopy reflectance : a theoretical analysis. Remote Sensing of Environment, 67: 147-159

Dawson T P, Curran P J, Plummer S E. 1998. LIBERTY: modeling the effects of leaf biochemistry on reflectance spectra. Remote Sensing of Environment, 65: 50-60

Fukshanky L, Fukshansky-Kazarinova N, Remisowsky A M V. 1991. Estimation of optical parameters in a living tissue by solving the inverse problem of the multiflux radiative transfer. Applied Optics, 30: 3145-3153

Gamon J A, Serrano L, Surfus J S. 1997. The photochemical reflectance index: an optical indicator of photosynthetic radiation-use efficiency across species, functional types, and nutrient levels. Oecologia, 112: 492-501

Ganapol B, Johnson L, Hammer P, et al. 1998. LEAFMOD: a new within-leaf radiative transfer model. Remote Sensing of Environment, 6: 182-193

Gitelson A A, Merzlyak M N. 1996. Signature analysis of leaf reflectance spectra: algorithm development for remote sensing of chlorophyll. Journal of Plant Physiology, 148: 494-500

Gitelson A A, Merzlyak, M N, Grits Y. 1996. Novel Algorithms for Remote Sensing of Chlorophyll Content in Higher Plants. Lincoln, Nebraska: Proceedings of the 1996 International Geoscience and Remote Sensing Symposium

Goel N S, Strebel D E. 1983. Retrieval of vegetation canopy reflectance models for estimating agronomic variables. Remote Sensing of Environment, 13: 487-507

Gong W, Song S, Zhu B, et al. 2012. Multi-wavelength canopy LiDAR for remote sensing of vegetation: Design and system performance. ISPRS Journal of Photogrammetry and Remote Sensing, 69: 1-9

Govaerts Y M, Jacquemoud S, Verstraete M M, et al. 1996. Three-dimensional radiative transfer modeling in a dicotyledon leaf. Applied Optics, 35: 6585-6598

Grossman Y L, Ustin S L, Jacquemoud S, et al. 1996. Critique of stepwise multiple linear regression for the extraction of leaf biochemistry information from leaf reflectance data. Remote Sensing of Environment, 56: 182-193

Haboudane D, Miller J R, Tremblay N, et al. 2002. Integrated narrow-band vegetation indices for prediction of crop chlorophyll content for application to accuracy agriculture. Remote Sensing of Environment, 81: 416-426

Hakala T, Suomalainen J, Kaasalainen S, et al. 2012. Full waveform hyperspectral LiDAR for terrestrial laser scanning. Optics Express, 20(7): 7119-7127

Hopkinson C, Chasmer L, Gynan C, et al. 2016. Multisensor and multispectral LiDAR characterization and classification of a forest environment. Canadian Journal of Remote Sensing, 42(5): 501-520

Horler D N H, Dockray M, Barber J. 1983. The red edge of plant leaf reflectance. International Journal of Remote Sensing, 4: 278-288

Hosgood B, Jacquemoud S, Andreoli G, et al. 1995. Leaf Optical Properties Experiment 93 (LOPEX93) Report EUR-16096-EN[R]. European Commission, Joint Research Centre, Institute for Remote Ssnsing Applications, Ispra, Italy

Huang Z, Turner B J, Dury S J, et al. 2004. Estimating foliage nitrogen concentration from HYMAP data using continuum removal analysis. Remote Sensing of Environment, 93: 18-29

Huete A R. 1988. A soil-adjusted vegetation index (SAVI). Remote Sensing of Environment, 25: 295-309

Hunt E R, Rock B N. 1989. Detection of changes in leaf water content using near and middle-infrared reflectances. Remote Sensing of Environment, 30: 43-54

Hunt E R, Rock B N, Nobel P S. 1987. Measurement of leaf relative water content by infrared reflectance. Remote Sensing of Environment, 22: 429-435

Inoue Y, Morinaga S, Shibayama M. 1993. Non-destructive estimation of water status of intact crop leaves based on spectral reflectance measurements. Japanese Journal of Crop Science, 62:462-469

Jacquemoud S, Baret F. 1990. PROSPECT: a model of leaf optical properties. Remote Sensing of Environment, 34: 75-91

Jacquemoud S, Verdebout J, Schmuck G, et al. 1995. Investigation of leaf biochemistry by statistics. Remote Sensing of Environment, 54: 180-188

Jacquemoud S, Ustin S L, Verdebout J, et al. 1996. Estimating leaf biochemistry using the PROSPECT leaf optical properties model. Remote Sensing of Environment, 56: 194-202

Jago R A. Cutler M E J, Curran P J. 1999. Estimating canopy chlorophyll concentration from field and airborne spectra. Remote Sensing of Environment, 68: 217-224

Kokaly R F. 2001. Investigating a physical basis for spectroscopic estimates of leaf nitrogen concentration. Remote Sensing of Environment, 75: 153-161

Kokaly R F, Clark R N. 1999. Spectroscopic determination of leaf biochemistry using band-depth analysis of absorption features and stepwise multiple linear regression. Remote Sensing of Environment, 67: 267-287

Kumar R, Silva L. 1973. Light ray tracing through a leaf cross section.Applied Optics, 12: 2950-2954

Kuusk A. 1991. The hot-spot effect in plant canopy reflectance. In: Ross R B, Ross J. Eds. Photon– Vegetation Interaction: Applications in Optical Remote Sensing and Plant Ecology.Heidelberg: Springer-Verlag: 139-159

Lagarias J C, Reeds J A, Wright M H, et al. 1998. Convergence properties of the nelder-mead simplex method in low dimensions. SIAM Journal of Optimization, 9:112-147

Li W, Sun G, Niu Z, et al.2014. Estimation of biochemical content of leaves using a novel hyperspectral full-waveform LiDAR system. Remote Sensing Letters, 5: 693-702

Lichtenthaler H K, Gitelson A, Lang M. 1996. Non-destructive determination of chlorophyll content of leaves of a green and an aurea mutant of tobacco by reflectance measurements. Journal of Plant Physiology, 148: 483-493

Ma Q, Ishimaru A, Phu P, et al. 1990. Transmission, reflection, and depolarization of an optical wave for a single leaf. IEEE Transactions on Geoscience and Remote Sensing, 28: 865-872

Maier S W, Lüdeker W, Günther K P. 1999. SLOP: A revised version of the stochastic model for leaf optical properties.Remote Sensing of Environment, 68:273-280

Maire G, Francois C, Dufrene E. 2004. Towards universal broad leaf chlorophyll indices using PROSPECT simulated database and hyperspectral reflectance measurements. Remote Sensing of Environment, 89: 1-28

Marten G, Shenk J, Barton II F E. 1989. Near infrared reflectance spectroscopy(NIRS): Analysis of forage quality. U. S. Dept. of Agric. Handbook 643, USDA, Washington, DC

Menke W. 1984. Geophysical Data Analysis: Discrete Inverse Theory. New York :Academic Press

Morsdorf F, Nichol C, Malthus T, et al. 2009. Assessing forest structural and physiological information content of multi-spectral LiDAR waveforms by radiative transfer modelling. Remote Sensing of Environment, 113(10): 2152-2163

Moulin S, Guerif M, Baret F. 2003. Retrieval of Biophysical Variables on N-treatments of a Wheat Crop using Hyperspectral Measurements. Toulouse, France: Proceedings. of International Geoscience and Remote Sensing Symposium

Niu Z, Xu Z, Sun G, et al. 2015. Design of a new multispectral waveform LiDAR instrument to monitor vegetation. IEEE Geoscience and Remote Sensing Letters,12(7):1506-1510

Peňuelas J, Baret F, Fillella I. 1995. Semi-empirical indices to assess carotenoids/chlorophyll a ratio from leaf spectral reflectance. Photosynthetica, 31: 221-230

Peňuelas J, Filella I, Biel C, et al. 1993. The reflectance at the 950-970 nm region as an indicator of plant water status. International Journal of Remote Sensing, 14: 1887-1905

Rall J A R, Knox R G. 2004.Spectral ratio biospheric lidar. IEEE International Geoscience and Remote Sensing Symposium, 3: 1951-1954

Richter T, Fukshansky L. 1996. Optics of a bifacial leaf: 1. A novel combined procedure for deriving the optical parameters. Photochemistry and Photobiology, 63: 507-516

Rock B N, Hoshizaki T, Miller J R. 1988. Comparison of in situ and airborne spectral measurements of the blue shift associated with forest decline. Remote Sensing of Environment, 24: 109-127

Rondeaux G, Steven M, Baret F. 1996. Optimization of soil-adjusted vegetation indices. Remote Sensing of Environment, 55: 95-107

Sun G, Niu Z, Gao S, et al. 2014. 32-channel hyperspectral waveform LiDAR instrument to monitor vegetation: design and initial performance trials. Proceedings of SPIE - The International Society for Optical Engineering, 9263:926331-926331-7

Suomalainen J, Hakala T, Kaartinen H, et al. 2011.Demonstration of a virtual active hyperspectral LiDAR in automated point cloud classification. ISPRS Journal of Photogrammetry and Remote Sensing, 66(5): 637-641

Tarantola A. 1987. Inverse Problem theory: Method for Data Fitting and Model Parameter Estimation. Amsterdam: Elservier Science Publishers

Thenkabail P S, Smith R B, De Pauw E. 2000. Hyperspectral vegetation indices and their relationships with agricultural crop characteristics. Remote Sensing of Environment, 71: 158-182

Thomas J R, Gaussman H W. 1977. Leaf reflectance vs. leaf chlorophyll and carotenoid concentrations for eight crops. Agronomy Journal, 69: 799-802

Tucker C J, Garratt M M. 1977. Leaf optical system modeled as a stochastic process. Applied Optics, 16: 635-642

Verhoef W. 1984. Light scattering by leaf layers with application to canopy reflectance modeling: the SAIL model. Remote Sensing of Environment, 16:125-141

Verstraete M M, Pinty B. 1996. Designing optimal spectral indices for remote sensing applications. IEEE Transactions on Geoscience and Remote Sensing, 34: 1254-1265

Verstraete M M, Pinty B, Myneni R B. 1996. Potential and limitations of information extraction on the terrestrial biosphere from satellite remote sensing. Remote Sensing of Environment, 58: 201-214

Vogelmann J E, Rock B N, Moss D M. 1993. Red edge spectral measurements from sugar maple leaves. International Journal of Remote Sensing, 14: 1563-1575

Wing B M, Ritchie M W, Boston K, et al. 2012.Prediction of understory vegetation cover with airborne lidar in an interior ponderosa pine forest. Remote Sensing of Environment, 124:730-741

Yamada N, Fujimura S. 1991. Nondestructive measurement of chlorophyll pigment content in plant leaves from three-color reflectance and transmittance. Applied Optics, 30: 3964-3973

Yilmaz M T, Hunt Jr E R, Jackson T J.2008. Remote sensing of vegetation water content from equivalent water thickness using satellite imagery. Remote Sensing of Environment, 112: 2514-2522

Yoder B J, Daley L S. 1990. Development of a visible spectroscopic method for detemining chlorophyll a and b in vivo in leaf samples. Spectroscopy, 5: 44-50

Zarco-Tejada P J, Miller J R, Mohammed G H, et al. 1999. Canopy Optical Indices from Infinite Reflectance and Canopy Reflectance Models for Forest Condition Monitoring: Applications to Hyperspectral CASI Data. Hamburg, Germany: Proceedings of the 1999 IEEE International Geoscience and Remote Sensing Symposium

Zarco-Tejada P J, Miller J R, Mohammed G H, et al. 1999. Optical Indices as Bioindicators of Forest Condition from Hyperspectral CASI Data. Valladolid, Spain: Proceedings 19th Symposium of the European Association of Remote Sensing Laboratories (EARSel)

第 10 章　叶面积指数[*]

叶面积指数(Leaf Area Index，LAI)反映一个生态系统中单位面积上的叶面积大小，是模拟陆地生态过程、水热循环和生物地球化学循环的重要参数。本章首先介绍 LAI 的野外观测方法，包括直接方法和间接方法，其中间接方法又分为接触方法和光学方法。接着分别介绍 LAI 的遥感估算方法，即统计方法和物理方法。统计方法利用 LAI 与地表反射率或各种植被指数之间的统计关系进行估算，而物理方法则通过构建冠层辐射传输模型从植被光谱信号中反演 LAI。本章分别对神经网络、遗传算法、贝叶斯网络和查找表等 LAI 遥感反演方法及它们存在的问题进行了探讨，并对利用数据同化方法对 LAI 进行估算的方法进行了介绍。本章随后介绍了利用激光雷达森林回波模型反演森林 LAI 的方法。在此基础上，本章介绍了世界上主要的几大中等分辨率 LAI 产品，比如 MODIS、GEOV1、GLASS、GLOBMAP、ECOCLIMAP 和 CCRS 等，并对全球 LAI 的时空分布特征进行了分析。

叶面积指数是许多植被-大气相互作用模型，特别是关于碳循环和水循环的模型中的一个关键参数。植被的冠层结构特征，比如 LAI 的大小，会直接影响太阳光在植被中的辐射传输过程，进而影响植被冠层顶部的光学特性，比如反射率。简单地说，遥感技术就是通过所获取的冠层光辐射信息来估算冠层的 LAI 大小，一种方法是通过冠层光辐射信息和 LAI 之间的统计经验关系，另一种方法是通过物理的辐射传输模型从冠层光辐射信息反演 LAI。

本章首先在 10.1 节概括介绍一些有关 LAI 的基本概念及常用的 LAI 实测方法，接着在 10.2 和 10.3 节分别介绍遥感估算 LAI 的统计方法和物理方法，并着重讨论神经网络、遗传算法、贝叶斯网络和查找表等 LAI 反演方法。10.4 节简要介绍近年逐渐发展起来的数据同化方法。10.5 节介绍了利用激光雷达森林回波模型反演森林 LAI 的方法。10.6 节介绍几种不同时间和空间分辨率的全球 LAI 产品极其时空分布特征。

10.1　LAI 的定义与实测方法

叶面积指数指单位地表面积上单面绿叶面积的总和(Chen and Cihlar，1996)，是反映植被结构特征的一个重要参数。由于叶片表面是物质和能量交换的主要场所，因此，冠层截留、蒸散发、光合作用等重要的生物物理过程都与 LAI 紧密关联(Fang et al., 2019)。

LAI 有若干个差异微小的定义，除了最常用的绿色叶面积指数外，还有总叶面积指数

---

[*] 本章作者：方红亮[1]，肖志强[2]，屈永华[2]，宋金玲[2]
1. 中国科学院地理科学与资源研究所，中国科学院大学资源与环境学院；2. 遥感科学国家重点实验室·北京市陆表遥感数据产品工程技术研究中心·北京师范大学地理科学学部

和有效叶面积指数(L_e)，前者也称为全面叶面积指数，它指单位地表面积上的叶片全部表面积，后者则在假设叶子呈随机分布的情况下由冠层孔隙度计算得出（Chen and Cihlar，1996）：

$$L_e = 2\int_0^{\pi/2} \ln[1/p(\theta)]\cos\theta\sin\theta\mathrm{d}\theta \tag{10.1}$$

其中，$p(\theta)$是观测天顶角为θ时的孔隙度。

对于针叶林，计算绿色 LAI（或针叶面积指数 L）的公式为（Chen，1996）

$$L = (1-\alpha)\times L_e \times \gamma_E / \Omega_E \tag{10.2}$$

其中，γ_E为针叶与树枝的面积比，量化了树枝级的叶片聚集效应；Ω_E为冠层基本组分聚集指数，描述了冠层级的叶片聚集效应；α为木质成分占冠层基本组分总面积的比例，用于消除树叶、树枝、树干等木质成分对地面光谱测量的影响。

LAI 的实地观测有两类方法，即直接测量法和间接测量法，前者能够直接通过观测得到 LAI，而后者则是通过其他易于观测的参数来估算 LAI。

10.1.1　LAI 的直接测量法

LAI 的直接测量法是指在野外或实验室内直接观测采集叶片的面积进而估算 LAI 的方法。采集方式通常有破坏采摘法和落叶收集法两种，前者适用于植株较为矮小的生态系统，如草地、农作物、苔原等，后者则适用于森林等生态系统。

叶面积仪（如 Li-3000，Licor，Nebraska，USA，图 10.1）是一种常用的观测仪器，可以直接测得叶片的面积及其他形状信息。另一种方法是通过比叶面积（单位叶干重的叶面积，单位是 $\mathrm{cm^2/g}$）进行计算，即总叶面积等于比叶面积与总叶干重之积。

图 10.1　Li-3000 叶面积仪（©LI-COR Biosciences 授权）

直接测量法往往耗时耗力，特别是在需要进行较大范围观测来描述空间异质性的情况下，并且落叶收集法仅适用于夏绿植被，而不适用于常绿植被。尽管如此，通常认为植被测量法得到的 LAI 精度是最高的，因而可作为间接测量法观测结果的有效验证。

10.1.2　LAI 的间接估算法

LAI 的间接估算法较直接测量法更加方便快捷。使用间接估算法的常用做法是：系统布设样区，在每个样区用仪器多次测量读数。间接估算法可以分为两类：间接接触法和间接光学法。

1. 间接接触法

对于森林类型的植被，常使用经验方程法进行 LAI 的精确估算，方程的建立主要利用了每棵树的叶面积与其胸高直径的经验关系

$$\log y = a + b\log(x) \tag{10.3}$$

其中，y 为叶面积(m^2)；x 为树干胸高直径(cm)；系数 a 和 b 随植物种类、高度、养分有效性和施肥情况的不同而异。

点接触法较适合植株矮、叶片大的植物类型，该方法使用较长的细针以不同的高度角(探针与水平面的夹角)和方位角(探针与正北方向的夹角)刺入植被冠层，记录探针接触到的叶片数目，进而通过下式估算 LAI

$$N_i = L \times K_i \tag{10.4}$$

其中，N_i 是高度角为 i 时探针接触到的叶片数目；K_i 是高度角为 i 时的消光系数。

2. 间接光学法

间接光学法使用 Beer-Lambert 定律从测量得到的冠层透射率计算 LAI，Beer-Lambert 定律假设树叶随机分布在空间中，而叶倾角则呈球状随机分布。

$$L = -\ln(Q_i/Q_0)/K \tag{10.5}$$

其中，K 为消光系数；Q_i 为冠层下方的光合有效辐射；Q_0 为总输入光合有效辐射；Q_i/Q_0 即为冠层透射率。

LAI-2000 或新型的 LAI-2200 是一种常见的 LAI 观测仪器(图 10.2)，它通过若干同心环传感器接收冠层上方和下方的光辐射并计算其比例，来推测光线透过冠层时被削弱的程度，从而得出冠层孔隙度并计算 LAI。由于其计算 LAI 时假设传感器在冠层下方接收到的光线都来自天空漫反射，所以一般应当在阴天、清晨或黄昏时观测，以避免太阳直射。

在冠层上方或下方使用鱼眼镜头可以获取冠层的半球图像，提供冠层的全方向信息。在半球图像中，图像的中心即为天顶与观测点的连线，而图像的边界即为地平线(图 10.3)。使用类似的半球图像来估算 LAI 的方法由来已久，如今，数字鱼眼镜头能够提供更高的分辨率和图像质量。

专用仪器 Sunfleck Ceptometer 的探杆上装有 80 个光量子传感器，可以观测太阳光斑或 PAR 的辐射量，以此来估算 LAI。由于不同观测之间的差异较大，有必要通过多次观测来获得更具可靠性和代表性的结果。考虑到太阳光斑的半影效应，该技术不适用于针叶林。

图 10.4 所示为 AccuPAR 冠层分析仪。

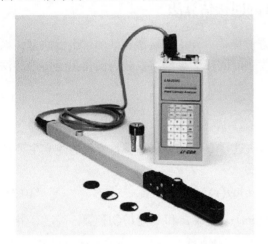
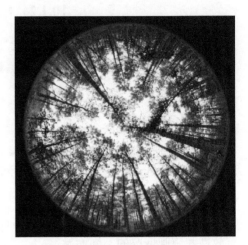

图 10.2　LAI-2000 冠层分析仪(©LI-COR Biosciences 授权)　　　　图 10.3　半球图像

　　TRAC 冠层分析仪(图 10.5)不仅能够获取冠层孔隙度，而且能够得到孔隙大小的分布状况。该仪器拥有三个光敏传感器，能够以很高的频率记录透射光。此外，TRAC 能够获取聚集度指数，从而可用于将有效 LAI 转换为 LAI。

图 10.4　AccuPAR(Decagon Devices 提供)　　　图 10.5　TRAC(3rd Wave Engineering Inc.提供)

　　间接测量法必须考虑枝干结构、枯枝和茎的影响，此外，使用间接测量法还需要满足一个基本的假设，即叶片在被测冠层内随机分布。然而，由于现实世界中的冠层大多是非随机分布的，通常具有一定的聚集效应，因此，所有间接估算 LAI 的光学仪器实际上估算的都是有效 LAI。一般来说，采用实测方法主要是关注特定的研究站点或小区域的植被的 LAI。

10.2　统　计　方　法

尽管地面实测方法能够提供较为准确的 LAI，但只能获取测量样点上的数据，应用范围受到了极大的限制，而卫星遥感数据则能够用于间接地估算 LAI，得到时空分布的 LAI 数据产品，可为大范围的模型研究提供有力的数据支撑。通过统计关系或物理模型可以从传感器接收到植被冠层表面的光辐射信息进行 LAI 的估算。以下几节将讨论从遥感数据估算 LAI 的一般方法。相比实测方法，遥感方法是一种开展大面积多时相 LAI 估算的有效方法。

植被指数（Vegetation Index，VI）能够有效突出表现植被的遥感特征信息，同时抑制土壤反射或大气等干扰因素的影响。用遥感数据估算 LAI 的统计方法，通常先要从多光谱遥感数据计算植被指数，建立植被指数和同区域实测 LAI 数据之间的经验关系，再将经验关系用于估算同类区域的 LAI。类似的统计方法，也常用于其他地表参数的遥感估算。

10.2.1　植　被　指　数

植被指数的构建基于植物对入射辐射的反射波谱特性。根据植被的光谱特性，将遥感可见光和红外等波段反射率进行组合，形成了各种植被指数。植被指数是对地表植被状况的简单、有效和经验的度量，迄今已经定义了超过 40 种植被指数，广泛地应用在全球与区域地表参数估算研究中。

常用的植被指数多利用了冠层反射或辐射中的红光和近红外波段的信息，将它们组合成比例的形式，如比值植被指数（Ratio Vegetation Index，RVI）或归一化植被指数（Normalized Difference Vegetation Index，NDVI）：

$$\text{RVI} = \rho_{\text{RED}} / \rho_{\text{NIR}}$$
$$\text{NDVI} = (\rho_{\text{NIR}} - \rho_{\text{RED}}) / (\rho_{\text{NIR}} + \rho_{\text{RED}}) \tag{10.6}$$

其中，ρ_{RED} 和 ρ_{NIR} 分别表示红光和近红外波段的反射率。

这些植被指数增强了土壤和植被反射信号之间的对比度，但对土壤背景的光谱特征比较敏感。在植被覆盖条件相同的情况下，较暗的土壤基质会使植被指数的值更高。土壤调节植被指数（Soil Adjusted Vegetation Index，SAVI）可以用来抑制土壤的影响（Huete，1988）：

$$\text{SAVI} = (\rho_{\text{NIR}} - \rho_{\text{RED}}) / (\rho_{\text{NIR}} + \rho_{\text{RED}} + C)(1 + C) \tag{10.7}$$

其中，C 为随植被密度变化的参数，其目的是最小化土壤亮度的影响，取值范围可以从零到无穷。当 $C=0$ 时，SAVI 与 NDVI 等同。

在生物量较大的区域，可以使用增强型植被指数（Enhanced Vegetation Index，EVI）来提高对植被信息监测的敏感度（Huete et al.，2002）：

$$\text{EVI} = G \frac{\rho_{\text{NIR}} - \rho_{\text{RED}}}{\rho_{\text{NIR}} + C_1 \times \rho_{\text{Red}} - C_2 \times \rho_{\text{Blue}} + X} \tag{10.8}$$

其中，ρ_{Blue} 为蓝光波段的反射率；C_1 和 C_2 为大气修正系数；X 为冠层背景调节因子；G 为增益因子。

10.2.2　基于植被指数的经验方法

用植被指数估算 LAI 的一般过程是先建立二者之间的经验关系，并使用观测数据进行拟合，再使用拟合好的模型进行估算。表达 LAI-VI 之间的经验关系 $L=f(x)$ 主要有以下几种形式(Qi et al.，1994)：

$$L = Ax^3 + Bx^2 + Cx + D$$
$$L = A + Bx^c \qquad\qquad (10.9)$$
$$L = -1/2A\ln(1-x)$$

其中，x 为从遥感数据获取的植被指数或反射率；系数 A、B、C 和 D 是经验参数，随植被类型而变化。通过观测数据拟合给定系数后，便可将这些公式应用到遥感影像上来进行 LAI 空间分布的制图。

根据所使用的植被指数、研究的植被类型与实验条件，一般来讲，由植被指数方法得到的 LAI 从 2～6 逐渐接近饱和。统计方法的优势是简单易用，其主要的缺陷是需要大量的实测数据和对应的遥感数据，并且，植被指数方法得到的 LAI-VI 关系式不能用于不同的植被类型，需要对它们分别建模，这是因为经验系数依赖于特定的植被类型。

10.3　冠层模型反演方法

在给定的太阳-地表-传感器系统条件下，冠层反射模型将 LAI 和叶片的光学特性等一些基本参数与冠层反射率联系起来。冠层反射模型通常可以划分为四类：参数模型，几何光学模型，混合介质模型和计算机模拟模型。其中，参数模型假设冠层光辐射信息是由几个分量(比如方向反射和漫反射)组成的简单数学方程，而其他几种都涉及光在冠层中的辐射传输物理过程。这些模型已经在冠层形态和光学特性的估算中得到了广泛应用。基于冠层反射模型估算 LAI，常采用反演优化方法、神经网络技术、遗传算法、贝叶斯网络算法和查找表方法等。

10.3.1　辐射传输模型

辐射传输理论最初是从研究光辐射在大气(包括行星大气)中传播的规律和粒子(包括电子、质子、中子等基本粒子)在介质中的运输规律时总结出来的(徐希孺，2005)。通常把连续植被近似为水平均一、垂直分层的模型。光与连续植被的相互作用包含吸收与散射两种过程，由此可将研究大气物理与粒子传输问题的辐射传输理论移植到连续植被的二向反射分布函数(BRDF)研究中(徐希孺，2005)。描述植被冠层与入射辐射之间相互作用的辐射传输模型，是在研究辐射在混浊介质中的传输机理的基础上发展起来的。鉴于植被冠层的构成与混浊介质相比已有本质的区别，对辐射在植被冠层中的传输过程的研究有其特有的理论方法和参数。这些参数描述冠层结构及其基本光学特性，如冠层厚度、冠层密度、叶面倾角/叶面方向及其分布、叶面积指数和冠层中各组成的基本散射特性等(李小文和王锦地，1995)。

对于某一特定时间的植被冠层而言，一般的辐射传输模型为

$$S = F(\lambda, \theta_s, \psi_s, \theta_v, \psi_v, C) \tag{10.10}$$

其中，S 为叶子或冠层的反射率或透射率；λ 为波长；θ_s 和 ψ_s 分布为太阳天顶角和方位角；θ_v 和 ψ_v 分别为观测天顶角和方位角；C 为一组关于植被冠层的物理特性参数，例如植被 LAI、叶倾角分布、植被生长姿态和叶-枝-花的比例与总量等。一般辐射传输模型以 LAI 等生物物理和生物化学参数为输入值，得到的输出值是 S。从数学角度看，要得到 LAI，只需要得到上述函数的反函数，以 S 为自变量即可得到 LAI 等一系列参数，这就是辐射传输模型反演 LAI 的基本原理。辐射传输模型描述了植被冠层与入射辐射之间的相互作用过程和特征，其理论基础是辐射传输理论和冠层平均透射理论，核心是辐射传输方程。辐射传输模型的优点在于，能考虑多次散射作用，对均匀植被尤其在红外和微波波段较重要；其缺点是复杂的三维空间微分方程即使对均匀植被，通常也只能得到数值解，很难建立起植被结构与 BRDF 之间明晰的解析表达式(李小文和王锦地，1995)。

几十年来，国内外专家都已经做了大量的工作，从建立辐射传输模型的理论和方法研究，到各种植被冠层的野外观测数据和遥感数据的获取，到模型的验证及应用。从 1999 年开始 RAMI 将近十多种 BRDF 模型进行了比较，到 2010 年已是第四阶段，参加比较的模型主要有 SAILH(Verhoef，1984，1985)、GORT(Li et al.，1995)和 DART(Gastellu-Etchegorry et al.，1996)等，总起来说，每一类型模型都有其各自的特定和适合的应用对象和范围。比较典型的辐射传输模型有植被冠层光谱(Scattering by Arbitrarily Inclined Leaves，SAIL)模型，近年来，Gastellu-Etchegorry 等考虑植被冠层和土壤背景的各向异性，进一步扩展了 SAIL 模型。之后 Myneni 发展了冠层三维辐射传输模型，Nilson 和 Kuusk 发展了森林两层反射率模型(Nilsona and Kuusk，1989)。这些模型也被到卫星数据地表参数反演中，最为典型的利用 3D 辐射传输模型得到的 MODIS LAI 产品。

1. 模型简介

辐射传输模型中比较经典的 SAIL 模型(Verhoef，1984)是 Verhoef 和 Bunnik 在 Suits 模型(Suits，1972)基础上做了扩充而得到的(Verhoef and Bunnik，1981)。该模型假设植被冠层是由方位随机分布的水平、均一及无限扩展的各向同性叶片组成的混合体，基于辐射传输方程描述植被冠层波谱/方向反射率。它求解冠层内上行和下行散射光强度，当给定冠层结构参数和环境参数时，可以计算任意太阳高度、观测方向和天空散射光比例等条件下的冠层反射率，模型模拟能够很好地体现植被在不同光学波段的各向异性反射特征。

二十年多中，SAIL 模型得到了不断发展和完善(Verhoef，1984)；(Verhoef and Bach，2003)。首先，SAIL 模型没有很好表达热点效应。Kuusk(1985)首先将热点效应参数引入到 SAIL 模型之中，即 SAILH 模型，有效地模拟了由叶簇对光的一次性散射所

引起的热点效应。1991 年 Jupp 将 Boolean 原理应用到连续植被叶子之间相互遮阴的计算中，进而讨论了连续植被热点效应的规律问题，两者极大地发展了 SAIL 模型，尤其是提高了热点附近 SAIL 模型的模拟精度(徐希孺，2005)。Huemmrich 在 2000 年将几何光学模型和 SAIL 模型结合起来，发展了 GeoSAIL 模型(Huemmrich，2001)，从而解决了 SAIL 模型对于非连续植被的适用性问题，将 SAIL 模型有效地应用于非连续植被冠层反射率模拟。同时 Bacour 等人发展 ProSAIL 模型，该模型时间上是叶片辐射传输模型 PROSPECT 和冠层辐射传输模型 SAIL 模型的耦合(Bacour et al.，2002)，将 SAIL 模型参数和叶片的生物组分参数(如叶绿素、叶片含水量等)结合起来，最终得到更为精准的叶片的光谱特征参数值。

2. 基于 SAILH 模型的模拟

SAILH 模型需要 7 个输入参数，分别是表示冠层结构特征的叶面积指数(LAI)、平均叶倾角(ALA)、叶长-冠层高度比(S_L)、表示叶片光谱特征的叶片半球反射率和透过率、表示背景光谱特征的土壤反射率、表示大气情况的水平能见度等。各参数的设置如表 10.1 所示。在表中的参数条件下，得到了冬小麦在不同 LAI 值，可见光和近红外波段主平面随观测天顶角变化情况，结果见图 10.6 所示。从图中可以看出 SAILH 模型能够很好地反应植被的热点效应(梁守真，2011)。

表 10.1　SAILH 模型中参数的设置

参数	标准值	范围
太阳天顶角	30°	0°～70°，步长为 10°
相对方位角	0°和 180°	0°～90°，步长为 15°
叶面积指数	4	3～6，步长为 0.5
热点参数	0.2	0.0,0.01,0.05,0.1,0.15,0.2,0.3,0.4
叶倾角分布	倾斜型	平板型，垂直型，倾斜型，极端型，球面型

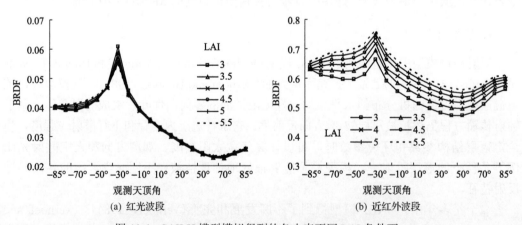

图 10.6　SAILH 模型模拟得到的冬小麦不同 LAI 条件下，
红光波段和近红外波段主平面中随观测天顶角变化冠层反射率的变化

　　模型所需的组分反射率数据来自北京师范大小波谱数据库所收集的试验配套数据。冬小麦冠层波谱的地面测量使用的波谱仪器为美国产 SE590 便携式野外波谱仪(Spectron Engineering Inc.，USA)。波谱仪的波长范围为 400~1100nm，波谱分辨率约为 3nm，每组观测可提供 252 个波长的波谱数据(项月琴等，2000)。实验中选用波谱仪的观测视场角为 15°，所使用参考板的平均反射率为 50%；冬小麦叶、茎等组分的反射率和透射率的测量是利用 SE590 波谱仪与外积分球(型号：1800-12S，External Integrating Sphere， LI-COR.，USA)相连组成的系统，波段范围仍为 400~1100nm。数据集中对 SAILH 模型的所有输入参数均做了准确测量。其中，LAI 为 2.2912，平均叶倾角为 48.23°，叶长为 5.8~21.4cm，平均冠层高度为 73.5cm。SAILH 的输入波谱参数如图 10.7 所示(万华伟，2007)。

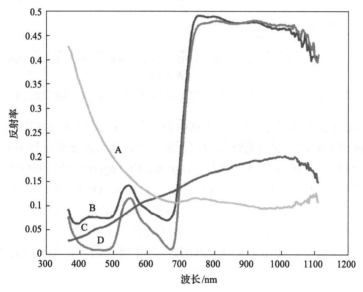

图 10.7　SAILH 模型输入的光谱参数
各波段散射光占天空光的比率(A)，叶片反射率(B)，土壤反射率(C)和叶片透射率(D)

　　通过运行 SAILH 模型，得到模拟的冠层反射率(图 10.8)。可以看出，模拟的和实测的冠层反射率非常接近，尤其在可见光波段，差值小于 0.02，在近红外波段，模拟反射率略高于实测的冠层反射率，最大差值小于 0.1。可见，在具有实地测量的模型输入参数情况下，冬小麦地面实测冠层波谱(图 10.8 中的 B 光谱)和叶片波谱(图 10.8 中的 A 光谱)两种观测尺度之间的关系可以用 SAILH 模型来表示，从而对 SAILH 模型对植被冠层的光谱特征模拟能力进行了验证(万华伟，2007)。

3. 三维辐射传输模型

　　三维辐射传输模型将植被在三维空间划分成有限个单位尺度的立方体，并对入射辐射按入射时的天顶角和方位角离散化。该模型的最大特点就是将前一个立方体的辐射按其出射方向作为它进入下一个立方体的第二辐射源，同时考虑多次散射作用，从而将所有立方体的辐射场有机地联系起来，得到整个群体中的辐射分布。对于水平均匀介质或

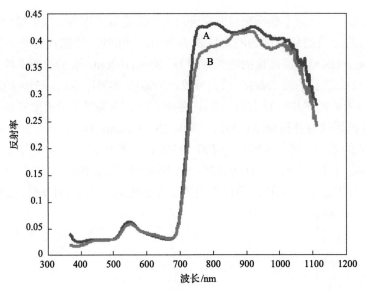

图 10.8　SAILH 模拟的冠层反射率（A）和地面实测的反射率比较（B）

非连续冠层，如行播作物或有着孤立树冠的果园等，因为植物的郁闭度并非确定的，Kimes（1991）提出了处理冠层异质性的冠层反射模型。冠层被分成矩形单元的矩阵，简单地假设辐射传输被限制在有限的方向上。Gastellu-Etchegorry 等（1996）进一步扩展此方法，克服了其缺点，形成了称为离散各向异性辐射传输（DART）模型（梁顺林，2009）。Myneni 等（1990）对三维辐射传输方程的建立及求解进行了一系列的研究，从理论上来说，三维冠层辐射传输方程可以处理任何形式的非均匀介质冠层。

三维辐射传输模型被应用于反演 MODIS 的叶面积指数，得到了连续时间序列的 MODIS LAI 产品。

10.3.2　优 化 技 术

基于遥感模型估算 LAI 等冠层生物物理参数，需要对冠层反射模型进行求解。迄今已发展了各种冠层二向反射模型反演方法，但反演过程往往是个病态问题，例如，辐射传输方程的解并不依赖于连续数据（Kimes et al.，2000）。由于冠层辐射传输方程并不是解析形式，因此需要使用各种优化技术进行迭代反演的数值计算。

一般的反演过程可以描述为：给定一组反射率观测值，需要确定对应的一组冠层生物物理参数，使其估算的反射率与观测值最为接近。代价函数 ε^2 通常定义为

$$\varepsilon^2 = \sum_{i=1}^{n} \sum_{j=1}^{B} W_i (r_{ij} - \hat{r}_{ij})^2 \tag{10.11}$$

其中，r_{ij} 为给定太阳天顶角和观测天顶角的方向反射率观测值；$\hat{r}_{ij}$ 为模型模拟得到的估计值；n 为样本数；B 为光谱波段数；W_i 为权重。为了限制参数的取值范围通常还会引入惩罚函数。要通过反演得到较为准确的生物物理参数，主要取决于反射率估计值 $\hat{r}_{ij}$、模型与现实情况的接近程度，以及优化算法最小化目标函数的能力。

1. 一维或多维问题的目标函数最小化

一维(单一变量)问题的目标函数最小化比较简单，因此常把多维问题的最小化分解为若干一维问题的最小化。对于一个存在最小值的一维问题，很容易确定其搜索空间。例如，有三个点 a、b 和 c，满足 $a<b<c$，并且 $f(a)>f(b)<f(c)$，那么在区间 (a, c) 必存在一个点，使函数取得最小值，即最小值存在于搜索区间范围内。

黄金分割搜索是在框定区域内搜索最小值的一种优雅而稳健的方法。在区间 (a, b) 或 (b, c) 内取一点 x 并计算其函数值，如果 $f(x)<f(b)$，则用 x 替代中点 b，并将 b 设为终点；如果 $f(x)>f(b)$，则 b 仍为中点，而将 x 设为终点。无论何种情况，都可以建立一个新的更狭窄的区间，用于搜索函数的最小值。(图 10.9)。重复上述过程，直到搜索区间的范围小于给定阈值。可以看出，以中点 b 搜索 x，如果其取值在较大区间的 $(3-\sqrt{5})/2$ 处(即黄金分割点)，则会使搜索区间范围缩小的速度最快 (Press et al., 1992)。

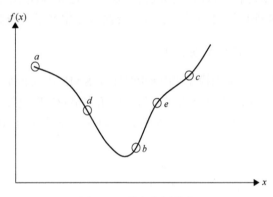

图 10.9　黄金分割搜索

搜索区间的变化为 $(a,b,c) \rightarrow (d,b,c) \rightarrow (d,b,e)$

黄金分割搜索没有利用函数导数的信息，加上这一信息会更易于确定 x，从而使收敛速度加快 (Press et al., 1992)。

2. 非导数方法与导数方法

我们将优化算法分为非导数方法(仅使用函数值，如反射率)和导数方法，包括一阶导数(如坡度)方法和二阶导数(如曲率)方法。非导数优化方法易于实现，但是收敛速度较慢，通常仅在一些仅在变量相关性较差等情况下使用，如例如遗传算法、神经网络和模拟退火等单纯形极值法，有关这些方法的内容将在其他章节描述。使用函数导数的方法通常收敛性能更好。

一阶导数方法通常用于超大系统极值问题的预分析。一阶导数不仅能指示下山方向接近最低点，而且能给出下山所需的步长大小(在陡坡采用较大的步长，在平坦处则用较小的步长)。最速下降算法和各种共轭梯度算法均属此类极值搜索算法。一阶导数方法可以由任意点开始沿梯度方向下降，直至与解足够接近。最速下降算法的迭代过程可用下式表达

$$x_{k+1} = x_k - \alpha_k \nabla f(x_k) \tag{10.12}$$

其中，α_k 为步长；∇ 表示梯度或搜索方向的偏导数。

函数的最小值可能为全局的(在整个搜索空间中)，也可能为局部的(在小邻域中)，然而，大多数研究所关注的全局最优解很难实现，因此，选择何种优化算法主要取决于待分析函数的数学特性。目前，已有很多算法被用于 LAI 的反演，如单纯形下山算法(Privette et al.，1994)、共轭方向调整算法(Kuusk，1991)和拟牛顿算法(Pinty et al.，1990)。用户可以通过各种标准软件包使用这些方法(Press et al.，1992)来解决复杂的非线性方程，如冠层反射模型。

10.3.3　神经网络

神经网络(NN)是一种计算上非常高效的机器学习方法，具有良好的插值能力，能高效、准确的逼近复杂的非线性函数。国内外学者的研究表明，利用辐射传输模型模拟数据训练的神经网络反演地表参数时，都取得了非常接近物理模型直接反演的精度。由欧盟资助的 CYCLOPES 项目等已经采用了这一反演方法生产了全球 LAI 产品。

1. CYCLOPES LAI 产品的反演算法

CYCLOPES 利用辐射传输模型 PROSPECT + SAIL 的模拟数据训练神经网络。模拟步骤中神经网络的输入包括合成期间太阳天顶角中值(θ_s)以及红光(B2)、进红外(B3)和短波红外(SWIR)三个波段天顶观测的地表反射率，输出为 LAI(L)，其网络结构如图 10.10 所示。

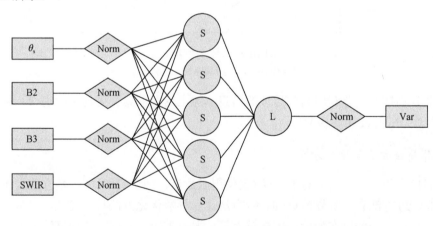

图 10.10　CYCLOPES LAI 反演的神经网络结构

模拟的训练数据进行归一化处理后，利用 L-M 优化算法对神经网络进行训练。然后，将经过辐射校正、云屏蔽、大气校正和 BRDF 校正的植被归一化红波段、近红外波段、短波红外波段光谱反射率和合成期间太阳天顶角中值输入神经网络，生产 10 天合成的有效 LAI 产品。

图 10.11 是法国区域 2002 年 8 月[图 10.11(a)]和 2003 年 8 月[图 10.11(b)]的 CYCLOPES LAI。相对 2002 年 LAI，2003 年的 LAI 值明显偏低，这主要是由于 2003 年西欧的巨大旱

灾所致。

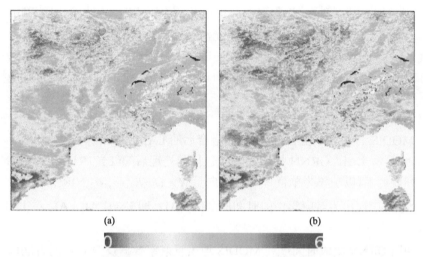

图 10.11　法国区域 2002 年 8 月 (a) 和 2003 年 8 月 (b) 的 CYCLOPES LAI

2. GLASS LAI 产品的反演算法

Xiao 等 (2014) 提出了利用广义回归神经网络 (GRNN) 集成时间序列 MODIS 地表反射率数据反演 LAI 的方法。广义回归神经网络由 Specht (1991) 提出，其网络结构如图 10.12 所示，包括输入层、隐层、总和层、输出层。

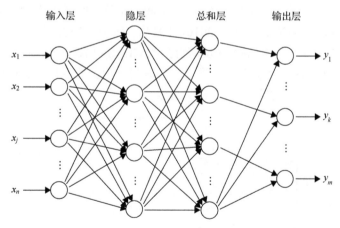

图 10.12　GRNN 网络结构图

采用高斯核函数的广义回归神经网络的输出表达式为

$$Y'(X) = \frac{\sum_{i=1}^{n} Y^i \exp\left(-\frac{D_i^2}{2\sigma^2}\right)}{\sum_{i=1}^{n} \exp\left(-\frac{D_i^2}{2\sigma^2}\right)} \tag{10.13}$$

其中，$D_i^2 = (X - X^i)^T (X - X^i)$，$X^i$ 和 Y^i $(i = 1, 2, \cdots, n)$ 分别为第 i 个取样样本的输入和输出；n 为取样样本的数量。X 为输入向量，$Y'(X)$ 为预测输入为 X 时的输出；σ 为控制拟合结果平滑程度的参数。GRNN 对于光滑函数具有通用的近似特性，只要给出足够的数据就可以实现比较精确的近似，即使在取样数目很少且为多维的情况下这种算法也是非常有效的。GRNN 不需要迭代训练因而训练速度很快，它简单、稳定且能很好地描述动态系统特性。

选取全球范围 402 个 BELMANIP 站点 2001～2003 年预处理后的 MODIS 地表反射率数据和 MODIS 与 CYCLOPES LAI 产品融合后的 LAI 数据训练 GRNN，然后利用训练好的 GRNN 反演 LAI。GRNN 网络的输入包括预处理后的红光(R)和近红外(NIR)波段的时间序列反射率(以一年为单位)，即输入向量 $X = (R_1, R_2, \cdots, R_{46}, \mathrm{NIR}_1, \mathrm{NIR}_2, \cdots, \mathrm{NIR}_{46})^T$ 包含 92 个分量；输出为对应年份的时间序列的 LAI，即 $Y = (\mathrm{LAI}_1, \mathrm{LAI}_2, \cdots, \mathrm{LAI}_{46})^T$ 包含 46 个分量。

由于利用 GRNN 集成时间序列 MODIS 地表反射率数据反演 LAI 的方法取得了很好的效果，该方法被进一步扩展，应用到集成时间序列 AVHRR 地表反射率数据的 LAI 反演(Xiao et al., 2016)。将 BELMANIP 站点 MODIS 与 CYCLOPES LAI 产品融合后的 LAI 数据聚合到 0.05° 的空间分辨率，利用聚合后的 LAI 和相应的预处理后的 AVHRR 地表反射率数据训练 GRNN(Xiao et al.，2016)。将预处理后的一整年的 AVHRR 地表反射率数据输入训练好的 GRNN 反演得到一整年的 LAI。

利用以上方法，集成时间序列的 AVHRR 或 MODIS 地表反射率数据，生成了长时间序列的 GLASS LAI 产品。GLASS LAI 产品空间上完整，时间上连续平滑，产品精度优于现有的全球 LAI 产品(Xiao et al.，2016，2017)。图 10.13 是不同植被类型站点上 LAI 的反演结果。总的来说，利用 GRNN 反演得到的 GLASS LAI 与 MODIS LAI 具有一致的季节变化趋势，GLASS LAI 相对比较平滑，在时间序列上的变化具有很好的连续性，而 MODIS LAI，尤其在生长季节，上下波动剧烈。

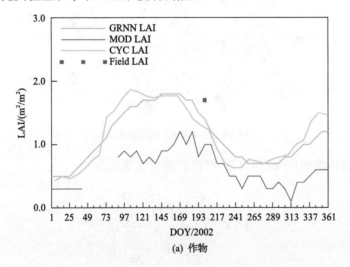

(a) 作物

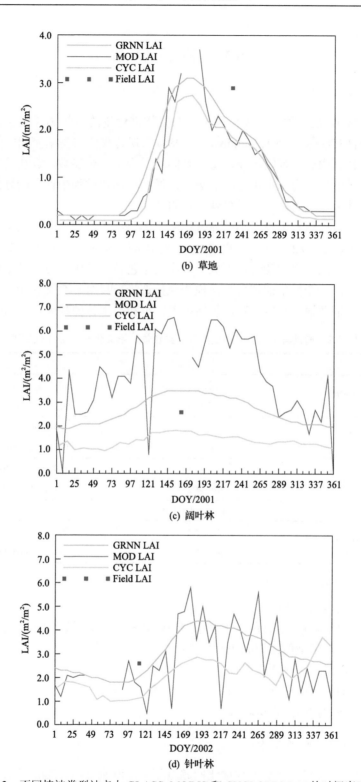

图 10.13 不同植被类型站点上 GLASS, MODIS 和 CYCLOPES LAI 的时间序列曲线

10.3.4　遗　传　算　法

1. 算法简介

遗传算法(GA)是一种通过模拟达尔文的生物进化论的自然选择和遗传机理来求解函数极值的方法(Davis，1991；Goldberg，1989)。遗传算法将搜索空间中的解用染色体来表示，染色体又由若干基因组成，每个基因均对应于一个参数，算法的每轮迭代均会产生一个新的种群，即为一组可行解的集合，通过在迭代过程中保留较好的染色体，舍弃较差的染色体来完成进化，从而得到更优的解。

染色体通常可以由若干表示不同参数的字串编码组成，每个字串的位数由对应变量的精度要求决定。表 10.2 展示了种群中两个染色体的进化过程，这两个染色体均由两个基因组成，通过基因重组和变异，形成了两个新染色体，其中，变异是随机地改变染色体中某一位的值。一个简单的遗传算法模型包括选择(再生)、交叉和变异三个过程。完整的遗传算法还需要输入其他参数，包括种群大小和产生各种基因算子的概率等。

表 10.2　通过再生、交叉和变异实现染色体从第 k 代至第 $k+1$ 代的进化

		第 k 代	
染色体和基因	染色体 1	1001010	1100011
	染色体 2	0011100	0011010
交叉	染色体 1	10010000011010	
	染色体 2	00111101100011	
变异	染色体 1	10010000101010	
	染色体 2	00111101100000	
		第 $k+1$ 代	
染色体和基因	染色体 1	1001000	0101010
	染色体 2	0011110	1100000

典型的 GA 优化过程通常包括以下步骤：

(1)确定参数搜索空间；

(2)编码，建立解集(用染色体集表示)和搜索空间中的离散点的映射关系；

(3)随机生成一组染色体构成初始种群；

(4)通过目标函数选取适应度较高的若干染色体；

(5)对选择的染色体进行交叉和变异，产生新的种群；

(6)重复步骤(4)和(5)直至收敛。

2. 遗传算法在 LAI 反演中的应用

在遥感中用遗传算法解决各种优化问题近年来才刚刚开始。Fang 等(2003)应用遗传算法和马尔科夫链反射模型(Markov Chain Reflectance Model，MCRM)从实测反射数据和大气校正后的 Landsat ETM+数据反演地表 LAI。研究使用了一个非常易用的遗传算法软件 GENESIS 软件，该软件提供了一套适用于各种应用的缺省参数设置。Fang 等（2003）在算法中采用了实数染色体编码，并为每个基因（或自由参数）设置了取值范围。

表 10.3 归纳了前向 MCRM 的输入参数。其中，θ_i 表示 ETM+数据获取时的太阳天顶角。叶片水分和干物质（蛋白质、纤维素和木质素）来自（Jacquemoud et al.，1996）。对于 ETM+数据，仅考虑天底观测角。在这种情况下，热点效应参数反演的敏感度 S_L（=0.15）非常低。假设叶子呈球状分布，两个角度分布参数均设为 0（e=0；θ_m=0）。因此，模型并不依赖于叶片角度 θ_m（Kuusk，1995）。表 10.3 还展示了 LAI、S_z、C_{ab}、N、r_{s1} 和 r_{s2} 六个自由参数的有效取值范围。

表 10.3　MCRM 所需参数

	参数	符号	取值
外部参数	太阳天顶角/(°)	θ_i	27.8, 46.6, 31.4, 30.2
	大气光学厚度	τ	0.1
冠层结构参数	叶面积指数	LAI	0～10.0
	冠层高度比	S_L	0.15
	马尔科夫聚集度参数	S_Z	0.4～1
	叶倾角分布偏心率	e	0
	平均叶倾角	θ_m	0
叶片光谱与方向属性	叶绿素浓度/(μg/cm²)	C_{ab}	20～90
	叶片等效水厚度/cm	C_w	0.01
	叶片蛋白质含量/(g/cm²)	C_p	0.001
	叶片纤维素与木质素含量/(g/cm²)	C_e	0.002
	叶片结构参数	N	1～3
土壤光谱与方向属性 (Price,1990)	Price 方程中的第一个权重	r_{S1}	0～1.0
	Price 方程中的第二个权重	r_{S2}	−1.0～1.0
	Price 方程中的第三及第四个权重	r_{S3}, r_{S4}	0

如果对反演的精度要求较高，那么应当尽量减少自由参数的数量（Kimes et al.，2000）。为了减少基因的数量，实践中常把变化较小的若干参数设为固定值，这些固定值表示了试验区的一般条件。研究表明，S_Z 是站点试验中最稳定的变量，在近红外波段，S_Z 取 0.8 时能够取得最小的 CV 值 0.1286。与 S_Z 相比，C_{ab} 和 N 等参数在研究区的变化则更大一些（Fang et al.，2003）。该研究首先将 S_Z 设为固定值 0.8，在遗传算法运行过程中又先后确定了 C_{ab} 和 N 的固定取值，分别为 50 和 1.8，因此，基因的数量从 6 个逐步减小为 3 个。由于随着自由参数的减少，可以理解，C_{ab} 和 N 的反演值会与之前的反演结果会略有不同。

表 10.4 以一个点为例，展示了遗传算法的输出结果。ε^2 列提供了一些（本研究中为 10 个）目标函数的局部最小值，而使用斜体字的一行则表示全局最小值。

表 10.4　案例中的遗传算法输出结果(6 个基因)

LAI	S_Z	C_{ab}	N	r_{S1}	r_{S2}	$\varepsilon^2(10^{-3})$	种群代数	染色体编号
2.53	0.95	65	3.41	0.06	−0.02	8.16	26	791
2.53	0.43	67	3.19	0.02	−0.08	7.81	30	900
2.53	0.96	68	3.41	0.06	−0.02	8.22	27	826
2.61	0.44	68	2.58	0.02	−0.08	7.69	24	750
2.58	0.95	67	3.48	0.03	−0.02	8.09	31	929
2.59	0.94	65	3.5	0.02	−0.08	7.90	22	686
2.58	0.95	69	3.5	0.02	−0.08	7.94	21	658
2.61	0.44	68	2.58	0.02	−0.08	7.70	32	963
2.59	0.96	48	3.5	0.02	−0.08	8.28	23	722
2.58	0.95	69	3.48	0.02	−0.08	7.97	17	542

遗传算法为遥感影像辐射传输方程的反演提供了一种有效的方法，其优点主要有两个方面。第一，能够处理各种初始条件，并且可以提供多个可行解来搜索全局最优解，因此避免了传统极值搜索算法的一大误差来源。第二，能够在约束参数空间中运行前向辐射传输方程模型，是一种直接的优化过程，这使得通过减少自由参数能够有效加速收敛。然而，遗传算法在初始化时需要搜索整个空间，并且需要大量的迭代才能收敛，这对于使用卫星遥感数据进行大面积 LAI 制图是十分不利的。为解决这些问题，需要发展更有效的遗传算法优化策略以及与辐射传输模型结合的方法，以使算法的计算速度能够满足大区域遥感应用的需求。

10.3.5　贝叶斯网络

1. 算法简介

基于贝叶斯定理的贝叶斯反演方法在地球物理反演中一直占有重要的地位(Klaus Mosegaard，2002)。在遥感地表参数反演中将地表参数和观测数据分别看作随机变量，反演过程如图 10.14 所示，即从数据空间(B)推理地表参数在参数空间(A)的分布，式(10.14)为贝叶斯定理的表达式。

$$p(A \mid B = b_i) = \frac{p(A)p(B = b_i \mid A)}{p(B = b_i)}$$

$$= \frac{p(A)p(B = b_i \mid A)}{\sum_j p(A = a_j)p(B = b_i \mid A = a_j)} \tag{10.14}$$

其中，A，B 分别表示参数空间和数据空间；a_j 和 b_i 分别表示发生在 A 和 B 空间的随机事件，在反演中分别对应参数值和观测数据，其中分子中 $p(A)$ 是参数的先验分布，$p(B|A)$ 是用来描述模型与观测数据误差的概率密度分布，分母与参数变化无关，起到归一化的作用。

贝叶斯网络以贝叶斯定量为数学基础，是一种将图形与概率知识结合，揭示变量间相互关系的数学模型。用有向无环图(Directed Acyclic Graph，DAG)来描述变量间的相互依赖关系，网络中的每个节点代表随机变量，连接节点间的有向弧段表示变量间的依赖关系(Heckerman，1995)。

通过引入更多的对地表参数的约束信息作为辅助反演参数，例如地物类型以及生长期，将图 10.14 扩展为贝叶斯网络的形式如图 10.15 所示。

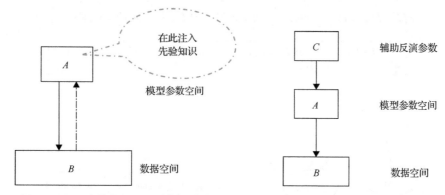

图 10.14　贝叶斯定理及贝叶斯反演图示　　　　图 10.15　贝叶斯网络概念图

图 10.15 中随机变量 A，B，C 的联合概率密度(JPD)可由式 10.15 计算：

$$p(C,A,B) = p(C,A) \times p(B|C,A) = p(C) \times p(A|C) \times p(B|C,A) \tag{10.15}$$

由于在贝叶斯网络中条件独立的假设(Pearl，1997)，即在已知 A 的情况下，B 和 C 是条件独立的，因此有

$$p(B|C,A) = p(B|A) \tag{10.16}$$

则式(10.16)可重写为

$$p(C,A,B) = p(C,A) \times p(B|C,A) = p(C) \times p(A|C) \times p(B|A) \tag{10.17}$$

基于贝叶斯网络的参数反演的原理是在获取观测数据和已知配套参数信息后，求出参数 A 的后验概率密度分布。由贝叶斯定理可得

$$p(A|B=b_i, C=c_k) = \frac{p(C=c_k)p(A|C=c_k)p(B=b_i|A)}{\sum_j p(C=c_k)p(A=a_j|C=c_k)p(B=b_i|A=a_j)} \tag{10.18}$$

式(10.18)与式(10.14)的区别是式(10.14)的先验知识项 $p(A)$ 在式(10.18)中变为 $p(C=c_k)p(A|C=c_k)$，其中 $p(C=c_k)$ 描述的是能够影响配套参数的因素的概率分布，这些因素可以包括时间，地点，地面高程以及土地利用等辅助信息，也可以包括与地面测量同时观测其他一些配套参数信息，$p(A|C=c_k)$ 描述的是在获取以上信息以后要反演的参数的概率密度分布。以上这两项信息可以来源于长期的对地观测数据的积累，它们之间的定量关系即 $p(A|C)$ 可以通过机器学习或统计的方法获得。

以遥感地表参数反演中植被参数反演为例(Qu et al.，2008)，网络结构如图 10.16 所示。下面给出在贝叶斯网络下参数反演计算公式。分别用变量 T 表示发育期(如农作物的

生长时间)，A 表示平均叶倾角(ALA：Average Leaf Angle)，V_1、V_2 分别表示相对方位角(VAzimuth)和观测天顶角(VZenith)，其余变量分别用对应节点大写首字母表示，所有小写字母表示对应变量的具体取值。假设在 $V_1=v_1$，$V_2=v_2$ 的条件下获得三个波段的反射率值分别为 g，r，n，若反演 LAI，则在以上条件下的 LAI=l 的后验概率为

$$p(L=l\,|\,T=t,V_1=v_1,V_2=v_2,G=g,R=r,N=n)$$

$$=\frac{p(L=l\,|\,T=t)\sum_{\{C,A\}}p(G=g,R=r,N=n\,|\,L=l,C,A,V_1=v_1,V_2=v_2)}{\sum_{\{L\}}\left[p(L\,|\,T=t)\sum_{\{C,A\}}p(G=g,R=r,N=n\,|\,L,C,A,V_1=v_1,V_2=v_2)\right]} \tag{10.19}$$

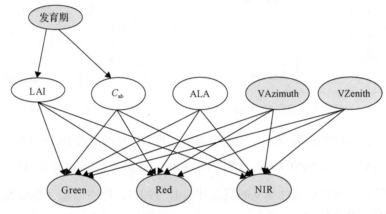

图 10.16　用于反演 LAI 和 C_{ab} 的贝叶斯网络模型(阴影节点表示可观测参数，白色节点表示自由参数)

由于式(10.19)的分母部分与参数 L 变化无关，故可将式(10.19)写成

$$p(L=l\,|\,T=t,V_1=v_1,V_2=v_2,G=g,R=r,N=n)$$

$$=\text{Const}\cdot p(L=l\,|\,T=t)\sum_{\{C,A\}}p(G=g,R=r,N=n\,|\,L=l,C,A,V_1=v_1,V_2=v_2) \tag{10.20}$$

其中，Const 表示常数因子，其余两项因子中，$p(L=l\,|\,T)$ 表示在给定发育期下 LAI 的条件概率分布。最后一项因子表示模型对给定条件下对数据的拟合能力。因此，用贝叶斯方法能综合利用三方面信息，即参数的先验分布，遥感物理模型以及观测数据提供的参数信息。

2. 贝叶斯网络反演应用

采用"973"项目("地球表面时空多变要素的定量遥感理论及其应用")2001 年在顺义试验获得的多点多时相的冬小麦冠层光谱反射率和 LAI 配套数据对贝叶斯网络反演方案进行了验证。选取了 2001 年 4 月 2 日、4 月 12 日、4 月 17 日以及 4 月 21 日的地面多角度观测数据反演 LAI 和 C_{ab}，数据测量时间为当地时间上午 9 点到 11 点之间，取在主平面观测方位中的 5 个观测方向，分别为 55°，25°，0°，−25°，−55°，负号表示前向观测。试验地块的位于试验区的西北方位(标记为 NW)，经纬度范围分别在北纬

40°11′40.1″，东经 116°34′32.7″和北纬 40°11′51.4″，东经 116°34′49.4″之间，数据的测量时间覆盖了冬小麦的发育期为起身、拔节和挑起三个发育期。用地表实测数据的反演结果如图 10.17 所示。

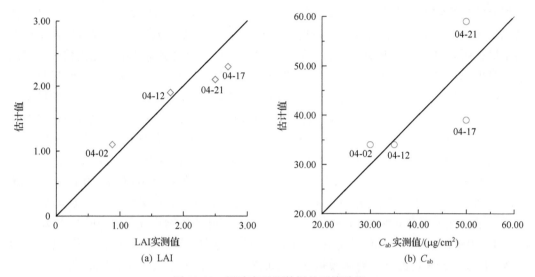

图 10.17 用地表观测数据的反演结果

对以上的反演结果需要说明的是，参数 LAI 和 C_{ab} 地表实测值均是在 NW 地块在每个观测日期的多个样点的平均值。由于叶片生化组分参数和观测光谱是由不同的单位完成的，两种数据的测量之间有一定的时间间隔。因此，这里的参数"真实值"是以两种数据的测量时间间隔内测量目标的环境变量没有大的变化为假定条件的，这有可能是 C_{ab} 反演误差较大的原因之一。

用地表数据的反演结果中，LAI 的估计值和地表实测 LAI 较为接近，均方误差为 0.2200。而 C_{ab} 的参数估计结果误差相对较大，均方误差为 4.0，误差最大的点所处的测量时间为 4 月 17 日，其次为 4 月 21 日，绝对误差分别为 $11\mu g/cm^2$ 和 $9\mu g/cm^2$。C_{ab} 的反演结果与用模拟数据的反演结果有相同的规律，即在 C_{ab} 较大的时候（一般当大于 $50\mu g/cm^2$ 时），参数反演的结果变得不可靠。

贝叶斯网络地表参数反演方法是以贝叶斯定理为基础，同时与数学中的图论相结合，以图形化的方式直观地描述变量之间相互关系。在遥感反演过程中，由于遥感数据以及地表测量数据之间不确定性的存在，使得贝叶斯网络从本质上具有很好地描述这类地学数据不确定性的基础。随着遥感反演理论的发展，贝叶斯网络在遥感反演中的应用也在进一步延伸。当考虑到陆表植被参数的动态变化过程的时候，可以将当前的贝叶斯网络反演方法应用于地表参数的时间序列特性估计，由此发展了基于动态贝叶斯网络的时序参数估计方法。

10.3.6 查找表方法

查找表是事先计算好的由对应的输入输出数据组成的阵列。应用查找表方法的目的是为了用简单的数据索引操作来代替复杂的计算过程以节约处理时间。我们运用查找表方法先通过各种模型模拟建立冠层反射率和冠层结构参数、叶片反射率和方向特性、土壤背景光谱和方向特性等参数间的相互对应关系，再通过不同的参数取值从表中搜索得到相应的反演结果。查找表方法反演问题描述如下：给定元素 $d \in D$，查找所有 $p \in P$，使其满足 $f(p)=d$。其中，d 为观测的反射率，p 为反演的参数，$f()$ 为冠层辐射传输模型，用于进行所有冠层参数 P 所对应的反射率集 D。因此，参数空间 P 中的元素越多，对冠层的模拟越精确。查找表方法有生成查找表和优化查询两个基本步骤，分别说明如下。

创建大型查找表的理想方法是离散化尽可能多的变量，并运行各种情况下的模型。下面以(Fang and Liang, 2005)所做的研究为例说明马尔可夫链冠层模型(Markov Chain Canopy Model，MCRM)查找表的构建过程。运行该模型的变量包括太阳天顶角(SZA=20°，30°、35°、40°、45°、50°、55°、60°、65°、70°、75°)、观测天顶角(0~90°间隔10°)、相对方位角(0~180°间隔15°)、LAI(0.1~10间隔0.1)、土壤反射率指数(0.01, 0.05, 0.1, 0.15, 0.2, 0.25, 0.3, 0.4, 0.5, 0.6, 0.8, 1.0)、马尔可夫参数(0.4~0.9间隔0.1)、有效层数(1.0~3.0间隔0.5)，叶片光学属性采用 PROSPECT 模型进行模拟，所用叶片生物物理参数为叶绿素 A 和叶绿素 B 的浓度(Cab=10~90 间隔 10 μg/cm²)，叶片方向假设为球状分布。不同观测方向的 MODIS 红光和近红外反射率模拟如图 10.18 所示。在太阳天顶角较低时(30°)，红光

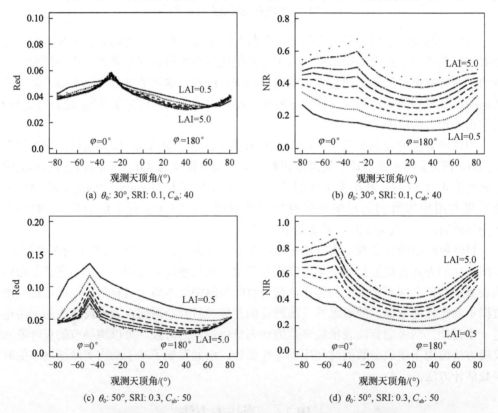

(a) θ_0: 30°, SRI: 0.1, C_{ab}: 40   (b) θ_0: 30°, SRI: 0.1, C_{ab}: 40

(c) θ_0: 50°, SRI: 0.3, C_{ab}: 50   (d) θ_0: 50°, SRI: 0.3, C_{ab}: 50

图 10.18 不同观测方向的 MODIS 红光和近红外反射率模拟

图片显示了主平面中的反射率随观测天顶角和 LAI 的变化。其中，LAI=({0.5, 1.0, 1.5, 2.0, 2.5, 3.0, 4.0 and 5.0})，(a) 和 (b) 中的其他参数取值为{SZA=30；SRI=0.1；C_{ab}=40}，(c) 和 (d) 中的其他参数取值为{SZA=50；SRI=0.4；C_{ab}=60}

反射率非常低，且对 LAI 变化不敏感，随着 LAI 的增大，红光反射率减少量很小，而近红外反射率增加；当太阳天顶角为 30°时，随着 LAI 的增大，红光反射率减小，近红外反射率增加。在这两个太阳天顶角情况下热点效应均比较明显。

为了确定反演的最佳参数组合，需要根据耗费函数对查找表进行排序，耗费函数为观测值与模拟值之间的均方根误差（Root Mean Square Error，RMSE）：

$$RMSE = \sqrt{\frac{1}{n}\sum_{i=1}^{n}(R_{\text{measured},i} - R_{\text{LUT},i})} \tag{10.21}$$

其中，$R_{\text{measured},i}$ 为第 i 个波段的观测反射率；$R_{\text{LUT},i}$ 为第 i 波段的模拟反射率；n 为波段数。

由于待求解不一定是唯一的（如病态问题），查找表方法所得的解通常不是最优解。因此，一般认为达到最小 RMSE 的一组变量取值均为较优解，并使用中位数作为反演结果。但是对于某些变量，最优解对应的变化范围非常大，随意一个值都可能是最优解，这时中位数已不能代表取值的最高频率。为避免这种情况，往往需要引入一些先验知识对结果加以限制，再从约减的查找表中选取最优的 10、20、40 或 100 种组合计算中位数并作为最终的解。

查找表方法非常精确，但在某些特定的情况下，它可能仍然需要较大计算量。近年来，机器学习工具也被用来代替复杂的辐射传输模型。Gomez-Dans 等（2016）使用高斯过程回归（GPR）算法拟合 PROSAIL 模型和 PROSAIL + 6S 模型，发现它使用一小组训练数据集准确地近似 RTM。他们称这种方法为仿真和机器学习模型仿真器。Verrelst 等（2016）测试了核岭回归（KRR），NN 和 GPR 作为 PROSPECT-4，PROSAIL 和 MODTRAN5 的模拟器，并且在替换 RTM 方面显示了非常有希望的结果。除了单光谱仿真外，仿真器还适用于通过引入降维方法来模拟冠层反射和太阳诱导荧光光谱（Gomez-Dans et al.，2016; Verrelst et al.，2017）。

在遥感参数反演中，神经网络和查找表方法都比较通用。二者将模拟的反射率和相应的生物物理参数有效地联系起来。在建立模拟数据库时，两种方法略显复杂，并且二者的反演精度会受到辐射传输模型精度的影响。应用遗传算法能得到满足全局最优条件的参数反演结果，但由于受计算复杂性的限制，该算法在实际中的应用很有限。贝叶斯网络基于不确定性条件进行多变量因果关系推理，在遥感参数反演中具有一定的应用潜力。

10.4 数据同化方法

目前利用遥感数据估计 LAI 方法有很多：利用 LAI 与光谱植被指数之间的统计关系，物理模型反演及其他非参数方法。这些方法各有千秋也各有不足。模型反演方法以物理为基础，适用范围广，因此在通过遥感数据估算 LAI 中，利用辐射传输模型的反演方法得到越来越多的应用。然而，这些方法仅利用单一时刻观测数据反演生物参数。由于在反演过程中所用的信息有限，反演结果在时间序列上明显不连续，并且精度也低。

反演问题本质上是病态反演，一个主要原因是多解和模型的不确定性。因此，应该尽可能获取多的信息用于反演过程改善地表参数估计的精度。可行的一种方法是利用数据同化技术，它是基于对生物参数合理动态变化的描述及时间序列上的多源观测数据的基础上，提高反演生物变量廓线的质量。

通常地说，可以分为两种同化算法：变分方法，如四维变分(4DVAR)数据同化算法，和顺序同化算法，如卡尔曼滤波(Kalman Filter，KF)。

10.4.1 四维变分数据同化方法

四维变分数据同化在同化时间范围内确定模型状态变量的向前预测使它最接近观测值。Lauvernet 等(2008)提出多时间补丁集合反演方案来应对在反演过程中的空间和时间上的限制。Koetz 等(2005)也曾在文章中提到用多时间遥感观测估计 LAI 的方法。对于每个观测仅利用辐射信息，用一个简单的半经验冠层结构动态模型估算 LAI。然后将拟合的 LAI 作为先验信息融合到反演中。Dente 等(2008)将从 ENVISAT ASAR 和 MERIS 数据反演得到的 LAI 同化到 CERES-Wheat 作物生长模型，试图在小尺度上提高小麦产量预测的精度。运用变分同化算法使模拟 LAI 和遥感 LAI 值之间的差距最小，确定输入参数的最优解。Liu 等(2008)用到一种结合 MODIS albedo 卫星观测和动态模型的数据同化方法，最优化模型参数，模拟叶面积估算的表观反射率和遥感卫星观测的差别最小，结果表明直接反演叶面积季节上是平滑的并且与观测和控制叶面积动态变化的过程是一致的。肖志强等提出了从 MODIS 反射率时间序列数据利用时间序列融合反演法估计 LAI(Xiao et al.，2009)，在本小节中将对该方法进行简单介绍。

变分同化方法可以很容易地集成动态模型信息和时间序列遥感观测数据反演地表参数。给定同化窗内 N 个观测数据 $\{y_k \mid k = 0,1,2,\cdots,N\}$，变分同化方法求解代价函数 $J(x)$ 的最优估计值。

$$J(x) = \frac{1}{2}\sum_{i=1}^{n}(y_i - H_i[\alpha, \mathrm{LAI}_i(\theta)])^{\mathrm{T}} R_i^{-1}(y_i - H_i[\alpha, \mathrm{LAI}_i(\theta)] + \frac{1}{2}(x - x_b)^{\mathrm{T}} B^{-1}(x - x_b)) \quad (10.22)$$

其中，x 是待优化估计的耦合模型的参数，包括辐射传输模型参数 α 和过程模型参数 θ；x_b 为这些参数的先验信息；y_i 为传感器的观测数据；$H_i(\cdot)$ 为遥感物理模型；B 和 R 分别为先验信息和观测数据的误差协方差。$\mathrm{LAI}_i(\theta)$ 描述的 LAI 时间变化规律，在我们的研究中采用了如下经验模型：

$$\mathrm{LAI}_i(\theta) = \mathrm{vb} + \frac{k}{1 + \exp(-c(t - p))} - \frac{k + \mathrm{vb} - \mathrm{ve}}{1 + \exp(-d(t - q))} \quad (10.23)$$

其中，k, c, d, p, q，vb 和 ve 为模型参数。

利用以上变分算法集成时间序列的 MODIS 反射率数据反演 LAI。图 10.19 为 Bondville 站点 2001 年中心点像素的 LAI 反演结果。该站点为耕地类型，实行作物轮作，2001 年的作物为玉米。从图中可以看出，常规方法反演的 LAI 与 MODIS LAI 具有一致的变化规律，在作物生长季节，LAI 值明显低于地面实测值，而且由于云等因素的影响，LAI 值上下波动。利用时间序列遥感数据优化估计耦合模型参数，由过程模型计算的 LAI，与地面实测数据相比可以看出，同化时间序列数据估计的 LAI 的准确度有明显提高。

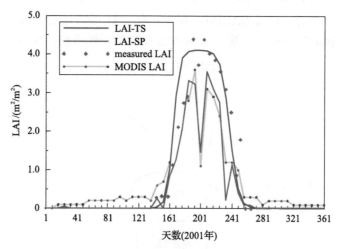

图 10.19　Bondville 站点 MODIS 时间序列遥感数据估计的 LAI

10.4.2　顺序同化算法方法

顺序同化算法仅考虑分析有观测值的时刻。Samain 等(2008)基于 ECOCLIMAP 地表覆盖分类建立了 BRDF 进化模型，利用卡尔曼滤波改进 BRDF 空间连贯性和时间一致性。肖志强等提出一种利用 MODIS 时间序列反射率数据(MOD09A1)进行实时反演的方法 (Xiao et al.，2011)。当有新的观测，EnKF 结合模型预测和 MODIS 反射率数据来更新 LAI。在没有新观测时，生物变量可以由动态模型向前预测。本节将详细介绍利用集合卡尔曼滤波(EnKF)迭代更新 LAI 的方法。

集合卡尔曼滤波是一种新的顺序同化算法，主要用于处理非线性模型的数据同化问题。定义 x 为 n 维的模型状态向量，矩阵 $A \in \Re^{n \times N}$ 由 N 个模型状态向量的集合组成，即 $A = (x_1, x_2, \cdots, x_N)$。令 $\bar{A} \in \Re^{n \times N}$ 表示集合的均值矩阵，集合扰动矩阵 $A' \in \Re^{n \times N}$ 定义为 $A' = A - \bar{A}$。则集合卡尔曼滤波标准的分析方程为

$$A^a = A + A'A'^{\mathrm{T}}H^{\mathrm{T}}(HA'A'^{\mathrm{T}}H^{\mathrm{T}} + R)^{-1}(D - HA) \tag{10.24}$$

其中，$H \in \Re^{m \times n}$ 为观测算子，描述了状态变量与观测之间的关系；$R \in \Re^{m \times m}$ 为观测误差协方差矩阵。

式(10.24)中，假定 H 为线性观测算子，当利用过程模型同化 MODIS 反射率数据时，冠层辐射传输模型 $h(\cdot)$ 为状态变量的非线性函数，因此式(10.24)的分析方程将不再适用。通过增广模型状态向量，即 $\hat{x}^{\mathrm{T}} = [x^{\mathrm{T}}, h^{\mathrm{T}}(x)]$，定义 $\hat{A} \in \Re^{\hat{n} \times N}$ 为增广状态向量的集合矩阵，$\hat{A}' \in \Re^{\hat{n} \times N}$ 为状态变量的集合扰动矩阵，则分析方程

$$A^a = A + A'\hat{A}'^{\mathrm{T}}\hat{H}^{\mathrm{T}}(\hat{H}\hat{A}'\hat{A}'^{\mathrm{T}}\hat{H}^{\mathrm{T}} + R)^{-1}(D - \hat{H}\hat{A}) \tag{10.25}$$

可以解决观测算子非线性的数据同化问题。

基于以上集合卡尔曼滤波的 LAI 迭代更新算法流程如图 10.20 所示。利用自适应 SG 滤波对多年的 MODIS LAI 产品进行预处理后，应用统计分析方法分析 LAI 年内变化规律及年际间的变化趋势，通过 SARIMA 模型获取 LAI 的变化趋势信息，进而构建描述 LAI 动态变化规律的过程模型。基于 SARIMA 模型的预测信息，构建如下过程模型。

$$\mathrm{LAI}_i = F_i \times \mathrm{LAI}_{i-1} \tag{10.26}$$

其中，

$$F_i = 1 + \frac{1}{\mathrm{LAI}_i^{\mathrm{clim}} + \varepsilon} \times \frac{\mathrm{dLAI}_t^{\mathrm{clim}}}{\mathrm{d}t} \tag{10.27}$$

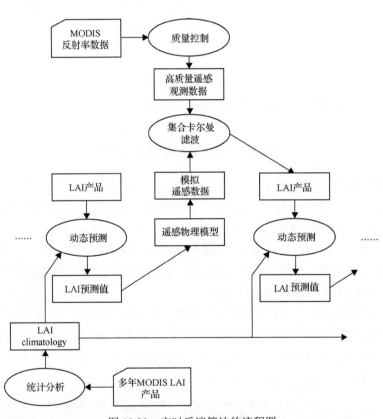

图 10.20　实时反演算法的流程图

根据当前 LAI 的最优估计值，利用动态模型并对 LAI 进行预测。结合过程模型的预报值和遥感观测数据，利用集合卡尔曼滤波(EnKF)实时地估计 LAI。

利用 BELMANIP(Benchmark Land Multisite Analysis and Intercomparison of Products)站点的 MODIS 数据，对 LAI 实时反演方法进行测试。图 10.21 为 2002 年 Sud-Ouest 站点 LAI 的实时反演结果。该站点的植被类型为耕地。利用自适应 SG 滤波

方法计算 MODIS LAI 的外包络,然后利用 2000 年和 2001 年的 LAI 外包络构造
SARIMA 模型预测 2002 年 LAI 的变化趋势[如图 10.21(a)所示]。基于 SARIMA 模型
的预测,构造 LAI 随时间变化的过程模型。利用 EnKF 集成过程模型的预测信息和遥
感观测信息实时的估计 2002 年 LAI[如图 10.21(b)所示]。为了能更好地评价实时反演
的 LAI 的准确程度,图 10.21(b)中还给出了 2002 年 MODIS LAI 以及 2002 年 7 月 2
日 BELMANIP LAI 的平均值。可以看出,在作物生长季的开始和结束时间,实时反演
LAI 与 MODIS LAI 吻合很好。在作物的生长季节,MODIS LAI 上下波动剧烈,而实
时反演的 LAI 曲线相对平滑。相比较而然,实时反演的 LAI 比 MODIS LAI 更接近
BELMANIP LAI 均值。

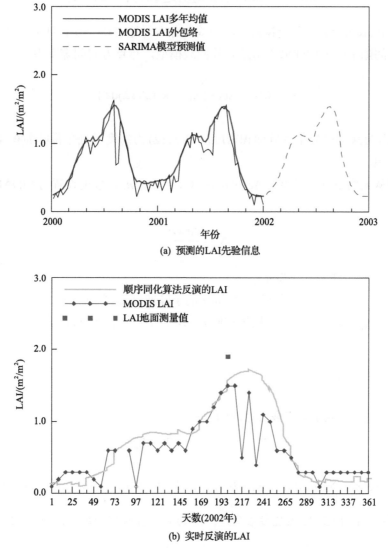

图 10.21 基于 MODIS LAI 外包络利用 SARIMA 模型预测的 LAI 先验信息和
2002 年 Sud-Ouest 站点实时反演的 LAI

10.5　激光雷达森林回波模型反演方法

激光雷达(Light Detection and Ranging，LiDAR)回波波形是指目标地物在反射激光脉冲能量后返回接收机，接收机记录下来的激光雷达连续的地物回波波形信号，而激光雷达森林回波模型可以帮助我们深入理解激光与森林各组分之间相互作用的机制，揭示激光波形信号与植被参量之间的关系，发展反演模型，进行敏感性和误差分析(Ni-Meister et al., 2001; Sun and Ranson，2000)。

10.5.1　Sun 的激光雷达森林回波模型

Sun 和 Ranson(2000)假定树冠内叶片均匀分布，地表均一并且只考虑单次散射，基于热点方向间隙率模型构建激光雷达森林回波模型，热点方向间隙率为

$$p(z, \Omega_i) = \exp(-\int_0^z u_L(z')G(z', \Omega_i)\mathrm{d}z') \tag{10.28}$$

其中，$u_L(z')$ 为深度 z' 处单片叶面积密度；$G(z', \Omega_i)$ 为深度 z' 处单位叶面积在 Ω_i 方向的平均投影面积。

将树冠从上到下分成厚度为 Δz 的 m 层($C_j, j=1,\cdots,m$)，厚度设置为 LiDAR 系统的垂直分辨率

$$\Delta z = \frac{\Delta t \times c}{2}$$

其中，Δt 为时间分辨率；c 为光速。

将 LiDAR 脉冲分为 n 个持续时间为 Δt 的子脉冲($I_{\mathrm{emit}}(i)$，$i=1,\cdots,n$)。假设 LiDAR 回波信号由第一个子脉冲到达第一层植被时开始，当第 i 个子脉冲到达第 j 层植被时，时间延迟为

$$t(i, j) = \frac{2(i + j) \times \Delta z}{c} \tag{10.29}$$

第 i 个脉冲到达第 j 层植被时返回的能量为

$$I(i, j) = I_{\mathrm{emit}}(i) \times R_j \times E_{j-1} \tag{10.30}$$

其中，$E_{j-1} = \exp\left(-\sum_{k=1}^{j-1}(u \times G)_k \times \Delta z\right)$ 为第 j 层以上的消光；$R_j = \Gamma \times u_j \times \omega$ 为第 j 层冠层的后向散射；ω 由 LiDAR 系统参数决定；Γ 为冠层散射相函数；$\Gamma = r_{\mathrm{leaf}} \times G / \pi$，$r_{\mathrm{leaf}}$ 为叶片反射率。

第 i 个子脉冲到达第 $m+1$ 层土壤时的返回能量：

$$I(i, m+1) = I_{\mathrm{emit}}(i) \times r_{\mathrm{soil}} \times \omega \times E_m \qquad (10.31)$$

其中，$E_m = \exp\left(-\sum_{k=1}^{m}(u \times G)_k \times \Delta z\right)$；$r_{\mathrm{soil}}$ 为土壤反射率，根据时间延迟，将返回的冠层和土壤的时间信号记录到相应的时间间隔里，共记录了 $m+n$ 个。

Ma 等(2015)通过此模型反演了黑河大野口超级样地及附近的叶面体密度垂直分布并计算了 LAI(图 10.22 和图 10.23)。

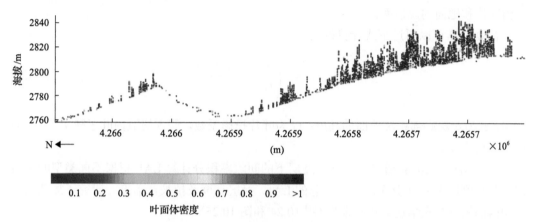

图 10.22　黑河大野口超级样地区域叶面体密度三维分布

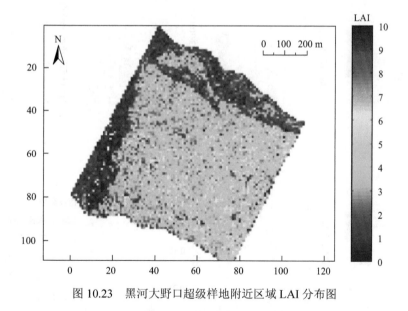

图 10.23　黑河大野口超级样地附近区域 LAI 分布图

10.5.2　Ni-Meister 的激光雷达森林回波模型

Ni-Meister 等假定激光雷达能量只能通过间隙到达更低的冠层或者地面，从而认为间隙率在垂直方向上的分布可以反映冠层的垂直结构。间隙率的垂直分布可以通过下式

计算得到

$$P(z) = 1 - \frac{R_v(z)}{R_v(0)} \frac{1}{1 + \frac{\rho_v}{\rho_g} \times \frac{R_g}{R_v(0)}} \qquad (10.32)$$

其中，$P(z)$ 为距离地面高度为 z 处的间隙率；$R_v(z)$、$R_v(0)$ 分别为距离地面高度为 z 处和地面位置激光雷达系统收集的植被回波能量；R_g 为地面回波的能量；ρ_v 和 ρ_g 分别为冠层内叶片和地面的反射率。

有效 LAI 可以通过下式计算得到

$$\mathrm{LAI}_{\mathrm{cum}}(z) = -\int_{z_0}^{z} \frac{1}{G} \times \frac{\mathrm{d}\log P(z)}{\mathrm{d}z} \mathrm{d}z \qquad (10.33)$$

其中，z_0 为冠层底部距离地面的高度；G 为叶片投影系数，假定树冠内叶子随机分布，G 通常被设为 0.5。

Marselis 等(2018)通过对不同高度层下的间隙率积分计算 LAI，根据不同类型的植被在一些高度层中 LAI 分布的差异、总的 LAI、冠层高度及植被覆盖度，研究了加蓬国家公园内的树种分布情况并进行制图(图 10.24 和图 10.25)：

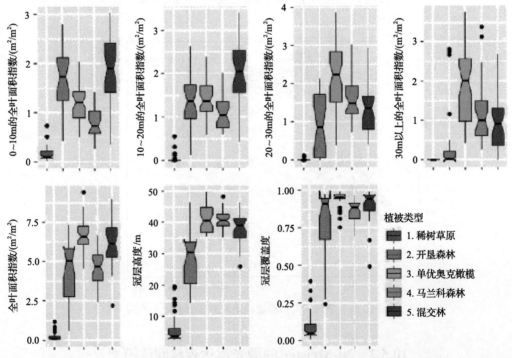

图 10.24 五种植被类型的 7 个植被结构特征指标(植被类型按演替阶段排序)

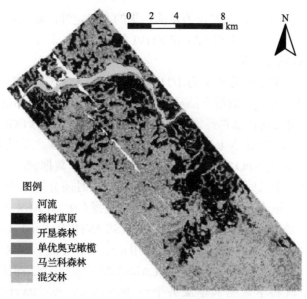

图例
河流
稀树草原
开垦森林
单优奥克橄榄
马兰科森林
混交林

图 10.25　研究区内五种植被类型分布

10.6　全球与区域 LAI 产品

10.6.1　全球主要中分辨率 LAI 产品

随着遥感卫星的发射，特别是中等分辨率的光谱传感器获取的信息，成为生成全球 LAI 数据产品的主要数据源。迄今为止，人们利用遥感传感器获取的信息生成了多种全球或区域 LAI 产品(Fang et al., 2019)。如利用 TERRA-AQUA 卫星搭载的 MODIS 数据生产了 MODIS、GLASS 和 GLOBMAP LAI 产品(从 2000 年开始至今)；利用 SPOT/VEGETATION 传感器数据生产了三种全球叶面积指数产品(GLOBCARBON LAI 产品、CYCLOPES LAI 产品和 GEOV1 LAI 产品)及一个区域 CCRS LAI 产品；根据 NOAA/AVHRR NDVI 得到的 ECOCLIMAP LAI 产品；另外还有一些有限时间内 LAI 产品，如 POLDER LAI 产品和 MERIS LAI 产品，或是覆盖空间有限的 LAI 产品，如 MISR LAI，MSG/SEVIRI LAI。

由 TERRA-AQUA 搭载的 MODIS LAI 产品(从 2000 年至今)，是应用最为广泛的 LAI 产品。经过不断改进，现在已经生产到第五版本的 LAI 产品，为真实叶面积指数，它的空间分辨率为 1km，时间分辨率为 8 天，投影为正弦投影，由 http://wist.echo.nasa.gov 发布。MODIS 的叶面积指数反演算法包括主算法和备用算法。MODIS 的叶面积指数反演主算法利用植被类别图作为先验知识，把全球的植被分为八大类(Yang et al.，2006)，对不同的地表分类采用不同的输入参数，采用三维辐射传输模型作为前向模型，预先计算出不同观测几何以及不同土壤下垫面的各波段反射率，构造一个表，采用查找表的方法进行反演(Knyazikhin et al.，1998a，1998b)。这种方法反演的过程中，只用波段反射率的观测数据和模型模拟数据去比较，设定一个阈值，计算小于该阈值的 LAI 的均值和方差，均值就作为反演结果，方差作为反演结果的不确定性。如果该算法失败，则采用备用算法。备用算法根据不同类别 LAI 和 NDVI 的经验关系来计算 LAI。与主算法相比，备用算法估算的 LAI 精度较低。

　　GEOV1 LAI 产品的空间分辨率为 1/112°(赤道处约 1 千米)，时间分辨率为 10 天，采用 Plate Carrée 投影方式。数据产品从 1998 年至今，由http://www.geoland2.eu/发布。GEOV1 LAI 产品采用反向传播神经网络(BPNN)方法，由 SPOT/VEGETATION 传感器数据生产。利用 BELMANIP 站点上 MODIS 与 CYCLOPES LAI 产品融合后的 LAI 数据和归一化到天顶观测方向的 SPOT/VEGETATION 地表反射率数据训练 BPNN。

　　GLASS LAI 是一个长时间序列的全球 LAI 产品，时间分辨率为 8 天。GLASS LAI 产品包括从 MODIS 地表反射数据反演的 LAI 数据(由 GLASS MODIS 表示)和从 AVHRR 地表反射率数据反演的 LAI 数据(由 GLASS AVHRR 表示)。GLASS MODIS LAI 产品从 2000 年至今，空间分辨率为 1km，采用正弦投影方式。GLASS AVHRR LAI 产品从 1981 年至今，空间分辨率为 0.05°。GLASS LAI 产品的算法详见 10.3.3.2 节。用户可以从国家地球系统科学数据共享服务平台(http://www.geodata.cn/)和网站http://glcf.umd.edu/下载 GLASS LAI 产品。图 10.26 是 2001~2010 年 1 月份和 7 月份 GLASS LAI 均值空间分布图。

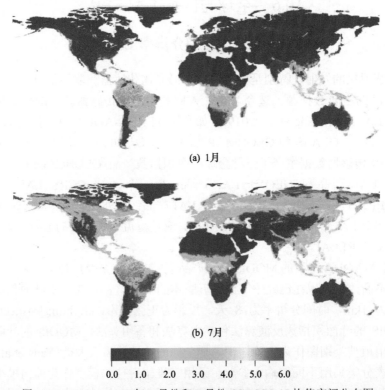

图 10.26　2001~2010 年 1 月份和 7 月份 GLASS LAI 均值空间分布图

　　GLOBMAP LAI 产品是由 MODIS 和 AVHRR 两个传感器联合生成的全球 LAI 产品。现在网站 http://www.globalmapping.org/globalLAI/可获得 1981~2016 年的该数据产品，

空间分辨率为 0.08°。1981~2000 年的 GLOBMAP LAI 产品由 AVHRR 数据（GIMMS NDVI）反演得到，时间分辨率为半个月。2001~2016 年的 GLOBMAP LAI 产品由 MODIS 地表反射率数据反演得到，时间分辨率为 8 天。

　　ECOCLIMAP 数据集提供生物物理变量多年均值用于地表模拟（包括 LAI），并且 http://www.cnrm.meteo.fr/gmme/PROJETS/ECOCLIMAP/page_ecoclimap.htm 网站可以获取这些数据。它的采样距离是 1/120°，以一个月为步长，投影是 Plate Carree 投影。ECOCLIMAP 基于全球分类，结合若干地表覆盖图和世界气候分布把全球分成 15 种主要地表类别。每种地类，LAI 的变化范围根据实地测量确定，它在植株和冠层尺度上考虑植被聚集效应，并且仅代表绿色叶子包括森林下层。然后，对于 ECOCLIMAP 网格每个像元，使用一年周期的全球 NOAA/AVHRR 月合成 NDVI 产品在相应的像元类中，根据 LAI 最大与最小值来调节 LAI 时间轨迹。这种方法的基础是在每种植被类型 LAI 空间变化率小。ECOCLIMAP LAI 是一个平均值。

　　CCRS LAI 是覆盖加拿大地区的一个区域产品，由加拿大遥感中心生产（Fernandes et al.，2003）。CCRS LAI 产品是根据 SPOT/VEGETATION 传感器反射率生成的，归一化到通用几何条件，1 千米地面采样，以 10 天为步长，兰伯特圆锥返投影（Lambert Conical），产品从 1998 年至今。算法依赖于实测 LAI 与植被指数之间的经验关系，这里的植被指数主要是相对应的在加拿大 7 种植被覆盖类型。通过 SPOT/VEGETATION 数据得到区域土地类型图来实现算法在加拿大的应用。

10.6.2　LAI 的时空变化

　　卫星遥感为大面积 LAI 数据的获取提供了有效的方法。图 10.27 为 Terra 和 Aqua 卫星上的 MODIS 传感器联合反演得到的全球 LAI 产品。MODIS 科学团队采用三维辐射传输模型和查找表方法从 8 天一次的反射率产品中反演 LAI，产品的空间分辨率为 1 km，由地球资源观测系统（Earth Resources Observation Systems，EROS）的分布式主动存档数

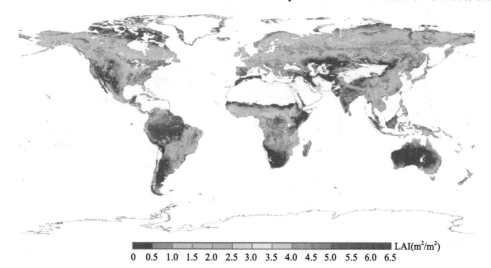

图 10.27　MODIS/Terra+Aqua Collection 6 的全球 LAI 分布产品（2017 年 7 月）

据中心（Data Center Distributed Active Archive Center，DAAC）向用户免费发布。从 LAI 产品上可以清楚地区分出主要的景观类型，森林的 LAI 值一般高于草地和农作物，而城市、雪地和荒漠地区的 LAI 值则最低。

除了 MODIS 等上述 5 种 LAI 产品，其他卫星传感器也提供了一些全球 LAI 产品。如 Terra 卫星上搭载的 MISR 传感器能够提供 1.1 km 分辨率的全球 LAI 产品，NOAA 卫星上搭载的 AVHRR 传感器提供的产品在长时间序列地表变化分析研究中应用较为广泛，ENVISAT 卫星上搭载的 MERIS 传感器、ADEOS 卫星上搭载的 POLDER 传感器都能提供不同时空分辨率的全球 LAI 产品。

图 10.28 显示了 2003～2017 年全球不同生态类型的月平均 LAI 数据。其中的 LAI 数据由 8 天一次的 MODIS Terra 和 Aqua 双星 LAI 产品合成。从中可以清楚看到各种地表类型的 LAI 季节特征，草地、农作物、灌木和森林从春天到夏天的 LAI 增长量为 1.0～3.0，LAI 数据的标准差夏天较高，冬天较低。

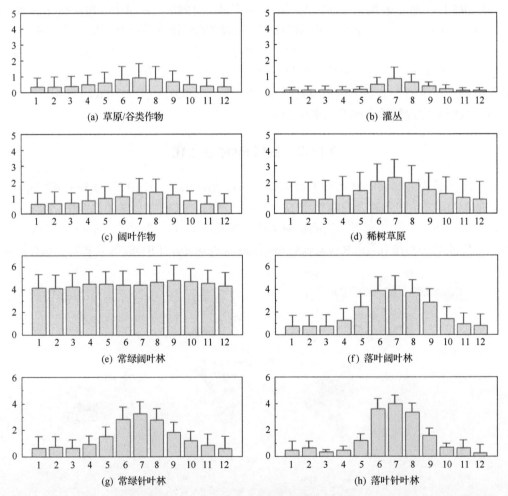

图 10.28　MODIS/Terra+Aqua Collection 6 全球不同生态类型的月平均 LAI 及标准差（2003～2017）

10.7　小　　结

LAI 是表征陆地植被生态系统状态的一个重要变量。遥感技术为诸多领域的应用模型提供了全球范围的 LAI 产品。当前面临的主要挑战是如何提高 LAI 产品的时空连续性，以及如何满足用户对于产品精度、分辨率和稳定性的需求，这些都需要进行大量的产品验证和不确定性分析（Morisette，2006）。目前，已有多个国家的研究小组和国际组织共同开展了多方面的验证工作。最新的研究还表明用数据同化方法集成物理模型能够更加有效地进行实时 LAI 估算（Xiao，2011）。这对发展新的反演算法来获取长时间序列、高精度和系统化的 LAI 产品有很大的促进作用。

参 考 文 献

李小文，王锦地. 1995. 植被光学遥感模型与植被结构参数化. 北京: 科学出版社

梁守真，施平，周迪. 2011. 基于 SAILH 模型的植被冠层 NDVI 二向性分析. 遥感信息, 1: 22-26

梁顺林. 2009. 定量遥感. 北京: 科学出版社

万华伟. 2007. 融合多源遥感数据反演地表参数的方法研究. 北京: 北京师范大学博士学位论文

项月琴，王锦地，李小文，et al. 2000. 二项反射遥感中冬小麦植被组分和土壤特性的季相变化. 遥感学报, 4(增刊): 90-99

徐希孺. 2005. 遥感物理. 北京: 北京大学出版社

Bacour C, Jacquemoud S, Tourbier Y, et al. 2002. Design and analysis of numerical experiments to compare four canopy reflectance models. Remote Sensing Environment, 79:72-83

Chen J M. 1996. Optically-based methods for measuring seasonal variation of leaf area index in boreal conifer stands. Agricultural and Forest Meteorology, 80:135-163

Chen J M, Cihlar J. 1996. Retrieving leaf area index for boreal conifer forests using Landsat TM images. Remote Sensing of Environment, 55:153-162

Davis L.1991. Handbook of Genetic Algorithms. New York: Van Nostrand Reinhold

Dente L, Satalino G, Mattia F, et al. 2008. Assimilation of leaf area index derived from ASAR and MERIS data into CERES-Wheat model to map wheat yield. Remote Sensing of Environment, 112: 1395-1407

Fang H, Baret F, Plummer S, et al. 2019. An overview of global leaf area index (LAI): Methods, products, validation, and applications. Reviews of Geophysics, 57(3): 739-799

Fang H, Liang S. 2005. A hybrid inversion method for mapping leaf area index from MODIS data: Experiments and application to broadleaf and needleleaf canopies. Remote Sensing of Environment, 94(3):405-424

Fang H, Liang S,Kuusk A. 2003. Retrieving leaf area index using a genetic algorithm with a canopy radiative transfer model. Remote Sensing of Environment, 85(3):257-270

Fernandes R A, Butson C, Leblanc S G, et al. 2003. Landsat-5 and Landsat-7 ETM+ based accuracy assessment of leaf area index products for Canada derived from SPOT-4 VEGETATION data. Canadian Journal of Remote Sensing, 29(2):241-258

Gastellu-Etchegorry J P, Demarez V, Pinel V, et al. 1996. Modeling radiative transfer in heterogeneous 3-D vegetation canopies. Remote sensing of Environment, 58:131-156

Goldberg D E.1989. Genetic Algorithms in Search, Optimization and Machine Learning. Reading, MA: Addison-Wesley

Gómez-Dans J, Lewis P, Disney M. 2016. Efficient emulation of radiative transfer codes using gaussian processes and application to land surface parameter inferences. Remote Sensing, 8(2):119

Heckerman D. 1995. A Tutorial on Learning With Bayesian Networks. ftp://ftp.research.microsoft.com/pub/dtg/david/tutorial.ps, Editor. Technical Report MSR-TR-95-06

Huemmrich K F. 2001. The GeoSail model: a simple addition to the SAIL model to describe discontinuous canopy reflectance Remote Sensing of Environment, 75: 421-423

Huete A R. 1988. A soil-adjusted vegetation index (SAVI). Remote Sensing of Environment, 25:295-309

Huete A, Didan K, Miura T, et al. 2002. Overview of the radiometric and biophysical performance of the MODIS vegetation indices. Remote Sensing of Environment, 83(1-2):195-213

Jacquemoud S, Ustin S L, Verdebout J, et al. 1996. Estimating leaf biochemistry using the PROSPECT leaf optical properties model. Remote Sensing of Environment, 56: 194-202

Kimes D S.1991. Rasiative transfer in homogeneous and heterogeneous. vegetation canopies. In: Myneni J R. Photon-Vegetation Interactions: Applications in Optical Remote Sensing and Plant Physiology. New York: Springer-Verlag

Kimes D S, Knyazikhin Y, Privette J L, et al. 2000. Inversion methods for physically-based models. Remote Sensing Review, 18:381-440

Klaus Mosegaard A T.2002. Probabilistic Approach to Inverse Problems. International Handbook of Earthquake and Engineering Seismology (PartA). Paris, France: Academic Press

Knyazikhin Y, Martonchik J V, Diner D J, et al. 1998a. Estimation of vegetation canopy leaf area index and fraction of absorbed photosynthetically active radiation from atmosphere-corrected MISR data. Journal of Geophysical Research, 103: 32239-32256

Knyazikhin Y, Martonchik J V, Myneni R B, et al. 1998b. Synergistic algorithm for estimating vegetation canopy leaf area index and fraction of absorbed photosynthetically active radiation from MODIS and MISR data. Journal of Geophysical Research, 103(D24):32257-32276

Kuusk A. 1985. The hot spot effect of a uniform vegetative cover. Journal of Remote Sensing, 3: 645-658

Kuusk A. 1991. Determination of vegetation canopy parameters from optical measurements. Remote Sensing of Environment, 37(3):207-218

Kuusk A. 1995. A fast invertible canopy reflectance model. Remote Sensing of Environment, 51:342-350

Lauvernet C, Baret F, Haucoet L, et al. 2008. Multitemporal-patch ensemble inversion of coupled surface-atmosphere radiative transfer models for land surface characterization. Remote Sensing of Environment, 112(3): 851-861

Li X W, Strahler A H, Woodcock E C. 1995. A hybrid geometric optical-radiative transfer approach for modeling albedo and directional reflectance of discontinuous canopies. IEEE Transactions on Geoscience and Remote sensing, 33(2):466-480

Liu Q, Gu L, Dickinson R E, et al. 2008. Assimilation of satellite reflectance data into a dynamical leaf model to infer seasonally varying leaf areas for climate and carbon models. Journal of Geophysical Research, 113: D19113

Ma H, Song J L,Wang J D. 2015. Forest canopy lai and vertical FAVD profile inversion from airborne full-waveform LiDAR data based on a radiative transfer model. Remote Sensing, 7(2):1897-1914

Marselis S M, Tang H, Armston J D, et al. 2018. Distinguishing vegetation types with airborne waveform lidar data in a tropical forest-savanna mosaic: A case study in Lope National Park, Gabon. Remote Sensing of Environment, 216:626-634

Morisette J T, Baret F, Privette J L, et al. 2006. Validation of global moderate-resolution LAI products: a framework proposed within the CEOS land product validation subgroup. IEEE Transactions on Geoscience and Remote Sensing, 44: 1804-1817

Myneni R B, Asrar G,Gerstl S A W. 1990. Radiative transfer in three-dimensional leaf canopies. Transport Theory and Statistical Physics. 19:205-250

Nilsona T,Kuusk A. 1989. A reflectance model for the homogeneous plant canopy and its inversion Remote Sensing of Environment, 27(2):157-167

Ni-Meister W, Jupp D L B,Dubayah R. 2001. Modeling lidar waveforms in heterogeneous and discrete canopies. IEEE Transactions on Geoscience and Remote Sensing, 39(9):1943-1958

Pearl J.1997. Bayesian networks. Technical, 2: 246

Pinty B, Verstraete M M,Dickinson R E. 1990. A physical model for the bidirectional reflectance of vegetation canopies - Part 2: Inversion and validation. Journal of Geophysical Research, 95:11767-11775

Press W H, Teukolsky S A, Vetterling W T, et al.1992. Numerical Recipes in Fortran 77: The Art of Scientific Computing. New York: Cambridge University Press

Price J C.1990. On the information content of soil reflectance spectra.Remote Sensing of Environment, 33 (2): 113-121

Privette J L, Myneni R B, Tucker C J, et al. 1994. Invertibility of a 1-D discrete ordinates canopy reflectance model. Remote Sensing of Environment, 48: 89-105

Qi J, Chehbouni A, Huete A R, et al. 1994. A modified soil adjusted vegetation index (MSAVI). Remote Sensing of Environment, 48: 119-126

Qu Y, Wang J, Wan H, et al. 2008. A Bayesian network algorithm for retrieving the characterization of land surface vegetation. Remote Sensing of Environment, 112 (3):613-622

Samain O, Roujeana J L, Geiger B. 2008. Use of a Kalman filter for the retrieval of surface BRDF coefficients with a time-evolving model based on the ECOCLIMAP land cover classification. Remote Sensing of Environment, 112 (4): 1337-1346

Specht D F. 1991. A general regression neural network. IEEE Transactions Neural Network, 2 (6): 568-576

Suits G H. 1972. The calculation of the directional reflectance of vegetation canopy. Remote Sensing of Environment, 2:117-175

Sun G Q,Ranson K J. 2000. Modeling lidar returns from forest canopies. IEEE Transactions on Geoscience and Remote Sensing, 38 (6):2617-2626

Verhoef W. 1984. Light scattering by leaf layers with application to canopy reflectance modeling: The SAIL model. Remote Sensing of Environment, 16:125-141.

Verhoef W. 1985. Earth observation modeling based on layer scattering matrices. Remote sensing of Environment, 17:165-178

Verhoef W, Bach H. 2003. Remote sensing data assimilation using coupled radiative transfer models. Physics and Chemistry of the Earth, 28:3-13

Verhoef W,Bunnik N J J.1981. Influence of Crop Geometry on Multispectral Reflectance Determined by the Use of Canopy Reflectance Models. Avignon, France: International Coll on Spectral Signatures of Objects in Remote Sensing

Verrelst J, Caicedo J P R, Muñoz-Marí J, et al. 2017. SCOPE-based emulators for fast generation of synthetic canopy reflectance and sun-induced fluorescence spectra. Remote Sensing, 9 (9):927

Verrelst J, Sabater N, Rivera J P, et al. 2016. Emulation of leaf, canopy and atmosphere radiative transfer models for fast global sensitivity analysis. Remote Sensing, 8 (8):673

Xiao Z, Liang S, Bo J. 2017. Evaluation of four long time-series global leaf area index products. Agricultural and Forest Meteorology, 246:218-230

Xiao Z, Liang S, Wang J, et al. 2009. A temporally integrated inversion method for estimating leaf area index from MODIS data. IEEE Transactions on Geoscience and Remote Sensing, 47 (8): 2536-2545

Xiao Z, Liang S, Wang J, et al. 2011. Real-time retrieval of leaf area index from MODIS time series data. Remote Sensing of Environment, 115: 97-106

Xiao Z, Liang S, Wang J, et al. 2014. Use of general regression neural networks for generating the GLASS leaf area index product from time-series MODIS surface reflectance. IEEE Transactions on Geoscience and Remote Sensing, 52 (1):209-223

Xiao Z, Liang S, Wang J, et al. 2016. Long-time-series global land surface satellite leaf area index product derived from MODIS and AVHRR surface reflectance. IEEE Transactions on Geoscience and Remote Sensing, 54 (9):5301-5318

Yang W, Shabanov N V, Huang D, et al. 2006. Analysis of leaf area index products from combination of MODIS Terra and Aqua data. Remote Sensing of Environment, 104: 297-312

第 11 章　吸收光合有效辐射比例[*]

吸收光合有效辐射比例（Fraction of Absorbed Photosynthetically Active Radiation, FAPAR）表征了植被冠层能量的吸收能力，是描述植被结构以及与之相关的物质与能量交换过程的基本生理变量，也是遥感估算陆地生态系统植被净第一性生产力的重要参数。本章首先给出一些相关概念的定义，然后介绍 FAPAR 估算原理和现状。目前利用遥感来估算 FAPAR 的方法可以分为两大类：经验反演方法和利用辐射传输模型或其他物理模型进行反演的方法。第 11.3 节介绍了 FAPAR 产品及其比较。第 11.4 节给出以美洲能量站点附近为研究区的案例研究。

11.1　引　　言

植被控制着底层大气和陆地生物圈之间的交换，在全球能量平衡、碳循环和水分收支中起着关键的作用。植被通过光合作用每年把大气二氧化碳中 50Pg 碳转化成生物量，占了 10%的大气碳含量（Carrer et al., 2013）。主要归结于森林砍伐的土地利用变化导致热带地区每年释放 1.7Pg 碳，温带和寒带地区能吸收 0.1Pg 碳，因此每年净产生 1.6Pg 碳源（Houghton, 1995）。监测植被的长势至关重要，其中一个重要的参数是植被吸收光合有效辐射比例的分布，因为它约束着光合作用速率以及植物吸收的能量。吸收光合有效辐射比例（FAPAR）是植物吸收的光合有效辐射在入射太阳辐射所占的比例，光谱范围是 400～700nm（Liang et al., 2012; Sellers et al., 1997）。FAPAR 的定义是针对植被提出的，它不包括植被反射的入射太阳辐射和由背景（包括土壤、地衣和林下枯枝落叶层）吸收的太阳辐射，但必须包括由背景反射并且被植被吸收的部分。考虑场景中的植被、大气和土壤，出入冠层的太阳辐射包括：入射太阳辐射（Incoming Solar Flux）$I_{\text{TOC}}^{\downarrow}$，到达地面的辐射（Flux to the Ground）$I_{\text{Ground}}^{\downarrow}$，从地面反射的辐射（Flux from the Ground）$I_{\text{Ground}}^{\uparrow}$ 以及出射太阳辐射（Outgoing Solar Flux）$I_{\text{TOC}}^{\uparrow}$，如图 11.1 所示。因此 FAPAR 的计算公式为

$$\text{FAPAR} = (I_{\text{TOC}}^{\downarrow} - I_{\text{Ground}}^{\downarrow} + I_{\text{Ground}}^{\uparrow} - I_{\text{TOC}}^{\uparrow}) / I_{\text{TOC}}^{\downarrow} \tag{11.1}$$

作为植被的基本生物物理参数，FAPAR 可用于估计植被的初级生产力和二氧化碳吸收，是作物生长模型、净初级生产力模型、气候模型、生态模型、水循环模型、碳循环模型等的重要陆地特征变量。它可表征植被的生长状况和演化过程，而且理论上应该比 NDVI 等植被指数起到更好的指示器作用（Bonan et al., 2002; Kaminski et al., 2012; Maselli et al., 2008; Tian et al., 2004; 吴炳方等, 2004）。国际社会已经认识到了 FAPAR 的重要性。

---

　　* 本章作者：陶欣[1]，肖志强[2]，范闻捷[3]
　　1. 美国纽约州立大学布法罗分校地理系；2.遥感科学国家重点实验室·北京市陆表遥感数据产品工程技术研究中心·北京师范大学地理科学学部；3.北京大学遥感与地理信息系统研究所

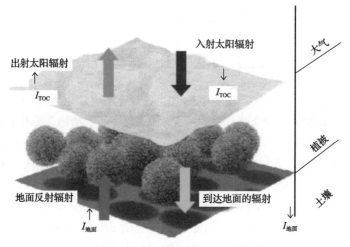

图 11.1　出入冠层的太阳能量组成

FAPAR 已成为联合国全球气候观测系统(GCOS)公认的气候参数，是五十个基本气候变量(ECV)之一(GCOS, 2011)。某些传感器，如 "植被传感器"(VEGETATION, VGT)，其高分辨率辐射计(Advanced Very High Resolution Radiometer, AVHRR)和中分辨率成像光谱仪(Moderate-resolution Imaging Spectroradiometer, MODIS)已经可以提供全球和区域尺度的 FAPAR 数据产品。

尽管已经有了前面所述的进展和定量信息，但碳源和汇的空间分布仍然是科学界的核心问题和辩论主题。总初级生产力(Gross Primary Production, GPP)、净初级生产力(Net Primary Production, NPP)和碳通量的可靠估计值取决于高 FAPAR 输入精度。因此有迫切需要改进生态建模中的植被监测状况。在农业和其他应用中，FAPAR 的准确度为 10%或 0.05 被认为是可接受的(GCOS, 2011)。

卫星 FAPAR 产品与地面测量的直接验证产生了一些令人鼓舞的结果，特别是与以前版本的 FAPAR 产品相比。MODIS Collection 4 FAPAR 产品已通过地面测量验证，证明其精度为 0.2(Baret et al., 2007; Fensholt et al., 2004; Huemmrich et al., 2005; Olofsson and Eklundh, 2007; Steinberg et al., 2006; Turner et al., 2005; Weiss et al., 2007; Yang et al., 2006)，而 MODIS Collection 5 FAPAR 产品的精度提高了 0.1 左右(Baret et al., 2013; Camacho et al., 2013; Martinez et al., 2013; McCallum et al., 2010; Pickett-Heaps et al., 2014; Xiao et al., 2015)。MODIS 产品的改进可能是应用一个新的随机辐射传输模型的结果，该模型能够充分捕捉树木群聚和自然生态系统的物种混合的三维效应(Kanniah et al., 2009)。多角度成像光谱仪(Multi-angle Imaging Spectro Radiometer, MISR)FAPAR 产品的性能与 MODIS C5 FAPAR 产品相似。但是，MODIS 和 MISR FAPAR 产品可能会在某些地点高估 FAPAR 值。例如，Martinez 等(2013)报道 MODIS 倾向于在栽培地区和地中海森林如 Puechabon 站点高估 FAPAR 值。对于非常低的 FAPAR 值，MODIS FAPAR 产品也可能存在正偏差。在 MISR FAPAR 数据中也发现了类似的高估问题，在阔叶林中正偏差高达 0.16(Hu et al., 2007)。除了高估问题之外，在瑞士的某些地点的 MODIS Collection 4 FAPAR 产品中发现了低估现象(Olofsson and Eklundh, 2007)。总体而言，目前的一些 FAPAR 产品已经接

近精度要求，但仍有待进一步改进(Tao et al., 2015)。

11.2　FAPAR 估算方法

FAPAR 可以从点尺度的现场测量中推导出来，但现场测量的监测网络不足以覆盖全球。卫星传感器可高效获取区域和全球尺度的地表信息，为监测生物物理参数的使命提供新的机会(Liang et al., 2012)。从光学遥感估算 FAPAR 可以基于物理模型或经验关系(Liang, 2007)。

无须了解辐射传输过程中的基本物理机制，FAPAR 可以与观测或观测衍生值之间直接建立经验关系。因此，简单是经验模型的主要优势(Gobron et al., 1999)。然而，FAPAR 和植被指数之间并没有能适用于所有条件的一成不变的关系，因为冠层反射也取决于其他因素，如观测几何和空间分辨率(Asrar et al., 1992; Friedl, 1997)。此外，FAPAR 与植被指数如归一化差值植被指数(NDVI)之间的关系对背景反射率非常敏感(Asrar et al., 1992)。FAPAR 物理模型分析太阳辐射和植被冠层之间的相互作用并能揭示因果关系(Pinty et al., 2011; Widlowski et al., 2007)。尽管它们需要复杂的参数化，但它们通常适用于大多数情况，包括各种不同的土地覆盖情况以及不同的植被生长期。

应用物理模型从冠层反射率中获取生物物理参数的方法可以分为以下几类(Liang, 2004)：辐射传输模型、几何光学模型、混合模型、蒙特卡罗模型以及其他计算机模拟。纯几何光学模型只考虑冠层内的单次散射，而辐射传输模型一般也包含多次散射。蒙特卡罗模型和计算机模拟基于辐射传输的原理，但是以随机事件而不是显式公式执行，因此计算密集，它们可以替代真值来评估其他辐射传输和几何光学模型(Widlowski, 2010; Widlowski et al., 2007)。

除了反演模型的性能，FAPAR 估算精度的决定因素可以追溯到叶面积指数(LAI)、土壤背景反射率和冠层覆盖率等输入参数的精度。叶面积指数是确定 FAPAR 最重要的参数之一，其准确性直接影响 FAPAR 的准确性。树叶面积指数的 10%变化可能带来 FAPAR 的 55%变化(Asner et al., 1998)。准确的土壤背景反射率数据集能保证模拟的反射率可以覆盖整套观测地表反射率(Fang et al., 2012; Knyazikhin et al., 1998; Shabanov et al., 2005)。否则，可能会发生 FAPAR 与地表反射率之间的关系饱和，进而导致非常高的不可靠 FAPAR 值(Weiss et al., 2007)。FAPAR 的正确估计也依赖于冠层覆盖率的估计，其低估可能会导致 FAPAR 值不切实际的高估(Kanniah et al., 2009)。

11.2.1　经 验 关 系

如上所述，FAPAR 与 LAI 等植被冠层结构密切相关，也受到太阳和观测角度的影响。迄今为止，已经有很多研究提出了各种经验算法用于该参数估算。由于 FAPAR 与 LAI 之间具有很好的相关关系，在一些生物地球化学的过程模型中，FAPAR 是作为 LAI 和消光系数的函数来计算的(Ruimy et al., 1994)。Wiegand 等(1992)得到 FAPAR 对 LAI 的指数经验关系式如下：

$$FAPAR = 1 - e^{-LAI}, \quad R^2 = 0.952, \quad RMSE = 0.054 \tag{11.2}$$

Casanova 等(1998)也提到：由于透过冠层的光合有效辐射对入射光合有效辐射的比例系数与 LAI 呈指数递减关系，所以吸收光合有效辐射比例可以表达为

$$FAPAR = 1 - e^{-K \times LAI} ， K 为消光系数 \tag{11.3}$$

但是由于这类方法需要先得到叶面积指数，而且还需要确定冠层的消光系数，所以在经验关系计算中并不常用。

FAPAR 还可以通过与植被指数建立经验关系反演得到，可以通过原始影像、反射率影像、大气校正后的影像计算出的 NDVI 等植被指数与地面实测 FAPAR 建立回归方程，以此来反演 FAPAR。此方法虽然方便灵活，但是由于植物对光的吸收随植物对光反射的季相变化而变化，易受植被类型、生长阶段、立地环境等多种因子影响，模型的应用有较大的局限性。

研究表明，在一定条件下，FAPAR 与 NDVI 存在线性关系(Asrar et al., 1984; Goward and Huemmrich, 1992; Sellers, 1985)。Myneni 和 Williams(1994)用辐射传输方法研究了 NDVI 和 FAPAR 随冠层、土壤及大气参数的变化情况，并探讨了 FAPAR 与 NDVI 的关系，发现 FAPAR 与 NDVI 的关系对背景、大气和冠层双向反射特性比较敏感，如果研究局限于星下点附近，大气和双向反射特性的影响可以忽略，在土壤是中等反射率的情况下，背景的影响也可以忽略。因此，Myneni 和 Williams 认为，FAPAR 与 NDVI 之间线性关系成立的条件是：太阳天顶角小于 60°，星下点附近小于 30°观测，土壤背景中等亮度(NDVI 大约为 0.12)，在 550nm 处大气光学厚度小于 0.65。

Roujean 和 Breon(1995)使用 SAIL 模型模拟冠层内部的辐射传输以及表面的反射，研究了不同太阳天顶角、观测天顶角、相对方位角下 FAPAR 和 NDVI 的关系，结果发现两者的关系在太阳天顶角或视角天顶角增加时会有所改善，分析其原因是斜视时光线路径增加，背景影响减小，但是也随之带来 NDVI 对较高 LAI 的饱和问题。

Myneni 等(2002)在 MODIS FAPAR 产品算法中采用的备用方案也是基于 NDVI 的经验算法。VPM 模型中的 FAPAR 是 MODIS 增强植被指数 EVI(Enhanced Vegetation Index)的函数，EVI 和 NDVI 的区别就是在后者的基础上增加了蓝光波段的反射率(Huete et al., 1997)。CASA 模型中 FAPAR 算法采用了归一化植被指数 NDVI 的线性拉伸模式，即比值植被指数 SR = (1+NDVI) / (1–NDVI)，FAPAR 的计算如下(Potter et al., 1993)：

$$FAPAR = \min \left(\frac{SR - SR_{min}}{SR_{max} - SR_{min}}, 0.95 \right) \tag{11.4}$$

Glo-PEN 模型中的 FAPAR 是 SR 的线性函数(Prince and Goward, 1995)：

$$FAPAR = \frac{SR - SR_{min}}{SR_{max} - SR_{min}} (FAPAR_{max} - FAPAR_{min}) \tag{11.5}$$

相比 NDVI 和 SR 而言，差值植被指数 DVI[见式(11.6)]能最大限度消除土壤背景影响，植被稀疏时的效果明显改善，但它受光谱和方向性冠层特性影响很大，因为当可见光和近红外反射以同样比例增加时，NDVI 不变但 DVI 就会改变；DVI 适用于植被稀疏的情形，NDVI 适用于植被浓密的情形。复归一化植被指数 RDVI[式(11.7)]则在任何植被覆盖的状

况下，都与 FAPAR 具有近似线性相关关系。但这种关系在太阳或传感器垂直向下观测，受土壤背景反射影响较大。土壤可调植被指数(Soil-adjusted Vegetation Index, SAVI)(Huete, 1988)与 NDVI、DVI 和 RDVI 的关系，当 C 取较小值(<0.15)时，SAVI 与 NDVI 效果近似，C 取较大值(>0.85)时，SAVI 与 DVI 效果近似，当 $C=\sqrt{NIR+VIS}$ 时，与 RDVI 等效。

$$DVI = NIR - VIS \tag{11.6}$$

$$RDVI = (NDVI \cdot DVI)^{1/2} = \frac{NIR - VIS}{\sqrt{NIR + VIS}} \tag{11.7}$$

$$SAVI = \frac{NIR - VIS}{NIR + VIS + C}(1 + C) \tag{11.8}$$

其中，C 为 $0 \sim 1$ 之间变化的常数，越趋近于 1，土壤影响越小，但受方向性的影响增加。NIR 为近红外波段的反射率，VIS 为可见光波段的反射率。王培娟等(2003)用冬小麦生长期内的 LAI 和 FAPAR 数据，研究 FAPAR 与植被指数(VI)之间的关系，也发现 RDVI 与 FAPAR 和 LAI 之间的相关性要比 NDVI 好，相关性分别达到 0.9752 和 0.9784。

NDVI 等植被指数只是部分决定 FAPAR 值，FAPAR 还受叶片内部组分，特别是叶绿素含量的影响。Dawson 等(2003)表明，在植被 NDVI 相同的情况下，植被的叶绿素含量对遥感估算 FAPAR 影响很大，导致同样的 NDVI 值可以对应较宽范围的 FAPAR 值，而且高叶绿素含量和林下植被的增加会导致遥感高估 FAPAR。而有些 FAPAR 野外测量结果显示，叶绿素含量及林下植被对 FAPAR 的影响不大。反演结果与野外测量的差异表明仅用 NDVI 估算 FAPAR 会带来较大的误差。因此在估算 FAPAR 时必须加入其他因素的影响，如太阳天顶角、叶倾角分布类型、土壤背景等，并且必须区分 FAPAR 和 FIPAR(冠层光能截获效率)。

11.2.2　MODIS FAPAR 产品算法

目前对地观测领域中，中分辨率成像光谱仪(MODIS)是搭载 EOS-AM1 系列卫星的主要传感器之一，具有较高的时间分辨率，每 $1 \sim 2$ 天获取一次全球的综合信息；MODIS 具有 36 个光谱波段，空间分辨率包括 250m、500m 及 1000m 三种，每天上午、下午分别过境。MODIS 提供的长期对地观测数据有助于监测地球表层的全球动态和过程，并可获得底层大气的信息。MODIS 的全球覆盖，多空间分辨率、多光谱以及免费产品服务政策使得它成为目前研究全球尺度下大气、海洋和陆地生化过程的重要信息源。

MODISFAPAR 主算法的基本原理是，用三维辐射传输模型描述冠层的光谱和方向特性，然后依据给定生物类型的冠层结构和土壤特征建立查找表，比较观测的 BRF 和查找表中存储的模型 BRF，当观测的 BRF 和模型 BRF 小于某个阈值时，所得到的 LAI 和 FAPAR 就认为是可能的解(Knyazikhin et al., 1998; Myneni et al., 1997)。

冠层结构是三维辐射传输模型在植被冠层中最重要的决定变量，不同植被的冠层差异较大，因此估算冠层辐射时，需要认真考虑三个方面：①个体植被、树木或群落冠层的结构；②植被元素(叶子和茎)及地面背景的光学特性，前者依赖于植被的水分及色素含量等；③大气状况，对太阳瞬时辐射影响较大。最初的 MODISFAPAR 算法中，根据冠层结构，将全球陆地植被分为六类：草地和谷类作物、灌木类、阔叶作物、草原、阔叶林以及针叶林。

MODIS 算法用三维(3-D)辐射传输模型描述冠层的光谱和方向特性，考虑到植被冠层内辐射传输的特殊性，把三维辐射传射模型分解为两个子模型：①考虑冠层内辐射场为黑体背景时的辐射(黑土壤问题)；②单独考虑冠层底各向异性发射源的辐射(S 问题)，而冠层反射率和吸收率认为是两者的加权平均。据此，FAPAR 在波长 λ 处的计算公式可以表达为

$$a_\lambda(\Omega_0) = a_{bs,\lambda}(\Omega_0) + a_{S,\lambda} \frac{\rho_{eff}(\lambda)}{1 - \rho_{eff}(\lambda) \cdot r_{S,\lambda}} t_{bs,\lambda}(\Omega_0) \tag{11.9}$$

其中，$a_\lambda(\Omega_0)$ 为冠层在波长 λ 处的吸收率，Ω_0 为太阳入射方向；$a_{bs,\lambda}(\Omega_0)$ 和 $t_{bs,\lambda}(\Omega_0)$ 为黑土壤的冠层方向性吸收率和方向性透射率，$a_{S,\lambda}$ 和 $r_{S,\lambda}$ 为冠层底部各向异性发射源造成的冠层吸收率和冠层反射率；$\rho_{eff}(\lambda)$ 为地表在波长 λ 处的有效反射。

Tian 等(2000)在不同地域和不同情形下，探讨了三维辐射传射模型失效的原因，发现只有当像元的光谱信息落在查找表所建立的光谱和角度区间时，反演的 LAI 和 FAPAR 才是有效的；可以用饱和频率(Saturation Frequency)和变差系数(Coefficient of Variation)(标准差除以平均值)衡量反演结果的质量，饱和频率和变差系数越小，结果质量越高；比如森林拥有高的饱和频率，但其变差系数不高，因此其数据质量可以满足要求。

基于辐射传输算法得到的结果，当 LAI>5 时，由于 LAI 饱和原因，地表反射率对 LAI/FAPAR 不敏感，此时只能用该算法。当输入反射率数据的不确定性过大或由于模型构建错误导致不正确的模型 BRF 时，三维辐射传射模型算法失效，采用备份算法 (LAI/FPAR-NDVI 经验关系)。

MODIS Collection 5 FAPAR 产品对算法进行细化，以改进 FAPAR 反演的质量。用新的 8 种植被类型图替换原来的 6 种植被类型图，阔叶林和针叶林类被分为落叶和常绿两个亚类。同时也对 8 种植被类型的 FAPAR 查找表算法进行了细化。利用新的随机辐射传输模型可以更好地表达或展示冠层结构以及木本植被类型固有的空间异质性。新的查找表的参数设定保持模型模拟与实测的地表反射率一致，以尽量减少反演异常(高估并且在中等或稠密植被区反演算法失败)，以及 LAI 和 FAPAR 反演的不一致(在稀疏植被区，LAI 反演正确但 FAPAR 高估)。

11.2.3　JRC_FAPAR 产品算法

JRC_FAPAR 是欧委会联合研究中心开发的针对欧洲的植被状况的 FAPAR 产品算法。JRC_FAPAR 针对全球的 FAPAR 产品分辨率为 10km，对欧洲分辨率为 2km。JRC_FAPAR 算法也是基于物理模型来反演 FAPAR。FAPAR 值的模拟主要针对光合有效辐射(400~700nm)区域，利用连续植被冠层模型(Gobron et al., 2006)，并引入 6S 模型模拟陆地表面特征(Vermote et al., 1997)模拟 FAPAR 值。FAPAR 算法分两个步骤：

第一，进行大气校正以保证可以消除大气及角度的影响；

第二，与数学方法相结合，计算 FAPAR 值。

JRC_FAPAR 算法基于校正后的各波段光谱值计算 FAPAR，计算公式为

$$\text{FAPAR} = g_0\left(\rho_{\text{Rred}}, \rho_{\text{Rnir}}\right) = \frac{l_{01}\rho_{\text{Rnir}} - l_{02}\rho_{\text{Rred}} - l_{03}}{\left(l_{04} - \rho_{\text{Rred}}\right)^2 + \left(l_{05} - \rho_{\text{Rnir}}\right)^2 + l_{06}} \tag{11.10}$$

其中，多项式 g_0 的相关系数 $l_{0m}(m=1,2,3,4,5,6)$ 是经过优化形成一个先验值，从而使 $g_0\left(\rho_{\text{Rred}}, \rho_{\text{Rnir}}\right)$ 值尽可能地接近利用训练数据优化得到的对某一特定的传感器测得的冠层 FAPAR 值。然后将蓝光波段、红光、近红外波段及不同视角的亮度等值作为双向反射率因子输入反演算法中。

11.2.4 四流辐射传输模型

除了开发适用于各种土地覆盖类型的新的 FAPAR 反演模型之外，陶欣等通过使用更准确的模型输入（如 LAI 和土壤背景以及叶散射反照率）改进了 FAPAR 估计的准确性（Tao et al., 2016; Xiao et al., 2015b）。LAI 通过使用混合几何光学辐射传输模型来计算，考虑了冠层中的阴影和多重散射（Tao et al., 2009; Xu et al., 2009）。该算法介绍如下。

在中等分辨率的图像中，植被像素几乎连续分布在大片区域。因此，陶欣等假设土地覆盖在目标地表内水平均匀，开发了用于 FAPAR 反演的连续冠层四流辐射传输模型（Tao et al., 2016）。沿着直射和漫射光穿透路径的冠层吸收率被分开计算，并且通过使用散射光的比率来求和。我们将 T_0、T_f 和 T_v 分别表示为沿着直射光穿透、漫射光穿透和观测路径的冠层透射率，用 $\rho_{v,\lambda}$、$\rho_{g,\lambda}$ 和 $\rho_{c,\lambda}$ 分别表示植被、土壤背景和叶子半球反射率。FAPAR 计算为上半球从 400～700nm 的冠层吸收率的积分，如下所示：

$$\begin{aligned}
\text{FAPAR} = \left(1-\beta\right)\int_{400}^{700}\int_{0}^{\frac{\pi}{2}} &\left[\left(1-T_0-2\rho_{v,\lambda}(\theta)\right) + \left(1-T_v(\theta)-2\rho_{v,\lambda}(\theta)\right)\frac{T_0\rho_{g,\lambda}}{1-\rho_{g,\lambda}\rho_{v,\lambda}(\theta)}\right]\cos\theta\sin\theta\,\mathrm{d}\theta\,\mathrm{d}\lambda \\
+ \beta\int_{400}^{700}\int_{0}^{\frac{\pi}{2}} &\left[\left(1-T_f-2\rho_{v,\lambda}(\theta)\right) + \left(1-T_v(\theta)-2\rho_{v,\lambda}(\theta)\right)\frac{T_f\rho_{g,\lambda}}{1-\rho_{g,\lambda}\rho_{v,\lambda}(\theta)}\right]\cos\theta\sin\theta\,\mathrm{d}\theta\,\mathrm{d}\lambda
\end{aligned}$$
$$\tag{11.11}$$

其中，沿着直射光穿透，漫射光穿透和观察路径的冠层透射率是（陶欣等，2009）：

$$T_{0,f,v} = \exp\left(-\lambda_0 \frac{G_{s,f,v}}{\mu_{s,f,v}}\text{LAI}\right) \tag{11.12}$$

并且植被的半球形反照率是（金慧然等，2007）：

$$\begin{aligned}
\rho_{v,\lambda}(\theta) = \rho_{c,\lambda}&\left[1 - \exp\left(-\lambda_0\frac{G_v}{\mu_v(\theta)}\Gamma(\varphi)\text{LAI}\right)\right] \\
&+ \beta\rho_{c,\lambda}\left[\exp\left(-\lambda_0\frac{G_v}{\mu_v(\theta)}\Gamma(\varphi)\text{LAI}\right) - \exp\left(-\lambda_0\frac{G_v}{\mu_v(\theta)}\text{LAI}\right)\right]
\end{aligned}$$
$$\tag{11.13}$$

在式（11.12）和式（11.13）中，λ_0 为考虑植被群聚效应的尼尔逊（Nilson）参数，μ_s 和 $\mu_v(\theta)$ 分别为太阳天顶角（θ_s）和观测天顶角（θ）的余弦，β 为天空散射光比例，G_s 和 G_v 分别为单

位面积叶子在与太阳入射和观测垂直平面的平均投影(Liang, 2004; Ross, 1981):

$$G_{s,v} = \frac{1}{2\pi} \int_{2\pi} g_L(\Omega_L) |\Omega_L \cdot \Omega_{s,v}| d\Omega_L \qquad (11.14)$$

其中, $\frac{1}{2\pi} \cdot g_L(\Omega_L)$ 是叶子法线相对于上半球的分布的概率密度, 即叶倾角分布。

式(11.13)中的经验函数 $\Gamma(\varphi)$ 描述了热点现象, 其中, φ 考虑了太阳目标传感器的位置并且取决于太阳和观察方向之间的角度以及冠层的叶倾角分布。

$$\Gamma(\varphi) = \exp\left(\frac{-\varphi}{180 - \varphi}\right) \qquad (11.15)$$

FAPAR 估算公式中假定 LAI 已知, 用之前开发的混合几何光学辐射传输模型反演 LAI(Tao et al., 2009; Xu et al., 2009)。FAPAR 估算的其他重要输入参数包括土壤背景和叶散射反照率。总的来说, 式(11.11)~式(11.15)描述的 FAPAR 估计模型考虑了由太阳目标传感器观测几何引起的反射各向异性, 植被聚集效应和热点效应。考虑到模型的简单性和计算效率, 它忽略了由叶子和土壤背景引起的反射各向异性。这个 FAPAR 模型的参数包括 LAI, λ_0, G, $\rho_{c,\lambda}$, $\rho_{g,\lambda}$ 和 θ_s。其中 LAI 由混合几何光学辐射传输模型计算, θ_s 从卫星数据中提取, 其他参数(λ_0, G, $\rho_{c,\lambda}$ 和 $\rho_{g,\lambda}$)来自先验知识或本地适用的数据库。为简单起见, 该模型被称为 4S 模型。从该模型估算的 FAPAR 是考虑直射辐射和漫射辐射的绿 FAPAR。目前大多数 FAPAR 产品不考虑漫射辐射吸收, 并且还没有正式的包括直射辐射和漫射辐射吸收的绿 FAPAR 产品(Tao et al., 2015)。因此, 陶欣等(2016)的研究是对当前 FAPAR 产品的很好补充。

11.2.5　GLASS FAPAR 算法

肖志强等提出一种基于 GLASS LAI 产品(Xiao et al., 2014, 2016)计算 FAPAR 的方法, 以确保 LAI 和 FAPAR 之间的物理一致性。

$$\text{FAPAR} = 1 - \tau_{\text{PAR}} \qquad (11.16)$$

该方法只使用入射到土壤部分的 PAR 对应的透过率来近似计算 FAPAR。入射到冠层顶部的 PAR 包括直射和漫射两部分。因此, 入射到土壤部分的 PAR 对应的透过率进一步表达为

$$\tau_{\text{PAR}} = \tau_{\text{PAR}}^{\text{dir}} - \left(\tau_{\text{PAR}}^{\text{dir}} - \tau_{\text{PAR}}^{\text{dif}}\right) \times f_{\text{skyl}} \qquad (11.17)$$

其中, $\tau_{\text{PAR}}^{\text{dir}}$ 和 $\tau_{\text{PAR}}^{\text{dif}}$ 分别是直射入射 PAR 和漫射入射 PAR 的透过率; f_{skyl} 是天空光比例因子, 随气溶胶光学厚度、气溶胶类型、太阳天顶角和波长的变化而变化。使用 6S 模型建立 f_{skyl} 的查找表, 根据查找表获取对应的 f_{skyl}。

冠层的透过率与太阳天顶角、漫射辐射的比例和聚集指数有关。如果冠层的叶面积指数为 LAI, 叶片的吸收率是 a, Campbell 和 Norman (1998)表明直射入射 PAR 的透过率可以近似地用一个指数模型表达

$$\tau_{\mathrm{PAR}}^{\mathrm{dir}} = e^{-\sqrt{a} \times k_c(\varphi) \times \Omega \times \mathrm{LAI}} \tag{11.18}$$

其中，Ω 是聚集指数；φ 是太阳天顶角；$k_c(\varphi)$ 是冠层对于 PAR 的消光系数。对于椭圆形叶倾角分布的冠层来说，$k_c(\varphi)$ 可用如下式计算：

$$k_c(\varphi) = \frac{\sqrt{x^2 + \tan^2(\varphi)}}{x + 1.774 \times (x + 1.182)^{-0.733}} \tag{11.19}$$

其中，x 是冠层中各组分在水平和垂直表面的平均投影面积比，不同的植被类型有不同的 x 值。

漫射辐射来自于各个方向，因此漫射入射 PAR 的透过率 $\tau_{\mathrm{PAR}}^{\mathrm{dif}}$ 可以通过直射入射 PAR 的透过率在各个入射方向上积分获得

$$\tau_{\mathrm{PAR}}^{\mathrm{dif}} = 2 \int_0^{\frac{\pi}{2}} \tau_{\mathrm{PAR}}^{\mathrm{dir}} \sin\varphi \cos\varphi \mathrm{d}\varphi \tag{11.20}$$

以上方法中，LAI 是计算 FAPAR 时最重要的输入参数，由 GLASS LAI 产品提供。聚集指数是另一个输入参数。基于聚集指数和归一化热点冷点指数之间的线性关系，He 等(2012)利用 MODIS BRDF 参数生产了全球 500m 分辨率的聚集指数产品。本研究使用基于 MODIS 数据生产的聚集指数产品来计算冠层透过率。

利用以上方法计算得到了长时间序列(1981 年至今)的 GLASS FAPAR 产品。

11.3　FAPAR 产品比较与验证

一些有代表性的 FAPAR 产品包括 MISR、MODIS、GLASS、AVHRR、SeaWiFS、MERIS、GEOV1 和 JRC FAPAR 产品。目前应用最广泛的 FAPAR 产品是 1 km 分辨率的 AVHRR 和 MODIS 全球 FAPAR 产品。除此之外，加拿大遥感中心采用光谱植被指数建立 FAPAR 的计算模型，利用 AVHRR 生成了自 1993 年以来的全国 FAPAR 图，每旬一次，1km 分辨率(Chen, 1996)。欧委会联合研究中心(European Commission Joint Research Center)开发了针对欧洲的植被状况的 JRC_FAPAR 产品。JRC_FAPAR 针对全球的 FAPAR 产品分辨率为 10km，对欧洲分辨率为 2km。

卫星 FAPAR 产品的定义，在适用于整个冠层或还只是绿叶，是否只包含直接辐射以及成像时间方面存在一些差异。MISR FAPAR 产品是上午 10:30 的总 FAPAR，考虑了整个冠层吸收的直射辐射和漫射辐射。MODIS FAPAR 只考虑直接辐射，这可能导致比 MISR FAPAR 产品更小的值。GLASS FAPAR 产品对应于当地时间上午 10:30 的总 FAPAR。SeaWiFS 传感器的成像时间大约是当地时间中午 12:05，其 FAPAR 产品对应于绿色元素吸收的黑空 FAPAR(仅限直射辐射)。同样，MERIS FAPAR 产品对应于当地时间上午 10 点绿色元素吸收的黑空 FAPAR。GEOV1 FAPAR 产品对应于当地时间上午 10:15 左右绿色元素吸收的黑空 FAPAR。SeaWiFS、MERIS 和 GEOV1 FAPAR 产品仅考虑绿色元素的吸收，这可能导致 FAPAR 值低于 MISR 和 MODIS FAPAR 产品，其中包括绿色和

非绿色元素的吸收。总体而言,大部分卫星 FAPAR 产品都与上午 10:15 左右的瞬时黑空 FAPAR 相当,这与瞬时 FAPAR 以太阳天顶角的余弦为权重积分得到的每日综合值相近。

就数据要求和处理算法而言,MODIS FAPAR 产品使用基于 MODIS 地表反射率和三维随机辐射传输模型的查找表方法,不同生物群落分开计算(Myneni et al., 2002)。MISR 应用输入为 LAI 和土壤反射率的辐射传输模型,而无须假设生物群落类型(Knyazikhin et al., 1998)。GEOV1 应用神经网络关联融合产品与冠层顶部 SPOT /VEGETATION 反射率(Baret et al., 2013)。MERIS 使用基于一维辐射传输模型的多项式公式(Gobron et al., 1999)。SeaWiFS FAPAR 产品中也使用了相似的多项式(Gobron et al., 2000, 2006)。MODIS 和 JRC FAPAR 产品生产主算法都是基于辐射传输模型开发的模型反演算法,经验算法只作为主算法失效时的备用算法。辐射传输模型是目前相对成熟的基于物理光学基础的模型,利用辐射传输模型的方法反演具有普适性,被广泛应用于大尺度的 FAPAR 反演。

本节对一年内的 MODIS、MERIS、MISR、SeaWiFS 和 GEOV1 卫星 FAPAR 产品在全球范围内和不同的土地覆盖类型内进行了对比。具体而言,第 11.3.1 节将全球范围内五种 FAPAR 产品的空间分布和季节分布进行了比较。第 11.3.2 节将比较五种 FAPAR 产品在不同土地覆盖类型上的性能。

11.3.1 全球 FAPAR 产品的比对

图 11.2 描述了 2005 年 7 月~2006 年 6 月期间五种全球 FAPAR 产品的空间分布情况。MODIS 全球 FAPAR 产品一般与 MISR 和 GEOV1 FAPAR 产品一致,而 MERIS 和 SeaWiFS FAPAR 产品则比较吻合。但是,MODIS、MISR 和 GEOV1 FAPAR 产品组与 MERIS 和 SeaWiFS FAPAR 产品组之间的差异很大(>0.1)。这个结果符合预期,主要原因是 SeaWiFS 和 MERIS FAPAR 产品对应于绿叶的吸收率,而 MODIS 和 MISR FAPAR 产品是基于每个生物群落的叶子的吸收率。GEOV1 FAPAR 为包括 MODIS 在内的融合产品。

图 11.3 描绘了经过预处理后的具有相同像素数量 0.5°空间分辨率 FAPAR 产品在整个地球以及北半球和南半球的季节性分布。MODIS FAPAR 值在 12 月至次年 3 月期间在全球范围内保持相对稳定,然后从 4 月至 7 月以较快速度增长,最后从 8 月降至 12 月份的最低值。北半球的趋势略有不同,FAPAR 从 1 月(而不是全球 12 月)到 3 月保持相对稳定,然后从 4 月升至 7 月,最后从 8 月降至 1 月(而不是全球 12 月,再延长 1 个月)。原因是南半球 12 月植被 FAPAR 值增加,因此全球 FAPAR 会降至 12 月份的最低值,即便北半球 FAPAR 降至 1 月份的最低值。MERIS、MISR、SeaWiFS 和 GEOV1 全球 FAPAR 值具有与 MODIS 全球 FAPAR 值相似的趋势。因此,卫星 FAPAR 产品在全球和北半球的趋势方面吻合较好。MODIS、MISR 和 GEOV1 FAPAR 产品在全球范围内的平均值差异很小(一般<0.05)。MODIS 和 MISR 标准差的差异小于 0.02。MERIS 和 SeaWiFS FAPAR 产品的平均值差异在 0.05 以内,标准差的差异在 0.015 以内。然而,MODIS、MISR 和 GEOV1 全球 FAPAR 值比五种产品的平均值高 0.05~0.1;而 MERIS 和 SeaWiFS 全球 FAPAR 值的幅度比平均值低 0.05~0.1。平均上看,FAPAR 的绝对值从大到小分别是 MISR、MODIS、GEOV1、SeaWiFS 和 MERIS (McCallum et al., 2010)。

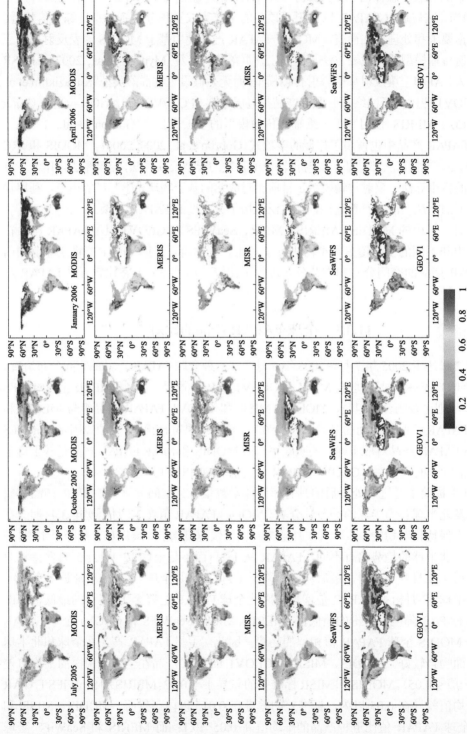

图11.2　在2005年7月～2006年6月期间(每3个月)MODIS、MERIS、MISR、SeaWiFS和GEOV1的全球FAPAR分布(Tao et al., 2015)

MODIS、MISR和GEOV1 FAPAR产品比较吻合，MERIS和SeaWiFS FAPAR产品也比较吻合。然而，MODIS、MISR和GEOV1 FAPAR值通常高于MERIS和SeaWiFS FAPAR值

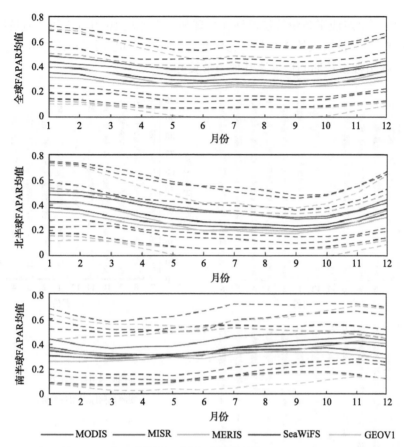

图 11.3　2005 年 7 月～2006 年 6 月期间，经过质量控制的 MODIS、MISR、MERIS、SeaWiFS
和 GEOV1 FAPAR 产品在全球、北半球和南半球的平均值(Tao et al., 2015)

黑色曲线是五种产品的均值；虚线对应于每个产品的平均值±标准差

　　相比于北半球的 FAPAR 趋势，南半球的 FAPAR 趋势发现了相反的情况。MODIS
和 GEOV1 南半球 FAPAR 从 8～11 月份保持相对稳定，然后在 5 月份增加到最高值，最
后降至 11 月份的最低值。MISR 南半球 FAPAR 的趋势与 MODIS 和 GEOV1 南半球的趋
势相似，只不过在接近九月而不是十一月降至最低值。MERIS 南半球 FAPAR 与 MODIS
和 MISR 略有不同，从 7 月到 9 月，它保持相对稳定，然后在 2 月份增加到最高值，最
后降到 8 月份附近的最低值(与 MODIS 相差 3 个月)。SeaWiFS 南半球 FAPAR 在 7 月至
9 月期间保持相对稳定，然后在 4 月份增至最高值，最后降至 9 月份的最低值(与 MISR
相同)。总体而言，南半球 FAPAR 从 8～11 月保持相对稳定，然后在 4 月或 5 月升至最
高值，最后在 9～11 月降至最低值。南半球产品之间差距的增加可能是由于那里的植被
样本较少造成的，这在 11.3.2 节针对土地覆盖类型的产品比较有详细的探讨。

　　下面分析为非填充值的 MODIS FAPAR 数据的质量标志，以便选择高质量月份的图
作进一步比较。MODIS Collection 5 FAPAR 质量控制标志在全球和北半球和南半球统计
数字如图 11.4 所描述。用主算法反演的百分比在生长期中期增加，并在 9 月达到最高值。
由于太阳天顶角较大，由于观测几何不良造成的备份算法反演比例在冬季会按预期增加。

由于观测几何不良造成用备份算法反演在全球和北半球从 10 月到次年 3 月持续 6 个月，在南半球从 5～7 月持续大约 3 个月。总体而言，对 MODIS 质量标志的分析表明，卫星 FAPAR 产品在植被生长期的质量比其他季节要好。

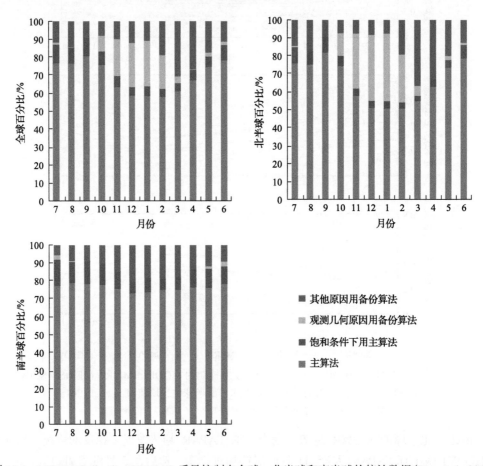

图 11.4 MODIS Collection 5 FAPAR 质量控制在全球、北半球和南半球的统计数据(Tao et al., 2015)

从下到上柱状分别是用主算法的百分比，在饱和条件下用主算法的百分比，在观测几何不良时用备份算法的百分比(基于 NDVI 的百分比)，观测几何以外的原因而使用备份算法的像素百分比

图 11.5 描述了 7 月份卫星 FAPAR 产品的差异图。差异图中仅包含五种 FAPAR 产品中具有高质量值的陆地像素。MISR FAPAR 产品与 MERIS 和 SeaWiFS FAPAR 产品相比，在高纬度地区具有更高的 FAPAR 值，赤道附近热带森林的 FAPAR 值稍低。MERIS 和 SeaWiFS FAPAR 产品的区别非常小，只有少量差异位于大陆边界。MISR 和 MODIS FAPAR 产品之间的差异也很小，主要位于亚洲和北美的北方森林中。除一些边界区域外，MISR 和 MODIS FAPAR 产品接近 GEOV1 FAPAR 产品。然而，MODIS FAPAR 值明显高于北方森林和热带草原上的 MERIS 和 SeaWiFS FAPAR 值。GEOV1 FAPAR 产品在热带和北方森林中也明显高于 MERIS 和 SeaWiFS FAPAR 产品。

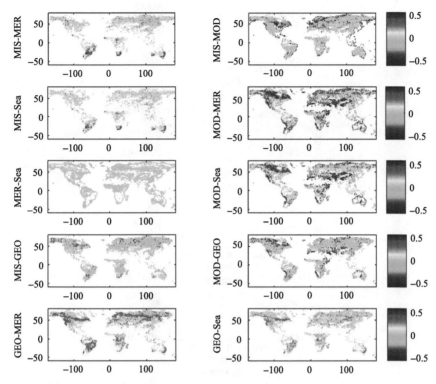

图 11.5　2005 年 7 月 MODIS、MISR、GEOV1、MERIS 和 SeaWiFS
产品之间的全球 FAPAR 差异图（Tao et al., 2015）

横纵坐标分别是经纬度，单位：度，右侧为 FAPAR 图例，单位：1（MIS：MISR；
MER：MERIS；MOD：MODIS；Sea：SeaWiFS；GEO：GEOV1）

　　将五个全球 FAPAR 数据集按照每个网格单元进行平均，然后从每个数据集中减去以获得与平均值图的差异（图 11.6）。MODIS，MISR 和 GEOV1 FAPAR 产品在北半球北方和热带森林和草地的值大于平均值。GEOV1 FAPAR 产品最接近所有产品的平均值。MERIS 和 SeaWiFS FAPAR 产品在森林、大草原和草地明显低于平均值。对与平均值图的差异图在不同纬度上进行平均，得到图 11.7，发现它们在低纬度和高纬度的差异较小，但在中纬度地区差异较大，尤其是在南半球。可能的原因是热带森林中 FAPAR 值的饱和和高纬度植被的稀缺，使得这些地区的差异较小。

11.3.2　针对土地覆盖类型的产品比较

　　图 11.8 描述了 2005 年 7 月至 2006 年 6 月期间的 MODIS 全球土地覆盖图（MCD12）。利用 MODIS 的 LAI/FAPAR 方案将植被区划分为 8 个地表覆盖类型：常绿阔叶林，落叶阔叶林，常绿针叶林，落叶针叶林，作物，草地，热带草原和灌丛（Myneni et al., 2002）。选择所有采样点中最常出现的值，使用众数重采样方法将 MCD12 土地覆盖分类产品重采样到 0.5°。大部分植被区位于北半球。唯一的例外是常绿阔叶林，其大多数位于南半球，包括南美洲西北部，中部非洲部分和东南亚南部地区。

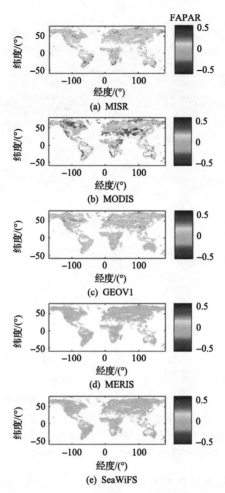

图 11.6　从每个数据集中减去每个网格的所有产品的平均值，得到的 2005 年 7 月
五种 FAPAR 数据集的结果图(Tao et al., 2015)

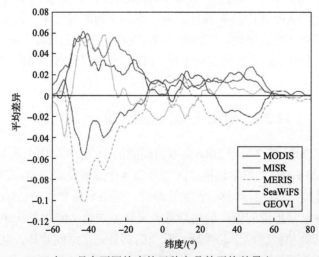

图 11.7　2005 年 7 月在不同纬度的五种产品的平均差异(Tao et al., 2015)
黑线为参考线

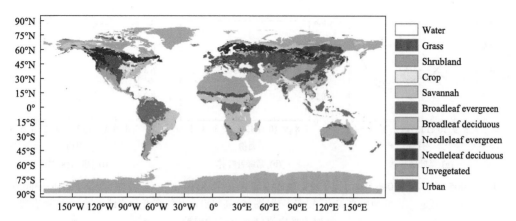

图 11.8　2005 年 7 月～2006 年 6 月，重采样为 0.5°的 MODIS 全球土地覆盖图（MCD12）（Tao et al., 2015）
利用 MODIS 的 LAI/FAPAR 方案将植被区划分为 8 个地表覆盖类型：常绿阔叶林（Broadleaf evergreen）、落叶阔叶林（Broadleaf deciduous）、常绿针叶林（Needleleaf evergreen）、落叶针叶林（Needleleaf deciduous）、作物（Crop）、草地（Grass）、热带草原（Savannah）和灌丛（Shrubland）。此图还包括无植被区（Unvegetated）、水域（Water）和城市地区（Urban）

　　在 2005 年 7 月至 2006 年 6 月期间，五种产品在全球、北半球和南半球范围内平均，以显示它们在三个尺度上的季节模式（图 11.9）。北半球 FAPAR 趋势与全球 FAPAR 趋势相似，幅度略有差异（图 11.9）。解释是大部分土地覆盖位于北半球，导致北半球 FAPAR 对全球 FAPAR 具有主要影响。例外情况是热带草原和常绿阔叶林的 FAPAR。全球 FAPAR 在热带草原上的平均值在整年内几乎保持不变，但北半球的 FAPAR 平均值为正弦曲线，9 月最高，2～3 月最低。南半球有相反的趋势，这两种趋势在全球范围内相互抵消。全球 FAPAR 在常绿阔叶林全年稳定，但北半球 FAPAR 是一条正弦曲线。在这种情况下，全球 FAPAR 平均值的曲线与南半球的曲线相似，因为如前所述，大多数常绿阔叶林位于南半球。

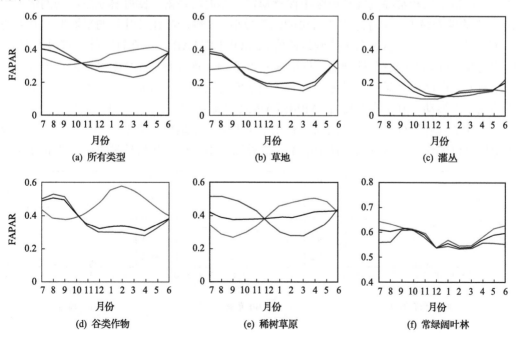

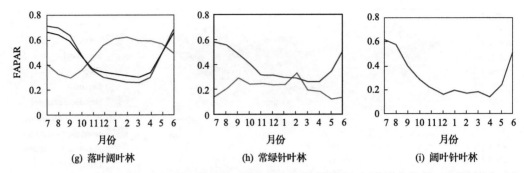

图 11.9　2005 年 7 月～2006 年 6 月，五种 FAPAR 产品在全球［图（h）和图（i）高起点，其他图中起点］、北半球［图（f）低起点，其他图高起点］和南半球［图（f）高起点，其他图低起点或为零］不同地表覆盖类型的平均值（Tao et al., 2015）

　　与北半球 FAPAR 平均值的趋势相比，南半球 FAPAR 平均值呈现相反的趋势。在全球范围的作物、热带草原、草地、落叶阔叶林和常绿针叶林中，相反的关系非常明显。在灌丛和常绿阔叶林中，相反的关系并不明显，南半球 FAPAR 全年稳定，但北半球 FAPAR 的平均值在灌丛中呈抛物线形，在常绿阔叶林中呈正弦曲线。南半球只有少量常绿针叶林，全球常绿针叶林 FAPAR 曲线与北半球的重叠。几乎没有落叶针叶林位于南半球，北半球和全球落叶针叶林 FAPAR 全年呈现碗形。

　　图 11.10 描述了 2005 年 7 月至 2006 年 6 月期间 MISR、MODIS、GEOV1、SeaWiFS 和 MERIS FAPAR 产品在不同土地覆盖类型中平均值减去五种产品均值的时间序列。MODIS 和 MISR FAPAR 产品比五种产品的平均值高约 0.05～0.1，MERIS 和 SeaWiFS FAPAR 产品比五种产品的平均值低约 0.05～0.1。GEOV1 FAPAR 产品在草地、灌丛、作物和热带草原与平均值相差非常小（<0.05）。五种产品与平均值的偏差在草地、灌丛、作物、热带草原和常绿阔叶林中全年保持稳定。然而，在落叶阔叶林发生不同的情况，10 月份的偏差最大，6 月份和 7 月份的偏差最小。5 种产品在针叶林的平均偏差 9 月份和 10 月份最大，3 月份逐渐下降到最低值。GEOV1 FAPAR 产品在针叶林上有很大波动，因为它在针叶林上的季节性强烈，标准偏差为 0.21，而其他 FAPAR 产品的标准偏差在 0.11 附近。在这种情况下，尽管如图 11.3 所示它与其他产品具有相似的季节性，但它在平均线上下波动。由于缺失数据，MISR FAPAR 产品在 12 月落叶针叶林取值下降。总体而言，除了森林以外，产品之间的差异在全年大部分土地覆盖类型中都是一致的。可能的原因可以追溯到森林反演算法中的不同假设以及由于树干和树枝吸收而导致的绿和总

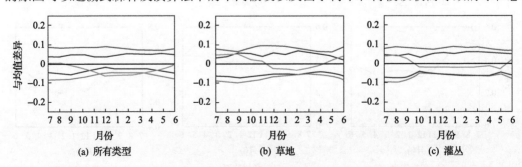

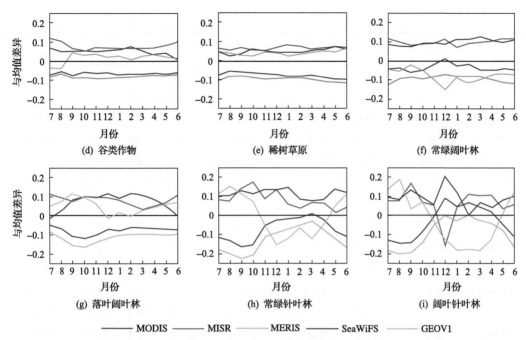

图 11.10 经质量控制后的 MODIS、MISR、MERIS、SeaWiFS 和 GEOV1 FAPAR 产品在 2005 年 7 月~
2006 年 6 月在不同土地覆盖类型上的平均值减去五种产品均值的时间序列(Tao et al., 2015)

黑线为参考线

FAPAR 产品之间的巨大差异(Pickett-Heaps et al., 2014)。有趣的是，随着时间的推移，产品在常绿阔叶林的差异并没有太大的波动，因为 FAPAR 值整年保持相对稳定，因此产品在常绿阔叶林上的差异较小并且保持一致。

11.3.3 直接验证结果

在全球范围内收集了 22 个 VALERI 站点的 FAPAR 地面测量数据，验证 GLASS、MODIS、GEOV1 和 SeaWiFS FAPAR 产品的精度。在这些站点上，根据地面测量数据和高分辨率遥感数据，计算相应地高分辨率的 FAPAR 分布图；然后对 FAPAR 分布图进行聚合到 1km 分辨率后，与 GLASS、MODIS、GEOV1 和 SeaWiFS FAPAR 产品进行对比分析。这些验证站点的信息及 FAPAR 高分辨率影像数据聚合到 1km 尺度 3km×3km 区域 FAPAR 的均值在表 11.1 中列出。

表 11.1 选取的 22 个验证站点信息(Xiao et al., 2015)

站点	所在国家	纬度/(°)	经度/(°)	植被类型	天数	年份	FAPAR 均值	FAPAR 不确定性
Alpilles2	法国	43.810	4.715	阔叶作物	204	2002	0.399	0.292
Barrax	西班牙	39.057	−2.104	阔叶作物	194	2003	0.256	0.333
Cameron	澳大利亚	−32.598	116.254	阔叶作物	63	2004	0.479	0.109
Concepcion	智利	−37.467	−73.470	阔叶作物	9	2003	0.771	0.197

续表

站点	所在国家	纬度/(°)	经度/(°)	植被类型	天数	年份	FAPAR 均值	FAPAR 不确定性
Counami	法属圭亚那	5.347	−53.238	阔叶作物	269	2001	0.95	0.006
					286	2002	0.887	0.005
Demmin	德国	53.892	13.207	阔叶作物	164	2004	0.741	0.207
Donga	贝宁	9.770	1.778	灌木	172	2005	0.472	0.159
Fundulea	罗马尼亚	44.406	26.583	草和谷类作物	128	2001	0.519	0.370
					160	2002	0.464	0.269
					151	2003	0.374	0.221
Gilching	德国	48.082	11.320	草和谷类作物	199	2002	0.786	0.201
Gnangara	澳大利亚	−31.534	115.882	阔叶林	61	2004	0.263	0.058
Haouz	摩洛哥	31.659	−7.600	灌木	71	2003	0.489	0.252
Laprida	阿根廷	−36.990	−60.553	热带稀树草原	311	2001	0.837	0.102
					292	2002	0.62	0.040
Larose	加拿大	45.380	−75.217	针叶林	219	2003	0.906	0.080
Larzac	法国	43.938	3.123	热带稀树草原	183	2002	0.349	0.059
Nezer	法国	44.568	−1.038	针叶林	107	2002	0.494	0.269
Plan-de-Dieu	法国	44.199	4.948	阔叶作物	189	2004	0.223	0.120
Puechabon	法国	43.725	3.652	阔叶林	164	2001	0.601	0.157
Sonian	比利时	50.768	4.411	针叶林	174	2004	0.916	0.036
Sud-Ouest	法国	43.506	1.238	草和谷类作物	189	2002	0.404	0.258
Turco	玻利维亚	−18.239	−68.193	灌木	240	2002	0.025	0.013
					105	2003	0.046	0.016
Wankama	尼日尔	13.645	2.635	草和谷类作物	174	2005	0.073	0.057
Zhangbei	中国	41.279	114.688	草和谷类作物	221	2002	0.422	0.143

利用验证站点的 FAPAR 地面测量数据对 GLASS、MODIS、GEOV1 和 SeaWiFS FAPAR 产品进行直接验证，图 11.11 显示了不同 FAPAR 产品和 FAPAR 地面测量值的散点图。利用回归方程、均方根误差、相关系数等来衡量不同 FAPAR 产品的质量。与 FAPAR 地面测量数据比较，GLASS FAPAR(RMSE = 0.0716)的精度和准确性明显优于 GEOV1 FAPAR(RMSE = 0.1085)，MODIS FAPAR(RMSE = 0.1276)和 SeaWiFS FAPAR(RMSE = 0.1635)的精度和准确性。GLASS FAPAR(R^2 = 0.9292)与 FAPAR 地面测量数据的相关性比 MODIS (R^2 = 0.8048)、GEOV1 (R^2 = 0.8681)和 SeaWiFS (R^2 = 0.7377)FAPAR 更好。GLASS FAPAR 产品在整个取值变化的范围内，都和 FAPAR 地面测量数据有较好的一致性。

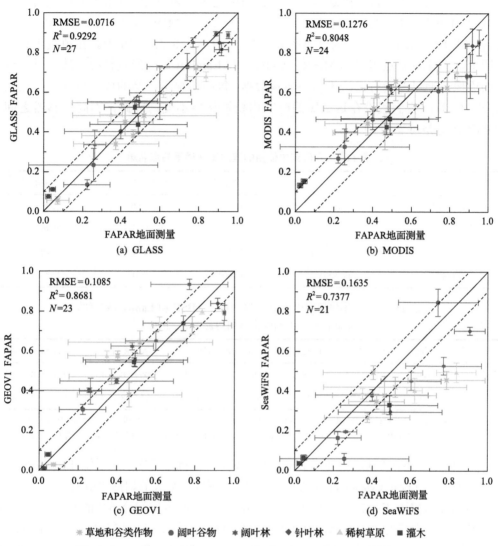

草地和谷类作物　　阔叶谷物　　阔叶林　　针叶林　　稀树草原　　灌木

图 11.11　GLASS、MODIS、GEOV1 和 SeaWiFS FAPAR 与 FAPAR
地面测量的散点图比较(Xiao et al., 2015)

11.4　时空分析与应用

　　FAPAR 的估测结果在站点尺度已经进行了验证,本节进一步把 FAPAR 的估算方法应用到区域尺度上。首先使用不同空间分辨率的多个卫星数据来估计用于跨尺度分析的 FAPAR 值。由于其连续的 FAPAR 测量,美洲通量站点可用于在时间尺度上验证 FAPAR 的估计值。表 11.2 列出了美洲通量站点的地理位置和土地覆盖信息。验证结果显示,估计值的不确定性为 0.08(Tao et al., 2016)。

研究区选择了覆盖美国这四个站点的两个地区。表 11.3 列出了覆盖这两个研究区域的 MODIS、MISR 和 Landsat 轨道信息。MISR、MODIS 和 Landsat TM / ETM + 反射率或 FAPAR 产品的时间分辨率分别为 2～9 天、8 天和 16 天。在植被生长季节的四个美洲通量站点周围的 MISR、MODIS 和 Landsat 影像经过精心挑选，以获得接近的成像日期以及没有云污染的高质量数据。每种情况下产品的成像日期差异在四天内（表 11.3）。我们假设在这么短的时间内植被保持不变；因此，不同传感器之间的 FAPAR 比对是可靠的。

表 11.2　本研究中使用的美国美洲通量站点名单

站点	州	纬度/(°)	经度/(°)	土地覆盖类型
米德灌溉	内布拉斯加州	41.1651	−96.4766	作物
米德灌溉轮作	内布拉斯加州	41.1649	−96.4701	作物
米德旱作	内布拉斯加州	41.1797	−96.4396	作物
巴特利特	新罕布什尔	44.0646	−71.2881	落叶阔叶林

表 11.3　两个案例研究中使用的 MODIS、MISR 和 Landsat 数据的空间覆盖范围和成像日期(Tao et al., 2016)

案例	MODIS	MISR	Landsat	MODIS 日期	MISR 日期	Landsat 日期
案例 1	H10V04	P27B58	P28R31	2006 年 8 月 5～12 日	2006 年 8 月 4 日	2006 年 8 月 3 日
案例 2	H12V04	P12B55	P12R29	2005 年 8 月 5～12 日	2005 年 8 月 8 日	2005 年 8 月 8 日

注：案例 1 涵盖三个站点：米德灌溉，米德灌溉轮作和米德旱作。案例 2 涵盖了巴特利特站点。MODIS 的"H"和"V"分别表示水平和垂直。MISR 轨道的"P"和"B"分别表示路径和块。Landsat 轨道的"P"和"R"分别表示路径和行

Landsat 反射率数据通过使用 Landsat 生态系统干扰自适应处理系统(LEDAPS)预处理代码进行大气校正(Masek et al., 2006)。ETM +图像中缺失的扫描线用最近像素的值填充。Landsat TM 和 ETM +地表反射率影像用于估计 30 米空间分辨率的 FAPAR。MISR 和 MODIS 地表反射率产品(MISR L2 和 MOD09)直接用于估算空间分辨率为 1km 和 500m 的 FAPAR。MISR 和 MODIS FAPAR 产品(MISR L2 和 MOD15)旨在与本研究的 FAPAR 评估值进行比对。

MODIS FAPAR 产品使用 MCD12 土地覆盖产品来区分全球 13 种地物。2006 年国家土地覆盖数据库(NLCD 2006)使用 Landsat 图像的 16 级土地覆盖分类方案。考虑到两个研究区域的现有土地覆盖类型，这里使用了综合两者的土地覆盖分类方案。因此，MISR，MODIS 和 Landsat 图像分为常绿林、落叶林、城市、草地、农作物、裸土和水体。将所提出的 4S 模型应用于地表反射率和分类图像以估计植被 LAI 和 FAPAR 值(Tao et al., 2016)。图 11.12(a)～(c)分别显示了案例 1 中 MISR、MODIS 和 Landsat 图像的 FAPAR 的估计值分布。以便比较，MISR 和 MODIS FAPAR 产品分别如图 11.12(d)～(e)所示。图 11.13(a)～(c)显示了案例 2 中 FAPAR 估计值的分布。以便比较，MISR 和 MODIS FAPAR 产品分别如图 11.13(d)～(e)所示。MISR FAPAR 产品明显比案例 1 中的 MODIS

FPAR 产品高（＞0.15），而 MODIS 和 MISR FAPAR 产品在案例 2 中一致。然而，根据 4S 模型得到的 FAPAR 估计值在两种情况下在不同尺度上都是一致的。这些值在不同尺度上具有相似的分布模式，其中在常绿林中观察到最高值，其次是落叶林、作物；以及 FAPAR 估计值接近于零的河流和中心城区。

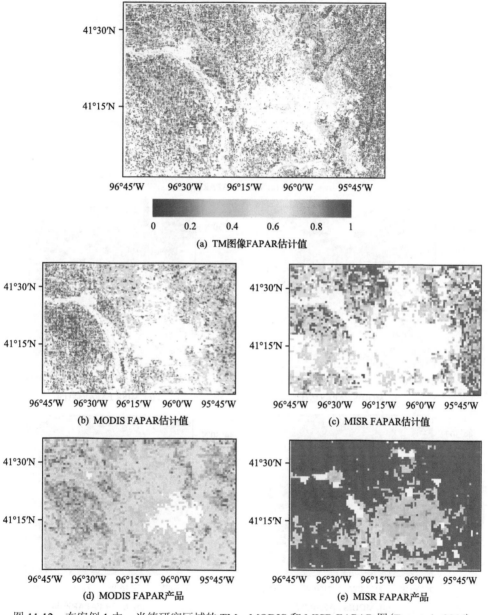

图 11.12　在案例 1 中，米德研究区域的 TM、MODIS 和 MISR FAPAR 图（Tao et al., 2016）

(a)～(c)显示了 4S 模型得到的 TM、MODIS 和 MISR FAPAR 估计值；

(d)和(e)显示了 MODIS 和 MISR FAPAR 产品

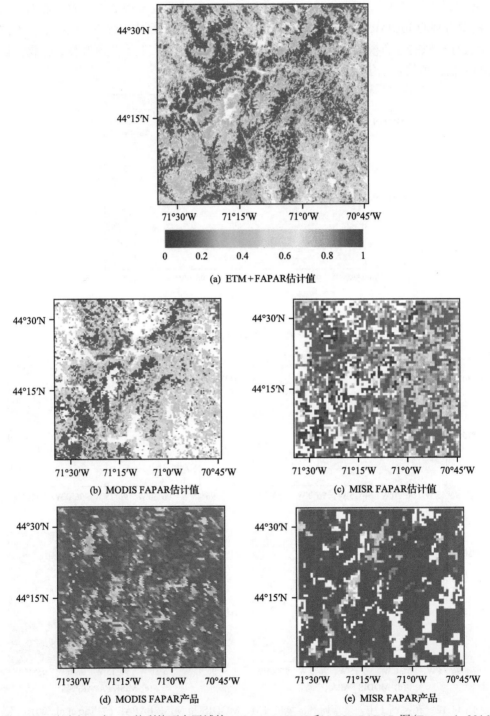

图 11.13　在案例 2 中，巴特利特研究区域的 ETM+、MODIS 和 MISR FAPAR 图 (Tao et al., 2016)

(a)～(c) 显示了 4S 模型得到的 ETM+、MODIS 和 MISR FAPAR 估计值；

(d) 和 (e) 显示了 MODIS 和 MISR FAPAR 产品

图 11.14(b)和(d)分别显示对应于案例 1 和 2 中的 MODIS 和 MISR FAPAR 产品的频率直方图。案例 1 中 MISR FAPAR 比 MODIS FAPAR 产品具有更大的平均值(0.15)和标准偏差(8%)，因为在 MISR 图像中观察到的 FAPAR 值大于 0.9 的像素比在 MODIS 图像中观察到的要多。MISR 和 MODIS FAPAR 产品的频率直方图在情况 2 中一致。MISR 和 MODIS FAPAR 产品的平均值之差约为 0.05。总体而言，两个地区 FAPAR 产品之间的吻合度可能由于土地覆盖成分的差异而有所不同。

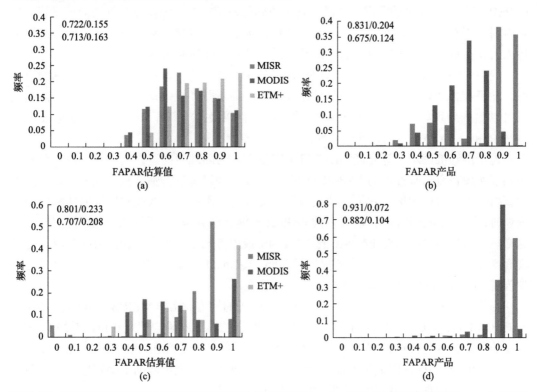

图 11.14　在案例 1 和案例 2 中研究区域的 MISR、MODIS 和 Landsat FAPAR 频率直方图(Tao et al., 2016)
(a)案例 1 中的 MISR、MODIS 和 ETM+ FAPAR 的 4S 模型估算值；(b)案例 1 中的 MISR 和 MODIS FAPAR 产品；(c)案例 2 中的 MISR、MODIS 和 ETM+ FAPAR 的 4S 模型估算值；(d)案例 2 中的 MISR 和 MODIS FAPAR 产品
数字表示区域均值和标准差

根据 Landsat、MODIS 和 MISR 反射率图像得到的 FAPAR 估计值的频率直方图在图 11.14(a)和(c)中显示。一般来说，Landsat、MODIS 和 MISR FAPAR 估计值之间吻合很好。两种情况下 FAPAR 估计值的差值在 0.1 以内，标准差的差值在 0.03 以内。因此，在跨尺度的一致性上，4S 模型的 FAPAR 估计值比 MODIS 和 MISR 产品表现更好。来自 4S 模型和现有 FAPAR 产品之间的对比结果表明，FAPAR 产品的反演算法可以部分证明其数据分布的差异；因此，当使用相同的算法进行反演时，来自不同卫星的 FAPAR 值会更加一致(Seixas et al., 2009)。此外，陶欣等还提供了 30m、500m 和 1km 多种分辨率的 FAPAR 估算值，而现有的 MODIS 和 MISR FAPAR 产品均为 1km(Tao et al., 2016)。

11.5 小　结

本章分别介绍了 FAPAR 的相关概念、主要的 FAPAR 经验模型、基于辐射传输机理的定量模型和反演方法、对主要的 FAPAR 产品进行了比较和验证研究，并以美洲通量实验区为例，给出了利用定量模型反演 FAPAR 的案例研究。从本节中可以看出，遥感反演 FAPAR 已经有了长足的发展，并已经有了成熟的遥感产品。经验反演算法简单易行，但是应用范围有局限性，而定量反演方法从植被辐射传输机理出发，更具普适性，能够描述太阳光在冠层中的多次散射的定量反演模型具有很好的应用前景。

卫星 FAPAR 产品的比较结果表明，产品的季节性在北半球和全球比在南半球吻合更好。除了森林之外，产品之间的差异在大多数土地覆盖类型中是全年一致的。可能的原因可以追溯到森林反演算法中的不同的假设条件以及由于树干和树枝吸收而造成的绿 FAPAR 和总 FAPAR 产品之间的差异。

为了能够准确地计算光能利用率等关键参数，为陆地表面过程模型提供输入参数，必须要实现在有云条件下的 FAPAR 反演。太阳辐射经过大气传输会被大气分子分割成太阳直射辐射与散射辐射，它们在植被内部传输也有所不同，那么在利用辐射传输模型来描述时，表达式也应不同。目前大多数 FAPAR 反演算法并未将太阳直射与散射部分分开，这必然会低估散射辐射对 FAPAR 的影响。4S 模型考虑了太阳直射和散射的吸收，是对现有产品很好的补充。此外，它还提供了 30m、500m 和 1km 三种尺度的 FAPAR 估计值，作为对 1km MODIS 和 MISR FAPAR 产品的补充。

当然目前 FAPAR 产品也还存在一些可以改进的地方。比如 MERIS、MODIS、MISR 和 GEOV1 FAPAR 产品总体而言对总 FAPAR 测量的验证不确定性是 0.14，对绿 FAPAR 测量的验证精度是 0.09。目前大多数 FAPAR 产品的不确定性在 ±0.1 以内，还不能满足 GCOS 提出的 ±0.05 的阈值精度需求。进一步的改进包括降低观测的不确定性并结合多种观测，考虑地面观测和中分辨率像元的尺度差异等等。

提高模型输入参数的精度也至关重要。很多 FAPAR 产品是基于 LAI 产品产生，因此除了发展更为精确的 FAPAR 模型，提高模型参数的精度，特别是 LAI 的精度，对于提高 FAPAR 的精度也很重要。

FAPAR 产品的验证也可以进一步加强，以达到验证第三阶段的需求：必须彻底评估产品的精度，并且必须通过能代表全球条件的以系统和统计上稳健的方式进行的独立测量来很好地确定产品中的不确定性。目前大多数产品假设地表均匀，并且在均匀土地覆盖上表现更好。未来的研究也可以开发一种适用于不均一地表的先进 FAPAR 模型，以提高其精度。

参 考 文 献

金慧然, 陶欣, 范闻捷, 等. 2007. 应用北京一号卫星数据监测高分辨率叶面积指数的空间分布. 自然科学进展, 17(9): 1229-1234

陶欣, 范闻捷, 王大成, 等. 2009. 植被 FAPAR 的遥感模型与反演研究. 地球科学进展, 24(7): 741-747

王培娟, 朱启疆, 吴门新, 等. 2003. 冬小麦冠层的 FAPAR、LAI、VIs 之间关系的研究. 遥感信息, 3: 19-22

吴炳方, 曾源, 黄进良. 2004. 遥感提取植物生理参数 LAI/ FPAR 的研究进展与应用. 地球科学进展, 19 (4): 585-590

Asner G P, Wessman C A, Archer S. 1998. Scale dependence of absorption of photosynthetically active radiation in terrestrial ecosystems. Ecological Applications, 8 (4): 1003-1021

Asrar G, Fuchs M, Kanemasu E, et al. 1984. Estimating absorbed photosynthetic radiation and leaf area index from spectral reflectance in wheat. Agronomy Journal, 76: 300-306

Asrar G, Myneni B J, Choudhury B J. 1992. Spatial heterogeneity in vegetation canopies and remote sensing of absorbed photosyntheticaly active radiation: A modeling study. Remote Sensing of Environment, 41: 85-103

Baret F, Hagolle O, Geiger B, et al. 2007. LAI, fAPAR and fCover CYCLOPES global products derived from VEGETATION - Part 1: Principles of the algorithm. Remote Sensing of Environment, 110 (3): 275-286

Baret F, Weiss M, Lacaze R, et al. 2013. GEOV1: LAI and FAPAR essential climate variables and FCOVER global time series capitalizing over existing products. Part1: Principles of development and production. Remote Sensing of Environment, 137: 299-309

Bonan G B, Oleson K W, Vertenstein M, et al. 2002. The land surface climatology of the community land model coupled to the NCAR community climate model. Journal of Climate, 15: 3123-3149

Camacho F, Cemicharo J, Lacaze R, et al. 2013. GEOV1: LAI, FAPAR essential climate variables and FCOVER global time series capitalizing over existing products. Part 2: Validation and intercomparison with reference products. Remote Sensing of Environment, 137: 310-329

Campbell S G, Norman J M. 1998. An Introduction to Environmental Biophysics (2nd). New York: Springer-Verlag

Carrer D, Roujean J L, Lafont S, et al. 2013. A canopy radiative transfer scheme with explicit FAPAR for the interactive vegetation model ISBA-A-gs: Impact on carbon fluxes. Journal of Geophysical Research-Biogeosciences, 118 (2): 888-903

Casanova D, Epema G F, Goudriaan J. 1998. Monitoring rice reflectance at field level for estimating biomass and LAI. Field Crops Research, 55: 83-92

Chen J M. 1996. Canopy Architecure and remote sensing of the fraction of photosynthetically active radiation absorbed by boreal forests. IEEE Transactions on Geoscience and Remote Sensing, 34: 1353-1368

Dawson T P, North P R J, Plummer S E, et al. 2003. Forest ecosystem chlorophyll content: implications for remotely sensed estimates of net primary productivity. Int J Remote Sens, 24 (3): 611-617

Fang H, Wei S, Liang S. 2012. Validation of MODIS and CYCLOPES LAI products using global field measurement data. Remote Sensing of Environment, 119: 43-54

Fensholt R, Sandholt I, Rasmussen M S. 2004. Evaluation of MODIS LAI, FAPAR and the relation between FAPAR and NDVI in a semi-arid environment using in situ measurements. Remote Sensing of Environment, 91 (3-4): 490-507

Friedl M A. 1997. Examining the effects of sensor resolution and sub-pixel heterogeneity on vegetation spectral indices: implications for biophysical modeling. In: Quattrochi D A, Goodchild M F. Scale in Remote Sensing and GIS. Boca Raton, Fla: Lewis, 113-139

GCOS. 2011. Systematic Observation Requirements for Satellite Based Data Products for Climate. Geneva, Switzerland: WMO

Gobron N, Pinty B, Aussedat O, et al. 2006. Evaluation of fraction of absorbed photosynthetically active radiation products for different canopy radiation transfer regimes: Methodology and results using Joint Research Center products derived from SeaWiFS against ground-based estimations. Journal of Geophysical Research-Atmospheres, 111: D13110

Gobron N, Pinty B, Taberner M, et al. 2006. Monitoring the photosynthetic activity of vegetation from remote sensing data. Advances in Space Research, 38 (10): 2196-2202

Gobron N, Pinty B, Verstraete M, et al. 1999. The MERIS Global Vegetation Index (MGVI): Description and preliminary application. International Journal of Remote Sensing, 20 (9): 1917-1927

Gobron N, Pinty B, Verstraete M M, et al. 2000. Advanced vegetation indices optimized for up-coming sensors: Design, performance, and applications. IEEE Transactions on Geoscience and Remote Sensing, 38 (6): 2489-2505

Goward S N, Huemmrich K F. 1992. Vegetation canopy PAR absorptance and the normalized difference vegetation index: An assessment using the SAIL model. Remote Sensing of Environment, 39: 119-140

He L M, Chen J M, Pisek J, et al. 2012. Global clumping index map derived from the MODIS BRDF product. Remote Sensing of Environment, 119: 118-130

Houghton R A. 1995. Land-use change and the carbon-cycle. Global Change Biology, 1 (4) : 275-287

Hu J N, Su Y, Tan B, et al. 2007. Analysis of the MISR LA/FPAR product for spatial and temporal coverage, accuracy and consistency. Remote Sensing of Environment, 107 (1-2) : 334-347

Huemmrich K F, Privette J L, Mukelabai M, et al. 2005. Time-series validation of MODIS land biophysical products in a Kalahari woodland, Africa. International Journal of Remote Sensing, 26 (19) : 4381-4398

Huete A R. 1988. A soil-adjusted vegetation index (SAVI). Remote Sensing of Environment, 25: 295-309

Huete A R, Liu H Q, Batchily K, et al. 1997. A comparison of vegetation indices global set of TM images for EOS-MODIS. Remote Sensing of Environment, 59 (3) : 440-451

Kaminski T, Knorr W, Scholze M, et al. 2012. Consistent assimilation of MERIS FAPAR and atmospheric CO_2 into a terrestrial vegetation model and interactive mission benefit analysis. Biogeosciences, 9 (8) : 3173-3184

Kanniah K D, Beringer J, Hutley L B, et al. 2009. Evaluation of Collections 4 and 5 of the MODIS Gross Primary Productivity product and algorithm improvement at a tropical savanna site in northern Australia. Remote Sensing of Environment, 113 (9) : 1808-1822

Knyazikhin Y, Martonchik J V, Diner D J, et al. 1998. Estimation of vegetation canopy leaf area index and fraction of absorbed photosynthetically active radiation from atmosphere-corrected MISR data. Journal of Geophysical Research-Atmospheres, 103 (D24) : 32239-32256

Knyazikhin Y, Martonchik J V, Myneni R B, et al. 1998. Synergistic algorithm for estimating vegetation canopy leaf area index and fraction of absorbed photosynthetically active radiation from MODIS and MISR data. Journal of Geophysical Research-Atmospheres, 103 (D24) : 32257-32275

Liang S. 2004. Quantitative Remote Sensing of Land Surfaces. New York: John Wiley and Sons, Inc.

Liang S, Li X,Wang J. 2012. Advanced Remote Sensing: Terrestrial Information Extraction and Applications. Beijing: Academic Press

Liang S L. 2007. Recent developments in estimating land surface biogeophysical variables from optical remote sensing. Progress in Physical Geography, 31 (5) : 501-516

Martinez B, Camacho F, Verger A, et al. 2013. Intercomparison and quality assessment of MERIS, MODIS and SEVIRI FAPAR products over the Iberian Peninsula. International Journal of Applied Earth Observation and Geoinformation, 21: 463-476

Masek J G, Vermote E F, Saleous N E, et al. 2006. A Landsat surface reflectance dataset for North America, 1990-2000. IEEE Geoscience and Remote Sensing Letters, 3 (1) : 68-72

Maselli F, Chiesi M, Fibbi L, et al. 2008. Integration of remote sensing and ecosystem modelling techniques to estimate forest net carbon uptake. International Journal of Remote Sensing, 29 (8) : 2437-2443

McCallum A, Wagner W, Schmullius C, et al. 2010. Comparison of four global FAPAR datasets over Northern Eurasia for the year 2000. Remote Sensing of Environment, 114 (5) : 941-949

Myneni R B, Hoffman S, Knyazikhin Y, et al. 2002. Global products of vegetation leaf area and fraction absorbed PAR from year one of MODIS data. Remote Sensing of Environment, 83 (1-2) : 214-231

Myneni R B, Nemani R R, Running S W. 1997. Estimation of Global Leaf Area Index and Absorbed Par Using Radiative Transfer Models. IEEE actions on Geoscience Remote Sensing, 35 (6) : 1380-1393

Myneni R B, Williams D L. 1994. On the relationship between FAPAR and NDVI. Remote Sensing of Environment, 49 (3) : 200-211

Olofsson P, Eklundh L. 2007. Estimation of absorbed PAR across Scandinavia from satellite measurements. Part II: Modeling and evaluating the fractional absorption. Remote Sensing of Environment, 110 (2) : 240-251

Pickett-Heaps C A, Canadell J G, Briggs P R, et al. 2014. Evaluation of six satellite-derived Fraction of Absorbed Photosynthetic Active Radiation (FAPAR) products across the Australian continent. Remote Sensing of Environment, 140: 241-256

Pinty B, Clerici M, Andredakis I, et al. 2011. Exploiting the MODIS albedos with the Two-stream Inversion Package (JRC-TIP): 2. Fractions of transmitted and absorbed fluxes in the vegetation and soil layers. Journal of Geophysical Research-Atmospheres, 116(9): D015373

Potter C S, Randerson J T, Field C B. 1993. Terrestrial ecosystem production: A process model based on global satellite and surface data. Global Biogeochemical Cycles, 7: 811-841

Prince S D, Goward S N. 1995. Global primary production: A remote sensing approach. Journal of Biogeography, 22(4-5): 815-835

Ross J. 1981. The Radiation Regime and Architecture of Plant Stands. The Hague, Boston and London: Dr. W. Junk Publishers

Roujean J L, Breon F M. 1995. Estimating PAR absorbed by vegetation from bidirectional reflectance measurements. Remote Sensing of Environment, 51: 375-384

Ruimy A, Saugier B, Dedieu G. 1994. Methodology for the estimation of terrestrial net primary production from remotely sensed data. Journal of Geophysical Research-Atmospheres, 99(D3): 5263-5283

Seixas J, Carvalhais N, Nunes C, et al. 2009. Comparative analysis of MODIS-FAPAR and MERIS-MGVI datasets: Potential impacts on ecosystem modeling. Remote Sensing of Environment, 113(12): 2547-2559

Sellers P. 1985. Canopy reflectance, photosynthesis and transpiration. International Journal of Remote Sensing, 6: 1335-1372

Sellers P J, Dickinson R E, Randall D A, et al. 1997. Modeling the exchanges of energy, water, and carbon between continents and the atmosphere. Science, 275(5299): 502-509

Shabanov N V, Huang D, Yang W Z, et al. 2005. Analysis and optimization of the MODIS leaf area index algorithm retrievals over broadleaf forests. IEEE Transactions on Geoscience and Remote Sensing, 43(8): 1855-1865

Steinberg D C, Goetz S J, Hyer E J. 2006. Validation of MODIS F-PAR products in boreal forests of Alaska. IEEE Transactions on Geoscience and Remote Sensing, 44(7): 1818-1828

Tao X, Liang S, Wang D D. 2015. Assessment of five global satellite products of fraction of absorbed photosynthetically active radiation: Intercomparsion and direct validation against ground-based data. Remote Sensing of Environment, 163: 270-285

Tao X, Liang S L, He T, et al. 2016. Estimation of fraction of absorbed photosynthetically active radiation from multiple satellite data: Model development and validation. Remote Sensing of Environment, 184: 539-557

Tao X, Yan B, Wang K, et al. 2009. Scale transformation of leaf area index product retrieved from multi-resolution remotely sensed data: Analysis and case studies. International Journal of Remote Sensing, 30(20): 5383-5395

Tian Y, Dickinson R E, Zhou L, et al. 2004. Comparison of seasonal and spatial variations of leaf area index and fraction of absorbed photosynthetically active radiation from Moderate Resolution Imaging Spectroradiometer (MODIS) and Common Land Model. Journal of Geophysical Research-Atmospheres, 109(D1): D003777

Tian Y, Zhang Y, Knyazikhin Y, et al. 2000. Prototyping of MODIS LAI and FPAR algorithm with LASUR and LANDSAT data. IEEE Transactions on Geoscience and Remote Sensing, 38(5): 2387-2401

Turner D P, Ritts W D, Cohen W B, et al. 2005. Site-level evaluation of satellite-based global terrestrial gross primary production and net primary production monitoring. Global Change Biology, 11(4): 666-684

Vermote E, Tanre D, Deuze J L, et al. 1997. Second simulation of the satellite signal in the solar spectrum: An overview. IEEE Transactions on Geoscience and Remote Sensing, 35: 675-686

Weiss M, Baret F, Garrigues S, et al. 2007. LAI and fAPAR CYCLOPES global products derived from VEGETATION. Part 2: validation and comparison with MODIS collection 4 products. Remote Sensing of Environment, 110(3): 317-331

Widlowski J L. 2010. On the bias of instantaneous FAPAR estimates in open-canopy forests. Agricultural and Forest Meteorology, 150(12): 1501-1522

Widlowski J L, Taberner M, Pinty B, et al. 2007. Third Radiation Transfer Model Intercomparison (RAMI) exercise: Documenting progress in canopy reflectance models. Journal of Geophysical Research-Atmospheres, 112(D9): D09111

Wiegand C L, Maas S J, Aase J K, et al. 1992. Multisite analyses of spectral-biophysical data from wheat. Remote Sensing of Environment, 42: 1-21

Xiao Z Q, Liang S L, Sun R, et al. 2015. Estimating the fraction of absorbed photosynthetically active radiation from the MODIS data based GLASS leaf area index product. Remote Sensing of Environment, 171: 105-117

Xiao Z Q, Liang S L, Wang J D, et al. 2014. Use of General Regression Neural Networks for Generating the GLASS Leaf Area Index Product From Time-Series MODIS Surface Reflectance. IEEE Transactions on Geoscience and Remote Sensing, 52(1): 209-223

Xiao Z Q, Liang S L, Wang J D, et al. 2016. Long-Time-Series Global Land Surface Satellite Leaf Area Index Product Derived From MODIS and AVHRR Surface Reflectance. IEEE Transactions on Geoscience and Remote Sensing, 54(9): 5301-5318

Xiao Z Q, Liang S L, Wang J D, et al. 2015. A Framework for Consistent Estimation of Leaf Area Index, Fraction of Absorbed Photosynthetically Active Radiation, and Surface Albedo from MODIS Time-Series Data. IEEE Transactions on Geoscience and Remote Sensing, 53(6): 3178-3197

Xu X, Fan W, Tao X. 2009. The spatial scaling effect of continuous canopy leaves area index retrieved by remote sensing. Science in China Series D-Earth Sciences, 52: 393-401

Yang W Z, Huang D, Tan B, et al. 2006. Analysis of leaf area index and fraction of PAR absorbed by vegetation products from the terra MODIS sensor: 2000-2005. IEEE Transactions on Geoscience and Remote Sensing, 44(7): 1829-1842

第 12 章 植被覆盖度*

植被覆盖度在地球表层系统中是一个重要的生态物理参数，本章总结了植被覆盖度地面测量和遥感反演的种种方法，分别包括目估法、采样法和仪器测量法、回归模型法、混合像元分解模型法以及机器学习法。其中对于一些常用的方法介绍较为详细，给出了部分地面测量方法的实例和讨论。介绍了主流的植被覆盖度遥感产品和算法，举例分析了遥感估算森林覆盖度的时空变化特征。最后，展望了植被覆盖度估算方法的发展前景。

12.1 简 介

植被覆盖度(Fractional Vegetation Cover, FVC)通常定义为植被地上器官在地面的垂直投影面积占统计区总面积的比例。它是刻画地表植被覆盖程度的一个重要参数，在生态环境变化、地球表面的大气圈、土壤圈、水圈和生物圈及圈层之间相互作用的研究中都是重要参考量(Qin et al., 2006; Yin et al., 2016)。此外，植被覆盖度在地表过程和气候变化、天气预报数值模拟中需要给予准确的估算(Zeng et al.,2000)，在农业、林业、资源环境管理、土地利用、水文、灾害风险监测、干旱监测等领域都有广泛的应用(贾坤等，2013)。

实际上在大多数应用中需要的是与植被光合作用相关的植被覆盖度，被称为光合作用植被覆盖度(或绿色植被覆盖度)，强调植被作为地球生物圈一种基础的特殊生命所起的作用，比如对碳和水分的吸收和排放。某些特殊的应用会考虑植被枯黄坏死的部分(即非光合作用植被覆盖度)，比如水土保持研究需要知道植被对雨水的拦截效应，更多的是对植被本身物理性质的强调。

获得准确的植被覆盖度，有直接测量和遥感反演两种方法。传统获取植被覆盖度的方法是地面测量，其包括目估法、采样法和仪器测量法提取植被覆盖度等。遥感方法根据模型建立的原理可分为经验模型法、物理模型法和机器学习法。所谓经验模型法就是采用简单的统计模型或者回归关系求算植被覆盖度，最典型的是建立植被指数(Normalized Difference Vegetation Index, NDVI)和植被覆盖度之间的经验性关系，然后再用 NDVI 求算植被覆盖度。而物理模型法考虑到了复杂的冠层辐射传输模型，如涉及叶片层的反射和吸收等辐射传输过程。这样的物理模型很难直接计算得到覆盖度，必须通过查找表或者是其他的机器学习法简化反演过程获取植被覆盖度。机器学习方法指的是一类能够通过样本数据训练获得知识，快速实现遥感数据到植被覆盖度对应转

---

* 本章作者：阎广建，穆西晗，贾坤，宋婉娟，刘耀开，陈珺，高湛

遥感科学国家重点实验室·北京师范大学地理科学学部

换的方法。大量样本数据的获取一般都是需要通过其他植被覆盖度产品、高分辨率数据分类或者是复杂的物理模型模拟等手段得到。本章将详细介绍植被覆盖度获取方法和已有的遥感产品。

12.2　植被覆盖度地面测量

地面测量植被覆盖度曾是获取植被覆盖的常用方法，随着遥感技术在植被覆盖监测的发展，地面测量已经逐渐失去了它的主导位置。但地面测量仍然具有不容忽视的重要作用，仍然需要它为植被覆盖度遥感估算提供基础数据。Zhou 和 Robson(2001)认为理想的地面测量植被覆盖度方法应该具备以下特点：①使用经济且易操作的仪器；②拥有准确、客观的地表观测记录；③测量时间短；④结果受人为因素影响小。目前，数码相机照相法因能同时满足这四个条件而被广泛应用于地面测量植被覆盖度。

12.2.1　目 估 法

该方法是目估者凭经验判别样方植被覆盖度。其特点是简单易操作，但主观随意性很大，估计精度与目估者的经验密切相关。主要有如下几种目估方法：

1. 传统目估法

该方法根据统计学要求，在研究区选定一定数量和面积的样本(样方)，凭借经验直接估计出样方内的植被覆盖度。

2. 相片目估法

该方法对样方内的植被垂直拍照，再对照片进行目视估测。为了提高估测的精度，常借助一定标准的覆盖度参照图进行多人判读，取平均值。这种方法需要预先生成植被覆盖度分别为 5%、10%、15%……85%、90%、95%的植被盖度标准图系列，并培训调查人员。在培训时，对不同植被盖度的待测彩色相片进行编号，采用专门测算软件计算其植被盖度。然后每次随机抽取其中的若干张，让受训人员对比已有的植被盖度标准图来目估彩色相片的植被盖度。最后将目估结果与软件测算的植被盖度进行比较以确定目估误差，一般的培训目标要求目估误差在10%以内。

3. 网格目估法

该方法是传统目估法的改进，即根据植被的类型，将样方划分为若干面积相等的小样方，然后分别用传统目估法目视估算各小样方的植被覆盖度，然后取平均值作为研究样方的植被覆盖度。研究表明，网格目估法比传统目估法更宜于操作且估算精度更高。网格目估法相当于是一种等间距的空间采样方法。

12.2.2　采　样　法

根据统计采样的方法，通过各种测量方法获得样方内植被出现的概率，将其作为研究样方的植被覆盖度。其特点是精度较高，但是操作复杂，测量周期长，受条件限制多，效率低。下面具体给出了几种方法：

1. 样线法

在植被研究区内选定样线，可以选择不止一条，以空间上垂直交叉的形式设置。将植株接触样线的长度占样线总长的百分比作为样线所在区域的植被覆盖度(Bonham, 1989)。样线法相当于是以线(样线)估面(样方)。

2. 样点法

样点法的基本原理是在空间上采样，每个样点只对应着很小的空间范围，样点只有植被和非植被两种情况，通过多个样点的统计获得样方的植被覆盖度。样点法相当于是以点(样点)估面(样方)。样点法根据测量方式的不同有几种代表性的方法：

1)针刺法

将一根根样针在植被中垂直放下，接触到植物枝叶的样针数与总样针数之比即为植被覆盖度。

2)正方形视点框架法

正方形视点框架由两根上下对齐并等距钻十个小孔的水平杆构成，观测者从上端水平杆的小孔向下看，以观察到植被的小孔数占总孔数的百分比作为植被覆盖度(拉尔, 1991)。

3)抬头望法

该方法可以结合样线法，以样方两条对角线上的林木作为调查对象，沿着对角线走一步抬头看一次天，将能看见植被的次数占抬头总次数的百分比作为植被覆盖度。该方法常用于森林郁闭度(定义为林冠的投影面积占林地面积的比例，和植被覆盖度接近)的估算。

3. 阴影法

又称尺测法，把一根标有刻度的尺子放置在地面，平行于作物的行方向，沿垂直于行的方向每隔一定距离依次移动，分别读取尺子上阴影长度，总阴影长度占尺子总长度的百分比即为植被覆盖度。该方法一般只适用于行播作物，且一般要在正午时测量(Adams and Arkin, 1977)。

4. 树冠投影法

在样方内将每株林木进行空间定位，再将每株树木的树冠投影进行测量，按照一定比例尺标在绘图纸上，根据树木投影总面积和样方总面积来获得样方的植被覆盖度。该方法常用于乔木等高大植被郁闭度的估算(李永宁等, 2008)。

12.2.3　仪器测量法

随着科学技术的发展，一些新的测量手段被应用到植被覆盖度的测量中。例如，通过电子设备记录植被截光的通量，再和无遮挡情况比较获得植被间隙率。对于这些测量来说，估算植被覆盖度相当于估算垂直方向的间隙率再用 1 去减。或者是直接成像，如目前应用最为广泛的数码相机照相法，然后对图像分类获得植被所占比例。常用的仪器测量方法主要有：

1. 空间定量计法和移动光量计法

利用传感器测量光通过植被层的状况来计算植被覆盖度。空间定量计和移动光量计法都需要专用的传感器装置，对设备要求较高，野外操作较为不方便，因而在实际应用中并未得到广泛推广。

2. 数码相机照相法

数码相机垂直向下拍照，然后通过统计出数码相片中植被像元个数占总像元个数的比，即为植被覆盖度。该方法之所以成为目前最为广泛的地面测量植被覆盖度的方法，主要是因为其克服了其他常用地面测量方法的主观性，结果精度高，稳定性好，野外易于操作和实现。

从近年来的研究来看,数码相机照相获取植被覆盖度的方法已取得了一些进展。Zhou 等(1998)利用数码相机获得植被覆盖的数码照片，检验这种方法的一致性。Gitelson 等(2002)使用数码相机估算了美国内布拉斯加州的小麦植被覆盖度。Michael 等(2000)使用农业数码相机对美国干旱生态系统植被覆盖度进行了长期监测，获得了准确有效的结果。李存军等(2004)利用数码相机获取田间小麦冠层影像，通过分析数字影像中小麦和背景特征，设计了小麦覆盖度的提取算法，并用 IDL 语言开发了一个对影像进行自动分类提取小麦覆盖度的程序包。White 等(2000)在比较了各种地面实验测量植被覆盖度的技术之后，认为数码相机照相法是最容易最可靠的验证遥感提取信息的技术。Hu 等(2007)通过数码相机获取了研究区域样点的照片，并通过分类的方法从数码相片中提取植被覆盖度信息，该信息最后被用于整个研究区域遥感估算植被覆盖度的验证工作中。随着无人机技术的发展，无人机搭配数码相机或者其他传感器的方式也成为地面数码相机照相法的一种延伸。李冰等(2012)设计了一套以低空无人机为平台的多光谱载荷观测系统，实现了对冬小麦生长期覆盖度的监测。Li 等(2018)针对无人机数码照片中的混合像元问题，提出了一种基于半高斯拟合的照片自动分类提取植被覆盖度算法。

数码相机拍照的方法因其简便高效而被广泛使用，但仍然存在着一些问题亟待研究和解决。归纳起来有两个问题会影响最后的覆盖度提取精度，需要技巧性的处理：一个是测量拍摄方式，比如如何解决数码相机向下垂直拍照时产生的边缘畸变问题。目前最为常用的解决方法是将照片的边缘进行裁剪来消除这一影响。另外一个比较突出和值得关注的问题就是如何从数码相片中提取出植被覆盖度信息。常用的方法是通过传统的监督或非监督分类对照片图像进行分类，然后统计出植被所占的比例即为植被覆盖度。很显然，这样的统计方法并不能实现快速自动从数码相机中提取出植被覆盖度的目的，从而在一定程度上降低了该方法的实用性。目前也有学者提出了一些从数码相片中更为方便的提取植被覆盖度的方法(Liu and Pattey, 2010; Liu et al.,2012;Song et al., 2015)，效果也都很好。Song 等(2015)特别研究指出阴影对于植被覆盖度提取算法的影响不能忽略，误差可能达到 0.2，特别是在植被生长茂密而容易产生浓重阴影的时候(图 12.1)。

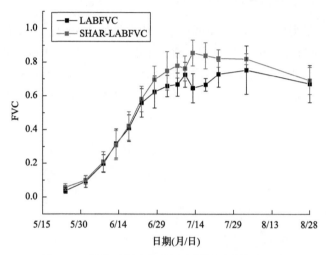

图 12.1　阴影对提取数码相片植被覆盖度的影响

LABFVC 为不考虑阴影算法结果，SHAR-LABFVC 为考虑阴影的算法结果。每个数据点代表黑河中游 15 个

玉米观测样方的平均覆盖度，不考虑阴影效应的照片处理算法(LABFVC)在玉米生长浓密的时候受到阴影干扰最大

3. LAI-2000 间接测量法

LAI-2000 是带有鱼眼相机的设计更为精巧的测量仪器，它主要是针对叶面积指数 (Leaf Area Index, LAI) 等参数的测量(参见第 10.1.2 节)，但是同时也可以根据测量的间隙率计算出植被的覆盖度。

由于 LAI-2000 采用鱼眼镜头观测成像，分别以观测天顶角 7°、23°、38°、53°和 68° 为界将图像分为几个半径不同的环。而对于覆盖度测量，假定其中最小天顶角(7°)环内的观测近似为天顶观测，则只需要测得最小天顶角(7°)环的间隙率，然后用 1 减就可以得到覆盖度(Rautiainen et al., 2005)，这种方法其实跟数码相机测量的原理基本是一样的。另外，White 等(2000)在利用 LAI-2000 测量覆盖度时，先测量了植被冠层总面积指数 (Plant Area Index)，再经过转换得到植被覆盖度。这与仅使用镜头中最小天顶角环的方法相比，这种方法的好处是利用了 LAI-2000 鱼眼镜头宽视场中更多角度的观测信息，扩大了测量的空间范围，不好的地方是也引入了更多的不确定因素。

与相机测量覆盖度的条件类似，LAI-2000 的测量时间需要选择在清晨与傍晚，或不易有直射光的情况下进行。总的来说 LAI-2000 测量植被覆盖度不如数码相机方法方便。

12.2.4　地面实测样例和讨论

1. 非仪器法地面调查实例

下面列举了地面调查覆盖度的一些实例，针对不同类型不同特征的植被采用了样点法、阴影法和树冠投影法：

1) 草地

草地盖度的测量采用针刺法。在调查单元内，选取 1m×1m 的小样方，将测量用绳子每 10 厘米处用细针(φ=2mm)做标记，顺次在小样方内间隔 10cm 的点上，从草的上方垂直插下，针与草相接触即算有，不接触则算无。针与草相接触点数占总点数的比值，即为草地盖度。用此法在调查单元内不同位置取三个小样方求取平均值，即为样方草地的盖度，如图 12.2 所示。

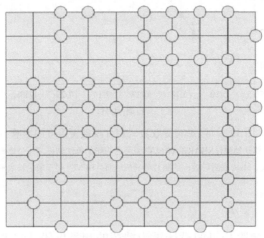

图 12.2　草地盖度测量示意图

圆圈表示针和草接触的点，计算出覆盖度为 50%

2) 林地

对于林地等生长较高的植被，常用郁闭度的概念来表达其覆盖情况，其计算公式[式(12.1)]如下所示：

$$D = \frac{f_d}{f_e} \times 100\% \tag{12.1}$$

式中，D 代表林地的郁闭度(或灌草地的盖度)(%)；f_e 代表样方面积(m^2)；f_d 代表样方内树冠(或草冠)的垂直投影面积(m^2)。

林地郁闭度的测量也常采用林冠投影法。这种方法仅用于林地，可以说是和椭圆目估法、网格目估法类似，因此没有单独列为一种方法介绍。在典型地块内选定 20m×20m 的样方，用皮尺将样方划分为 5m×5m 的方格，测量每株立木在方格中的位置，用皮尺和罗盘测定每株树冠东西、南北方向的投影长度，在方格纸上按一定比例尺勾绘出树冠投影，在图上求出林冠投影面积和样方面积，即可计算林地郁闭度，如图 12.3 所示。

图 12.3　林地郁闭度测量示意图

3）灌木林

灌木林盖度的测量采用样线法。用测量绳子或皮尺在所选定样方灌木上方水平拉过，垂直观察灌丛在测绳上的投影长度，并用卷尺测量，灌木总投影长度与测绳或样方总长度之比，即为灌木盖度，用此法在样方不同位置取三条线段求取平均值，即为样方灌木林盖度。样方面积可为 10m×10m。

2. 照相法地面调查实例和讨论

1）拍摄环境的选择

首先是拍摄光照条件的选择。一般适宜选择在阴天或者一天的早晚太阳造成阴影效应不强烈的时候拍摄植被，早晨因为可能有露水会影响拍摄的效果所以也不是十分推荐。也可以在傍晚光线较暗时采用人工光照设备。总之要尽量凸显植被及土壤背景之间的光谱差异，避免阴影的干扰。图 12.4 是在不同拍摄环境下的数码相机获取的相片，其中(a)为夜间闪光灯拍摄环境，(b)为太阳光照拍摄环境，(c)为阴天拍摄环境。

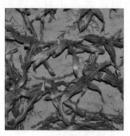  

(a) 夜间闪光灯　　　　　(b) 太阳光照　　　　　(c) 阴天

图 12.4　玉米幼苗期不同光照条件的拍摄效果图

在野外实地测量时，为了更为方便地测量不同种类植被，最好有观测架平台的辅助，可以实现以较小的视场角度对较大空间范围的拍摄。观测架可以用来改变相机的拍摄高度，将定焦相机置于支撑杆前端的仪器平台，远程控制相机测量数据。图 12.5 是作者在进行植被覆盖度测量的野外实验时设计的简易观测架。

图 12.5　植被覆盖度观测架

针对不同类型不同种植方式的植被，采用的拍照方式也应有所区别，举例如下。

(1) 非垄行的低矮植被(＜2m)

直接采用观测架观测，保证观测架上的相机距离植被冠层的高度远大于植被冠幅，可以在方形样方内沿着对角线采样，然后做算术平均。即采样方式与样方法一致。

(2) 行播低矮作物(＜2m)

在视场角度不大(＜30°)的情况下，视场内需要包括远大于两个整周期的垄行，相片的边长与垄行平行。如果无法包括两个以上的整周期，则需要测量株距和行距，根据视场包含垄行数目计算得到整周期的覆盖度，也就是样方区域的覆盖度。

(3) 非垄行高植被(＞2m)

依然可以使用样方法进行对角线采样，或者采用其他的采样方式。在采样点上拍摄时，如果样点落在植株间的低矮植被上，就采用观测架拍照。如果正好落在树冠上，观测架还能够保持在距离冠层顶部一定的高度上，可以用观测架拍摄。如果高度太高，就要在树冠下面从下向上拍摄照片，叠加配合对树冠下地表低矮植被从上向下的拍摄，得到植株树冠附近空间区域的覆盖度。

(4) 垄行高植被(＞2m)

在树冠下面从下向上拍摄照片，叠加配合对树冠下地表低矮植被从上向下的拍摄，得到植株附近的覆盖度，再拍摄植株之间非树冠投影区域的低矮植被，计算植株间隙的覆盖度。最后通过树冠投影法，获得树冠的平均面积。根据垄行距离计算植株树冠下与植株间隙的面积比例，加权获得整个样方的覆盖度。

2) 从数字相片分类提取覆盖度

从数码照片中提取植被覆盖度信息的方法很多，但其自动化程度和判别精度是影响地面实测效率的主要因素。传统的分类方法主要有监督和非监督分类法。监督分类精度高效率低；而非监督分类效率高但错分和漏分严重导致分类精度降低。这在一定程度上限制了这两种方法在实践中的应用。

图 12.6 为作者在研究从数码相片中自动快速提取植被覆盖度方法(Liu et al., 2012)的中间结果，该方法的优点在于其算法简单、易于实现而且自动化程度和精度较高。今后还需要更多的快速、自动、准确的分类方法，最大限度发挥数码相机方法的优势。与此同时，随着多光谱、高光谱相机的便携化，增加了图像中的光谱信息，为数字相片提取植被覆盖度提供了新的思路。

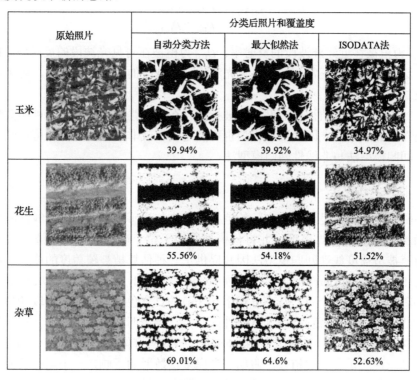

图 12.6 不同分类方法的分类结果比较图

12.3 植被覆盖度的遥感估算

随着遥感技术的发展，遥感获取多时相、多尺度的数据为大区域甚至全球尺度连续监测植被覆盖度提供了可能。由此而发展的估算植被覆盖度的方法也比较多，其中应用最广的方法还是通过建立植被覆盖度与植被指数(例如 NDVI)之间的关系来估算植被覆盖度。常用的遥感估算植被覆盖度方法，主要可以分为以下两种：经验模型法、像元分解模型法。此外，诸如神经网络等机器学习方法也逐渐被不少学者用来估算植被覆盖度。

12.3.1　回归模型法

回归模型法是一种经验模型法，通过对遥感数据的某一波段、波段组合或植被指数与实际测量的植被覆盖度进行回归，建立经验模型，并将模型推广到更大尺度上的植被覆盖度估算。

其中最常用的就是植被指数法。该方法在分析植被光谱信息特征的基础上，选取与植被覆盖度具有良好相关关系的植被指数，通过建立植被指数与植被覆盖度的转换关系估算植被覆盖度。一般而言，在不同的区域针对不同的植被，采用的植被指数可以不同。目前应用最多、最广的为归一化植被指数 NDVI，其表达式如式(12.2)所示。

$$NDVI = \frac{\rho_{nir} - \rho_{red}}{\rho_{nir} + \rho_{red}} \tag{12.2}$$

其中，ρ_{nir} 为植被在近红外波段的反射率；ρ_{red} 为植被在可见光波段的反射率。NDVI 之所以被广泛应用是因为正常植被在可见光和近红外波段的反射差异很大，可用以反映出植被的生长状况。

以往的研究表明，植被覆盖度与植被指数存在着很强的相关性，这种相关性的形式可能是线性或非线性的，因而回归模型也可能是线性或非线性的，由此可将回归模型法分为线性回归模型法与非线性回归模型法。

1. 线性回归模型法

线性回归模型主要是通过将实际的植被覆盖度与遥感植被指数进行线性回归建立研究区域植被覆盖度的估算模型，并将该模型应用于整个研究区域的植被覆盖度估算。NDVI 与植被覆盖度线性回归模型法因其提供了一种估算植被覆盖度的简单方法而得到广泛应用(Hurcom and Harrison, 1998)。比如，Xiao 和 Moody(2005)通过将从 Landsat ETM+ NDVI 图像中选取的 60 个点与从高分辨率(0.3m)的真彩色正射影像中提取的植被覆盖度(认为是地面的真实植被覆盖度)进行线性回归，结果表明，两者之间存在很强的线性关系(R^2=0.89)，最后将该公式应用于 Landsat ETM+的所有像元植被覆盖度的估算。

不管是浓密还是稀疏的植被，假如不考虑多次散射的影响，一个遥感像元的覆盖度可以被定义为与植被指数呈线性关系[式(12.3)](Hurcom and Harrison, 1998)：

$$FVC = a \cdot VI + b \tag{12.3}$$

其中，FVC 为混合像元的植被覆盖度；VI 为混合像元的植被指数；a, b 是植被覆盖度与 VI 的回归系数。图 12.7 是 Choudhury 等(1994)建立的土壤调节植被指数与植被覆盖度之间的线性回归关系式。

也有学者尝试通过将 NDVI 的值分为几个等级，不同等级代表不同的植被覆盖度情况。例如，Mohammad 等(2002)通过对 NDVI 作适当变换[NDVI=(NDVI+0.5)×255]之后将其划分为小于 5、5~50、50~100、100~150、150~200、200~250 六个等级，分别代表着 0%、20%、40%、60%、80%、100%六种不同程度的植被覆盖状况。但这种将 NDVI 离散化分段的方法也没有脱离植被指数和覆盖度之间的线性或非线性关系。

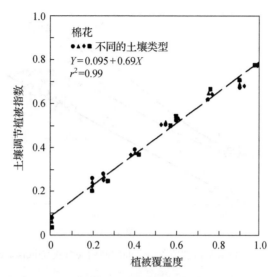

图 12.7　土壤调节植被指数与植被覆盖度之间的线性回归关系(Choudhury et al., 1994)

2. 非线性回归模型法

该方法主要是通过将 NDVI 与植被覆盖度进行拟合，得到非线性回归模型，然后用该模型计算整个研究区域的植被覆盖度。Carlson 和 Ripley(1997)的研究表明对于部分植被 LAI 在 1～3 的区域，如果植被聚集程度高，植被指数和覆盖度的相关性很好，回归关系呈非线性。

Choudhury 等(1994)学者在研究中发现，植被覆盖度(FVC)与 Scaled NDVI 之间存在着一定的关系，并且这种关系呈二次方的形式。基于该思路，作者估算了美国太平洋西北部的针叶林覆盖度。结果显示，常用的 NDVI 并非与乔木层覆盖度相关性最好；同时，他还利用 NOAA AVHRR 的遥感数据，采用 NDVI 和 Scaled NDVI 两种植被指数分别估算了针叶林覆盖度，结果发现在 99%的置信度下相关性达 0.55。Gillies 和 Carlson 等分别使用不同的方法和数据集，均得到了植被覆盖度与 Scaled NDVI 之间的平方关系(Gillies et al., 1997; Carlson and Ripley, 1997)。

针对植被指数方法，也有部分学者同时使用线性回归与非线性回归方法进行研究，如 Gitelson 等(2002)将 NDVI、GreenNDVI、VARI(Visible Atmospherically Resistant Index)三种植被指数分别与小麦的植被覆盖度回归(图 12.8)，其中前两者采用非线性回归，后者采用线性回归。分析比较的结果表明 VARI 对于 0～10%的植被覆盖度都很敏感，且该指数可以将对大气的敏感程度降至最低。其他研究同样表明 VI 和 FVC 之间依据不同景观类型而存在强烈线性(Ormsby et al., 1987)或者非线性的关系(Li et al., 2005)。但是不管是线性模型还是非线性模型，在多种植被混合的情况下，即使植被覆盖是 100%，不同植被类型因为叶绿素含量和冠层结构不同，植被指数还是会不同。不同种类植被在覆盖度基本一样时，自然植被和人工作物因为施肥导致叶绿素含量差异，利用 NDVI 直接计算出的覆盖度相差达到 40%(Glenn et al., 2008)。

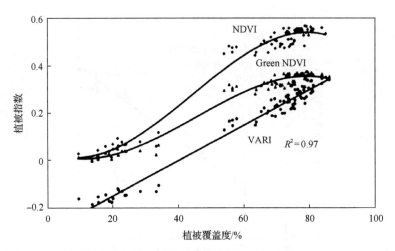

图 12.8　不同植被指数与植被覆盖度之间的回归关系式(Gitelson et al., 2002)

　　如果能够结合地面测量的植被类型和植被特征信息，植被覆盖度的估算精度可以得到提高。有研究采用不同地面状况不同植被类型对应的平均叶倾角(Average Leaf Inclination Angle)帮助从植被指数中预测覆盖度(Anderson et al., 1997)。

　　也可以采用非植被指数的形式与植被覆盖度之间建立经验性回归关系，Graetz 等(1998)对 Landsat MSS 的第 5 波段与植被覆盖度的实测数据进行线性回归分析，并利用得到的回归模型估算了稀疏草地的植被覆盖度。North(2002)使用 ATSR-2 遥感图像数据对四个波段的数据(555nm、670nm、870nm 和 1630nm)分别与植被覆盖度、叶面积指数等进行了线性回归。结果表明，使用四个波段组合的线性混合模型估算植被覆盖度比单一植被指数要好。

　　回归模型法因其简单易实现而被广泛应用于区域植被覆盖度的估算，对于局部区域的植被覆盖度测量具有较高的精度。尽管如此，研究发现，经验性的回归模型一般都具有局限性，只适用于特定的区域与特定的植被类型的植被覆盖度估算。例如 Graetz 等(1998)的线性回归模型只针对稀疏草地，非线性回归模型也是为研究退化草地而提出的。同时，由于回归模型受区域性的限制，因此遥感数据的空间分辨率不能太低。回归模型一般都不易推广，不具有普遍意义，区域性的经验模型应用于大尺度上估算植被覆盖度可能会失效。

12.3.2　线性混合像元分解模型法

　　混合像元分解模型法的基本原理是图像中的一个像元实际上可能由多个组分构成，而每个组分对遥感传感器所观测到的信息都有贡献，因此可以将遥感信息(波段或植被指数)分解，建立像元分解模型，并利用此模型估算植被覆盖度。当然这种模型可能是线性也可能是非线性，但从目前的研究来看，大多数的混合像元分解模型研究都是基于线性混合像元分解模型法建立的。因此，本部分主要讨论线性混合像元分解模型在植被覆盖度遥感估算中的应用。

　　线性分解模型假定像元信息为各组分信息的线性合成。模型基于以下假设：到达传感器的光子只与一个组分发生了作用，不同组分之间是独立的，不发生相互作用。如果与多个组分发生了作用，则产生非线性混合。非线性和线性混合是基于同一个概念，即线性混合是非线性混合在多次反射被忽略的情况下的特例。线性像元分解方法最大的限制是为了方便求解，区域内地物类型特别是主要地物类型不能超过所用遥感数据波段数；否则将导致出现 n 个方程解 $n+1$ 个未知数的局面。线性混合像元分解的方法可以对影像逐个像元中的植被覆盖度进行计算和提取。假设一个像元中所包含的每块地都对卫星传感器所接收的该像元信息有贡献，因而以每块地中的植被光谱特征值为因子，这块地的面积作为该因子的权重，建立了线性混合模型。其数学形式可表达为如下[式(12.4)](Van der Meer, 1999)：

$$R_b = \sum_{i=1}^{n} f_i r_{i,b} + e_b \qquad (12.4)$$

其中，R_b 是波段 b 的各像元反射率；f_i 是端像元 i 在混合像元中所占的比例；$r_{i,b}$ 是端像元 i 在波段 b 中的反射率；n 是端像元的个数；e_b 是拟合波段 b 的误差。

通过最小二乘等方法可以求解出各组分在混合像元中的比例，而组分植被所占的比例部分即为我们所需要求解的植被覆盖度。各组分的求解比例精度很大程度上取决于各端元的合理选取(Lu and Weng, 2004)。

在线性像元分解模型法中最简单的模型假设像元只由植被与非植被两部分构成。所得的光谱信息也只由这两个组分因子线性合成，它们各自的面积在像元中所占的比率即为各因子的权重，其中植被覆盖部分占像元的百分比即为该像元的植被覆盖度。其数学表达形式如下[式(12.5)和式(12.6)](Gutman and Ignatov, 1998)：

$$\mathrm{NDVI} = f \cdot \mathrm{NDVI}_v + (1-f) \cdot \mathrm{NDVI}_s \qquad (12.5)$$

即

$$f = \frac{\mathrm{NDVI} - \mathrm{NDVI}_s}{\mathrm{NDVI}_v - \mathrm{NDVI}_s} \qquad (12.6)$$

其中，f 为混合像元中植被所占的比例即为植被覆盖度；NDVI 为混合像元的 NDVI；NDVI_v 为植被全覆盖时对应的 NDVI；NDVI_s 为裸土对应的 NDVI。从式中可以看出，这种二分模型实际上也是一种植被指数线性回归模型。为了求解混合像元的植被覆盖度，需要确定出纯植被和裸土对应的 NDVI。但是 NDVI_v 和 NDVI_s 的确定很困难而且存在很多不确定性，因为它受土壤、植被类型以及叶绿素含量等因素的影响。一种常见的确定方法是通过对时间和空间上的 NDVI 数据进行统计分析来获取。比如，通过对时间序列上的 NDVI 数据的统计分析，获得时间序列上 NDVI 的最大值作为纯植被 NDVI，时间序列上的 NDVI 最小值作为裸土的 NDVI 值(Gutman and Ignatov, 1998; Zeng et al., 2000)。也有学者直接从研究区域的 NDVI 数据中选取最大值和最小值分别作为纯植被和裸土的 NDVI 值(Xiao and Moody, 2005)。Qi 等(2000)利用二分模型法和 NDVI 数据研究了美国西南部的 San Pedro 盆地地区的植被时空动态变化；同时，作者还使用了 Landsat TM、SPOT4 VEGETATION 和航片数据对该方法进行相关研究，研究结果表明即使在不经过大气纠正的情况下，利用此模型也可以对植被动态做出可靠的估算。Leprieur 等(1994)使用大气纠正后的 SPOT 数据计算 NDVI 植被指数并应用于该模型中估算了非洲萨赫勒地区的植被覆盖度。Mu 等(2017)结合多源遥感数据合成的 NDVI 指数生产了时空连续性比较好的中国-东盟区域植被覆盖度(http://www.geodoi.ac.cn/doi.aspx?Id=218)，服务于中国科技部发布的《全球生态环境遥感监测报告》。

从某种程度上来说，混合像元分解模型最关键的地方还是要提取"纯"像元，实现遥感探测的光谱信号到植被物理参数的转换。但是传统的统计方法获取 $NDVI_v$ 和 $NDVI_s$ 有其严重的局限，首先是全植被覆盖或全裸土的遥感像元可能不存在，比如对于很多半干旱或亚热带常绿林地区。其次是统计分析最大或最小 NDVI 指数也存在判断阈值，人为影响很大。图 12.9 是 Gutman 和 Ignatov(1998)学者利用植被覆盖度与 NDVI 的这种像元二分关系估算出了全球的季节性植被覆盖度，作者通过聚类分析从每季度最大最小 NDVI 中选取最佳的 NDVI 最大最小两个参数。但同时指出这个模型估算植被覆盖度存在的最大误差可以达到 0.35，后续研究表明这种误差有可能来源于 NDVI 最大最小值的估算(Montandon and Small, 2008)。Song 等(2017)针对这两个重要参数——$NDVI_v$ 和 $NDVI_s$——获取的不确定性，提出了一种利用特征角度信息反演 NDVI 系数的方法。该方法引入基于辐射传输的间隙率模型，利用方向性的植被组分将间隙率与二分模型相结合，进而借助特殊观测角度(57° 天顶角)及遥感 LAI 产品对模型进行简化，从而反演得到 $NDVI_v$ 和 $NDVI_s$。Mu 等(2018)在此基础上利用多角度信息抵消上述算法对于遥感 LAI 产品的依赖，提出了一种仅基于遥感多角度植被指数反演 NDVI 系数的方法。

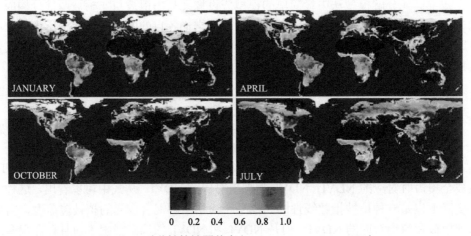

图 12.9　季节性植被覆盖度(Gutman and Ignatov, 1998)

面对地表复杂的情况，简单的像元二分模型不一定精度最优。Jia 等(2017)在农田区比较了分别基于 NDVI 和 EVI 植被指数的像元二分模型、三端元和四端元混合像元分解模型、三波段梯度差指数及两种改进型三波段梯度差指数估算植被覆盖度的效果，发现三端元混合像元分解模型能够取得优于其他方法的估算精度。Gutman 等在像元二分模型基础上，提出利用像元分解密度模型求取植被覆盖度(Gutman and Ignatov, 1998)。即根据不同像元的植被分布特征，将像元分为均一像元(Uniform Pixel)和混合像元(Mosaic Pixel)，而混合像元又进一步分为等密度(Dense Vegetation)、非等密度(Non-dense Vegetation)和混合密度亚像元(Variable Density Vegetation)。针对不同的亚像元结构，分别建立不同的植被覆盖度模型。陈云浩等(2001)使用此亚像元分解模型求取了北京市海淀区 1975 年、1991 年和 1997 年的植被覆盖度，并分析了植被覆盖度的时空变化趋势。陈晋等(2001)用 TM 影像，与土地覆盖分类相结合，综合运用了亚像元分解模型中的"等密度模型"与"非等密度模型"

计算植被覆盖度。

　　Xiao 和 Moody（2005）讨论了光谱混合像元分解模型（SMA3、SMA4、SMA5 和 NDVI-SMA）和基于 NDVI 线性回归模型两大类方法估算植被覆盖度之间的对比分析，同时对于 SMA3、SMA4 以及 SMA5 方法又考虑了是否加上不同组分在混合像元中的比例之和是否为 1 这样的约束条件来分析讨论。图 12.10 为不同方法估算的植被覆盖度与真实植被覆盖度之间的关系，图 12.11 为利用不同方法估算研究区植被覆盖度的结果图。对于

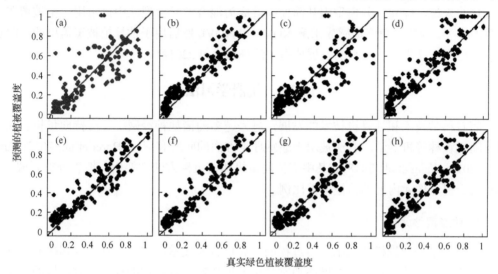

图 12.10　不同方法估算的植被覆盖度与真实植被覆盖度之间的关系（Xiao et al., 2005）

(a) 为无约束 SMA3；(b) 为约束 SMA3；(c) 为无约束 SMA4；(d) 为约束 SMA4；(e) 为基于 NDVI 回归关系式；
(f) 为 NDVI-SMA；(g) 为无约束 SMA5；(h) 为约束 SMA5；实线为 1∶1 线

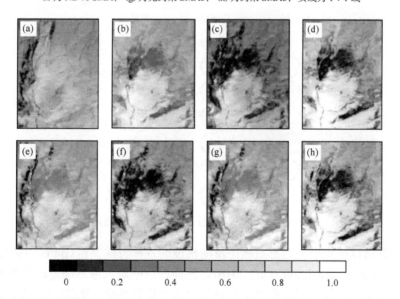

图 12.11　利用不同方法估算研究区植被覆盖度的结果图（Xiao et al., 2005）

(a) 为无约束 SMA3；(b) 为约束 SMA3；(c) 为无约束 SMA4；(d) 为约束 SMA4；(e) 为基于 NDVI 回归关系式；
(f) 为 NDVI-SMA；(g) 为无约束 SMA5；(h) 为约束 SMA5

混合像元分解方法，如何选择构成混合像元的组分数及各端元的选择是影响植被覆盖度估算的主要原因，这主要取决于研究区域的植被结构和分布状况。

杨伟等(2008)将基于线性模型的混合像元分解问题，描述为一个光谱匹配的问题：从图像上或者光谱库中得到端元光谱按照预先设定的比例混合，生成一系列的测试光谱，然后将测试光谱与目标光谱(即待分解像元的光谱)进行匹配，从而寻找一条与目标光谱匹配结果最佳的测试光谱，并把该测试光谱中各端元的比例作为混合像元分解的结果。

总的来说，像元二分模型因其简便高效成为混合像元模型法中最常用于植被覆盖度估算的模型，利用多角度遥感先求解 $NDVI_v$ 和 $NDVI_s$ 然后用于估算植被覆盖度的策略适用于大范围产品生产，未来的发展值得关注(Mu et al., 2018)。

12.3.3　机器学习法

随着科学技术和计算机技术的发展，越来越多的诸如神经网络、支持向量机、决策树、随机森林等机器学习方法被用于遥感理论方面的研究和应用(Baret et al., 2013; Yang et al., 2016; Wang et al., 2018)。其中支持向量机和决策树方法主要用在地表分类领域，也可以用于提取像元内部的植被覆盖比例。

1. 神经网络方法

神经网络是一种模仿人脑学习过程的计算机智能技术，它是一种可以解决复杂问题的比较通用的计算工具。神经网络通常是由通过特定机制确定的权重系数连接的一系列简单处理单元组成，如图 12.12 所示。这种神经网络方法可以通过训练数据的不断学习，最终输出最优结果，计算效率非常高。

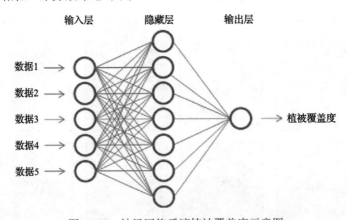

图 12.12　神经网络反演植被覆盖度示意图

神经网络可以被用来从遥感数据中反演植被的各种特性参量(Baret, 1995; Jensen et al.,1999; Foody et al., 2001; Jia et al., 2016)。然而，这些研究通常都是运用普通的神经网络，也就是多层感知器，但其他类型的神经网络可能具备更大的潜力。尽管如此，我们在运用神经网络时还是需要考虑很多问题，因为神经网络的中间层属于黑箱子，因此，在这里面很难对所需要反演的参数进行合理的控制。

Boyd 等(2002)在分别比较多元回归法、植被指数法以及神经网络法之后，认为神经网络更适用于美国太平洋西北区森林覆盖度的估算，同时作者还比较了多层感知层、径向基函数法以及广义回归神经网络三种神经网络方法，最终选择了多层感知层作为研究区域植被覆盖度的反演。该方法对 6 个黑箱子经过 40 次的后向传播算法迭代运算。反演结果表明，其对森林覆盖度的估算精度高于多元回归和植被指数法，与实际森林覆盖度的相关系数为 0.57，在 99%置信水平上相关性显著。Voorde 等(2008)提出了利用多层感知层神经网络对从 ETM+图像中随机选取的 3037 个像元训练的方法后进行混合像元分解，最终估算亚像元植被覆盖度；同时，为了与基于神经网络估算的结果比较，作者还用回归分析以及线性混合像元分解模型估算了研究区的植被覆盖度；图 12.13 是不同方法估算研究区的植被覆盖结果；图 12.14 显示了不同方法估算植被覆盖度的误差。Jia 等(2016)利用反馈神经网络算法在 PROSAIL 辐射传输模型模拟样本数据集的基础上，研发了国产高分一号卫星宽视场成像仪数据的植被覆盖度反演算法，经地面观测数据验证均方根误差为 0.073，效果较好，为国产高分卫星数据的定量应用提供了技术支撑。

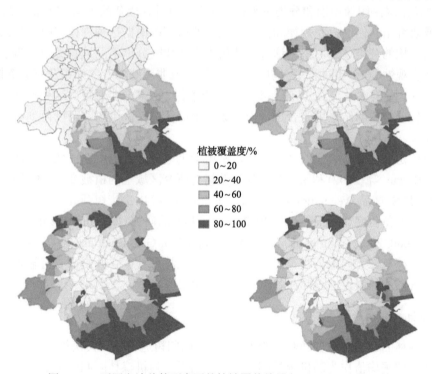

图 12.13　不同方法估算研究区的植被覆盖结果(Voorde et al., 2008)
左上角为对高分辨的遥感影像做遥感分类处理后的结果，右上角是 Landsat ETM+ image 线性回归模型的结果，
左下角是基于 SVD 方法的线性混合像元分解模型的结果，右下角是基于多层神经网络的混合像元分解模型的结果

2. 决策树法

自然界的地物是多种多样的，这些地物本身处于不断的变化当中，加上人为和自然的因素，这种变化显得更为复杂。因此在遥感影像上也常常表现出同物异谱和异物同谱

图 12.14　不同方法估算植被覆盖度的误差(Voorde et al., 2008)
左边为线性回归模型，中间为基于 SVD 线性混合像元分解模型，右边为多层知器神经网络模型

的现象，这给遥感图像识别和分类带来许多难题。面对看似杂乱无章、错综复杂的地物，往往需要研究出它们的内在规律和内在联系，然后可以根据这种规律和内在联系建立起一种树状结构的分类体系，根据这种决策树来识别和区分出不同地物类型。为了分类的准确性和客观性，在分类过程中可以不断加入遥感或非遥感的专家知识及有关资料(如一些边界条件、分类参数等)，以进一步改善分类条件、提高分类精度。这种辅助决策信息的加入，使分类树的结果更为合理，而组成一个最佳逻辑决策树，可以得到更为满意的分类结果。

决策树是一种非参数化的分类方法，常用于土地分类，也用在亚像元植被覆盖度的估算上。Rogan 等(2002)利用设计好的决策树对研究区域上的植被变化情况进行识别和分类。MODIS 产品 Vegetation Continuous Fields(VCF)用决策树(回归树)在全球范围内估算树和草的覆盖度(Hansen et al., 2003)。一些其他的研究(如 Hansen et al., 2002; Huang and Townshend, 2003; Yang et al., 2003; Xu et al., 2005; Gessner et al., 2009)也都使用了决策树解决遥感亚像元问题。决策树方法的非参数化特点使得它并不需要对输入数据做正态分布或者同质的假设，因此在各个领域应用的很广。

3. 随机森林回归法

随机森林回归法是众多回归树的集合，这些回归树通常是二叉决策树(CART)。每棵树的预测值的平均值作为随机森林回归的预测结果。随机森林回归的主要优势是随着随机森林中决策树数量的增加，它不会出现过拟合现象，而且能够生成一个泛化误差的极限值。同时，随机森林回归对噪声数据有很强的鲁棒性，对于数据维度和样本量大致相等或大于样本量的情况，随机森林回归仍然能取得很好的表现(Breiman, 2001)。另外，随机森林回归能够在模型的建立过程中，对不同预测变量的重要性进行评估，进而为多波段遥感数据植被覆盖度反演模型的波段选择提供参考。Wang 等(2018)利用随机森林回归模型评价不同的 Sentinel-2 多光谱波段对植被覆盖度估算的表现，并建立 Sentinel-2 数据植被覆盖度反演模型。结果表明植被覆盖度估算最重要的三个 Sentinel-2 多光谱波段是波段 4(红波段)、波段 12(短波红外波段)和波段 8a(近红外波段)，使用这三个波段估算植被覆盖度的精度比使用所有波段的精度更优。

4. 支持向量机法

支持向量机(Support Vector Machine, SVM)是一种基于统计学习理论的新型机器学习算法，由 Vapnik 首先提出，在解决小样本、非线性及高维模式识别中表现出许多特有的优势，并能够推广应用到函数拟合等其他机器学习问题中(Vapnik, 1995)。SVM 的原理是通过解算最优化问题，在高维特征空间中寻找最优分类超平面，从而解决复杂数据的分类问题。SVM 算法多用于遥感数据分类，并取得比其他算法更优的分类结果，如 Su(2009)用 SVM 方法来识别半干旱地区的植被类型，在 SVM 分类结果上进一步估算研究区域的植被覆盖度。Huang 等(2008)利用 SVM 方法和 Landsat 数据生成研究区的森林覆盖度变化产品，经高分辨率的 IKONOS 验证，产品精度高达 90%。Yang 等(2016)比较了支持向量回归、广义回归神经网络、多层前馈神经网络和多变量自适应回归样条方法在全球植被覆盖度遥感估算的效果，发现支持向量回归能够取得与其他机器学习算法相当的植被覆盖度估算结果(图 12.15)。

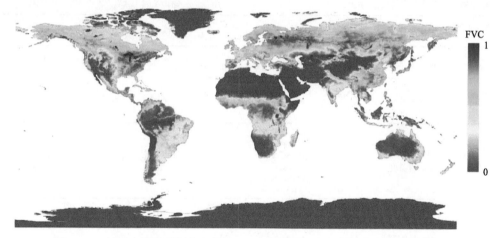

图 12.15　基于支持向量回归(Yang et al., 2016)和 MODIS 数据的全球陆表植被覆盖度空间分布图(2003 年第 201 天)

但是在 SVM 算法中如何针对特定问题选择核函数目前并无一个准则，而且核函数对分类精度到底有什么样的影响，还缺乏统一的认识。现有的核函数选择方法是分别试用不同的核函数，选择分类误差最小的核函数，同时核函数的参数也用同样的方法选定。这种选择方法基本是凭经验选择，缺乏足够的理论依据。核函数的选择对 SVM 算法精度具有一定影响，有必要对核函数进行合理选择、必要改进、修正和优化。

12.4　现有植被覆盖度遥感产品

目前，主要基于混合像元分解模型法和机器学习法生产了大量植被覆盖度遥感产品，参见表 12.1。从采用的卫星数据来看，现有几种产品使用的卫星数据集中在 NOAA/AVHRR, ADEOS/POLDER, MSG/SEVIRI，ENVISAT/MERIS，SPOT/VEGETATION，Terra、Aqua/MODIS, Landsat/TM、ETM+上，除了 MSG/SEVIRI 外，都是来自极轨卫星传感器。

表 12.1　区域及全球尺度上部分植被覆盖度产品简介

参考文献	产品定义	产品名称	传感器	时空分辨率	空间范围	时间范畴	方法/模型
Gutman and Ignatov, 1998	植被覆盖度	Global Monthly Greenness Fraction	AVHRR	0.15°; 30 天	全球	1985～1990	像元二分模型
DeFries et al., 1999	木本植被覆盖度、草本植被覆盖度	—	AVHRR	8km; --	全球	1983, 1993	线性混合像元分解模型
Zeng et al., 2000	植被覆盖度	—	AVHRR	1km; 30 天	全球	1992～1993	像元二分模型
Roujean and Lacaze., 2002; Lacaze et al., 2003	植被覆盖度	POLDER FVC	POLDER	6km; 10 天	全球	1996～1997, 2003	神经网络
García-Haro et al., 2005	植被覆盖度	LSA SAF FVC	SEVIRI	3km; 1 天/10 天	欧洲、非洲和南美洲	2005 年至今	线性混合像元分解
Bacour et al., 2006	植被覆盖度	TOAVEG FVC	MERIS	0.3km; 30 天/10 天	欧洲	2002 年至今	神经网络
Baret et al., 2007	植被覆盖度	CYCLOPES FVC	VEGETATION	1km; 10 天	全球	1999～2007	神经网络
DiMiceli et al., 2011	林地覆盖度、非林地植被覆盖度	MODIS FVC	MODIS	250m; 1 年	全球	2000 年至今	线性混合像元分解
Guan et al., 2012	森林覆盖度、草地覆盖度	—	AVHRR GIMMS; QuikSCAT SIR; AMSR-E; TRMM	10km; 15 天	非洲东南部	1999～2008	线性混合像元分解
Baret et al., 2013	植被覆盖度	GEOV1 FVC	VEGETATION	1/112°; 10 天	全球	1998 年至今	神经网络
Sexton et al., 2013	森林植被覆盖度	—	MODIS; TM/ETM+	30m; 一年	全球	2000, 2005	线性回归
Hansen et al., 2013	森林植被覆盖度	—	ETM+	30m; 一年	全球	2000～2012	决策树
Wu et al., 2014	植被覆盖度	—	AVHRR; GIMMS; MODIS	10km; 30 天	全球	1982～2011	像元二分模型
Jia et al., 2015a	植被覆盖度	GLASS FVC	MODIS; TM/ETM+	0.5km; 8 天	全球	2000 年至今	神经网络
Xiao et al., 2016	植被覆盖度	TRAGL FVC	MODIS	1km; 8 天	全球	2000～2014	间隙率模型与 FVC 关系
Mu et al., 2017	植被覆盖度	MuSyQ FVC	MODIS; FY3A/MERSI; FY3B/MERSI	1km; 5 天	China-ASEAN	2013	像元二分模型

注: 表中所列出产品均是利用遥感数据生产的区域及全球尺度上的植被覆盖度(无特殊说明时，均指绿色植被覆盖度)；表中并未列出所有森林覆盖度产品

NOAA 卫星上的 AVHRR 传感器是较早被用于植被覆盖度产品生产的传感器,其产品使用了混合像元分解算法。其中,Gutman 和 Ignatov(1998)和 Zeng 等(2000)使用了最简单的像元二分模型,模型需要纯植被和裸土两个端元参数。而 Defries 等(1999)将植被端元拆分为木本植物和草本植物,进行了三个端元的线性混合像元分解求解植被覆盖度。Dimiceli 等(2011)借助 MODIS 数据利用线性混合像元分解生产了较高空间分辨率(250m)的年际植被覆盖产品(MOD44B)。Guan 等(2012)和 Wu 等(2014)在 AVHRR 数据中加入GIMMS 等数据,分别利用线性混合像元分解算法,将此类植被覆盖度产品的时间范围延续到了 2008 年和 2011 年。Mu 等(2017)利用 MODIS 和国产卫星 FY3A 上搭载的 MERSI数据产品基于像元二分模型生产了更高时间分辨率(5 天)的植被覆盖度产品。SEVIRI 是搭载在欧洲第二代静止卫星上(Meteosat Second Generation,MSG)的传感器,其获取的数据对同一个观测地点而言观测角度固定不变,太阳入照角度随时间变化。García-Haro等(2005)基于 SEVIRI 数据利用线性混合像元分解算法生产了欧洲、非洲及南美洲从 2005年至今的植被覆盖度产品。

在 POLDER 传感器植被覆盖度和叶面积指数产品生产中,使用了神经网络方法,训练模型采用 Kuusk 的辐射传输模型(Lacaze et al.,2003),其中叶面积指数产品直接通过神经网络方法输出,植被覆盖度产品是通过与 LAI 的指数关系从叶面积指数产品得到:$FVC = 1 - \exp(-0.5LAI)$。Xiao 等(2016)单独利用植被覆盖度与 LAI 之间的关系,借助改进的 MODIS LAI 产品,即 GLASS LAI 数据计算得到植被覆盖度产品。搭载于 ENVISAT平台的 MERIS 传感器可以获取多角度多光谱数据,其植被覆盖度产品也是采用了基于神经网络的方法。与 POLDER 产品生成不同的是,覆盖度产品生产时不是通过叶面积指数产品间接获得,而是同时输入 13 个波段的观测值直接得到植被覆盖度、叶面积指数,以及吸收光合有效辐射比例产品。神经网络的训练采用 PROSPECT+SAIL 模型(Baret et al.,2006)。Bacour 等(2006)对产品进行了验证。在另一个利用 SPOT/ VEGETATION(VGT)卫星遥感数据生产植被覆盖度的项目 CYCLOPES 里,求算植被覆盖度也采用了类似的神经网络方法(Baret et al.,2007)。针对 CYCLOPES FVC 存在的低估问题,其团队又推出了一系列改进版的植被覆盖度产品(GOEV1、GEOV2、GEOV3)。新产品继续沿用了神经网络算法(Baret et al.,2013; Baret et al.,2016)。北京师范大学研究团队使用机器学习算法结合 MODIS 和 TM/ETM+数据生产了更高时空分辨率的 GLASS 植被覆盖度产品(Jia et al.,2015a; Yang et al.,2016)。图 12.16 展示了全球 0.5km 空间分辨率 GLASS 植被覆盖度产品。在 GLASS 植被覆盖度产品的基础上,Liu 等(2018)研发了基于机器学习算法的 VIIRS 数据全球植被覆盖度反演法,以备 MODIS 传感器失效后能够继续生产全球0.5km 分辨率的全球时间序列植被覆盖度产品。

随着 Landsat TM/ETM+等中高分辨率遥感卫星产品的不断发展,基于此类数据的中高分辨率植被覆盖度产品也应运而生。Sexton 等(2013)利用 Landsat TM/ETM+数据(30m)对 MODIS 植被覆盖产品(MOD44B,250m)借助经验模型进行降尺度得到全球 30m 分辨率的植被覆盖度。而 Hansen 等(2013)直接基于 Landsat ETM+数据利用机器学习算法中的决策树生产了 30m 的全球植被覆盖度产品。该产品侧重森林覆盖,主要用于 21 世纪全球森林覆盖变化研究。值得注意的是,虽然两套产品的空间分辨率都提高到了 30m,

但是其时间分辨率为 1 年仅有一期产品。这样的时间分辨率很难满足生态水文，城市环境等研究的需要。

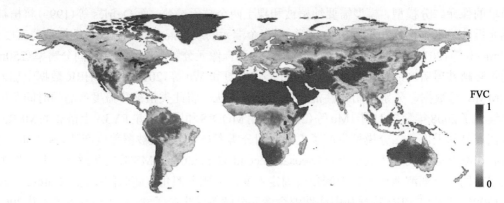

图 12.16　2013 年 7 月 GLASS 全球植被覆盖度分布图

从验证结果看，SEVIRI 和 MERIS FVC 产品的空间一致性较好，但是 MERIS FVC 产品存在系统性偏低(两者之间约相差 0.10~0.20)(García-Haro et al., 2008)。SEVIRI 和 VGT 的 FVC 产品之间也存在系统性偏差(Validation Report of Land Surface Analysis Vegetation products, 2016, URL: https://landsaf.ipma.pt/GetDocument.do?id=635)，VGT 的 FVC 更高些(大约差 0.15)。这样 SEVIRI 的 FVC 产品值介于 MERIS 和 VGT 产品之间。但是 Fillol 等(2006)的验证报告中提到 VGT 数据的产品比高分辨率 SPOT 数据得到的覆盖度空间聚合之后还是要低一些。由此推测 SEVIRI、VGT 和 MERIS 的植被覆盖度产品和真实情况相比都会有系统性偏差。与此同时，有研究表明改进的第一版 VGT 产品(GEOV1)在农田区高估(Mu et al., 2015)，而 GLASS 植被覆盖度产品在相同区域相对 GEOV1 产品验证表现更好(Jia et al., 2018)。目前，对于卫星遥感植被覆盖度产品的真实性检验还没有一个统一的标准或规范，对不同产品系统性的检验研究还不够。

12.5　植被覆盖度时空变化分析研究样例

利用时间序列的植被覆盖度数据，采用时空分析方法，能够实现区域尺度乃至全球尺度的植被覆盖时空变化格局分析，也有很多学者开展了相关的研究工作(Wu et al., 2014; Jia et al., 2015b; Vahmani and Ban-Weiss, 2016; Yang et al., 2018)。本节以东北地区 1982~2011 年森林覆盖度时空变化分析为例(Jia et al., 2015b)，展示长时间序列植被覆盖度数据在区域尺度植被覆盖时空变化格局的作用。东北地区是我国主要的森林分布区域，黑龙江、吉林和辽宁省，以及内蒙古自治区的东部，该区域包含国内最大面积的天然林，主要分布在大兴安岭、小兴安岭和长白山区域。在气候变化背景下，研究东北区域长时间序列的森林覆盖变化，对于理解森林与气候的相互作用关系具有显著意义。该研究利用以中国科学院基于 Landsat 数据解译的土地覆盖数据(Liu et al., 2010)为真值，以 GIMMS3g NDVI 数据为预测变量，提取相应的训练样本，建立东北地区森林覆盖度神经网络估算模型，进而估算东北地区 1982~2011 年间的森林覆盖度。研究结果表明，神经网络算法具有较好的森林覆盖度估算精度 ($R^2 = 0.81$, RMSE = 11.7%)，估算结果能够用于东北地区长时间序列的森林覆盖度时空变化特征分析。

图 12.17 展示了东北地区平均森林覆盖度 1982～2011 年间的年际变化。从图 12.18 可以发现，东北地区森林覆盖度以 1998 年为分界线具有两种相反的变化趋势，即 1982～1998 年东北地区森林覆盖度具有增加的趋势，年度增加率为 0.391%，而 1998～2011 年具有减少的趋势，年度减少率为 0.667%。

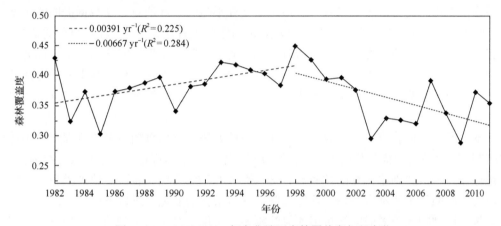

图 12.17 1982～2011 年东北地区森林覆盖度年际变化

为进一步分析东北地区森林覆盖度变化的时空特征，该研究分析了逐像元 1982～2011 年长时间序列森林覆盖度变化的线性回归结果。结果表明东北地区森林覆盖度在大部分的山区有增加趋势，而很多平原地区呈现减少趋势。东北地区 1982～2011 年均森林覆盖度表现出缓慢的减少趋势。具有较大斜率变化的像元可能与人类活动或自然灾害有关，比如植树造林、林木采伐和森林火灾等。统计各像元变化斜率的分布特征(表 12.2)，发现大部分像元(77.63%)森林覆盖度变化斜率都处于–0.005/a～0.005/a，表明大部分地区森林覆盖变化不明显。具有明显森林覆盖减少的像元(斜率<–0.005，17.58%)多于明显增加的像元(斜率>–0.005，4.8%)。森林覆盖增加的主要区域分布在远山区，减少的区域主要分布在森林边缘地区和平原地区。

表 12.2 1982～2011 年东北地区森林覆盖度变化特征统计表

线性回归斜率	像元数	占总面积的百分比/%
<–0.01	1070	5.09
–0.01～–0.005	2627	12.49
–0.005～0.005	16331	77.63
0.005～0.01	908	4.32
>0.01	100	0.48

总之，利用神经网络和 GIMMS3g NDVI 数据可以较好地估算东北地区森林覆盖度。分析结果表明，东北地区森林覆盖在研究时间段内有缓慢减少的趋势，但森林覆盖变化在 1998 年前后具有相反的变化趋势。东北地区森林覆盖变化的原因需要结合人类活动数

据、气候变化数据等进行综合分析，以确定森林覆盖度变化的原因。

12.6　植被覆盖度估算面临的挑战和未来发展前景

植被占据了地球生态系统中最基础的部分，其他的生物依赖于植被而生。植被又是活的生物体，经过几十亿年的进化，展现出千姿百态的特征。很不幸的是，这些难以把握的特征变化对使用遥感方法获得植被覆盖度并不是一个好消息。从数据提取的角度而言，如果所有的植被单株都是一模一样的，那问题就没有这么复杂。而在目前的情况下，没有任何一种遥感估算方法能够对所有情况下的植被覆盖计算同时适用。多少都会受植物种类和地域所限，受太阳照射、土壤背景所限。从本质上说，遥感获得的信号都是辐射量，而植被覆盖度是一个植被的物理参数，这两者之间的转换是植被覆盖度估算中最为关键的部分。

本章所述的遥感方法中经验性方法和物理性方法，对估算植被覆盖度都有这种转换的机制，也有各自的优势和问题。经验性方法中不管是使用哪种植被指数或者经验关系，总是存在几个需要确定的经验性系数。这些系数的获取和地表状况、植被类型、光照条件以及不同的传感器都有关系。往往受限于这些条件的变化，难以推广。物理方法通过辐射传输模型构建了考虑因素更多的算法框架，实现了光学信号到植被物理参数之间关系的建立，理论上具有更广泛的适用性。但是这种方法需要更多、更大量的数据，现有卫星观测数据在应用时需要考虑时间、空间、角度、光谱响应等，往往数据是不足的。另一方面如何选择模型存在着两难的境地：如果模型复杂了，待估算参数多，难于计算；如果模型简单了，模型和实际情况之间还存在模型自身带来的误差。一个是数据，一个是模型，这两个问题限制了物理方法的应用。仅仅从很小的空间范围来看，地面测量相对遥感方式获取植被覆盖度更为准确，但因其使用的局限性，在目前的大部分应用中是作为遥感的辅助手段和验证方法。

植被覆盖度本身描述了植被在二维空间平面上的分布，与之相比，另一个重要的植被结构参数——叶面积指数是描述植被垂直分布的物理量，两者对于定量化分析地表过程都是十分重要的。从未来的发展来看，随着遥感数据的数量和种类的不断增加，随着全球或者区域尺度下地面相关配套数据的不断建立和完善，植被覆盖度的计算模型可以变得更为复杂和全面。但同时，在很长一段时间内，NDVI 等植被指数的应用因为其简单易于操作的特性也会一直存在和发展。

此外还有一些遥感估算植被覆盖度相对"次要"的问题，比如遥感像元都是有一定空间尺度的。使用不同尺度遥感数据估算植被覆盖度会因为像元内部异质性而造成不同分辨率数据得到的结果不匹配。换句话说，就是高分辨率数据的植被覆盖度聚合之后与低分辨率数据的结果不相等，存在尺度误差。还有现有遥感植被覆盖度的估算都是来自于对植被叶绿素和水分含量的响应，即所求的是绿色部分的覆盖，假如植被开花和结果期的 NDVI 将比较大的影响覆盖度估算结果。或者叶片枯黄、水分下降、变色等都会影响遥感光谱值，从而使得植被覆盖度的估算出现偏差。另外在生态中往往需要更进一步识别计算出不同种类植被或不同垂直高度层的覆盖度，问题就更为复杂。遥感方法能否不断取得突破，以满足植被覆盖度的应用需求值得科研工作者付出更多的努力。

相对于其他一些参数而言，植被覆盖度并不是遥感需要估算的最困难的参数，目前最新的一些遥感算法的精度在90%左右（Jia et al., 2015a; Xiao et al., 2016; Song et al., 2017）。随着软硬件技术的不断发展，植被覆盖度估算的精度和效率预计还有提高的余地。在地面测量上，数码相机为基础的提取方法已经成为一种主流方法，但是照片的处理算法和获取平台还在不断改进，以便于在地面—近地面获取更大范围、更精细的覆盖度数据。按照现在的发展趋势，未来会出现更多的利用无人机、无线传感器网络等新型平台用来搭载数码相机。新的平台和新的观测方式也会带来新的问题，比如要克服无人机拍照方式的混合像元等问题带来的影响（Li et al., 2018），太阳光照强烈时数码相机照片中阴影效应的消除方法（Song et al., 2015）等等。遥感方法中，植被指数回归、混合像元分解和神经网络等方法经常在研究中被提及。其中混合像元分解中的像元二分模型，由于其计算简单实用，目前在区域大尺度植被时空变化检测中得到广泛应用。而神经网络等机器学习方法由于可扩展性更强、计算迅速，目前在新兴产品算法中应用较广。

参 考 文 献

陈晋, 陈云浩, 何春阳, 等. 2001. 基于土地覆盖分类的植被覆盖率估算亚像元模型与应用. 遥感学报, 5(6): 416-422

陈云浩, 李晓兵, 史培军. 2001. 北京海淀区植被覆盖的遥感动态研究. 植物生态学报, 25(5): 588-593

贾坤, 姚云军, 魏香琴, 等. 2013. 植被覆盖度遥感估算研究进展. 地球科学进展, 28(7): 774-782

拉尔 R. 1991. 土壤侵蚀研究方法. 黄河水利委员会宣传出版中心译. 北京: 科学出版社

李冰, 刘镕源, 刘素红, 等. 2012. 基于低空无人机遥感的冬小麦覆盖度变化监测. 农业工程学报, 28(13): 160-165

李存军, 王纪华, 刘良云, 等. 2004. 基于数码照片特征的小麦覆盖度自动提取研究. 浙江大学学报(农业与生命科学版), 30(6): 650-656

李永宁, 张宾兰, 秦淑英, 等. 2008. 郁闭度及其测定方法研究与应用. 世界林业研究, 21(1): 40-46

秦伟, 朱清科, 张学霞, 等. 2006. 植被覆盖度及其测算方法研究进展. 西北农林科技大学学报(自然科学版), 34(9): 163-170

杨伟, 陈晋, 松下文经, 等. 2008. 基于相关系数匹配的混合像元分解算法. 遥感学报, 3: 454-461

Adams J E, Arkin G F. 1977. A light interception method for measuring row crop ground cover. Soil Science Society of American Journal, 41(4): 789-792

Anderson M C, Norman J M, Diak G R, et al. 1997. A two-source time-integrated model for estimating surface fluxes using thermal infrared remote sensing. Remote Sensing of Environment, 60(2): 195-216

Bacour C, Baret F, Béal D, et al. 2006. Neural network estimation of LAI, Fapar, Fcover and LAI×Cab, from top of canopy MERIS reflectance data: Principles and validation. Remote Sensing of Environment, 105(4): 313-325

Baret F, Clevers J G P W, Steven M D. 1995. The robustness of canopy gap fraction estimations from red and near-infrared reflectances: A comparison of approaches. Remote Sensing of Environment, 54(2): 141-151

Baret F, Hagolle O, Geiger B, et al. 2007. LAI, FAPAR, and FCover CYCLOPES global products derived from vegetation. Part 1: Principles of the algorithm. Remote Sensing of Environment, 110: 305-316

Baret F, Pavageau K, Béal D, et al. 2006. Algorithm The oretical Basis Document for MERIS Top of Atmosphere Land Products (TOAVEG). ESA: AO/1-4233/02/I-LG

Baret F, Weiss M, Lacaze R, et al. 2013. GEOV1: LAI and FAPAR essential climate variables and FCOVER global time series capitalizing over existing products. Part1: Principles of development and production. Remote Sensing of Environment, 137: 299-309

Baret F, Weiss M, Verger A, et al. 2016. Implementing multi-scale agriculture indicators exploiting sentinels ATBD for LAI, FAPAR and FCOVR from PROBA-V products at 300M resolution (GEOV3) (ATBD)

Bartholomé E, Bogaert P, Cherlet M, et al. 2002. Rescaling NDVI from the VEGETATION instrument into apparent fraction cover for dryland studies. GLC-2000. First Results Workshop. JRC-Ispra, 18-22 March 2002

Bonham C D. 1989. Measurements for Terrestrial Vegetation. New York: John Wiley

Boyd D S, Foody G M, Ripple W J. 2002. Evaluation of approaches for forest cover estimation in the Pacific Northwest, USA, using remote sensing. Applied Geography, 22: 375-392

Breiman L. 2001. Random forests. Machine Learning, 45 (1): 5-32

Brown M, Gunn S, Lewis H. 1999. Support vector machines for optimal classification and spectral unmixing. Ecological Modeling, 120: 167-179

Carlson T N, Ripley D A. 1997. On the relationship between fractional vegetation cover, leaf area index, and NDVI. Remote Sensing of Environment, 62: 241-252

Carpenter G A, Gopal S, Macomber S, et al. 1999, A neural network method for mixture estimation for vegetation mapping. Remote Sensing of Environment, 70: 138-152

Choudhury B J, Ahmed N U, IdsoS B, et al. T. 1994. Relations between evaporation coefficients and vegetation indices studied by model simulations. Remote Sensing of Environment, 50 (1): 1-17

DeFries R S, Townshend J R G, Hansen M C. 1999. Continuous fields of vegetation characteristics at the global scale at 1-km resolution. Journal of Geophysical Research: Atmospheres, 104: 16911-16923

DiMiceli C, Carroll M, Sohlberg R, et al. 2011. Annual Global Automated MODIS Vegetation Continuous Fields (MOD44B) at 250m Spatial Resolution for Data Years Beginning Day 65, 2000-2010, Collection 5 Percent Tree Cover. University of Maryland, College Park, MD, USA

Fillol E, Baret F, Weiss M, et al. 2006. Cover Fraction Estimation from High Resolution SPOT HRV&HRG and Medium Resolution SPOT-VEGETATION Sensors. Validation and Comparison over South-West France, Proceedings of Second Recent Advances in Quantitative Remote Sensing Symposium: 659-663

Foody G M, Cutler M E, McMorrow J, et al. 2001. Mapping the biomass of bornean tropical rain forest from remotely sensed data. Global Ecology and Biogeography, 10 (4): 379-387

García-Haro F J, Camacho-de Coca B, Meliá J, et al. 2005. Operational Derivation of Vegetation Products in the Framework of the LSA SAF Project. Dubrovnik (Croatia): EUMETSAT Meteorological Satellite Conference

García-Haro F J, Camacho-de Coca F, Meliá J. 2008. Inter-comparison of SEVIRI/MSG and MERIS/ENVISAT Biophysical Products over Europe and Africa. Frascati, Italy: Proc. of the '2nd MERIS/ (A) ATSR User Workshop'

Gessner U, Klein D, Conrad C, et al. 2009. Towards an Automated Estimation of Vegetation Cover Fractions on Multiple Scales: Examples of Eastern and Southern Africa. Stresa, Italy: Proceedings of the 33rd International Symposium of Remote Sensing of the Environment

Gillies R R, Carlson T N, Cui J, et al. 1997. A verification of the 'triangle' method for obtaining surface soil water content and energy fluxes from remote measurements of the Normalized Difference Vegetation Index (NDVI) and surface radiant temperature. International Journal of Remote Sensing, 18: 3145-3166

Gitelson A A, Kaufman Y J, Stark R, et al. 2002. Novel algorithms for remote estimation of vegetation fraction. Remote Sensing of Environment, 80 (1): 76-87

Glenn E P, Huete A R, Nagler P L, et al. 2008. Relationship between remotely-sensed vegetation indices, canopy attributes and plant physiological processes: What vegetation indices can and cannot tell us about the landscape. Sensors, 8: 2136-2160

Goodrich D C, Heilman P, Kerr Y H, et al. 2000. Spatial and temporal dynamics of vegetation in the San Pedro river basin area. Agricultural and Forest Meteorology, 105 (1-3): 55-68

Graetz R D, Pech R P, Davis A W. 1988. The assessment and monitoring of sparsely vegetated rangelands using calibrated, landsat data. International Journal of Remote Sensing, 9 (7): 1201-1222

Guan K, Wood E F, Caylor K K. 2012. Multi-sensor derivation of regional vegetation fractional cover in Africa. Remote Sensing of Environment, 124: 653-665

Gutman G, Ignatov A. 1998. The derivation of the green vegetation fraction from NOAA/AVHRR data for use in numerical weather prediction models. International Journal of Remote Sensing, 19(8): 1533-1543

Hansen M C, DeFries R S, Townshend J R G, et al. 2002. Towards an operational MODIS continuous field of percent tree cover algorithm: Examples using AVHRR and MODIS data. Remote Sensing of Environment, 83: 303-319

Hansen M C, DeFries R S, Townshend J, et al. 2003. Global percent tree cover at a spatial resolution of 500 Meters: First results of the MODIS vegetation continuous fields algorithm. Earth Interactions, 7: 1-15

Hansen M C, Potapov P V, Moore R, et al. 2013. High-resolution global maps of 21st-century forest cover change. Science, 342: 850-853

Hu Z, He F, Yin J, et al. 2007. Estimation of fractional vegetation cover based on digital camera survey data and a remote sensing model. Journal of China University of Mining and Technology, 17(1): 116-120

Huang C, Song K, Kim S, et al. 2008. Use of a dark object concept and support vector machines to automate forest cover change analysis. Remote Sensing of Environment, 112: 970-985

Huang C, Townshend J R G. 2003. A stepwise regression tree for nonlinear approximation: Applications to estimating subpixel land cover. International Journal of Remote Sensing, 24: 75-90

Huang S, Siegert F. 2006. Land cover classification optimized to detect areas at risk of desertification in north China based on SPOT VEGETATION imagery. Journal of Arid Environments, 67: 308-327

Hurcom S J, Harrison A R. 1998. The NDVI and spectral decomposition for semi-arid vegetation abundance estimation. International Journal of Remote Sensing, 19: 3109-3125

Jensen J R, Qiu F, Ji M. 1999. Predictive modelling of coniferous forest age using statistical and artificial neural network approaches applied to remote sensor data. International Journal of Remote Sensing, 20: 2805-2822

Jia K, Li Y, Liang S, et al. 2017. Combining estimation of green vegetation fraction in an arid region from Landsat 7 ETM+ data. Remote Sensing, 9: 1121

Jia K, Liang S, Gu X, et al. 2016. Fractional vegetation cover estimation algorithm for Chinese GF-1 wide field view data. Remote Sensing of Environment, 177: 184-191

Jia K, Liang S, Liu S, et al. 2015a. Global land surface fractional vegetation cover estimation using general regression neural networks from MODIS surface reflectance. IEEE Transactions on Geoscience and Remote Sensing, 53: 4787-4796

Jia K, Liang S, Wei X, et al. 2015b. Fractional forest cover changes in northeast China from 1982 to 2011 and its relationship with climatic variations. IEEE Journal of Selected Topics in Applied Earth Observations and Remote Sensing, 8(2): 775-783

Jia K, Liang S, Wei X, et al. 2018. Validation of global land surface satellite (GLASS) fractional vegetation cover product from MODIS data in an agricultural region. Remote Sensing Letters, 9(9): 847-856

Lacaze R P, Richaume O, Hautecoeur T, et al. 2003. Advanced Algorithms of the ADEOS2/POLDER2 Land Surfaceprocessing Line: Application to the ADEOS1/POLDER1 Data. Toulouse, France: Proceedings of the IGARSS Symposium

Leprieur C, Verstraete M M, Pinty B. 1994. Evaluation of the performance of various vegetation indices to retrieve vegetation cover from AVHRR data. Remote Sensing Reviews, 10: 265-284

Li F, Kustas W, Preuger J, et al. 2005. Utility of remote sensing-based two-source balance model under low-and high-vegetation cover conditions. Journal of Hydrometeorology, 6: 878-891

Li L, Mu X, Macfarlane C, et al. 2018. A half-gaussian fitting method for estimating fractional vegetation cover (HAGFVC) of agricultural crops using unmanned aerial vehicle images. Agricultural and Forest Meteorology, 262: 379-390

Liu D, Yang L, Jia K, et al. 2018. Global fractional vegetation cover estimation algorithm for VIIRS reflectance data based on machine learning methods. Remote Sensing, 10: 1648

Liu J G, Pattey E. 2010. Retrieval of leaf area index from top-of-canopy digital photography over agricultural crops. Agricultural and Forest Meteorology, 150: 1485-1490

Liu J Y, Zhang Z X, Xu X L, et al. 2010. Spatial patterns and driving forces of land use change in China during the early 21st century. Journal of Geographical Sciences, 20(4): 483-494

Liu Y, Mu X, Wang H, et al. 2012. A novel method for extracting green fractional vegetation cover from digital images. Journal of Vegetation Science, 23: 406-418

Lu D, Weng Q. 2004. Spectral mixture analysis of the urban landscape in indianapolis with Landsat ETM+imagery. Photogrammetric Engineering and Remote Sensing, 70: 1053-1062

Michael A, White G P A, Ramakrishna R, et al. 2000. Measuring fractional cover and leaf area index in arid ecosystems: Digital camera, radiation transmittance, and laser altimetry methods. Remote Sensing of Environment, 74: 45-57

Mohammad A A, Shi Z, Ahmad Y, et al. 2002. Application of GIS and remote sensing in soil degradation assessments in the Syrian coast. Journal of Zhejiang University, 26(2): 191-196

Montandon L M, Small E E. 2008. The impact of soil reflectance on the quantification of the green vegetation fraction from NDVI. Remote Sensing of Environment, 112(4): 1835-1845

Mu X, Huang S, Ren H, et al. 2015. Validating GEOV1 fractional vegetation cover derived from coarse-resolution remote sensing images over croplands. IEEE Journal of Selected Topics in Applied Earth Observations and Remote Sensing, 8: 439-446

Mu X, Liu Q, Ruan G, et al. 2017. A 1 km/5 day fractional vegetation cover dataset over China-ASEAN 2013. Journal of Global Change Data and Discovery, 1: 45-51

Mu X, Song W, Gao Z, et al. 2018. Fractional vegetation cover estimation by using multi-angle vegetation index. Remote Sensing of Environment, 216: 44-56

North P R J. 2002. Estimation of FAPAR, LAI, and vegetation fractional cover from ATSR-2 imagery. Remote Sensing of Environment, 80: 114-121

Ormsby J, Choudry B, Owe M. 1987. Vegetation spatial variability and its effect on vegetation indexes. International Journal of Remote Sensing, 8: 1301-1306

Qi J, Marsett R C, Moran M S, et al. 2000. Spatial and temporal dynamics of vegetation in the San Pedro River basin area. Agricultural and Forest Meteorology, 105: 55-68

Qin W, Zhu Q, Zhang X, et al. 2006. Review of vegetation covering and its measuring and calculating method. Journal of Northwest Sci-Tech University of Agriculture and Forestry (Natural Science Edition), 34(9): 1671

Rautiainen M, Stenberg P. Nilson T. 2005. Estimating canopy cover in Scots Pine stands. Silva Fennica, 39: 137-142

Rogan J, Franlin J, Roberts D A. 2002. A comparison of methods for monitoring multitemporal vegetation change using thematic mapper imagery. Remote Sensing of Environment, 80: 143-156

Roujean J L, Lacaze R. 2002. Global mapping of vegetation parameters from POLDER multiangular measurements for studies of surface-atmosphere interactions: A pragmatic method and its validation. Journal of Geophysical Research, 107D: 10129-10145

Sexton J O, Song X P, Feng M, et al. 2013. Global, 30-m resolution continuous fields of tree cover: Landsat-based rescaling of MODIS vegetation continuous fields with Lidar-Based estimates of error. International Journal of Digital Earth, 6: 427-448

Song W, Mu X, Ruan G, et al. 2017. Estimating fractional vegetation cover and the vegetation index of bare soil and highly dense vegetation with a physically based method. International Journal of Applied Earth Observation and Geoinformation, 58: 168-176

Song W, Mu X, Yan G, et al. 2015. Extracting the green fractional vegetation cover from digital images using a shadow-resistant algorithm (SHAR-LABFVC). Remote Sensing, 7: 10425

Su L. 2009. Optimizing support vector machine learning for semi-arid vegetation mapping by using clustering analysis. Journal of Photogrammetry and Remote Sensing, 64: 407-413

Su L, Choppying M J, Rango A, et al. 2007. Support vector machines for recognition of semi-arid vegetation types using MISR multi-angle imagery. Remote Sensing of Environment, 107: 299-311

Vahmani P, Ban-Weiss G A. 2016. Impact of remotely sensed albedo and vegetation fraction on simulation of urban climate in WRF-Urban canopy model: A case study of the urban heat island in Los Angeles. Journal of Geophysical Research-Atmospheres, 121 (4): 1511-1531

Van der Meer F. 1999. Image classification through spectral unmixing. //Spatial Statistics for Remote Sensing. Dordrecht, The Netherlands: Stein, Kluwer Academic Publishers

Vapnik V. 1995. The Nature of Statistical Learning Theory. New York: Springer-Verlag

Voorde T V, Vlaeminck J, Canters F. 2008. Comparing different approaches for mapping urban vegetation cover from landsat ETM+ data: A case study on Brussels. Sensors, 8: 3880-3902

Walthall C, Dulaney W, Anderson M, et al. 2004. A comparison of empirical and neural network approaches for estimating corn and soybean leaf area index from Landsat ETM+ imagery. Remote Sensing of Environment, 92: 465-474

Wang B, Jia K, Liang S, et al. 2018. Assessment of sentinel-2 MSI spectral band reflectances for estimating fractional vegetation cover. Remote Sensing, 10: 1927

White M A, Asner G P, Nemani R R, et al. 2000. Measuring fractional cover and leaf area index in arid ecosystems: Digital camera, radiation transmittance, and laser altimetry methods. Remote Sensing of Environment, 74: 45-57

Wu D, Wu H, Zhao X, et al. 2014. Evaluation of spatiotemporal variations of global fractional vegetation cover based on GIMMS NDVI data from 1982 to 2011. Remote Sensing, 6: 4217

Xiao J F, Moody A. 2005. A comparison of methods for estimating fractional green vegetation cover within a desert-to-upland transition zone in central New Mexico, USA. Remote Sensing of Environment, 98: 237-250

Xiao Z, Wang T, Liang S, et al. 2016. Estimating the fractional vegetation cover from GLASS leaf area index product. Remote Sensing, 8: 337

Xu M, Watanachaturaporn P, Varshney P K, et al. 2005. Decision tree regression for soft classification of remote sensing data. Remote Sensing of Environment, 97: 322-336

Yang L, Huang C, Homer C G, et al. 2003. An approach for mapping large-area impervious surfaces: synergistic use of Landsat-7 ETM+ and high spatial resolution imagery. Canadian Journal of Remote Sensing, 29: 230-240

Yang L, Jia K, Liang S, et al. 2016. Comparison of four machine learning methods for generating the GLASS fractional vegetation cover product from MODIS data. Remote Sensing, 8: 682

Yang L, Jia K, Liang S, et al. 2018. Spatio-temporal analysis and uncertainty of fractional vegetation cover change over northern China during 2001-2012 based on multiple vegetation data sets. Remote Sensing, 10: 549

Yin J F, Zhan X, Zheng Y, et al. 2016. Improving noah land surface model performance using near real time surface Albedo and green vegetation fraction. Agricultural and Forest Meteorology, 218: 171-183

Zeng X B, Dickinson R E, Walker A, et al. 2000. Derivation and evaluation of global 1-km fractional vegetation cover data for land modeling. Journal of Applied Meteorology, 39: 826-839

Zhou Q, Roberson M, Pilesjo R. 1998. On the ground estimation of vegetation cover in Australian rangelands. International Journal of Remote Sensing, 19 (9): 1815-1820

Zhou Q, Robson M. 2001. Automated rangeland vegetation cover and density estimation using ground digital images and a spectral-contextual classifier. International Journal of Remote Sensing, 22 (17): 3457-3470

第 13 章　植被高度与垂直结构[*]

植被高度及其垂直结构是生态系统研究中的重要参数，同时它也与生物多样性密切相关。本章主要阐述合成孔径雷达(Synthetic Aperture Radar, SAR)、激光雷达(Light Detection And Ranging, Lidar)和摄影测量遥感在植被高度与垂直结构参数提取中的应用研究。13.1 节首先介绍植被高度与垂直结构的地面测量方法；目前 Lidar 按照采样点的大小可以分为大光斑 Lidar 和小光斑 Lidar，由于它们的光斑大小不同，所覆盖的地物的复杂程度不同，它们在地表参数提取中所用的算法也就不同，因此在 13.2 节和 13.3 节对它们进行分别阐述。虽然 Lidar 数据能够直接用于测量植被的垂直结构，但是目前的 Lidar 系统都采用点采样的方式，它对面上的植被高度进行描述需要高密度的点采样后插值实现，而研究表明合成孔径雷达数据的立体和干涉测量对植被的垂直分布较为敏感，13.4 节介绍基于立体和干涉测量技术的植被高度和垂直结构信息的提取。计算机视觉技术的发展给摄影测量带来了新的活力，通过密集匹配技术可以自动获取高密度的点云数据，从而提取植被高度信息，13.5 节对摄影测量方法反演树高进行了介绍。

13.1　植被高度与垂直结构的地面测量

植被垂直结构是植被地上物质的空间分布(Brokaw and Lent, 1999)，是影响地表与大气物质和能量交换的重要指标，也是生物多样性的重要指标。

13.1.1　单木高度的测量

树高一般用测高器测定。测高器(Hypsometer)的种类很多，但其测高原理大都是基于三角函数关系的，即通过测量一个三角形的边长和角度来计算树顶到对应底边的高。角度测量主要是通过重力感应器来实现的，即测量给定方向与重力方向的夹角。仪器对测量角度的显示通常是光学式(即通过读数窗读取刻度)或数显式(即电子读数)。长度测量最初是采用皮尺等进行，现在有些仪器已采用超声波或激光测量技术。下面以传统的布鲁莱斯测高器为例，对单木高度测量进行介绍。

布鲁莱斯(Blume-Leiss)测高器是用于林业测量中经典的测高器，其构造和测高原理如图 13.1 和图 13.2 中所示。

由图 13.2 可得全树高 H 为

$$H = \mathrm{AB} \tan \alpha + \mathrm{AE} \tag{13.1}$$

---

[*] 本章作者：　庞勇[1]、倪文俭[2]、李增元[1]、黄文丽[3]、陈尔学[1]、孙国清[4]

1.中国林业科学研究院资源信息研究所；2.遥感科学国家重点实验室·中国科学院空天信息创新研究院；3.武汉大学资源与环境科学学院；4.美国马里兰大学帕克分校地理系

其中，AB 为水平距；$H=CB+BD$；AE 为眼高(仪器高)；α 为仰角。

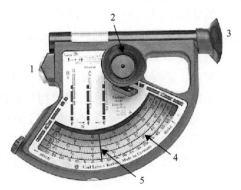

图 13.1　布鲁莱斯测高器构造

1.制动按钮；2.视距器；3.瞄准器；4.刻度盘；5.摆针

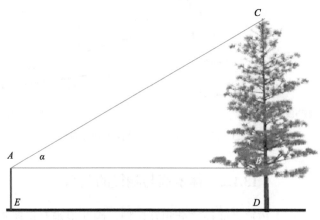

图 13.2　布鲁莱斯测高原理

在布鲁莱斯测高器的指针盘上，分别有几种不同水平距离的高度刻度。使用时，先要测出测点至树木的水平距离，且要等于整数 10m、15m、20m、30m(方便查对刻度盘上的三角函数关系)。高度测量时，按动仪器背面启动按钮，让指针自由摆动，用瞄准器对准树梢后，稍停 2~3s 待指针停止摆动呈铅锤状态后，按下制动按钮，固定指针，在刻度盘上读出对应于所选水平距离的树高值，再加上测者眼高 AE 即为树木全高 H。

在遥感森林野外调查中，测量树高更常使用的是超声波测高仪或激光测高仪。超声波测高仪的原理如图 13.3(a)所示。A 为观测者的位置，B 为树顶，水平线与树干相交于 C 点，D 点为在树干上放置发射器的位置，E 为树根点，DE 通常为某个设定的常数。超声波测距仪利用超声波测量 AD 的长度，利用重力感应器测量角度 α 和 β，根据三角原理可以求得 $CD = AD \cdot \sin\alpha$，$AC = AD \cdot \cos\alpha$，$BC = AC \cdot \tan\beta$，所以树高的测量值 $H = BC + CD + DE$。

激光测高仪的工作原理如图 13.3(b)所示，利用激光测距原理测量 AB，AE 的长度，利用重力感应器测量角度 α 和 β，由三角原理可求得 $CE = AE \cdot \sin\alpha$，$BC = AB \cdot \sin\beta$，所以树高测量值 $H = BC + CE$。

两种测高仪各有优缺点。超声波测高仪采用的是超声波测距，其缺点是声波的传播速度容易受空气温度和湿度的影响，其优点是超声波可以绕屏障传播，即在 AD 视线被树枝叶遮挡的情况下，它仍然可以工作。激光测高仪采用激光测距，其优点是不需要在树干上放置辅助设备，其缺点是要求 AB、AE 必须是通视的，而且当 AB 连线上出现遮挡物时，测量的结果不再是树高，而是遮挡物与 E 点在垂直方向上的距离。这对在森林环境中树高测量而言是个严重的问题，因为树冠之间的相互遮挡是经常发生的。改进后的激光测高仪采用与超声波测高仪类似的几何原理，即通过测量图 13.3(b) 中 AE 的长度或着从测高仪到树干任一通视位置的距离和俯仰角度，计算出水平距离 AC，然后通过 AC 的距离、角度 α 和 β 来计算树高。这样测量结果就不再受 AB、AE 间遮挡物的影响。

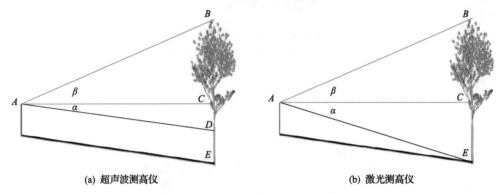

(a) 超声波测高仪　　　　　　　　　　　　　(b) 激光测高仪

图 13.3　超声波和激光测高仪工作原理图

13.1.2　林木高与胸径的关系

在实际操作中，由于树冠之间往往会相互遮挡，因此很难对每棵树的树高都进行测量。实际上树高和胸径(即 Diameter at Breast Height, DBH)之间存在着一定的关系。一般来说，在林分中林木胸径越大，林木也越高，即林木高与胸径之间存在着正相关关系。树高有以下变化规律(Li, 2007)：

(1) 树高随胸径的增大而增大。

(2) 在每个径阶范围内，林木株数按树高的分布也近似于正态，即同一径阶内最大和最小高度的株数少，而中等高度的株数最多。

(3) 树高具有一定的变化幅度。在同一径阶内最大与最小树高之差可达 6~8m；而整个林分的树高变动幅度更大些。树高变动系数的大小与树种和年龄有关，一般随年龄的增大其树高变动系数减小。如松树的树高变动系数(C_H)，在Ⅲ龄级时为 22%，Ⅴ龄级时为 15%，Ⅶ龄级时则仅为 7%。

(4) 从林分总体上看，株数最多的树高接近于该林分的平均高(C_D)。

林分各径阶算术平均高随径阶呈现出一定的变化规律。若以纵坐标表示树高、横坐标表示径阶，根据各径阶的平均高与胸径的分布趋势可绘一条匀滑的曲线，它能明显地反映出树高随胸径的变化规律，这条曲线称为树高曲线。反映树高随胸径变化的数学方程称作树高曲线方程或树高曲线经验公式。常用的表达树高依胸径变化的方程有(Li, 2007)：

$$h = a_0 + a_1 \log(d) \tag{13.2}$$

$$h = a_0 + a_1(d) + a_2(d^2) \tag{13.3}$$

$$h = a_0 d^{a_1} \tag{13.4}$$

$$h = a_0 + \frac{a_1}{d + K} \tag{13.5}$$

$$h = a_0 e^{-a_1/d} \tag{13.6}$$

$$h = a_0 + \frac{a_1}{d} \tag{13.7}$$

以上各式中，h 为树高；d 为胸径；log 为常用对数符号；e 为自然对数的底；K 为常数；a_0、a_1、a_2 为方程参数。

在实际工作中，可依据调查数据，绘制 $h\sim$ DBH 曲线的散点图，根据散点分布趋势选择几个树高曲线方程进行拟合，从中挑选拟合度最优者作为该树种在试验区的 $h\sim$ DBH 曲线方程，进行每木树高的预测。

13.1.3　样地尺度平均树高的计算

林木的高度是反映林木生长状况的数量指标，同时也是反映林分立地质量高低的重要依据。平均高（Average Height）则是反映林木高度平均水平的测度指标，根据不同的目的，通常把平均高分为林分平均高（Average Height of Stand）和优势木平均高（Average Top Height, HT）。林业上常用的林分平均高为条件平均高、加权平均高和优势木平均高，这是基于地面调查数据的平均高计算方法。

（1）条件平均高

在树高曲线上，与林分平均直径（D_g）相对应的树高称为林分的条件平均高，简称平均高，以 H_D 表示。另外，从树高曲线上根据各径阶中值查得的对应的树高值，称为径阶平均高。

在林分调查中为了估算林分平均高，可在林分中选测 3～5 株与林分平均直径相近的"平均木"的树高，以其算术平均数作为林分平均高。

（2）加权平均高

将样地内各树高与其对应的胸高断面积计算的加权平均数作为林分树高，称为加权平均高，以 h_L 表示，这种计算方法一般适用于较精确地计算林分平均高（Thomas and Harold, 2001）。最常用的有胸高断面积加权平均高，即 Lorey's Height。其计算公式为

$$h_L = \frac{\sum_1^n G_i H_i}{\sum_1^n G_i} \tag{13.8}$$

式中，H_i 为样地中第 i 株树木的高度；G_i 为样地中第 i 株树木的胸高断面积；k 为样地中树木株数。

对于复层混交林分，林分平均高应分别以林层、树种计算。

随着高分辨率遥感技术的发展，使用遥感技术估计单木的冠幅和树高成为可能，基于这种趋势，Pang 等(2008)提出了冠幅加权平均高，其计算公式为

$$\overline{H_{\mathrm{CW}}} = \frac{\sum_{i=1}^{N} h_i \cdot A_i}{\sum_{i=1}^{N} A_i} \tag{13.9}$$

其中，A_i 表示树冠面积；h_i 表示树高。

该平均高指数的优势是与森林调查中广泛使用的胸高断面积加权平均高具有很好的一致性，且可以直接从遥感数据中求得。

(3)优势木平均高

除了林分平均高以外，林分调查中还经常使用林分中"优势木(Dominant Tree)或亚优势木(Co-dominant Tree)"的平均树高。林分的优势木平均高定义为林分中所有优势木或亚优势木高度的算术平均数，常以(H_T)表示。调查时可以在林分中选择 3~5 株最高或胸径最大的立木测定其树高，取算术平均值为优势木平均高。

根据大量的地面实测数据研究表明(李天佐和林昌庚, 1978; 詹昭宁, 1982)，未受人为干扰的林分，其林分平均高和优势木平均高两者之间的关系是极为密切的。据李天佐和林昌庚(1978)研究杉木的立地等级时分析 6 个省的 389 块同龄纯林插条和实生苗造林地标准地资料，标准地的平均树高和优势木平均高之间是呈严格的线性关系，用最小二乘法求得的经验公式为(相关系数为 0.995)(李天佐和林昌庚, 1978)：

$$H_{平} = 0.233 + 0.828 \cdot H_{优} \tag{13.10}$$

13.2 小光斑 Lidar 植被高度与垂直结构反演

13.2.1 小光斑 Lidar 基本原理及森林参数反演

激光雷达测高基本原理与雷达高度计相同，只是它用的是激光，工作频段是可见光和近红外光谱区，测高精度比雷达高度计要高很多。激光雷达通过测量地面采样点激光回波脉冲相对于发射激光主波之间的时间延迟得到传感器到地面采样点之间的距离(Bachman, 1979)。其测距基本原理可表示为(Baltsavias, 1999)：

$$R = (c \cdot t) / 2 \tag{13.11}$$

其中，R 是传感器到目标物体的距离；c 是光速；t 是激光脉冲从激光器到被测目标的往返传输时间。

激光雷达测到来自目标物体的回波强度可由激光雷达方程表示(戴永江, 2002)：

$$P_R = \frac{P_T G_T}{4\pi R^2} \times \frac{\sigma}{4\pi R^2} \times \frac{\pi D^2}{4} \times \eta_{\mathrm{Atm}}{}^2 \eta_{\mathrm{Sys}} \tag{13.12}$$

其中，P_R 是接收的激光功率；P_T 是发射的激光功率；G_T 是发射天线增益；σ 是目标散射

截面；D 是接收孔径；R 是激光雷达到目标的距离；η_{Atm} 是单程大气传输系数；η_{sys} 是激光雷达光学系统的传输系数。

小光斑 Lidar 系统一般以飞机为搭载平台，主要由激光传感器、全球卫星导航系统（Global Navigation Satellite System, GNSS）接收机、惯性导航系统（Inertial Navigation System, INS）或惯性测量单元（Inertial Measurement Unit, IMU）控制单元组成。通过时间标签（Time Stamp）对飞行姿态、激光测量值和 GNSS 测量值进行同步，以精确确定飞机飞行时的状态，进而得到激光脉冲回波点的精确位置（Baltsavias, 1999; Blair et al., 1999; Wynne, 2006）。

小光斑 Lidar 通常以重复脉冲的工作方式连续测量到目标的距离（Wynne, 2006; Kirchhof et al., 2008）。当激光脉冲与森林冠层的枝叶相互作用时，一部分能量反射回传感器，剩余部分能量继续穿过冠层到达更低的冠层，也可能到达地面。有些传感器仅能记录单个回波，如只记录第一次回波或最后一次回波，有些传感器能够记录两个回波或更多回波，有些传感器能够记录能量随时间变化的完整波形（Wagner et al., 2006）。

小光斑 Lidar 的激光回波采样密度决定了冠层结构描述的详细程度，采样密度高时，每株树上平均有几个、十几个甚至更多激光回波点，提供了单木结构信息，能够用于估测单木尺度和林分尺度的森林参数（Morsdorf et al., 2004; Lee and Lucas, 2007）；采样密度低时，几株树上只有一个激光回波点，仅能用于估测林分尺度的森林参数（Lefsky et al., 1999a; Drake et al., 2002; Anderson et al., 2006）。

单木尺度的森林参数主要包括树高、冠幅、枝下高、胸径、生物量等（Brandtberg et al., 2003; Bortolot and Wynne, 2005; Brandtberg, 2007），Lidar 能够直接测量的冠层表面的特征参数包括树高、冠幅等（Popescu et al., 2002, 2003; Koch et al., 2006），对于不能直接测量的参数，需要通过相关生长方程间接估测，例如胸径、生物量等（Maltamo et al., 2004; Popescu, 2007）。林分尺度的森林参数是单木尺度参数的统计量，如林分平均高、每公顷断面积、株数密度等（Coops et al., 2007; Donoghue et al., 2007）。表 13.1 给出了 Lidar 能直接测量和间接估计的主要森林参数（庞勇等，2005）。

表 13.1 激光雷达成功反演的森林参数*（庞勇等, 2005）

森林参数	小光斑激光雷达系统	大光斑激光雷达系统
冠层高度	直接测量	直接测量
冠幅	通过分割点云推算	—
林下地形	直接测量	直接测量
截面的垂直分布	直接测量	直接测量
胸高断面积	通过相关生长方程估算	通过相关生长方程估算
平均胸径	通过相关生长方程估算	通过相关生长方程估算
冠层体积	通过分割点云推算	通过波形分解计算
地上生物量	通过相关生长方程估算	通过相关生长方程估算
大树的株数密度	通过分割点云推算	通过波形推算
郁闭度	通过点云分解推算	通过波形分解计算
叶面积指数	通过分割点云推算	通过波形分解计算

*其中通过相关生长方程的估算，往往由于缺乏当地的相关生长方程，而采用统计回归的方法

在空间的分布上，Lidar 数据通常为不规则的离散三维点云，每个点具有精确的三维坐标，即水平方向的地理坐标(x, y)及垂直方向的高程值z。对于没有被遮盖的建筑物屋顶和裸露地表，激光点一般只有一次回波。对于植被，激光脉冲可以穿透植被通过透射或多次散射形成多次回波，点云分布呈团状聚集等不规则形状。在植被密集的地方，激光回波的情况就比较复杂，有些来自于植被顶部，有些来自于下层的树枝，还有一些来自于植被覆盖下的地表。

机载小光斑 Lidar 数据处理时，首先需要将地面点与地物点分离。地面点指裸露地面的激光回波，地物点则是指地表植被的激光回波。地面点与植被点的分离通常采用滤波方法来实现，常用的点云滤波方法有局部最小值法、稳健的线性表面预测法、动态表面拟合法、数学形态学法和不规则三角网法等。采用基于不规则三角网滤波方法(Triangulated Irregular Network, TIN)(Axelsson, 2001)是一个从粗放到精细的过程，等效于三角网逐步加密的过程。算法首先在粗放的尺度寻找"地表点"，并根据这些"地表点"建立粗尺度的 TIN 网络表面。随后逐一判断其余的三维点与 TIN 表面的垂直距离及角度，当距离与角度小于阈值，就将该点纳入并重构新的 TIN 表面，否则就将该点删除。如此往复，逐步纳入新的"地表点"，直至对所有点判断完成。将分类后的地面激光点数据使用 TIN 插值方法生成数字高程模型(Digital Elevation Model, DEM)。然后利用 DEM 的高程值对植被回波点的高度进行归一化处理，即去除地形的高程，使植被点的高度值为相对于地面的高度值。

13.2.2 基于单木分割及参数估计

高密度的小光斑激光雷达点云数据被成功用于单木参数的估计，包括树高、冠幅、树木位置、树种等。所用的算法主要有分水岭法、区域增长法、曲线拟合法、点聚类法、空间小波变换法等，以及融合几种方法的混合法。表 13.2(Pang et al., 2008)给出了这些算法的参考文献，总结了研究的地点、森林类型，所使用的 Lidar 系统及点云密度和树高与冠幅的估算精度。

表 13.2 单木冠层分割算法(扩展自 Pang et al., 2008)

算法	文献	研究区	森林类型	激光雷达系统与采样率/(点/m²)	精度*
分水岭	Persson et al., 2002 Koch et al., 2006 Chen et al., 2006	瑞典南部 德国西南部 美国加利福尼亚州	针叶林 针叶与落叶林 蓝橡树	TopEye; >4 TopoSys; 5~10 ALTM; 9.5	0.98(0.63m); 0.58(0.61m) 识别率 61.7% 树冠面积 61.3%~68.2%
区域生长	Hyyppä et al., 2001 Solberg et al., 2006	芬兰南部 挪威东南部	针叶林 针叶林	TopoSys; 8~10 ALTM; 5	标准差 1.8m(9.9%)
尺度空间理论	Brandtberg et al., 2003	美国东部	落叶林	TopEye; 15	0.86(1.4m); 0.52(1.1m)
曲线拟合	Popescu et al., 2003	美国东南部	针叶与落叶林	AeroScan; 1.35	68%(1.1m); – (–)

续表

算法	文献	研究区	森林类型	激光雷达系统与采样率/(点/m²)	精度*
三维聚类 3D Clustering	Morsdorf et al., 2004 Gupta et al., 2010	瑞士 德国巴登-符腾堡州	针叶林 针叶与落叶林	TopoSys; >10 RIEGL LMS-Q560; 4~5	–(–); 0.62(1.36m) 1.2 hm² 范围检测 387 株 15~50.9m 单木
空间小波	Falkowski et al., 2006	美国爱达荷州	针叶林	ALS40; -	0.92(0.61m); 0.20(0.47m)
混合方法	Pang et al., 2008	美国加利福尼亚州、华盛顿、阿拉斯加	针叶林	ALTM; 2~5	0.94(2.64m); 0.74(1.35m)
归一化割	Reitberger et al., 2009	德国东南部	针叶与落叶林	TopoSys, RIEGL LMS-Q560; 10~25	识别率 65%
体素空间投影	Wang et al., 2011	波兰	针叶与落叶林	TopoSys	识别率 72.12%
自顶向下法	Lu et al., 2014	美国宾夕法尼亚州	落叶林	ALTM; 10.28	召回率 84%; 准确率 97%; F 值 90%
基于图的分割	Strîmbu et al., 2015	美国路易斯安那州	针叶与落叶林	RIEGL LMS-Q680i; 30	准确度指数对易、中、难区域分别为 98.98%, 92.25% 和 74.75%
垂直分层分析	Ayrey et al., 2016	美国缅因州和新泽西州	针叶与落叶林	RIEGL LMS-Q680i; 5~21	识别率 75%
异速生长规则	Sačkov et al., 2017	斯洛伐克	针叶与落叶林	RIEGL Q680i; 20	平均提取率 68%±14%; 平均匹配率 65 ± 14%

*如果没有特殊标记，精度的表示格式为：树高 R^2(RMSE); 冠幅 R^2(RMSE)，"–"表示没有数据

这些分割算法的主要流程为点云数据分类、高度归一化、局部最大值法判断可能的树冠顶点、树冠范围分割。大多数算法对冠层高度模型(Canopy Height Model, CHM)进行分割，有的算法直接从点云出发，对点云数据进行分割。下面以 Pang 等(2008)的混合算法为例进行说明。如图 13.4 所示为树高估测和三维树冠参数估测的算法流程。该算法基于局部最大值、区域增长和多项式拟合，从而实现了不需要先验知识的自适应单木分割。具体步骤如下：

(1)对获取的林区点云数据进行地面点与植被点的滤波处理，利用地面点生成 DEM，用植被点的高程值减去相应位置的 DEM 得到高程归一化后的数据集。

(2)对高程归一化后的数据集进行插值处理，得到每一个栅格内的最大值，对没有获得有效 Lidar 回波数据的像元进行插值填充处理，得到 CHM。

(3)对 CHM 进行高斯平滑滤波处理，进一步减少空洞像元和噪声值的影响。

(4)对平滑后的 CHM 进行局部最大值检测，假定识别出的局部最大值为待检测的树顶。

(5)从每一个待检测的树顶出发，基于区域增长的原理为每个可能的树顶抽取出 8 个方向的 4 个剖面。

(6)对每个抽取的树冠高度剖面进行 4 次多项式拟合，拟合算法采用最小二乘法。

(7)计算拟合的 4 次多项式的拐点，根据拐点计算冠幅。

(8)对计算的 8 个方向的冠幅进行平均，计为该树木的冠幅值。将冠幅内对应的最大 CHM 值(滤波前的)作为该树的高度，相应的位置作为该树的坐标。

（9）如此计算，即可得到每一株可能树木的树高、冠幅和坐标等参数。然后对分割后的结果做进一步的处理，如果一株树的树顶位于另一株树的冠幅内，则仅保留较高的树高和较大的冠幅。

图 13.4 所示为一个分割结果的示例。图中圆点为识别出的单木位置，圆圈表示识别出的树冠半径。星形和十字表示地面测量的树木位置。方框是地面样地的范围。可见在激光雷达 CHM 上可以较好地识别出单木的位置。

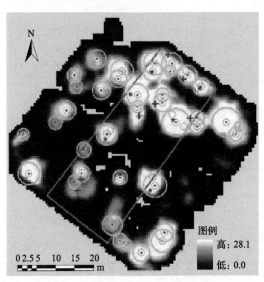

图 13.4　基于 Lidar 数据的单木分割的验证(Pang et al., 2008)

图 13.5 为在甘肃省祁连山试验区云冷杉林的单木分割结果与实测样地树木一一对应后，激光雷达数据估测的树高与野外实测树高的散点图。从中可见 Lidar 分割出的单木树高与地面实测的一致性较好，相关系数达 0.87。

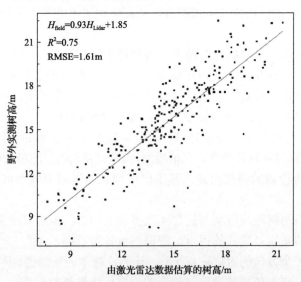

图 13.5　机载激光雷达估计的单木树高(Pang et al., 2008)

13.2.3　样地尺度参数估计

相较于建立在高密度激光点云基础上的单木生物量估测方式，更多的森林生物量估测研究是基于较低密度点云数据的空间分布情况来估计生物量。Nelson(1997)应用激光雷达数据估测了哥斯达黎加原始热带森林的胸高断面积、蓄积量和生物量。研究采用多元回归分析方法，结果表明有用的激光雷达测量数据包括所有回波的平均高度，植被回波的平均高度以及它们各自的变动系数。自变量经过自然对数变换后的回归模型增加了预测误差，更精确的模型是用未做变换的自变量构建的常数项为 0 的多元回归模型，其决定系数达到 0.4～0.6。Lim 和 Treitz(2004)利用点云数据统计分析计算四分位高度数据，对五个树种分别进行了生物量估测。研究中针对不同生物量部分(包括地上总生物量、树干生物量、树皮生物量、树枝生物量、树叶生物量)，将四分位高度变量(h_{25}, h_{50}, h_{75}, h_{100})分别代入对数变量线性回归方程进行分析，得出的相关系数均高于 0.8。Næsset 和 Gobakken(2008)考虑到森林生物量与郁闭度的关系，采用了激光雷达首回波数据的两组自变量来估测生物量，一组为百分位高度变量，另一组为密度变量。研究中对挪威北部森林公园的 1395 块样地做了地上和地下生物量估测，将样地按照树种组成、龄级和立地等级进行分类，把树冠百分位数高度和树冠密度作为自变量，立地、龄级等作为虚变量构建了回归模型，其决定系数也达到了 0.7 以上。Zhao 等(2009)提出两种尺度不变模型来估计生物量：线性函数模型和等值的非线性模型。前提条件是利用激光雷达数据得到树冠高度分布(Canopy Height Quantile function，CHQ)和树冠高度分位数函数(Canopy Height Distribution, CHD)。实验结果表明，这两个模型能够精确的估计生物量，并且预测结果在各种尺度的表现都基本一致，其中决定系数的范围在 0.80 到 0.95(均方根误差 RMSE 从 14.3Mg/hm^2 到 33.7Mg/hm^2)。Latifi 等(2010)研究了非参数估计方法反演森林生物量的潜力，结果表明随机森林的方法比最近邻的方法要好。

在过去采用类似激光雷达分位数变量和密度相关变量的估测森林参数的研究中，一般情况下都是逐步选择出植被首回波的 80%～90%分位数或最大高度用于估测平均树高或优势树高，而胸高断面积、蓄积量、平均胸径或株数的预测回归模型则多半既包含分位数变量又包含与密度相关的变量，20%或 30%分位数变量表现出很强的相关性，且关系显著。有研究表明森林参数与激光雷达数据之间的关系受地域、树种构成、立地质量等条件的影响(Holmgren, 2004; Hall et al., 2005; Næsset and Gobakken, 2008)。

对于不同的机载激光扫描仪(Airborne Laser Scanner, ALS)，仪器的不同构造和飞行高度而言，第一回波更趋于稳定，因此多采用第一回波来计算森林参数(Næsset and Gobakken, 2008)。一般情况下，植被点是取高于地面 2m 的回波点(Nilsson, 1996)。百分位数能很好地体现激光点数据的分布情况(Pang et al., 2008)。因此，提取一组变量取每块样地中的激光雷达植被回波点的百分位高度 5%(h_5)，10%(h_{10})，…，95%(h_{95})，以及最大高度 h_{100}，然后将激光雷达最低高度值(>2m)到最大高度值之间范围 20 等分，冠层密度就是高于每等分高度的点在所有点中所占的比例。另外，再提取密度变量 c，定义为高于 1.8m 的回波点在所有回波点中所占的比例。

表 13.3 给出了可以从小光斑激光雷达数据中提取出来的高度变量。把得到的激光雷达高度变量均作为候选的独立变量，可以建立一个简单的线性回归模型来估测森林平均高度。为了克服变量的非线性问题，对变量进行对数变换，用对数变量线性回归来估测地上生物量，见下列方程。

$$\ln W_i = \beta_0 + \beta_1 \ln h_5 + \beta_2 \ln h_{10} + \cdots + \beta_{19} \ln h_{95} + \beta_{20} \ln h_{max} \\ + \beta_{21} \ln d_5 + \beta_{22} \ln d_{10} + \cdots + \beta_{39} \ln d_{95} + \beta_{40} \ln c + \varepsilon \tag{13.13}$$

其中，W_i 为根据地面实测数据计算的地上总生物量(W_a)、树干生物量(W_s)、活枝生物量(W_b)、叶生物量(W_f)、地下生物量(W_r)或总生物量(W_t)；$\beta_0 \sim \beta_{40}$ 为回归系数；$h_5, h_{10}, \cdots,$ h_{95} 为激光雷达树高的 5%，10%，$\cdots$，95%分位数高度值；h_{max} 为激光雷达高度的最大值；d_0 为所有植被点在所有回波点中所占的比例，d_n 为将最低树高到最高树高范围 20 等分，取高于 n 等分高度($>2m$)的点在所有点中所占的比例；c 为取高于 1.8m 的回波点在所有回波点中所占的比例；ε 为正态分布误差项[$\varepsilon \sim N(0, \sigma^2)$]。

表 13.3 激光雷达数据常用的高度变量

变量	含义
h_{min}	最低高度
h_{max}	最高高度
H_{range}	高度分布范围
h_{mean}	平均高度
h_{med}	中值高度
h_{var}	方差
h_{stdv}	标准差
h_{skew}	偏态
h_{kurt}	峭度
h_{cv}	变动系数
H_{mad}	平均绝对偏差
p_h	分位数高度
Hiqr	四分位间距
crr	冠层突出比
texture$H$	高度结构，0~1m 的标准差
nPts	Lidar 回波数
nVegPts	植被回波数
nGrdPts	地表回波数
vdensity	总植被密度
stratum0	地表回波百分比

续表

变量	含义
stratum1	0～1m 植被回波百分比
stratum2	1～2.5m 植被回波百分比
stratum3	2.5～10m 植被回波百分比
stratum4	10～20m 植被回波百分比
stratum5	20～30m 植被回波百分比
stratum6	30m 以上植被回波百分比
pct1	一次回波百分比
pct2	二次回波百分比
pct3	三次回波百分比
PCTnotfirst	非一次回波百分比

　　多元线性回归是研究多个变量之间因果关系最常用的方法之一，并且每个自变量与因变量之间的关系都应该是线性的。建立回归模型的过程中，运用逐步回归法(Stepwise)和观察决定系数 R^2 的变化情况来选择进入模型的合适变量(Næsset and Gobakken, 2008)。如果有自变量使统计量 F 值过小并且 T 检验达不到显著水平(P 值>0.1)，则予以剔除；F 值较大且 T 检验达到显著水平(P 值<0.05)则得以进入。这样重复进行，直到回归方程中所有的自变量均符合进入模型的要求，方程外的自变量均不符合进入模型的要求为止。图 13.6 给出了数据处理和参数估计的流程图。

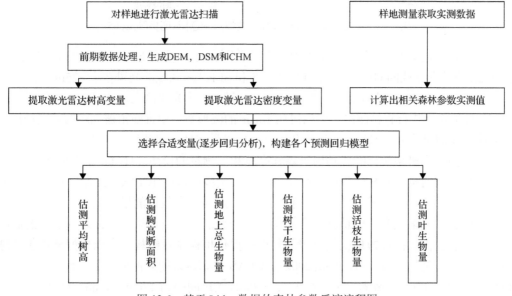

图 13.6　基于 Lidar 数据的森林参数反演流程图

13.3　大光斑 Lidar 植被高度与垂直结构反演

13.3.1　大光斑 Lidar 基本原理及林业应用

与小光斑激光雷达系统仅记录一次或几次回波不同，大光斑激光雷达系统可以按照给定的时间间隔对激光雷达回波进行不断的采样，这些采样点构成了激光雷达回波的波形。大光斑激光雷达系统一般指光斑直径在 8～70m、连续记录激光回波波形的激光雷达系统。回波记录的时间间隔决定了激光点内物质被感知的详细程度，每一时刻的回波都对应着一个强度－时间波形并且代表着该激光点范围内的一个截面面积。如图 13.7 所示，森林的激光回波波形指示着从树顶开始，通过树冠、林下植被，最后是地面回波的森林垂直结构。由于大光斑连续回波的激光雷达的光斑通常都大于林木冠幅，波形中往往包含了森林冠层和许多森林元素的信息而不仅仅是单株树的信息。

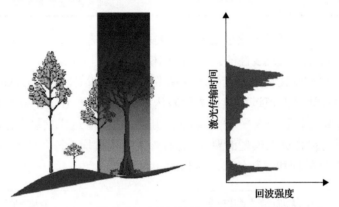

图 13.7　大光斑激光雷达森林回波波形示意图(庞勇等，2005)

目前的大光斑激光雷达系统是美国为主导进行发展，主要有 NASA 机载的 LVIS 系统、SLICER 系统和星载的 GLAS 系统。LVIS 系统和 SLICER 系统的光斑在 8～25m，在美国、加拿大、哥斯达黎加的典型林区进行了多次飞行试验。大光斑激光雷达可以对植被垂直结构和下面的地形进行直接测量，但如何从 Lidar 的波形数据中推断植被冠层的垂直结构信息取决于我们对波形数据与空间结构及植被冠层光学特性之间关系的理解。

机载的大光斑系统已经成功用于森林高度和生物量的反演。Hyde 等(2005)对 LVIS 波形数据反演的山区森林结构图进行了验证。星载激光雷达 ICESat GLAS 系统于 2003 年 1 月发射，GLAS 是第一个能连续获取大气、地面回波数据的星载激光雷达，为观察大气中的云、气溶胶和地面植被垂直结构提供全新的视角。其设计目标是提供云的高度和厚度信息以大大提高短期天气预报的精度；提供植被垂直结构信息以更好地评价全球的植被分布和生物量(Zwally et al., 2002)。GLAS 传感器采用脉冲波、非多普勒、非相干和点光束的工作方式，激光光斑直径大致为 70m，光斑间隔为 170m(Brenner et al., 2002)。在第一个激光器寿命终止后，GLAS 将其原本的连续观测计划调整为每年三次 33 天的观测，从而最大可能地延长总的观测时间以满足主要目标。春天、夏天和秋天的三个观测时段分别为 2～3 月、5～6 月和 10～11 月，这种观测计划持续到 2009 年。但由于激光器发射功率的衰减，2007 年春季以后的 GLAS 数据可能不适于植被的研究。这些数据被成功用来反演区域尺度的森林参数。光斑尺度和区域尺度的植被高度被最先从 GLAS 波形数据中反演出来(Harding and Carabajal, 2005; Lefsky et al., 2005a; Pang et al., 2005; Lefsky et al., 2007; Pang et al., 2008; Sun et al., 2008)。Lefsky 等(2005b)的研究指出从 GLAS 反演的树高和其他参数一起也可以对生物量进行精确的估计。

13.3.2　大光斑 Lidar 森林参数反演方法

大光斑激光雷达系统将从冠层到地面间的激光回波信号全部进行了数字化纪录，记录了来自星下点冠层组分(包括叶、干、大枝和小枝)表面垂直投影的反射。这些中间的回波波形与冠层的垂直分布密切相关，很好地反映了冠层组分的表面积(包括树叶、树枝、树干)，根据这些"中间截面"的回波可以部分重建林分冠层的垂直结构。Lefsky 等(1999b)利用 SLICER 波形数据很好地描述了树冠体积的垂直分布，Parker 等(2001)模拟了光在树冠中的透射情况。像树冠高度一样，树冠组分横截面的垂直分布为植被研究提供了一个新的手段，并且为树冠其他重要参数(如地上生物量)的估计提供了基础，也可以作为评价森林连续分布的一个指标(Dubayah et al., 1997; Drake et al., 2002)。

随着林分年龄的增大和林分的生长，树冠组分的垂直分布相对于幼林时的状态也发生变化(Dubayah et al., 1997; Lefsky et al., 1999b)。成、过熟天然林的特点是林隙多、林龄结构和高度变化大，相对而言同龄林在垂直结构上表现得更均一，而同龄林树顶附近的冠层物质占了绝大部分。激光雷达的波形可以很明显地表现出这些差别(Lefsky et al., 1999a)。

目前，针对 GLAS 数据的林业应用主要通过提取相关波形指数建立其与森林生物量等垂直结构参数的相关关系。在 GLAS 林业应用的早期研究中，Lefsky 等 2005 年提出了若干适用于林业领域的 GLAS 波形指数，如波形长度(Lefsky et al., 2005)。其他研究者后来又提出了其他几个与地表植被有关的 GLAS 波形指数(Nelson et al., 2009; Duncanson et al., 2010)。GLAS 各波形指数的定义如表 13.4 所示。更多有关大光斑激光雷达波形在森林上的应用将在下一章叙述。

表 13.4　大光斑 Lidar 波形指数

指数	定义	功能
Wavelength	信号起始到结束位置的距离	反映最大树高
Leading edge	波形起始位置与最大信号能量高度一半位置处(可能有多个)最短的高程距离	反映森林冠层的变化情况
Trailing edge	波形结束位置与最大信号能量高度一半位置处(可能有多个)最短的高程距离	反映地形坡度的变化情况
Wf_variance	波形变化	表征光斑内地貌复杂度
Wf_skew	波形斜率	地形和植被
Elevation quartiles	波形按高程四等分后的能量分布情况	地形变化
Energy quartiles	波形按最大信号强度四等分后能量分布情况	能量变化

13.4　SAR 数据的植被高度与垂直结构反演

13.4.1　雷达立体测量的植被高度提取

利用 SAR 数据进行地物垂直结构提取主要有雷达干涉测量(Interferometry)和雷达立体测量(Radargrammetry)两种方法(Capaldo et al., 2011)，即 InSAR 和 Stereo-SAR。二者均采用同一区域不同观测视角下的两幅 SAR 影像，不同之处在于前者利用雷达后向散射记录的相位信息，而后者利用的是雷达后向散射强度图像记录的视差信息。Stereo-SAR 的产生可追溯到 20 世纪 60 年代，首次雷达立体观测实验证实了 SAR 立体像对可以产生高程视差(Prade, 1963)。雷达立体利用的是视差信息进行地表垂直结构信息的测量，而视差测量是以像素为单位的。由于早期的雷达图像分辨率较低，如 Radarsat-1 精细模式分辨率约 8m，ERS 卫星距离向分辨率约 26m，ENVISAT ASAR 的 Image 模式分辨率为 30m，因此，对高程的探测精度较低，大量的研究工作是以提取 DEM 为目标的，难以实现对地物垂直结构变化的探测。如 Toutin(2000)利用 Radarsat-1 精细模式的数据组成立体 SAR 像对，提取了加拿大不列颠哥伦比亚省研究区的 DEM；Li 等(2006)利用不同时间间隔的 ERS-1/2 立体 SAR 数据，生成了香港西部山区的 DEM，并探讨了地形因素和时间因素对 DEM 精度的影响；d'Ozouville 等(2008)基于 ENVISAT ASAR 数据，采用立体 SAR 方法提取了加拉帕戈斯群岛的 DEM，通过 SRTM DEM 的辅助得到的 DEM 误差在±15m 之间。

最近十年高分辨率 SAR 卫星的相继发射，为雷达立体技术的发展和应用提供了新的契机，如德国 TerraSAR-X、意大利 COSMO-SkyMed 和我国高分三号等，但有关雷达立体的研究仍然以地形的提取为主，Nonaka 等(2009)基于 TerraSAR-X 立体 SAR 数据研究了大范围 DEM 提取方法；Palm 等(2012)采用立体 SAR 技术提取了城区的 DEM；Yu 等提出了一种改善立体 SAR 处理精度的 SAR 影像处理方法(Yu et al., 2014)；Salvini 等(2015)利用 COSMO-SkyMed 立体像对提取了埃及锡瓦地区的 DEM。

近几年，研究人员逐渐开始关注对包含地物垂直结构信息的数字表面模型(Digital Surface Model, DSM)的提取研究。Raggam 等(2010)基于优化的传感器模型，利用 TerraSAR-X 光束模式立体像对提取 DSM，得到的高程误差在-10～30m 之间，指出平坦地区的平均高程误差接近 0m，而林区以及几何变形较严重地区的影像匹配可能产生很大的误差(Raggam et al., 2010)；Capaldo 等(2015)基于三种不同的立体数据(COSMO-SkyMed, TerraSAR-X, RADARSAT-2)，通过两种不同的软件模块(PCI-Geomatica 和 SISAR)提取加拿大魁北克 Beauport 试验场的 DSM，通过对比精度综合评价立体 SAR 提取 DSM 的潜力。

在林区研究方面，Perko 等(2011)基于 TerraSAR-X 的光束模式和条带模式数据，对奥地利的两个研究区进行了 DSM 提取，通过与 ALS 获取的 DEM 数据相减，发现可以得到冠层高度模型 CHM，基于森林分割结果纠正后的 CHM 可用于各种森林参数的提取；Persson 和 Fransson(2014)利用 TerraSAR-X 立体像对提取了北方森林地区的 DSM，结合 ALS 的 DEM 提取了 CHM，并用于估算森林地上生物量和树高；Solberg 等(2015)利用 TerraSAR-X 条带模式数据组成立体像对，提取了挪威东南部研究区的 DSM，并利用所提取的 CHM 估算了森林生物量，发现生物量估算精度能够与 InSAR 相媲美。

13.4.2　雷达干涉测量原理

研究表明雷达干涉数据对植被组分的空间分布特征较为敏感，它可以用来估算植被的高度和垂直剖面。本节介绍雷达干涉测量的原理，下面两节分别阐述利用不同波长雷达数据穿透深度的差别进行树高反演，和利用全极化干涉数据进行树高估算和植被垂直剖面反演的原理。

利用雷达数据提取植被的高度和垂直结构信息主要是通过雷达干涉技术来实现的。雷达干涉的基本原理是，对同一地区同时或重复观测获取两景数据，如果地表变化不大，入射角近似相等，可以认为电磁波与地物的相互作用过程不变，那么两景数据的相位差反映的是卫星两次(或同一卫星上的两根天线)到地面目标的距离差，如果卫星的位置是确定的，那么地面点的位置就是确定的，这就是雷达干涉测量的基本思路。测量原理如图 13.8 所示，雷达分别在 A_1、A_2 两个位置对同一地区进行观测，A_1 到 A_2 的距离为基线 ρ，基线向量与水平方向的夹角为基线角 α，雷达在 A_1 处的入射角为 θ，到地面的距离为 H，A_1、A_2 到同一地面目标的距离分别为 ρ_1，ρ_2。则地面点 Q 的高程为 h 为

$$h = H - \rho_1 \cos\theta \tag{13.14}$$

由余弦定理可知

$$\rho_2^2 = \rho_1^2 + B^2 - 2\rho_1 B \cos(90^\circ - \theta + \alpha) \tag{13.15}$$

所以

$$\sin(\alpha - \theta) = \frac{\rho_2^2 - \rho_1^2 - B^2}{2\rho_1 B} \tag{13.16}$$

设 A_1，A_2 到目标点的距离差为 $\delta\rho$，测量的相位差为 φ，则

$$\delta\rho = \frac{\lambda\varphi}{2m\pi} \quad 其中，\ m = \begin{cases} 1 & 单轨干涉测量 \\ 2 & 重复轨道测量 \end{cases} \tag{13.17}$$

将式(13.15)、式(13.16)、式(13.17)代入式(13.14)可得

$$h = H - \frac{\left(\dfrac{\lambda\varphi}{2m\pi}\right) - B^2}{2B\sin(\alpha - \theta) - \dfrac{\lambda\varphi}{m\pi}} \cos\theta \quad 其中，\ m = \begin{cases} 1 & 单轨干涉测量 \\ 2 & 重复轨道测量 \end{cases} \tag{13.18}$$

由式(13.18)可以看出，地面点高程的重建与基线长度 B，基线角 α、雷达飞行高度 H 以及干涉相位差 φ 有关。雷达干涉测量的基本过程包括：①根据轨道数据估算基线参

数 B、α；②利用雷达数据配准算法计算干涉纹图和相干系数，对干涉纹图做去平地相位处理和解缠处理，得到每个像元的干涉相位差 φ；③根据干涉相位差和基线参数做高程重建(倪文俭, 2009)。

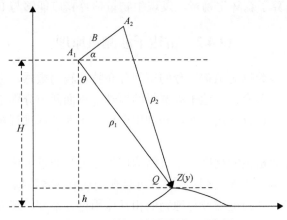

图 13.8　雷达干涉测量原理示意图

雷达干涉测量的基本思想是假设两景数据获取的入射角相等，地面的状况没有发生变化，对于单轨道双天线数据获取模式而言是成立，但对于单天线重复轨道数据获取而言，两次重复观测期间在自然条件下很难保证地表不发生变化，数据获取的入射角也只能是近似相等。这些因素的影响在两景图像上会有所反映，可以利用它们的相关性进行评价，两幅复数图像理论上的相关性为

$$r = \frac{E(C_1 \cdot C_2)}{\sqrt{E(|C_1|^2) \cdot E(|C_2|^2)}} \tag{13.19}$$

其中，C_1 为其中一个复数影像；$\cdot C_2$ 表示与另一个复数图像的共轭相乘；E 表示数学期望，显然 $-1 \leqslant C \leqslant 1$。在此基础上研究人员定义了干涉相干系数，其理论定义为

$$\gamma = |r| = \frac{|E(C_1 \cdot C_2)|}{\sqrt{E(|C_1|^2) \cdot E(|C_2|^2)}} \tag{13.20}$$

干涉相干系数反映的是像元所在点与其相邻点的相位同步关系。通过分别对振幅归一化后，其值域在 0～1。如果相邻像元的相位越接近一致或变化连续，则具有较高的相干性，相干系数越趋近于 1；如果周围像元的相位越杂乱，相干系数越趋近于 0。林区相干雷达图像的相干除了受基线引起的空间去相干影响外，还受体去相干、时间去相干，热噪音去相干的影响(Zebker and Villasenor, 1992)。

通过定义可看出，干涉相干系数是大量独立观测样本的数学期望值，这对于 SAR 系统是不可能的，实际计算中使用空间代替时间，取一定窗口内的像元进行干涉相干系数的估计：

$$\gamma = \frac{\sum\limits_{i=1}^{\text{Looks}} (C_1 \cdot C_2)}{\sqrt{\sum\limits_{i=1}^{\text{Looks}} (|C_1|^2) \cdot \sum\limits_{i=1}^{\text{Looks}} (|C_2|^2)}} \tag{13.21}$$

13.4.3　多频率干涉数据的植被高度提取

干涉雷达能提供精确的地球表面高程信息，因而很自然地把它引入到树高测量领域。如图 13.9 所示，h_{real} 为林分真实高，$h_{\text{effective}}$ 为有干涉雷达的散射相位中心高度，$h_{\text{penetration}}$ 为雷达波的穿透深度，即由冠层顶部到散射相位中心的高度，可见林分真实高可看成由有效林分高和雷达波的穿透深度两部分组成。其中有效林分高度，由林分参数和雷达系统参数共同决定。一般说来，有效林分高在树顶与地面间的某一位置处，波长越短越接近冠层顶部。如 Hagberg 等(1995)研究表明对于浓密的森林，C 波段的散射相位中心接近于冠层顶部，而对于稀疏的林分，散射相位中心仅为树高的一半。使用多频率干涉数据估算植被高度主要是利用它们穿透深度不同，即 $h_{\text{penetration}}$ 的不同来实现的。Neeff 等使用 X 波段与 P 波段散射相位中心高度差对树高进行了估算，结果表明平均树高与散射相位中心高度差有很好的相关性(R^2=0.83，RMSE=4.1m)(Neeff et al., 2005)。

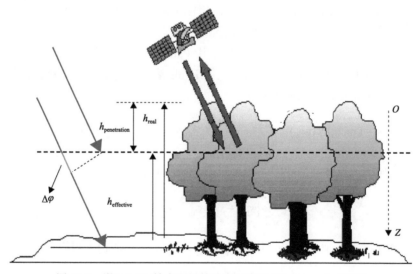

图 13.9　用 InSAR 技术测量林分高示意图(Floury et al., 1996)

13.4.4　极化干涉技术的植被垂直结构提取

极化是描述电磁波的另一个重要的物理量。研究表明极化雷达数据对植被的形态和介电常数敏感，不同的极化与森林的相互作用过程有所不同，比如研究表明交叉极化主要来自于植被的冠层，而同极化则包含更多的地表的贡献。因此极化与干涉的结合为植被垂直结构的估算提供了另一条途径。Cloude 和 Papathanassiou(1998)正式提出极化干涉的概念。其基本思路是通过极化组合实现极化相干系数的优化，进而通过极化相干分解将来自于不同部位的散射分量进行分离，从而奠定了植被垂直结构提取的基础。Papathanassiou 和 Cloude(2001)提出了利用单基线干涉数据进行植被垂直结构信息提取的方法。他们在 Treuhaft 工作的基础上(Treuhaft and Siqueira, 2000)，假设植被层的后向散射没有明显的极化特征，利用 Random Volume on Ground (RVOG)模型推导出复干涉相干系数与植被结构参数的关系，通过模型的迭代模拟，实现植被参数的估算。模型中可以调整的参数包括植被高度、地表相位、冠层的衰减系数和地表与冠层贡献在三个极化上的比例，因此它是 6 维空间的计算，计算复杂度较高。为此，Cloude 和 Papathanassiou 利用 RVOG 模型几何意义提出了三步法植被高度估算方法。首先通过极化基的变换和最小二乘法在干涉相干系数单位圆上进行线性拟合，然后利用拟合出来的直线估算地表相位以达到植被偏移的消除，最后进行植被高度和衰减系数的估算。Cloude 又进一步提出极化干涉相干系数层析的概念(Cloude, 2006)，在假设植被高度和地表相位已知或能用极化干涉数据进行估算的基础上，将植被的垂直剖面函数进行傅立叶-勒让德展开，利用极化干涉数据求得展开项的系数，从而实现对垂直剖面函数的估算。下面对以上内容进行详细阐述。

1. 极化干涉原理

13.4.2 给出了单极化数据的干涉原理，极化干涉采用的是全极化数据，而全极化数据是以散射矩阵的形式给出的，所以首先需要对散射矩阵进行矢量化。理论上讲可以使用任意的正交基对矩阵进行矢量化，由于使用 Pauli 正交基的矢量化的结果具有物理意义，便于对散射机理进行解释，因此通常采用 Pauli 基对散射矩阵矢量化，具体过程如下所示(Cloude and Papathanassiou, 1998)：

$$\bar{k} = \frac{1}{2} \text{Trace}([S]\psi_p) = \frac{1}{\sqrt{2}} \left\{ s_{hh} + s_{vv}, s_{hh} - s_{vv}, s_{hv} + s_{vh}, i(s_{hv} - s_{vh}) \right\} \tag{13.22}$$

在互易介质中，$s_{hv} = s_{vh}$，因此相干散射矢量可以简化为

$$\bar{k} = \frac{1}{\sqrt{2}} \left\{ s_{hh} + s_{vv}, s_{hh} - s_{vv}, 2s_{hv} \right\} \tag{13.23}$$

这样，分别将主、副数据矢量化为 $\underline{k}_1$ 和 $\underline{k}_2$，由它们共轭相乘可以得

$$[T_6] := \left\langle \begin{bmatrix} \underline{k}_1 \\ \underline{k}_2 \end{bmatrix} \begin{bmatrix} \underline{k}_1^{*T} & \underline{k}_2^{*T} \end{bmatrix} \right\rangle = \begin{bmatrix} [T_{11}] & [\Omega_2] \\ [\Omega_2]^{*T} & [T_{22}] \end{bmatrix} \tag{13.24}$$

其中，$[T_{11}] = \left\langle \underline{k}_1 \underline{k}_1^{*T} \right\rangle$；$[T_{22}] = \left\langle \underline{k}_2 \underline{k}_2^{*T} \right\rangle$；$[\Omega_{12}] = \left\langle \underline{k}_1 \underline{k}_2^{*T} \right\rangle$。

$[T_{11}]$ 和 $[T_{22}]$ 是标准的厄米相关矩阵，它们分别包含了主、副图像的所有极化信息。而 $[\Omega_{12}]$ 中不仅包含了极化信息，还包含着主、副图像不同极化通道的干涉相位信息。

上面建立了极化干涉的矢量化的公式，如前所说，极化干涉处理首先要通过极化组合实现极化相干的优化。在单极化干涉中，进行干涉处理的主、副数据要么是交叉极化，要么是同极化，而且主、副数据的极化方式是相同的。而在极化干涉优化中，需要考虑所有可能的情况，比如主数据采用 HH+VV，副数据采用 HH-VV，这就需要有一个极化组合情况下的表达式。下面推导极化组合的表达式。

设有两个归一化的复矢量 w_1 和 w_2，将 $\underline{k}_1$ 和 $\underline{k}_2$ 投影到 w_1 和 w_2 可以得到一对新的矢量：

$$\mu_1 = w_1^{*T} \underline{k}_1, \quad \mu_2 = w_2^{*T} \underline{k}_2 \tag{13.25}$$

设 $w_i = \{d_1, d_2, d_3\}^T$，其中 d_1, d_2, d_3 为复数，则有

$$\mu = \frac{1}{\sqrt{2}} \left\{ d_1 (s_{hh} + s_{vv}) + d_2 (s_{hh} - s_{vv}) + d_3 (2s_{hv}) \right\} \tag{13.26}$$

可见通过上述投影即可实现极化组合。

此时，主、副数据矢量变换为 μ_1 和 μ_2，它们共轭相乘可得

$$[J] := \left\langle \begin{bmatrix} \mu_1 \\ \mu_2 \end{bmatrix} \begin{bmatrix} \mu_1^* & \mu_2^* \end{bmatrix} \right\rangle = \begin{bmatrix} \mu_1 \mu_1^* & \mu_1 \mu_2^* \\ \mu_2 \mu_1^* & \mu_2 \mu_2^* \end{bmatrix} = \begin{bmatrix} w_1^{*T} [T_{11}] w_1 & w_1^{*T} [\Omega_{12}] w_2 \\ w_2^{*T} [\Omega_{12}]^{*T} w_1 & w_2^{*T} [T_{22}] w_2 \end{bmatrix} \tag{13.27}$$

相对应的形成的干涉数据为

$$\mu_1 \mu_2^* = \left(w_1^{*T} \underline{k}_1 \right) \left(w_2^{*T} \underline{k}_2 \right)^{*T} = \underline{w}_1^{*T} [\Omega_{12}] \underline{w}_2 \tag{13.28}$$

对应的干涉相干系数为

$$\gamma = \frac{\left| \left\langle \underline{w}_1^{*T} [\Omega_{12}] \underline{w}_2 \right\rangle \right|}{\sqrt{\left\langle \underline{w}_1^{*T} [T_{11}] \underline{w}_1 \right\rangle \left\langle \underline{w}_2^{*T} [T_{22}] \underline{w}_2 \right\rangle}} \tag{13.29}$$

极化优化的目标就是使干涉相干系数达到最大化。所采用的准则是在保持分母不变的条件下，实现分子的最大化。因此产生了两个约束条件：

$$\left\langle \underline{w}_1^{*T} [T_{11}] \underline{w}_1 \right\rangle = F_1 \quad \text{和} \quad \left\langle \underline{w}_2^{*T} [T_{22}] \underline{w}_2 \right\rangle = F_2 \tag{13.30}$$

采用拉格朗日乘数法，问题转换为求 L 的极值。

$$L = \underline{w}_1^{*T} [\Omega_{12}] \underline{w}_2 + \lambda_1 \left(\underline{w}_1^{*T} [T_{11}] \underline{w}_1 - F_1 \right) + \lambda_2 \left(\underline{w}_2^{*T} [T_{22}] \underline{w}_2 - F_2 \right) \tag{13.31}$$

对 L 求偏导数，

$$\begin{cases} \dfrac{\partial L}{\partial \underline{w}_1^{*T}} = [\Omega_{12}] \underline{w}_2 + \lambda_1 [T_{11}] \underline{w}_1 = 0 \\[3mm] \dfrac{\partial L}{\partial \underline{w}_2^{*T}} = [\Omega_{12}]^{*T} \underline{w}_1 + \lambda_2^* [T_{22}] \underline{w}_2 = 0 \end{cases} \tag{13.32}$$

其可转化为两组 3×3 复特征值问题，它们共有特征值为 $\nu=\lambda_1\lambda_2^*$

$$[T_{22}]^{-1}[\Omega_{12}]^{*\mathrm{T}}[T_{11}]^{-1}[\Omega_{12}]\underline{w}_2=\nu\underline{w}_2$$
$$[T_{11}]^{-1}[\Omega_{12}][T_{22}]^{-1}[\Omega_{12}]^{*\mathrm{T}}\underline{w}_1=\nu\underline{w}_1 \tag{13.33}$$

与 $\nu_{\max}$ 相对应的特征向量就是 $\underline{w}_1$ 和 $\underline{w}_2$ 的解 $\underline{w}_{1_{\mathrm{opt}}}$ 和 $\underline{w}_{2_{\mathrm{opt}}}$。

2. 植被高度提取方法之参数化模型法

干涉相干系数最初是用于评价干涉像对质量的参数，后来研究发现干涉相干系数中包含着地物信息，例如在 C 波段，雷达后向散射系数与森林蓄积量或生物量成反比，因为蓄积量越高散射体越多，散射体的稳定性越差，所以干涉相干系数越低。为了从理论上对干涉相干系数的物理意义有更好的了解，目前建立了一些物理模型。Treuhaft 等提出了不同情形下的复干涉相关模型，如只考虑随机植被层的 ROV(Randomly Oriented Volume)模型；考虑地表层和随机植被层的 ROVG(Randomly Oriented Volume with an Underlying Ground Surface)模型，它又分为两种情况，即地表的贡献表现为镜向反射或直接后向散射；考虑植被层为具有固定指向的 OV(Orientated Volume)模型。接下来对参数反演将要用到的 ROV 模型和 ROVG 模型进行详细阐述。

复相关的定义为

$$\mathrm{Corss\text{-}correlation}\equiv\left\langle\hat{p}_1\vec{E}_{\hat{\imath}_1}\left(\vec{R}_1\right)\hat{p}_2\vec{E}_{\hat{\imath}_2}^*\left(\vec{R}_2\right)\right\rangle \tag{13.34}$$

其中，$\hat{p}_1$ 是天线 1 接收信号的极化，$\vec{R}_1$ 是天线位置，$\vec{E}_{\hat{\imath}_1}\left(\vec{R}_1\right)$ 是在位置 $\vec{R}_1$ 处接收到的矢量信号，发射信号的极化为 $\hat{\imath}_1$。$\hat{p}_2$ 是天线 2 接收信号的极化，$\vec{R}_2$ 是天线位置，$\vec{E}_{\hat{\imath}_2}\left(\vec{R}_2\right)$ 是在位置 $\vec{R}_2$ 处接收到的矢量信号，接收信号的极化为 $\hat{\imath}_2$。$\langle\ \rangle$ 表示统计平均，在数据处理中，它与多视处理是等效的。

复干涉相关可进一步展开为

$$\left\langle\hat{p}_1\vec{E}_{\hat{\imath}_1}\left(\vec{R}_1\right)\hat{p}_2\vec{E}_{\hat{\imath}_2}^*\left(\vec{R}_2\right)\right\rangle=\left\langle\left(\sum_{j=1}^M\hat{p}_1\vec{E}_{\hat{\imath}_1}\left(\vec{R}_1,\vec{R}_j\right)\right)\left(\sum_{k=1}^M\hat{p}_2\vec{E}_{\hat{\imath}_2}^*\left(\vec{R}_2,\vec{R}_k\right)\right)\right\rangle$$
$$=\sum_{j_v}^{M_v}\left\langle\hat{p}_1\vec{E}_{\hat{\imath}_1}\left(\vec{R}_1,\vec{R}_{j_v}\right)\hat{p}_2\vec{E}_{\hat{\imath}_2}^*\left(\vec{R}_2,\vec{R}_{j_v}\right)\right\rangle+\sum_{j_g}^{M_g}\left\langle\hat{p}_1\vec{E}_{\hat{\imath}_1}\left(\vec{R}_1,\vec{R}_{j_g}\right)\hat{p}_2\vec{E}_{\hat{\imath}_2}^*\left(\vec{R}_2,\vec{R}_{j_g}\right)\right\rangle \tag{13.35}$$

式中，$\vec{E}_{\hat{\imath}_1}\left(\vec{R}_1,\vec{R}_j\right)$ 表示由位于 $\vec{R}_j$ 处的散射体散射的电磁波被天线 1 接收到的信息。上式的第二行则将植被散射与地表的直接后向散射分别开来。第一个求和表示的是位于 $\vec{R}_{j_v}$ 处的散射体散射的电磁波的复互相关，它包含植被层的散射和地表的镜向散射。第二个求和表示的是地表直接后向散射的电磁波的复干涉相关。为了简化，上式不考虑地表直接后向散射项与镜向反射项的相干。当镜向散射与直接后向散射强度相当时，它们会发生互相关，产生 M_v 和 M_g 的交叉项。在第一个求和中是指散射体的三维位置，第二个求和中是指地面散射单元的二维位置。如果将它展开，变为如下形式：

$$\left\langle \hat{p}_1 \vec{E}_{\hat{t}_1}\left(\vec{R}_1\right) \hat{p}_2 \vec{E}_{\hat{t}_2}^{*}\left(\vec{R}_2\right) \right\rangle = \sum_{j_v=1}^{M_v} \int_{\text{volume}} \mathrm{d}^3 R_{j_v} P_{\text{vol}}\left(\vec{R}_{j_v}\right) \left\langle \hat{p}_1 \vec{E}_{\hat{t}_1}\left(\vec{R}_1; \vec{R}_{j_v}\right) \hat{p}_2 \vec{E}_{\hat{t}_2}^{*}\left(\vec{R}_2; \vec{R}_{j_v}\right) \right\rangle$$

$$+ \sum_{j_g=1}^{M_g} \int_{\text{surface}} d^2 R_{j_g} P_{\text{surf}}\left(\vec{R}_{j_g}\right) \left\langle \hat{p}_1 \vec{E}_{\hat{t}_1}\left(\vec{R}_1; \vec{R}_{j_g}\right) \hat{p}_2 \vec{E}_{\hat{t}_2}^{*}\left(\vec{R}_2; \vec{R}_{j_g}\right) \right\rangle$$

$$= \int_{\text{volume}} \mathrm{d}^3 R \rho_0 W_r^2 \left(\frac{\varphi_1\left(\vec{R}_1,\vec{R}\right)}{ik_0} - 2\left|\vec{R}_1 - \vec{R}_0\right| \right) W_\eta^2\left(\eta - \eta_0\right) \times \left\langle \hat{p}_1 \vec{E}_{\hat{t}_1}\left(\vec{R}_1, w_0; \vec{R}\right) \hat{p}_2 \vec{E}_{\hat{t}_2}^{*}\left(\vec{R}_2, w_0; \vec{R}\right) \right\rangle$$

$$+ \int_{\text{surface}} \mathrm{d}^2 R \sigma_0 W_r^2 \left(\frac{\varphi_1\left(\vec{R}_1,\vec{R}\right)}{ik_0} - 2\left|\vec{R}_1 - \vec{R}_0\right| \right) W_\eta^2\left(\eta - \eta_0\right) \times \left\langle \hat{p}_1 \vec{E}_{\hat{t}_1}\left(\vec{R}_1, w_0; \vec{R}\right) \hat{p}_2 \vec{E}_{\hat{t}_2}^{*}\left(\vec{R}_2, w_0; \vec{R}\right) \right\rangle$$

$$(13.36)$$

其中，$P_{\text{vol}}\left(\vec{R}_{j_v}\right)$ 为一个散射体的每单位体积在此位置的概率；$P_{\text{surf}}\left(\vec{R}_{j_g}\right)$ 为一个散射面的每单位面积在此位置的概率；$k_0 = w_0 / c$ 为带宽的中心波数；w_0 为中心频率；ρ_0 为散射体的体密度。σ_0 为地表散射体的面密度，W_r 和 W_η 分别为距离向和方位向的分辨率。$\varphi_1\left(\vec{R}_1,\vec{R}\right)$ 为信号 $\vec{E}_{\hat{t}_1}\left(\vec{R}_1, w_0; \vec{R}\right)$ 的传播相位。不同情形的模型的区别在于如何对上式的积分进行展开。

(1) 随机植被层模型

对于随机指向的植被层，位于位置 $\vec{R}$ 出的散射体散射到天线 1 的信号可以表达为

$$\vec{E}_{\hat{t}_1}\left(\vec{R}_1, w_0; \vec{R}\right) = A^2 F_{b\vec{R}} \cdot \hat{t}_1 \exp\left[2ik_0\left|\vec{R}_1 - \vec{R}\right| + \frac{4\pi i \rho_0 \left\langle \hat{t} \cdot F_f \cdot \hat{t} \right\rangle \left(h_v - z\right)}{k_0 \cos\theta_{\vec{R}}} \right] \quad (13.37)$$

其中，$\theta_{\vec{R}}$ 为从 $\vec{R}_1$ 到 $\vec{R}$ 的入射角；A 为斜距的倒数；$F_{b\vec{R}}$ 为位于 $\vec{R}$ 处的散射体的后向散射矩阵。F_f 为散射体的前向散射矩阵。天线 2 接收到的信号与天线 1 的表达式是相似的，那么把它们代入到式 (13.36) 中，就可得到随机植被层模型的复互相关函数。在 $\vec{R} = \vec{R}_0$ 处对复干涉相关函数的相位进行泰勒级数展开的结果为

$$\left\langle \hat{p}_1 \vec{E}_{\hat{t}_1}\left(\vec{R}_1\right) \hat{p}_2 \vec{E}_{\hat{t}_2}^{*}\left(\vec{R}_2\right) \right\rangle = A^4 \exp\left[ik_0\left(r_1 - r_2\right)|_0 \right] \int_0^{2\pi} W_\eta^2 \mathrm{d}\eta \int_{-\infty}^{\infty} W_r^2 r_0 \mathrm{e}^{i\alpha_r r} \mathrm{d}r \int_0^{h_v} \mathrm{e}^{i\alpha_z z} \rho_0$$

$$\times \left\langle \left(\hat{p}_1 \cdot F_b \cdot \hat{t}_1\right)\left(\hat{p}_2 \cdot F_b^{*} \cdot \hat{t}_2\right) \right\rangle \exp\left[\frac{-8\pi\rho_0 \text{lm}\left\langle \hat{t} \cdot F_f \cdot \hat{t} \right\rangle\left(h_v - z\right)}{k_0 \cos\theta_0} \right] \mathrm{d}z$$

$$\equiv A^4 \mathrm{e}^{i\phi_0(z_0)} \int_0^{2\pi} W_\eta^2 \mathrm{d}\eta \int_{-\infty}^{\infty} W_r^2 r_0 \mathrm{e}^{i\alpha_r r} \mathrm{d}r \int_0^{h_v} \mathrm{e}^{i\alpha_z z} \rho_0 \left\langle \left(\hat{p}_1 \cdot F_b \cdot \hat{t}_1\right)\left(\hat{p}_2 \cdot F_b^{*} \cdot \hat{t}_2\right) \right\rangle \exp\left[\frac{-2\sigma_x\left(h_v - z\right)}{\cos\theta_0} \right] \mathrm{d}z$$

$$(13.38)$$

其中，$r_0 \equiv \left| \vec{R}_1 - \vec{R}_0 \right|$；$r_1 \equiv \left| \vec{R}_1 - \vec{R} \right|$；$r_2 \equiv \left| \vec{R}_2 - \vec{R} \right|$；$h_v$ 为植被层的厚度。$\big|_0$ 的意思是信号传输距离差是按 $\vec{R} = \vec{R}_0$ 进行起算的。$\varphi_0(z_0) = k_0 (r_1 - r_2) \big|_0$，$\sigma_x = \dfrac{4\pi\rho_0 \, \mathrm{Im} \left\langle \hat{t} \cdot F_f \cdot \hat{t} \right\rangle}{k_0}$。$\alpha_z$ 和 α_r 是相位 $k_0 (r_1 - r_2)$ 在垂直方向和距离向的导数。

将式(13.37)与式(13.38)代入式(13.19)可得复干涉相干系数的具体表达形式为

$$\frac{\left\langle \hat{t}\vec{E}_{\hat{i}}\left(\vec{R}_1\right) \hat{t}\vec{E}_{\hat{i}}^{*}\left(\vec{R}_2\right) \right\rangle}{\sqrt{\left\langle \left| \hat{t}\vec{E}_{\hat{i}}\left(\vec{R}_1\right) \right|^2 \right\rangle} \sqrt{\left\langle \left| \hat{t}\vec{E}_{\hat{i}}\left(\vec{R}_2\right) \right|^2 \right\rangle}} = \frac{2\sigma_x A_r \mathrm{e}^{i\varphi_0(z_0)}}{\cos\theta_0 \left(\mathrm{e}^{2\sigma_x h_v / \cos\theta_0} - 1 \right)} \int_0^{h_v} \exp\left[\frac{2\sigma_x z'}{\cos\theta_0} \right] \mathrm{d}z' \quad (13.39)$$

与它相关的参数包括植被高度 h_v、植被下的地形 z_0 和植被的消光系数 σ_x。

(2) 考虑地表镜向散射的随机植被层模型

假设地面坡度为零，描述地表特性的参数(地表高度和反射系数)与描述植被特性的参数是独立的。单天线所接收到的信号包括自于植被的体散射、植被-地表和地表-植被这三个分量，具体公式如下：

$$\begin{aligned}
\vec{E}_{\hat{i}_1}\left(\vec{R}_1, w_0; \vec{R}\right) = {} & A^2 F_{b\vec{R}} \cdot \hat{t}_1 \exp\left[2ik_0 \left| \vec{R}_1 - \vec{R} \right| + \frac{4\pi i \rho_0 \left\langle \hat{t} \cdot F_f \cdot \hat{t} \right\rangle (h_v - z)}{k_0 \cos\theta_{\vec{R}}} \right] \\
& + A^2 \exp\left[ik_0 \left\{ \left| \vec{R}_1 - \vec{R}_{\mathrm{sp},\vec{R}} \right| + \left| \vec{R} - \vec{R}_{\mathrm{sp},\vec{R}} \right| + \left| \vec{R}_1 - \vec{R} \right| \right\} + \frac{4\pi i \rho_0 \left\langle \hat{t} \cdot F_f \cdot \hat{t} \right\rangle h_v}{k_0 \cos\theta_{\mathrm{sp1},\vec{R}}} \right] \Gamma_{\mathrm{rough}} \times F_{\vec{R}_{\mathrm{sp},\vec{R}} \to \vec{R}_1} \left\langle R\left(\theta_{\mathrm{sp1},\vec{R}}\right) \right\rangle_{\mathrm{medg}} \cdot \hat{t}_1 \\
& + A^2 \exp\left[ik_0 \left\{ \left| \vec{R} - \vec{R}_1 \right| + \left| \vec{R} - \vec{R}_{\mathrm{sp},\vec{R}} \right| + \left| \vec{R}_{\mathrm{sp},\vec{R}} - \vec{R}_1 \right| \right\} + \frac{4\pi i \rho_0 \left\langle \hat{t} \cdot F_f \cdot \hat{t} \right\rangle h_v}{k_0 \cos\theta_{\mathrm{sp1},\vec{R}}} \right] \Gamma_{\mathrm{rough}} \times \left\langle R\left(\theta_{\mathrm{sp1},\vec{R}}\right) \right\rangle_{\mathrm{medg}} \cdot F_{\vec{R}_1 \to \vec{R}_{\mathrm{sp},\vec{R}}} \cdot \hat{t}_1
\end{aligned}$$

$$(13.40)$$

其中，$F_{\vec{R}_{\mathrm{sp},\vec{R}} \to \vec{R}_1}$ 为前向散射矩阵，$F_{\vec{R}_{\mathrm{sp},\vec{R}} \to \vec{R}_1} = F_{\vec{R}_1 \to \vec{R}_{\mathrm{sp},\vec{R}}}$，$\Gamma_{\mathrm{rough}}$ 描述的是由于地表粗糙度造成的能量损失，$R\left(\theta_{\mathrm{sp1},\vec{R}}\right)$ 为地表反射项，具体形式为

$$\Gamma_{\mathrm{rough}} \equiv \exp\left[-2k^2 \sigma_H^2 \cos\theta_{\mathrm{sp},\vec{R}} \right], \quad R\left(\theta_{\mathrm{sp1},\vec{R}}\right) \equiv \begin{pmatrix} R_h\left(\theta_{\mathrm{sp1},\vec{R}}\right) & 0 \\ 0 & R_v\left(\theta_{\mathrm{sp1},\vec{R}}\right) \end{pmatrix} \quad (13.41)$$

其中，R_h 和 R_v 为菲涅尔反射系数；σ_H 为高斯分布条件下地表高度的标准差。

地表到冠层和冠层到地表项的相位是相等的，路径 $\vec{R}_1 \to \vec{R}_{\mathrm{sp},R} \to \vec{R}(x,y,z) \to \vec{R}_1$ 是卫星到 $\vec{R}$ 正下方点斜距的两倍 $\left(2 \left| \vec{R}_1 - \vec{R}(x,y,z) \right| \right)$。代入通用复干涉相关式(13.36)可得

$$
\left\langle \hat{p}_1 \vec{E}_{\hat{t}_1}\left(\vec{R}_1\right) \hat{p}_2 \vec{E}_{\hat{t}_2}^{*}\left(\vec{R}_2\right) \right\rangle = \exp\left[i\varphi_0\left(z_0\right)\right]\exp\left[-\frac{2\sigma_x h_v}{\cos\theta_0}\right]\int_0^{2\pi} W_\eta^2 \mathrm{d}\eta \int_{-\infty}^{\infty} W_r^2 r_0 e^{i\alpha_r r}\,\mathrm{d}r
$$

Volume * Volume

$$
\times \rho_0 \left[\left\langle \left(\hat{p}_1 \cdot F_b \cdot \hat{t}_1\right)\left(\hat{p}_2 \cdot F_b^{*} \cdot \hat{t}_2\right) \right\rangle \int_0^{h_v} e^{i\alpha_z z'} \exp\left[\frac{-2\sigma_x z'}{\cos\theta_0}\right]\mathrm{d}z' \right.
$$

$$
+ \Gamma_{\text{rough}}^2 \left\langle \left(\hat{p}_1 \cdot F_{\vec{R}_{\text{sp},\vec{R}} \to \vec{R}_1} \left\langle R(\theta_0)\right\rangle \cdot \hat{t}_1\right)\left(\hat{p}_2 \cdot F_{\vec{R}_{\text{sp},\vec{R}} \to \vec{R}_1} \left\langle R(\theta_0)\right\rangle \cdot \hat{t}_2\right)\right\rangle \int_0^{h_v} \mathrm{d}z' e^{ik_z z'}
$$

Ground-volume* Ground-volume

$$
+ \Gamma_{\text{rough}}^2 \left\langle \left(\hat{p}_1 \cdot F_{\vec{R}_{\text{sp},\vec{R}} \to \vec{R}_1} \left\langle R(\theta_0)\right\rangle \cdot \hat{t}_1\right)\left(\hat{p}_2 \cdot \left\langle R(\theta_0)\right\rangle F_{\vec{R}_1 \to \vec{R}_{\text{sp},\vec{R}}} \cdot \hat{t}_2\right)\right\rangle \int_0^{h_v} \mathrm{d}z' e^{-ik_z z'} \qquad (13.42)
$$

Ground-volume*Volume-ground

$$
+ \Gamma_{\text{rough}}^2 \left\langle \left(\hat{p}_1 \cdot \left\langle R(\theta_0)\right\rangle F_{\vec{R}_1 \to \vec{R}_{\text{sp},\vec{R}}} \cdot \hat{t}_1\right)\left(\hat{p}_2 \cdot F_{\vec{R}_{\text{sp},\vec{R}} \to \vec{R}_1} \left\langle R(\theta_0)\right\rangle \cdot \hat{t}_2\right)\right\rangle \int_0^{h_v} \mathrm{d}z' e^{ik_z z'}
$$

Volume-ground*Ground-volume

$$
+ \Gamma_{\text{rough}}^2 \left\langle \left(\hat{p}_1 \cdot \left\langle R(\theta_0)\right\rangle F_{\vec{R}_1 \to \vec{R}_{\text{sp},\vec{R}}} \cdot \hat{t}_1\right)\left(\hat{p}_2 \cdot \left\langle R(\theta_0)\right\rangle F_{\vec{R}_1 \to \vec{R}_{\text{sp},\vec{R}}} \cdot \hat{t}_2\right)\right\rangle \int_0^{h_v} \mathrm{d}z' e^{-ik_z z'} \right]
$$

Volume-ground*Volume-ground

那么对于互易介质，在地表与冠层的相互作用中，冠层到地表的散射项与地表到冠层的散射项应该是相等的，即 Volume-ground = Ground-volume，所以上式中的最后四项是相等的，因此有

$$
\frac{\left\langle \hat{t}\vec{E}_{\hat{t}}\left(\vec{R}_1\right)\hat{t}\vec{E}_{\hat{t}}^{*}\left(\vec{R}_2\right)\right\rangle}{\sqrt{\left\langle\left|\hat{t}\vec{E}_{\hat{t}}\left(\vec{R}_1\right)\right|^2\right\rangle}\sqrt{\left\langle\left|\hat{t}\vec{E}_{\hat{t}}\left(\vec{R}_2\right)\right|^2\right\rangle}}
$$

$$
= A_r e^{i\varphi_0(z_0)} \frac{\left[\dfrac{\Gamma_{\text{rough}}^2 \left\langle R_{\hat{t}}\left(\theta_0\right)\right\rangle^2 \left\langle\left|\hat{t}\cdot F_{\vec{R}_{\text{sp},\vec{R}}\to\vec{R}_1}\left\langle R(\theta_0)\right\rangle\cdot\hat{t}\right|^2\right\rangle}{\left\langle\left|\hat{t}\cdot F_b\cdot\hat{t}\right|^2\right\rangle} h_v \dfrac{\sin k_z h_v}{k_z h_v}\right]}{\left[\cos\theta_0\left(\dfrac{e^{2\sigma_x h_v/\cos\theta_0}-1}{2\sigma_x}\right) + 4\dfrac{\Gamma_{\text{rough}}^2 \left\langle R_{\hat{t}}\left(\theta_0\right)\right\rangle^2 \left\langle\left|\hat{t}\cdot F_{\vec{R}_{\text{sp},\vec{R}}\to\vec{R}_1}\left\langle R(\theta_0)\right\rangle\cdot\hat{t}\right|^2\right\rangle}{\left\langle\left|\hat{t}\cdot F_b\cdot\hat{t}\right|^2\right\rangle} h_v\right]}
$$

$$
\equiv A_r e^{i\varphi_0(z_0)} \frac{\left[\displaystyle\int_0^{h_v} e^{i\alpha_z z'}\exp\left[\frac{2\sigma_x z'}{\cos\theta_0}\right]\mathrm{d}z' + 4\Delta_{\hat{t}}^s h_v \dfrac{\sin k_z h_v}{k_z h_v}\right]}{\left[\cos\theta_0\left(\dfrac{e^{2\sigma_x h_v/\cos\theta_0}-1}{2\sigma_x}\right) + 4\Delta_{\hat{t}}^s h_v\right]}
$$

$$
(13.43)
$$

该式子表明在地表镜向散射存在的条件下，使用四个参数可以完全描述复干涉相干：①植被高度 h_v；②地面高度 z_0；③消光系数 σ_x；④Δ_t^s 定义了地表贡献相对于冠层贡献的大小。

Papathanassiou 等将上式进行了简化描述，表达形式如下：

$$\tilde{\gamma} = \exp(i\varphi_0) \frac{\tilde{\gamma}_v + m(\vec{w})}{1 + m(\vec{w})} \tag{13.44}$$

其中，φ_0 是与地形有关的相位；m 是有效的地表散射-体散射强度比(用于描述穿过植被层的衰减)；$\tilde{\gamma}_v$ 表示植被层的复相干性，它与植被层的消光系数 σ 和厚度 h_v 有关。

$$\tilde{\gamma}_v = \frac{I}{I_0} \begin{cases} I = \int_0^{h_v} \exp\left(\frac{2\sigma z'}{\cos\theta_0}\right) \exp(i\kappa_z z') \mathrm{d}z' \\ I_0 = \int_0^{h_v} \exp\left(\frac{2\sigma z'}{\cos\theta_0}\right) \mathrm{d}z' \end{cases} \tag{13.45}$$

其中，κ_z 是有效的垂直干涉波数，它与成像几何和雷达波长有关

$$\kappa_z = \frac{\kappa\Delta\theta}{\sin\theta_0}, \quad \kappa = \frac{4\pi}{\lambda} \tag{13.46}$$

$\Delta\theta$ 为基线两端相对于散射体的张角。可以看出，干涉相干系数与植被高度 h_v、冠层消光系数 σ、有效的地表冠层散射强度比 m、与地表高程有关的相位 φ_0 有关。

对于全极化干涉数据，三个极化状态有六个观测值(三个实干涉相干系数、三个干涉相位差)，有六个变量需要求解，即地表相位 φ_0，植被高度 h_v，冠层消光系数 σ 和随极化变化的冠层地表散射强度比 m_1, m_2, m_3。这里假设冠层消光系数是不随极化改变的。因此反演算法的目标函数可表示为

$$\begin{bmatrix} h_v \\ \exp(i\varphi_0) \\ \sigma \\ m_1 \\ m_2 \\ m_3 \end{bmatrix} = [M]^{-1} \begin{bmatrix} \tilde{\gamma}_1 \\ \tilde{\gamma}_2 \\ \tilde{\gamma}_3 \end{bmatrix} \tag{13.47}$$

其中，M 表示上述的干涉相干系数模型，它将 6 个观测值和 6 个物理参数联系起来。$\tilde{\gamma}_1$，$\tilde{\gamma}_2$，$\tilde{\gamma}_3$ 表示三个不同极化状态下的复干涉相干系数。因此参数的估算实为六维的非线性参数最优化问题，即

$$\min\left\| \begin{bmatrix} \tilde{\gamma}_1 \\ \tilde{\gamma}_2 \\ \tilde{\gamma}_3 \end{bmatrix} - [M] \begin{bmatrix} h_v \\ \exp(i\varphi_0) \\ \sigma \\ m_1 \\ m_2 \\ m_3 \end{bmatrix} \right\| \tag{13.48}$$

其中，$\| \cdot \|$ 表示欧几里得矢量范数。具体的反演流程如图 13.10 所示。

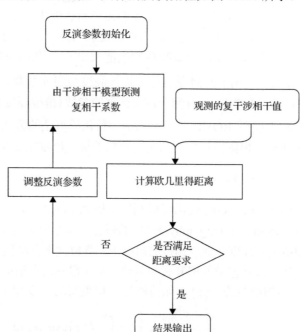

图 13.10　参数化模型法树高反演流程图

将初始化参数代入复干涉相干模型计算复干涉相干系数，将模拟结果与观测值进行对比，计算它们之间的距离，如果距离满足条件则输出结果，如果距离不满足条件，则对反演参数进行调整，重新利用模型计算复干涉相干系数，如此循环往复，直到模拟值与观测值的距离满足要求为止。

3. 植被高度提取方法之三步法

如前所述，参数化模型法是六维空间的非线性参数的优化问题，该方法计算效率比较低，而且易受参数初始化的影响。鉴于此，Cloude 和 Papathanassiou（2003）在分析复干涉相干模型的几何意义的基础上提出了三步树高估算方法。

对干涉相干模型进行如下变形

$$\tilde{\gamma}(\vec{w}) = \exp(i\varphi_0) \frac{\tilde{\gamma}_v + m(\vec{w})}{1 + m(\vec{w})} = \exp(i\varphi_0) \left[\tilde{\gamma}_v + \frac{m(\vec{w})}{1 + m(\vec{w})} (1 - \tilde{\gamma}_v) \right] \tag{13.49}$$

可以看出，在 $\tilde{\gamma}(\vec{w})$ 的复平面内，该方程为直线方程。极端情况下，当 $m(\vec{w})$ 为零时，即为裸露地表，不存在植被的影响，此时 $\tilde{\gamma}_v$ 为 1.0，不考虑地表的去相干作用，干涉相干系数的值为 1.0，相位为地表相位。如果在复平面内做一个以原点为中心的单位圆，那么干涉相干模型所表示的直线与单元单位圆的两个交点中，必然有一个点是与上述情况对应的，根据上述分析，Cloude 提出了三步法树高估算法方法。第一步通过极化组合的变换得到几个 $m(\vec{w})$ 和对应的 $\tilde{\gamma}(\vec{w})$，理论上讲它们应该分布在同一条直线上，在实际数据中它们会稍微有些分散，需要使用最小二乘法进行直线拟合；第二步，在得到拟合的直线后就可以计算直线与单位圆的两个交点，我们知道 HV 极化主要来自于冠层体散射，那么距离与 HV 极化对应的 $\tilde{\gamma}_v$ 较远的交点即为裸地地表的点，对应的相位为地表相位。因为直线斜率是 $1-\tilde{\gamma}_v$，所以通过拟合曲线我们也能求出 $\tilde{\gamma}_v$，从而可以进一步求出给定极化组合的 $m(\vec{w})$。第三步，剩下的问题是计算植被高度与消光系数，第二步得到了 $\tilde{\gamma}_v$，因此有两个观测量($\tilde{\gamma}_v$ 的模和相位)，有两个需要估算的参数(植被高度和衰减系数)，可以利用随机植被层干涉相干模型 ROV，利用类似于参数化模型法的方法通过调整植被高度和衰减系数进行循环计算，根据模拟数据与实测数据的最近原则完成对植被高度的估算。

4. 植被垂直结构极化干涉层析

Cloude 和 Papathanassiou(2003)提出可以利用全极化干涉数据进行植被垂直结构的相干层析(Polarization Coherence Tomography, PCT)的概念。其主要思路是假设植被的垂直结构是连续的，在已知植被的高度和地表相位的前提下，将植被垂直结构函数按傅里叶-勒让德级数展开，利用极化干涉数据求的展开式的系数，从而得到垂直结构函数的近似。

设植被层的垂直结构函数为 $f(z)$，如前所述，植被层的干涉相干可表示为

$$\tilde{\gamma} = \exp(i\varphi_0)\tilde{\gamma}_v = \exp(i\varphi_0)\frac{I}{I_0}\begin{cases} I = \int_0^{h_v} f(z)\exp(ikz)\mathrm{d}z \\ I_0 = \int_0^{h_v} f(z)\mathrm{d}z \end{cases} \tag{13.50}$$

其中，h_v 为植被高度；φ_0 为地表相位，这两个量可以使用前面的方法进行估算，在 PCT 中假设它们是已知的量。

为了便于对 $f(z)$ 按傅里叶-勒让德级数进行展开，首先需要进行如下形式的积分变换：

$$\int_0^{h_v} f(z)\mathrm{e}^{ikz}\mathrm{d}z \xrightarrow{z'=\frac{2z}{h_v}-1} \int_{-1}^{1} f(z')\mathrm{e}^{ikz'}\mathrm{d}z' \tag{13.51}$$

分子、分母的变换结果为

$$\int_0^{h_v} f(z)\mathrm{e}^{ikz}\mathrm{d}z = \frac{h_v}{2}\mathrm{e}^{i\frac{kh_v}{2}}\int_{-1}^{1}\left(1+f(z')\right)\mathrm{e}^{i\frac{kh_v}{2}z'}\mathrm{d}z'$$

$$\int_0^{h_v} f(z)\mathrm{d}z = \frac{h_v}{2}\int_{-1}^{1}\left(1+f(z')\right)\mathrm{d}z' \tag{13.52}$$

$f(z')$ 在 $[-1,1]$ 区间内可以按傅里叶-勒让德级数展开为

$$f(z') = \sum_n a_n P_n(z') \tag{13.53}$$

其中，$a_n = \frac{2n+1}{2}\int_{-1}^{1} f(z')P_n(z')\mathrm{d}z'$

根据傅里叶-勒让德级数可知，前五项 $P_n(z')$ 为

$$P_0(z') = 0; \quad P_1(z') = z'; \quad P_2(z') = \frac{1}{2}(3z'^2 - 1);$$

$$P_3(z') = \frac{1}{2}(5z'^3 - 3z'); \quad P_4(z') = \frac{1}{8}(35z'^4 - 30z'^2 + 3) \tag{13.54}$$

因此复干涉相干系数可表示为

$$\tilde{\gamma} = e^{i\frac{kh_v}{2}} \frac{\int_{-1}^{1}(1+f(z'))e^{i\frac{kh_v}{2}z'}dz'}{\int_{-1}^{1}(1+f(z'))dz'} = e^{ik_v} \frac{\int_{-1}^{1}\left(1+\sum_n a_n P_n(z')\right)e^{i\frac{kh_v}{2}z'}dz'}{\int_{-1}^{1}\left(1+\sum_n a_n P_n(z')\right)dz'}$$

$$= e^{ik_v} \frac{(1+a_0)\int_{-1}^{1}e^{ik_v z'}dz' + a_1\int_{-1}^{1}P_1(z')e^{ik_v z'}dz' + a_2\int_{-1}^{1}P_2(z')e^{ik_v z'}dz' + a_3\int_{-1}^{1}P_3(z')e^{ik_v z'}dz' + \cdots}{(1+a_0)\int_{-1}^{1}dz' + a_1\int_{-1}^{1}P_1(z')dz' + a_2\int_{-1}^{1}P_2(z')dz' + a_3\int_{-1}^{1}P_3(z')dz' + \cdots}$$

$$= e^{ik_v} \frac{(1+a_0)f_0 + a_1 f_1 + a_2 f_2 + a_3 f_3 + \cdots + a_n f_n}{(1+a_0)} \tag{13.55}$$

前五项 f_n 的确切表达式为

$$f_0 = \frac{\sin k_v}{k_v}, \quad f_1 = i\left(\frac{\sin k_v}{k_v^2} - \frac{\cos k_v}{k_v}\right), \quad f_2 = \frac{3\cos k_v}{k_v^2} - \left(\frac{6-3k_v^2}{2k_v^3} + \frac{1}{2k_v}\right)\sin k_v$$

$$f_3 = i\left(\left(\frac{30-5k_v^2}{2k_v^3} + \frac{3}{2k_v}\right)\cos k_v - \left(\frac{30-15k_v^2}{2k_v^4} + \frac{3}{2k_v^2}\right)\sin k_v\right)$$

$$f_4 = \left(\frac{35(k_v^2-6)}{2k_v^4} - \frac{15}{2k_v^2}\right)\cos k_v + \left(\frac{35(k_v^4-12k_v^2+24)}{8k_v^5} + \frac{30(2-k_v^2)}{8k_v^3} + \frac{3}{8k_v}\right)\sin k_v \tag{13.56}$$

复干涉相干系数可进一步简化表达为

$$\tilde{\gamma} = f_0 + a_{10}f_1 + a_{20}f_2 + \cdots + a_{n0}f_n \tag{13.57}$$

其中，$a_{n0} = \dfrac{a_n}{1+a_0}$。

由 f_n 的确切表达式可以看出，基数展开式的奇数项为实数，偶数项为虚数，因此有

$$\mathrm{Re}(\tilde{\gamma}) - f_0 = a_{20}f_2 + a_{40}f_4 + \cdots$$

$$\mathrm{Im}(\tilde{\gamma}) = -i(a_{10}f_1 + a_{30}f_3 + \cdots) = a_{10}f_{1i} + a_{30}f_{3i} + \cdots \tag{13.58}$$

对于单基线干涉数据，可得到垂直剖面函数的一阶解，

$$\left.\begin{array}{l}\hat{a}_{20}=\dfrac{\text{Re}(\tilde{\gamma})-f_0}{f_2}\\[3mm]\hat{a}_{10}=\dfrac{\text{lm}(\tilde{\gamma})}{f_{1i}}\end{array}\right\}\Rightarrow f(z)=1+\hat{a}_{10}P_1(z)+a_{20}P_2(z)=1+\hat{a}_{10}z+\dfrac{\hat{a}_{20}}{2}\left(3z^2-1\right),\quad -1\leqslant z\leqslant 1$$

$$(13.59)$$

如果要得到更高阶的解，就需要使用多基线数据，如使用双基线数据，分别以上标 x, y 表示，则由如下方程：

$$\begin{bmatrix}f_1^x & 0 & f_3^x & 0\\ 0 & f_2^x & 0 & f_4^x\\ f_1^y & 0 & f_2^y & 0\\ 0 & f_3^y & 0 & f_4^y\end{bmatrix}\begin{bmatrix}a_{10}\\ a_{20}\\ a_{30}\\ a_{40}\end{bmatrix}=\begin{bmatrix}\text{lm}(\tilde{\gamma}_x)\\ \text{Re}(\tilde{\gamma}_x)-f_0^x\\ \text{lm}(\tilde{\gamma}_y)\\ \text{Re}(\tilde{\gamma}_y)-f_0^y\end{bmatrix}\Rightarrow [F]\cdot a=g\Rightarrow a=[F]^{-1}g\quad(13.60)$$

可以看出，利用单基线干涉数据可以得到垂直结构函数的前三项展开，利用双基线干涉数据可以得到前五项展开的结果。

a_0 是无法求出的，在 PCT 中所求的系数为 a_{n0}，因此所得到的植被垂直结构函数实为相对的结构。

13.5　摄影测量树高反演

13.5.1　摄影测量点云与 ALS 点云的比较

除激光雷达和合成孔径雷达外，还有一种能够对森林垂直结构进行探测的技术手段，即摄影测量。摄影测量的诞生和发展要远早于雷达干涉技术和激光雷达技术。摄影测量利用地物在不同观测角度影像上产生的视差信息对地物的三维结构进行重建。对于给定地物，在影像上所产生的视差大小由两个观测角度的角度差决定，角度差越大，所产生的视差也就越大；但同时，视差信息是由图像的特征来体现的，因此，不难想见，视差的测量精度取决于影像的分辨率。由于早期星载光学遥感影像的分辨率较低，限制了视差信息的提取精度，所以摄影测量的林业应用研究主要以机载数据为主。

随着计算机视觉技术逐渐成熟并应用于数字摄影测量技术，影像间同名点匹配技术代替人工识别同名点，在相对定向的特征点匹配与影像间的密集匹配过程中，发挥重要的作用。由传统的解算加密点的位置发展成为可以解算重叠影像内的所有像点的三维坐标。随着相片重叠度的提高，越来越多的影像数据可以实现对同一点的 n 次覆盖 $(n>5)$，这样密集匹配后，对每个核线像对进行密集匹配，得到视差影像，后得到密集的点云数据，再将不同核线影像对生成的点云数据进行融合，因此每个像元中会出现多个匹配点，进行中值滤波后，每一个像元对应一个匹配点，利用计算机视觉的基础变换公式进行前方交会可得到该点的位置。

如图 13.11 点云图所示为安徽省休宁县杉木林的点云数据情况，机载数据于 2014 年 10 月由中国林科院机载遥感系统(CAF-LiCHy)采集，CCD 相机为 Hasselblad-50，Lidar 传感器的型号是 LMS-Q680i(Pang et al., 2016)。蓝色点表示地面点，绿色点为植被点云，从图中可以看出，摄影测量点云与 Lidar 点云对于描述冠层起伏情况相似，但在细节表达方面存在差别。激光雷达点云可穿透森林表层，一部分点可以穿透稀疏冠层到达地面，从而可以更好地刻画森林的冠层结构。密集匹配点云多分布在冠层的上表面，分布于垂直方向上的点云数据则较少。说明摄影测量的很难对林下地形进行观测，而激光雷达可以描述森林内部的三维结构(夏永杰等，2019)。从密集匹配点云的分布来看，高分辨率的影像对于林区优势木的刻画情况与激光雷达类似。

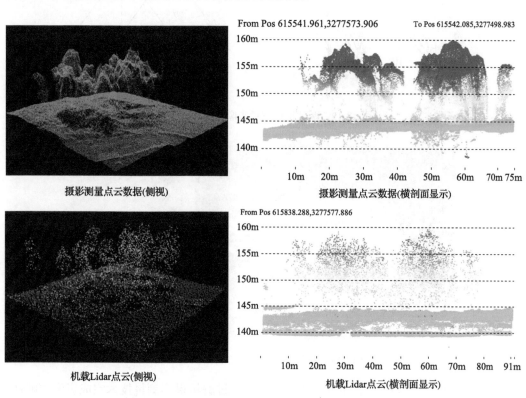

图 13.11　航空摄影测量点云与激光雷达点云数据的对比

13.5.2　摄影测量点云的植被高度反演

最早利用机载摄影测量数据进行森林资源调查的报道是 Rhody(1977)的工作。据 Rhody 报道，最早利用直升机进行森林调查的工作是由 Avery 于 1959 年开展的。之后 Lyons(1967)、Sayn-Wittgenstein 和 Aldred(1972)、Aldred 和 Hall(1975)等在利用航空摄影测量数据进行单木树种识别、胸径和高度等的测量工作。摄影测量测量系统通常有两种数据获取方式，第一种是在飞行方向上通过获取时间序列影像来构成立体像对，第二种是由两个相机沿与飞行方向垂直的方向摆放，通过旁向重叠来构成立体像对(图 13.12、

图 13.13）。Rhody（1977）采用的是第二种方式，基线长度为 2.5m 和 4.5m 两种。Rhody 采用 70m 的飞行高度，对应的影像重叠度分别为 94.8%和 90.6%，采用 100m 的飞行高度，两种基线长度对应的重叠度分别为 96.4%和 93.4%。

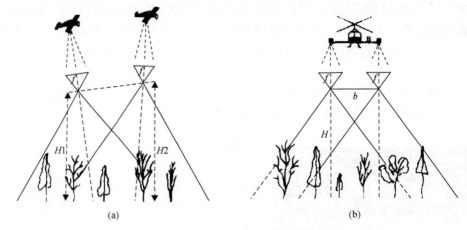

（a）　　　　　　　　　　　　　　　　（b）

图 13.12　两种摄影测量影像数据获取方式

图 13.13　直升机载摄影测量数据获取系统

在 20 世纪 70～80 年代，主要使用航空相片通过解析摄影测量技术完成影像的解译。进入 90 年代后，随着计算机的普及，研究人员逐渐将航空影像进行数据化，开始利用数字化的影像进行立体测量，如 Gagnon 等（1993）评价了使用不同扫描分辨率影像进行单木测量的结果，他使用的影像比例尺为 1∶1100，影像重叠度为 80%，使用了 300 DPI（dot per inch），450 DPI 和 600 DPI 对影像进行了数字化，对应的图像分辨率为 9.3cm、6.2cm 和 4.6cm，对应的树高提取精度分别为 48cm、32cm 和 24cm。

进入 21 世纪后，摄影测量数据处理的自动化水平不断提高，基于数字摄影测量技术的森林调查研究逐渐增多，如宫鹏等（2000）使用获取于 1970 年和 1995 年的两组航空摄影测量数据，对手工和自动化提取森林高度的结果进行了对比分析，结果表明，自动化提取的树高的误差在 1.5m 左右。Katsch 和 Stocker （2000）等尝试使用 LEICA/HELAVA DPW770 数字摄影测量系统，对德国 1∶10000 的航空影像和南非 1∶35000 的航空影像进行处理,对森林高度进行了提取,在德国研究区的森林高度的提取精度在-1.1~1.4m 之间,而在南非提取的提取精度介于-7.5~1.4m 之间。Miller 等(2000)分别利用获取于 1957 年,1975 年和 1995 年的三期航空摄影测量数据进行森林高度提取,影像比例尺分别为 1:2 万、1:2.6 万和 1:1 万,对应的地面分辨率分别为 0.62m,0.82m 和 0.31m,相片数字化的分辨率为 800DPI,结果表明,树高的提取精度在 1.4~2.2m 之间,遗憾的是文中没有交代所用数据的重叠度。Sheng 和 Gong(2001)使用高分辨率摄影测量数据进行单木结构的提取,所使用的是 1994 年 5 月获取的分辨率为 24cm 的影像,数字化分辨率为 250dpi。Naesset(2002)利用 1:15000 的航空摄影测量数据进行了森林高度提取,并用分布在 1000hm^2 森林范围内的 73 个样地的实测数据对提取的森林高度进行了验证,他发现点云算数平均值比真实树高低约 5.4m,以算数平均值作为自变量对树高进行统计回归后,反演的精度在 0.9~1.0m。Tarp-Johansen(2002)使用落叶林区无叶季的 3 张和 5 张航空影像对单木的胸径进行了提取,结果成功提取了 60 棵中 56 棵的胸径,提取精度为 4.2cm 和 3.2cm。Korpela(2004)系统分析了使用航空摄影测量数据进行单木测量的效果;使用的航空影像比例尺分别为 1:6000、1:1200 和 1:16000,影像获取所采用的航向重叠度分别为 60%、70%和 60%,旁向重叠度为 60%,研究发现由于无法识别被压木,往往会低估单木株数,但由于被压木往往较小,对木材总量的估算影响较小。St-Onge 等(2004)以激光雷达提供的林下地形作为参考,分析了利用航空摄影测量数据进行单木参数提取的效果,使用的影像比例尺为 1:8000,航向重叠度为 60%,地面分辨率约为 11.3cm,所使用的 DEM 来自点云密度为 0.1 个/m^2 激光雷达数据,树高的提取精度在 1.0m 左右。

　　St-Onge 等(2015)通过立体航空像片获得的林区冠层表面绝对高程与机载激光雷达数据获得的林下地形结合,求取单木冠层高度与林分冠层高度。实验很好地证明了在单木和林分尺度上,Lidar 数据直接获取的 Lidar-CHM 和两种数据结合生成的 CHM 之间显示了较高的相关性。Véga 和 St-Onge(2009)利用 1946~2003 年间的历史航片与近期的 Lidar 覆盖数据,构建 1946~2003 年间的多时期 CHM,与森林生长曲线结合求算立地指数,并取得了良好的效果。Bohlin 等(2016)利用多时相(生长季与落叶季)航空像片构建冠层高度模型,与航空影像光谱信息结合,进而对不同季节的落叶林的生长情况进行变化监测,并以此信息进行分类,分类精度得以提高。Ginzler 和 Hobi(2015)采用 2007~2012 年间瑞士全国的夏季航片,按照研究区地形的差异,采用不同的匹配策略对航片数据进行立体匹配,进而对全国森林冠层的高度进行更新,同时进行了针对单木尺度与林分尺度上,落叶林与针叶林的树高精度比较。Jensen 和 Mathews(2016)利用高分辨率航空像片得到研究区的 DEM、DSM,高度归一化后得到 CHM,并与研究区实测树高进行精度比较,得到平均树高、中值树高、最大树高的与实测树高相关性分别为 0.90、0.89、0.89。Katarzyna 等(2016)利用 2009 年与 2012 年的航片与机载激光雷达数据结合,实现了稀疏林区林隙的自动探测,结果显示生产者精度与用户精度都较高。Puliti(2015)利用无人机航片得到三维的森林参数,与之前相关研究的数据进行了交叉验证,结果显示其相关性高,进而证明了无人机影像可以为森林调查提供良好的数据基础。

　　通过以上描述可以看到,21 世纪初的研究大多使用的是现有可获取的历史胶片影像经数字化后的数据，这些影像的获取通常是为地形测绘服务的，基本要求是航向重叠度优于 60%，旁向重叠度优于 30%，这类影像的航向重叠度较低，这些文章多描述了所采用的扫描分辨率，而对影像的航向和旁向重叠度描述较少。最近十年数码相机的快速发展，数据获取不再需要胶片，因此，成像成本明显降低。研究人员开始尝试使用数码相机获取的影像进行单木参数提取。如 Hirschmugl 等(2007)使用的是 UltracamD 数字相机获取影像，航向重叠度达到了 90%，飞行高度为 1770m，全色相机分辨率为 15cm，研究表明对上层森林高度的提取精度在 0.7m 左右。Magnusson 等(2007)使用的是 Z/I DMC 航空数字影像系统获取的数据，飞行高度 4800m，影像分辨率为 0.48m，在 1200hm^2 的林区获取了单木的树高、树种组成和林分森林蓄积量，森林蓄积量提取的相对误差为 24%，树高的提取精度为 1.4m，树种识别的准确率为 95%。

　　虽然数码相机代替传统相机节约了成像成本，但专业数字航空摄影测量系统的成本依然较高，且需要搭载于有人飞机上，数据获取成本依然较高。最近五年，无人机技术迅速发展，在计算机视觉技术的支持下，摄影测量的数据对相机的要求明显降低，且数据处理的自动化程度明显增强，无人机航空摄影测量数据的利用正逐渐引起森林调查研究人员的关注。如 Dandois 和 Ellis(2013)等报告了利用无人机和计算机视觉进行森林结构参数提取的结果，使用六旋翼无人机搭载 Canon SD4000 家用相机，飞行高度为 40m，获取了 250m×250m 范围内影像，所采用的航向重叠度为 90%，旁向重叠度为 40%~50%，快门速度为 1/800s，结果表明提取的树高与激光雷达数据的相关性(R^2)为 0.63~0.84。Chen 等(2017)报道了利用无人机摄影测量数据对北方森林的线性扰动进行监测的结果，无人机的飞行高度为 42m，飞行速度为 3m/s，航向重叠度为 90%，旁向重叠度为 71%，数据覆盖范围为 180m×64m，他们认为就在样地尺度上对植被高度进行调查而言，无人机可以取代传统的野外调查。Guerra-Hernandez 等(2017)报道了利用多期无人机航空摄影测量数据进行单木生长监测的研究结果，他们使用的是固定翼无人机，搭载的相机是 Canon Powershot S110，航向和旁向重叠度分别为 80%和 75%，数据覆盖范围为 240m×180m，影像分辨率为 6cm，结果表明提取的树高与实测树高的相关性(R^2)达到 0.96，对胸径和生物量的监测精度为 79%和 86%。Panagiotidis 等(2017)报道了使用无人机摄影测量数据进行冠幅和树高提取的工作，使用的是大疆 S800 无人机搭载 Sony NEX-5R 相机，相机焦距为 15mm，数据覆盖范围为 25m×25m，没有提供飞行高度、图像分辨率和重叠度等信息，结果表明对树高和冠幅提取的相对误差分别为 11.42%~12.62%和 14.29%~18.56%。Saarinen 等(2018)报道了利用航空摄影测量数据进行生物多样性的研究，使用单旋翼无人机搭载可见光和多光谱相机，飞行高度为 400m，飞行速度为 10m/s，航向和旁向重叠度分别为 95%和 80%，可见光和多光谱相机的分辨率分别为 0.1m 和 0.25m。

　　通过上述文献调研可以看到，利用机载摄影测量数据进行森林调查的工作经历了近六十年的发展，影像的获取平台经历了由有人机、直升机到低成本无人机的发展过程；影像的记录方式经历了胶片、数字化胶片和全数字的获取过程；影像的解译方式经历了半自动化的解析摄影测量、全自动化的数字摄影测量到计算机视觉全自动数据处理的过程。数据获取成本逐步降低，对于相机的质量要求明显下降，数据处理自动化水平逐渐提高，利用机载摄影测量数据的森林调查工作逐步走向实用化，无人机航空摄影测量数据将与激光雷达数据一样，逐步成为可以信赖的森林调查手段，可大幅降低森林调查的劳动强度，提高森林调查的效率，将对森林调查带来革命性的变化。

13.6　展　　望

本章阐述了森林高度野外测量的方法和使用激光雷达数据、合成孔径雷达数据、摄影测量数据进行植被高度估算的方法。通过它们的测量原理可以看出，激光雷达数据是对植被高度的直接测量，特别是高密度的小光斑激光雷达数据其至可以估算出单木的结构参数。大光斑激光雷达数据可以记录脚印范围内的激光雷达回波波形，可以较好地刻画植被的空间结构。但是它们也有自身的缺点，如小光斑激光雷达通常为机载系统，数据获取成本相对较高；大光斑激光雷达系统采用点采样策略获取数据，它所能反演的参数仅限于激光脚印点内，由于轨道间距较大，很难直接将反演结果推广到面上。合成孔径雷达的立体测量和干涉测量技术提供了获取植被高度信息的另外一条途径。但使用单极化干涉数据进行树高的估算需要林下地形数据的配合或使用双频率数据。极化干涉技术作为一种新技术，它不需要外源数据的配合就可以实现对树高估算，因此在区域森林参数估计方面具有很好的发展潜力。但同时要看到，它所估算的树高也是通过散射相位中心高度推算出来的，因此不同的林分条件下散射相位中心高度与树高的关系会有所差别，利用相干层析技术得到的植被的垂直剖面也只是相对结构。随着密集匹配技术的发展和计算机处理性能的提升，摄影测量反演树高(尤其是上层树木的高度)正在得到越来越多的重视。作者认为未来的发展趋势是联合使用激光雷达数据与雷达干涉数据进行树高的反演，通过多频率干涉数据或极化干涉数据对散射相位中心高度进行估算，利用激光雷达的点采样数据对散射相位中心高度与树高的关系进行标定。通过相干层析技术获取植被的相对垂直结构，利用激光雷达数据将其转换为绝对的垂直结构信息。如果有了高质量的 DEM 数据，摄影测量也是获取上层树木参数的一个有效手段。

参 考 文 献

戴永江 2002. 激光雷达原理. 北京: 国防工业出版社出版

李天佐, 林昌庚. 1978. 森林连续清查样本大小的设计. 林业科技通讯, 17-19

倪文俭. 2009. 基于三维森林雷达后向散射模型与 PALSAR 数据的森林生物量反演研究. 北京: 中国科学院遥感应用研究所博士学位论文

庞勇, 李增元, 陈尔学, 等. 2005. 激光雷达技术及其在林业上的应用. 林业科学, 41(3): 129-136

庞勇, 于信芳, 李增元, 等. 2006. 星载激光雷达波形长度提取与林业应用潜力分析. 林业科学, 42(7): 137-140

夏永杰, 庞勇, 刘鲁霞, 等. 2019. 高精度 DEM 支持下的多时期航片杉木人工林树高生长监测. 林业科学, 55(4): 108-121

詹昭宁. 1982. 森林生产力评定方法. 北京: 中国林业出版社

Aldred A H, Hall J K. 1975. Application of large-scale photography to a forest inventory. The Forestry Chronicle, 51(1): 9-15

Anderson J, Martin M, Smith M L, et al. 2006. The use of waveform lidar to measure northern temperate mixed conifer and deciduous forest structure in New Hampshire. Remote Sensing of Environment, 105: 248-261

Axelsson P. 2001. Ground estimation of laser data using adaptive TIN-models. Stakholm, Sweden: Proceeding of OEEPE Workshop on Airborne Laserscanning and Interferometric SAR for Detailed Digital Elevation Models

Ayrey E, Fraver S, Kershaw Jr J A, et al. 2017. Layer stacking: a novel algorithm for individual forest tree segmentation from LiDAR point clouds. Canadian Journal of Remote Sensing, 43(1): 16-27

Bachman C G. 1979. Laser Radar Systems and Techniques. Norwood, MA: Artech House

Baltsavias E P. 1999. Airborne laser scanning: basic relations and formulas. ISPRS Journal of Photogrammetry and Remote Sensing, 54: 199-214

Baltsavias E P. 1999. Airborne laser scanning: existing systems and firms and other resources. ISPRS Journal of Photogrammetry and Remote Sensing, 54: 164-198

Blair J B, Rabine D L, Hofton M A. 1999. The laser vegetation imaging sensor (LVIS): a medium-altitude, digitations-only, airborne laser altimeter for mapping vegetation and topography. ISPRS Journal of Photogrammetry and Remote Sensing, 54(2): 115-122

Bohlin J, Wallerman J. 2016. Deciduous forest mapping using change detection of multi-temporal canopy height models from aerial images acquired at leaf-on and leaf-off conditions. Scandinavian Journal of Forest Research, (5): 1-27

Bortolot J, Wynne R H. 2005. Estimating forest biomass using small footprint LiDAR data: An individual tree-based approach that incorporates training data. ISPRS Journal of Photogrammetry and Remote Sensing, 59: 342-360

Brandtberg T. 2007. Classifying individual tree species under leaf-off and leaf-on conditions using airborne lidar. ISPRS Journal of Photogrammetry and Remote Sensing, 61: 325-340

Brandtberg T, Warner T A, Landenberger R E, et al. 2003. Detection and analysis of individual leaf-off tree crowns in small footprint, high sampling density lidar data from the eastern deciduous forest in North America. Remote Sensing of Environment, 85: 290-303

Brenner A C, Zwally H J, Bentley C R, et al. 2002. GLAS Algorithm Theoretical Basis Document Version 5.0 - Derivation of Range and Range Distributions From Laser Pulse Waveform Analysis for Surface Elevations, Roughness, Slope, and Vegetation Heights. http://www.csr.utexas.edu/glas/ pdf/WFAtbd_v5_02011Sept.pdf[2013-05-01]

Brokaw N V L, Lent R A. 1999. Vertical Structure, Maintaining Biodiversity in Forest Ecosystems. Cambridge: Cambridge University Press: 373-395

Capaldo P, Crespi M, Fratarcangeli F, et al. 2011. High-resolution SAR radargrammetry: A first application with COSMO-SkyMed spotLight imagery. Ieee Geoscience and Remote Sensing Letters, 8(6): 1100-1104

Capaldo P, Nascetti A, Porfiri M, et al. 2015. Evaluation and comparison of different radargrammetric approaches for Digital Surface Models generation from COSMO-SkyMed, TerraSAR-X, RADARSAT-2 imagery: Analysis of Beauport (Canada) test site. ISPRS Journal of Photogrammetry and Remote Sensing, 100: 60-70

Chen Q, Baldocchi D, Gong P, et al. 2006. Isolating individual trees in a savanna woodland using small footprint lidar data. Photogrammetric Engineering and Remote Sensing, 72(8): 923-932

Chen S J, McDermid G J, Castilla G, et al. 2017. Measuring vegetation height in linear disturbances in the boreal forest with UAV photogrammetry. Remote Sensing, 9(12): 1257

Cloude S R. 2006. Polarization coherence tomography. Radio Science, 41: 1-27

Cloude S R, Papathanassiou K P. 1998. Polarimetric SAR interferometry. IEEE Transactions on Geoscience and Remote Sensing, 36: 1551-1565

Cloude S R, Papathanassiou K P. 2003. Three-stage inversion process for polarimetric SAR interferometry. IEEE Proceedings-Radar Sonar and Navigation, 150: 125-134

Coops N C, Hilker T, Wulder M A, et al. 2007. Estimating canopy structure of Douglas-fir forest stands from discrete-return LiDAR. Trees- Structure and Function, 21: 295-310

Dandois J P, Ellis E C. 2013. High spatial resolution three-dimensional mapping of vegetation spectral dynamics using computer vision. Remote Sensing of Environment, 136: 259-276

Donoghue D N M, Watt P J, Cox N J, et al. 2007. Remote sensing of species mixtures in conifer plantations using LiDAR height and intensity data. Remote Sensing of Environment, 110: 509-522

d'Ozouville N, Deffontaines B, Benveniste J, et al. 2008. "DEM generation using ASAR（ENVISAT）for addressing the lack of freshwater ecosystems management, Santa Cruz Island, Galapagos." Remote Sensing of Environment, 112（11）: 4131-4147

Drake J B, Dubayah R O, et al. 2002. Estimation of tropical forest structural characteristics using large-footprint lidar. Remote Sensing of Environment, 79: 305-319

Dubayah R, Blair J B, Bufton J L, et al. 1997. The vegetation canopy lidar mission, land satellite information in the next decade II: Sources and applications. ASPRS Proceedings: 100-112

Duncanson L I, Niemann K O, Wulder M A. 2010. Estimating forest canopy height and terrain relief from GLAS waveform metrics. Remote Sensing of Environment, 114: 138-154

Falkowski M J, Smith A M S, Hudak A T, et al. 2006. Automated estimation of individual conifer tree height and crown diameter via two-dimensional spatial wavelet analysis of lidar data. Canadian Journal of Remote Sensing, 32（2）: 153-161

Floury N, Le Toan T, Souyris J C, et al. 1996. Interferometry for forest studies, Fringe 96. http://earth.esa.int/workshops/ fringe_1996/floury/[2013-05-01]

Gagnon P A, Agnard J P, Nolette C. 1993. Evaluation of a soft-copy photogrammetry system for tree-plot measurements. Canadian Journal of Forest Research-Revue Canadienne De Recherche Forestiere, 23（9）: 1781-1785

Ginzler C, Hobi M. 2015. Countrywide stereo-image matching for updating digital surface models in the framework of the Swiss national forest inventory. Remote Sensing, 7（4）: 4343-4370

Gong P, Biging G S, Standiford R. 2000. Use of digital surface model for hardwood rangeland monitoring. Journal of Range Management, 53（6）: 622-626

Guerra-Hernandez J, Gonzalez-Ferreiro E, Monleon V J, et al. 2017. Use of multi-temporal UAV-Derived imagery for estimating individual tree growth in Pinus pinea stands. Forests, 8（8）: 300

Gupta S, Weinacker H, Koch B. 2010. Comparative analysis of clustering-based approaches for 3-D single tree detection using airborne fullwave Lidar data. Remote Sensing, 2（4）: 968-989

Hagberg J O, Ulander L M H, et al. 1995. Repeat-pass SAR interferometry over forested terrain. IEEE Transactions on Geoscience and Remote Sensing, 33: 331-340

Hall S, Burke I, Box D, et al. 2005. Estimating stand structure using discrete-return lidar: an example from low density, fire prone ponderosa pine forests. Forest Ecology and Management, 208: 189-209

Harding D J, Carabajal C C. 2005. ICESat waveform measurements of within-footprint topographic relief and vegetation vertical structure. Geophysical Research Letters, 32: L21S10

Hirschmugl M, Ofner M, Raggam J, et al. 2007. Single tree detection in very high resolution remote sensing data. Remote Sensing of Environment, 110（4）: 533-544

Holmgren J. 2004. Prediction of tree height, basal area and stem volume in forest stands using airborne laser scanning. Scandinavian Journal of Forest Research, 19: 543-553

Hyde P, Dubayah R, Peterson B, et al. 2005. Mapping forest structure for wildlife habitat analysis using waveform lidar: Validation of montane ecosystems. Remote Sensing of Environment, 96: 427-437

Hyyppa J, Kelle O, Lehikoinen M, et al. 2001. A segmentation-based method to retrieve stem volume estimates from 3-D tree height models produced by laser scanners. IEEE Transactions on Geoscience and Remote Sensing, 39（5）: 969-975

Jensen J, Mathews A. 2016. Assessment of image-based point cloud products to generate a bare earth surface and estimate canopy heights in a woodland ecosystem. Remote Sensing, 8（1）: 50

Katarzyna Z B, Petra A, Michaela E, et al. 2016. Automated detection of forest gaps in Spruce dominated stands using canopy height models derived from Stereo aerial imagery. Remote Sensing, 8（3）（175）: 1-21

Katsch C, Stocker M. 2000. Automatic determination of stand heights from aerial photography using digital photogrammetric systems. Allgemeine Forst Und Jagdzeitung, 171（4）: 74-80

Kirchhof M, Jutzi B, Stilla U. 2008. Iterative processing of laser scanning data by full waveform analysis. ISPRS Journal of Photogrammetry and Remote Sensing, 72: 357-363

Koch B, Heyder U, Weinacker H, et al. 2006. Detection of individual tree crowns in airborne lidar data. Photogrammetric Engineering and Remote Sensing, 72: 357

Korpela I. 2004. Individual tree measurements by means of digital aerial photogrammetry. Silva Fennica: 1-93

Latifi H, Nothdurft A, Koch B. 2010. Non-parametric prediction and mapping of standing timber volume and biomass in a temperate forest: application of multiple optical/LiDAR-derived predictors. Forestry, 83: 395-407

Lee A C, Lucas R M. 2007. A LiDAR-derived canopy density model for tree stem and crown mapping in Australian forests. Remote Sensing of Environment, 111: 493-518

Lefsky M A, Cohen W, Acker S A, et al. 1999a. Lidar remote sensing of the canopy structure and biophysical properties of Douglas-fir western hemlock forests. Remote Sensing of Environment, 70: 339-361

Lefsky M A, Harding D, Cohen W, et al. 1999b. Surface lidar remote sensing of basal area and biomass in deciduous forests of eastern Maryland, USA. Remote Sensing of Environment, 67: 83-98.

Lefsky M A, Harding D J, Keller M, et al. 2005. Estimates of forest canopy height and aboveground biomass using ICESat. Geophysical Research Letters, 32: L22S02

Lefsky M A, Hudak A T, Cohen W B, et al. 2005. Patterns of covariance between forest stand and canopy structure in the Pacific Northwest. Remote Sensing of Environment, 95: 517-531

Lefsky M A, Keller M, et al. 2007. Revised method for forest canopy height estimation from Geoscience Laser Altimeter System waveforms. Journal of Applied Remote Sensing, 1: 013537

Li F. 2007. Tree Measuration. http://www.jingpinke.com/xpe/portal/22cf354b-1288-1000-887c-5fd719521ae5?start=31&courseID= S0700033&uuid=8a833999-1e4881f5-011e-4881f6ac-008f [2013-05-01]

Li Z L, Liu G X, Ding X L. 2006. Exploring the generation of digital elevation models from same-side ERS SAR images: Topographic and temporal effects. Photogrammetric Record, 21 (114): 124-140

Lim K S, Treitz P M. 2004. Estimation of above ground forest biomass from airborne discrete return laser scanner data using canopy-based quantile estimators. Scandinavian Journal of Forest Research, 19: 558-570

Lu X, Guo Q, Li W, et al. 2014. A bottom-up approach to segment individual deciduous trees using leaf-off lidar point cloud data. ISPRS Journal of Photogrammetry and Remote Sensing, 94: 1-12.

Lyons E H. 1967. Forest sampling with 70-mm fixed air-base photography from helicopters. Photogrammetric, 22 (6): 213-231

Magnusson M, Fransson, Olsson H. 2007. Aerial photo-interpretation using Z/I DMC images for estimation of forest variables. Scandinavian Journal of Forest Research, 22 (3): 254-266

Maltamo M, Eerikainen K, et al. 2004. Estimation of timber volume and stem density based on scanning laser altimetry and expected tree size distribution functions. Remote Sensing of Environment, 90: 319-330

Miller D R, Quine C P, Hadley W. 2000. An investigation of the potential of digital photogrammetry to provide measurements of forest characteristics and abiotic damage. Forest Ecology and Management, 135 (1-3): 279-288

Morsdorf F, Meier E, et al. 2004. LIDAR-based geometric reconstruction of boreal type forest stands at single tree level for forest and wildland fire management. Remote Sensing of Environment, 92: 353-362.

Naesset E. 2002. Dermination of mean tree height of forest stands by digital photogrammetry. Scandinavian Journal of Forest Research, 17 (5): 446-459

Naesset E, Gobakken T. 2008. Estimation of above-and below-ground biomass across regions of the boreal forest zone using airborne laser. Remote Sensing of Environment, 112: 3079-3090

Neeff T, Dutra L V, et al. 2005. Tropical forest measurement by interferometric height modeling and P-band radar backscatter. Forest Science, 51: 585-594

Nelson R. 1997. Modeling forest canopy heights: the effects of canopy shape. Remote Sensing of Environment, 60: 327-334

Nelson R, Ranson K J, Sun G, et al. 2009. Estimating Siberian timber volume using MODIS and ICESat/GLAS. Remote Sensing of Environment, 113: 691-701

Nilsson M. 1996. Estimation of tree heights and stand volume using an airborne lidar system. Remote Sensing of Environment, 56: 1-7.

Nonaka T, Hayakawa T, Griffiths S, et al. 2009. Dem production on utilizing stered technology of Terrasar-X data. IEEE International Geoscience and Remote Sensing Symposium, 1-5: 2537-2540

Palm S, Oriot H M, Cantalloube H M. 2012. Radar-grammetric DEM extraction over urban area using circular SAR imagery. IEEE Transactions on Geoscience and Remote Sensing, 50 (11): 4720-4725

Panagiotidis D, Abdollahnejad A, Surovy P, et al. 2017. Determining tree height and crown diameter from high-resolution UAV imagery. International Journal of Remote Sensing, 38 (8-10): 2392-2410

Pang Y, Lefsky M, Andersen H, et al. 2008. Validation of the ICEsat vegetation product using crown-area-weighted mean height derived using crown delineation with discrete return lidar data. Canadian Journal of Remote Sensing, 34 (2): 471-484

Pang Y, Li Z Y, et al. 2016. LiCHy: The CAF's LiDAR, CCD and hyperspectral integrated airborne observation system. Remote Sensing, 8 (5): 398

Papathanassiou K P, Cloude S R. 2001. Single-baseline polarimetric SAR interferometry. IEEE Transactions on Geoscience and Remote Sensing, 39: 2352-2363

Parker G G, Lefsky M A, et al. 2001. Light transmittance in forest canopies determined using airborne laser altimetry and in-canopy quantum measurements. Remote Sensing of Environment, 76: 298-309

Perko R, Raggam H, Deutscher J, et al. 2011. Forest assessment using high resolution SAR data in X-band. Remote Sensing, 3 (4): 792-815

Persson Å, Holmgren J, Söderman U. 2002. Detecting and measuring individual trees using airborne laser scanning. Photogrammetric Engineering and Remote Sensing, 68 (9): 925-932

Persson H, Fransson J E S. 2014. Forest variable estimation using radargrammetric processing of terraSAR-X images in Boreal forests. Remote Sensing, 6 (3): 2084-2107

Popescu S C. 2007. Estimating biomass of individual pine trees using airborne lidar. Biomass and Bioenergy, 31: 646-655

Popescu S C, Wynne R H, et al. 2002. Estimating plot-level tree heights with lidar: local filtering with a canopy-height based variable window size. Computers and Electronics in Agriculture, 37: 71-95

Popescu S C, Wynne R H, et al. 2003. Measuring individual tree crown diameter with lidar and assessing its influence on estimating forest volume and biomass. Canadian Journal of Remote Sensing, 29: 564-577

Prade L. 1963. An analytical and experimental study of stereo for radar. Photogrammetric Engineering and Remote Sensing, 29: 294-300

Puliti S, Olerka H, Gobakken T, et al. 2015. Inventory of small forest areas using an unmanned aerial system. Remote Sensing, 7 (8): 9632-9654

Raggam H, Gutjahr K, Perko R, et al. 2010. Assessment of the stereo-radargrammetric mapping potential of TerraSAR-X multibeam spotlight data. IEEE Transactions on Geoscience and Remote Sensing, 48 (2): 971-977

Reitberger J, Schnörr C, Krzystek P, et al. 2009. 3D segmentation of single trees exploiting full waveform LIDAR data. ISPRS Journal of Photogrammetry and Remote Sensing, 64 (6): 561-574

Rhody B. 1977. New, versatile stereo-camera system for large-scale helicopter photography of forest resources in central-Europe. Photogrammetria, 32 (5): 183-197

Saarinen N, Vastaranta M, Nasi R, et al. 2018. Assessing biodiversity in boreal forests with UAV-Based photogrammetric point clouds and hyperspectral imaging. Remote Sensing, 10 (2): 338

Sačkov I, Hlásny T, Bucha T, et al. 2017. Integration of tree allometry rules to treetops detection and tree crowns delineation using airborne lidar data. iForest-Biogeosciences and Forestry, 10 (2): 459

Salvini R, Carmignani L, Francioni M, et al. 2015. Elevation modelling and palaeo-environmental interpretation in the Siwa area (Egypt): Application of SAR interferometry and radargrammetry to COSMO-SkyMed imagery. Catena, 129: 46-62

Sayn-Wittgenstein L, Aldred A H. 1972. Tree size from large-scale photos. Photogrammetric Engineering, 38 (10): 971-973

Sheng Y W, Gong B. 2001. Model-based conifer-crown surface reconstruction from high-resolution aerial images. Photogrammetric Engineering and Remote Sensing, 67(8): 957-965

Solberg S, Naesset E, Bollandsas O M. 2006. Single tree segmentation using airborne laser scanner data in a structurally heterogeneous spruce forest. Photogrammetric Engineering and Remote Sensing, 72(12): 1369-1378

Solberg S, Riegler G, Nonin P. 2015. Estimating forest biomass from TerraSAR-X stripmap radargrammetry. IEEE Transactions on Geoscience and Remote Sensing, 53(1): 154-161

St-Onge B, Audet F. 2015. Characterizing the height structure and composition of a boreal forest using an individual tree crown approach applied to photogrammetric point clouds. Forests, 6(11): 3899-3922

St-Onge B, Jumelet J, Cobello M, et al. 2004. Measuring individual tree height using a combination of stereophotogrammetry and lidar. Canadian Journal of Forest Research, 34(10): 2122-2130

Strîmbu Victor F, Strîmbu B M. 2015. A graph-based segmentation algorithm for tree crown extraction using airborne LiDAR data. ISPRS Journal of Photogrammetry and Remote Sensing, 104:30-43

Sun G, Ranson K J, et al. 2008. Forest vertical structure from GLAS: An evaluation using LVIS and SRTM data. Remote Sensing of Environment, 112: 107-117

Tarp-Johansen M J. 2002. Stem diameter estimation from aerial photographs. Scandinavian Journal of Forest Research, 17(4): 369-376

Thomas E A, Harold B. 2001. Forest Measurements. New York: McGraw-Hill

Toutin T. 2000. Evaluation of radargrammetric DEM from RADARSAT images in high relief areas. IEEE Transactions on Geoscience and Remote Sensing, 38(2): 782-789

Treuhaft R N, Siqueira P R. 2000. Vertical structure of vegetated land surfaces from interferometric and polarimetric radar. Radio Science, 35: 141-177

Véga C, St-Onge B. 2009. Mapping site index and age by linking a time of Canopy height models with growth curves. Forest Ecology and Management, 257: 951-959

Wagner W, Ullrich A, et al. 2006. Gaussian decomposition and calibration of a novel small-footprint full-waveform digitising airborne laser scanner. ISPRS Journal of Photogrammetry and Remote Sensing, 60: 100-112

Wang Y, Weinacker H, Koch B, et al. 2011. Lidar point cloud based fully automatic 3D single tree modelling in forest and evaluations of the procedure. The International Archives of the Photogrammetry, Remote Sensing and Spatial Information Science, 8: 1682-1750

Wynne R H. 2006. Lidar remote sensing of forest resources at the scale of management. Photogrammetric Engineering and Remote Sensing, 72: 1310-1314

Yu J H, Ge L L, Li X J. 2014. Radargrammetry for digital elevation model generation using envisat reprocessed image and simulation image. IEEE Geoscience and Remote Sensing Letters, 11(9): 1589-1593

Zebker H A, Villasenor J. 1992. Decorrelation in interferometric radar echoes. IEEE Transactions On Geoscience and Remote Sensing, 30(5): 950-959

Zhao K G, Popescu S, Nelson R. 2009. Lidar remote sensing of forest biomass: A scale-invariant estimation approach using airborne lasers. Remote Sensing of Environment, 113(1): 182-196

Zwally H, Schutz B, et al. 2002. ICESat's laser measurements of polar ice, atmosphere, ocean, and land. Journal of Geodynamics, 34: 405-445

第 14 章 地上生物量*

生物量是涉及生态系统中碳循环，土壤养分分配，燃料累积和栖息地环境等一系列过程的关键变量。本章在简要的绪论以后，先描述了生物量的实地测量技术(14.2 节)；然后接着讲述应用光学遥感数据(14.3 节)；激光雷达和雷达数据(14.4 节)估计生物量的各种遥感方法；第 14.5 节介绍了用多源数据估计生物量的方法。

14.1 生 物 量

广义上的生物量包括地上生物量和地下生物量，即地上生长的树木、灌木、藤木、根茎，以及土壤中相关的粗细废弃物。通常定义的生物量使用干重表示。比如，地上树木生物量表示由烘培法得到的一个稳定的地表树木干重。基于样地的生物量估测通常采用单位面积生物量(如 Mg/hm^2 或 kg/m^2)。通过汇总样地中所有单木的生物量总值，然后除以样地面积，得到单位面积生物量。

生物量是一系列碳排放问题的核心，包括由森林砍伐造成的大气影响、区域生物量变化对生态系统功能和气候变化的影响。生物量对碳循环、土壤养分分配、燃料，乃至人类居住的陆地生态系统的影响早已得到广泛承认。在局部、区域和全球尺度精确估算森林生物量分布，可以减少碳循环研究中的不确定性，分析其对土壤肥力和土地退化或恢复的作用，更好的理解其对与环境和可持续发展的作用(Foody et al., 2003)。

由于在野外数据采集地下生物量具有一定难度，以往大多数研究集中于地上生物量(Above-ground Biomass, AGB)的估算。地上生物量包括树干、树枝、树皮、种子以及叶子。地上生物量不能从星载传感器直接测量得到。传统的林业调查主要基于土地覆盖类型的抽样地面实测来估算生物量。遥感数据在这一过程中正发挥越来越重要的作用。Lu(2006)总结了三类地上生物量估算方法，包括基于地面实测、基于遥感和基于地理信息系统(GIS)的方法。相比传统的地面实测法，应用遥感技术估算地上生物量有许多优势。并且，基于遥感的地上生物量估算可以在多种尺度上进行，这是传统测量无法做到的。地上生物量的估算可以直接通过建立线性或非线性模型，以及机器学习理论来实现。机器学习常用的方法包括人工神经网络(ANN)方法、随机森林(RM)方法(Breiman 2001; Goetz et al., 2005; Hansen et al., 2008)以及最大熵(MaxEnt)方法(Phillips et al., 2006; Saatchi et al., 2011)。进行区域和全球尺度的生物制图时需要利用多种传感器数据。例如，区域尺度的生物量制图往往综合利用地面实测生物量数据(如林业调查和分析样地)(Blackard et al., 2008)、激光雷达数据(GLAS-地球科学激光测高系统)(Blackard et al.,

---

* 本章作者：倪文俭[1]，庞勇[2]，张志玉[1]，孙皖肖[3]，梁顺林[4]，陈尔学[2]，孙国清[4]

1.遥感科学国家重点实验室·中国科学院空天信息创新研究院；2.中国林业科学研究院资源信息研究所；3.美国伟谷州立大学地理与规划系；4.美国马里兰大学帕克分校地理系

2008; Nelson et al., 2009)以及来自 Landsat 和 MODIS 的卫星图像数据。

下面，我们将首先讨论异速生长(Allometric)方程法和多种基于遥感技术的森林生物量估算方法。接着，我们将回顾针对利用传统光学遥感数据估算生物量的各种不同算法。最后，我们将介绍从激光雷达和雷达数据获取的与生物量相关的指标，以及利用这些指标进行生物量估算的方法。由于激光雷达本身及其数据的特点已在第 13 章介绍，此章中不再赘述。

14.2 异速生长方法

传统的地面实测法，包括择伐抽样法和异速生长方程方法。择伐抽样方法需要在每个站点按优势树木取样，其过程冗长且经常因为需要伐树而不适应实际情况，所以目前实际中使用的多为基于异速生长方程的方法。

对于许多生物，其生物体的某部分生长速度与另一个部分成正比，这是应用异速生长方程的基本原则。例如，树干直径通常与树干重量有高度的相关关系。因此，当我们测量了一系列不同大小树的树干直径及其重量后，便可以据此建立一个异速生长回归方程，然后通过树干直径来预测单木的重量。提出这一方法的出发点是，树干直径是在实际中比较容易直接测量的，但树的重量却难以直接测量，需要伐树在实验室烘干称重得到。于是这种相对简单的方法便可以用来估计林分级别的生物量，即通过建立生物量与易于测量变量的异速生长回归方程，采用地面实测值(例如胸径、树高)来预测其生物量值。

Komiyama 等(2008)总结了有代表性红树林的地上和地下树干重的异速生长方程(表 14.1)。可以看出不同站点或物种的异速生长关系往往是不同的。在表中的最后，列出了针对两类红树林的通用方程。

在北美地区，针对不同树种的生物量异速生长方程较为成熟，于是针对碳循环模型的全国范围生物量公式的需求日益增加。Jenkins 等(2003)便针对美国的需求提出了一个"广义回归法"。他们建立了美国地区硬木和软木树种的总地上生物量(千克)与树木胸径(大于等于 2.5cm)之间关系的计算公式：

$$bm = \exp\left(\beta_0 + \beta_1 \ln(\text{DBH})\right) \tag{14.1}$$

其中，β_0 和 β_1 是表 14.2 中的给出两个系数；DBH(Diameter at Breast Height)为胸径(cm)。如作者所述，这些方程可以应用于大尺度的生物量或碳储存和趋势分析。当应用在非常小的尺度时，当地的方程可能更为合适。

表 14.1 多种红树林基于胸径的异速生长方程(Komiyama et al., 2008)

地上生物量/kg	地下生物量/kg
Avicennia germinans	*Avicennia marina*
$W_{\text{top}} = 0.140\text{DBH}^{2.40}$ $r^2 = 0.97$, $n = 45$, $D_{\max} = 4$ cm, Fromard et al., (1998)[a] $W_{\text{top}} = 0.0942\text{DBH}^{2.54}$ $r^2 = 0.99$, $n = 21$, $D_{\max}$: unknown, Imbert and Rollet (1989)[a]	$W_{\text{R}} = 1.28\text{DBH}^{1.17}$ $r^2 = 0.80$, $n = 14$, $D_{\max} = 35\text{cm}$, Comley and McGuinness (2005)

地上生物量/kg	地下生物量/kg
A.marina	*Bruguiera* spp.
$W_{top} = 0.308DBH^{2.11}$, $r^2 = 0.97$, $n = 22$, $D_{max} = 35$cm, Comley and McGuinness (2005)	$W_R = 0.0188 (D^2H) 0.909$, r^2: unknown, $n = 11$, $D_{max} = 33$cm, Tamai et al., (1986) c.f., $H = D/(0.025D + 0.583)$
Laguncularia racemosa	*Bruguiera exaristata*
$W_{top} = 0.102DBH^{2.50}$, $r^2 = 0.97$, $n = 70$, $D_{max} = 10$cm, Fromard et al., (1998) [a] $W_{top} = 0.209DBH^{2.24}$, $r^2 = 0.99$, $n = 17$, D_{max}: unknown, Imbert and Rollet (1989) [a]	$W_R = 0.302DBH^{2.15}$, $r^2 = 0.88$, $n = 9$, $D_{max} = 10$cm, Comley and McGuinness (2005)
Rhizophoraapiculata	*Ceriops australis*
$W_{top} = 0.235DBH^{2.42}$, $r^2 = 0.98$, $n = 57$, $D_{max} = 28$cm, Ong et al., (2004)	$W_R = 0.159DBH^{1.95}$, $r^2 = 0.87$, $n = 9$, $D_{max} = 8$cm, Comley and McGuinness (2005)
Rhizophora mangle	*R. apiculata*
$W_{top} = 0.178DBH^{2.47}$, $r^2 = 0.98$, $n = 17$, D_{max}: unknown, Imbert and Rollet (1989) [a]	$W_R = 0.00698DBH^{2.61}$, $r^2 = 0.99$, $n = 11$, $D_{max} = 28$cm, Ong et al., (2004) c.f., $W_{stilt} = 0.0209DBH^{2.55}$, $r^2 = 0.84$, $n = 41$
Rhizophora spp.	*Rhizophora stylosa*
$W_{top} = 0.128DBH^{2.60}$, $r^2 = 0.92$, $n = 9$, $D_{max} = 32$cm, Fromard et al., (1998) [a] $W_{top} = 0.105DBH^{2.68}$, $r^2 = 0.99$, $n = 23$, $D_{max} = 25$cm, Clough and Scott (1989) [a]	$W_R = 0.261DBH^{1.86}$, $r^2 = 0.92$, $n = 5$, $D_{max} = 15$cm, Comley and McGuinness (2005)
Bruguieragymnorrhiza	*Rhizophora* spp.
$W_{top} = 0.186DBH^{2.31}$, $r^2 = 0.99$, $n = 17$, $D_{max} = 25$cm, Clough and Scott (1989) [a]	$W_R = 0.00974 (D^2H) 1.05$, r^2: unknown, $n = 16$, $D_{max} = 40$cm, Tamai et al., (1986) c.f., $H = D/(0.02D + 0.678)$
Bruguieraparviflora	
$W_{top} = 0.168DBH^{2.42}$, $r^2 = 0.99$, $D_{max} = 25$cm, $n = 16$, Clough and Scott (1989) [a]	
Ceriopsaustralis	
$W_{top} = 0.189DBH^{2.34}$, $r^2 = 0.99$, $n = 26$, $D_{max} = 20$cm, Clough and Scott (1989) [a]	
Xylocarpusgrnatum	*Xylocarpus granatum*
$W_{top} = 0.0823DBH^{2.59}$, $r^2 = 0.99$, $n = 15$, $D_{max} = 25$cm, Clough and Scott (1989) [a]	$W_R = 0.145DBH^{2.55}$, $r^2 = 0.99$, $n = 6$, $D_{max} = 8$cm, Poungparn et al., (2002)
Common equation	*Common equation*
$W_{top} = 0.251pD^{2.46}$, $r^2 = 0.98$, $n = 104$, $D_{max} = 49$cm, Komiyama et al., (2005) $W_{top} = 0.168pDBH^{2.47}$, $r^2 = 0.99$, $n = 84$, $D_{max} = 50$cm, Chave et al., (2005)	$W_R = 0.199p0.899D^{2.22}$, $r^2 = 0.95$, $n = 26$, $D_{max} = 45$cm, Komiyama et al., (2005)

表 14.2　估算美国地区软木和硬木树种的总地上生物量公式(14.1)中的参数*(Jenkins et al., 2003)

树种组		参数	
		β_0	β_1
硬木林	杨树/桉木/柳树树	−2.2094	2.3867
	软枫树/白桦树	−1.9123	2.3651
	硬木混杂林	−2.48	2.4835
	硬槭树/橡树/山核桃/山毛榉	−2.0127	2.4342
软木林	雪松/落叶松	−2.0336	2.2592
	花旗松	−2.2304	2.4435
	枞树/铁杉	−2.5384	2.4814
	松树	−2.5356	2.4349
	云杉	−2.0773	2.3323
林地	杜松/橡树/豆科灌木	−0.7152	1.7029

*针对东南亚 11 个国家，Yuen 等(2016)发掘出 402 个地上生物量和 138 个地下生物量的异速生长方程。这些方程是基于不同的土地覆盖类型，如森林、泥炭沼泽森林以及红树林等

　　Lambert 等(2005)也发展了一系列基于胸径或者基于胸径和树高的异速生长方程。基于胸径的公式如下所列：

$$y_{wood} = \beta_{wood1} D^{\beta_{wood2}} + e_{wood}$$

$$y_{bark} = \beta_{bark1} D^{\beta_{bark2}} + e_{bark}$$

$$y_{stem} = \hat{y}_{wood} + \hat{y}_{bark} + e_{stem}$$

$$y_{foliage} = \beta_{foliage1} D^{\beta_{foliage2}} + e_{foliage}$$

$$y_{branches} = \beta_{branches1} D^{\beta_{branchese2}} + e_{branches}$$

$$y_{crown} = \hat{y}_{wood} + \hat{y}_{bark} + e_{crown}$$

$$y_{total} = \hat{y}_{wood} + \hat{y}_{bark} + \hat{y}_{foliage} + \hat{y}_{branches} + e_{total} \tag{14.2}$$

其中，y_i 是第 i 部分活树的生物量干重(kg)；i 分别指木质部、树皮、茎、叶、枝、冠以及总体；$\hat{y}_i$ 是 y_i 的预测值；D 为胸径(cm)；β_{jk} 是模型与系数 b_{jk} 的估计参数；j 分别指代木质部，树皮，叶子和树枝；$k = 1$ 或 2；e_i 是误差项。

　　以胸径和高度为基础的方程如下：

$$y_{wood} = \beta_{wood1} D^{\beta_{wood2}} H^{\beta_{wood3}} + e_{wood}$$

$$y_{bark} = \beta_{bark1} D^{\beta_{bark2}} H^{\beta_{bark3}} + e_{bark}$$

$$y_{\text{stem}} = \hat{y}_{\text{wood}} + \hat{y}_{\text{bark}} + e_{\text{stem}}$$

$$y_{\text{foliage}} = \beta_{\text{foliage1}} D^{\beta_{\text{foliage2}}} H^{\beta_{\text{foliage3}}} + e_{\text{foliage}}$$

$$y_{\text{branches}} = \beta_{\text{branches1}} D^{\beta_{\text{branchese2}}} H^{\beta_{\text{branchese3}}} + e_{\text{branches}}$$

$$y_{\text{crown}} = \hat{y}_{\text{wood}} + \hat{y}_{\text{bark}} + e_{\text{crown}}$$

$$y_{\text{total}} = \hat{y}_{\text{wood}} + \hat{y}_{\text{bark}} + \hat{y}_{\text{foliage}} + \hat{y}_{\text{branches}} + e_{\text{total}} \tag{14.3}$$

其中，H 是树高(m)；茎、冠及总地上生物量是由他们各自的获得加入；茎、冠及总地上生物量可由各部分($k=1$，2，或 3)加和得到。所有系数请参见文献(Lambert et al., 2005)。

最近，Vargas-Larreta 等(2017)发展了针对墨西哥西北部温带森林里 17 种不同森林物种的异速生长方程。这些方程是基于高度和胸径的平方乘以高度。

14.3　光学遥感方法

获取足够数量的地面实测数据，是发展地上生物量估算模型和评价模型结果的先决条件。目前许多研究利用回归模型来估计生物量。尽管这些模型可以在单木、样地乃至林分级别准确估测生物量，但很难应用于整个区域估测。并且，这些模型采用的方法往往耗时、费力且难以实施，特别是在偏远地区；更关键的是它们无法提供大范围生物量的空间分布信息。因此，为了在景观格局、区域乃至更大范围估算生物量，估算方法必须考虑采用遥感数据。

通过加入遥感数据，大范围生物量估测不再受到空间范围限制。从传统林业调查或地面实测得到的数据可以通过遥感方法应用到更大区域。同样，遥感数据可用于填补林业调查数据中存在的空间、属性及时间上的数据缺失，来支持和加强根据林业调查数据进行的生物量和碳储存量估计。这种混合方法特别适用于缺乏基本林业调查数据的区域。

遥感数据已经成为生物量估算的一种重要数据源。许多研究已经证明被动遥感所得地表光谱反射率与生物量具有一定相关性。例如，Muukkonen 和 Heiskanen(2005)研究发现，ASTER 波段 1(绿色波段)的光谱反射率与森林植被的地上林分蓄积量、树枝生物量及总体地上生物量的相关性都很高(相关系数 r 介于$-0.69\sim-0.67$)(图 14.1)；波段 3(近红外 NIR 波段)与树干的树桩生物量相关性最高(-0.68)，与林下植被生物量相关性在其次(-0.36)。

部分文献根据数据类型和应用方法对基于遥感数据的生物量估算方法进行了总结(Lu, 2006; Patenaude et al., 2005; Lu et al., 2014; Timothy et al., 2016; Galidaki et al., 2017)。已有多种遥感数据源被用于生物量制图。对于局部到区域的生物量制图，至少需要应用中尺度空间分辨率的遥感数据，如陆地卫星 TM 数据(Fazakas et al., 1999; Krankina et al., 2004; Tomppo et al., 2002; Turner et al., 2004; Lu, 2005; Lu et al., 2012; Basuki et al., 2013;

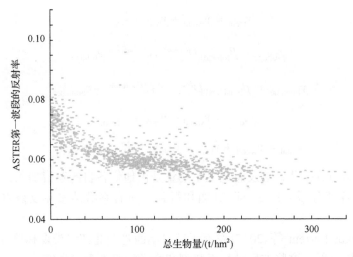

图 14.1　ASTER 波段 1 的反射率与森林总生物量的关系
（Muukkonen and Heiskanen, 2005）

Zhang et al., 2014）和高级星载热辐射反射辐射计（ASTER）数据（Muukkonen and Heiskanen 2005, 2007；Fernández-Manso et al., 2014）。然而对于大陆和全球范围的生物量制图，则需要更粗空间分辨率的遥感数据，如 NOAA 的高分辨率扫描辐射计（AVHRR）数据（Dong et al., 2003; Hame et al., 1997）和中分辨率成像光谱仪（MODIS）数据（Baccini et al., 2004；Du et al., 2014; Lumbierres et al., 2017; Schucknecht et al., 2017），这样可以很好的权衡空间分辨率、图像覆盖范围和数据采集频率之间的关系（Lu, 2006）。

　　目前仍有许多因素制约了基于粗尺度遥感数据的大范围生物量制图，如混合像元问题、地面实测数据和图像像素大小存在巨大差异（Lu, 2006；Lu et al., 2014）。为了更好地建立地面实测数据与粗空间分辨率遥感数据（如 MODIS，AVHRR，IRS-WiFS）的关系，许多研究在生物量估算流程中整合了中尺度图像（如 Landsat，ASTER）数据作为地面实测数据与粗分辨率影像的中间媒介（Muukkonen and Heiskanen, 2005, 2007）。研究表明，可以先建立中尺度遥感数据（如 Landsat）与生物量的关系，然后将这一关系通过近似的光谱属性应用到粗空间分辨率图像（如 MODIS）。这样可以在较大空间范围内实现生物量的估算，有效解决了从粗尺度遥感数据推算生物量的问题。

　　一般来说，生物量估算的方法可分为直接方法和间接方法。前者利用多元回归分析、k-最近邻（KNN）方法、神经网络方法或其他算法，直接建立生物量与光谱响应的关系用于生物量估算。后者通过遥感获取叶面积指数（LAI）、结构信息（郁闭度和高度）或阴影比率等这些与生物量间接相关的特征参量，建立方程来估算生物量。在随后小节中，我们将首先讨论基于光学遥感的方法，基于微波和激光雷达遥感技术的方法将在后续部分中讨论。

14.3.1　植被指数方法

　　基于光学遥感数据的生物量估算和制图有许多方法。植被指数方法是得到特别广泛应用的一种方法。在一般情况下，计算植被指数可以减少环境条件和阴影对反射率的影响，从而改善生物量和植被指数之间的相关性。这种方法特别适用于植被林分结构复杂的站点。

例如，Dong 等(2003)建立了植被绿度与地面观测数据的关系。其中，植被绿度通过整合不同季节的相关卫星观测数据得到，地面观测数据通过空间插值得到区域范围数据。他们发展了基于林业调查生物量和基于 AVHRR 数据累积 NDVI 的关系：

$$B = \frac{1}{\alpha + \beta \left(\dfrac{1}{\mathrm{NDVI}\varphi^2} + \gamma\varphi \right)} \tag{14.4}$$

其中，B 是生物量，包括林业调查中总生物量(树桩部分以上)；NDVI 是植被指数，它是植被生长季节的标准化植被指数(NDVI)在实地林业调查年份前 5 年的累积平均值；φ 为纬度，它是某省林业调查的采样点质心；α，β，γ 是回归系数，这些系数均由普通最小二乘法估计。对于总生物量，回归系数的值分别为：$\alpha = -0.0377(\pm 0.00977)$，$\beta = 3809.65(\pm 902.51)$，$\gamma = 0.0006(\pm 0.00011)$，调整后的 $R^2 = 0.43$。对于树桩以上生物量(Above-stump)，回归系数的值分别为：$\alpha = -0.0557(\pm 0.0136)$，$\beta = 5548.05(\pm 1274.17)$，$\gamma = 0.000854(\pm 0.000153)$，调整后的 $R^2 = 0.49$。括号中的数值为标准误差。

然而，Foody 等(2001)也指出了应用植被指数 NDVI 反演生物量所面临的四个问题：

(1)植被指数与生物量之间的关系是渐进性的。这可能限制该指数用于高生物量区域的准确估算，比如基于 NDVI 的方法在 100%植被覆盖区域的估算生物量结果很差。因此，根据 NDVI 方法所估算的生物量在植物生长高峰季和高植被覆盖区域(或高 LAI 区域)会达到饱和而偏低。

(2)辐射定标问题。精确的辐射定标是遥感数据处理中至关重要的一步，基于此计算的植被指数值是后续正确解译和比较的基础。

(3)植被指数与生物量关系的敏感性。主要指在不同环境之间的差异。

(4)大部分植被指数无法使用所有的光谱数据。传感器可以获取多个波段的光谱响应信息，但通常情况下植被指数仅使用其中两个光谱波段。

Lu(2006)也认为粗空间分辨率的植被指数(如 AVHRR 和 MODIS 数据)的应用十分有限。这类应用常面临的问题包括存在混合像元、地面实测数据和图像像素大小存在巨大差异，这些都使得整合样本数据和遥感获取变量非常困难。

多元回归分析可能是解决单一植被指数反演生物量难题的一个解决途径。该方法使用所有可用的光谱波段，因而无须选择的波段子集，这可能提供比单一植被指数的生物量更准确的估计结果。

14.3.2 多元回归分析方法

林分水平的生物量估算，往往是基于实测数据建立针对不同树种的线性或非线性回归方程。目前已有多种回归模型用于生物量估算，问题是大部分模型尽管在单木、样地乃至林分级别很准确，但由于空间格局不同，很难应用于整个区域。

Muukkonen 和 Heiskanen(2005)采用非线性回归分析，利用 ASTER 两个波段(R_2:

波段 2；R_3：波段 3)作为预测变量来估算寒带林分生物量。他们提出方程的形式如下：

$$y_j = \exp(a + dR_2 + eR_3)(1 + R_2)^b (R_3)^c + \varepsilon_j \tag{14.5}$$

上式为不包含林下植被的生物量 (y_j) 方程，针对林下植被生物量 (y_j) 的方程如下：

$$y_j = a + dR_2 + cR_3 + \varepsilon_j \tag{14.6}$$

其中，a，b，c，d，e 为模型参数，具体值列在表 14.3 中；ε_j 是误差项。如表中所示，针对所有植被生物量的 R^2 只有 0.56。

表 14.3　基于 ASTER 数据估算森林植被参数的回归方程

	参数	β	S.E. of β	R^2	RMSE
蓄积量	a	24.79	4.28	0.55	70.6
	b	−675.01	0.83		
	c	6.33	1241.93		
	d	588.65	1217.17		
	e	−39.43	2.31		
林龄	a	0.46	1.91	0.21	41.4
	b	−907.58	347.93		
	c	−2.24	0.71		
	d	881.45	337.69		
	e	2.11	3.65		
地上生物量	a	26.80	2.12	0.56	44.7
	b	−2877.39	581.46		
	c	7.09	0.78		
	d	2739.64	568.81		
	e	−42.73	4.06		
乔木生物量 — 树干和树桩生物量	a	32.43	2.57	0.59	30.7
	b	−1819.72	639.10		
	c	9.25	0.94		
	d	1725.38	625.26		
	e	−58.78	5.02		
树枝生物量	a	26.96	2.15	0.57	7.9
	b	−3516.14	544.97		
	c	7.77	0.79		
	d	3352.98	532.98		
	e	−44.98	4.12		
树叶生物量	a	26.48	2.6	0.54	4.1
	b	−43.12	1727.76		
	c	8.18	0.93		
	d	−57.02	1694.71		
	e	−45.53	4.74		

续表

	参数	β	S.E. of β	R^2	RMSE
林下灌木层 生物量	a	2.90	0.08	0.15	0.5
	b	18.37	2.85		
	c	−6.46	0.41		
所有植被的 总生物量	a	26.29	2.06	0.56	44.8
	b	−2907.02	524.50		
	c	6.90	0.76		
	d	2770.31	512.85		
	e	−41.73	3.96		

然而，回归分析关于数据和参数的许多假设并不成立。首先，标准回归分析假设在遥感数据和生物物理特征之间存在一个线性关系，而实际观测数据却表明这一关系很可能是曲线的。此外，多元回归假设自变量(遥感器在不同光谱波段获得的数据)是不相关的，遥感数据很少满足这一假设，因为在不同光谱波段获得的数据通常是具有极强的相关性(Mather, 2004)。Lu 等(2012)建议使用相关系数分析和逐步回归分析方法来识别遥感数据变量。这样可以选择那些与生物量有着很强的相关性的遥感数据变量，同时选择那些自相关性很弱的遥感数据变量。进而，非参数的方法如神经网络可能是除回归方法外更好的选择。

14.3.3　最邻近方法

大范围的生物量估算通常需要林业调查数据作为基础数据。然而，估计大范围的地上生物量可能受到森林资源调查的影响。比如，森林资源调查针对的区域不能覆盖全部感兴趣的区域，或者调查结果存在属性上的遗漏。这些空间和属性上的缺失可能造成基于森林资源调查数据的大范围生物量被低估。虽然在复杂的森林环境下，使用遥感数据来估算大范围的生物量仍然有很多问题，然而，由于遥感数据本身具有连续性和综合性等特性，越来越多的遥感技术被应用于森林生物量估算中。

如前所述，KNN(k-Nearest Neighbors)生物量估算方法旨在建立地面样地与卫星图像数据的联系(Fazakas et al., 1999; Franco-Lopez et al., 2001; Katila, 1999; Katila and Tomppo, 2001; Nelson et al., 2000)。在具有完备地面样地网络的国家和地区，KNN 方法已经被广泛应用。

1. 概述

K 近邻(KNN)是目前应用较广的林业调查绘图方法，已广泛应用于生产像素级别的森林资源参数，如生物量、胸高断面积及蓄积量等(Franco-Lopez et al., 2001; Tomppo et al., 2009)。

利用 KNN 方法，卫星图像中像素级别的森林生物量由其周围最接近样地的值加权平均得到。这可以理解为，将反距离加权(IDW)方法应用到由卫星不同波段获取光谱数据的特征空间(Fazakas et al., 1999; Franco-Lopez et al., 2001; Tomppo, 2004; Tomppo et al., 2009)。目前已有一系列的代表性研究在全球范围展开。

Tomppo 等致力于将 KNN 方法应用在林业调查中。自 1990 年以来，芬兰国家森林调查局将 KNN 技术用于国家林业调查(Tomppo, 1997; Katila and Tomppo, 2001)。Fazakas 等(1999)应用 KNN 方法，利用 Landsat TM 数据和瑞典国家林业调查(NFI)样地数据来估算生物量。自 2001 年以来，瑞典 NFI 已经建立了每隔五年的统计数据和地图产品，目前正在此基础上利用 KNN 的技术研发年度产品(Reese et al., 2002; Tomppo et al., 2009)。Labrecque 等(2006)使用 KNN 方法，同时考虑五个邻居和两种不同的加权方法，来估算加拿大森林的地上生物量。

KNN 是一种非参数估计方法，换言之，它对估计所涉及的变量分布没有假设(Franco-Lopez et al., 2001; Hardin, 1994)。该方法的本质属性是，所有森林变量可以在同一时间使用相同的参数估计得到(Tomppo and Katila, 1991; Tomppo et al., 2009)。KNN 方法保留了变量的协方差结构(Ohmann and Gregory, 2002; Tomppo and Katila, 1991)。因此，KNN 可以简单直接的应用于不同的森林状况和不同遥感资料(Franco-Lopez et al., 2001; Katila, 1999)。

2. 基本假设

K 近邻方法有两个重要假设前提(Labrecque et al., 2006)。首先，假设卫星图像中每个像素的光谱响应仅依赖于森林状况，而与其所在地理位置无关(Fazakas et al., 1999; Franco-Lopez et al., 2001)。其次，假设地面样地分布在一个大范围内(如卫星图像所覆盖的区域)，并且可视为用于估计其他区域的地面真实数据(Franco-Lopez et al., 2001; Tokola et al., 1996)。

3. 方法

KNN 方法的一般描述如下(Fazakas et al., 1999; Franco-Lopez et al., 2001; Tomppo 2004)，指定 p 像元的生物量 m 可以表示为

$$m_p = \sum_{i=1}^{k} w_{(p_i)p} m_{(p_i)} \tag{14.7}$$

其中，$m_{(p_i)}$ $(i=1, \cdots, k)$ 是 p 像元对应的第 i 个样方的 m 值；p_i 表示第 i 个最接近像元(已知像元)；$w_{(p_i)p}$ 是第 i 个样方对第 p 个像元的权重，其定义为

$$w_{(p_i)p} = \frac{1}{d^t_{(p_i)p}} \bigg/ \sum_{i=1}^{k} \frac{1}{d^t_{(p_i)p}} \tag{14.8}$$

$$d_{1p} \leqslant d_{2p} \leqslant \ldots \leqslant d_{kp}$$

其中，$d_{(p_i)p}, i=1, \cdots, k$，代表特征空间中的像素 p 到其周围样方 i 的距离；p_i 代表第 i 个样方；$t=0, 1$，或 2，分别表示三种不同的权重函数：ⓐ相等；ⓑ反距离；ⓒ反平方距离。

通常使用的距离指标有欧式距离或加权欧式距离(Franco-Lopez et al., 2001; McRoberts et al., 2007; McRoberts, 2012; Reese et al., 2002; Tokola et al., 1996; Tomppo 1997, 2004)，以及马氏距离(Fazakas et al., 1999; Franco-Lopez et al., 2001)。其他距离指标还包括基于典范对应分析方法(LeMay and Temesgen, 2005; Temesgen et al., 2003)和去趋势典范对应分析方法(Ohmann and Gregory, 2002)的指标。

欧几里得距离通常表示为

$$d_{(p_i)p} = \sqrt{\sum_{j=1}^{nf} (x_{(p_i),j} - x_{p,j})^2} \qquad (14.9)$$

其中，$x_{p,j}$ 为特征 j 的在 p 处的值；nf 是特征数目。

有研究(Fazakas et al., 1999)表明，使用马氏距离可以更好地处理频段间具有不同动态范围的问题。并且一些研究发现，在森林类情况相似的瑞典北部，使用欧氏距离和马氏距离的 KNN 方法的结果差距很小(Franco-Lopez et al., 2001)。然而，在森林类型变化较大的瑞典中部(Fazakas et al., 1999)，马氏距离被认为更为恰当。

特征变量在特征空间中对给定的像素的生物量估算有不同的影响。假设存在一种线性组合方式可得到最佳结果，马氏距离便是在原有特征的基础上加入了权重变量(Franco-Lopez et al., 2001)。

于是在式(14.9)的基础上扩展为

$$d_{(p_i)p} = \sqrt{\sum_{j=1}^{nf} a_j^2 (x_{(p_i),j} - x_{p,j})^2} \qquad (14.10)$$

其中，a_j 是第 j 个特征变量的权重参数。

这个权重参数 a_j 的计算有两种方法：①由 Nelder 和 Mead(1965)提出的下坡式 simplex 优化方法；②遗传算法(Mitchell, 1998)。Tomppo 和 Halme(2004)采用 Landsat TM 像素光谱特征作为 KNN 方法的空间变量，使用遗传算法来优化其权重。

4. 邻居数目

最邻近方法中邻居的数目通常取决于以下几个因素：估计变量的目的、样地的布局和大小、像素的大小和样地内的方差(Franco-Lopez et al., 2001; Katila and Tomppo, 2001)。

通常，随着 KNN 的邻居数目增加，精度在开始阶段会迅速增加，然后随着边际效应的产生而逐步减小(Franco-Lopez et al., 2001)。有研究表明，使用超过 10 个邻居时不会产生更高的精度，而且这一精度与使用数量较少的邻居的精度类似(Fazakas et al., 1999; Franco-Lopez et al., 2001; Katila and Tomppo, 2001)。另有研究表明，使用少于五个邻居(即 $k<5$)的精度较差，而使用较多邻居(如 $k>10$)会过度简化结果(Katila, 1999; Reese et al., 2002)。

14.3.4　人工神经网络

人工神经网络(Artificial Neural Networks, ANN)特别适用于复杂的非线性系统。人工神经网络作为一种非参数方法，已经越来越多的应用在遥感中预测植被特征(Foody et al., 2003; Foody et al., 2001; Gopal et al., 1999)。人工神经网络能很好地处理非正态分布、非线性及多重线性等系统问题(Haykin and Network, 1994)。应用人工神经网络来预测生物量可有效避免在使用植被指数(需要选择指数和不完整的光谱数据信息使用)和多元回归分析(基本假设)时遇到的问题。目前已有应用基于人工神经网络准确地计算了热带森林生物量(Foody et al., 2001)。Atkinson 和 Tatnall(1997)指出了在遥感中利用人工神经网络的四个优点：

(1) 人工神经网络比其他技术(如基于统计的分类器)更加精确，特别是在特征空间十分复杂的情况下或者多种源数据具有不同的统计分布时；

(2) 人工神经网络比其他技术(如基于统计的分类器)更加高效；

(3) 人工神经网络可以将先验知识和实际中的物理限制等均列入分析中；

(4) 人工神经网络可以耦合不同类型的数据(如来自不同传感器的遥感数据)，有利于协同研究。

目前有许多不同类型的神经网络。其中，后向传输训练的前馈多层感知器(MLP)(Rumelhart, 1985)是在遥感应用最常见的神经网络之一(Atkinson and Tatnall, 1997; Kanellopoulos and Wilkinson, 1997)。

1. 基本原理

典型的人工神经网络一般由一组节点(或神经元)及三个(输入层、输出层和隐层)或更多的层构成。通常有一个输入层、一个输出层和通常一个或两个隐藏层(如图 14.2 所示)。网络中任何层的每个节点与相邻层的所有节点连接。对于遥感数据，输入层通常包含波段的 DN 值，节点数目一般等于波段数。隐层的节点根据输入值计算出加权和，然后通过激励函数输出并传递给下一层。输出层即网络的结果，例如生物量、胸基断面积和蓄积量。输出节点的数量一般与要估计的变量数目相等。输入数据以前馈方式连接到下一层。因误差在网络中是逐层向回传递来修正层与层间权值与阈值的，故该算法被称作误差反向传播(Atkinson and Tatnall, 1997; Jensen et al., 1999)。

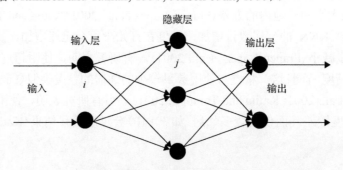

图 14.2　MLP 算法结构示意图(Atkinson and Tatnall, 1997)

　　Foody 等(2001)将多层感知器网络应用于从 6 个陆地卫星 TM 波段(除热红外)，预测了婆罗洲热带雨林地区的地上生物量。结果发现基于 MLP 网络估算的地上生物量与实际胸径、树高和胸高断面积具有最强的相关关系($r\sim0.80$)。值得注意的是，这些预测结果与实测值的相关性高于基于 230 种传统植被指数估算的结果。这些植被指数中也包括广泛使用的归一化植被指数(NDVI)。

　　另一项研究中，Foody 等(2003 年)分别基于在巴西、马来西亚和泰国的潮湿热带森林的地面实测数据和 LANDSAT TM 数据，发展了估算生物量的三种预测模型：植被指数、多元回归和神经网络。通过比较发现，神经网络模型所预测的生物量与实测值有最好的关系且更加显著(在所有三个站点的相关系数 $r>0.71$，达到 99%置信水平)。

　　但通过神经网络模型用加拿大林业调查数据和 SPOT VEGETATION 反射数据，来估计陆地生态区生物量效果不好($RMS=32t/hm^2$) (Fraser and Li, 2002)。

　　典型的 MLP 网络结构如图 14.2 所示(Atkinson and Tatnall, 1997; Jensen et al., 1999)。

　　在 MLP 算法中，输入数据以前馈方式传递给下一层的节点。当数据从上一层节点传递到下一层节点时，其数值通过相关联的权重来修改。接收节点(如 j)的值为前一层所有节点(如 i)按照权重加的和。形式上，一个接收节点 j 的值由输入节点值加权得到

$$\mathrm{net}_j = \sum_{i=1}^{k} \omega_{ji} o_i \quad i = 1, 2, \cdots, k \tag{14.11}$$

其中，k 是前一层节点的数目；ω_{ji} 是节点 i 与 j 之间的权重；o_i 是给节点 i 的输出值。

　　于是输出节点 j 的值可由以下公式计算：

$$o_j = f(\mathrm{net}_j) \tag{14.12}$$

其中，net_j 是输入数据在传递到下一层前的加权值之和；f 表示激励函数。激励函数 f 通常是非线性的 S 形函数，形式为对数函数(Hagan et al., 1996; Haykin and Network, 1994)：

$$f(\mathrm{net}_j) = \frac{1}{1 + e^{(-\mathrm{net}_j)}} \tag{14.13}$$

　　当数据到达输出层，便形成了网络的输出。然后，将网络实际输出值与目标输出值(来自训练数据集)进行比较并计算误差。这个误差再逐步通过中间层反馈回到输入层，并根据广义的 delta 规则来改变连接权重(Rumelhart, 1985)：

$$\Delta\omega_{ji}(n+1) = \eta(\delta_j o_i) + \alpha\Delta\omega_{ji}(n) \tag{14.14}$$

其中，n 表示第 n 次迭代；η 是学习速率参数；δ_j 是指示误差改变率的指标；α 为动量参数。

　　这种自适应的学习方式被不断重复，直到网络精度达到用户预定义的精度阈值或权重值的改变达到一个预设的极小阈值(表明任何多的改变不再会影响网络)。一旦训练完毕，便可以调用存储的网络来对新输入数据进行预测(Haykin and Network, 1994; Lloyd, 1997)。

2. 局限性

训练过程受初始网络参数选择的影响很大(Gopal and Woodcock, 1994)。比较常出现的一种情况是网络过度训练，即生成的网络能够很好地适应训练数据，但不能推广应用到新的数据(Atkinson and Tatnall, 1997)。另外，人工神经网络的局限性在于它虽然有能力来有效的预测输出变量，但其内在的机制往往容易被人们忽视。人工神经网络是常常被视为黑箱。已有许多研究者针对模型内在机制问题，探讨了算法中各个变量的作用(Gevrey et al., 2003)。

14.4　激光雷达、雷达数据和星载摄影测量数据

14.4.1　激光雷达数据

1. 小光斑激光雷达(Small Footprint Lidar)

离散回波的机载激光雷达传感器可生成高空间分辨率的三维点云数据，其中同时包含了目标物体的水平分布和垂直结构信息。激光雷达数据与生物量具有高度相关性，原因在于机载激光器具有准确捕捉冠层高度和密度信息的能力，而冠层高度和密度都和地上生物量之间存在很高的相关性。在激光点云数据中，每一个回波点都是对冠层内反射体高度的直接测量。但这些点需要聚集到一定规模才能描述植被三维结构，以及获得树冠高度和用于生物量估算的各项指标。

区分来自冠层的回波与来自林下的回波是激光雷达数据处理中必需的步骤。研究发现可以设置一定的阈值(与邻近最低地面点的高度差)来区分冠层回波和林下回波。对于成熟林区，这一阈值通常设为 2m 或 3m(Næsset et al., 2004)；对于幼林，Næsset 等(2011)研究表明设置不同的阈值(0.5m，0.13m 和 2.0m)具有类似的效果，这可能与机载激光雷达扫描仪(ALS)对垂直结构(地面高程)的测量精度约为 20～50cm 有关(Hodgson and Bresnahan, 2004)。详细处理过程请参阅 13 章有关节。激光雷达点云数据中的末次回波可用于制作数字地形模型(DTM)，首先从末次回波中提取出来自地面的点，然后以此生成不规则三角网(TIN)，进而得到 DTM。而首次回波主要用于提取用于生物量估算的各项指标，因为有研究表明，在具有不同配置和不同飞行高度的各类 ALS 系统中，首次回波属性比较其他回波属性更加稳定(Næsset and Gobakken, 2008)。

在过去的十多年中，机载激光雷达扫描仪数据已被广泛应用于区域范围的森林管理工作中。研究区域包括寒带、温带(McRoberts et al., 2010; Næsset 2004a; Næsset and Gobakken, 2008)和热带。本书 13.2 节中详细介绍了这些方面的应用。表 13.3 中列出了从 ALS 点云数据中可获取的不同高度指标。这些参数已广泛地用于基于多元回归模型的生物量估算中(Næsset and Gobakken, 2008)。

2. 大光斑激光雷达(Large Footprint Lidar)

大光斑激光雷达系统(Blair et al., 1999)可以提供高分辨率的植被垂直结构和地面高

程信息，并且适用于高植被覆盖地区。光斑的尺寸通常大于单棵树的树冠，发射的激光束于是可以部分地通过树冠间的空隙到达地面并返回激光发射器。这样在回波波形中，将同时存在来自地面和来自植被的波峰。在过去的十年中，已有多种机载和星载的大光斑激光雷达系统用于植被测量。例如机载的 SLICER(Scanning Lidar Imager of Canopies by Echo Recovery)系统(Harding et al., 1998)，LVIS(Laser Vegetation Imaging Sensor)系统(Blair et al., 1999)和星载的 GLAS(Geoscience Laser Altimeter System)系统(Abshire et al., 2005)，已成功用于反演树高和森林地上生物量等关键参数(Baccini et al., 2008; Drake et al., 2002, 2003; Dubayah and Drake, 2000; Hofton and Blair, 2002; Lefsky et al., 1999, 2002, 2005; Simard et al., 2008, 2011; Sun et al., 2008, 2011)。图 14.3 显示了一个从森林地区获取的典型 GLAS 波形。在估算出噪音的平均值和标准偏差后，可以通过设定一定的阈值(例如平均值的 ±3 个标准差)来确定信号开始和结束信号的位置。此时如果能确定地面峰值的位置，便可进一步对波形能量进行积分，据此得到四分位高度指标(图中所示 $H25 \sim H100$)。其他一些指标也可以从波形导出并用于反演森林生物量和蓄积量(Sun et al., 2008; Nelson et al., 2009)。

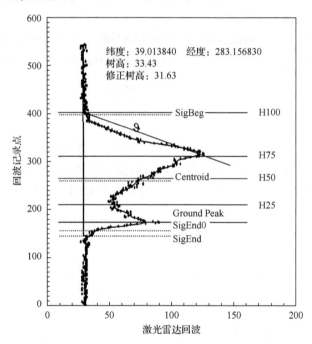

图 14.3　来自森林地区的典型 GLAS 波形及关键指标

SigBeg –信号起始点；SigEnd –信号结束点；Ground Peak–地面峰值；Centroid–波形重心；H25～H100–四分位垂直高度，分别对应波形能量积分(从信号起始到结束)的 25%、50%、75%和 100%相对位置

　　激光雷达波形记录的是回波信号，它是关于时间延时的函数，或者关于一定参考高度以上位置的函数。如果我们从树冠顶部向下绘制 Z 轴($Z = 0$ 处为冠层顶部)，则波形可以表示为(Sun and Ranson, 2000)：

$$P(z) = k \int_{z-r}^{z+r} \rho(x)T(x-z)\mathrm{e}^{-x\tau}\mathrm{d}x + \varepsilon \tag{14.15}$$

其中，z 是当前位置到冠层顶部的距离；r 是激光雷达脉冲 T 的半幅宽；$\rho(x)$ $(x=0, \cdots, h)$ 函数描述光斑内来自植被部分的反射率垂直剖面；$T(x)$, $x= -r, \cdots, 0, \cdots r$ 是描述高斯型激光雷达脉冲的函数；k 是用于目标信号值转化为数字记录的常量；e^{-xT} 是上方冠层衰减（hot spot）；ε 是噪声项。对于裸露光滑地面，ρ 只会在地表（$Z=0$）有一个地表反射率值，这时波形 P 将与发射激光脉冲具有相同的宽度 $2r$（$z= -r$ to $z=r$）。理论上，如果发射的激光脉冲拥有完美的高斯形状，那激光雷达波形 $P(z)$ 将是多个高斯回波在不同高度（延迟时间）的累积。据此理论激光雷达波形可以分解成为多个高斯波形（Hofton et al., 2000）。在 GLAS 的波形产品 GLA14 中，默认设置为最多利用六个高斯峰来近似波形（Brenner et al., 2002）。通过对波形分解，可以得到许多有用的指标（Rosette et al., 2009）。

从激光雷达扫描系统得到的离散点可以通过聚集创建与大光斑激光雷达系统类似的"伪波形"（Muss et al., 2011）。在一定的地形条件下，Popescu 等（2011）比较了光斑尺度 GLAS 波形数据与 ALS 数据生成的地形高程信息，证明 GLAS 数据可以准确地获取地形高程。同样，由波形数据得到的高度指标与机载激光雷达数据获取的等效参数具有高度相似性。这些指标均可用于反演光斑尺度的地上生物量。表 14.4 中列出了激光雷达波形中得到用于生物量反演的常见指标。

激光雷达直接测量的是植被高度。所以对生物量的反演常需要间接利用激光雷达数据实现。例如，GLAS 波形数据能可靠地反演 Lorey 高度（Lefsky, 2010）。Lorey 高度的定义为

$$H_{\text{lorey}} = \frac{\sum_{i=1}^{N} \text{BA}_i H_i}{\sum_{i=1}^{N} \text{BA}_i} \tag{14.16}$$

BA_i 和 H_i 分别是样方内第 i 棵树的断面积和高度。断面积权重的树高同时保留了大树与高树对于指标的影响。图 14.4 表明 Lorey 高度与生物量在样方尺度高度相关，这里样方大小与 GLAS 光斑大小（～70m 直径）十分接近（Saatchi et al., 2011）。于是我们可以

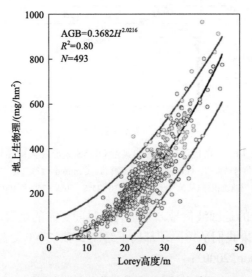

图 14.4　Lorey 高度与地上生物量的异速生长关系（Saatchi et al., 2011）
使用的样方大小与 GLAS 光斑大小尺度相当（AGB = $0.3104H^{2.0608}$, $R^2 = 0.85$, $P < 0.001$）

首先从激光雷达数据反演 Lorey 高度或其他类似的树冠高度，然后可进一步反演生物量（Kellndorfer et al., 2006; Lefsky, 2010; Saatchi et al., 2011）。另有研究（Lefsky et al., 2005; Pflugmacher et al., 2008）表明，GLAS 波形反演的其他高度参数也与生物量有着较好的相关关系。

14.4.2　雷 达 数 据

1. 后向散射系数

雷达，由于其对植被具有穿透能力并对植被含水量有敏感性，是反演森林空间结构和林分级生物量的重要手段。过去二十年来自星载 SAR 卫星和机载 SAR 传感器的研究表明，多频、多极化 SAR 系统是森林类型分类，评估森林生物量，和监测森林变化的重要工具。雷达数据已用于估算森林生物量（Dobson et al., 1992; Kasischke et al., 1995, 1997; Ranson et al., 1995, 1997a; Kurvonen et al., 1999）和树冠高度（Hagberg et al., 1995; Treuhaft et al., 1996; Kobayashi et al., 2000）。当森林结构复杂并且生物量很高时，应用极化雷达数据估计具有复杂空间结构的森林生物量的能力是有限的（Imhoff 1995; Ranson et al., 1997a）。目前的共识是成像雷达数据可用于估计一定水平以内的森林生态系统中的森林地上生物量（Kasisehke et al., 1995）。使用单频极化系统成像雷达只能用于低生物量森林区域的生物量估算（Harrell et al., 1995; Kasisehke et al., 1994）。可从单一通道干涉 SAR 和地面高度获得的"散射相位中心"高度和干涉雷达图像数据之间的相干性（Coherence），也都与森林生物量具有较高的相关性（Balzter, 2001; Pulliainen et al., 2003; Treuhaft and Siqueira, 2004; Balzter et al., 2007; Christian et al., 2009; Sun et al., 2011）。

数学上，散射体的散射特性可用一个 2×2 的复数矩阵来描述：

$$E^{sc} = \begin{bmatrix} S_{hh} & S_{hv} \\ S_{vh} & S_{vv} \end{bmatrix} E^{tr} = [S] E^{tr} \tag{14.17}$$

其中，E^{tr} 是由雷达天线所发射的电场矢量；[S] 是复数形式的 2×2 散射矩阵，包含了散射体的信息；E^{sc} 是接收到的电场矢量。散射矩阵也是雷达频率和成像几何参数的函数。获取散射矩阵并定标以后，它可以用来合成任何发射、接收极化组合下该目标物的雷达散射截面（Van Zyl and Kim, 2010）。雷达后向散射系数是目标单位地表面积上的后向雷达散射截面。散射矩阵的每个元素都是一个复数，代表一极化组合下散射信号的幅度和相位：

$$S_{hv} = a + jb = Ae^{-j\varphi} \tag{14.18}$$

其中，A 和 φ 是 HV 极化散射信号的强度和相位信息。$S_{hv}S_{hv}^* = a^2 + b^2 = A^2$ 是在 HV 极化的后向散射强度（能量）。如式（14.18）所示的复数形式的雷达数据（如 PALSAR），可以用下式转化为后向散射系数：

$$\sigma^0 = c(a^2 + b^2) + d \tag{14.19}$$

其中，c 和 d 是该雷达数据的定标参数（增益和偏移）。后向散射系数是用于生物量估算的基本特征值之一。

现在大多数 SAR 数据已进行了辐射标定，也可以要求进行地理编码。雷达图像中一个像素的接收信号，是在该雷达分辨单元内所有后向散射信号的总和。在距离向，雷达像素的地面分辨率取决于局部的雷达入射角。如果图像所在区域存在较大的地形变化，则局部入射角与平坦表面会有较大不同。由于雷达后向散射系数随着雷达像素大小在变化，雷达数据需要先进行纠正再用于生物量预测。坡度 s 和坡向 φ 可以由地表高程生成，然后用于计算雷达图像特定像素的局部入射角：

$$\cos(\theta_L) = \sin(s)\cos(\alpha)\sin(s+\varphi) + \cos(\theta)\sin(\alpha) \tag{14.20}$$

其中，θ_L 是局部入射角；θ 是雷达入射角；α 是雷达波束方向的方位角。对辐照面积变形的辐射校正可使用 Kellndorfer 等(1998)提出的基于局部入射角的纠正公式：

$$\sigma_{\mathrm{corr}}^0 = \sigma^0 \sin(\theta) / \sin(\theta_0) \tag{14.21}$$

其中，σ_{corr}^0 是经过纠正后的雷达后向散射系数；σ^0 是原始的后向散射系数。θ_0 是雷达图像中心的入射角。

地形的变化不仅改变了雷达图像像元所观测的总表面积，也改变了所观测散射体的空间结构。对应同样角度与强度的雷达发射波束，斜坡上的树木和平地上的树木会有不同的后向散射系数(图 14.5)。机载雷达图像数据的入射角范围通常在 20°～60°。为了减少基于雷达后向散射系数的生物量反演的误差，必须首先纠正地形坡度引起的散射体空间结构变化对雷达信号的影响。研究表明，对于不同地物类型，地形和入射角对雷达后向散射系数的影响并不相同。因此完全的校正需要知道地面类型和该类型雷达后向散射系数和入射角的关系。而在实际工作中，同时具备这两方面条件常常是非常困难的。于是在实践中，我们根据雷达入射角、局部地形的坡度和坡向信息来计算每个像元的局部入射角，发展主要地表类型的雷达后向散射系数和入射角的关系，然后根据每个像元地表类型用适当的雷达后向散射系数与入射角的关系来纠正地形的影响。

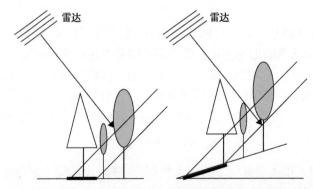

图 14.5　地形改变了雷达图像像元所观测的表面积大小和森林空间结构

后向散射与入射角的关系可用一个简单的物理模型来描述(Ulaby et al., 1981)：

$$\sigma^0(\theta) = \sigma_0 \cos^p(\theta) \tag{14.22}$$

其中，θ 是入射角；σ_0 是入射角为 θ 的后向散射系数；σ_0 和 p 都与极化相关。p 为幂指数，范围为 1～2；当 $p=1$ 时，散射系数(单位面积散射)决定于 $\cos\theta$，即投影面积(基于入射角度)与表面积的比率；$p=2$ 时，为理想朗伯体表面。Ulaby 等(1981)指出，虽然真实散射很少是 $p=1$ 或 2，有时还是可以用 $p=1$ 或 2，或者中间值来表示来自植被的散射。在反演西伯利亚中部的生物量时，Sun 等(2002)利用三维雷达后向散射模型(Sun and Ranson, 1995)，模拟了典型林分在入射角为 45°时，在不同坡度(10°、20°和 30°)、不同方位角(从 0°～360°，45°步长)的 L 波段 HH 和 HV 极化的雷达后向散射系数并计算了局部入射角 θ。用模拟结果拟合上述简单模型[式(14.22)]可以确定 σ_0 和幂指数 p。最佳模拟和结果为如下的两个方程：

$$\sigma_{hh}^0(\theta) = 0.361\cos^{1.78}\theta \quad r^2 = 0.93 \tag{14.23}$$

$$\sigma_{hv}^0(\theta) = 0.203\cos^{1.50}\theta \quad r^2 = 0.95 \tag{14.24}$$

理论上，应该针对不同地表覆盖类型建立这种形式的方程。地形纠正的目的是把在入射角为 θ 时的 LHV 调整(标一化)到在参照入射角 θ_0 时的后向散射系数：

$$\sigma_{hv}^0(\theta_0) = \sigma_{hv}^0(\theta)(\cos\theta_0 / \cos\theta)^{1.50} \tag{14.25}$$

其中，θ 是局部入射角，可由高程数据计算得到，但前提是要有高质量的 DEM 数据。我们可以用式(14.23)从 HH 后向散射系数先得到 θ：

$$\cos\theta = (\sigma_{hh}^0(\theta) / 0.361)^{1/1.78} \tag{14.26}$$

如果实际的雷达数据中 σ_i^0 不同于式(14.23)中所示的模拟值 0.361，则 $\cos\theta$ 表示为

$$\cos\theta = (\sigma_{hh}^0(\theta) / \sigma_i^0)^{1/1.78} = (\sigma_{hh}^0(\theta) / 0.361)^{1/1.78} a \tag{14.27}$$

其中，$a = (0.361 / \sigma_i^0)^{1/1.78}$ 考虑了 σ_0 在模拟值(0.361)与实际雷达图像中(σ_i^0)的差异。

表 14.4 列出了用于森林蓄积量与生物量估算的，可以从极化 SAR 数据导出的常用参数(Gonçalves et al., 2011)。

从森林植被得到的后向散射主要有下面几部分组成：①来自树冠的体散射；②直接来自地面的后向散射；③来自树干与地表、冠层与地表之间的双重或多重散射(Sun and Ranson, 1995)。目前已有多种极化分解算法(Cloude and Pottier, 1996)可以从全极化雷达数据提取更多用于生物量反演的独立变量。

表 14.4　用于森林参数反演的 PolSAR 参数(摘自 Gonçalves et al., 2011)

不相干参数	符号	公式	来源
后向散射系数[1]	σ^0_k	$10\frac{\sigma^0_k[dB]}{10}, \sigma^0_k[dB] = 20\log_{10}(|S_k|F_j)$	Henderson and Lewis, 1998
同极化比值	R_{co}	$\dfrac{\sigma^0_{VV}}{\sigma^0_{HH}}$	Henderson and Lewis, 1998
交叉极化比值	R_{cross}	$\dfrac{\sigma^0_{HV}}{\sigma^0_{HH}}$	Henderson and Lewis, 1998

续表

不相干参数	符号	公式	来源
总能量	P_T	$\sigma^0_{HH} + \sigma^0_{VV} + 2\sigma^0_{HV}$	Boerner et al., 1991
生物量指数	BMI	$\dfrac{\sigma^0_{HH} + \sigma^0_{VV}}{2}$	Pope et al., 1994
冠层结构指数	CSI	$\dfrac{\sigma^0_{VV}}{\sigma^0_{VV} + \sigma^0_{HH}}$	Pope et al., 1994
体散射指数	VSI	$\dfrac{\sigma^0_{HV}}{\sigma^0_{HV} + (BWI)}$	Pope et al., 1994

相干参数	符号	公式	来源
HH-VV 相位差	$\Delta\varphi$	$\arg\left(S_{HH}S^*_{VV}\right)$	Henderson and Lewis, 1998
HH-VV 极化相干	γ	$\dfrac{\left|\left\langle S_{HH}S^*_{VV}\right\rangle\right|}{\sqrt{\left\langle S_{HH}S^*_{HH}\right\rangle\left\langle S_{VV}S^*_{VV}\right\rangle}}$	Henderson and Lewis, 1998
熵 [2]	H	$H = -\sum_{i=1}^{3} p_i \log_3(p_i),\ p_i = \dfrac{\lambda_i}{\sum_{j=1}^{3}\lambda_j}$	Cloude and Pottier, 1996
各向异性 [2]	A	$\dfrac{\lambda_2 - \lambda_3}{\lambda_2 + \lambda_3}$	Pottier, 1998
平均 alpha 角 [2]	$\bar{\alpha}$	$\sum_{i=1}^{3} p_i\alpha_i,\ p_i = \dfrac{\lambda_i}{\sum_{j=1}^{3}\lambda_j}$	Cloude and Pottier, 1996
体散射在总能量中比重 [3]	P_V	$\dfrac{8f_V}{3}$	Freeman and Durden, 1998
双向散射在总能量中比重 [3]	P_d	$f_d(1 + |\alpha|^2)$	Freeman and Durden, 1998
表面单散射在总能量中比重 [3]	P_S	$f_S(1 + |\beta|^2)$	Freeman and Durden, 1998

1 单位不是常用的 dB 而是原来的 m²/m²。$|S_k|$是信号振幅(k = HH, VV, 或 HV)，F_j是j列的标定常数。该常数是从 12 个三面角反射器的后向散射数据决定的

2 $\lambda_1 \geqslant \lambda_2 \geqslant \lambda_3 \geqslant 0$ 是相干矩阵[T]的特征值。α_i 是一个从[T]的特征向量导出的描述主要散射机制的参数 (Cloude and Pottier, 1996)

3 f_v, f_d 和 f_s 分别是 VV 后向散射中体散射，双向散射和面散射的贡献。α 和 β 分别是双向散射和面散射的<$S_{HH}S_{VV}$*>用 VV 标一化后的二次统计量

2. 雷达干涉相干系数

单景雷达图像提供的观测量是不同极化的雷达后向散射系数。通过在不同的位置对同一地点进行观测获取的两张复数雷达图像可构成雷达干涉。雷达干涉数据所提供的观测量包括：雷达干涉相干系数、雷达干涉相位。雷达干涉相位信息与雷达极化信息耦合产生了雷达极化干涉。

　　雷达干涉相干系数反映了雷达干涉像对获取间隔期内的地面变化，最初仅用作评价干涉数据质量和辅助相位解缠。但随着干涉研究的不断深入，特别是对 C 波段 ERS 1/2 大量数据的研究发现，雷达干涉相干系数与森林生物量也存在一定的相关性(Luckman et al.，2000)。

　　由于 ERS-1/2 干涉数据出现的较早，且数据时间连续型和空间覆盖能力较好，因此，早期的大量关于相干系数的研究主要使用的是 ERS 1/2 干涉数据。例如，Gaveau 的模拟结果揭示了时间去相干是 ERS-1/2 去相干的主要因素，而生物量越高，则散射体越多，散射的相位稳定性越差，因此时间去相干也越强(Gaveau，2002)。Gaveau 等(2003)在俄罗斯中西伯利亚地区 90 万 km² 的范围内，尝试利用 ERS-1/2 构成的时间基线仅为 1 天的雷达干涉相干系数，进行了森林蓄积量等级制图。Wagner 等(2003)利用 ERS-1/2 雷达干涉相干系数和 L 波段 JERS 雷达后向散射系数，在俄罗斯西伯利亚北方森林区进行了近 100 万 km² 的森林蓄积量制图，结果表明，对蓄积量低于 80m³/hm² 的区域的制图精度可以达到 80%。Tansey 等(2004)在西伯利亚北方森林区、英国温带人工林区和瑞典次生林区，对利用 ERS 性感系数和 L 波段 JERS 雷达后向散射系数进行森林蓄积量等级制图的可行性进行了分析，结果表明可以将森林蓄积量分为 4 个等级，分类精度优于 70%。Drezet 和 Quegan(2006)的研究表明风和含水量的变化是引起去相干的关键因素。Santoro(2007) 等在俄罗斯西伯利亚的研究表明，冬季积雪覆盖情况下的 ERS-1/2 的干涉相干系数较为稳定，可用于区域森林蓄积量的制图。由于雷达干涉相干系数受天气的影响较大，不是所有的数据都可用于森林生物量/蓄积量的监测。如何进行有效的数据选择是一个关键问题。为此，Engdahl 等(2004)利用 134 块地面实测样地，对在不同天气条件下获取的 14 个 ERS-1/2 干涉对进行深入分析发现，低蓄积量区(<5m³/hm²)相干系数与高蓄积量区(>350m³/hm²)相干系数差值可以作为数据选择的一个依据。

　　尽管从原理上雷达干涉相干系数反映的是不同地物覆盖情况下环境因素对雷达后向散射的影响，而并不是对森林生物量的直接探测，相干系数与森林蓄积量的关系会随着研究区和环境状况发生变化。但由于相干系数影像上存在着明显的地物特征相关信息，研究人员始终没有放弃利用雷达干涉相干系数进行森林生物量的反演研究。对于 L 波段雷达干涉相干系数的分析主要集中在早期的 JERS-1 数据和 2006 年日本发射的 ALOS/PALSAR 上。如 Eriksson 等对比分析了不同时相的 L 波段 JERS-1 的相干系数和 C 波段 ERS-1/2 的相干系数与森林蓄积量之间的相关性(Eriksson et al.，2003)，发现冬季的干涉相干系数与森林蓄积量之间的相关性较好，夏季降雨等因素导致干涉相干系数波动太大，春秋季节由于树叶萌发和落叶等因素的影响，时间去相干太严重。Thiel 等(2009)使用 L 波段 ALOS/PALSAR 数据夏季的雷达后向散射系数和冬季的干涉相干系数，对俄罗斯西伯利亚林区进行了森林/非森林制图，结果表明制图精度可达 93%。Chowdhury 等(2014)对利用 L 波段相干系数进行森林蓄积量反演的可行性进行了分析，与 C 波段相同，他们也观察到了干涉相关系数随蓄积量的增加而降低的趋势。Thiel 和 Schmullius(2014)在俄罗斯西伯利亚林区使用 36 个干涉像对分析了树种对 L 波段 PALSAR 相干系数的影响。结果发现，在冰冻的情况下，树种的相干系数的影响较小，但在非冰冻的情况下，树种的影响明显增加，且落叶阔叶的相干系数较低，而针叶树的相干系数较高。Thiel 和

Schmullius(2016)在俄罗斯中西伯利亚林区，使用 PALSAR 后向散射系数和相干系数进行了森林蓄积量估算分析，结果发现，在冰冻季单极化相干系数与森林蓄积量的相关性为 0.58，饱和点在 $230m^3/hm^2$ 左右，而对于非冰冻季，相干系数与蓄积量的相关性较低(约为 0.42~0.48)，饱和点在 $75 \sim 100m^3/hm^2$。

对于 C 波段和 L 波段的相干系数研究，主要利用的是重复轨道干涉数据，重复周期较长，引起时间去相干的因素太多。而随着 X 波段 TanDEM-X 数据的出现，通过跟飞或绕飞的模式进行数据获取，干涉数据的时间基线几乎为零，研究人员开始关注 X 波段相干系数信息的开发。如 Olesk 等(2015)分析了不同季节 X 波段 TanDEM-X 时间去相干的问题，结果发现，北欧落叶林区 X 波段去相干受季节影响明显。Zhang 等(2017)也分析了林区 TanDEM-X 相干系数的特征，发现 X 波段相干系数随极化的变化较小。

除了 X、C 和 L 波段外，欧洲计划发射的 BIOMASS 卫星，将采用 P 波段。为此，Hamadi 等(2015)在法属圭亚那热带雨林地区，分析了不同季节 P 波段雷达干涉的时间去相干问题。通过连续六个月在雨季和旱季进行了观测发现，无论在哪个季节，在无雨天的相干系数出现了日变化周期，白天的去相干现象明显，这可能主要是由于风引起的冠层的运动引起的。对于 20 天的时间基线而言，早晨 6 时，旱季的相干系数高于雨季(大于 0.8)；对于 20~40 天的时间基线，两个季节的相干系数相似，约为 0.6~0.7，而对于更长的时间基线，旱季的去相干变得更为明显。

3. 雷达干涉相位

雷达干涉相位直接获取的是包含地形和森林空间结构信息在内的散射相位中心的高程。在地形数据已知的情况下可以获取森林空间结构信息。森林空间结构最为直观的表述是森林高度，因此，大量针对雷达干涉相位信息的研究主要聚焦在森林高度上。但实际上，散射相位中心是对森林株密度和森林高度的综合反映，相对于森林高度信息，雷达干涉获取的散射相位中心位置能更好地刻画森林蓄积量或森林生物量，如美国林洞研究中心以 C 波段 SRTM 雷达干涉数据和美国高精度林下地形数据(NED)为主，生产了覆盖美国大陆区域的 2000 年的美国生物量/碳储量数据(National Biomass and Carbon Dataset 2000，NBCD2000)，之所以将该产品的时相定义为 2000 年，主要原因在于用于生产 SRTM 高程产品的雷达数据的获取时间是 2000 年。

Balzter(2001)系统回顾了 20 世纪 90 年代雷达干涉用于森林监测的主要进展。可以看到，当时森林生物量反演方面的研究主要集中在雷达后向散射系数和雷达干涉相干系数的利用上。由于当时的雷达干涉数据源主要是 C 波段的 ERS-1/2 的时间基线为 1 天的重复轨道干涉数据，在森林区域去相干问题严重，难以获取高质量的雷达干涉相位数据。因此，针对雷达干涉相位信息的研究较少。这个时期的研究主要集中在理论模型研究和少量机载数据的分析上。如 Treuhaft 等(1996)对地形和植被的雷达干涉特征进行了建模，使用了四个参数对地形和植被特征进行了描述，包括：植被层厚度、植被层消光系数、散射体强度和密度的相关因子和地表高程。Sarabandi(1997)从理论上分析了使用雷达干涉数据进行高度提取的可行性，结果发现，对于均匀的浓密森林，可以利用雷达干涉相位信息进行森林冠层顶部高度的估算；Lin 和 Sarabandi(1999)建立了基于进行森林结构与蒙特卡洛方法的单木相干散射模型(FCSM)。

　　Balzter(2001)指出利用雷达干涉相位信息进行森林高度提取有三种途径：①在林班边缘，以裸露地表的高程为参考；②利用波长对森林冠层的穿透能力的差异；③利用已知的林下地形获取散射相位中心高度信息。这三种方式中，第一种仅适用于局部森林扰动过去的区域；研究人员主要针对第三种方式开展了一些研究，如 Kellndorfer 等(2004)尝试利用 SRTM 与林下地形数据相减获取的散射相位中心高度进行森林高度提取，通过对佐治亚州和加利福尼亚州的数据分析发现，散射相位中心高度与森林高度存在明显的线性相关关系。

　　最近十几年，激光雷达技术的发展使得研究人员能够获取较好的林下地形数据和森林结构参数。因此，以激光雷达数据为参考的雷达干涉相位信息的研究逐渐增加。如 Huang 等(2009)对比分析了激光雷达与 ku 波段雷达干涉在森林高提取方面的能力，结果表明，两者都可用于单木和样地尺度上森林高度的提取，但激光雷达优于雷达干涉；Sexton 等(2009)在美国东南部的红松林和硬木林区，对 SRTM、机载 X 波段和 P 波段雷达干涉、激光雷达和野外地面测量进行了对比分析，结果表明，X 波段与 P 波段的穿透深度差对森林垂直结构的刻画能力优于 SRTM 的散射相位中心高度，但低于激光雷达。Solberg 等(2010)分析了 SRTM 上搭载的 X 波段雷达散射相位中心高度对森林蓄积量和生物量的敏感性，结果发现，X 波段雷达散射相位中心高度与森林蓄积量和生物量线性相关。他们进一步与机载激光雷达获取的数据对比分析结果表明，对森林生物量的反演直到 $250t/hm^2$ 仍未出现饱和现象。

　　德国于 2010 年发射了 TanDEM-X 卫星，它可与已经在轨的 TerraSAR-X 协同工作，两颗卫星将以不到 200 米的距离同步飞行，可以获取几乎没有时间去相干的 X 波段雷达干涉数据，该数据的出现为研究 X 波段散射相位中心高度提供了新的契机，最近几年，研究人员在不同的地区针对不同的森林类型开展了大量的研究工作。如在欧洲北方森林地区，Naesset 等(2011)在挪威东南部林区利用 201 块样地分析了 18 个时相的 Tandem-X 的散射相位中心高度与森林生物量的关系。他们借助于干涉水云模型(IWCM)、地上随机散射体模型(RVoG)和穿透深度模型对森林生物量进行了反演，结果发现，利用 18 景多时相 Tandem 数据对森林生物量的反演结果与实测结果的相关性 R^2=0.93，相对误差为16%；Solberg 等(2013)在挪威东南部林区以激光雷达数据提供的林下地形为参考，提取了 X 波段的散射相位中心高度，借助于分布在 28 个林分上的 192 块圆形样地，分析了散射相位中心高度对云杉森林生物量的敏感性，结果表明，散射相位中心高度增加 1m，对应的生物量增加 $14t/hm^2$；在样圆尺度上，对森林生物量反演的相对精度为 43%~44%，在林分尺度上相对精度为 19%~20%；Rahlf 等(2014)在挪威南部林区对比分析了激光雷达、机载摄影测量和 Tandem-X 雷达干涉数据对森林蓄积量的反演精度，结果表明，它们在样地尺度上的相对反演精度分别为 19%，31%和 42%，并发现把坡度和坡向信息引入反演模型后，反演精度有所提高；Karila 等(2015)在芬兰南部人工林区利用激光雷达获取的林下地形和 Tandem-X 干涉数据获取了散射相位中心高度，然后以 335 块样地为参考，尝试利用散射相位中心高度和相干系数对森林蓄积量进行反演，结果表明，对森林蓄积量反演的相对精度为 32%，他们认为 Tandem-X 数据可用于大尺度森林调查；

Abdullahi 等(2016)报道了在德国巴伐利亚州东南部温带森林利用Tandem-X散射相位中心高度进行森林蓄积量反演的情况，结果表明在大小为 500m² 的圆形样地上，森林蓄积量的反演精度为 69%，均方根误差为 155m³/hm²，而在大小介于 1.5～6.4hm² 的林分尺度上，反演精度为 94%，均方根误差为 44m³/hm²。

在温带森林区，Khati 等(2017)分析了印度落叶林区 TanDEM-X 数据的季节变化特征，结果表明，有叶季散射相位中心高度与森林高度的相关性较高(R^2=0.75)，而无叶季的相关性较低(R^2=0.65)。在热带雨林去，Solberg 等(2017)在坦桑尼亚东乌萨姆巴拉山林区分析了浓密热带雨林地区森林生物量与散射相位中心高度的关系，使用激光雷达获取林下地形和 Tandem-X 获取散射相位中心高度，以 153 个大小为 900m² 的样地为参考进行了分析，结果森林生物量与散射相位中心高度线性相关，对森林生物量的反演精度直到 600t/hm² 仍未出现饱和。

除此之外，研究人员还深入分析了 X 波段散射相位中心随季节的变化规律，如 Solberg 等(2015)在挪威南部林区分析了 Tandem-X 散射相位中心高度的稳定性，利用分布在 26 个林分的 179 块样地的调查数据进行森林生物量反演和分析，结果发现在春、夏和秋季，HH 和 VV 极化的散射相位中心较为稳定，而冬季的散射相位中心偏低，此外，发现高程模糊度为 20～50m 的基线长度得到的效果较好。Caicoya 等(2016)利用冬季和夏季的 Tandem-X 进行了森林生物量等级制图。Askne 等(2017)以半经验相干水云模型为基础，利用 Tandem-X 和激光雷达地形数据进行了森林生物量反演，利用 29 个样地的评价结果表明，森林生物量的反演的相对误差介于 15.8%～21.2%。

这些研究充分表明，在没有时间去相干的影响下，X 波段散射相位中心主要位于冠层上部，在林下地形已知的情况下可用于森林生物量反演。不过，从以上的描述来看，现有的大量研究主要是基于样地调查数据或在地形相对平坦的地区开展的。当基于上述研究结论使用 Tandem-X 干涉相位数据和林下地形数据进行森林生物量反演时，值得注意的一个问题是，必须要重视不同源 DEM 数据之间水平位置的严格配准。如 Ni 等(2014)的研究表明，不同源 DEM 现有的地理编码精度不足以支持它们直接相减。所有涉及不同源 DEM 数据相减的研究工作，如森林高度提取、冰川变化监测等，都需要首先保证不同源 DEM 之间的水平位置配准精度达到亚像元级别，否则就会出现地形相关特征。换言之，如果在两个不同源 DEM 的差值结果中出现了地形相关特征，需要首先确认两种数据源之间的是否存在明显的水平位置偏移。

4. 极化干涉

如第 3 章中所述，森林冠层内的相位中心的高度取决于树冠的结构以及发射和接收信号的极化比。最近的研究表明，使用极化干涉合成孔径雷达(PolInSAR)技术，可以从 InSAR 数据直接反演森林冠层高度而不需要地面 DEM 辅助。PolInSAR 技术通过简化的雷达散射模型，利用不同极化条件下的相干值，对冠层高度和其他重要结构参数进行反演。在传统极化干涉基础上 Cloude(2006)进一步提出了一种极化相干层析(PCT)技术，用来重建森林内部散射体密度的垂直分布函数。重轨 InSAR 数据中的时间去相干会导致对森林高度、垂直体散射密度剖面估计的误差。而如果有短时重轨 InSAR 数据或者同轨

InSAR 数据，反演得到的冠层高度和垂直剖面函数便可提供与大光斑波形激光雷达类似的森林结构信息(Fontana et al., 2010; Luo et al., 2011)。

图 14.6 是两块典型林分的由 PCT 方法从 L 波段 PolInSAR 数据导出的平均相对反射率函数 $\hat{f}(\underline{w},z)$，$\underline{w}$ 代表极化状态。它们与激光雷达波形相似。图中，h_2 和 h_4 代表 $\hat{f}(\underline{w},z)$ 上半部分中相对反射率最接近零(0.002)的高度，在 h_2 和 h_4 之间的数据构成第一个峰，h_3 是第一个峰的最大峰值对应的高度。在 $\hat{f}(\underline{w},z)$ 下半部分中，最大相对反射率和 h_2 之间的第一个拐点所对应的高度用 h_1 表示，在 h_1 和 0 之间的数据构成第二个峰。第一个峰的形状和位置与地表生物量(AGB)密切相关，对于 AGB 高的林分(b)，峰值小，峰的跨度(即 $h_4 - h_2$)大，h_3 的值大，第二个峰的最大值和较低级别生物量的林分(a)相比较小。对曲线的上半部分做高斯函数拟合，拟合高斯函数的曲线如图中的红虚线所示，拟合曲线能很好地和 $\hat{f}(\underline{w},z)$ 上半部分曲线吻合，说明在林分尺度上，平均相对反射率函数的上半部分呈高斯分布。

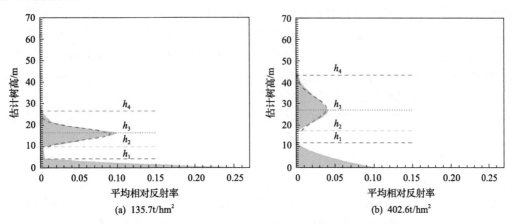

图 14.6　在体散射占主导作用的极化通道二块典型林分的平均相对反射率函数(Luo et al., 2011)

为了定量分析 $\hat{f}(\underline{w},z)$ 与森林 AGB 之间的关系，罗环敏等(Luo et al., 2011)定义了 9 个用于描述 $\hat{f}(\underline{w},z)$ 曲线特征的参数，具体如下：

参数 1：$P_1 = (h_4 - h_2)/\hat{f}(\underline{w},h_3)$，表示第一个峰的跨距除以其峰值；

参数 2：$P_2 = \sum_{z=h_2}^{z=h_4} z \cdot \hat{f}(\underline{w},z)$，表示第一个峰中，将每一个幅值和对应高度相乘，然后再求和；

参数 3、4、5：对第一个峰进行高斯拟合，其幅度的倒数、均值和方差分别记作 P_3、P_4、P_5；

参数 6：$P_6 = 1/\sum_{z=h_2}^{z=h_4} \hat{f}(\underline{w},z)$，表示第一个峰的幅值之和的倒数；

参数 7：$P_7 = 1/\sum_{z=0}^{z=h_1} \hat{f}(\underline{w},z)$，表示第二个峰的幅值之和的倒数；

参数 8：$P_8 = P_6 / P_7$；

参数 9：$P_9 = \sum_{z=h_2}^{z=h_3} \hat{f}(\underline{w}, z) / \sum_{z=h_3}^{z=h_4} \hat{f}(\underline{w}, z)$，表示对于第一个峰，以 h_3 为界限，下半部分幅值之和除以上半部分幅值之和。

Luo 等(2011)采用式(14.28)作为估测森林 AGB 的回归模型取得了满意的结果。

$$\ln(B) = \ln(b_0') + b_1 \ln(P_1) + b_2 \ln(P_2) + \cdots + b_n \ln(P_n) \tag{14.28}$$

B 是森林 AGB。P_i, i=1～9，是上述 9 个参数。b_i, i=0～9，是待定系数。

14.4.3 星载摄影测量数据

第 13 章从森林垂直结构提取的角度重点回顾了机载摄影测量数据获取、处理与应用的发展历程。如前所述，摄影测量利用地物在不同观测角度影像上产生的视差信息对地物的三维结构进行重建，视差的测量精度同时取决于影像的分辨率。早期星载光学遥感影像的分辨率较低，限制了视差信息的提取精度，所以摄影测量研究主要以机载数据为主。随着传感器硬件的发展，星载光学影像的空间分辨率不断提高，如 LandSat1-3 搭载的 MSS 传感器分辨率为 78m，LandSat4-5 搭载的 TM 传感器的分辨率提高到 30m，LandSat7 搭载的 ETM+传感器的全色波段的分辨率进一步提高到 15m。

在 21 世纪初，以 IKONOS 和 Quickbird 为代表的商业卫星实现了亚米级全色影像和米级多光谱影像的获取。这类商业卫星虽具有高空间分辨率，但获取影像的幅宽往往较低分辨率数据窄的多，如 IKONOS 数据的幅宽约为 11km，Quickbird 的幅宽约为 16km 公里。为了缩短对热点地区的重复观测周期，往往具有较高的平台姿态灵活性，以便按照需要，通过改变卫星姿态对目标区进行观测。因此，虽然它们并不是专门用于摄影测量数据的获取，但通过平台姿态的变化，客观上形成了部分摄影测量数据。研究人员开始关注星载摄影测量数据在森林结构参数提取方面的应用，如 St-Onge 等(2008)获取了两幅 IKONOS 影像，它们的观测高度角均为 67.4°，但观测方位角分别为 27.8°和 180.52°，由此可构成立体像对，他们首先使用该立体像对提取了 DSM，进一步结合小光斑激光雷达数据获取的林下地形进行了森林高度的提取，进而分析了所提取的森林高度与森林生物量的相关性，结果表明，星载摄影测量数据提取的森林高度可以较好地应用于森林生物量反演，对反演的森林生物量与地面实测值的相关性(R^2)可以达到 0.79。

除了这些超高分辨率商业卫星数据外，专业星载摄影测量系统也在不断发展，如 1999 年发射的 terra 卫星上搭载了 ASTER 传感器，它除正视镜头外，还有一个后视镜头，正视和后视夹角约为 27.6°，可用于获取两个角度的同轨立体摄影测量数据，影像空间分辨率为 15m，美国宇航局与日本经济贸易工业部联合发布的 ASTER GDEM 就是利用该数据生产的全球地形数据。日本于 2006 年发射的 ALOS 卫星上搭载了 PRISM(全色遥感立体测绘仪)传感器，它是三线阵系统，可获取前视、正视和后视三个角度的全色影像，影像空间分辨率为 2.5m，基本利用 ALOS/PRISM 数据生产了全球地形数据 AW3D (Advanced World 3D)。此外，中国也于 2012 年发射了第一颗民用星载摄影测量系统-资源三号 01 星(ZY-3)，ZY-3 也是三线阵系统，正视与前后视的夹角为 22°，正视影像空间分辨率为 2.1m，前后视影像空间分辨率为 3.5m；2016 年又发射了资源三号 02 星(ZY-3)，前后视影像空间分辨率提高到 2.5m。

目前针对这些专业星载摄影测量数据的研究主要集中在测绘领域，侧重于地形信息的提取，而对附着于地表之上的森林空间结构信息提取的研究刚刚开始，如 Ni 等(2013)以大光斑激光雷达为参考，系统探讨了 ASTER GDEM 中包含的森林高度信息，结果发现，即使用于生产 ASTER GDEM 的原始摄影测量影像的空间分辨率只有 15m，且是 2000～2010 年十多年数据合成的产品，其中仍然还有明显的森林结构信息。

星载摄影测量与机载摄影测量有着明显的不同，除了平台高度不同外，最大的区别是星载摄影测量系统采用的是线阵推扫相机，而机载摄影测量系统采用的是框幅式相机。每个线阵推扫相机只能获取一个角度的影像数据，而每个框幅式相机获取的是多角度影像数据。因此，星载摄影测量数据面临的最大挑战是角度信息的不足。如何充分挖掘三线阵星载摄影测量数据的角度信息是一个重要问题。Ni 等(2014)利用 ALOS/PRISM 数据分析了不同角度组合提取的摄影测量点云的空间分布特征，结果发现，不同角度组合的点云和垂直方向和水平方向都存在明显的互补性，在水平方向上可以增加点云密度，在垂直方向上，能够增强对森林空间结构的刻画能力。

从原理上讲，摄影测量数据直接测量的是森林垂直结构，因此，目前的研究主要集中在森林空间结构的提取上，而对森林生物量的研究较少。利用星载摄影测量数据进行区域森林生物量及其动态变化制图是未来的发展方向。

14.5　基于多源数据的生物量反演

从定义的角度看，森林生物量取决于四个变量，即森林高度、密度、胸径和冠幅。对于机载和星载数据而言，很难对胸径进行直接测量。单一数据源可以对其他三个变量进行综合观测，或对其中的某一个变量进行观测，因此多源遥感数据协同是森林生物量反演的必然趋势。

早期的多源遥感数据协同主要是利用统计回归分析方法，建立地面实测数据与遥感数据之间的相关关系。在收集到研究区域的地面实测数据、多源遥感数据和其他环境因素数据之后，我们需要建立模型来反演生物量。假设 B_i，$i=1,2,\cdots,N$ 是生物量，X 是模型输入数据。则估算的生物量可以用预测模型 F 来表示：

$$\hat{B} = F(X) \tag{14.29}$$

建立模型的目的是减少反演中的误差 RMSE：

$$\mathrm{RMSE} = \sqrt{\sum_{i=1}^{N} (\hat{B}_i - B_i)^2 / N} \tag{14.30}$$

模型 F 一般是线性或非线性回归模型，或各种机器学习算法。参数化方法主要指回归分析预测模型，可以应用各项遥感获取的指标作为模型输入变量。这些变量包括：由光学数据衍生的各类指数，由雷达数据、极化雷达数据、极化相干雷达数据生成的指标，由激光雷达数据得到的指标，以及图像纹理的各项指标等等。非参数方法主要指各类机器学习和分类算法，常见的非参数方法包括神经网络、K 最近邻方法、回归树、随机森林和最大熵等等。前面几种方法在光学数据处理部分已经有介绍，以下各节我们主要讨论几种未涉及的方法。如最大熵(MaxEntropy)，它可以自动识别复杂的模式，并基于数据做出决定。和其他非参数化方法类似，最大熵方法可充分利用不同来源的数据来反演生物量(Saatchi et al., 2011)。

14.5.1　回　归　模　型

利用雷达散射强度作为回归模型的主要输入变量，是应用雷达数据估算生物量最常见的方法。一般的，地面实测样地根据设置为一定大小(根据项目情况所定)。对样地内符合一定标准(如胸径超过 3cm、5cm、10cm 或更高)的所有树木测量胸径，然后带入相应的异速生长方程来计算生物量并视为实测值。通常使用线性或非线性的多元逐步回归方法，来寻找最佳变量估算生物量。各种基础研究表明，雷达后向散射对生物量的敏感性取决于雷达的波长和极化方式。早期的研究(Dobson et al., 1992; LeToan et al., 1992)曾对森林结构参数与单极化后向散射系数之间的关系进行分析。两项研究均使用对数转换后的单极化后向散射系数(单位 dB)，分别与生物量建立了多项式(Dobson et al., 1992)和线性(LeToan et al., 1992)的估算方程。Ranson 等(1995, 1997)研究发现用取立方根的生物量变量可得到更好的预测精度。另外发现，将不同波段 HV 极化的比率(PHV/CHV，低热值/CHV)作为输入变量，可以抑制地形或边缘效应引起的后向散射异常，同时保留其与森林生物量较好的关系。

Goncalves 等(2011)使用 L 波段极化雷达数据估算了热带地区的森林蓄积量，其使用的主要指标在表 14.4 中列出。预测模型为以下形式的多元线性回归模型：

$$Y_i = b_0 + b_1 X_1 + b_2 X_2 + \cdots + b_{p-1} X_{p-1} \tag{14.31}$$

其中，Y_i 是因变量；X 为自变量。通常会对因变量和自变量进行不同方式的转换。以往利用雷达数据估算生物量的众多研究(Dobson et al., 1992; LeToan et al., 1992; Ranson and Sun, 1994; Kasischke et al., 1995; Beaudoin et al., 1994)已证明 L 和 P 波段 HV 极化的后向散射与生物量之间的有较强的相关关系，但是这一关系在生物量达到 100~150t/hm² 时会达到饱和。另外，雷达数据本身存在着斑噪的问题，通常在图像处理中采用不同形式的空间滤波来去除，如多视平均处理。因此，在较大样地尺度，生物量和多像元平均后的 HV 极化后向散射的关系较好。研究发现在较大的地块对雷达信号值取平均可以提高生物量与 HV 后向散射之间的相关性(Saatchi et al., 2011)。

Saatchi 等(2007)使用多波段和多极化雷达数据，建立了如下形式的生物量估算方程：

$$\log(W) = a_0 + a_1 \sigma^0_{HV} + a_2 \left(\sigma^0_{HV}\right)^2 + b_1 \sigma^0_{HH} + b_2 \left(\sigma^0_{HH}\right)^2 + c_1 \sigma^0_{VV} + c_2 \left(\sigma^0_{VV}\right)^2 \tag{14.32}$$

其中，W 是生物量，其他各雷达后向散射系数的单位均为分贝(db)。它可以认为是一个包括了全极化数据中所有散射机制的参数化方程(Moghaddam and Saatchi, 1999)。由于方程是二次多项式形式的，这是一个半经验的估算生物量模型。

NASA/JPL 的无人机机载雷达系统 UAVSAR 可以提供高分辨率的极化雷达数据。这些数据已应用到多项关于森林结构参数反演的研究中。Zhang 等(2017)对 UAVSAR 数据作了式(14.20)～式(14.27)所描述的雷达入射角和地形纠正，研究了 UAVSAR 数据相反观测方向对估算生物量的影响，利用逐步回归方法，为常绿针叶林、和非针叶林建立了分别的生物量估算公式。结果发现，考虑了森林类型后，模型精度都有了不同程度的提高。

当不考虑森林类型时，统一的生物量公式为

$$B = 27.7346 + 5169.1742\sigma^0_{13}(\text{HV}) - 1695.2965\sigma^0_{13}(\text{VV})$$
$$- 874.3129\sigma^0_{1610}(\text{HH}) + 4328.7494\sigma^0_{1610}(\text{HV}) \tag{14.33}$$
$$R^2 = 0.7445, N=57, \text{RMSE}=39.99\text{Mg/hm}^2$$

常绿针叶林的公式：

$$B = 17.3313 - 785.3552\sigma^0_{13}(\text{HH}) + 6622.0034\sigma^0_{13}(\text{HV}) - 1442.1829\sigma^0_{13}(\text{VV})$$
$$- 3230.9985\sigma^0_{10}(\text{HV}) + 2291.5723\sigma^0_{10}(\text{VV}) \tag{14.34}$$
$$R^2 = 0.7231, N = 29, \text{RMSE} = 34.63\text{Mg/hm}^2$$

非针叶林的公式：

$$B = 37.1107 + 5383.5812\sigma^0_{13}(\text{HV}) - 1607.3955\sigma^0_{13}(\text{VV}) - 1231.5441\sigma^0_{1610}(\text{HH})$$
$$+ 4998.7137\sigma^0_{1610}(\text{HV}) \tag{14.35}$$
$$R^2 = 0.7936, N = 28, \text{RMSE} = 36.31\text{Mg/hm}^2$$

除了多极化雷达后向散射强度外，Ni 等(2014)提出通过光学摄影测量数据与雷达干涉数据协同来提取雷达穿透深度，利用统计回归方法分析了雷达穿透深度与森林生物量之间的相关性。

基于逐步回归统计的方法，分别研究了 L 波段雷达后向散射系数(Model Ⅰ)、穿透深度(Model Ⅱ)、两者数据相结合(Model Ⅲ)等三种数据组合的森林生物量估算方法。这三种估算模型为以下形式的多元线性回归模型：

Model Ⅰ：$\text{Bio} = 339.436\sigma_{\text{HH}} + 4105.866\sigma_{\text{HV}} - 65.276$

Model Ⅱ：$\text{Bio} = 4.334H_{\text{HV}} + 88.699$

Model Ⅲ：$\text{Bio} = 2717.361\sigma_{\text{HV}} + 3.296H_{\text{HV}} + 14.079$

研究发现，使用 L 波段雷达的穿透深度(Model Ⅱ)进行森林生物量估算的精度比单一使用 L 波段雷达后向散射系数(Model Ⅰ)精度更高，R^2 能够从 0.44 提高到 0.55，RMSE 则从 56.68t/hm^2 降低到 50.47t/hm^2；而两种数据结合(Model Ⅲ)能够更大程度地提高了估算精度(R^2 和 RMSE 分别为 0.62 和 46.60t/hm^2)。

在此的基础上，Zhang 等(2017)进一步结合星载摄影测量数据 ALOS PRISM 提供的树高信息，在不同的空间分辨率下(1/4hm^2、1hm^2)，基于多元线性回归统计的方法，建立了森林生物量估算模型。建立模型的过程中，重点研究了线性、均方根、立方根及对数等模型，发现生物量立方根与自变量的关系更为密切。在基础上，1/4hm^2 和 1hm^2 尺度上最优预测模型的形式如下所示：

1/4 hm^2:
$$B^{1/3} = 10.24 + 0.17 \times 012\_hh + 0.34 \times 012\_hv + 0.33 \times 012\_vv$$
$$+ 0.098\,\text{PRISM}\_H$$
$$R^2 = 0.76, \text{RMSE} = 39.74\text{Mg/hm}^2$$

1 hm^2:
$$B^{1/3} = 9.47 + 0.43 \times 012\_hv + 0.11\,\text{PRISM}\_H$$
$$R^2 = 0.85, \text{RMSE} = 31.01\text{Mg/hm}^2$$

经 Boostrap 验证和交叉验证发现，在 1/4hm^2 尺度上，由 PRISM 立体像对提取的树高信息用于建立统计回归模型，使估算模型的 R^2 和 RMSE 由单一 UAVSAR 数据的 0.59 和 52.08 提高到 0.76t/hm^2 和 39.74t/hm^2；而在 1hm^2 尺度上，树高信息的加入使模型的 R^2 和 RMSE 由 0.69t/hm^2 和 45.96t/hm^2 变为 0.85t/hm^2 和 31.01t/hm^2。结果表明了摄影测量立体像对提取的树高信息为森林生物量估算精度的提高有着尤为重要的作用，也为利用 L 波段雷达数据和摄影测量信息在区域或全球尺度上进行森林生物量制图研究提供了技术支持。

14.5.2　非参数化算法

目前已有多种方法可实现从采样点得到栅格化的森林生物量，主要可分为参数化方法和非参数化的方法。参数化的方法主要为前面介绍的多元回归模型，非参数化的方法包括内插、克吕金插值、分类或分割、分类树、随机森林、最大熵等(Saatchi et al., 2007; Saatchi et al., 2011; Kellndorfer et al., 2010)。特别是随机森林和最大熵这两类方法越来越多地被应用到复杂环境的生物量制图中，因为它们能很好地整合具有不同统计分布的变量来提供稳定和有效的模型。

1. 图像分割和生物量分配

分层采样来估算生物量是传统林业调查在区域尺度常用的方法。Nelson 等(2009)在西伯利亚中部地区，利用 MODIS 植被分类产品(常绿针叶林，落叶林和混交林)和森林覆盖度(25%间隔)将森林细分为 16 类，然后将其与利用 GLAS 激光雷达数据估算的森林蓄积量信息相关联。同样的，Lefsky(2010)利用 GLAS 激光雷达数据与 MODIS 数据生成了全球尺度的森林高度分布图。具体过程是先将 500 米分辨率的 MODIS 数据分割为属性接近的斑块，然后建立 GLAS 激光雷达采样点与这些斑块的统计关系，据此给每个斑块赋相应值，最终得到全球尺度的分布图。这种方法直接易懂。因为斑块内的所有像元被赋予统一数值，这种方法得到的生物量图是专题地图。图像分割的算法可以引入多源数据来提高分割的质量，如加入光学图像的光谱特征、极化雷达的后向散射系数、相干系数和干涉极化雷达的散射相位高度、地形起伏及其他各类环境特征(如土壤、气候)等。

2. 随机森林(RF)方法

分类和回归树(CART)是在遥感相关应用中常常出现的方法(Goetz et al., 2005; Hansen et al., 2008)。回归树(RT)比传统的统计方法有明显的优点。因为没有先验的对响应变量(如生物量)和预测变量(如遥感数据)之间关系的假定，RT 允许变量之间的相互作用和非线性关系(Moore et al., 1991)。但单个回归树结果有误差的部分原因是对训练数据的特别的选定。为此，研究者设计了随机森林(Random Forest, RF)方法获得精确的预报，但又不对数据过度拟合(Breiman 2001, 2002；Prasad et al., 2006)。Bootstrap 样本随机森林是包含多个(500~2000)回归树的整体分类器(Breiman 2001)。RF 通过穷举方案建立一个由很多分类决策树组成的"森林"(Forest)，来提高预测精度。随机森林分类器包含了一系列的分类树$\{h(\boldsymbol{x}, \theta_k), k=1, \cdots\}$，其中$\{\theta_k\}$是独立的训练数据的随机抽样。随机森林同时对样本和变量进行处理，对样本使用 bootstrap 方法进行采样，对变量采用"装袋算法"(Liaw and Wierner, 2002)进行抽样。随机采样生成与$\theta_1 \ldots \theta_{k-1}$，具有相同分布的随机变量矢量$\theta_k$并由此生成第$k$棵树；得到分类器$h(\boldsymbol{x}, \theta_k)$。除每棵树构建时使用的是由 bootstrap 采样得到的不同数据集，随机森林中也在改变分类和回归树的方式，这样使在每个结点处实现最佳分割。虽然每棵树可能是很弱的，但所有树的组合使随机森林相对于其他算法更稳健而且没有过度学习的问题(Breiman, 2001)。

Kellndorfer 等(2006)使用随机森林方法预测了植被群落高度、断面积加权平均树高和地上干重生物量。在模型的众多输入变量中，平均散射相位中心高度、覆盖类别、高程和植被密度等四个变量对预测变量的影响最显著。由于该制图区域位于山区，具有较大的地形起伏且植被覆盖比较特别，高程和植被类型对模型输出变量植被高度和生物量的影响在预料之中。但值得注意的是，坡度和坡向对模型并没有显著影响。模型在进行空间预测时基于像元尺度，所有数据包括森林覆盖类型、国家高程数据集(NED)及 2001 国家土地覆盖数据集(NLCD)的植被密度。

Chi 等(2017)利用 Landsat TM、ICESat-1 GLAS 及地面高程数据，结合地面调查数据，基于统计回归和随机森林两种方法协同反演长白山地区的森林生物量。首先研究利用地面调查数据和星载激光雷达 ICASat-1 GLAS 数据建立了不同森林类型的生物量多元逐步回归估算模型，如表 14.5 所示。

表 14.5　基于 GLAS 波形数据的生物量估算模型

森林类型	模型	R^2	N
常绿针叶林	$\ln(B) = 0.5128\,\text{mean}h + 0.0918\text{trail} - 0.7033h25 + 0.8597h50 + 0.3184h100 + 4.0624$ (slope<10°)	0.804	327
	$\ln(B) = 0.6243\,\text{med}h + 0.2471\,\text{lead} - 0.1918\,\text{trail} - 0.7836h25 + 1.0716\,h50 + 0.3441\,h100 + 4.8015$ (slope≥10°)	0.787	184
落叶针叶林	$\ln(B) = 0.2778\,\text{wflen} + 0.1034\text{trail} - 0.3609\,h50 + 0.5466\,h75 + 0.2989\,h100 + 4.1116$ (slope<10°)	0.813	234
	$\ln(B) = 0.5846\,h14 + 0.2613\,\text{lead} - 0.2089\text{trail} - 1.0773\,h50 + 0.2122\,h75 + 0.2989\,h100 + 4.0624$ (slope≥10°)	0.786	116

续表

森林类型	模型	R^2	N
落叶阔叶林	$\ln(B) = 0.3358\ \text{lead} + 0.3749\ h75 + 0.1516\ h100 - 0.0889\ \text{eratio} - 0.3196\ h20 - 1.4819\ \ln(h25) + 6.8414\ (\text{slope} < 10°)$	0.793	472
	$\ln(B) = 0.8283\ \text{lead} - 0.3189\ \text{trail} + 0.1668\ h75 + 0.3292\ h100 - 0.1173\ \text{eratio} - 0.3724\ h40 - 0.8618\ \ln(h50) + 0.2159\ h\text{slope} + 3.0177\ (\text{slope} \geq 10°)$	0.772	163
混交林	$\ln(B) = 0.5735\ h75 - 0.2833\text{eratio} - 0.1981\ h25 + 0.2264\ h100 + 3.6923\ (\text{slope} < 10°)$	0.798	355
	$\ln(B) = 0.4763\text{lead} - 0.1587\text{trail} - 0.1007h25 + 0.0819h100 + 0.6691\ h\text{slope} + 3.4732\ (\text{slope} \geq 10°)$	0.765	128

注：B 为森林生物量，N 为随机选取的实测样地数

在得到 GLAS 脚印点的森林生物量之后，利用 TM 提取的植被指数、LAI、森林冠层郁闭度及 DEM 等，基于随机森林的方法，建立了长白山区域森林生物量估算模型。研究评价了模型中各个变量对森林估算模型的贡献，结果表明，植被指数对森林生物量 <150t/hm² 贡献较大，而当森林生物量 ≥150t/hm² 时冠层郁闭度贡献最大。

3. 最大熵模型

最大熵算法是一种从不完全样本得到预测值的通用统计预测方法，起源于统计力学(Jaynes, 1957)。近年来该算法已经广泛应用于天文学、证券投资优化学、图像重建、统计物理和信号处理等领域(Phillips et al., 2006)。最大熵算法的基本思想是通过有限的样本来估算目标的概率分布函数。描述目标概率分布函数的信息通常被称作"特征"，其约束条件是，每个特征的预期值应符合其经验平均值(由采样点得到的平均值)。在某一地理位置发生的单独事件(这里指生物量样本点)可以用概率分布近似表示。于是，在已知部分样本的条件下，对未知分布的最合理推断就是符合已知样本的同时具备有最大熵(Jaynes, 1957)。对基于遥感数据的生物量估算，环境约束信息可以来自遥感影像数据的光谱信息(如 MODIS，ALOS，SRTM，Landsat 等)。

假设在无限空间集 X(研究区域所有像元数据集)中有我们所未知的生物量 P 的概率分布，每一个点 x 的分布概率为 $P(x)$。X 内所有概率的加和为 1。最大熵算法使用贝叶斯方法，用具有最大熵的 $\hat{P}$ 来近似描述 P：

$$\text{Entropy} = \sum_{x \in X} \hat{P}(x) \ln\left[\hat{P}(x)\right] \tag{14.36}$$

其中，ln 为自然对数变换。具有最大熵的分布函数 $\hat{P}$ 是最佳的预报分布。

使用连续的特征变量如遥感数据变量，及由地面实测和激光雷达数据得到的样本，最大熵算法采用与最大似然法接近的步骤来为所有 X 空间中的点 x 寻找一个概率分布。最大熵假定一个统一的先验分布函数，然后在一系列的迭代过程中调整各特征的权值，使得聚集点的平均概率(平均似然度)最大(Phillips et al., 2004)。对遥感数据应用得到的权重，可计算出整个区域的最大熵分布。在当前研究中，最大熵可以应用到森林样区和遥感数据，得到每个像元位置对环境变量的概率分布函数。某像元处较高的概率分布函数值，表明其与训练样本具有较高的相似程度(Phillips et al., 2006)。最大熵可以包含许

多属性，因此十分适宜大范围的生物量制图(Saatchi et al., 2008)。

Saatchi 等(2011)基于 14 个遥感变量(5 个 NDVI 指数，3 个 LAI 指数，4 个 QSCAT 指数和两个 SRTM 指数)采用最大熵算法生成了全球热带区域的森林生物量分布图。训练数据集包括 1877 个地面测量得到的生物量样本和 93,188 个随机选择的 GLAS 激光雷达数据。地上生物量密度被分为 11 个等级，分级标准是在 $100 Mg/hm^2$ 以内 $25 Mg/hm^2$ 为间隔，在 $100 Mg/hm^2$ 以上 $50 Mg/hm^2$ 为间隔。将生物量划分级别是因为最大熵算法不能处理连续变量，同时 GLAS 得到的生物量值也具有一定误差范围。只要有足够的样本(大于 100 个)，可以很方便地调整生物量的分级标准。Saatchi 等(2011)论证了这种分级方式是合理的。对于每个级别的生物量，带入最大熵模型可得到 11 个连续的概率分布图。概率值的范围是 0 到 100，其中 0 代表最不适合的生物量等级，100 代表最适合的等级。这些概率分布图经合并后转化为单一的生物量图。与最高加权平均概率相关的生物量值将赋给每个像元：

$$\widehat{B} = \sqrt{\dfrac{\sum\limits_{i=1}^{N} P_i^n B_i}{\sum\limits_{i=1}^{N} P_i^n}} \tag{14.37}$$

其中，$\widehat{B}$ 是该像元的生物量预测值；P_i 是第 B_i 类的最大熵概率估算值；n 是概率权重指数，用于得到最大概率。实验数据表明，$n=3$ 时生物量分布和交叉验证可取得最佳结果。

对于每一个级别的生物量，最大熵模型的不确定性可描述为以下形式

$$\sigma_{\widehat{B}} = \sqrt{\dfrac{\sum\limits_{i=1}^{N} (B_i - \widehat{B})^2 P_i}{\sum\limits_{i=1}^{N} P_i}} \tag{14.38}$$

Rodríguez-Veiga 等(2016)比较了多个现有森林生物量产品和样地调查数据时发现存在较大差异，其中的重要原因是森林覆盖图的差异导致总量的差异。因此，他们基于 MODIS 植被指数产品(NDVI、EVI、blue、red、MIR 及 NIR)、ALOS PALSAR mosaic 数据(HH、HV 两个后向散射强度)及 SRTM DEM 数据，采用最大熵算法生成了墨西哥的森林生物量分布图及相应的生物量不确定性分布图、森林概率分布图。训练数据为墨西哥林业调查数据，森林生物量以 $25 t/hm^2$ 为间隔被分成 11 个等级。分析发现 ALOS PALSAR 数据对生物量估算有最高的相对贡献度(50.9%)，MODIS 植被指数也有 32.9% 的贡献度，SRTM DEM 贡献度最低。不同森林覆盖图用于森林生物量产品的分析统计，发现当最大熵算法得到的森林概率分布图使统计结果最为精确。

4. 支持向量回归

支持向量回归(Support Vector Regression, SVR)是支持向量机(Support Vector Machine, SVM)在回归问题上的应用，其主要思路是：根据特定样本数据集[(x_1, y_1), $(x_2,$

y_2), ···, (x_n, y_n)], 寻求一个最能反映样本数据的函数 $y=f(x)$, 使其估算值相对于样本数据的累积误差最小, 一般由 ε – 不敏感损失函数来衡量误差(郭颖, 2011)。

当所得函数为线性关系, 则称为线性回归; 如为非线性关系, 则称为非线性回归。该算法的基本思想是: 通过升维后, 在高维空间中构造线性决策函数来实现线性回归, 如公式所示:

$$f(x,\omega) = \omega\varphi(x) + b \tag{14.39}$$

其中, ω 为权向量; b 为阈值; $\varphi(x)$ 为原始特征空间向高维空间转移的非线性映射函数。非线性转换通常是基于核函数来实现, 满足 Mercer 定理的函数都可以作为核函数, 常用的核函数有以下几种。

(1)线性核函数:

$$k(x_i, x_j) = x_i \cdot x_j \tag{14.40}$$

(2)多项式核函数:

$$k(x_i, x_j) = (x_i \cdot x_j + 1)^d \tag{14.41}$$

(3)径向基核函数(高斯核函数):

$$k(x_i, x_j) = e^{\left(\gamma\|x_i - x_j\|^2\right)} \tag{14.42}$$

(4)Sigmoid 核函数:

$$k(x_i, x_j) = \tan h\left[\gamma(x_i \cdot x_j + 1)\right] \tag{14.43}$$

通过求解最优化问题, 可得到 SVR 的标准形式, 如式(14.44)所示(Vapnik, 1998):

$$\min \frac{1}{2}\|\omega\|^2 + C\sum_{i=1}^{n}\left(\xi + \xi_i^*\right)$$

$$\text{s.t.}\begin{cases} y_i - f(x_i, \omega) \leqslant \varepsilon + \xi_i^* \\ f(x_i, \omega) - y_i \leqslant \varepsilon + \xi_i \\ \xi_i, \xi_i^* \geqslant 0, i = 1, \cdots\cdots, n \end{cases} \tag{14.44}$$

其对偶形式为

$$f(x) = \sum_{i=1}^{l}\left(\alpha_i^* - \alpha_i\right)K(x, x_i) + b$$

$$\text{s.t.}\begin{cases} 0 \leqslant \alpha_i \leqslant C \\ 0 \leqslant \alpha_i^* \leqslant C \end{cases} \tag{14.45}$$

Zhang 等(2014)首先以地面实测生物量值作为基准值, GLAS 波形参数和 MODIS 植被指数等作为自变量, 分别利用逐步回归、偏最小二乘回归及支持向量回归等三种方法对 GLAS 脚印点的森林生物量进行估算研究, 发现支持向量回归估算精度最高, MODIS

植被指数的加入对脚印点森林生物量估算的精度有所提高。在此基础上，利用随机森林的方法，结合 MODIS 植被指数和 MISR 多角度城乡分光辐射计数据，估算整个东北地区的生物量。结果表明，仅用多时相 MODIS 数据时估算精度足够，MISR 的加入虽然在一定程度上提高了估算精度，但并不显著。

Meng 等(2016)以中国小兴安岭的温带混交林作为研究区，首先基于傅里叶纹理结构的分类方法(FOTO)提取高空间分辨率航空遥感图像的纹理信息，利用支持向量回归的方法建立其与地面调查数据的关系，并用 10-fold 交叉验证法来验证最优模型。把结果与机载激光雷达反演得到的生物量基准图进行对比，发现了 FOTO 纹理指数能够很好地解释森林生物量，模型 R^2 为 0.883，RMSE 为 34.25t/hm²。研究结果表明这个基于纹理参数的方法对于估算其他温带森林生物量有较好的潜力。

14.5.3　多源遥感数据

多源遥感数据协同的方法较多，主要分为多源被动光学遥感、多源主动遥感及主被动遥感结合等。

多源被动光学遥感主要以高分辨率光学遥感数据提供的纹理信息为主，中高分辨率的光谱信息或植被指数等为辅，联合开展森林生物量的估算。Nichol 和 Sarker(2011)利用 AVNIR-2 和 SPOT-5 等两种高分辨率光学数据提取了纹理信息，基于统计的方法进行了香港地区的森林生物量估算，发现基于纹理信息的估算精度要比基于多光谱和植被指数的估算精度要高，而两个传感器的纹理信息联合时估算精度最高。Bastin 等(2014)基于 FOTO 方法提取了 Geoeye-1 和 QuickBird-2 的纹理信息，以此来反演非洲刚果地区的森林生物量，研究结果表明光学遥感数据提取的纹理信息能够很大地降低生物量饱和点的影响。

多源主动遥感反演森林生物量主要是基于 LiDAR 或实测数据为基准，由不同波段的 SAR/InSAR 数据进行区域扩展。Sun 等(2011)等以机载大光斑 LiDAR 估算的森林生物量为因变量，SAR 数据作为自变量，基于逐步回归的统计方法估算了缅因州研究区的森林生物量，很好地为 LiDAR 和 SAR 的协同反演提供了技术支持。Tsui 等(2013)则利用机载小光斑 LiDAR 估算的生物量作为基准，结合星载 L 波段和 C 波段的 SAR 数据，基于 co-kriging 的方法估算了森林生物量。

主被动遥感结合协同估算生物量多以地面采样点或 LiDAR 获取的生物量作为基准生物量，被动光学或 SAR 数据作为自变量，采用不同的方法来进行生物量估算。Hyde 等(2006)认为森林垂直方向信息的测定是森林结构参数制图最可行的方式。在充分认识到单一遥感数据无法实现高精度估算森林生物量的基础上，研究人员把 LiDAR、SAR 和被动光学数据提供的结构信息结合起来，以提高估算精度。研究发现：LiDAR 是单一遥感数据进行估算森林生物量的最优选择，ETM+的加入能够很大地提高估算精度，而 Quickbird 和 InSAR/SAR 信息的加入则对估算精度的提高影响不大；所有遥感数据联合起来估算森林生物量时，精度虽然要比单一 LiDAR 估算时要高，但相比于 LiDAR 与 ETM+的结合，精度的提高可以忽略。

Anderson 等(2008)将 LVIS 波形数据与高光谱数据 Airborne Visible/Infrared Imaging Spectrometer(AVIRIS)结合进行区域森林生物量制图研究。Boudreau 等(2008)在加拿大魁北克地区，首先利用实测样地数据对机载 LiDAR 飞行区估算森林生物量，然后进一步结合 SRTM 坡度指数估算了整个区域 GLAS 大光斑内森林生物量。研究充分利用了植被精细分类图(27 类)和植被区划图(6 类)，利用图像分割的方法与 GLAS 光斑的森林生物量建立关系，以此类推至整个研究区。Saatchi 等(2011)基于地面调查数据，将星载激光雷达数据 GLAS 与 MODIS、QuikSCAT 等数据相结合，利用最大熵法对全球热带国家和地区进行了森林生物量估测，并给出了生物量反演的不确定性分析图，这一方法的实现进一步推动了非参数方法在参数反演上的应用。Zhang 等(2014)则基于 ICESAT GLAS、MODIS、MISR 等数据，采用逐步回归、偏最小二乘回归、支持向量回归等三种方法分别估算了中国东北森林生物量，结果表明支持向量回归法能够更好地估算生物量值，同时表明 MISR 在估算过程中贡献不大。Chi 等(2015)采用随机森林法，联合 GLAS、MODIS 数据及生态区划数据，对中国的森林地上生物量进行了制图研究，空间分辨率为 500m，总体 R^2 达到 0.7。

14.6　未来发展方向

深入理解地球碳循环来自社会的迫切需要，是一个具有挑战性的问题。目前的研究主要关注影响大气成分中二氧化碳观测值变化的一系列过程，然而对这些过程的理解中仍存在着许多不确定性。陆地植物蕴藏的碳储量与大气中二氧化碳的总量相当，并在地球碳循环过程中起着重要作用。因此，对于全球碳储量及其变化的直接观测至关重要。

对地球观测卫星及其他遥感数据是提供全球尺度高时空分辨率数据的唯一途径。利用遥感技术使我们能够结合实地观测数据来评估全球尺度的碳循环模式。一方面，在局部和区域尺度，机载数据如成像光谱仪、激光雷达、合成孔径雷达、光学摄影测量数据等可提供高空间分辨率数据；另一方面，在洲际和全球尺度，星载数据可以提供全球尺度的观测数据，包括陆地卫星、中分辨率成像光谱仪(MODIS)、SRTM、ALOS PALSAR、地球科学激光测高仪系统(ICESat/GLAS)和陆地卫星数据目(Landsat Data Continuity Mission，LDCM，即 LANDSAT-8)、国家极轨运行环境卫星系统预备计划(NPOESS Preparatory Project，NPP)和 ALOS-2 搭载的 L 波段合成孔径雷达。再过几年，美国国家航空与航天局将发射一些新的卫星促进全球碳循环研究。其中，ICESat-2 搭载的新型激光雷达将提供覆盖全球的数据用以评估碳储量，土壤水分主动和被动卫星 SMAP 数据可用以分析水圈和碳循环之间的联系。其他辅助分析植物生长的星载数据也可用于各种人工智能的算法中。

正如我们在本书各章节中所介绍，目前已有许多种基于遥感数据反演生物量的方法。选择何种方法取决于项目的覆盖范围和各类数据的可用性。尽管已建立的算法取得了一些成果，但面对复杂条件时如何提高预测精度和减少不确定性的问题，仍是今后研究的重点方向。利用多元回归模型来估算局部和区域生物量仍是当前一个比较流行的方法，但区域和全球尺度的项目，非参数或机器学习方法有更大的优势。以理论模型为基础的反演方法也已出现。如从 PolInSAR 数据反演冠层高度和散射体垂直剖面再得到生物量，或者是直接使用模型建立的查找表反演生物量的方法。全极化相干雷达技术有前景，但它要求森林区的没有(或极小)时间去相干的全极化相干雷达数据。重复轨道的星载雷达是几乎不可能获得这样的数据的。

　　许多研究表明，在生物量估算算法或模型的发展中应当考虑冠层结构、树种和其他环境因素。但也有一些研究人员发现，相同的预测模型可适用于不同条件的植被群落。例如，Mitchard 等(2009)发现对于热带、温带和寒带的低生物量的木本植被，其生物量与 L 波段雷达后向散射之间存在着一种比较稳定的关系。使用激光雷达数据的相关研究也得到类似的结果。如 Lefsky 等(2002)比较了温带落叶、温带针叶林和寒温带针叶林的地面实测生物量与激光雷达衍生的冠层结构指标之间的关系，发现可以用一个简单的公式来解释 84% 的变异($p<0.0001$)；并且，在不同站点使用同一公式没有显著的统计偏差。然而，今后研究仍需致力于分析影响生物量预测的各类因素，包括植被类型、冠层结构、地形坡度、地表反射率、粗糙度和水分条件。在此基础上，减少这些影响，提高生物量预测方法的精度，估计这些影响所带来的误差。这些详细的研究结果也可以为在区域至全球尺度生物量制图中的区划提供依据。

参 考 文 献

郭颖. 2011. 森林地上生物量的非参数化遥感估测方法优化. 北京: 中国林业科学研究院博士学位论文

Abdullahi S, Kugler F, Pretzsch H. 2016. Prediction of stem volume in complex temperate forest stands using TanDEM-X SAR data. Remote Sensing of Environment, 174: 197-211

Abshire J B, Sun X, Riris H, et al. 2005. Geoscience Laser Altimeter System (GLAS) on the ICESat Mission: On-orbit measurement performance. Geophysical Research Letters, 32: L21S02

Anderson J E, Plourde L C, Martin M E, et al. 2008. Integrating waveform lidar with hyperspectral imagery for inventory of a northern temperate forest. Remote Sensing of Environment, 112(4): 1856-1870

Askne J I H, Soja M J, Ulander L M H. 2017. Biomass estimation in a boreal forest from TanDEM-X data, lidar DTM, and the interferometric water cloud model. Remote Sensing of Environment, 196: 265-278

Askne J, Santoro M, Smith G, et al. 2003. Multitemporal repeat-pass SAR interferometry of boreal forests. IEEE Transactions on Geoscience and Remote Sensing, 41: 1540-1550

Atkinson P M, Tatnall A R L. 1997. Introduction Neural networks in remote sensing. International Journal of Remote Sensing, 18: 699-709

Baccini A, Friedl M A, Woodcock C E, et al. 2004. Forest biomass estimation over regional scales using multisource data. Geophysical Research Letters, 31: L10501

Baccini A, Laporte N, Goetz S J, et al. 2008. A first map of tropical Africa's above-ground biomass derived from satellite imagery. Environmental Research Letters, 3: 045011

Balzter H. 2001. Forest mapping and monitoring with interferometric synthetic aperture radar (InSAR). Progress in Physical Geography, 25: 159-177

Balzter H, Rowland C, Saich P. 2007. Forest canopy height and carbon estimation at Monks Wood National Nature Reserve, UK, using dual-wavelength SAR interferometry. Remote Sensing of Environment, 108: 224-239

Bastin J F, Barbier N, Couteron P, et al. 2014. Aboveground biomass mapping of African forest mosaics using canopy texture analysis: toward a regional approach. Ecological Applications, 24(8): 1984-2001

Basuki T M, Skidmore A K, Hussin Y A, et al. 2013. Estimating tropical forest biomass more accurately by integrating ALOS PALSAR and Landsat-7 ETM+data. International Journal of Remote Sensing, 34: 4871-4888

Beaudoin A, Le Toan T, Goze S, et al. 1994. Retrieval of forest biomass from SAR data. International Journal of Remote Sensing, 15: 2777-2796

Blackard J, Finco M, Helmer E, et al. 2008. Mapping U.S. forest biomass using nationwide forest inventory data and moderate resolution information. Remote Sensing of Environment, 112: 1658-1677

Blair J B, Rabine D L, Hofton M A. 1999. The Laser Vegetation Imaging Sensor: a medium-altitude, digitisation-only, airborne laser altimeter for mapping vegetation and topography. ISPRS Journal of Photogrammetry and Remote Sensing, 54: 115-122

Boudreau J, Nelson R F, Margolis H A, et al. 2008. Regional aboveground forest biomass using airborne and spaceborne LiDAR in Québec. Remote Sensing of Environment, 112(10): 3876-3890

Breiman L. 2001. Random forests. Machine Learning, 45: 5-32

Breiman L. 2002. Using models to infer mechanisms. IMS Wald Lecture, 15: 59-71

Brenner A C, Zwally H J, Bentley C R, et al. 2002. GLAS Algorithm Theoretical Basis Document Version 5.0 - Derivation of Range and Range Distributions From Laser Pulse Waveform Analysis for Surface Elevations, Roughness, Slope, and Vegetation Heights. http://www.csr.utexas.edu/ glas/pdf/WFAtbd_v5_02011Sept.pdf. [2013-05-01]

Caicoya A T, Kugler F, Hajnsek I, et al. 2016. Large-scale biomass classification in Boreal forests with TanDEM-X data. IEEE Transactions on Geoscience and Remote Sensing, 54(10): 5935-5951

Cartus O, Santoro M, Schmullius C, et al. 2011. Large area forest stem volume mapping in the boreal zone using synergy of ERS-1/2 tandem coherence and MODIS vegetation continuous fields. Remote Sensing of Environment, 115: 931-943

Chi H, Sun G Q, Huang J L, et al. 2015. National forest aboveground biomass mapping from ICESat/GLAS data and MODIS imagery in China. Remote Sens-Basel, 7(5): 5534-5564

Chi H, Sun G Q, Huang J L, et al. 2017. Estimation of forest aboveground biomass in Changbai Mountain Region using ICESat/GLAS and Landsat/TM data. Remote Sens-Basel, 9: 707

Chowdhury T A, Thiel C, Schmullius C. 2014. Growing stock volume estimation from L-band ALOS PALSAR polarimetric coherence in Siberian forest. Remote Sensing of Environment, 155: 129-144

Clark M L, Clark D B, Roberts D A. 2004. Small-footprint lidar estimation of sub-canopy elevation and tree height in a tropical rain forest landscape. Remote Sensing of Environment, 91: 68-89

Cloude S R. 2006. Polarization coherence tomography. Radio Sciences, 41(4): RS4017

Cloude S R, Papathanassiou K P. 2003. Three-stage inversion process for polarimetric SAR interferometry. IEEE Proceedings of Radar, Sonar and Navigation, 150: 125-134

Cloude S R, Pottier E. 1996. A review of target decomposition theorems in radar polarimetry. IEEE Transactions on Geoscience and Remote Sensing, 34: 498-518

Dobson M C, Ulaby F T, LeToan T, et al. 1992. Dependence of radar backscatter on coniferous forest biomass. IEEE Transactions on Geoscience and Remote Sensing, 30: 412-415

Dong J, Kaufmann R K, Myneni R B, et al. 2003. Remote sensing estimates of boreal and temperate forest woody biomass: carbon pools, sources, and sinks. Remote Sensing of Environment, 84: 393-410

Drake J B, Dubayah R O, Clark D B, et al. 2002. Estimation of tropical forest structural characteristics using large-footprint lidar. Remote Sensing of Environment, 79: 305-319

Drake J B, Knox R G, Dubayah R O, et al. 2003. Above-ground biomass estimation in closed canopy Neotropical forests using lidar remote sensing: factors affecting the generality of relationships. Global Ecology and Biogeography: 147-159

Drezet P M L, Quegan S. 2006. Environmental effects on the interferometric repeat-pass coherence of forests. IEEE Transactions on Geoscience and Remote Sensing, 44: 825-837

Du L, Zhou T, Zou Z, et al. 2014. Mapping forest biomass using remote sensing and national forest inventory in China. Forests, 5(6): 1267-1283

Dubayah RO, Drake JB. 2000. Lidar remote sensing for forestry. Journal of Forestry, 98: 44-46

Engdahl M E, Pulliainen J T, Hallikainen M T. 2004. Boreal forest coherence-based measures of interferometric pair suitability for operational stem volume retrieval. IEEE Transactions on Geoscience and Remote Sensing, 1 (3): 228-231

Eriksson L E B, Santoro M, Wiesmann A, et al. 2003. Multitemporal JERS repeat-pass coherence for growing-stock volume estimation of Siberian forest. IEEE Transactions on Geoscience and Remote Sensing, 41 (7): 1561-70

Fazakas Z, Nilsson M, Olsson H. 1999. Regional forest biomass and wood volume estimation using satellite data and ancillary data. Agricultural and Forest Meteorology, 98-99: 417-425

Fernandez-Manso O, Fernandez-Manso A, Quintano C. 2014. Estimation of aboveground biomass in Mediterranean forests by statistical modelling of ASTER fraction images. International Journal of Applied Earth Observation and Geoinformation, 31: 45-56

Fontana A, Papathanassiou K P, Iodice A, et al. 2010. On the performance of forest vertical structure estimation via polarization coherence tomography. http://ieee.uniparthenope.it/chapter/_private/proc10/22.pdf[2013-05-01]

Foody G M, Boyd D S, Cutler M E J. 2003. Predictive relations of tropical forest biomass from Landsat TM data and their transferability between regions. Remote Sensing of Environment, 85: 463-474

Foody G M, Cutler M E, McMorrow J, et al. 2001. Mapping the biomass of Bornean tropical rain forest from remotely sensed data. Global Ecology and Biogeography, 10: 379-387

Franco-Lopez H, Ek A R, Bauer M E. 2001. Estimation and mapping of forest stand density, volume, and cover type using the k-nearest neighbors method. Remote Sensing of Environment, 77: 251-274

Fraser R H, Li Z. 2002. Estimating fire-related parameters in boreal forest using SPOT VEGETATION. Remote Sensing of Environment, 82: 95-110

Freeman A, Durden S L. 1998. A three-component scattering model for polarimetric SAR data. IEEE Transactions on Geoscience and Remote Sensing, 36: 963-973

Galidaki G, Zianis D, Gitas I, et al. 2017. Vegetation biomass estimation with remote sensing: focus on forest and other wooded land over the Mediterranean ecosystem. International Journal of Remote Sensing, 38: 1940-1966

Gaveau D L A. 2002. Modelling the dynamics of ERS-1/2 coherence with increasing woody biomass over boreal forests. International Journal of Remote Sensing, 23 (18): 3879-3885

Gaveau D L A, Balzter H, Plummer S. 2003. Forest woody biomass classification with satellite-based radar coherence over 900 000 km(2) in Central Siberia. Forest Ecology and Management, 174 (1-3): 65-75

Gevrey M, Dimopoulos I, Lek S. 2003. Review and comparison of methods to study the contribution of variables in artificial neural network models. Ecological Modelling, 160: 249-264

Goetz S J, Bunn A G, Fiske G J, et al. 2005. Satellite-observed photosynthetic trends across boreal North America associated with climate and fire disturbance. Proceedings of the National Academy of Sciences of the United States of America, 102: 13521-13525

Gonçalves F G, Santos J R, Treuhaft R N. 2011. Stem volume of tropical forests from polarimetric radar. International Journal of Remote Sensing, 32: 503-522

Gopal S, Woodcock C. 1994. Theory and methods for accuracy assessment of thematic maps using fuzzy sets. Photogrammetric Engineering and Remote Sensing, 60 (2): 181-188

Gopal S, Woodcock C E, Strahler A H. 1999. Fuzzy neural network classification of global land cover from a 1 AVHRR data set. Remote Sensing of Environment, 67: 230-243

Hagan M T, Demuth H B, Beale M H. 1996. Neural Network Design. Bostom: PWS Pub

Hagberg J O, Ulander L M H, Askne J. 1995. Repeat-pass SAR interferometry over forested terrain. IEEE Transactions on Geoscience and Remote Sensing, 33: 331-340

Hamadi A, Borderies P, Albinet C, et al. 2015. Temporal coherence of tropical forests at P-Band: Dry and rainy seasons. IEEE Geoscience and Remote Sensing Letters, 12: 557-561

Hame T, Salli A, Andersson K, et al. 1997. A new methodology for the estimation of biomass of coniferdominated boreal forest using NOAA AVHRR data. International Journal of Remote Sensing, 18: 3211-3243

Hansen M C, Stehman S V, Potapov P V, et al. 2008. Humid tropical forest clearing from 2000 to 2005 quantified by using multitemporal and multiresolution remotely sensed data. Proceedings of the National Academy of Sciences, 105: 9439-9444

Hardin P J. 1994. Parametric and nearest-neighbor methods for hybrid classification: a comparison of pixel assignment accuracy. Photogrammetric Engineering and Remote Sensing, 60: 1439-1448

Harding D J, Blair J B, Rabine D L, et al. 1998. SLICER: Scanning Lidar Imager of Canopies by Echo Recovery instrument and data product description, v. 1.3, NASA's Goddard Space Flight Center, June 2

Harrell P A, Bourgeau-Chavez L L, Kasischke E S, et al. 1995. Sensitivity of ERS-1 and JERS-1 radar data to biomass and stand structure in Alaskan boreal forest. Remote Sensing of Environment, 54: 247-260

Haykin S, Network N. 1994. Neural Networks: A Comprehensive Foundation. New Jersey: Prentice HallHenderson F M, Lewis A J. 1998. Principles and applications of imaging radar. Manual of Remote Sensing, 2: 67

Hodgson M E, Bresnahan P. 2004. Accuracy of airborne lidar-derived elevation: empirical assessment and error budget. Photogrammetric Engineering Remote Sensing, 70: 331-339

Hofton M A, Blair J B. 2002. Laser altimeter return pulse correlation: a method for detecting surface topographic change. Journal of Geodynamics, 34: 477-489

Hofton M A, Minster J B, Blair J B. 2000. Decomposition of laser altimeter waveforms. IEEE Transactions on Geoscience and Remote Sensing, 38: 1989-1996

Huang S L, Hager S A, Halligan K Q, et al. 2009. A comparison of individual tree and forest plot height derived from Lidar and InSAR. Photogrammetric Engineering and Remote Sensing, 75 (2) : 159-167

Hyde P, Dubayah R, Walker W, et al. 2006. Mapping forest structure for wildlife habitat analysis using multi-sensor (LiDAR, SAR/InSAR, ETM+, Quickbird) synergy. Remote Sensing of Environment, 102 (1-2) : 63-73

Imhoff M L. 1995. Radar backscatter and biomass saturation: ramifications for global biomass inventory. IEEE Transactions on Geoscience and Remote Sensing, 33: 511-518

Jaynes E T. 1957. Information theory and statistical mechanics. Physical Review, 108: 171

Jenkins J C, Chojnacky D C, Heath L S, et al. 2003. National-scale biomass estimators for United States tree species. Forest Science, 49: 12-35

Jensen J R, Qiu F, Ji M. 1999. Predictive modelling of coniferous forest age using statistical and artificial neural network approaches applied to remote sensor data. International Journal of Remote Sensing, 20: 2805-2822

Kanellopoulos I, Wilkinson G G. 1997. Strategies and best practice for neural network image classification. International Journal of Remote Sensing, 18: 711-725

Karila K, Vastaranta M, Karjalainen M, et al. 2015. Tandem-X interferometry in the prediction of forest inventory attributes in managed boreal forests. Remote Sensing of Environment, 159: 259-268

Kasischke E S, Bourgeau-Chavez L L, Christensen N L, et al. 1994. Observations on the sensitivity of ERS-1 SAR image intensity to changes in aboveground biomass in young loblolly pine forests. International Journal of Remote Sensing, 15: 3-16

Kasischke E S, Christensen N L, Jr, Bourgeau-Chavez L L. 1995. Correlating radar backscatter with components of biomass in loblolly pine forests. IEEE Transactions on Geoscience and Remote Sensing, 33: 643-659

Katila M. 1999. Adapting finnish multi-source forest inventory techniques to the New Zealand preharvest inventory. Scandinavian Journal of Forest Research, 14: 182

Katila M, Tomppo E. 2001. Selecting estimation parameters for the finnish multisource national forest inventory. Remote Sensing of Environment, 76: 16-32

Kellndorfer J M, Pierce L E, Dobson M C, et al. 1998. Toward consistent regional-to-global-scale vegetation characterization using orbital SAR systems. IEEE Transactions on Geoscience and Remote Sensing, 36: 1396-1411

Kellndorfer J, Walker W, LaPoint E, et al. 2006. Modeling height, biomass, and carbon in U.S. forests from FIA, SRTM, and ancillary national scale data sets. IEEE International Conference on Geoscience and Remote Sensing Symposium, IGARSS 3591-3594

Kellndorfer J M, Walker W S, LaPoint E, et al. 2010. Statistical fusion of lidar, InSAR, and optical remote sensing data for forest stand height characterization: A regional-scale method based on LVIS, SRTM, Landsat ETM+, and ancillary data sets. Journal of Geophysical Research, 115: G00E08

Kellndorfer J, Walker W, Pierce L, et al. 2004. Vegetation height estimation from shuttle radar topography mission and national elevation datasets. Remote Sensing of Environment, 93 (3): 339-358

Khati U, Singh G, Ferro-Famil L. 2017. Analysis of seasonal effects on forest parameter estimation of Indian deciduous forest using TerraSAR-X PolInSAR acquisitions. Remote Sensing of Environment, 199: 265-276

Kobayashi Y, Sarabandi K, Pierce L, et al. 2000. An evaluation of the JPL TOPSAR for extracting tree heights. IEEE Transactions on Geoscience and Remote Sensing, 38: 2446-2454

Komiyama A, Ong J E, Poungparn S. 2008. Allometry, biomass, and productivity of mangrove forests: A review. Aquatic Botany, 89: 128-137

Krankina O N, Harmon M E, Cohen W B, et al. 2004. Carbon stores, sinks, and sources in forests of Northwestern Russia: Can we reconcile forest inventories with remote sensing results? Climate Change, 67: 257-272

Kurvonen L, Pulliainen J, Hallikainen M. 1999. Retrieval of biomass in boreal forests from multitemporal ERS-1 and JERS-1 SAR images. IEEE Transactions on Geoscience and Remote Sensing, 37: 198-205

Labrecque S, Fournier R A, Luther J E, et al. 2006. A comparison of four methods to map biomass from Landsat-TM and inventory data in western Newfoundland. Forest Ecology and Management, 226: 129-144

Lambert M C, Ung C H, Raulier F. 2005. Canadian national tree aboveground biomass equations. Canadian Journal of Forest Research, 35: 1996-2018

Le Toan T, Beaudoin A, Riom J, et al. 1992. Relating forest biomass to SAR data. IEEE Transactions on Geoscience and Remote Sensing, 30: 403-411

Lefsky M A. 2010. A global forest canopy height map from the Moderate Resolution Imaging Spectroradiometer and the Geoscience Laser Altimeter System. Geophysical. Research Letters, 37: L15401

Lefsky M A, Cohen W B, Harding D J, et al. 2002. Lidar remote sensing of above ground biomass in three biomes. Global Ecology and Biogeography, 11: 393-399

Lefsky M, Harding D, Cohen W, et al. 1999. Surface Lidar remote sensing of basal area and biomass in deciduous forests of Eastern Maryland, USA. Remote Sensing of Environment, 67: 83-98

Lefsky M A, Hudak A T, Cohen W B, et al. 2005. Geographic variability in lidar predictions of forest stand structure in the Pacific Northwest. Remote Sensing of Environment, 95: 532-548

LeMay V, Temesgen H. 2005. Comparison of nearest neighbor methods for estimating basal area and stems per hectare using aerial auxiliary variables. Forest Science, 51: 109-119

Liaw A, Wiener M, Liaw A. 2002. Classification and regression by random forest. R News, 2: 18-22

Lin Y C, Sarabandi K. 1999. A Monte Carlo coherent scattering model for forest canopies using fractal-generated trees. IEEE Transactions on Geoscience and Remote Sensing, 37 (1): 440-451

Lloyd R E. 1997. Spatial Cognition: Geographic Environments. Netherlands: Kluwer Academic Publishers

Lu D. 2005. Aboveground biomass estimation using Landsat TM data in the Brazilian Amazon. International Journal of Remote Sensing, 26: 2509-2525

Lu D. 2006. The potential and challenge of remote sensing-based biomass estimation. International Journal of Remote Sensing, 27: 1297-1328

Lu D, Chen Q, Wang G, et al. 2012. Aboveground forest biomass estimation with Landsat and LiDAR data and uncertainty analysis of the estimates. International Journal of Forestry Research, 16: 436537

Lu D, Chen Q, Wang G, et al. 2014. A survey of remote sensing-based aboveground biomass estimation methods in forest ecosystems. International Journal of Digital Earth, 9: 753-847

Luckman A, Baker J, Wegmuller U. 2000. Repeat-pass interferometric coherence measurements of disturbed tropical forest from JERS and ERS satellites. Remote Sensing of Environment, 73(3): 350-60

Lumbierres M, Mendez P F, Bustamante J, et al. 2017. Modeling biomass production in seasonal wetlands using MODIS NDVI land surface phenology. Remote Sensing, 9: 392

Luo H, Chen E, Li Z, et al. 2011. Forest above ground biomass estimation methodology based on polarization coherence tomography. Journal of Remote Sensing, 15: 1138-1155

Mather P M. 2004. Computer Processing of Remotely Sensed Images. Chichester, West Sussex, England: John Wiley and Sons Ltd.

McRoberts R E. 2012. Estimating forest attribute parameters for small areas using nearest neighbors techniques. Forest Ecology and Management, 272: 3-12

McRoberts R E, Cohen W B, Næsset E, et al. 2010. Using remotely sensed data to construct and assess forest attribute maps and related spatial products. Scandinavian Journal of Forest Research, 25: 340-367

McRoberts R E, Tomppo E O, Finley A O, et al. 2007. Estimating areal means and variances of forest attributes using the k-Nearest Neighbors technique and satellite imagery. Remote Sensing of Environment, 111: 466-480

Meng S L, Pang Y, Zhang Z J, et al. 2016. Mapping aboveground biomass using texture indices from aerial photos in a temperate forest of northeastern China. Remote Sens-Basel, 8(3): 230

Mitchard E T A, Saatchi S S, Woodhouse I H, et al. 2009. Using satellite radar backscatter to predict above-ground woody biomass: A consistent relationship across four different African landscapes. Geophysical Research Letters, 36: L23401

Mitchell M. 1998. An Introduction to Genetic Algorithms. Massachusetts: MIT Press

Moghaddam M, Saatchi S S. 1999. Monitoring tree moisture using an estimation algorithm applied to SAR data from BOREAS. IEEE Transactions on Geoscience and Remote Sensing, 37: 901-916

Moore D E, Lees B G, Davey S M. 1991. A new method for predicting vegetation distributions using decision tree analysis in a geographic information system. Journal of Environmental Management, 15: 59-71

Muss J D, Mladenoff D J, Townsend P A. 2011. A pseudo-waveform technique to assess forest structure using discrete lidar data. Remote Sensing of Environment, 115: 824-835

Muukkonen P, Heiskanen J. 2005. Estimating biomass for boreal forests using ASTER satellite data combined with standwise forest inventory data. Remote Sensing of Environment, 99: 434-447

Muukkonen P, Heiskanen J. 2007. Biomass estimation over a large area based on standwise forest inventory data and ASTER and MODIS satellite data: A possibility to verify carbon inventories. Remote Sensing of Environment, 107: 617-624

Næsset E. 2002. Predicting forest stand characteristics with airborne scanning laser using a practical two-stage procedure and field data. Remote Sensing of Environment, 80: 88-99

Næsset E. 2004a. Accuracy of forest inventory using airborne laser scanning: evaluating the first nordic full-scale operational project. Scandinavian Journal of Forest Research, 19: 554-557

Næsset E. 2004b. Practical large-scale forest stand inventory using a small-footprint airborne scanning laser. Scandinavian Journal of Forest Research, 19: 164-179

Næsset E. 2011. Estimating above-ground biomass in young forests with airborne laser scanning. International Journal of Remote Sensing, 32: 473-501

Næsset E, Gobakken T. 2008. Estimation of above- and below-ground biomass across regions of the boreal forest zone using airborne laser. Remote Sensing of Environment, 112: 3079-3090

Naesset E, Gobakken T, Solberg S, et al. 2011. Model-assisted regional forest biomass estimation using LiDAR and InSAR as auxiliary data: A case study from a boreal forest area. Remote Sensing of Environment, 115(12): 3599-3614

Nelder J A, Mead R. 1965. A simplex method for function minimization. The Computer Journal, 7: 308

Nelson R. 1997. Modeling forest canopy heights: The effects of canopy shape. Remote Sensing of Environment, 60: 327-334

Nelson R F, Kimes D S, Salas W A, et al. 2000. Secondary forest age and tropical forest biomass estimation using thematic mapper imagery. BioScience, 50: 419-431

Nelson R, Oderwald R, Gregoire T G. 1997. Separating the ground and airborne laser sampling phases to estimate tropical forest basal area, volume, and biomass. Remote Sensing of Environment, 60: 311-326

Nelson R, Ranson K J, Sun G, et al. 2009. Estimating Siberian timber volume using MODIS and ICESat/GLAS. Remote Sensing of Environment, 113: 691-701

Ni W, Ranson K J, Zhang Z, et al. 2014. Features of point clouds synthesized from multi-view ALOS/PRISM data and comparisons with LiDAR data in forested areas. Remote Sensing of Environment, 149: 47-57

Ni W, Sun G, Ranson K J. 2013. Characterization of ASTER GDEM elevation data over vegetated area compared with lidar data. International Journal of Digital Earth: 10.1080/17538947.2013.861025

Ni W J, Sun G Q, Ranson K J, et al. 2014. Model-based analysis of the influence of forest structures on the scattering phase center at L-Band. IEEE Transactions on Geoscience and Remote Sensing, 52(7): 3937-3946

Ni W, Sun G, Zhang Z, et al. 2014. Co-registration of two DEMs: Impacts on forest height estimation from SRTM and NED at mountainous areas. IEEE Transactions on Geoscience and Remote Sensing, 11(1): 273-277

Nichol J E, Sarker M L R. 2011. Improved biomass estimation using the texture parameters of two high-resolution optical sensors. IEEE Transactions on Geoscience and Remote Sensing, 49(3): 930-948

Nilsson M. 1996. Estimation of tree heights and stand volume using an airborne lidar system. Remote Sensing of Environment, 56: 1-7

Ohmann J L, Gregory M J. 2002. Predictive mapping of forest composition and structure with direct gradient analysis and nearest-neighbor imputation in coastal Oregon, U.S.A. Canadian Journal of Forest Research, 32: 725-741

Olesk A, Voormansik K, Vain A, et al. 2015. Seasonal differences in forest height estimation from interferometric TanDEM-X coherence data. IEEE J-Stars, 8(12): 5565-5572

Papathanassiou K P, Cloude S R. 2001. Single-baseline polarimetric SAR interferometry. IEEE Transactions on Geoscience and Remote Sensing, 39: 2352-2363

Patenaude G, Milne R, Dawson T P. 2005. Synthesis of remote sensing approaches for forest carbon estimation: reporting to the Kyoto Protocol. Environmental Science and Policy, 8: 161-178

Peng M H, Shih T Y. 2006. Error assessment in two lidar-derived TIN datasets. Photogrammetric Engineering and Remote Sensing, 72: 933-947

Pflugmacher D, Cohen W, Kennedy R, et al. 2008. Regional applicability of forest height and aboveground biomass models for the Geoscience Laser Altimeter System. Forest Science, 54: 647-657

Phillips S J, Anderson R P, Schapire R E. 2006. Maximum entropy modeling of species geographic distributions. Ecological Modelling, 190: 231-259

Phillips S J, Dudík M, Schapire R E. 2004. A maximum entropy approach to species distribution modeling. In: Proceedings of the 21st International Conference on Machine Learning. New York: ACMPress: 655-662

Popescu S C, Zhao K, Neuenschwander A, et al. 2011. Satellite lidar vs. small footprint airborne lidar: Comparing the accuracy of aboveground biomass estimates and forest structure metrics at footprint level. Remote Sensing of Environment, 115: 2786-2797

Prasad A M, Iverson L R, Liaw A. 2006. Newer classification and regression tree techniques: Bagging and random forests for ecological prediction. Ecosystems, 9: 181-199

Pulliainen J, Engdahl M, Hallikainen M. 2003. Feasibility of multi-temporal interferometric SAR data for stand-level estimation of boreal forest stem volume. Remote Sensing of Environment, 85: 397-409

Rahlf J, Breidenbach J, Solberg S, et al. 2014. Comparison of four types of 3D data for timber volume estimation. Remote Sensing of Environment, 155: 325-333

Ranson K J, Saatchi S, Sun G. 1995. Boreal forest ecosystem characterization with SIR-C/XSAR. IEEE Transactions on Geoscience and Remote Sensing, 33: 867-876

Ranson K J, Sun G. 1994. Northern forest classification using temporal multifrequency and multipolarimetric SAR images. Remote Sensing of Environment, 47: 142-153

Ranson K J, Sun G. 1997. An evaluation of AIRSAR and SIR-C/X-SAR images for mapping northern forest attributes in Maine, USA. Remote Sensing of Environment, 59: 203-222

Ranson K J, Sun G, Lang RH, et al. 1997a. Mapping of boreal forest biomass from spaceborne synthetic aperture radar. Journal of Geophysical. Research, 102: 29599-29610

Ranson K J, Sun G, Weishampel J F, et al. 1997b. Forest biomass from combined ecosystem and radar backscatter modeling. Remote Sensing of Environment, 59: 118-133

Reese H, Nilsson M, Sandström P, et al. 2002. Applications using estimates of forest parameters derived from satellite and forest inventory data. Computers and Electronics in Agriculture, 37: 37-55

Rodríguez-Veiga P, Saatchi S, Tansey K, et al. 2016. Magnitude, spatial distribution and uncertainty of forest biomass stocks in Mexico. Remote Sensing of Environment, 183: 265-281

Rosette J A, North P R J, Suárez J C, et al. 2009. A comparison of biophysical parameter retrieval for forestry using airborne and satellite LiDAR. International Journal of Remote Sensing, 30: 5229-5237

Rumelhart D E. 1985. Learning Internal Representations by Error Propagation. Massachusetts: MIT Press

Saatchi S, Buermann W, ter Steege H, et al. 2008. Modeling distribution of Amazonian tree species and diversity using remote sensing measurements. Remote Sensing of Environment, 112: 2000-2017

Saatchi S, Halligan K, Despain D G, et al. 2007. Estimation of forest fuel load from radar remote sensing. IEEE Transactions on Geoscience and Remote Sensing, 45: 1726-1740

Saatchi S S, Harris N L, Brown S, et al. 2011. Benchmark map of forest carbon stocks in tropical regions across three continents. Proceedings of the National Academy of Sciences of the United States of America, 108(24): 9899-9904

Santoro M, Askne J, Smith G, et al. 2002. Stem volume retrieval in boreal forests from ERS-1/2 interferometry. Remote Sensing of Environment, 81: 19-35

Santoro M, Shvidenko A, McCallum I, et al. 2007. Properties of ERS-1/2 coherence in the Siberian boreal forest and implications for stem volume retrieval. Remote sensing of Environment, 106(2): 154-172

Sarabandi K. 1997. Delta k-radar equivalent of interferometric SAR's: A theoretical study for determination of vegetation height. 35(5): 1267-1276

Schucknecht A, Meroni M, Kayitakire F, et al. 2017. Phenology-based biomass estimation to support rangeland management in semi-arid environments. Remote Sensing, 9: 463

Sexton J O, Bax T, Siqueira P, et al. 2009. A comparison of lidar, radar, and field measurements of canopy height in pine and hardwood forests of southeastern North America. Forest Ecology and Management, 257(3): 1136-1147

Simard M, Pinto N, Fisher J B, et al. 2011. Mapping forest canopy height globally with spaceborne lidar. Journal of Geophysical Research, 116: G04021

Simard M, Rivera-Monroy V H, Mancera-Pineda J E, et al. 2008. A systematic method for 3D mapping of mangrove forests based on Shuttle Radar Topography Mission elevation data, ICEsat/GLAS waveforms and field data: Application to Ciénaga Grande de Santa Marta, Colombia. Remote Sensing of Environment, 112: 2131-2144

Solberg S, Astrup R, Bollandsas O M, et al. 2010. Deriving forest monitoring variables from X-band InSAR SRTM height. Canadian Journal of Remote Sensing, 36(1): 68-79

Solberg S, Astrup R, Breidenbach J, et al. 2013. Monitoring spruce volume and biomass with InSAR data from TanDEM-X. Remote Sensing of Environment, 139: 60-67

Solberg S, Astrup R, Gobakken T, et al. 2010. Estimating spruce and pine biomass with interferometric X-band SAR. Remote Sensing of Environment, 114(10): 2353-2360

Solberg S, Hansen E H, Gobakken T, et al. 2017. Biomass and InSAR height relationship in a dense tropical forest. Remote Sensing of Environment, 192: 166-175

Solberg S, Weydahl D J, Astrup R. 2015. Temporal stability of X-Band single-pass InSAR heights in a spruce forest: Effects of acquisition properties and season. IEEE Transaction on Geoscience and Remote Sensing, 53(3): 1607-1614

St-Onge B, Hu Y, Vega C. 2008. Mapping the height and above-ground biomass of a mixed forest using lidar and stereo Ikonos images. International Journal of Remote Sensing, 29(5): 1277-1294

Su J, Bork E. 2006. Influence of vegetation, slope, and lidar sampling angle on DEM accuracy. Photogrammetric Engineering and Remote Sensing, 72: 1265-1274

Sun G, Ranson K J. 1995. A three-dimensional radar backscatter model of forest canopies. IEEE Transactions on Geoscience and Remote Sensing, 33: 372-382

Sun G, Ranson K J. 2000. Modeling lidar returns from forest canopies. IEEE Transactions on Geoscience and Remote Sensing, 38: 2617-2626

Sun G, Ranson K J, Guo Z, et al. 2011. Forest biomass mapping from lidar and radar synergies. Remote Sensing of Environment, 115(11): 2906-2916

Sun G, Ranson K J, Kharuk V I. 2002. Radiometric slope correction for forest biomass estimation from SAR data in the Western Sayani Mountains, Siberia. Remote Sensing of Environment, 79: 279-287

Sun G, Ranson K J, Kimes D S, et al. 2008. Forest vertical structure from GLAS: An evaluation using LVIS and SRTM data. Remote Sensing of Environment, 112: 107-117

Tansey K J, Luckman A J, Skinner L, et al. 2004. Classification of forest volume resources using ERS tandem coherence and JERS backscatter data. International Journal of Remote Sensing, 25(4): 751-768

Temesgen B H, LeMay V M, Froese K L, et al. 2003. Imputing tree-lists from aerial attributes for complex stands of south-eastern British Columbia. Forest Ecology and Management, 177: 277-285

Thiel C, Schmullius C. 2014. Impact of tree species on magnitude of PALSAR interferometric coherence over siberian forest at frozen and unfrozen conditions. Remote Sens-Basel, 6(2): 1124-1136

Thiel C, Schmullius C. 2016. The potential of ALOS PALSAR backscatter and InSAR coherence for forest growing stock volume estimation in Central Siberia. Remote Sensing of Environment, 173: 258-273

Thiel C J, Thiel C, Schmullius C C. 2009. Operational large-area forest monitoring in siberia using ALOS PALSAR summer intensities and winter coherence. IEEE Transaction on Geoscience and Remote Sensing, 47(12): 3993-4000

Timothy D, Onisimo M, Cletah S, et al. 2016. Remote sensing of aboveground forest biomass: a review. Tropical Ecology, 57: 125-132

Tokola T, PitkNen J, Partinen S, et al.1996. Point accuracy of a non-parametric method in estimation of forest characteristics with different satellite materials. International Journal of Remote Sensing, 17: 2333-2351

Tomppo E. 1997. Application of remote sensing in Finnish national forest inventory. //Application of Remote Sensing in European Forest Monitoring. Vienna, Austria: International Workshop Proceedings

Tomppo E. 2004. Using coarse scale forest variables as ancillary information and weighting of variables in k-NN estimation: a genetic algorithm approach. Remote Sensing of Environment, 92: 1-20

Tomppo E O, Gagliano C, De Natale F, et al. 2009. Predicting categorical forest variables using an improved k-Nearest Neighbour estimator and Landsat imagery. Remote Sensing of Environment, 113: 500-517

Tomppo E, Halme M. 2004. Using coarse scale forest variables as ancillary information and weighting of variables in k-N-N estimation: a genetic algorithm approach. Remote Sensing of Environment, 92: 1-20

Tomppo E, Katila M. 1991. Satellite image-based national forest inventory of finland for publication in the igarss'91 digest. // Geoscience and Remote Sensing Symposium, 1991. IGARSS '91. Remote Sensing: Global Monitoring for Earth Management, International

Tomppo E, Nilsson M, Rosengren M, et al. 2002. Simultaneous use of Landsat-TM and IRS-1C WiFS data in estimating large area tree stem volume and aboveground biomass. Remote Sensing of Environment, 82: 156-171

Treuhaft R N, Madsen S N, Moghaddam M, et al. 1996. Vegetation characteristics and underlying topography from interferometric radar. Radio Science, 31 (6): 1449-1485

Treuhaft R N, Siqueira P R. 2000. Vertical structure of vegetated land surfaces from interferometric and polarimetric radar. Radio Science, 35: 141-177

Treuhaft R N, Siqueira P R. 2004. The calculated performance of forest structure and biomass estimates from interferometric radar. Waves in Random Media, 14: 345-358

Tsui O W, Coops N C, Wulder M A, et al. 2013. Integrating airborne LiDAR and space-borne radar via multivariate kriging to estimate above-ground biomass. Remote Sensing of Environment, 139: 340-52

Turner D P, Guzy M, Lefsky M A, et al. 2004. Monitoring forest carbon sequestration with remote sensing and carbon cycle modeling. Environmental Management, 33: 457-466

Ulaby F T, Moore R K, Fung A K. 1981. Microwave Remote Sensing: Active and Passive. Volume 1-Microwave Remote Sensing Fundamentals and Radiometry. Norwood, MA, USA: Artech House

Van Zyl J, Kim Y. 2010. Synthetic Aperture Radar Polarimetry, JPL Space Science and Technology Series. California: Jet Propulsion Laboratory, California Institute of Technology

Vapnik V. 1998. Statistical Learning Theory. New York: Wiley

Vargas-Larreta B, Lopez-Sanchez C A, Corral-Rivas J J, et al. 2017. Allometric equations for estimating biomass and carbon stocks in the temperate forests of north-western Mexico. Forests, 8: 20

Wagner W, Luckman A, Vietmeier J, et al. 2003. Large-scale mapping of boreal forest in SIBERIA using ERS tandem coherence and JERS backscatter data. Remote Sensing of Environment, 85 (2): 125-144

Zebker H A, Villasenor J. 1992. Decorrelation in interferometric radar echoes. IEEE Transactions on Geoscience and Remote Sensing, 30: 950-959

Zhang H Y, Li Z F, Wang Z B, et al. 2017. Analysis of X-band PolInSAR coherence characteristics in forested areas. Iet Radar Sonar Nav, 11 (6): 953-963

Zhang Y Z, Liang S L, Sun G Q. 2014. Forest biomass mapping of northeastern China using GLAS and MODIS data. IEEE Journal of Selected Topics in Applied Earth Observations and Remote Sensing, 7 (1): 140-152

Zhang Z.2011. Biomass Retrieval Based on Lidar and SAR Data. Beijing: Beijing Normal University

Zhang Z Y, Ni W J, Sun G Q, et al. 2017. Biomass retrieval from L-band polarimetric UAVSAR backscatter and PRISM stereo imagery. Remote Sensing of Environment, 194: 331-346

第15章 陆地生态系统植被生产力的估算[*]

植被是陆地生态系统的主体，在维持全球物质与能量循环、调节碳平衡、减缓大气 CO_2 浓度上升及全球气候变暖等方面扮演着重要的角色。其中陆地生态系统植被生产力反映了植物通过光合作用吸收大气中的 CO_2，转化光能为化学能，同时累积有机干物质的过程，体现了陆地生态系统在自然条件下的生产能力，是估算地球支持能力和评价生态系统可持续发展的一个重要生态指标；同时，植被面积占陆地总面积的90%以上，其对气候变化的调节与反馈作用是人类调节气候、减缓大气 CO_2 浓度增加的主要手段。不仅如此，大约 40%陆地生态系统的生产力被人类直接或间接的利用（Vitousek et al.，1997），转化为人类的食物、燃料等资源，是人类赖以生存与持续发展的基础。

对于陆地生态系统植被生产力的研究一直是全球变化领域内的热点，对其模拟的准确与否直接决定了对后续碳循环要素（如叶面积指数、凋落物、土壤呼吸、土壤碳等）的模拟精度，也关系到能否准确评估陆地生态系统对人类社会可持续发展的支持能力。植被生产力的模拟研究经历了从最初的简单统计模型、遥感资料驱动的过程模型到目前动态全球植被模型等多个发展阶段。遥感资料因其能够提供时空连续的植被变化特征，在区域评估和预测研究中扮演了不可替代的角色。本章将系统介绍陆地生态系统植被生产力估算的各种模型方法，重点阐述遥感资料在其中的作用以及未来的发展方向。

15.1 植被生产力的概念

植被生产力的思想最早可以追溯到公元 300 多年以前（Lieth，1975），真正地、系统地研究开始于 20 世纪初，以 1932 年丹麦植物生理学家 P. Boysen-Jeose 开始以光合作用为核心的一系列植物生理实验为标志。他在 1932 年出版的名著《植物的物质生产》一书中，第一次明确地提出了总生产量（Gross Production）和净生产量（Net Production）的概念及其计算公式。之后，以英国 Watson 为代表的生长分析学派在 20 世纪 50 年代提出了著名的 Watson 法则，日本生态学家门司和佐伯提出了群落光合作用理论（Monsi-Saeki Theory）（方精云等，2001）。这些经典性工作为陆地生态系统植被生产力研究奠定了坚实的理论基础。

植被生产力可以分为总初级生产力（Gross Primary Production，GPP）和净初级生产力（Net Primary Production，NPP）。前者是指生态系统中绿色植物通过光合作用，吸收太阳能同化二氧化碳合成有机物的速率。后者则表示了从总初级生产力中扣除植物自养呼吸所消耗的有机物后剩余的部分。在植被总初级生产力中，约有一半有机物通过植物的呼

---

* 本章作者：袁文平，郑艺. 中山大学大气科学学院

吸作用重新释放到大气中，另一部分则构成植被净第一性生产力，形成生物量。

对于植被生产力的估算，不同的研究仍然存在着较大的差异。早期的国际生物学计划(International Biological Program，IBP)基于观测值和统计模型估算的全球陆地植被净初级生产力约 58.8Pg C/a(Whittaker and Likens，1975)[①]。Cramer 等(1999)使用 16 个生态系统模型估算了全球植被净第一性生产力，结果显示全球年均 NPP 值介于 39.9～80.5Pg C/a，最低和最高值相差超过一倍(图 15.1)。Yuan 等(2010)利用遥感资料驱动的 EC-LUE 模型估算的全球年均 GPP 为 125Pg C/a，与 Beer 等(2010)基于全球涡度相关资料和机器学习方法的估算结果十分接近(123Pg C/a)，分别相当于 NPP 年均值 62.5 和 61.5Pg C/a(假设 NPP 和 GPP 比值为 0.5)。Cai 等(2014)比较了 7 种遥感资料驱动的光能利用率模型，估算的全球 GPP 介于 95.10～139.71Pg C/a，显示了极大的模型间差异，同时全球 GPP 年际变化和环境调节因子在模型间也大不相同。

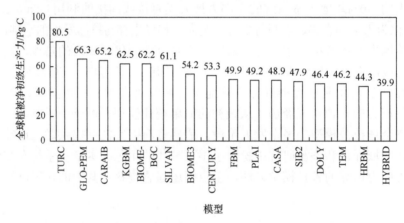

图 15.1　16 种生态系统模型估算的平均全球植被净初级生产力(Cramer et al.，1999)

15.2　植被生产力的地面观测

对于植被生产力的研究可以大致分为地面观测和模型模拟研究两个方面。准确的地面观测为各类植被生产力模型提供了参数化、验证等基础的数据源，对于改进和评估模型模拟发挥着重要的作用。系统地对陆地生态系统植被生产力的测定开始于 20 世纪 80 年代，并且由最初的生物学观测法，形成了目前包括植物生理学法、叶绿素测定法、放射性标记法、涡度相关法等多种手段和方法(方精云等，2001)。本节将主要介绍常用的生物学法和涡度通量相关法的原理和测定流程。前者主要测定的是植被净初级生产力，而后者则是针对总初级生产力。

15.2.1　生 物 学 法

生物学法测定植被生产力是通过测定生态系统生物量来进行的。所说的生物量是指

---

① 植被生产力单位换算关系：$1Pg\ C = 10^3\ Tg\ C = 10^6\ Gg\ C = 10^9\ Mg\ C = 10^{15}g\ C$

生态系统内单位面积上所有生物生产的有机质总量，其中包括植物的根、茎、枝、叶、花果、种子和凋落物的总重量。相比而言，生物量反映了某一时间的生态系统所包含的有机物总体，而植被生产力则表示一段时期内有机质的变化。由于生态系统在结构和功能等方面的差异，在不同系统内测定方法上存在较大的差异。本文针对草地和森林这两个最主要的陆地生态系统类型介绍生物学测定方法的基本原理和流程。

1. 草地生态系统植被初级生产力的测定

草地生态系统的植物大多为 1 年生草本植物，因此每年生物量的峰值即为当年植被净初级生产力。通常采用最普遍、最古老的直接收割法进行草地地上净初级生产力的测定 (Odum，1960)。该方法是在植物生长达到峰值时，直接割取一定面积内植物群落的地上部分，然后分层、分物种称重，计算单位面积上的生物量。对于地下净初级生产力的测定则通常采用土钻法，即在研究时期的开始和结束分别在某一面积内随机选取多个点利用土钻采集植物根系，然后经过筛选、剔除等过程挑选出植物根系，称重测定。两个时刻的根系生物量的差值即为整个研究时期内地下初级生产力。

2. 森林生态系统植被初级生产力的测定

对于森林生态系统植被初级生产力的测定较为复杂，需要对乔木层、林下灌木层和草本层分别进行测定。

1) 乔木层初级生产力的测定

乔木的初级生产力是间接通过测定的生物量进行估算。在研究时期内，分别测定 t_1 至 t_2 时间的乔木生物量，而该时间内植物现存量的增加部分以及植物器官的凋落、整株枯倒、昆虫动物等的啃食所消耗的部分即为该时间段内的植被初级生产力，可表示如下，

$$NPP = 生物量年增量 + 年凋落物量 + 树木年枯死量 + 细根年生产量$$
$$+ 动物、昆虫等的年消耗量 \tag{15.1}$$

其中，生物量年增量是根据第二次复查 (t_2) 和第一次调查 (t_1) 时样地每木调查数据和第一次调查 (t_1) 所建立的生物量预测方程估算得到。

对于乔木木材和枝材的年净增长量常采用干 (枝) 解析法的年龄推算或生长率推算方法进行。年龄推算法指以多年 (一般 5～10 年) 的生物量求取平均年净增长量，如下式所述，

$$\Delta W = (W - W_n)/n \tag{15.2}$$

式中，ΔW 为木材或枝材在 n 年内平均年净增量；W 和 W_n 为单位面积现存和 n 年前的生物量；n 为 W_n 到 W 的年轮数，一般为 5～10 年。

根系年净生产量的推算常根据地上茎干的同一生长率推算，可表示如下：

$$\Delta W_r = \Delta W_s \times W_r/W_s \tag{15.3}$$

式中，ΔW_r 为根 n 年的平均年净增量；ΔW_s 为茎干 n 年的平均年增长量；W_r，W_s 分别为根和茎的现存生物量。树叶的年净生产量以叶子的平均宿存年龄除叶的现存生物量而得。

2) 灌木层初级生产力的测定

灌木茎和根的年净生产力以查取的多株灌木基径的平均年龄除其茎和根的生物量求得；枝的年净生产量以枝的基径的平均年龄除其生物量求得；叶的年净生产量以叶子的平均宿存年龄除其生物量求得。整个灌木层的年净生产量为其根、茎、枝和叶的年净生物量之和。

3) 草本层初级生产力的测定

对于一年生草本的生长高峰期的生物量即是当年的年生产量；多年生草本一般采用不同时期测定的生物量之差的和求取其年净生产量，如为负值则视其年净生产量为零。对于多年生草本国内多数学者采用平均年龄除生物量求得。

15.2.2　涡度相关通量方法

涡度相关通量(Eddy Covariance)方法是近年来流行的一种直接观测生态系统和大气间气体、能量、动量交换的微气象学方法。其原理最初是由 Swinbank 于 1951 年首次提出的。由于该理论假设少，使用范围广，因此一直受到微气象学家的广泛重视，并被视为确定能量与物质通量的标准方法。但由于硬件设备要求高，其使用一直受到较大限制。近年来计算机采集和数据处理能力的迅速提高以及传感器的不断发展，特别是超声波风速计和高性能 CO_2 分析仪的开发与改进，使该方法逐渐普及。

涡度相关法是通过计算垂直风速脉动和待测物理量的脉动的协方差来获得湍流通量，可以直接测定植物群落和大气间的碳以及水热通量。在当前的技术条件下，可以测定多个时间尺度(小时、日、季节、年)的气团与能量通量的微小脉动。同时，该方法测定的空间范围为 100~2000m。涡度相关技术实现了对生态系统碳、水汽通量的直接、精确和连续的观测，与传统的生理生态学方法相比，是从生态系统尺度揭示陆地生物圈-大气圈相互作用关系的最有效方法(Friend et al., 2006；Baldocchi, 2008)。据不完全统计，经过近 20 年，特别是最近几年的发展，目前全球利用涡度相关技术研究生态系统碳循环的观测站点已超过 500 个，几乎遍及地球陆地表面所有代表性的陆地生态系统类型，形成了从区域到全球的通量观测网络。

涡度相关法能够持续观测到生态系统与大气间的碳通量交换，并且其采样频率为 10Hz，能够提供小时尺度的通量观测值。结合目前已有的一些成熟的公式可以间接计算生态系统植被生产力。

在夜间，植物停止光合作用，因此所观测的通量代表了生态系统呼吸，即包含植物自养和土壤异氧呼吸。许多的研究都发现生态系统呼吸和温度有着很好的相关性，在水分充足的条件下，生态系统呼吸(ER)可以用 Q_{10} 方程加以描述：

$$ER = ER_0 \times Q_{10}^{\frac{T-T_0}{T_0}} \tag{15.4}$$

其中，ER_0 为在基础温度下 (T_0) 的生态系统呼吸速率；T 为研究时刻的空气温度；Q_{10} 表示生态系统呼吸的温度敏感性，即温度每升高 10℃呼吸速率升高的倍数。

在白天，植物光合作用、自养呼吸和土壤异氧呼吸作用同时发生，通量观测的是生态系统净生产力(NEP)，可以表示为

$$NEP = GPP-ER_{day} \tag{15.5}$$

其中，ER_{day} 是白天的生态系统呼吸；GPP 是生态系统植被生产力。如果能够计算出 ER_{day} 则可以进一步反算得到 GPP。借助式(15.4)，基于实际观测的夜间 ER 和温度，可以反演出参数 ER_0 和 Q_{10}，再利用这两个参数值和白天的观测温度即可计算出白天的生态系统呼吸 ER_{day}，从而计算得到 GPP。已有的研究表明，ER_0 和 Q_{10} 值往往随着时间和地点而发生变化，因此在实际利用该方法计算 GPP 时通常选取 10～15 天作为计算的时间窗口。

15.3　基于植被指数的统计模型

统计模型是最早发展起来的用于估算和模拟区域植被生产力的一种方法，其基本原理是结合遥感资料(主要是各种植被指数)和地面观测的植被生产力数据构建统计相关关系，并应用这种相关性估算其他地区的植被生产力。植被指数是统计模型的核心，其概述参考第 10 章 10.2 节。

借助时空连续分布的遥感植被指数资料，统计模型在估算区域和全球植被生产力中发挥着重要的作用。目前的统计模型一般可以分为两类，其一是直接建立植被指数与植被生产力间的相关关系，利用这种相关性进行区域估算；另一类，综合使用植被指数与其他环境因子，采用回归树、神经网络等复杂的统计方法，构建回归参数向量再进行区域应用。

很多研究发现植被指数与植被地上初级生产力之间存在显著的正相关性(Goward et al.，1985)。例如，Paruelo 等(1997)发现在美国中部大草原区，观测的地上植被生产力和 NDVI 有着很好的相关性：

$$ANPP = 3803 \times NDVI^{1.9028} \tag{15.6}$$

利用这种关系可以估算整个区域的地上植被生产力(Paruelo et al.，1997，2000)。然而，值得注意的是这种线性相关性并不适用于所有地区。在高植被生产力的区域，随着生产力的增加植被指数达到饱和，两者的相关也逐渐降低(Box et al.，1989)。另一方面，在植被稀疏的地区，土壤背景会对植被指数值产生较大的影响，植被指数值难以真实反映植被现实状况(Huete，1988)。此外，在常绿针叶林或阔叶林地区，植被指数所显示的季节性变化远低于光合作用的季节性差异(Gamon et al.，1995)，基于植被指数的统计模型难以在该区域内应用。

从理论上讲，植被指数间接地反映了植被叶面积指数特征，叶面积指数又是决定植被生产力的关键要素，因此利用植被指数和生产力间的统计模型在一定区域内有着较好的模拟效果。然而，植被生产力不仅取决于植被自身的发展情况，外部的环境要素也是关键的影响因子。为此，很多研究综合使用遥感资料(植被指数或叶面积指数)、气象要素和观测的植被生产力，利用较为复杂的统计方法，如回归树、神经网络等，

建立训练向量，并利用此估算和模拟区域植被生产力(Zhang et al.，2007；Beer et al.，2010)。如，Beer 等(2010)选择了多个变量用于建立高级统计方法的诊断模型估算植被生产力(表 15.1)。

表 15.1　用于估算植被生产力的要素

要素名称	类型	要素名称	类型
气候要素		年 fAPAR 最大，最小差值	区分变量
年平均温度	区分变量	年平均 fAPAR	区分变量
年总降水量	区分变量	生长季 fAPAR 总和	区分变量
年水量平衡	区分变量	生长季 fAPAR 平均值	区分变量
年潜在蒸发散	区分变量	生长季日数	区分变量
年日照时数	区分变量	年 fAPAR 与潜在辐射乘积之和	区分变量
年湿润天数	区分变量	年 fAPAR 与潜在辐射乘积的最大值	区分和回归变量
年相对湿度	区分变量	IGBP 植被类型	区分和回归变量
月平均温度	区分变量	气象要素	
月总降水量	区分变量	月温度	区分和回归变量
月水量平衡	区分变量	月降水量	区分和回归变量
月潜在蒸发散	区分变量	月潜在辐射	区分和回归变量
月日照时数	区分变量	植被状态要素	
月湿润天数	区分变量	fAPAR	区分和回归变量
月相对湿度	区分变量	fAPAR 与潜在辐射乘积	区分和回归变量
植被结构要素			
年最大 fAPAR	区分变量		
年最小 fAPAR	区分变量		

区分变量：用于划分区域，在每个区域中建立回归关系；回归变量：用于建立回归关系，模拟植被生产力；fAPAR：植被吸收光合有效辐射的比

Zhang 等(2007)结合 NDVI、生长季开始日期、降水、温度和光合有效辐射，基于 5 个涡度相关站点的 GPP 反演资料，利用回归树方法构建了分段回归(Piece Wise Regression，PWR)模型，并将其应用于模拟美国中部大草原的植被生产力。回归树的基本原理是将各种环境因子梯度作为分类节点，以观测值为目标，采用递归划分的方法，将预测变量定义的空间划分为尽可能同质的类别。预测变量被从主节点中逐次划分为一系列等级结构的左节点和右节点，每个节点处计算落在该部分的预测变量的均值和方差，并据此调整每个分类节点的变量和节点分类值。

虽然利用植被指数构建的统计模型能够在一定程度上估算区域植被生产力，但是由于方法本身的原因，在应用时仍然存在着诸多限制。首先，统计模型具有很强的区域适用性，难以把其应用到其他地区。此类统计模型利用某一区域的生产力观测值与遥感资

料建立相关关系，模型具有很强的区域适用性，在把其应用到其他地区时需要重新确定经验参数值，大大降低了其应用的普适性。其次，模型适用的时间尺度受制于建立模型时所采用的观测资料的时间尺度。统计模型没有机理性地描述植被生产力的形成过程，其所构建的相关关系完全依靠所收集的观测数据。因此，观测数据的时间尺度决定了模型可以模拟的时间尺度。例如，采用生产力年平均值建立的统计模型就无法模拟月尺度的植被生产力的变化，显著限制了此类模型的应用范围。最后，此类模型无法用于对未来的预测研究。如前所述，统计模型避免机理性的描述植物生理过程，因此无法反映生理过程随气候变化的改变过程，只能适用于对现实的生产力进行评估。

15.4　基于遥感资料的光能利用率模型

光能利用率模型，又叫生产效率模型，是基于遥感资料估算植被生产力的主要方法。其原理最早是由 Lieth(1975)在研究农田生产力时首先提出的。Lieth(1975)发现在水分、田间肥力充分的条件下，农田植被生产力只与可吸收的光合有效辐射有关。后来随着遥感技术的迅速发展，以及各种时空尺度遥感资料的广泛应用，基于遥感资料的光能利用率模型逐渐成为估算植被生产力的主流方法。

15.4.1　光能利用率模型原理

光能利用率模型对光合作用做了理论上的简化和抽象，并做了以下几点假设：在适宜的环境条件下(温度、水分、养分等)，植物光合作用强弱取决于叶片吸收太阳有效辐射的量，并且植物以一个固定的比例(即潜在光能利用率)转化太阳能为化学能；在现实的环境条件下，潜在光能利用率通常受到水分、温度以及其他环境因子的限制。为此，植被生产力可以用下述的一系列公式表示：

$$\text{GPP} = \text{FPAR} \times \text{PAR} \times \varepsilon_{\max} \times f \tag{15.7}$$

其中，FPAR 表示植物冠层吸收的光合有效辐射的比例；PAR 为入射的光合有效辐射(请参阅本书第 5 章)，两者乘积为植物冠层吸收的光合有效辐射。$\varepsilon_{\max}$ 是潜在光能利用率，f 表示各种环境胁迫对光能利用率的限制作用，两者乘积表示现实环境条件下的光能利用率。

如前所述，基于遥感资料的植被指数能够有效反映植被冠层叶绿素比例，通常被用于计算 FPAR。而不同模型所考虑的环境限制因子亦存在较大的差异。下面将介绍目前几种主要的光能利用率模型。

15.4.2　主要的光能利用率模型

1. CASA 模型

CASA (Carnegie-Ames-Stanford Approach) 模型 (Potter et al.，1993) 是最早发展的光能利用率模型之一，该模型基于光能利用率模型原理直接计算植被净第一性生产力。

$$NPP = FPAR \times PAR \times \varepsilon_{max} \times f(T1,T2,W) \qquad (15.8)$$

其中，$T1$、$T2$ 和 W 表示两个温度和水分胁迫对光能利用率的限制作用。ε_{max} 是理想条件下的最大光能转化率，取值为 0.389g C/MJ(Potter et al., 1993)。

在 CASA 模型中，植被对太阳有效辐射的吸收比例取决于植被类型和植被覆盖状况，并使其最大值不超过 0.95，计算公式为

$$FPAR = Min[(SR - SR_{min}) / (SR_{max} - SR_{min}), 0.95] \qquad (15.9)$$

$$SR = (1 + NDVI)/(1 - NDVI) \qquad (15.10)$$

其中，SR_{min} 取值为 1.08，SR_{max} 的大小与植被类型有关，取值范围为 4.14～6.17。

$T1$ 反映了在低温和高温时植物内在的生化作用对光合的限制(Potter et al., 1993; Field et al., 1995)，可计算如下：

$$T1 = 0.8 + 0.02 \times T_{opt} - 0.0005 \times T_{opt}^2 \qquad (15.11)$$

其中，T_{opt} 为某一区域一年内 NDVI 值达到最高时月份的平均气温。当某一月平均温度小于或等于–10℃时，$T1$ 为 0。

$T2$ 表示环境温度从最适宜温度(T_{opt})向高温和低温变化时植物的光能转化率逐渐变小的趋势，可计算如下：

$$T2 = 1.1814 / (1 + e^{0.2 \times (T_{opt} - 10 - T)}) / (1 + e^{0.3 \times (-T_{opt} - 10 - T)}) \qquad (15.12)$$

其中，当某一月平均温度 T 比最适宜温度 T_{opt} 高 10℃或低 13℃时，该月的 $T2$ 值等于月平均温度 T 为最适宜温度 T_{opt} 时 $T2$ 值的一半。

水分胁迫影响系数(W)反映了植物所能利用的有效水分条件对光能转化率的影响。随着环境有效水分的增加，W 逐渐增大。它的取值范围为 0.5(在极端干旱条件下)到 1(非常湿润条件下)。

$$W = 0.5 + 0.5EET / PET \qquad (15.13)$$

其中，PET 为可能蒸散量，由 Thornthwaite 公式计算，估计蒸散 EET 由土壤水分子模型求算。当月平均温度小于或等于 0℃时，该月的 W 等于前一个月的值。

2. CFix 模型

CFix 模型是典型的光能利用率模型，由温度、光合有效辐射和植被对太阳有效辐射的吸收比例驱动(Veroustraete et al., 2002)。该算法可以模拟每日的植被总初级生产力：

$$GPP = PAR \times FPAR \times LUE_{wl} \times \rho(T) \times CO_2 fert \qquad (15.14)$$

其中，LUE_{wl} 是考虑了水分胁迫后的光能利用率；$\rho(T)$ 是标准化的温度影响因子；$CO_2 fert$ 是标准化的 CO_2 施肥效应影响因子。

Verstraeten 等(2006)考虑了两方面的水分胁迫对于气孔的调节：土壤水分胁迫(F_s)和大气水分变化(F_a)。在原算法中，F_s 由土壤湿度计算，F_a 则利用蒸散发比例(EF)反映。由于土壤湿度在时空尺度上模拟存在较大的难度，本研究只考虑大气水分变化，即只利

用 EF 来模拟 F_a，用下式来计算 LUE_{wl}（Yuan et al.，2014a）：

$$LUE_{wl} = (LUE_{min} + F_a \times (LUE_{max} - LUE_{min})) \tag{15.15}$$

其中，LUE_{wl} 由最大的光能利用率（LUE_{max}）和最小的光能利用率（LUE_{min}）共同决定。

CFix 算法使用一个线性的公式通过 NDVI 计算 fPAR，线性公式的系数来源于 Myneni 和 Williams（1994）：

$$f\text{PAR} = 0.8624 \times \text{NDVI} - 0.0814 \tag{15.16}$$

温度影响因子采用 Wang（1996）的方案计算，如式（15.17）。CO_2 施肥效应采用 Veroustraete（1994）的公式计算，如式（15.18）。

$$\rho(T) = \frac{e^{\left(C_l - \frac{\Delta H_{a,P}}{R_g \times T}\right)}}{1 + e^{\left(\frac{\Delta S \times T - \Delta H_{d,P}}{R_g \times T}\right)}} \tag{15.17}$$

$$\text{CO}_2\text{fert} = \frac{[\text{CO}_2] - \frac{[\text{O}_2]}{2s}}{[\text{CO}_2]^{\text{ref}} - \frac{[\text{O}_2]}{2s}} \frac{K_m \times \left(1 + \frac{[\text{O}_2]}{K_0}\right) + [\text{CO}_2]^{\text{ref}}}{K_m \times \left(1 + \frac{[\text{O}_2]}{K_0}\right) + [\text{CO}_2]} \tag{15.18}$$

其中，在温度影响方程中的参数 $C_l, \Delta S, \Delta H_{a,P}, \Delta H_{d,P}$ 和 R_g 取值分别为 21.77，704.98J/Kmol，52750J/mol，211000J/mol 和 8.31J/Kmol（Veroustraete et al.，2002）；参数值 s，K_m，K_0 和 $[\text{CO}_2]^{\text{ref}}$ 取值分别为 2550，948，30 和 281ppm。此外，大气中氧气浓度（$[\text{O}_2]$）被设定为 209000ppm，CO_2 浓度（$[\text{CO}_2]$）为全球 CO_2 浓度本底站点观测的年平均值，数据来源于 Cooperative Global Air Sampling network（http://www.esrl.noaa.gov/gmd/ccgg/trends/global.html）。

3. CFlux 模型

CFlux 模型是基于气象和遥感数据（植被类型覆盖、林龄和植被吸收辐射比例）驱动用于模拟植被生产力（Turner et al.，2006；King et al.，2011）。与其他同类模型相比，CFlux 模型考虑了林龄对于植被生产力的影响，模型公式为

$$\text{GPP} = \text{PAR} \times \text{FPAR} \times \text{LUE}_{eg} \tag{15.19}$$

$$\text{LUE}_{eg} = \text{LUE}_{g\_base} \times T_s \times \min(W_s, S_{SWg}) \times S_{SAg} \tag{15.20}$$

$$\text{LUE}_{base} = (\text{LUE}_{max} - \text{LUE}_{cs}) \times S_{CI} + \text{LUE}_{cs} \tag{15.21}$$

其中，T_s 和 W_s 分别表示最低温度和大气水分亏缺对于植被生产力的影响，计算公式采用 MODIS-GPP 的算法[式（15.40）、式（15.41）]，其值介于 0～1 之间，取值为 1 时表示温度和大气水分对植被无胁迫效应，为 0 时表示胁迫导致植被光合作用停止。此外，CFlux 模型引入了土壤水分胁迫（S_{SWg}）对于植被生产力的影响。由土壤湿度计算一般精度较低，

在本研究中，我们使用蒸发散比例表征 S_{SWg} 来计算土壤水分胁迫。S_{CI} 为云量指数，根据实际观测的辐射和潜在的辐射比例计算而来，变化范围从 0(晴天)到 1(阴天)之间(Turner et al.，2006)。LUE_{cs} 表征晴天条件下的最大光能利用率，LUE_{max} 表征阴天条件下的最大光能利用率。对于森林生态系统，CFlux 模型考虑了林龄对于植被生产力的影响(Van Tuyl et al.，2005；Turner et al.，2006)。在非森林生态系统类型上，林龄指数(S_{SAg})被定义为 1。

4. EC-LUE 模型

EC-LUE(Eddy Covariance-Light Use Efficiency)模型是基于涡度相关碳通量站点资料发展起来的光能利用率模型(Yuan et al.，2007，2010)，总方程可以表达为

$$GPP = FPAR \times PAR \times \varepsilon_{max} \times Min(f(T), f(W)) \tag{15.22}$$

该模型考虑温度($f(T)$)和水分($f(W)$)对潜在光能利用率的限制作用，并且认为两者的限制作用遵循生态学的最小因子法则，即最终环境的限制取决于胁迫最为强烈的环境因子。温度限制因子 $f(T)$ 采用式(15.37)计算，当空气温度 T_a 低于 T_{min} 或者高于 T_{max} 时 $f(T)$ 均为 0，即假定植物停止光合作用。在 EC-LUE 模型中 T_{min} 和 T_{max} 分别取值 0℃和 40℃，T_{opt} 则为待定参数。

EC-LUE 模型使用蒸散系数(EF)表示水分条件对于实际光能利用率的限制作用 $f(W)$。EF 计算公式为

$$EF = \frac{LE}{LE + H} \tag{15.23}$$

其中，LE 和 H 分别为生态系统的潜热和感热通量(W/m^2)。LE 通过 Revised Remote Sensing-Penman Monteith 模型(Yuan et al.，2010；Chen et al.，2014；Chen et al.，2015)计算得到。

蒸散系数能够很好地反应生态系统内实际的水分条件，当生态系统内可利用水分充足时，生态系统内的潜热通量占总能量的比例便会增加，相应地 EF 值增加，反之亦然。蒸散系数已经被许多研究应用于评价局地的水分条件(Kurc and Small，2004；Zhang et al.，2004；Suleiman and Crago，2004)。然而在区域或全球尺度应用时，为了减少模型复杂性，Yuan 等(2010)假定土壤热通量可以忽略不计，即假设潜热和感热之和近似等于净辐射。这样所有的计算植被生产里的变量都可以通过遥感资料和常规气象观测资料进行估算，从而使得对于植被生产力在空间上的模拟更加容易。

植被吸收太阳光合有效辐射的比例采用 Myneni 和 Williams(1994)的方法进行计算，

$$FPAR = a \times NDVI + b \tag{15.24}$$

式中，a 和 b 为经验参数，分别取值为 1.24 和 0.168，该公式和参数已经在全球区域内多个生态系统内加以验证，具有广泛的代表性(Sims et al.，2005)。

Yuan 等(2010)利用美洲和欧洲通量网的 32 个站点资料对模型参数进行拟合，在其他 35 个站点进行验证。拟合的潜在光能利用率和植物光合作用最适宜温度分别为 2.25g

C/MJ 和 21℃。结果显示 EC-LUE 模型在拟合站点和验证站点分别能够解释 75% 和 61% 的 GPP 变化(图 15.2)。

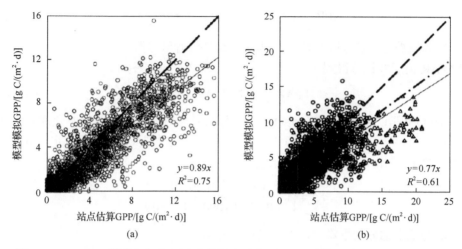

图 15.2　EC-LUE 模型在全球 32 个参数拟合站点(a)和 35 个验证站点(b)的模拟结果

　　与其他光能利用率模型不同的是，EC-LUE 模型具有全球统一的模型参数，其参数(潜在光能利用率和植物最适宜生长温度)不随着植被、地理区域、气候类型变化而变化(Yuan et al.，2014a)。这一特点大大加强了该模型在区域和全球尺度上应用。Yuan 等(2010)利用 MERRA 再分析气象资料和 MODIS 数据模拟了全球 GPP 的时空分布格局(图 15.3)。

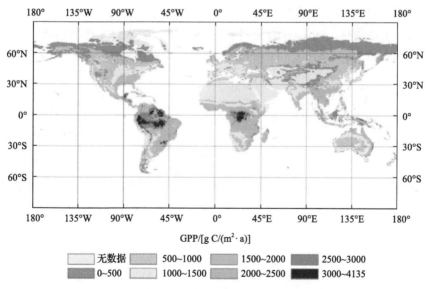

图 15.3　EC-LUE 模拟的全球 GPP 分布图(2003～2005 年平均值)

5. GLO-PEM 模型

　　GLO-PEM(GLObal Production Efficiency Model)由 Prince 于 1995 年发展而来(Prince and Goward，1995)，该模型由植被冠层辐射吸收与利用、影响植物光能利用率的环境控

制因子以及植被自养呼吸等几个部分组成(Prince and Goward，1995；Goetz et al.，1999；Cao et al.，2004)。

$$NPP = FPAR \times PAR \times \varepsilon_{max} \times f \times Y_g \times Y_m \tag{15.25}$$

其中，Y_g 为植被生长性呼吸系数；Y_m 为植被维持性呼吸系数。

FAPAR 由下式计算得到

$$FPAR = 1.67 \times NDVI - 0.08 \tag{15.26}$$

在 GLO-PEM 模型中植被自养呼吸分为维持性呼吸和生长性呼吸两个部分，分别用 Y_m(维持性呼吸系数)和 Y_g(生长性呼吸系数)表示。生长性呼吸系数 Y_g 设定为 0.75。维持性呼吸系数 Y_m 采用下式(Hunt，1994)计算：

$$Y_m = \left\{ 1 - \frac{0.4}{0.75} \times \left(\frac{1000 \times W}{1000 \times W + 50} \right) \right\} \tag{15.27}$$

其中，W 为地上部分活生物量，由下式计算得到

$$W = 716.61 \times \rho^{-2.6} \tag{15.28}$$

其中，ρ 为一年中 AVHRR 第一波段的最小反射率。

根据光合作用途径的不同，该模型对 C3 和 C4 植物分别设定不同的参数值。C4 植物是指在光合作用的暗反应过程中，首先形成含四个碳原子的有机酸(草酰乙酸)，通常分布在热带地区。常见的 C4 植物如玉米和甘蔗。而 C3 植物则是指光合作用中同化二氧化碳的最初产物是三碳化合物 3－磷酸甘油酸的植物。相比而言，C4 植物光合作用效率较 C3 植物高，对 CO_2 的利用率也较 C3 植物高。C4 植物的潜在光能利用率设定为一个常数 2.76g C/MJ(Collatz et al.，1991)，C3 植物的潜在光能利用率计算公式如下：

$$\varepsilon_{C3} = 55.2\alpha \tag{15.29}$$

$$\alpha = 0.08 \times \left(\frac{P_i - \Gamma^*}{P_i + 2\Gamma^*} \right) \tag{15.30}$$

在上述方程中，α 为量子效率(单位光量子对应能够固定的 CO_2)，其中 P_i 为叶子内部的 CO_2 浓度。Γ^* 为 CO_2 光合补偿点，其中，

$$\Gamma^* = \frac{O_i}{2\tau} \tag{15.31}$$

式中，O_i 为 O_2 的浓度，等于 20900Pa；τ 为 CO_2 和 O_2 随植被温度而变的 Michaelis-Menten 系数，计算公式为

$$\tau = 2600 \times 0.57^{\left(\frac{T_a - 20}{10} \right)} \tag{15.32}$$

空气温度影响系数的计算由下式求得

$$f(T) = \left[1 + \exp\left(\frac{-220000 + 710(T_a + 273.16)}{8.314(T_a + 273.16)}\right)\right]^{-1} \tag{15.33}$$

其中，δ_T 为空气温度影响系数；T_a 为空气温度。

表层土壤湿度影响系数的计算由下式求得

$$f(s) = \frac{\text{CSI} + 2\Delta\tau}{4\Delta\tau} \tag{15.34}$$

其中，$\Delta\tau$ 是土壤水分影响植物生理生长的耐力系数；CSI 为土壤累积湿度指数。

饱和水汽压差对植物生长的影响系数可由饱和水汽压差求得

$$f(\text{VPD}) = 1.2e^{-0.35e_v} - 0.2 \tag{15.35}$$

其中，e_v 为饱和水汽压差。

Prince 于 1995 年发表 GLO-PEM 模型之后，Gotze 于 1999 年对 GLO-PEM 模型自养呼吸的计算方法进行了修改，提出了 GLO-PEM2 模型。在修改的模型中，计算自养呼吸时，不再使用呼吸系数，并且不区分维持性和生长性呼吸，而是直接计算整个自养呼吸速率（R_a）：

$$R_a = \left[0.53 \times \left(\frac{W}{W + 50}\right)\right] \times e^{0.5 \times \left(\frac{T_c - T_a}{25}\right)} \tag{15.36}$$

其中，W 为地上部分生物量；T_c 为多年平均气温；T_a 为空气温度。

2004 年 Cao 等在 GLO-PEM2 的基础上对 GLO-PEM2 模型中环境因子对植物光能利用率的影响的算法进行了修改（Cao et al., 2004）。主要改进了三个环境因子对潜在光能利用率的限制方程。

1）气温对光能利用率的影响

$$T_s = \frac{(T_a - T_{\min})(T_a - T_{\max})}{(T_a - T_{\min})(T_a - T_{\max}) - (T_a - T_{\text{opt}})^2} \tag{15.37}$$

其中，T_a 为空气温度；$T_{\min}$，T_{opt} 和 $T_{\max}$ 分别为植物光合作用的最低、最适和最高温度。在模型中 C_3 植物的最高和最低温度分别为 50℃和−1℃，C_4 植物的最高和最低温度分别为 50℃和 0℃，最适温度被定义为生长季多年平均温度。

2）表层土壤湿度对潜在光能利用率的影响公式为

$$\begin{cases} f(s) = 1 - 0.05 \times \delta_q & 0 < \delta_q \leqslant 15 \\ f(s) = 0.25 & \delta_q \geqslant 15 \\ \delta_q = \text{QW}(T) - q \end{cases} \tag{15.38}$$

其中，$\text{QW}(T)$ 是在指定温度条件下的饱和湿度；q 为当前大气下湿度。

3）饱和水汽压差（VPD）对光能利用率的影响公式为

$$f(\text{SW}) = 1 - \exp(0.081 \times (\text{SW} - 83.3)) \tag{15.39}$$

其中，VPD 为 1m 以上表层土壤水分亏缺，其值为饱和土壤水含量和实际土壤水含量之差。

6. MODIS-GPP 产品

MODIS-GPP 产品(MOD-17)是基于光能利用率原理发展而来的全球范围的 GPP 遥感数据产品，自发布以来已经被广泛地应用于各种植被生产力的评价和应用研究。MODIS-GPP 产品使用分段函数表示水分和温度对潜在光能利用率的限制作用。

$$f(\text{TMIN}) = \begin{cases} 0 & \text{TMIN} < \text{TMIN}_{min} \\ \dfrac{\text{TMIN} - \text{TMIN}_{min}}{\text{TMIN}_{max} - \text{TMIN}_{min}} & \text{TMIN}_{min} < \text{TMIN} < \text{TMIN}_{max} \\ 1 & \text{TMIN} > \text{TMIN}_{max} \end{cases} \quad (15.40)$$

$$f(\text{VPD}) = \begin{cases} 1 & \text{VPD} < \text{VPD}_{min} \\ \dfrac{\text{VPD} - \text{VPD}_{min}}{\text{VPD}_{max} - \text{VPD}_{min}} & \text{VPD}_{min} < \text{VPD} < \text{VPD}_{max} \\ 0 & \text{VPD} > \text{VPD}_{max} \end{cases} \quad (15.41)$$

式中，$f(\text{TMIN})$ 和 $f(\text{VPD})$ 分别表示最低温度和水分对潜在光能利用率的限制作用；TMIN 表示日空气最低温度；VPD 表示空气水汽压亏缺。TMIN_{max} 和 TMIN_{min} 分别表示植物光合作用最高和最低的温度阈值；VPD_{max} 和 VPD_{min} 分别表示限制植物光合作用最低和最高的 VPD 阈值，如图 15.4 所示。

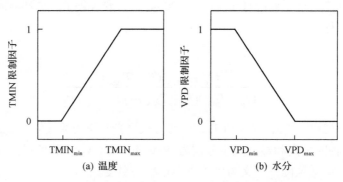

(a) 温度   (b) 水分

图 15.4   温度和水分对潜在光能利用率的限制曲线

MODIS-GPP 产品算法在不同植被类型中确定了一套经验参数值，详见表 15.2。植被类型的确定对于 GPP 产品的精度具有至关重要的影响。MODIS-GPP 产品使用 MODIS 土地利用覆盖产品(MOD12Q1)，该产品采用 IGBP(International Geosphere-Biosphere Programme)17 类土地覆盖分类系统(Belward et al.，1999)。已有的研究显示该分类图在全球范围内对植被类型的划分精度平均为 65%~80%，在空间异质性小的区域内精度则更高(Hansen et al.，2000)。

表 15.2　MODIS-GPP 产品参数值

参数变量	参数值					
	ENF	EBF	DNF	DBF	MF	WL
ε_{max}	0.001008	0.001159	0.001103	0.001044	0.001116	0.000800
TMIN$_{min}$/(℃)	−8.00	−8.00	−8.00	−8.00	−8.00	−8.00
TMIN$_{max}$/(℃)	8.31	9.09	10.44	7.94	8.50	11.39
VPD$_{min}$/Pa	650	1100	650	650	650	930
VPD$_{max}$/Pa	2500	3900	3100	2500	2500	3100

参数变量	参数值				
	Wgrass	Cshrub	Oshrub	Grass	Crop
ε_{max}	0.000768	0.000888	0.000774	0.000680	0.000680
TMIN$_{min}$/(℃)	−8.00	−8.00	−8.00	−8.00	−8.00
TMIN$_{max}$/(℃)	11.39	8.60	8.80	12.02	12.02
VPD$_{min}$/Pa	650	650	650	650	650
VPD$_{max}$/Pa	3100	3100	3600	3500	4100

ENF：常绿针叶林；EBF：常绿阔叶林；DNF：落叶针叶林；DBF：落叶阔叶林；MF：混交林；WL：稀疏林地；Wgrass：稀树草原；Cshrub：浓密灌木；Oshrub：稀疏灌木；Grass：草地；Crop：农田

MODIS-GPP 产品驱动数据除了 MODIS-FPAR 产品外，还包括了气象要素：日平均和最低温度、入射的光合有效辐射、绝对湿度。在实际应用中，MODIS-GPP 产品采用 DAO(Data Assimilation Office) 再分析资料用以估算全球尺度 GPP。该套再分析资料使用全球大气环流模式(GCM)，同时使用了地面和卫星观测资料，产生了空间分辨率为 1°纬度×1.25°经度的、每 6 小时的地表气象数据。

7. VPM 模型

VPM(Vegetation Photosynthesis Model)模型将叶片和森林冠层分为光合作用植被(Photosynthetically Active Vegetation，PAV)和非光合作用植被(Nonphotosynthetic Active Vegetation，NAV)(Xiao et al.，2005)。因此 VPM 模型的基本公式表达如下式：

$$GPP = FPAR \times PAR \times \varepsilon_{max} \times f(T) \times f(W) \times f(P) \tag{15.42}$$

其中，$f(T)$，$f(W)$ 和 $f(P)$ 分别为温度、水分和物候对潜在光能利用率的限制因子。温度限制函数以式(15.37)计算。

水分胁迫因子计算方法如下式：

$$f(W) = \frac{1 + LSWI}{1 + LSWI_{max}} \tag{15.43}$$

其中，LSWI 为陆地表面水分指数(Land Surface Water Index，LSWI)。LSWI$_{max}$ 为生长季中最大的 LSWI。物候胁迫因子 $f(P)$ 根据不同的植被类型具有不同的值，需要单独测定。

8. Two-Leaf 模型

两叶光能利用率模型(Two-leaf Light Use Efficiency，TL-LUE)将冠层分为阴叶和阳叶两部分，分别利用 MOD17 算法计算其 GPP，整个冠层的 GPP 计算为

$$GPP = (\varepsilon_{msu} \times APAR_{su} + \varepsilon_{msh} \times APAR_{sh}) \times f(VPD) \times f(TMIN) \tag{15.44}$$

其中，最低气温 TMIN 和 VPD 的订正因子 $f(TMIN)$ 和 $f(VPD)$ 分别采用 MODIS 算法的式(15.40)和式(15.41)。ε_{msu} 和 ε_{msh} 分别为阳叶和阴叶的最大光能利用率，而 $APAR_{su}$ 和 $APAR_{sh}$ 分别为阳叶和阴叶吸收的 PAR，计算为

$$APAR_{sh} = (1-\alpha) \times [(PAR_{dif} - PAR_{dif\_u}) / LAI + C] \times LAI_{sh} \tag{15.45}$$

$$APAR_{su} = (1-\alpha) \times \left[\frac{PAR_{dir} \times \cos(\beta)}{\cos(\theta)} + \frac{PAR_{dif} - PAR_{dif\_u}}{LAI} + C \right] \times LAI_{su} \tag{15.46}$$

其中，α 为反照率，由植被类型决定，取值见 Running 等(2000)；PAR_{dif_u} 为冠层下方的散射 PAR，见式(15.47)，$(PAR_{dif}-PAR_{dif\_u})/LAI$ 代表单位 LAI 的散射 PAR；C 为冠层内部辐射的多次散射项，见式(15.48)；β 为叶倾角，一般认为冠层为球形分布，β 取值为 $60°$；θ 为太阳天顶角；PAR_{dif} 和 PAR_{dir} 分别为入射 PAR 的散射和直射分量(Chen et al.，1999)。

$$PAR_{dif\_u} = PAR_{dir} \exp(-0.5\Omega LAI / \cos\theta) \tag{15.47}$$

$$C = 0.07\Omega S_{dir}(1.1 - 0.1LAI)\exp(-\cos\theta) \tag{15.48}$$

其中，Ω 为聚集度系数，与地表覆盖类型、季节和太阳高度角等有关，取值考虑该参数随植被类型的变化，参见文献(Tang et al.，2007)。

S_{dif}/S_g 通过分析气象站的散射辐射和总辐射数据得到。如通过分析南京、上海、赣州、南昌四个气象站的散射辐射和总辐射数据，发现散射辐射与总辐射之间存在以下关系：

$$S_{dif}/S_g = 0.7527 + 3.8453R - 16.316R^2 + 18.962R^3 - 7.0802R^4 \tag{15.49}$$

其中，S_{dif} 表示散射辐射量；S_g 为总辐射量；R 为晴空指数($R = S_g / (S_0 \cdot \cos\theta)$)；$S_0 = I_0/\rho^2$，$I_0$ 为太阳常数($1367W/m^2$)；ρ 为日地相对距离。

假设光合有效辐射占总辐射的比例为 50%(Weiss and Norman，1985；Tsubo and Walker，2005；Jacovides et al.，2007；Bosch et al.，2009)，将计算的直接和散射辐射换算为直射和散射 PAR。

式(15.45)和式(15.46)中的 LAI_{sh} 和 LAI_{su} 分别为阴叶和阳叶的 LAI，计算为(Chen et al.，1999)：

$$LAI_{su} = 2 \times \cos(\theta) \times (1 - \exp(-0.5LAI / \cos(\theta))) \tag{15.50}$$

$$LAI_{sh} = LAI - LAI_{su} \tag{15.51}$$

ε_{msu} 和 ε_{msh} 的取值：根据全球 64 个通量站点多年的数据，优化两叶光能利用率模型，得到不同植被类型的阴阳叶最大光能利用率参数。

15.4.3　不同光能利用率模型的差异

虽然目前的光能利用率都遵循相同的原理，然而不同的模型采用不同模型公式和参数化方案，因而在模型参数和模拟能力等方面存在着显著的差异。首先，在光能利用率模型中，最为重要的参数是潜在光能利用率，其大小直接决定了对植被生产力的模拟准

确性。然而，该参数在模型中存在很大的差异(表 15.3)。对于估算 GPP 的潜在光能利用率取值范围从 0.604 变化到 2.76g C/MJ APAR。一般地，潜在光能利用率是根据 GPP 或 NPP 的观测值反演得到的。由于所采用的观测值的不同以及环境限制因子不同造成了改参数的巨大差异。例如，EC-LUE 模型取温度和水分限制的最小值代表环境因子的限制作用，而其他模型则采用所有环境因子的乘积，这样在环境限制的数量级上存在着显著的差异，从而造成反演的潜在光能利用率的不同。

表 15.3　不同光能利用率模型的潜在光能利用率和环境限制因子比较

模型	ε_g 或 ε_n	ε_{max}	参考文献
Net Primary Production			
CASA	$\varepsilon_n = \varepsilon_{max} \times f(T1) \times f(T2) \times f(SM)$	0.389	Potter et al.，1993
Gross Primary Production			
GLO-PEM	$\varepsilon_g = \varepsilon_{max} \times f(T) \times f(SM) \times f(VPD)$	55.2α[a]	Prince and Goward，1995
	$\varepsilon_g = \varepsilon_{max} \times f(T) \times f(SM) \times f(VPD)$	2.76[b]	
MODIS-GPP	$\varepsilon_n = \varepsilon_{max} \times f(T) \times f(VPD)$	0.604~1.259[c]	Running et al.，1999
VPM	$\varepsilon_n = \varepsilon_{max} \times f(T) \times f(W) \times f(P)$	2.208，2.484[d]	Xiao et al.，2004，2005
EC-LUE	$\varepsilon_n = \varepsilon_{max} \times Min(f(T) \times f(W))$	2.14[e]	Yuan et al.，2010
3-PG	$\varepsilon_n = \varepsilon_{max}$	1.8	Landsberg and Waring，1997
C-Fix	$\varepsilon_n = \varepsilon_{max}$	1.1	Veroustraete et al.，2002

a C_3 植物潜在光能利用率，α 为光量子效率；b C_4 植物潜在光能利用率；c 为 11 种不同植被类型的潜在光能利用率；d 分别为针叶林和热带常绿阔叶林的潜在光能利用率；e 适用于所有植被类型

注：NPP=ε_n×FPAR×PAR，GPP=ε_g×FPAR×PAR，式中 ε_n、ε_g 分别为计算 NPP 和 GPP 的光能利用率，ε_{max} 为潜在光能利用率。环境限制因子包括：温度 $f(T)$、土壤湿度 $f(SM)$、冠层水分状况 $f(W)$ 和物候 $f(P)$

其次，对于植被冠层吸收光合有效辐射的比例在不同模型间也存在较大差异。我们比较了几个光能利用率模型计算或采用的 FPAR 的值。如图 15.5 所述，在 Howland 站点，EC-LUE 和 MODIS-GPP 产品所采用 FPAR 极为接近，GEO-PEM 模型的 FPAR 远高于其他模型，而 VPM 的 FPAR 仅相当于 EC-LUE、MODIS-GPP 和 CASA 模型的一半。此外，GLO-PEM 模型计算的 FPAR 仅在生长季和非生长季存在差异，在生长季内没有变化，与实际情况存在较大的差异。

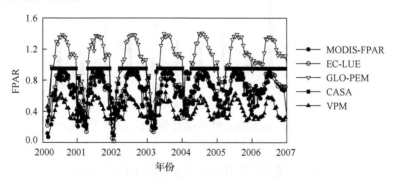

图 15.5　几种光能利用率模型计算或采用 FPAR

以美国 Howland 站点为例，经纬度：45.20°N，−68.74°E；温带针叶林

在多种因素的共同作用下，不同光能利用率模型在模拟 GPP 或 NPP 时也相应地存在很大的差异。Yuan 等（2007）利用 28 个北美和欧洲涡度相关通量站点资料，比较了 EC-LUE 和 MODIS-GPP 产品的模拟精度（图 15.6）。结果显示，EC-LUE 模型较 MODIS-GPP 产品有着较高的模拟精度，在区域尺度上 EC-LUE 模型没有表现出系统的模拟偏差，而 MODIS-GPP 在植被生产力低的区域高估了 GPP，高的地区低估了 GPP。然而对于全球范围 GPP 年均值的模拟仍然十分接近（图 15.7）。

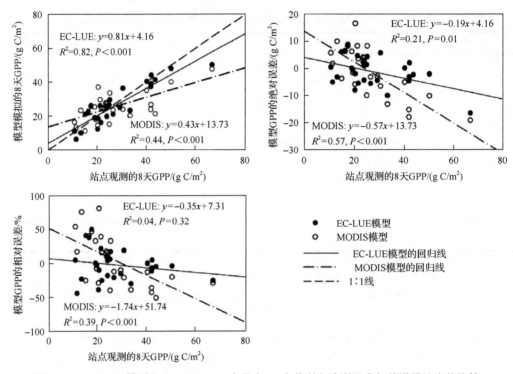

图 15.6 EC-LUE 模型和 MODIS-GPP 产品在 28 个美洲和欧洲涡度相关通量站点的比较

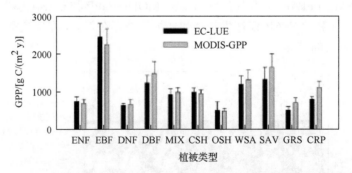

图 15.7 EC-LUE 模型和 MODIS-GPP 产品对全球不同植被类型 GPP 的模拟结果

15.4.4 光能利用率模型的挑战和研究展望

光能利用率模型原理清晰，计算过程简单，所需数据可以依靠遥感和气象台站获取，模拟结果精确度高，已经成为目前进行区域和全球植被生产力评估的主要工具。然而，由于内在的一些限制，光能利用率模型仍然存在着诸多不足和缺陷，在很大程度上制约了对于植被生产力的估算。我们归纳了光能利用率模型的几点主要缺陷及其改进方法，以进一步加强其应用能力。

1. 难以估算植被净初级生产力

目前大多数光能利用率模型都是直接模拟植被总初级生产力(GPP)，然而也有少数模型，如 CASA 和 GLO-PEM，直接模拟植被净初级生产力(NPP)。理论上来讲，光能利用率模型的基本原理是针对 GPP 而设计的，如果直接模拟 NPP，其中存在一个必然的假设：植物自养呼吸所占 GPP 的比例在所有的生态系统类型和地理区域上都是相同的。然而，最近的研究却显示，自养呼吸与 GPP 的比值在年平均温度为 11℃地区最低(图 15.8)，并且该值在森林生态系统中随着林龄的增加而增加(Piao et al.，2010)。由此可见，在光能利用率模型中，简单地依靠一个恒定的自养呼吸和 GPP 的比值计算 NPP 势必会在空间上造成系统的模拟误差。

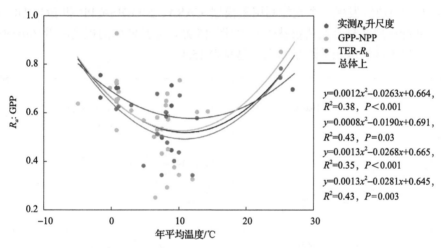

图 15.8　自养呼吸(R_a)和总初级生产力(GPP)的比值随年平均温度的变化趋势

TER 为生态系统总呼吸，R_h 为异养呼吸

2. 光能利用率在散射和直射辐射下的差异

目前大多数光能利用率模型考虑了温度、水分、物候等等环境因素对潜在光能利用率的影响，然而，最近的研究发现太阳辐射中散射辐射比例的增加能够显著促进植被光合作用能力(Gu et al.，2002，2003；Urban et al.，2007；Alton et al.，2007)。Gu 等(2003)报道了由于 1991 年 Mount Pinatubo(15.1°N，121.4°E)火山喷发导致太阳散射辐射比例增加，从而引起了美国 Harvard 森林生态系统植被生产力在 1992 年增加了 23%，1993 年增加了 8%。除了火山灰的影响，云也可以显著减少太阳的直射辐射，而大大增加了散射辐射的比例和植被生产力(Hollinger et al.，1994；Sakai et al.，1996)。总体而言，在随着散射辐射的增加，植被的光能利用率显著增高的原因在于：①散射辐射比直射辐射更容易

透过植被冠层而被底部的植物叶片吸收；②随着散射辐射的增加，蓝光与红光波段辐射量的比值增加，而蓝光波段是光合有效辐射的主要波段，因此光合有效辐射占总辐射的量显著增加(Matsuda et al.，2004；Urban et al.，2007)。

然而，目前大多数光能利用率模型(除 Two-Leaf 模型外)在区域和全球植被生产力模拟时并未考虑散射和直射辐射的影响，造成了区域模拟的误差。如，Yuan 等(2010)研究发现 EC-LUE 模型在欧洲显著低估了各种生态系统类型的植被生产力，而在北美地区则没有类似的误差出现。其中主要的原因就在于欧洲有云的天数显著高于北美地区。因此，欧洲大陆植被的光能利用率高于北美地区。未来的光能利用率模型的发展应该着重发展适合的限制方程定量描述散射和直射辐射对光能利用率的影响。

3. 森林扰动对估算植被生产力的影响

遥感资料为光能利用率模型提供了重要的植被信息，通常被用于计算植被冠层吸收光合有效辐射的比例，在遥感资料内部存在的误差均会进一步导致对植被生产力模拟的偏差。如，植被指数的饱和现象造成对植被生长浓密地区 GPP 或 NPP 低估的现象。此外，Yuan 等(2014b)研究发现三个光能利用率模型(CASA、MODIS-GPP 和 EC-LUE)在高纬度寒温带针叶林地区显著低估植被生产力(图 15.9)，并且低估的程度随着林龄的减少而增加。高纬度地区涡度相关通量站点信息见表 15.4。

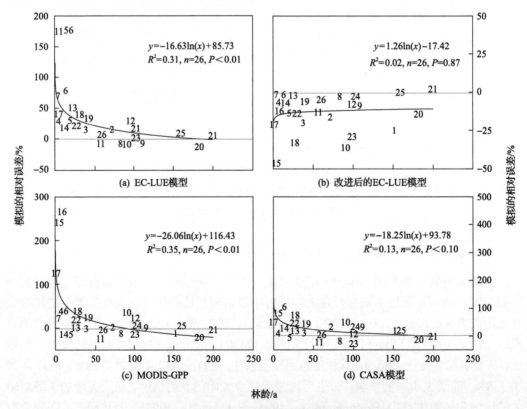

图 15.9　森林林龄与模型相对误差[(模拟值–观测值)/观测值]的相关性

数字表示高纬度地区涡度通量站点

表 15.4　高纬度地区涡度相关通量站点信息

站点代码	站点名称	纬度/(°)	经度/(°)	林龄/a	年均温/℃	年降水量/mm	研究时间
1	CA-NS1	55.88	−98.48	152	−2.89	500.29	2002~2005
2	CA-NS2	55.91	−98.52	72	−2.88	499.82	2001~2005
3	CA-NS3	55.91	−98.38	38	−2.87	502.22	2001~2005
4	CA-NS95	55.90	−98.21	7	−2.93	498.21	2001~2005
5	CA-NS5	55.86	−98.49	21	−2.87	500.34	2001~2005
6	CA-NS6	55.92	−98.96	13	−3.08	495.37	2001~2005
7	CA-NS7	56.63	−99.95	4	−3.52	483.27	2002~2005
8	CA-Oas	53.63	−106.19	83	0.34	428.53	2000~2005
9	CA-Obs	53.99	−105.12	111	0.79	405.60	2000~2005
10	CA-Ojp	53.92	−104.69	91	0.12	430.50	2000~2005
11	CA-Qcu	49.26	−74.04	57	0.13	949.00	2003~2005
12	CA-Qfo	49.69	−74.34	100	0.00	961.31	2003~2005
13	CA-Sf1	54.48	−105.82	25	−0.15	423.69	2003~2005
14	CA-Sf2	54.25	−105.88	13	−0.88	435.12	2001~2005
15	CA-Sf3	54.09	−106.01	4	0.08	441.78	2001~2005
16	CA-Sj1	53.91	−104.66	8	0.13	430.23	2001~2005
17	CA-Sj2	53.95	−104.65	0	0.11	430.33	2003~2005
18	CA-Sj3	53.87	−104.65	27	0.13	433.33	2003~2005
19	FI-Hyy	61.85	24.28	40	2.18	620.20	2000~2003
20	RU-Fyo	56.46	32.92	183	4.91	704.00	2000~2006
21	RU-Zot	60.80	89.35	200	−3.27	536.00	2002~2004
22	SE-Fla	64.12	19.45	28	0.27	615.98	2001~2002
23	SE-Nor	60.08	17.47	100	5.45	561.02	2003
24	TUR	64.12	100.46	102	−9.17	317.00	2004
25	YLF	62.25	129.25	160	−10.40	259.00	2004
26	YPF	62.25	129.65	60	−10.40	259.00	2004

　　其中，主要原因在于寒温带针叶林乔冠层植被稀疏，林下常覆盖苔藓层，因此遥感信号中包含了乔本、草本植物等维管束植物的信号，同时也包含了苔藓植物。但是，苔藓植物的光合作用能力只相当于维管束植物的 1/6（Whitehead and Gower，2001）。因此，如果不加以区分，把遥感观测的植被指数全部认定为维管束植物，按照维管束植物的光能利用率计算生产力，必然导致模型高估。

　　为此极有必要对光能利用率模型，尤其在高纬度地区的模拟进行修正。我们考虑了高纬度地区苔藓的影响，对 EC-LUE 模型加以改进，维管束（草本和木本植物）和苔藓植物的总体 GPP 计算公式为

$$GPP_T = GPP_A + GPP_M \tag{15.52}$$

式中，GPP_A 和 GPP_M 分别代表维管束和苔藓植物各自的 GPP。根据 EC-LUE 模型，两者

可以分别计算为

$$GPP_A = PAR \times (1 - k\_NDVI) \times FPAR \times \varepsilon_{max} \times Min(f(t), f(w)) \qquad (15.53)$$

$$GPP_M = PAR_M \times k\_NDVI \times FPAR \times \varepsilon_{moss} \times Min(f(t), f(w)) \qquad (15.54)$$

式中，k_NDVI 表示苔藓植物对整个遥感植被指数 NDVI 的贡献率。ε_{max} 和 ε_{moss} 分别代表维管束和苔藓植物的潜在光能利用率。因为维管束植物占据冠层顶部，因此其接受的光合有效辐射为生态系统入射光合有效辐射，而苔藓植物接收到的光合有效辐射计算如下：

$$PAR_M = PAR \times \exp(-k \times LAI_A) \qquad (15.55)$$

$$LAI_A = k\_NDVI \times LAI \qquad (15.56)$$

式中，k 为冠层消光系数，取值为 0.5。

在此基础上利用 26 个高纬度寒温带森林的涡相关通量估算的 GPP 资料，对修正后的 EC-LUE 模型进行参数反演。其中，我们设定维管束植物的潜在光能利用率为 2.14gC/MJ，其光合作用最适宜的温度为 21℃。依靠观测资料反演参数 k_NDVI 和苔藓植物的潜在光能利用率。结果发现在 26 个通量站点内，我们得到了相对一致的苔藓植物的潜在光能利用率(0.6gC/MJ)，而参数 k_NDVI 则是先随着森林林龄的增加而减少，之后保持一个恒定值(图 15.10)。这是因为，在森林最初发育阶段乔木和草本植物生长稀疏，苔藓植物对遥感植被指数的贡献性大。随着森林生态系统的不断演替，乔木和草本植物的比重不断增加，其对于遥感信号的贡献也逐渐增加，直到一定阶段达到稳定。

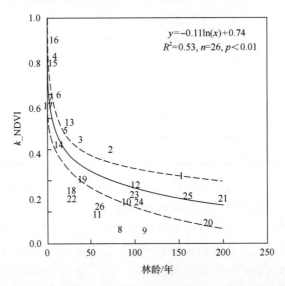

图 15.10　苔藓植物对遥感信号的贡献率随林龄的变化趋势

15.5　叶绿素荧光估算植被生产力

近年来，探究叶绿素荧光和植被光合作用的关系受到了很大关注。植被吸收的光合有效辐射去向包括三个部分：光合作用、荧光和热耗散(Baker，2008)。叶绿素荧光是指叶绿素分子吸收光量子(主要指蓝光和红光)，被激发的叶绿素重新发射光子回到基态而产生的一种光信号，光谱范围为 600～800nm。

　　光合作用速度与发射的叶绿素荧光紧密耦合，形成了利用日光诱导叶绿素荧光(SIF，Sun-Introduced chlorophyll Fluorescence)估算 GPP 的基础。与基于反射率的植被指数(如，NDVI、EVI 等)相比，叶绿素荧光作为光合作用的伴生产物，为光合固碳提供了一种更为直接和快速的测量方式，被认为是光合活动的最佳"指示器"，可以实时监测植被对光能的利用情况(Meroni et al. 2009)。SIF 可以通过与光能利用率模型框架类似的方法来表达：

$$SIF = FPAR \times PAR \times LUE_f \times f_{esc} \tag{15.57}$$

其中，LUE_f 为荧光的量子产量；f_{esc} 为荧光逃逸出冠层的比例。

　　研究表明，SIF 在监测多种生态系统植被光合作用的季节变化上优于传统的植被指数方法(Guanter et al.，2014；Joiner et al.，2014；Sun et al.，2017)。然而，由于光合作用从秒到季节尺度、从叶绿体到冠层尺度都是极为复杂的生化过程，叶绿素荧光与光合固碳能力的关系可能会受植被类型、冠层状态，环境因素(温度胁迫、光照条件、水分胁迫等)的影响。

　　随着卫星遥感观测技术的发展，使得在全球尺度观测 SIF 成为可能。目前，常见的全球尺度的 SIF 产品主要来自 GOSAT(Greenhouse Gases Observing Satellite)、GOME-2 (Global Ozone Monitoring Experiment-2)、OCO-2(Orbiting Carbon Observatory-2)、SCIAMACHY(SCanning Imaging Absorption Spectrometer for Atmospheric Chartography) 等。在区域到全球尺度上，分析 SIF 和植被光合作用的关系受到很大关注(Ryu et al.，2019)。近年来，很多研究探寻了 SIF 和植被冠层光合的关系(Li et al.，2018；Smith et al.，2018；Sun et al.，2018)。有研究表明，对于不同生态系统 SIF 和冠层光合作用之间有一致的关系(Li et al.，2018)；而也有一些研究表明 SIF 与冠层光合作用之间的关系随植被类型而改变(Damm et al.，2015)。

　　因此，在不同生态系统和环境条件下，SIF 和冠层的光合作用之间是否存在线性或者一致的关系，SIF 与 APAR、SIF 与光合作用的关系哪个更好，这些都是需要进一步明晰和解决的问题(Ryu et al.，2019)。GPP-SIF 遥感估算还存在很多不确定性和需要解决的问题。

15.6　动态全球植被模型

　　另外一类被广泛地应用与模拟陆地生态系统植被生产力的模型称为动态全球植被模型(Dynamic Global Vegetation Models，DGVMs)。这类模型耦合了陆地生态系统的主要生态过程：陆地表面物理过程、植被冠层生理、植物物候、植被演替、竞争以及碳、水、氮和能量与大气层的交换，从而能够动态模拟区域乃至植被生产力、净生态系统碳交换、土壤碳含量、地上/地下凋落物和土壤碳通量等以及地表植被结构(如，叶面积指数、植被类型分布)(Bonan et al.，2003)(图 15.11)，并且能够反应生态系统受 CO_2 浓度升高，气候变化和各种人为和自然干扰下的变化特征，对研究陆地生态系统对全球变化的响应和反馈具有不可替代的应用价值(Zhuang et al.，2006)。

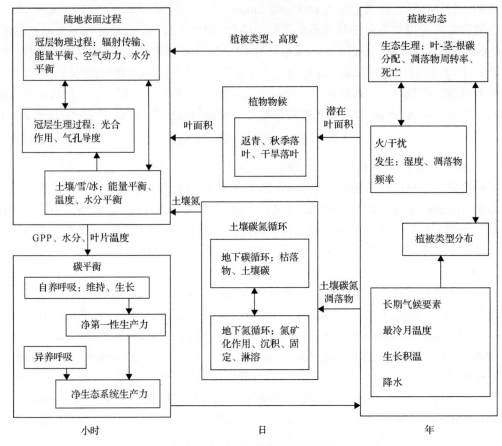

图 15.11　IBIS 模型结构框架图

15.6.1　动态全球植被模型简介

动态全球植被模型对植物叶片光合作用关键生理过程进行细致的描述，再通过尺度化方案模拟生态系统尺度的植被生产力。此外，动态植被模型包含了完整的植被动态变化的机理，能够动态模拟植被随时间和空间的变化特征，如能够以日步长模拟植被物候、叶面积指数等变化。其中，准确模拟叶片光合作用速率是准确评估植被生产力的关键。

光合作用是指绿色植物利用太阳能，吸收二氧化碳和水，制造有机物质并释放氧气的过程。光合作用所产生的有机物质主要包含各种糖类。光合作用的过程，可用下列方程式表示：

$$CO_2 + H_2O \xrightarrow{\text{光能}} (CH_2O) + O_2 \tag{15.58}$$

从表面上看，光合作用的总反应式似乎是一个简单的氧化还原过程，但实质上光合作用包括一系列复杂的光化学步骤和物质转变过程。整个光合作用大致可分为下列 3 大步骤：①原初反应(光能的吸收、传递和转换过程)；②电子传递和光合磷酸化(电能转化为活跃的化学能过程)；③碳同化(活跃的化学能转变为稳定的化学能过程)。在动态植被模型中，光合作用速率是吸收的光合有效辐射、叶温、胞间二氧化碳浓度以及光合作用的 Rubisco 酶活性的函数。

　　一个林分的光合作用总量是每片叶子的光合作用量的总和。每一片叶子在光合作用中所发生的生物化学过程是我们模拟林冠层光合作用的重要基础：如果我们能够模拟出单片叶子的光合作用量，那么会有多种尺度转化方法来估测林冠的光合作用总量。在多种植物叶片同化作用模型中，Farquhar 等(1980)提出的机理性光合作用模型已被广泛使用。该模型确定 C_3 植物叶片的瞬时光合作用率取式(15.59)和式(15.60)所得的结果中的小值：

$$W_c = V_m \frac{C_i - \varGamma}{C_i + K} \tag{15.59}$$

$$W_j = J \frac{C_i - \varGamma}{4.5C_i + 10.5\varGamma} \tag{15.60}$$

式中，W_c 和 W_j 分别表示羧化酶(Rubisco)限制下和光限制下光合作用速率[$\mu mol/(m^2 \cdot s)$]；V_m 表示羧化作用率的最大值[$\mu mol/(m^2 \cdot s)$]；J 表示光合电子传递率[$\mu mol/(m^2 \cdot s)$]；C_i 表示细胞间 CO_2 浓度；$\varGamma$ 表示没有暗呼吸时的 CO_2 补偿点；K 表示酶动力函数。

　　从理论上讲，上述公式可以应用于冠层中任意叶片以进行冠层尺度的光合作用速率模拟。但在实际研究中，还需要将单叶光合作用速率扩展到整个冠层尺度，通常采用大叶和双叶模式。

　　大叶模型假定叶片尺度上所描述的生物化学过程可以直接扩展到冠层尺度上，即把冠层看作一片"大叶"，而冠层尺度的光合作用速率即为叶片光合作用速率与叶面积指数的乘积。大叶模式原理简单，包含了基本光合作用生物化学过程，已经被广泛应用于多个生态系统模型中，如 Biome-BGC 模型(Hunt and Running, 1992；Kimball et al., 1997；Liu et al., 1997)、SiB2 模型(Sellers et al., 1996a)等。然而，大叶模型存在着一个严重的不足(Chen et al., 1999)。在某些多云的情况下，太阳辐射仍然基本能够满足冠层顶部叶片光合作用，但是大叶模型假定整个冠层接收到的入射辐射与冠层顶部的辐射相同。而实际上，冠层底部的叶片，由于被其他叶片遮蔽可能接收不到足够的辐射进行光合作用。因此应用大叶模式会造成对生态系统生产力的严重高估。Chen 等(1999)利用两层 CO_2 通量测量的每日 GPP 数据证明了大叶模型的这个缺陷。考虑到在不同冠层位置上叶片光合作用速率的差异，Sellers 等(1992，1996b)根据叶片在冠层中的位置将叶子对光合作用的贡献赋予不同的权重，以解决了冠层底部因光线不足而导致叶片光合作用速率较低的问题。

　　为了避免上述大叶模型的缺陷，冠层的光合作用总量可以在两种有代表性的叶片：光照叶片(阳叶)和遮蔽叶片(阴叶)的基础上建模(De Pury and Farquhar, 1997；Wang and Leuning, 1998)。这两种叶片的光合作用速率可以利用单叶片模型分别计算，然后乘以各自的叶面积指数(Norman, 1982)：

$$A_{canopy} = A_{sun} \times LAI_{sun} + A_{shade} \times LAI_{shade} \tag{15.61}$$

其中，A_{sun} 和 A_{shade} 分别表示阳叶和阴叶的光合作用速率；LAI_{sun} 和 LAI_{shade} 代表各自的叶面积指数。考虑到集聚指数(Clumping Index：Ω)对冠层辐射机制的影响，Chen 等(1999)将 Norman(1982)计算 LAI_{sun} 和 LAI_{shade} 的算法进行了改进：

$$LAI_{sun} = 2 \times \cos\theta \times (1 - \exp(-0.5 \times \Omega \times LAI / \cos\theta))$$
$$LAI_{shade} = LAI - LAI_{sun} \tag{15.62}$$

式中，LAI 为叶面积指数；θ 是太阳天顶角。Ω 对于针叶树取值 0.5~0.7，阔叶林取值 0.7~0.9，草类和作物取值 0.9~1.0(Chen, 1996)。Ω 越小，植被在空间非随机性分布性越强。植被的聚集程度改变了植被对入射辐射的接收能力，因此考虑 Ω 对生产力模型是非常重要的。植被的丛生的程度越大(对应的 Ω 越小)，导致更多辐射能够穿过冠层而不被叶片拦截。从而降低了光照部分的 LAI，增加了遮蔽部分的 LAI。森林冠层这种集聚结构使得阴叶和阳叶分离变得非常重要。因为集聚的冠层中阴叶的比例比随机分布冠层大得多，阴叶在森林生产力计算中起重要作用。

15.6.2　遥感数据在动态全球植被模型中的作用

遥感数据在简单的经验模型和生产效率模型中直接提供植被生长状况信息，为准确估算植被生产力扮演了至关重要的角色。同样在动态全球植被模型中，遥感资料为模型在区域尺度应用提供了多个方面的重要基础数据。

1. 植被类型图

植被类型图是应用动态全球植被模型估算植被生产力的重要基础数据之一。动态全球植被模型参数化方案假定在同一类植被类型中模型采用相同的一套参数值。如表 15.5 所示，BIOME-BGC 模型为每种植被类型设定了关键的光合作用参数值，并且这些参数在不同类型间存在着很大的差异。例如，C_3 草地的最大光合作用速率几乎是常绿针叶林和灌木的 2 倍。由此可见，植被类型划分的准确与否直接关系到对区域和全球植被生产力模拟的准确性。

表 15.5　BIOEM-BGC 模型的区域参数化表

参数值	C3G	C4G	ENF	DNF	EBF	DBF	SHR
空气动力导度/(mm/s)	0.01	0.01	1.0	1.0	1.0	1.0	0.1
最大气孔导度/(mm/s)	5.0	2.0	2.2	4.5	4.0	4.5	3.5
最大光合作用速率/[μmol/(m²·s)]	6.0	7.5	3.5	5.0	4.0	5.0	3.5
光合作用最适温度/℃	20	30	20	20	20	20	20

C3G: C3 草地；C4G: C4 草地；ENF: 常绿针叶林；DNF: 落叶针叶林；EBF: 常绿阔叶林；DBF: 落叶阔叶林；SHR: 灌木

遥感是目前进行植被类型分类的唯一的有效途径。例如，MODIS 土地覆盖产品

（MOD12）提供了 1km 分辨率的每年的全球土地覆盖信息，为动态全球植被模型的全球应用提供了坚实的数据基础。

2. 叶面积指数

叶面积指数直接连接了叶片光合作用和冠层光合作用速率，是估算生态系统植被生产力的重要决定因素，对其进行准确的模拟和反演是评估植被生产力的关键。然而，对于叶面积指数的模拟是动态全球植被模型的难点，因为对其的模拟需要涉及植物的碳分配策略、叶片对干旱和高温的短期适应性等诸多复杂的生理过程。在实际应用时，模型通常对模拟叶面积指数对一些简化处理。例如，IBIS 模型假设植物生长季叶面积指数保持恒定不变，其值取决于前一年的植被生产力（Foley et al.，1996）。这种简化处理显然不能满足现实的对叶面积指数的模拟需求，会造成对植被生产力的模拟误差。遥感为直接观测陆地植被特征提供了可靠保障，基于遥感资料反演的叶面积指数是目前可获得的区域尺度上最为准确的叶面积指数信息。许多碳循环研究都通过耦合遥感反演的叶面积指数资料以期望改善模型模拟效果。

3. 模型驱动数据

动态全球植被模型的区域运行需要众多的气象要素作为驱动变量，如温度、风速、辐射、降水等。传统上，我们收集气象台站监测的气象要素，利用空间插值方法得到空间上连续的模型气象要素驱动场。这种方法一方面受制于插值所使用的气象台站数目。站点数目越多，所得到的空间驱动场就越接近于真实状况。然而现实状况是气象台站十分有限，而且空间分布极不均匀。另一方面，某些要素在空间插值时还需要考虑诸如地形、海拔等其他要素的影响，而传统的插值方法难以满足这些特殊需求。因此，目前模型空间驱动数据的误差是导致模型区域估算的主要来源之一。

随着遥感传感器技术的迅速发展使得利用遥感数据反演各种气象要素驱动场成为可能。本书第 6 章、第 8 章和第 17 章分别对于基于遥感资料反演辐射、温度和降水进行了详细的介绍。已有的研究表明，利用遥感资料反演的模型驱动场能够有效地弥补传统的插值方法的不足。例如，利用台基雷达和气象卫星（极轨和静止卫星）资料反演降水量数据集具有更高的时间和空间分辨率以及更大的观测范围（Michaelides et al.，2009）。搭载于低轨卫星的传感器可以获得更高空间分辨率（通常为 1km），静止卫星可以实现对某一地区长时间不间断的观测（30min 观测 1 次），两者结合进行优劣互补有效地提高的对降水量反演的精度。

15.7　全球植被生产力的时空分布格局

由于受气候、土壤、植被生理特性等多种因素的影响，全球植被生产力具有显著的时空变异性。许多学者利用不同的生产力模型在全球范围上模拟植被生产力在日、月、季节、年乃至更长时间尺度的变化特征。

对全球区域而言，几乎所有的模型均反映出 NPP 的低值区域集中在寒冷和干旱地区，随着温度和水分的增加 NPP 也显著升高(Anav et al., 2015)。大多数模型的模拟结果显示 NPP 最高的生物群区为热带雨林，其植被生产力约占全球陆地生态系统植被生产力的 34%(Beer et al., 2010)。其次为温带阔叶常绿林。相反地，年 NPP 最小的区域出现在干旱的荒漠/沙漠地区，以及高纬度的苔原地区。

由于北半球陆地面积占全球陆地面积的 74%，因此北半球的季节变化主导了全球陆地生态系统植被生产力的季节性变化。在北半球的冬季全球植被生产力最低，夏季则升高(Cramer et al., 1999)。大多数模型估算最低的全球植被生产力出现在 2 月。模型模拟的全球净第一性生产力的月最低值变化范围在–1.6Pg C/month(HYBRID)到 4.8Pg C/month(TURC)。大部分模型模拟的全球最高值发生在北半球的夏季(6～8 月)，其变化范围为 5.6～9.1Pg C/month。

无论在单点、区域和全球尺度上，植被生产力均表现出显著的年际变化。基于全球多个涡动相关通量站点的研究显示，陆地生态系统植被生产力的年际变化呈现出明显的区域性差异(Yuan et al., 2009)。植被生产力的年际变化(以多年 GPP 的标准偏差为指示)在落叶阔叶林中随着纬度升高而升高，即在高纬度地区的落叶阔叶林生态系统 GPP 表现出更大的年际波动，在常绿针叶林中则呈现降低的趋势。全球范围内的植被变化直接决定了大气 CO_2 浓度的年际变化(图 15.12；Zhao and Running，2010)。

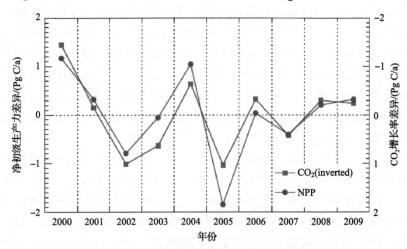

图 15.12　全球陆地植被 NPP 与大气 CO_2 浓度距平的年际变化

其中，大气 CO_2 浓度距平采用反向标识

植被生产力的年际变化直接取决于温度、水分等气象要素的年际波动。2000 年北美和中国区域的干旱事件导致了该区域 NPP 减少了。2002 年发生于北美和澳大利亚的干旱导致该区域 NPP 显著下降。2003 年欧洲大面积干旱以及热浪导致了植被生产力下降幅度超过 30%，从而引起了该区域大面积森林成为碳的释放源(Ciais et al., 2005)。最近的研究显示对于全球植被生产力有着突出贡献的热带雨林地区，在最近 10 年来植被生产力显著下降。如，亚马孙热带雨林区域在过去的 10 年中下降了–0.424Pg C(Zhao and Running，2010)。区域性的干旱事件是导致该区域植被生产力下降的主要原因。如图 15.13 所示，南、北球的 NPP 与帕尔默干旱指数呈现出一致的年际变异。

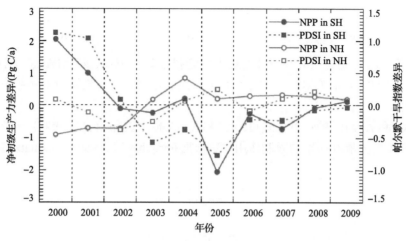

图 15.13　南半球(SH)和北半球(NH)陆地植被 NPP 和生长季帕尔默干旱指数(PDSI)的年际变化

15.8　全球植被生产力产品(GLASS-GPP)

本节将从模型输入数据、算法以及精度验证等方面介绍 GLASS-GPP 产品及产品的特点,以供读者和用户参考。

15.8.1　输　入　数　据

全球植被生产力产品(GLASS-GPP)生产时主要用到了气象要素数据、LAI 数据、CO_2 浓度数据等。气象要素数据主要有:空气温度、饱和水汽亏缺(VPD)、散射 PAR 和直射 PAR 等。其中,空气温度、VPD、散射 PAR 和直射 PAR 来源于 MERRA2(Modern Era Retrospective-Analysis for Research and Applications)再分析数据集,其空间分辨率为 0.5° 纬度×0.625°经度。气象数据通过空间插值产生全球 5×5km 以及 500×500m 的数据资料。LAI 数据则采用 GLASS LAI 数据产品(Xiao et al., 2016)。

15.8.2　产　品　描　述

1. 产品基本信息

产品基本信息如下:
(1)空间范围:全球陆地(除南极洲以外);
(2)空间分辨率:1982~2018 年 5km;2001~2018 年 500m;
(3)时间分辨率:8 天。

2. 产品算法描述

GLASS GPP 产品采用改进的光能利用率模型(EC-LUE),其综合考虑了长期气候变化(例如,饱和水汽亏缺 VPD)、CO_2 浓度以及辐射组分(散射辐射和直射辐射)的影响。

其模型公式如下：

$$GPP=(\varepsilon_{msu} \times APAR_{su} + \varepsilon_{msh} \times APAR_{sh}) \times C_s \times \min(T_s, W_s) \qquad (15.63)$$

其中，ε_{msu} 和 ε_{msh} 分别为阳叶和阴叶的最大光能利用率；$APAR_{su}$ 和 $APAR_{sh}$ 分别为阳叶和阴叶吸收的 PAR。C_s、T_s 和 W_s 分别为 CO_2 浓度、温度以及大气水分对植被光能利用率的限制作用。

$APAR_{su}$ 和 $APAR_{sh}$ 的计算如式(15.45)和式(15.46)(Chen et al.，1999)。

CO_2 浓度对光能利用率的限制作用(C_s)依据 Farquhar 等(1980)和 Collatz 等(1991)计算得到

$$C_s = \frac{C_i - \varphi}{C_i + 2\varphi} \qquad (15.64)$$

$$C_i = C_a \times \chi \qquad (15.65)$$

其中，φ 为无暗呼吸时的 CO_2 补偿点(ppm)；C_i 为叶片细胞间空气中的 CO_2 浓度(ppm)；C_a 为大气 CO_2 浓度；χ 为叶片内部与周围环境 CO_2 浓度的比例；χ 计算如下(Prentice et al.，2014；Keenan et al.，2016)：

$$\chi = \frac{\varepsilon}{\varepsilon + \sqrt{VPD}} \qquad (15.66)$$

$$\varepsilon = \sqrt{\frac{356.51K}{1.6\eta^*}} \qquad (15.67)$$

$$K = K_c \left(1 + \frac{P_o}{K_o}\right) \qquad (15.68)$$

$$K_c = 39.97 \times e \frac{79.43 \times (T - 298.15)}{298.15RT} \qquad (15.69)$$

$$K_o = 27480 \times e \frac{36.38 \times (T - 298.15)}{298.15RT} \qquad (15.70)$$

其中，K_c 和 K_o 是分别是 Rubisco 羧化反应和氧化反应的 Michaelis–Menten 系数；P_o 为空气中 O_2 的分压(ppm)；R 为摩尔气体常数[8.314J/(mol K)]；η^* 为水的黏度，其取决于空气温度(Korson et al.，1969)。

温度限制因子 T_s 采用式(15.37)计算，当空气温度 T_a 低于 T_{min} 或者高于 T_{max} 时 $f(T)$ 均为 0，即假定植物停止光合作用。在 EC-LUE 模型中 T_{min} 和 T_{max} 分别取值 0 和 40℃，T_{opt} 则为待定参数。

水分条件对于实际光能利用率的限制作用 W_s 则采用 VPD 相关的函数，计算如下：

$$W_s = \frac{VPD_0}{VPD_0 + VPD} \qquad (15.71)$$

其中，VPD_0 是 VPD 限制公式的半饱和系数(k Pa)。

3. 产品精度验证方案和精度评价

GLASS-GPP 产品在全球 146 个涡度相关站点上进行了验证。验证站点覆盖了全球 10 种主要的陆地生态系统类型，包括常绿针叶林(31 个)、常绿阔叶林(7 个)、落叶针叶林(1 个)、落叶阔叶林(18 个)、混交林(8 个)、热带稀树草原(9 个)、灌木(13 个)、草地(27 个)、农田(16 个)、湿地(16 个)等。

在所有验证站点上，GLASS-GPP 产品与 GPP 观测值的对比结果如图 15.14 所示。

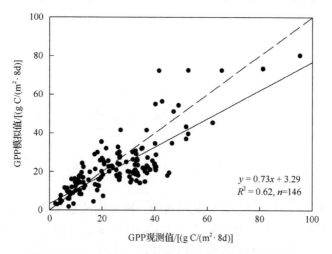

图 15.14 GLASS-GPP 站点模拟值与观测值的相关性

分析了所有站点的 GLASS-GPP 产品与观测值的相关系数(图 15.15)。在 146 个验证站点上，41%的站点相关系数高于 0.6，但是结果也显示，24%的站点相关系数低于 0.3，整体看相关系数分布并未呈现出正态分布的特征。所有站点的相对误差[RPE=(产品值-观测值)/观测值]的绝对值呈现正态分布特征(图 15.16)，有超过 63%的站点 GLASS 产品相对误差小于 30%。

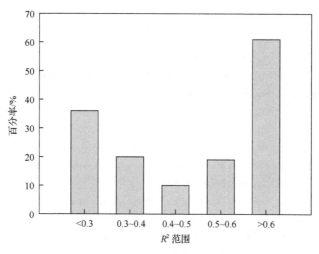

图 15.15 所有站点 GLASS-GPP 产品拟合度分布

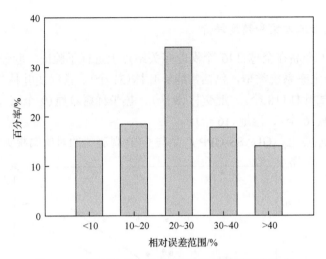

图 15.16　所有站点 GLASS 产品相对模拟误差分布

15.9　小　结

植被生产力是人类社会存在和发展的基础，同时也是全球碳循环的开始，在维持全球大气温室气体浓度，调节全球气候格局等方面扮演着重要的角色。遥感数据反映了时空连续的陆地表面信息，为准确反演和模拟陆地生态系统植被生产力提供了可靠的方法和数据基础。一方面，基于光能利用率原理，利用遥感反演的植被指数和叶面积指数信息的光能利用率模型已经被广泛地应用于区域和全球尺度的植被生产力的估算和模拟研究。此外，以遥感资料为基础的植被分布类型，以及风、温、湿等气象要素也是动态全球植被模型的重要驱动数据。同时，我们也应该看到，基于遥感数据的各种估算方法，由于遥感数据固有的不足和缺陷，以及方法本身的不足，对于植被生产力的估算仍然存在诸多的不足，有待进一步的改进和检验。

参 考 文 献

方精云, 柯金虎, 唐志尧, 等. 2001. 生物生产力的 "4P" 概念、估算及其相互关系. 植物生态学报, 25(4): 414-419

Alton P B, North P R, Los S O. 2007. The impact of diffuse sunlight on canopy light-use efficiency, gross photosynthetic product and net ecosystem exchange in three forest biomes. Global Change Biology, doi: 10.1111/j.1365-2486.2007.01316.x

Anav A, Friedlingstein P, Beer C, et al. 2015. Spatiotemporal patterns of terrestrial gross primary production: A review. Reviews of Geophysics, 53(3): 785-818

Baker N R. 2008. Chlorophyll fluorescence: a probe of photosynthesis in vivo. Annual Review of Plant Biology, 59: 89-113

Baldocchi D D. 2008. 'Breathing' of the terrestrial biosphere: lessons learned from a global network of carbon dioxide flux measurement systems. Australian Journal of Botany, 56: 1-26

Beer C, Reichstein M, Tomelleri E, et al. 2010. Terrestrial gross carbon dioxide uptake: global distribution and covariation with climate. Science, DOI: 10.1126/science.1184984

Belward A S, Estes J E, Kline K D. 1999. The IGBP-DIS Global 1-km land-cover data Set DISCover: A Project Overview. Photogrammetric Engineering and Remote Sensing, 65: 1013-1020

Bonan G B, Levis S, Sitch S, et al. 2003. A dynamic global vegetation model for use with climate models: concepts and description of simulated vegetation dynamics. Global Change Biology, 9: 1543-1566

Bosch J L, López G, Batlles F J. 2009. Global and direct photosynthetically active radiation parameterizations for clear-sky conditions. Agricultural and Forest Meteorology, 149 (1): 146-158

Box E O, Holben B, Kalb V. 1989. Accuracy of the AVHRR vegetation index as a predictor of biomass, primary productivity and net CO_2 flux. Vegetation, 90: 71-89

Cai W W, Yuan W P, Liang S L, et al. 2014. Large differences in terrestrial vegetation production derived from satellite-based light use efficiency models. Remote Sensing, 6 (9): 8945-8965

Cao M K, Prince S D, Small J, et al. 2004. Remotely sensed interannual variations and trends in terrestrial net primary productivity 1981-2000. Ecosystems, 7: 233-242

Chen J M. 1996. Canopy architecture and remote sensing of the fraction of photosynthetically active radiation in boreal conifer stands. IEEE Transactions on Geoscience and Remote Sensing, 34: 1353-1368

Chen J M, Liu J, Cihlar J, et al. 1999. Daily canopy photosynthesis model through temporal and spatial scaling for remote sensing applications. Ecological Modelling, 124: 99-119

Chen Y, Xia J, Liang S, et al. 2014. Comparison of evapotranspiration models over terrestrial ecosystem in China. Remote Sensing of Environment, 140: 279-293

Chen Y, Yuan W P, Xia J Z, et al. 2015. Using Bayesian model averaging to estimate terrestrial evapotranspiration in China. Journal of Hydrology, 528: 537-549

Ciais P, Reichstein M, Viovy N, et al. 2005. Europe-wide reduction in primary productivity caused by the heat and drought in 2003. Nature, 437 (7058): 529

Collatz G J, Ball J T, Grivet C, et al. 1991. Physiological and environmental regulation of stomatal conductance, photosynthesis and transpiration: a model that includes a laminar boundary layer. Agricultural and Forest Meteorology, 54: 107-136

Cramer W, Kicklighter D W, Bondeau A, et al. 1999. Comparing global models of terrestrial net primary productivity (NPP): overview and key results. Global Change Biology, 5 (S): 1-15

Damm A, Guanter L, Paul-Limoges E, et al. 2015. Far-red sun-induced chlorophyll fluorescence shows ecosystem-specific relationships to gross primary production: An assessment based on observational and modeling approaches. Remote Sensing of Environment, 166: 91-105

De Pury D G G, Farquhar G D. 1997. Simple scaling of photosynthesis from leaves to canopies without the errors of big-leaf models. Plant, Cell and Environment, 20: 537-557

Farquhar C D, Caemmerers S, Berry J A. 1980. A biochemical model of photosynthetic CO_2 assimilation in leaves of C3 species. Planta, 149: 78-90

Field C B, Randerson J T, Malmström C M. 1995. Global net primary production: combining ecology and remote sensing. Remote sensing of Environment, 51 (1): 74-88

Foley J A, Prentice I C, Ramankutty N, et al. 1996. An integrated biosphere model of land surface processes, terrestrial carbon balance, and vegetation dynamics. Global Biogeochemical Cycles, 10 (4): 603-628

Friend A D, Arneth A, Kiang N Y. 2006. FLUXNET and modelling the global carbon cycle. Global Change Biology, 12: 1-24

Gamon J A, Field C B, Goulden M L, et al. 1995. Relationships between NDVI, canopy structure, and photosynthesis in three Californian vegettion types. Ecological Applications, 5: 28-41

Goetz S J, Prince S D, Goward S N, et al. 1999. Satellite remote sensing of primary production: an improved production efficiency modeling approach. Ecological Modelling, 122: 239-255

Goward S A, Tucker C J, Dye D. 1985. North American vegetation patterns observed with the NOAA-7 advanced very high resolution radiometer. Vegetatio, 64: 3-14

Gu L H, Baldocchi D D, Verma S B, et al. 2002. Advantages of diffuse radiation for terrestrial ecosystem productivity. Journal of Geophysical Research, 107 (D6): 4050

Gu L H, Baldocchi D D, Wofsy S C, et al. 2003. Response of a deciduous forest to the mount Pinatubo eruption: enhanced photosynthesis. Science, 299: 2035-2038

Guanter L, Zhang Y, Jung M, et al. 2014. Global and time-resolved monitoring of crop photosynthesis with chlorophyll fluorescence. Proceedings of the National Academy of Sciences, 111 (14): E1327-E1333

Hansen M C, DeFries R S, Townshend J R G, et al. 2000. Global land cover classification at the 1km spatial resolution using a classification tree approach. International Journal of Remote Sensing, 21: 1331-1364

Hollinger D Y, Kelliher F M, Byers J N, et al. 1994. Carbon dioxide exchange between an undisturbed old-growth temperate forest and the atmosphere. Ecology, 75 (1): 134-150

Huete A R. 1988. A soil adjusted vegetation index (SAVI). Remote Sensing of Environment, 25 (3): 295-309

Hunt E R. 1994. Relationship between woody biomass and PAR conversion efficiency for estimating net primary production from NDVI. International Journal of Remote Sensing, 15: 1725-1730

Hunt E R, Running S W. 1992. Simulated dry matter yields for aspen and spruce stand in the North American Boreal Forest. Canadian Journal for Remote Sensing, 18: 126-133

Jacovides C P, Tymvios F S, Assimakopoulos V D, et al. 2007. The dependence of global and diffuse PAR radiation components on sky conditions at Athens, Greece. Agricultural and Forest Meteorology, 143 (3-4): 277-287

Joiner J, Yoshida Y, Vasilkov A, et al. 2014. The seasonal cycle of satellite chlorophyll fluorescence observations and its relationship to vegetation phenology and ecosystem atmosphere carbon exchange. Remote Sensing of Environment, 152: 375-391

Keenan T F, Prentice I C, Canadell J G, et al. 2016. Recent pause in the growth rate of atmospheric CO_2 due to enhanced terrestrial carbon uptake. Nature Communications, 7: 13428

Kimball J S, Thornton P E, White M A, et al. 1997. Simulating forest productivity and surface-atmosphere carbon exchange in the BOREAS study region. Tree Physiology, 17: 589-599

King D A, Turner D P, Ritts W D. 2011. Parameterization of a diagnostic carbon cycle model for continental scale application. Remote Sensing of Environment, 115 (7): 1653-1664

Korson L, Drost-Hansen W, Millero F J. 1969. Viscosity of water at various temperatures. The Journal of Physical Chemistry, 73 (1), 34-39

Kurc S A, Small E E. 2004. Dynamics of evapotranspiration in semiarid grassland and shrubland ecosystems during the summer monsoon season, central New Mexico. Water Resources Research, 40: W09305

Landsberg J J, Waring R H. 1997. A generalised model of forest productivity using simplified concepts of radiation-use efficiency, carbon balance and partitioning. Forest Ecology and Management, 95: 209-228

Li X, Xiao J, He B, et al. 2018. Solar-induced chlorophyll fluorescence is strongly correlated with terrestrial photosynthesis for a wide variety of biomes: first global analysis based on OCO-2 and flux tower observations. Global Change Biology, 24: 3990-4008

Lieth H. 1975. Historical survey of primary productivity research. In: Lieth H, Whittaker R H. Primary Productivity of the Biosphere. New York: Springer-Verlag. 7-16

Liu J, Chen J M, Cihlar J, et al. 1997. A process-based boreal ecosystem productivity simulator using remote sensing inputs. Remote Sensing of Environment, 62: 158-175

Matsuda R, Ohashi-Kaneko K, Fujiwara K, et al. 2004. Photosynthetic characteristics of rice leaves grown under red light with or without supplemental blue light. Plant and Cell Physiology, 45: 1870-1874

Meroni M, Rossini M, Guanter L, et al. 2009. Remote sensing of solar-induced chlorophyll fluorescence: Review of methods and applications. Remote Sensing of Environment, 113: 2037-2051

Michaelides S C, Tymvios F S, Michaelidou T. 2009 Spatial and temporal characteristics of the yearly rainfall frequency distribution in Cyprus. Atmospheric Research, 94: 606-615

Myneni R B, Williams D L. 1994. On the relationship between FAPAR and NDVI. Remote Sensing of Environment, 49: 200-221

Norman J M. 1982. Simulation of microclimates. In: Hatfield J L, Thomason I J. Biometeorology in Integrated Pest Management. New York: Academic Press

Odum E P. 1960. Organic production and turnover in old field succession. Ecology, 41: 34-49

Paruelo J M, Epstein H E, Lauenroth W K, et al. 1997. ANPP estimates from NDVI for the central grassland region of the US. Ecology, 78: 953-958

Paruelo J M, Oesterheld M, Di Bella C M, et al. 2000. Estimation of primary production of subhumid rangelands from remote sensing data. Applied Vegetation Science, 3: 189-195

Piao S L, Luyssaert S, Ciais P, et al. 2010. Forest annual carbon cost: A global-scale analysis of autotrophic respiration. Ecology, 91: 652-657

Potter C S, Randerson J T, Field C B, et al. 1993. Terrestrial ecosystem production: A process model based on global satellite and surface data. Global Biogeochemical Cycles, 7: 811-841

Prentice I C, Dong N, Gleason S M, et al. 2014. Balancing the costs of carbon gain and water transport: testing a new theoretical framework for plant functional ecology. Ecology Letters, 17(1): 82-91

Prince S D, Goward S N. 1995. Global primary production: a remote sensing approach. Journal of Biogeography, 22: 815-835

Running S W, Nemani R, Glassy J M, et al. 1999. MODIS daily photosynthesis (PSN) and annual net primary production (NPP) product (MOD17), algorithm theoretical basis document, version 3.0. http://modis.gsfc.nasa.gov/[2013-05-01]

Running S W, Thornton P E., Nemani R, et al. 2000. Global Terrestrial Gross and Net Primary Productivity from the Earth Observing System. New York: Springer

Ryu Y, Berry J A, Baldocchi D D. 2019. What is global photosynthesis? History, uncertainties and opportunities. Remote Sensing of Environment, 223: 95-114

Sakai R K, Fitzjarrald D R, Moore K E, et al. 1996. How do forest surface fluxes depend on fluctuating light level? Proceedings of the 22nd Conference on Agricultural and Forest Meteorology with Symposium on Fire and Forest Meteorology. American Meteorological Society, 22: 90-93

Sellers P J, Berry J A, Collatz G J, et al. 1992. Canopy reflectance, photosynthesis, and transpiration. III. A reanalysis using improved leaf models and a new canopy integration scheme. Remote Sensing of Environment, 42: 187-216

Sellers P J, Bounoua L, Collatz G J, et al. 1996a. A revised land surface parameterization (SiB2) for atmospheric GCMs. Part I: Model formulation. Journal of Climate, 9(4): 676-705

Sellers P J, Randall D A, Collatz G J, et al. 1996b. Comparison of radiative and physiological effects of doubled atmospheric CO_2 on climate. Science, 271(5254): 1402-1406

Sims D A, Rahman A F, Cordova V D, et al. 2005. Midday values of gross CO_2 flux and light use efficiency during satellite overpasses can be used to directly estimate eight-day mean flux. Agricultural and Forest Meteorology, 131: 1-12

Smith W K, Biederman J A, Scott R L, et al. 2018. Chlorophyll fluorescence better captures seasonal and interannual gross primary productivity dynamics across dryland ecosystems of southwestern North America. Geophysical Research Letters, 45(2): 748-757

Suleiman A, Crago R. 2004. Hourly and daytime evapotranspiration from grassland using radiometric surface temperatures. Agronmy Journal, 96: 384-390

Sun Y, Frankenberg C, Jung M, et al. 2018. Overview of Solar-Induced chlorophyll Fluorescence (SIF) from the Orbiting Carbon Observatory-2: Retrieval, cross-mission comparison, and global monitoring for GPP. Remote Sensing of Environment, 209: 808-823

Sun Y, Frankenberg C, Wood J D, et al. 2017. OCO-2 advances photosynthesis observation from space via solar-induced chlorophyll fluorescence. Science, 358(6360): 5747

Tang S, Chen J M, Zhu Q, et al. 2007. LAI inversion algorithm based on directional reflectance kernels. Journal of Environmental Management, 85(3): 638-648

Tsubo M, Walker S. 2005. Relationships between photosynthetically active radiation and clearness index at Bloemfontein, South Africa. Theoretical and Applied Climatology, 80(1): 17-25

Turner D P, Ritts W D, Styles J M, et al. 2006. A diagnostic carbon flux model to monitor the effects of disturbance and interannual variation in climate on regional NEP. Tellus B: Chemical and Physical Meteorology, 58(5): 476-490

Urban O, Janouš D, Acosta M, et al. 2007. Ecophysiological controls over the net ecosystem exchange of mountain spruce stand. Comparsion of the response in direct vs. diffuse solar radiation. Global Change Biology, 13: 157-168

Van Tuyl S, Law B E, Turner D P, et al. 2005. Variability in net primary production and carbon storage in biomass across Oregon forests—an assessment integrating data from forest inventories, intensive sites, and remote sensing. Forest Ecology and Management, 209(3): 273-291

Veroustraete F. 1994. On the use of a simple deciduous forest model for the interpretation of climate change effects at the level of carbon dynamics. Ecological Modelling, 75: 221-237

Veroustraete F, Sabbe H, Eerens H. 2002. Estimation of carbon mass fluxes over Europe using the C-Fix model and Euroflux data. Remote Sensing of Environment, 83: 376-399

Verstraeten W W, Veroustraete F, Feyen J. 2006. On temperature and water limitation of net ecosystem productivity: Implementation in the C-Fix model. Ecological Modelling, 199(1): 4-22

Vitousek P M, Mooney H A, Lubchenco J, et al. 1997. Human domination of earth's ecosystems. Science, 277: 494-499

Wang K Y. 1996. Canopy CO_2 exchange of Scots pine and its seasonal variation after four-year exposure to elevated CO_2 and temperature. Agricultural and Forest Meteorology, 82(1-4): 1-27

Wang Y P, Leuning R. 1998. A two-leaf model for canopy conductance, photosynthesis and partitioning of available energy I: Model description and comparison with a multi-layered model. Agricultural and Forest Meteorology, 91: 89-111

Weiss A, Norman J M. 1985. Partitioning solar radiation into direct and diffuse, visible and near-infrared components. Agricultural and Forest Meteorology, 34(2-3): 205-213

Whitehead D, Gower S T. 2001. Photosynthesis and light-use efficiency by plants in a Canadian boreal forest ecosystem. Tree Physiology, 21: 925-929

Whittaker R H, Likens G E. 1975. The biosphere and man. In: Lieth H, Whittaker R. The Primary Productivity of the Biosphere. New York: Springer Verlag

Xiao X M, Zhang Q Y, Braswell B, et al. 2004. Modeling gross primary production of temperate deciduous broadleaf forest using satellite images and climate data. Remote Sensing of Environment, 91: 256-270

Xiao X, Zhang Q, Hollinger D, et al. 2005. Modeling seasonal dynamics of gross primary production of evergreen needleleaf forest using MODIS images and climate data. Ecological Applications, 15(3): 954-969

Xiao Z, Liang S, Wang J, et al. 2016. Long-time-series global land surface satellite leaf area index product derived from MODIS and AVHRR surface reflectance. IEEE Transactions on Geoscience and Remote Sensing, 54(9): 5301-5318

Yuan W P, Liu S G, Cai W W, et al. 2014a. Vegetation-specific model parameters are not required for estimating gross primary production. Ecological Modelling, 292: 1-10

Yuan W P, Liu S G, Dong W J, et al. 2014b. Differentiating moss from higher plants is critical in studying the carbon cycle of the boreal biome. Nature Communications, 5: 4270

Yuan W P, Liu S G, Yu G R, et al. 2010. Global estimates of evapotranspiration and gross primary production based on MODIS and global meteorology data. Remote Sensing of Environment, 114: 1416-1431

Yuan W P, Liu S G, Zhou G S, et al. 2007. Deriving a light use efficiency model from eddy covariance flux data for predicting daily gross primary production across biomes. Agricultural and Forest Meteorology, 143(3-4): 189-207

Yuan W, Luo Y, Richardson A D, et al. 2009. Latitudinal patterns of magnitude and interannual variability in net ecosystem exchange regulated by biological and environmental variables. Global Change Biology, 15: 2905-2920

Zhang L, Wylie B, Loveland T, et al. 2007. Evaluation and comparison of gross primary production estimates for the Northern Great Plains grasslands. Remote Sensing of Environment, 106: 173-189

Zhang Y Q, Liu C M, Yu Q, et al. 2004. Energy fluxes and the Priestley-Taylor parameter over winter wheat and maize in the North China Plain. Hydrologicl Processes, 18: 2235-2246

Zhao M, Running S W. 2010. Drought-induced reduction in global terrestrial net primary production from 2000 through 2009. Science, 329 (5994): 940-943

Zhuang Q L, Melillo J M, Sarofim M C, et al. 2006. CO_2 and CH_4 exchanges between land ecosystems and the atmosphere in northern high latitudes over the 21st century. Geophysical Research Letters, 33: L17403

第四编
水循环参量估算

第16章 降 水*

降水是指从云中降落至地球表面的所有固态和液态水分(Michaelides et al.，2009)，它是全球水循环的基本组成成分。降水是水循环中一个水文变量，具有自上而下的特点，有着重要的气象学、气候学和水文学意义。在大气中，大约四分之三的热能都来源于降水所释放的潜热(Kummerow and Barnes，1998)。由于降水连接了大气过程和地表过程，因而在气候系统中起着极为重要的作用。

降水的主要形式是雨和雪。与其他的水文气象参数不同，降雨的时间和空间变率大，常常表现为非正态分布，所以是目前最难测量的大气变量之一。降水及其时空分配，以自上而下的方式影响陆地水文生态等过程。譬如，产生地表径流，导致土壤水分发生变化。因此，精准地测量降水及其区域和全球分布，长期以来一直是一个颇具挑战性的科学研究目标。

经过近60年的发展，基于各类卫星传感器(可见光、红外和微波)的降水反演算法也逐渐成熟起来。这一章16.1节首先介绍地表降水测量技术，包括雨量计观测网络和雷达观测网。第16.2节简要地介绍星载传感器反演降水的原理。第16.3节讨论主要的全球性/区域性卫星降水数据集。第16.4节联系全球气候和大型气候事件，简述全球降水的时空分布和变化。第16.5节对本章进行了简要总结，并展望了降水反演在未来近期的发展前景。

16.1 地表降雨测量技术

降雨是最常见的降水形式。通过仪器设备，可以测量得到地面降水量。雨量计是普遍使用的典型仪器，它能够测量连续降雨总的体积；而专门的雨滴测量仪则可以测量所在研究区的雨滴个数和大小。为了能够测量大范围的降水，人们发明了时空分辨率很高的地基气象雷达(Michaelides et al.，2009)。下面简要地介绍雨量计和地基雷达。

16.1.1 雨量计和测量网络

雨量计是实地测量降雨或降雪的传统仪器(图16.1)。其类型繁多，在全世界多达40多种。这些雨量计在容器开口大小或距地面的高度等方面，存在着设计上的差异(Shelton，2009)。世界气象组织(World Meteorological Organization，WMO)采用的是英国设计，并推荐其作为国际标准，这种雨量计的开口直径为127mm，高1m(Linacre，1992)。而美国使用的标准雨量计开口直径为203mm，高800mm。

───────────────

*本章作者: 刘元波[1]，郭瑞芳[1]，傅巧妮[1,2]，赵晓松[1]，豆翠翠[1,2]

1. 中国科学院南京地理与湖泊研究所；2. 河海大学地球科学与工程学院

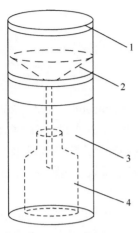

图 16.1　雨量计示意图

1：承雨器；2：漏斗；3：储水筒；4：储水器

目前使用的各种雨量计普遍低估了实际降水，平均偏低 9%(Groisman and Legates，1994；Duchon and Essenberg，2001；Shelton，2009)。其主要原因在于雨量计开口处存在着湍流，它通过影响容器内水分蒸发而降低测量的精准度。另外，雨量计内壁的湿润状况、内部蒸发、仪器内外的水分泼洒、风吹雪等因素，都会造成测量误差(Shelton，2009)。

要通过雨量计来准确地反映降水的时间和空间分布特征，需要建立足够密集的雨量计观测网络(Liu，2003)。目前许多国家都拥有自己的雨量计网络。WMO 通过全球通信网络系统(Global Telecommunication System，GTS)，将来自各个雨量计的降水信息向外发布，它是世界上最大的雨量计网络。

单个雨量计的设置取决于多种因素，主要包括数据的可获取性、仪器维护的难易程度和所在研究地区的地形条件。雨量计网络的设置也取决于多种条件，网络内雨量计的总数和位置分布影响观测精准度。其中，最小网络密度取决于研究目的、研究区域的地理特征、降水观测频度要求以及经济条件因素。WMO 为雨量计网络设计制定了一个详细标准(表 16.1)。

表 16.1　雨量计网络的最小密度标准

区域类型	最小网络的范围规范/(km²/gauge)	特殊地区的临时规范/(km²/gauge)
I	600～900	900～3000
II_a	100～250	250～1000
II_b	25	
III	1500～10000	

注：I：温带、地中海和热带的平坦地区；II_a：温带、地中海和热带的山区；II_b：降水分布极其不均的小山、小岛，需要极密的水文观测网络；III：干旱地区和极地

Rodda(1969)总结了网络设计中存在的问题及其解决方案，提出了三个不同等级的网络。一级网络为国家级，主要用于水资源评估、主要风暴监测和国家数据库建设。二级网络为区域或流域级，按流域或区域区分，是一级网络的补充形式，主要为地区性规划等提供更详尽的信息。三级网络为地方级，主要为满足地方性水资源管理等服务。各个等级的网络设计，并不需要相同。这些设计思想可以用于实践。实际上，一个完整的雨量计网络应包含来自这三级网络的各个部分。

16.1.2　地基雷达

单个雨量计只能测量某个地点的降水，而地基雷达则可测量瞬间的、一定空间体积内的雨滴大小分布(Drop Size Distribution，DSD)(Michaelides et al.，2009)。地基雷达的

空间分辨率一般为 1~2km，重访周期为 15~30 分钟(Shelton，2009)。雷达观测虽然也是单点观测，却能提供高频率的降水数据，空间覆盖范围广，这种优越性使它成为一个极其引人注目的观测方式。尤其是在多个雷达进行联合观测的条件下，可以获得比雨量计观测网络更为精细的降水时空分布情况。

雷达测量降水的主要基础是，建立经测距校正的、雷达射束的后向散射回波强度与目标物体的大小和数量之间的定量关系(图 16.2)。对于球状雨滴，其雷达方程可表示为

$$\overline{P_r} = c_r \frac{|K|^2 Z}{r_r^2} \tag{16.1}$$

其中，P_r 是返回到接收天线的平均后向散射强度(W)；r_r 是目标与雷达之间的距离。$|K|^2$ 是折射指数，表示降水粒子的物理特性，对应于水的值是 0.93，冰的值是 0.197；c_r 是雷达常数，它与一些其他相关常数和雷达硬件参数的关系可以表示为

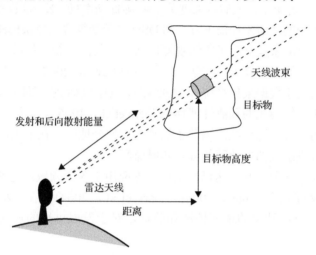

图 16.2　降水雷达原理示意图(Shelton，2009)

$$c_r = \frac{P_t G^2 \lambda^2 \theta_H \theta_v c \tau_p \pi^3}{1024 \ln 2 \lambda^2} \tag{16.2}$$

其中，P_t 是雷达脉冲功率(W)；G 是天线增益，无量纲；λ 是发射波的波长(m)；θ_H 是水平带宽(弧度)；θ_v 是垂直带宽(弧度)；c 是光速(3×10^8m/s)；τ_p 是脉冲间隔，单位是秒。Z 是雷达反射率因子，表示与目标物体的密度和尺寸有关的、雷达回波信号的强度，可表示为

$$Z = \sum_{\text{vol}} D_i^6 = \sum n_i D_i^6 = \int_0^\infty N(D) D^6 \, \mathrm{d} D \tag{16.3}$$

其中，D 是雨滴直径，单位是 mm；$N(D)\mathrm{d}D$ 是单位体积内、直径从 D 到 $D+\mathrm{d}D$ 粒子的数目。

反射率和降雨速率都是雨滴大小分布的函数(Stout and Muller，1968)。大量的实验

结果表明

$$Z = aR^b \tag{16.4}$$

其中，Z 是雷达反射率(mm^6/m^3)，用对数表示时单位为 dBZ；R 是降雨速率(mm/h)；a 和 b 是系数，a 的变化区间是 70～500，而 b 的是 1.0～2.0。这些系数通常从以往的经验中获得，并用雨量计数据进行校正。Z 与 R 之间的关系是许多降水反演算法的基础，但它们都存在不确定性，所以特别值得注意。这个关系与很多因素有关，它会随着空间尺度、雨滴大小分布、地面回波产生的雷达噪声、冰雪融化导致的"亮带"效应和暴雨导致的雷达信号衰减等多种物理作用而发生变化(Morin et al.，2003；Shelton，2009；Villarini and Krajewski，2010)。实践检验表明，地基雷达与雨量计所测量的降水量之间存在大约 20%的差异(Anagnostou and Krajewski，1999)。

降水雷达主要利用 4～15cm 之间的波段(如 S 波段和 C 波段)来发展和检验针对低频/高功率系统的算法。近年来，人们越来越关注高频/低功率(如 X 波段)系统，并且涌现了许多用于 X 波段系统的降雨路径校正方法和 DSD 参数估算方法(Michaelides et al.，2009)。

目前，已有多个国家建立起了雷达观测网络。在美国，新一代雷达(NEXRAD)系统包括 159 架高分辨率的多普勒天气雷达(Brown and Lewis，2005)。在日本，日本气象厅(JMA)建立了自动气象数据采集系统(AMeDAS)，其中包括 20 架地基雷达，用于收集区域气象数据和检验天气模式的预测性能(Makihara et al.，1996)。在加拿大，建立了由 31 架天气雷达构成的天气雷达系统，涵盖了加拿大大部分地区。在中国，建立了 230 余部天气雷达，实现对我国大部分地区的降水实时监测。

迄今为止，雨量计和地基雷达已经被广泛地应用于各个领域，包括短期天气预报、洪水预报以及水文建模等(Yuter，2003；Neary et al.，2004)。在卫星遥感领域，这些数据也可用于降水反演结果的地面校准和验证，对于发展可靠的反演算法而言，尤为重要。

16.2　星载传感器降水反演算法

运用雨量计和/或地基雷达，可以监测区域性地表降水。由于地面雨量计和地基雷达在陆地上分布不均，在海洋上分布更加稀少，从而应用这些手段很难获得全球性以及某些区域的降水情况。卫星观测提供了一个很好的途径，可以弥补这些缺憾。

自从 1960 年 4 月第一颗气象卫星——电视和红外辐射观测卫星 1 号(TIROS-1)发射成功以来，人们获取了大量的气象信息(Kidd，2001)。近 60 年来降水反演一直以被动遥感数据为基础，搭载在地球静止(GEO)卫星和近地轨道(LEO)卫星之上的传感器提供可见光(VIS)、红外(IR)和微波通道的信息。1997 年 11 月，美国 NASA 和日本 JAXA 联合发射了热带测雨卫星(TRMM)，其上搭载了第一台星载降水雷达(PR)(Kummerow and Barnes，1998)。2014 年 2 月 28 日，双方联合发射了全球降水测量计划卫星(Global Precipitation Measurement，GPM)，搭载了双频雷达系统，并改进了 TRMM 原有微波辐射计的性能，以增强对弱降水和固态降水的探测能力(Hou et al. 2014)。近 20 多年来，人们针对各类雷达传感器研发了 60 多种基于经验或物理原理的降水反演算法(Ebert and Manton，1998；Kubata et al.，2009)。Levizzani 等(2007)全面地回顾了与降水反演有关的各类传感器技术和算法的最新研究进展。本节从可见光和红外辐射计(VIS/IR)、被动微波(PWM)、主动微波(AWM，雷达)和多传感器组合(Multi-sensor)等四种类型(表 16.2)，简要地介绍主要的降水反演算法。

表 16.2　星载传感器降水反演算法分类

传感器类型	典型算法	参考文献
可见光/红外辐射计	降水指数法；多光谱降水算法；出射长波辐射降水指数法；Griffith Woodley 算法	Arkin and Meisner，1987；Ba and Gruber，2001；Griffith et al.，1978；Xie and Arkin，1997
被动微波	Wilheit 算法；统计-物理算法	Wilheit et al.，1999；Ferraro，1997；Kummerow et al.，2001
主动微波	TRMM 标准降水雷达算法	Iguchi et al.，2000
传感器联合	气候预测中心温度算法多卫星降水分析算法；GSMaP 算法	Joyce et al.，2004；Huffman et al.，2007；Okamoto et al.，2005

16.2.1　VIS/IR 降水反演算法

使用 VIS/IR 数据推算降水信息的主要依据是冷云和暖云的产生与对流有关，对流云可引起降水。由经典光学知识可知，在可见光及红外光波段，云是不透明的。卫星利用这些频段获取的遥感数据可以用来间接地探测地表降水。更具体地说，这种探测建立在云顶红外温度与降雨概率和强度之间关系的基础之上。目前应用最广泛的是地球静止业务环境卫星(GOES)降水指数(GPI)(Arkin and Meisner，1987)，其表达式为

$$GPI = r_c F_c t \qquad (16.5)$$

其中，GPI 的单位是 mm；r_c 是转换常数(3mm/h)；F_c 为冷云的平均覆盖率(无量纲单位，变化区间是 0~1)；t 是持续时间，单位是小时。冷云指的是云顶亮温小于 235K，F_c 是指面积不小于 $50 \times 50 km^2$ 区域的冷云覆盖率。GPI 指数浅显易懂，简单易用，但它仅限于在纬度为 40°N~40°S 之间的地区使用，因为这个区域的主要降水系统是对流系统(Kidd，2001)。

Ba 和 Cruber(2001)提出了 GOES 多光谱降水算法(GMSRA)。它使用 GOES 的五个可见光和红外波段数据，采用指数函数和二次曲线估计雨强，并采用湿度校正因子和云增长速率校正因子对初始估计结果进行校正。运用雨量计和地表雷达数据进行校验，结果表明 GMSRA 的估计结果优于 GPI。在全球尺度上估算的日降水结果，比地基雷达的观测结果普遍地高出数毫米。

除了 GMSRA 和 GPI 算法之外，其他的 VIS/IR 算法有 Griffith-Woodley 算法(Griffith et al.，1978)和出射长波辐射降水指数法(OPI)(Xie and Arkin，1997)等。Ebert 和 Manton(1998)使用对地静止气象卫星(GMS)和地面雷达数据，在西太平洋海域对 16 种 VIS/IR 降水反演算法进行了比较。他们发现尽管各种算法反演的降水量大小不同，但是它们所反演出的降水空间分布则很相似。

虽然这些算法的反演精度有限，它们已经被应用于各个领域之中，包括气象业务当中。由于地球静止卫星提供了大量的、持续的可见光和红外波段资料，从而可提供更精细的降水时空分布和强度信息。

16.2.2　PMW降水反演算法

PMW降水反演算法比VIS/IR算法更具有物理基础。在被动微波降水所选用的频率范围内，上行辐射的衰减主要是由云、雨等降水粒子所引起的。众所周知，大气中粒子的发射辐射会增强卫星传感器接收到的信号。与此同时，大气中各种水凝物的散射效应削弱了上行辐射强度。

由于海面的微波比辐射率较低(在0.4~0.5之间)，所以被动遥感的背景辐射信号较小，接近常数。在这样的背景下，降水的发射辐射效应将会使星载微波辐射计接收到的辐射总量增加，而海面的高极化特征跟降水的低极化特征明显不同，因此可通过低频(<20GHz)辐射亮温来判别和量化海面降水。陆地表面的微波比辐射率很高(在0.7~0.9之间)且变化范围较大，同时陆面的极化特征也不明显，加大了陆地降水反演的难度。而在频率较高(>35GHz)时，冰粒子的散射效应削弱了上行辐射强度，有助于陆地降水信息提取。微波辐射测定的早期工作支持这些理论分析结果(Savage and Weinman，1975)。Alishouse(1983)发现，18GHz、19.35GHz和37GHz等频段对于提取大气水分含量、可降水量和降雨等十分有用。迄今为止，人们提出了多种多样的降水反演方法。

Wilheit等(1977)提出第一个被动微波降水反演算法。他们选择Nimbus-5卫星搭载的电子扫描微波辐射计(Electrically Scanning Microwave Radiometer，ESMR)，利用微波辐射传输方程根据微波辐射传输方程，针对19.35GHz(对应波长1.55cm)微波通道，忽略降雨云层上部的冰晶散射作用和云雾粒子的散射作用，假定雨滴谱的大小分布服从Marshall-Palmer(M-P)分布，结合吸收截面与吸收系数之间的积分关系，从而获得在不同高度下云冻结层的微波辐射亮温与降雨强度之间的曲线族关系。这一亮温曲线族可用于反演海洋上空1~25mm/h强度范围的降水。因为微波亮温与降水强度之间的曲线族是一种非线性关系，在降水反演时会导致反演结果存在约50%的相对误差。

Ferraro(1997)提出了一个统计-物理算法，在降水观测业务中得到广泛应用。在前人的研究基础上，通过简化物理模型，分别面向陆地和海洋降水，提出的一个全球降水反演方法。Ferraro方法包括ALG85算法和ALG37算法两类。前者需要19GHz、22GHz和85GHz三个波段数据；在85GHz数据缺失的情况下，可用后者替代，需要19GHz、22GHz和37GHz三个波段数据。对于ALG37算法而言，使用下述公式进行估算：

陆地降水

$$SI_{37} = 62.18 + 0.773TB_{19v} - TB_{37v} \tag{16.6a}$$

$$R = 1.3 + 1.46SI_{37} \tag{16.6b}$$

海洋降水

$$Q_{19} = -2.70[\ln(290 - TB_{19v}) - 2.84 - 0.40\ln(290 - TB_{22v})] \tag{16.6c}$$

$$Q_{37} = -1.15[\ln(290 - TB_{37v}) - 2.99 - 0.32\ln(290 - TB_{22v})] \tag{16.6d}$$

$$R = 0.001707(100Q)^{1.7359} \tag{16.6e}$$

其中，TB_{19v}、TB_{37v} 分别表示 19GHz、37GHz 波段垂直极化亮温(K)；SI_{37} 表示对应 TB_{19v}、TB_{37v} 的散射指数；RR 表示降水强度(mm/h)。当 $SI_{37} > 5K$ 时，根据式(16.6b)计算降水强度。TB_{22v} 表示 22GHz 波段垂直极化亮温(K)，Q_{19}、Q_{37} 分别表示微波亮温数据对应的云层液态水量；当 $Q_{19} > 0.60mm$ 时，或 $Q_{37} > 0.20$ 时判定降水发生，使用式(16.6e)估算降水强度，适用范围为 0.30~35mm/h。对于 ALG85 算法而言，使用下述公式进行估算：

陆地降水

$$SI_L = [451.9 - 0.44TB_{19v} - 1.775TB_{22v} + 0.00575TB_{22v}^2] - TB_{85v} \tag{16.7a}$$

$$R = 0.00513SI_L^{1.9468} \tag{16.7b}$$

海洋降水

$$SI_W = [-174.4 + 0.72TB_{19v} + 2.439TB_{22v} - 0.00504TB_{22v}^2] - TB_{85v} \tag{16.7c}$$

$$R = 0.00188SI_W^{2.0343} \tag{16.7d}$$

其中，SI_L 表示由 TB_{19v}、TB_{22v}、TB_{85v} 数据得到的陆地上空云层散射指数；当 $SI_L > 10K$ 时，使用式(16.7b)估算降水强度，降水适用范围为 0.45~35mm/h。SI_W 表示使用 TB_{19v}、TB_{22v}、TB_{85v} 数据得到的海洋上空云层散射指数；当 $SI_W > 10K$ 时，使用式(16.7d)估算降水强度，降水适用范围为 0.20~35mm/h。使用 SSM/I 数据在海洋上的降水反演误差为 50%，在热带和夏季中纬度地区的陆地上为 75%(Ferraro，1997)。

更加复杂的算法都是以概率论为基础而建立起来的(Smith et al.，1992；Mugnai et al.，1993)，其中戈达廓线算法(GPROF)的使用频率最高(Kummerow et al.，2001)。该算法的基本思想是采用美国宇航局(NASA)的云结构廓线数据库，利用辐射传输模式模拟降水廓线对应的上行辐射亮温，建立一个独立的云-辐射数据集，然后采用贝叶斯方法并依据数据集中每一条廓线的不同权重来建立一条最接近观测值的降水廓线作为反演结果。如果令 R 代表给定的水凝物垂直结构，Tb 表示辐射亮温，当给定亮温 Tb(即传感器观测到的亮温)时，对应降水廓线的概率可表述为

$$Pr(R|Tb) = Pr(R) \times Pr(Tb|R) \tag{16.8}$$

其中，$Pr(R)$ 表示观测到的降水廓线的概率，可由云分解模式获得。$Pr(Tb|R)$ 由辐射传输模式给出，定义为在给定水凝物廓线的前提下观测亮温的条件概率。算法的反演精准度从根本上取决于降水廓线数据库的准确性。GPROF 采用贝叶斯概率方法来反演降水廓线，是降水反演算法的一大进步，一方面提高了反演速度，另一方面也克服了迭代算法中存在的反演结果非唯一性的问题。地面检验表明，GPROF 在海洋上和陆地上的反演结果与雨量计和地面雷达观测数据之间的相关性分别达到 0.86 和 0.8，在海洋上高估 9%，在陆地上低估 17%。图 16.3(a)给出了一个利用 GPROF 算法和 TRMM TMI 数据进行全球降水反演的结果。

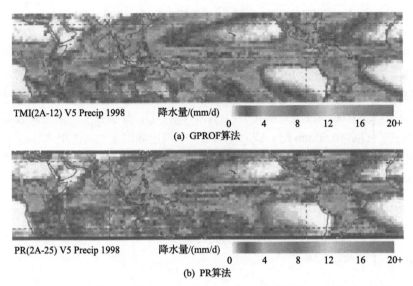

TMI(2A-12) V5 Precip 1998　　　　降水量/(mm/d)

0　　　4　　　8　　　12　　　16　　　20+

(a)　GPROF算法

PR(2A-25) V5 Precip 1998　　　　降水量/(mm/d)

0　　　4　　　8　　　12　　　16　　　20+

(b)　PR算法

图 16.3　用 GPROF 算法和 PR 算法反演的降水图(Kummerow et al.，2000)

需要注意的是，绝大多数的现行 PMW 算法都针对特定的卫星传感器进行了优化，所以一般仅对各自适用的传感器反演结果最佳。通过对各种算法进行对比研究发现，目前的任何算法都有自己的优缺点，还不存在一种完美而普适的算法。Kummerow 等(2007)提议公开降水反演算法，以发展适用于各种卫星传感器的降水反演算法。

目前的微波传感器仅安置在极轨卫星上，所以 PMW 算法只适用于极轨卫星。在海洋上，极轨卫星低频段的空间分辨率大约为 50km×50km；而在陆地上，高频段的空间分辨率通常不高于 10km×10km。

16.2.3　雷达降水反演算法

1997 年 11 月成功发射了美国和日本合作研发的热带降雨测量卫星(TRMM)，星上搭载了第一台用于监测降水的主动微波传感器(降水雷达，PR)，激发了雷达降水反演算法研究。PR 是一台工作于 13.8GHz 的相控阵天气雷达，测量降水粒子和地球表面的反射能量，并且能够获取海洋和陆地降水的三维结构信息(Iguchi et al.，2000)。

标准的 PR 算法需要估算经过校正的雷达反射率和降水率的垂直廓线。测量得到的雷达反射率因子 $Z_m(r)$ 与真实的雷达反射率因子 $Z_e(r)$ 之间存在如下关系(Iguchi，2007)

$$Z_m(r) = Z_{mt}(r) + \delta_{Z_m}(r) \tag{16.9}$$

其中，r 表示雷达到目标的距离；$\delta_{Z_m}(r)$ 表示测量值 $Z_m(r)$ 存在的误差。$Z_{mt}(r)$ 可表示为

$$Z_{mt}(r) = Z_e(r)A(r) \tag{16.10}$$

$$A(r) = e^{0.1\ln(10)\text{PIA}(r)} \tag{16.11}$$

其中，$A(r)$ 是衰减系数；$\text{PIA}(r)$ 是双向路径积分衰减(PIA)。在自然界中，很多因素都会影响 PIA，它可表示为

$$\text{PIA}(r) = 2\int_0^r (k_\text{p}(s) + k_\text{CLW}(s) + k_\text{WV}(s) + k_{\text{O}_2}(s))\text{d}s \tag{16.12}$$

式右边的系数 2 表示双向衰减；k_p、k_CLW、k_WV 和 k_{O_2} 分别代表由降水、云液态水（CLW）、水蒸气（WV）和氧分子所导致的衰减。降水粒子是造成衰减的主要因素，确定降水粒子的衰减贡献是算法的关键所在。降水廓线的反演算法可分为两步。首先，由测得的垂直廓线 Z_m 估算 Z_e，这一步相当于对雷达信号衰减进行校正。然后，再建立起 Z_e 与降水率 R 之间的幂次关系。图 16.3（b）给出了一个利用 PR 算法的全球降水反演结果。

野外验证结果表明，TRMM 降水雷达的反演精度可达 80% 以上，与地基雷达相当。所以，PR 反演结果常被作为"真实值"去评价其他降水反演产品的精度。尽管如此，衰减校正和降水估算过程仍然受到诸多参数不确定性的影响（Iguchi，2009）。主要影响因素包括雨滴谱，降水粒子的相态、密度和形状，成像雷达像元内的降水不均匀分布，由云液态水和水蒸气引起的辐射强度衰减，冻结高度，散射截面的不确定性，以及雷达回波信号的变动。其中最重要的因素依次为水凝物相态、雨滴谱和降水温度，以及成像雷达像元内的降水不均匀性（Iguchi，2009）。

16.2.4　多传感器联合反演降水算法

经比较研究发现，对于反演瞬时降水而言，PMW 算法比 VIS/IR 算法更为准确。由于地球静止卫星具有较高的时间采样频率，因此 VIS/IR 算法可更好地用于反演长期降水（Bauer and Schanz，1998；Ebert and Manton，1998）。运用多种传感器数据进行联合降水反演，能够弥补单一传感器算法存在的不足，主、被动传感器的联合反演降水方法尤其具有广阔的发展前景（Michaelides et al.，2009）。近二十多年来，结合 VIS/IR、PMW 和降水雷达数据的联合反演算法层出不穷。下面我们介绍已经得到广泛应用的四种反演算法。

Joyce 等（2004）提出了气候预测中心形变算法（CMORPH）。该算法利用从静止卫星红外影像提取到的移动向量，将质量较高的 PMW 反演数据进行外推，从而得到相对精细的降水量。红外数据来源于 GOES-8、GOES-10、Meteosat-5、Meteosat-7 以及 GMS-5。PMW 数据源自 TRMM 的微波成像仪（TMI）、美国国防气象卫星（DMSP）系列搭载的特种微波成像仪（SSM/I）、NOAA 卫星系列搭载的先进微波垂直探测器-B 型（AMSU-B）以及地球观测系统的系列卫星 AQUA 搭载的先进微波扫描辐射计（AMSR-E）。位于 PMW 传感器扫描间隙的降水分布和强度可通过线性差值而得到。整个过程无论从时间上还是空间上都完全由 PMW 决定，并不依赖于红外亮温。Kubota 等（2009）采用 CMORPH 算法反演了日本周边的降水，取得了比其他多传感器联合反演算法更好的效果。

Huffman 等（2007）提出了 TRMM 多卫星降水分析算法（TMPA）。该算法采用一个经过标定的排序方案，将多传感器数据和地面雨量计数据融合起来，产品的空间和时间分辨率分别为 0.25°×0.25° 和 3h。这个算法所采用的传感器数据包括 TMI、AMSR-E、SSM/I、AMSU、微波湿度探测器（MHS）和地球静止卫星的红外数据。在使用红外数据之前，首先对由多种微波数据集融合估算得到的降水进行校准。然后，再将红外数据和微波数据结合起来，最后融入地面雨量计的观测数据。从总体上看，在月尺度上，TMPA 算法的降水反演效果很好。在更小时间尺度上，它也能够将基于地面观测数据的降水分布直方图重现出来。

Okamoto 等(2005)发展了 GSMaP 降水反演算法。该方法利用 TRMM 数据的各种属性，根据降水雷达数据、散射算法，结合雨区和无雨区分类，来估算得到水凝物廓线。利用 37GHz 和 85.5GHz 的极化订正温度(PCT)，结合散射算法来估算地表降雨。对于强降水使用 PCT37，对于弱降水使用 PCT85。通过 6 种微波辐射计数据，计算得到逐月降雨产品。GSMaP_MWR 产品就是其中的一种，它融合了 TMI、AMSR-E、AMSR 和 SSM/I 数据(Kubota et al.，2007)。另外，运用基于卡尔曼滤波的 GSMaP 移动矢量方法，可对被动微波数据与红外数据进行融合，从而制作出具有较高时空分辨率的全球降水图(Aonashi et al.，2009；Ushio et al.，2009)。

Huffman 等(2015)提出了 GPM 多卫星降水反演算法(GPM-IMERG)。该算法通过相互校准和插值，几乎融合了所有微波降水数据，联合经 MW 数据标定的 IR 降水数据和站点降水数据，得到 0.1°、半小时降水产品。MW 数据源主要有双频降水雷达(DPR)、PR、GPM 微波成像仪(GMI)、TMI(TRMM)、SSMI/SSMIS(DMSP)、AMSR-E (Aqua)、AMSU(NOAA)和微波湿度计(MHS)(极轨气象卫星(METOP))等；IR 数据源为 GMS、GOES、Meteosat 等。GPM-IMERG 结合了多种 MPE 算法，首先参照 CMORPH 算法，利用 GEO-IR 数据得到云平流向量，对 PMW 反演的降水速率进行插值。PMW 覆盖不足的区域，通过卡尔曼滤波方法，利用 GEO-IR 估算的降水填补。采用 PERSIANN-CCS (Hong，2004)方法对 IR Tb 全球分区，采用分水岭算法提取云团，利用非监督分类法对云团进行分类。将已有 PMW 降水数据作为训练样本，给每一类云赋予降水值，利用每一云团降水和对应的 PMW 降水的相关性对其进行校正。最后，高纬度区域采用遥感试验数据和模型输出数据。最后参照 TMPA 算法，利用站点降水数据进行校正。

2007 年年末，WMO 总部倡导并建立了高分辨率卫星反演降水评估计划(Program to Evaluate High-Resolution Precipitation Products，PEHRPP)(Turk et al.，2008)。Sapiano 和 Arkin(2009)对五种高分辨率产品做了比较对照，包括 CMORPH 降水产品、TMPA 降水产品、美国海军研究实验室(NRL)开发的 NRL-Blended 降水产品(Turk and Miller，2005)、国家环境卫星和信息服务局(NESDIS)的降水估算产品以及美国亚利桑那州立大学用人工神经网络从红外亮温数据反演得到的降水率(PERSIANN)产品(Hong，2004；Nguyen et al.，2018)。结果表明：这几种产品均可以再现降水的空间分布特征及昼夜循环。在多传感器联合反演降水的众多算法中，采用 CMRPH 和 TMPA 算法得到的结果精度最高，而它们之间的相关系数高达 0.7。Kubota 等(2009)利用日本自动气象数据采集系统(AMeDAS)数据集，检验了五种算法(GSMaP、TMPA、CMORPH、PERSIANN 和 NRL-Blended)所生产的数据产品精度。验证结果显示：GSMaP 和 CMORPH 产品的精度比其他产品要高。从总体上看，所有产品对温暖地区的弱降水和极强降水的估算情况都较差。

16.3　全球和区域数据集

随着地表和空间仪器的迅速发展，许多区域性和全球性数据集应运而生，为研究降水过程和机理提供了十分重要的信息。表 16.3 总结了主要测雨技术的优缺点。到目前为止，已涌现出许多方法来克服某种仪器的局限性，例如将 PMW 数据同 VIR 数据相结合。Maggion 等（2016）和 Sun 等（2018）全面地回顾全球遥感降水数据集。在此我们简单地介绍 TRMM、GSMaP、GPCP、GPM 和 CMORPH 这五种数据集，它们现已被广泛应用于全球尺度的降水监测之中。

表 16.3　主要测雨技术的优缺点（Prigent，2010）

仪器类型		主要优缺点
地表观测	雨量计	点测量，精度依存于降水类型，缺乏降雨类型的辅助信息，可测得累计降水（可能测得雨滴谱），操作性能好
	地基雷达	测量体积有限，测量准确性取决于雨量计的操作和校准
空间观测	VIS/IR 卫星	地球静止卫星的时间分辨率高，高空间分辨率，间接估算
	PMW 卫星	大范围测量，标定好，频段选择相当灵活，操作性能好，亮温对水凝物敏感
	雷达卫星	扫描宽度窄，校准更好，可以测得反射率，试验性强

16.3.1　TRMM

TRMM 是由美国 NASA 和日本空间发展总局（NASDA）合作开展的热带降雨测量计划，旨在观测和研究热带、亚热带地区的降雨及能量交换情况（Kummerow and Barnes，1998）。由于地球上三分之二的降水集中于热带，因此热带降雨对于调节全球水文循环的意义非比寻常。TRMM 数据集的建立有助于人们了解热带降水对全球循环机制的影响，更好地理解、诊断及预报厄尔尼诺和南方涛动（ENSO）。TRMM 卫星轨道于 2015 年 4 月停止运行。

TRMM 卫星运行于近地轨道，轨道为圆形，覆盖范围为 35°N～35°S，轨道倾角约为 35°，高度仅 350km，可提供热带降雨的大量细节信息（Kummerow and Barnes，1998）（图 16.4）。星上搭载了 5 台科学测量仪器，包括可见光和红外扫描仪（VIRS）、降水雷达（PR）、微波成像仪（TMI）、闪电成像感应器（LIS）以及云和地球辐射能量系统（CERES）。其中，前三种仪器与降水测量密切相关，表 16.4 列举了它们的主要参数。

PR 是第一台专为空间测雨设计的雷达，它的主要科学目标是：①提供降水的三维结构信息，尤其是垂直分布；②获取陆地和海洋上的定量降水分布；③结合主动和被动传感器数据，提高 TRMM 反演降水的精度。TMI 是一种具有多频段、双极化通道的微波辐射计，可提供与海洋降雨速率有关的数据。TMI 和 PR 数据集是用于降水反演的主要数据集。PR 和 TMI 相结合，第一次给出了云雨的垂直结构。VIRS 是一种沿与轨道垂直方向扫描的辐射计，它有 5 个谱带，一个在可见光区域，一个在短波红外区域，另外三个在热红外区域。VIRS 提供了云顶温度和结构，补充其他传感器的不足，其中一个重要角色就是：在高质量但是低观测频率的 TMI 及 PR，和更长期的静止卫星的可见光、红外平台之间搭建桥梁。将微波数据与可见光红外数据相结合使用的方法，极好地消减了只使用可见光红外数据所造成的误差，从而改善了反演精度。

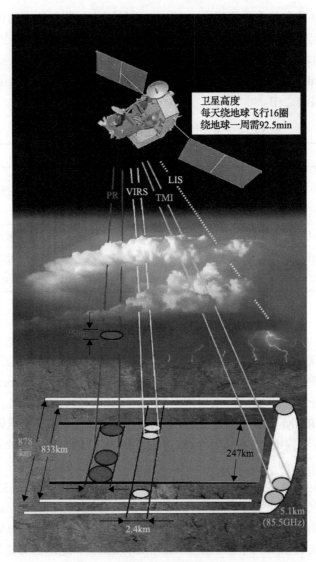

图 16.4　TRMM 的对地观测方式

表 16.4　VIRS、TMI 和 PR 主要参数(Chiu et al.，2006)

传感器	VIRS	TMI	PR
工作频率/波长	0.63, 1.6, 3.75, 10.8, 12μm	双极化：10.65, 19.35, 37, 85.5GHz 垂直极化：21GHz	垂直极化：13.8GHz
扫描方式	与轨道方向垂直扫描	圆锥扫描	与轨道方向垂直扫描
地面分辨率	2.2km/2.4km[*]	4.4km/5.1km(85.5GHz)[*]	4.3km/5.0km[*]
扫描宽度	720km/833km[*]	760km/878km[*]	215km/247km[*]
科学应用	云参数，火灾，污染	地表降雨速率，降雨类型、分布和结构，其他大气和海洋参数	陆地和海洋上三维降水分布，释放到大气中的潜热

[*]轨道提升前、轨道提升后

注：2001 年 8 月，TRMM 卫星轨高由 350km 提高到 402km

　　TRMM 科学数据信息系统(TSDIS)承担了 TRMM 卫星资料的接收、实时处理和后处理工作(http://tsdis.gsfc.nasa.gov/)。图 16.5 是 TRMM 产品及其相应算法的流程图，其中包括 V7 这一现行算法。1997 年 12 月 20 日至 2015 年间的 TRMM 数据产品，可以从网上获得。TRMM 产品包含两类：卫星标准产品和地面验证(GV)产品。其中标准产品分为三个层次：①1 级产品：是将原始资料经过数据校正处理后转换成 HDF 格式，包括标定后的 VIRS 反射率、TMI 亮温、PR 的回波功率和反射率数据；②2 级产品：是用 1 级产

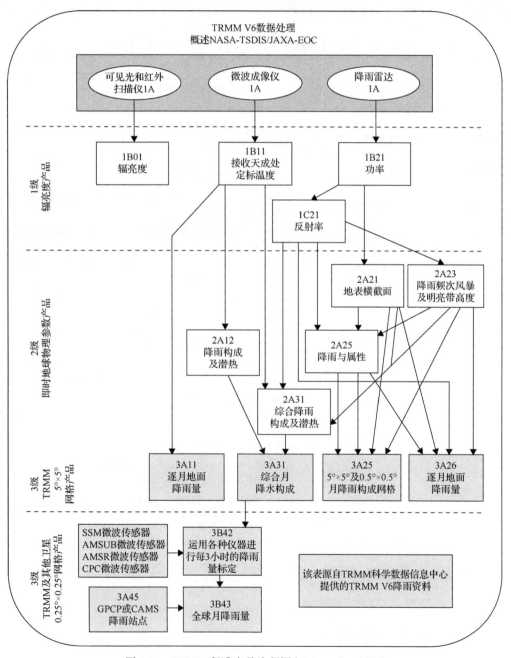

图 16.5　TRMM 保准产品流程图(Chiu et al.，2006)

品计算出的大气状况数据，包含地球物理参数和 TMI 降水廓线(2A12)、PR 地表横截面(2A21)、亮带高度和降水粒子所达到的高度(2A23)、TPR 降水廓线(2A25)以及 TRMM 和 PR 联合反演的降水廓线(2B31)。其中，2A12、2A25 和 2B31 这三种产品为降水速率数据；③3 级和 4 级产品：二者都是经过空间和时间平均后得到的。其中，3 级产品是针对 2 级产品中的降水强度、三维反射率进行处理后生成的 5 天、30 天的降水图和三维降水结构。4 级产品是资料分析产品或 TRMM 资料与其他探测资料联合反演得到的产物。表 16.5 描述了 TRMM 产品分类和流程。

表 16.5 TRMM 最新标准卫星产品特性(Chiu et al.，2006)

TSDIS 参照表	产品名称	产品描述
1A01	可见光和红外线扫描仪原始数据	重建、未处理的 VIRS 数据(0.63，1.6，3.75，10.8 和 12μm)
1A11	微波成像仪原始数据	重建、未处理的 TMI 数据(10.65，19.35，21，37 和 85.5GHz)
1B01	可见光和红外辐射率(VIRS)	经过校正的 VIRS 辐射率数据(0.63，1.6，3.75，10.8 和 12μm)，分辨率为 2.2km，扫描宽度为 720km
1B11	微波亮温(TMI)	经过校正的 TMI 亮温数据(10.65，19.35，21，37 和 85.5GHz)，分辨率为 5~45km，扫描宽度为 760km
1B21	雷达功率(PR)	经过校正的 PR 功率数据(13.8GHz)，水平分辨率为 4km，垂直分辨率为 250m，扫描宽度为 220km
1C21	雷达反射率(PR)	经过校正的 PR 反射率数据(13.8GHz)，水平分辨率为 4km，垂直分辨率为 250m，扫描宽度为 220km
2A12	水凝物廓线(TMI)	14 层水平分辨率为 5km 的 TMI 水凝物(云液态水、冰云等)廓线、潜热和表面降水数据，扫描宽度为 760km
2A21	雷达地表横截面(PR)	水平分辨率为 4km 的 PR(13.8GHz)地表横截面及路径衰减数据(如果有雨)，扫描宽度为 220km
2A23	雷达降水特性(PR)	从 PR(13.8GHz)得到的降雨类型以及风暴、冰冻、亮带高度数据，垂直分辨率为 4km，扫描宽度为 220km
2A25	联合降雨廓线(PR)	从 PR(13.8GHz)得到的降雨率、反射率和衰减廓线数据，冻雨/雪廓线，水平分辨率为 4km，垂直分辨率为 250m，扫描宽度为 220km
2B31	混合降雨	PR 和 TMI 联合反演得到的路径衰减和潜热数据，水平分辨率为 4km，垂直分辨率为 250m，扫描宽度为 220km
3A11	海洋地区 5°×5°分辨率的月降雨	从 TMI 得到的降雨率、条件降雨率、降雨频率和给定纬度(范围在 40°N~40°S 之间)的冰冻层高度数据
3A12	5°×5°分辨率的地表月降雨	格点分辨率为 5°×5°的月降水产品，包括 2A12 的均值、计算得到的水凝物垂直廓线及地表平均降雨数据
3A25	5°×5°分辨率的星载雷达降雨	从 PR 得到的总的条件降雨率、雷达反射率和联合路径衰减，分辨率为 2、4、6、10 和 15km，适用于对流云和层状云降雨、风暴、冻结层、亮带高度和冰雪层深度，纬度范围为 40°N~40°S
3A26	5°×5°分辨率的地表降雨	距离地表 2、4、6km 高度处的降水和路径降雨，纬度范围为 40°N~40°S
3B31	0.5°×0.5°分辨率的联合月降雨	PR 和 TMI 联合反演得到的 28 层降雨率、云液态水、雨水、冰晶数据，纬度范围为 40°N~40°S
3B42	经 TRMM 校正的时空分辨率分别为 3 小时和 0.25°×0.25°的降雨率	基于 TRMM 校正的地球静止卫星红外数据反演得到的降雨数据
3B43	TRMM 和其他数据源联合反演得到的时空分辨率分别为 3 小时和 0.25°×0.25°的降雨率	由 TRMM、GEO-IR、SSM/I 和雨量计观测值融合得到的降雨数据

TSDIS 参照表	产品名称	产品描述
3B46	5°×5°分辨率的 SSM/I 月降雨	从 SSM/I 得到的全球降雨率数据
3G12	0.5°×0.5°格点轨道的海洋加热	利用 TMI 1 级数据制作的海洋加热数据,0.5°×0.5°分辨率的逐月数据
3G25	0.5°×0.5°格点轨道的潜热	0.5°×0.5°分辨率的潜热,纬度范围为 37°N~37°S
3G31	0.5°×0.5°格点轨道的对流加热和层状加热	来自对流降雨和层状降雨的表观加热,0.5°×0.5°分辨率,纬度范围为 37°N~37°S
3H12	0.5°×0.5°分辨率的海洋加热	利用 TMI 1 级数据制作的海洋加热数据,0.5°×0.5°分辨率的逐月数据
3H25	0.5°×0.5°分辨率的潜热谱	逐月、0.5°×0.5°分辨率的潜热谱,纬度范围为 37°N~37°S
3H31	0.5°×0.5°分辨率的对流和层状加热	来自对流降雨和层状降雨的表观加热,0.5°×0.5°分辨率,纬度范围为 37°N~37°S

进行地面验证是 TRMM 数据处理流程中不可或缺的部分。地面验证(GV)产品主要用于对各种卫星反演算法的反演结果进行检验。GV 产品特性如表 16.6 所示。用于验证的地基雷达分布在很多区域,包括澳大利亚达尔文、美国佛罗里达州的多个地点、德克萨斯州的休斯敦,以及用于 TRMM 大尺度生物-大气实验(TRMM-LBA)的、位于巴西境内的亚马孙河河段。综合国内外检验结果来看,TRMM 降水产品误差因产品种类特性和地域而异,从 10%到 40%不等。

表 16.6 TRMM GV 产品特性(Chiu et al., 2006)

TSDIS 参照表	产品名称	产品描述
1B51	雷达反射率	雷达反射率、差分反射率和平均速度(如果可用),扫描范围为 230km,保持雷达的初始分辨率、坐标和采样间隔
1C51	经过校正的每半小时[*]雷达反射率	经过校正的雷达反射率、差分反射率(如果可用)及与之匹配的 QC 掩膜,扫描范围为 200km,保持雷达的初始分辨率和坐标
2A52	每半小时[*]的降雨存量	雷达体积扫描范围内的降雨百分比
2A53	每半小时[*]、2km 分辨率的降雨图	300km×300km 范围内的瞬时降雨率
2A54	每半小时[*]、2km 分辨率的降雨类型图	300km×300km 范围内的瞬时降雨类型(对流云降雨或层状云降雨)分布
2A55	每半小时[*]的雷达三维反射率	300km×300km 范围内的瞬时雷达反射率和垂直廓线统计,水平分辨率为 2km,垂直分辨率为 1.5km
2A56	一分钟降水量的平均值和峰值	雷达分布网中雨量计测得的降雨率
3A53	每 5 天、2km 分辨率的降雨图	由地面雷达获得的表面降雨总量
3A54	2km 分辨率的月降雨图	由地面雷达获得的表面降雨总量
3A55	2km 分辨率的三维月降雨图	陆地和水域的反射率垂直廓线和对流云、层状云导致的降雨频率波动

[*]半小时内热带降雨卫星的雷达扫描容积采样

16.3.2 GSMaP

全球卫星降水制图(the Global Satellite Mapping of Precipitation,GSMaP)项目始于 2002 年 11 月,为期五年,至 2008 年 3 月结束,由日本科学技术总局(Japan Science and

Technology Agency，JST)赞助实施。研究目的在于：①使用当前在轨的被动微波辐射计数据生产具有高精度、高分辨率的全球降水图；②不断改善降水物理模型和降雨速率反演算法；③评估产品精度，从而为即将开展的全球降水测量(GPM)项目做好充足准备。自 2007 年起，该项目转而由日本宇宙航空研究开发机构(JAXA)的降水测量科学团队运作。

　　GSMaP 使用多传感器数据集作为输入来反演降雨速率。数据源包括来自 LEO 卫星的 MWR 数据集和 GEO 卫星的 VIR/IR 数据集。用于被动微波遥感的传感器可分为成像仪和探测器这两大类。前者包括 TRMM 的 TMI、AMSR、AMSR-E 和 SSM/I，后者目前只有 AMSU-B 这一种用于 GSMaP。另外，AMSU-B 也是最新加入 GSMaP 研究的数据集。GEO 卫星的 IR 数据集由气候预测中心(CPC)提供，已被融入数据处理系统的现行版本中(Janowiak et al. 2001)。数据的空间分辨率为 0.03635°(在赤道上相当于 4km 长)，时间分辨率约为 30min，覆盖区域为 60°N～60°S。图 16.6 显示了 GSMaP 的处理流程。

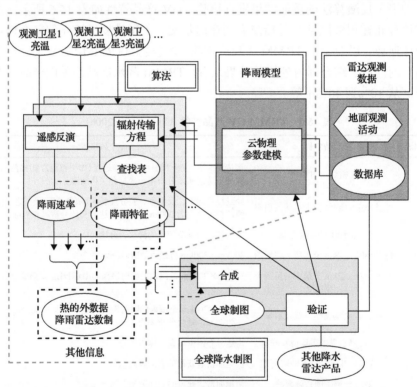

图 16.6　GSMaP 项目机构及流程图

　　目前各种 GSMaP 数据产品都可通过其网站(http://sharaku.eorc.jaxa.jp/GSMaP_crest/index.html)下载得到。标准产品有 GSMaP_TMI、GSMaP_MWR、GSMaP_MWR+、GSMaP_MVK 和 GSMaP_MVK+等，它们使用的算法各异。NRT(near-real-time)数据处理系统生产 2006 年之后的产品数据。该系统由地球观测研究中心(EORC)操控(http://sharaku.eorc.jaxa.jp/GSMaP/index.htm)。表 16.7 描述了 GSMaP 各种数据集的时空分辨率、时间和空间范围以及数据源。

表 16.7　GSMaP 产品概况

产品	空间分辨率	时间分辨率	数据时段	数据范围	数据来源
GSMaP_TMI	0.25°	小时、天、月、年	1998～2006	±40°	TRMM TMI
GSMaP_MWR	0.25°	小时、天、月、年	1998～2006	±60°	TRMM/TMI, Aqua/AMSR-E, ADEOS-II/AMSR, DMSP/SSMI-F10,11,13,14,15
GSMaP_MWR+	0.25°	小时、天、月	2003～2006	±60°	TRMM/TMI, Aqua/AMSR-E, ADEOS-II/AMSR, DMSP/SSMI-F10,11,13,14,15 AMSU-B
GSMaP_MVK	0.1°	小时、天、月	2003～2006	±60°	TRMM/TMI, Aqua/AMSR-E, ADEOS-II/AMSR,DMSP/SSMI-F13,14,15 GOES-8/10, Meteosat-7/5,GMS
GSMaP_MVK+	0.1°	小时、天、月	2003～2006	±60°	TRMM/TMI, Aqua/AMSR-E, ADEOS-II/AMSR,DMSP/SSMI-F13,14,15, NOAA/AMSU-BGOES-8/10, Meteosat-7/5,GMS
GSMaP_NRT	0.25°	小时、天、月	2007 年至今	±60°	TRMM/TMI, Aqua/AMSR-E, DMSP/SSMI-F13,14,15, NOAA/AMSU-BGOES-8/10, Meteosat-7/5, GMS, MTSAT

　　人们已经运用雨量计数据对 GSMaP 数据集进行了比较分析和验证(Kubota et al.，2007；Aonashi et al.，2009；Kubota et al.，2009)。总体而言，海洋上的验证效果最佳，高山上的最差。Ushio 等(2009)的研究结果表明，GSMaP_MVK 产品与 CMORPH 产品的结果较为吻合。问题在于识别陆地和海岸上的强降水，否则将低估 10mm/h 以上的降水(Aonashi et al.，2009)。我们使用 GSMaP_MWR+和 MVK+这两种数据产品，对中国鄱阳湖流域 2003 年 1 月至 2006 年 12 月的逐月降水进行了研究(图 16.7)。结果显示，GSMaP 降水量较实测值而言，存在明显的低估现象，其原因还有待于深入研究。

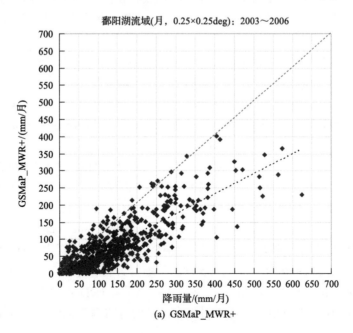

(a) GSMaP_MWR+

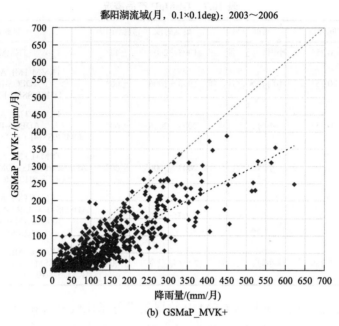

图 16.7　2003～2006 鄱阳湖流域逐月降水散点图

16.3.3　GPCP

全球降水气候计划(GPCP)是由世界气候研究计划于 1986 年正式发起的，其目标在于获取经过时间和空间加权的降水分析产品。它综合了地表雨量计的降水观测结果和卫星遥感的降水反演结果，因此能较好地反映出降水的时空分布和变化，为降水研究提供了一种"准标准"资料。这对于理解全球能量和水循环季节性变化、年际变化及长期变化而言，意义重大。

GPCP 的主要数据源之一是极轨卫星的红外辐射数据，这些卫星包括 GOES、GMS、Meteosat 和 NOAA。微波数据来源于 DMSP 卫星搭载的 SSM/I。站点观测数据主要由德国气象观测组织(German Weather Service)旗下的全球降水气候中心(GPCC)提供。卫星降水估算方法有 SSM/I 发射算法、SSM/I 散射算法、基于 TOVS 的算法以及降水指数法。GPCP 的基本中心和数据流程见图 16.8。

GPCP 包括三种降水数据集(Huffman et al.，2001；Alder et al.，2003；Xie et al.，2003；Adler et al.，2018)，它们分别是 GPCP(版本 2 和版本 2.3)逐月卫星-雨量计(SG)降水产品、每 5 日 SG 降水产品和 1°×1°逐日再分析降水产品。这些产品都可从 WMO 的世界数据中心网站(http://lwf.ncdc.noaa.gov/oa/wmo/wdcamet-ncdc.html)下载。第二版产品和 1°×1°逐日再分析降水产品，可从 NASA 戈达太空飞行中心(GSFC)的 FTP 站点获得。基本产品是 1979 年至今的 2.5°×2.5°逐月分析降水资料，每 5 日降水产品和 1°×1°逐日再分析降水产品都是由此发展衍生出来的。1DD 产品的分辨率为 1°，覆盖的时间范围为 1997 年 1 月至今。每 5 日降水产品的分辨率为 2.5°，时间范围为 1979 年

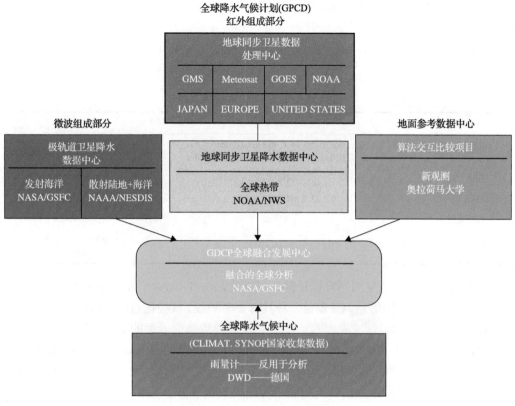

图 16.8　GPCP 核心流程图

至今，它使用了 CMAP 每 5 日产品数据。CMAP 每 5 日降雨产品融合了由微波传感器（SSM/I 和 MSU 等）、红外传感器（GEO-IR 等）和雨量计资料而得到的降雨产品，空间分辨率为 1°。

Gruber 和 Levizzani（2008）对 GPCP 数据集进行了全面的评估。GPCP 已经被广泛地应用于全球变化研究。然而，这些研究还远远不够，仍面临很多挑战。比如，如何定量测得开阔海洋地区的降水和固态降水及复杂地形地区降水的估算等，都是亟待解决的关键问题。

16.3.4　GPM

GPM 是由美国 NASA、日本空间发展总局（NASDA）和欧盟等其他一些国际组织合作开展的全球降水观测卫星计划，目的在与提高测量降水精度和采样频率，实现更准确的、更早期的降水预报（Smith et al.，2007）。GPM 拓展了 TRMM 的观测范围，可对更高纬度地区降雨量进行观测；可提供更高分辨率高精度的全球降水信息。GPM 能够更加精确地捕捉微量降水（0.5mm/h）和固态降水，这两种类型降水的观测对中高纬度地区和高原地区具有重要意义。

GPM 核心观测平台（GPM Core Observatory，GPMCO）是 GPM 计划的核心卫星。卫

星运行于近地轨道，轨道为圆形，覆盖范围为 65°N～65°S，轨道倾角约为 65°，高度仅 407km，可提供更高精度更大范围降雨信息(Smith et al.，2007)。GPMCO 搭载了全球首个星载双频卫星雷达(DPR)和个多波段锥扫微波成像仪(GMI)。表 16.8 列举了它们的主要参数。

表 16.8　GMI 和 DPR 主要参数

传感器	GMI	DPR
工作频率/波长	双极化：10.65, 18.7, 36.64, 89.0, 166.0 GHz 垂直极化：23.8, 183.31±3, 183.31±7 GHz	垂直极化：13.6, 35.5GHz
扫描方式	圆锥扫描	与轨道方向垂直扫描
地面分辨率	3.8km(183.31GHz)	5.0km
扫描宽度	904km	245km
科学应用	地表降雨速率，降雨类型、分布和结构，其他大气和海洋参数	陆地和海洋上三维降水分布，释放到大气中的潜热

DPR 是第一台专为空间测雨设计的双频雷达，与 TRMM 相似，它的主要科学目标是提供降水的三维结构信息。GMI 是一种具有更多频段、双极化通道的微波辐射计。GPR 和 GMI 相结合，可以给出更高纬度、更高精度高分辨率的云雨的垂直结构。

GPM 数据集始于 2014 年 3 月(https://pmm.nasa.gov/data-access/downloads/gpm)，产品包含两类：卫星标准产品和地面验证(GV)产品。其中标准产品分为三个层次：①1 级产品：是将原始资料经过数据校正处理后转换成 HDF 格式，包括标定后的 GMI 亮温、DPR 的回波功率和反射率数据；②2 级产品：是用 1 级产品计算出的降水廓线、降水速率等数据；③3 级产品是基于 2 级产品处理后生成的全球降水速率数据。

GPM 降水数据检验网(Validation Network，VN)数据集，由 NASA 戈达太空飞行中心(Goddard Space Flight Center，GSFC)管理运行。VN 数据集从 2006 年 8 月 8 号开始至今，其数据源包括 TRMM PR 数据及与 TRMM PR 过境时间一致的地基雷达数据(Ground Radar，GR)，检验区域与 TRMM 一致。VN 产品处理流程由 VN 软件(online at http://www.ittvis.com)执行，操作过程包括数据同化和预处理、PR 和 GR 重采样以及匹配数据统计分析和结果显示(Schwaller and Morris，2011)。目前，GPM-IMERG 是被最广泛应用的产品。

16.3.5　COMRPH

CMORPH 数据集由 NOAA 的 CPC 生产，从 2002 年 12 月至今，覆盖区域为 60°N～60°S。CMORPH 包括 0.07°×0.07°、半小时和 0.25°×0.25°、3 小时的 2 种降水产品。数据产品都可通过其网站下载得到(https://climatedataguide.ucar.edu/climate-data/cmorph-cpc-morphing-technique-high-resolution-precipitation-60s-60n)。CMORPH 是最早利用红外影像提取的云移动向量，将 PMW 反演数据进行外推的多传感器联合算法。

很多研究对 CMORPH 数据集的做了分析和检验。这些研究通常将多种数据集(如 TRMM 3B42、GSMap 等)进行比较和检验(Sapiano and Arkin，2009；Dinku et al.，2010；

Kidd et al.，2012；Li et al.，2013）。结果显示，与其他数据集相似，CMORPH 冷季降水、弱降水、极强降水、地形降水和冷下垫面降水反演精度不够。总体上，CMORPH 存在明显的低估现象，范围为–6.5～1.4mm/d。

16.4　全球降水的时空变化

　　遥感技术及降水反演算法的迅速发展，使我们能够获得不同尺度降水的时空变化规律。由于 GPCP 数据集的时间跨度长达 25 年，因此在气候学研究领域内获得了广泛应用。这里我们根据数据集获得的结果来认识全球降水气候。

　　图 16.9 显示了基于 GPCP 1979～2003 年期间的全球年均降水。由图可知，最大年降水量地区位于热带西太平洋、向西扩展到亚马孙河的东太平洋热带辐合带(ITCZ)和热带印度洋的最东端。亚洲和北美的东部沿海地区存在两个强降水带，它们与中纬度风暴路径相一致；风暴路径与黑潮和墨西哥湾流的发生有关。在南半球，南大西洋辐合带地区出现降水峰值，表现为从巴西南部向东南方向扩展；而南太平洋辐合带的降水峰值，由新几内亚朝东南方向延伸。

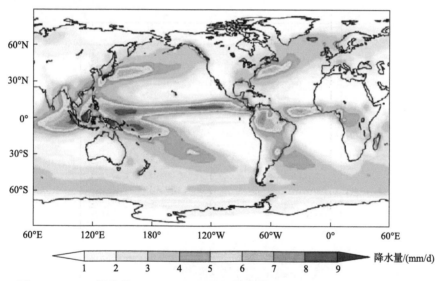

图 16.9　GPCP 提供的 1979～2003 年的年均降水图(Gruber and Levizzani，2008)

　　图 16.10 是 GPCP 生成的 1979～2003 年陆地、海洋和全球的纬向平均降水图。对于全球或海洋地区而言，纬向平均降水的极大值并非出现在赤道，而是出现在赤道偏北，这反映出了热带辐合带的平均位置。对于陆地而言，纬向平均降水的极大值集中在赤道。在中纬度地区，无论是海洋或还是陆地，其纬向平均降水廓线在两个半球都出现极大值，这正是风暴路径的平均位置。

　　在季节尺度上，对一年中的所有月份而言，近赤道热带地区的平均降水率最高(图 16.11)。1～3 月，南半球的降水量较大；5 月至 9 月初，北半球的降水强度较大。降水率降低的区域是热带和温带，1～4 月主要集中在 20°N 左右，而 6～9 月主要集中在 15°S 附近。

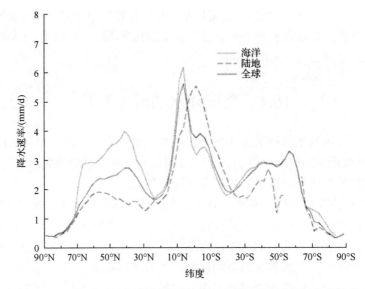

图 16.10　根据 1979～2003 年 GPCP 数据制作的纬向平均降水分布图，包括陆地(长虚线)、海洋(短虚线)和全球(实线)(Gruber and Levizzani，2008)

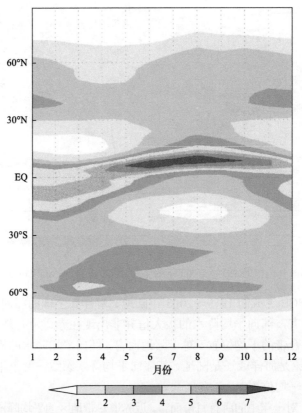

图 16.11　地带性降水(mm/d)的季节变化(1979～2003 年平均)

(Gruber and Levizzani，2008)

从长期趋势上来看，图 16.12 反映了 1979～2003 年期间陆地(绿线)、海洋(蓝线)和全球(黑线)的月降水变化情况。海洋的降水率比陆地高出大约 1mm/d。从时间序列可以看出，陆地的变率比海洋要大，就连 12 个月滑动平均值的变化趋势也是如此。而全球的时间序列是陆地和海洋的综合结果。

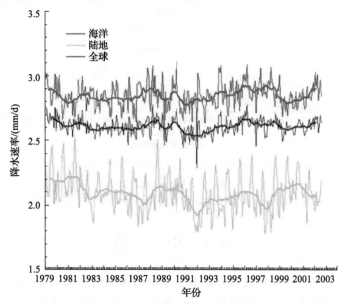

图 16.12　1979～2003 年期间陆地、海洋和全球的逐月降水变化情况(Gruber and Levizzani，2008)

粗线表示 12 个月的滑动平均值

月降水的时间变化可能与 ENSO 现象有关。ENSO 是一种准周期性的气候模式，平均每 5 年发生一次，表现为热带东太平洋的表面温度异常，通常可用 Niño-3.4 区域的表面海温(SST)指数来描述。图 16.13 显示了热带地区(30°N～30°S)月降水异常的平均状态，分为整个区域(a)、热带海洋地区(b)和热带陆地地区(c)三种情况描述。热带降水的逐月变化值一般在 ±0.2mm/d 以内。全球降水的 12 个月滑动平均值的振幅较小(不超过 0.1mm/d)，频率较低(一般为 2～3 年)，ENSO 指标和全球降水异常之间没有表现出显著的相关性。厄·奇冲(El Chichón)和皮纳图博(Mt Pinatubo)这两个主要的火山喷发事件，也未对降水异常产生明显影响。相反，无论在海洋还是在陆地，无论环境干旱还是湿润，降水异常与 Niño-3.4 区域的 SST 指数之间都存在着密切联系。尤其是在 1986/1987 和 1997/1998 这两个 20 世纪最大的 ENSO 事件发生之时，它们之间的相关性表现得尤为显著。

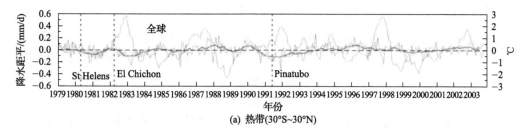

(a) 热带(30°S~30°N)

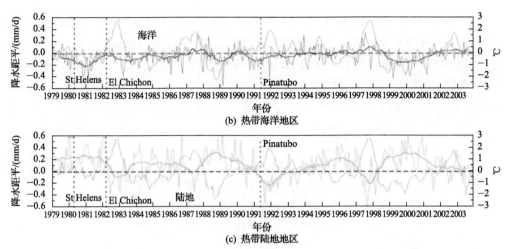

图 16.13　热带(30°N～30°S)、热带海洋地区和热带陆地地区的逐月降水距平
(Gruber and Levizzani，2008)

垂直虚线代表重大火山喷发事件发生的月份；黑色细曲线代表 Nino-3.4SST 指数(℃)，粗实线代表 12 个月的滑动平均值

16.5　小　　结

降水联结了大气过程和地表过程，属于地球水循环的一个重要环节。降水的主要形式是雨和雪，具有强烈的时空变异性，在气候系统中起着极为重要的作用。因此，人们发展了许多用于监测降水的地表测量和空间技术手段，包括雨量计观测网、天气雷达网和各类卫星等。

自 20 世纪 70 年代以来，人们利用气象卫星观测资料，尤其是 1997 年发射的 TRMM 降雨观测卫星，研发了上百种降水反演算法，包括可见光/红外、被动微波、雷达降水反演算法以及联合反演算法等，极大地推动了降水遥感的发展。在这些算法中，既有 GPI 等经验型统计方法，也有 Ferraro 算法和 GPROF 算法等基于物理原理的反演方法。利用多平台、多传感器、多通道数据，研发联合反演降水算法是 21 世纪来降水遥感发展的基本态势。

地表观测、对地观测、反演算法、数据处理系统等技术手段的不断进步，催生了区域性和全球性降水数据集，目前应用广泛的长时序全球降水数据产品包括 TRMM、CMORPH、TMPA、GSMaP、NRLB 和 GPCP 等。虽然这些产品上不够完善，但在区域尺度、全球分布格局以及地球水循环研究中，发挥了不可替代的作用，促进了遥感科学与气象学、气候学和水文学等学科的交叉与融合。

当前人类面临着全球变暖和气候变化的挑战，而这一态势仍旧会持续。在这样一个大背景下，要使全球得以持续发展，必须全面了解全球降水变化、过程和机制。除了研发新的地面仪器观测手段，多卫星(静止卫星和近地轨道卫星)、多通道(可见光、红外和微波)、多模式(主动和被动)的资料联合监测降水系统，已经成为当前卫星遥感领域的快速生长点和发展趋势。测量内容也已经从单一的近地面降水，扩展到降水系统的空间分布，时间分辨率达到半小时，监测范围则从中低纬度降水扩展到全球范围的水循环过程。国际降水工作小组(IPWG)通过定量评估各种降水数据，不断推进降水数据产品的集成融合。

参 考 文 献

Adler R F, Huffman G J, Chang A, et al. 2003. The version 2 Global Precipitation Climatology Project (GPCP) monthly precipitation analysis (1979-Present). Journal of Hydrometeorology, 4: 1147-1167

Adler R F, Sapiano M R P, Huffman G J, et al. 2018. The global precipitation climatology project (GPCP) monthly analysis (new version 2.3) and a review of 2017 global precipitation. Atmosphere, 9: 14

Alishouse J C. 1983. Total precipitable water and rainfall determinations from the SeaSat Scanning Multichannel Microwave Radiometer. Journal of Geophysical Research, 88: 1929-1935

Anagnostou E N, Krajewski W F. 1999. Real-time radar rainfall estimation. Part I: Algorithm formulation. Journal of Atmospheric and Oceanic Technology, 16: 189-197

Aonashi K, Awaka J, Hirose M, et al. 2009. GSMaP passive microwave precipitation retrieval algorithm: algorithm description and validation. Journal of the Meteorological Society of Japan, 87A: 119-136

Arkin P, Meisner B N. 1987. The relationship between large-scale convective rainfall and cold cloud over the western hemisphere during 1982-84. Monthly Weather Review, 115: 51-74

Ba M B, Gruber A. 2001. GOES multispectral rainfall algorithm (GMSRA). Journal of Applied Meteorology, 40: 1500-1514

Bauer P, Schanz L. 1998. Outlook for combined TMI-VIRS algorithms for TRMM: lessons from the PIP and AIP Projects. Journal of the Atmospheric Sciences, 55: 1714-1729

Brown R A, Lewis J M. 2005. Path to NEXRAD: Doppler radar development at the National Severe Storms Laboratory. Bulletin of the American Meteorological Society, 86: 1459-1470

Chiu L S, Liu Z, Rui H, et al. 2006. Tropical Rainfall Measuring Mission data and access tools. // Qu J J, Gao W, Kafatos M, et al. Earth Science Satellite Remote Sensing. Berlin: Springer-Verlag.

Dinku T, Ruiz F, Connor S J, et al. 2010. Validation and intercomparison of satellite rainfall estimates over colombia. Journal of Applied Meteorology and Climatology, 49(5): 1004-1014

Duchon C, Essenberg G. 2001. Comparative rainfall observations from pit and aboveground rain gauges with and without wind shields. Water Resources Research, 37: 3253-3263

Ebert E E, Manton M J. 1998. Performance of satellite rainfall estimation algorithms during TOGA COARE. Journal of the Atmospheric Sciences, 55: 1537-1557

Ferraro R R. 1997. Special sensor microwave imager derived global rainfall estimates for climatological applications. Journal of Geophysical Research, 102: 16715-16735

Griffith C G, Woodley W L, Grube P G, et al. 1978. Rain estimates from geosynchronous satellite imagery: Visible and infrared studies. Monthly Weather Review, 106: 1153-1171

Groisman P, Legates D. 1994. The accuracy of United States precipitation data. Bulletin of the American Meteorological Society, 75: 215-228

Gruber A, Levizzani V. 2008. Assessment of global precipitation products. WCRP Series Report No. 128 and WMO TD-No.1430: 1-55

Hong Y. 2004. Precipitation estimation from remotely sensed information using artificial neural network-cloud classification system. Journal of Hydrometeorology, 43:1834-1852

Hou A Y, Kakar R K, Neeck S, et al. 2014. The global precipitation measurement mission. Bulletin of the American Meteorological Society, 95: 701-722

Huffman G J, Adler R F, Morrissey M, et al. 2001. Global precipitation at one-degree daily resolution from multi-satellite observations. Journal of Hydrometeorology, 2: 36-50

Huffman G J, Alder R, Bolvin D T, et al. 2007. The TRMM multisatellite precipitation analysis (TMPA): Quasi-global, multiyear, combined-sensor precipitation estimates at fine scales. Journal of Hydrometeorology, 8: 38-55

Huffman G J, Bolvin D T, Braithwaite D, et al. 2015. NASA Global Precipitation Measurement Integrated Multi-satellite Retrievals for GPM (IMERG). Algorithm Theoretical Basis Doc., version 4.5, 30 pp. http://pmm.nasa.gov/sites/default/files/document_files/IMERG_ATBD_V4.5.pdf.[2013-05-01]

Iguchi T. 2007. Space-borne radar algorithms. // Levizzani V, Bauer P, Turk F J. Measuring Precipitation from Space: EURAINSAT and the Future. Berlin: Springer-Verlag

Iguchi T. 2009. Uncertainties in the rain profiling algorithm for the TRMM precipitation radar. Journal of the Meteorological Society of Japan, 87A: 1-30

Iguchi T, Kozu T, Meneghini R, et al. 2000. Rain-profiling algorithm for the TRMM precipitation radar. Journal of Applied Meteorology, 39: 2038-2052

Janowiak J, Joyce R J, Yahosh Y. 2001. A real-time global half-hourly pixel-resolution IR dataset and its applications. Bulletin of American Meteorological Society, 82: 205-217

Joyce R J, Janowiak J E, Arkin P A, et al. 2004. CMORPH: a method that produces global precipitation estimates from passive microwave and infrared data at high spatial and temporal resolution. Journal of Hydrometeorology, 5: 487-503

Kidd C. 2001. Satellite rainfall climatology: a review. International Journal of Climatology, 21: 1041-1066

Kidd C, Bauer P, Turk J, et al. 2012. Intercomparison of high-resolution precipitation products over northwest europe. Journal of Hydrometeorology, 13(1): 67-83

Krajewski W. 1987. Cokriging radar-rainfall and rain gage data. Journal of Geophysical Research, 92: 9571-9580

Kubota T, Shige S, Hashizume H, et al. 2007. Global precipitation map using satellite-borne microwave radiometers by the GSMaP project: production and validation. IEEE Transactions on Geoscience and Remote Sensing, 45: 2259-2275

Kubota T, Ushio T, Shige S, et al. 2009. Verification of high-resolution satellite-based rainfall estimates around Japan using a gauge-calibrated ground-radar dataset. Journal of the Meteorological Society of Japan, 87A: 203-222

Kummerow C, Barnes W. 1998. The tropical rainfall measuring mission (TRMM) sensor package. Journal of Atmospheric and Oceanic Technology, 15: 809-817

Kummerow C D, Hong Y, Olson W S, et al. 2001. The evolution of the Goddard Profiling Algorithm (GPROF) for rainfall estimation from passive microwave sensors. Journal of Applied Meteorology, 40: 1801-1820

Kummerow C D, Masunaga H, Bauer P. 2007. A next-generation microwave rainfall retrieval algorithm for use by TRMM and GPM. // Levizzani V, Bauer P, Turk F J. Measuring Precipitation from Space: EURAINSAT and the Future. Berlin: Springer-Verlag

Kummerow C, Simpson J, Thiele O, et al. 2000. The status of the tropical rainfall measuring mission (TRMM) after two years in orbit. Journal of Applied Meteorology, 39: 1965-1982

Levizzani V, Bauer P, Turk F J. 2007. Measuring Precipitation from Space: EURAINSAT and the Future. Dordrecht: Springer

Li Z, Yang D, Hong Y. 2013. Multi-scale evaluation of high-resolution multi-sensor blended global precipitation products over the Yangtze river. Journal of Hydrology, 500(14): 157-169

Linacre E. 1992. Climate Data and Resources: a Reference and Guide. London: Routledge

Liu G. 2003. Satellite remote sensing: precipitation. In: Holton J R, Curry J A, Pyle J A. Encyclopedia of Atmospheric Sciences. London: Academic Press: 1972-1979

Maggioni V, Meyers P C, Robinson M D. 2016. A Review of Merged High-Resolution Satellite Precipitation Product Accuracy during the Tropical Rainfall Measuring Mission (TRMM) Era. Journal of Hydrometeorology, 17: 1101-1117

Makihara Y, Uekiyo N, Tabata A, et al. 1996. Accuracy of radar-AMeDAS precipitation. IEICE Transactions on Communications, E79-B: 751-762

Michaelides S, Levizzani V, Anagnostou E, et al. 2009. Precipitation: measurement, remote sensing, climatology and modeling. Atmospheric Research, 94: 512-533

Morin E, Krajewski W F, Goodrich D C, et al. 2003. Estimating rainfall intensities from weather radar data: the scale-dependency problem. Journal of Hydrometeorology, 4: 782-797

Mugnai A, Smith E A, Triopli G J. 1993. Foundations for statistical-physical precipitation retrieval from passive microwave satellite measurements. Part II: Emission-source and generalized weighting-function properties of a time-dependent cloud-radiation model. Journal of Applied Meteorology, 32: 17-39

Neary V, Habib E, Fleming M. 2004. Hydrologic modeling with NEXRAD precipitation in middle Tennessee. Journal of Hydrologic Engineering, 9: 339-349

Nguyen P, Ombadi M, Sorooshian S, et al. 2018. The PERSIANN family of global satellite precipitation data: a review and evaluation of products. Hydrology and Earth System Sciences, 22: 5801-5816

Okamoto K, Iguchi T, Takahashi N, et al. 2005. The Global Satellite Mapping of Precipitation (GSMaP) project. 25th IGARSS Proceedings, 3414-3416

Prigent C. 2010. Precipitation retrieval from space: an overview. Comptes Rendus Geoscience, 342: 380-389

Rodda J C. 1969. Hydrological network design-needs, problems and approaches. WMO Report, 12: 1-58

Sapiano M R P, Arkin P A. 2009. An intercomparison and validation of high-resolution satellite precipitation estimates with 3-hourly gauge data. Journal of Hydrometeorology, 10: 149-166

Savage R C, Weinman J A. 1975. Preliminary calculations of the upwelling radiance from rain clouds at 37.0 and 19.35 GHz. Bulletin of the American Meteorological Society, 56: 1272-1274

Schwaller M R, Morris K R. 2011. A ground validation network for the global precipitation measurement mission. Journal of Atmospheric and Oceanic Technology, 28(3): 301-319

Shelton M L. 2009. Hydroclimatology. Cambridge: Cambridge University Press

Smith E, Asrar G, Furuhama Y, et al. 2007. International global precipitation measurement (gpm) program and mission: an overview. Measuring Precipitation from Space Eurainsat and the Future, 18(3): 10

Smith E A, Mugnai A, Cooper H J, et al. 1992. Foundations for statistical-physical precipitation retrieval from passive microwave satellite measurements. Part I: Brightness-temperature properties of a time-dependent cloud-radiation model. Journal of Applied Meteorology, 31: 506-531

Stout G, Mueller E A. 1968. Survey of relationships between rainfall rate and radar reflectivity in the measurement of precipitation. Journal of Applied Meteorology, 7: 465-474

Sun Q H, Miao C Y, Duan Q Y, et al. 2018. A review of global precipitation data sets: data sources, estimation, and intercomparisons. Reviews of Geophysics, 56: 79-107

Takahashi N, Iguchi T, Aonashi K, et al. 2004. The Global Satellite Mapping of Precipitation (GSMaP) Project: Part II Algorithm and Precipitation Model Development. Tokyo, Japan: 2nd TRMM International Conference

Turk F J, Arkin P, Ebert E E, et al. 2008. Evaluating high-resolution precipitation products. Bulletin of the American Meteorological Society, 89: 1911-1916

Turk F J, Miller S D. 2005. Toward improved characterization of remotely sensed precipitation regimes with MODIS/AMSR-E blended data techniques. IEEE Transactions on Geoscience and Remote Sensing, 43(5): 1059-1069

Ushio T, Sasashige K, Kubata T, et al. 2009. A Kalman filter approach to the Global Satellite Mapping of Precipitation (GSMaP) from combined passive microwave and infrared radiometric data. Journal of the Meteorological Society of Japan, 87A: 137-151

Villarini G, Krajewski W F. 2010. Review of the different sources of uncertainty in single polarization radar-based estimates of rainfall. Survey in Geophysics, 31: 107-129

Wilheit T T, Change A T C, Rao M S V, et al. 1977. A satellite technique for quantitatively mapping rainfall rates over oceans. Journal of Applied Meteorology, 16: 551-560

Wilheit T, Kummerow C, Ferraro R. 1999. EOS/AMSR Rainfall: Algorithm Theoretical Basis Document. NASA·AMSR Joint Science Team: 1-59

Xie P, Arkin P A. 1997. Global precipitation: a 17 year monthly analysis based on gauge observations, satellite estimates, and predictions. Journal of Climate, 9: 840-858

Xie P, Janowiak J E, Arkin P A, et al. 2003. GPCP pentad precipitation analyses: An experimental dataset based on gauge observations and satellite estimates. Journal of Climate, 16: 2197-2214

Yuter S E. 2003. Radar: precipitation radar. // Holton J R, Curry J A, Pyle J A. Encyclopedia of Atmospheric Sciences. London: Academic Press

第 17 章　遥感估算陆面蒸散[*]

本章介绍测量和估算陆面蒸散的基础理论，即莫宁-奥布霍夫相似理论(MOST)和 Penman-Monteith 方程，和如何将这些理论应用到卫星遥感中。卫星并不能直接观测陆面蒸散，大部分遥感估算陆面蒸散算法均借助 MOST 和 Penman-Monteith 方程，并利用遥感估算的地表参数数据估计蒸散。在满足大叶假定和地表能量平衡等条件下，Penman-Monteith 方程可以从 MOST 推导得到，因此这两个公式在本质上没有差别。但是在实际应用中两者却有重要差别：MOST 相关方法利用大气-陆面温差来估算地表蒸散，需要精确估算陆气温度。因此，MOST 相关方法对陆气温差的误差较为敏感。而 Penman-Monteith 相关方法很大程度上降低了这种敏感性，因为该方程主要与地表有效能量和气孔导度有关，而这两个变量可以由植被指数(叶面积指数)、入射辐射和相对湿度的参数化方程表达。一般来讲，模型发展过程中模式精度是需要优先考虑的问题。然而在遥感方法中辅助数据以及不同条件下模型的适用性同样需要考虑。目前卫星遥感能够为地表参数和陆面蒸散估算提供可靠的空间变率，但是卫星遥感在提供长期稳定的估测结果上还存在困难。

17.1　引　言

陆面蒸散(ET 或 E)，是指从土壤或植被冠层、茎、枝干的表面及水面传输到大气中的水分。这种水分交换通常包括水从液态到气态的相变过程，因此伴随着能量吸收和地表降温的过程。正是由于该过程吸收潜热，因此我们用 λE 表示进入到大气中的能量通量，其中 λ 代表汽化潜热(在一些出版物中 ET 的单位是 W/m², 在这种情况下，ET 代表潜热通量)。在短期数值天气预报模型及长期气候模拟中，λE 是必不可少的变量。

假设植被光合作用存储的能量可以忽略，λE 可以通过净辐射(R_n)和感热通量(H)与土壤热通量(G，图 17.1)的余项计算：

$$\lambda E = R_n - H - G \tag{17.1}$$

R_n 由入射下行和上行的短波和长波辐射之和决定(图 17.1)：

$$R_n = S_\downarrow - S_\uparrow + L_\downarrow - L_\uparrow = S_\downarrow(1-\alpha) + L_\downarrow - L_\uparrow = S_n + L_\downarrow - L_\uparrow \tag{17.2}$$

其中，$S_\downarrow$ 和 $S_\uparrow$ 分别是入射到水平地面的太阳短波辐射和地面对入射短波辐射的反射；$L_\downarrow$ 和 $L_\uparrow$ 是入射到地面的长波辐射和地面向上的长波辐射；α 是地表反照率；S_n 是地表短波净辐射。

---

*本章作者：王开存[1] Robert E. Dickinson[2]，马倩[1]，毛玉娜[1]
1.北京师范大学全球变化与地球系统科学研究院；2.Department of Geoscience, The University of Texas at Austin

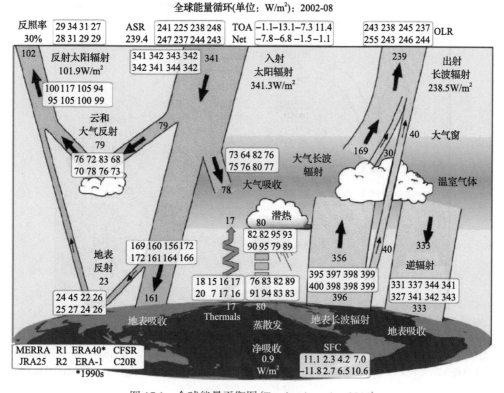

图 17.1　全球能量平衡图(Trenberth et al.，2011)

图中辐射和能量通量的背景值由 2000～2005 年的观测数据获得。图中方框中的数字与左下角的关键字相对应，除了 ERA-40 的统计时段为 20 世纪 90 年代外，其他再分析资料均为 2002～2008 年多年平均的结果。不同的颜色对应着不同的再分析资料，单位均为 W/m²。在图表上方，反照率的单位均为%，ASR 为吸收太阳辐射，TOA Net 为大气层顶净辐射；图中下端的 SFC 表示陆表吸收的净通量。90 年代，SFC 为 0.6W/m²

平均来说，λE 大概占地表净能量的 59%(不同模型在 48%～88%之间变化)(Trenberth et al.，2009)(图 17.1)。蒸发给定质量的液态水所需的能量，约相当于将其温度升高 1K 所需能量的 600 倍或者同质量空气增加 1K 所需能量的 2400 倍(Seneviratne et al.，2010)。蒸散对地表的降温作用是巨大的，研究表明如果假定陆面蒸散为零，北半球将增温 15～25℃(Shukla and Mintz，1982)。

λE 不仅是地表能量平衡的主要部分，而且也是陆表水循环的重要组成部分。因此我们可以通过流域或陆地尺度上的水量平衡来估算陆面蒸散(图 17.2)：

$$E = P - Q - \mathrm{d}w / \mathrm{d}t \tag{17.3}$$

其中，P 是降水量；Q 是径流量；$\mathrm{d}w/\mathrm{d}t$ 是陆地水储量变化。陆地的年平均降水量为 700mm/a，其中约 2/3 成为蒸散(Chahine，1992；Oki and Kanae，2006)。但是我们现在对蒸散的认识还远远不够，用不同估计方法得到的结果相差很大。图 17.2 表明，全球平均 E/P 值在 56%～82%之间变化(图 17.2)。在区域尺度上这种差别更加明显(Mueller et al.，2011)。

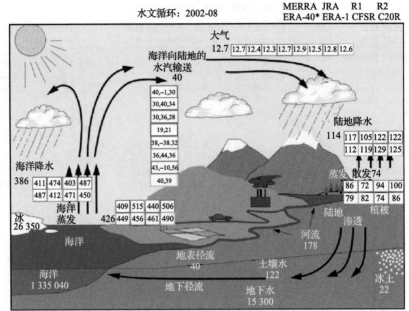

图 17.2　全球水量平衡图(Trenberth et al.，2011)

背景图为 2002～2008 年观测的水文循环变量，蓄水量的单位是 1000km³，水量交换的单位是 1000km³/a。方框内数据来自于 8 种再分析资料，对应着右上角不同的颜色。除了 ERA-40 的统计时段为 20 世纪 90 年代外，其他再分析资料均为 2002～2008 年多年平均的结果

　　蒸散是通过湍流运动在地表与大气之间传输的。湍流输送能力要比分子扩散运动大好几个数量级。湍流可以看作是由许多叠加在一起、大小不一的涡旋组成(图 17.3)。人们对湍流的研究已有很长时间，但我们现在对它的理解还远远不够成熟(Lumley and Yaglom，2001)。晴天时地表由于吸收太阳辐射而升温，并产生大大小小的涡旋，输送感热和潜热通量。目前比较成熟的是湍流统计方法，比如莫宁-奥布霍夫相似理论(Monin-Obukhov Similarity Theory，MOST)发展于 20 世纪 50 年代(Monina and Obukhov，1954)，主要用平均温度、湿度、风速等气象观测来估算潜热通量(λE)和感热通量(H)。它的原理类似于欧姆定律：欧姆定律阐述了两点间电压和电流的关系，而 MOST 是描述了平均温度和湿度与湍流通量之间的关系。

图 17.3　空气流动可以看成无数各种大小旋转涡流的水平流动(Burba and Anderson，2008)

每个涡流都具有水平和垂直运动这种情况看起来很混乱，但组分的垂直运动可以用观测塔测量

卫星遥感能够合理地估计 λE。然而这些估算并不是对 λE 的直接测量。多数方法利用 MOST 或者 Penman-Monteith 方程将遥感获得的地面参数与 λE 联系起来。最近十年来，利用遥感观测来估算 λE 的技术不断发展（Kalma et al.，2008；Li et al.，2009）。利用地表-大气温度梯度能够估算 λE 的方法需要较高精度的 T_s 及 T_a（Timmermans et al.，2007）。以下方法可以有效地降低模式对 T_s 和 T_a 的误差的敏感度：①利用 T_s 的时间变化（Anderson et al.，1997；Caparrini et al.，2003，2004；Norman et al.，2000）；②利用 T_s 的空间变化（Carlson，2007；Jiang and Islam，2001；Wang et al.，2006）。由于上述两种方法需要输入的参数均不易获得，因此，大量与 λE 相关的经验或半经验模型都采用了更易获取的辐射、温度、遥感植被指数以及水汽压亏损（VPD）等参量来估计 λE（Fisher et al.，2008；Jung et al.，2009；Sheffield et al.，2010；Wang and Liang，2008；Wang et al.，2010）。

　　本章的内容包括：①17.2 节是关于 λE 基础理论的综述，包括 MOST 及 Penman-Monteith 方程。本节将详细讨论这两种理论的潜在假设条件，进而阐明现有遥感方法的优势和劣势；②17.3 节是对当前遥感方法的综述，重点论述了典型方法的物理基础，更详尽和完整的综述参见（Carlson，2007；Kalma et al.，2008；Li et al.，2009）；③17.4 节简要地介绍了可用来验证和评估 λE 方法的数据；④17.5 节简要介绍了当前广泛应用的全球和区域遥感 λE 产品及其时空特征；⑤17.6 节是对本章的小结。

17.2　λE 基础理论

17.2.1　莫宁 – 奥布霍夫相似理论（Monin-Obukhov Similarity Theory，MOST）

　　近地面层通常被称为常通量层，即在近地面层内湍流通量不随高度变化。近地层的厚度约为白天大气边界层高度的 10%，大约 100m。在常通量层中，相似理论通过稳定度普适函数将湍流通量与平均温度、湿度的梯度联系起来（Businger et al.，1971；Dyer，1974）。MOST（Monin and Obukhov，1954）是现代微气象理论的起点，基于该理论，发展了超声风速仪，并启动了众多重要的大气边界层实验。这一使用近地面层时间平均气象要素（风速、温度和湿度）廓线观测估计湍流通量 λE 和 H 的方法，通常被称为通量廓线方法。它使用了

$$H_p = -\rho C_p u_* \theta_* \qquad (17.4)$$

$$\lambda E_p = -\rho \lambda u_* q_* \qquad (17.5)$$

其中，下标 p 代表通量廓线方法；C_p 是定压比热；ρ 是空气密度；u_*，θ_*，q_* 分别是摩擦速度、尺度位温和尺度湿度。根据 MOST 理论，在稳定、水平均一湍流假定下，如下公式成立：

$$u_* = k \frac{\overline{u_1} - \overline{u_2}}{\ln \dfrac{z_{m1}}{z_{m2}} - \psi_m(\xi_{m1}, \xi_{m2})} \qquad (17.6)$$

$$\theta_* = k \frac{T_1 - T_2}{\ln \dfrac{z_{h1}}{z_{h2}} - \psi_h(\xi_{h1}, \xi_{h2})} \tag{17.7}$$

$$q_* = k \frac{q_1 - q_2}{\ln \dfrac{z_{q1}}{z_{q2}} - \psi_h(\xi_{q1}, \xi_{q2})} \tag{17.8}$$

其中，$\bar{u}$，θ，q 分别是观测的平均风速、位温和比湿。这些参数通常是从 10min 到 1h 的时间平均值。ψ_m，ψ_h 是稳定度 $\xi = z/L$ 的函数，其中，L 是莫宁-奥布霍夫长度。ψ_m 和 ψ_h 被称为 MOST 普适函数（Businger et al.，1971；Dyer，1974）。下标 1 和 2 对应着不同的观测层次。在理想条件下，这一理论的精度约为 10%～20%（Foken，2006；Hogstrom and Bergstrom，1996）。

但稳定、水平均一湍流假设并不总是成立，因而会影响其精度。廓线通量方法使用的近地面层温度和湿度梯度可能非常小，特别是在森林、灌溉农田和草地下垫面条件下。在针对常通量层的相似性理论发展过程中，大量实验都致力于确定普适函数。其中获得广泛应用的是 Businger 普适函数（Businger et al.，1971），这些函数是根据 1968 年 KANSAS 实验的涡度相关法（Eddy Covariance，EC）观测发展得来的。然而，由于通量塔引起的湍流畸变，当时的风速超出风杯风速计有效观测范围以及相位式超声风速计在不稳定状态下的表现欠佳（Wieringa，1980）等原因，这一实验中的某些结果受到了严重的质疑，特别是它的冯-卡门常数较低（Businger et al.，1971）。Högström 等（1988）利用较新的数据对 Businger 等（1971）的普适函数进行了修正。

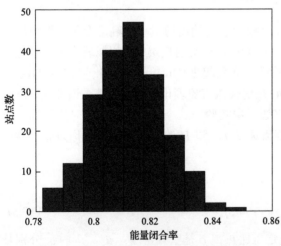

图 17.4 FLUXNET 通量站点年平均能量
平衡闭合直方图（Beer et al.，2010）

自 20 世纪 80 年代后期以来，科学家们逐渐意识到涡度相关法观测的 H 和 λE 通常小于可利用能量（图 17.4），即存在能量不平衡或不闭合问题（Foken，2008）。造成通量低估的原因是复杂的（Finnigan，2004；Finnigan et al.，2003），至今仍没有定论。但研究人员普遍认为需要重新评估 MOST 普适函数[式(17.1)和式(17.2)]以避免低估 H 和 λE。

需要指出的是 MOST 在黏性附层并不适用，比如在植被冠层内（Sun et al.，1999），廓线通量法必须对普适函数的粗糙度进行修正（Garratt et al.，1996）。对于较高植被或者城市下垫面，地表粗糙度高达数十米，而对相似理论有效的常通量层可能非常浅薄。这对于利用遥感地表温度反演 λE 的方法至关重要。卫星反演地表温度（T_s）是黏性附层内地表表层的辐射温度，因此普适函数在这种情况下是不适用的。

17.2.2　Penman-Monteith 公式

Penman 公式是用来计算水面 λE 的方法（Penman，1948）。Monteith（1972）改进了 Penman 公式，加入了气孔阻抗，使这一公式适用于植被覆盖的地表。假定地表能量是平衡的（Snyder and Paw，2002），Penman-Monteith 公式可以从 MOST 理论推导出来，即：

$$H = R_n - G - \lambda E \tag{17.9}$$

根据 MOST，H 和 λE 与地表和参考层上的温度和湿度有关：

$$H = \rho C_p \cdot \frac{T_o - T_a}{r_h} \tag{17.10}$$

$$\lambda E = \frac{\rho C_p}{\gamma^*} \cdot \frac{e_s(T_o) - e}{r_h} \tag{17.11}$$

其中，$\gamma^* = (r_v / r_h) \cdot \gamma$，其中 γ 是干湿球温度计常数；r_v 是水蒸气从地表传输到大气的空气动力学阻抗；T_o 是空气动力学温度；T_a 是参考高度上的空气温度；r_h 是热量从地表传输到大气中的空气动力学阻抗，可以使用 MOST 普适函数进行计算。

如果 $\Delta = \mathrm{d}e_s / \mathrm{d}T$ 是温度 T_a 下的饱和水汽压对温度的导数，那么 $e_s(T_o)$ 的一阶近似（一阶泰勒级数展开）为

$$e_s(T_o) = e_s(T_a) + \Delta \cdot (T_o - T_a) \tag{17.12}$$

将式（17.12）、式（17.10）和式（17.9）代入式（17.11），然后调整式（17.8）中的各项，得到

$$\lambda E = \frac{(R_n - G) + \rho C_p \cdot [e_s(T_a) - e] / r_h}{\Delta + \gamma^*} \tag{17.13}$$

如果假设 $r_v = r_h$，则 $\gamma^* = \gamma$，那么式（17.13）就是 Penman 公式。在引入大叶理论（Deardorff，1978）之后，r_v 可分为气孔阻抗（r_s）和空气动力学阻抗（r_h），而 $\gamma^* = [(r_s + r_h) / r_h] \cdot \gamma = (1 + r_s / r_h) \cdot \gamma$，那么

$$\lambda E = \frac{(R_n - G) + \rho C_p \cdot [e_s(T_a) - e] / r_h}{\Delta + (1 + r_s / r_h) \cdot \gamma} \tag{17.14}$$

式（17.14）就是 Penman-Monteith 公式，研究认为式（17.14）可以准确地估计地表蒸散（Shuttleworth，2007）。式（17.13）或式（17.14）中的 $[e_s(T_a) - e]$ 是水汽压亏损（VPD）：

$$e_s(T_a) - e = e_s(T_a) - e_s(T_a) \cdot \mathrm{RH} / 100 = e_s(T_a)(1 - \mathrm{RH} / 100) = \mathrm{VPD} \tag{17.15}$$

式（17.13）和式（17.14）中的 Δ 和 γ 是 T_a 的函数（图 17.5，Wang et al.，2006）。Penman-Monteith 公式要求输入植被参数，如气孔阻抗（Beven，1979），但是这些参数很难直接观测得到。因此，在很长一段时间内，Penman-Monteith 反过来被用来计算气孔阻抗（Alves and Pereira，2000）。

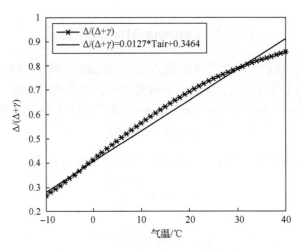

图 17.5　式(17.16)中 $\Delta/(\Delta+\gamma)$ 与空气温度(T_a)的散点图(Wang et al., 2006)

当水分充足时，有效能量项在方程中占支配地位。因此，Priestley 和 Taylor(1972)针对湿润土壤对式(17.13)或式(17.14)做如下简化：

$$\lambda\mathrm{E} = \alpha\frac{\Delta}{\Delta+\gamma}\cdot(R_n - G) \tag{17.16}$$

其中，α 被称为 Priestley-Taylor 参数。α 的值在 $1.0\sim1.5$(Brutsaert and Chen，1995；Chen and Brutsaert，1995)，通常取 $1.2\sim1.3$(Agam et al.，2010)。式(17.16)没有考虑式(17.13)或式(17.14)中的 VPD 和气孔阻抗。$\Delta/(\Delta+\gamma)$ 是可以认为是气温 T_a 的函数(图 17.5)。

17.3 λE 的遥感反演

卫星遥感不能够提供 λE 的直接观测，但是可以通过提供地表参数[如 T_s、植被指数(VI)和土壤湿度(SM)、辐射平衡]来计算 λE，这一类算法在已有研究中得到了详细的阐述(Wang and Dickinson，2012；Zhang et al.，2016)。MOST 和 Penman-Monteith 公式是估计 λE 的基本理论。根据这些方法如何使用 MOST 和 Penman-Monteith 公式，我们将遥感估计方法分为以下几类。表 17.1 和表 17.2 总结这些方法的优点和缺点。

表 17.1　利用遥感数据估算 ET 方法总结

方法	优点	缺点	模型最适用的条件
单源模型		过度参数化的阻抗模型，对 T_s 和 T_a 误差敏感性较高；只在晴空条件下有效	T_s-T_a 较大的干燥稀疏地表
双源模型	不需局部定标	对 T_s 和 T_a 误差敏感性较高；只在晴空条件下有效	T_s-T_a 较大的干燥稀疏地表
T_s-VI 模型	对 T_s 误差敏感性低，不需要 T_a 或者风速	λE 与温度、土壤湿度、能量等关键系数的关系复杂；只在晴空条件下有效	土壤湿度决定 ET 的中纬度地区
经验模型	简单，对 T_s，T_a 精度要求不高	大多数模型需要局部定标	与定标数据有关
Penman-Monteith 方程	简单，对 T_s，T_a 精度要求不高	需要局部定标	与定标数据有关
同化方法	时间融合的估测结果	对 T_s 和 T_a 误差敏感性较高	T_s-T_a 较大的干燥稀疏地表

表 17.2　遥感技术估算蒸散的验证结果

方法	来源	验证	陆表类型	RMSE/(W/m^2)	R^2
单源方法	Kustas et al.，1990	Kustas et al.，1990	垄行棉花	24～85(10%～25%)	
单源方法	Su，2002	Su et al.，2005	玉米	47	0.89
单源方法	Su，2002	Su et al.，2005	大豆	40	0.84
单源方法	Su，2002	McCabe et al.，2006	玉米和大豆	99	0.66
单源方法	Su，2002	McCabe et al.，2006	玉米和大豆	68	0.77
单源方法	Su，2002	Su et al.，2007	草地、作物和森林(雨林)	44(25%)	
双源方法	Norman et al.，1995	Kustas et al.，1999	垄行棉花	37～47(12%～15%)	
双源方法	Norman et al.，1995	Norman et al.，2000	灌木、草地、牧草、盐雪松	105(27%)	
双源方法	Norman et al.，1995	French et al.，2005	玉米和大豆	94(26%)	
双源方法	Norman et al.，1995	Li et al.，2006	玉米和大豆	50～55(10%～15%)	
双源方法	Anderson et al.，1997；Norman et al.，2000	Norman et al.，2003	小麦，草场	40～50(20%)	
双源方法	Norman et al.，2000	Norman et al.，2000	灌木	65(17%)	
双源方法	Anderson et al.，1997；Norman et al.，2000	Anderson et al.，2007，2007	水体、森林、有林地、灌木、草原、作物、裸地、建筑区	58(25%)	
三角法	Bastiaanssen et al.(1998a)	French et al.(2005)	玉米和大豆	55(15%)	
三角法	Roerink et al.，2000	Verstraeten et al.，2005	森林	35(24%)	
三角法	Carlson et al.，1995	Gillies et al.，1997	高草草原、草原、草原灌木	25～55(10%～30%)	0.80～0.90
三角法	Jiang and Islam(2001)	Jiang and Islam(2001)	混合农业区、森林、高草低草	85(30%)	0.64
三角法	Jiang and Islam(2001)	Jiang and Islam(2001)	混合农业区、森林、高草低草	50(17%)	0.9
三角法	Jiang and Islam(2001)	Jiang et al.，2003	混合农业区、森林、高草低草	59(15%)	0.79
三角法	Jiang and Islam(2001)	Batra et al.，2006	混合农业区、森林、高草低草	51～56(22%～28%)	0.77～0.84
三角法	Nishida et al.，2003	Nishida et al.，2003	森林、玉米、大豆、小麦、灌木、草地、高草	45	0.86
经验方法	Wang et al.，2007	Wang et al.，2007	森林、草地、农田	32(36%)	0.81
传统和气象数据	McVicar et al.，2002	McVicar et al.，2002	作物	88～72(27%～28%)	0.52～0.81
传统及复杂途径	Venturini et al.，2008	Venturini et al.，2008	牧场、草场、小麦	34(15%)	0.79
传统同化	Caparrini et al.，2004	Caparrini et al.，2004	高茎草原	56	
传统同化	Caparrini et al.，2004	Caparrini et al.，2004	高茎草原	20	0.96

由(Kalma et al.，2008)的结果修正

17.3.1　单源模型

单源模型是最先发展起来的卫星遥感地气湍流通量的方法，它利用卫星热红外温度观测来估计 H 和 λE。这一方法使用卫星在一定观测角度获取的 T_s 取代式(17.10)中的空气动力学温度来估计 H。利用能量余项法计算 λE[式(17.1)]，G 为已知量或者通过下式估计：

$$G = R_n \cdot (a \cdot \text{VI} + b) \tag{17.17}$$

其中，VI 是植被指数；a 和 b 是常数。

式(17.10)中地表的空气动力学温度是在常通量层假定下，地表位置上的气温。卫星获得的 T_s 是地表的辐射温度，它位于黏性附层内，在这一层中水汽和热量交换主要依赖于分子耗散，与常通量层的湍流交换相比，需要更大的温度和湿度梯度才能输送相同的通量。因此白天 T_s 远比 T_o 大，特别是对裸土或者稀疏植被下垫面(Chehbouni et al.，1996；Friedl，2002)。因此，直接将 T_o 替换为 T_s 可能导致式(17.10)对严重高估 H(Sun et al.，1999)。稳定度普适函数被用于计算式(17.10)中的 r_h，但是它并不适用于黏性附层(Sun et al.，1999)。在植被下垫面上，T_s 与植被和土壤辐射温度的视角有关，情况更加复杂。

这一对 H 的高估曾经使科学家高度怀疑使用卫星遥感 T_s 估计 λE 的精度(Hall et al.，1992；Shuttleworth，1991)。这种高估可以通过向式(17.10)中加入对热量传输的阻抗得到修正，即 $r_{ex} = kB^{-1} = \ln(z_m / z_h)$，它被认为是动力学粗糙度与热力学粗糙度之比的函数(Blümel，1999；Kustas and Anderson，2009；Su et al.，2001；Verhoef et al.，1997)。在稀疏植被下垫面，kB^{-1} 可能非常大而且多变，主要受植被结构特性如叶面积指数 LAI、水分胁迫状况和辐射计的观测角以及气候状况的影响(Blümel，1999；Kustas and Anderson，2009；Lhomme and Chehbouni，1999；Lhomme et al.，2000；Su et al.，2001；Verhoef et al.，1997；Yang et al.，2009)。

地表能量平衡算法(Surface Energy Balance Algorithm for Land(SEBAL)algorithm)(Bastiaanssen et al.，1998a；Bastiaanssen et al.，1998b)是一种得到广泛应用的单源模式。它仅需要输入短波大气透射率、表面温度、植被高度以及不同地理区域和图像采集时间之间的经验关系。这种经验关系式需要进行本地标定(Teixeira et al.，2009a；Teixeira et al.，2009b)。另一种知名的单源模型是地表能量平衡系统(Surface Energy Balance System (SEBS))，它利用常规气象数据和卫星遥感数据来估计 H 和 λE(Su，2002)。因此这些方法被广泛地应用于高分辨率的卫星数据(Landsat and ASTER)或者中等分辨率的卫星数据(MODIS)。

17.3.2　双源模型

针对单源模式对 H 的高估问题，特别是稀疏植被地区，人们发展了双源模型来改进卫星遥感 λE 的精度。1995 年，Noman 等首次提出了一种经典且得到了广泛使用的双源模型(Norman et al.，1995)。它将地表分为土壤和植被两种组分，分别向大气传输感热和潜热(图 17.6)。卫星反演的地表辐射温度 $T_s(\theta_v)$ 具有一定的方向性，被认为是由土壤温度 T_{soil} 和植被温度 (T_{veg}) 共同组成的(图 17.6)：

$$\varepsilon_g \sigma[T_s(\theta_v)]^4 = [1 - f(\theta_v)]\varepsilon_s \sigma T_{soil}^4 + f(\theta_v)\varepsilon_c \sigma T_{veg}^4 \tag{17.18}$$

其中，斯蒂芬-波尔兹曼常数 $\sigma = 5.6697 \times 10^{-8} \text{W/(m}^2\text{K}^4)$，$f(\theta_v)$ 是在观测天顶角 θ_v 下的植被覆盖度，ε_g、ε_s 和 ε_c 分别是混合地表、土壤和植被的表面发射率。如果 $\varepsilon_g = \varepsilon_s = \varepsilon_c$，那么

$$T_{rad}(\theta_v) = \left\{ f(\theta_v)T_{veg}^4 + [1 - f(\theta_v)]T_{soil}^4 \right\}^{\frac{1}{4}} \tag{17.19}$$

H 和 λE 也被分为土壤和植被两个部分：

$$H_{\text{veg}} = \rho C_p \frac{T_{\text{veg}} - T_a}{r_{\text{hc}}} \tag{17.20}$$

$$H_{\text{soil}} = \rho C_p \frac{T_{\text{soil}} - T_a}{r_{\text{hs}}} \tag{17.21}$$

其中，r_{hc} 和 r_{hs} 分别是植被和土壤到大气的空气动力学阻抗。

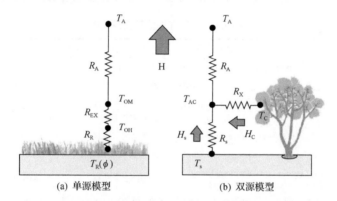

图 17.6　单源模型和双源模型计算感热通量 H 的电阻网络示意图(Kustas et al.，2009)

冠层的潜热通量 (λE$_{\text{veg}}$) 可以通过 Priestley-Taylor 公式估计 (Priestley and Taylor，1972) [式(17.16)]。双源模型通过迭代从卫星反演的 T_s 获得 T_{soil} 和 T_{veg}，而 Priestley-Taylor 参数 α 的初始值取为 1.26 (Anderson et al.，2008；Kustas and Anderson，2009)。如果 α 的初始值过高，那么将导致 λE$_{\text{veg}}$ 高估和土壤蒸发 (λE$_{\text{soil}}$) 为负。因此，可以通过迭代方法使 α 降低，直到 λE$_{\text{soil}}$ 趋近于 0，来获得最终的 α，因此 T_r、T_c、λE 和 H 也在迭代过程中进行计算。

这种迭代方案能够在不同气候条件和植被覆盖情况下合理估计 λE (Anderson et al.，2004；Li et al.，2008b；Norman et al.，2003；Norman et al.，1995)。然而由于土壤蒸发通常大于 0，因此上述方法会低估土壤蒸发 (Anderson et al.，2008)，而高估植被蒸散量。在最近的研究中，植被蒸发量由下列公式替代 (Anderson et al.，2008)：

$$\lambda E_c = \lambda \frac{e_s(T_c) - e}{r_s + r_{\text{hc}}} \tag{17.22}$$

无论是单源还是双源模型，在估算 H 的过程中，均对地气温差比较敏感。例如，Timmermans 等 (2007) 的研究表明对于传统的单源模型 (Bastiaanssen et al.，1998a；Bastiaanssen et al.，1998b) 而言，$T_s \pm 3\text{K}$ 的误差会导致 H 75%的误差，而对于双源模型 (Norman et al.，1995) 而言，在半湿润草地和半干旱牧场的下垫面条件下，则会导致 H 平均 45%的误差。这一方法需要获取精确的 T_s，而 T_a 则需要从地基站点观测中插值得到。同样遥感方法能够提供区域尺度上 T_a 的空间变率，但是这种方法会带来 3~4 K 的不确定性 (Goward et al.，1994；Prince et al.，1998)。而卫星反演 T_s 的不确定性大约为几 K (Wang et al.，2007a；Wang and Liang，2009)。因此，除了稀疏植被下垫面，$T_s - T_a$ 的量级可能与这两者的不确定性相当 (Caselles et al.，1998；Norman et al.，2000)。

因此，后继的方法使用 T_s 的时间序列数据来减小通量估算对误差的敏感性(Anderson et al.，1997；Anderson et al.，2007a；Anderson et al.，2007b；Mecikalski et al.，1999；Norman et al.，2000)，但是对于温度(T_s 或 T_a)误差的敏感性依然存在。该系列方法大多数验证试验都在稀疏草地、农田或者灌木下垫面进行(表 17.3)。对这些下垫面而言，T_s–T_a相对较大，因此对于温度误差的敏感性相对较低。但是对于森林地区来讲，T_s–T_a 较小，因此还没有该类型下垫面的双源模式精度检验结果。另外，空气动力学阻抗的参数化方案可能也是导致 H 偏差的原因(Liu et al.，2007；van der Kwast et al.，2009)。

表 17.3　遥感方法估算全球 λE

方法类型	来源	验证及应用	陆面类型	RMSE(W/m², 相对误差)	R^2
经验 P-M 公式	Zhang et al.，2009	Zhang et al.，2010a	82个FLUXNET站点	12.5～14.6	0.8～0.84
经验 P-M 公式	Zhang et al.，2009	Zhang et al.，2010a	全球261个河流流域	14.8	0.8
经验 P-M 公式	Wang et al.，2010	Wang et al.，2010a，2010b	64 全球分布的FLUXNET站点	17.0(25%)	0.88
经验 P-M 公式	Jung et al.，2009	Jung et al.，2010	112 个河流流域	11.8	0.92
经验 P-M 公式	Leuning et al.，2008	Zhang et al.，2008	澳大利亚 120 个流域	6.4	0.67
经验方法	Wang and Liang，2008	Wang and Liang，2008	美国 12 个站点	28.6(日间)	0.85
经验 P-M 公式	Fisher et al.，2008	Fisher et al.，2008	16 个FLUXNET站点	15.2(28%)	0.90
经验 P-M 公式	Mu et al.，2007	Sheffield et al.，2010	19 个FLUXNET站点	27.3	0.70～0.76

17.3.3　T_s-VI 特征空间方法

与单源模型或双源模型不同，T_s-VI 方法利用 T_s 的空间变化将 R_n 分配给 λE 和 H。如果在一个区域内地表类型和土壤湿度变化足够大，在 T_s-VI 特征空间内像元的散点分布将呈现三角形或者梯形分布(图 17.7)。T_s-VI 方法由 Price(Price，1990)首次提出。这种

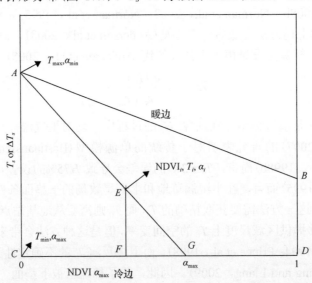

图 17.7　使用 T_s-VI 空间线性求解 Priestley-Taylor 参数 α 示意图(Wang et al.，2006)

方法的原理非常简单(Gao et al.，2008；Wang et al.，2006)：地表在白天吸收太阳辐射后温度上升，但是湿的地表温度 T_s 变化相对较小；这主要是因为湿地表大部分能量被用于 λE，同时湿地表具有较高的热惯性，湿润地表较高的蒸散以及较高的热惯量共同导致了较低的 T_s 增温；因此 T_s-VI 空间热边的蒸发比(EF)或者 λE 最小，而冷边代表着最大的蒸发比(EF)或者 λE (Murray et al.，2007；Nemani et al.，1997；Verhoef et al.，1996)。T_s-VI 方法是对于像元在 T_s-VI 空间分布的一种描述(Carlson，2007)。

　　图 17.7 为 Priestley-Taylor 参数在 T_s-VI 空间线性解释的原理图[式(17.16)]。梯形 ABCD 表示了 T_s-VI 空间的变化范围，CD 为冷边，AB 为热边。T_s-VI 的线性解释首次由 Jiang 和 Islam (2001)提出用于参数化 α。在 T_s-VI 空间内，像元 i 位于位置 E，连接 A 和 E，延长 AE 到 G，因为点 A 的 α 等于 α_{min}，并且冷边有最大的 α_{max}，AG 的长度为 $\alpha_{max} - \alpha_{min}$，AE 的长度为 $\alpha_i - \alpha_{min}$。由于三角形 EFG 与三角形 ACG 相似，可以得到如下公式：

$$\frac{|EF|}{|AC|} = \frac{|EG|}{|AG|} \qquad (17.23)$$

式(17.23)可以写为

$$\frac{T_i - T_{min}}{T_{max} - T_{min}} = \frac{(\alpha_{max} - \alpha_{min}) - (\alpha_i - \alpha_{min})}{\alpha_{max} - \alpha_{min}} \qquad (17.24)$$

α_i 在 (T_i, NDVI_i) 点等于

$$\alpha_i = \frac{T_{max} - T_i}{T_{max} - T_{min}}(\alpha_{max} - \alpha_{min}) + \alpha_{min} \qquad (17.25)$$

其中，T 是位于 T_s-VI 空间的 T_s。所以，λE 可以参数化为(Wang et al.，2006)：

$$\lambda E = (R_n - G) \cdot \frac{\Delta}{\Delta + \gamma} \cdot \left[\frac{T_{max} - T_i}{T_{max} - T_{min}}(\alpha_{max} - \alpha_{min}) + \alpha_{min} \right] \qquad (17.26)$$

　　T_{max} 和 T_{min} 用目视检测的方法从 T_s-VI 空间上确定(图 17.7)。α_{max} 是 Prestley-Taylor 参数在地表无水分胁迫情况下的最大值，一般认为是 1.26。α_{min} 通常假定为 0，与干燥裸土用于蒸散的能量比例一致。T_s-VI 方法只利用了 T_s 的空间变化信息，因此它对于 T_s 的数值精度要求很低。Batra 等(2006)表明利用卫星观测亮温(没有经过大气纠正和发射率修正为 T_s)可以准确估计 λE(或者蒸发比)。其他基于 T_s 空间变化的方法也同样有效，例如 albedo-T_s(Sobrino et al.，2007)和 EVI-T_s(Helman et al.，2015)。

　　这种方法较为简单，已被广泛接受。Petropoulos 等(2009)和 Carlson(2007)对这种方法进行了较为详细的阐述。一些著名的单源模型也同样依赖于 T_s-VI 来估计 λE，比如 SEBS 和 METRIC(Mapping Evapo-Transpiration with high Resolution and Internalized Calibration)模型(Allen et al.，2007；Allen et al.，2007；Tittebrand et al.，2005)。

　　但是，一些研究表明 Priestley-Taylor 参数 α 并非是像式(17.25)中是线性的，而是高度非线性的(Carlson，2007；Mallick et al.，2009)。此外 Wang 等(2006)指出 T_s-VI 应用的信息是吸收太阳辐射以后 T_s 的变化量。λE 对 T_s 或者 T_s 的变化依赖关系非常复杂，因为有系列的过程混杂在一起：比如 λE 具有冷却效应，而热惯量随着植被、土壤湿度和土

壤质地的变化而变化，同时土壤湿度、T_a 和有效能量对 λE 过程也有一定的影响(Nemani et al.，2003；Wang et al.，2008)。

因为 λE 的冷却效应和土壤湿度对热惯量的影响(图 17.2)，T_s-VI 方法的一个关键假设是 λE 与温度呈负相关。但是观测和模型模拟结果表明，这种假定并不是永远成立。在高纬地区或寒区，温度是控制 λE 的主要因素，并且温度通常与 λE 是正相关(Iwasaki et al.，2010；Nemani et al.，2003)。因此 T_s-VI 方法只适用于中纬地区生长季(VI 的变化范围足够大)，土壤湿度是控制 λE 的主要因素，而不是 T_a 或者能量。

用 T_s-VI 方法估计 λE 的其他误差来源(Carlson，2007；Mallick et al.，2009)：①如果研究区内没有包括完整的地表覆盖类型和变化情况，三角形的形状不能由此确定。②三角形方法主要的缺点在于确定热边，浓密植被和裸土的边界时需要一些主观判断。Tang 等(2010)提出了一种自动确定三角形边界的方法。③没有考虑空气动力学差异引起的 T_s 和 λE 的变化。

17.3.4 经 验 模 型

因为卫星无法提供 λE 的直接观测，那么卫星遥感的主要任务就是确定卫星反演地表参数与 λE 关系，并找到影响 λE 的关键参数。全球通量观测网等观测项目收集了长时间连续的 λE 观测，为此工作提供了很好的机会(Shuttleworth，2007)。大气辐射观测(ARM)项目获取的长时间地表观测 λE 表明，控制 λE 的主要参数是地表净辐射通量(R_n)(Wang et al.，2006；Wang et al.，2007)，温度(空气温度(T_a)或者地表温度(T_s))和与植被覆盖有关的植被指数(VI)(图 17.8)。因此，Wang(2007)提出了一种基于 R_n，T_a 或者 T_s 和遥感卫星提供的 VI 来获取白天平均 λE 的方法(图 17.9)：

$$\lambda E = R_n(a_0 + a_1 \cdot T + a_2 \cdot VI) \tag{17.27}$$

式(17.27)用一种简单的方式表达了 λE 随净辐射和温度的变化，这与 Prestley-Taylor 公式[式(17.16)]一致。另外，式(17.27)增加了植被对于 λE 的影响。也有研究(Anderson et al.，2009；Choudhury，1994；Kim et al.，2008；Schuttemeyer et al.，2007)提出了一个相似的方程，将植被覆盖度和 λE 联系起来：

$$\lambda E = VF \cdot \alpha \frac{\Delta}{\Delta + \gamma} \cdot (R_n - G) \tag{17.28}$$

其中，VF 是 VI 的线性函数。式(17.27)和式(17.28)均未考虑土壤水分胁迫对 λE 的影响。Wang 等(2008)通过温度的日变化(DTR)解决了此参数化问题：

$$\lambda E = R_n(b_0 + b_1 \cdot T + b_2 \cdot VI + b_3 \cdot DTR) \tag{17.29}$$

通过与陆面模式模拟的结果相比，上式可以在全球范围内较好地估算出陆面蒸散(Wang et al.，2008)。这些经验方法将 λE 与植被及其主要环境控制因子联系起来。一些农作物系数方法同样利用植被状况和潜在蒸散的经验性关系来估算 λE(Gordon et al.，2005；Rana et al.，2000)。

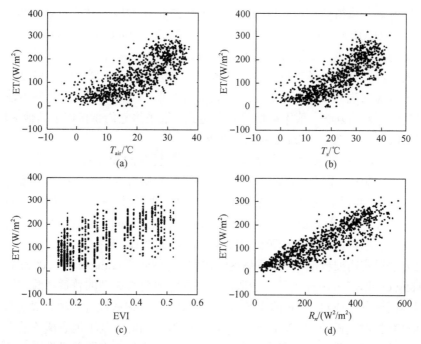

图 17.8 在南部大平原站点 λE(or ET) 分别与日平均气温 (T_{air})(a)、日平均地表温度 (T_s)(b)、
增强植被指数 (EVI)(c) 以及地表净辐射 (R_n) 的散点图 (d) (Wang et al., 2007)

λE 随净辐射、温度、植被指数近线性增加

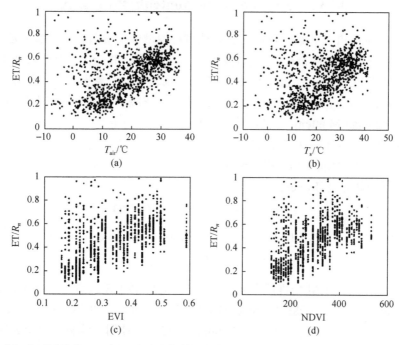

图 17.9 在南部大平原站点，λE(or ET) 由净辐射归一化后 (ET/R_n) 分别与日平均气温 (T_{air})(a)、日平均
地表温度 (T_s)(b)、增强植被指数 (EVI)(c) 以及归一化植被指数 (NDVI) 的散点图 (d) (Wang et al., 2007)

归一化蒸散 ET/R_n 随温度和植被指数近线性增加

微波发射率差值植被指数(EDVI)，即 19 和 37GHz 波段的微波发射率的差异，同样可以用来估算 λE(Becker et al.，1988；Li et al.，2009；Min et al.，2006)。EDVI 能够反映植被冠层的物理性质，如植被冠层的含水量。

一些人工神经网络以及支持向量机技术的方法也被用于遥感反演，将 R_s，T_s，T_a，VI，和地表覆盖与观测 λE 联系起来，并将训练结果应用到空间上。这些方法也是经验性的，但是已发表的方法一般不提供显式表达式，很难将它们直接用于其他区域(Jung et al.，2009；Lu et al.，2010；Yang et al.，2006)。

上述简单的经验方法用于估算 λE 时与较为复杂的模型相比有着一致的准确性(Jiménez et al.，2010；Kalma et al.，2008)。但进一步研究表明，不同经验模型模拟精度差别很大，利用更为详细的模型以及同时考虑净辐射要素对于提高 λE 模拟具有明显作用(Carter and Liang，2018)。虽然还有很多方面需要改进(Wang et al.，2010)，这类方法的简单适用性使它们被应用于全球范围(Wang et al.，2008)，见表 17.3。

经验方法通常需要校准，为了避免这一问题，有些研究(Jung et al.，2009；Wang et al.，2008；Wang et al.，2010)提出了一些适用于不同陆面覆盖类型的普适经验方法。但是，实验表明不同树种组成对于 λE 的影响较大。例如，落叶树种比针叶树种具有较高的 λE，北方森林具有相对较低的 λE(Margolis et al.，1997)。因此，基于地表覆盖的参数化方案可能是更好的选择，如 Sellers 等(Sellers et al.，1997)将与地表覆盖类型有关的参数——最大气孔导度(g_s)用于陆面模型的参数化过程中。

17.3.5　经验 Penman-Monteith(P-M)公式

Penman-Monteith 公式被广泛应用于陆地过程模型中植被蒸腾或土壤蒸发的估算，因为它仅需要常规观测作为输入，而不需要输入温度梯度。联合国粮食和农业组织(FAO)推荐其用来估算 λE(Allen et al.，1998)。因为需要较多的气象参数，并需要对植被气孔导度进行参数化，Penman-Monteith 公式最近才被广泛应用到卫星遥感估算 λE。

大部分 Penman-Monteith 方法都将卫星反演的变量与 g_s 经验性地关联起来。Cleugh 等(2007)在 Penman-Monteith[式(17.14)]中直接将气孔导度(气孔阻力的倒数)与卫星获得的叶面积指数(LAI)联系起来用于估算 λE。该模型通过环境控制因子调整气孔导度，并将之应用于全球尺度(Mu et al.，2007)：

$$g_s = g_{s,\min} \cdot \text{LAI} \cdot f(T_{\min}) \cdot f(\text{VPD}) \tag{17.30}$$

同样，Wang 等(2010)使用 VI 和相对湿度亏损(RHD=1–RH/100)来参数化气孔导度：

$$g_s \approx (1 - \text{RH}/100) \cdot (a_0 + a_1 \cdot \text{VI}) \tag{17.31}$$

式(17.30)将 g_s 与 LAI 线性联系起来，所以当 LAI 高于 3 或者 4 时会导致 g_s 的高估。式(17.31)(Bucci et al.，2008；Glenn et al.，2007；Lu et al.，2003；Suyker et al.，2008)中采用植被指数可能会改进上述缺点。Leuning 等(2008)使用生物物理双参数模型代替式(17.30)。该模型需要区域校准，这一要求限制了它的应用。在可变下渗能力模型(VIC)中式(17.30)也得到了改进(Sheffield et al.，2010)。

17.3.6　数据同化方法

卫星遥感仅能够获取瞬时数据，并提供与 λE 相关的地表变量的空间变化。然而，这些变量只能在晴空条件下准确地用卫星光学和热红外观测进行估计，而在有云的情况下是无法获得 albedo、VI 和 T_s 等反演数据的（Baroncini et al.，2008）。卫星反演数据必须经过时间和空间的插值来提供时间和空间连续的数据。陆面数据同化（LDA）提供了一种将卫星观测与陆面模拟相融合的物理方法（Li et al.，2009；Reichle，2008）。

我们这里讨论 Caparrini 等（2003）提出的一种典型的同化方法。它将卫星 T_s 同化于地表温度的强迫恢复公式：

$$\frac{\mathrm{d}T_s}{\mathrm{d}t} = \frac{2\sqrt{\pi\omega}}{P}\left[R_n - \frac{1}{1-\mathrm{EF}}H\right] - 2\pi\omega(T_s - T_d) \tag{17.32}$$

$$H = \rho \cdot C_p \cdot C_{\mathrm{HN}}\cdot[1 + 2(1 - e^{10R_{\mathrm{iB}}})]\cdot U \cdot (T_s - T_a) \tag{17.33}$$

其中，C_{HN} 是中性条件下的整体输送系数；R_{iB} 是整体里查森数；U 为风速。这种变分同化算法通过总体传输模型（单源模型）和 $T_s - T_a$ 来参数化 H，并且将 T_s、辐射成分和地表热通量 G 联系起来。利用伴随状态模型来解决式（17.32）的变分问题。通过该模型，利用式（17.33）获取的 T_s 预测值和 T_s 观测值的均方根差异最小来有效搜索 C_{HN} 值和蒸发比 EF（Boni et al.，2001；Castelli et al.，1999；Crow et al.，2005）。这些方法与第 17.3.1～17.3.5 节中单纯的诊断方法相比有较大优势。最重要的是，它们提供一个时间连续的通量估计（Boni et al.，2001）。

上述变分方法在干燥，植被较少的地区反演 λE 和 H 效果较好。然而在湿润地区和植被覆盖密集的区域反演蒸发比 EF 和 C_{HN} 比较困难（Crow et al.，2005）。变分方法的单源模式的本质阻碍了对 λE 和 C_{HN} 有效反演（Crow et al.，2005）。因此，后来的算法融合了双源模型概念，将蒸发比 EF 分为土壤和冠层两个部分（Caparrini et al.，2004）。这里引入前期降水量指数（API）来融合降水对 λE 影响（Caparrini et al.，2004）：

$$\mathrm{EF} = a + b\frac{\arctan(K \cdot \mathrm{API})}{\pi} \tag{17.34}$$

K 是另一个需要用变分方法进行优化的参数。这些改进融入了更多从卫星观测 T_s 来获取的参数。然而，它并未改变总体传输模型计算 H 的缺点，并且依赖于 $T_s - T_a$。因此，该算法在干燥和植被稀疏的区域准确性较高，因为这些区域 $T_s - T_a$ 相对较大，所以算法对 T_s 或者 T_a 误差的敏感性相对较小。但是在像元尺度上对 T_a 和 T_s 准确估计的要求为其广泛应用带来了阻碍。

近期，卫星遥感 T_s 被同化进一个耦合的全球陆气数据同化系统中（Jang et al.，2010），明确改进了模型的状态偏差。然而，一些研究表明，同化 T_s 不会大幅改善 λE 模拟的精度（Bosilovich et al.，2007）。改善较低的一个可能原因是卫星反演的 T_s 只能代表表面温度（Crow et al.，2003；Reichle，2008），而陆面模型中使用的是地表土壤层温度，虽然在不同模型中要求不同，其厚度分布约为 5～20cm（Tsuang et al.，2009）。

17.4　遥感模型的标定和检验

　　从卫星反演得到的地表参数估算 λE 需要地基观测来标定和检验。目前，涡度相关技术(EC)，波文比(BR)能量平衡观测塔系统和闪烁仪系统收集的观测数据都可以满足这一要求。而对于大尺度，长时间序列遥感反演 λE 产品的验证，地表水量平衡方法被认为是标准方法。这里对这些方法进行简要介绍。

17.4.1　涡度相关技术(EC)

　　EC 技术通过统计热通量和水汽变化以及风速之间的协方差来测量 H 和 λE(图 17.10)。在 20 世纪 50 年代，澳大利亚联邦科学与工业研究组织(CSIRO)的科学家首先发明了该方法(Garratt et al.，1990；Hogstrom et al.，1996)。目前，这种方法被认为是直接测量 H 和 λE 最好的方法，并在许多重要的边界层观测实验中广泛应用(Aubinet et al.，1999；Baldocchi et al.，1996；Baldocchi et al.，2001；Wilson et al.，2002)，特别是在全球通量观测网络(FLUXNET)(图 17.11)。λE 的观测误差一般约为 5%～20%，或 20～50W/m^2(Foken，2008；Vickers et al.，2010)。

图 17.10　安装在南部大平原设施中心的多个涡度相关系统，
主要用来收集数据并比较潜热通量和感热通量

　　但是 EC 方法受到能量不闭合问题的影响，即 $H + λE < R_n - G$。假如能量闭合率定义为 $R = (H + λE)/(R_n - G)$，值约为 0.8(Wilson et al.，2002)，见图 17.4。现有的方法对已知的能量不闭合(Foken et al.，2006；Foken，2008)进行了修正(Finnigan et al.，2003；Finnigan，2004；Fuehrer et al.，2002；Gockede et al.，2008；Massman et al.，2002；Mauder et al.，2008)。这些修正大幅提高了 λE 和 H 的估算精度，并且提高了能量闭合率 R(Finnigan et al.，2003；Kanda et al.，2004；Oncley et al.，2007)，但纠正后的闭合率 R 仍然低于 1。Foken(2008)认为涡度相关技术只能测量小漩涡，较低边界层的大漩涡在能量平衡中贡献较大，但由于没有接触地表或处于稳定状态，因此无法通过涡度相关法测量得到。

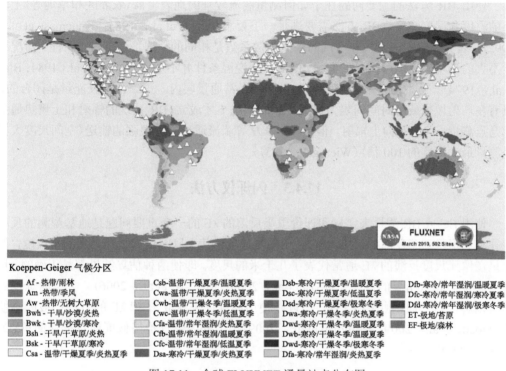

Koeppen-Geiger 气候分区

Af - 热带/雨林
Am -热带/季风
Aw -热带/无树大草原
Bwh - 干旱/沙漠/炎热
Bwk - 干旱/沙漠/寒冷
Bsh - 干旱/干草原/炎热
Bsk - 干旱/干草原/寒冷
Csa - 温带/干燥夏季/炎热夏季

Csb-温带/干燥夏季/温暖夏季
Cwa-温带/干燥冬季/炎热夏季
Cwb-温带/干燥冬季/温暖夏季
Cwc-温带/干燥冬季/低温夏季
Cfa-温带/常年湿润/炎热夏季
Cfb-温带/常年湿润/温暖夏季
Cfc-温带/常年湿润/低温夏季
Dsa-寒冷/干燥夏季/炎热夏季

Dsb-寒冷/干燥夏季/温暖夏季
Dsc-寒冷/干燥夏季/低温夏季
Dsd-寒冷/干燥夏季/极寒冬季
Dwa-寒冷/干燥冬季/炎热夏季
Dwd-寒冷/干燥冬季/温暖夏季
Dwb-寒冷/干燥冬季/温暖夏季
Dwc-寒冷/干燥冬季/极寒夏季
Dfa-寒冷/常年湿润/炎热夏季

Dfb-寒冷/常年湿润/温暖夏季
Dfc-寒冷/常年湿润/寒冷夏季
Dfd-寒冷/常年湿润/极寒冬季
ET-极地/苔原
EF-极地/森林

图 17.11　全球 FLUXNET 通量站点分布图

17.4.2　波文比能量平衡方法(BR)

　　能量平衡波文比(BR)方法是通过同步观测的气温和湿度的垂直梯度来分解能量平衡等式中的各部分(图 17.12)(Bowen,1926)。在湿润的条件下,使用 BR 方法可以得到较好的观测。但这种方法在非常干燥或是地表温度、湿度平流比较大的情况下可能不够准确(Angus et al.,1984)。

图 17.12　安装在南部大平原的波文比能量平衡(EBBR)系统
利用净辐射观测,土壤表面热通量,温度和相对湿度的垂直梯度估算通量

使用 BR 方法的主要问题在于如何测量湍流较强的地表覆盖(农灌区和草地等)上较小的温度和湿度梯度。BR 方法需要满足一下要求(Angus et al.，1984；Kanemasu et al.，1992)。首先，假定热空气和水汽的湍流扩散系数是相同的，这是一个与"中性"情况差异不大的环境下才能够满足的假设，但对于强逆温条件并不适用(Angus et al.，1984；Blad et al.，1974)。同时温度和湿度梯度测量必须在常通量层内。第二，地表能量是闭合的，只有在均匀地表或者时间间隔为日或更长的情况下才成立。BR 系统的辐射和土壤热通量都是点测量，尤其是向上辐射，但是 λE 和 H 等湍流通量具有很强的输送(空间尺度大概是测量最大高度的 100 倍)(Wiernga，1993)。

17.4.3　闪烁仪方法

使用 EC 或 BR 测量来定标和评价卫星反演的 λE 的一个重要问题是地基观测的尺度往往小于卫星遥感反演的尺度。EC 或 BR 测量包括其上风区仅代表几百米的小尺度，但卫星在像元尺度反演的 λE 通常代表了几千米的尺度。即使两种估算结果都是正确的，尺度不同也会导致结果的巨大差异(Li et al.，2008；McCabe et al.，2006)。大型闪烁仪测量可以解决这一问题(图 17.13)。最近，使用闪烁仪来获取 H 和 λE 的方法已被广泛使用(Moene et al.，2009；Solignac et al.，2009)。另外闪烁仪价格低廉而且操作简单(De Bruin，2009)。

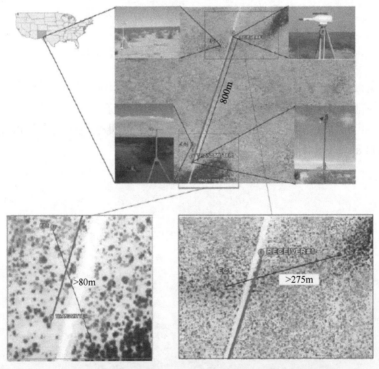

图 17.13　美国新墨西哥州拉斯克鲁塞斯附近实验场大孔径闪烁仪和两个涡度相关系统的布局
(Zeweldi et al.，2010)

然而,闪烁仪不能够提供 λE 的直接测量和信号,即正或者负(Lagouarde et al.,2002)。它需要结合 MOST 理论计算地表感热通量 H,然后使用能量余项法[式(17.1)]计算 λE (de Bruin et al.,1993;Solignac et al.,2009)。Zhang 等(2010)的研究表明,闪烁仪测量对 H 的高估(Chehbouni et al.,2000;Hoedjes et al.,2007;Lagouarde et al.,2002;Von Randow et al.,2008)与 MOST 估计的较高摩擦速度有关。此外,相关研究显示,在 6 个 Kipp 和 Zonen 闪烁仪之间存在着高达 21%的显著差异(Kleissl et al.,2008;Kleissl et al.,2009)。

17.4.4 地表水量平衡方法

根据水量平衡方程,λE 可表示为

$$\lambda E = P - R - \Delta S \tag{17.35}$$

其中,P 是降雨;R 是径流;ΔS 是地表水储量变化。在年尺度或者更长时间尺度上,一般假定 ΔS 为 0,因此 λE 可直接由 P 和 R 得到。

但是过去几十年,人类活动,如水库建设已经显著改变了区域水循环(Chao et al.,2008;Haddeland et al.,2014;Mateo et al.,2014;Vörösmarty et al.,1997)。新建水库蓄水直接导致入海径流降低(Biemans et al.,2011;Jaramillo et al.,2015)。但是这部分水并没有被蒸发掉,而是储存在新建水库里,从而增加了陆表水储量。因此利用水量平衡方法计算 λE 时,需要从水量平衡方程中扣除掉,如果不考虑新建水库蓄水导致的地表水储量变化,λE 变化趋势估算将会有很大误差。Mao 等(2016)评估了中国 1997~2014 年新建水库蓄水对利用地表水量平衡方法计算的 λE 趋势的影响,发现 1997~2014 年间中国水库总库容增加了 $0.38 \times 10^{12} m^3$,如果不考虑这一陆表水储量变化 ΔS,计算的 λE 将高估 4.2%/10a,而如果考虑这一变化,计算得到的 λE 趋势就明显降低,呈现基本为 0 的趋势(图 17.14),这一趋势和 λE 的三大主导因子(即降雨 P,地表太阳入射辐射 R_s 和气温 T_a)近乎为零的变化是一致的。因而基于考虑水库蓄水得到的 λE 数据集,将能更好地验证遥感反演 λE 产品的有效性(Mao and Wang,2017)。

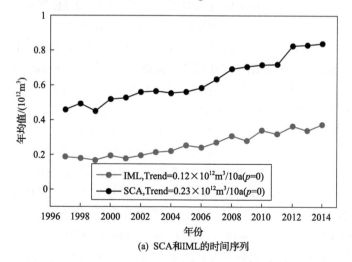

(a) SCA和IML的时间序列

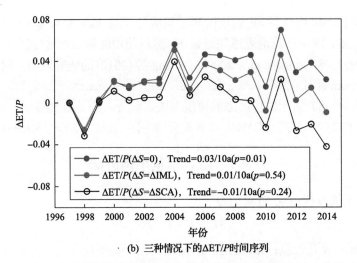

(b) 三种情况下的 ΔET/P 时间序列

图 17.14　1997～2014 年间所有水库总库容(SCA)和大中型水库实际蓄水量(IML)的时间序列和三种情况下的 ΔET/P 时间序列即 ΔS=0，ΔS=ΔSCA 和 ΔS=ΔIML(Zeweldi et al.，2010)

1997～2014 年间每年的 ΔET 以 1997 年为基础值，通过 ΔET=ΔP–ΔR–ΔS 计算得到，降雨 P 和径流 R 为每年观测值。图中也显示了每个时间序列的趋势 Trend 和 T 检验 p 值。为了便于比较，(a) 中 SCA 和 IML 的单位(m³/a) 通过除以中国国土面积(包括陆地和水域)即 9.6×10¹²m² 得到以 mm/a 为单位的值

17.5　全球和区域遥感 λE 产品及其时空特征

基于上述基础理论和各种遥感反演模型，全球 λE 产品也获得了较大发展，并被广泛应用于研究全球或者区域 λE 时空变化特征。Cleugh 等(2007)提出了一种利用网格气象数据和 Penman-Monteith 公式计算 1km×1km 分辨率的 λE 方法，其中植被气孔导度由中分辨率成像光谱仪(Moderate Resolution Imaging Spectroradiometer，MODIS)遥感数据获取的叶面积指数简化得到；Mu 等(2007)修改了 Cleugh 等(2007)提出的植被气孔导度模型，并基于 MODIS 卫星数据和全球气象数据发展了一种全球 λE 遥感反演算法，得到的全球 λE 数据集在空间特征方面和 MODIS 总初级生产力和净初级生产力空间分布特征更加一致。这一算法又得到了进一步改进(Mu et al.，2011)，λE 计算精度得到进一步提高，为研究全球陆表水循环、能量循环和环境变化提供了关键信息。Fisher 等(2008)发展了一个将 Priestley-Taylor 估算的潜在 λE 转换为实际 λE 的方法，并利用国际卫星陆面气候学项目计划 2(International Satellite Land-Surface Climatology Project，Initiative II，ISLSCP-II)和改进型甚高分辨率光谱仪(Advanced Very High Resolution Radiometer，AVHRR)两个全球连续数据集计算了 1986～1993 年间全球月尺度时间分辨率和 1°×1°空间分辨率的 λE 数据集，λE 估算精度在水分限制区域得到了提高，并进而研究了全球、区域和纬向上的 λE 时空特征。Jung 等(2010)利用全球通量网、气象和遥感观测以及机器学习算法，获取了全球 1982～2008 年间的 λE 数据集。Zhang 等(2010)利用遥感估算模型评估了 1983～2006 年间的全球陆表 λE，其中利用修改的 Penman-Monteith 模型计算植被蒸腾和土壤蒸发，Priestley-Taylor 方法计算水体蒸发，结果表明全球 λE 时空变化和流域水量平衡得到

的 λE 时空变化比较一致。Miralles 等(2011)基于各种卫星遥感产品和 Priestley-Taylor 模型估算了全球 0.25°×0.25° 网格尺度上的日蒸发,验证结果表明产品精度较高。

量化 λE 时空分布特征对于理解陆气相互作用,提高区域水资源和土地资源管理水平(Raupach,2001),监测与评价干旱状况(McVicar and Jupp,1998)具有重要意义。全球 λE 分布总体呈现热带地区 λE 较高,高纬度地区 λE 较小的特征(Yuan et al.,2010),但是在具体区域,不同 λE 算法表现不一。Jiménez 等(2011)比较了 12 种 λE 产品,发现所有 λE 数据展示的空间格局均与主要的气候条件和地理特征相符,但是不同数据集得到的 λE 绝对值相差很大,尤其在热带雨林地区。Mueller 等(2011)比较了不同数据集的 λE 空间格局分布,发现相较于基于观测的 λE 数据集,政府间气候变化专门委员会第四次评估报告(Intergovernmental Panel on Climate Change Fourth Assessment Report,IPCC AR4)包含的全球气候模式模拟结果在印度和南美地区具有显著低估现象,而在半干旱区域如澳大利亚西部、中国西部和美国西部呈现显著高估的现象。

研究表明全球变暖情况下水文循环可能加剧(Huntington,2006),但仍然缺乏直接观测数据证明全球 λE 呈现增加趋势,大部分研究间接方法估算 ET 趋势变化。Gedney 等(2006)利用陆面模型和最优指纹识别统计方法,发现 20 世纪 60 年代之后全球 λE 呈现减小的趋势,研究表明这是由于人类活动导致二氧化碳浓度升高,气孔提前关闭,从而植被蒸腾减小造成的。而 Piao 等(2007)发现当考虑到二氧化碳作为一种作物肥料,全球植物叶子面积增加时,全球 λE 从 1901 到 1999 年反而呈现增加的趋势,因而 λE 减小不是气孔对增加的二氧化碳浓度"抗蒸腾"的响应原因,而土地利用变化可能是导致 λE 减小的原因。Wang 等(2010b)利用修订的 Penman-Monteith 模型,发现全球陆表 λE 在 1982~2002 年间呈现 2.2% 的增加趋势,而地表太阳辐射和风速变化是控制 λE 长期变化的关键因素。

Jung 等(2010)基于全球通量网、气象和遥感观测数据,利用机器学习算法估算了全球 1982~2008 年陆表 ET,结果表明全球陆表年 ET 从 1982~1997 年每十年平均增加了 7.1±1.0mm/a,1998 年以后 ET 增加趋势停滞,研究中将这个变化归因于南半球特别是非洲和澳大利亚地区土壤水含量下降,并不是二氧化碳浓度升高导致的气孔关闭或者土地利用变化。Wang 和 Dickinson(2012)指出 Jung 等(2010)没有考虑地表太阳入射辐射对 ET 的影响,而在湿润区太阳辐射是控制 ET 变化的关键参数,因而该模型得出的全球平均陆地蒸散降低的结论并不可靠。Zeng 等(2012)通过整合降雨、温度和植被指数,发展了一个空间回归模型,同样发现全球陆表 λE 在 1982~2009 年间以 1.1mm/a 的速度增加,尤其在亚马孙和东南亚地区增加趋势最大。在这一时间段,Mao 等(2015)利用多种遥感数据和陆面模式也得到了同样显著增加的 λE 趋势,并将这一增加趋势的主导原因归结于气候变化,其次是 CO_2 浓度和氮沉积量。另一研究表明,1981~2012 年 λE 及其三个组分(植被蒸腾,土壤蒸发和植被截留水汽)的模拟结果显示,植被蒸腾作用增强和截留水分增加,进而导致全球陆地 λE 显著增加(Zhang et al.,2016)。另有研究表明全球陆地 λE 可能没有变化。Sheffield 等(2012)指出以前的研究中由于凭借一个简单的只对温度变化响应的 λE 模型而认为全球干旱增加的观点是不正确的,他们通过更可靠的模型,并且考虑了能量,湿度和风速的变化,结果表明过去 60 年全球干旱基本没有变化。而 Mueller 等(2013)通过整合多种 λE 产品,以及 Zeng 等(2014)通过将水量平衡模型与机器学习算法耦合,两

者得到的 λE 在 1982～2009 年之间呈现减小趋势，均与(Jung et al.，2010)相一致。

因此，结合高精度遥感产品和 λE 模型准确估算全球或区域 λE，是大尺度长时间序列 λE 获取的重要来源，为更好地研究 ET 时空特征变化提供了关键数据。

17.6　小　　结

本章介绍了测量和估算 λE 的基本理论，包括莫宁－奥布霍夫相似理论(MOST)和 Penman-Monteith 公式，并回顾了这些理论在卫星遥感领域的应用。这两种基本理论并没有本质上的区别，因为 Penman-Monteith 公式是从 MOST 推导而来。然而，在实际应用中，两类方法的差异较大。MOST 相似方法使用 T_s–T_a，因此需要 T_s 和 T_a 的准确估计。这种敏感性在使用 Penman-Monteith 公式的方法中大幅降低，因为这类方法需要有效能量和气孔导度。气孔导度通常由植被指数或者叶面积指数来对这两个变量进行参数化。

卫星反演的瞬时 T_s 是控制有效能量和 λE 的关键参数，这个参数只有在晴空条件下有限时段内才有数据。而数据同化方法可以用来填补时间和空间的空缺。因此，数据同化是融合卫星瞬时估算的 λE 的有效工具，进而能够在日、月和较长时间尺度上提供更加可靠的 λE 估算结果。

卫星反演的瞬时 λE 需要瞬时的观测来定标和验证。目前，使用涡度相关技术(EC)、能量平衡波文比(BR)系统和闪烁仪系统收集的观测可以满足这一要求。涡度相关方法直接测量湍流量并给出 λE。但是，该方法通常低估 λE，波文比方法通过观测波文比来对地表净辐射进行分配。但是波文比受上风方向的影响较大。净辐射和波文比也有空间尺度方面的差异，往往因此导致 λE 的较大误差。

尺度不匹配是使用 EC 或 BR 测量来定标和评价卫星反演 λE 时面临的重要问题。因为相比卫星反演的尺度来讲，EC 或 BR 测量代表的尺度更小(Li et al.，2008；McCabe and Jupp，2006)。而闪烁仪测量解决了这个问题，因为它能够在几公里的景观尺度量化 H 和 λE(Solignac et al.，2009)。

近年来卫星反演 λE 已经取得了显著进展(French et al.，2005；Kustas et al.，2005；McCabe and Jupp，2006；Su et al.，2005)。研究表明，卫星反演的 λE 精度约 15%～30%(Kalma et al.，2008)。请注意 EC 测量精度是 5%～20%(Foken，2008)。

除卫星遥感反演参数以外，许多方法需要利用辅助数据来获取 λE 的空间分布，例如，近地表空气温度和风速。这一要求阻碍了这些方法的应用。已有的一些方法减少了对辅助数据的要求，其中一些方法只依赖于卫星反演的变量。精度是模型首先要考虑的因素，然而，辅助数据的需求量和不同条件下模型的适用性同样需要考虑。综合考虑方法的准确性和实用性也是评价卫星遥感方法反演 λE 值得考虑的问题。一些研究表明，简单的经验方法与复杂模型的估算精度相当(Jiménez et al.，2011；Kalma et al.，2008)。

目前不同反演方法的评估和相互比较仍然存在着较大问题。现有的大多数方法使用局地数据进行标定和检验。它们在其他地表覆盖类型和气候条件下的适用性需要进行进一步评估。缺乏标准验证数据同样限制了对遥感方法的评价。

卫星遥感在监测空间变化上具有明显的优势。然而，卫星遥感是否可以提供长期稳

定的 λE 估算值得质疑。由于受到辅助数据的限制，大多数卫星遥感反演 λE 的方法并不适用于长期的估算。

参 考 文 献

Agam N, Kustas W P, Anderson M C, et al. 2010. Application of the Priestley-Taylor approach in a two-source surface energy balance model. Journal of Hydrometeorology, 11 (1): 185-198

Allen R G, Tasumi M, Morse A, et al. 2007. Satellite-based energy balance for mapping evapotranspiration with internalized calibration (METRIC) - Applications. Journal of Irrigation and Drainage Engineering-Asce, 133 (4): 395-406

Allen R G, Tasumi M, Trezza R. 2007. Satellite-based energy balance for mapping evapotranspiration with internalized calibration (METRIC) - Model. Journal of Irrigation and Drainage Engineering-Asce, 133 (4): 380-394

Alves I, PereiraL S.2000. Modelling surface resistance from climatic variables? Agricultural Water Management, 42 (3): 371-385

Anderson M C, Norman J M, Diak G R, et al. 1997. A two-source time-integrated model for estimating surface fluxes using thermal infrared remote sensing. Remote Sensing of Environment, 60 (2): 195-216

Anderson M C, Norman J M, Mecikalski J R, et al. 2007. A climatological study of evapotranspiration and moisture stress across the continental United States based on thermal remote sensing: 1. Model formulation. Journal of Geophysical Research-Atmospheres, 112 (D10): D10117

Anderson M C, Norman J M, Mecikalski J R, et al. 2007. A climatological study of evapotranspiration and moisture stress across the continental United States based on thermal remote sensing: 2. Surface moisture climatology. Journal of Geophysical Research-Atmospheres, 112 (D11): D11112

Anderson R G, Goulden M L. 2009. A mobile platform to constrain regional estimates of evapotranspiration. Agricultural and Forest Meteorology, 149 (5): 771-782

Angus D E, Watts P J. 1984. Evapotranspiration—How good is the Bowen ratio method? Agricultural Water Management, 8 (1-3): 133-150

Aubinet M, Grelle A, Ibrom A, et al. 1999. Estimates of the Annual Net Carbon and Water Exchange of Forests: The EUROFLUX Methodology, in Advances in Ecological Research. Academic Press

Baldocchi D, Falge E, Gu L, et al. 2001. FLUXNET: A new tool to study the temporal and spatial variability of ecosystem scale carbon dioxide, water vapor, and energy flux densities. Bulletin of the American Meteorological Society, 82 (11): 2415-2434

Baldocchi D, Valentini R, Running S, et al. 1996. Strategies for measuring and modelling carbon dioxide and water vapour fluxes over terrestrial ecosystems. Global Change Biology, 2 (3): 159-168

Baroncini F, Castelli F, Caparrini F, et al. 2008. A dynamic cloud masking and filtering algorithm for MSG retrieval of land surface temperature. International Journal of Remote Sensing, 29 (12): 3365-3382

Batra N, Islam S, Venturini V, et al. 2006. Estimation and comparison of evapotranspiration from MODIS and AVHRR sensors for clear sky days over the Southern Great Plains. Remote Sensing of Environment, 103 (1): 1-15

Becker F, Choudhury B J. 1988. Relative sensitivity of normalized difference vegetation index (NDVI) and microwave polarization difference index (MPDI) for vegetation and desertification monitoring. Remote Sensing of Environment, 24 (2): 297-311

Beer C, Reichstein M, Tomelleri E, et al. 2010. Terrestrial gross carbon dioxide uptake: Global distribution and covariation with climate. Science, 329 (5993): 834-838

Beven K. 1979. Sensitivity analysis of the Penman-Monteith actual evapotranspiration estimates.Journal of Hydrology, 44 (3-4): 169-190

Biemans H, Haddeland I, Kabat P, et al. 2011. Impact of reservoirs on river discharge and irrigation water supply during the 20th century. Water Resources Research, 47 (3): W03509

Blad B L, Rosenber N J. 1974. Lysimetric calibration of Bowen ratio-energy balance method for evapotranspiration estimation in Central Great Plains. Journal of Applied Meteorology, 13 (2): 227-236

Boni G, Castelli F, Entekhabi D. 2001. Sampling strategies and assimilation of ground temperature for the estimation of surface energy balance components. Ieee Transactions on Geoscience and Remote Sensing, 39(1): 165-172

Boni G, Entekhabi D, Castelli F. 2001. Land data assimilation with satellite measurements for the estimation of surface energy balance components and surface control on evaporation. Water Resources Research, 37(6): 1713-1722

Bosilovich M G, Radakovich J D, da Silva A, et al. 2007. Skin temperature analysis and bias correction in a coupled land-atmosphere data assimilation system. Journal of the Meteorological Society of Japan, 85A: 205-228

Bowen I S. 1926. The ratio of heat losses by conduction and by evaporation from any water surface. Physical Review, 27(6): 779

Brutsaert W, ChenD. 1995. Desorption and the two stages of drying of natural tallgrass prairie. Water Resources Research, 31(5): 1305-1313

Bucci S J, Scholz F G, Goldstein G, et al. 2008. Controls on stand transpiration and soil water utilization along a tree density gradient in a Neotropical savanna. Agricultural and Forest Meteorology, 148(6-7): 839-849

Burba G, Anderson D. 2008. Introduction to the eddy covariance method: general guidelines and conventional workflow. ed. http://www.licor.com/env/2010/applications/eddy_covariance.jsp a a. available at: http://www.licor.com/env/2010/applications/eddy_covariance.jsp

Businger J A, Wyngaard J C, IzumiY, et al. 1971. Flux-profile relationships in atmospheric surface layer.Journal of the Atmospheric Sciences, 28(2): 181-189

Caparrini F, Castelli F, Entekhabi D. 2003. Mapping of land-atmosphere heat fluxes and surface parameters with remote sensing data. Boundary-Layer Meteorology, 107(3): 605-633

Caparrini F, Castelli F, Entekhabi D. 2004. Estimation of surface turbulent fluxes through assimilation of radiometric surface temperature sequences. Journal of Hydrometeorology, 5(1): 145-159

Caparrini F, Castelli F, Entekhabi D. 2004. Variational estimation of soil and vegetation turbulent transfer and heat flux parameters from sequences of multisensor imagery. Water Resources Research, 40(12): W12515

Carlson T. 2007. An overview of the "triangle method" for estimating surface evapotranspiration and soil moisture from satellite imagery. Sensors, 7(8): 1612-1629

Carlson T N, Gillies R R, Schmugge T J. 1995. An interpretation of methodologies for indirect measurement of soil water content. Agricultural and Forest Meteorology, 77(3-4): 191-205

Castelli F, Entekhabi D, Caporali E. 1999. Estimation of surface heat flux and an index of soil moisture using adjoint-state surface energy balance. Water Resources Research, 35(10): 3115-3125

Chahine M T. 1992. The hydrological cycle and its influence on climate. Nature, 359(6394): 373-380

Chao B F, Wu Y H, Li Y S. 2008. Impact of artificial reservoir water impoundment on global sea level. Science, 320(5873): 212-214

Chehbouni A, Watts C, Lagouarde J P, et al. 2000. Estimation of heat and momentum fluxes over complex terrain using a large aperture scintillometer. Agricultural and Forest Meteorology, 105(1-3): 215-226

Chen D Y, Brutsaert W. 1995. Diagnostics of land surface spatial variability and water vapor flux. Journal of Geophysical Research: Atmospheres, 100(D12): 25, 595-25, 606

Choudhury B J. 1994. Synergism of multispectral satellite-observations for estimating regional land-surface evaporation. Remote Sensing of Environment, 49(3): 264-274

Cleugh H A, Leuning R, Mu Q, et al. 2007. Regional evaporation estimates from flux tower and MODIS satellite data. Remote Sensing of Environment, 106(3): 285-304

Crow W, Kustas W. 2005. Utility of assimilating surface radiometric temperature observations for evaporative fraction and heat transfer coefficient retrieval. Boundary-Layer Meteorology, 115(1): 105-130

Crow W T, Wood E F. 2003. The assimilation of remotely sensed soil brightness temperature imagery into a land surface model using Ensemble Kalman filtering: a case study based on ESTAR measurements during SGP97. Advances in Water Resources, 26(2): 137-149

De Bruin H A R. 2009. Time to think: Reflections of a pre-pensioned scintillometer researcher. Bulletin of the American Meteorological Society, 90 (5) : ES17-ES26

de Bruin H A R, Kohsiek W, Hurk B J J M. 1993. A verification of some methods to determine the fluxes of momentum, sensible heat, and water vapour using standard deviation and structure parameter of scalar meteorological quantities. Boundary-Layer Meteorology, 63 (3) : 231-257

Deardorff J W. 1978. Efficient prediction of ground surface temperature and moisture, with inclusion of a layer of vegetation. Journal of Geophysical Research: Oceans, 83 (C4) : 1889-1903

Dyer A J. 1974. A review of flux-profile relationships.Boundary-Layer Meteorology, 7 (3) : 363-372

Finnigan J J. 2004. A re-evaluation of long-term flux measurement techniques - Part II: Coordinate systems. Boundary-Layer Meteorology, 113 (1) : 1-41

Finnigan J J, Clement R, Malhi Y, et al. 2003. A re-evaluation of long-term flux measurement techniques - Part I: Averaging and coordinate rotation. Boundary-Layer Meteorology, 107 (1) : 1-48

Fisher J B, Tu K P, Baldocchi D D. 2008. Global estimates of the land-atmosphere water flux based on monthly AVHRR and ISLSCP-II data, validated at 16 FLUXNET sites. Remote Sensing of Environment, 112 (3) : 901-919

Foken T. 2008. The energy balance closure problem: An overview. Ecological Applications, 18 (6) : 1351-1367

Foken T, Wimmer F, Mauder M, et al. 2006. Some aspects of the energy balance closure problem. Atmospheric Chemistry and Physics, 6: 4395-4402

French A N, Jacob F, Anderson M C, et al. 2005. Surface energy fluxes with the Advanced Spaceborne Thermal Emission and Reflection radiometer (ASTER) at the Iowa 2002 SMACEX site (USA). Remote Sensing of Environment, 99 (1-2) : 55-65

Fuehrer P L, Friehe C A. 2002. Flux corrections revisited. Boundary-Layer Meteorology, 102 (3) : 415-457

Gao Y C, Long D. 2008. Intercomparison of remote sensing-based models for estimation of evapotranspiration and accuracy assessment based on SWAT. Hydrological Processes, 22 (25) : 4850-4869

Garratt J R, HessG D, Physick W L, et al. 1996. The atmospheric boundary layer—Advances in knowledge and application.Boundary-Layer Meteorology, 78 (1-2) : 9-37

Garratt J R, Hicks B B. 1990. Micrometeorological and PBL experiments in Australia. Boundary-Layer Meteorology, 50 (1) : 11-29

Gedney N, Cox P M, Betts R A, et al. 2006. Detection of a direct carbon dioxide effect in continental river runoff record. Nature, 439: 835-838

Gillies R R, Kustas W P, Humes K S. 1997. A verification of the 'triangle' method for obtaining surface soil water content and energy fluxes from remote measurements of the Normalized Difference Vegetation Index (NDVI) and surface e. International Journal of Remote Sensing, 18 (15) : 3145-3166

Glenn E P, Huete A R, Nagler P L, et al. 2007. Integrating remote sensing and ground methods to estimate evapotranspiration. Critical Reviews in Plant Sciences, 26 (3) : 139-168

Gockede M, Foken T, Aubinet M, et al. 2008. Quality control of CarboEurope flux data - Part 1: Coupling footprint analyses with flux data quality assessment to evaluate sites in forest ecosystems. Biogeosciences, 5 (2) : 433-450

Gordon L J, Steffen W, J枚nsson B F, et al. 2005. Human modification of global water vapor flows from the land surface. Proceedings of the National Academy of Sciences of the United States of America, 102 (21) : 7612-7617

Haddeland I, Heinke J, Biemans H, et al. 2014. Global water resources affected by human interventions and climate change. Proceedings of the National Academy of Sciences, 111 (9) : 3251-3256

Hoedjes J C B, Chehbouni A, Ezzahar J, et al. 2007. Comparison of large aperture scintillometer and eddy covariance measurements: Can thermal infrared data be used to capture footprint-induced differences? Journal of Hydrometeorology, 8 (2) : 144-159

Högström U. 1988. Non-dimensional wind and temperature profiles in the atmospheric surface layer: A re-evaluation. Boundary-Layer Meteorology, 42 (1-2) : 55-78

Hogstrom U, Bergstrom H. 1996. Organized turbulence structures in the near-neutral atmospheric surface layer. Journal of the Atmospheric Sciences, 53 (17) : 2452-2464

Huntington T G. 2006. Evidence for intensification of the global water cycle: review and synthesis. Journal of Hydrology, 319:83-95

Iwasaki H, Saito H, Kuwao K, et al. 2010. Forest decline caused by high soil water conditions in a permafrost region. Hydrology and Earth System Sciences, 14 (2): 301-307

Jang K, Kang S, Kim J, et al. 2010. Mapping evapotranspiration using MODIS and MM5 four-dimensional data assimilation. Remote Sensing of Environment, 114 (3): 657-673

Jaramillo F, Destouni G. 2015. Local flow regulation and irrigation raise global human water consumption and footprint. Science, 350 (6265): 1248-1251

Jiang L, Islam S. 2001. Estimation of surface evaporation map over Southern Great Plains using remote sensing data. Water Resour. Res. 37 (2): 329-340

Jiang L, Islam S. 2003. An intercomparison of regional latent heat flux estimation using remote sensing data. International Journal of Remote Sensing, 24 (11): 2221-2236

Jiménez C, Prigent C, Mueller B, et al. 2011. Global inter-comparison of 12 land surface heat flux estimates. J. Geophys. Res, 116: D02102

Jung M, Reichstein M, Bondeau A. 2009. Towards global empirical upscaling of FLUXNET eddy covariance observations: validation of a model tree ensemble approach using a biosphere model. Biogeosciences, 6 (10): 2001-2013

Jung M, Reichstein M, Ciais P, et al. 2010. Recent decline in the global land evapotranspiration trend due to limited moisture supply. Nature, 467 (7318): 951-954

Kalma J D, McVicar T R, McCabe M F. 2008. Estimating land surface evaporation: a review of methods using remotely sensed surface temperature data. Surveys in Geophysics, 29 (4-5): 421-469

Kanda M, Inagaki A, Letzel M O, et al. 2004. LES study of the energy imbalance problem with Eddy covariance fluxes. Boundary-Layer Meteorology, 110 (3): 381-404

Kanemasu E T, Verma S B, Smith E A, et al. 1992. Surface Flux Measurements in FIFE - an Overview. Journal of Geophysical Research-Atmospheres, 97 (D17): 18547-18555

Kim S, Kim H S. 2008. Neural networks and genetic algorithm approach for nonlinear evaporation and evapotranspiration modeling. Journal of Hydrology, 351 (3-4): 299-317

Kleissl J, Gomez J, Hong S H, et al. 2008. Large aperture scintillometer intercomparison study. Boundary-Layer Meteorology, 128 (1): 133-150

Kleissl J, Watts C J, Rodriguez J C, et al. 2009. Scintillometer Intercomparison Study-Continued. Boundary-Layer Meteorology, 130 (3): 437-443

Kustas W, Anderson M. 2009. Advances in thermal infrared remote sensing for land surface modeling. Agricultural and Forest Meteorology, 149 (12): 2071-2081

Kustas W P, Daughtry C S T. 1990. Estimation of the soil heat-flux net-radiation ratio from spectral data. Agricultural and Forest Meteorology, 49 (3): 205-223

Kustas W P, Hatfield J L, Prueger J H. 2005. The Soil Moisture-atmosphere Coupling Experiment (SMACEX): Background, Hydrometeorological Conditions, and Preliminary Findings. Journal of Hydrometeorology, 6 (6): 791-804

Kustas W P, Norman J M. 1999. Evaluation of soil and vegetation heat flux predictions using a simple two-source model with radiometric temperatures for partial canopy cover. Agricultural and Forest Meteorology, 94 (1): 13-29

Lagouarde J P, Bonnefond J M, Kerr Y H, et al. 2002. Integrated sensible heat flux measurements of a two-surface composite landscape using scintillometry. Boundary-Layer Meteorology, 105 (1): 5-35

Leuning R, Zhang Y Q, Rajaud A, et al. 2008. A simple surface conductance model to estimate regional evaporation using MODIS leaf area index and the Penman-Monteith equation. Water Resources. Research, 44 (10): W10419

Li F, Kustas W P, Anderson M C, et al. 2006. Comparing the utility of microwave and thermal remote-sensing constraints in two-source energy balance modeling over an agricultural landscape. Remote Sensing of Environment, 101 (3): 315-328

Li F Q, Kustas W P, Anderson M C, et al. 2008. Effect of remote sensing spatial resolution on interpreting tower-based flux observations. Remote Sensing of Environment, 112 (2): 337-349

Li R, Min Q L, Lin B. 2009. Estimation of evapotranspiration in a mid-latitude forest using the Microwave Emissivity Difference Vegetation Index (EDVI). Remote Sensing of Environment, 113 (9): 2011-2018

Li S, Kang S Z, Zhang L, et al. 2008. A comparison of three methods for determining vineyard evapotranspiration in the and desert regions of northwest China. Hydrological Processes, 22 (23): 4554-4564

Li Z L, Tang R L, Wan Z M, et al. 2009. A Review of current methodologies for regional evapotranspiration estimation from remotely sensed data. Sensors, 9 (5): 3801-3853

Lu H, Raupach M R, McVicar T R, et al. 2003. Decomposition of vegetation cover into woody and herbaceous components using AVHRR NDVI time series. Remote Sensing of Environment, 86 (1): 1-18

Lu X L, Zhuang Q L. 2010. Evaluating evapotranspiration and water-use efficiency of terrestrial ecosystems in the conterminous United States using MODIS and AmeriFlux data. Remote Sensing of Environment, 114 (9): 1924-1939

Lumley J L, Yaglom A M. 2001. A century of turbulence. Flow Turbulence and Combustion, 66 (3): 241-286

Mallick K, Bhattacharya B K, Patel N K. 2009. Estimating volumetric surface moisture content for cropped soils using a soil wetness index based on surface temperature and NDVI. Agricultural and Forest Meteorology, 149 (8): 1327-1342

Mao J, Fu W, Shi X, et al. 2015. Disentangling climatic and anthropogenic controls on global terrestrial evapotranspiration trends. Environmental Research Letters, 10 (9): 094008

Margolis H A, Ryan M G. 1997. A physiological basis for biosphere-atmosphere interactions in the boreal forest: an overview. Tree Physiology, 17 (8-9): 491-499

Massman W J, Lee X. 2002. Eddy covariance flux corrections and uncertainties in long-term studies of carbon and energy exchanges. Agricultural and Forest Meteorology, 113 (1-4): 121-144

Mateo C M, Hanasaki N, Komori D, et al. 2014. Assessing the impacts of reservoir operation to floodplain inundation by combining hydrological, reservoir management, and hydrodynamic models. Water Resources. Research, 50: 7245-7266

Mauder M, Foken T, Clement R, et al. 2008. Quality control of CarboEurope flux data - Part 2: Inter-comparison of eddy-covariance software. Biogeosciences, 5 (2): 451-462

McCabe M F, Wood E F. 2006. Scale influences on the remote estimation of evapotranspiration using multiple satellite sensors. Remote Sensing of Environment, 105 (4): 271-285

McVicar T R, Jupp D L. 1998. The current and potential operational uses of remote sensing to aid decisions on drought exceptional circumstances in Australia: a review. Agricultural Systems, 57: 399-468

McVicar T R, Jupp D L B. 2002. Using covariates to spatially interpolate moisture availability in the Murray-Darling Basin: A novel use of remotely sensed data. Remote Sensing of Environment, 79 (2-3): 199-212

Min Q L, Lin B. 2006. Remote sensing of evapotranspiration and carbon uptake at Harvard Forest. Remote Sensing of Environment, 100 (3): 379-387

Moene A F, Beyrich F, Hartogensis O K. 2009. Developments in Scintillometry. Bulletin of the American Meteorological Society, 90 (5): 694-698

Monin A S, Obukhov A M. 1954. Basic laws of turbulent mixing in the ground layer of the atmosphere (in Russian). Tr. Geofiz. Inst. Akad. Nauk SSSR., 151: 163-187

Monteith J. 1972. Solar radiation and productivity in tropical ecosystems. Journal of Applied Ecology, 9 (3): 747-766

Mu Q, Heinsch F A, Zhao M, et al. 2007. Development of a global evapotranspiration algorithm based on MODIS and global meteorology data. Remote Sensing of Environment, 111 (4): 519-536

Mu Q, Zhao M, Running S W. 2011. Improvements to a MODIS global terrestrial evapotranspiration algorithm. Remote Sensing of Environment, 115 (8): 1781-1800

Mueller B, et al. 2011. Evaluation of global observations - based evapotranspiration datasets and IPCC AR4 simulations. Geophysical Research Letters, 38: L06402

Mueller B, Hirschi M, Jimenez C, et al. 2013. Benchmark products for land evapotranspiration: LandFlux-EVAL multi-data set synthesis. Hydrology and Earth System Sciences, 17: 3707-3720

Murray T, Verhoef A. 2007. Moving towards a more mechanistic approach in the determination of soil heat flux from remote measurements - II. Diurnal shape of soil heat flux. Agricultural and Forest Meteorology, 147(1-2): 88-97

Nemani R R, Keeling C D, Hashimoto H, et al. 2003. Climate-driven increases in global terrestrial net primary production from 1982 to 1999. Science, 300(5625): 1560-1563

Nemani R, Running S. 1997. Land cover characterization using multitemporal red, near-IR, and thermal-IR data from NOAA/AVHRR. Ecological Applications, 7(1): 79-90

Nishida K, Nemani R R, Running S W, et al. 2003. An operational remote sensing algorithm of land surface evaporation. Journal of Geophysical Research, 108(D9): 4270

Norman J M, Anderson M C, Kustas W P, et al. 2003. Remote sensing of surface energy fluxes at 10(1)-m pixel resolutions. Water Resources Research, 39(8): 1221

Norman J M, Kustas W P, Humes K S. 1995. Source approach for estimating soil and vegetation energy fluxes in observations of directional radiometric surface temperature. Agricultural and Forest Meteorology, 77(3-4): 263-293

Norman J M, Kustas W P, Prueger J H, et al. 2000. Surface flux estimation using radiometric temperature: A dual temperature-difference method to minimize measurement errors. Water Resources Research, 36(8): 2263-2274

Oki T, Kanae S. 2006. Global hydrological cycles and world water resources. Science, 313(5790): 1068-1072

Oncley S P, Foken T, Vogt R, et al. 2007. The Energy Balance Experiment EBEX-2000. Part I: Overview and energy balance. Boundary-Layer Meteorology, 123(1): 1-28

Penman H L. 1948. Natural evaporation from open water, bare soil and grass. Proceedings of the Royal Society of London A, 193(1032): 120-145

Petropoulos G, Carlson T N, Wooster M J, et al. 2009. A review of T-s/VI remote sensing based methods for the retrieval of land surface energy fluxes and soil surface moisture. Progress in Physical Geography, 33(2): 224-250

Piao S, Friedlingstein P, Ciais P, et al. 2007. Changes in climate and land use have a larger direct impact than rising CO_2 on global river runoff trends. Proceedings of the National Academy of Sciences, 104: 15242-15247

Price J C. 1990. Using Spatial Context in Satellite Data to Infer Regional Scale Evapotranspiration. IEEE Transactions on Geoscience and Remote Sensing, 28(5): 940-948

Priestley C H B, Taylor R J. 1972. On the assessment of surface heat flux and evaporation using large-scale parameters. Monthly Weather Review, 100(2): 81-92

Rana G, Katerji N. 2000. Measurement and estimation of actual evapotranspiration in the field under Mediterranean climate: a review. European Journal of Agronomy, 13(2-3): 125-153

Reichle R H. 2008. Data assimilation methods in the Earth sciences. Advances in Water Resources, 31(11): 1411-1418

Roerink G J, Su Z, Menenti M. 2000. S-SEBI: A simple remote sensing algorithm to estimate the surface energy balance. Physics and Chemistry of the Earth, Part B: Hydrology, Oceans and Atmosphere, 25(2): 147-157

Schuttemeyer D, Schillings C, Moene A F, et al. 2007. Satellite-based actual evapotranspiration over drying semiarid terrain in West Africa. Journal of Applied Meteorology and Climatology, 46(1): 97-111

Sellers P J, Dickinson R E, Randall D A, et al. 1997. Modeling the exchanges of energy, water, and carbon between continents and the atmosphere. Science, 275(5299): 502-509

Seneviratne S I, Corti T, Davin E L, et al. 2010. Investigating soil moisture-climate interactions in a changing climate: A review. Earth-Science Reviews, 99(3-4): 125-161

Sheffield J, Wood E F, Munoz-Arriola F. 2010. Long-term regional estimates of evapotranspiration for Mexico based on downscaled ISCCP data. Journal of Hydrometeorology, 11(2): 253-275

Sheffield J, Wood E, Roderick M. 2012. Little change in global drought over the past 60 years. Nature, 491: 435-438

Shukla J, Mintz Y. 1982. Influence of Land-Surface Evapotranspiration on the Earth's Climate. Science, 215(4539): 1498-1501

Shuttleworth W J. 2007. Putting the 'vap' into evaporation. Hydrology and Earth System Sciences, 11 (1): 210-244

Sobrino J A, Gomez M, Jimenez-Munoz C, et al. 2007. Application of a simple algorithm to estimate daily evapotranspiration from NOAA-AVHRR images for the Iberian Peninsula. Remote Sensing of Environment, 110 (2): 139-148

Solignac P A, Brut A, Selves J L, et al. 2009. Uncertainty analysis of computational methods for deriving sensible heat flux values from scintillometer measurements. Atmospheric Measurement Techniques, 2 (2): 741-753

Su H, McCabe M F, Wood E F, et al. 2005. Modeling evapotranspiration during SMACEX: Comparing two approaches for local- and regional-scale prediction. Journal of Hydrometeorology, 6 (6): 910-922

Su H, Wood E F, McCabe M F, et al. 2007. Evaluation of remotely sensed evapotranspiration over the CEOP EOP-1 reference sites. Journal of the Meteorological Society of Japan, 85A: 439-459

Su Z. 2002. The Surface Energy Balance System (SEBS) for estimation of turbulent heat fluxes. Hydrology and Earth System Sciences, 6 (1): 85-99

Sun J L, Massman W, Grantz D A. 1999. Aerodynamic variables in the bulk formulation of turbulent fluxes. Boundary-Layer Meteorology, 91 (1): 109-125

Suyker A E, Verma S B. 2008. Interannual water vapor and energy exchange in an irrigated maize-based agroecosystem. Agricultural and Forest Meteorology, 148 (3): 417-427

Tang R, Li Z-L, Tang B. 2010. An application of the Ts-VI triangle method with enhanced edges determination for evapotranspiration estimation from MODIS data in arid and semi-arid regions: Implementation and validation. Remote Sensing of Environment, 114 (3): 540-551

Timmermans W J, Kustas W P, Anderson M C, et al. 2007. An intercomparison of the surface energy balance algorithm for land (SEBAL) and the two-source energy balance (TSEB) modeling schemes. Remote Sensing of Environment, 108 (4): 369-384

Tittebrand A, Schwiebus A, Berger F H. 2005. The influence of land surface parameters on energy flux densities derived from remote sensing data. Meteorologische Zeitschrift, 14 (2): 227-236

Trenberth K E, Fasullo J T, Kiehl J. 2009. Earth's global energy budget. Bulletin of the American Meteorological Society, 90 (3): 311-324

Trenberth K E, Fasullo J T, Mackaro J. 2011. Atmospheric moisture transports from ocean to land and global energy flows in reanalyses. Journal of Climate, 24 (18): 4907-4924

Tsuang B J, Tu C Y, Tsai J L, et al. 2009. A more accurate scheme for calculating Earth's skin temperature. Climate Dynamics, 32 (2): 251-272

Venturini V, Islam S, Rodriguez L. 2008. Estimation of evaporative fraction and evapotranspiration from MODIS products using a complementary based model. Remote Sensing of Environment, 112 (1): 132-141

Verhoef A, van den Hurk B J J M, Jacobs A F G, et al. 1996. Thermal soil properties for vineyard (EFEDA-I) and savanna (HAPEX-Sahel) sites. Agricultural and Forest Meteorology, 78 (1-2): 1-18

Verstraeten W W, Veroustraete F, Feyen J. 2005. Estimating evapotranspiration of European forests from NOAA-imagery at satellite overpass time: Towards an operational processing chain for integrated optical and thermal sensor data products. Remote Sensing of Environment, 96 (2): 256-276

Vickers D, Gockede M, Law B E. 2010. Uncertainty estimates for 1-h averaged turbulence fluxes of carbon dioxide, latent heat and sensible heat. Tellus Series B-Chemical and Physical Meteorology, 62 (2): 87-99

Von Randow C, Kruijt B, Holtslag A A M, et al. 2008. Exploring eddy-covariance and large-aperture scintillometer measurements in an Amazonian rain forest. Agricultural and Forest Meteorology, 148 (4): 680-690

Vörösmarty C J, Sharma K P, Fekete B M, et al. 1997. The storage and aging of continental runoff in large reservoir systems of the world. Ambio, 26: 210-219

Wang K, Dickinson R E. 2012. A review of global terrestrial evapotranspiration: Observation, modeling, climatology, and climatic variability. Reviews of Geophysics, 50: RG2005

Wang K, Dickinson R E, Wild M, et al. 2010. Evidence for decadal variation in global terrestrial evapotranspiration between 1982 and 2002: 2. Results. Journal of Geophysical Research, 115 (D20) : D20113

Wang K, Dickinson R E, Wild M, et al. 2010. Evidence for decadal variation in global terrestrial evapotranspiration between 1982 and 2002: 1. Model development. Journal of Geophysical Research, 115 (D20) : D20112

Wang K, Liang S. 2008. An improved method for estimating global evapotranspiration based on satellite estimation of surface net radiation, vegetation index, temperature, and soil moisture. Journal of Hydrometeorology, 9 (4) : 712-727

Wang K C, Li Z Q, Cribb M. 2006. Estimation of evaporative fraction from a combination of day and night land surface temperatures and NDVI: A new method to determine the Priestley-Taylor parameter. Remote Sensing of Environment, 102 (3-4) : 293-305

Wang K C, Wang P, Li Z Q, et al. 2007. A simple method to estimate actual evapotranspiration from a combination of net radiation, vegetation index, and temperature. Journal of Geophysical Research-Atmospheres, 112 (D15) : D15107

Wieringa J. 1980. A revaluation of the Kansas mast influence on measurements of stress and cup anemometer overspeeding, Boundary-Layer Meteorology, 18 (4) : 411-430

Wiernga J. 1993. Representative roughness parameters for homogeneous terrain. Boundary-Layer Meteorology, 63 (4) : 323-363

Wilson K, Goldstein A, Falge E, et al. 2002. Energy balance closure at FLUXNET sites. Agricultural and Forest Meteorology, 113 (1-4) : 223-243

Yang F H, White M A, Michaelis A R, et al. 2006. Prediction of continental-scale evapotranspiration by combining MODIS and AmeriFlux data through support vector machine. IEEE Transactions on Geoscience and Remote Sensing, 44 (11) : 3452-3461

Yuan W, Liu S, Yu G, et al. 2010. Global estimates of evapotranspiration and gross primary production based on MODIS and global meteorology data. Remote Sensing of Environment, 114: 1416-1431

Zeng Z, Piao S, Lin X, et al. 2012. Global evapotranspiration over the past three decades: estimation based on the water balance equation combined with empirical models. Environmental Research Letters, 7: 014026

Zeng Z, Wang T, Zhou F, et al. 2014. A worldwide analysis of spatiotemporal changes in water balance-based evapotranspiration from 1982 to 2009. Journal of Geophysical Research: Atmospheres, 119: 2013JD020941

Zeweldi D A, Gebremichael M, Wang J, et al. 2010. Intercomparison of sensible heat flux from large aperture scintillometer and Eddy covariance methods: Field experiment over a homogeneous semi-arid region. Boundary-Layer Meteorology, 135 (1) : 151-159

Zhang K, Kimball J S, Mu Q, et al. 2009. Satellite based analysis of northern ET trends and associated changes in the regional water balance from 1983 to 2005. Journal of Hydrology, 379 (1-2) : 92-110

Zhang K, Kimball J S, Nemani R R, et al. 2010. A continuous satellite-derived global record of land surface evapotranspiration from 1983 to 2006. Water Resources Research, 46 (9) : W09522

Zhang K, Kimball JS, Running SW. 2016. A review of remote sensing based actual evapotranspiration estimation. WIREs Water, 3: 834-853

Zhang X D, Jia X H, Yang J Y, et al. 2010. Evaluation of MOST functions and roughness length parameterization on sensible heat flux measured by large aperture scintillometer over a corn field. Agricultural and Forest Meteorology, 150 (9) : 1182-1191

Zhang Y Q, Chiew F H S, Zhang L, et al. 2008. Estimating catchment evaporation and runoff using MODIS leaf area index and the Penman-Monteith equation. Water Resources Research, 44 (10) : W10420

Zhang Y, Peña-Arancibia J, McVicar T, et al. 2016. Multi-decadal trends in global terrestrial evapotranspiration and its components. Scientific Reports, 6: 19124

第18章 土 壤 水 分[*]

土壤水分含量(Soil Moisture Content，SMC)在很多应用中都是一个重要参数。本章主要介绍传统的站点测量土壤水分的技术，基于被动和主动微波遥感观测获取土壤水分的基本原理、所用传感器和反演方法。本章介绍了利用可见光和热红外遥感数据反演土壤水分的方法并最后列出了一些SMC遥感产品。

18.1 简　　介

土壤水分，一般指保存在不饱和土壤层(或渗流层)土壤孔隙中的水分。地表土壤水分主要指地表以下5cm土壤层所含水分，而根层土壤水分则指植被可用水分，一般指地表以下200cm土壤层所含水分。实际上，通常只有部分土壤水分可通过测量得到。

获取土壤水分的时空分布，对理解整个地球系统具有重要意义。虽然与水循环的其他分量相比，土壤水分含量只是很小的一个部分，但却是许多水文、生物和生物地球化学过程的重要基础(Legates et al.，2011；Wang et al.，2019)。在地表与大气通过蒸腾作用和植被呼吸作用交换水热能量的过程中，土壤水分是最关键的变量之一，它会影响入射能量对显热和潜热通量的分配，并借此影响气候过程，尤其容易影响气温和大气边界层的稳定性，甚至对降水产生影响。

土壤水分还能影响空气温度。当土壤水分限制了潜热通量时，显热通量就会增加，从而导致近地表气温的增加。与此同时，气温的增加会引起水汽压差升高，从而导致蒸发作用增强。因此，即使是在干旱条件下温度的增加也容易造成蒸散的增加，从而导致土壤水分的进一步减少。此外，虽然土壤水分不会通过影响蒸散作用来改变绝对湿度，但会通过影响大气边界层的稳定性和降水的形成间接影响降水过程。例如，湿润土壤上的充沛的降水可能主要来自于海洋，而降水的最终形成则很有可能是受土壤干湿状况的影响(Seneviratne et al.，2010)。

对于众多与天气和气候、潜在径流及洪水控制、土壤侵蚀和滑坡、蓄水管理、干旱预警、灌溉规划、作物估产、土木工程和水质量管理等领域相关的政府和商业组织来说，土壤水分信息也非常有价值。比如，灌溉过程中容易形成对摄取水分的植被根部的压迫，从而造成植被光合作用的减少以及植被细胞扩张。因此，在进行灌溉规划时考虑如何减少过量灌溉对植被生长的水分胁迫是非常重要。过量灌溉降低水资源的利用率，同时会形成地表径流，从而容易导致土壤侵蚀以及肥料和杀虫剂等的流失，最终降低了整个系统效率。此外，土壤水分的实时信息也常被军方用在对偏远地区的步兵和车辆的精确部署上。

---

*本章作者: 梁顺林[1]，江波[2]，何涛[3]，朱秀芳[2]

1. 美国马里兰大学帕克分校地理系；2. 遥感科学国家重点实验室·北京师范大学地理科学学部；3. 武汉大学遥感信息工程学院

土壤水分可通过站点实际测量来获得，也可以通过遥感技术来估算，还可以通过陆面或水文模型来模拟。站点测量只适于试验场地上小尺度的研究，而遥感技术具有空间覆盖连续性的优势(图 18.1)，但遥感估算土壤水分的精度有待改进。以往许多研究认为，微波遥感的穿透深度大约是其波长的 0.1 到 0.2 倍，其中最长的波长(L-波段)约为 21cm。目前，对土壤水分的获取还有一种合理的估算方法，即运用数据同化方法将遥感估算值和陆面模型(Land Surface Model，LSM)或土壤-植被-大气传输(Soil Vegetation Atmosphere Transfer，SVAT)模型相结合，并运用站点测量值对误差进行校正。该方法也适用于大范围的土壤水分估算，尤其适用于根层土壤水分和土壤水分垂直剖面的估算。

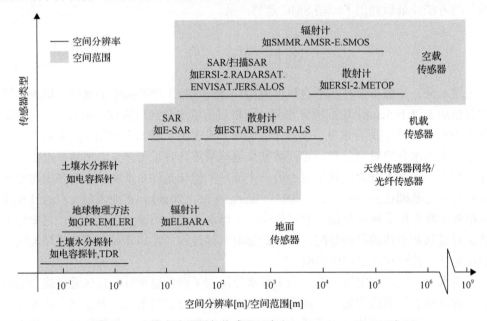

图 18.1　土壤水分观测各传感器尺度(Vereecken et al.，2008)

地面测量传感器(GPR，穿透雷达；TDR，时间域反射计；EMI，电阻率层析成像；ELBARA，L 波段辐射计)，无线传感器网络，机载传感器(SAR，合成孔径雷达；E-SAR，实验用机载 SAR；ESTAR，电子扫描小孔径辐射计；PBMR，L 波段推扫微波辐射计；PALS，被动/主动 L/S 波段传感器)，及星载传感器(ALOS，先进陆地观测卫星；AMSR-E，先进微波扫描辐射计；ENVISAT，环境卫星；ERS1-2，欧洲遥感卫星 1-2；JERS，日本环境遥感卫星；SMOS，土壤水分及海洋盐分探测卫星；SMMR，扫描式多波段微波辐射计)

18.2　传统的 SMC 测量技术

局地尺度的土壤水分(约 0.01m^2)通常是使用不同尺寸和形状的感应器实地测量获取。网站 www.sowacs.com 提供了可供购买的 SMC 测量感应器的列表清单。在这些用来测量局地尺度 SMC 的设备中，最常见的是基于介电常数的测量感应器。使用实地测量感应器的主要优势之一是感应器可以与数据记录器相连接，自动实时提取 SMC 数据，并提供详细的时间序列信息。Lekshmi 等(2014)对现有的各类土壤水分测量方法进行了综述，表 18.1 中列出了一些测量区域土壤水分的方法。

表 18.1 站点测量土壤水分含量的方法总结(Verstraeten et al., 2008)

方法	举例	描述
重力	烤箱烘干	标准方法,破坏样本
原子	中子散射	发射源发射的快速中子遇到土壤中的水分子后速度减慢
	伽马衰减	伽马射线散射和吸收与传播途径中的物质密度相关
	原子磁场共振	土壤所含水分同时受到互为直角的静电和振荡磁场的作用
电磁	阻力传感器	土壤电解质和湿度决定土壤阻力
	电容传感器	通过测量土壤中植入电极的电容得到介电常数,再使用介电常数得到土壤水分
	时域反射计	电磁信号传递的速度和衰减程度由土壤水分含量和电导率决定
	频率域	电子振荡器通过探测土壤电解质的变化来获取土壤水分含量的变化
张力	土壤基质张力	测量土壤基质电势(毛细管张力)
比重	热惯量	疏松物质所含水分与相对湿度相关,由于疏松介质的热惯量由湿度决定,因此土壤表面温度可作为指示
热损耗	热脉冲	测量经过热脉冲的疏松介质的温度变化
感觉和外观	人工	通过人工挤压土壤样本和其纹理类别制作土壤水分描述图表

测量 SMC 的方法可以是直接或者间接的。正如 Bittelli(2011)所概述的,直接测量法或者接触式测量法可直接测量含水量,例如,根据水分占土壤重量的比重(热重力测量法)来测量。接触式测量方法包括电容感应器法、时域反射法、电阻测探法、热脉冲感应器、光纤传感器测量以及伤害性取样法(比如说重力测量法)等。热重力测量法首先从实验区选取土壤样本,对这些样本立即称重,然后放入烤箱中以 105℃高温烘干,24h 后再称重,以确定烘干土的质量。烘干前后的土壤重量差即为土壤中液体水的重量,称为重力含水量。该测量技术可以提供时间上和空间上分布的测量结果,但这种方法要将土壤样本从实验区采取,再到实验室进行分析,具有破坏性,且耗时和操作不实际。

间接测量法或者无接触测量法首先测量受土壤含水量影响的变量,然后建立这个变量与 SMC 的变化关系,进而通过观测这个变量的变化来估算 SMC 的变化,如被动式微波辐射仪、合成孔径雷达(SAR)、散射仪以及热红外测量方法等。介电常数传感器测量方法主要借助了不同状态(固态、液态和气态)的土壤具有不同介电常数的特性,液态水的介电常数大概是 80(取决于温度、电解质溶液和频率),气体的介电常数大概是 1,固态土壤的介电常数是 4~16。这些介电常数的不同使得土壤的介电常数对于 SMC 的变化非常敏感。直接重力测量法是 SMC 测量的标准方法(通常被用来为间接测量方法校准),但现在大多数的商业传感器都是基于间接测量方法。

虽然我们可以在实验区或者流域通过建立分布式无线传感器测量网络来获取 SMC 数据,但实地测量一般都无法满足实际应用中所需数据的连续空间覆盖的要求。作为实地测量的替代选择,遥感数据可以用来提取大量地表信息,而且具有各种实际应用所需的空间分辨率和空间覆盖范围。目前常用三种遥感方法,前两种方法基于光学/热红外遥感和微波遥感信息,应用更广泛,而第三种方法可检测土壤重力势场的变化,该变化可以与土壤密度联系起来,从而得到 SMC 的变化。现如今,第三种方法只能在大尺度范围测量 SMC，如 600~1000km。在以下的章节中，我们将对前两种方法进行介绍。

18.3　微波遥感方法

使用遥感技术反演土壤水分的研究始于 20 世纪 70 年代中期，并逐渐发展为多种不同的研究方向。卫星微波遥感开始成为在区域和全球尺度估计土壤水分的主要手段。微波遥感包括被动微波和主动微波两种，前者使用辐射计通过测量微波辐射的地表亮温来估算土壤水分，而后者则通过比较雷达发射能量和其测量到的地表反(散)射能量的差异来进行估算。目前被动微波的方法在遥感定量反演土壤水分的研究中最为成功。

遥感反演土壤水分方法的理论基础(Karthikeyan et al.，2017a)。湿润土壤的介电常数通常小于 35(图 18.2)。当土壤水分增加时，微波传感器观测到的地表介电常数也会相应增加。

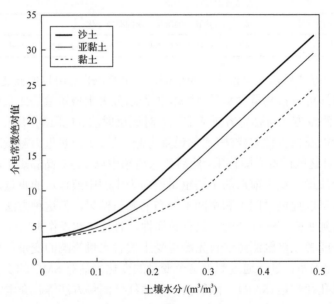

图 18.2　土壤介电常数和土壤水分的关系(典型沙地、肥土和黏土)(de Jeu et al.，2008)

植被和地表粗糙度降低了微波遥感观测对土壤水分的敏感度，并且这种影响也随着微波频率的增加而越发显著，所以低频的 L 波段(1-2GHz)通常被用来反演土壤水分。另外，微波在低频波段(如 L 波段)具有更强的穿透能力(数厘米)，因此获得的地表层土壤水分观测值更具代表性。

18.3.1　被动微波遥感

已有的研究表明，被动微波传感器可以有效地检测地表土壤水分。这些传感器通过观测到的地表亮温来测量土壤的微波发射强度，即介电常数。但是，植被、土壤温度、积雪、地形以及土壤粗糙度等因素也会影响观测到的地表微波辐射。而其他因素，如土壤纹理、土壤体密度和大气效应的影响则相对较小(二阶)。在充分考虑了各种因素影响的情况下,至今已发展了很多从微波辐射观测中反演土壤水分的方法。

被动微波遥感平台通常具有大空间覆盖范围和高时间分辨率的特点,但其空间分辨率只有10~30km,因此该平台更适于区域到全球尺度的气候研究。下面将介绍被动微波遥感的基本原理、微波传感器以及两种反演算法。

1. 基本原理

微波辐射计测量的地表发射的微波辐射以垂直和水平极化的亮温形式表现。当地表发射层的温度已知时,其发射率和反射率可以通过计算得到。而裸土的介电常数可由修正土壤粗糙度后的反射率估算。最后,根据得到的介电常数,利用基于土壤纹理、结构和密度的介质混合模型来估算土壤水分。

微波发射的能量通常以微波亮温(T_B)的形式表达:

$$T_B = t(H,\theta)\Big[RT_{sky} + (1-R)T_{surf} \Big] + T_{atm}(H,\theta) \tag{18.1}$$

其中,$t(H,\theta)$是大气透过率;T_{sky}是大气下行热辐射;$T_{atm}(H,\theta)$是传感器观测到的上行热辐射;T_{surf}是地表热力学温度;R是地表反射率。

被动微波在1.4GHz频率上只能观测浅层土壤(约2~5cm)的水分(w_S)。因此,对相对光滑的土壤表面,其土壤微波反射率可以通过Fresnel公式来近似表达。水平极化(h)和垂直极化(v)在非垂直入射角(θ)下的Fresnel反射率可由以下公式得到

$$\begin{cases} R_h = \left| \dfrac{\cos\theta - \sqrt{d - \sin^2\theta}}{\cos\theta + \sqrt{d - \sin^2\theta}} \right|^2 \\[4mm] R_v = \left| \dfrac{d\cos\theta - \sqrt{d - \sin^2\theta}}{d\cos\theta + \sqrt{d - \sin^2\theta}} \right|^2 \end{cases} \tag{18.2}$$

其中,d是复介电常数项。对土壤而言,d主要由土壤水分决定,但同时也受土壤纹理和结构等因素的影响。

在飞行高度较低并使用较长微波波长获取土壤水分时,大气温度的影响可以忽略。因此,地表辐射亮温只和地表真实温度以及发射率有关:

$$T_B = (1 - R_{h,v})T_{surf} = \varepsilon_{h,v}T_{surf} \tag{18.3}$$

其中,ε是地表发射率,通过Fresnel反射率得到。这里需要注意的是,上面的Fresnel公式适合于光滑地表。但是通常情况下其他影响土壤发射辐射的因素也需要考虑,如地表粗糙度。

土壤体积含水率w_s与裸土发射率(ε_h)成单调递减的关系。在土壤粗糙度不变的情况下,这种关系可以很好地利用线性模型来表达:

$$\varepsilon_h = a_0 + a_1 w_s \tag{18.4}$$

　　裸土的这种简单线性关系已得到证明可适用于不同土壤水分和粗糙度的情况，但是需要足够的地表观测数据来估计 a_0 和 a_1。

　　在有植被的情况下，冠层亮温可以通过土壤水分 w_s、植被光学厚度 τ(与植被水含量有关)和冠层温度三个主要的地表参数计算得到。因此需要几组不同的数据来区分这三个变量的影响，这些数据包括传感器的极化方式、观测角度以及工作频率(Jackson，2008)。

2. 卫星传感器

　　八个被动卫星传感器被广泛应用于土壤水分的估计：Nimbus-7 卫星携带的扫描式多通道微波辐射计(SMMR)(1978～1987 年)，搭载在美国空军国防气象卫星计划(DMSP)上的特殊传感器微波成像仪(SSM/I)(1987～2007 年)，热带测雨任务卫星(TRMM)(1997～2015 年)，美国国防部 Coriolis 实验卫星上的波辐射计(WindSat)(2003～2012 年)，Aqua 卫星上的高级微波扫描辐射计(AMSR-E)(2002～2011 年)，GCOM-W1 上的第二代先进微波扫描辐射计(AMSR2)(2012 年至今)，以及土壤水分和海洋盐度卫星(SMOS)(Kerr et al.，2016)和土壤湿度主被动探测卫星(SMAP)(Chan et al.，2016；McColl et al.，2017；Zhang et al.，2019)。

　　波段的选择对微波遥感反演土壤水分是极其重要的。低频信号对不同植被覆盖下的土壤水分更加敏感。低频辐射更容易穿透冠层，因此更适用于土壤水分的检测；高频信号(>15GHz)通常需要进行大气校正，严重限制了微波传感器的全天候观测能力。多波段观测数据可以用来分离土壤和植被的信号。在 L 波段(约 1.4GHz)，土壤的贡献对低植被覆盖的地表是主要的。当频率增加时，植被的影响也相应增加。在 5GHz 波段，土壤和植被的贡献对低植被覆盖的地表相当，而到了 10GHz 波段，植被的贡献则占主导地位。

　　一些多波段星载微波辐射计对土壤水分有较高的敏感度，它们的波段设置也较为相似(在 6～37GHz 频率范围)。这些传感器包括：1978 年发射的扫描式多波段微波辐射计(SMMR)、1997 年启动的热带降雨观测项目(TRMM)中的微波成像仪(TMI)、2002 年发射的先进微波扫描辐射计(AMSR-E)以及 2003 年发射的 WindSat 辐射计。

　　虽然 L 波段(1～2GHz)的传感器提供了最可靠的土壤水分数据，但是由于设计难度，这些辐射计都工作在更高的频率上，因为 L 波段的天线很难做到长达 4～6m，不能提供足够的分辨率，同时也很难处理得到高质量的亮温数据。2009 年，欧空局(European Space Agency，ESA)启动了土壤水分和海水盐分的项目(SMOS)，他们使用了同时兼具了 50 千米空间分辨率和较高土壤水分敏感度的 L 波段的合成孔径雷达(1.4GHz)(Kerr et al.，2010)。因拥有较低频率(例如 L 波段和 C 波段)和 1～2 天的时间分辨率，SMOS 成为第一个专门服务于遥感监测土壤水分的卫星。从 2015 年起，美国航空航天局 NASA 继 SMOS 后发射土壤水分主被动微波(SMAP)卫星，SMAP 通过结合主动和被动式的 L 波段传感器提供高空间分辨率(主动微波：10km，被动微波：40km)的土壤水分产品(Entekhabi et al.，2010)。

　　表 18.2 中提供了一些传感器的参数比较。

表 18.2　测量土壤水分的典型被动微波系统参数介绍

仪器	卫星	运行时间	频率/GHz	足迹大小/km	地表入射角/(°)	时间分辨率/d	空间范围
SMMR	Nimbus 7	1978.10~1987.8	6.6	148×95	50.2	2	全球
			10.7	91×59			
SSM/I	DMSP	1987.8~2007.12	19.3	70×45	53.1	1	全球
TMI	TRMM	1997.12~2015.4	10.7	59×36	35	1	40°S~40°N
AMSR-E	Aqua	2002.6~2011.9	6.9	76×44	55	1	全球
			10.7	49×28			
WindSAT	Coriolis	2003.2~2012.7	6.8	60×40	53.5	1	全球
			10.7	38×25	49.9		
AMSR2	GCOM-W	2012.7~今	6.9	62×35	55	1	全球
			10.7	42×24			
MIRAS	SMOS	2010.1~今	1.4	35~50	0~55	1~3	全球
SMAP	SMAP	2015.3~今	1.4	47×39	40	1~3	85.044°S~85.044°N
ERS	ERS-1/2	1991.7~2011.9	5.3	50×50	16~50	2~7	全球
ASCAT	MetOP-A/B	2007.1~今	5.225	25×25	25~65	1~2	全球
ESA-CCT-COMBI	多颗	1978.10~2014.12	多种频率	25×25	多角度	1	全球

3. 反演算法

估算土壤水分的算法有很多。除了统计方法，大多数物理机理算法使用辐射传输模型，不同的辐射传输模型有不同的特点，但它们都包含三个模块：土壤水分和介电常数关联的介质模型、考虑地表散射特性的粗糙度模型以及考虑植被衰减作用的植被冠层模型。一些辐射传输模型还包含了大气模块。接下来将详细介绍两个基于物理过程的反演算法。更多的模型介绍可参考其他文献（Shi et al.，2002；Shi et al.，2005）。

1）AMSE-R 产品算法

被动微波遥感反演土壤水分含量中的一个关键问题是，土壤水分和植被含水量对于微波辐射信号的影响是相反的，即植被含水量的减少和土壤含水量的增加对于微波信号的影响具有一样的作用，反之亦然。另一个问题在于温度对日间测量（升轨道）的影响，即土壤表层的温度梯度较大时很难反演土壤水分。为了减小这种影响，通常只使用降轨道（即夜间）的数据。

AMSR-E 的 C 波段（6.9GHz）和 X 波段（10.7GHz）数据适用于遥感反演土壤水分。从微波数据反演土壤水分的方法很多，这些方法的主要区别在于如何校正土壤纹理、粗糙度、植被和土壤温度对于观测数据的影响。在 AMSR-E 的观测尺度上，通常假设大多数陆地表面的土壤纹理、粗糙度和单次散射反照率的变化比土壤水分的变化对微波观测信号的影响要小（Njoku et al.，2003）。

AMSR-E 土壤水分产品的反演算法是由 Njoku 和 Li（1999）和 Njoku 等（2003）等提出

并发展起来的。该算法基于辐射传输模型建立地表和大气参数与亮温观测的关系，并通过最小二乘迭代方法优化求解模型参数。算法利用 $N(i=1\sim N)$ 个波段的亮温观测数据同时反演 $M(j=1\sim M)$ 个参数，其中 N 须大于 M 才能获得稳定解。代价函数是以观测亮温 T_i^{obs} 和模拟亮温 $\varPhi_i(x)$ 差值的加权平方和的形式表达：

$$\chi^2(x) = \sum_{i=1}^{N}\left(\frac{T_i^{\text{obs}} - \varPhi_i(x)}{\sigma_i}\right)^2 \tag{18.5}$$

其中，σ_i 代表波段 i 的观测噪声标准差。Levenberg–Marquardt 算法用于寻找最优一组变量 x^* 可使 χ^2 最小，这种方法已得到了广泛运用。

均一植被地表，亮温计算的前向函数 $\varPhi_i(x)$ 表达为

$$T_{b_p} = \varPhi(x) = T_s\left\{\varepsilon_{\text{sp}}e^{-\tau_c} + (1-\omega_p)[1-e^{-\tau_c}][1+r_{\text{sp}}e^{-\tau_c}]\right\} \tag{18.6}$$

其中，土壤发射率 ε_{sp} 和反射率 r_{sp} 是相关的，即 $\varepsilon_{\text{sp}} = 1-r_{\text{sp}}$；$\omega_p$ 是植被的单次散射反照率。植被内的多次散射在这里忽略不计，并假设土壤和植被温度 T_s 近似相等。其他的假设包括土壤表面近似镜面，大气与植被边界无反射等。τ_c 是观测路径上的植被光学厚度：

$$\tau_c = b_p w_c / \cos\theta \tag{18.7}$$

其中，θ 是入射角；w_c 是植被柱状含水量；b_p 是一个与频率和植被类型有关的系数。

土壤水分通过改变土壤的介电常数来影响土壤的发射率 $(\varepsilon_{\text{sp}})$ 和反射率 (r_{sp})。式(18.2)定义了平滑表面的这种关系。理论上，粗糙表面光谱结合地表高度均方根和水平相关长度这两个参数可用来模拟地表粗糙度。实际操作中，对于像 AMSR-E 这样具有固定观测角度的传感器，通常使用经验公式(18.8)将粗糙土壤表面的反射率转换成平滑表面的等效值：

$$r_{\text{sp}} = [(1-QR_p + QR_q)]\exp(-h) \tag{18.8}$$

其中，p 和 q 代表正交极化状态 V 和 H；Q 和 h 是粗糙度参数。研究表明 Q 通常接近于 0.1，对于 L 波段和 C 波段，Q 近似为零。土壤纹理的影响也很重要，不过其重要性相对较低。

亮温极化率(PR)经常用于研究非天底极化观测时土壤水分和植被的影响。亮温极化率通常这样计算：

$$\text{PR} = \frac{T_{b_v} - T_{b_h}}{T_{b_v} + T_{b_h}} \tag{18.9}$$

极化率能有效地归一化地表温度，归一化后的数值主要依赖于土壤水分和植被。当频率增加时，极化率更加依赖于植被和粗糙度而非土壤水分。这是使用多波段(极化方式和频率)分离温度、植被和水分影响的基础原理，适用于 AMSR-E 固定入射角度(54.8°)下的观测数据。

待估计的参数集为：w_s、T_s、ω_p、b_p、h 和土壤纹理。土壤纹理、b_p 和 h 可通过基

于地表分类的模型拟合事先计算得到。因此，实际需要迭代求解的参数集为 $x=\{w_s, T_s, \omega_p\}$。该算法也可设置为通过迭代方法优化 6.9GHz、10.6GHz 和 18GHz 三个波段下的极化率，这也可以作为优化亮温方法的补充或替代。该方法通常会收敛，除非模型不能充分地表达地表辐射(例如在植被密集区或者模型定标出现问题的地方)。这种情况下，反演结果通常会得到较高的最优代价函数值 χ^2，反演结果的质量控制信息通过迭代次数和残差确定。

上面介绍的算法最初被用在 6.9GHz 和 10.7GHz 波段上，然而由于在大区域上无线电频率的干涉会影响 C 波段的观测，最终该方法只用在 10.7GHz 波段上。AMSR-E 还提供了土壤水分、植被含水量和土壤温度产品。

使用该算法的 AMSR-E 土壤水分产品会在本章的 18.7.2 节介绍。

2)地表参数反演模型(LPRM)

另一个最近提出的土壤水分反演算法基于归一化的微波极化指数[式(18.9)]发展，该算法是由阿姆斯特丹自由大学(VUA)和美国航空航天局(NASA)共同研究开发，适用于被动微波的所有波段(Owe et al., 2008)，同时还可结合不同卫星的数据运用。

VUA-NASA 算法使用了地表参数反演模型(LPRM)，输入参数为水平和垂直极化方式、C 波段亮温(T_b)和垂直极化的 Ka 波段亮温，可同时反演植被光学厚度(无量纲，衡量植被密度的参数)和土壤介电常数，并用 Wang 和 Schmugge(1980)等提出的混合介质模型通过介电常数来求解土壤水分(单位：m^3/m^3)。

冠层上方观测到的地表上行辐射可以用辐射亮温表示，其简化的辐射传输模型为(Owe et al., 2001)：

$$T_{b_p} = T_s \varepsilon_{sp} \Gamma_p + (1-\omega_p)T_c(1-\Gamma_p) \\ + (1-\varepsilon_{s,p})(1-\omega_p)T_c(1-\Gamma_p)\Gamma_p \tag{18.10}$$

其中，下脚标 p 表示极化方式(水平极化或垂直极化)；Γ 是冠层透过率；$\varepsilon_p = 1 - R_p \exp(-h\cos^2\theta)$。该方法假设粗糙度的影响很小。其他变量的定义同前节。式(18.10)的第一项定义了经植被层削弱的土壤辐射，第二项考虑了植被自身的上行辐射，第三项则描述了植被的下行辐射被土壤向上反射后再次经过植被削弱的上行辐射。冠层透过率 Γ 与植被光学厚度的关系可表达为：$\Gamma = \exp(-\tau_c / \cos\theta)$。

植被冠层光学厚度则可根据亮温极化率计算得到

$$\tau_c = C_1 \ln(C_2 \cdot PR + C_3) \tag{18.11}$$

其中，C_i 是土壤介电常数 k 的绝对值的函数：

$$C_i = P_{i,1}k^N + P_{i,2}k^{N-1} + \cdots P_{i,N}k + P_{i,N+1} \tag{18.12}$$

这里，N 是多次项的阶数；$P_{j,i}$ 是通过大量模拟得到的多次项系数。

将式(18.11)代入式(18.10)中，消去光学厚度项后，辐射传输方程里的植被项可以直接写成亮温极化率 PR(T_{b_v}、T_{b_H})和土壤介电常数 k 的方程，而辐射传输方程(18.10)里剩余的未知量就是土壤发射率 $\varepsilon_{s,p}$。由于水平极化方式对土壤水分很敏感，我们使用 T_{b_H}

求解。土壤反射率可以通过式(18.2)计算，这里唯一的未知变量就是土壤的介电常数了。现在我们知道了冠层光学厚度和以土壤介电常数表达的土壤发射率，下一步该模型使用了一个非线性的迭代过程，即 Brent 方法，通过优化介电常数来求解水平极化下的辐射传输方程。

一旦迭代收敛，该模型就会利用全球土壤属性数据库(Rodell et al.，2004)和混合介质模型(Wang and Schmugge，1980)来解算土壤水分。在反演土壤水分时，VUA-NASA 模型使用 6.9GHz 或者 10.7GHz 的数据进行计算。

18.3.2 主动微波遥感

1. 基本原理

主动微波传感器能为很多应用提供具有高空间分辨率和大范围覆盖的土壤水分数据，其中最常见的主动微波成像系统被称为合成孔径雷达(SAR)。该系统通过发射脉冲信号来截取影像，然后处理这些脉冲经过来模拟一个长孔径信号，从而可得到高地表分辨率数据。

合成孔径雷达的后向散射系数(σ)大小与土壤水分 w_s 通过裸土和水介电常数的差别相关联，其基本原理可以通过经验模型(Ulaby et al.，1996)来描述。如图 18.3 所述，植被表面的雷达后向散射包含三个部分的贡献：

$$\sigma = t^2 \sigma_{soil} + \sigma_{veg} + \sigma_{multi} = \exp(-2\tau_c)\sigma_{soil} + \sigma_{veg} + \sigma_{multi} \tag{18.13}$$

其中，σ_{soil} 是裸土表面的后向散射部分；t^2 是植被层的双向消光参量；σ_{veg} 是植被层的后向散射；σ_{multi} 则表示了植被和地表间的多次散射。对于密集植被地表，$t^2 \approx 0$，这样后向散射系数 σ 很大程度上取决于植被冠层的体散射。而对于稀疏植被地表，可以认为 $t^2 \approx 1$，这样式(18.13)中的后两项可以忽略，后向散射就可以根据土壤粗糙度和土壤水分来计算了。

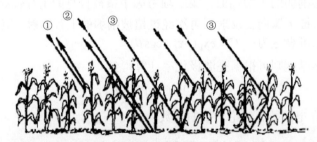

图 18.3　土壤地面植被冠层对后向散射的贡献(Ulaby et al.，1996)
①植被的直接后向散射；②土壤的直接后向散射(包括植被冠层的双向削弱)；③植被、土壤间多次散射

对于裸土，其后向散射可以表示为土壤水分的函数：

$$\sigma_{soil} = f(R, w_s) \tag{18.14}$$

这里，R 是土壤粗糙度。很多算法使用一个标准的两步方法从单波段单极化的合成孔径雷达数据估计土壤水分：第一步，估计并去除植被冠层的后向散射项，使得 $\sigma \cong \sigma_{soil}$；第二步，假设粗糙度在后向散射能量只起到偏移量的作用，以此来建立土壤后向散射和土壤水分之间的关系。这样对于均一粗糙度的地表，有

$$w_s = a + b\sigma_{soil} \tag{18.15}$$

其中，a 和 b 是通过实测数据得到的回归系数，这些系数考虑了粗糙度、传感器波段、入射角、极化方式和定标系数的影响。因此，式(18.15)仅适用于给定的传感器、地表分类和土壤类型，并且 t^2、σ_{veg} 和 σ_{multi} 或已知或可忽略。

实验证据表明雷达信号可以穿透植被，特别是在较长的微波波段($\lambda > 5cm$)。尽管对每种植被类型，后向散射系数 σ 与土壤水分 w_s 都有较好的相关关系，但这种关系有不同的斜率和截距，这也使得确定植被参数成为估计土壤水分的必要条件。

另一个主要问题在于雷达后向散射对地表粗糙度比对土壤水分更加敏感。例如，Oh等(1992)证明地表粗糙度是导致后向散射变化的主要原因，土壤水分的影响次之。因此，对于各种土壤水分反演方法来说，考虑地表粗糙度和地形的影响都是非常重要的。

2. 卫星传感器

目前用来反演土壤水分的主动微波遥感器主要有两类：合成孔径雷达和微波散射计。

用雷达反演土壤水分可行性的调查研究始于 20 世纪 60 年代，并随着 90 年代初多颗合成孔径雷达卫星的发射而初见成效。早期的合成孔径雷达(如 ERS-1 和 RADARSAT-1)使用 C 波段，能提供单极化方式下的土壤水分反演数据(如 ERS-1 使用垂直-垂直极化；RADARSAT-1 使用水平-水平极化)，ERS-1 的入射角度为 23°。

但是，仅利用单频率、单角度和单通道的 SAR 观测数据，并且在没有先验知识的情况下，是很难准确估计土壤水分信息的，这是因为观测到的土壤后向散射信息里的不确定因素很多。一些近期发射的合成孔径雷达(例如，ENVISAT-ASAR、RADARSAT-2、ALOS和 TerraSAR-X)试图解决这一问题，它们集成了多波段、多极化和多角度的观测从而能够减小除土壤水分外其他土壤表面特征参量属性的影响。另外，其中一些新的传感器(ALOS、RADARSAT-2 和 Terra SAR-X)可以获得全极化模式(同时拥有四种极化方式)的观测数据。

目前，有五个业务运行的合成孔径雷达卫星系统可以进行土壤水分的反演，包括：欧空局的 ERS-1/2 C 波段 SAR，欧空局的 ENVISAT(ERS-3)C 波段 ASAR(Advanced SAR)，加拿大的 C 波段 RADARSAT-1/2，日本的 L 波段 ALOS-PALSAR(Advanced Land Observing Satellite-Phased Array type L-band SAR，JERS-2)，以及德国的 X 波段 Terra-SAR。这些 SAR 系统可以提供 10～100m 的空间分辨率的数据，并且幅宽范围 50～500km。

需要注意的是，当合成孔径雷达系统应用在流域尺度的研究时，太阳同步卫星观测的重复周期仅为每周一次甚至更长，例如 ERS-1 的同轨道重复周期是 35 天。

机载或星载的微波散射计测量的是垂直平面的归一化雷达信号。这套系统主要用来测量近海面的海风，因为风造成了小尺度上的海表面变化，使海面粗糙度发生变化，从而改变了后向散射系数。因此，尽管与微波散射计的设计初衷不同，现在它们也用来监测土壤水分、植被覆盖和极地冰盖。

现有研究证明，应用于海风反演的欧美的星载微波散射计可用于地表土壤水分的监测。所有美国的微波散射计都使用 Ku 波段(约 14GHz)，而欧洲的卫星则主要用 C 波段。由于 C 波段波长更长，因此欧洲的微波散射计比美国的更符合土壤水分反演的需求。从 1991 年开始，ERS 卫星系列上的散射计不间断地提供 C 波段(5.3GHz)的主动微波观测数据，其中 ERS-1 服务于 1991～1996 年，而 ERS-2 则从 1996 年开始提供数据。2006 发射的气象观测卫星 METOP 上的 ASCAT(Advanced Scatterometer)散射计提供了二十年不间断主动微波数据。基于该散射计数据的近实时的微波土壤水分产品从 2008 年开始提供 METOP/ASCAT 提供了 2007～2014 年的近实时的土壤水分产品，该数据产品得到了广泛的应用(Brocca et al.，2017)。

3. 反演算法

利用雷达数据反演土壤水分的算法有很多，包括经验算法和基于物理原理的算法(Moran et al.，2004；Wang and Qu，2009)。经验算法一般是通过实验观测数据建立土壤水分和后向散射系数之间的回归关系来反演土壤水分。通常，基于回归分析，用后向散射系数计算一些指数，例如 Shoshany 等(2000)提出了归一化的后向散射水分指数(Normalized Backscatter Moisture Index，NBMI)，如下式：

$$\text{NBMI} = \frac{\sigma_{t1} - \sigma_{t2}}{\sigma_{t1} + \sigma_{t2}} \tag{18.16}$$

其中，σ_{t1} 和 σ_{t2} 是不同时间观测的后向散射系数。

大部分方法估算裸土的土壤水分还是很有效的，但是对有植被的土壤效果并不满意，现已有许多研究致力于去除植被对这些方法估算土壤水分的影响(Baghdadi et al.，2017；Bao et al.，2018)

18.4 光学和热红外遥感方法

使用光学传感器估算土壤水分的方法尚未普及(Zhang and Zhou，2016)，一些建立的土壤反射率与水分的关系模型只有在无植被覆盖的特定土壤类型中才适用。其原因有如下几点：①由于光学遥感测量的是地球表层几毫米的反射率或者发射率，而只在特定类型的裸露土壤上可将土壤水分和土壤反射率直接关联起来。②土壤反射率与土壤水分含量有关。当土壤水分含量较低时，土壤水分的增加会减少土壤反射率，反之土壤水分含量较高时，土壤水分的增加会增加土壤反射率(Liu et al.，2002)，即使两者之间的回归关系有所减弱。③除了土壤含水量的影响，土壤反射率的测量还会受到土壤组分、物理结构和观测条件的影响，因此对不同类型土壤混合的样本进行土壤水分估算时，预测结果常常不够理想。

尽管在大尺度上使用光学反射率直接测量土壤水分受到很多限制，但是基于辐射温度 T_R 数据，并将光学遥感和热红外遥感数据结合进行土壤水分的估算目前已经取得了一些成功(Zhang and Zhou，2016)。裸土辐射温度的变化和土壤水分 w_s 的变化高度相关，然而受到风速、土壤纹理、入射太阳辐射、植被条件和叶面积指数等一些快速变化的因素的影响，他们之间的关系又不具备普适性。

联合土壤温度和植被指数估算土壤水分的方法有很多，如三角法，温度植被上下文法(Temperature-Vegetation Contextual，TVX)，温度植被特征空间法(Ts/NDVI)，温度植被干旱指数法(Temperature-Vegetation Dryness Index，TVDI)，湿度指数法，以及植被指数和辐射温度(VI/Trad)关系法等。下文介绍了其中的一些方法。

18.4.1　三　角　法

三角法是对像元的地表辐射温度(T_R)和植被覆盖度(F)二维空间分布的一种解译(Carlson，2007；Wang et al.，2018)。一幅影像中，如果除去云、水体和异常值，还有足够多的像元，那么这些像元的T_R-F_r空间分布的包络线就会是一个三角形(图18.4)。总的来说，三角形的形成是因为地表辐射温度随着植被覆盖度的增加而降低，而三角形狭窄的一个顶点对应的是密集植被的表面辐射温度。

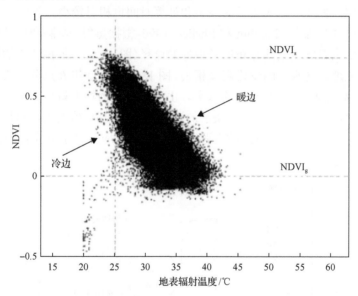

图 18.4　NDVI 与地表辐射温度散点图(Gillies et al.，1997)

土壤-植被-大气传输模型(SVAT)的模拟结果也证实了三角模式的存在，而且能用作土壤水分条件的估算。例如，Carlson(2007)将土壤表面可用水分(M_0)定义为土壤含水量和土壤田间持水量的比例(0 代表完全干燥土壤，1 代表完全饱和土壤)，然后利用模型模拟的结果发展了一组多项式。

$$M_0 = \sum_{i=1}^{i=3} \sum_{j=1}^{j=3} a_{ij} T^{*i} F_r^{j} \tag{18.17}$$

$$T^* = \frac{T_R - T_{\min}}{T_{\max} - T_{\min}} \tag{18.18}$$

$$F_r = \left(\frac{\text{NDVI} - \text{NDVI}_{\min}}{\text{NDVI}_{\max} - \text{NDVI}_{\min}} \right)^2 \tag{18.19}$$

式中，下标 i 和 j 分别代表模拟的表面辐射温度；$T_{\max}$ 和 $T_{\min}$ 分别是最大和最小表面辐射温度；F_r 是通过 NDVI 换算出的植被丰度值；a_{ij} 是参数系数(表 18.3)。

表 18.3　土壤表面可用水分和植被覆盖度的二项式系数

a_{ij}	$j=0$	$j=1$	$j=2$	$j=3$
$i=0$	2.058	−1.644	0.850	−0.313
$i=1$	−6.490	1.112	−3.420	−0.062
$i=2$	7.618	3.494	10.869	4.831
$i=3$	−3.190	−3.871	−6.974	−16.902

尽管式(18.17)并不能保证高精度地模拟各种情况，但在没有合适的土壤-植被-大气传输模型时，该公式的模拟精度对于很多应用来说已足够，而且该公式易于使用。另外，在进行大批量图像处理时，所需要的人力和计算时间也相对较少。

在前人的研究基础上，Lambin 和 Ehrlich(1996)根据蒸发、蒸腾和植被覆盖度的关系对植被指数和地表温度的空间分布做了很好的诠释(图 18.5)。根据他们的解释，表面亮温的变化和裸土地表含水量的变化高度相关。图 18.5 中 A 点和 B 点分别代表干燥的裸土(低植被指数，高地表温度)和潮湿的裸土。由于一些生物物理机理作用，地表温度会随植被覆盖度的增加而降低。点 C 是缺水的连续植被冠层(高植被指数和相对高的地表温度)，该植被冠层由于缺水而对蒸散有强阻抗。点 D 对应的是水分充沛的连续植被冠层

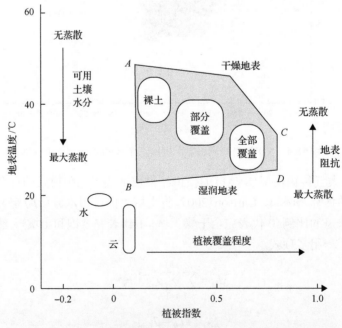

图 18.5　植被指数和地表温度的关系(Lambin and Ehrlich，1996)

(高植被指数和相对低的地表温度)，该植被冠层由于有充分的可利用水而只对蒸散有低阻抗。在植被指数-地表温度空间分布中，上包络线(A-C)代表的是低蒸散线(干旱条件)，下包络线(B-D)代表的是潜在蒸散线(湿润条件)。

18.4.2 梯 形 法

特定时间上，地表温度与空气温度之差与植被覆盖度的散点可以构成一个梯形(图 18.6)(Sadeghi et al.，2017；Tian et al.，2019)。梯形的左上角点(点 1)对应的是水分充沛的全覆盖植被，右上角点(点 2)是无蒸腾作用的全覆盖植被。这两个点等同于标准作物水分胁迫指数(Crop Water Stress Index，CWSI)的上下限，可以利用相同的方法求解。梯形的下底是土壤线(裸土)，土壤线的两端分别表示干燥土壤和饱和土壤。计算土壤拐点的有关方法可以参考 Moran 等(1994)的论文。

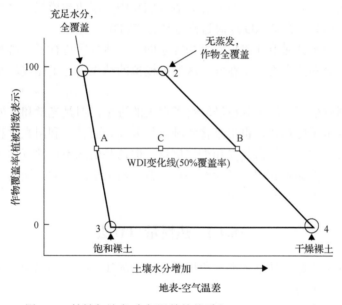

图 18.6 植被与地表-空气温差的关系(Moran et al.，1994)

通过梯形的角点由下式可计算某一植被覆盖度下的水分亏缺指数(Water Deficit Index，WDI)：

$$\text{WDI} = \frac{\Delta T - \Delta T_{L13}}{\Delta T_{L24} - \Delta T_{L13}} \tag{18.20}$$

式中，ΔT 是某一植被覆盖度下的表面温度与空气温度之差；ΔT_{L13}、ΔT_{L24} 分别是湿边(点 1、3 之间线段)和干边(点 2、4 之间线段)上某一植被覆盖度下的表面温度与空气温度之差。从图上可以看出，水分亏缺指数 WDI 实际上是图 18.6 中线段 AC 和线段 AB 的长度比。

18.4.3 温度-植被干旱指数法

Sandholt 等(2002)基于地表温度和 NDVI 之间的经验参数关系，发展了一个简化的地表干旱指数(Temperature-Vegetation Dryness Index，TVDI)。这个指数在概念上和计算上都非常直观。

$$\text{TVDI} = \frac{T_s - T_{\min}}{a + b\text{NDVI} - T_{\min}} \tag{18.21}$$

式中，$T_{\min}$ 是三角形内用来定义湿边的最小地表温度；T_s 是某一像元的地表温度；NDVI 是归一化植被指数；a 和 b 是模拟干边的线性回归方程的系数 $T_{\text{smax}} = a + b\text{NDVI}$，其中 T_{smax} 是一定 NDVI 下观测到的最大地表温度。要得到基于像元的回归系数 a 和 b，要求研究区必须足够大，并能够反映研究区从湿到干、从裸土到密闭植被表面的土壤水分含量的整个变化范围。

高 NDVI 值常常对应不确定性大的 TVDI。在 NDVI 的高值区域，TVDI 等值线密集。用简化的三角形而非梯形来代表 T_s/NDVI 空间的方法加剧了 TVDI 在 NDVI 高值区的不确定性(如 Moran et al.，1994)。同样地，在 TVDI 中，湿边被模拟做水平线，而非梯形法中的斜线，可能导致在低 NDVI 时过高地估计 TVDI。

Sandholt 等(2002)利用 TVDI 对塞内加尔的一个研究区进行了土壤水分的估算，并将估算的结果和分布式水文模型在同一区域内模拟的结果进行了比较，发现两者的回归系数达到了 0.7。

虽然利用遥感估算土壤水分已经取得了很大的进步，但是光学和红外传感器的测量值对土壤类型的敏感度相似，也很难将两种信号分离。而且，利用光学和红外传感器数据反演土壤水分时需要土壤微气候和大气信息，但这些信息不在常规测量之内，不容易获得。控制实验虽然显示利用光学和红外传感器反演土壤水分的方法具有很大的潜力，但这种反演方法仍未投入实际应用。

18.4.4　热惯量(TI)法

热惯量法的基本原理是土壤水分和热惯量成比例(Lu et al.，2018)。对于匀质物体来说，热惯量可以表示为

$$\text{TI} = \sqrt{\rho c K} \tag{18.22}$$

式中，K 是热导率[J/(msK)]；ρ 是密度(kg/m^3)；c 是比热[J/(kgK)]；TI 是热惯量[W/(s$^{1/2}$m^{2}K)]。热惯量是对物质阻抗外界因素引起温度变化的能力的测量。对于一定的入射热流，土壤温度的变化与土壤的热惯量成反比，同时由于土壤所含水分有较大的比热，土壤的热惯量又受土壤含水量影响。

表 18.4 给出了不同典型地表的热惯量值(Sobrino and Cuenca，1999)。水体的热惯量比干土和岩石的高，但是日温度变化小。当土壤含水量增加时，热惯量也成比例增加，相应的日温度变化范围将减小。既然土壤含水量的变化会引起热惯量变化，如果利用遥感数据可以反演土壤热惯量的话，就可以通过土壤水分和土壤热惯量的关系进一步估算土壤水分值。

表 18.4　几种典型物质的热惯量值

物质	热惯量值
水、云	5000
冰	2000
雪	150
干沙	590
湿沙	2500
干黏土	550
湿黏土	2200
页岩	1900
花岗岩	2200
灌木	2000
草	2100
玉米	2700
苜蓿	2900
燕麦	2500
林地	4200

表观热惯量(ATI)是热惯量的简单近似值之一。对于太阳辐射能均匀的区域来说,我们可以通过如下的关系式求解表观热惯量。

$$ATI = \frac{a(1-\alpha)}{T_{day} - T_{night}} \tag{18.23}$$

式中,a 是和土壤类型相关联的实验系数;α 是地表反照率;T_{day} 和 T_{night} 分别为昼夜地表温度。土壤含水量可以利用回归方法建立线性模型、对数模型或指数模型来估算。例如 Verstraeten 等(2008)使用如下公式利用 Meteosat 影像估算了土壤含水量(w_t)。

$$w_t = SMSI(t)(w_{max} - w_{min}) + w_{min} \tag{18.24}$$

$$SMSI(t) = \frac{\sum\limits_t SMSI_0(t_i) e^{-\left(\frac{t-t_i}{T}\right)}}{\sum\limits_t e^{-\left(\frac{t-t_i}{T}\right)}} \tag{18.25}$$

$$SMSI_0(t) = \frac{ATI(t) - ATI_{min}}{ATI_{max} - ATI_{min}} \tag{18.26}$$

式中,土壤水分饱和指数(Soil Moisture Saturation Index,SMSI)由热惯量计算而来。ATI_{min} 和 ATI_{max} 分别为最大热惯量和最小热惯量;$ATI(t)$ 为 t 时刻土壤热惯量;$SMSI_0(t)$ 为 t

时刻土壤饱和指数；t_i 是 SMSI$_0$ 发生变化的时刻(单位：天)。

尽管表观热惯量已经用于土壤含水量的估算,但它不适用于表面湿度有变化的区域。Sobrino 和 El Kharraz(1999)发展了一套使用 4 幅 AVHRR 影像计算热通量的方法。这 4 幅影像分别取自四个不同时刻：14:30,2:30,7:30 和 19:30。14:30 的影像用来计算地表反照率,14:30 和 2:30 的两幅影像用来计算日温差,7:30、14:30 和 19:30 的三幅影像用来确定相位差。

土壤热惯量可以表示为

$$TI = \frac{(1-\alpha)S_0 C_t}{\Delta T \sqrt{\omega}}(Y_1 + Y_2) \tag{18.27}$$

$$Y_1 = \frac{A_1 \left[\cos(\omega t_2 - \delta_1) - \cos(\omega t_1 - \delta_1)\right]}{\sqrt{1 + \dfrac{1}{b} + \dfrac{1}{2b^2}}} \tag{18.28}$$

$$Y_2 = \frac{A_2 \left[\cos(2\omega t_2 - \delta_2) - \cos(2\omega t_1 - \delta_2)\right]}{\sqrt{2 + \dfrac{\sqrt{2}}{b} + \dfrac{1}{2b^2}}} \tag{18.29}$$

式中, α 是地表反照率； S_0 是太阳常数(通常为 1367W/m^2)； ω 是地球自转角速度(7.272 10^{-5}rad/s), C_t 是可见光波段大气透射率(通常假定为 0.75), t_1 和 t_2 是卫星昼夜两次的过境时间(2:30 和 14:30)。 $b = \tan(\delta_1)/[1 - \tan(\delta_2)]$,由 $\delta_2 = \arctan[\sqrt{2}b/(1 + \sqrt{2}b)]$ 计算而得,其中 δ_1 是相位差,由如下公式计算而得

$$\delta_1 = \arctan(\xi) + (2m+1)\pi, \quad m = 0,1,2,\cdots \tag{18.30}$$

$$\xi = \frac{(T_j - T_k)[\cos(\omega t_i) - \cos(\omega t_j)] - (T_i - T_j)[\cos(\omega t_j) - \cos(\omega t_k)]}{(T_i - T_j)[\sin(\omega t_j) - \sin(\omega t_k)] - (T_j - T_k)[\sin(\omega t_i) - \sin(\omega t_j)]} \tag{18.31}$$

式中, t_i, t_j 和 t_k 为三个不同卫星过境的实际地方太阳时,对应有三个地表温度值 $T_i \equiv T(t_i)$, $T_j \equiv T(t_j)$ 和 $T_k \equiv T(t_k)$ 。 A_1 和 A_2 分别是傅里叶级数的前两个系数

$$\begin{cases} A_1 = \dfrac{2}{\pi}\sin\delta\sin\lambda\sin\psi + \dfrac{1}{2\pi}\cos\delta\cos\lambda[\sin(2\psi) + 2\psi] \\ A_2 = \dfrac{\sin\delta\sin\lambda}{\pi}\sin(2\psi) + \dfrac{2\cos\delta\cos\lambda}{3\pi}[2\sin(2\psi)\cos\psi - \cos(2\psi)\sin\psi] \end{cases} \tag{18.32}$$

式中, $\psi = \arccos(\tan\delta\tan\lambda)$ ； λ 是研究区纬度； δ 是太阳赤纬(单位：弧度)。

$$\begin{aligned} \delta = &(0.006918 - 0.399912\cos\Gamma + 0.070257\sin\Gamma - 0.006758\cos 2\Gamma \\ &+ 0.000907\sin 2\Gamma - 0.002697\cos 3\Gamma + 0.00148\sin 3\Gamma)(180/\pi) \end{aligned} \tag{18.33}$$

式中, Γ 是日角, $\Gamma = 2\pi(d_n - 1)/365.25$ ； d_n 是一年中的第几天。

Cai 等(2007)发展了一套用 MODIS 数据计算土壤水分的方法。该方法要求求解两组

非线性方程，因此建议使用查找表的方法。最后要强调的是，通过热导率求解热惯量从而估算土壤水分的方法只适用于裸土或者稀疏植被区。

18.5 土壤水分剖面估计

利用遥感估算土壤水分的主要限制在于，遥感手段只能监测土壤表面以下最多几厘米的水分，而不能监测到根层土壤含水率。根层土壤含水率是水文和气候预测模型里面非常重要的变量之一，它可以通过影响表层土壤蒸发和植被蒸腾来调节土壤-植被-大气间的水和能量平衡。如果这个变量的初始化数值不够精确，地表状态变量随时间的进化会发生显著的偏移，从而影响气候预测的可靠度(Sabater et al.，2007)。

在干旱条件下，表层土壤水分和根层土壤含水率关联度不大，从而通过地表观测来反演根层土壤含水率的方法使用效果不好。在上文中，我们已经讨论了各种估算近地表土壤水分的方法。理论上，近地表土壤水分可以通过扩散过程来影响根层土壤含水率，因此陆面模型(Land Surface Models，LSMs)通常会同时模拟近地表土壤水分和根层土壤含水率。许多研究已经说明了可通过动态模型同化时间序列的地表土壤水分数据的方法来估计根层土壤含水率垂直剖面。

为了通过测量表层土壤水分来预测根层土壤含水率，首先需要对土壤剖面的土壤水分垂直分布建立一些假设。许多研究都用到了一维 Richards 公式。根层土壤剖面的预测受数据同化框架中的误差协方差影响很大，所以只有在观测误差和模型误差都足够小的时候同化才会成功。同化方法根据它们各自的适用性、表现和计算强度要求的不同而有所区别。Sabater 等(2007)比较了两种不同的 Kalman 滤波方法和两种不同变分方法利用表层土壤水分来预测根层土壤含水率的能力。总的来说，这四种数据同化的方法都能得到满意的结果。

除土壤水分数据以外的其他信息的加入可改进对土壤水分剖面的反演(Baldwin et al.，2017；Vereecken et al.，2008)，比如状态变量(如温度、叶面积指数等)、通量和空间属性等。

18.6 不同遥感技术的比较

正如在第 18.4 节中所讨论，尽管可见光和热红外遥感数据可以用来估算土壤水分状况，但是他们的一个主要缺点就是都很难测得土壤表层以下的数据。除此以外，可见光遥感数据容易受云和植被的干扰，以及大气的影响。

相对而言，微波遥感更利于土壤水分的直接测量。这种方法不仅可获取任何天气状况下的观测数据，而且还能穿透植被覆盖直接测量土壤水分。由于受到足迹大小和时间采样不同的影响，即使在同一条件下，不同的微波传感器获取的信息也明显不同。辐射计和散射计主要用于定期大尺度监测与大气相关的土壤水分成分，而 SAR 则主要用于获取小尺度与陆表相关的土壤水分，但并不常用。主动微波遥感的一个最大不足是其信号受地表粗糙度和植被生物量的影响很大，另外它的观测重访时间并不规律，更重要的是，在对陆表的应用中，水体(例如海岸线)是最大的障碍。

表 18.5 列出了这些技术各自的优缺点(Wang and Qu，2009)。

表 18.5　用于土壤水分测量的不同遥感技术优缺点比较

波段范围	观测特性	优势	限制
可见光	土壤反射率	高空间分辨率，覆盖面广	穿透能力有限，易受云污染，噪声源多
热红外	地表温度	高空间分辨率，覆盖面广，物理意义明确	穿透能力有限，易受云污染，植被和气象条件干扰很大
被动微波	亮温，介电常数，土壤温度	不易受大气影响，中等穿透能力，物理意义明确	低空间分辨率，植被和地表粗糙度干扰很大
主动微波	后向散射系数，介电常数	不易受大气影响，中等穿透能力，高空间分辨率，物理意义明确	有限幅宽，植被和地表粗糙度干扰很大

已有的大量研究通过融合运用可见光、热红外及微波的遥感数据来估算 SMC，尤其用于去除植被覆盖的影响。例如，Bao 等(2018)发展了一种可在部分植被覆盖条件下估算土壤水分的新方法，该方法基于 Sentinel-1 SAR 和 Landsat OLI(Operational Land Image)数据协同反演。Bousbih 等(2018)运用多时相的 Sentinel-1 及 Sentinel-2 可见光和 SAR 数据，发展了可在农田尺度绘制土壤水分和灌溉的技术。Amazirh 等(2018)则展示了一种同时运用 Sentinel-1 微波及 Landsat-7/8 热红外数据反演土壤水分的方法。

18.7　可用的数据集及其时空变化

18.7.1　地表站点观测数据

目前，土壤水分观测站点的数量与日增多，主要是由大学或一些国家和地区的机构来操作运行。但是，从全球尺度来看，用于气象观测和土壤水分测量的站点仍十分有限，尤其是连续观测的站点，并且，这些站点提供的数据缺乏技术和协议的标准化管理。为了克服这些不足，国际土壤水分测量网(International Soil Moisture Network，ISMN；http://www.ipf.tuwi-en.ac.at/Insitu，ISMN)作为一个集中的数据管理中心，开始收集、整理可用的全球土壤水分站点数据，这些数据主要来自各观测网络和验证工作等，并对用户开放(Dorigo et al.，2011)。ISMN 也包括了已关闭的全球土壤水分数据银行(Global Soil Moisture Data Bank)的站点数据(Robock et al.，2000)。

所有收集的土壤水分站点数据都自动转换成为通用的以土壤水分体积为单位的数据，并且数据中的异常值和可疑值都会被剔除。除了不同土壤深度的土壤水分观测数据，ISMN 数据集还包括了重要的元数据和气象变量观测值(如降水和土壤温度)。该数据集可通过图形用户界面查询，并且用户选中并下载的数据也与元数据一样有统一的格式标准。该数据集收集的数据自 1952 年至今，但大部分数据只是近几十年观测所得。

站点观测数据由不同的观测网提供，例如美国在南美大平原(Southern Great Plain，SGP)

进行的土壤水分实验(Soil Moisture EXperiments，SMEX)；2010 年 5 月 31 日至 2010 年 6月 17 日在加拿大 Saskatchewan 农田和森林站点实施的土壤水分实验(Canadian Experiment for Soil Moisture in 2010，CanEx-SM10)；2008～2010 年间在美国马里兰州和特拉华州东海岸进行的土壤水分主被动验证实验(Soil Moisture Active Passive Validation Experiments，SMAPVEX)；以及在澳大利亚进行的土壤水分主被动实验(Soil Moisture Active Passive Experiments，SMAPEx)。

18.7.2　微波遥感数据

本小节简单介绍由微波遥感数据生产的 SMC 产品：

(1) AMSR-E/Aqua 日 L3 地表土壤水分

AMSR-E 三级格网地表产品包括地表土壤水分日测量值、植被含水量及地表粗糙度解译信息、亮温以及质量控制变量等，辅助数据包括时间、地理坐标和质量评价。输入的平均空间分辨率为 56km 的亮温数据也已被重采样为 25km 的全球等积圆柱投影可扩展网格 V2.0 版本(Equal-Area Scalable Earth Grid，EASE-Grid 2.0)。数据以 HDF-EOS 格式存储，时间从 2002 年 6 月 19 日至 2011 年 10 月 3 日，可通过 National Snow and Ice Data Centre(NSIDC)的 FTP 地址下载：https://nsidc.org/data/ae_land3/versions/2。该数据集的基本算法在本章 18.3.1 节中进行了介绍。

(2) VUA-NASA 土壤水分产品

在本章 18.3.1 节中介绍的由 NASA 和阿姆斯特丹自由大学(VUA)水文与地球环境科学系(Owe et al.，2008)联合发展的陆面参数模型(LPRM)也用于生产由多种传感器数据生成的土壤水分产品，如表 18.6 所示。这些数据可从如下网址获取：https://www.geo.vu.nl/~jeur/lprm/。

表 18.6　VUA-NASA 土壤水分产品

卫星	运行时间	产品
SMMR	1978～1987	陆表温度，土壤湿度(C 和 X-波段)，植被光学厚度(C 和 X-波段)
SSM/I	1987 年至今	陆表温度，土壤湿度(Ku-波段)，植被光学厚度(Ku-波段)
TRMM-TMI	1998 年至今	陆表温度，土壤湿度(X-波段)，植被光学厚度(X-波段)
AMSR-E	2002 年 6 月～2011 年 10 月	陆表温度，土壤湿度(C 和 X-波段)，植被光学厚度(C 和 X-波段)

使用同样算法生成的 AMSR-E/Aqua 1°空间分辨率的全球地表土壤水分月平均值和标准差的三级产品也可从戈德地球科学数据与信息服务中心(Goddard Earth Sciences Data and Information Services Center，GESDISC)即原来的戈德数据发布中心(Distributed Active Archive Center，DAAC)获取：http://mirador.gsfc.nasa.gov/cgibin/mirador/presentNavigation.pl?tree=project&project=NEESPI&dataGroup=Soil%20Moisture。

(3) 由散射仪测量数据生成的土壤水分产品

基于搭载在 ERS-1 和 ERS-2 卫星(1991 年至今)以及三颗 MetOp 卫星(2006～2020)

上的散射仪所获取的后向散射测量数据生成的全球大尺度土壤水分产品（25～50km）包括两种类型：①卫星过境时地表浅层土壤（<2cm）的土壤水分含量 2 级产品；②时空规则采样的土壤含水量剖面三级产品。

其中二级地表土壤水分（SSM）数据产品运用变化探测的方法生成，该方法主要依赖于用 ERS 和 METOP 散射仪的多角度观测数据所模拟的植被物候影响。地表土壤水分数据归一化至 0～1，分别表示无水分土壤及饱和土壤。但该数据不包括约占所有陆表面积 6.5%的热带森林区域。

而三级土壤水分产品由模型模拟生成，模型的输入数据主要是 ASCAT 的二级产品和其他数据。一般典型的三级产品是对不同土壤层以及不同时空采样量的土壤水分含量的估算，主要面向有特殊需要的用户群。但这种土壤水分的标准三级产品是土壤水分指数（Soil Water Index, SWI），它主要是通过指数函数对地表土壤水分滤波后得到的土壤水分剖面数据。这些产品可从如下网址获取：http://hsaf.meteoam.it/。

（4）土壤水分和海洋盐度卫星（SMOS）

SMOS 卫星的唯一有效载荷为 MIRAS，其工作频率为 1.4GHz（21cm），是双偏振 L 波段二维被动干涉辐射计。土壤湿度通过在 1.4GHz（21cm）和 L 波段的辐射观测反演得到。其生产的 2010 年 1 月至 2015 年 4 月的 25km 分辨率 EASE-Grid 2.0 格式的 3 天、10 天和月尺度的全球土壤湿度产品可以通过下述网址获取：https://www.catds.fr/Products/Available-products-from-CPDC。

（5）土壤湿度主被动探测卫星（SMAP）

SMAP 综合利用被动和主动传感器在土壤水分反演中的优势生成高时空分辨率的准确的土壤湿度产品。SMAP 有两个组成部分：一个为主动同步孔径雷达（1.2GHz，带 VV、HH 和 HV 极化）；另一个为 L 波段的被动辐射计（1.41GHz，带 V、H、第三和第四斯托克斯参数），可以每 2～3 天实现一次全球覆盖。目前已经生产了 2015 年 3 月至今的 36km 分辨率 EASE-Grid 2.0 格式的全球日土壤湿度产品，对该产品进一步插值生成了 9km 分辨率 EASE-Grid 2.0 格式的全球日土壤湿度产品。上述产品分别可以从如下网址获得：https://nsidc.org/data/SPL3SMP/versions/5 和https://nsidc.org/data/SPL3SMP_E/versions/2。

（6）欧空局 ECV 土壤水产品

全球基本气候变量（Essential Climate Variable, ECV）的土壤水分数据集是主动遥感与被动遥感数据的融合产品（图 18.7），有近 40 年（1978～2018）的数据产品（Dorigo et al., 2017）。该数据集包括 3 套产品：由 ERS-1/2 和 Metop-A/B 卫星搭载的 C 波段散射仪获得的主动微波数据产品，由 Nimbus 7 SMMR, DMSP SSM/I, TRMM TMI, Aqua AMSR-E, Coriolis WindSat，GCOM-W1 AMSR2，and SMOS 获取的被动微波数据产品，以及主被动微波的融合产品。ECV 提供 0.25°空间分辨率的日地表土壤湿度。土壤湿度的不确定性在全球尺度上可以获得。目前数据的版本是 V04.4，该数据可以通过如下网址获得：www.esa-soilmoisture-cci.org/dataregistration。

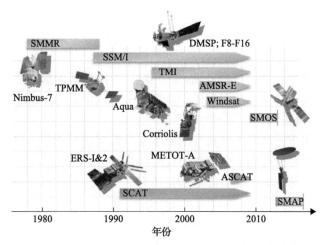

图 18.7 用于生产 ECV 土壤水分数据集的主被动微波传感器

18.7.3 基于观测数据驱动的陆表模型估计数据

另一类重要的土壤水分数据集是基于观测数据得到的陆面模型(LSM)估算值,目前有两种主要的产品:①全球陆地数据同化系统数据集(Global Land Data Assimilation System dataset,GLDAS)(Rodell et al.,2004),该数据集有两个版本:GLDAS-1 和 GLDAS-2。GLDAS-1 土壤含水量来自四个不同的陆面模型,包括 CLM 模型、Mosaic 模型、VIC 模型和 NOAH 模型。GLDAS-2 只包括 NOAH 模型的结果。更多关于 GLDAS 数据产品的描述可以在 https://disc.sci.gsfc.nasa.gov/datasets?keywords=GLDAS 网站上查询到。②全球土壤水分项目 2(GSWP-2,Global Soil Wetness Project2)数据集(Dirmeyer et al.,2006),该数据集的覆盖时间为 1986~1995(Dirmeyer 等 1999)。该数据由全球陆地大气系统研究(GLASS)以及国际卫星陆地表面气候学项目(ISLSCP)的环境建模研究项目生产。国际卫星陆地表面气候学项目二期中 GSWP-2 的一个主要产品是多模型陆面分析。关于该数据集的信息可从网站 http://cola.gmu.edu/gswp/中获取。

LSM 估算的一个最大优点是提供了各层的平均土壤水分,即地表层以下各深度的土壤水分含量。在陆面数据同化系统(Land Data Assimilation Systems,LDAS)中,土壤水分的垂直分层是按照模型定义划分的(表 18.7)。该数据获取网址为:http://disc.gsfc.nasa.gov/hyd-rology/dataholdings/parameters/average_layer_soil_moisture_hsb.shtml。

表 18.7 全球或北美陆表数据同化系统中使用的垂直土壤分层数据

陆面数据同化系统	模型	垂直分层/m
GLDAS	CLM(10 层)	0~0.018, 0.018~0.045, 0.045~0.091, 0.091~0.166, 0.166~0.289, 0.289~0.493, 0.493~0.829, 0.829~1.383, 1.383~2.296 和 2.296~3.433
	Mosaic(3 层)	0~0.02,0.02~1.50 和 1.5~3.50
	NOAH(4 层)	0~0.1, 0.1~0.4, 0.4~1.0 和 1.0~2.0
	VIC(3 层)	0~0.1, 0.1~0.4, 0.4~1.0 和 1.0~2.0
NLDAS	Mosaic(6 层)	0~10, 0~40, 0~100, 0~200, 10~40 和 40~200

18.8　小　　结

陆地表层的土壤水分含量可由可见光、热红外和微波遥感数据估算，但是业务运行的产品主要是由主动微波遥感数据生成。SMC 的垂直剖面也可由动态过程模型与遥感数据产品同化得到(Baldwin et al.，2017)。

发展简化的可用于区域和全球尺度的土壤水分反演模型非常必要，但由于土壤水力学性质的复杂性，至今要得到一个可靠的模型仍是很大的挑战。

迄今还没有一个传感器的配置能够满足所有的需求，同样也不存在十分理想的土壤水分反演算法。因此，对传感器和算法结合的优化更有助于得到精确的土壤水分数据。将来研究的一个主要难题将是对不同测量技术的同步使用，并发展出一个有效的框架来优化整合不同尺度上的信息(Dorigo et al.，2017)，尤其是找出对卫星数据降尺度处理的最有效手段(Peng et al.，2017)。

遥感土壤水分产品的精度取决于传感器特性和所用的反演算法。尽管已进行了大量的验证工作，但是由于验证方法和参考数据的差别很大，因此很难客观地评价运用不同传感器的数据及不同算法获取的土壤水分数据的相对精度，更不用说提供一个可靠的精度估算(Karthikeyan et al.，2017b)。这些都说明了引入标准化和通用的数据对遥感土壤水分数据验证的重要性和紧迫性，这样才能对不同植被类型和气候条件下的各种土壤水分产品的精度进行比较。

2002 年启动的重力场恢复和气候实验(Gravity Recovery and Climate Experiment，GRACE)发现地球引力场(近似于月尺度)与陆地蓄水(土壤水分、地下水、雪、地表水及冰覆盖)的季节变化相关联。但即使确定了陆地蓄水(第 20 章讨论了一些技术细节)，为了在粗空间分辨率(如 500~1000km)上估算土壤水分，非常有必要分别估算陆地蓄水各个分量。

参 考 文 献

Amazirh A, Merlin O, Er-Raki S, et al. 2018. Retrieving surface soil moisture at high spatio-temporal resolution from a synergy between Sentinel-1 radar and Landsat thermal data: A study case over bare soil. Remote Sensing of Environment, 211: 321-337

Baghdadi N, El Hajj M, Zribi M, et al. 2017. Calibration of the water cloud model at C-band for winter crop fields and grasslands. Remote Sensing, 9: 969

Baldwin D, Manfreda S, Keller K, et al. 2017. Predicting root zone soil moisture with soil properties and satellite near-surface moisture data across the conterminous United States. Journal of Hydrology, 546: 393-404

Bao Y, Lin L, Wu S, Deng K A K, et al. 2018. Surface soil moisture retrievals over partially vegetated areas from the synergy of Sentinel-1 and Landsat 8 data using a modified water-cloud model. International Journal of Applied Earth Observation and Geoinformation, 72: 76-85

Bittelli M. 2011. Measuring soil water content: A review. Horttechnology, 21: 293-300

Bousbih S, Zribi M, El Hajj M, et al. 2018. Soil moisture and irrigation mapping in a semi-arid region, based on the synergetic use of sentinel-1 and sentinel-2 data. Remote Sensing, 10: 1953

Brocca L, Crow W T, Ciabatta L, et al. 2017. A Review of the Applications of ASCAT Soil Moisture Products. IEEE Journal of Selected Topics in Applied Earth Observations and Remote Sensing, 10: 2285-2306

Cai G, Xue Y, Hu Y, et al. 2007. Soil moisture retrieval from MODIS data in Northern China Plain using thermal inertia model. International Journal of Remote Sensing, 28: 3567-3581

Carlson T. 2007. An overview of the "triangle method" for estimating surface evapotranspiration and soil moisture from satellite imagery. Sensors, 7: 1612-1629

Chan S K, Bindlish R, O'Neill P E, et al. 2016. Assessment of the SMAP Passive Soil Moisture Product. IEEE Transactions on Geoscience and Remote Sensing, 54: 4994-5007

Dirmeyer P A, Dolman A, Sato N. 1999. The pilot phase of the global soil wetness project. Bulletin of the American Meteorological Society, 80: 851-878

Dirmeyer P A, Gao X A, Zhao M, et al. 2006. GSWP-2 - Multimodel anlysis and implications for our perception of the land surface. Bulletin of the American Meteorological Society, 87: 1381-1397

Dorigo W, Wagner W, Albergel C, et al. 2017. ESA CCI Soil Moisture for improved Earth system understanding: State-of-the art and future directions. Remote Sensing of Environment, 203: 185-215

Dorigo W A, Wagner W, Hohensinn R, et al. 2011. The International Soil Moisture Network: a data hosting facility for global in situ soil moisture measurements. Hydrology and Earth System Sciences, 15: 1675-1698

Entekhabi D, Njoku E G, O'Neill P E, et al. 2010. The soil moisture active passive (SMAP) mission. Proceedings of the IEEE, 98: 704-716

Jackson T. 2008. Passive microwave remote sensing for land applications // Liang S L, ed. Advances in Land Remote Sensing: System, Modeling, Inversion and Application. New York: Springer. 9-18

Karthikeyan L, Pan M, Wanders N, et al. 2017a. Four decades of microwave satellite soil moisture observations: Part 1. A review of retrieval algorithms. Advances in Water Resources, 109: 106-120

Karthikeyan L, Pan M, Wanders N, et al. 2017b. Four decades of microwave satellite soil moisture observations: Part 2. Product validation and inter-satellite comparisons. Advances in Water Resources, 109: 236-252

Kerr Y H, Al-Yaari A, Rodriguez-Fernandez N, et al 2016. Overview of SMOS performance in terms of global soil moisture monitoring after six years in operation. Remote Sensing of Environment, 180: 40-63

Kerr Y H, Waldteufel P, Wigneron J P, et al. 2010. The SMOS Mission: New Tool for Monitoring Key Elements ofthe Global Water Cycle. Proceedings of the IEEE, 98: 666-687

Lambin E F, Ehrlich D. 1996. The surface temperature - vegetation index space for land cover and land-cover change analysis. International Journal of Remote Sensing, 17: 463-487

Legates D R, Mahmood R, Levia D F, et al. 2011. Soil moisture: A central and unifying theme in physical geography. Progress in Physical Geography, 35: 65-86

Lekshmi S U S, Singh D N, Baghini M S. 2014. A critical review of soil moisture measurement. Measurement, 54: 92-105

Liu W, Baret F, Gu X, et al. 2002. Relating soil surface moisture to reflectance. Remote Sensing of Environment, 81: 238-246

Lu Y L, Horton R, Zhang X, et al. 2018. Accounting for soil porosity improves a thermal inertia model for estimating surface soil water content. Remote Sensing of Environment, 212: 79-89

McColl K A, Alemohammad S H, Akbar R, et al. 2017. The global distribution and dynamics of surface soil moisture. Nature Geoscience, 10: 100-104

Moran M, Peters-Lidard C, Watts J, et al. 2004. Estimating soil moisture at the watershed scale with satellite-based radar and land surface models. Canadian Journal of Remote Sensing, 30: 805-826

Moran S M, Clarke T R, Inoue Y, et al. 1994. Estimating crop water deficit using the relationship between surface-air temperature and spectral vegetation index. Remote Sensing of Environment, 49: 246-263

Njoku E G, Jackson T J, Lakshmi V, et al. 2003. Soil moisture retrieval from AMSR-E. IEEE Transactions on Geoscience and Remote Sensing, 41: 215-229

Njoku E G, Li L. 1999. Retrieval of land surface parameters using passive microwave measurements at 6-18 GHz. IEEE Transactions on Geoscience and Remote Sensing, 37: 79-93

Oh Y, Sarabandi K, Ulaby F T. 1992. An empirical model and an inversion technique for radar scattering from bare soil surfaces. IEEE Transactions on Geoscience and Remote Sensing, 30: 370-381

Owe M, de Jeu R, Holmes T. 2008. Multisensor historical climatology of satellite-derived global land surface moisture. Journal of Geophysical Research, 113: F01002

Owe M, de Jeu R, Walker J. 2001. A methodology for surface soil moisture and vegetation optical depth retrieval using the microwave polarization difference index. IEEE Transactions on Geoscience and Remote Sensing, 39: 1643-1654

Peng J, Loew A, Merlin O, et al. 2017. A review of spatial downscaling of satellite remotely sensed soil moisture. Reviews of Geophysics, 55: 341-366

Robock A, Vinnikov K, Srinivasan G, et al. 2000. The global soil moisture data bank. Bulletin of the American Meteorological Society, 81: 1281-1299

Rodell M, Houser P R, Jambor U, et al. 2004. The global land data assimilation system. Bulletin of the American Meteorological Society, 85: 381-394

Sabater J M, Jarlan L, Calvet J C, et al. 2007. From near-surface to root-zone soil moisture using different assimilation techniques. Journal of Hydrometeorology, 8: 194-206

Sadeghi M, Babaeian E, Tuller M, et al. 2017. The optical trapezoid model: A novel approach to remote sensing of soil moisture applied to Sentinel-2 and Landsat-8 observations. Remote Sensing of Environment, 198: 52-68

Sandholt I, Rasmussen K, Andersen J. 2002. A simple interpretation of the surface temperature/vegetation index space for assessment of surface moisture status. Remote Sensing of Environment, 79: 213-224

Seneviratne S I, Corti T, Davin E L, et al. 2010. Investigating soil moisture-climate interactions in a changing climate: A review. Earth-Science Reviews, 99: 125-161

Shi J, Chen K, Li Q, et al. 2002. A parameterized surface reflectivity model and estimation of bare-surface soil moisture with L-band radiometer. Geoscience and Remote Sensing, IEEE Transactions on, 40: 2674-2686

Shi J, Jiang L, Zhang L, et al. 2005. A parameterized multifrequency-polarization surface emission model. IEEE Transactions on Geoscience and Remote Sensing, 43: 2831-2841

Shoshany M, Svoray T, Curran P, et al. 2000. The relationship between ERS-2 SAR backscatter and soil moisture: generalization from a humid to semi-arid transect. International Journal of Remote Sensing, 21: 2337

Sobrino J A, Cuenca J. 1999. Angular variation of emissivity for some natural surfaces from experimental measurements. Applied Optics, 38: 3931-3936

Sobrino J, El Kharraz M. 1999. Combining afternoon and morning NOAA satellites for thermal inertia estimation 1. Algorithm and its testing with Hydrologic Atmospheric Pilot Experiment-Sahel data. Journal of Geophysical Research, 104: 9445-9453

Tian J, Deng X Z, Su H B. 2019. Intercomparison of two trapezoid-based soil moisture downscaling methods using three scaling factors. International Journal of Digital Earth, 12: 485-499

Ulaby F T, Dubois P C, vanZyl J. 1996. Radar mapping of surface soil moisture. Journal of Hydrology, 184: 57-84

Vereecken H, Huisman J A, Bogena H, et al. 2008. On the value of soil moisture measurements in vadose zone hydrology: A review. Water Resources Research, 44

Verstraeten W W, Veroustraete F, Feyen J. 2008. Assessment of evapotranspiration and soil moisture content across different scales of observation. Sensors, 8: 70-117

Wang C, Fu B J, Zhang L, et al. 2019. Soil moisture-plant interactions: an ecohydrological review. Journal of Soils and Sediments, 19: 1-9

Wang J R, Schmugge T J. 1980. An empirical model for the complex dielectric permittivity of soils as a function of water content IEEE Transactions on Geoscience and Remote Sensing, 18: 288-295

Wang L, Qu J J. 2009. Satellite remote sensing applications for surface soil moisture monitoring: A review. Frontiers of Earth Science in China, 3: 237-247

Wang S, Garcia M, Ibrom A, et al. 2018. Mapping root-zone soil moisture using a temperature-vegetation triangle approach with an unmanned aerial system: Incorporating surface roughness from structure from motion. Remote Sensing, 10: 28

Zhang D J, Zhou G Q. 2016. Estimation of soil moisture from optical and thermal remote sensing: A review. Sensors, 16: 29

Zhang R, Kim S, Sharma A. 2019. A comprehensive validation of the SMAP Enhanced Level-3 Soil Moisture product using ground measurements over varied climates and landscapes. Remote Sensing of Environment, 223: 82-94

第19章 雪水当量[*]

本章主要介绍雪水当量的估算方法，包括地面测量和遥感方法，并简要介绍雪水当量遥感产品的时空分布特征和应用。由于微波遥感的穿透能力和对积雪参数的敏感性，它在获取地表雪深和雪水当量有着更坚实的物理机理。而光学遥感则主要利用自然积雪的反射率与雪深之间的经验关系估计雪深。因此本章在兼顾光学遥感方法的基础上，着重介绍主、被动微波遥感雪水当量理论与算法。本章的组织结构如下：第一节介绍常规地面雪水当量测量方法；第二节介绍微波遥感探测雪水当量的理论基础；第三节介绍主被动微波遥感雪水当量反演方法；第四节简述光学遥感探测雪深算法及结合融雪模型的雪水当量重建算法；第五节介绍现有雪水当量遥感产品的时空特征与产品应用；最后章节为小结。

积雪是地表最活跃的自然要素之一，地球上陆地有四分之三的淡水资源以冰雪形式存在。北半球每年冬季大约有 4600 万 km^2 陆地被季节性积雪覆盖(Brown and Robinson, 2011)。积雪具有高反照率和低导热率特性，其多寡强烈地影响着地表能量和辐射平衡，进而影响地气相互作用，因此是天气预报和气候模式中的重要参数(Flanner et al., 2011)。季节性积雪冬季累积，春季融化，在降雪和融雪之间形成数月的间隔，影响地面水、能量和碳循环(Xu et al., 2013)。地球上近六分之一的人口需水主要依赖冰雪融水(Barnett et al., 2005)，雪水当量的变化会造成巨大的经济和社会效应。因此，雪水当量的监测十分必要。

雪水当量(W)表示单位横截面积的柱体雪完全融化后的液态水高度，公式如下(Ulaby, 1986)：

$$W = \int_{dz=0}^{d} \left(\rho_s dz / \rho_w \right) \tag{19.1}$$

其中，d 为雪深；ρ_s 为雪密度(g/cm^3 或 kg/m^3)；ρ_w 为液态水密度(1g/cm^3 或 1000kg/m^3)。若雪层密度均匀，则式(19.1)可简化为

$$W = \rho_s d / \rho_w \tag{19.2}$$

从式(19.2)可知，雪水当量(W)的单位为 cm 或 mm。

已知雪水当量的定义后，从下一节开始，我们将分别介绍现有雪水当量地面和遥感监测方法及应用。

---

[*] 本章作者：蒋玲梅[1]，杜今阳[2]，潘金梅[3]，熊川[4]，施建成[3]
　1. 北京师范大学/中国科学院空天信息创新研究院遥感科学国家重点实验室，北京师范大学地理科学学部；2. 美国蒙大拿大学林业与森林保护学院，地表动态数值模拟室；3. 中国科学院空天信息创新研究院/北京师范大学遥感科学国家重点实验室；4. 西南交通大学地球科学与环境工程学院

19.1　雪水当量地面测量方法

地面的雪水当量测量有直接和间接两种测量方法。在直接测量方法中，雪水当量通过称取单位截面的积雪柱重量换算得到。广泛使用的工具是联邦采雪器(Federal Snow Sampler)和雪枕(Snow Pillow)。联邦采雪器是一端带切口的长金属管，如图 19.1(a)所示。通过将采雪器垂直下压入雪层，直到接触土壤表面，从完整的雪层中取出一段积雪柱称重。雪柱重量(g)除以采样器截面面积(cm^2)和液态水密度($1g/cm^3$)，即为雪水当量(cm)。雪枕[图 19.1(b)]是一种广泛应用于美国西部积雪无线电观测网(SNOWTEL, SNOW TELemetry)的自动观测仪器。雪枕是一个由不锈钢、铝板或合成橡胶制成的压力测量器，内部由防冻液(如乙二醇)填充，通过测量压力换算为落在雪枕上的积雪重量。将积雪重量换算为雪水当量，自动记录并传送回室内电脑。雪水当量还可以通过挖掘雪坑，以雪深乘以雪铲测量的平均雪密度得到[图 19.1(c)及式(19.1)所示]。这种方法需要挖掘雪坑，耗时耗力，但可与其他积雪观测(如雪层结构和雪粒径观测)同时进行。

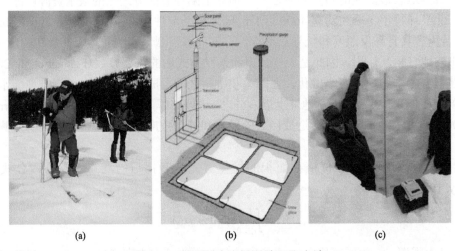

(a)　　　　　　　　　　(b)　　　　　　　　　　(c)

图 19.1　地面雪水当量测量工具/方法

(a)联邦采雪器(由 Randy Julander 拍摄)；(b)雪枕(出自 NRCS，美国自然资源保护局网站https://www.wcc.nrcs.usda. gov/factpub/sect_4b.html)；(c)雪坑观测(出来自 NSIDC 美国国家冰雪数据中心，美国寒区过程实验(CLPX)期间拍摄)

间接测量方法则是利用电磁波衰减原理来估算雪水当量。通过测量水分子(液态或固态)对下垫面土壤自然发射的伽马射线的衰减换算得到。自然发射的伽马射线主要来自于土壤中钾(钾 40)、钍、铀等元素的衰减(Glynn et al., 1988)。通过比较下雪前后伽马辐射能量大小，将计算到的放射能量衰减通过定标得到的校正系数转换到雪水当量。例如，在北欧积雪雷达实验(Nordic Snow Radar Experiment, NoSREx)中(图 19.2)，使用伽马水探测仪(Gamma Water Instrument, GWI)进行地表雪水当量的自动观测(Lemmetyinen et al., 2016)。

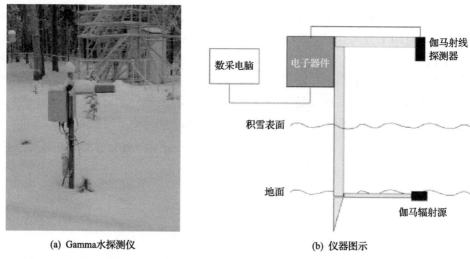

|(a) Gamma水探测仪|(b) 仪器图示|

图 19.2　架设在芬兰气象局的 Gamma 水探测仪及仪器图示(Lemmetyinen et al., 2011)

19.2　积雪微波辐散射模型

干雪是由冰和空气组成的混合介质，积雪下垫面通常是粗糙土壤表面。微波在积雪层内发生体散射，在空气-积雪界面、积雪-土壤界面以及积雪内部层次边界发生面散射，并在雪体和边界之间发生体-面相互作用。本章的积雪微波辐散射模型主要是针对干雪。

积雪微波遥感前向模型需要准确地模拟积雪覆盖地表场景的微波散射和辐射特性。积雪辐射模型从建模角度可分为三个部分(Pan et al., 2016)：

(1)积雪介质假设：一些积雪辐散射模型(the Helsinki University of Technology Snow Emission Model, HUT; Dense Media Radiative Transfer Model Based on Quasi-crystalline Approximation, DMRT-QCA，详见下文)假设积雪由不同粒径的雪颗粒组成；而一些模型(如 the Microwave Emission Model for Layered Snowpacks, MEMLS；亚连续介质模型，Bicontinuous)则将积雪作为连续介质处理。积雪体散射系数的计算则是与积雪介质结构选择密切相关。

(2)积雪体散射系数计算：这是积雪辐散射模型的核心。这是由于积雪是由与微波波长数量级相当的大颗粒(或大尺度不均一性)组成的密集介质，积雪亮温和后向散射系数对体散射强度的敏感性远远大于积雪吸收作用。根据积雪体散射系数计算的复杂性可以将模型分为半经验模型、解析理论模型和数值计算模型三类。半经验模型基于有限观测数据得到，通常将体散射系数表达为粒径和频率的函数。解析理论模型是从麦克斯韦方程出发，通过一定假设简化导出的解析解。数值计算模型直接通过对积雪结构的数值电磁计算得到体散射特性，可自由设定积雪微观结构，且舍去了解析理论模型中的假设过程。从半经验模型到数值模型，计算复杂度逐渐增大。

(3)辐射传输方程计算：将多层积雪体辐射及散射、土壤背景辐射、粗糙土壤表面散射、积雪-空气和雪层界面散射一起考虑，得到传感器在积雪表面观测到的积雪总辐射或散射。通常采用辐射传输方程进行解算。根据运算复杂性，可以将4π空间内各个方向的辐射分为上、下两个方向(如 HUT 模型)、六个方向(如 MEMLS 模型)或 N 个方向(如 DMRT 模型)。

对于被动微波，微波辐射是在自然土壤和积雪自身产生的能量。而在主动微波中，传感器会首先向积雪地表发射微波脉冲，观测被积雪和土壤反射后的结果。目前大部分卫星发射天线和接收天线在一个方位(图 19.3)，因此测量的是后向散射系数。

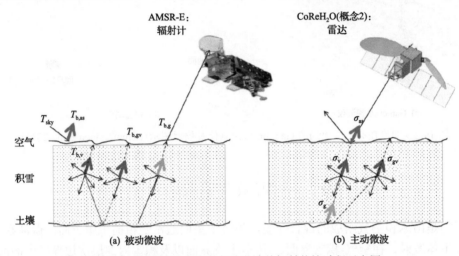

图 19.3　积雪被动微波和主动微波的辐射传输过程示意图

以下是常用积雪辐射模型的几个例子，包括 HUT 模型、MELMS 模型、DMRT-QCA 模型和 DMRT-Bicontinuous 模型。各模型都可以用于多层积雪。它们根据第(2)点分为半经验模型、解析理论模型和数值计算模型。但需要注意的是，每一个模型都需要包含第(1)到第(3)的三个过程。

19.2.1　半经验模型

半经验模型的主要特点是对积雪散射和辐射特性的计算依赖于实验观测，没有从电磁波理论出发进行求解，避免了大型复杂矩阵的计算，模型形式简洁，实用性强，现已被成功用于被动微波雪深和雪当量反演研究中。半经验模型以 HUT 模型和 MEMLS 模型为代表。

1. HUT 模型

HUT 模型(Pulliainen et al., 1999)是一种基于辐射传输的零阶半经验模型，其本质是基于对标量被动辐射传输方程的解算，积雪的消光系数通过与粒径和频率相关的半经验模型计算(Hallikainen et al., 1987)，公式如下：

$$\kappa_e = 0.0018 f^{2.8} D^2 \tag{19.3}$$

式中，κ_e 为 dB 单位消光系数；f 为频率(GHz)；D 为积雪粒子直径(mm)。吸收系数由干雪的介电常数计算得出，其中积雪介电常数实部由 Mätzler(1987)得出，虚部由 Polder-van Santen 混合介电模型(Hallikainen et al., 1986)得到。Roy 等(2004)在 Rayleigh 散射基础上对大粒径的消光系数公式做了修正，形式如下：

$$\kappa_e = 2(f^4 D^6)^{0.2} \tag{19.4}$$

HUT 模型除了简化了消光系数的计算外，假设雪层中的散射以前向散射为主，以 q=0.96 来表示散射到前向的辐射能量比例。通过设定经验参数 q 代替各方向上散射到观测角 θ 的亮温分布和相函数的积分，在深度为 d' 处、观测角为 θ 的亮温 $T_B(d', \theta)$ 可简化下式：

$$\frac{\partial T_B(d', \theta)}{\partial d'} = \kappa_a \sec\theta T_s + \sec\theta(q\kappa_s - \kappa_e)T_B(d', \theta) \tag{19.5}$$

其中，T_s 是积雪物理温度；κ_a、κ_s 和 κ_e 分别是吸收系数、散射系数和消光系数；θ 表示卫星观测角；q 是散射到前向的辐射能量比例。

考虑空气-积雪界面和积雪-土壤界面上的散射效应，对式(19.5)添加边界条件，最终可得观测角 θ 方向观测得到的雪深为 d 的积雪表面亮温 $T_B(d+, \theta)$：

$$T_B(d+, \theta) = \frac{\gamma_{as}}{1 - \Gamma_{as}\Gamma_{ss}e^{-2(\kappa_e - q\kappa_s)\sec\theta \cdot d}} T_B(d-, \theta) \tag{19.6}$$

式中，$T_B(d-, \theta)$ 是积雪-空气界面下方的辐射亮温：

$$\begin{aligned}
T_B(d-, \theta) &= \gamma_{ss} T_{soil} e^{-(\kappa_e - q\kappa_s)\sec\theta \cdot d} + (1 + \Gamma_{ss} e^{-(\kappa_e - q\kappa_s)\sec\theta \cdot d}) \frac{\kappa_a T_{snow}}{\kappa_e - q\kappa_s}(1 - e^{-(\kappa_e - q\kappa_s)\sec\theta \cdot d}) \\
&= T_{B,soil} + T_{B,snow}
\end{aligned} \tag{19.7}$$

其中，γ_{as} 和 γ_{ss} 分别为空气-积雪界面和积雪-土壤界面的透过率；Γ_{as} 和 Γ_{ss} 分别为空气-积雪界面和积雪-土壤界面的反射率。

HUT 模型在目前的雪深反演算法中应用最广泛，这主要是由于它历史悠久、雪粒径的假设容易测量和理解、计算量小。HUT 模型适用性广，体散射系数经验公式适用频率范围为 18~90GHz。目前刚发现的主要问题是对厚雪亮温存在低估，建议用于不超过 50cm 的积雪辐射模拟(Pan et al., 2017)。

2. MEMLS 模型

MEMLS 模型(Wiesmann and Mätzler, 1999)假设积雪为空气-冰组成的二相介质、以相干长度 p_{ec} 表达积雪微观结构。体散射系数有两种计算方法，其中一种为半经验算法，表达为

$$\begin{aligned}
\gamma_s &= \left(9.2\frac{p_{ec}}{1mm} - 1.23\frac{\rho}{1g/cm^3} + 0.54\right)^2 \left(\frac{f}{50GHz}\right)^{2.5}, 0.05mm \leqslant p_{ec} \leqslant 0.3mm \\
\gamma_s &= \left(3.16\frac{p_{ec}}{1mm} + 295\left[\frac{p_{ec}}{1mm}\right]^{2.5}\right)^2 \left(\frac{f}{50GHz}\right)^{2.5}, p_{ec} < 0.05mm
\end{aligned} \tag{19.8}$$

其中，γ_s 为体散射系数(相当于 κ_s)。此外，MEMLS 还提供基于改进波恩近似(Improved Born Approximation, IBA)的散射系数计算方案(Mätzler and Wiesmann, 1999)；这是一种解析理论模型方法。

在求解辐射传输方程时，MEMLS 采用六流近似，考虑了折射角大于全反射角方向被"困"在雪层中的辐射。在计算时，MEMLS 模型首先将六流近似简化为二流近似，具体方法是将六流近似的吸收和散射系数转换为二流近似的对应形式，求解二阶辐射传输积分方程。MEMLS 半经验系数的拟合范围为 5～100GHz，适用性广泛。Pan 等(2017)发现它在深雪时的模拟效果比 HUT 模型好。MEMLS 可模拟多层积雪的辐射特征。

19.2.2 理论解析模型

理论解析模型对麦克斯韦方程进行假设简化，采用解析公式得到积雪的散射特性。早期理论模型中，积雪层的散射建模是基于传统矢量辐射传输方程的。最初，模型将积雪层描述为无相干散射作用的圆球形或椭球形粒子，单个粒子的散射场利用球形或椭球瑞利散射理论解算，粒子之间的散射相互独立，总散射强度等于各个粒子散射强度的总和。这种理论即为独立散射理论，其直接忽略了积雪粒子之间的集合散射作用。对于积雪介质，在微波波段，单个波长尺度内存在多个散射粒子，且粒子介电常数与背景介电常数显著不同，这时独立散射理论模型不成立。

为了考虑积雪介质的致密散射特性，Tsang 等(1985)提出了致密介质传输理论 DMRT 模型。致密散射理论及其在微波遥感前向模型中的应用在 Tsang 和 Kong(2001)的专著中有详细论述。传统矢量辐射传输方程是由能量守恒推导出的现象性方程，考虑强度的叠加，而不考虑散射场的相干性。粒子散射独立的假定在密集分布粒子的辐射传输中是不成立的。密集分布的粒子的散射相干性使得以往矢量辐射传输方程中独立散射的假定会过高估计了散射。

理论解析模型的基本思想是对模型近似，如 EFA 近似、QCA-CP 近似、QCA 近似等(Tsang et al., 2013)，进而简化多次散射 Foldy-Lax 方程组的求解过程。这些近似处理在特定条件下成立，且解算结果与数值计算结果相近。EFA 近似是对 Foldy-Lax 方程组的第一层截断取近似，适用于稀疏粒子情况；与 EFA 近似相比，QCA-CP 近似和 QCA 近似，是在 Foldy-Lax 方程组的更高阶做了近似，其中 QCA-CP 近似适用于散射粒子远小于波长，且散射相位矩阵为瑞利散射相位矩阵的情况，QCA 近似则无此限制。

考虑到自然界的积雪中冰粒子粒径的分布与黏性特征，Tsang 等(2003)将积雪重新建模为具有粒径分布的致密粒子，QCA 理论被用来计算积雪介质的吸收、散射和辐射，多粒径的 Percus-Yevick 近似被用来表征粒子之间几何位置的相关性。Tan 等(2004, 2005)将此模型扩展为黏性粒子介质。QCA 模型的模拟结果与早期传统的独立散射模型结果有以下几个显著不同：①消光系数随着占空比增大而先升后降，而非持续升高；②散射系数与频率的关系弱于瑞利散射理论所预测的四次方；③散射相位矩阵的余弦平均为非零，且散射相位矩阵中前向散射大于后向散射，而非球形 Mie 理论及瑞利散射理论所预测的前向与后向散射相等。这些特征在半经验模型的体散射系数形式中也有所体现。

无论采用 QCA 还是 QCA-CP 近似，DMRT 模型可采用多流的 DISORT 模型计算辐射传输方程，在体散射和辐射传输方程求解中比 HUT 和 MEMLS 模型复杂。但多流近似的好处是可以天然地很好地处理主动微波后向散射系数模拟的问题。因为主动微波有明显的窄方向的入射源，二流近似是不合适的。利用 DMRT-QCA 模型可以模拟多种自然积雪的情况。多粒径的(有粒径分布的)、黏性的、非黏性的积雪的微波辐散射特征均能由 DMRT-QCA 模型进行模拟。

19.2.3 数值计算模型

在以往的模型发展历程中，无论是体散射模型还是粗糙面散射模型，研究者往往利用各种假设对散射问题进行一定简化，以追求解析解和计算的高效性。近来计算机硬件快速发展，我们可以较少地去考虑计算资源问题。利用大型并行计算机，由数值电磁计算方法求解积雪的电磁辐散射特性，对散射问题进行简化和假设均较少。电磁数值计算方法以及基于电磁数值计算方法建立的微波积雪数值计算模型在 Tsang 等(2000, 2013)中有很好的总结。

自然界真实的积雪粒子形状是非球形的不规则形状，为了刻画积雪粒子的这种不规则几何特点，Ding 等(2010)提出一种基于 Bicontinuous 介质的积雪散射模型。该模型利用对高斯随机场的阈值切割实现对积雪介质的微结构模拟(Berk, 1991)。通过上述算法即可构造出与自然界积雪结构相类似的 Bicontinuous 结构。该模拟介质与真实积雪微结构有很大的相似性(图 19.4)，避免了以往模型中对理想粒子形状的假设。随后利用 DDA(离散偶极子近似)方法计算计算机模拟结构的散射场，通过多次 DDA 计算将相干与非相干散射场分离，随后利用非相干散射场计算辐射传输方程所需的散射相位矩阵、散射系数等量，与 DMRT 模型相同的多流辐射传输方程耦合实现主被动微波遥感的模拟计算。因此，该模型又可称为 DMRT-Bicontinuous 模型。Bicontinuous 模型的粒径输入参数包括平均粒径参数 ζ 和粒径分布参数 b，这两个参数很难通过测量获得。Xiong 等(2012)利用实验测量积雪切片图像的相关函数与 Bicontinuous 介质的相关函数匹配，获得了 Bicontinuous 模型的平均粒径参数 ζ 和粒径分布参数 b。

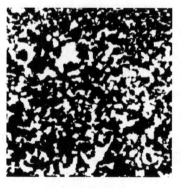 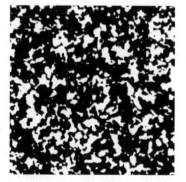

(a) 实验测量积雪切片图像　　　　(b) 模拟bicontinuous结构切片图像

图 19.4　积雪切片图像(Xiong et al., 2012)

由于在数值电磁计算方法中直接对麦克斯韦方程进行解算，散射相位矩阵中交叉极化元素为非零，这点与 QCA 系列模型不同。在 Bicontinuous 模型中，介质的非对称性也会产生交叉极化信号，因此，Bicontinuous 模型在预测积雪介质的交叉极化散射方面能力更强。DMRT-bicontinous 模型在模拟主动微波交叉极化时的表现优于 DMRT-QCA 模型。

以上介绍的半经验模型、解析理论模型和数值计算模型三类积雪微波散射和辐射模型在实际应用中均发挥了重要作用。半经验模型较为简洁，且部分参数通过实验测量结果得出，因此模型模拟较为稳定、实用，在许多雪水当量反演中实现了成功的应用。解析理论模型以致密介质散射理论和强起伏理论等为代表，在模型建立过程中做了较多假设，计算量适中，但精度高于半经验模型。数值计算模型中的假设较少，与实际问题更为接近，但是需要大量的计算。综上，半经验模型中的 HUT 模型适用于浅雪、MEMLS适用于浅雪和厚雪的被动微波模拟，解析理论模型中的 DMRT-QCA 模型适用于主被动微波信号模拟，数值计算模型中的 DMRT-Bicontinous 和 DMRT-QCA 模型一样能模拟主被动微波且在主动交叉极化的模拟精度更高。DMRT-Bicontinous 也是计算量最大的模型之一。今后随着计算机能力的继续发展，数值计算模型的计算问题可以更好地解决，因此对精度的要求会超越计算量的限制。但为了实现大量数据的遥感反演目标，对数值计算模型进行参数化仍然是有必要的。

19.3　微波遥感雪水当量反演方法

微波遥感用于雪水当量反演主要有两种方式，包括被动微波遥感雪水当量和主动微波遥感雪水当量。下面将分别进行叙述。

19.3.1　被动微波遥感雪水当量反演算法

20 世纪 80 年代至今，多种卫星、传感器系统形成了不间断的长达 40 余年的星载被动微波亮温数据，是积雪参数反演的重要资料。美国国家冰雪数据中心(NSIDC)存储了1978 年 11 月以来的逐日亮温数据，包括多通道扫描微波辐射计(SMMR)、微波辐射成像仪(SSM/I)、高级微波辐射计(AMSR-E)等。日本宇航局和美国宇航局合作，发布第二代高级微波辐射计(AMSR2)数据，是 AMSR-E 的延续。我国自 2008 年起发射了气象卫星风云三号系列卫星(FY-3/A/B/C/D)，其上装载微波成像仪(MWRI)，该数据由国家卫星气象中心发布。目前可用于雪水当量反演的被动微波传感器见表 19.1。

积雪覆盖地表微波辐射主要包括积雪自身的辐射和其下覆地表的辐射(Chang et al.,1987)。在微波低频波段，积雪辐射主要受积雪下覆地表特性的影响。而在高频波段，积雪的体散射起了重要的作用。积雪辐射对雪水当量和雪颗粒大小很敏感(Hofer 和 Mätzler,1980)。对于高频波段，在积雪的衰减作用(散射与吸收系数之和)中，散射占主导作用，大大减弱了地面和积雪的直接辐射(Ulaby et al., 1981)。这种随频率增加散射作用增强从而减弱积雪辐射的特性，可用来探测地表积雪的存在和积雪深度。

表 19.1 雪水当量反演相关被动微波传感器*

被动微波传感器	SMMR	AMSR-E	MWRI	AMSR-2	SMM/I**	Special Sensor Microwave Imager/Sounder (SSMIS)
卫星平台	Nimbus-7 Pathfinder	Aqua	FY-3B, C, D	GCOM-W1 (Global Change Observation Mission for Water-1)	DMSP-F8/F11/F13	DMSP-F17/F18
数据可获取日期	1978.10.25~1987.8.20	2002.06.01~2011.10.04	2010.11.18 至今 (FY3B) 2013.09.29 至今 (FY3C) 2017.11.15 至今 (FY-3D)	2012.08.10 至今	1987.6.18~1991.12.31 (85GHz 在 1989.02 后失效) (F8) 1991.12.03~2000.05 (F11) 1995.05-2009.11 (F13)	2006.11.04~2017.09.30 (F17) 2009.10 至今 (F18)
卫星高度/km	955	705	836	700	856 (F8) 853 (F11) 850 (F13)	850 (F17) 830 (F18)
卫星倾角/度	99.1	98.2	98.75	98.2	98.8	98.8
空间范围	全球	全球	全球	全球	全球	全球
频率/GHz: 瞬时视场角 (IFOV)/km	6.6GHz:148x95 10.7GHz:91x59 18GHz:55x41 21GHz:46x30 37GHz:27x18	6.9GHz:75x43 10.7GHz:51x29 18.7GHz:27x16 23.8GHz:31x18 36.5GHz:14x8 89.0GHz:6x4	10.65GHz:85x51 18.7GHz:50x30 23.8GHz:45x27 36.5GHz:30x18 89GHz: 5x9	6.9GHz:62x35 7.3GHz:62x35 10.65GHz:42x24 18.7GHz:22x14 23.8GHz:19x11 36.5GHz:12x7 89GHz:5x3	19.3GHz:70x45 22.2V:60x40 37GHz:38x30 85.5GHz:16x14	19.3GHz:70x45 22.2V:60x40 37GHz:38x30 91.7GHz:16x13
幅宽/km	780	1445	1400	1450	1394	1700
极化方式	H/V	H/V	H/V	H/V	H/V	H/V
升降点当地时间	升轨 12:00PM 降轨 0:00AM	升轨 1:30PM 降轨 1:30AM	3B 升轨 1:30PM 降轨 1:30AM / 3C 升轨 1:30AM 降轨 1:30PM / 3D 升轨 2:00PM 降轨 2:00AM	F8 F11 F13	升轨: 6:20AM 降轨: 6:20PM / 升轨: 6:20PM 降轨: 6:20AM / 升轨: 6:00PM 降轨: 6:00AM	升轨: 6:00PM 降轨: 6:00AM
观测角/(°)	50.3	55	53	55	53.1 (F8) 52.8 (F11) 53.4 (F13)	53.1

* 引自 NSIDC 网站；国家卫星气象中心网站；WMO OSCAR 网站

** F10, 14, 15, 16 卫星有微波亮温产品，由于它们的升降轨当地过境时间年际漂移较大，不如 F13, F17 星稳定，在此不做列举

传感器观测到的积雪覆盖地表信号通常由植被、积雪及积雪下覆地表等组成。由于积雪自身参数、地表参数对辐射影响的复杂性，目前还没发展出卫星像元尺度上有效获取雪深(雪水当量)的物理反演方法。因此目前用于反演雪深(雪水当量)的算法主要有半经验算法、迭代算法、查找表算法、同化算法以及机器学习算法。

1. 半经验算法

1) 静态算法

雪水当量静态反演算法是国际上应用最早的积雪反演算法。它实质上是一种线性亮温梯度法，即认为积雪深度(雪水当量)与亮温梯度之间是线性关系，而系数由不同的研究者给出不同的值。

雪水当量静态反演算法的基本形式可表达为

$$\text{SWE} = A + B \cdot \Delta T_B \tag{19.9}$$

其中，SWE 为雪水当量；A、B 是雪水当量与亮温差之间经验关系式的截距(mm)和斜率(mm/K)。由于所采用实验数据或研究区的不同，所以不同的学者拟合得到不同的经验参数 A 和 B。ΔT_B 是一个高频(37GHz 或 85GHz)和低频(18GHz 或 19GHz)的亮温差，可以是水平或垂直极化。

(1) Chang 等(1987)算法——NASA 算法

Chang 等(1982, 1987)基于均质积雪的辐射传输模型，计算得到密度 300kg/m³、粒径为 0.3mm 条件下的积雪亮温，将亮温与雪当量参数代入到式(19.9)，得到 SMMR 的雪水当量反演算法：

$$\text{SWE} = 4.8 \times (T_{B,18H} - T_{B,37H}) \tag{19.10}$$

其中，SWE 为雪水当量(mm)，$T_{B,18H}$、$T_{B,37H}$ 分别为 18GHZ 和 37GHz 水平极化亮温。Armstrong 和 Brodzik(2001)研究表明，由于 SSM/I 与 SMMR 传感器通道差异，把 $(T_{B,18H}-T_{B,37H})$ 亮度梯度算法用于 SSM/I，需要对 A 进行 5K 调整。

Chang 算法是最初一批半经验算法中用于生产雪水当量和雪深产品的经典算法。该算法只适用于雪水当量小于 300mm 的情况，超过时会出现亮温差饱和。由于算法在建立时假设雪粒径为 0.3mm，因此在大粒径时，Chang 算法会高估雪水当量。

(2) Foster 等(1997)算法——NASA96 算法

在北美和欧亚大陆北部广泛分布着北方针叶林(或泰加林)，与相邻的苔原或大草原地区相比，虽然森林会截留降雪，但由于森林能有效减少太阳辐射，这里积雪往往累积更深，春季融化更晚。

由于植被层的存在削弱了下层积雪的微波辐射并将自身辐射叠加到总的辐射亮温中，从而大大增加了用卫星数据精确估算积雪深度(或雪水当量)的难度。因此，不考虑植被的反演算法将低估森林地区的雪水当量。

Foster 等(1997)考虑森林覆盖度 f 的影响，对早期 Chang 等(1987)经验算法进行修正，建立了 NASA96 算法，应用于全球雪水当量反演。由于森林在 37GHz 与 18GHz 发

射率相似，亮温差仅由无森林覆盖的区域 $(1-f)$ 贡献，纠正后的算法为

$$\text{SWE} = \frac{4.8 \times (T_{B,18H} - T_{B,37H})}{1-f} \tag{19.11}$$

图 19.5 是不同森林覆盖率下亮温差与雪水当量之间的关系，展示了该算法对森林覆盖率的修正过程。由于欧亚大陆中部地区冷空气更强劲，易形成深霜层，因此 NASA96 算法在该区域设雪粒径为 0.4mm，修改了 Chang 算法的 B 参数：

$$\text{SWE} = \frac{2.3 \times (T_{B,18H} - T_{B,37H})}{1-f} \tag{19.12}$$

NASA96 算法为有森林覆盖的地表提供了一种合适的修正方案，在北美将雪水当量反演误差从 50%提高到 15%；在欧洲显著提高了春季的雪水当量反演精度。

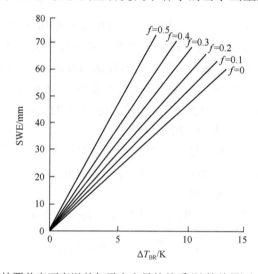

图 19.5　不同森林覆盖率下亮温差与雪水当量的关系(计算结果) (Foster et al., 1997)

(3) Foster 等 (2005) 算法

在全球范围内，积雪存在显著的空间、季节性分布差异。例如，西伯利亚地区的积雪易发育深霜层、粒径大、平均密度也小于北美。Sturm 等(1995)将季节性积雪分为苔原型、高山型、泰加林型、海洋型、大草原型和瞬时型六类，每一类定义了质地和分层特征，包括厚度、密度、晶体形态和粒径等划分指标。Tedesco 和 Kim(2006)在 Sturm 等(1995)的积雪分类基础上，给出了六种积雪类型的平均密度和粒径(表 19.2)。

表 19.2　六种季节性积雪的平均密度和粒径(直径) (Tedesco and Kim, 2006)

	苔原型	高山型	泰加林型	海洋型	大草原型	瞬时型
密度/(kg/m³)	380	250	260	350	300	300
粒径/mm	1.0	0.6	1.3	0.7	0.8	0.5

基于多种辐射传输模型模拟的结果都表明，积雪亮温与雪粒径有着很强的关系。一般来说，雪粒径越大，则散射作用越强，积雪亮温差越大 (Chang et al., 1982, 1987; Kelly et al., 2003)。有研究表明平均颗粒大小是决定积雪颗粒散射特性的关键因素，因此可用平均颗粒大小来表征雪层内不同颗粒大小散射特征。对雪粒径和积雪类型的影响，Chang等(1987)算法和 Foster 等(1997)算法都考虑不足。

Foster 等(2005)引入两个随时间变化的动态参数分别表示森林覆盖率和雪粒径的影响，并且强调了先验知识—雪的分类数据库和土地覆盖类型数据库的作用，建立新的雪水当量反演公式为

$$SWE = F_t c_t (T_{B,19H} - T_{b,37H}) \tag{19.13}$$

式中，F_t 为森林覆盖率的修正系数；c_t 为考虑了雪粒径影响的修正系数。

$$F_t = 1/(1-\varepsilon) \tag{19.14}$$

$$c_t = (1-\gamma)c_0 \tag{19.15}$$

其中，ε 为不同森林覆盖率情况下，估算雪水当量的误差平均值，而森林覆盖率根据 IGBP 的 1km 全球土地利用图计算得到。该算法相当于 B 参数在 3.3～5.8mm/K 间变化。

该算法经过加拿大7个冬季大量积雪观测数据的验证，结果表明新的 Foster 等(2005)算法能很好地反映雪的积累和消融时相。在大多数地区，Chang 算法已知的偏差都得到了纠正，但对于高山型和海洋型积雪，它仍然存在较大的误差。

(4) Derksen 等(2005)算法——加拿大算法

除森林外，不同类型的其他植被对微波亮温也存在影响，表现为通用公式 A、B 系数的不同差异。Hallikainen(1984)提出 B 会随不同植被类型显著变化，在沼泽取为 2.9mm/K，而在森林取为 5.4mm/K。

Derksen 等(2005)研究加拿大的北方针叶林/苔原交错带时，扩展了通用公式的形式：

$$SWE = \sum_{j=1}^{n} F_j (A + B \cdot \Delta T_B)_j \tag{19.16}$$

以开阔平原、针叶林、落叶阔叶林和稀疏林的 IGBP 1km 的像元覆盖率为权重 F_j，并对不同覆盖类型拟合 SSM/I 的 A、B 系数，得到反演的雪水当量。其中，不同植被类型的反演公式采用加拿大气象局(MSC)算法，这是一组加拿大不同地形区的算法集合。具体参数可见表 19.3。

表 19.3　加拿大气象局(MSC)地表类型敏感算法集合(Derksen, 2005)

地表类型	SMMR 算法	SSM/I 算法
开阔平原	SWE=$-20.7-2.59[(37V-18V)/19]$	SWE=$-20.7-2.59[(37V-19V)/18]$
针叶林	SWE=$16.81-1.96(37V-18V)$	SWE=$16.81-1.96(37V-19V)$
落叶阔叶林	SWE=$33.5-1.97(37V-18V)$	SWE=$33.5-1.97(37V-19V)$
稀疏林	SWE=$-1.95-2.28(37V-18V)$	SWE=$-1.95-2.28(37V-19V)$

Derksen 等(2005)采用 2003 年 11 月和 2004 年 3 月在加拿大 Manitoba 北部的精细地面试验数据对算法进行了验证。这个区域在 Sturm 等(1995)的分类中属于苔原型积雪区。实验在从 Thompson(北方针叶林区)、Gillam(稀疏北方针叶林区)到 Churchill(开阔苔原

区)的 500km 路线上观测了积雪参数。结果表明，大部分反演的雪水当量在地面观测的 ±20mm 内，但在苔原区的存在低估(50%左右)。

Derksen(2005)算法对局地植被类型的考虑比 Foster(2005)算法更细致，然而在雪粒径变化方面又有所欠缺。Derksen(2005)算法为地表类型复杂地区发展有着相对高精度的普适算法提供了一种思路。就加拿大地区的反演而言，该算法在苔原区存在低估，对北方针叶林区在四月份出现深雪时的反演也不太理想。

(5)中国区域反演算法

在中国区域的雪深和雪水当量反演算法的研究中，曹梅盛等(1993)将中国西部分为五个地貌单元(高原、高山、低山、丘陵、盆地)，利用可见光积雪数据(OLS)对 SMMR 反演的积雪深度数据进行了订正。Che 等(2008)以 Chang 算法为基础，结合气象站点观测数据，分别修正了中国区域的 SMMR(1980 年和 1981 年气象站点观测雪深数据)、SMM/I(2003 年气象站雪深观测数据)雪深算法系数，得到 SMMR 和 SMM/I 的雪深反演回归算法。

孙知文(2007)和 Chang 等(2009)引入积雪覆盖度来发展中国地区的雪深半经验算法。其中，孙知文(2007)将全国分为三大积雪区(新疆；东北、内蒙古和华北平原地区；青藏高原)，根据各积雪区不同的积雪特点，结合地面观测雪深数据，分别建立各区的雪深反演算法。此外，在新疆地区，引入 MODIS8 天合成积雪覆盖度产品进行计算，结果表明，雪深统计回归算法精度有所提高。Chang 等(2009)利用 MODIS 地表覆盖产品(MOD12Q1 V004)把中国地区下垫面地表分为 4 类：草地、裸土(包含农田)、森林、灌木，除了使用 18.7GHz 与 36.5GHz 的亮温差外，同时引入了 89GHz 与 18.7GHz、36.5GHz 的频率差来反映浅雪层信息，利用 2002～2005 年的地面观测数据，分别建立了四种主要下垫面的雪深回归反演算法，提高了中国区域的算法精度，但该算法适合于 3cm 以上的雪深反演。由于采用 MODIS 8 天合成的积雪产品(MYD10A2)，该算法的时效性较差，不能直接用于实时积雪业务监测。为了摈弃积雪覆盖度在雪深反演中的作用，Jiang 等(2014)利用 2002～2009 年的 AMSR-E 数据和气象台站的常规观测资料，建立考虑不同地表覆盖类型对雪深反演影响的算法。目前该算法已作为我国风云卫星三号微波成像仪的雪深/雪水当量业务化监测算法。

Jiang 等(2014)算法针对像元中存在多种地表覆盖类型的混合情况，将下垫面分为草地、农田、裸地和森林四种地物类型，利用 AMSR-E 亮温数据和气象站点数据构建纯像元雪深半经验反演公式，基于混合像元分解原理建立反演模型(Jiang et al., 2014)。该算法选用 10.7，18.7，36.5 和 89GHz 的 V、H 极化频率组合来反演雪深，建立的纯像元公式如下：

$$SD_{farmland} = -4.235 + 0.432 \times d18h36h + 1.074 \times d89v89h$$

$$SD_{grass} = 4.320 + 0.506 \times d18h36h - 0.131 \times d18v18h + 0.183 \times d10v89h - 0.123 \times d18v89h$$

$$SD_{baresoil} = 3.143 + 0.532 \times d36h89h - 1.424 \times d10v89v + 1.345 \times d18v89v - 0.238 \times d36v89v$$

$$SD_{forest} = 11.128 - 0.474 \times d18h36v - 1.441 \times d18v18h + 0.678 \times d10v89h - 0.649 \times d36v89h$$

$$(19.17)$$

然后基于混合像元分解思想反演得到雪深：

$$SD = f_{grass} \times SD_{grass} + f_{barren} \times SD_{barren} + f_{forest} \times SD_{forest} + f_{farmband} \times SD_{farmband} \qquad (19.18)$$

经验证，算法在中国区域总体均方根误差为 5.6cm，误差大部分集中在 ±5cm 以内。总体而言对浅雪反演效果较好，对深雪则存在低估现象。

区域性半经验静态雪深反演算法针对特定研究区发展而来。算法发展过程中，使用的数据和针对的积雪特征具有地域性，这类算法往往在特定区域上表现稳定且精度较好，但难以应用到全球尺度的雪深反演。

2) 动态算法

随着积雪季节推进，积雪状况(雪粒径、密度、雪深、分层特征等)时刻在发生变化，其中比较典型的是雪粒径变化与深霜层的形成。为表征积雪物理特征的时空变化，允许斜率 B 随时空动态变化，称为动态算法(Kelly et al., 2003)，其核心是考虑了积雪层的内部变异(主要是粒径)对雪水当量反演的影响，一定程度上解决了静态算法中对积雪状态变化考虑不足的问题。但积雪演化过程很复杂，如何借助微波观测和其他辅助资料对积雪动态演化过程进行准确的数学建模，是动态算法发展中所要攻克的难题。

(1) 温度梯度(TGI)动态算法

Josberger 和 Mognard(2002)等发展的 TGI 动态算法解释了积雪内部特性的时间和空间变化，尤其是颗粒大小的变化。他们从美国北部大平原的地面观测发现，当雪深达到最大值后开始下降时，亮温差仍继续增长，这与静态算法原理不符，可能是由于积雪粒径的变化造成的。

干雪粒径增长的原理是构造性变形或温度梯度造成的变形。积雪的绝热特点会使地表温度高于积雪表面温度，造成雪层中的温度梯度(℃/m)。温度梯度进一步造成相关的水汽压梯度，使水汽可通过积雪空隙向上迁移。来自温暖底层的水汽会在相邻雪层的冰冷颗粒表面凝结，从而使得雪粒径和孔隙的尺寸都会增大。若雪层中存在很大的温度梯度(大于 10℃/m)且积雪温度接近 0℃，则很快易形成冰晶粒子很大的深霜层。

Josberger 和 Mognard(2002)定义了一个温度梯度指数 TGI(Temperature Gradient Index)表示积雪的累积温度梯度：

$$TGI = \frac{1}{C} \int \frac{T_{ground} - T_{air}}{D(t)} dt \qquad (19.19)$$

其中，C 是一个比例常数(20℃/m)；T_{ground} 是地表-雪界面的温度；T_{air} 是空气-雪界面的温度；$D(t)$ 指积雪深度。TGI 从积雪季节开始累加，而当 $T_{ground} - T_{air}$ 小于零时则不累积。

假设 T_{ground} 为 0℃并取上式子的离散形式，得到

$$TGI = \sum (-T_{air} / D) / C \qquad (19.20)$$

TGI 从积雪季节开始后开始累加，而当 T_{air} 为正或零时则不累加。这样，TGI 就成了表示雪粒径增长趋势的一个累积指数。

研究发现去除季节末的湿雪后，亮温梯度 SG 与 TGI 之间在某些站点存在很好的线

性关系:

$$SG = (T_{B,19H} - T_{B,37H}) = \alpha TGI + \beta \tag{19.21}$$

通过对上式求导,则可求得 t 时刻雪深 $D(t)$:

$$D(t) = \frac{\alpha(T_{\text{ground}} - T_{\text{air}})}{C(\text{dSG}/\text{d}t)} \tag{19.22}$$

尽管 TGI 算法引入了积雪变化的物理过程。但仍存在问题:①算法只能应用于阿拉斯加、西伯利亚和加拿大的冷积雪,只有当 T_{ground} 大于 T_{air} 才能正常求值;②由于算法基于时间上的差分,亮温的每日波动会带来误差,因此应用到每日反演时,需要先做时间上平滑处理;③亮温变化 dSG/dt 作为分母,当亮温变化不显著时,会得到极大的雪深异常值;④此外,由于每一年积雪变质过程不同,系数 α 会随年际变化而不稳定。

(2)Kelly(2003)动态算法

Kelly 等(2003)发展的动态算法采用半经验模型来描述颗粒大小、密度的时间变化过程:

$$r(t) = r_\infty - (r_\infty - r_0)\exp(-kt) \tag{19.23}$$

$$\text{mv}(t) = \text{mv}_\infty - (\text{mv}_\infty - \text{mv}_{s0})\exp(-lt) \tag{19.24}$$

其中,t 为时间(d); $r(t)$ 为雪粒径(mm); r_0 为初始粒径,取 0.2mm; r_∞ 为粒径上限,取 1.0mm; k 为与粒径增长率有关的一个经验系数,为 0.01。$\text{mv}(t)$ 为积雪所占体积比例(占空比)(%); mv_{s0} 是新雪降落时的占空比,是气温的函数; mv_∞ 是最大占空比,为 $\text{mv}_{s0}+27\%$; 经验系数 l 设为 0.007。

然后,通过致密介质辐射传输模型(DMRT)模拟亮温差与雪深的关系,设定雪温为260K,得到二次多项式回归方程:

$$SD = b(\Delta T_b)^2 + c\Delta T_b \tag{19.25}$$

其中,ΔT_b 为 19V-37V 亮温差,b、c 是与颗粒大小 gs(mm)、积雪密度 mv(%)的经验系数。

$$b = 0.898(\text{gs}/\text{mv})^{-3.716} \tag{19.26}$$

$$c = 1.060(\text{gs}/\text{mv})^{-1.915} \tag{19.27}$$

当雪深在 50~100cm,37GHz 会出现饱和点。Kelly 等(2003)设置亮温差阈值 sat$K$,当亮温差大于 sat$K$ 时,用 sat$K$ 代替。

$$\text{sat}K = 15.09(\text{gs}/\text{mv}) - 5.79 \tag{19.28}$$

该算法是一种结合 DMRT 模型参数化公式与粒径、雪密度半经验动态变化算法,首先根据时间计算粒径和密度的变化,然后代入回归方程求算雪深。

算法考虑了雪深与亮温差受粒径、雪密度影响造成的非线性(图 19.6)。但粒径、雪密度的半经验公式存在局限性,不同地区积雪粒径增长趋势不同,而且初始值、最终值也存在差异。受此限制,1992~1995 年及 2000~2001 年全球 WMO-GTS(World Meteorological Organization-Global Telecommunications System)站点的验证结果表明,该算法对 Chang 静态算法的改进有限,虽然误差均值更接近零,但 RMSE 比 Chang 静态算法大，效果不如 Foster(2005)算法。

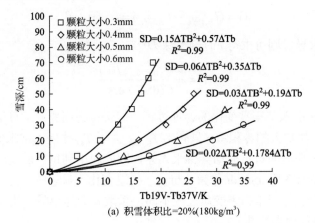

(a) 积雪体积比=20%(180kg/m³)

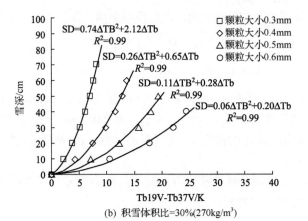

(b) 积雪体积比=30%(270kg/m³)

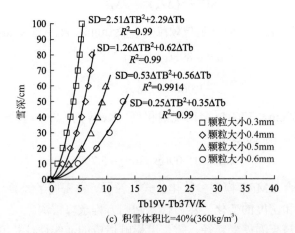

(c) 积雪体积比=40%(360kg/m³)

图 19.6　DMRT 模拟亮温差(Tb19V-Tb37V)与雪深在积雪体积比为
20%、30%、40%时的关系(Kelly et al., 2003)

(3) TGI 算法的后续发展——动、静态结合算法

Grippa 等(2004)使用 NCEP 再分析资料提供的气温，IIASA (International Institute for

Applied System Analysis) 永冻层温度作为地表温度, 采用 TGI 算法反演西伯利亚月平均雪深:

$$SD(t) = \alpha \frac{T_{\text{ground}} - T_{\text{air}}}{dSG / dt} \tag{19.29}$$

其中, $SD(t)$ 为雪深; SG 为 19H-37H 亮温差。受分母影响, 在冬季末期由于颗粒增长缓慢, 亮温差 SG 变化小, 会造成极大的误差。

因此, 当 dSG/dt 小于 1K/5day 时, 将 Chang 静态算法对每个像元调整系数, 使其匹配之前 TGI 动态算法反演的最后一个值:

$$a = \frac{SD(t_{\text{last}})}{T_{B,19H} - T_{B,37H}} \tag{19.30}$$

此处 a 相当于静态算法中的 B 系数, 原 A 系数取零。他们用空间变异的静态算法弥补动态算法的不足, 是一种动、静态结合的算法 Grippa 等 (2004) 主要应用目的是为气候变化和生态系统变化服务, 用月平均的气象数据对他们估算的月平均雪水当量做了验证, 结果较好。

Biancamaria 等 (2008) 利用 Global Soil Wetness Project-Phase2 (GSWP2) 的积雪深度数据, 在高纬度的西伯利亚西部和美国北部大平原验证了该动、静态结合算法。当整个积雪季节的亮温差变化都小于 1K/pentad 时, 使用额外的 USAF/ETAC 全球多年雪深数据计算 a 参数。结果表明, TGI 算法应用到长时间的气候变化尺度 (月) 结果相对较好, 能显著提高 Chang 算法在 1~3 月的反演精度。欧亚大陆 (R^2=0.65) 的效果优于北美 (R^2=0.29), 但在某些区域仍不适和, 如南部针叶林地区。

即使发展后的 TGI 算法仍存在问题, 目前仅用于月尺度的雪水当量反演, 且需要额外的先验数据补足部分像元, 该算法在西伯利亚地区的优势在于通过温度梯度的形式考虑了永冻层的影响, 使雪深在空间分布格局上更符合实际。

(4) Kelly (2009) 动态算法

该算法主要用于 AMSR-E 和 AMSR-2 雪深及雪水当量产品生产中, 考虑了不同频率对不同厚度积雪的敏感性。与静态反演算法不同, 该算法亮温梯度与雪水当量关系式中的系数 B 由每日亮温计算得到, 反映出亮温梯度-雪当量关系随密度和粒径变化的特征。此外, 该算法在反演过程还考虑了森林的影响, 在森林区和非森林区采用不同的反演公式。在林区和非林区组成的混合像元, 则采用线性混合方程求解混合像元的雪深。

雪深反演算法如下:

$$SD = ff(SD_f) + (1 - ff) \cdot (SD_o) \tag{19.31}$$

其中, ff 为森林覆盖度, 森林和非森林区的雪深计算公式为

$$SD_f = \frac{1}{\log_{10}(\text{pol}_{37})} \cdot \frac{(Tb_{19V} - Tb_{37V})}{(1 - fd \cdot 0.6)} \tag{19.32}$$

$$SD_o = \left[\frac{1}{\log_{10}(\text{pol}_{37})} \cdot (Tb_{10V} - Tb_{37V}) \right] + \left[\frac{1}{\log_{10}(\text{pol}_{19})} \cdot (Tb_{10V} - Tb_{19V}) \right] \tag{19.33}$$

其中，fd 为森林密度，pol_{19}，pol_{37} 分别为 19GHz 与 37GHz 的亮温极化差。

粒径对雪当量和雪深反演有很大的影响(Tedesco et al., 2010a)。Tedesco 和 Jeyaratnam (2016)进一步改进了该算法动态系数的计算过程，将动态系数描述为粒径的函数，同时引入冻土分布数据来表征冻土对亮温以及雪粒径的影响。粒径与亮温的关系则利用神经网络算法优化模拟亮温和卫星观测值得到。

2. 基于物理模型的雪水当量统计反演算法

Jiang 等(2007)采用考虑多次散射的双矩阵方法求解雪层矢量辐射传输方程。在该模型中，采用 Mie 散射假设的致密介质模型来描述雪层消光和发射特性，用 AIEM 模型来处理地表发射及矢量辐射传输模型的边界条件。由于考虑多次散射的双矩阵模型方程形式复杂，其为辐射传输方程的数值解，不能直接应用于反演。因此，Jiang 等(2007)通过对包含多次散射作用的模型分析并与零阶模型比较，发展了包括多次散射的参数化模型。该模型适用于光学厚度 $\tau \leqslant 2$ 的情况，当积雪层为半无限层的情况，还需要进一步改进。在该参数化模型基础上，Jiang 等(2011)发展了基于模型的雪水当量统计反演算法。该算法思路：假设地表与积雪温度均已知，借助不同频率不同极化下的地表辐射率之间存在的相关性以消除卫星观测总信号中地表的影响，进而提取出积雪信号，用于反演雪水当量。Jiang 等(2011)在建立包含尽可能的积雪参数的辐射模拟数据库基础上，利用上述思路提取出积雪辐射(A)与衰减信号(B)，进而根据模拟数据，发现雪当量与这两个参数之间有很好的统计回归关系，即利用该关系可估算雪水当量，公式如下：

$$swe \approx \exp(a + b \cdot A + c \cdot A^2 + d \cdot \log(-\log(B))) \tag{19.34}$$

其中，a, b, c, d 是基于模拟数据库建立的回归系数(a=−4.945399, b=3.917603, c=0.6443147, d=0.2471171)。而 A，B 只取决于积雪特性。假设积雪粒子为球形而且随机分布，那么 A, B 与极化无关。因而，若给定两个频率与两个极化的测量值，则可推导 A 与 B：

$$B = \frac{E_v^t(f_1) - E_h^t(f_1)}{E_v^t(f_2) - E_h^t(f_2)} \tag{19.35}$$

$$A = E_p^t(f_1) - B \cdot E_p^t(f_1) \tag{19.36}$$

该算法利用模拟数据对此算法进行了检验。图 19.7 为模拟数据中反演的雪当量 SWE 与模型的输入(作为真值)之间的比较。均方根误差为 32.8mm，该结果表明可通过模型来直接反演雪水当量。

该算法同时采用美国寒区冷区试验在科罗拉多北部与怀俄明州南部区域开展的 CLPX2003 试验(Cline et al., 2002)中的机载飞行数据进行了验证。为了对比算法结果，Jiang 等(2011)将其与 AMSR-E 的基本算法(Chang et al., 1997)均与实测数据进行比对。从比较结果来看，这两种方法都高估了地面的雪水当量测量值。然而，新发展的物理统计反演算法精度要优于国际现有 AMSR-E 算法精度。但由于该算法目前只适用于植被稀少地区，将其应用于植被覆盖地区有待进一步发展。

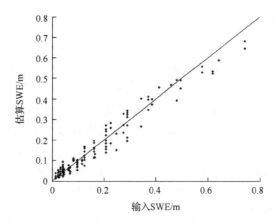

图 19.7　模拟数据与反演数据的比较(Jiang et al., 2011)

3. 迭代算法

模型迭代算法是以正向模型为基础,通过设定初值、迭代,得到使模拟亮温与实测亮温构建的代价函数最小时的雪深/雪水当量,作为反演结果。

该方法适用范围广,雪水当量与亮温梯度存在的非线性关系也可模拟,但运算效率低。此外,为了减少迭代时间,雪水当量、雪温、雪粒径、雪密度等参数并不是同时反馈,而是往往只允许不超过两个参数变化。因此,其他参数的初始设定,需要根据地区的特点进行设置。该算法发展得比较成熟的是使用 HUT 模型作为正向迭代模型。

Pulliainen 等(1999)利用 HUT 积雪辐射模型,通过迭代法反演雪水当量。他们使用有条件约束的最小二乘法,把模型模拟的亮温和多通道辐射计的观测亮温进行拟合迭代,反演出积雪雪水当量。

Butt 和 Kelly(2008)以及 Butt(2009)使用 HUT 算法在英国反演雪深,并与 Chang 算法进行比较。与大陆上季节性积雪不同,英国的积雪出现在苏格兰地区,存在时间短、覆盖率小、受气温浮动影响大,在 Sturm 等(1995)的分类中属瞬时型和海洋型。HUT 算法在 1995 年 1 月、2 月、3 月的偏差分别是-0.59cm、1.89cm、1.64cm,而 Chang 算法会低估雪深。

4. 查找表算法

查找表算法主要通过前向模型建立模型输入参数与输出参数之间的查找表,在反演过程中,根据查找表去搜索卫星观测所对应的积雪参数,从而实现积雪参数的反演。Dai 等(2012)基于 MEMLS 模型建立了一种融合先验知识的查找表。基于 MEMLS 模型分别建立了单层,双层,和三层积雪参数与 10GHz,18GHz,36GHz 微波亮温间的查找表,在查找表建立的过程中,使用了大量的先验知识以保证查找表的准确性和实用性,包括利用站点的实测数据得到雪层层数与雪深的近似关系,根据雪深建立雪温和气温的关系,利用雪层垂直结构和积雪类型间的关系得到积雪密度和粒径与时间的关系,这些先验关系有助于提高查找表的效率和精度。通过卫星观测亮温和半经验雪深反演算法计算得到参考雪深值,作为查找表输入层数的参考依据,遍历查找表便可以搜索到卫星观测亮温所对应的一组积雪参数，实现雪深/雪水当量的反演。Che 等(2016)进一步将该算法拓展到林区雪深反演研究中，在中国东北林区的验证精度为 4.5cm 左右。

查找表算法的核心是"查找表"的建立。通常可以借助前向模型来建立查找表中积雪参数与亮温的一对一映射关系，如果查找表中存在多(积雪参数组合)对一(亮温)的映射关系，就很可能导致反演失败。为了避免这种情况，尽可能地建立一对一映射查找表，有研究通过建立多个查找表，利用先验知识对查找表进行约束，来建立有效的查找表。由于自然条件下，积雪参数组合与亮温的关系往往是多对一的关系，这为查找表的建立带来了极大的挑战，目前融合前向模型和先验知识(积雪演化经验关系、积雪参数特征等)是一种建立查找表的有效手段，但前向模型误差与先验知识的匮乏又限制了查找表算法在大尺度积雪研究上的应用。

5. 机器学习算法

微波信号受积雪特性、地表类型和大气的影响，导致微波亮温与积雪参数之间是非线性函数关系。因此有研究采用机器学习算法，引入非线性方法，如支持向量机(Support Vector Machine, SVM)，人工神经网络(Artificial Neural Network, ANN)，随机森林(Random Forest, RF)，马尔科夫链蒙特卡洛(Markov Chain Monte Carlo, MCMC)等机器学习算法来提高积雪参数的估算精度。

人工神经网络模型是人类神经系统一阶近似的数学模型，被广泛用于解决各类非线性问题。BP 神经网络能较好地模拟多频极化数据与地表参数之间的非线性关系，在应用于实际反演问题时不需要地表条件的任何先验知识，克服了现存经验模型应用于实际问题的局限性，是解决反演问题的一个强有力的工具。

Davis 等(1993)研究者先用神经网络训练致密介质模型(DMRT)的多次散射，通过迭代反演算法来获取积雪参数，他们用了 5 个测量值来反演 4 个参数(平均颗粒大小、积雪密度、积雪温度和积雪深度)。Santi 等(2012)采用神经网络算法同时反演土壤水分和雪深，并利用地面观测数据对算法进行校正。

但是神经网络反演算法存在一些问题：首先神经网络的输入端必须是相关性很小的独立参数，否则训练的结果会有很大误差；其次，神经网络训练算法和神经网络的结构也是网络训练成功与否的关键，这些都限制了神经网络反演算法的应用。

支持向量机 SVM 在图像分类中应用较为广泛，现在很多研究者已经将该方法应用于地学中，解决地学中的非线性问题。Forman 和 Reichle(2015)比较了 SVM 和 ANN 模拟不同频段亮温的能力，发现 SVM 明显优于 ANN。Xiao 等(2018)使用被动微波亮温数据和气象台站资料以及其他辅助数据，并运用支持向量回归算法建立了基于不同植被类型和不同积雪期情况下的积雪深度反演模型，实验结果显示，该研究所提出的算法与其他现有的 4 种算法(Chang 算法、亮温梯度差算法、神经网络算法和线性回归算法)相比，可以提高积雪深度反演结果精度，并在一定程度上削弱"积雪亮温饱和效应"。

相对于神经网络，相关的研究表明决策树的优势在于有清楚的规则并可以训练得更快，且决策树的规则简单容易理解。随机森林模型是由 Breiman 和 Cutler 在 2001 年提出的一种基于决策树的算法。它通过对大量决策树的汇总提高了模型的预测精度。随机森林不需要顾虑一般回归分析面临的多元共线性的问题,不用做变量选择,而且运算速度快。Bair 等(2018)利用 ParBal 能量平衡模型模拟山区雪水当量以此作为真值,然后把雪水当量和亮温值输入到 RF 模型进行训练,最后利用 RF 模型实时反演山区雪水当量,其精度相对神经网络算法更高。

Durand and Liu(2012)和 Pan 等(2017)发展了基于贝叶斯理论的雪当量反演算法 BASE-PM(Bayesian-based Algorithm for SWE Estimation-Passive Microwave)。BASE-PM 算法的核心思想,是借助马尔科夫链蒙特卡洛(Markov Chain Monte Carlo, MCMC)方法,利用 4 个频率的亮温观测来反演雪水当量。算法允许引入一定的雪粒径、密度、温度等积雪参数相关的先验知识,同时也考虑多层积雪的情况。Pan 等(2017)发现,为了正确地表达表层小粒径雪在高频 36.5 和 89GHz 造成的亮温-雪深敏感性特征,需要考虑至少 2 层积雪。MCMC 是实现多频率联合反演雪水当量的一种方法。该方法非常强大,不需要算法开发者对模型理论有太多了解。然而它的缺点是明显的,计算量十分庞大。为了得到稳定的结果,文中迭代了 2 万次。排除它的局限性,MCMC 是除敏感性分析以外,调查遥感参数可反演性的一个强有力的工具,也可以用来调查先验知识到底需要"准确"到什么程度。

基于先验知识的非线性反演算法较好地描述了微波亮温和积雪参数之间的非线性关系,在一定程度上提高了积雪参数反演精度。然而机器学习算法依赖于训练数据集,而且整个反演过程是黑箱进行,缺乏物理机制的解释,且难以在全球算法中进行推广应用。

6. 同化算法

数据同化是将观测引入过程模型的技术方法。最初将观测引入积雪过程模型的方式非常简单。Liston 等(1999)采用直接方法更新雪深,即将积雪观测在耦合的陆面-大气模拟中直接代入模拟结果,对模拟效果有了较好改善。Sun 等(2004)利用扩展卡尔曼滤波方法,将观测到的雪水当量同化进入 NSIPP(NASA Seasonal-to-Interannual Prediction Project)流域陆面模型。该陆面模型的积雪子模型为 Lynch-Stieglitz(1994)模型。该模型同时运行单层和三层积雪模型,每层包括雪水当量、雪深、热量等要素。为了在实现无雪到全积雪覆盖的转换,模式使用了单层积雪模型,附带积雪比例,并设定最小雪水当量(13mm)。当积雪开始积累时,单层模型首先水平扩展,从无雪(积雪比例为 0)到全积雪覆盖(积雪比例为 1)。一旦达到全雪覆盖(雪水当量为 13mm 且积雪比例为 1),积雪开始垂直扩展。在单层模型中,积雪模型使用相同的密度和温度信息。当全雪覆盖后,积雪模型开始运转三层的模式,对每一层的物理参数分别运算不同的数值。图 19.8 是文献展示的同化结果,可以看出,加入雪水当量的同化对积雪各参数的模拟都有较好的改进。

Andreadis 和 Lettenmaier(2006)运用集合卡尔曼滤波将遥感的积雪观测耦合到 VIC(Variable Infiltration Capacity)中尺度水文模型中。采用数据源有 1999~2003 年冬季的 MODIS 积雪面积产品,根据简单的积雪消融线模型,得到雪水当量-积雪面积的关系,用于更新 VIC 模型模拟的雪水当量。结果表明,不使用和使用 MODIS 积雪面积进行同化,估算积雪覆盖度的绝对误差分别是 0.128 和 0.106。Andreadis 和 Lettenmaier(2006)使用 AMSR-E 的雪水当量产品开展同化。由于 AMSR-E 产品无法反演深雪的雪水当量,因此,当雪较深时,加入遥感的雪水当量反而会降低模式模拟精度。

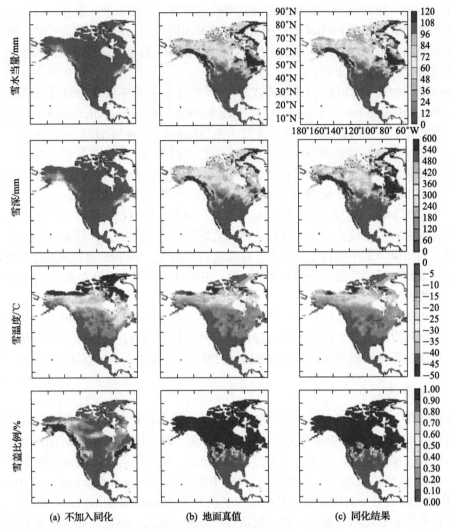

图 19.8　北美 1987 年 1 月 5 日的不加入同化过程的模型积雪参数、
地面真值和同化结果(Sun et al., 2004)

Durand 和 Margulis(2006)将微波 SSM/I 和 AMSR-E 亮温数据以及宽波段反照率同化到简化的简单生物圈模型(Simplified Simple Biosphere, SSiB3)中内置的 SAST(Simple Snow-Atmosphere-Soil)模型，用于检验估算雪水当量的可行性。SAST 模型是一个中等复杂的基于能量平衡的三层积雪过程模型，考虑了重结晶、负载和积雪融化造成的粒径增长。由于微波资料对雪粒径敏感，Durand 和 Margulis 将 SNTHERM 模型中的动态雪粒径模型加入了 SSiB3 中。基于集合卡尔曼滤波方法，采用辐射传输方程考虑了植被和大气的效应。Durand 和 Margulis 估算的雪水当量均方根误差(RMSE)为 2.95cm。Durand 和 Margulis(2006)还发现，在 SSM/I 和 AMSR-E 6.925～89GHz 的所有微波频段中，10.65GHz 能够提供最多的估计雪水当量的信息，这或许与其研究区主要为深雪有关。

Che 等(2014)利用 MEMLS 多层积雪辐射半经验模型结合陆面模式 CoLM(Common

Land Surface Model)中的积雪模块进行了积雪参数同化研究。由于点测量数据和卫星反演雪深数据本身存在一定的误差，因此会对最后同化的结果有一定影响。而采用间接同化，借助辐射传输模型与积雪物理过程模型建立关系，通过同化卫星观测亮温，可以有效减小卫星观测反演积雪物理参数的误差。Tedesco 等(2010b)以线性回归算法为基准，通过同化的方法利用积雪物理过程模型 CLSM(NASA Catchment Land Surface Model)动态更新积雪颗粒大小，从而反演雪深，该算法目前还不能推广全球使用，这是由于该算法选用的微波辐射模型(HUT)与积雪过程模型在全球的适用性仍有待检验。Li 和 Darand (2015)利用 Ensemble Kalman Batch Smoother(EnBS)同化算法反演雪水当量。与集合卡尔曼滤波(Ensemble Kalman Filter，EnKF)和集合卡尔曼滤波平滑(Ensemble Kalman Smoother，EnKS)算法相比，EnBS 算法利用了整个时间序列的观测进行同化，而非逐时刻进行同化，该研究发现同化微波亮温后的 SWE 精度更高，并且一定程度上克服了亮温随雪当量增大而饱和的问题。

现有雪水当量遥感产品 GlobSnow(Takala et al, 2011)，其算法则是将微波辐射模型 HUT 作为观测算子，将地面站点观测雪深通过贝叶斯同化的方法(Pulliainen, 2006)，获取空间分布的雪粒径，进而反演雪深。在计算中，考虑了冠层透过率和变化的雪密度，并通过优化函数从已知雪深的站点获取先验雪粒径参数。同化算法中核心代价函数为

$$F_{\text{cost}} = \frac{1}{\sigma^2}\left\{\left[T_{B,\text{HUT}}^{19V}(\text{SD},d_0) - T_{B,\text{HUT}}^{37V}(\text{SD},d_0)\right] - \left[T_{B,\text{obsr}}^{19V} - T_{B,\text{obsr}}^{37V}\right]\right\}^2 + \frac{1}{\lambda^2}\left[d_0 - \hat{d}_0\right]^2 \quad (19.37)$$

其中，$T_{B,\text{HUT}}$ 是模型模拟的亮温；$T_{B,\text{obsr}}$ 是卫星传感器观测亮温；$\hat{d}_0$ 是雪粒径的先验值；λ 是粒径标准差；σ 是 SSM/I 亮温观测的标准差，可根据 SSM/I 仪器的特征设为 2K。

雪粒径的先验知识 $\hat{d}_0$ 来自于根据已知站点雪深迭代模拟卫星观测亮温获得的站点位置等效粒径，然后通过空间插值方法获得连续分布的等效粒径。进而基于 HUT 模型反演雪深。

为了将计算的雪深换算为雪水当量，雪密度基于统计模型获取：

$$\rho_{hi,\text{DOY}_i} = (\rho_{\max} - \rho_0)[1 - \exp(-k_1 \times h_i - k_2 \times \text{DOY}_i)] + \rho_0 \quad (19.38)$$

其中，$\rho_{\max}$(最大雪密度)；ρ_0(初始雪密度)；k_1，k_2 系数根据积雪分类而确定(Sturm et al., 2010)。

为了考虑森林的影响，采用冠层透过率对模拟亮温进行校正。冠层透过率通过经验函数获取：

$$t(f,V) = t(f,V_{\text{high}}) + [1 - t(f,V_{\text{high}})] \cdot e^{-0.035V} \quad (19.39)$$

$$t(f,V_{\text{high}}) = 0.42 + [1 - 0.42] \cdot e^{-0.028f} \quad (19.40)$$

式中，V 代表森林材积量；f 代表频率。

由于该产品同化了地面站点观测，因此在现有的全球雪深/雪当量产品中，相对精度较高(Takala et al., 2011; Luojus et al., 2013; Metsämäki et al., 2015; Larue et al., 2017; Takala et al., 2017)。

7. 被动微波雪当量反演中的混合像元问题

目前星载被动微波辐射计的雪水当量算法不能满足像元尺度上的足够精度，尤其对于业务化水文应用(Foster et al., 1997; Kelly et al., 2003)。即使在某些区域和季节能较准确的估计雪水当量，但星载辐射计反演雪水当量仍存在时间和空间上的偏差。除了区域性的系统误差，现有算法低估厚雪的雪水当量，如采用亮温梯度算法在估算厚雪时产生的误差(Derksen et al., 2005)。积雪的空间异质性，以及卫星像元不同地物的组成即混合像元问题对星载雪水当量估计都带来很大的难题和挑战(Derksen et al., 2005)。由于星载微波辐射计的空间分辨率很低，其像元是几种地物的混合体。对于星载辐射计观测，其亮温往往包括裸土、植被、水体等的贡献。像元内不同土地覆盖类型的辐射特征、温度、面积比都对卫星测量信号有影响，而在模型研究中经常针对的是纯雪像元，忽略了混合像元的影响。这些因素必然降低了积雪参数反演精度。因此混合像元问题对于被动微波反演雪深(雪水当量)的精度起着主导影响。Derksen(2008)和Lemmetyinen等(2009)的工作均已表明湖泊面积与积雪覆盖亮温之间有良好的关系，即湖泊面积对现有雪水量亮温梯度算法有着很大的影响。在此基础上，Lemmetyinen等(2011)利用HUT模型模拟了多湖泊区的积雪覆盖地表亮温，并对模型进行了精度检验。利用线性混合像元分解思路，在像元内亮温考虑湖泊面积进而来校正现有被动微波雪水当量反演算法以提高反演精度。由于水体、湖冰与积雪的发射率存在极大差异，若像元内存在大量的水体或湖冰，则必然会影响现有雪水当量算法反演精度。因此我们需要用考虑不同下垫面类型为背景的辐射模型来评估不同地物类型的存在对雪水当量反演精度的影响。

此外，被动微波混合像元问题还可以通过超分辨率重建方法(Long and Daum, 1998; Long and Brodzik, 2016; Santi, 2010)和混合像元分解方法(Gu et al., 2014; Gu et al., 2016; Gu et al., 2018; Liu et al., 2018)来实现亮温降尺度，通过提高亮温数据的空间分辨率，以减弱混合像元问题对雪深反演的影响。但亮温降尺度方法同样存在误差，也会对雪深反演带来影响。目前，被动微波混合像元问题尚未解决，仍有待进一步研究。

19.3.2　主动微波遥感积雪水当量反演算法

被动微波辐射计数据源稳定可靠，适用于大范围积雪参数的反演。但由于其空间分辨率较低(几十千米像元)，一般不能提供积雪分布的细节信息。主动微波遥感通过有源传感器(成像雷达、散射计、高度计等)发射电磁波，再接收经过地物反射或散射的电磁波信号，反演地表特性。相对被动微波遥感而言，基于雷达观测的主动微波遥感不仅对雪水当量等积雪参数十分敏感，具有全天时、全天候的特点，同时具有高空间分辨率的优点，在定量反演空间上高度异质的积雪参数方面有着巨大潜力。

在雷达积雪的早期研究中，研究人员利用航天飞机SIR-C/X-SAR C波段和X波段观测在积雪参数的遥感反演中做了重要的尝试(Shi and Dozier, 2000a; 2000b)。而目前的星载合成孔径雷达观测系统，如搭载在日本2006年1月发射了先进对地观测卫星ALOS (http://www.eorc.jaxa.jp/ALOS)上的PALSAR (Phased Array type L-band Synthetic Aperture

Radar，L 波段，最高空间分辨率达 7~44m)、我国的环境 1 号(HJ-1C)S 波段雷达和高分三号卫星(GF-3)的 C 波段多极化雷达、欧空局发射的 ASAR、加拿大的 RADARSAT-1/2 以及德国的 TerraSAR-X 等，已经为主动微波的积雪模型验证和参数反演提供了大量的不同频率、角度的观测数据。

总的来说，主动微波遥感反演雪水当量的方法可以分为两类：第一类是基于后向散射系数的反演；第二类的是基于相干相位变化的反演。基于后向散射系数的方法由表现散射强度的地物和它们在各个极化和频率的响应发展而来，算法中总的后向散射强度由地表散射和积雪体散射(包含体-表散射交互项)贡献。为了获得对积雪参数的高敏感性并保证一定的穿透深度，可采用多频段(例如 X 到 Ku 波段)联合观测。雷达干涉遥感则利用积雪造成的相位变化估算积雪参数，适合采用较低频率(例如 L 和 C 波段)的微波观测。

1. 基于后向散射系数的积雪水当量反演算法

入射角为 θ_i 情况下，季节性积雪地表微波后向散射通常可用一个四分量模型描述：

$$\sigma_{pq}^t(f) = \sigma_{pq}^a(f) + \sigma_{pq}^v(f) + \sigma_{pq}^{gv}(f) + T_p T_q L_p L_q \sigma_{pq}^g(f) \tag{19.41}$$

总后向散射信号包括空气-积雪界面和积雪-下垫面界面产生的面散射信号、积雪层直接体散射信号和积雪雪体和积雪-下垫面界面的相互作用散射信号，分别在式(19.41)中以上标 a，g，v 和 gv 的项表示。T 为透射系数，L 为积雪消光因子，$L_p = e^{-\tau_p/\cos\theta_r}$。利用式(19.41)所示的模型模拟积雪覆盖地表后向散射需要 13 个参数。其中 6 个积雪参数包括积雪深度、密度、冰晶粒子大小、大小分布、黏度(表征积雪粒子位置相关性)和温度；1 个下垫面介电常数参数；另外还有 6 个表征面粗糙度的参数：积雪表面和下垫面表面均方根高度和相关长度及其相关函数。式(19.41)所示的各个分量大小比例取决于传感器频率、极化、入射角度和积雪参数等。

1)基于多频率(L/C/X)雪当量反演算法

基于 SAR 测量结果对积雪和土壤表面参数在不同频率上响应的差异，Shi 和 Dozier(2000b)发展出了一种利用多频率(L、C、X 波段)和双极化(VV、HH)数据反演积雪水当量 SWE 的算法，并应用于 SIR-C/X-SAR 数据。微波波段的波段名、频率和波长列表可见表 19.4。这种方法首先利用 L 波段数据估计积雪密度和土壤介电常数以及粗糙度参数。然后利用 C 波段和 X 波段数据，通过将土壤参数对于测量结果的影响最小化来估计积雪深度和粒子大小。这种方法需要利用 SIR-C/X-SAR 的所有三个频率数据。

表 19.4　微波波段的名称、频率和波长

波段	频率/GHz	波长/cm	波段	频率/GHz	波长/cm
Ka	27~40	0.75~1.1	S	2~4	7.5~15
K	18~27	1.1~1.67	L	1~2	15~30
Ku	12~18	1.67~2.4	P	0.3~1	30~100
X	8~12	2.4~3.75	UHF	0.03~0.3	100~1000
C	4~8	3.75~7.5	VHF	0.003~0.03	1000~10000

　　首先，在 L 波段，由于积雪粒子远小于入射波长，干雪的体散射和消光作用很小。因此，我们可以简化散射模型，式(19.41)变为

$$\sigma_{pq}^{t}(k_0,\theta_i)=T_p(\theta_i)T_q(\theta_i)\sigma_{pq}^{g}(k_1,\theta_r) \tag{19.42}$$

式中，θ_i、θ_r 分别为入射到积雪前入射角和在积雪层中传播角度；k_1 为在积雪层中相干传播波数。

　　当电磁波通过积雪层再入射到土壤表面，与直接入射到土壤表面相比，发生了下列改变：

　　(1)由于积雪的折射作用，积雪-土壤界面的入射角变小；

　　(2)入射波长更小，因为积雪介电常数大于 1；

　　(3)积雪层的存在减小了积雪-土壤界面的介电常数差异，从而减小了其反射率；

　　(4)由于在空气-积雪界面损失了入射能量，因此入射到土壤表面的能量变小。

　　前两个改变导致了观测参数的改变。波数 $k_1=k_0\sqrt{\varepsilon_s}$ 是积雪密度的函数，例如对于在空气中波长为 23cm 的 L 波段而言，若积雪密度在 $100\sim550\text{kg/m}^3$ 范围内，则其在积雪内波长减小至 $21\sim16\text{cm}$。由于面散射中粗糙度对散射强度的影响取决于粗糙度尺寸相对于入射波长的尺寸的大小，因此积雪的存在将使得土壤表面显得更加粗糙。对于相对光滑表面，这导致了后向散射增强，并减小 VV 和 HH 极化间的差异。对于更粗糙表面或更高频率，这种由于波数的改变而导致的面散射增强作用将有所减弱。

　　Snell 定律描述了空气-积雪界面的入射角变化，在积雪-土壤界面的入射角取决于空气中入射角和积雪密度。对于给定的在空气中的入射角，积雪密度越大，则在土壤表面入射角相对于积雪表面入射角的变化越大。因此，大入射角情况下后向散射由于积雪的存在引起的后向散射增强比小入射角更为明显。

　　在较低频频段，干雪的吸收和散射作用很弱，但是会影响积雪下垫面的散射信号和HH 与 VV 极化信号之间的关系。这种影响的大小取决于入射角、积雪密度以及积雪下垫面土壤的介电常数和粗糙度。积雪导致的后向散射增强效应一般在较为光滑的地表条件下更为明显。

　　基于上述积雪对 L 波段雷达观测影响的分析，Shi 和 Dozier(2000a)发展了一种利用面散射对入射角度和入射波长响应机制的积雪密度反演算法.首先,利用 IEM 模型(Fung,1994)模拟了在各种积雪密度($100\sim550\text{kg/m}^3$)、入射角度、介电常数、粗糙度状况和入射波长情况下的后向散射。然后，HH 极化和 VV 极化在不同表面介电常数和粗糙度状况下，在同一入射角度和入射波长情况下的相互关系可用回归分析写为

$$\log_{10}\left[\sqrt{\sigma_{hh}^{v}}+\sqrt{\sigma_{vv}^{v}}\right]=a(\theta_r,k_1)\log_{10}(\sigma_{hh}^{g}+\sigma_{vv}^{g})+c(\theta_r,k_1)\log_{10}(\sigma_{hh}^{g})$$

$$+d(\theta_r,k_1)\log_{10}\left(\frac{\sigma_{hh}^{g}}{\sigma_{vv}^{g}}\right)+e(\theta_r,k_1)\log_{10}\left(\frac{\sigma_{hh}^{g}}{\sigma_{vv}^{g}}\right)^2 \tag{19.43}$$

　　上式描述了在某入射角和入射波长情况下，不同表面介电常数和粗糙度参数状况下地表后向散射系数 σ_{vv}^{g}、σ_{hh}^{g} 之间的关系。这个关系式使得其对表面介电常数和粗糙度的敏感性最小，同时使其对入射角度和入射波长的敏感性最大化。式(19.43)中的参数 a, b,

c, d, e 取决于土壤表面入射角和入射波长，由 Shi(2000a)给出。将式(19.42)代入式(19.43)，可得利用 SAR 观测的 δ_{hh}、δ_{vv} 数据反演积雪密度的算法为

$$
\begin{aligned}
\log_{10}&\left[\frac{\sqrt{\sigma_{hh}^t}}{T_{hh}(\theta_i,\varepsilon_s)}+\frac{\sqrt{\sigma_{vv}^t}}{T_{vv}(\theta_i,\varepsilon_s)}\right]\\
&=a(\theta_r,k_1)+b(\theta_r,k_1)\log_{10}\left[\frac{\sigma_{hh}^t}{T_{hh}^2(\theta_i,\varepsilon_s)}+\frac{\sigma_{vv}^t}{T_{vv}^2(\theta_i,\varepsilon_s)}\right]\\
&\quad+c(\theta_r,k_1)\log_{10}\left[\frac{\sigma_{hh}^t}{T_{hh}^2(\theta_i,\varepsilon_s)}\right]+d(\theta_r,k_1)\log_{10}\left[\frac{\sigma_{hh}^t T_{vv}^2(\theta_i,\varepsilon_s)}{\sigma_{vv}^t T_{hh}^2(\theta_i,\varepsilon_s)}\right]\\
&\quad+e(\theta_r,k_1)\log_{10}\left[\frac{\sigma_{hh}^t T_{vv}^2(\theta_i,\varepsilon_s)}{\sigma_{vv}^t T_{hh}^2(\theta_i,\varepsilon_s)}\right]^2
\end{aligned}
\tag{19.44}
$$

其中，T_{pp} 取决于积雪表面入射角和积雪介电常数 ε_s，而 ε_s 为唯一未知数。积雪表面入射角可由卫星轨道数据和 DEM 计算。因此，给定一组 L 波段 SAR 观测 σ_{hh}^t、σ_{vv}^t 数据，即可利用式(19.44)计算积雪介电常数 ε_s。这种算法不需要积雪下垫面的任何先验知识。再利用 Looyenga(1965)经验公式即可通过积雪介电常数计算积雪密度：

$$
\varepsilon_s = 1.0 + 1.5995\rho_s + 1.861\rho_s^3
\tag{19.45}
$$

　　根据这种算法，利用 1994 年在 Mammoth 山区的 SIR-C/X-SAR L 波段数据反演了该地区的积雪密度分布。为了减少图像斑噪的影响，首先进行了多视平均，并对影像做了辐射校正和地形校正等处理。同时，利用 SIR-C/X-SAR 数据获取的积雪分类数据(Shi and Dozier, 1997)对无雪区域进行了掩膜处理。

　　图 19.9 显示了 L 波段数据反演积雪密度(y)与地面测量积雪密度(x)的对比。绝对均方根误差为 42kg/m^3，相对误差为 13%。需要指出的是这里反演的积雪密度应该代表的是积雪上层和下层密度的均值。因为上层密度主要影响了空气-积雪界面透射率，而下层密度则影响了积雪-土壤界面的入射角度和入射波长。

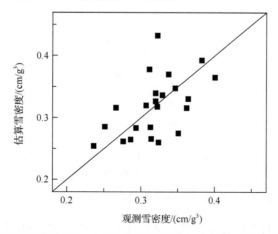

图 19.9　基于物理模型反演的积雪密度(y)与地面测量积雪密度(x)(g/cm^3)的比较(Shi and Dozier, 2000a)

在估算积雪密度的基础上，可利用 C 波段和 X 波段数据反演积雪水当量。这种算法的基本思路为：减小积雪表面散射信号的影响。由于积雪表面产生的信号 $\sigma_{\mathrm{pq}}^{a}(f)$ 相对于式(19.41)中的其他项比较小，因此在反演 SWE 的算法中其被视为"噪声"或通过 L 波段反演得到的积雪密度和经验表面粗糙度估算。

通过参数化模型描述积雪在 C 波段和 X 波段消光系数之间的关系。由于不同频率的消光特性高度相关，发展了一种解析式的 C 波段和 X 波段消光系数之间关系的模型。利用这种模型，积雪本身后向散射信号中的未知数可以减少到为两个：单波段的体散射反照率和光学厚度。

通过上述过程，式(19.41)中的未知数被减少为三个：光学厚度、反照率和土壤表面散射量 $\sigma_{\mathrm{vv}}^{s}(X)$。这三个未知数可以通过三个 SAR 测量：$\sigma_{\mathrm{vv}}^{t}(C)$、$\sigma_{\mathrm{hh}}^{t}(C)$ 和 $\sigma_{\mathrm{vv}}^{t}(X)$ 解算。要从解算出的光学厚度来估算积雪厚度，必须把消光系数和积雪厚度对光学厚度的影响分离，也就是必须得知消光系数的值。这可以通过先计算吸收系数的方法实现：

$$\kappa_a(X) = 1.334 + 1.2182\log(V_s) - 3.4217\log\left(\frac{\tau(X)[1-\omega(X)]}{\tau(C)[1-\omega(C)]}\right) \qquad (19.46)$$

式中，V_s 为冰的体积百分比，可从 L 波段反演的积雪密度得到。$\tau[1-\varpi] = \kappa_a d = \tau_a$ 为光学厚度的吸收部分，而 $\dfrac{\tau(X)[1-\varpi(X)]}{\tau(C)[1-\varpi(C)]} = \dfrac{\kappa_a(X)}{\kappa_a(C)}$ 表征了积雪温度信息(Shi and Dozier，2000b)。然后，积雪深度可以通过下式估算：

$$d = \frac{\tau(X)\left[1-\varpi(X)\right]}{\kappa_a(X)} \qquad (19.47)$$

图 19.10 所示为通过 SIC-C/X-SAR 在 Mammoth 山区反演的积雪深度与实地测量值的比较。反演结果的趋势与测量值基本吻合，且均方根误差为 34cm。

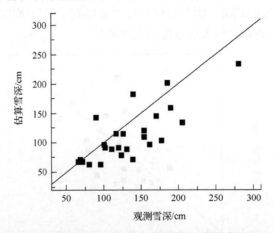

图 19.10   基于物理模型反演的积雪深度(y)与实测值(x)的比较(Shi and Dozier，2000b)

进而可反演积雪的光学等效粒径，其定义为与自然积雪消光特性等效的均一积雪层的颗粒大小。估算公式为

$$\overline{r}_s = \left(\frac{0.01\kappa_s(X)}{2V_s S_f (2.8332 + 6.6143 V_s)} \right)^{\frac{1}{3}} \tag{19.48}$$

式中，κ_s 为散射系数；V_s 为积雪中的冰占空比，可由积雪密度计算得到。S_f 为积雪的结构参数，可由 V_s 计算(Shi and Dozier, 2000b)：

$$S_f = \frac{(1-V_s)^4}{(1+2V_s)^2}$$

此外敏感性分析表明，C 波段测量主要受土壤表面参数影响，来自积雪本身的信号所占 HH、VV 极化信号比例通常为 30%和 15%。因此，通过 C 波段反演积雪参数需要准确分离土壤表面散射信号。在 X 波段，积雪后向散射信号所占比例为 60%左右，对积雪本身更敏感。因此 X 波段或更高频率的微波测量更适用于积雪参数反演。

2)基于双频率(X/Ku)雪当量反演算法

以遥感方式观测积雪特性时，波段的选择不但要考虑微波对积雪的穿透能力(双向的穿透路径)，还要考虑到返回信号中积雪部分的信号源强度，以便于反演积雪参数，因此 Ku 波段(10.9~22GHz)和 X 波段(5.75~10.9GHz)是较好的频段。根据国际电信联盟(ITU) 的规定，主动遥感限于以下频率：8.55~8.65GHz，9.50~9.80GHz，13.25~13.75GHz，17.20~17.30GHz。ESA 地球探测器计划(ESA SP-1324/2；Rott et al., 2010)的候选任务 CoReH2O 中，选用的 SAR 波段就是 Ku 波段(17.2GHz)和 X 频段(9.6GHz)频率。较短的波长(Ka 波段)不能提供足够的穿透力，并且其信号主要受顶层雪层的微结构(粒径和形状)影响。而对于波长较长波段(C 波段、L 波段)，其返回信号主要是干雪下垫面的地表散射信号。中国科学院先导专项支持的水循环观测卫星计划(WCOM)主要用于水循环监测(Shi et al., 2014)，其搭载的双频散射计(DPS、X 和 Ku 波段)可用于获得高时空分辨率的雪水当量观测。

为了从 X 和 Ku 波段的雷达观测数据中获取 SWE，首先建立积雪后向散射中体散射分量的参数化方案，描述了单次散射反照率、雪层光学厚度与积雪后向散射中体散射分量之间的关系(Du et al., 2010)。在雪散射模型模拟的基础上，建立了 X 和 Ku 波段之间积雪光学厚度和单次散射反照率的关系。最终通过迭代具有约束条件的代价函数来估计 SWE。

卫星数据的地理参数反演受到了复杂地理系统的不确定性和系统中各个参数相互作用的影响。使用统计学方法反演地球物理参数是一种较为常用的方法，如最小二乘方法 (Least Square Method)。在这种方法中，检索的目标参数是通过迭代求得代价函数的最小值，而代价函数则描述了模拟信号和观测信号之间的区别。用于 X 和 Ku 信号反演 SWE 的代价函数为

$$F = \sum_{i=1}^{4} \frac{[\sigma_i^{\text{meas}} - \sigma_i^{\text{model}}(x_1, x_2)]^2}{2\,\text{var}_i^2} + \sum_{i=1}^{2} \frac{[x_i - \overline{x_i}]^2}{2\lambda_i^2} \tag{19.49}$$

其中，i 表示测量通道(X 与 Ku 波段的 VV、VH 极化)；x_i 分别表示反照率和光学厚度；σ_i^{meas} 为极化通道的测量值；σ_i^{model} 表示模型模拟的后向散射信号，它是反照率和光学厚度的函数；var_i^2 是测量值的观测误差，可以从传感器的配置参数中得到，光学厚度和单次散射反照率就可以通过求得代价函数的最小值来得到。

积雪光学厚度是积雪深度与消光系数的乘积，与 SWE 紧密相关。积雪光学厚度的吸收系数 τ_a 是积雪吸收系数与积雪深度的乘积，与 SWE 呈线性关系，τ_a 也可以表示成上一部分反演得到的光学厚度与单次散射反照率的函数：

$$\tau_a(\mathrm{fre}) = (1 - \omega_{\mathrm{fre}}) \cdot \tau_{\mathrm{fre}} = k_a(\mathrm{fre})d \tag{19.50}$$

吸收系数 k_a 表达式为

$$k_a = V_s k_0 \frac{\xi''}{\xi} | \frac{3\xi}{\xi_i + 2\xi} |^2 \tag{19.51}$$

其中，k_0 是雷达波数；ξ 是介质背景的介电常数(空气 $\xi = 1$，冰 $\xi_i = 3.15$)；ξ'' 为冰介电常数的虚部，主要由积雪温度决定；V_s 为冰粒子体积(积雪密度 $\rho_s = 0.917V_s$)。根据上面两个方程式，雪水当量可以表示成如下的形式：

$$\mathrm{SWE} = \tau_a(\mathrm{fre}) \cdot \frac{0.917}{0.339k_0\xi''_{\mathrm{ice}}(\mathrm{fre})} \tag{19.52}$$

其中，ξ''_{ice} 是冰介电常数的虚部，由积雪温度决定。

使用芬兰实验(NoSREx，见图 19.11)中的 SnowScat 测量数据对 X 和 Ku 波段雪水当量反演结果进行验证。结果表明，算法估计的 SWE 与实测值基本吻合，其中 2009～2010 年冬季的反演均方根误差(RMSE)为 16.59mm，2010～2011 年冬季的反演均方根误差为 19.70mm，见图 19.12。

2. 重复轨道干涉 SAR 估算积雪水当量及其变化

上一小节所述的积雪反演算法具备明确的物理意义，但依赖于精确的物理模型。而另一种较好的 SWE 反演方法为利用干涉 SAR 测量数据。由于积雪产生的干涉相移可直接用于 SWE 的估算或其变化量的估算(Guneriussen et al., 2001)。这种方法已经用于基于较低频段的 C 波段(Guneriussen et al., 2001)和 L 波段干涉数据的 SWE 反演。

图 19.11　NoSREx 实验场地图像(Lemmetyinen et al., 2016)

左边为 SnowScat 实施塔，观测区在视场中央

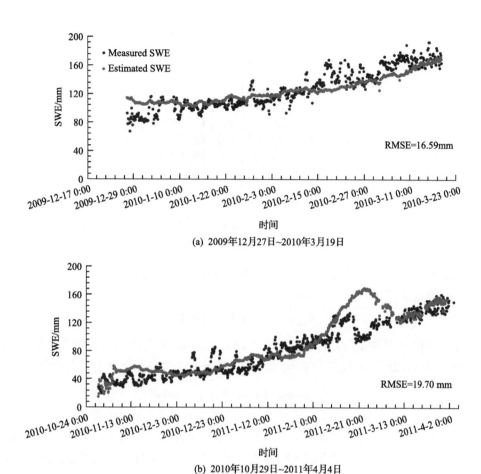

图 19.12　观测雪水当量与估算雪水当量时间序列图(Cui et al., 2016)

考虑一层干雪,在较低频段的 C 波段和 L 波段,其后向散射信号主要来自积雪-土壤界面散射。重轨干涉相位 Φ 包含如下几项贡献:

$$\Phi = \Phi_{\text{flat}} + \Phi_{\text{topo}} + \Phi_{\text{atm}} + \Phi_{\text{snow}} + \Phi_{\text{noise}} \tag{19.53}$$

式中,Φ_{flat} 和 Φ_{topo} 分别为平地和起伏地形下的相位;Φ_{atm} 为大气产生的相位;Φ_{noise} 为噪声;Φ_{snow} 为积雪层的存在相对于空气介质的双程相位差,是由干雪本身的折射作用造成。图 19.13 所示为有雪和无雪情况下的入射情况,可见积雪的存在使入射几何条件发生了变化。忽略积雪体散射量,一层厚度为 d 的积雪产生的相位项为(Guneriussen et al., 2001):

$$\Phi_{\text{snow}} = -2k_i d \left(\cos \theta_i - \sqrt{\varepsilon_s' - \sin^2 \theta_i} \right) \tag{19.54}$$

其中,k_i 和 θ_i 是入射波在空气中的波数和入射角;ε_s' 是积雪介电常数实部。

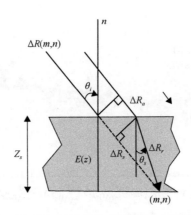

图 19.13　重轨干涉干雪对入射几何条件的影响(虚线为无雪情况，
实线为有雪情况)(Guneriussen et al., 2001)

对 ERS SAR，当入射角度为 23°，由于 SWE 变化造成的相位移动可以近似为(Guneriussen et al., 2001)

$$\varPhi_{snow} = 2k_i \cdot 0.87 \cdot \Delta SWE \tag{19.55}$$

上式表明，对于 ERS 波长，2π 相位等效于 32.5mm 积雪水当量，对于 L 波段(波长 24cm)相同角度，2π 相位对应 138mm 水当量。干涉相干性由如下几个因素决定：

$$\gamma_{total} = \gamma_{thermal} \cdot \gamma_{surface} \cdot \gamma_{volume} \cdot \gamma_{temporal} \tag{19.56}$$

$\gamma_{thermal}$ 由传感器信噪比决定，其对于干雪区域的去相关贡献相对很小。干雪区域，入射波长的偏移主要影响 $\gamma_{surface}$ 和 γ_{volume}。时间去相关 $\gamma_{temporal}$ 对整个相干性的影响最大，这主要由于积雪特性的改变(降雪、风吹或积雪变质作用等)造成，改变了雷达波束在积雪内的传播路径。

对干涉法测量雪深的更多参考文献详见 Li 等(2016)(C 波段)、Deeb 等(2017)(L 波段)和 Leinss 等(2015)(X 和 Ku 波段)等文章，他们采用了不同的波段。此外，目前也出现新的研究，采用高频的 Ka 波段，在融雪期假设微波完全无法穿透积雪，利用类似地形测量的技术监测雪深，相关细节可参考 Moller 等(2017)。

19.4　光学遥感积雪反演算法

与微波相比，可见光对积雪的穿透深度不超过几厘米，因此实际上雪深和可见光波段积雪反射率(Reflectivity)之间不存在明确的物理关系。但是，对大多数地表而言，由于植被和地形因素的影响，雪深、雪水当量和积雪覆盖度有一定的相关性。当雪深较浅时，像元往往不能完全被积雪覆盖。雪深、雪水当量越大，积雪覆盖度越高，像元内的反射率值越高，因此利用该关系可以进行雪深反演。这种关系对于薄雪和中等厚度的积雪而言是比较显著的；在积雪较厚的山区，这种关系在积雪消融期表现明显，详见 Molotch 等(2014)积雪消融曲线(Snow Depletion Curve)的相关章节。

光学遥感估算雪深、雪水当量包含两个核心技术，一是积雪覆盖度的计算；二是从积雪覆盖度计算雪水当量的方法。

19.4.1 亚像元分解方法计算积雪覆盖度

由于积雪在可见光波段的高反射率，积雪覆盖度增加会导致地表反射率增加。Romanov 和 Tarpley(2004)基于 GOES 静止卫星建立了简单地线性混合像元分解方法——卫星观测的可见光波段反射率可以表达为全积雪覆盖像元和完全无雪地表的两种端元的线性组合，积雪覆盖比例 F 可计算为

$$F = \frac{R - R_{\text{land}}}{R_{\text{snow}} - R_{\text{land}}} \tag{19.57}$$

其中，R 为卫星观测的可见光反射率，R_{snow} 和 R_{land} 分别为全积雪和全无雪端元的反射率。每个像元的 R_{land} 通过无雪季节时的卫星观测来确定。Romanov 和 Tarpley(2004)假设 R_{snow} 与地点无关，根据统计冬季全雪覆盖地表的卫星观测得到。

极轨卫星有着更高的分辨率和更多的波段。积雪在可见光波段发射率高、在近红外波段发射率低，而植被和土壤正好相反。可见光和近红外波段组成的归一化积雪指数(NDSI)可以建立与积雪覆盖度的经验关系，如 Terra 和 Aqua 卫星的 MODIS 传感器可用于计算 F(Rittger et al., 2013)为

$$F = \begin{cases} -0.01 + 1.45\text{NDSI}, & \text{where NDSI} = \dfrac{R_4 - R_6}{R_4 + R_6} \text{for Terra} \\ -0.64 + 1.91\text{NDSI}, & \text{where NDSI} = \dfrac{R_4 - R_7}{R_4 + R_7} \text{for Aqua} \end{cases} \tag{19.58}$$

其中，R_4、R_6、R_7 表示在 MODIS 4、6、7 波段的反射率。算法对 $0.1 \leqslant \text{NDSI} \leqslant 1.0$ 的像元计算。

Painter 等(2009)基于 TM 和 MODIS 等极轨卫星，发展了基于混合像元分解的积雪覆盖度反演算法。Painter 等的算法使用了更多种类别的积雪、土壤、植被的波谱库。特别是积雪的波谱库考虑了不同粒径积雪。因此算法可以同时反演积雪覆盖度和雪表雪粒径。

19.4.2 雪深经验算法

Romanov 和 Tarpley(2004)基于 GOES 数据建立了美国大草原区的雪深反演算法。图 19.14 是他们对 1999~2003 年 GOES 积雪比例与地面气象站雪深关系的统计结果。建立指数形式的关系式为

$$D = \exp(aF) - 1 \tag{19.59}$$

其中，D 为雪深(cm)；F 是积雪覆盖比例(%)；a 是一个经验系数。Romanov 和 Tarpley(2004)的拟合结果为 $a=0.0333$。

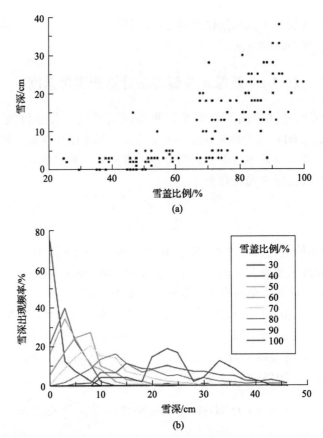

图 19.14　(a)位于 53.30°N，113.58°W 的 Edmonton 国际机场雪深与积雪覆盖度的统计关系，
(b)美国大草原多个气象站 1999～2003 年不同积雪覆盖度下雪深出现频率(Romanov and Tarpley, 2004)

　　图 19.15 是不同森林覆盖率下积雪覆盖度和雪深的统计关系。对于有森林覆盖的地区，Romanov 和 Tarpley(2007)在式(19.59)上增加系数 b，修改为

$$D = \exp(aF + b) - 1 \tag{19.60}$$

其中，F 仍为积雪覆盖度；a 和 b 拟合为森林覆盖率的三次多项式。

　　对于针阔混交林，雪深计算公式如下：

$$D = (D_c f_c + D_d f_d) / (f_c + f_d) \tag{19.61}$$

其中，f_c 和 f_d 分别是针叶林和落叶林的覆盖度；D_c 和 D_d 是纯针叶林和纯落叶林各自的雪深反演公式。

　　该算法依赖于雪深与积雪覆盖度的关系，当积雪覆盖度趋向于 1 时，则不能再反演出雪深。即当式(19.60)～式(19.61)中的雪覆盖度为 100%，计算得到的最大雪深仅为 30cm 左右。在美国大草原地区应用时，Romanov 和 Tarpley(2007)统计表明，对 30cm 以下积雪的反演相对误差是 30%，而当雪深到达 30～50cm，误差增加到 50%。森林区的雪深反演工作限制在落叶林覆盖率小于 80%、针叶林覆盖率小于 50%的地区。

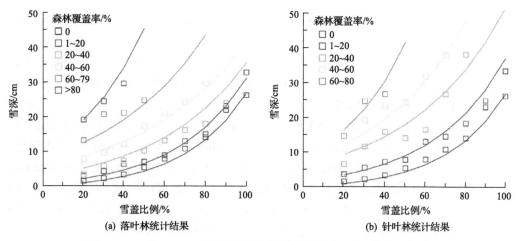

图 19.15　2000～2003 年美国平原不同森林覆盖率下地面观测雪深与
卫星反演积雪覆盖度的关系 (Romanov et al., 2007)

雪深是以 10%雪覆盖率间统计的雪深均值

19.4.3　与融雪模型结合的雪水当量重建算法

雪水当量重建算法是基于积雪覆盖面积和能量估算的融雪水量估算方法，也可以用于计算积雪融化前的雪水当量峰值——将融雪期的日融雪量从后往前累加即可。Molotch等 (2014) 中提到了这种算法的应用。简单来说，可将日融雪量计算为 (Molotch and Margulis, 2008)：

$$M = \left(T_d \cdot a_r + R_n \cdot M_q\right) \times F \tag{19.62}$$

其中，F 为积雪覆盖度；T_d 为气温超过 0 度的日均气温；R_n 为净辐射超过 $0 \mathrm{W/m^2}$ 的日均净辐射；a_r 和 M_q 为能量转换系数。

因此，融雪期的雪水当量可计算为

$$\mathrm{SWE}_{\mathrm{day},i} = \sum_{j=\mathrm{day},i}^{\mathrm{day},e} M_j \tag{19.63}$$

其中，day,i 为当前日；day,e 为积雪完全融化的日期；M_j 为第 j 日的融雪量；$\mathrm{SWE}_{\mathrm{day},i}$ 是第 day,i 日的雪水当量，是从积雪完全融化的日期累加到当前日的结果。可以看出，这种方法只能用于对历史雪水当量的再分析，不能用于预报。但它的精度比 Romanov 和 Tarpley (2004) 的方法高，对山区厚雪也能达到 24%的相对精度。

19.5　雪水当量产品及应用

19.5.1　雪水当量产品

大陆尺度的卫星雪水当量产品主要由各国宇航局和卫星数据应用机构生产存档，并向全球公开发布。例如：芬兰气象局和欧空局生产的 GlobSnow 北半球雪水当量产品(1979 至今，http://www.globsnow.info/)；美国宇航局生产的 AMSR-E/Aqua(搭载在 Aqua 卫星上地球观测系统高级微波扫描辐射计)日全球雪水当量产品(2002~2011，https://nsidc.org/data/ae_dysno)、SMMR(扫描多通道微波辐射计)和 SSM/I(特制微波成像传感器)的全球雪水当量产品(1978~2007，https://nsidc.org/data/nsidc-0271)；美国大气海洋局生产的 GCOM-W1(全球变化观测计划-1 号水卫星)AMSR-2(第二代高级微波扫描辐射计)雪水当量产品(http://www.ospo.noaa.gov/Products/atmosphere/gpds/index.html)；日本宇航局生产的 AMSR-2 日雪深产品(2012 年至今，http://suzaku.eorc.jaxa.jp/GCOM_W/data/data_w_dpss.html)；中国气象局生产的 FY3B(风云 3 号卫星 B/C/D 星)MWRI(微波辐射成像仪)日雪水当量产品(2010 年至今，http://satellite.nsmc.org.cn/PortalSite/Default.aspx)。2016 年，美国宇航局和冰雪数据中心发布了增强分辨率的网格亮温数据(MEaSUREs Calibrated Enhanced-Resolution Passive Microwave Daily EASE-Grid 2.0 Brightness Temperature)(http://nsidc.org/data/nsidc-0630)，提供 3.125~12.5km 分辨率的多波段 AMSR-E 和 SSM/I 亮温，为提高雪水当量反演产品空间分辨率提供了可能。NOAA 水文遥感中心(National Weather Service's National Operational Hydrologic Remote Sensing Center，NOHRSC)利用 SNODAS(SNOw Data Assimilation System，SNODAS)提供 1km 空间分辨率的雪水当量同化产品(2003 年至今，见 https://nsidc.org/data/G02158)。

更多的雪水当量遥感和同化产品可以在 Global Cryosphere Watch(全球冰冻圈观测计划)网站上找到，详见 http://globalcryospherewatch.org/reference/snow_inventory.php。

19.5.2　积雪时空分布特征

积雪具有强烈的季节性，对于北半球，一般从前一年 11 月左右开始累积，到次年 3 月达到峰值，随后融化，到翌年 4 月完全消融。但不同区域的雪期长度不同：低纬度、低海拔地区降雪晚，融雪早，雪期短；高纬度、高海拔地区降雪早，融雪晚，雪期长。图 19.16 展示了被广泛认为在平原地区精度较高的被动微波反演 GlobSnow 产品(Version 2.0)在 2012~2013 年一个冬季的雪水当量分布示意图。以 2012~2013 冬季为例，积雪于 11 月初从西伯利亚和加拿大北部首先开始累积；在 2013 年 1 月 1 日扩展到整个欧亚大陆北部和加拿大地区；在 2 月 1 日接近峰值；在 3 月 1 日保持峰值；一直到 4 月 1 日，南部边缘的积雪开始消退。

雪季首日(Snow Cover Onset)、融雪日(Snow Melt Onset)、雪期长度(Snow Duration)、积雪面积(Snow Cover Area)和峰值雪水当量是表征积雪季节特征主要指标。其中雪季的首日主要和气温降到零下形成首次降雪有关。峰值雪水当量表征的是冬季总体降水量，与水汽和气温有关，即，有多少降水量以及有多少降水表现为降雪。雪期长度由峰值雪水当量、气温和辐射决定。越厚的雪融化越慢，但一旦积雪物理温度受气候影响达到零度以上后，融化非常迅速。积雪面积是雪季首日、融雪日的综合时空分布结果。

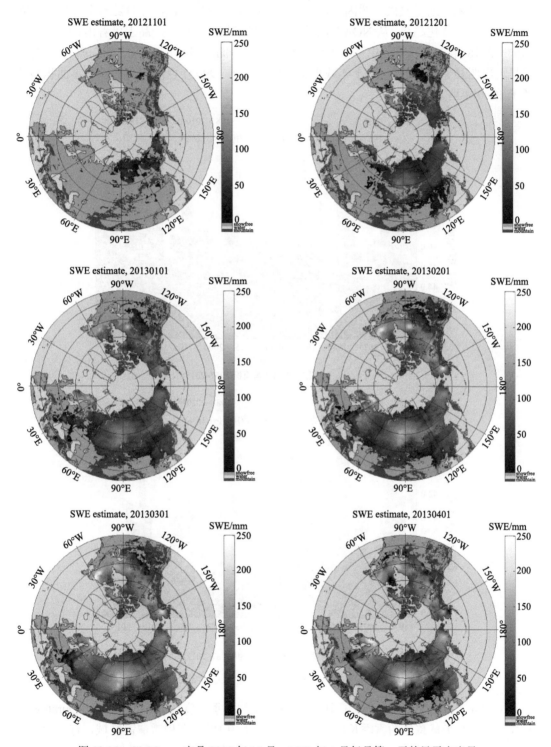

图 19.16　GlobSnow 产品 2012 年 11 月～2013 年 4 月每月第一天的日雪水当量

季节性积雪还是气候敏感因子，具有显著的年际变化特征，并且随着全球气候变暖表现出明显的变化趋势。从 NOAA 网站获取的多年北半球积雪产品上可看出(图 19.17)，1967～2018 年 1 月积雪面积基本不变，有略微上升的趋势(每十年增加 0.36%)；5 月雪盖呈现出明显的下降趋势(每十年减少 1.15%)，其中 1990 年以后到当前的积雪面积显著低于 1990 年前。

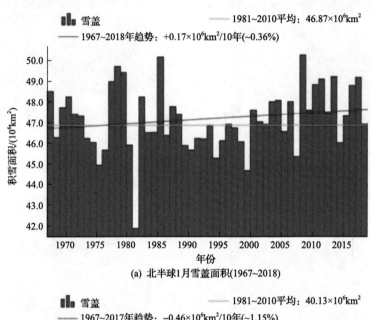

(a) 北半球1月雪盖面积(1967~2018)

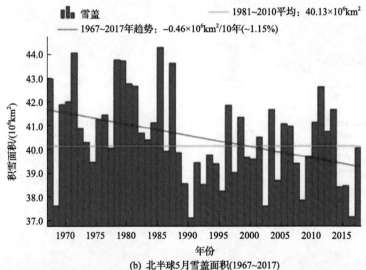

(b) 北半球5月雪盖面积(1967~2017)

图 19.17　NOAA 发布 1967～2017 年 1 月和 3 月积雪面积

Allchin 和 Dery(2017)统计了 1971～2014 年的雪季长度(Snow-dominated Duration)。研究表明，北半球总体的雪季长度为 4～48 周(图 19.18)。在积雪覆盖区域，有 23.3%的面积雪季长度显著缩短，有 5.4%面积的区域雪季延长。其中，雪季缩短的区域主要在欧亚大陆中南部、伊朗西北部的 Alborz 和 Zagros 山脉、喜马拉雅山东缘、美国西部的落基山脉，以及北美、俄罗斯和斯堪的纳维亚半岛的环极地地区。唯一大范围的雪季延长地区，分布在青藏高原的东部和北部；少量出现在日本和俄罗斯的环太平洋地区。

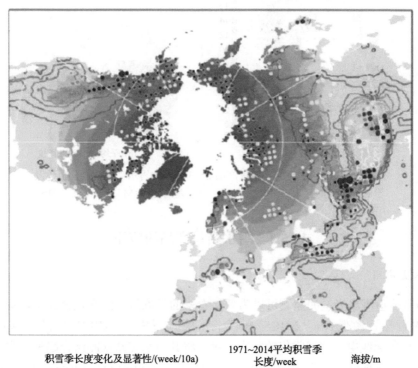

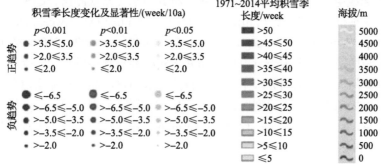

图 19.18　1971～2014 年平均年雪季节长度(背景颜色)以及显著的($p < 0.05$)
雪季长度变化趋势(点)(Allchin and Dery, 2017)

　　Mudryk 等(2015)分析了遥感反演、陆面模式、同化算法计算的多种雪水当量产品特征。发现各种产品估算的北半球总积雪质量多年峰值在 2.4×10^{15}～4.3×10^{15}kg 之间。大陆雪水当量总量在二月底到三月中旬之间达到峰值。图 19.19 展示了 1981～2010 年多年平均雪水当量以及各产品之间的差异。

　　Luojus 等(2011)分析了 GlobSnow 产品 1980～2010 年的月均积雪总质量的变化趋势。研究表明，北半球积雪总质量有显著下降趋势；其中，欧亚大陆的积雪总质量基本持平，而北美地区积雪总质量显著下降。该结果与 Allchin 和 Dery(2017)的积雪变化趋势具有一致性。

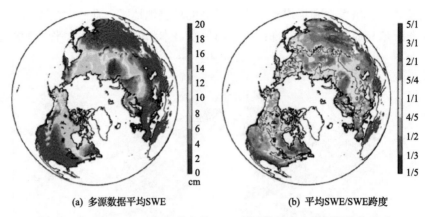

(a) 多源数据平均SWE　　　　　　　　　(b) 平均SWE/SWE跨度

图 19.19　1981~2010 年多种产品 2~3 月平均雪水当量气候均值以及
不同产品平均雪水当量与最大最小值之差的比例(Mudryk et al., 2015)

19.5.3　雪水当量产品的应用

1. 水文应用

对山区峰值雪水当量的监测可以为翌年春季的径流量和洪水预警提供珍贵的数据资料。美国自然资源保护局(NRCS)和西北河流预报中心(NRFC)等机构每月会发布 SNOTEL 积雪无线电观测网收集的雪水当量，将其与水文站观测结合起来，提供积雪主导流域的径流量预报、水资源评估和洪灾趋势估计，见https://www.wcc.nrcs.usda.gov/wsf/index.html和https://www.nwrfc.noaa.gov/snow/index.html?version=20171004v2。由于美国西部山区积雪观测网密集，雪水当量卫星产品并未实时参与到该过程中。受限于目前山区微波传感器观测的局限及空间分辨率不足，目前雪水当量产品在径流实时预报中应用有限。Li 等(2017)采用积雪过程模型同化 36.5GHz 被动微波亮温，模拟了美国西部山区雪水当量和融雪量，计算了融雪水在径流量中的贡献，是雪水当量应用于径流量估算的一个典型案例(图 19.20)。

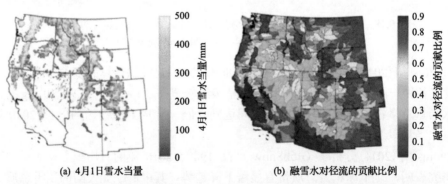

(a) 4月1日雪水当量　　　　　　　　　(b) 融雪水对径流的贡献比例

图 19.20　同化算法计算的美国山区 1950~2005 多年平均历史 4 月 1 日雪水当量以及
融雪水对径流的贡献比例(Li et al., 2017)

2. 气象气候应用

被动微波遥感应用于气象的很好的例子是 IMS（交互式多传感器积雪海冰制图系统）产品。IMS 系统会为美国国家大气海洋局提供逐日 4km 的积雪覆盖图，为每日天气预报提供陆面边界条件。当可见光影像被云遮蔽后，可以用卫星微波观测填充空隙。具体来说，使用 SSM/I、AMSR-E 和 AMSR-2 等传感器的雪水当量，将雪水当量大于零的数据转换为积雪覆盖区域。中国国家气象局发布的 FY-2 卫星被动微波传感器，也为气象服务持续提供了全天候的积雪信息。

使用历史上存档的卫星数据还可以计算过去的雪深或雪水当量，用于估计积雪年际变化，研究全球变化过程，例如 Zhang 等（2018）在欧亚大陆、Sun 等（2014）在青藏高原的工作。一个典型的例子是青藏高原积雪对印度洋季风的影响。早在 1982 年，Dey 和 Kumar（1982）就发现了欧亚大陆春季积雪与印度洋夏季季风行进速度之间有着密切的关系，如图 19.21。Senan 等（2016）的最新研究总结如下：喜马拉雅-青藏高原地区在厚雪年会造成印度洋夏季季风开始日期推迟 8 日左右，并会造成印度地区降水减少。

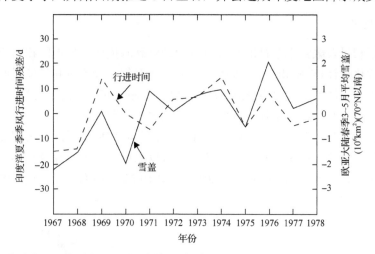

图 19.21　欧亚大陆高山区春季积雪覆盖范围与印度洋夏季季风行进时间的关系（Dey and Kumar, 1982）

3. 生态应用

对雪水当量的估算能应用于物候分析。Trujillo 等（2012）发现，在 Sierra Nevada 山区，积雪累积量的增加会造成第二年森林绿度增大（图 19.22）。这是因为在大多数情况下，更多的积雪会提供更多的水资源用于植被生长，其效应超过了更长积雪期的封冻作用。

Pulliainen 等（2017）发现通过被动微波遥感雪深产品数值降为 0 时提取的积雪完全融化的日期（Snow Clearance Day, SCD）与全球 10 个通量站 1996~2014 年实测的泰加林春季复苏日（Spring Recovery, SR）有 $R^2=0.57$ 的相关性，其中春季复苏日定于为森林总初级生产力（Gross Primary Production, GPP）达到夏季最大值的 15%的日期。积雪的融化的提前，造成了泰加林在春季的更早复苏，并造成春季累积 GPP 的增加。他们利用这个关系，将 1979~2014 年的气候性 SCD 变化趋势转换为物候性的 SR 和春季累积 GPP 的变化趋

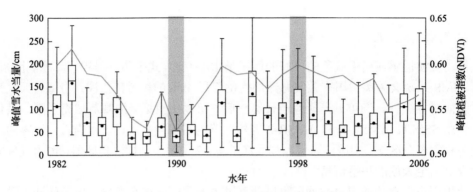

图 19.22　冬季峰值雪水当量与夏季峰值 NDVI 的相互关系(Trujillo et al., 2012)

势。通过定量计算得到，1979～2014 年间，整个北半球泰加林春季复苏日平均提前了 8.1 天(平均每十年 2.3 天)，使 1 月到 6 月总初级生产力(GPP)增加 $29g \cdot C/m^2$ (每十年增加 $8.4g \cdot C/m^2$)。通过全球环流模式和地面生态模式的模拟，证明了 GPP 对 SCD 的敏感性；纯模型模拟的北半球 GPP 每十年增长量为 $13.1g \cdot C/m^2$。

4. 经济应用

对积雪累积量及融雪季节性的研究可以帮助对高海拔或干旱地区积雪为主流域的水电站进行最优化设计(Kleindienst, 2000)。气候变化对积雪径流量和径流量时间分布的影响也是能源工业关注的研究热点(Koch et al., 2011; Dematteis et al., 2015)。

积雪累积过程和累积速率还会影响到积雪相关的旅游业和娱乐业。自然降雪对滑雪场的开放和持续十分重要。为了预防雪崩事故，需要监控坡上雪深、雪湿度和底层雪的颗粒状态。采用合成孔径雷达和激光雷达系统可以测量坡面上雪深分布和变化，用于定位潜在雪崩区域，详见 Eckerstorfer 等(2016)。图 19.23 是地面激光雷达系统观测的雪崩造成的高程变化的一个实例。

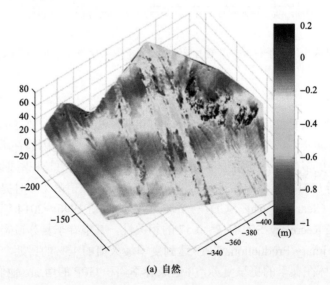

(a) 自然

(b) 人为

图 19.23　地基激光雷达观测到的自然和人为促进雪崩造成的高程变化(dHS)的案例
(Eckerstorfer et al., 2016)

19.6　小　结

综上所述，目前利用遥感手段获取雪深和雪水当量的主流方法仍是采用微波遥感。尽管可以利用光学遥感的反射率与雪深之间建立回归关系，但其物理关系不够明确。而且可见光遥感受云和天气影响，不能全天候获取积雪产品。区域水文模型、大气环流模式以及气候模式等的运算过程仍以雪水当量为主要参数，并且期待更高分辨率和精度的雪水当量产品。

目前国际上提供雪深和雪当量产品的被动微波传感器主要有 SSM/I(SSMIS)、AMSR-E、FY-3/MWRI 和 AMSR-2。由于 AMSR-E 雪当量产品算法是在研究北美、北欧和西伯利亚地区的积雪得到，这些地区冬季寒冷漫长，积雪较深，分布广泛，而我国大部分降雪区处于中纬度地区，具有冬季降雪多为季节性降雪，雪层较薄，分布不均，因此 AMSR-E 雪水当量产品中国区域的误差较大(孙之文等, 2006; Jiang et al., 2014)。

由于当前的被动微波遥感雪当量算法大多数采用半经验算法，是从有限的实验数据中发展而来。这些算法只在同一套数据中应用时反演效果很好，但把该算法应用于其他数据时则有待进一步考证。尽管 Jiang 等(2011)利用积雪辐射参数化模型，发展了基于统计的雪水当量物理反演算法，但只适合纯雪覆盖下垫面地表，将其应用到全球仍存在很多问题，其存在的难点是对被动微波遥感混合象元的处理。当前人们在处理被动微波混合像元时，可以结合微波和光学影像，把积雪覆盖度和植被覆盖度因子考虑进去。目前也开发了多种提高微波传感器分辨率的技术，如类似 MEaSUREs 高分辨率被动微波亮温数据(Calibrated Enhanced-Resolution Passive Microwave Daily EASE-Grid 2.0 Brightness Temperature，http://nsidc.org/data/nsidc-0630)的信号处理方法和干涉式被动微波成像技术，有望提高了网格亮温数据的分辨率，缓解被动微波遥感的混合像元问题。

另外，将理论反演算法应用到图像数据中的具体实施过程中仍存在一些问题，比如处理浅雪问题。浅雪通常出现在冬季的早期和晚期，深度小于或等于 10cm 的浅雪对微波波段几乎是全透明的，AMSR-E/2 和 FY-3/MWRI 的 89GHz 频率可用于探测浅雪，但使用 89GHz 需要考虑大气的影响。而现有研究中如何开展星载辐射计雪深/雪当量产品中的大气纠正仍不成熟，有待进一步研究。

此外，在现有反演算法中均未考虑山区地形影响。被动微波辐射计观测的地表信号由地表与大气组成，各部分信号都与地形地貌有关。地形影响主要表现在两方面：

第一，地表与传感器之间通过大气的路程主要取决于辐射地表的高度，因此会产生与地表海拔高度有关的大气影响。

第二，当前讨论比较多的是观测地表地形的影响，含坡度、坡向及周围地形形态的影响。组成地形单元的不同坡面不仅受到不同的大气影响，他们之间也存在互相作用即交叉辐射，从而增加了地表的有效辐射。

相对于被动微波遥感积雪研究，目前并没有较为成熟的星载雷达积雪产品。这主要是由于基于后向散射系数的反演算法需要较高频率，如欧空局之前曾调研的星载合成孔径雷达项目 CoReH₂O 和中科院先导专项背景型号研究支持的 WCOM 卫星均建议采用 X 和 Ku 波段，但现有斜视的星载雷达系统的观测频率一般不高于 X 波段。采用干涉技术测量雪深可使用较低频率，如 L 或 C 波段，它对重访周期、基线长度、解缠算法有一定的要求，但雷达的高分辨率可以有效解决山区雪水当量反演分辨率不足的核心问题，或许将是微波遥感雪水当量的一个重要发展方向。

问题：

(1) 请开展一项地面调查，总结天然雪的类型以及物理特性。

(2) 请详述描述辐射传输模型用于模拟积雪辐射与散射之间的差异。

(3) 请简述微波遥感探测积雪的理论基础。

(4) 若获取长时间序列的雪当量产品，不同传感器观测时间不一致对雪当量反演是否有影响？请具体叙述原因。

(5) 如何提高现有雪当量产品的探测精度？

(6) 假设你来负责设计新一代全球星载雷达积雪监测系统，你会提出什么样的传感器配置？请给予解释。

(7) 请详细说明利用双频(X 和 Ku 波段)、多极化(VV, HH 和 VH)雷达系统估算雪水当量的优缺点。

(8) 星载 Ku 波段雷达在监测植被覆盖的积雪时，请列举各散射分量，并评估其对雷达总后向散射的贡献。

参 考 文 献

曹梅盛, 李培基, Robinson D A, 等. 1993. 中国西部积雪 SMMR 微波遥感的评价与初步应用. 环境遥感, 8(4): 260-269

车涛, 李新, 高峰. 2004. 青藏高原积雪深度和雪水当量的被动微波遥感反演. 冰川冻土, 26(3): 363-368

孙之文, 施建成, 蒋玲梅, 等. 2006. 被动微波遥感反演中国西部地区雪深、雪水当量算法初步研究(英文). 地球科学进展, 21(12): 1364-1369

杨军, 董超华, 卢乃锰, 等. 2009. 中国新一代极轨气象卫星——风云三号. 气象学报, 67(4): 501-509

Allchin M I, Dery S J. 2017. A spatio-temporal analysis of trends in Northern Hemisphere snow-dominated area and duration, 1971-2014. Annals of Glaciology, 58: 21-35

Andreadis K M, Lettenmaier D P. 2006. Assimilation remotely sensed snow observations into a macroscale hydrology model. Advances in Water Resources, 29: 872-886

Armstrong R L, Brodzik M J. 2001. Recent Northen Hemisphere snow extent: A comparison of data derived from visible and microwave satellite sensors. Geophysical Research Letters, 28: 3673-3676

Bair E H, Abreu Calfa A, Rittger K, et al. 2018. Using machine learning for real-time estimates of snow water equivalent in the watersheds of Afghanistan. The Cryosphere, 12: 1579-1594

Barnett T P, Adam J C, Lettenmaier D P. 2005. Potential impacts of a warming climate on water availability in snow-dominated regions. Nature, 438: 303-309

Berk N F. 1991. Scattering properties of the lev-eled-wave model of random morphologies. Physical Review A, 44 (8): 5069

Biancamaria S, Mognard N M, Boone A, et al. 2008. A satellite snow depth multi-year average derived from SSM/I for the high latitude regions. Remote Sensing of Environment, 112: 2557-2568

Brogioni M, Macelloni G, Palchetti E, et al. 2009. Monitoring snow characteristics with ground-based multifrequency microwave radiometry, IEEE Transactions on Geoscience and Remote Sensing, 47 (11): 3643-3655

Brown R, RobinsonD. 2011. Northern Hemisphere spring snow cover variability and change over 1922-2010 including an assessment of uncertainty. The Cryosphere, 5 (1): 219-229

Butt M J. 2009. A comparative study of Chang and HUT models for UK snow depth retrieval. International Journal of Remote Sensing, 30: 6361-6379

Butt M J, Kelly R. 2008. Estimation of snow depth in the UK using the HUT snow emission model. International Journal of Remote Sensing, 29 (14): 4249-4267

Chang A T C, Foster J L, Hall D K, et al. 1982. Snow water equivalent estimation by microwave radiometry. Cold Regions Science and Technology, 5 (3): 259-267

Chang A T C, Foster J L, Hall D K, et al. 1987. Nimbus-7 SMMR derived global snow cover parameters. Annals of Glaciology, 9: 39-44

Chang A T C, Grody N, Tsang L, et al. 1997. Algorithm theoretical basis document (ATBD) for AMSR-E snow water equivalent algorithm, NASA/GSFC, November

Chang S, Shi J, Jiang L, et al. 2009. Improved snow depth retrieval algorithm in China area using passive microwave remote sensing data. In: Proceedings of IEEE International Geoscience and Remote Sensing Symposium, IGARSS 2009. IEEE International, 2: II614-II617.

Chao M, Li P, Robinson D A, et al. 1993. Evaluation and Preliminary application of microwave remote sensing SMMR-derived snow cover in western China. Environment of Remote Sensing, 8 (4): 260-269

Che T, Dai L, Zheng X, et al. 2016. Estimation of snow depth from passive microwave brightness temperature data in forest regions of northeast Chin. Remote Sensing of Environment, 183: 334-349

Che T, Li X, Jin R, et al. 2008. Snow depth derived from passive microwave remote-sensing data in China. Annals of Glaciology, 49: 145-154

Che T, Li X, Jin R, et al. 2014. Assimilating passive microwave remote sensing data into a land surface model to improve the estimation of snow depth. Remote Sensing of Environment, 143: 54-63

Chen C, Tsang L, Guo J, et al. 2003. Frequency dependence of scattering and extinction of dense media based on three-dimensional simulations of Maxwell's equations with applications to snow. IEEE Transactions on Geoscience and Remote Sensing, 41 (8): 1844-1852

Cline D, Armstrong R, Davis R, et al. 2002. CLPX-Ground: ISA Snow Pit Measurements. CO: National Snow and Ice Data Center Digital Media

Cui Y, Xiong C, Lemmetyinen J, et al. 2016. Estimating snow water equivalent with backscattering at x and ku band based on absorption loss. Remote Sensing, 8(6): 505

Dai L, Che T, Wang J, et al. 2012. Snow depth and snow water equivalent estimation from AMSR-E data based on a priori snow characteristics in Xinjiang, China. Remote Sensing of Environment, 127: 14-29

Davis D T, Chen Z, Tsang L, et al. 1993. Retrieval of snow parameters by iterative inversion of a neural network. IEEE Transactions on Geoscience and Remote Sensing, 31: 842-851

Deeb E J, Marshall H P, Forster R R, et al. 2017. Supporting NASA SnowEx remote sensing strategies and requirements for L-band interferometric snow depth and snow water equivalent estimation. International Geoscience and Remote Sensing Symposium (IGARSS), 1395-1396

Dematteis N, Davide M, Cassardo C. 2015. Application of climate downscaled data for the design of micro-hydroelectric power plants. Engineering Geology for Society and Territory-Volume 1. Springer International Publishing, 205-208

Derksen C, Walker A, Goodison B. 2005. Evaluation of passive microwave snow water equivalent retrievals across the boreal forest/tundra transition of western Canada. Remote Sensing of Environment, 96(3-4): 315-327

Derksen C. 2008. The contribution of AMSR-E 18.7 and 10.7GHz measurements to improved boreal forest snow water equivalent retrievals. Remote Sensing of Environment, 112: 2700-2709

Dey B, Kumar O.S.R.U.B. 1982. An apparent relationship between Eurasian spring snow cover and the advance period of the Indian summer monsoon. Journal of Applied Meteorology, 21: 1929-1932

Ding K, Xu X, Tsang L. 2010. Electromagnetic Scattering by Bicontinuous Random Microstructures with Discrete Permittivities. IEEE Transactions on Geoscience and Remote Sensing, 48(8): 3139-3151

Du J, Shi J, Rott H. 2010. Comparison between a multi-scattering and multi-layer snow scattering model and its parameterized snow backscattering model. Remote Sensing of Environment, 114(5): 1089-1098

Durand M T, Liu D. 2012. The need for prior information in characterizing snow water equivalent from microwave brightness temperatures. Remote Sensing of Environment, 126(4): 248-257

Durand M, Margulis S A. 2006. Feasibility test of multifrequency radiometric data assimilation to estimate snow water equivalent. Journal of Hydrometeorology, 7(3): 443-457

Eckerstorfer M, Bühler Y, Frauenfelder R, et al. 2016. Remote sensing of snow avalanches: Recent advances, potential, and limitations. Cold Regions Science and Technology, 121: 126-140

ESA. 2012. Report for Mission Selection: CoReH2O, ESA SP-1324/2(3 volume series). European Space Agency, Noordwijk, The Netherlands

Flanner M K, Shell M, Barlage D, et al. 2011. Radiative forcing and albedo feedback from the Northern Hemisphere cryosphere between 1979 and 2008. Nature Geoscience, 4(3): 151-155

Forman B A, Reichle R H. 2015. Using a support vector machine and a land surface model to estimate large-scale passive microwave brightness temperatures over snow-covered land in north America. IEEE Journal of Selected Topics in Applied Earth Observations and Remote Sensing, 8(9): 4431-4441

Foster J L, Chang A T C, Hall D K. 1997. Comparison of snow mass estimation from a prototype passive microwave algorithm, a revised algorithm and a snow depth climatology. Remote Sensing of Environment, 62(2): 132-142

Foster J L, Sun C, Walker J P, et al. 2005. Quantifying the uncertainty in passive microwave snow water equivalent observations. Remote Sensing of Environment, 94: 187-203

Fung A K. 1994. Microwave Scattering and Emission Models and Their Applications. Boston: Artech House

Girotto M, Margulis S A, Durand M. 2014. Probabilistic SWE reanalysis as a generalization of deterministic SWE reconstruction techniques. Hydrological Processes, 28(12): 3875-3895

Glynn J, Carrol T, Holman P, et al. 1988. An airborne gamma ray snow survey of a forest covered area with a deep snowpack. Remote Sensing of Environment, 26(2): 149-160

Goodison B, Walker A. 1994. Canadian development and use of snow cover information from passive microwave satellite data. In: Choudhury B, Kerr Y, Njoku E, et al, eds. Passive Microwave Remote Sensing of Land-Atmosphere Interactions. Utrecht: VSP BV, 245-262

Grippa M, Mognard N, Le Toan T, et al. 2004. Siberia snow depth climatology derived from SSM/I data using a combined dynamic and static algorithm. Remote Sensing of Environment, 93: 30-41

Gu L, Ren R, Li X, et al. 2018. Snow depth retrieval based on a multifrequency passive microwave unmixing method for saline-alkaline land in the Western Jilin Province of China. IEEE Journal of Selected Topics in Applied Earth Observations and Remote Sensing, 11 (7): 2210-2222

Gu L, Ren R, Li X. 2016. Snow depth retrieval based on a multifrequency dual-polarized passive microwave unmixing method from mixed forest observations. IEEE Transactions on Geoscience and Remote Sensing, 54 (99): 1-13

Gu L, Ren R, Zhao K, et al. 2014. Snow depth and snow cover retrieval from fengyun3b microwave radiation imagery based on a snow passive microwave unmixing method in northeast China. Journal of Applied Remote Sensing, 8 (1): 084682

Guneriussen T, Hogda K A, Johnsen H, et al. 2001. InSAR for estimation of changes in snow water equivalent of dry snow. IEEE Transactions on Geoscience and Remote Sensing, GRS-39 (10): 2101-2108

Hallikainen M T. 1984. Retrieval of snow water equivalent from Nimbus-7 SMMR data: Effect of land-cover categories and weather conditions. IEEE Journal of Oceanic Engineering, OE-9: 372-376

Hallikainen M T, Ulaby F T, Abdelrazik M. 1986. Dielectric properties of snow in 3 to 37GHz range. IEEE Transactions on Antennas and Propagation, 34 (11): 1329-1340

Hallikainen M T, Ulaby F T, Van Deventer T E. 1987. Extinction behavior of dry snow in the 18-to 90-GHz range. IEEE Transactions on Geoscience and Remote Sensing, 25 (6): 737-745

Hofer R, Mätzler C. 1980. Investigations on snow parameters by radiometry in the 3- to 60-mm wavelength region. Journal of Geophysical Research: Oceans, 85 (C1): 453-460

Hutengs C, Vohland M. 2016. Downscaling land surface temperatures at regional scales with random forest regression. Remote Sensing of Environment, 178: 127-141

Jiang L M, Wang P, Zhang L X, et al. 2014. Improvement of snow depth retrieval for FY3B-MWRI in China. Science China Earth Sciences, 57 (6): 1278-1292.

Jiang L, Shi J, Tjuatja S, et al. 2007. A parameterized multiple-scattering model for microwave emission from dry snow. Remote Sensing of Environment, 111 (2-3): 357-366

Jiang L, Shi J, Tjuatja S, et al. 2011. Estimation of snow water equivalence using the polarimetric scanning radiometer from the Cold Land Processes Experiments (CLPX03). IEEE Geoscience and Remote Sensing Letters, 8 (2): 359-363

Josberger E G, Mognard N M. 2002. A passive microwave snow depth algorithm with a proxy for snow metamorphism. Hydrological Processes, 16 (8): 1557-1568

Kelly R. 2009. The AMSR-E snow depth algorithm: Description and initial results. Journal of the Remote Sensing Society of Japan, 29 (1): 307-317

Kelly R E, Chang A T C, Tsang L, et al. 2003. A prototype AMSR-E global snow area and snow depth algorithm. IEEE Transactions on Geoscience and Remote Sensing, 41: 230-242

Kleindienst H. 2000. Integrated system for water resources assessment-a tool for optimised operation of hydroelectric power plants. Politics, 1-14

Koch F, Prasch M, Bach H, et al. 2011. How will hydroelectric power generation develop under climate change scenarios? a case study in the upper danube basin. Energies, 4 (10): 1508-1541

Kruopis N, Praks J, Arslan A N, et al. 1999. Passive microwave measurements of snow-covered forest areas in EMAC'95. IEEE Transactions on Geoscience and Remote Sensing, 37: 2699-2705

Kurvonen L, Hallikainen M T. 1997. Influence of Land-cover category on brightness temperature of snow. IEEE Transactions on Geoscience and Remote Sensing, 35 (2): 367-377

Larue F, Royer A, De Sève D, et al. 2017. Validation of globsnow-2 snow water equivalent over eastern canada. Remote Sensing of Environment, 194: 264-277

Lax M. 1952. Multiple scattring of waves II. The effective field in dense systems. Physics Review, 85(4): 621-629

Leinss S, Wiesmann A, Lemmetyinen J, et al. 2015. Snow Water Equivalent of Dry Snow Measured by Differential Interferometry. IEEE Journal of Selected Topics in Applied Earth Observations and Remote Sensing, 8(8): 3773-3790

Lemmetyinen J, Derksen C, Pulliainen J, et al. 2009. A comparison of airborne microwave brightness temperatures and snowpack properties across the boreal forests of Finland and western Canada. IEEE Transactions on Geoscience and Remote Sensing, 47: 965-978

Lemmetyinen J, Kontu A, Pulliainen J, et al. 2016. Nordic snow radar experiment. Geoscientific Instrumentation, Methods and Data Systems, 1-23

Lemmetyinen J, Kontu A, Rautiainen K, et al. 2011. Technical assistance for the deployment of an X-to Ku-band scatterometer during the NoSREx experiment: Final Report. ESTEC Constract: No. 22671/09/NL/JA. November4, 2011, Technique Report prepared by Finnish Meteorological Institute

Lemmetyinen J, Pulliainen J, Rees A, et al. 2010. Multiple-layer adaptation of HUT snow emission model: Comparison with experimental data. IEEE Transactions on Geoscience and Remote Sensing, 48: 2781-2794

Li D Y, Wrzesien M L, Durand M, et al. 2017. How much runoff originates as snow in the western United States, and how will that change in the future? Geophysical Research Letters, 44: 6163-6172

Li D, Durand M. 2015. Large-scale high-resolution modeling of microwave radiance of a deep maritime alpine snowpack. IEEE Transactions on Geoscience and Remote Sensing, 53(5): 2308-2322

Li H, Xiao P, Feng X, et al. 2016. Monitoring snow depth and its change using repeat-pass interferometric SAR in Manas River Basin. International Geoscience and Remote Sensing Symposium(IGARSS), 2016-Novem, 4936-4939

Liston G E, Pielke R A, Greene E M. 1999. Improving first-order snow-related deficiencies in a regional climate model. Journal of Geophysical Research, 104(D16): 19559-19567

Liu X, Jiang L, Wang G, et al. 2018. Using a linear unmixing method to improve passive microwave snow depth retrievals. IEEE Journal of Selected Topics in Applied Earth Observations and Remote Sensing, 11(11): 4414-29

Long D G, Brodzik M J. 2016. Optimum image formation for Spaceborne microwave radiometer products. IEEE Transactions on Geoscience and Remote Sensing, 54(5): 2763-79

Long D G, Daum D L. 1998. Spatial resolution enhancement of SSM/I data. IEEE Transactions on Geoscience and Remote Sensing, 36(2): 407-17

Looyenga H. 1965. Dielectric constants of heterogeneous mixtures. Physica, 31(3): 401-406

Luojus K, Pulliainen J, Takala M, et al. 2011. Investigating hemispherical trends in snow accumulation using globsnow snow water equivalent data. IEEE International Geoscience and Remote Sensing Symposium(IGARSS), 3772-3774.

Luojus K, Pullianinen J, Takala M, et al. 2013. ESA Globsnow: Algorithm Theoretical Basis Document-SWE-algorithm. Technical Report. European Space Agency(ESA)

Lynch-Stieglitz M. 1994. The development and validation of a simple snow model for the GISS GCM. Journal of Climate, 7: 1842-1855

Mätzler C, Wiesmann A. 1999. Extension of the microwave emission model of layered snowpacks to coarse-grained snow. Remote Sensing of Environment, 70(3): 317-325

Mätzler C. 1987. Applications of the interaction of microwaves with the natural snow cover. Remote Sensing Reviews, 2: 259-391

Metsämäki S, Pulliainen J, Salminen M, et al. 2015. Introduction to Globsnow Snow Extent products with considerations for accuracy assessment. Remote Sensing of Environment, 156: 96-108

Moller D, Andreadis K M, Bormann K J, et al. 2017. Mapping snow depth from Ka-Band interferometry: Proof of concept and comparison with scanning lidar retrievals. IEEE Geoscience and Remote Sensing Letters, 14: 886-890

Molotch N P, Durand, M T, Guan B, et al. 2014. Snow Cover Depletion Curves and Snow Water Equivalent Reconstruction, in Remote Sensing of the Terrestrial Water Cycle. Hoboken, NJ: John Wiley and Sons, Inc

Molotch N P, Margulis S A. 2008. Estimating the distribution of snow water equivalent using remotely sensed snow cover data and a spatially distributed snowmelt model: A multi-resolution, multi-sensor comparison. Advances in Water Resources, 31: 1503-1514

Mudryk L R, Derksen C, Kushner P J, et al. 2015. Characterization of northern hemisphere snow water equivalent datasets, 1981-2010. Journal of Climate, 28: 8037-8051

NOAA. 2019. National Centers for Environmental Information, State of the Climate: Global Snow and Ice for May 2013, published online June 2013, retrieved on March 31, 2019 from https://www.ncdc.noaa.gov/sotc/global-snow/201305

Painter T H, Rittger K, McKenzie C, et al. 2009. Retrieval of subpixel snow covered area, grain size, and albedo from MODIS. Remote Sensing of Environment, 113: 868-879

Painter T, Berisford F, Boardman J, et al. 2016. The Airborne Snow Observatory: Fusion of scanning lidar, imaging spectrometer, and physically-based modeling for mapping snow water equivalent and snow albedo. Remote Sensing of Environment, 184: 139-152

Pan J, Durand M T, Jagt B J V, et al. 2017. Application of a Markov Chain Monte Carlo algorithm for snow water equivalent retrieval from passive microwave measurements. Remote Sensing of Environment, 192: 150-165

Pan J, Durand M, Sandells M, et al. 2016. Differences between the HUT snow emission model and MEMLS and their effects on brightness temperature simulation. IEEE Transactions on Geoscience and Remote Sensing, 54: 2001-2019

Pulliainen J T, Grandell J, Hallikainen M T, et al. 1999. HUT snow emission model and its applicability to snow water equivalent retrieval. IEEE Transactions on Geoscience and Remote Sensing, 37: 1378-1390

Pulliainen J, Aurela M, Laurila T, et al. 2017. Early snowmelt significantly enhances boreal springtime carbon uptake. PNAS, 114 (42): 11081-11086

Pulliainen J. 2006. Mapping of snow water equivalent and snow depth in boreal and sub-arctic zones by assimilating space-borne microwave radiometer data and ground-based observations. Remote Sensing of Environment, 101 (2): 257-269

Rango A, Martine J, Chang A T C, et al. 1989. Average areal water equivalent of snow in a mountain basin using microwave and visible satellite data. IEEE Transactions on Geoscience and Remote Sensing, 27 (6): 740-745

Rittger K, Painter, T H, Dozier J. 2013. Assessment of methods for mapping snow cover from MODIS. Advances in Water Resources, 51, 367-380

Romanov P, Tarpley D. 2004. Estimation of snow depth over open prairie environments using GOES Imager observations. Hydrological Processes, 18: 1073-1087

Romanov P, Tarpley D. 2007. Enhanced algorithm for estimating snow depth from geostationary satellites. Remote Sensing of Environment, 108: 97-110

Rott H, Sh, J, Xiong C, et al. 2018. Snow properties from active remote sensing instruments. Comprehensive Remote Sensing, 237-257

Rott H, Yueh S H, Cline D W, et al. 2010. Cold regions hydrology high-resolution observatory for snow and cold land processes. Proceeding of the IEEE, 98 (5): 752-765

Roy V K, Goita A, Royer A E, et al. 2004. Snow water equivalent retrieval in a Canadian boreal environment from microwave measurements using the HUT snow emission model. IEEE Transactions on Geoscience and Remote Sensing, 42 (9): 1850-1858

Santi E. 2010. An application of the SFIM technique to enhance the spatial resolution of spaceborne microwave radiometers. International Journal of Remote Sensing, 31 (10): 2419-2428

Santi E, Pettinato S, Paloscia S, et al. 2012. An algorithm for generating soil moisture and snow depth maps from microwave spaceborne radiometers. Hydrology and Earth System Sciences, 16: 3659-3676

Senan R, Orsolini Y J, Weisheimer A, et al. 2016. Impact of springtime Himalayan-Tibetan Plateau snowpack on the onset of the Indian summer monsoon in coupled seasonal forecasts. Climate Dynamics, 47: 2709-2725

Shi J, Dong X, et al. 2014. WCOM: The science scenario and objectives of a global water cycle observation mission. In Geoscience and Remote Sensing Symposium(IGARSS), 3646-3649

Shi J, Dozier J. 1997. Mapping seasonal snow with SIR-C/X-SAR in mountainous areas. Remote Sensing of Environment, 59: 294-307

Shi J, Dozier J. 2000a. Estimation of Snow Water Equivalence Using SIR-C/X-SAR, Part I: inferring snow density and subsurface properties. IEEE Transactions on Geoscience and Remote Sensing, 38(6): 2465-2474

Shi J, Dozier J. 2000b. Estimation of Snow Water Equivalence Using SIR-C/X-SAR, Part II: Inferring snow depth and particle size. IEEE Transactions on Geoscience and Remote Sensing, 38(6): 2475-2488

Stankov B, Cline D, Weber B, et al. 2008. High-resolution airborne polarimetric microwave imaging of snow cover during the NASA cold land processes experiment, IEEE Transactions on Geoscience and Remote Sensing, 46(11): 3672-3693

Sturm M, Holmgren J, Liston G E. 1995. A seasonal snow cover classification system for local to global applications. Journal of Climate, 8(5): 1261-1283

Sturm M, Taras B, Liston G E, et al. 2010. Estimating snow water equivalent using snow depth data and climate classes. Journal of Hydrometeorology, 11(6): 1380-1394

Sun C, Walker J P, Houser P R. 2004. A methodology for snow data assimilation in a land surface model. Journal of Geophysical Research, 109: D08108

Sun Y, Huang X, Wang W, et al. 2014. Spatio-temporal changes of snow cover and snow water equivalent in the Tibetan Plateau during 2003-2010. Journal of Glaciology and Geocryology, 36(6): 1337-1344

Takala M, Ikonen J, Luojus K, et al. 2017. New Snow Water Equivalent Processing System With Improved Resolution Over Europe and its Applications in Hydrology. IEEE Journal of Selected Topics in Applied Earth Observations and Remote Sensing, 10(2): 428-436

Takala M, Luojus K, Pulliainen J, et al. 2011. Estimating northern hemisphere snow water equivalent for climate research through assimilation of space-borne radiometer data and ground-based measurements. Remote Sensing of Environment, 115(12): 3517-3529

Tan Y, Li Z, Tsang L, et al. 2004. Modeling passive and active microwave remote sensing of snow using DMRT theory with rough surface boundary conditions. Proceedings of IEEE Geoscience and Remote Sensing Symposium, IGARSS, 3: 1842-1844

Tan Y, Li Z, Tse K K, et al. 2005. Microwave model of remote sensing of snow based on dense media radiative transfer theory with numerical Maxwell model of 3D simulations(NMM3D). Proceedings of IEEE Geoscience and Remote Sensing Symposium, 1: 578-581

Tedesco M, Jeyaratnam J. 2016. A new operational snow retrieval algorithm applied to historical AMSR-E brightness temperatures. Remote Sensing, 8: 1037

Tedesco M, Kim E J. 2006. Intercomparison of Electromagnetic Models for Passive Microwave Remote Sensing of Snow. IEEE Transactions on Geoscience and Remote Sensing, 44(10): 2654-2666

Tedesco M, Narvekar P S. 2010a. Assessment of the NASA AMSR-E SWE product. IEEE Journal of Selected Topics in Applied Earth Observations and Remote Sensing, 3(1): 141-159

Tedesco M, Pulliainen J, Takala M, et al. 2004, Artificial neural network-based techniques for the retrieval of SWE and snow depth from SSM/I data. Remote sensing of Environment, 90(1): 76-85

Tedesco M, Reichle R, Loew A, et al. 2009. Dynamic approaches for snow depth retrieval from spaceborne microwave brightness temperature. IEEE Transactions on Geoscience and Remote Sensing, 48: 1955-1967

Tedesco M, Reichle R, Löw A, et al. 2010b. Dynamic approaches for snow depth retrieval from spaceborne microwave brightness temperature. IEEE Transactions on Geoscience and Remote Sensing, 48: 1955-1967

Trujillo E, Molotch N P, Goulden M, et al. 2012. Elevation-dependent influence of snow accumulation on forest greening. Nature Geoscience, 5(10): 705-709

Tsang L, Chen C T, Chang A T C, et al. 2000. Dense media radiative transfer theory based on quasicrystalline approximation with application to passive microwave remote sensing of snow. Radio Science, 35 (3): 731-749

Tsang L, Ding K H, Chang A T C. 2003. Scattering by densely packed sticky particles with size distributions and applications to microwave emission and scattering from snow. Proceedings of IEEE Geoscience and Remote Sensing Symposium, IGARSS, 4: 2844-2846

Tsang L, Ding K, Huang S, et al. 2013. Electromagnetic computation in scattering of electromagnetic waves by random rough surface and dense media in microwave remote sensing of land surfaces. Proceedings of IEEE Geoscience and Remote Sensing Symposium, 101 (2): 255-279

Tsang L, Kong J A. 1980. Multiple scattering of electromagnetic waves by random distribution of discrete scatterers with coherent potential and quantum mechanical formulism. Journal of Applied Physics, 57 (7): 3465-3485

Tsang L, Kong J A. 1992. Scattering of electromagnetic waves from a dense medium consisting of correlated Mie scatterers with size distributions and applications to dry snow. Journal of Electromagnetic Waves and Applications, 6: 265-286

Tsang L, Kong J A. 2001. Scattering of Electromagnetic Waves. Volume 3: Advanced Topics, John Wiley and Sons, Inc

Tsang L, Kong J A, Ding K H. 2000. Scattering of Electromagnetic Waves: Theories and Applications. New York: Wiley-Interscience

Tsang L, Kong J A, Shin R T. 1985. Theory of Microwave Remote Sensing. New York: Wiley Interscience

Tsang L, Pan J, Liang D, et al. 2007. Modeling active microwave remote sensing of snow using dense media radiative transfer (DMRT) theory with multiple-scattering effects. IEEE Transactions on Geoscience and Remote Sensing, 45 (4): 990-1004

Tsang L, Pan J, Liang D, et al. 2007. Modeling active microwave remote sensing of snow using dense media radiative transfer (DMRT) theory With multiple-scattering effects. IEEE Transactions on Geoscience and Remote Sensing, 45 (4): 990-1004

Tsang L. 1992. Dense media radiative transfer theory for dense discrete random media with particles of multiple sizes and permittivities. Progress in Electromagnetic Research, 6 (5): 181-225

Ulaby F T, Moore R K, Fung A K. 1981. Microwave Remote Sensing, Active and Passive: Volume 1, Microwave Remote Sensing Fundamentals and Radiometry. MA: Artech House

Ulaby F T, Moore R K, Fung A K. 1986. Microwave Remote Sensing, Active and Passive: Volume3, from Theory to Applications. MA: Artech House

Wiesmann A, Mätzler C, Weise T. 1998. Radiometric and structural measurements of snow samples. Radio Science, 33 (2): 273-289

Wiesmann A, Mätzler C. 1999. Microwave emission model of layered snowpacks. Remote sensing of Environment, 70: 307-316

Xiao X, Zhang T, Zhong X, et al. 2018. Support vector regression snow-depth retrieval algorithm using passive microwave remote sensing data, Remote Sensing of Environment, 210: 48-64

Xiong C, Shi J C, Brogioni M, et al. 2012. Microwave snow backscattering modeling based on two-dimensional snow section image and equivalent grain size. Geoscience and Remote Sensing Symposium (IGARSS)

Xu L, Dirmeyer P. 2013. Snow-atmosphere coupling strength. Part II: Albedo effect versus hydrological effect. Journal of Hydrometeorology, 14: 404-418

Zhang Y, Ma N. 2018. Spatiotemporal variability of snow cover and snow water equivalent in the last three decades over Eurasia. Journal of Hydrology, 559: 238-251

第 20 章 蓄 水 量*

陆表水体是陆地表层上以液态形式存在水体的总称，主要包括江河、湖泊、水库、湿地及洪泛区等区域中存在的水体。陆表水体所占比例不足全球总水量的 1%，却与人类的生产生活有着密切的关系，是人类赖以生存的物质基础(Frappart et al., 2005)，在全球的生物化学循环及水文循环中也发挥着极其重要的作用(Calmant et al., 2008)。因此，实时、准确地掌握地表蓄水量及其变化规律，对于水资源的高效管理、气候变暖效应的准确评价及全球或区域水文过程的深入研究等，均具有十分重要的现实意义(Birkett, 1995)。迄今为止，人们对蓄水量及其变化的理解仍然十分匮乏(Alsdorf and Lettenmaier, 2003)。

陆表蓄水量通常不能直接观测，传统的方法大多是通过水位站点观测结合精确的湖盆地形数据来获取的(Furnans and Austin, 2008)。然而，这种方法一方面缺乏宏观性和灵活性，另一方面也耗时、费力，一定程度上成为了制约区域陆表水量有效监测的瓶颈。如何实现站点观测资料缺乏区域，陆表水量的快速、灵活监测，成为一项极具挑战性的研究内容。

遥感技术的产生和发展，为认识陆表水体的宏观分布特征和监测大尺度水文过程，提供了现实可能性和实现前景。借助于遥感方法和技术，人们可以反演出诸多的水文变量及参数，如降水量(第 16 章)、蒸散量(第 17 章)、土壤含水量(第 18 章)、水域面积及水位(Smith and Pavelsky, 2009)等。此外，重力卫星(Gravity Recovery and Climate Experiment, GRACE)的发射成功，为估算全球尺度蓄水量提供了一种全新的方法(Alsdorf and Lettenmaier, 2003; Schmidt et al., 2008)。这些发展均在一定程度上促进了蓄水量及其变化的监测与反演研究，在水文遥感应用方面逐渐形成了一个新的学科方向。

本章着眼于地表蓄水量，简要介绍三种主要的估算方法。第 20.1 节介绍基于水文遥感反演的水量平衡估算法。第 20.2 节介绍基于水域面积-水位的遥感反演方法，其间涉及具体参数的反演方法。第 20.3 节介绍 GRACE 卫星及其反演蓄水量的原理。第 20.4 节对这一新兴领域进行了展望。

20.1 水量平衡法

在对陆表水量的研究之初，人们主要是通过水量平衡方法来实现某一特定区域(小的集水域或大的流域)的水量估算。通常，对于某一特定的区域而言，陆表蓄水量大小取决于水文变量输入和输出项(图 20.1)。水量输入项主要包括区域的降水、入湖径流和渗流，水量输出项包括蒸发、地下水出流和出湖径流(Cretaux and Birkett, 2006)。因此，根据质

---

* 本章作者：吴桂平，刘元波. 中国科学院南京地理与湖泊研究所

量守恒定律，对于一个湖泊或水库而言，其水量平衡方程可以表示为

$$\frac{\mathrm{d}S}{\mathrm{d}t} = P - \mathrm{ET} - Q_s - Q_g + \varepsilon \tag{20.1}$$

其中，S 代表蓄水量 (m^3)；t 代表时间 (h)；P 代表整个区域的降水总量 $(\mathrm{m}^3/\mathrm{h})$；ET 代表区域实际蒸发总量 $(\mathrm{m}^3/\mathrm{h})$；$Q_s$ 和 Q_g 分别代表区域的地表径流 $(\mathrm{m}^3/\mathrm{h})$ 和地下径流 $(\mathrm{m}^3/\mathrm{h})$；$\varepsilon$ 表示所有项的累积误差，以及其他人类活动（如人类用水）的影响量。因此，通过水量平衡法所计算的蓄水量则为式 (20.1) 右边所有变量之和。其中，区域降水量和蒸散量这两项可利用遥感数据通过定量反演而获得（详见第 16 章和第 17 章），Q_s 数据可从水文观测站点获得。在年尺度上，可以假定 Q_g 近似为零。

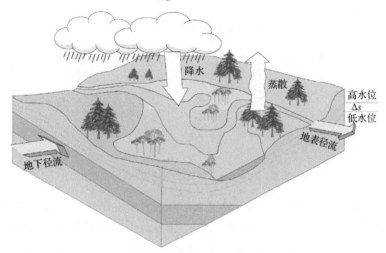

图 20.1　区域水量平衡示意图

这种方法的数学表达形式似乎十分简单而便于直接应用。如果纯粹地应用遥感手段，区域降水量和蒸散量的反演目前仍然存在着很大的不确定性 (Roads et al., 2003; Kutoba et al., 2009)。陆地降水量易于被低估，反演精度从 10% 到 100% 不等，因算法和研究地区而异（第 16 章）。由于遥感影像时空分辨率的限制及现有反演方法的局限性，陆地蒸散量的平均反演精度约为 30%（第 17 章）。因此，尽管水量平衡法在理论上非常简单，但是由于降水量和蒸散量反演精度的限制，严重地制约着这一方法的实际应用价值。若能提高上述四分量的遥感获取精度，水量平衡法可直接用于估测地表实际水量变化。

20.2　水域面积-水位法

随着遥感技术的快速发展，不同空间分辨率的光学、雷达及卫星测高数据的相继出现，给动态监测地表蓄水量带来了新的契机。利用遥感反演得到的陆地水体参数，譬如水域面积和水位，结合流域的数字高程模型 (Digital Elevation Model, DEM)，就可以估算得到地表蓄水量。目前这种方法已经得到了广泛的应用。本节简要地介绍该方法的原理及其应用。

20.2.1　基于水域面积和水位的地表蓄水量估算原理

水域面积-水位法，即基于遥感技术获得的同时期水域面积和水位信息，结合湖盆 DEM 数据，联合监测地表蓄水量的一种方法。其基本原理及方法可用以下公式表示：

$$S = \int_0^h A(h)\mathrm{d}h = \int_0^A h(A)\mathrm{d}A \tag{20.2}$$

式中，S 表示地表水量；h 为水位；A 为水域面积(m^2)；A 和 h 彼此互为函数。估算陆表水量的一个简单直接的方法是获取 A 及 h。如果已经获取了数字高程模型，S 便可由 A 和 h 估算出来(图 20.2 所示)。

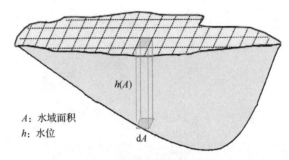

图 20.2　水域面积-水位法估算蓄水量原理图

也可以通过建立 A 和 h 之间的经验关系，从 A 或 h 中的变化量来估算 $\mathrm{d}S$。

在实际研究中，考虑到水下 DEM 获取的困难，通常很难精确地估算出陆表水体的绝对蓄水量(Cretaux et al., 2005; Song et al., 2014)。因此，地表蓄水量的变化量($\mathrm{d}S$)就成为目前遥感反演所关注的核心变量(Cretaux et al., 2005)。具体而言，可利用可见光、红外或者微波遥感数据，获取水域面积 A(Jain et al., 2005)，同时基于雷达高度计获取水位 h，然后根据多时相的遥感影像数据，将 A 及 h 的变化量相乘便可以获得水量变化 $\mathrm{d}S$。此外，也可建立面积 A 和水位 h 的经验关系，根据此关系结合获取的 A 或 h，估算出水量的变化 $\mathrm{d}S$。下面分别介绍面积和水位这两个水文变量的遥感获取方法。

20.2.2　水域面积提取方法

水域面积作为陆表水体最基本、最直观的物理参量之一，一直以来都是人们进行遥感监测的重要对象。基于遥感手段获取水域面积的研究，已经具有较长的历史(Hallberg et al., 1973)。1972 年，美国第一颗陆地资源卫星(Landsat-1)发射升空，许多先驱性研究就此开展，而后几十年随着多卫星、多传感器的不断发射和应用，水域面积的遥感监测也日渐完善，并且取得了长足的发展。目前，多种不同时空分辨率的遥感数据可用于提取陆表水体的水域面积(Birkett, 2000; Alsdorf and Lettenmaier, 2003)，其中代表性的卫星传感器数据包括：①光学遥感数据。譬如，National Oceanic and Atmospheric Administration Advanced(NOAA)Very High Resolution Radiometer(AVHRR)，Moderate Resolution Imaging Spectroradiometer(MODIS)，Satellite pour l'Observation de la Terre(SPOT)，以及

Landsat Thematic Mapper(TM)/Enhanced Thematic Mapper+(ETM+)；②主动微波数据。譬如，RADARSAT, Advanced Synthetic Aperture Radar(ASAR), Phased Array Type L-Band SAR(PALSAR)，以及 European Space Agency(ERS)散射计数据等；③被动微波数据。譬如，Special Sensor Microwave/Imager(SSM/I), Advanced Microwave Scanning Radiometer-Earth Observing System(AMSR-E)，和 TRMM Microwave Imager(TMI)等。常用传感器数据及其主要特征如表 20.1 所示。

表 20.1　陆表水体遥感提取常用传感器数据类型及特征

传感器类型	卫星传感器	在轨时间	空间分辨率	时间分辨率/d	主要算法
光学传感器	NOAA/AVHRR	1978 年至今	1100m	0.5	单波段法；多波段法；图像分类法；图像密度分割法；决策树法；人工神经网络法
	MODIS	1999 年至今	250m	0.5	
	Sentinel-2 MSI	2015 年至今	10m	5	
	Landsat TM/ETM+/OLI	1972 年至今	30m	16	
	SPOT	1986 年至今	2.5～20m	26	
	ASTER	1999 年至今	15～90m	16	
	HJ_1A/1B CCD	2008 年至今	30m	4	
主动微波传感器	Envisat ASAR	2002～2012	30～1000m	35	目视解译法；图像分类法；直方图阈值法；图像纹理分析法；多时相变化检测法；
	RADARSAT	1995 年至今	50～100m	24	
	ERS	1991～2011	25m	35	
	ALOS PALSAR	2006～2012	10～100m	46	
	TerraSAR-X	2007 年至今	1～16m	11	
	TanDEM-X	2010 年至今	3m	11	
被动微波传感器	DMSP SSM/I	1987 年至今	25km	1～2	基于亮温差异的聚类分析法、极化比值法等
	AQUA AMSR-E	2002 年至今	25km	1～2	
	TRMM TMI	1997～2014	25km	1～2	

基于以上遥感传感器数据的不同，目前获取水域分布的方法大体上也可分为四类，即光学遥感方法、主动微波遥感方法、被动微波遥感方法以及多传感器联合反演方法。

1. 光学遥感方法

在遥感技术发展之初，人们主要依靠光学遥感传感器数据进行陆地水体的监测，该类型的数据也是目前水面提取使用最为广泛的数据(Huang et al., 2018)。光学传感器遥感图像记录了地物对可见光(包括蓝、绿、红波段)、近红外电磁波的反射信息。由于不同地物在组成、结构及理化性质上存在差异，导致地物的光谱反射率也不尽相同。一般而言，在可见光范围内，水体反射率总体上比较低，不超过 10%，到 0.75μm 以后的近红外和短波红外波段，清澈水体的反射率接近于零，一般呈现黑色调。这种特征与植被和土壤等地物的光谱反射曲线形成明显的差异(图 20.3)，因此可以利用这一特征把水体与其他地物区分开来。

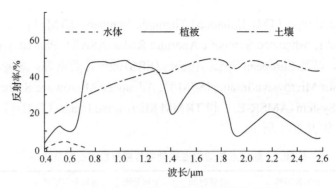

图 20.3　水体与植被、土壤反射光谱特征比较

根据这一原理，在过去 40 年的时间里，许多水体提取的光学遥感方法被相继提出 (AlsdorfandLettenmaier, 2003; Gao, 2015)。这些方法主要包括单波段法(Hallberg et al., 1973; Smith and Pavelsky, 2009)，监督和非监督分类法(Davranche et al., 2010; Jin et al., 2017; Berhane et al., 2018)，决策树方法(Acharya et al., 2016; Olthof, 2017)，神经网络法 (Jiang et al., 2018)，图像密度分割法(Jain et al., 2005)，光谱分析及多波段水体指数法(Hui et al., 2008; Tulbure et al., 2016)等。其中，多波段水体指数一般是通过两个或多个波段的算术运算(譬如比值运算、差异及归一化差异运算)。常见的多波段指数包括归一化差异植被指数(NDVI) (Ji et al., 2009)、归一化差异水体指数(NDWI) (McFeeters, 1996)和改进的归一化差异水体指数(MNDWI) (Xu, 2006)。这些指数的具体表达形式如下：

$$\text{NDVI} = \frac{\rho_{\text{NIR}} - \rho_{\text{RED}}}{\rho_{\text{NIR}} + \rho_{\text{RED}}} \tag{20.3}$$

$$\text{NDWI} = \frac{\rho_{\text{GREEN}} - \rho_{\text{NIR}}}{\rho_{\text{GREEN}} + \rho_{\text{NIR}}} \tag{20.4}$$

$$\text{MNDWI} = \frac{\rho_{\text{GREEN}} - \rho_{\text{MIR}}}{\rho_{\text{GREEN}} + \rho_{\text{MIR}}} \tag{20.5}$$

其中，ρ_{NIR}，ρ_{RED}，ρ_{GREEN} 和 ρ_{MIR} 分别表示近红外、红光、绿光和中红外波段的反射率。在图像处理过程中，采用其中任何一个指数，都可以计算得到该指数的直方图，其中水体往往分布在直方图的一侧。在直方图上，可以采取 Otsu 阈值确定方法确定最优阈值 (Otsu, 1979)。由于太阳高度角、卫星观测角和大气状态等多种时相要素的影响，阈值往往因所使用光学图像的不同而有所变化。因此，在实践中通常采用人机交互的方式在直方图上确定最优阈值。根据最优阈值，对该影像进行分割，将水体提取出来，进而得到水域面积。

根据这些方法，目前已有大量的研究者开展了水体信息的遥感提取工作(Huang et al., 2018)。众多研究表明，多波段水体指数法已成为十分有效且普遍使用的一种方法，该方法已成功应用于各种湖泊、水系及湿地淹没范围的提取(Jain et al., 2005；Hui et al., 2008；Wu and Liu, 2015)，且提取精度高达 90%以上(Birkett, 2000)。例如，Nellis 等(1998)基于多波段水体指数法，利用多时相 Landsat TM 影像，研究了曼哈顿 Tuttle Creek 水库面积的时空变化特征；Lu 等(2011)提出了基于 NDVI-NDWI 的组合水体指数法应用于水体制图的研究，进而评估了 HJ-1A/B 卫星影像监测水体信息的潜力；Rokni 等(2014)利用多时相 Landsat 系列影像对伊朗最大湖泊(Urmia 湖)2000～2013 年间的水面时空变化开展了研究；Wu 和 Liu(2015)基于 2000～2011 年间的 MODIS 遥感数据，运用 NDWI 水体指数法，研究了中国最大淡水湖(鄱阳湖)的水面时空分布及季节性变化过程。图 20.4 显示了鄱阳湖水域面积的季节波动以及年际变化特征。可以看出，在过去的 10 年间鄱阳湖水域面积发生了十分显著的变化，总体上呈现逐渐下降的趋势。

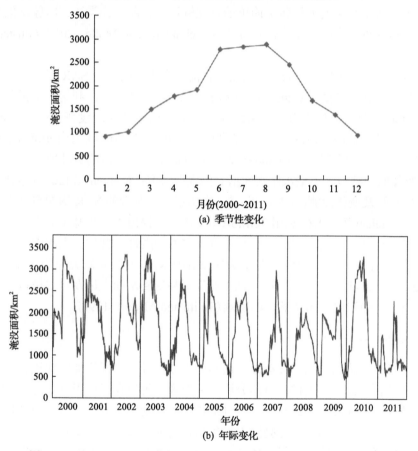

图 20.4　基于 MODIS 影像提取的鄱阳湖水域面积的季节性及年际变化

2. 主动微波遥感方法

尽管目前基于光学遥感提取水域面积的方法已经成熟，但是该方法也存在着一定的缺陷。譬如，光学传感器容易受到云雾、湿地挺水植被及洪溢林的干扰(Alsdorf and Lettenmaier, 2003)，限制了它在常规监测上充分发挥作用。主动微波传感器(微波雷达)在一定程度上弥补了这一不足，尤其是合成孔径雷达(SAR)能够穿透云雾，具有全天候、全天时的特点(Grimaldi et al., 2016)。该类传感器主要包括 Japanese Earth Resources Satellite(JERS)-1 SAR, RADARSAT, Advanced Synthetic Aperture Radar(ASAR)以及 The

Phased Array type L-band Synthetic Aperture Radar(PALSAR)等等。

雷达影像的亮度值表征的是雷达回波强度的大小，取决于雷达的后向散射系数。对于具有特定波长、入射角和极化方式的雷达系统而言，后向散射系数的大小主要取决于目标地物的物理属性。开放水体可视为光滑表面，并以镜面反射为主，后向散射系数较弱（Bates et al., 2013），在雷达影像上表现为整体亮度很低(呈暗色或黑色)的像素区域。而对于其他地表类型而言，雷达回波信号呈现多个方向，且通常具有较高的后向散射特性。这种后向散射特性的显著差异，使得陆地水体信息能够很容易地从雷达影像中提取出来。目前，大多采用的方法包括简单的目视解译法、图像分类法、图像阈值分割法、图像纹理分析法以及多时相变化检测方法等(Schumann and Moller, 2015; Giustarini et al., 2016)。

鉴于微波雷达全天时、全天候的特点，目前已有大量的基于 SAR 影像的水域面积提取方法的研究工作。譬如，Wang(2004)基于 JERS-1 SAR 影像，利用决策树分类的方法研究了美国北卡罗来纳州和南卡罗莱纳州区域的水面季节性淹没变化；Voormansik 等(2014)选择爱沙尼亚的林地区域，提出了利用监督分类方法开展基于 TerraSAR-X 影像的水体信息高分辨率制图研究；Eilander 等(2014)提出了一种新的贝叶斯方法，开展了基于 SAR 影像的加纳地区小型水库水面信息的提取研究；Matgen 等(2011)结合阈值分割法、区域生长法及变化检测法的各自优势，提出了一种联合的 SAR 影像自动水体提取方法。最近，Pradhan 等(2016)利用 TerraSAR-X 影像，提出了一种基于规则分类的水体提取高效方法。当然，主动微波遥感也存在着一定的局限性，譬如，主动微波遥感在某些地区只能提供有限数量的影像，对于大区域水面动态监测的研究显得无能为力(Gao, 2015; Pham-Duc et al., 2017)。此外，SAR 影像极易受到水面上风及挺水植被等粗糙地表特征的影响，从而造成了图像解译的困难(Smith and Alsdorf, 1998)。

3. 被动微波遥感方法

与主动微波遥感相类似，被动微波遥感由于波长较长，同样能够穿透云层。同时，被动微波遥感传感器能够提供高时间分辨率的影像，可以在云雨天气下连续监测大范围的地表水体(Hamilton et al., 2002)。理论上，由于不同地物在微波波段介电特性方面的差异，从而导致卫星微波辐射计在亮温上呈现出显著的差异，在有水覆盖的地方，其亮度温度通常要比周围其他地物低得多(Grimaldi et al., 2016)。基于水体的微波发射率较低这一特征，便可以从亮温分析中，很容易地划定水面分布的范围，这也是利用被动微波遥感进行陆表水体探测的基本原理。

利用被动微波遥感提取水域面积的研究，国际上自 20 世纪 80 年代就开始了相关方面的研究工作。Basist 等(1998)基于地表发射率减少和亮温差异之间的关系，提出了一种流域湿度指数(Basin Wetness Index, BWI)法应用于了水体的提取中；Sippel 等(1998)和 Hamilton 等(2002)利用 SMMR 微波辐射计的 37GHz 通道计算的极化差值指数 PDI(Polarization Difference Index)，分别对巴西亚马孙河湿地及南美洲区域的淹没面积变化进行了有效监测；此外，Temimi 等(2005)基于 SSM/I 被动微波图像，利用 WSF(Water Surface Fraction)方法成功获取了加拿大麦肯齐河流域的淹没范围。然而，由于被动微波传感器具有较大的观测角度，遥感影像的空间分辨率往往较低(25km 左右)，更多地只能应用于较大区域范围的水体监测中(Bates et al., 2013)。此外，由于影像的空间分辨率较粗，尤其是对于有植被覆盖的地方，如何定量估算亚像元上水面的淹没范围也是一个难题(Prigent et al., 2001; Papa et al., 2006)。

4. 多传感器联合遥感方法

总体而言，随着遥感技术的发展，具有不同的时空分辨率的遥感数据相继涌现，给陆地水体面积的遥感监测带来了越来越多的数据源。但是，由于成像原理的不同和技术条件的限制，任何单一传感器的探测性能都存在着自身的优势和不足。高分辨率光学影像虽然能够实现陆地水体的精确提取(Smith, 1997)，但是由于较窄的扫描范围、较长时间的重访周期以及受到云雨等条件的影响，无法实现陆地水体的常规动态监测(Alsdorf and Lettenmaier, 2003)。MODIS 和 AVHRR 等多光谱影像具有较高的时间分辨率，能够广泛地应用于中等尺度的水面常规监测中(Brakenridge and Anderson, 2006)，但是空间分辨率相对较低，对于小面积的水体其提取的总体误差达 6%～13%(Bryant and Rainey, 2002)。此外，主动微波遥感影像虽然能够穿透云雨，但是很容易受到水面上风及挺水植被等粗糙地表特征的影响。被动式微波的空间分辨率往往较低，与实际需求之间存在较大的差距。

为了有效克服不同卫星传感器数据的缺陷，综合应用光学传感器和主/被动微波传感器的多波段、多时相数据，发展适用于陆地水体提取的多传感器联合方法，成为对地观测技术发展的前沿方向之一。多传感器联合是一种较好的综合利用多源遥感数据的技术，可以充分利用不同卫星传感器的优势，从而达到高效提取陆地水体的目的。近年来，该方法得到了国内外越来越多的科研人员的认可。例如，Townsend 和 Walsh(1998)联合使用 SAR、Landsat TM 以及 DEM 数据，获取了北卡罗来纳州罗诺克河流域的潜在淹没范围；Töyrä 等(2002)对联合使用 RADARSAT 雷达影像及 SPOT 光学影像，用于洪水淹没范围提取的有效性进行了评估；Prigent 等(2001, 2007)综合主/被动微波数据以及可见光/近红外影像，成功开发了全球范围内湿地淹没范围的数据集；同样的，Adhikari 等(2010)也基于 250m 分辨率的 MODIS 光学影像，结合其他遥感传感器数据，实现了 1998～2008 年间近实时的全球水体遥感制图。

20.2.3　水位提取方法

卫星遥感技术发展至今，遥感数据源经历了从光学遥感向微波遥感的逐步转变，在这一进程中，也形成了许多水位遥感提取的方法，大体上可以分为三大类：水位/面积关系曲线法、DEM-水边线叠合法以及卫星测高法。下面分别予以介绍。

1. 水位/面积关系曲线法

水位/面积关系曲线法是一种较简单的方法，即利用多时相遥感影像，获取不同时期的水域面积，结合水文站点观测资料，建立水位和面积的拟合曲线，进而根据所建立的关系曲线来间接估算水位(Smith, 1997)。由于利用遥感影像可以较容易且精确地直接获取到水体的面积信息，因此该方法的应用较为普遍。Al-Khudhairy 等(2001)利用北肯特沼泽地区域的多时相 Landsat TM 影像及同时期的水位观测数据，通过拟合的水位/面积拟合关系，建立了该地区的水位历史数据集；Pan 和 Nichols(2013)通过遥感影像提取的水面面积而建立的淹没面积和水位关系曲线，成功获取了佛蒙特州尚普兰湖区域 16 个湖泊的水位数据。然而，由于该方法首先需要建立面积/水位的关系曲线，对于一些区域而言，我们通常没有或没有足够多的观测数据来建立该关系曲线，这也就成了该方法受制的主要问题之一(Smith, 1997)。另外，所建立的面积/水位统计关系是一种经验性的关系，通常不具备普适性，不同区域的水体需要建立不同的关系模型(Wu and Liu, 2015)。

2. DEM-水边线叠合法

陆表水体的水位信息还可以通过 DEM-水边线叠合的方法来获取，即利用遥感获取的水陆分界线，叠合高精度湖盆 DEM 数据，进而获得水位分布的一种方法(Smith, 1997; Matgen et al., 2007; Schumann et al. 2008)。该方法的主要原理如图 20.5 所示，首先借助于较高分辨率的卫星影像获取精确的水陆分界线或水域分布；然后将水域分布影像与DEM 地形数据进行叠加，获取水陆交接处的高程值，作为该位置的水位值；最后将水边线上的水位值通过空间插值的方法，获得水体区域的水位分布。

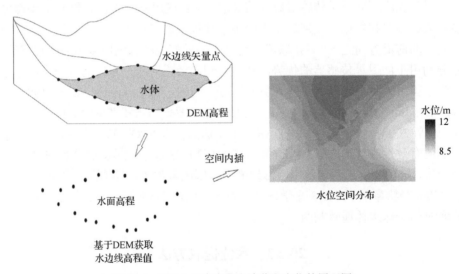

图 20.5　DEM-水边线叠合法获取水位的原理图

随着对地观测技术的逐步发展，国内外一些研究者开始尝试将这一方法应用于湖泊、水库及湿地的水位获取中。早期学者利用 Landsat 数据及地形图获得水陆交界处的水位信息，同时将其与实测数据进行比较，得到了较好的结果(Smith et al., 1997)；Raclot(2006)基于航空影像获取的水面分布，结合湖盆地形数据，提取了泛滥平原区域的水位信息，取得了较好的精度(平均±15cm)；Matgen 等(2007)利用 SAR 提取的淹没范围结合高精度地形数据，开展了水位分布的制图研究，其均方根误差为41cm；最近，Wu 和 Liu(2015)

使用多时相 MODIS 影像结合湖盆 DEM 数据,对该方法应用于大型复杂湖泊(鄱阳湖)水位遥感制图的有效性进行了评估。然而,该方法的限制性因素也比较明显,在地形较为复杂或植被覆盖较多的地区容易引起较大误差,其水位提取结果的好坏,在很大程度上依赖于 DEM 地形数据的精度(Zwenzner and Voigt,2009)。

3. 卫星测高法

利用卫星雷达或激光高度计可以实现开放水体水位信息的直接观测。近年来,随着众多卫星计划的顺利实施,卫星测高技术逐渐显示出了在陆地水体水位监测中巨大潜力(Frappart et al., 2006)。卫星测高的基本原理是:利用雷达或激光向星下点发射脉冲、经水面回波反射(反射信号的形状称为波形)后的往返时间,计算卫星平台至目标水面的垂直距离(Range),最终获取相对于某个参考椭球面的点位高程(图 20.6)。

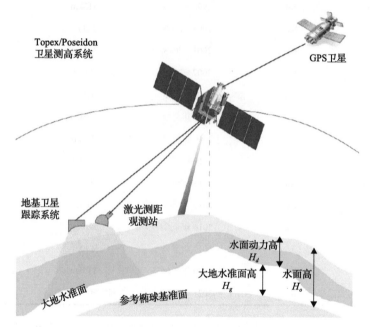

图 20.6 卫星高度计工作原理图

一方面,利用卫星跟踪系统和 GPS 导航卫星,可以实时计算出测高卫星距参考基准面的高度;另一方面,利用星载高度计,可以实时计算卫星到星下点水面之间的瞬时高度,这两个高度之间的差值即为获取的水面高度。其相应的关系式如下:

$$H=\text{Alt}-R-T_E \tag{20.6}$$

其中,Alt 表示卫星距参考椭球基准面的高度;R 表示测量卫星至目标水面的瞬时高度;T_E 表示各种仪器和地球物理改正,包括大气折射、潮汐效应等(Birkett, 1995; Fu and Cazenave, 2011)。

自从 20 世纪 90 年代开始,已有众多测高卫星相继发射。目前,可用于陆地水体水位监测的卫星高度计有多种,其中应用较为普遍的高度计包括:Topex/Poseidon(T/P)

(1992～2002)，ERS-1(1992～2005)，ERS-2(1995～2003)，ENVISAT(2002～2012)，Jason-1(2002～2008)，Jason-2(2008 年至今)，Cryosat-2(2010 年至今)，SARAL(2013年至今)和 Sentinel-3(2015 年至今)。不同的卫星高度计由于传感器特性和飞行轨道的不同，通常具有不同的地面轨迹采样密度(空间分辨率)及重访周期(时间分辨率)。譬如，T/P 测高卫星的重访周期为 10 天左右，地面轨迹间隔为 350km，而 Cryosat-2 测高卫星的重访周期为 369 天(子周期 28 天)，但是地面轨迹的采样密度较高，达到 7.5km。表 20.2总结了陆地水体水位监测中主要的卫星高度计类型及特性。

表 20.2　陆地水体水位监测主要的卫星高度计类型及特性

高度计传感器	频率	在轨时间	空间分辨率	时间分辨率
ERS-1	Ku	1991～1995	80km	35 天
TOPEX/Poseidon	Ku	1992～2005	315km	10 天
ERS-2	Ku	1995～2003	80km	35 天
Jason-1	Ku	2001～2013	315km	10 天
ENVASAT	Ku	2002～2012	70km	35 天
ICESat-1	Laser	2003～2010	170m	91 天
Jason-2	Ku	2008 年至今	315km	10 天
Cryosat-2	Ku	2010 年至今	7.5km	369 天(子周期 28 天)
HY-2A	Ku	2011 年至今	315km	14 天
SARAL/AltiKa	Ka	2013 年至今	80km	35 天
Sentinel-3	Ku	2016 年至今	104km	27 天
Jason-3	Ku	2016 年至今	315km	10 天
ICESat-2	Laser	2017 年至今	170m	91 天
Jason-CS	Ku	2020 年发射	315km	10 天
SWOT	Ka	2021 年发射	刈幅宽度 120km	15～25 天

近年来，卫星测高数据已经被广泛地应用到了河流(如 Tourian et al., 2016; Biancamaria et al., 2017; Pham et al., 2018; Huang et al., 2018)、湖泊(如 Cretaux and Birkett, 2006; Cretaux et al., 2015; Song et al., 2015; Jiang et al., 2017)、水库(如 Birkett and Beckley, 2010; Troitskaya et al., 2012; Duan and Bastiaanssen, 2013; Avisse et al., 2017)及湿地(如 Dettmering et al., 2016; Yuan et al., 2017; Ovando et al., 2018)等不同类型地表水体的水位监测中。由于这些卫星测高数据可以在全球范围内免费获取，现已成为偏远地区大多数水体水位信息提取的重要数据源，在未来陆表水资源研究过程中也必将显示出巨大的优势和潜力(Cretaux and Birkett, 2006)。图 20.7 显示了利用 T/P 高度计监测位于玛瑙斯(Manaus)附近亚马孙河的相对水位变化结果(Birkett et al., 2002)。可以看出，T/P 高度计观测结果(三角形)与地面实测数据(实线)非常吻合。

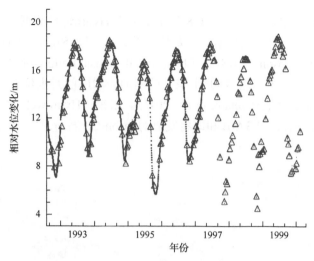

图 20.7　玛瑙斯附近的亚马孙河相对水位变化(Birkett et al., 2002)

值得一提的是，目前卫星高度计在内陆水体高度测量的应用方面，尚不及海洋上应用得那么成功，尤其是在监测小型内陆水体的水位时，还存在着一定的局限性(Cretaux et al., 2015)。主要原因在于两点：首先，由于内陆水体地形的复杂性，以及湿地植被、河道、堤坝等因素的干扰，卫星高度计接收到的波形信号通常会被"污染"，从而导致测高精度显著降低。为解决这一问题，如何有效处理及分析内陆水体的测高波形，仍然存在着很大的挑战(Liu et al., 2016)。其次，单一高度计的地面轨迹点间隔较大(数十千米)，重访周期较长(10～35 天)，在数据获取的时空分辨率上均存在明显的不足(Cretaux et al., 2015; Biancamaria et al., 2017)。为解决这一问题，一方面将寄希望于未来几年里 Jason-CS 以及 SWOT(Surface Water Ocean Topography)等新型卫星高度计的发射，这些高度计将能够提供更高时空分辨率的水体观测数据(对于 100m 宽的河流，测高精度有望达到 10cm)(Sulistioadi, 2013)。另一方面，通过将传感器卫星测高数据进行联合处理，能够充分利用各种高度计的优势，也将可以有效提高陆地水体水位提取的时空分辨率(Calmant et al., 2008)。

基于多种测高卫星联合监测湖泊/水库的水位，已开展了越来越多的研究(Frappart et al., 2006; Birkett et al., 2011; Schwatke et al., 2015)。通过联合多种测高卫星数据及其他数据资料，全球范围内一些科研部门也相继开发出了不同的全球陆表水体水位数据库。目前，主要有三种全球湖泊\河流水位数据库可以公开获取，它们分别是美国农业部(USDA)开发的 Global Reservoir and Lake Monitoring(GRLM)数据库、欧洲空间局开发(ESA)的 River Lake Hydrology(RLH)数据库，以及法国国家空间研究中心(CNES)开发的 Hydroweb 数据库。相关数据库的其他情况见表 20.3。

表 20.3　联合多种卫星测高数据生产的主要全球湖库水位数据库

数据库	测高卫星数据源	起止时间	数据库链接
GRLM	T/P, Jason-1/2, ENVISAT	1992 年至今	http://www.pecad.fas.usda.gov/cropexplorer/global_reservoir/
RLH	ENVISAT, Jason-2	2002 年至今	http://tethys.eaprs.cse.dmu.ac.uk/RiverLake/shared/main
Hydroweb	T/P, Jason-1/2, ERS-2, GFO, ENVISAT	1992 年至今	http://www.legos.obs-mip.fr/soa/hydrologie/hydroweb/

以 Hydroweb 数据库为例，图 20.8 显示了基于 Hydroweb 数据库获取全球湖泊、水库等水位信息的主要流程。该数据库主要是基于 ESA、NASA 及 CNES 等数据中心提供的 TOPEX/Poseidon、Jason、ERS-2、ENVISAT 和 Geosat Follow-on(GFO)卫星测高数据联合处理而成。目前，全球近 150 个左右的湖泊、水库的月水位变化数据均可以通过 Hydroweb 数据库免费获取(Cretaux et al., 2011)。未来，Hydroweb 数据库将计划整合已经发射的 Jason-3 及 Sentinel-3A/B 和即将发射的 Jason-CS 测高卫星，并最终服务于 SWOT 卫星的发射和实施。

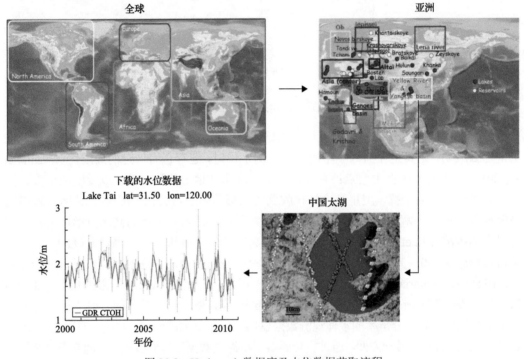

图 20.8　Hydroweb 数据库及水位数据获取流程

20.2.4　水域面积-水位法在蓄水量研究中的应用

基于多源卫星获取的水面面积，结合同时期卫星测高或站点观测得到的水位信息，便可以很容易地计算出地表蓄水量的变化。目前，基于水域面积-水位的方法已经在全球范围内许多湖泊、水库及湿地的蓄水量监测中得到了广泛应用(Gao et al., 2012; Song et al., 2013; Zhang et al., 2014; Cretaux et al., 2016)。譬如，Smith 和 Pavelsky(2009)运用单波段阈值法获取水域面积及观测水位与最低水位差，估算了加拿大亚大巴斯卡河三角洲附近 9 个湖泊的相对蓄水量变化；Duan 和 Bastiaanssen(2013)基于四种卫星测高数据，结合多时相的 Landat TM/ETM+遥感影像，分别对美国、埃塞俄比亚和荷兰三个不同区域的湖泊、水库的蓄水量变化进行了有效监测。除了湖泊和水库以外，在一些大型江河流域，如湄公河(Mekong River)流域、内格罗河(Negro River)流域等，也相继开展了相关的研究工作(Frappart et al., 2005; 2006; 2008)。内格罗河流域是对亚马孙河径流量贡献最大的支流，图 20.9 显示了该流域蓄水量的月变化(实线)。这个结果是根据 1993~2000 年 T/P 雷达高度计获取的水位和多源遥感影像获取的水域面积而估算得到的。与基于 GRACE 得到的 2003~2005 年间月平均蓄水量变化数据(虚线)进行比较发现，两者在变化趋势上基本一致。

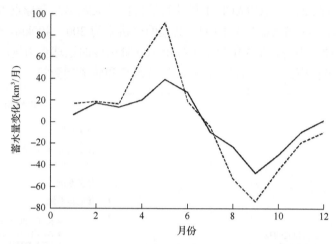

图 20.9　基于 T/P 高度计及多源遥感影像估算的内格罗河流域 1993~2000 年月平均蓄水量变化(实线)和基于 GRACE 卫星 2003~2005 年的月平均蓄水量变化(虚线)

地表蓄水量会随着水域面积和水位而发生变化。仅仅基于水域面积或水位的方法，可能会造成蓄水量的低估或高估。例如，基于遥感影像获取水域面积的方法，在水域面积变化不大而蓄水量变化大的情况下，可能大大低估蓄水量变化(Alsdorf, 2003)。因此，为了更加准确地估算蓄水量变化，需要同时获取水域面积和水位两个水文参数。最新研究表明，干涉合成孔径雷达(InSAR)提供一种基于图像直接测量 $\delta h/\delta t$ (Alsdorf et al., 2000; Smith, 2002)的技术，精度可达厘米级。InSAR 技术利用了两个雷达影像的回波值(Smith, 2002)。除非受到植被的遮掩，由于水体具有高反射率特性，微波的返回信号会被雷达接收。即使微小的水位变化，也可得以探测。进一步结合由雷达影像获取的水域面积，便可实现蓄水量变化的同步监测。

20.3　GRACE 重力卫星法

除了水量平衡法和陆地水体参数法之外，还可以利用 GRACE 卫星提供的数据来估算地表蓄水量(Schmidt et al., 2008)。这里的陆地蓄水量是指包括陆表水体和地下水在内的广义蓄水量。这是估算地表蓄水量的一个新的途径。下面简要地介绍 GRACE 卫星、基于 GRACE 估算蓄水量的原理、GRACE 数据及其应用。

20.3.1　GRACE 卫星简介

GRACE 空间计划由美国宇航局(NASA)及德国 Deutsche ForschungsanstaltfürLuft

und Raumfahrt(DLR)共同实施。GRACE 卫星于 2002 年 3 月 17 日在俄罗斯的普列谢茨克发射升空，为近地极轨卫星，可以提供月尺度的地球重力场变化(Tapley and Reigber, 2002)。其工作原理是利用 GRACE 双星的星载 K 波段测距系统和相互跟踪技术，对两颗相距约 220km 的低轨近极圆轨道卫星之间的距离变化进行不间断测量，从而获得陆地精确的时变重力场(图 20.10)。GRACE 卫星的科学目标是大幅提高全球重力场的测定精度，设计寿命为 5 年，运行至 2017 年 10 月。其地面分辨率为 300～400km，在月尺度上提供150 阶精度的地球重力场，在 5 年尺度上提供 160 阶精度的地球重力场。图 20.10 描述了 GRACE 卫星的飞行模式，包括科学目标、任务系统和轨道参数等。

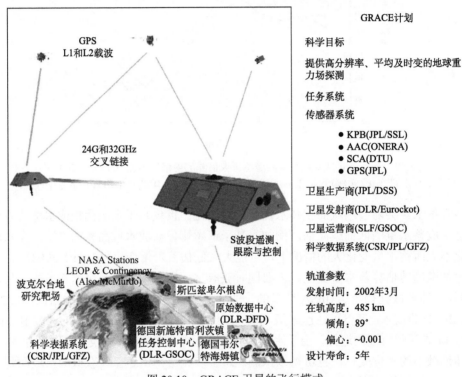

图 20.10　GRACE 卫星的飞行模式

20.3.2　基于 GRACE 卫星的蓄水量估算原理

地球系统大范围的质量迁移，能够引起地球重力场的变化。在季节性或年际较短时间尺度上，地球重力场的时空变化主要来源于地球表层大气、海洋、冰冻圈和水圈各系统间的水体质量再分配。利用 GRACE 卫星数据我们可以估算出地表垂直方向上水储量变化的总量(Total Water Storage, TWS)，对于陆地水体而言，主要包括江河湖库、地表水库、土壤水、地下水以及冰雪等(Longuevergne et al., 2010)，具体而言可以通过以下方程来描述 (Moore and Williams, 2014)：

$$\Delta TWS = \Delta SWE + \Delta SME + \Delta SWS + \Delta CWE + \Delta GWS \tag{20.7}$$

其中，ΔTWS 表示总水储量的变化；ΔSWE 表示冰、雪水当量变化；ΔSME 表示土壤含水量变化；ΔSWS 表示地表水储量的变化；ΔCWE 植被冠层含水量的变化；ΔGWS 表示地下水储量的变化。因此，如果我们能够将式(20.7)中 ΔSWS 以外的组分忽略或者通过水文模型和其他遥感数据进行有效估算，地表水储量的变化便可以得到。

对于 GRACE 卫星数据而言，它可以提供一组月球谐系数集，通过这些系数可求得任意空间域里的地球表面质量异常，获得月尺度上精确的地球重力场变化，从而感知数百公里空间尺度上总水储量的变化(ΔTWS)(Wahr et al., 1998)：

$$\Delta\sigma(\theta,\lambda) = \frac{a\rho_a}{3}\sum_{n=0}^{\infty}\sum_{m=0}^{n}\frac{2n+1}{1+k_n'}\times[\Delta\bar{C}_{nm}\cos(m\lambda)+\Delta\bar{S}_{nm}\sin(m\lambda)]\bar{P}_{nm}(\cos\theta) \qquad (20.8)$$

式中，$\Delta\sigma(\theta,\lambda)$ 表示地表的面密度变化；θ 和 λ 代表经度和余纬；ρ_a=5517kg/m³，为地球的平均密度；n 和 m 表示大地水准面的 n 阶 m 次球谐系数，$\bar{P}_{nm}(\cos\theta)$ 为归一化勒让德多项式。水体质量变化可用等效水深来表示(ρ_w/ρ_a，其中，ρ_a=1000kg/m³)。相关变量的具体展开式，参见 Wahr 等文献(1998)。

20.3.3　GRACE 数据集及其在蓄水量研究中的应用

GRACE 自 2002 年发射后，持续十多年来给陆地水循环相关领域提供了地球表层质量的时空分布数据。这些时变地球重力场数据经过科学数据系统(SDS)收集整理和分发。目前，主要有 UTCSR(University of Texas Center for Space Research)、GFZ(Geo Forschungs Zentrum Potsdam)和 JPL(Jet Propulsion Laboratory)等三个数据中心负责发布地球重力场球谐系数的月平均数据集(Schmidt et al., 2008)。GRACE 卫星数据可分为三级。一级数据表示卫星收集的原始数据，并进行了校正。二级数据为以球谐系数表示的月平均地球重力场。所有 2002 年 4 月份以来的二级数据和相应的 1B 数据，均可通过http://podaac.jpl.nasa.gov/gravity/grace 或 http://isdc.gfz-potsdam.de/grace 网站免费获取。Level 2 数据产品的时间间隔为 30 天左右，可以理解为时变分辨率为一个月左右的时变地球重力场信息。三级数据为重力场异常数据，主要分布在三个研究机构，包括 GRACE Tellus(http://grace.jpl.nasa.gov/)、美国科罗拉多大学博尔德分校(http://geoid.colorado.edu/grace/grace.php)和德国地球模式国际中心(ICGEM)(http://icgem.gfz-potsdam.de/ICGEM/ICGEM.html)。图 20.11 给出了 GRACE 计划的数据流。

自 GRACE 卫星发射升空后，GRACE 卫星数据已经在全球不同地区、多种尺度上水储量的变化研究方面得到了广泛的应用(Wahr et al., 2004; Han et al., 2005; Chambers, 2006; Schmidt et al., 2008; Ramillien et al., 2008)。Frappart et al.(2008)联合利用 GRACE 卫星数据、T/P 测高数据以及多源遥感水体淹没数据集，定量研究了内格罗河流域水储量的时空变化特征；Alsdorf 等(2010)基于 GRACE 卫星数据和其他遥感影像资料，对亚马孙河湿地区域水量的季节性变化过程进行了系统研究；Singh 等(2012)运用 GRACE 卫星数据，结合卫星测高观测和光学遥感影像，研究了咸海地区水储量的年际变化特征；

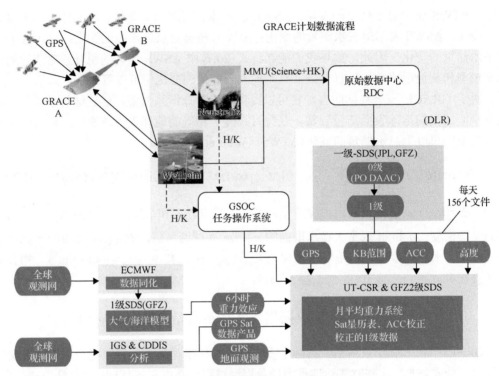

图 20.11　GRACE 卫星计划的数据流

Panda 和 Wahr(2016)根据 GRACE 卫星提供的 129 个月重力场数据，探讨了印度恒河流域水储量的时空演变过程和特征。众多研究结果表明，结合水位、降水和其他陆地水文数据分析，GRACE 数据可以十分有效地估算大型江河流域的蓄水量。另一方面，由于GRACE 重力卫星提供的是月尺度重力场数据，并且卫星时变重力场的空间分辨率较低，只能确定不小于 $200000km^2$ 区域上的水储量变化，其探测信号对于小区域或流域并不敏感(Singh et al., 2012)。同时，基于 GRACE 卫星的估算结果也可用来检验其他的蓄水量估算方法和计算模型。图 20.12 比较了基于 GRACE 卫星的估算结果和基于水文模型的模拟结果(Wahr et al., 2004)，发现两者存在着较好的一致性。

　　在全球尺度上，Schmidt 等(2008)利用 GRACE 数据计算了全球陆地水储量的变化量，分析了由地球表面水质量重新分布引起的表面质量时空变化异常；Andersen 和 Hinderer (2005)基于 GRACE 卫星 15 个月重力场模型研究了全球重力的年际变化，发现对于空间尺度为 1300km 或者更大的区域，GRACE 卫星可以监测到地下水约 0.9mm 的等效水高变化。最近，Long 等(2017)利用 GRACE 月尺度变化的地球重力场数据结合全球水文模型，研究了全球水储量的时空变化特征。图 20.13 显示了利用 GRACE RL05 数据反演计算的 2011 年 5 月份全球陆地水量变化的空间分布状况(其中红色表示水量盈余，蓝色表示水量亏失)。

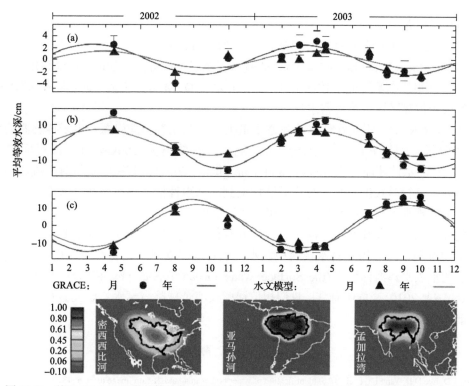

图 20.12 基于 GRACE 卫星估算的蓄水量(黑色圆点)和基于水文模型估算的蓄水量(黑色三角)

研究区域分别位于(a)密西西比河流域(b)亚马孙流域(c)汇入孟加拉湾的某个流域；

蓝色和红色曲线分别表示 GRACE 和水文模型的拟合结果

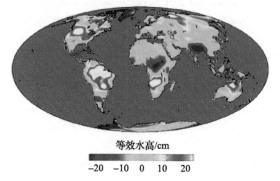

图 20.13 基于 GRACE RL05 产品生成的 2011 年 5 月全球陆地水量变化分布

20.4 小 结

卫星遥感反演地表蓄水量的方法研究目前还不成熟，但表现出良好的发展势头，涌现出多种多样的反演方法。从目前情况来看，基于 GRACE 的蓄水量反演精度已达 2cm 等效水深，水域面积-水位法的陆地水体测高精度(50cm)尚有待提高；而在水量平衡法中，陆地降水和蒸散的反演精度存在很大的不确定性。在精确估算蓄水量方面上，仍然面临着诸多科学问题的挑战。

首先，水下 DEM 数据目前尚难获得。通过国际通力合作，航天飞机雷达地形测量 (the Shuttle Radar Topography Mission, SRTM)提供了空间分辨率 30m 的全球 DEM 数据。由于 SRTM 很难探测陆面水体水下地形，因此水下 DEM 多为空值。缺乏可靠的 DEM 数据，就很难估算区域的绝对蓄水量。

其次，GRACE 卫星在估算地表蓄水量上，也存在着一些问题。由于传感器的空间分辨率较低，所以其应用主要限于大的流域。在轨道为 500km 时，仅对面积大于 $200000km^2$ 的水体才能识别(Rodell and Famiglietti, 2001)，其探测信号对小流域并不敏感。另外，进行月尺度监测，往往无法探测到洪水事件信息。在某些洪水事件中，大的江河湖泊的蓄水量可能在数日之内便可发生巨大的变化。

此外，水域面积和水位的同步反演研究有待加强。目前的高度计主要量测高程。而蓄水量的准确估算，需要对水域面积及水位进行同步观测，这将有望寄托于计划 2021 年发射的地表水体海洋地形(the Surface Water Ocean Topography, SWOT)宽刈幅微波测高计(NASA, 2010)。总体而言，我们相信遥感反演全球陆表蓄水量研究会有更为广阔的发展前景。

参 考 文 献

Acharya T D, Lee D H, Yang I T, et al. 2016. Identification of water bodies in a landsat 8 oli image using a j48 decision tree. Sensors, 16(7): 1075

Adhikari P, Hong Y, Douglas K R, et al. 2010. A digitized global flood inventory(1998–2008): compilation and preliminary results. Natural Hazards, 55(2): 405-422

AI-Khudhairy D H A, Leemhuis C, Hoffmann V, et al. 2001. Monitoring wetland ditch water levels in the North Kent Marshes, UK, using Landsat TM imagery and ground-based measurements. Hydrological Sciences Journal, 46(4): 585-597

Alsdorf D, Han S C, Bates P, et al. 2010. Seasonal water storage on the Amazon floodplain measured from satellites. Remote Sensing of Environment, 114(11): 2448-2456

Alsdorf D E, Melack J M, Dunne T, et al. 2000. Interferometric radar measurements of water level changes on the Amazon flood plain. Nature, 404(6774): 174

Alsdorf D E, Lettenmaier D P. 2003. Tracking fresh water from space. Science, 301(5639): 1491-1494

Andersen O B, Hinderer J. 2005. Global inter-annual gravity changes from GRACE: Early results. Geophysical Research Letters, 32(1): L01402

Avisse N, Tilmant A, Müller M F, et al. 2017. Monitoring small reservoirs' storage with satellite remote sensing in inaccessible areas. Hydrology and Earth System Sciences, 21(12): 6445

Basist A, Grody N C, Peterson T C, et al. 1998. Using the Special Sensor Microwave/Imager to monitor land surface temperatures, wetness, and snow cover. Journal of Applied Meteorology, 37(9): 888-911

Bates P D, Neal J C, Alsdorf D, et al. 2013. Observing global surface water flood dynamics. In: The Earth's Hydrological Cycle. Dordrecht: Springer

Berhane T M, Lane C R, Wu Q, et al. 2018. Decision-tree, rule-based, and random forest classification of high-resolution multispectral imagery for wetland mapping and inventory. Remote Sensing, 10(4): 580

Birkett C M. 2000. Synergistic remote sensing of Lake Chad: Variability of basin inundation. Remote Sensing of Environment, 72(2): 218-236

Birkett C M, Beckley B. 2010. Investigating the performance of the Jason-2/OSTM radar altimeter over lakes and reservoirs. Marine Geodesy, 33 (S1) : 204-238

Birkett C M, Mertes L A K, DunneT, et al. 2002. Surface water dynamics in the Amazon Basin: Application of satellite radar altimetry. Journal of Geophysical Research: Atmospheres, 107 (D20) : 8059

Brakenridge R, Anderson E. 2006. MODIS-based flood detection, mapping and measurement: the potential for operational hydrological applications. In Transboundary floods: reducing risks through flood management. Springer, Dordrecht

Bryant R G, Rainey M P. 2002. Investigation of flood inundation on playas within the Zone of Chotts, using a time-series of AVHRR. Remote Sensing of Environment, 82 (2-3) : 360-375

Biancamaria S, Frappart F, Leleu A S, et al. 2017. Satellite radar altimetry water elevations performance over a 200m wide river: Evaluation over the Garonne River. Advances in Space Research, 59 (1) : 128-146

Calmant S, Seyler F, Cretaux J F. 2008. Monitoring continental surface waters by satellite altimetry. Surveys in Geophysics, 29 (4-5) : 247-269

Crétaux J F, Abarca-del-Río R, Berge-Nguyen M, et al. 2016. Lake volume monitoring from space. Surveys in Geophysics, 37 (2) : 269-305

Crétaux J F, Biancamaria S, Arsen A, et al. 2015. Global surveys of reservoirs and lakes from satellites and regional application to the Syrdarya river basin. Environmental Research Letters, 10 (1) : 015002

Crétaux J F, Birkett C. 2006. Lake studies from satellite radar altimetry. ComptesRendus Geoscience, 338 (14-15) : 1098-1112

Crétaux J F, Jelinski W, Calmant S, et al. 2011. SOLS: A lake database to monitor in the Near Real Time water level and storage variations from remote sensing data. Advances in Space Research, 47 (9) : 1497-1507

Davranche A, Lefebvre G, Poulin B. 2010. Wetland monitoring using classification trees and SPOT-5 seasonal time series. Remote Sensing of Environment, 114 (3) : 552-562

De Groeve T. 2010. Flood monitoring and mapping using passive microwave remote sensing in Namibia. Geomatics, Natural Hazards and Risk, 1 (1) : 19-35

Dettmering D, Schwatke C, Boergens E, et al. 2016. Potential of ENVISAT radar altimetry for water level monitoring in the Pantanal wetland. Remote Sensing, 8 (7) : 596

Duan Z, Bastiaanssen W G M. 2013. Estimating water volume variations in lakes and reservoirs from four operational satellite altimetry databases and satellite imagery data. Remote Sensing of Environment, 134: 403-416

Eilander D, Annor F O, Iannini L, et al. 2014. Remotely sensed monitoring of small reservoir dynamics: A Bayesian approach. Remote Sensing, 6 (2) : 1191-1210

Frappart F, Calmant S, Cauhopé M, et al. 2006. Preliminary results of ENVISAT RA-2-derived water levels validation over the Amazon basin. Remote Sensing of Environment, 100 (2) : 252-264

Frappart F, Papa F, Famiglietti J S, et al. 2008. Interannual variations of river water storage from a multiple satellite approach: A case study for the Rio Negro River basin. Journal of Geophysical Research: Atmospheres, 113 (D21) : D009438

Frappart F, Seyler F, Martinez J M, et al. 2005. Floodplain water storage in the Negro River basin estimated from microwave remote sensing of inundation area and water levels. Remote Sensing of Environment, 99 (4) : 387-399

Furnans J, Austin B. 2008. Hydrographic survey methods for determining reservoir volume. Environmental Modelling and Software, 23 (2) : 139-146

Gao H. 2015. Satellite remote sensing of large lakes and reservoirs: From elevation and area to storage. Wiley Interdisciplinary Reviews: Water, 2 (2) : 147-157

Giustarini L, Hostache R, Kavetski D, et al. 2016. Probabilistic flood mapping using synthetic aperture radar data. IEEE Transactions on Geoscience and Remote Sensing, 54 (12) : 6958-6969

Grimaldi S, Li Y, Pauwels V R, et al. 2016. Remote sensing-derived water extent and level to constrain hydraulic flood forecasting models: opportunities and challenges. Surveys in Geophysics, 37 (5) : 977-1034

Hallberg G R, Hoyer B N E, Rango A. 1973. Application of ERTS-1 imagery to flood inundation mapping. NASA Special Publication, 327(1): 745-753

Hamilton S K, Sippel S J, Melack J M. 2002. Comparison of inundation patterns among major South American floodplains. Journal of Geophysical Research: Atmospheres, 107(D20): 8038

Huang C, Chen Y, Zhang S, et al. 2018. Detecting, extracting, and monitoring surface water from space using optical sensors: A review. Reviews of Geophysics, 56: 333-360

Huang Q, Long D, Du M, et al. 2018. An improved approach to monitoring Brahmaputra River water levels using retracked altimetry data. Remote Sensing of Environment, 211: 112-128

Hui F, Xu B, Huang H, et al. 2008. Modelling spatial-temporal change of Poyang Lake using multitemporal Landsat imagery. International Journal of Remote Sensing, 29(20): 5767-5784

Jain S K, Singh R D, Jain M K, et al. 2005. Delineation of flood-prone areas using remote sensing techniques. Water Resources Management, 19(4): 333-347

Ji L, Zhang L, Wylie B. 2009. Analysis of dynamic thresholds for the normalized difference water index. Photogrammetric Engineering and Remote Sensing, 75(11): 1307-1317

Jiang L, Nielsen K, Andersen O B, et al. 2017. Monitoring recent lake level variations on the Tibetan Plateau using CryoSat-2 SARIn mode data. Journal of Hydrology, 544: 109-124

Jiang W, He G, Long T, et al 2018. Multilayer perceptron neural network for surface water extraction in Landsat 8 OLI satellite images. Remote Sensing, 10(5): 755

Jin H, Huang C, Lang M W, et al. 2017.Monitoring of wetland inundation dynamics in the Delmarva Peninsula using Landsat time-series imagery from 1985 to 2011. Remote Sensing of Environment, 190: 26-41

Kubota T, Ushio T, Shige S, et al. 2009. Verification of high-resolution satellite-based rainfall estimates around Japan using a gauge-calibrated ground-radar dataset. Journal of the Meteorological Society of Japan. Ser. II, 87: 203-222

Liu K T, Tseng K H, Shum C K, et al. 2016 Assessment of the impact of reservoirs in the upper Mekong River using satellite radar altimetry and remote sensing imageries. Remote Sensing, 8(5): 367

Long D, Pan Y, Zhou J, et al. 2017. Global analysis of spatiotemporal variability in merged total water storage changes using multiple GRACE products and global hydrological models. Remote Sensing of Environment, 192: 198-216

Lu S, Wu B, Yan N, et al. 2011. Water body mapping method with HJ-1A/B satellite imagery. International Journal of Applied Earth Observation and Geoinformation, 13(3): 428-434

Matgen P, Hostache R, Schumann G, et al. 2011. Towards an automated SAR-based flood monitoring system: Lessons learned from two case studies. Physics and Chemistry of the Earth, Parts A/B/C, 36(7-8): 241-252

Matgen P, Schumann G, Henry J B, et al. 2007. Integration of SAR-derived river inundation areas, high-precision topographic data and a river flow model toward near real-time flood management. International Journal of Applied Earth Observation and Geoinformation, 9(3): 247-263

McFeeters S K. 1996. The use of the Normalized Difference Water Index(NDWI) in the delineation of open water features. International Journal of Remote Sensing, 17(7): 1425-1432

Moore P, Williams S D P. 2014. Integration of altimetric lake levels and GRACE gravimetry over Africa: inferences for terrestrial water storage change 2003–2011. Water Resources Research, 50(12): 9696-9720

Nellis M D, Harrington Jr J A, Wu J. 1998. Remote sensing of temporal and spatial variations in pool size, suspended sediment, turbidity, and Secchi depth in Tuttle Creek Reservoir, Kansas: 1993. Geomorphology, 21(3-4): 281-293

Olthof I. 2017. Mapping seasonal inundation frequency(1985–2016)along the St-John River, New Brunswick, Canada using the Landsat archive. Remote Sensing, 9(2): 143

Ovando A, Martinez J M, Tomasella J, et al. 2018. Multi-temporal flood mapping and satellite altimetry used to evaluate the flood dynamics of the Bolivian Amazon wetlands. International Journal of Applied Earth Observation and Geoinformation, 69: 27-40

Pan F, Nichols J. 2013. Remote sensing of river stage using the cross-sectional inundation area-river stage relationship(IARSR) constructed from digital elevation model data. Hydrological Processes, 27(25): 3596-3606

Panda D K, Wahr J. 2016. Spatiotemporal evolution of water storage changes in India from the updated GRACE-derived gravity records. Water Resources Research, 52(1): 135-149

Pavelsky T M, Smith L C. 2009. Remote sensing of suspended sediment concentration, flow velocity, and lake recharge in the Peace-Athabasca Delta, Canada. Water Resources Research, 45(11): W11417

Pham-Duc B, Prigent C, Aires F. 2017. Surface water monitoring within cambodia and the vietnamese mekong delta over a year, with sentinel-1 SAR observations. Water, 9(6): 366

Pham H T, Marshall L, Johnson F, et al. 2018. Deriving daily water levels from satellite altimetry and land surface temperature for sparsely gauged catchments: A case study for the Mekong River. Remote Sensing of Environment, 212: 31-46

Pradhan B, Tehrany M S, Jebur M N. 2016. A new semiautomated detection mapping of flood extent from TerraSAR-X satellite image using rule-based classification and taguchi optimization techniques. IEEE Transactions on Geoscience and Remote Sensing, 54(7): 4331-4342

Prigent C, Matthews E, Aires F, et al. 2001. Remote sensing of global wetland dynamics with multiple satellite data sets. Geophysical Research Letters, 28(24): 4631-4634

Prigent C, Papa F, Aires F, et al. 2007. Global inundation dynamics inferred from multiple satellite observations, 1993–2000. Journal of Geophysical Research: Atmospheres, 112(D12): D12107

Raclot D. 2006. Remote sensing of water levels on floodplains: a spatial approach guided by hydraulic functioning. International Journal of Remote Sensing, 27(12): 2553-2574

Rokni K, Ahmad A, Selamat A, et al. 2014. Water feature extraction and change detection using multitemporal Landsat imagery. Remote Sensing, 6(5): 4173-4189

Roads J, Chen S C, Kanamitsu M. 2003. US regional climate simulations and seasonal forecasts. Journal of Geophysical Research: Atmospheres, 108(D16): 8606

Rodell M, Famiglietti J S. 2001. An analysis of terrestrial water storage variations in Illinois with implications for the Gravity Recovery and Climate Experiment(GRACE). Water Resources Research, 37(5): 1327-1339

Schmidt R, Flechtner F, Meyer U, et al. 2008. Hydrological signals observed by the GRACE satellites. Surveys in Geophysics, 29(4-5): 319-334

Schumann G, Matgen P, Cutler M E J, et al. 2008. Comparison of remotely sensed water stages from LiDAR, topographic contours and SRTM. ISPRS journal of photogrammetry and Remote Sensing, 63(3): 283-296

Schumann G J P, Moller D K. 2015. Microwave remote sensing of flood inundation. Physics and Chemistry of the Earth, Parts A/B/C, 83: 84-95

Schwatke C, Dettmering D, Bosch W, et al. 2015. DAHITI–an innovative approach for estimating water level time series over inland waters using multi-mission satellite altimetry. Hydrology and Earth System Sciences, 19(10): 4345

Singh A, Seitz F, Schwatke C. 2012. Inter-annual water storage changes in the Aral Sea from multi-mission satellite altimetry, optical remote sensing, and GRACE satellite gravimetry. Remote Sensing of Environment, 123: 187-195

Sippe S J, Hamilton S K, Melack J M, et al. 1998. Passive microwave observations of inundation area and the area/stage relation in the Amazon River floodplain. International Journal of Remote Sensing, 19(16): 3055-3074

Smith L C. 1997. Satellite remote sensing of river inundation area, stage, and discharge: A review. Hydrological Processes, 11(10): 1427-1439

Smith L C. 2002. Emerging applications of interferometric synthetic aperture radar(InSAR)in geomorphology and hydrology. Annals of the Association of American Geographers, 92(3): 385-398

Smith L C, Alsdorf D E. 1998. Control on sediment and organic carbon delivery to the Arctic Ocean revealed with space-borne synthetic aperture radar: Ob'River, Siberia. Geology, 26(5): 395-398

Smith L C, Pavelsky T M. 2009. Remote sensing of volumetric storage changes in lakes. Earth Surface Processes and Landforms, 34 (10): 1353-1358

Song C, Huang B, Ke L. 2015. Heterogeneous change patterns of water level for inland lakes in High Mountain Asia derived from multi‐mission satellite altimetry. Hydrological Processes, 29 (12): 2769-2781

Sulistioadi Y B. 2013. Satellite altimetry and hydrologic modeling of poorly-gauged tropical watershed. Columbus: The Ohio State University

Tapley B D, Bettadpur S, Watkins M, et al. 2004. The gravity recovery and climate experiment: Mission overview and early results. Geophysical Research Letters, 31 (9): L09607

Tapley B, Reigber C. 2002. The GRACE mission, status and future plans. EGS XXVII General Assembly, Nice, 21-26 April 2002

Temimi M, Leconte R, Brissette F, et al. 2005. Flood monitoring over the Mackenzie River Basin using passive microwave data. Remote Sensing of Environment, 98 (2-3): 344-355

Temimi M, Leconte R, Brissette F, et al. 2007. Flood and soil wetness monitoring over the Mackenzie River Basin using AMSR-E 37 GHz brightness temperature. Journal of Hydrology, 333 (2-4): 317-328

Tourian M J, Tarpanelli A, Elmi O, et al. 2016. Spatiotemporal densification of river water level time series by multimission satellite altimetry. Water Resources Research, 52 (2): 1140-1159

Townsend P A, Walsh S J. 1998. Modeling floodplain inundation using an integrated GIS with radar and optical remote sensing. Geomorphology, 21 (3-4): 295-312

Töyrä J, Pietroniro A, Martz L W, et al. 2002. A multi-sensor approach to wetland flood monitoring. Hydrological Processes, 16 (8): 1569-1581

Troitskaya Y, Rybushkina G, Soustova I, et al. 2012. Adaptive retracking of Jason-1 altimetry data for inland waters: the example of the Gorky Reservoir. International Journal of Remote Sensing, 33 (23): 7559-7578

Tulbure M G, Broich M, Stehman S V, et al. 2016. Surface water extent dynamics from three decades of seasonally continuous Landsat time series at subcontinental scale in a semi-arid region. Remote Sensing of Environment, 178: 142-157

Voormansik K, Praks J, Antropov O, et al. 2014. Flood mapping with TerraSAR-X in forested regions in Estonia. IEEE Journal of Selected Topics in Applied Earth Observations and Remote Sensing, 7 (2): 562-577

Wahr J, Molenaar M, Bryan F. 1998. Time variability of the Earth's gravity field: Hydrological and oceanic effects and their possible detection using GRACE. Journal of Geophysical Research: Solid Earth, 103 (B12): 30205-30229

Wahr J, Swenson S, Zlotnicki V, et al. 2004. Time-variable gravity from GRACE: First results. Geophysical Research Letters, 31 (11): L11501

Wang Y. 2004. Seasonal change in the extent of inundation on floodplains detected by JERS-1 Synthetic Aperture Radar data. International Journal of Remote Sensing, 25 (13): 2497-2508

Wu G, Liu Y. 2015. Combining multispectral imagery with in situ topographic data reveals complex water level variation in China's largest freshwater lake. Remote Sensing, 7 (10): 13466-13484

Wu G, Liu Y. 2015. Capturing variations in inundation with satellite remote sensing in a morphologically complex, large lake. Journal of Hydrology, 523: 14-23

Xu H. 2006. Modification of normalised difference water index (NDWI) to enhance open water features in remotely sensed imagery. International Journal of Remote Sensing, 27 (14): 3025-3033

Yuan T, Lee H, Jung H C, et al. 2017. Absolute water storages in the Congo River floodplains from integration of InSAR and satellite radar altimetry. Remote Sensing of Environment, 201: 57-72

Zwenzner H, Voigt S. 2009. Improved estimation of flood parameters by combining space based SAR data with very high resolution digital elevation data. Hydrology and Earth System Sciences Discussions, 13 (5): 567-576

第五编

高级遥感数据产品生产和应用示例

第 21 章　高级陆地产品融合方法[*]

随着遥感学科的发展，同一陆地参数有越来越多的卫星资料产品。这些同一陆地参数的多个遥感产品之间常常不能保证一致性。高级产品融合的目的就是要融合众多同一参数的不同产品，提高产品的质量，对于该参数生产出一致连贯的数据资料。本章在第 21.1 节首先讨论了现今陆地遥感产品中存在的问题，随后简要回顾了用于解决此类问题所使用的一些方法，并介绍一个针对单点单变量情况的简单融合方法。在第 21.2 至 21.4 节重点讨论了三种常用的数据融合方法，分别是：地统计类方法、多尺度方法及基于经验正交函数的方法，第 21.5 节是本章的小结和展望。

21.1　引　　言

数据融合，在遥感学科中并不是一个新术语。数据融合利用每种数据的优势，将多源遥感数据融合成一个同时具有这些优势的新数据集。数据融合的一个典型例子是将低空间分辨率的多光谱图像与单波段的高分辨率全色图像的融合，生成一幅具有高空间分辨率和多光谱信息的图像。其目的是提高多光谱数据的空间分辨率，通常称之为锐化。另一个例子是将高时间分辨率低空间分辨率的数据(如 MODIS 数据)同相对具有高空间分辨率但低观测频率的数据(如陆地资源卫星 ETM+影像)组合使用，以获得被观测目标的高空间和时间分辨率的信息(Gao, 2006)。这两个例子所示的数据融合方法重点在于融合初级辐射或反射率遥感数据。在本章中，我们融合多种数据源生成一个优于其中任一数据源的数据集。然而，这种方法主要用于直接对高级陆地参量产品进行融合，并生成这一参量的优化产品。本章所阐述的与数据融合的目的不同，因此高级陆地产品融合的理论和方法也不同。

随着陆地遥感技术的发展，用户可以使用的陆地遥感参数产品种类也越加丰富。以叶面积指数(LAI)为例，目前已有不同机构所生产的众多全球卫星数据产品(参见 10.5 节)。这些叶面积指数产品来自于不同的卫星传感器，采用不尽相同的算法反演获得，一般来讲各种产品具有不同的时间和空间分辨率。除了此类遥感数据产品，陆地参数同样可以通过诸如区域或全球观测网络及样地测量获得。然而，陆地数据产品存在着若干问题，它们制约了陆地产品的应用和对陆面动态过程的研究。这些问题主要包括以下几点：

首先，由于观测仪器的工作异常，云、气溶胶的存在及其他因素的影响，观测数据中常出现不连续或缺失的现象(Fang, 2007)。例如，MODIS 传感器的叶面积指数产品在冬季高纬度有冰雪覆盖区域，可有高达 80%的数据缺失；在有薄云和厚气溶胶存在的情况下，即使地表参数可以由反演计算得到，这些数据的质量通常较差。

---

[*] 本章作者：汪冬冬. 美国马里兰大学帕克分校地理系

　　其次，由不同卫星数据所生成的相同参数产品存在不同的不确定性。图 21.1 显示了三种常用的卫星叶面积指数产品的差异，其中包括碳循环及陆表变化观测产品卫星(CYCLOPES)叶面积指数，MODIS/Terra 及 MODIS/Aqua 叶面积指数。尽管 MODIS/Terra 和 MODIS/Aqua 叶面积指数使用了搭载不同平台的相同传感器的数据，并由相同的反演算法获得，但两个数据之间依然存在着较大的差异。这种陆地产品不确定性的存在，造成从它们的时间序列数据进行植被物候识别的困难。在数值模型中使用这些数据，会导致模型模拟的误差。

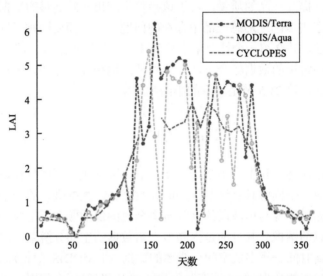

图 21.1　三种 MODIS/Terra，MODIS/Aqua 及 CYCLOPES 叶面积指数产品在
一个森林像元(39.04°N，79.86°W)上 2003 年的时间序列(Wang and Liang, 2011)

　　再次，同一地表参数的不同产品之间会存在诸如时间空间分辨率、地图投影及地表覆盖范围大小不兼容的问题。多数遥感传感器都有地表全覆盖能力，但也存在例外的情况，如光探测与测距(LIDAR)传感器通常只能在地表稀疏点上离散采样，不具备wall-to-wall 的覆盖情况。对于那些具有全覆盖制图能力的传感器，其像幅宽度也存在明显差异，比如 MODIS 的像幅宽度在 2000km 以上，而多角度成像光谱辐射计(MISR)的像幅宽度只有 400km。多种传感器之间几何参数、轨道特征的这些差异增加了多源数据协同及应用的难度。

　　最后，已有的多数据源(例如多种产品数据和已有先验知识等)，可以提供额外的附加信息，使提高陆地产品精度成为可能。例如 LIDAR 传感器数据，在稀疏样点可以提供比多角度传感器更准确的植被信息(垂直廓线)。然而，目前为止多源数据没有被很好地结合起来，仍缺乏成熟的融合多源高级陆地遥感产品的方法。

　　总之，现行陆地产品的精度尚不能满足气候研究及其他应用的要求。一般情况下有两种方法可以用来解决此类问题(Wang and Liang, 2011)。方法之一是结合使用先验信息或背景场知识来继续发展改进遥感反演算法(Liang, 2007)，另一种方法是通过使用多种后处理方法对现有数据产品的质量加以改善。数据同化，即使用基于物理过程的动态模型来减小遥感观测的不确定性是一种有效的后处理方法。这一方法已被广泛应用于气象与海洋科学的研究（Liang and Qin, 2008）。然而，陆地数据同化技术是一个新兴领域，尚有很多问题需要解决，并且作为数据同化理论组成内容的多源遥感数据产品融合、先验数据的使用本身也是重要的研究课题。融合产生的数据产品及其不确定性信息可以作为数据同化方程中的初始值、背景场误差矩阵进行使用。本书 10.4 节和 17.3.6 节介绍了遥感数据同化方法的应用，而这里主要讨论高级陆地产品的直接融合技术。

21.2 高级产品融合综述

数据产品融合的目标在于综合使用当前变量的多种观测值以改进该变量的估算精度。各种数据资料的实际情况是，它们常常存在一定程度的缺失值。这一特征决定了数据产品融合方法同数据插值填充方法有较为紧密的联系。由于多数的数据插值方法是针对单一数据集进行操作，数据插值填充方法在某种意义上可看作产品融合方法的一种特殊情况。科学数据记录中存在不连续或不一致的数值是一个普遍的现象。这一现象既存在于实测数据（Falge, 2001; Ooba, 2006）中，又存在于卫星观测数据（Fang, 2008; Moody, 2005）中，既可能出现在陆地数据产品资料里（Fang, 2008; Moody, 2005），也会在大气产品数据（Zhang, 2007）及海洋数据产品中都有出现。从空间角度来看，不连续或不一致现象制约着空间分析或制图能力；从时间角度来看，这些不连续的数据制约着时间序列分析及获得时间变化趋势特征的能力。现在已经有大量研究致力于发展可生成在时间和空间上连续的科学数据集的算法，这些算法往往也同时改进了已有数据的质量（Beckers, 2003; Buermann, 2002; Chen, 2004; Chen, 2006; Fang, 2008; Gregg and Conkright 2001; Gu, 2006; Kwiatkowska and Fargion 2003; Sellers, 1994）。总的说来，我们可以依据所使用信息的不同，将数据融合算法分为基于时间信息的方法、基于空间信息的方法及基于时空综合信息的方法。

时间序列拟合方法已被广泛用于陆地产品数值平滑和插值。时间方法可以在缺失数据填充的同时用于时间序列分析，当进行植被变化的趋势或物候特征提取方面的研究时，此类方法是较好的选择（Piao, 2006; Sakamoto, 2005; Zhang, 2006; Zhang, 2003）。第 3 章对这类技术做了较为完善的讨论。出于使用更多的不同信息以期望获得更高数据精度的考虑，本章主要集中讨论使用空间信息或时空综合信息的产品融合方法。Borak 和 Jasinski（2009）对比了几种叶面积指数插值方法，得出综合使用空间信息的方法要比单独使用时间信息的方法产生更好的效果。利用空间信息的一个简单例子是空间平均加权，在一个空间窗口中将观测值进行平均，权重以经验的方式通过观测值之间的距离进行分配（Cressman, 1959）。这种方法简单而又实用，例如，Fang 等（2008）在 Cressman 研究的基础之上，设计了一个时空滤波器以此来生成空间和时间上连续的叶面积指数数据。与 Cressman 方法不同的是，最优化插值方法（Optimal Interpolation）使用了更严格的方法来计算权重值，考虑到了点位间协方差和测量误差等信息（Gandin, 1965），在地统计学中这种方法被称为克里金方法（Kriging）。Christakos 等（2000）发展了一个新的以贝叶斯最大熵（Bayesian Maximum Entropy）为核心算法的现代地统计学理论。与传统地统计学不同的是，贝叶斯最大熵算法并没有对模型进行线性或正态的限制性假设(Serre and Christakos, 1999)，所以贝叶斯最大熵算法不同于最优插值所使用的线性插值方法。贝叶斯最大熵算法已被成功应用于解决多类实际问题，例如 Christakos 等(2004)发展了一个基于贝叶斯最大熵的非线性估计算子，结合已有臭氧数据产品以及臭氧层与对流层顶压力的经验关系来生产更高空间分辨率更高精度的臭氧数据产品。

最优插值和贝叶斯最大熵算法均需要对维数为所使用数据量二次方规模的矩阵进行求逆运算，同时贝叶斯最大熵方法还需要进行高维积分，复杂的计算代价限制了这类方法在大型数据集中的应用。多分辨率树(Multi-Resolution Tree)又称多尺度树方法构造一个树状数据结构，将传统的时间维上的卡尔曼滤波算法应用于空间数据，实现了高效率计算(Fieguth, 1995)，同时多尺度树方法还有可对不同空间分辨率数据进行融合的优点。

除了地统计方法，基于经验正交函数(Empirical Orthogonal Function)的算法是另一种可以用来进行缺失值填充和降低噪声的方法。同以上所提到的方法相比，基于经验正交函数的方法输入参数简单，不需要观测误差和协方差矩阵作为输入(Beckers and Rixen, 2003)。该方法使用协方差矩阵的特征向量重构原始数据矩阵，以达到填充缺失数据及减小误差的目的。

在下面的各节中，我们会逐一介绍基于最优插值、贝叶斯最大熵、多尺度树及经验正交函数的高级数据融合方法。在开始介绍之前，先引入一个简化的例子作为数据融合理论的开始。

某一参数有大量的观测数据，每一个观测值都存在着不确定性，我们要从这些观测数据中估算参数的真值。在下例中，我们不考虑在不同时间不同地点进行的观测之间的时空关系。

不失一般性，假定对同一变量 x 在同一地点同一时刻(t)有两个不同卫星产品的观测值 x_1 和 x_2，两个观测值的误差分别为 e_1 和 e_2，假设这一观测的真值为 x_t (图 21.2)，则有两个测量方程：

$$x_1 = x_t + e_1 \tag{21.1}$$

$$x_2 = x_t + e_2 \tag{21.2}$$

假设误差项服从高斯分布，误差的方差分别为 σ_1^2 和 σ_2^2。通常我们会假设两种卫星产品均是无偏估计，即

$$E(x_1) = E(x_2) = x_t \tag{21.3}$$

在实际操作上，如果卫星产品的偏差不是无偏的，那么就首先需要进行一些预处理(例如校正)来消除产品间的系统误差(相对偏差)，获得无偏估计。因两种观测值使用不同的传感器数据，采用不同的算法独立反演获得，进而假定这两种产品的误差是不相关的，即

$$\mathrm{Cov}(e_1, e_2) = 0 \tag{21.4}$$

依据高斯马尔可夫理论，对真实值 x_t 的最佳估计应是测量值的线性组合：

$$\hat{x}_t = a_1 x_1 + a_2 x_2 \tag{21.5}$$

其中，$a_1 + a_2 = 1$。a_1、a_2 可通过最小二乘法获得，求解最佳估计的过程也即求平均估计误差平方和最小值的过程：

$$
\begin{aligned}
E[(\hat{x}_t - x_t)^2] &= E[(a_1 x_1 + a_2 x_2 - x_t)^2] \\
&= E[(a_1 x_1 + a_2 x_2 - (a_1 + a_2)x_t)^2] = E[(a_1 e_1 + a_2 e_2)^2]
\end{aligned}
\tag{21.6}
$$

认为这两种产品的误差不相关，可有

$$E[(\hat{x}_t - x_t)^2] = E(a_1^2 e_1^2) + E(a_2^2 e_2^2) = a_1^2 \sigma_1^2 + a_2^2 \sigma_2^2 \tag{21.7}$$

这个有约束条件的最小化问题可以通过引入一个拉格朗日乘数 λ，使原始问题转换为一个无约束条件的最优化问题，进而可以求解：

$$\underset{a_1, a_2, \lambda}{\arg\min}(\Lambda) = \underset{a_1, a_2, \lambda}{\arg\min}[a_1^2 \sigma_1^2 + a_2^2 \sigma_2^2 + \lambda(a_1 + a_2 - 1)] \tag{21.8}$$

分别对 a_1，a_2 及 λ 求偏导数：

$$
\begin{aligned}
\frac{\partial \Lambda}{\partial a_1} &= 2\sigma_1^2 a_1 + \lambda = 0 \\
\frac{\partial \Lambda}{\partial a_2} &= 2\sigma_2^2 a_2 + \lambda = 0 \\
\frac{\partial \Lambda}{\partial \lambda} &= a_1 + a_2 - 1 = 0
\end{aligned}
\tag{21.9}
$$

通过求解线性方程组，可得

$$a_1 = \frac{\sigma_2^2}{\sigma_1^2 + \sigma_2^2}, \quad a_2 = \frac{\sigma_1^2}{\sigma_1^2 + \sigma_2^2} \tag{21.10}$$

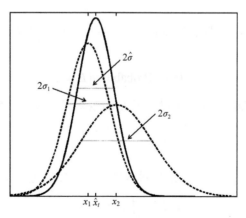

图 21.2　简单模型的示意图

预测值 $\hat{x}_t$ 实际上是观测值 x_1 和 x_2 的加权平均

我们上述的推演过程遵循了经典的高斯统计学理论，实际上，如果我们使用贝叶斯理论也会得到同样结果。依据贝叶斯理论，可以将测量值 x_1 的概率密度分布函数作为 x_t 的先验概率分布，随后使用测量值 x_2 更新分布函数并获得最终的后验概率分布。应用贝叶斯理论对参数 a_1 和 a_2 的推导，读者可以参考由 Wikle 和 Berliner(2007)编写的关于贝叶斯理论数据融合的教程。

事实上，无论以何种理论出发，作为一个高斯过程，最终结果是一致的(Lorenc 1986; Wikle and Berliner 2007)。简单来说，给定两个无偏且不相关的观测值，通过计算两个观测值的加权平均获取观测值的最优估计，权重由观测值的相对精度决定。由式(21.10)可知，观测数据误差越小，其权重越大，对结果的贡献就越大。这个简单模型虽然形式简单，它可以作为很多复杂数据融合和同化方法的简化，当然该方法也可以直接用来解决实际问题。Gu 等(2006)改进 MODIS 叶面积指数的方法便是基于这样的单点优化插值。然而在陆地产品数据融合方法中，一般情况是没有与待估计点处于相同时空条件下的观测值可以使用，因此不得不使用与待估计点位时间空间上临近点的信息。也就是说，高级产品融合方法应该具备一定的时空插值能力。

21.3 地统计学方法

这一节将讨论两个基于地统计学的数据融合方法。我们首先讨论基于传统地统计学的最优化插值，然后再介绍基于现代地统计学的贝叶斯最大熵方法。在开始两个方法的详细介绍之前，先介绍一些在地统计学中使用的基础理论和术语。

21.3.1 随机过程概述

与其他统计方法类似，地统计学同样处理随机过程。这里对随机过程作一概括性介绍，有兴趣的读者可以参考关于随机理论的书籍以获得更多细节内容(Christakos, 1992)。随机过程是描述随机变量 L_i 在概率空间 (Ω, F, P) 中的状态。特别地，地统计学中的索引一般指空间位置 (x_i, y_i)。

为了描述随机变量 L_i 的概率及其他属性，我们可以定义两个函数。第一个函数为累积分布函数(CDF) F：

$$F_{L_i}(x) = \text{Probability}(L_i \leqslant x) \tag{21.11}$$

对累积分布函数 CDF 求导，可以获得 L_i 的概率密度分布函数(pdf) f：

$$f_{L_i}(x) = \frac{\mathrm{d}F_{L_i}(x)}{\mathrm{d}x} \tag{21.12}$$

给定了概率密度分布函数，该随机过程的均值可以通过以下公式计算获得

$$\mu(L_i) = \int x \cdot f_{L_i}(x)\mathrm{d}x \tag{21.13}$$

对于不同的两点 i 和 j，两者的协方差定义如下：

$$C_L(i,j) = \iint \left[L_i - \mu(L_i) \cdot \left(L_j - \mu(L_j) \right) f_{L_i, L_j}(x, x') \right] \mathrm{d}x \mathrm{d}x' \qquad (21.14)$$

其中，$f_{L_i, L_j}(x, x')$ 是随机变量 L_i 和 L_j 的多元概率密度分布函数。协方差函数必须是非负定的，使协方差函数具备非负定条件，必须满足

$$\sum_{i=1}^{n} \sum_{j=1}^{n} a_i a_j C_L(i,j) \geqslant 0 \qquad 对于任意 a \qquad (21.15)$$

简单起见，随机过程理论一般会假定变量具有稳态特征。严格的稳态是通过多变量的累积分布函数来定义，在时空变化下累积分布函数是恒定不变的。在多数情况下，只需要满足弱稳态(或广义稳态)即可，弱稳态过程具有如下特征：

$$\mu_L(i) = c \qquad (21.16)$$

$$C_L(i,j) = C_L \left(\sqrt{(x_i - x_j)^2 + (y_i - y_j)^2} \right) \qquad (21.17)$$

这种情况意味着平均数是一常数并且协方差仅仅是两点之间距离的函数。通过这样的定义，一个稳态随机过程不能包含不恒定的趋势。地统计学的重要内容之一是去除大尺度的趋势 T，从而获得小尺度上的广义稳态场 V：

$$L(x_i, y_i) = T(x_i, y_i) + V(x_i, y_i) \qquad (21.18)$$

其中，假定 T 是确定的过程；V 是随机过程；变量 V 是地统计学研究的真正目标。

21.3.2 最优插值方法

1. 最优化插值

最优化插值也被称为客观分析方法(Objective Analysis)，是基于高斯过程的空间插值的统计方法，被 Gandian 引入到数值天气预报中。在地统计学中同时存在一个相似的方法——克里金方法(Matheron, 1963)。最优化插值本来用以进行空间插值，然而，它也可以很自然添加时间信息作为空间数据的另一维数据，以此将最优插值方法扩展到时空域。对于一些变量进行这种扩展是有依据的，此类变量既涉及空间域也涉及时间域并且对时间、空间均具有依赖性。例如，日照可以通过时空协方差矩阵进行建模并且可以在时空域中通过克里金方法进行预测(Huang, 2007)。但是有些变量会分别在时间和空间域表现不同的特征。Uz 和 Yoder(2004)研究发现尽管海洋叶绿素浓度在空间上存在相关性但时间相关性却很微弱，Pottier 等(2006)仅使用了空间相关性对 MODIS 和 SeaWIFS 叶绿素产品进行了融合。

最优化插值和克里金方法所使用的公式会因均值是否已知或是否固定等不同假设情况有多种形式。例如，简单克里金方法采用固定已知常数作为均值，普通克里金方法并不需要提前确定均值但要求均值是一定值，泛克里金方法允许均值在某些变量作用下进行线性变化。在实际的遥感数据融合过程中，去趋势是数据预处理的第一步，因此我们主要处理均值已知的数据。

回顾 21.1.2 节的简单模型，我们使用了最小二乘法来获得变量的多个测量值的线性组合计算。最优插值同样是基于高斯马尔可夫理论，对一组变量的操作同样是使用最佳线性算子。在地统计学中插值之所以被使用，是因为获得的测量值并非是待估计点位的数值，插值基于测量值与被预测值在空间上的相关性。我们通常假设协方差仅仅是距离的函数。

于是将此问题设定为：给定当前高斯过程的均值和协方差函数，已知变量 x 在时间空间点 p_i 上的观测值 $x(p_i)$，来预测在任意给定点 p_0 上的变量值 $\hat{x}(p_0)$（图 21.3）：

$$\hat{x}(p_0) = \mu(p_0) + \sum \lambda_i \cdot [x(p_i) - \mu(p_i)] \tag{21.19}$$

该公式的求解是通过最小化误差 $[\hat{x}(p_0) - x(p_0)]^2$ 实现。现在已经有很多较为完善的文献介绍关于最优插值和克里金方法(Cressie, 1993)，请读者参考此类文献以获得参数 λ_i 的推导过程(Bretherton, 1976)：

$$\lambda_i = \sum_{i=1}^{N} \sum_{j=1}^{N} C(p_i, p_j)^{-1} C(p_0, p_i) \tag{21.20}$$

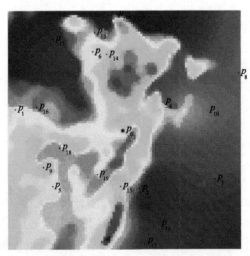

图 21.3　对于二阶稳定态场，最优化插值从邻近点 p_i 的观测值估计出某位置点 p_0 上的数值

2. 最优化插值在数据融合中的应用

最优化插值最初的设计目的并不是高级产品融合，然而其数据插值能力使其非常适合解决陆地遥感缺失数值的问题。正是由于最优化插值并不要求现有测量值必须为单一数据产品，自然的可以将最优插值方法应用于多种产品的融合处理。在最近的研究实践中，最优插值方法被广泛地应用于重构卫星数据产品，例如海面温度(Reynolds and Smith, 1994)、海平面高度(Le Traon et al., 1998)、叶绿素产品(Pottier, 2006)及降水(Sapiano, 2008)等。

一般来讲，使用最优化插值方法进行卫星数据产品融合包括以下步骤：

(1)去趋势。去除大尺度上的趋势，获得具有二阶稳态的余项。这种数据预处理并不是只在基于地统计学的方法中使用，其他适用于同质且均一场的方法通常也需要去趋势的预处理。然而，估计数据的趋势并不是一项简单工作，并且这个去趋势步骤是相对主观的。在一般的实践中，常常会使用多年资料的均值进行去趋势的处理。

(2)估计协方差函数。一般使用的空间协方差函数包括指数函数、高斯函数及球形函数等(图 21.4)。如果分别考虑空间协方差和时间协方差，则时空协方差函数可简单的通过加法或乘法将两种函数整合，这种方式被称为可分离的协方差函数，同样我们也可以使用不可分离的时空协方差函数，并且此类方法仍旧是当前研究的热点内容(Cressie and Huang, 1999; Gneiting, 2002; Stein, 2005)。

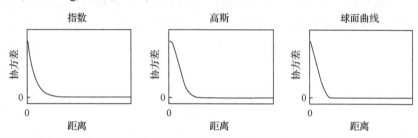

图 21.4　三种常见协方差函数图 3 个图形均使用相同的阈值和取值区间，但具有不同的形状

(3)估计测量误差。除了协方差函数，测量值的误差是应用最优插值方法的另外一个重要参数。在假定不存在测量误差的情况下，克里金方法不会改变已有实测值的点的数值，仅仅会作用于没有实测值的点位并形成插值结果。对于存在实测值误差的情况，最优插值方法对没有实测值的点位进行插值，对于有实测值的点进行数据的平滑。平滑程度取决于变量自身的测量误差与协方差的相对大小。综合验证是获得实测值误差的理想方法，然而对于多数陆地参数的实地测量值不论是在空间还是时间分布上均是有限的，常常需要设计替代的方法估计测量误差。

(4)完成了所有这些预处理步骤后，我们便可以运行最优插值的程序,但还需要明确:最优插值方法需要对协方差矩阵进行求逆运算，然而矩阵求逆的代价是由矩阵维数决定的。所以较为明智的做法是要恰当限制最优插值所使用的临近点数量，从而平衡精度与效率的关系。

3. 实例研究

叶面积指数，定义为单位地面面积上单侧叶片面积的大小(Chen and Black, 1992)，是很多生态系统产能与陆面过程模式的关键输入参数。目前在使用光学卫星数据反演叶面积指数方面已有很大进展，生成了众多产品资料(参见本书 10.6 节)。在现有的全球叶面积指数产品中，MODIS 和 CYCLOPES 产品较为常用，这两种产品具有连续的、相对较长时间覆盖，中等空间分辨率(1km 左右)和时间分辨率(两周左右)，并且经过全面的验证，数据质量相对可靠，具体验证结果可参见 Yang 等(2006)的论文。然而这两种产品仍然不能满足全球气候观测系统提出的气候方面研究需要的 0.5 叶面积指数单位的精度要求。

为解决此类问题,Wang 和 Liang(2014)将最优插值方法应用于 MODIS 和 CYCLOPES

叶面积指数产品的融合。在他们的论文中，将多年平均的叶面积指数作为背景场信息，并使用了一个适用于局部修正的三次样条曲线去平滑多年平均气候数据以减小误差(Chen, 2006)。图 21.5 显示了使用 7 月 20 日至 27 日的 MODIS/Terra 和 MODIS/Aqua 叶面积指数产品计算生成的背景场。随机误差通过平滑过程得以削减，并且平滑后的时间序列可以体现更自然的物候曲线。作者使用了一个线性叶面积指数测量模型去表示不同类型的叶面积指数测量误差：

$$L_M = a_M \cdot L_t + b_M + e_M \tag{21.21}$$

其中，L_M 为 MODIS 反演的叶面积指数值；L_t 为真实叶面积指数；a_M 为估计叶面积指数与真实叶面积指数之间的动态变异系数；b_M 为估计偏差；e_M 为随机残留误差。基于以上线性模型，设计了一个归一化公式来表达 MODIS 与 CYCLOPES 叶面积指数之间的相对差异：

$$Ls' = \frac{L_M - \mu_M}{a_M \sigma_t^2} \tag{21.22}$$

其中，μ_M 是通过 MODIS 叶面积指数多年时间序列产品直接计算获得的均值；σ_t^2 是真实叶面积指数的方差。指数函数作为满足空间与时间关系的协方差函数，同时使用一个嵌套的指数协方差模型来表达短距离和长距离的空间依赖关系：

$$C(s,t) = \left[c_1 \exp\left(-\frac{3s}{a_{s1}} \right) + c_2 \exp\left(-\frac{3s}{a_{s2}} \right) \right] \exp\left(-\frac{3t}{a_t} \right) \quad s > 0, t > 0$$
$$C(s,t) = c_{\text{Nugget}} \quad s = 0, t = 0 \tag{21.23}$$

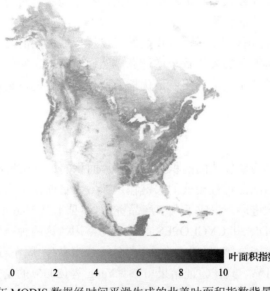

图 21.5　使用多年 MODIS 数据经时间平滑生成的北美叶面积指数背景场(7 月 20～27 日)
(Wang and Liang, 2014)

图 21.6 展示了一个从 MODIS 计算出的协方差以及拟合所得的协方差分布。结合从验证获得的测量误差信息，最优化插值算法被用于融合两种叶面积指数产品。

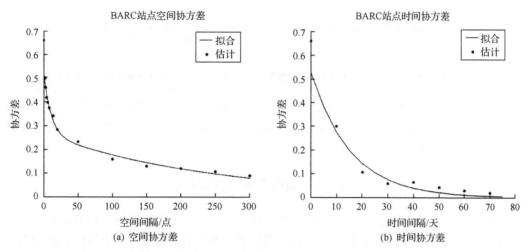

图 21.6 拟合及计算获得的叶面积指数的协方差(Wang and Liang, 2014)

图 21.7 显示了一块农作物区域融合后的叶面积指数时间序列。融合过程去除了原始叶面积指数数据较大的波动值，生成了一个较平滑的时间序列。两种叶面积指数数据集之间的差异通过融合过程得以减小。最优化插值算法从两种互不兼容的数据源中生成了连续的叶面积指数序列。图 21.8 显示了数据融合方法估计的误差分布。最优插值算法的优点之一是其可以在估计数值的同时获得估计的误差。我们可以很明显地看到原始叶面积指数在夏季有较大误差时，融合后的数值结果同样具有较大不确定性，同时我们也可

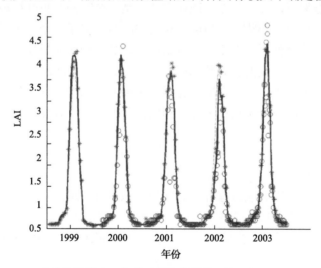

图 21.7 一个农作物站点 5 年的叶面积指数序列(Wang and Liang, 2014)

实线表示融合后数值，星号表示 CYCLOPES 叶面积指数，

绿圈、红圈分别是 MODIS/Terra 和 MODIS/Aqua 叶面积指数

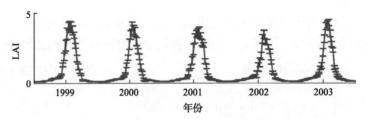

图 21.8　农作物站点融合后的叶面积指数时间序列及其误差(Wang and Liang, 2014)

得出结合使用 Aqua 叶面积指数在 2002 年之后的数据不确定性有所减小。此外，作者同时使用了高分辨率叶面积指数分布图作为标准，对融合后数据进行了验证。融合过程既减小了估计值的偏差同时也改进了均方根误差和相关系数的精度。

21.3.3　贝叶斯最大熵方法

最优插值方法是基于高斯过程的线性预测算子。近期，贝叶斯最大熵方法作为一个新的时空插值方法发展了起来。不确定的观测值在贝叶斯最大熵方法中被作为软数据并且误差被严格的分析后使用。与传统地统计学不同的是，贝叶斯最大熵方法并没有严格假定模型是线性或非线性的(Serre and Christakos, 1999)。贝叶斯最大熵方法与克里金方法所使用的线性插值不同的是，贝叶斯方法采用了一种灵活的组合方式，在某些情况下克里金方法是贝叶斯最大熵方法的简化形式。

Christakos 等(2000)专业系统化的描述了贝叶斯最大熵理论。贝叶斯最大熵理论与传统地学统计(如：克里金方法)处理时空随机过程的方法不同，它将物理知识引入时空分析，而不是使用"纯粹归纳"的框架(Christakos 1990; Serre and Christakos, 1999)。在贝叶斯最大熵理论框架下，传统的地学统计方法只是一个特例。贝叶斯最大熵方法已经被成功应用于解决多种问题。例如，Christakos 等(2004)发展了一个基于贝叶斯最大熵的非线性估计算子，其结合使用了观测臭氧数据产品、臭氧和对流层顶压力的经验关系来生产更高空间分辨率更高精度的臭氧数据产品。Kolovos 等(2002)使用站点实际观测值结合随机偏微分方程来同化一个平流反应过程。Douaik 等(2005)使用贝叶斯最大熵方法进行了土壤含盐量制图，与传统克里金方法相比贝叶斯最大熵方法有较小的偏差和更高的预测精度。

1. 方法

贝叶斯最大熵方法既有能力综合一般常规知识也可使用特定站点信息。一般常规知识既可以是物理机理也可以是统计量，两种数据都是通过目标方程来表达。应用贝叶斯最大熵方法一般有三个阶段：先验、后先验及后验(Christakos, 2000; Serre and Christakos, 1999)。

在先验阶段，常规知识与一个 g_α 函数相关联，通过 G 运算符表达为如下形式：

$$\int d\chi_{map} G(g_\alpha) f_G(\chi_{map}) = 0 \quad (\alpha = 1, \cdots, N) \tag{21.24}$$

先验概率密度分布函数 $f_G(\chi_{map})$ 通过以上公式的信息熵最大化的约束条件获得。

χ_{map} 代表所有数据点，既包括已知的观测值 χ_{data}，也包括被预测的点 k 的数值 χ_k。在后先验阶段，已有特定站点数据被划分为真实（硬）数据 χ_{hard} 或不确定（软）数据 χ_{soft}，这阶段将使用具有不确定性的软数据。在后验阶段，被预测值 χ_k 的后验概率密度分布函数 $f_K(\chi_k)$ 可以给定为

$$f_K(\chi_k) = A^{-1}\int_D \mathrm{d}\chi_{\text{soft}} f_G(\chi_{\text{map}}) \tag{21.25}$$

其中，$A = \int_D \mathrm{d}\chi_{\text{data}} f_G(\chi_{\text{data}})$ 为归一化系数，当物理知识为随机过程的统计量时，在先验阶段的 G 运算符变形为多元高斯函数，后验概率密度函数转换为（Serre and Christakos, 1999）：

$$f_K(x_k) = A^{-1}\varphi(x_k; B_{k|h}x_{\text{hard}}, c_{k|h})\int \mathrm{d}x_{\text{soft}} f_S(x_{\text{soft}})\varphi(x_{\text{soft}}; B_{s|kh}x_{kh}, c_{s|kh}) \tag{21.26}$$

其中，$\varphi(x, \bar{x}, c)$ 是具有均值 $\bar{x}$、协方差 c 的变量 x 的多元高斯函数；$c_{k|h}$ 为被预测值相对于硬数据的条件协方差矩阵；$c_{s|kh}$ 是软数据相对于被预测值和硬数据的协方差矩阵；$B_{k|h}$ 被定义为 $c_{k,h}c_{h,h}^{-1}$，$B_{s|kh}$ 被定义为 $c_{s,kh}c_{kh,kh}^{-1}$。

基于后验概率密度分布函数，对 $\bar{x}_k$ 及 σ_k^2 估计值的误差可由以下公式表达：

$$\bar{x}_k = \int x_k f_K(x_k)\mathrm{d}x_k \tag{21.27}$$

$$\sigma_k^2 = \int (x_k - \bar{x}_k)^2 f_K(x_k)\mathrm{d}x_k \tag{21.28}$$

在这样的框架下，所有信息均被集成于贝叶斯理论以使信息最大化，并且计算结果一般认为包含更多信息并且数据精度更高。这些贝叶斯最大熵方法的特征使得该方法可以用于解决当前陆地遥感产品所面临的问题。

2. 贝叶斯最大熵方法用于数据融合

将贝叶斯最大熵方法应用于数据融合的步骤类似于最优插值的过程，但是贝叶斯最大熵方法使用测量误差的方式与最优插值不同。最优插值方法假定测量误差具有标准分布特征并可使用方差来体现。在贝叶斯最大熵方法中不精确的测量值被作为软数据并具有多种表达形式。例如软数据可以是测量值上下限的区间形式，也可以用概率密度分布函数形式，这样就使测量误差的表达形式灵活多样。

DE Nazelle 等（2010）使用贝叶斯最大熵方法融合站点测量的和模型模拟的臭氧数据，生成美国北卡来罗纳州的臭氧分布图。在这个例子中，臭氧仅在 46 个稀疏的站点上有实际测量。传统上，克里金插值常被用于这种从稀疏点的制图。Nazelle 等把空气质量模拟模型生成的臭氧分布图作为额外的信息进行融合制图，以达到更高的制图精度。模拟的臭氧数据在贝叶斯最大熵方法中用作软数据，它的不确定性用一个下限为 0 的正态分布来代表（图 21.9）。验证结果表明，融入更多的信息提高了制图的精度，这一点在附近没有测量站点的地方尤为明显。

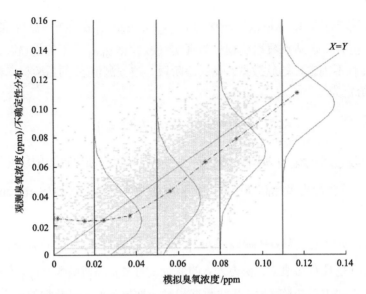

图 21.9　贝叶斯最大熵的一个特点就是它能够融入不确定的软数据(De Nazelle et al., 2010)
在这个例子里，模型预测的臭氧浓度以概率分布函数的形式作为软数据输入贝叶斯最大熵算法中

21.4　多尺度树方法

最优插值或者贝叶斯最大熵方法用于大型数据集的融合时效率较低，协方差函数较大，导致计算复杂度较高，成为这两种方法应用的障碍。解决这个问题的一种途径是使用基于多尺度树数据结构的尺度递归滤波器。Chou 在他的博士学位论文中发展了这种方法(1991)，在 Chou 博士工作的基础上，Fieguth 在他的博士工作中进一步改善了这种方法(Fieguth, 1995)，并且成功实现了海洋表面高度卫星数据的插值与平滑(Fieguth et al., 1998; Fieguth et al., 1995)。随着该方法的发展，这种多尺度估算方法被尝试用于解决一些地学问题，比如地表温度制图(Menemenlis et al., 1997)，同化土壤湿度(Parada and Liang, 2004)，生成不同分辨率的气溶胶数据(Huang et al., 2002)。除了较高的计算效率之外，不同空间尺度的数据融合是多尺度树方法的另一个优势。多尺度树方法能够处理不同空间分辨率的观测数据，并且将它们融合到一致的尺度上。因为这种不同分辨率数据融合方法融合了更多信息，所以制图精度得到了增强，同时生成的数据在不同尺度上保持着一致性。这种性质很好地满足了陆地遥感数据融合的要求，如在遥感数据资料中，一些数据地表覆盖范围大但误差也较大，而有些数据覆盖范围较小而精度较高。近来，有不少研究探讨多尺度树方法在融合多尺度遥感数据研究中的应用，例如：Slatton 等(2001)结合了大尺度干涉合成孔径雷达数据，提升了 LiDAR 精确高度数据的成图能力。de Vyver 和 Roulin(2009)使用这种方法融合了两种不同空间分辨率遥感降水数据集。Tao 等(2018)使用该方法提高了光和有效吸收辐射率制图的精度和完整性。

21.4.1　方　　法

多尺度树方法的核心部分是卡尔曼滤波。传统上，卡尔曼滤波用于从时域上更新动态模型的测量数据和模型参数，多尺度最优插值方法实际上是将卡尔曼滤波用于空间域上。Chou(1991)将这种方法用于分析树状结构的空间数据(图 21.10)。与时间域上的普通卡尔曼滤波相似，多尺度树方法同样需要两组等式。一组是观测等式，描述观测变量 y 与感兴趣变量 x 的关系：

$$y(s) = Hx(s) + v(s) \tag{21.29}$$

其中，H 是观测矩阵；$v(s)$ 是服从 $N(0, R(s))$ 正态分布的观测误差。

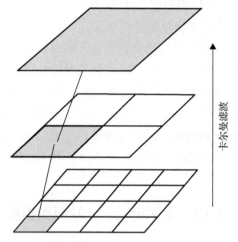

图 21.10　多尺度树方法框架(Wang and Liang, 2010)

此外，还需要一个等式来表达从低分辨率到高分辨率的状态转换模型(Luettgen, 1993)。

$$x(s) = A(s)x(ps) + w(s) \tag{21.30}$$

其中，$x(s)$ 和 $x(ps)$ 是尺度 s 和它的父尺度 ps 上的感兴趣变量；$w(s)$ 表示服从高斯分布 $N(0, Q(s))$ 的状态转换噪音；A 是从父尺度到子尺度状态转换矩阵。同样，我们需要从高分辨率到粗分辨率状态转换模型。

$$x(ps) = F(s)x(s) + w'(s) \tag{21.31}$$

这里状态转换矩阵 F 可以通过如下计算得到(Luettgen, 1993)：

$$F(s) = P(ps)A(s)P^{-1}(s) \tag{21.32}$$

其中，$P(s)$ 是尺度 s 上的变量。

为了充分利用粗分辨率和高分辨率数据，从子尺度转换到父尺度用卡尔曼滤波，从父尺度转换到子尺度使用卡尔曼平滑。从子尺度 s 到父尺度 ps，我们有两个信息源：使用至尺度 p 的观测值生成的状态转换模型预测值 $\hat{x}(ps|s)$，和尺度 ps 上的观测 $y(ps)$。卡尔曼滤波用如下的方法将两个信息联系起来(Luettgen, 1993)：

$$\hat{x}(ps|ps) = \hat{x}(ps|s) + K(ps)(y(ps) - H\hat{x}(ps|s)) \tag{21.33}$$

其中，$\hat{x}(ps|ps)$ 是在尺度 ps 上结合了尺度上升至 ps 观测值生成的预测值。$K(s)$ 是卡尔曼增益，在下式中给出：

$$K(\mathrm{ps}) = P(\mathrm{ps}\,|\,s)HV^{-1}(\mathrm{ps}) \tag{21.34}$$

其中，$V(s)$是更新协方差：

$$V(\mathrm{ps}) = HP(\mathrm{ps}\,|\,s)H^{\mathrm{T}} + R(\mathrm{ps}) \tag{21.35}$$

当卡尔曼滤波到达多尺度树的根节点后，从父尺度 ps 到子尺度 s 应用卡尔曼平滑来获取最终的预测值 $\hat{x}'(s)$ (Luettgen, 1993)：

$$\hat{x}'(s) = \hat{x}(s\,|\,s) + J(s)(\hat{x}'(\mathrm{ps}) - \hat{x}(\mathrm{ps}\,|\,s)) \tag{21.36}$$

使用多尺度树方法关键的步骤是确定模型参数。通常状态转换矩阵用单位矩阵来表示(Tzeng et al., 2005)。当观测变量与感兴趣变量一致时，观测矩阵通常采用单位矩阵的形式。观测误差可以从数据验证中获取，取决于卫星特性以及反演算法。然而，状态转换噪声的获取仍然是一个需要研究的课题。Huang 等(2002)从协方差函数中计算方差参数。因为大量的自然现象呈现出自相似的性质，所以一些学者使用随机模型的基于$1/f^{\mu}$的参数(Fieguth et al., 1998; Fieguth et al., 1995; Fieguth and Willsky, 1996)。Kannan 等(2000)使用最大期望算法来预测这些参数。de Vyver 和 Roulin(2009)从平均雷达观测中直接计算这些参数。

21.4.2　案例研究——叶面积指数

这里以 MODIS 与 MISR L3 叶面积指数数据为例来说明多尺度树方法在陆地遥感数据融合中的应用(Wang and Liang, 2010)。由于 MISR 数据幅宽较窄，覆盖全球的频率低于 MODIS。为了增强地表覆盖，MISR 的叶面积指数产品聚合到 0.5 度生成 L3 月数据。为了与 MODIS 数据匹配，将 MISR-L3 数据重采样并且投影转换到 MODIS 正弦地图投影。两个产品的验证结果用于表示 MODIS 和 MISR 叶面积指数产品的观测误差，状态转换误差由聚合后 MODIS 数据计算获得。

图 21.11 展示了整个 MODIS 图幅(Tile)上合成的叶面积指数分布图。多尺度树融合算法填补了所有数据间隙，并且移除了不合理的极值，生成了平滑的叶面积指数分布图。同样值得注意的是通过跨尺度合成程序处理后，不同分辨率结果之间的不一致性得到了消除。

21.4.3　案例研究——反照率

近年来，多尺度树的方法也应用在融合 MISR、MODIS 和 Landsat TM 或 ETM+反照率产品的工作中(He et al., 2014)。本研究应用官方的 MODIS 和 MISR 反照率产品，Landsat 反照率数据通过三个主要步骤从 Landsat L1T 数据中获取：大气校正，BRDF 建模和窄波段反照率向宽波段反照率的转换。研究区位于美国中北部地区，地表覆盖类型多样，包括农田、草地、森林和内陆水域。在研究区选取了 8 个 AmeriFlux 站点进行野外反照率测量，以便验证卫星数据估算的反照率数据。由于 Landsat 具有较高的空间分辨率，它的反照率值与地面测量值的一致性最好，相对误差为 15%。

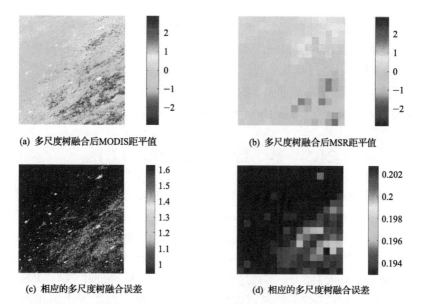

(a) 多尺度树融合后MODIS距平值　　(b) 多尺度树融合后MSR距平值

(c) 相应的多尺度树融合误差　　(d) 相应的多尺度树融合误差

图 21.11　MODIS 和 MISR 尺度上 MRT 合成叶面积指数数据及其误差(Wang and Liang, 2010)

　　首先将 MODIS 和 MISR 的反照率产品转换为与 Landsat 相同的 UTM 投影，选取云覆盖小于 30%的 Landsat 数据，以减小云和气溶胶的影响。采用 MISR 反照率的多天均值以减小 MISR 数据缺失产生的影响。采用空间移动窗口方法消除每种卫星反照率数据的趋势信息，Landsat 用的窗口大小为 15 个像元，MODIS 和 MISR 用的窗口大小为 3 个像元。应用多尺度树前后，MODIS、MISR 和 Landsat 反照率的时间序列数据见图 21.12。

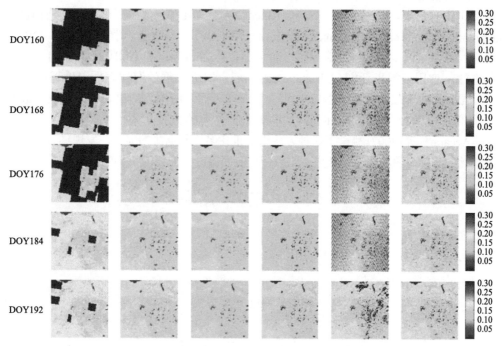

图 21.12　应用多尺度树前后反照率的时间序列数据对比(He et al., 2014)

从左到右每列数据依次是应用多尺度树前、后 MISR、MODIS、Landsat 反照率图像

原始的 MISR 和 Landsat 反照率分布图有大量的数据缺失。MISR 的数据缺失是因为 MISR 检索算法具有严格的标准，Landsat 的数据缺失是因为扫描线校正器的问题。研究结果表明，多尺度树方法可以通过从其他尺度获取的信息填补缺失的数据，同时生成不同尺度连续分布的参数。验证结果表明基于多尺度树的数据融合方法还提高了反照率的精度，比原来的均方根误差减小了一半(He et al., 2014)。

21.5　基于经验正交函数的方法

经验正交函数(Empirical Orthogonal Functions, EOF)分析是地学研究中广泛使用的一类方法(Hannachi et al., 2007; Preisendorfer, 1988)。经验正交函数分析有时候也称为主成分分析(Principal Components Analysis, PCA)；奇异谱分析(Singular Spectrum Analysis, SSA)也属于经验正交函数分析的大家族，但是它主要分析短时间和有噪音的时间序列的相关性(Vautard and Ghil, 1989)。多通道奇异谱分析(Multi-channel SSA, MSSA)可以分析多变量时间序列，并且这些不同通道数据可以是在不同空间位置上的相同变量，所以 MSSA 可以处理时间和空间上的信息。与之类似的一种方法是扩展的经验正交函数分析，同样分析空间和时间上的相关性。该方法通过一个移动窗口来结合时间域上滞后的信息(Weare and Nasstrom, 1982)。在大气方面的文献中，这一项技术被称为扩展经验正交函数(Extended EOF, EEOF)。

经验正交函数方法一个主要的应用是分析多变量地理数据。近期，基于经验正交函数的算法也被用于解决地学数据缺失问题(Liu et al., 2005; Zhang et al., 2007)。在这些算法中，比较有代表性的是 Beckers 和 Rixen(2003)提出来经验正交函数数据插值(Data Interpolating Empirical Orthogonal Functions, DINEOF)。与地统计学方法不同，DINEOF 需要输入的参数较少。同样在奇异谱分析方面，Kondrashov 和 Ghil(2006)提出了一个类似的方法。使用亚得里亚海(Adriatic Sea)区域有缺失数据的海洋表面温度遥感资料，Alvera-Azcarate 等(2005)用 DINEOF 重构了海洋表面温度图。结果表明即使缺失数据的百分比高达 80%，DINEOF 也可以生成符合实际的数据。在另外一篇论文当中，Alvera-Azcarate 等(2007)测试了这种方法用于重建多元数据集的能力，发现结合了其他数据(如叶绿素)生成的海面温度结果，比只使用海面温度一元变量重构的结果有所改进。

21.5.1　DINEOF 方法简介

首先，需要将卫星的数据组织成矩阵的形式。假定一幅影像中的像元个数为 P，影像个数为 N，可以组成一个 $P \cdot N$ 大小的矩阵 L。

$$L = \begin{pmatrix} l_{1,1} & l_{1,2} & \cdots & l_{1,N} \\ l_{2,2} & l_{2,2} & \cdots & l_{2,N} \\ \vdots & \vdots & \vdots & \vdots \\ l_{P,1} & l_{P,2} & \cdots & l_{P,N} \end{pmatrix} \tag{21.37}$$

其中，$l_{s,t}$ 是在空间 s 和时间 t 上的像元，协方差矩阵为

$$C_L = LL^T \tag{21.38}$$

通过对这个协方差矩阵求解特征值，我们可以获得一组正交向量 u (Hannachi et al., 2007)：

$$C_L u_k = \lambda_k^2 u_k \tag{21.39}$$

其中，λ_k^2 是第 k 个特征值，代表了第 k 个向量 u_k 可以解释的变化。向量 u_k 称为 EOF（空间域），对于每一个 u_k，我们可求得一个相关的 v_k。

$$v_k = L^T u_k \tag{21.40}$$

v_k 通常称为 PC（时间域），原始数据矩阵 L 可以利用所有的 EOF 和 PC 准确重构。

$$L = u \lambda^2 v^T \tag{21.41}$$

但是，我们通常对 EOF 和 PC 中前几项更感兴趣，因为结合这些项可以解释数据中的大部分变化。而 EOF 和 PC 后面项成分包含大量的噪声和其他相对不重要的信息。利用 EOF 进行缺失数据填充的思想很简单：只利用主要的组成成分重构感兴趣的数据矩阵。

除了计算协方差 C_L 特征值这种方法，还可以通过奇异值分解 (Singular Value Decomposition, SVD) L 直接获取 u 和 v。这也是方法奇异谱分析 (SSA) 名字的由来。与经验正交函数分析不同的是，奇异谱分析用于单一变量时间序列分析。我们从影像上选择一个像元的时间序列数据：$l_{0,t}$，$t \in [1, N]$

$$\begin{pmatrix} l_{0,1} & l_{0,2} & \cdots & l_{0,N} \end{pmatrix} \tag{21.42}$$

通过一个长度为 W 的移动窗口，利用这个向量构建起一个矩阵 L' 用于奇异谱分析。

$$l' = \begin{pmatrix} l_{0,1} & l_{0,2} & \cdots & l_{0,N-W+1} \\ l_{0,2} & l_{0,3} & \cdots & l_{0,N-W+2} \\ \vdots & \vdots & \vdots & \vdots \\ l_{0,W} & l_{0,W+1} & \cdots & l_{0,N} \end{pmatrix} \tag{21.43}$$

然后，用奇异值分解方法获取这个矩阵的 EOF 和 PC。利用矩阵 l' 的 EOF 和 PC 可以重构出原始单一变量的时间序列，这是奇异谱分析的基本思想 (Ghil et al., 2002)。可以看出经验正交函数分析和奇异谱分析是两种很相近，但又不同的方法。这两种方法的联系体现在将奇异谱分析算法扩展为用于多变量的多波段奇异谱分析和经验正交函数分析发展为扩展经验正交函数分析。这两种方法都可以用于分析 WP×(N−W+1) 维的矩阵。

$$L' = \begin{pmatrix} l_{1,1} & l_{2,1} & \cdots & l_{W,1} & l_{1,2} & \cdots & l_{W,P} \\ l_{2,1} & l_{3,1} & \cdots & l_{W+1,1} & l_{2,2} & \cdots & l_{W+1,P} \\ \vdots & \vdots & \vdots & \vdots & \vdots & \vdots & \vdots \\ l_{N-W+1,1} & l_{N-W+2,1} & \cdots & l_{N,1} & l_{N-W+1,2} & \cdots & l_{N,P} \end{pmatrix} \tag{21.44}$$

我们已经介绍了经验正交函数方法基本的流程。这种简化了的处理不可以直接用于重构有间隙的数据，大部分数据填充算法利用迭代循环来逐渐补充缺失数据。如何从已有数据中获得缺失数据的特征，不同的算法细节不同(Beckers and Rixen, 2003; Kondrashov and Ghil, 2006; Schoellhamer, 2001; Zhang et al., 2007)。这里简单归纳DINEOF 的几个步骤(Beckers and Rixen, 2003)(Alvera-Azcarate et al., 2005)：

(1)计算矩阵数据的均值，用来填充缺失数值。然后从所有数据中减去均值，得到除均值后的残差。

(2)对除均值后残差进行双循环迭代。

第一，利用内部循环进行数据填充：对均值填补的矩阵进行经验正交函数分析，用第一 EOF 成分和 PC 成分来重构矩阵。利用重构的数值取代缺失数值，生成一个新的矩阵。

第二，对新矩阵重复内部循环，直到重构数据趋于收敛。

第三，内部循环收敛后调用外部循环，直到用于重构的 EOF 和 PC 的数量 k 从 1 增长到预先给定的数值。

(3)当 k 取为预先定义的数值时，外部循环停止。然后重新将均值加上，获取了最终重构矩阵。

21.5.2　DINEOF 在数据融合中的应用

DINEOF 原本用于重构单个产品。虽然 Alvera-Azcarate 等(2007)用这种方法重构多变量产品，但是原始的 DINEOF 仍然不适用于地表遥感产品的数据融合。第一个是计算量的问题。DINEOF 设计用于分析海洋变量。与海洋变量不同，陆地产品空间分辨率更高。以 MODIS 叶面积指数产品为例，仅仅覆盖整个北美范围的数据量就高达 10^8。一次处理这样巨大的一个矩阵是非常低效且不切实际的。第二个问题是不同产品的相同变量时间分辨率通常是不一致的，不经过时间插值很难将所有的产品组建成一个矩阵。Wang 和 Liang(2011)提出了基于分级经验正交分析(Hierarchical EOF, HEOF)的方法来解决这个问题。经验正交函数分析既可以用于聚合后的粗分辨率数据，也可以用于小子区的高分辨率数据。在对高分辨率的数据进行滤波的时候，使用粗分辨率的结果作为先验知识。为了解决不同产品之间时间分辨率不一致的问题，首先这种方法对每一种产品单独进行单变量运算。重构后的产品插值为通用的时间分辨率来匹配所有的产品。然后，对所有插值后的产品利用经验正交函数进行多变量分析。将多变量分析的结果平均后得到最终的融合结果。

21.5.3　案 例 研 究

同样，我们使用叶面积指数作为例子来说明经验正交函数方法用于陆地表面遥感产品融合的能力(Wang and Liang, 2011)。和地统计学方法相比，基于经验正交函数方法的优势是需要变量较少，但在算法运行之前，我们仍然需要输入两个变量：用于重构数据所需的主导因子个数和窗口的长度。这里使用不同的输入参数重构叶面积指数，并且与真值进行比较。根据重构数据的相对误差，来确定最优参数。图 21.13 为交叉验证的结果。增加时间上的信息(窗口长度大于 1)可以很大程度降低经验正交函数分析的估计误差。对于一个给定的窗口长度，随着主成分个数增加，估算误差首先会降低，然后会上升。

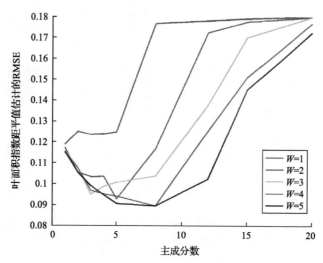

图 21.13　随着窗口长度 W 和主成分个数的变化，CYCLOPES 叶面积指数交叉验证相对误差的变化
（Wang and Liang, 2011）

Wang 和 Liang（2011）使用分级经验正交分析通过两步来解决 MODIS 和 CYCLOPES 的叶面积指数产品时间分辨率不一致的问题。首先，仅对 MODIS 叶面积指数使用经验正交函数分析。在这一步操作中，缺失数据得到了填充且噪声也有一定的除去。为了匹配 CYCLOPES 数据的时间分辨率，对这个结果进行时间上的插值。为了和 Baret 等（2007）生成 CYCLOPES 叶面积指数所使用的平滑方法一致，Wang 和 Liang（Wang and Liang, 2011）使用了高斯方程 $f(t)$ 用于平滑经验正交函数处理后的 MODIS 数据：

$$\bar{L}(t_C) = \sum_{i=1}^{N} L(t_i) \frac{f(t_i - t_C)}{\sum_{j=1}^{N} f(t_j - t_C)} \tag{21.45}$$

在第二步中，多变量经验正交函数用于分析 MODIS 数据和 CYCLOPES 数据所组成的矩阵。输出的 MODIS 和 CYCLOPES 数据通过加权平均组合起来，生成最终结果。我们使用在 BARC 附近 2001 年生长季的 MODIS 和 CYCLOPES 叶面积指数来验证这种算法。在融合后的图像中，缺失数据得到填充，融合后的结果比原始的叶面积指数影像更加平滑（图 21.14）。

Wang 和 Liang（2011）还使用了高分辨率叶面积指数影像来验证该算法。验证结果表明，与原始叶面积指数产品相比，特别是与 MODIS 相比，融合后数据质量得到了提高。除了相关性增加、RMSE 降低以外，估计偏差（bias）同样显著降低，从 MODIS 的+0.28 和 CYCLOPES 的−0.20，融合后降低到−0.08。

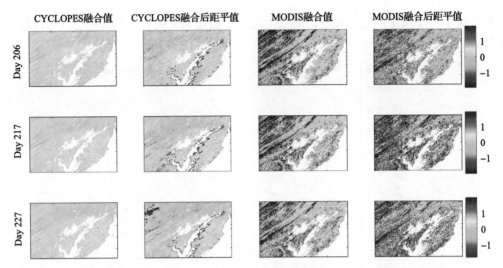

图 21.14　BARC 附近 2001 年 7 月 25 日到 8 月 15 日 3 幅经验正交函数结果图(Wang and Liang, 2011)

每一行表示同一天的数据，4 列分别表示滤波后和原始 CYCLOPES，滤波后和原始 MODIS

21.6　小　　结

　　这一章介绍了三类陆地产品数据融合的方法。对于现有陆地遥感产品面临的缺失数据和较大不确定性的问题，数据同化是一种可行的改进方法。不过，来源于卫星观测的没有经过模型同化的数据资料，仍然是驱动和验证物理模型的重要独立数据源。无论如何，陆地遥感产品融合是重要的新兴研究课题。本章介绍了最优化插值、贝叶斯最大熵、多尺度树和经验正交函数等用于多种遥感产品的融合方法，以增强数据的完整性和提高数据准确度。

　　这些方法有各自的优缺点。地统计学方法有着坚实的数学基础，但是这种方法很大的一个缺陷是计算量过大。目前有很多研究尝试提高地统计学方法的效率，一种方法是引入维数较低的可预测过程模型(Banerjee et al., 2008)，另一类是通过稀疏矩阵(Barry and Pace, 1997)、锥形函数(Furrer et al., 2006)、光谱域函数(Fuentes, 2007)或者小波基函数(Nychka et al., 2002)等技术来逼近协方差矩阵。还有一种方法是使用随机效应模型，将协方差矩阵表示为有限的维数较小的基本函数(Cressie and Johannesson, 2008)。这一章还介绍了和地统计学方法相比效率显著提高的多尺度树类方法。但多尺度树模型的参数难以预测，特别是对不同尺度之间状态转换矩阵的选择较为主观。除此以外，多尺度树虽然在融合不同空间分辨率数据上有一定的优势，但不能直接处理各种不同时间分辨率的遥感产品。基于经验正交函数的方法对于协方差方程和测量误差不需要任何的先验知识，并且参数要求较少，易于使用(Beckers and Rixen, 2003)。但是经验正交函数相对比较主观，结果通常缺乏统计方面的解释。

　　这一章还不是对现有高级产品融合方法的一个全面综述，我们的目的是让读者对一些常用方法有一个基本的了解。在此基础上，读者可以去发现或者发展更多适合自己目的的方法。例如新发展起来的分层贝叶斯时空模型(Wikle et al., 1998)在信息融合领域有着广泛的应用前景,比如说这类方法曾被用于海洋风(Wikle et al., 2001)、鸟的数量(Wikle, 2003)、空气污染(Cocchi et al., 2007)、臭氧层(Cocchi et al., 2007)、陆面温度(Lu et al., 2018)和海面温度(Zhu et al., 2019)等方面的信息融合。感兴趣的读者可以参考具体文献,查看数据融合方法最新发展的细节。

参 考 文 献

Alvera-Azcarate A, Barth A, Beckers J M, et al. 2007. Multivariate reconstruction of missing data in sea surface temperature, chlorophyll, and wind satellite fields. Journal of Geophysical Research-Oceans, 112(C3): JC003660

Alvera-Azcarate A, Barth A, Rixen M, et al. 2005. Reconstruction of incomplete oceanographic data sets using empirical orthogonal functions: application to the Adriatic Sea surface temperature. Ocean Modelling, 9: 325-346

Banerjee S, Gelfand A E, Finley A O, et al. 2008. Stationary process approximation for the analysis of large spatial datasets. Journal of the Royal Statistical Society Series B-Statistical Methodology, 70: 825-848

Baret F, Hagolle O, Geiger B, et al. 2007. LAI, fAPAR and fCover CYCLOPES global products derived from VEGETATION-Part 1: Principles of the algorithm. Remote Sensing of Environment, 110: 275-286

Barry R P, Pace R K. 1997. Kriging with large data sets using sparse matrix techniques. Communications in Statistics-Simulation and Computation, 26: 619-629

Beckers J M, Rixen M. 2003. EOF calculations and data filling from incomplete oceanographic datasets. Journal of Atmospheric and Oceanic Technology, 20: 1839-1856

Borak J S, Jasinski M F. 2009. Effective interpolation of incomplete satellite-derived leaf-area index time series for the continental United States. Agricultural and Forest Meteorology, 149: 320-332

Bretherton F, Davis R, Fandry C. 1976. A technique for objective analysis and design of oceanographic experiments applied to MODE-73. Deep-Sea Research, 23: 559-582

Buermann W, Wang Y J, Dong J R, et al. 2002. Analysis of a multiyear global vegetation leaf area index data set. Journal of Geophysical Research-Atmospheres, 107(D22): 4646

Chen J, Jonsson P, Tamura M, et al. 2004. A simple method for reconstructing a high-quality NDVI time-series data set based on the Savitzky-Golay filter. Remote Sensing of Environment, 91: 332-344

Chen J M, Black T A. 1992. Defining Leaf area index for non-flat leaves. Plant Cell and Environment, 15: 421-429

Chen J M, Deng F, Chen M Z. 2006. Locally adjusted cubic-spline capping for reconstructing seasonal trajectories of a satellite-derived surface parameter. IEEE Transactions on Geoscience and Remote Sensing, 44: 2230-2238

Chou K. 1991. A Stochastic Modeling Approach to Multiscale Signal Processing. Cambridge: Massachusetts Institute of Technology

Christakos G. 1990. A Bayesian maximum entropy view to the spatial estimation problem. Mathematical Geology, 22: 763-777

Christakos G. 1992. Random Field Models in Earth Sciences. Beijing: Academic Press

Christakos G. 2000. Modern Spatiotemporal Geostatistics. New York: Oxford University Press

Christakos G, Kolovos A, Serre M L, et al. 2004. Total ozone mapping by integrating databases from remote sensing instruments and empirical models. IEEE Transactions on Geoscience and Remote Sensing, 42: 991-1008

Cocchi D, Greco F, Trivisano C. 2007. Hierarchical space-time modelling of PM10 pollution. Atmospheric Environment, 41: 532-542

Cressie N. 1993. Statistics for Spatial Data. New York: Wiley

Cressie N, Huang H C. 1999. Classes of nonseparable, spatio-temporal stationary covariance functions. Journal of the American Statistical Association, 94: 1330-1340

Cressie N, Johannesson G. 2008. Fixed rank kriging for very large spatial data sets. Journal of the Royal Statistical Society Series B-Statistical Methodology, 70: 209-226

Cressman G P. 1959. An operational objective analysis system. Monthly Weather Review, 87: 367-374

De Nazelle A, Arunachalam S, Serre M L. 2010. Bayesian maximum entropy integration of ozone observations and model predictions: An application for attainment demonstration in North Carolina. Environmental Science and Technology, 44: 5707-5713

de Vyver H V, Roulin E. 2009. Scale-recursive estimation for merging precipitation data from radar and microwave cross-track scanners. Journal of Geophysical Research-Atmospheres, 114: D08104

Douaik A, Van Meirvenne M, Toth T. 2005. Soil salinity mapping using spatio-temporal kriging and Bayesian maximum entropy with interval soft data. Geoderma, 128: 234-248

Falge E, Baldocchi D, Olson R, et al. 2001. Gap filling strategies for defensible annual sums of net ecosystem exchange. Agricultural and Forest Meteorology, 107: 43-69

Fang H, Liang S, Townshend J R. 2007. Spatially and temporally continuous LAI data sets based on an integrated filtering method: Examples from North America. Remote Sensing of Environment, 112: 75-93

Fang H L, Liang S L, Townshend J R, et al. 2008. Spatially and temporally continuous LAI data sets based on an integrated filtering method: Examples from North America. Remote Sensing of Environment, 112: 75-93

Fieguth P, Menemenlis D, Ho T, et al. 1998. Mapping Mediterranean altimeter data with a multiresolution optimal interpolation algorithm. Journal of Atmospheric and Oceanic Technology, 15: 535-546

Fieguth P W. 1995. Application of Multiscale Estimation to Large Multidimensional Imaging and Remote Sensing Problems. Cambridge: Massachusetts Institute of Technology

Fieguth P W, Karl W C, Willsky A S, et al. 1995. Multiresolution optimal interpolation and statistical analysis of TOPEX/POSEIDON satellite altimetry. IEEE Transactions on Geoscience and Remote Sensing, 33: 280-292

Fieguth P W, Willsky A S. 1996. Fractal estimation using models on multiscale trees. IEEE Transactions on Signal Processing, 44: 1297-1300

Fuentes M. 2007. Approximate likelihood for large irregularly spaced spatial data. Journal of the American Statistical Association, 102: 321-331

Furrer R, Genton M G, Nychka D. 2006. Covariance tapering for interpolation of large spatial datasets. Journal of Computational and Graphical Statistics, 15: 502-523

Gandin L S. 1965. Objective Analysis of Meteorological Fields. Jerusalem: Israel Program for Scientific Translations

Gao F, Masek J, Schwaller M, et al. 2006. On the blending of the Landsat and MODIS surface reflectance: Predicting daily Landsat surface reflectance. IEEE Transactions on Geoscience and Remote Sensing, 44: 2207-2218

Ghil M, Allen M R, Dettinger M D, et al. 2002. Advanced spectral methods for climatic time series. Reviews of Geophysics, 40(1): 3-41

Gneiting T. 2002. Nonseparable, stationary covariance functions for space-time data. Journal of the American Statistical Association, 97: 590-600

Gregg W W, Conkright M E. 2001. Global seasonal climatologies of ocean chlorophyll: Blending in situ and satellite data for the Coastal Zone Color Scanner era. Journal of Geophysical Research-Oceans, 106: 2499-2515

Gu Y X, Belair S, Mahfouf J F, et al. 2006. Optimal interpolation analysis of leaf area index using MODIS data. Remote Sensing of Environment, 104: 283-296

Hannachi A, Jolliffe I T, Stephenson D B. 2007. Empirical orthogonal functions and related techniques in atmospheric science: A review. International Journal of Climatology, 27: 1119-1152

He T, Liang S, Wang D, et al. 2014, Fusion of Satellite Land Surface Albedo Products Across Scales Using a Multiresolution Tree Method in the North Central United States, IEEE Transactions on Geoscience and Remote Sensing, 52(6): 3428-3439

Huang H C, Cressie N, Gabrosek J. 2002. Fast, resolution-consistent spatial prediction of global processes from satellite data. Journal of Computational and Graphical Statistics, 11: 63-88

Huang H C, Martinez F, Mateu J, et al. 2007. Model comparison and selection for stationary space-time models. Computational Statistics and Data Analysis, 51: 4577-4596

Johannesson G, Cressie N. 2004. Finding large-scale spatial trends in massive, global, environmental datasets. Environmetrics, 15: 1-44

Kannan A, Ostendorf M, Kar W C, et al. 2000. ML parameter estimation of a multiscale stochastic process using the EM algorithm. IEEE Transactions on Signal Processing, 48: 1836-1840

Kolovos A, Christakos G, Serre M L, et al. 2002. Computational Bayesian maximum entropy solution of a stochastic advection-reaction equation in the light of site-specific information. Water Resources Research: 1318

Kondrashov D, Ghil M. 2006. Spatio-temporal filling of missing points in geophysical data sets. Nonlinear Processes in Geophysics, 13: 151-159

Kwiatkowska E J, Fargion G S. 2003. Application of machine-learning techniques toward the creation of a consistent and calibrated global chlorophyll concentration baseline dataset using remotely sensed ocean color data. IEEE Transactions on Geoscience and Remote Sensing, 41: 2844-2860

Le Traon P Y, Nadal F, Ducet N. 1998. An improved mapping method of multisatellite altimeter data. Journal of Atmospheric and Oceanic Technology, 15: 522-534

Liu H Q, Pinker RT, Holben B N. 2005. A global view of aerosols from merged transport models, satellite, and ground observations. Journal of Geophysical Research-Atmospheres, 110 (D10): JD004695

Lorenc A C. 1986. Analysis methods for numerical weather prediction. Quarterly Journal of the Royal Meteorological Society, 112: 1177-1194

Lu N, Liang S L, Huang G H, et al. 2018. Hierarchical Bayesian space-time estimation of monthly maximum and minimum surface air temperature. Remote Sensing of Environment, 211: 48-58

Luettgen M. 1993. Image Processing with Multiscale Stochastic Models. Cambridge: Massachusetts Institute of Technology

Matheron G. 1963. Principles of geostatistics. Economic Geology, 58: 1246-1266

McMillan N, Bortnick S M, Irwin M E, et al. 2005. A hierarchical Bayesian model to estimate and forecast ozone through space and time. Atmospheric Environment, 39: 1373-1382

Menemenlis D, Fieguth P, Wunsch C, et al. 1997. Adaptation of a fast optimal interpolation algorithm to the mapping of oceanographic data. Journal of Geophysical Research-Oceans, 102: 10573-10584

Moody E G, King M D, Platnick S, et al. 2005. Spatially complete global spectral surface albedos: Value-added datasets derived from terra MODIS land products. IEEE Transactions on Geoscience and Remote Sensing, 43: 144-158

Myneni R B, Hoffman S, Knyazikhin Y, et al. 2002. Global products of vegetation leaf area and fraction absorbed PAR from year one of MODIS data. Remote Sensing of Environment, 83: 214-231

Nychka D, Wikle C, Royle J A. 2002. Multiresolution models for nonstationary spatial covariance functions. Statistical Modelling, 2: 315-331

Ooba M, Hirano T, Mogami J I, et al. 2006. Comparisons of gap-filling methods for carbon flux dataset: A combination of a genetic algorithm and an artificial neural network. Ecological Modelling, 198: 473-486

Parada L M, Liang X. 2004. Optimal multiscale Kalman filter for assimilation of near-surface soil moisture into land surface models. Journal of Geophysical Research-Atmospheres, 109 (24): JD004745

Piao S L, Fang J Y, Zhou L M, et al. 2006. Variations in satellite-derived phenology in China's temperate vegetation. Global Change Biology, 12: 672-685

Pottier C, Garcon V, Larnicol G, et al. 2006. Merging SeaWiFS and MODIS/Aqua ocean color data in North and Equatorial Atlantic using weighted averaging and objective analysis. IEEE Transactions on Geoscience and Remote Sensing, 44: 3436-3451

Pottier C, Turiel A, Garcon V. 2008. Inferring missing data in satellite chlorophyll maps using turbulent cascading. Remote Sensing of Environment, 112: 4242-4260

Preisendorfer R. 1988. Principal Component Analysis in Meteorology and Oceanography. Elsevier

Reynolds R W, Smith T M. 1994. Improved global sea surface temperature analyses using optimal interpolation. Journal of Climate, 7: 929-948

Sakamoto T, Yokozawa M, Toritani H, et al. 2005. A crop phenology detection method using time-series MODIS data. Remote Sensing of Environment, 96: 366-374

Sapiano M R P, Smith T M, Arkin P A. 2008. A new merged analysis of precipitation utilizing satellite and reanalysis data. Journal of Geophysical Research-Atmospheres, 113(22): JD010310

Schoellhamer D H. 2001. Singular spectrum analysis for time series with missing data. Geophysical Research Letters, 28: 3187-3190

Sellers P J, Tucker C J, al G J C e. 1994. A global 1° by 1° NDVI data set for climate studies. Part 2: The generation of global fields of terrestrial biophysical parameters from the NDVI. International Journal of Remote Sensing, 15: 3519-3545

Serre M L, Christakos G. 1999. Modern geostatistics: computational BME analysis in the light of uncertain physical knowledge-the Equus Beds study. Stochastic Environmental Research and Risk Assessment, 13: 1-26

Slatton K C, Crawford M M, Evans B L. 2001. Fusing interferometric radar and laser altimeter data to estimate surface topography and vegetation heights. IEEE Transactions on Geoscience and Remote Sensing, 39: 2470-2482

Stein M L. 2005. Space-time covariance functions. Journal of the American Statistical Association, 100: 310-321

Tao X, Liang S, Wang D, et al. 2018. Improving Satellite Estimates of the Fraction of Absorbed Photosynthetically Active Radiation Through Data Integration: Methodology and Validation. IEEE Transactions on Geoscience and Remote Sensing, 56: 2107-2118

Tzeng S L, Huang H C, Cressie N. 2005. A fast, optimal spatial-prediction method for massive datasets. Journal of the American Statistical Association, 100: 1343-1357

Uz B M, Yoder J A. 2004. High frequency and mesoscale variability in SeaWiFS chlorophyll imagery and its relation to other remotely sensed oceanographic variables. Deep-Sea Research Part Ii-Topical Studies in Oceanography, 51: 1001-1017

Vautard R, Ghil M. 1989. Singular spectrum analysis in nonlinear dynamics, with applictions to paleoclimatic time-series. Physica D, 35: 395-424

Wang D, Liang S. 2014. Improving LAI Mapping by Integrating MODIS and CYCLOPES LAI products using optimal interpolation. IEEE Journal of Selected Topics in Applied Earth Observations and Remote Sensing, 7: 445-457

Wang D, Liang S. 2011. Integrating MODIS and CYCLOPES LAI using EOF. IEEE Transactions on Geoscience and Remote Sensing, 49(5): 1513-1519

Wang D, Liang S. 2010. Using multiresolution tree to integrate MODIS and MISR-L3 LAI products. In, 2010 IGRASS(pp. 1027-1030). Honululu, HI

Weare B C, Nasstrom J S. 1982. Examples of extended empirical orthogonal function anaylyses. Monthly Weather Review, 110: 481-485

Weiss M, Baret F, Garrigues S, et al. 2007. LAI and fAPAR CYCLOPES global products derived from VEGETATION. Part 2: validation and comparison with MODIS collection 4 products. Remote Sensing of Environment, 110: 317-331

Wikle C K. 2003. Hierarchical Bayesian models for predicting the spread of ecological processes. Ecology, 84: 1382-1394

Wikle C K, Berliner L M. 2007. A Bayesian tutorial for data assimilation. Physica D-Nonlinear Phenomena, 230: 1-16

Wikle C K, Berliner L M, Cressie N. 1998. Hierarchical Bayesian space-time models. Environmental and Ecological Statistics, 5: 117-154

Wikle C K, Milliff R F, Nychka D, et al. 2001. Spatiotemporal hierarchical Bayesian modeling: Tropical ocean surface winds. Journal of the American Statistical Association, 96: 382-397

WMO. 2006. Systematic observation requirements for satellite-based products for climate. Geneva, Switzerland: Systematic Observation Requirement for Satellite-based Products for Climate

Yang W Z, Tan B, Huang D, et al. 2006. MODIS leaf area index products: From validation to algorithm improvement. Ieee Transactions on Geoscience and Remote Sensing, 44: 1885-1898

Zhang B L, Pinker R T, Stackhouse P W. 2007. An empirical orthogonal function iteration approach for obtaining homogeneous radiative fluxes from satellite observations. Journal of Applied Meteorology and Climatology, 46: 435-444

Zhang X Y, Friedl M A, Schaaf C B. 2006. Global vegetation phenology from Moderate Resolution Imaging Spectroradiometer (MODIS): Evaluation of global patterns and comparison with in situ measurements. Journal of Geophysical Research-Biogeosciences, 111: G04017

Zhang X Y, Friedl M A, Schaaf C B, et al. 2003. Monitoring vegetation phenology using MODIS. Remote Sensing of Environment, 84: 471-475

Zhu Y X, Kang E L, Bo Y C, et al. 2019. Hierarchical Bayesian Model Based on Robust Fixed Rank Filter for Fusing MODIS SST and AMSR-E SST. Photogrammetric Engineering and Remote Sensing, 85: 119-131

第 22 章　卫星遥感数据产品生产和管理[*]

本章介绍高级遥感数据产品的生产和管理系统。其中，数据生成系统提供任务管理、算法执行、数据质量检查和系统监控功能。数据管理系统负责数据存档、存储和分发。

高级遥感数据产品的生产和管理系统是遥感地面系统的组成部分。本章 22.1 节以美国航空航天局的全球对地观测系统和欧空局的欧洲遥感卫星系统为例，介绍了遥感地面系统的结构和功能。22.2 节介绍数据生产和管理系统，其中以全球陆表特征参量数据产品 (Global Land Surface Satellite, GLASS) 系统和资源卫星数据和应用中心 (China Center for Resources Satellite Date and Application, CRESDA) 系统作为两个范例。作为该领域的最新进展，22.3 节以 Google Earth Engine 为例，介绍了基于云计算的遥感数据在线分析系统。

22.1　遥感地面系统组成

遥感地面系统，是相对于卫星等空中飞行的观测载荷系统而言，主要是负责各类航空航天观测数据的接收和处理。在国内外众多的遥感数据中心中 (吕雪锋等，2011)，美国航空航天局的全球对地观测系统和欧空局的欧洲遥感卫星系统最为典型。

22.1.1　美国航空航天局地球观测系统的数据和信息系统

从全球遥感发展历史的角度来看，美国航空航天局 (National Aeronautics and Space Administration, NASA) 最早开始全球尺度的对地观测系统的建设，在载荷设计、卫星管控、产品生产、数据共享等方面的建设成果非常显著。

NASA 的地球观测系统数据和信息系统 (EOSDIS) (Ramapriyan et al., 2010) 如图 22.1 所示。它管理来自多种来源的 NASA 地球科学数据包括卫星、飞机、现场测量和各种其他程序。整个系统分为左右两个部分：观测任务 (Mission Operation)、科学运营 (Science Operation)。

其中，观测任务部分，主要由卫星观测载荷、中继卫星、卫星地面控制站、卫星广播地面接收站、极区地面接收站、地面预处理系统、地面控制系统等组成。提供了卫星运行的命令和控制、调度、数据接收和初始 (0 级) 处理数据处理能力。

科学运营部分则专注于以下能力建设：为地球观测系统 (Earth Observing System, EOS) 任务生成更高级别 (1~4 级) 科学数据产品；从 EOS 和其他卫星任务中归档和分发数据产品，以及飞机和现场测量活动。科学数据产品的生产工作是在包含许多互连节点的分布式系统中执行的，既包括科学调查员主导的处理系统 (Science Investigator-led Processing System, SIPS)，也包括面向学科领域划分的地球科学分布式活动档案中心

---

　　* 本章作者：白玉琪 [1]，刘素红 [2]，赵祥 [2]，王志刚 [3]，赵需生 [4]，刘昱甫 [1]，林鸣 [1]

　　1. 清华大学；2. 北京师范大学地理科学学部；3. 资源卫星应用中心；4. 美国乔治梅森大学

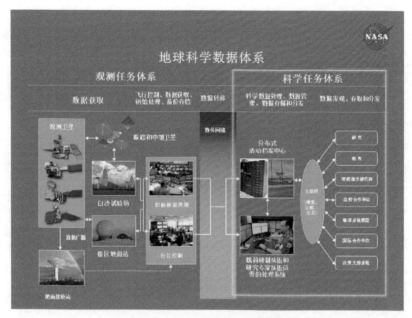

图 22.1 对地观测数据和信息系统

（Distributed Active Archive Center, DAAC）。后者集中负责地球科学数据产品的生产、存档和分发。DAAC 通过提供搜索和访问科学数据产品和专业服务的功能，为大型多样化用户社区（如 EOSDIS 性能指标所示）提供服务。科学任务体系还包含了载荷研制团队和科学分析团队的数据处理系统、不同的科学数据中心系统、数据共享分发系统。观测任务和科学应用这两个部分之间的连接，则是通过专门的数据和服务网络完成的。

  NASA 的分布式活动档案中心（DAAC）的主要设施分布如图 22.2 所示。这些机构负责保管 NASA 对地观测任务的数据，包括各类卫星数据和科学考察、现场采集等数据，负责完成数据处理、存档、记录和分发。这些中心之间的区别在于针对的科学领域和处理的数据彼此不同。比如，阿拉斯加卫星设施分布式活动档案中心（ASF DAAC）主要负责合成孔径雷达（SAR）数据的获取、处理、存档和分发；土地过程 DAAC（LP DAAC）聚焦土地过程数据产品，目标是服务于综合地球系统的跨学科研究；戈达德地球科学数据和信息服务中心（GES DISC）相对全面，提供了的全球气候数据主要集中在大气成分，大气动力学，全球降水和太阳辐照度等领域。

  这些中心之间密切配合，在数据产品组织、数据产品描述、元数据编码和多数据产品检索等方面，都遵循相同的标准。他们共同实现了可靠和强大的数据服务，包括协助选择和获取数据、访问数据处理和可视化工具、技术支持。

22.1.2　欧空局的欧洲遥感（ERS）卫星地面系统

  欧空局的两个 European Remote Sensing（ERS）欧洲遥感卫星 ERS-1 和 ERS-2 分别于 1991 年和 1995 年发射到同一轨道。他们的有效载荷包括合成孔径成像雷达（SAR）、雷达高度计（Altimeter）和测量海洋表面温度和风场的仪器。欧洲遥感卫星的地面系统结构图如图 22.3 所示。

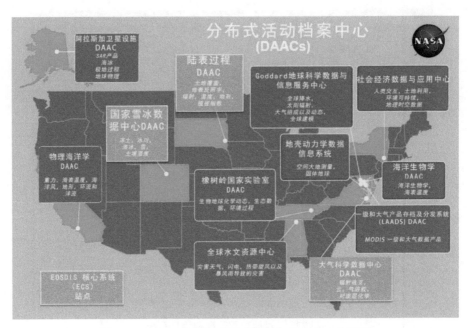

图 22.2　NASA 的分布式活动档案中心 DAAC 布局图

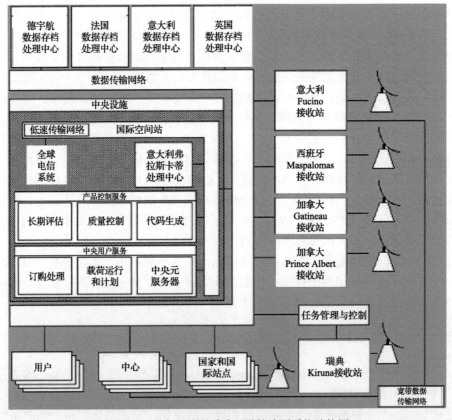

图 22.3　欧空局欧洲遥感卫星的地面系统结构图

图 22.3 中右侧连接接收天线示意图的是负责接收欧洲遥感卫星的接收系统，分别位于意大利 Fucino、西班牙 Maspalomas、加拿大的 Gatineau、加拿大的 Prince Albert 以及瑞典的 Kiruna。这些接收站能够实时接收数据或者从机载磁带机获取近期历史数据。数据接收三小时内，标准的数据预处理等就可以完成，通过图中的 DDN 所代表的数据传输网络，传递给主要的数据处理节点和主要的用户单位。

图 22.3 中上方的四个 PAF，代表四个数据处理和存档中心。和 NASA 的 DAAC 类似，这些 PAF 分工明确，承担了特定数据产品的处理和存档的任务。

如图 22.4 所示，德宇航数据存档处理中心主要负责合成孔径成像雷达(SAR)的精度和地理编码数据处理及其更高级别的高度测量产品和精确轨道计算。法国数据存档处理中心主要负责海洋及相关产品的风散射仪、雷达高度计等产品。意大利数据存档处理中心处理地中海区域的 SAR 和 LBR 数据。英国数据存档处理中心负责处理冰和陆地产品等。

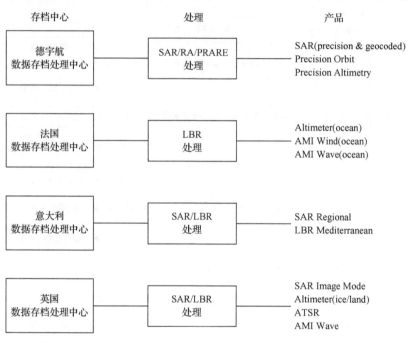

图 22.4　欧空局欧洲遥感卫星地面系统数据处理中心任务分配示意图

22.2　卫星遥感数据生产系统

遥感数据生产系统通常包括数据处理子系统、数据存档和信息管理子系统、任务和有效负载管理子系统、数据分发子系统、数据模拟和评估子系统、应用程序演示和培训子系统以及校准站点子系统等。这些子系统往往通过一个公共的软件平台来提供网络连接和系统操作支持。图 22.5 显示了中国资源卫星数据和应用中心(CRESDA)的数据生成系统的组成。

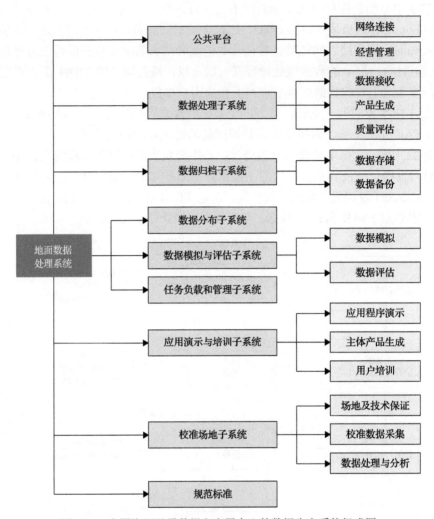

图 22.5　中国资源卫星数据和应用中心的数据生产系统组成图

　　另一个例子是 GLASS 产品生产系统。中国启动了"陆表特征参量产品生成与应用研究"863 重点研发计划。该项目的核心组成部分是开发 GLASS 产品生产系统，生产长期陆地参量观测的数据产品，如地表温度、叶面积指数、发射率、反照率和辐射等。图 22.6 展示了 GLASS 数据生产系统的硬件系统网络结构。

　　图 22.7 显示了 GLASS 数据生成系统的硬件配置示意图。它包括数据处理服务器和生产管理服务器。生产管理服务器主要包括任务管理服务器、资源监控服务器、生产调度服务器和质量检测服务器。数据库管理服务器、海量数据存储系统和产品分发服务器通过万兆交换机或千兆交换机互连。表 22.1 列出了 GLASS 数据生产和管理系统的详细硬件配置。

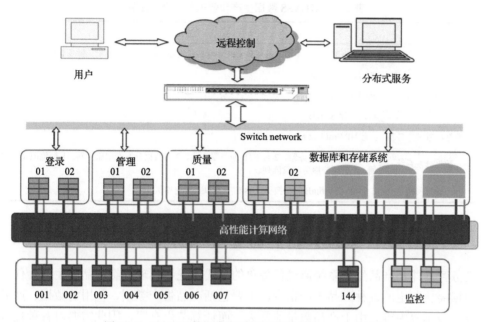

图 22.6　GLASS 数据生产系统网络图(Zhao et al., 2013)

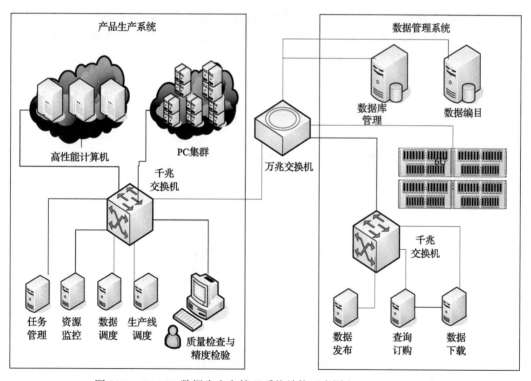

图 22.7　GLASS 数据生产和管理系统结构示意图(Liang et al., 2013)

表 22.1　GLASS 数据生产和管理系统硬件配置

序号	部件名称	主要配置
1	计算服务器	144 计算节点，每个节点双 4 核 CPU，集成千兆/万兆以太网交换机，集成 InfiniBand 交换机 200TB SAS 存储
2	存储服务器	500TB SATA 存储 移动存储 500TB
3	数据库管理服务器	2 台 HP ProLiant ML150 服务器
4	数据分发系统	2 台网站/邮件服务器、2 台 FTP 服务器、2 台数据分发专用服务器、1 台地图发布服务器、1 台用户服务磁盘阵列
5	计算网络	2 台 48 口 InfiniBan 交换机；48 口千兆以太网交换机

22.2.1　产品生产任务管理

任务管理即是产品生产系统通过任务单的形式实现和管理各级产品的生产。任务单是指根据需要制定的各种产品生产指令，主要包括产品生产类别、使用的数据、产品时间、算法版本等内容。由于产品数量非常大，而计算节点有限，因此需要对各种任务进行统一管理和分配。在产品生产系统运行期间，需对计算节点和计算任务进行监控和管理，包括制定任务单、任务单审核、任务单执行、任务单重启、任务单取消、任务单优先级设定、任务单执行状态显示、计算资源状态显示等内容。生产任务管理的执行流程如图 22.8 所示，其中主要功能分别说明如下。

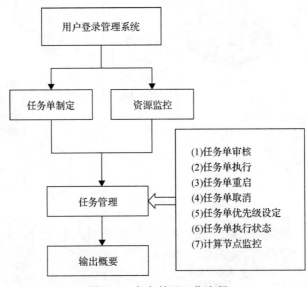

图 22.8　任务管理工作流程

1) 制定任务单

制定数据预处理和产品生产的任务单由用户按照需求填写生产。主要内容包括：生产产品的时间范围、空间范围、参数类型、生产模式及辅助参数选择等。

2）任务单审核

对任务单是否有效、能否执行进行审核。根据数据是否存在，设定任务单状态为缺数据或者可执行。系统根据任务单的要求进行工作区数据准备检测，如果不满足条件，系统要发出重新数据准备要求的命令。假如工作区数据就绪，则系统估算计算量，建立派工单，任务单进入任务执行队列。

3）任务单执行

对可执行的任务单进行任务调用，分配到计算节点执行。

4）任务单重启

对缺少数据的任务单或生产失败的任务单，当数据等生产条件补充完成，可以重新提交审核，完成任务单审核，等待执行。

5）任务单取消

对排队等待执行处理的任务单，可以取消其排队执行状态，进入等待执行状态。除非启用任务执行，否则不再执行。

6）任务单优先级设定

对产品生产的各种任务单，可以设定任务优先级，优先处理优先级高的任务。

7）任务单执行状态

任务单状态包括：任务单新建、审核通过、审核未通过、取消、等待执行、正在生产、运行错误。这些状态，概括了每一个任务单的生命周期。

8）计算节点监控

每个计算节点的 CPU 使用和内存使用状况，任务队列的排队情况和执行效率，都需要实施监控，保证所有的任务单顺利完成。

22.2.2　高性能计算环境

高性能计算（High Performance Computing, HPC）通常指使用很多处理器（作为单个机器的一部分）或者某一集群中组织的多台计算机的计算系统和环境，实现各种产品反演算法进行全球产品生产的大数据量计算，生成各种高级产品，如叶面积指数、反照率、发射率和辐射等产品。

有许多类型的 HPC 系统，其范围从标准计算机的大型集群，到高度专用的硬件。大多数基于集群的 HPC 系统使用高性能网络互连，比如基于 InfiniBand 或者 Myrinet 的网络互连，能够实现多主机之间的快速网络传输。

高性能并行计算技术在提升计算效率、增加计算规模等方面具有独特的优势。在执行计算时间较长的算法中，可以采用并行计算技术提高计算效率，比如采用区域分解法对叶面积指数算法进行并行化改写和移植。

消息传递接口（Message Passing Interface, MPI）是主流的高性能并行计算解决方案。作为跨节点通讯的基础软件环境，它能够让不同节点上的相关进程之间进行通信、同步等操作，从而实现任务的并行执行。每个计算节点收到执行部分任务的消息，执行结束后，按照约定方式，发送任务完成消息，并提供计算结果(Pakin et al., 2009)。

在全球陆表特征参量各产品反演算法中，叶面积指数算法以年作为最小时间序列单位来反演 LAI。其最小任务单元要包含一整年的数据，计算量大。结合叶面积指数算法特点，在现有高性能并行计算机硬件平台和软件支撑环境上，设计高效的并行算法，将 LAI 程序移植到并行环境中，从而提高了程序计算效率。

图 22.9 展示了并行程序的执行顺序图。程序基于 MPI 标准，采用大规模多节点并行计算的方式，以粗粒度切分并行计算任务，进程 0 负责分发、接收和汇总数据，其余进程负责计算，各进程间保持同步关系。随着参与计算的进程数目的增加，程序总体运行时间大幅下降，使用 16 个进程并行计算时，计算时间缩短 90%以上。值得一提的是，计算效率与并行节点数并不能呈现严格的线性关系，这与内存分配、进程间通信、节点间通信等开销有关。

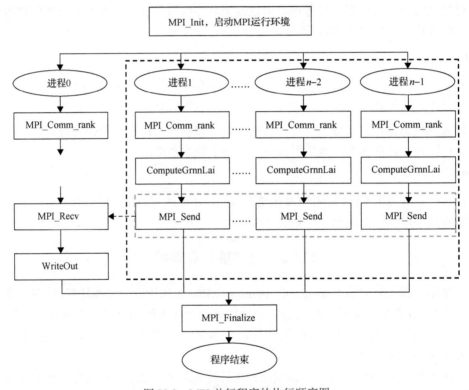

图 22.9　MPI 并行程序的执行顺序图

22.2.3　数据质量检验

质量检测包括质量标识与精度检验两部分内容，是指对各种高级产品进行质量检测，并形成质量控制信息或文件，供各级用户使用时参考。数据质测方法很多，包括自动质量检验和人工目视判读两部分(Hubert, 1961)。

产品质量自动检验通过质量检验程序自动完成，生成逐像元的数据质量标识。自动检验方法包括：①时间连续性检验：通过各地表类型典型站点长时间序列剖面，检验数据产品在季节和年际变化特征方面的表征能力；②空间一致性检验：同时期内，区域内的地表状况相对稳定，表征地表状况的生物物理参数和地球物理参数也往往呈现出一定的空间格局。对于生产的产品数据集，可利用先验知识检验其不同季节、时相的空间分布是否合理。

除了自动检验外，数据产品还可以进行人工目视检验。独立的质量检验员借助于遥感数据可视化软件，通过放大、直方图拉伸等功能浏览数据产品，通过统计工具分析产品统计信息，通过比较数据产品的影像特征是否与背景场一致等手段，检验数据产品的质量，排除影响数据产品的各种质量缺陷。

为了高效地完成产品质量检测，可以通过建立产品质量验证平台，实现产品生产、质量分析和真实性检验三者之间关联。该平台为用户、产品生产、质量分析以及真实性检验提供了联系的通道。数据产品质量检测流程如图 22.10 所示。

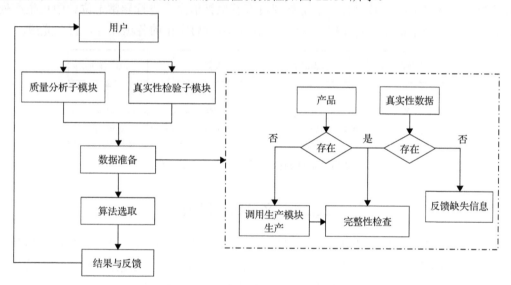

图 22.10　遥感数据产品质量检测流程

1）建立质量验证数据库

质量验证数据库除了包括由产品生产模块提供的全球陆表特征参量产品以外，还包括用于质量分析的预定义控制文档，以及用于真伪检验的地面同步量测数据、与参数相应的先验性常识以及历史数据等。

2）算法模块集成

质量验证平台需要提供与质量分析模块和真实性检验模块的算法接口，将各类用于产品质量控制的算法模块进行集成，合理设计验证平台模块接口，将数据库接口、质量分析接口、真实性检验接口通过一个 Web 界面集成到一起，将方便于用户和管理员的操作和使用。如针对管理员用户，可以完成质量分析或检验工作，并将处理结果通过反馈机制，以报告的形式反馈给数据管理员和算法研制人员等。

3）用户反馈机制建立

基于统一的反馈标准与规范，针对不同的处理结果，以相应的表现形式，将结果及时反馈给用户或管理员。

22.2.4　系统监控

监控系统能够实现对系统整体性能的实时监测，也能够管理分布式环境中运行的计算任务，最终保障任务订单生产流程的全自动化和高可靠性。针对跨平台、可扩展、高性能计算环境中的遥感数据生产分布式监控系统，能够实现对 CPU 使用率、内存占有率、硬盘空间利用率、I/O 负载、网络流量等环境的动态监测，能够实现对节点工作状态的监控，实现整体运行环境的合理调度、资源保障，最终确保生产任务的顺利完成。

系统监控流程图如 22.11 所示。针对各分计算节点状态和任务执行状况进行实时业务监控，对异常情况及时报警。系统管理员查看报警信息，进行异常定位、中止生产处理后，进行系统维护和回复操作，故障接触后，将重启中止的各项任务，直至完成。

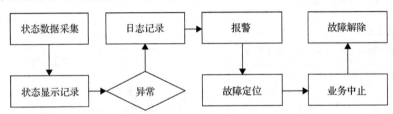

图 22.11　遥感数据产品生产监控系统流程图

22.2.5　产品数据组织

遥感数据产品管理指的是按照本书其他章节所介绍的预处理、处理、生产等环节后得到的遥感数据的管理。遥感数据管理的目的是为了能够最大限度地提供长效性的数据服务，提供数据检索和获取的方法，方便科研人员获得其需要的遥感数据，进一步分析，实现数据价值。

遥感数据产品一般分为两类：数据集(Data Set/Data Collection)和数据(Granule)。其中，数据集指的是按照一定的处理流程生产出来的一组具有相同特征的数据。比如，"MODIS/Terra Land Surface Temperature/Emissivity Daily L3 Global 1km SIN Grid V006"，就是一个数据集。它还有一个名字，MOD11A1，分别是全称(Full Name)和短名称(Short Name)。这个数据集是一个网格化的数据产品。该数据集提供了某一天内(称之为"时间分辨率")一个 1200km×1200km 范围内的每 1km×1km 范围内(称之为"空间分辨率")的地表温度和反射率的观测值。

如下是该数据集下的两个数据(Granule)的例子：

MOD11A1.A2019131.h24v06.006.2019132083759.hdf

MOD11A1.A2019131.h25v06.006.2019132083805.hdf

这两个数据，从文件名上可以看出，它们同属于一个 MOD11A1 数据集，而且文件名的规则比较一致。事实上，这两个文件名中的 2019131，表明它们都是 2019 年第 131 天的数据（对应到前面提到的某一天，也就是说，这个数据集下的每一个数据，都对应某一个天）。h24v06 和 h25v06 对应地球表面的某两个固定的网格区域，分别如图 22.12 中的两个多边形框所示。

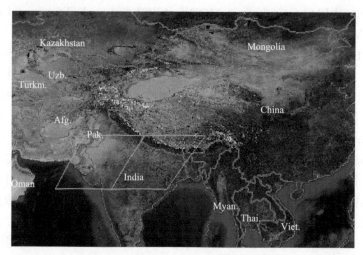

图 22.12　MOD11A1 数据集中的两个示例数据的空间覆盖范围图

每一个数据集所包含的数据的个数，有很大的差别。比如，"Landsat 7 Enhanced Thematic Mapper Plus（ETM+）Collection 1 V1"数据集，包含了自 1999 年 4 月 15 日至今的每景影像，总个数是 2696876。其中每景数据，大致覆盖了地面 185km×170km 的范围，对应大约 20min 左右的观测时间段。而"Global Annual PM2.5 Grids from MODIS，MISR and SeaWiFS Aerosol Optical Depth（AOD）with GWR，1998～2016"数据集是全球覆盖的年度的产品，所以只包含了 19 个数据，每个数据对应一个年份。

22.2.6　产品数据管理

数据集信息是实现遥感数据产品管理的关键。如前所述，每个数据集都代表了经过相同的处理流程得到的一组数据。数据集之间的差别可能很大，比如有的数据产品指的是原始影像，有的则是全球空气质量数据。但同一个数据集内的数据之间的差别，往往只局限在观测时间或者空间覆盖范围。

数据集管理需要首先保证数据集名称的相对稳定和一致性。在此基础上，数据集的信息可以集中维护，以可检索的目录的形式，实现有效管理。比如，美国 NASA 建立了全球变化主目录（GCMD）系统，提供全球变化研究相关的数据信息系统的详细信息，避免多家机构重复性地建立许多孤立的数据目录，强化了国家范围内的全球变化研究的数据和信息系统信息的开放共享。NASA 的遥感数据集信息，都以标准统一的格式，维护在其中并定期更新。另外一个例子是政府间对地观测委员会（CEOS）的国际数据目录网络

(IDN)。政府间对地观测委员会的成员是主要航天大国的对地观测部门，比如美国的NASA、NOAA 和 USGS，法国的 CNES，中国的国家气象局、国家遥感中心等。IDN 面向各国对地观测部门，提供了标准的数据集信息的注册、维护和查询功能。其中，IDN 制定的数据集信息描述的标准是实现国际层面的遥感对地观测数据集信息共享的关键因素。

此外，每一个数据集，都采用数字对象唯一标识符(DOI)，已经成为重要趋势。比如，Global Annual PM2.5 Grids from MODIS, MISR and SeaWiFS Aerosol Optical Depth (AOD) with GWR, 1998~2016 数据集，DOI 标识为 "10.7927/H4ZK5DQS"。该标识连同 DOI 服务的 URL 地址，就可以拼接成一个唯一的 URN，"https://dx.doi.org/10.7927/H4ZK5DQS"，成为该数据集的唯一标识。值得注意的是，这个 URN，也是一个有效的 URL，如果在浏览器中打开，就可以指向美国 NASA 的社会数据和应用中心网站上该数据集的介绍主页。

数据(Granule)的存储往往都是按照预先组织好的目录结构进行管理，同一个产品数据集的数据都放在一起。数据的命名，一般都采用某种约定的规则，以实现不同产品之间的一致性。比如，之前介绍的 MOD11A1 数据集的一个数据，MOD11A1.A2019131.h24v06.006.2019132083759.hdf，其文件名中的 MOD11A1，表示所属数据集的短名称；A 的意思是 AM，代表的是数据来自搭载了 MODIS 传感器的 Terra 上午星；2019131 代表数据的获取时间，是第 131 天观测成像；h24v06，是 MODIS 所提出的地面网格的行列号的位置序号；006 代表数据集的版本号，每采用新的算法或者参数配置进行数据生产，就会增加产品的版本号以示区别；2019132083759，是 YYYY-DDD-HH-MM-SS 格式表达的数据的生产时间。

22.2.7　产品元数据(Metadata)管理

产品管理除了上述的数据集信息和数据文件管理以外，还有一个重要的内容就是元数据管理。元数据(Metadata)就是关于数据的数据。从概念上讲，指的是一类描述性信息，用于对数据本身的内容、质量、表示方式、空间参照系、管理方式、访问位置等重要信息进行说明。针对不同领域的数据的元数据，其内容及表达形式差别很大。

针对遥感科学数据而言，元数据既可以是针对产品数据集(dataset/data collection)，也可以是针对产品数据(Granule)。目前已经有相对比较成熟的标准化组织管理方式。典型的标准有 NASA 制定的目录交换格式(DIF)、美国联盟地理数据委员会制定的地理空间元数据内容标准(CSDGM)、ISO 地理信息标准委员会制定的 ISO 19115、19115-2 和 19139 三个地理信息元数据内容和编码标准。

其中，DIF 是一个针对遥感数据集的元数据内容标准。它规定了，描述一个数据集，需要提供的元数据信息，其中主要的有：Directory Entry Identifier、Directory Entry Title、Start and Stop Dates、Sensor Name、Source Name、Investigator、Technical Contact、Author、Data Center (Name, Contact Person, and Dataset ID)、Originating Center、Campaign or Project Name、Storage Medium、Parameter Measured、Discipline Keywords、Location Keywords、General Keywords、Coverage、Revision Date、Science Review Date、Future Review Date、

Reference、Quality、Summary。DIF 规范中针对每一项，都有详细准确的描述。前面提到的全球变化主目录(GCMD)系统、政府间对地观测委员会(CEOS)的国际数据目录网络(IDN)都采用了 DIF 标准，实现遥感数据产品信息的管理。

CSDGM 提供了一套专业化术语定义，规定了地理空间数据的元数据的内容组织方法。CSDGM 前后发布了两个版本。其中第一个版本针对地理空间数据，第二个版本进一步针对遥感数据进行了扩展。目前包含了标识信息、数据质量信息、空间数据组织信息、空间参照系统信息、实体与属性信息、发行信息、元数据参考信息、引用信息、时间周期信息、联系信息等接近 500 项的元数据内容。

ISO 19115 和 19115-2 是两项 ISO 地理信息元数据标准。它们在很大的程度上借鉴了DIF 和 CSDGM。其中，19115 针对地理空间数据，而 19115-2 则针对遥感数据。ISO 19139是这两项元数据内容标准的编码标准。它以 XML 的方式，实现了 19115 和 19115-2 所定义的元数据内容的编码。

基于遥感产品数据及其元数据信息的有机组织和管理，就能提供遥感数据产品的检索、分发功能。图 22.13 所示的是 NASA 的对地观测元数据系统 ECHO(Bai et al., 2007)的系统架构示意图。其中，右侧所示的是各个负责数据生产的数据中心，比如 LP DAAC。所有的遥感产品数据都是在这些数据中心中生产和管理。数据中心在生产数据的过程中，同步完成对应的元数据信息的生产，并把这些元数据信息，通过 ECHO 系统的 Partner API接口，汇交到 ECHO 系统中。ECHO 管理维护所有的数据集(图中的 Collection 所示)和数据(图中的 Granule 所示)的元数据信息，以及所有的预览图像。ECHO 进一步提供了遥感数据产品检索服务，通过 Client API 接口，提供给左侧显示的各类空间数据服务和系统，支持其提供遥感数据产品的检索功能。目前，ECHO 系统已经升级为 CMR。图 22.13中左侧列出的遥感数据检索系统，目前已经有 Reverb、Eartdata 等更新的版本了。

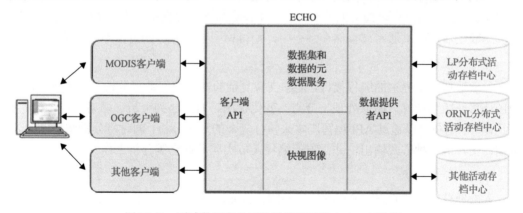

图 22.13　遥感数据产品元数据管理系统 ECHO 架构图

22.3　基于云计算的遥感数据管理和分析的集成

长期以来，遥感数据管理的责任都是由各类对地观测机构承担。主要的原因是这些机构负责遥感数据的接收、处理和管理。近年来以谷歌为代表的商业公司，开始涉足遥感数据增值服务领域。它们构建了大型的存储和计算环境，复制拷贝了目前主要的开放共享的遥感数据产品，还通过购买合作等途径，获取了更高分辨率的商业卫星数据。在此基础上，谷歌公司联合卡内基梅隆大学、NASA、USGS、TIME 推出了谷歌地球引擎系统 Google Earth Engine(Gorelick et al., 2017)，专门用来处理卫星图像和其他地球观测数据的云端运算平台。该平台利用谷歌计算基础设施优化了地理空间数据的并行处理，能够存取 PB 级别的卫星图像和地球观测数据，还提供了 JavaScript 和 Python 的编程 API 接口，以及基于互联网的集成开发环境。

22.3.1　谷歌地球引擎系统的组成部分

谷歌地球引擎系统主要包含四个部分：数据管理系统、计算引擎系统、编程接口、用户界面系统。

1) 数据管理系统

谷歌地球引擎系统整合了近 40 年的地球观测数据，其中包括从 USGS 上下载的完整的 Landsat 4、5、7、8 卫星的影像数据，MODIS 全球数据和其他遥感和矢量数据产品。所有的数据都是经过预处理和地理配准，能够被直接使用。同时，用户也可以上传栅格和矢量数据，免费共享给他人使用或仅供自己使用。目前的数据产品包括气象气候数据、遥感观测影像、地球物理数据、全球人口、全球能源供应设施、全球高程、全球水系、地表覆盖等，超过 200 个公共数据集，总存储量超过 5PB。

2) 计算引擎系统

谷歌地球引擎的计算框架提供了非常有效的计算方法，为大尺度数据处理提供了极大的便利。全球用户实时提交的分析任务，在谷歌高性能数据中心中自动实现并行分析。计算完成之后，结果通常被存储在缓存中，使得相同数据分析的请求不必再重新计算。

3) 编程接口

谷歌地球引擎提供的编程接口，能够支持复杂的地理空间数据分析，包括叠置分析、地图计算、矩阵计算、图像处理、分类、变化检测、时间序列分析、栅格矢量转化、图片统计等。用户可以通过 API 编写脚本来执行复杂的地理分析，同时将分析结果以图表、地图、图片等多种方式输出，非常方便编程人员实现数据定制分析工作。

4) 用户界面系统

谷歌地球引擎的 Code Editor 是一个针对 JavaScript API 的基于网页的集成开发环境，能够简单和快速地处理复杂的地理空间工作流程。它拥有较为友好地用户界面，方便用户编辑代码、运行程序、输出可视化结果、搜寻数据集、添加地理要素、查找帮助文档等。

谷歌地球引擎的主界面包含了 Code Editor 区域和地图显示区域。Code Editor 提供了交互式的遥感数据分析功能。谷歌地球引擎还提供了 Explorer，便于用户检索系统中的遥感数据(图 22.14)。

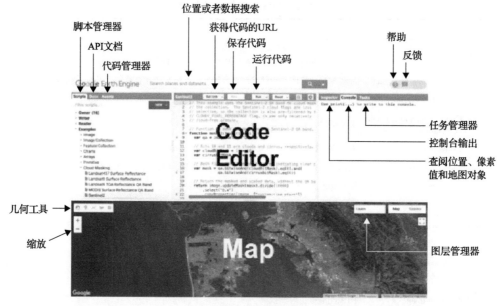

图 22.14　谷歌地球引擎的用户主界面

22.3.2　谷歌地球引擎系统目前提供的功能

Google Earth Engine Code Editor 中内置了大量函数，这些函数可以实现各种各样的复杂地理分析功能。下面将以表格的形式对其功能进行介绍(功能一栏中列出的内容均能通过内置函数实现)。

1) Image

Image 通常由多波段的栅格影像组成，每个波段有自己的名字、类型、分辨率和投影。以下功能均是针对 Image 进行的操作。表 22.2 中第一列对应于 Earth Engine Code Editor 中列出的函数的英文名称，第二列提供了对应的解释和内容介绍。

2) ImageCollection

ImageCollection 通常是由一系列的栅格影像组成，不仅可以通过 ID 构建栅格影像数据集，还可以通过合并其他数据集构成新的栅格数据集。表 22.3 所列功能均是针对 ImageCollection 进行的操作。

3) Geometry，Feature，FeatureCollection

Earth Engine 一般把矢量数据存储为 Geometry 类型，包括点、线、面等多种类型；Feature 是 Geometry 的一种，它是附有属性信息的地理对象，属性信息一般存储在字典里面；FeatureCollection 是由不同 Feature 组成的数据集。表 22.4 所列功能分别是对 Geometry、Feature、FeatureCollection 进行的操作。

表 22.2　Image 类的函数列表

名称	功能
Image Visualization	RGB 色彩合成；根据调色板确定显示颜色；掩膜处理；图像镶嵌；图像裁剪；显示默认的调色板；以 XML 的方式确定图片样式
Image Information and Metadata	加载图片；获取波段信息；获取投影；获取分辨率；获取元数据；获取图片时间
Mathematical Operations	加减乘除；归一化差值；表达式计算
Relational, Conditional and Boolean Operations	关系运算；条件运算；布尔运算
Convolutions	卷积操作
Morphological Operations	局部最大值、最小值、中值；形态学侵蚀、膨胀、开、关操作
Gradients	计算梯度
Edge Detection	canny 边缘检测、霍夫变换、zerocrossing
Spectral Transformations	光谱分解；颜色空间转变：rgb->hsv; hsv->rgb
Texture	计算熵；计算灰度共生矩阵；
Object-based Methods	计算对象包含的像元个数；给对象确定标签
Cumulative Cost Mapping	最小距离分析
Registering Images	图像配准；仿射变换

表 22.3　ImageCollection 类的函数列表

函数	功能
Image Collection overview	由多幅影像构建数据集；合并数据集构成新的数据集
Image Collection Information and Metadata	获取行列号；获取数据集中的影像数目；获取数据集中影像的时间范围；按云量多少对影像进行排序；按时间对影像进行排序
Filtering an Image Collection	按时间、范围、配准参数对数据集中的影像进行过滤
Mapping over an Image Collection	把对单一函数的处理应用到整个数据集
Reducing an Image Collection	计算数据集的最小值、最大值、均值、标准差等
Compositing and Mosaicking	对同一时间、不同地点的图片进行镶嵌；对同一地点不同时间的图片进行合成
Iterating over an Image Collection	数据集图像迭代运算

表 22.4　Geometry，Feature，FeatureCollection 类的函数列表

名称	功能
Geometry Overview	创建地理对象
Geodesic vs. planar Geometries	创建球面地理对象 or 平面地理对象
Geometry Visualization and Information	显示地理对象；获取对象的周长、面积、类型、坐标等
Geometric Operations	创建缓冲区；相交、合并、做差等
Feature Overview	创建带有属性的矢量对象；由地理对象转换为矢量对象；添加属性信息
Feature Collection Overview	由现有的矢量数据创建矢量数据集；由 fusion table 创建矢量数据集
Feature and Feature Collection Visualization	加载矢量数据 or 矢量数据集；调整数据的显示样式
Feature Collection Information and Metadata	显示矢量数据的属性信息
Filtering a Feature Collection	按区域、面积、数量等对矢量数据集进行过滤
Mapping over a Feature Collection	把对矢量数据的操作应用到整个矢量数据集上
Reducing a Feature Collection	计算整个数据集的统计特征值
Vector to Raster Interpolation	插值：IDW，Kriging 等

4）Reducer

Reducer 主要是按照时间、空间、波段等其他方面对数据进行聚合操作，它可以定义一种简单的统计运算（如最小值、最大值、中值、均值等）进行聚合运算，也可以定义稍微复杂一点的运算（如线性回归）进行聚合操作（表 22.5）。

表 22.5 Reducer 类的函数列表

名称	功能
Reducer Overview	对数据集按照时间、空间、波段等方面进行聚合操作
ImageCollection Reductions	对栅格数据集进行聚合操作，计算每个像元的均值、最大值、标准差等
Image Reductions	对影像的不同波段进行聚合操作，计算其统计特征值
Statistics of an Image Region	对影像的一个区域进行聚合操作，有多个像元计算一个统计特征值
Statistics of Image Regions	同时对影像的多个区域进行聚合操作
Statistics of Image Neighborhoods	对影像中像元的邻域进行聚合操作
Statistics of Feature Collection Columns	对矢量数据集中的属性信息进行聚合操作
Raster to Vector Conversion	由栅格转化为矢量
Vector to Raster Conversion	由矢量转化为栅格
Grouped Reductions and Zonal Statistics	按属性分区统计
Weighted Reductions	有权重的聚合性操作
Linear Regression	对影像进行线性拟合，输出截距和斜率

5）Join

Join 用来连接矢量数据集或栅格数据集中的不同数据，根据数据属性筛选出特定数据组合（表 22.6）。

表 22.6 Join 类的函数列表

名称	功能
Simple Joins	返回第一个数据集与第二个数据集中特定属性匹配的部分
Inverted Joins	返回第一个数据集与第二个数据集中特定属性不匹配的部分
Inner Joins	返回两个数据集中全部属性匹配的部分
Save-All Joins/Save-Best Joins/Save-First Joins	把属性匹配的部分存储为列表
Spatial Joins	按照地理位置对数据集进行连接操作

6）Chart

Earth Engine 利用 Google Visualization API 提供了一些能够绘制统计图表的类，利用这些类可以在 Code Editor 中创建图表，但是这些图表只能在 Code Editor 中使用，不能再 JavaScript 和 Python 中使用（表 22.7）。

表 22.7　Chart 类的函数列表

名称	功能
Time Series Charts	构建时间序列曲线
Histograms	构建直方图
Image Regions Charts	构建图像上部分区域的统计直方图
Time Series in Image Regions	构建图像上部分区域的时间序列曲线
Day-of-year Charts	取出一段时间的影像，做一定的聚合操作，然后以时间序列曲线的形式展示
Charts by Image Classes	构建不同分类的统计折线图
Feature Property Charts	以特定的属性值构建统计图
Feature Groups Charts	构建散点图

7）Array

Earth Engine 把一维、二维、多维的矩阵表示成 Array 类型，它主要用于高维模型分析、复杂的线性代数计算以及其他一些矩阵处理(表 22.8)。

表 22.8　Array 类的函数列表

名称	功能
Array and Array Images	手工创建矩阵；获取矩阵的维度；对矩阵进行切片操作；把影像转化为一维、二维矩阵；矩阵运算
Array Transformations	矩阵的转置、逆、伪逆
Eigen Analysis	特征值分析；主成分分析
Array Sorting and Reducing	按照特定的规则对矩阵进行排序；按照排序结果筛选数据进行聚合操作

8）User Interfaces

Earth Engine 提供了许多内置函数来创建窗口部件，使用简便(表 22.9)。

表 22.9　User Interfaces 类的函数列表

名称	功能
Widgets	添加按钮、Checkbox、滑块、Textbox、小窗口、下拉菜单等小窗口部件
Panels and Layouts	按照特定的规则排列、添加、删除窗口小部件
Events	点击按钮、移动滑块等激发一个 event

9）特殊算法

Earth Engine 提供了一些特殊的算法来专门处理特定的影像数据，还可以进行监督分类和重采样操作(表 22.10)。

表 22.10　Specialized Algorithms 类的函数列表

名称	功能
Supervised Classification	收集训练样本；训练分类器；对图像进行监督分类；计算精度
Landsat Algorithms	计算 Landsat 影像的行星反射率、大气层顶反射率、云量等
Sentinel-1 Algorithms	针对 sentinel-1 数据的一系列操作，包括正射校正、预处理、滤波处理等
Resampling and Reducing Resolution	重采样

如下是一段示例，展示了在 Google Earth Engine 中计算 NDVI 的过程。具体过程分为三个步骤：从´LANDSAT/LC08/C01/T1_TOA´数据集中，选择 2015 年间覆盖兴趣点（经度 25.8544°，纬度−18.08874°)所有图像中，云含量最少的影像；指定其两个波段，做 NDVI 计算；把计算结果以特定调色板的方式，显示出来。

```
// find one quality image
var l8 = ee.ImageCollection('LANDSAT/LC08/C01/T1_TOA');
var image = ee.Image(
 l8.filterBounds(ee.Geometry.Point(25.8544, -18.08874))
   .filterDate('2015-01-01', '2015-12-31')
   .sort('CLOUD_COVER')
   .first()
);
// Compute the Normalized Difference Vegetation Index (NDVI).
var nir = image.select('B5');
var red = image.select('B4');
var ndvi = nir.subtract(red).divide(nir.add(red)).rename('NDVI');

// Display the result
Map.centerObject(image, 9);
var ndviParams = {min: -1, max: 1, palette: ['blue', 'white', 'green']};
Map.addLayer(ndvi, ndviParams, 'NDVI image');
```

22.4　小　　结

如图 22.15 所示，科学数据的生命周期一般都包含从需求分析，数据采集和处理，直到分析和结果发布的多个环节。作为一种重要的科学数据，遥感数据也具有类似的生命周期。其中，观测设计、数据接收、数据处理和产品生产、数据存储管理、数据共享分发，这些职责一般都是各类对地观测机构完成。数据获取、数据分析和成果发表。这些职责一般都是由科研人员完成。

以谷歌地球引擎为代表的新方案，把上述传统的"数据提供者-数据需求者"两者互动的格局改变为"数据提供者-增值提供商-数据需求者"三方集成的模式。增值提供商承担了一部分原本属于数据提供者和数据需求者的职责，通过集约化的管理和服务，加速了整个领域的科研效率，更大程度地发挥了数据价值。

这种模式还有一个显著的优点就是省却了数据分发环节。高性能计算环境支持下的在线数据分析，是实现海量遥感数据产品管理和分析的必由之路。

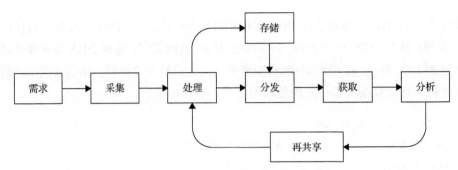

图 22.15　科学数据生命周期示意图

参 考 文 献

吕雪锋, 程承旗, 龚健雅, 等. 2011. 海量遥感数据存储管理技术综述. 中国科学: 技术科学, 41(12): 1561-1573

Bai Y, Di L, Chen A, et al. 2007. Towards a geospatial catalogue federation service. Photogrammetric Engineering and Remote Sensing, 73(6): 699-708

Gorelick N, Hancher M, Dixon M, et al. 2017. Google Earth Engine: Planetary-scale geospatial analysis for everyone. Remote Sensing of Environment, 202: 18-27

Hubert L F. 1961. TIROS I: camera attitude data, analysis of location errors, and derivation of correction for calibration. U.S. Dept. of Commerce, Weather Bureau

Liang S, Zhao X, Liu S, et al. 2013. A long-term Global LAnd Surface Satellite(GLASS) data-set for environmental studies. International Journal of Digital Earth, 6: 5-33

Pakin S, Lang M, Kerbyson D. 2009. The reverse-acceleration model for programming petascale hybrid systems. IBM Journal of Research and Development, 53(5): 721-735

Ramapriyan H K, Behnke J, Sofinowski E, et al. 2010. Evolution of the earth observing system(EOS) data and information system(EOSDIS) In: Di L P, Ramapriyan H K. eds. Standard-Based Data and Information Systems for Earth Observation. Heidelberg: Springer: 63-92

Wulder M A, White J C, Loveland T R, et al. 2016. The global Landsat archive: Status, consolidation, and direction. Remote Sensing of Environment, 185: 271-283

Zhao X, Liang S, Liu S, et al. 2013. The Global Land Surface Satellite(GLASS) remote sensing data processing system and products. Remote Sensing, 5(5): 2436-2450

第 23 章　遥感在城市化中的应用[*]

城市化是社会经济发展的必然现象，全球城市化的快速增长不仅导致了复杂的土地覆盖变化，而且影响城市及周边的植被覆盖度、地表反照率、地表粗糙度等下垫面属性，进而影响城市水文系统和生态系统的循环，改变城市环境和近地面气候。遥感所提供的信息具有广泛、精确、客观及易获取的特点，这些信息不仅可以定量化城市范围、监测城市扩张进程、还可用于分析城市化的影响。本章旨在描述如何利用遥感数据产品绘制城市区域和扩张范围(23.2)，监测城市生态环境(23.3)，分析城市化对植被物候、净初级生产力、地表参数(植被覆盖度、地表反照率和地表温度)以及空气质量的影响(23.4)。

23.1　引　　言

根据联合国的定义，城市化是指乡村人口向城市人口转化过程中产生的城市人口的增长。在过去的一个世纪，全球城市人口比例急剧上升，1900 年全球城市人口比例为 13%(约为 2.2242 亿人)，1950 年为 29%(约为 7.32 亿人)，2005 年为 49%(约为 32 亿人)，2030 年预计将达到 60%(DESA 2006)。

在过去 50 年里，全球人口翻倍和经济史无前例的增长加速了城市化的进程。在发达国家城市复兴和城镇扩展的同时，发展中国家的大量乡村人口为了寻找更多的就业机会涌入城市，从而促进了大型城市在发展中国家的形成。

尽管城市的实际范围和城市化的速率等信息在一些城市是可以获得的，但对世界上大多数地方而言，这些信息是未知的。城市化对生物多样性、局部气候以及全球变化进程的影响是目前地理学的重要研究领域之一。地理信息系统和其他定量化数据工具可以辅助城市化发展决策，帮助制定均衡发展战略，并有利于基础设施管理和公众健康协调。公众和政府行为在抵制城市化负面影响中仍然起到主导作用。

23.2　城市区域监测

23.2.1　城市区域绘制

城市范围信息对于监测城市化进程、优化城市资源和交通及确保城市可持续发展等应用都非常重要。使用遥感手段提取城市区域范围的方法由来已久。表 23.1 列出了 10 幅全球范围的城市(或与城市相关的)地图(Schneider et al., 2009)。

---

[*] 本章作者：朱秀芳 [1]，梁顺林 [2]
1. 遥感科学国家重点实验室·北京师范大学；2. 美国马里兰大学帕克分校地理系

表 23.1　10 幅城市(或与城市相关的)地图

缩写	地图出处	城市化及其城市相关特性的定义	分辨率	范围/km²
VMAP	Vector Map Level Zero (Danko, 1992)	人口居住地	1∶100 万	276000
GLC2000	Global Land Cover 2000 (Bartholome and Belward, 2005)	人工地表和相连区域	988m	308000
GlobCover	GlobCover v2.2 (ESA, 2008)	人工地表和相连区域(城市区域>50%)	309m	313 000
HYDE	History Database of the Global Environment v3 (Goldewijk, 2005)	城市区域(建筑物，城市)	9000m	532000
IMPSA	Global Impervious Surface Area (Elvidge et al., 2007)	不透水表面密度	927m	572000
MODIS 500m	MODIS Urban Land Cover 500m (Schneider et al., 2010)	建筑环境占主导的区域(>50%)，包括非植被区和人工建筑，最小制图单位大于 1km²	463m	657000
MODIS 1km	MODIS Urban Land Cover 1km (Schneider et al., 2003)	城市和建筑区	927m	727000
GRUMP	Global Rural–Urban Mapping Project (CIESIN, 2004)	城市范围	927m	3524000
Lights	Nighttime Lights v2 (Elvidge et al., 2001; Imhoff et al., 1997)	夜间灯光强度	927m	NA
LandScan	LandScan 2005 (Bhaduri et al., 2002)	环境光(平均大于 24h) 全球人口分布	927m	NA

注：表中地图名称按照城市范围增长的顺序排序；NOAA 指美国海洋大气局；NASA 指美国国航空航天局；DOE 指能源局；MODIS 指中分辨率成像光谱仪(Schneider et al., 2009)

　　用于识别城市范围的技术在过去的几十年里不断进化发展。传统的监督分类(例如最大似然法)依然应用很广，但是很多更复杂的分类方法也逐渐发展起来了，比如：支持向量基、决策树、小波变换、人工神经元网络、线性光谱分解、支持向量回归、决策树回归和植被-不透水层-土壤(V-I-S)模型等。根据分类对象的差异，上述分类方法可归为三个主要类型：亚像元分解、基于像元的分类和面向对象的分类。在这三种方法中，基于像元的分类方法在监测城市范围中使用最多。但是，城市土地覆盖类型空间变化复杂，混合像元问题突出。因此，亚像元分解的方法受到越来越多的关注，特别是从低分辨率的影像上识别城市区域时。同时，城市区域由于受人为规划的影响大，常常表现出特殊的纹理信息，因此面向对象的分类方法也成功地应用于城市化监测。

　　下面介绍两个分别使用光学遥感数据和夜间卫星灯光数据识别城市范围的实例。

　　1)利用光学遥感数据提取城市区域

　　Schneider 等(2009)利用中分辨率成像光谱仪(MODIS)卫星数据制作了一幅全球城市区域图。该研究所用数据为 MODIS 8 天合成的 7 个波段的反射率和增强型植被指数(EVI)数据。数据的获取时间为 2001 年的 2 月 18 日到 2002 年的 2 月 17 日，空间分辨率为 500m。

　　为了识别全球的城市区域，他们首先根据气候、植被趋势、国内生产总值、城市结构、组织和发展历史的差异等，将全球的地表分为 16 个准均质区，这些均质区被称为城市生态区。在每个生态区中选择不同的训练样本，利用监督决策树分类法(C4.5)联合 boosting 去提取城市区域，并对每个生态区的分类结果进行了不同的分类后处理。C4.5 算法是一个非参数分类器，非常适用于处理类别和特征属性间存在复杂非线性关系的低分辨率数据。Boosting 是一种把若干个分类器整合为一个分类器的方法，通过强调先前模型错误分类的训练集来改进最终分类器识别能力。该研究中，训练样本来自分布全球 182 个城市的 17 种土地利用类型的 1860 个样本，这些样本的土地类型通过人工目视解译 Landsat 和 Google Earth 影像获得。在分类后处理中，他们还利用 MODIS 500 米分辨率的水体掩模去除了城市地图上的水体像元，并且手工编辑修正了错误的区域。图 23.1 显示的是他们制作的 MODIS 500m 分辨率全球城市地图的两个城市区域。

　　他们利用基于 Landsat 得到的 140 个城市图评估他们制作的 MODIS 500m 分辨率的全球城市地图的精度。Landsat 分类得到的城市图的分辨率为 30m，所以他们重新采样 Landsat 30m 分辨率的城市图至 500m 分辨率，然后用这些重采样的 500m 分辨率的城市图去评价 6 个全球城市区域图，具体包括：全球不透水表面(IMPSA)，GlobCover v2.2，2000 年全球土地覆盖数据集(GLC2000)，全球农村城市测绘项目(GRUMP)，MODIS 1km 城市图(Schneider et al., 2003)以及他们新制作的 MODIS 500m 分辨率全球城市地图。评估结果表明，新制作的 MODIS 500m 分辨率全球城市地图是 6 幅全球城市地图中精度最高的(总体分类精度为 93%，kappa 系数为 0.65)。

　　2)利用夜间遥感灯光数据提取城市区域

　　Cao 等(2009)利用 DMSP-OLS 夜间灯光数据和 SPOT VGT 数据提取了中国东部 25 个城市区。DMSP-OLS 数据的获取时间是 2000 年，来自于美国国家海洋大气管理局 (NOAA)国家地球物理数据中心(NGDC)，SPOT VGT NDVI 10 天合成产品的获取时间为 2000 年 4 月到 9 月。另外，他们还用了 1999～2000 年间的 6 幅 Landsat ETM+影像。

　　他们提取城市区的方法主要分为如下几个步骤：①对 DMSP-OLS 和 SPOT NDVI 进行配准并重采样到 1 千米分辨率，然后叠加在一起；②从叠加的影像上分别选择城市和非城市训练样本。城市样本是 OLS DN 值大于 30 的像元。非城市样本是 NDVI 大于 0.4 同时 OLS DN 值小于 30 的像元；③利用第二步采集的样本，在 DMSP-OLS 和 SPOT NDVI 影像上，应用基于区域增长算法的支持向量机(SVM)来区分城市区和非城市区。在 Cao 等(2009)提出和发展的该方法中，所有未知像元通过循环程序来逐步标识。在第一次循环中，训量样本被用作种子像元，利用 SVM 对种子像元对应的 3×3 窗口内的未知像元进行分类，分类后所有城市像元作为新的种子进行下一次循环，如此的循环一直持续下去，直到无法找到新的城市像元。最后，再将 NDVI 大于 0.6 的像元从识别的城市像元中去除，得到最终的城市区域图；④利用全局固定阈值法和局部最优阈值法得到另外两张城市区域图；⑤利用最大似然法在 ETM+影像上提取城市像元，从而生成一张 28.5m 分辨率的城市区域图，然后将该图重采样得到 1km 分辨率城市区域图，用于验证运用 DMSPOLS 和 SPOT NDVI 生成的城市区域图。

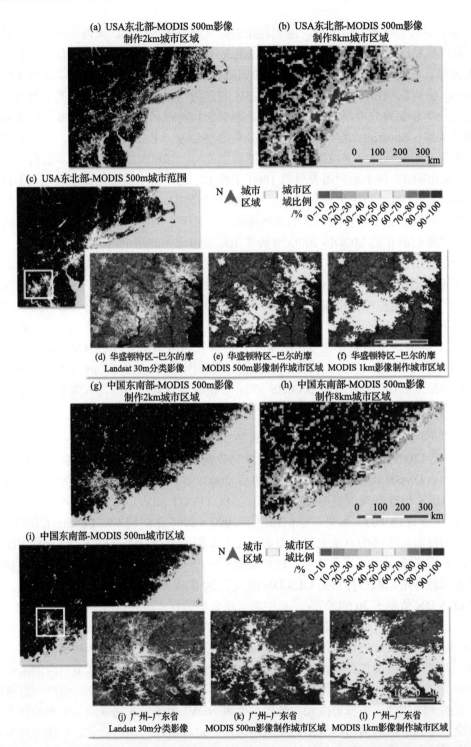

图 23.1   MODIS 500m 分辨率全球城市地图的两个城市区域的示意图(Schneider et al., 2009)
美国东北部(a)~(f)和中国东南部(g)~(l)。其中(c)和(i)为二进制图，(a)，(b)，(g)和(h)为采样到 2km 和 8km 的图。
横排插图包括 30m 分辨率的 Landsat 分类图(Schneider and Woodcock, 2008)，新分类得到的 MODIS 500m 分辨率全球城市
地图和之前的 MODIS 1000m 分辨率全球城市图

精度评价结果显示利用基于区域增长算法的支持向量机方法生成的城市区域图和利用全局固定阈值法和局部最优阈值法生成的城市区域图精度相当。但是，基于区域增长算法的支持向量机方法是一个半自动的方法，可以避免反复试验和学习的过程。

23.2.2　城市扩张监测

城市扩张是由社会经济发展造成的城市区域的物理增长。全球城市化的快速增长导致了复杂的土地覆盖变化，改变了生态系统功能。城市中能源消耗的大量增长是温室气体的重要来源，也改变了城市的热环境。大量空气污染物从城市区域排放出来，它们不仅改变了城市的局部气候，也影响了人类的身体健康。城市环境中不透水层的增加也改变着城市的土壤水文条件和地表辐射收支。城市扩展侵占了农田和林地，造成了生产力和生物多样性的减少。因此，城市范围、城市化进程和各种城市土地利用类型的空间分布信息都是非常重要的。这些信息可以帮助研究者更好的理解人类活动是如何影响地球系统的，也有利于政府规划部门制定可持续的城市发展政策。

城市扩张产生的城市形态的变化和城市进化一直是地理学的研究热点之一。随着遥感数据获取能力的增强，对城市扩张的时空特性的分析受到越来越多的关注。利用遥感数据监测城市化主要依靠各种变化检测技术。总的来说，变化检测技术可以分为三大类：视觉分析和数字化变化区域法、直接分类法和分类后比较法。直接分类方法包括几何法（例如：影像差值法、影像回归法、影像比值法、植被指数差值法、变化向量分析和背景差值法），图像变换法（例如：主成分分析法，穗帽变换法，Gram-Schmidt 和 chi-square 分析）和各种遥感影像分类方法。几何法和图像变换法要求确定阈值，然后用阈值来判断变化的区域。这两种方法只能判断是否发生变化，但是无法判断变化类别（即，从什么变化到什么）。遥感影像分类方法通常将同一区域的多期遥感影像叠加在一起，分别选择变化和不变化的训练样本及适合的分类器识别变化的区域。分类后比较的方法通常分为两步：第一步，对同一区域不同时相的遥感影像分别分类，第二步，对第一步分类的结果进行比较，并制作变化矩阵。分类后比较法可以提供变化类别的信息。

在城市变化监测中应用最广泛的变化检测方法是分类后比较法。例如，Ji 等（2006）利用分类后比较法和多期 Landsat 影像监测了美国堪萨斯城的大都市区变化。他们使用了 6 景 Landsat 影像，获取时间分别为 1972 年、1979 年、1985 年、1992 年、1999 年和2001 年。1972 年、1979 年和 1985 年的数据空间分辨率为 28.5m，其他年份数据的空间分辨率为 30 米。所有影像均为 UTM 投影。首先，他们利用最大似然法将每幅影像研究区的土地利用类型分为四类：建筑区、林地、其他植被（草地、灌丛和作物）和水体。并运用最近邻插值方法将基于 1972 年、1979 年和 1985 年 Landsat 影像得到的分类图重采样至新的 30m 分辨率的图。然后他们收集了 200 个验证样本（每类 50 个）验证了每张分类图的精度，并进一步分析了堪萨斯城的城市扩张特征。图 23.2 为分类结果。他们发现1972～2001 年间堪萨斯城建筑区的显著增长主要是以牺牲其他植被覆盖为代价的，而且林地和其他植被区变得越来越破碎。

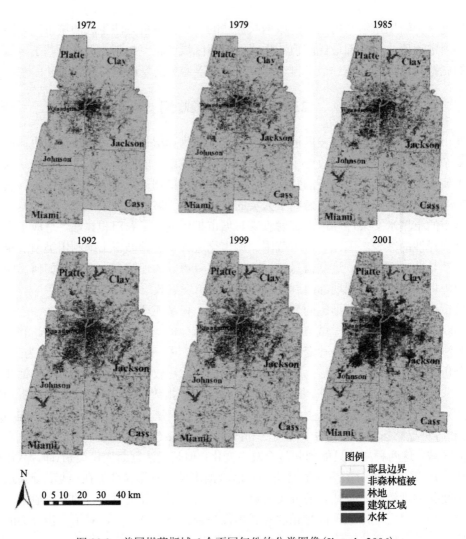

图 23.2　美国堪萨斯城 6 个不同年份的分类图像(Ji et al., 2006)

23.3　城市生态环境监测

23.3.1　城市植被监测

绿色植被能够通过选择性的反射、吸收太阳辐射、调节水分蒸腾、吸附大气中的固体悬浮颗粒物以及有害气体，对城市热岛效应和城市环境质量进行调节，对城市生态系统中的物质循环和能量流动产生影响(Small, 2001)。近年来，随着全球气候变化和持续的城市增长，城市的生态环境压力变大，城市植被监测对于评估城市植被在城市居民生活中以及在城市生态系统服务中的作用尤为必要。

在本节中我们将介绍一个利用混合像元分解方法获取城市植被丰度的案例。Song (2005)提出了贝叶斯光谱混合分析(BSMA)模型，以了解城市环境中端元的变化对估算混合像元植被丰度的影响。与传统的光谱混合分析法不同，该方法不将端元的光谱曲线看作定值，而是考虑了不确定性，引入了地物光谱曲线的分布概率，具体表达式（以两类端元的分解为例）如下：

$$p(c|\text{NDVI}_m) = \frac{f(\text{NDVI}_m|c) \times \pi(c)}{\int_0^1 f(\text{NDVI}_m|u)\pi(u)\text{d}u} \tag{23.1}$$

其中，c 和 u 分别是植被丰度和非植被丰度（取值范围从 0 到 1.0）；NDVI_m 是混合像元的 NDVI 值；$p(c|\text{NDVI}_m)$ 是给定 NDVI_m 下的植被丰度的概率分布函数；$f(\text{NDVI}_m|c)$ 是给定植被丰度时 NDVI_m 的概率分布；$f(\text{NDVI}_m|u)$ 是给定非植被丰度时 NDVI_m 的概率分布，$\pi(c)$ 和 $\pi(u)$ 分别为植被和非植被丰度的先验概率。

$$f'(c|\text{DN}_m) = \frac{f(\text{DV}_m|c) \times p(c)}{\int_0^1 f(\text{DN}_m|u)p(u)\text{d}u} \tag{23.2}$$

其中，$f(\text{DV}_m|c)$ 是给定植被丰度时 DN_m 的概率分布；$f(\text{DN}_m|u)$ 是给定非植被丰度时 DN_m 的概率分布；$p(c)$ 和 $p(u)$ 是植被和非植被丰度的概率。

该研究包括模拟实验和真实遥感数据实验两个部分。模拟实验的基本步骤是首先模拟生成三幅大小分别为 100×100 个像元的模拟影像，然后分别利用 BSMA 和传统的 SMA 模型进行模拟影像的混合像元分析。三幅模拟影像中的前两幅只包含植被和非植被端元。第一幅模拟影像假设植被端元的光谱信息分布服从 NDVI 均值为 0.3，标准差为 0.12 的高斯分布，非植被端元的光谱信息分布服从 NDVI 为–0.1，标准差为 0.08 的高斯分布；第二幅模拟影像假设端元的光谱信息分布服从偏态的概率密度分布函数，其中非植被端元 NDVI 为–0.1～–0.3，峰值为–0.20；植被端元 NDVI 在 0.1～0.7，峰值为 0.5。第三幅影像包括植被、高反照率和低反照率三种端元，植被端元在红波波段为低反照率，在近红波段为高反照率，低反照率端元在两个波段均为低反照率，高反照率端元在两个波段均为高反照率。像元内植被端元的丰度服从均值为 0.4，标准差为 0.15 的高斯分布，低反照率端元的丰度服从均值为 0.3，标准差为 0.1 的高斯分布，对应剩余的丰度定义为高反照率端元的丰度。具体模拟过程可以参见参考文献。

在真实遥感数据实验中所使用的数据为泰国曼谷的 4m 分辨率的 Ikonos 影像和 30m 分辨率的 Landsat7 ETM+影像，获取时间分别为 2002 年 11 月 27 日和 1999 年 11 月 16 日。研究的主要步骤为：①对 Ikonos 进行非监督分类，分成植被和非植被两类，并将其作为端元地图；②将 4m 的端元地图降尺度到 30 米生成端元丰度图，以此作为分解精度验证的参考；③分别将 Ikonos 和 Landsat 影像上的 DN 值转换为反射率，然后计算 NDVI；④对 Ikonos 降尺度得到的 30m 分辨率的 NDVI 图像分别进行 BSMA 分解和传统 SMA 分解，在 BSMA 分解中端元取值使用的是所有端元取值的概率分布，在传统的 SMA 分解中端元取值分别用的是所有端元取值的均值（Mean）和众数（Mode）；⑤类似上一步，对 Landsat 的 NDVI 影像分别进行 BSMA 分解和传统 SMA 分解；⑥对比分析不同分解方法得到的分解精度。

三幅模拟影像的混合像元分析结果见图 23.3，图 23.4 和图 23.5。两幅真实影像的混合像元分析结果见图 23.6 和图 23.7。从图中可以看出：①使用端元分布众数进行 SMA

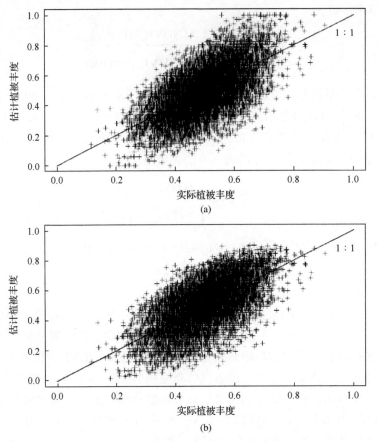

(a)

(b)

图 23.3　第一幅模拟图像混合像元分解得到的植被丰度结果对比(Song, 2005)

(a)使用端元取值的均值进行 SMA 分解(RMSE=0.12)；(b)使用端元取值的分布进行 BSMA 分解(RMSE=0.11)

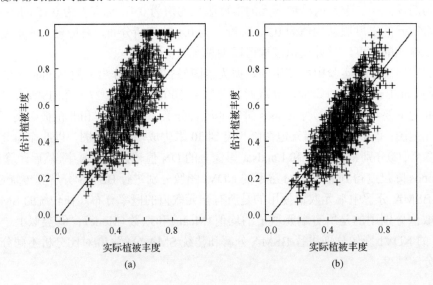

(a)　　　　　　　　　　　　　　(b)

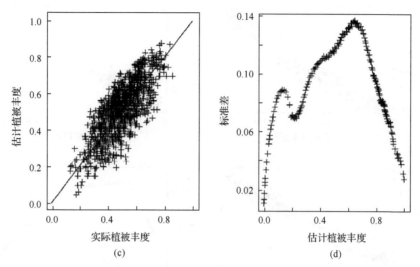

图 23.4　第二幅模拟图像混合像元分解得到的植被丰度结果对比(Song, 2005)

(a) 使用端元取值的众数进行 SMA 分解(RMSE=0.18)；(b) 使用端元取值的均值进行 SMA 分解(RMSE=0.11)；
(c) 使用端元取值的分布进行 BSMA 分解(RMSE=0.10)；(d) BSMA 分解的植被丰度的标准差

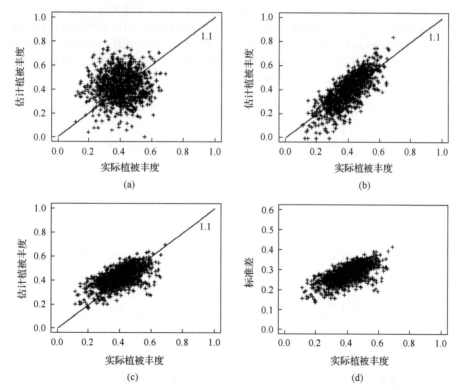

图 23.5　第三幅模拟图像混合像元分解得到的植被丰度结果对比(Song, 2005)

(a) 使用端元取值的众数进行 SMA 分解；(b) 使用端元取值的均值进行 SMA 分解；
(c) 使用端元取值的分布进行 BSMA 分解；(d) BSMA 分解的植被丰度的标准差

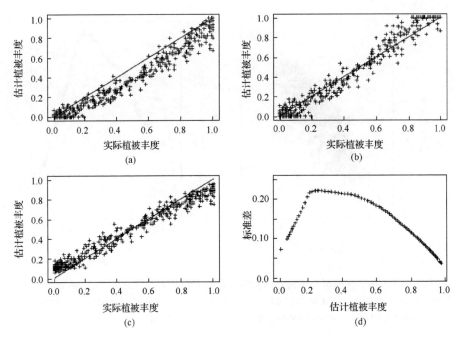

图 23.6　降尺度 IKONOS 混合像元分解得到的植被丰度结果对比(Song, 2005)

(a)使用端元取值的众数进行 SMA 分解(亚像元植被丰度在 0～1.0 之间时 RMSE=0.11，亚像元植被丰度在 0.1～0.9 时
RMSE=0.13)；(b)使用端元取值的均值进行 SMA 分解(亚像元植被丰度在 0～1.0 之间时 RMSE=0.07，亚像元植被丰度在
0.1～0.9 时 RMSE=0.09)；(c)使用端元取值的分布进行 BSMA 分解(亚像元植被丰度在 0～1.0 之间时 RMSE=0.09，亚像元
植被丰度在 0.1～0.9 时 RMSE=0.07)；(d)BSMA 分解的植被丰度的标准差

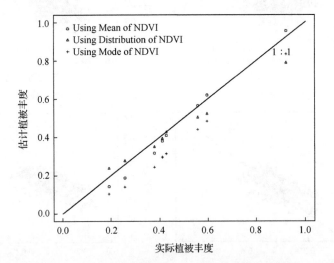

图 23.7　基于窗口的光谱混合分析验证(Song, 2005)

估计的植被丰度是 Landsat ETM+空间分辨率(30m×30m)40×40 像素窗口的平均植被丰度；
实际植被丰度是 Ikonos 多光谱图像(4m×4m)空间分辨率下在 300×300 像素窗口的平均植被丰度

分解的效果最差；使用端元分布均值进行 SMA 分解的效果和 BSMA 相当，在某些情况
下甚至优于 BSMA。②相对于传统的方法来说，BSMA 可以提供估计结果的不确定性，
而 SMA 不能提供该信息。在 NDVI 高值和低值区，分解的不确定性小，而介于高值和

低值之间的部分分解的不确定性很大。该研究还指出传统 SMA 分解时选择最纯净的像元或者特征空间中的极值，可能使得参与分解的端元取值偏离端元均值，从而使得混合像元分解结果产生严重的估计偏差，该结论对端元选择有一定的指导作用。

23.3.2　城市森林碳存储和碳吸收估算

近年来，人类活动导致温室气体排放增多，土地荒漠化，生物多样性减少等现象，以气候变暖、水资源减少、粮食短缺、自然灾害频发等为主要特征的全球环境变化问题，已经逐渐成为国际社会普遍关注的研究重点(Solomon et al., 2007)。城市植被，作为城市中重要的绿色基础设施，其碳储存功能在全球变化背景下越来越受到重视(He et al., 2016)。城市植被作为城市生态系统的重要组成部分，在吸收固定二氧化碳、减缓气候变化方面起着重要的作用(McHale et al., 2007)。其一方面通过光合作用固定大气中的二氧化碳、另一方面城市森林通过遮荫和挡风来减少建筑物制冷和采暖的能源消耗碳排放(Pataki et al., 2006)。因此，在快速城市化过程中，进行其对城市森林碳储量变化影响研究，对理解城市化影响及区域碳收支具有重要意义，可以为可持续城市发展与规划提供政策支持(Ren et al., 2012)。

最开始对于城市森林减少二氧化碳的研究主要在美国进行(Rowntree and Nowak, 1991; Nowak, 1993, 1994)。国内对城市森林研究起步虽晚，但城市森林碳储量的研究日益增多。Liu 和 Li(2012)以重工业城市沈阳为例，利用高分辨率 QuickBird 图像获得的现场调查数据和城市森林数据，通过生物量方程，对城市碳存储和碳吸收进行定量研究。

他们的研究主要分为 6 个步骤：①对 2006 年 8 月 19 日收集的 QuickBird 图像数据进行数据预处理，通过目视解译方法从图像中提取城市森林，并将其分为生态公益林、附属森林、景观森林、生产和管理森林、道路森林五大类。②在 2006 年 9 月和 10 月实地调查了 213 个地块，根据每种森林类型面积及其城市森林结构类型差异(包括树种的物种多样性和胸径分布)确定了每种城市森林类型的地块数量，结果详见表 23.2。③使用生物量方程计算每棵被调查树木的干生物量。生物量方程选择的依据是方程中只包含胸径参数，靠近研究区且适用于研究区内的树种。此外，在沈阳，树木修剪并不常见，修剪的树木主要是附属森林和道路森林中的老树。因此，他们仅对胸径大于 30cm 的树木给予 20%的生物量减少量。然后将干生物量乘以 0.5 得到碳储量，并计算每个地块的碳密度(t/hm^2)。④根据位于沈阳市 2003 年至 2006 年的 186 棵树木的胸径测量值，确定不同胸径的落叶和常绿树木胸径的年增长率。根据胸径的年增长率计算碳吸收量。根据树木的健康程度，对计算出的碳吸收量进行调整，健康程度为优秀、良好、差、很差、濒死、死亡的调整系数分别设置为 1、1、0.76、0.42、0.15 和 0。然后计算每个地块的碳吸收率(t/(hm^2·a))。⑤根据调查地块里面的树密度以及前两步计算出的碳密度和碳吸收率，计算整个研究区的碳储量、碳吸收量和树木数量。⑥根据造林成本评估沈阳城市森林提供的碳储量和碳吸收量价值，研究中使用的造林成本价为 273.3 元/吨碳。计算研究区城市森林的碳储量和碳吸收量与城市碳排放量的比值。其中城市碳排放量计算方法如下：根据统计数据计算 2004 年至 2006 年沈阳市燃烧量，基于转换系数，将不同类型的化石燃料消耗转化成标准煤，然后乘以 2.277 转化为二氧化碳，再乘以 0.2727 转化成碳。

表 23.2　每个城市调查样地的数量和面积(平均值±标准差)(Liu et al., 2012)

城市森林类型	调查地块的数量	平均面积/hm²
EF(生态公益林)	30	0.25±0.15
AF(附属森林)	46	0.20±0.09
LF(景观森林)	74	0.23±0.14
PF(生产和管理森林)	14	0.33±0.14
RF(道路森林)	49	0.31±0.21
总计	213	0.25±0.16

　　研究结果显示：①研究区城市森林有 101km²，占总研究区面积的 22.28%，生态公益林是主要的森林类型，占该地区的近一半。具体结果详见表 23.3。②城市森林碳储量为 33.7 万 t，其中 EF 和 AF 分别占 41%和 34%。平均碳密度为 33.22t/hm²。附属森林的碳密度最高(50.17t/hm²)，其次是道路森林、景观森林、生产和管理森林。城市森林年均碳汇量为 28820t。与碳存储类似，大部分碳被生态公益林和附属森林吸收(分别为 40%和 38%)。碳吸收率为 2.84t/(hm²·a)。对于不同类型的城市森林，碳吸收率范围从 1.16t/(hm²·a)至 4.78t/(hm²·a)，详见表 23.4。③根据造林成本计算，城市森林储存的碳储量价值为9202 万元(1388 万美元)，城市森林碳吸收量价值为 788 万元(约 119 万美元)。从 2004 年到 2006 年，沈阳化石燃料燃烧产生的年均碳排放量为 1116 万 t。由城市森林储存的碳相当于化石燃料燃烧产生的年度碳排放量的 3.02%，并且碳吸收可能抵消了沈阳市年度碳排放量的 0.26%。

表 23.3　不同城市森林类型的城市森林面积和树数(±标准差)(Liu et al., 2012)

城市森林类型	面积/km²	树密度/(株/hm²)	估计树数/10⁴ 株
EF(生态公益林)	47.1	653±117	307±54.88
AF(附属森林)	22.7	375±55	85.1±12.38
LF(景观森林)	12.3	502±42	61.9±5.17
PF(生产和管理森林)	10.9	905±133	98.5±14.52
RF(道路森林)	8.4	279±47	23.4±3.96
总计	101.4	569±90	576±90.9

表 23.4　城市森林的碳密度、碳储量和碳吸收量(±标准差)(Liu et al., 2012)

城市森林类型	碳密度/(t/hm²)		总计/10³t	
	储量/万 t	吸收量/(t/a)	储量/万 t	吸收量/(t/a)
EF(生态公益林)	29.25±4.18	2.45±0.32	137.63±19.68	11.55±1.50
AF(附属森林)	50.17±5.50	4.78±1.54	113.81±12.48	10.85±3.40
LF(景观森林)	33.65±2.94	2.47±0.25	41.49±3.62	3.05±0.31
PF(生产和管理森林)	13.17±3.71	1.16±0.28	14.34±4.04	1.26±0.31
RF(道路森林)	34.95±4.76	2.51±0.28	29.41±4.01	2.11±0.24
总计	33.22±4.32	2.84±0.58	336.68±43.82	28.82±5.84

23.4　城市化影响研究

23.4.1　城市化对植被物候的影响

植被是陆地生态系统的重要组成部分,其在降低温室效应、改善地方的气候、防止水土流失、调节河流流量、减少环境污染等方面起着重要的作用。有关植被物候和气候之间的关系的研究,已经成为全球环境变化领域关注的重点。一方面植被物候是反应气候变化极其敏感的指标,另一方面植被自身通过与大气和地表之间的能量、水和碳等的交换调节气候(Zhou et al., 2016)。城市化会影响城市气候的变化(比如热岛效应)、城市植被的生存环境及城市植被本身。

White 等(2002)基于 AVHRR 数据在美国东部阔叶落叶林区分析了城市化对植被生长季的影响。他们所使用的数据和主要研究步骤如下:

(1)研究区范围提取:将美国大陆划分为 1°×1°的格网,从来源于 Hansen 等(2000)制作的 1km 分辨率的土地覆盖分类图中提取出城市和落叶阔叶林(deciduous broadleaf forest, DBF)像元(在他们的研究中 DBF 包括落叶阔叶林、混合林和郁闭灌丛三类)。计算 1°×1°的格网中 DBF 的覆盖度,提取 DBF 覆盖度大于 50%且至少包含 50 个 1km 的城市像元的 1°格网。对比 DBF 像元的高程和 1°格网中城市像元的平均高程,去除 DBF 像元高程和城市像元的平均高程差在 100m 以上的 DBF 像元。最后限定研究区在美国大陆经度–100°以东和纬度 32°以北的区域。

(2)生长季参数计算:收集来源于地球资源观测系统数据中心(EDC)1990 年到 1999 年的 AVHRR 两周合成的数据集,利用 Thornton(1998)发展的方法识别和去除云像元。利用 White 等(1999)的方法逐年逐像元提取生长季开始时间(SOS)、结束时间(EOS)和成长季长度(GSL),然后逐像元计算 9 年平均的 SOS、EOS 和 GSL,接着计算 1°格网中城市和 DBF 的生长季开始、生长季结束和生长季长度的时间差异,分别记作 ΔSOS, ΔEOS 和 ΔGSL,负的 ΔSOS 表示城市生长季提前,正的 ΔEOS 表示城市生长季延迟,两者都可以导致城市生长季的延长。

(3)植被覆盖度(FC)计算:首先聚合 1°格网中所有标记为 DBF 或者城市类型的 1km 像元,提取这些像元的 7 月份的 NDVI 值,然后找出计算的 NDVI 值的最大值 $NDVI_{max}$ 和最小值 $NDVI_{min}$,根据式(23.3)逐像元计算 FC,然后分别计算每个 1°格网中城市的 FC 均值和 DBF 的 FC 均值。

$$FC = \frac{NDVI - NDVI_{min}}{NDVI_{max} - NDVI_{min}} \tag{23.3}$$

式中,NDVI 是 7 月份的 NDVI 值;$NDVI_{max}$ 为 NDVI 的最大值,表示 DBF 完全覆盖的情况;$NDVI_{min}$ 为 NDVI 的最小值,表示裸地或者完全是城市区域的情况。

(4)NDVI 幅度(NDVIamp)计算:NDVI 幅度表示 NDVI 最大和最小值之差,对于每个像元,先逐年计算 NDVIamp,然后计算 1990~1999 年 NDVIamp 平均值,最后分别计算每个 1°格网中城市的 NDVIamp 均值和 DBF 的 NDVIamp 均值。

(5)辅助数据收集和处理：收集来自于美国大陆气候数据集的 1km 尺度的 1983～1999 年的平均年最大温度、最小温度、平均温度、水气压、降水和短波辐射数据，计算 1°格网内各气象指标的平均值；从 Hansen 等(2000)制作的 1km 分辨率的土地覆盖分类图中提取出城市像元，计算 1°格网内城市所占的面积比例，收集 CIESIN 2000 人口密度和总人口格网数据，并聚合到 1°分辨率；收集 Andres 等(1996)制作的 1°分辨率的二氧化碳排放数据。

(6)发展广义可加模型：筛选解释变量(表 23.5)，构建解释变量和因变量(SOS 和 EOS)之间的广义可加模型，解释影响城市和 DBF 生长季差异的因素。

表 23.5　逐步广义加法模型中的解释变量(White et al., 2002)

变量	平滑样条函数	线性函数
最高温度 [a]	X	
最低温度 [a]	X	
平均温度 [a]	X	
降水量 [a]	X	X
水汽压 [a]	X	
短波辐射 [a]	X	
海拔高度 [b]	X	X
城市和落叶阔叶林像素之间的海拔差 [b]	X	X
纬度 [b]	X	
经度 [b]	X	
城市覆盖度 [c]		X
落叶阔叶林覆盖度 [c]		X
城市和 DBF 像素之间部分覆盖的差异 [c]		X
城市 NDVI 幅度 [c]		X
落叶阔叶林 NDVI 幅度 [c]		X
城市 NDVI 幅度和落叶阔叶林 NDVI 幅度的差 [c]		X
二氧化碳 [d]	X	X
人口密度 [e]	X	X
人口 [e]	X	X
城市化率 [f]	X	X

注：用于构建预测 ΔSOS 和 ΔEOS 的模型的输入变量，平滑列中的 X 表示对应的变量使用平滑样条函数拟合。线性函数列中的 X 表示对应的变量采用线性函数拟合。平滑与线性的选择基于对散点图的视觉检查。对于视觉判断不清的变量，同时采用了平滑样条内插法和线性变量

a 仅提取城市和落叶阔叶林像素；计算参见 Thornton 和 others(1997)

b 仅提取城市和落叶阔叶林像素；来自地球资源观测系统数据中心卫星数据集中的辅助数据

c 仅提取城市和落叶阔叶林像元；来自于地球资源观测系统数据中心的归一化差异植被指数数据

d 1°×1°格网，来自 Andres 等(1996)数据

e 重新聚合为 1°×1°(CIESIN, 2000)

f 来自于 Hansen 等(2000)的数据

他们的研究结果(表 23.6)显示相对于 DBF 区,城市区的 SOS 平均早了 5.7 天、EOS 平均晚了 2.6 天,整个生长季延长了 7.6 天。中纬度地带(35°~40°),DBF 和城市之间的生长季开始时间差异最大(大多数相差 8 天,部分差异大于 15 天)。对于每个 1°的格网,城市区域的 FC 和 NDVIamp 都低于乡村地区的。城市 FC 比 DBF 的 FC 平均低了 62%。NDVIamp 的差异在美国南部和中东部很小,在其他区域都很大。该研究未能为生长季结束的差异构建出一个合适的模型,基于年平均温度、城市植被覆盖度和城市与落叶阔叶林的 ΔNDVIamp 构建了 ΔSOS 的广义加性模型,见图 23.8,由图 23.8a 可以看出城市平均温度为 13°时对 SOS 的影响最大,随着温度的升高和降低,温度对 SOS 的影响都在减少,且影响的方向也会发生变化,ΔSOS 值随着城市 FC(图 23.8b)和 ΔNDVIamp(图 23.8c)数值的减少而减小。该研究揭示了城市化的确对美国东部阔叶落叶林区植被生长季的开始和结束有影响,同时指出尽管城市化使得城市植被生长季延长了,但与此同时城市植被生产力可能下降了。

表 23.6 每个 1°×1°格网内的统计值(White et al., 2002)

lat	Lon	ΔSOS	ΔSOS P value	ΔEOS	ΔEOS P value	ΔGSL	ΔGSL P value	n Urban	n DBF	Tavg	ΔNDVIamp	Urban FC
31	−94	−0.1	0.948	2.1	0.042	2.2	0.308	68	546	18.7	−0.032	0.44
31	−89	−7.7	HS	4.5	0.002	12.3	HS	60	323	18.3	−0.032	0.11
32	−94	−3.3	HS	1.2	0.036	5.1	HS	121	362	18.0	−0.049	0.27
32	−93	−4.3	HS	2.6	HS	7.6	HS	153	686	17.9	−0.047	0.22
32	−85	−3.7	HS	3.1	HS	7.1	HS	77	563	17.4	−0.049	0.34
32	−84	−7.2	HS	3.4	HS	7.9	HS	134	209	17.9	−0.071	0.14
33	−92	−0.5	0.561	0.3	0.781	−2.0	0.314	62	828	17.0	−0.021	0.19
33	−87	−9.0	HS	2.1	HS	12.6	HS	90	709	16.5	−0.062	0.21
33	−86	−8.0	HS	3.5	HS	10.9	HS	514	029	16.4	−0.057	0.34
33	−83	−3.5	HS	5.4	HS	6.2	HS	128	251	17.0	−0.041	0.29
33	−82	−6.4	HS	10.3	HS	16.4	HS	137	569	16.9	−0.064	0.27
34	−92	−1.3	0.016	1.8	HS	−1.1	0.287	242	103	16.5	−0.016	0.22
34	−87	−8.4	HS	2.1	HS	9.5	HS	121	728	15.4	−0.054	0.26
34	−86	−3.9	HS	4.3	HS	9.2	HS	236	359	15.4	−0.085	0.19
34	−85	−6.6	HS	2.7	HS	8.9	HS	128	277	15.2	−0.057	0.19
34	−84	−7.5	HS	8.5	HS	16.9	HS	128	921	15.3	−0.086	0.20
34	−83	−1.5	0.153	3.1	HS	5.3	HS	61	198	15.7	−0.070	0.32
35	−88	−7.9	HS	0.4	0.448	6.9	HS	55	345	15.1	−0.053	0.10
35	−87	−18.5	HS	−0.4	0.322	16.8	HS	54	267	14.4	−0.101	0.08
35	−86	−7.3	HS	1.5	HS	11.7	HS	138	170	14.5	−0.078	0.11
35	−85	−5.3	HS	1.9	HS	7.4	HS	230	524	14.5	−0.101	0.25
35	−84	−9.1	HS	1.7	HS	11.9	HS	113	447	14.4	−0.059	0.19
35	−83	−10.8	HS	0.3	0.543	11.0	HS	120	607	14.0	−0.118	0.24

lat	Lon	ΔSOS	ΔSOS P value	ΔEOS	ΔEOS P value	ΔGSL	ΔGSL P value	n Urban	n DBF	Tavg	ΔNDVIamp	Urban FC
35	−82	−8.2	HS	1.3	0.009	9.2	HS	84	250	13.9	−0.101	0.13
35	−81	−7.5	HS	2.3	HS	8.0	HS	251	4019	15.1	−0.052	0.14
35	−79	−6.6	HS	3.6	HS	9.2	HS	103	7275	15.6	−0.038	0.23
36	−87	−13.1	HS	−2.6	HS	11.6	HS	76	6112	14.1	−0.091	0.13
36	−83	−18.6	HS	3.0	HS	21.7	HS	89	3834	13.1	−0.125	0.19
36	−82	−10.0	HS	1.4	HS	10.1	HS	201	3179	13.1	−0.109	0.18
36	−80	−8.9	HS	4.2	HS	13.2	HS	241	3741	14.0	−0.070	0.18
36	−79	−8.0	HS	2.6	HS	9.5	HS	289	6214	14.1	−0.056	0.19
36	−78	−7.5	HS	2.0	HS	9.1	HS	108	6446	14.4	−0.048	0.24
37	−81	−9.2	HS	3.0	HS	14.4	HS	62	7642	11.4	−0.110	0.19
37	−80	−18.6	HS	8.5	HS	29.1	HS	72	1517	12.1	−0.133	0.11
37	−79	−10.0	HS	2.4	HS	12.5	HS	159	348	13.3	−0.082	0.21
37	−77	−8.6	HS	6.3	HS	14.6	HS	448	406	14.2	−0.062	0.26
37	−76	−11.3	HS	13.8	HS	24.3	HS	147	3727	14.6	−0.100	0.26
38	−82	−8.5	HS	0.7	0.045	9.1	HS	107	7151	12.0	−0.107	0.21
38	−81	−5.2	HS	−0.5	0.151	4.2	HS	71	6016	12.0	−0.088	0.21
38	−78	−8.9	HS	2.4	HS	11.4	HS	107	3713	12.7	−0.091	0.14
38	−77	−7.2	HS	4.5	HS	11.5	HS	588	5865	13.3	−0.075	0.30
39	−82	−20.3	HS	2.9	HS	22.1	HS	179	5798	11.0	−0.185	0.18
39	−81	−14.3	HS	2.0	0.005	14.5	HS	51	6753	11.1	−0.119	0.15
39	−80	−6.5	HS	1.3	0.002	7.9	HS	72	7497	10.7	−0.091	0.26
39	−79	−9.1	HS	2.5	0.002	12.7	HS	50	700	10.8	−0.136	0.12
39	−78	−11.0	HS	5.6	HS	17.7	HS	56	4228	11.2	−0.114	0.15
40	−80	−2.1	HS	0.1	0.558	1.9	HS	668	4663	10.2	−0.069	0.36
40	−79	−4.2	HS	0.8	0.001	5.8	HS	625	3799	9.8	−0.091	0.31
40	−78	−2.7	HS	0.5	0.151	3.3	HS	157	5133	9.2	−0.079	0.30
40	−77	−7.8	HS	2.4	0.001	9.8	HS	57	3857	10.3	−0.140	0.11
40	−76	−7.0	HS	1.9	HS	8.1	HS	275	2823	10.5	−0.138	0.19
40	−75	−7.5	HS	1.9	HS	9.2	HS	893	2962	10.9	−0.126	0.31
41	−80	−9.3	HS	2.0	HS	11.4	HS	368	5583	9.1	−0.103	0.19
41	−79	0.1	0.861	0.5	0.272	−0.4	0.667	85	6785	8.2	−0.046	0.25
41	−78	−4.5	HS	2.4	HS	7.0	HS	66	5804	7.7	−0.081	0.23
41	−76	−5.5	HS	1.3	0.052	6.2	HS	50	1695	9.2	−0.114	0.17
41	−75	−1.8	HS	0.5	0.103	2.3	0.004	210	1897	8.8	−0.151	0.20
41	−74	−1.8	HS	2.2	HS	3.7	HS	343	3029	9.8	−0.094	0.22
41	−73	−2.8	HS	1.5	HS	4.3	HS	573	3611	10.2	−0.104	0.35

lat	Lon	ΔSOS	ΔSOS P value	ΔEOS	ΔEOS P value	ΔGSL	ΔGSL P value	n Urban	n DBF	Tavg	ΔNDVIamp	Urban FC
41	−72	−8.3	HS	2.9	HS	11.1	HS	449	3616	10.0	−0.123	0.24
41	−71	−4.0	HS	0.8	0.010	4.3	HS	284	2882	9.9	−0.134	0.24
41	−70	−0.0	1.000	−1.5	0.150	−0.9	0.782	81	1269	10.0	−0.052	0.26
42	−79	−2.8	HS	0.1	0.932	2.1	0.092	57	1622	8.5	−0.077	0.25
42	−78	−5.0	HS	1.4	HS	8.5	HS	365	981	8.5	−0.206	0.22
42	−77	−1.9	0.003	−0.2	0.771	1.8	0.160	78	2093	8.2	−0.068	0.22
42	−76	−5.7	HS	2.4	HS	8.5	HS	154	2216	8.3	−0.105	0.30
42	−75	2.5	HS	−4.8	HS	−7.2	HS	69	2257	7.6	−0.114	0.28
42	−73	1.8	HS	−3.9	HS	−5.8	HS	221	3246	8.5	−0.106	0.20
42	−72	0.6	0.312	−0.1	0.708	−1.5	0.065	308	1833	8.6	−0.095	0.21
42	−71	−0.1	0.721	−1.7	HS	−1.3	0.001	1188	4015	9.1	−0.094	0.43
42	−70	0.2	0.736	−2.4	HS	−2.4	0.016	207	963	9.7	−0.073	0.43
43	−91	1.8	0.033	−0.7	0.391	−2.9	0.073	50	5864	7.6	−0.084	0.21
43	−86	−1.5	0.072	1.0	0.021	2.9	0.011	55	2190	8.0	−0.152	0.11
43	−77	−8.4	HS	3.8	HS	12.5	HS	341	1545	9.1	−0.097	0.34
43	−76	−7.9	HS	4.0	HS	12.0	HS	154	3724	8.4	−0.146	0.21
43	−75	−2.0	0.001	1.0	0.250	2.5	0.039	90	2250	7.6	−0.123	0.21
43	−73	1.0	0.220	−3.1	0.001	−4.5	0.006	67	2769	7.8	−0.082	0.28
43	−70	6.3	HS	−3.3	HS	−8.8	HS	73	2935	7.7	−0.073	0.39
44	−92	−3.2	HS	2.1	HS	6.9	HS	99	4438	7.0	−0.113	0.21
44	−91	−0.4	0.547	−2.1	0.002	−0.3	0.838	53	6220	6.9	−0.131	0.21
44	−89	−6.9	HS	5.4	HS	13.8	HS	59	5786	6.4	−0.114	0.16
44	−88	−6.4	HS	5.4	HS	12.9	HS	182	4260	6.7	−0.188	0.17
44	−70	4.2	HS	0.3	0.692	−4.4	0.019	52	3059	6.5	−0.077	0.32
46	−92	4.1	HS	3.5	HS	0.4	0.658	73	3485	4.8	−0.112	0.37
平均值		−5.7		2.0		7.6		190	4269	11.9	−0.091	0.23
标准差		5.1		2.9		7.0		198	1870	3.5	−0.037	0.08
中位数		−6.5		2.0		8.3		121	4123	11.2	−0.091	0.21
CV/%		89		144		92		104	44	30	41	35
最小值		−20.3		−4.8		−8.8		50	607	4.8	−0.206	0.08
最大值		6.3		13.8		29.1		188	8267	18.7	−0.016	0.44

　　备注：表中纬度(Lat)和经度(Lon)对应每个格网的右下角。ΔSOS 和 ΔSOS P value 为城市与落叶阔叶林(DBF)生长季开始时间的差异及显著性检验 P 值；ΔEOS 和 ΔEOS P value 为城市与落叶阔叶林(DBF)生长季结束时间的差异及显著性检验 P 值；P 值为 HS 的表示具有显著性差异(P＜0.001)。n Urban 表示城市像元个数，n DBF 表示落叶阔叶林像元个数。用于预测 ΔSOS 的逐步广义可加模型的输入变量包括：1983～1999 年计算的年平均气温、城市和落叶阔叶林的 NDVI 幅度差(ΔNDVIamp)和城市植被覆盖度

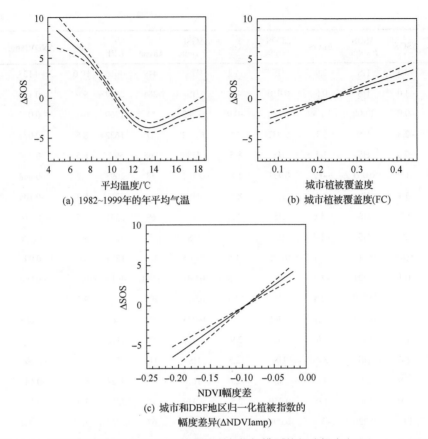

图 23.8 用于预测城市和 DBF SOS 差异的广义相加模型的部分拟合(White et al., 2002)

23.4.2 城市化对净初级生产力的影响

净初级生产力(NPP)是指植物通过光合作用将太阳能转化为化学能的总量。NPP 是描述生态系统功能和资源的一个综合指标，也是评估土地利用变化对生态系统影响的关键参数。本书的第 16 章介绍了利用遥感手段和模型手段估算 NPP 的方法。城市扩展快速地改变了地表形态，对生物多样性和生态系统功能有着复杂的影响。探索城市化对 NPP 的影响对于理解城市化对生态系统功能的影响，以及发展可持续化的城市景观有着重要作用。

目前已有一些学者就城市化对净初级生产力的影响进行了定量化研究(Buyantuyev and Wu, 2009; Lu et al., 2010; Milesi et al., 2003; Yu et al., 2009)。例如，Imhoff 等(2004)在美国研究了城市化对净初级生产力的影响。他们研究中使用了一幅利用 DMSP/OLS 数据提取的城市区域图(Imhoff et al., 1997)、全球月合成的 AVHRR NDVI 数据、一张植被图(Hansen et al., 2000)、月太阳辐射数据(Bishop and Rossow, 1991)、土壤纹理数据(Zobler, 1986)以及温度和降水数据(Shea, 1986)。其中 AVHRR NDVI 数据的获取时间为 1992 年 4 月~1993 年 3 月，空间分辨率 1km。他们的方法包括如下几个步骤：①首先根据由 DMSP/OLS 制作的城市区域图(图 23.9)，将全美分为三个部分：城市区、城市边缘

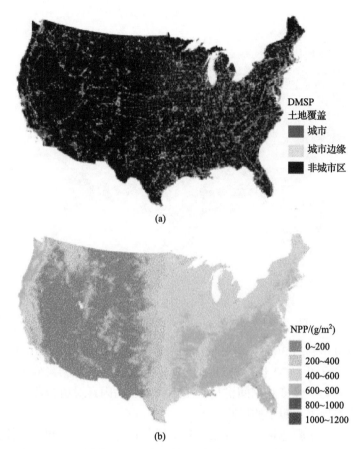

图 23.9　(a)由 DMSP/OLS 数据制作的城市区域图，图中红色为城市，黄色为城市边缘地带，
黑色为非城市区域；(b)估算的年 NPP 总量，分辨率为 1km(Imhoff et al., 2004)

地带和非城市区。城市区为有着强夜间灯光强度的区域；城市边缘地带为有着持续但不
稳定灯光发射的区域；非城市区为没有或者有很少灯光发射的区域。②利用 CASA
(Carnegie-Ames-Stanford Approach)模型估算 NPP 从而制作了一幅全美的 1km 分辨率的
年 NPP 总量图(图 23.10)。读者可以在本书的第 16 章第三节找到更多有关 CASA 模型的
介绍。③在全美范围比较了城市区、城市边缘地带和非城市区的月 NPP 和年 NPP。他们
的结果显示城市化对 NPP 有负面影响，城市化使得美国年 NPP 下降了 0.04pg，这相当
于城市化前城市总 NPP 的 1.6%。

23.4.3　城市化对地表参数的影响

城市化是社会经济发展的必然现象，城市化的发展不仅改变了土地利用/覆盖类型，
而且影响城市及周边的植被覆盖度(Jenerette et al., 2007)、地表反照率(Sailor, 1995)、地
表粗糙度(Christen et al., 2007)等下垫面属性，进而影响城市水文系统和生态系统的循环
(Grimm et al., 2008)，改变城市环境和近地面气候。

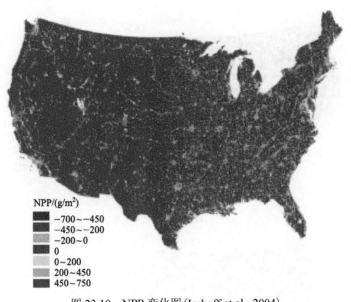

NPP/(g/m²)

- −700~−450
- −450~−200
- −200~0
- 0
- 0~200
- 200~450
- 450~750

图 23.10　NPP 变化图(Imhoff et al., 2004)

图中负值表示 NPP 减少，正值表示 NPP 增加，单位为 g/m²

　　Hou 等(2014)年利用 30m 分辨率的 Landsat TM/ETM+图像(TM：1990 年 10 月 13 日和 ETM+：2000 年 9 月 14 日)数据和 MODIS Collection 5 数据集分析了中国广州地区植被覆盖的变化趋势、强度和空间格局，城市化等驱动因素对植被覆盖度的影响，以及植被覆盖度变化对地表反照率的影响。

　　他们研究的基本步骤包括：①对 Landsat 影像进行辐射定标和大气校正等预处理，降低大气中的水蒸气和空气污染颗粒等引起的噪声。②利用 Gutman 和 Ignatov(1998)提出的计算绿色植被覆盖度(GVF)的方法[式(23.5)]计算 Landsat 影像的 GVF 值。③基于 Landsat TM/ETM+或 MODIS 影像的不同波段组合，根据 Liang(2001)的算法计算 Landsat TM/ETM+[式(23.6)]和 MODIS 影像[式(23.9)]的总的短波波段反照率 α_{short} 以及 Landsat TM/ETM+影像的可见光反照率 α_{visible} [式(23.7)]和近红外反照率 α_{NIR} [式(23.8)]。④分析地表反照率和植被覆盖度的变化趋势、季节性波动，以及两者的关系。

$$\text{NDVI} = \frac{\rho(\text{band4}) - \rho(\text{band3})}{\rho(\text{band4}) + \rho(\text{band3})} \tag{23.4}$$

$$\text{GVF} = \frac{\text{NDVI} - \text{NDVI}_{\min}}{\text{NDVI}_{\max} - \text{NDVI}_{\min}} \tag{23.5}$$

其中，NDVI 是利用红波段和近红外波段计算得到的归一化差值植被指数；$\rho(\text{band4})$ 表示 Landsat 近红外波段的光谱反射率；$\rho(\text{band3})$ 表示 Landsat 红波波段的光谱反射率；$\text{NDVI}_{\min}$ 表示 NDVI 的最小值；$\text{NDVI}_{\max}$ 表示 NDVI 的最大值。

　　对于 Landsat TM/ETM+：

$$\alpha_{\text{short}} = 0.356\alpha_1 + 0.130\alpha_3 + 0.373\alpha_4 + 0.085\alpha_5 + 0.072\alpha_7 - 0.0018 \tag{23.6}$$

$$\alpha_{\text{visible}} = 0.443\alpha_1 + 0.317\alpha_2 + 0.240\alpha_3 \tag{23.7}$$

$$\alpha_{\text{NIR}} = 0.693\alpha_4 + 0.212\alpha_5 + 0.116\alpha_7 - 0.003 \tag{23.8}$$

对于 MODIS：

$$\alpha_{\text{short}} = 0.160\alpha_1 + 0.291\alpha_2 + 0.243\alpha_3 + 0.116\alpha_4 + 0.112\alpha_5 + 0.081\alpha_7 - 0.0015 \tag{23.9}$$

式中，α_i ($i=1, 2,\cdots,7$) 表示第 i 个波段的光谱反射率。

广州不同地区的绿色植被覆盖度(GVF)和地表反照率变化如图 23.11 所示，由该图可以看出在 1990~2000 年的十年中，广州地区的城市化进程逐年加速，除了从化区外，GVF 都在降低，地表反照率都在增加；但在可见光波段和近红外波段的反照率的变化并不明显。

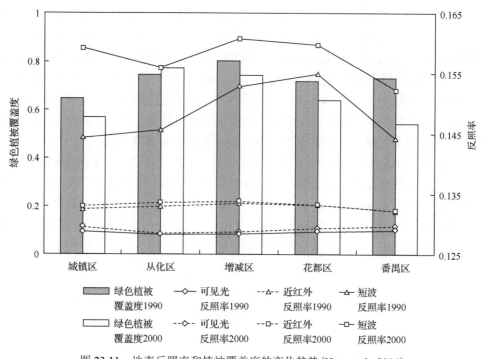

图 23.11 地表反照率和植被覆盖度的变化趋势(Hou et al., 2014)

图 23.12 显示了广州地区短波、可见光、近红外反照率与 GVF 之间的关系。由图可

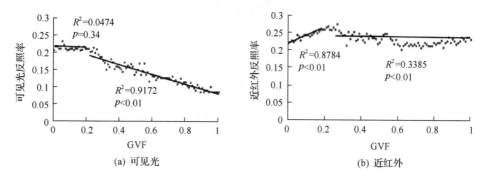

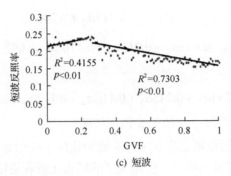

(c) 短波

图 23.12　2000 年广州地区可见光、近红外和短波反照率与 GVF 之间的关系 (Hou et al., 2014)

以看出 GVF 的阈值设定不同，地表反照率与 GVF 之间表现出的关系也不同，检测到的 GVF 阈值约为 0.21。当 GVF 值小于 0.21 时，随着 GVF 值的增加，可见光反照率没有显著变化(图 23.12a)，而短波和 NIR 反照率显著增加(图 23.12b，c)。当 GVF 值大于 0.21 时，随着 GVF 值的增加，短波、可见光、近红外反照率呈显著下降趋势。GVF 小于 0.21 的像素主要分布在城市地区和水体区域(图 23.13a)，在城市郊区和北部农村地区地表反照率(图 23.13b)也较低。当 GVF 值低于阈值时，地表主要是植被、不透水层和土壤的混合，反照率随着 GVF 增加而增加；当 GVF 增加到阈值以上，反照率开始下降，因为高 GVF 区域的地表覆盖类型为茂密植被，相应的地表反照率会降低。

利用五个季节均值拟合方法，分析了城市化过程中反照率和植被覆盖(MODIS NDVI) 的年际变化趋势(图 23.14)。在 2001～2005 年期间，NDVI 与城市化速率呈负相关关系 (图 23.14a)，反照率与城市化速率呈正相关(图 23.14b)。由于城市化的加快和人口的增长，在 2005 年 NDVI 和反照率都达到了极值点。在 2005～2007 年间，NDVI 没有明显的变化，反照率开始下降，可能是受混合像元和城市绿化相关因素的影响。

绿色植被覆盖度
■ <0.21
▨ 0.21~1

(a) 城市地区和水体区域

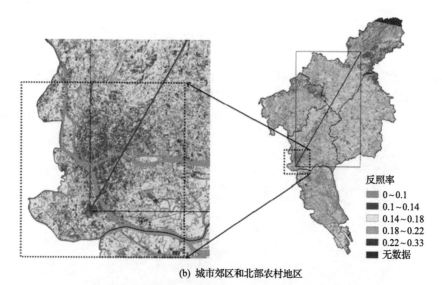

(b) 城市郊区和北部农村地区

图 23.13 GVF 和地表反照率的分布(Hou et al., 2014)

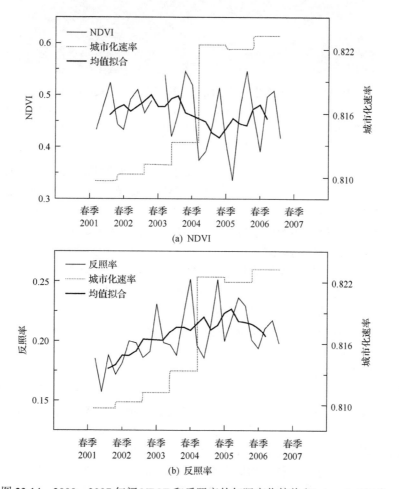

图 23.14 2000~2007 年间 NDVI 和反照率的年际变化趋势(Hou et al., 2014)

23.4.4　城市热岛效应

城市热岛效应(UHIs)指城市温度高于郊野温度的现象。城市热岛效应在夜间比白天显著。城市热岛效应的形成因素有很多，如表面材料热属性的改变，蒸散的减少，城市峡谷效应以及城市建筑不易散热的特性等。图 23.15 是城市和农村的夜间和白天的能量平衡简图。

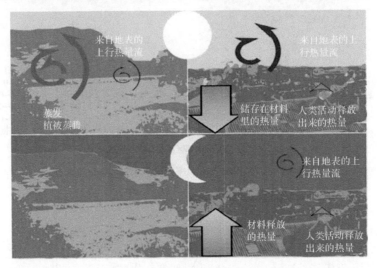

图 23.15　城市和农村间的能量平衡简图(Hidalgo et al., 2008)

图中左侧为农村，右侧为城市，上方为白天的能量平衡，下方为夜间的能量平衡。白天，农村的能量平衡以地面水的蒸发为主而城市以城市材料热吸收和空气加热为主。夜间，农村地区能量交换很少，而城市地区城市材料吸收的热量和人类活动排放的热量延迟了空气的冷却过程

目前，城市热岛效应的特性已经得到广泛的研究。研究城市热岛强度的传统方法是比较多个城市站点和非城市站点(参考点)间的温度观测值。然而，观测站点的代表性对评估城市热岛强度的精度十分重要，城市热岛强度受土地覆盖类型、城市规模、城市人口、气候背景、地理位置和城市参数(建筑系数、绿地覆盖度、天空视域)等多种因素的影响，因此选择有代表性的观测站点是一项艰巨的任务。除此之外，由于城市的迅速扩展，有些原先的非城市观测站点逐步转入到城市区，阻碍了对城市热岛强度的连续评估。

卫星和航空器平台提供的热红外遥感观测数据可以用于评估城市热岛强度。Rao(1972)首先基于遥感观测评估了城市热岛强度，之后大量类似研究都利用了遥感技术(Chen et al., 2006; Hung et al., 2006; Jenerette et al., 2007; Yuan and Bauer, 2007)。也有其他学者先后对利用热红外遥感技术进行城市热岛效应的研究进行了综述(Arnfield, 2003; Roth et al., 1989; Voogt and Oke, 2003; Weng, 2009)。

在利用遥感技术评估城市热岛效应的研究中，地表温度(LST)是最普遍使用的参数之一。地表温度可以调节城市大气底层的空气温度，是研究城市地表辐射和能量交换、建筑群内部气候、城市热环境空间模式、城市热环境空间模式与城市地表特征、城市地表温度和空气温度关系以及城市人口舒适度等的重要参数。

本书的第 8 章综述了各种遥感地表温度产品。其中有些产品已经应用于城市热环境及其他的动态变化研究中。例如，Imhoff 等(2010)使用 MODIS LST 产品分析了美国 38

个大城市的城市热岛和城市发展的强度、规模以及生态背景之间的关系。他们的方法包括如下几个步骤：①利用Olson 等(2001)制作的陆地生态区域图将他们研究的 38 个城市分成 8 个组：温带阔叶混交林北部组(FE)，具体包括巴尔的摩、波士顿、克利夫兰、哥伦布、华盛顿、底特律、密尔沃基、明尼阿波利斯、纽约、费城和匹兹堡；温带阔叶混交林南部组(FA)，具体包括亚特兰大、夏洛特、孟菲斯；温带草原、稀树草原和灌木丛组(GN)，具体包括芝加哥伊尔、俄克拉荷马城、奥马哈、圣路易斯莫和图尔萨；沙漠和旱生灌木组(DE)，具体包括阿尔伯克基、埃尔帕索、拉斯维加斯、凤凰城、图森；地中海森林、林地、灌木丛组(MS)，具体包括弗雷斯诺、洛杉矶、萨克拉门托、圣地亚哥、圣何塞；温带草原、稀树草原和灌木丛组(GS)，具体包括奥斯汀、达拉斯、圣安东尼奥；热带和亚热带草原、稀树草原和灌木丛组(GT)，具体包括休斯敦和新奥尔良；温带针叶林组(FW)，具体包括波特兰和西雅图。②使用美国 2001 年土地利用覆盖图(NLCD2001)上的不透水层数据(Impervious Surface Area, ISA)去识别每个被研究城市的城市区域，评估城市规模，然后根据 ISA 的强度将城市分为 5 个区域：城市核心区、城市区域 1、城市区域 2、郊区和农村。③从 MODIS LST 和 NDVI 产品中提取每个城市的 LST 和 NDVI值，去除其中 NDVI 小于 0.1 的像元，不做进一步分析。④为了避免地形对城市热岛效应的影响，他们根据地形数据计算了每个城市的平均海拔高度，去除了与平均海拔高度相差大于 50m 的区域。⑤对不同生态区和不同 ISA 强度的城市的 LST 以及同一生态区所有城市的核心区和农村区的平均 LST 进行比较。⑥计算不透水层覆盖度和城市热岛强度以及城市规模和城市热岛强度之间的相关关系。

根据他们的结果，除了沙漠地区和干旱的灌丛地带，所有被研究的 38 个城市中，不透水层覆盖度和城市热岛强度高度相关(图 23.16)。城市和乡村的最大 LST 差异发生在夏季的中午。另外，生态背景对调节热岛效应的日变化和季节性变化有重要的作用。

23.4.5　城市化对空气质量的影响

空气污染对人类健康(Peng et al., 2002; Wang and Mauzerall, 2006)和自然生态系统(Bobbink et al., 1998; Karnosky et al., 2007; Taylor et al., 1994)存在有害影响。空气污染不仅受气候条件的影响，同时也影响着气候系统(Xu, 2001)。空气污染物可以改变云凝结核的特性(Wiedensohler et al., 2009)，抑制降水(Rosenfeld, 2000; Zhao et al., 2006)，促使大气阴霾的形成(Ma et al., 2010)，影响辐射驱动(Jacobson, 2001; Qian and Giorgi, 2000)，减少天空能见度(Guo et al., 2004; Qiu and Yang, 2000)，引发气候灾害(Larssen and Carmichael 2000)。城市扩展大大提高了能源消耗和空气污染物的排放量。而空气污染已经成为环境问题首要关注的对象之一。

气溶胶、臭氧(O_3)、二氧化氮(NO_2)、一氧化碳(CO)、二氧化硫(SO_2)是空气中常见的污染物。气溶胶是指大气中的小的固体和液体悬浮物，对全球气候平衡有着重要的作用。气溶胶通过对辐射强迫直接地(例如，对太阳辐射的散射和对地面辐射的吸收和发射)和间接地(例如，气溶胶对云影响)改变来影响气候。大气中臭氧可以吸收地面发射的长波红外辐射，而近地表的臭氧会迫害植被，降低植被吸收二氧化碳的能力。二氧化氮的大气寿命很长(大概为 120 年)，其吸热能力是二氧化碳的 310 倍。二氧化硫是酸雨的主要来源。

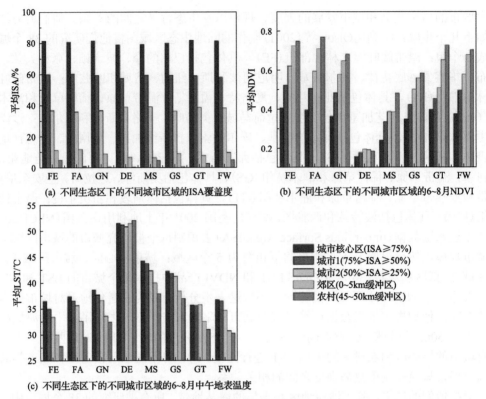

(a) 不同生态区下的不同城市区域的ISA覆盖度

(b) 不同生态区下的不同城市区域的6~8月NDVI

图例：
- 城市核心区(ISA≥75%)
- 城市1(75%>ISA≥50%)
- 城市2(50%>ISA≥25%)
- 郊区(0~5km缓冲区)
- 农村(45~50km缓冲区)

(c) 不同生态区下的不同城市区域的6~8月中午地表温度

图 23.16　8 个生态区下 5 个城市区域的平均地表温度值(Imhoff et al., 2010)

在空气质量研究中，利用遥感数据监测微量气体和气溶胶的研究可以追溯到 1976
年，Lyons 和 Husar(1976)首次利用 GOES 影像显示了美国中西部的一块大的阴霾区域。
自此，利用遥感数据监测空气质量的研究不断发展和进化。表 23.7 总结了当前测量对流
层低层微量气体的所有对地观测仪器。图 23.17 展示了一个利用 SCIAMACHY 监测的对
流层二氧化氮柱的例子。

表 23.7　用于测量对流层低层(小于 6km)的微量气体的天底传感器

天底传感器(发射年份)	轨道(LECT)	水平分辨率(垂直自由度)	重复周期	测量的气体类型
Aqua satellite AIRS (2002)	LEO(1330)	13.5km 圆的直径(1d.f.)	每天	CO, CO_2, O_3, CH_4
Aura satellite OMI (2003)	LEO(1338)	$13 \times 24km^2$ (column)	每天	$O_3, HCHO, NO_2, SO_2$
TES		$5 \times 8km^2$ (1~2d.f.)	6 天	O_3, CH_4, CO
Envisat satellite (2002) SCIAMACHY	LEO(1000)	$30 \times 60km^2$ (column)	6 天	$O_3, HCHO, NO_2, SO_2, CO,$ CO_2, CH_4
MetOp satellite (2007) IASI	LEO(0930)	12km 圆的直径(1~3d.f.)	12 小时	O_3, CO, CH_4, BrO, SO_2
GOME-2		$40 \times 80km^2$ (column)	每天	$O_3, HCHO, NO_2, BrO, SO_2$
Terra satellite (1999) MOPITT	LEO(1030)	$22 \times 22km^2$ (1~2d.f.)	3 天	CO
ERS-2 satellite (1995) GOME	LEO(1030)	$40 \times 320km^2$ (column)	3 天	$O_3, HCHO, NO_2, BrO, SO_2$
to be launched OCO (2008)	LEO(c1315)	$1.3 \times 2.3km^2$ (column)	16 天	CO_2
GOSAT (2008)	LEO(c1300)	10km 圆的直径(1~2levels)	3 天	CO_2, CH_4
SENTINEL 4/5 (c2018)	GEO(all)	待定	n.a.	TBD

注：LECT(the Local Equatorial Crossing Time)为卫星穿越赤道的地方时；LEO(Low-Earth Orbit)指低地球轨道；
GEO(Geostationary Orbit)为静止地球轨道(Palmer, 2008)

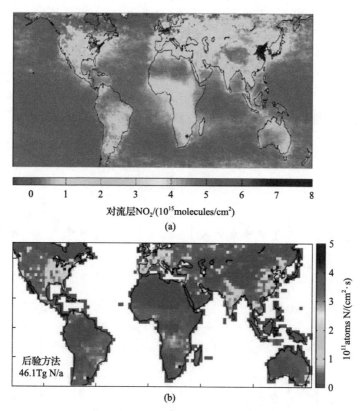

图 23.17　(a) 由 SCIAMACHY 反演得到的 2004 年 5 月到 2005 年 4 月的对流层二氧化氮(NO₂)柱
(10^{15}molecules/cm²)；(b) 相关氮化物(NO$_x$)排放量(10^{11}atoms N/(cm²/s) (Palmer, 2008)

NO₂ 柱的计算是去除了云辐射亮度值小于 0.5 的区域，然后取 0.4°×0.4°范围内 NO₂ 柱的平均值。氮化物(NO$_x$)排放量显示
的是 2°×2.5°栅格内的平均值，其值是由 GEOS-Chem 大气化学传输模型计算得到

Martin(2008)总结了利用卫星遥感监测空气质量的研究，并将这些研究概括为 3 类：
①分析影响空气质量的事件；②监测空气质量；③估算排放量。其中，利用遥感数据监
测气溶胶污染受到最大的关注。例如，Ramachandran(2007)分析了四个印度城市的气溶
胶光学厚度(AOD)和小颗粒比例(FMF)变化。这四个城市分别为：金奈(13.04°N，
80.17°E，南)，孟买(18.90°N，72.81°E，西)，加尔各答(22.65°N，88.45°E，东)，和新
德里(28.56°N，77.11°E，北)。用于该研究的数据包括：MODIS Terra 1°×1°分辨率的日
平均 AOD 和 FMF 三级产品，从气溶胶探测网(Aerosol Robotic Network)得到的坎普尔实
测 AOD 数据。所有数据的时间跨度为 2001～2005 年。他们首先在坎普尔通过比较实测
气溶胶光学厚度(AOD)和小颗粒比例(FMF)与 MODIS 观测的气溶胶光学厚度(AOD)和
小颗粒比例(FMF)来验证 MODIS 数据的精度，然后分别在上述四个印度的大城市分析
了 MODIS 观测的气溶胶光学厚度(AOD)和小颗粒比例(FMF)的年内和年间变化。他们
还研究了气溶胶光学厚度和气候参数(降水、相对湿度)的关系。

　　图 23.18、图 23.19 和图 23.20 显示了他们的部分结果。通过研究，他们发现在坎普尔实测的和 MODIS 观测的气溶胶光学厚度(AOD)和小颗粒比例(FMF)具有很好的可比性。在四个城市里，气溶胶光学厚度(AOD)都展现出明显的季节性变化。加尔各答的小颗粒比例(FMF)的变化特征与其他三个城市的不同，在季风季节前和夏天的时候加尔各答的小颗粒比例(FMF)的变化小。气溶胶光学厚度与降水正相关。加尔各答的年均小颗粒比例的变化最小，新德里的年均小颗粒比例的变化最大。

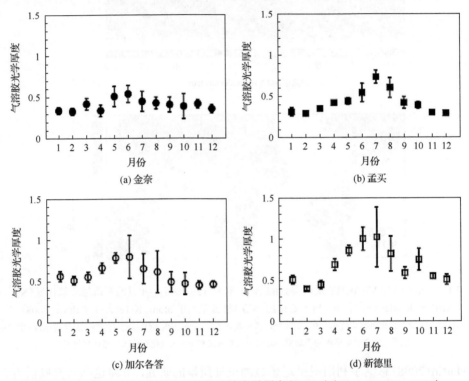

图 23.18　2001～2005 年的月平均气溶胶光学厚度(550nm)(Ramachandran, 2007)

竖线表示平均值上下 1 倍标准差的范围

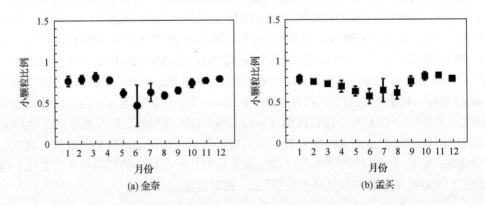

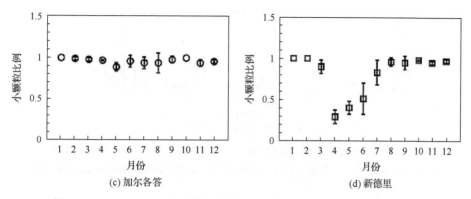

(c) 加尔各答 (d) 新德里

图 23.19　2001~2005 年平均年内小颗粒比例变化（Ramachandran, 2007）

竖线表示平均值上下 1 倍标准差的范围

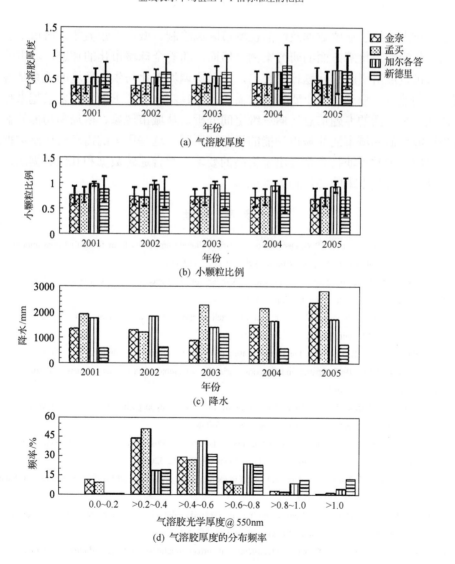

(a) 气溶胶厚度

(b) 小颗粒比例

(c) 降水

(d) 气溶胶厚度的分布频率

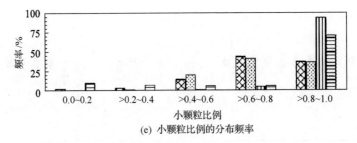

(e) 小颗粒比例的分布频率

图 23.20　四个城市 2001～2005 年的年平均气溶胶厚度、小颗粒比例、降水、
日平均气溶胶厚度的分布频率和日平均小颗粒比例的分布频率(Ramachandran, 2007)

23.5　小　　结

本章重点介绍了遥感数据及产品在城市区域绘制、城市扩张监测、城市生态环境调查、城市化影响评价等方面的研究案例。然而，随着全球城市化的加速，城市面貌日新月异，城市发展所引起的问题日趋突出，如何协调城市化与生态环境的关系是各界人士共同关注的热点。遥感在城市研究中的需求越来越深化，要求的信息要素越来越全面和精细，从二维平面的专题信息转向三维空间分析，从城市现象、格局和功能的解释性研究逐步过渡到面向城市病和城市功能的诊断性研究。这些更大的需求对遥感数据源、遥感信息提取和参数反演技术都提出了更高的要求。综合遥感数据和其他数据源，发展新型信息处理手段是未来的必然趋势。

参 考 文 献

Andres R J, Gregg M, Inez F, et al. 1996. Distribution of carbon dioxide emissions from fossil fuel consumption and cement manufacture, 1950-1990. Global Biogeochemical Cycles, 10(10): 419-430

Arnfield A J. 2003. Two decades of urban climate research: A review of turbulence, exchanges of energy and water, and the urban heat island. International Journal of Climatology, 23: 1-26

Bartholome E, Belward A S. 2005. GLC2000: a new approach to global land cover mapping from Earth observation data. International Journal of Remote Sensing, 26: 1959-1977

Bhaduri B, Bright E, Coleman P, et al. 2002. LandScan: locating people is what matters. Geoinfomatics, 5: 34-37

Bishop J K B, Rossow W B. 1991. Spatial and temporal variability of global surface solar irradiance. Journal of Geophysical Research-Oceans, 96: 16839-16858

Bobbink R, Hornung M, Roelofs J G M. 1998. The effects of air-borne nitrogen pollutants on species diversity in natural and semi-natural European vegetation. Journal of Ecology, 86: 717-738

Buyantuyev A, Wu J. 2009. Urbanization alters spatiotemporal patterns of ecosystem primary production: A case study of the Phoenix metropolitan region, USA. Journal of Arid Environments, 73: 512-520

Cao X, Chen J, Imura H, et al. 2009. A SVM-based method to extract urban areas from DMSP-OLS and SPOT VGT data. Remote Sensing of Environment, 113: 2205-2209

Chen X L, Zhao H M, Li P X, et al. 2006. Remote sensing image-based analysis of the relationship between urban heat island and land use/cover changes. Remote Sensing of Environment, 104: 133-146

Christen A, Gorsel E V, Vogt R. 2007. Coherent structures in urban roughness sublayer turbulence. International Journal of Climatology, 27(14): 1955-1968

CIESIN. 2004. Global Rural-Urban Mapping Project (GRUMP) Alpha version: Urban Extents http://sedac.ciesin.columbia.edu/gpw

Danko D M. 1992. The digital chart of the world project. Photogrammetric Engineering and Remote Sensing, 58: 1125-1128

DESA 2006. World urbanization prospects: the 2005 Revision. In. http://www.un.org/esa/population/publications/WUP2005/2005wup.htm: Pop. Division, Department of Economic and Social Affairs, UN

Elvidge C D, Imhoff M L, Baugh K E, et al. 2001. Night-time lights of the world: 1994–1995. Isprs Journal of Photogrammetry and Remote Sensing, 56: 81-99

Elvidge C D, Tuttle B T, Sutton P S, et al. 2007. Global distribution and density of constructed impervious surfaces. Sensors, 7: 1962-1979

ESA. 2008. The ionia Globcover project The GlobaCover Portal http://ionia1.esrin.esa.int

Goldewijk K K. 2005. Three centuries of global population growth: A spatial referenced population (density) database for 1700-2000. Population and Environment, 26: 343-367

Grimm N B, Faeth S H, Golubiewski N E, et al. 2008. Global change and the ecology of cities. Science, 319 (5864): 756

Guo J, Rahn K A, Zhuang G S. 2004. A mechanism for the increase of pollution elements in dust storms in Beijing. Atmospheric Environment, 38: 855-862

Gutman G, Ignatov A. 1998. The derivation of the green vegetation fraction from noaa/avhrr data for use in numerical weather prediction models. International Journal of Remote Sensing, 19 (8): 1533-1543

Hansen M, Defries R, Townshend J R G, et al. 2000. Global land cover classification at 1km resolution using a decision tree classifier. International Journal of Remote Sensing, 21 (6-7): 1331-1364

Hansen M C, Defries R S, Townshend J R G, et al. 2000. Global land cover classification at 1km spatial resolution using a classification tree approach. International Journal of Remote Sensing, 21: 1331-1364

He C, Zhang D, Huang Q, et al. 2016. Assessing the potential impacts of urban expansion on regional carbon storage by linking the lusd-urban and invest models. Environmental Modelling and Software,75 (C): 44-58

Hidalgo J, Masson V, Baklanov A, et al. 2008. Advances in urban climate modeling. Trends and Directions in Climate Research, 354-374.

Hou M, Hu Y, He Y. 2014. Modifications in vegetation cover and surface albedo during rapid urbanization: a case study from south china. Environmental Earth Sciences, 72 (5): 1659-1666.

Hung T, Uchihama D, Ochi S, et al. 2006. Assessment with satellite data of the urban heat island effects in Asian mega cities. International Journal of Applied Earth Observation and Geoinformation, 8: 34-48

Imhoff M L, Bounoua L, DeFries R, et al. 2004. The consequences of urban land transformation on net primary productivity in the United States. Remote Sensing of Environment, 89: 434-443

Imhoff M L, Lawrence W T, Stutzer D C, et al. 1997. A technique for using composite DMSP/OLS "city lights" satellite data to map urban area. Remote Sensing of Environment, 61: 361-370

Imhoff M L, Zhang P, Wolfe R E, et al. 2010. Remote sensing of the urban heat island effect across biomes in the continental USA. Remote Sensing of Environment, 114: 504-513

Jacobson M Z. 2001. Strong radiative heating due to the mixing state of black carbon in atmospheric aerosols. Nature, 409: 695-697

Jenerette G D, Harlan S L, Brazel A, et al. 2007. Regional relationships between surface temperature, vegetation, and human settlement in a rapidly urbanizing ecosystem. Landscape Ecology, 22 (3): 353-365

Ji W, Ma J, Twibell R W, Underhill K. 2006. Characterizing urban sprawl using multi-stage remote sensing images and landscape metrics. Computers Environment and Urban Systems, 30: 861-879

Karnosky D F, Skelly J M, Percy K E, et al. 2007. Perspectives regarding 50 years of research on effects of tropospheric ozone air pollution on US forests. Environmental Pollution, 147: 489-506

Larssen T, Carmichael G R. 2000. Acid rain and acidification in China: the importance of base cation deposition. Environmental Pollution, 110: 89-102

Liang S. 2001. Narrowband to broadband conversions of land surface albedo i : algorithms. Remote Sensing of Environment, 76 (2) : 213-238

Liu C. Li X. 2012. Carbon storage and sequestration by urban forests in shenyang, china. Urban Forestry and Urban Greening, 11 (2) : 121-128

Lu D S, Xu X F, Tian H Q, et al. 2010. The effects of urbanization on net primary productivity in Southeastern China. Environmental Management, 46: 404-410

Ma J, Chen Y, Wang W, et al. 2010. Strong air pollution causes widespread haze-clouds over China. Journal of Geophysical Research-Atmospheres, 115

Martin R V. 2008. Satellite remote sensing of surface air quality. Atmospheric Environment, 42: 7823-7843

Mchale M R, Mcpherson E G, Burke I C. 2007. The potential of urban tree plantings to be cost effective in carbon credit markets. Urban Forestry and Urban Greening, 6 (1) : 49-60

Milesi C, Elvidge C D, Nemani R R, et al. 2003. Assessing the impact of urban land development on net primary productivity in the southeastern United States. Remote Sensing of Environment, 86: 401-410

Nowak D J. 1993. Atmospheric carbon reduction by urban trees. Journal of Environmental Management, 37 (3) : 207-217

Nowak D J. 1994. Atmospheric carbon dioxide reduction by chicago's urban forest. General Technical Report Ne, 186: 83-94

Olson D M, Dinerstein E, Wikramanayake E D, et al. 2001. Terrestrial ecoregions of the worlds:A new map of life on Earth. Bioscience, 51: 933-938

Palmer P I. 2008. Quantifying sources and sinks of trace gases using space-borne measurements: current and future science. Philosophical Transactions of the Royal Society a-Mathematical Physical and Engineering Sciences, 366: 4509-4528

Pataki D E, Alig R J, Fung A S, et al. 2006. Urban ecosystems and the north american carbon cycle. Global Change Biology, 12 (11) : 2092-2102

Peng C Y, Wu X D, Liu G, et al. 2002. Urban air quality and health in China. Urban Studies, 39: 2283-2299

Qian Y, Giorgi F. 2000. Regional climatic effects of anthropogenic aerosols? The case of Southwestern China. Geophysical Research Letters, 27: 3521-3524

Qiu J H, Yang L Q. 2000. Variation characteristics of atmospheric aerosol optical depths and visibility in North China during 1980-1994. Atmospheric Environment, 34: 603-609

Ramachandran S. 2007. Aerosol optical depth and fine mode fraction variations deduced from Moderate Resolution Imaging Spectroradiometer (MODIS) over four urban areas in India. Journal of Geophysical Research-Atmospheres, 112 (D16) : JD008500

Rao P K. 1972. Remote sensing of urban heat islands from an environmental satellite. Bulletin of the American Meteorological Society, 53: 647

Ren Y, Yan J, Wei X, et al. 2012. Effects of rapid urban sprawl on urban forest carbon stocks: integrating remotely sensed, gis and forest inventory data. Journal of Environmental Management, 113 (1) : 447-455

Rosenfeld D. 2000. Suppression of rain and snow by urban and industrial air pollution. Science, 287: 1793-1796

Roth M, Oke T R, Emery W J. 1989. Satellite-derived urban heat islands from 3 coastal cities and the utilization of such data in urban climatology. International Journal of Remote Sensing, 10: 1699-1720

Rowntree R A, Nowak D J. 1991. Quantifying the role of urban forests in removing atmospheric carbon dioxide. Journal of Arboriculture, 17 (10) : 269-275

Sailor D J. 1995. Simulated urban climate response to modifications in surface albedo and vegetation cover. Journal of Applied Meteorology, 34: 1694-1704

Schneider A, Friedl M A, McIver D K, et al. 2003. Mapping urban areas by fusing multiple sources of coarse resolution remotely sensed data. Photogrammetric Engineering and Remote Sensing, 69: 1377-1386

Schneider A, Friedl M A, Potere D. 2009. A new map of global urban extent from MODIS satellite data. Environmental Research Letters, 4 (4) : 044003

Schneider A, Friedl M A, Potere D. 2010. Mapping global urban areas using MODIS 500-m data: New methods and datasets based on 'urban ecoregions'. Remote Sensing of Environment, 114: 1733-1746

Schneider A, Woodcock C E. 2008. Compact, dispersed, fragmented, extensive? a comparison of urban growth in, twenty-five global cities using remotely sensed data, pattern metrics and census information. Urban Studies, 45(3): 659

Shea D. 1986. Climatological Atlas: 1950-1979, Surface Air Temperature, Precipitation, Sea Level Pressure, and Sea Surface Temperature. Boulder: NCAR

Small C. 2001. Estimation of urban vegetation abundance by spectral mixture analysis. International Journal of Remote Sensing, 22: 1305-1334

Solomon S D, Qin D, Manning M, et al. 2007. Climate change 2007: the physical science basis. working group i contribution to the fourth assessment report of the ipcc. Computational Geometry, 2: 1-21

Song C. 2005. Spectral mixture analysis for subpixel vegetation fractions in the urban environment: How to incorporate endmember variability? Remote Sensing of Environment, 95: 248-263

Taylor G E, Johnson D W, Andersen C P. 1994. Air-pollution and forest ecosystems-a regional to global perspective. Ecological Applications, 4: 662-689

Thornton P E. 1998. Regional Ecosystem Simulation: Combining Surface- and Satellite-based Observations to Study Linkages Between Terrestrial Energy and Mass Budgets. Montana: Thesis University of Montana

Voogt J A, Oke T R. 2003. Thermal remote sensing of urban climates. Remote Sensing of Environment, 86: 370-384

Wang X P, Mauzerall D L. 2006. Evaluating impacts of air pollution in China on public health: Implications for future air pollution and energy policies. Atmospheric Environment, 40: 1706-1721

Weng Q H. 2009. Thermal infrared remote sensing for urban climate and environmental studies: Methods, applications, and trends. ISPRS Journal of Photogrammetry and Remote Sensing, 64: 335-344

White M A, Nemani R R, Thornton P E, et al. 2002. Satellite evidence of phenological differences between urbanized and rural areas of the eastern united states deciduous broadleaf forest. Ecosystems, 5(3): 260-273

White M A, Running S W, Thornton P E. 1999. The impact of growing-season length variability on carbon assimilation and evapotranspiration over 88 years in the eastern us deciduous forest. International Journal of Biometeorology, 42(3): 139-145

Wiedensohler A, Cheng Y F, Nowak A, et al. 2009. Rapid aerosol particle growth and increase of cloud condensation nucleus activity by secondary aerosol formation and condensation: A case study for regional air pollution in northeastern China. Journal of Geophysical Research-Atmospheres, 114: 010884

Xu Q. 2001. Abrupt change of the mid-summer climate in central east China by the influence of atmospheric pollution. Atmospheric Environment, 35: 5029-5040

Yu D, Shao H B, Shi P J, et al. 2009. How does the conversion of land cover to urban use affect net primary productivity? A case study in Shenzhen city, China. Agricultural and Forest Meteorology, 149: 2054-2060

Yuan F, Bauer M E. 2007. Comparison of impervious surface area and normalized difference vegetation index as indicators of surface urban heat island effects in Landsat imagery. Remote Sensing of Environment, 106: 375-386

Zhao C S, Tie X X, Lin Y P. 2006. A possible positive feedback of reduction of precipitation and increase in aerosols over eastern central China. Geophysical Research Letters, 33(11): 025959

Zhou D, Zhao S, Zhang L, et al. 2016. Remotely sensed assessment of urbanization effects on vegetation phenology in china's 32 major cities. Remote Sensing of Environment, 176: 272-281

Zobler L. 1986. A world soil file for global climate modeling. New York: Technical Report, 87802

第 24 章　遥感在农业相关领域中的应用[*]

农业是地球上最主要的土地利用活动。农业不仅对土地覆盖变化产生影响，还对社会经济、粮食安全、水和环境的可持续发展、生态系统服务、气候变化和碳循环等有着深远影响。农田的面积、位置、状态和转换信息对于理解人类活动如何影响生物圈、水文圈、大气圈和岩石圈以及碳氮循环的模拟和可持续农业发展政策的制定都非常重要。本章旨在描述如何利用遥感数据产品进行农业相关研究，包括提取农田信息、估算粮食产量、监测农业灾害(干旱)、监测作物残茬、分析农田变化对地表参数和环境的影响以及气候变化对农田生态系统的影响等。

24.1　引　言

农业是地球上主要的土地利用活动。据估计，全球作物面积在 1700 年为 2.65 亿 hm^2，在 1990 年为 14.71 亿 hm^2(Goldewijk 2001)，2000 年为 15 亿~18 亿 hm^2(Ramankutty and Foley, 1999)。大于 4.56 亿 km^2 的自然植被(其中有三分之二是草地)已经转化为农田(Ramankutty et al., 2008)。

人类用水量最大的是农业。灌溉农业用水占了全球人类总用水量的 84%(Shiklomanov, 2000)。据估计，1998 年到 2002 年间，全球总的作物用水量约为 $6685km^3/a$，其中蓝水(Blue Water)使用量为 $1180km^3/a$，灌溉作物的绿水(Green Water)使用量为 $919km^3/a$，雨养作物的绿水使用量为 $4586km^3/a$(Siebert and Doll, 2010)。蓝水指的是湖泊、水库、河流、冰川和地下水，绿水指的是有效降水。

农业影响碳氮循环。全球人类排放的 52%的甲烷和 84%的一氧化氮来自于农田(Smith et al., 2008)。据估计，到 2030 年，农业上的技术进步可使全球每年二氧化碳含量减少大约 55 亿 t 到 60 亿 t(Smith et al., 2008)，全球农业碳吸收能力和退化的土壤是历史碳损失(42~78GtC)的 50%到 66%(Lal, 2004)。

因此，农业不仅对土地覆盖变化产生影响，它还对社会经济、粮食安全、水和环境的可持续发展、生态系统服务、气候变化和碳循环等有着深远影响(Foley et al., 2005; Khan and Hanjra, 2009; Lal, 2004, 2007; Paustian et al., 1997)。同时，农田的面积、位置、状态和转换信息对于理解人类活动如何影响生物圈、水文圈、大气圈和岩石圈以及碳氮循环的模拟和可持续农业发展政策的制定都非常重要。

各类遥感数据产品已经广泛应用于农田空间分布提取(Zhu et al., 2014; Steele-Dunne et al., 2017)、作物类型识别(Wardlow et al., 2007; Pena-Barragan et al., 2011; Sonobe et al.,

---

[*] 本章作者：朱秀芳[1]，梁顺林[2]
1. 北京师范大学地理科学学部；2. 美国马里兰大学帕克分校地理系

2018)、长势监测(Gitelson, 2004; Shafian et al., 2018)、季相监测(Sakamoto et al., 2005)、产量估算(Xin et al., 2013; Chlingaryan et al., 2018)、作物灾害监测(Mahlein et al., 2012; Hazaymeh and Hassan, 2016; Liu et al., 2016)、作物对气候变化的响应(Lobell et al., 2012; Brown et al., 2012)等研究(Zheng et al., 2014; Begue et al., 2018)。

24.2 农田信息提取

24.2.1 作物区提取

农田分布信息对土地管理和贸易决策都非常重要，是评估作物胁迫和产量以及相关变量(比如作物灌溉需求)的必要参数(Monfreda et al., 2008; Wu et al., 2010)。传统上作物面积信息由统计调查而来。但是，该方法不能提供作物的空间分布信息，而且统计上报的过程烦琐、耗时且费用高。遥感是监测作物面积的一种有效手段，已得到包括政府机构、农户和建模者在内很多不同用户的认可(Biradar et al., 2009; Frolking et al., 2002; Gumma et al., 2011; Karkee et al., 2009; Murthy et al., 2003; Ozdogan, 2010; Pena-Barragan et al., 2011; Wardlow et al., 2007)。

利用遥感数据识别作物的技术方法在过去的几十年里不断进化发展，从简单的非监督分类到各种复杂的监督分类方法(比如，最大似然法、支持向量机、决策树、小波变换、神经网络等)，从基于像元的方法到基于亚像元(比如线性光谱分解、支持向量回归、决策回归)和面向对象的方法，从探索光谱差异到检测时间序列上作物季相差异的方法。用于作物面积监测的遥感数据受多种因素的影响，如研究的目的和范围，数据的可获取性和费用等。高分辨率的数据(如 IKONOS，Quickbird，TM，ETM，SPOT)常常用于局部的和区域的研究，中分辨率的数据(如 MODIS)常用于国家和大陆尺度的研究，而低分辨率的数据常用于全球尺度的研究。此外，可见光、超光谱和雷达数据都可以用于作物监测。一般认为从高分辨率数据得到的作物面积比低分辨率数据有更高的精度，并且多时相监测结果一般优于单时相的结果。

Lobell 和 Asner(2004)使用 MODIS 植被指数数据提取了墨西哥西北部亚基河流域和美国南部大平原的农田。他们运用了 MODIS 16 天合成的 250m 分辨率的 NDVI、EVI 及其数据质量文档，采用了概率时相分解法进行农田空间分布提取，图 24.1 是该方法的技术流程。他们首先利用 MODIS NDVI 产品构建了红光波段和近红外波段反射率的时间序列，然后参考 Landsat 分类结果从 MODIS 数据中选择终端像元。不同于以往的方法，在他们的方法中，终端像元的光谱不是一个单独的光谱而是一个光谱集。在亚基河流域，他们共选择了 52 个小麦端元、28 个玉米端元和 46 个非农田端元组成一个端元集合。在南部大平原，他们选择了 22 个小麦端元、24 个草地端元和 42 个夏季作物端元组成一个端元集合。随后，他们随机从端元集合中选择端元对影像上的每个像元重复利用混合像元分解方法分解像元，生成一组丰度图。最终，他们构建了一个对应每个端元的端元丰度概率分布图。图 24.2 为使用概率光谱分解法生成的两个研究区的小麦丰度的均值和标准差影像。该研究为混合像元问题突出的地区进行作物识别提供了方法借鉴。

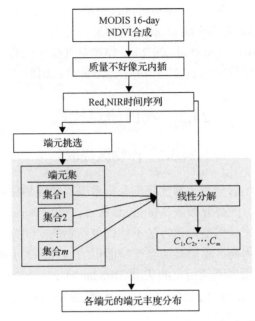

图 24.1　概率时相分解法流程(Lobell and Asner, 2004)

灰色部分显示的是从每个终端像元集中选择一个终端像元，然后进行线性光谱分解，此步骤重复50次，
从而产生了端元丰度分布，以此来反映终端变化对丰度计算的影响

图 24.2　由概率光谱分解法生成的小麦丰度图(Lobell and Asner, 2004)

上图为丰度均值，下图为丰度标准偏差，左侧为亚基河流域的结果，右侧为美国南部大平原的结果

24.2.2　农田变化检测

除了农田范围，农田变化及其变化的驱动因素对评估粮食和水资源安全、制定可持续发展政策都有重要的作用(Liu et al., 2005a; Yan et al., 2009)。传统获取作物面积变化信息的方法是比较多年的作物面积统计数据，然而这种方法不能提供作物面积变化空间分布信息。因此，遥感手段在监测作物区变化中发挥越来越重要的作用(Amissah-Arthur et al. 2000; Doygun, 2009; Zhao et al., 2004; Zomeni et al., 2008)。

监测作物变化涉及各种土地利用变化检测方法，分类后比较法是其中最常用和最直接的方法。本节将介绍一个利用直接分类法区分变化和非变化作物区的例子。Kuemmerle等(2008)利用多时相数据监测了喀尔巴阡山脉的农田变化。该研究运用了 481 个野外实测数据，16 幅 Google Earth 提供的 Quickbird 影像、TM 和 ETM+影像(轨道号/行号:186/26，获取时间分别为 1986 年 10 月 2 日，1988 年 7 月 27 日，2000 年 6 月 10 日和 2000 年 8 月 2日)。野外调查时间分别为 2004 年夏天、2005 年春天和 2006 年春天。

他们的方法步骤为:①对 Landsat 影像进行几何和大气校正，去除 1988 年影像上的森林、水体、建筑区以及影像上其他所有海拔高度高于 1000 米的区域，然后将处理后的影像叠加在一起形成一个多时相数据集;②参考 Quickbird 影像和野外实测数据数字化了1171 个地块。这 1171 个数字化的地块和野外调查得到的 481 个样本被视为地面真实数据，用作训练样本和检验样本;③将所有样本分为 3 类:无变化区、休耕地和再造林区。1079 个样本用于训练支持向量机分类器和划分多时相数据集;④剩余的 573 个样本用于验证分类精度。

图 24.3 是他们分类得到的农田变化图。该图的总体分类精度为 90.9%，kappa 系数为 0.82。1988~2000 年间，在波兰、斯洛伐克和乌克兰相交地带，共有 1285km^2 的弃耕农田，其中 12.5%的弃耕农田转化为林地。

24.2.3　灌溉农业区绘制

由于全球灌溉农业耗水量占了人类总耗水量的 84%，灌溉农业对水文过程(Rosenberg, 2000; Shibuo et al., 2007)，局地气候(Adegoke et al., 2007; Boucher et al., 2004; Lobell et al., 2006b; Sen Roy et al., 2007; Stohlgren et al., 1998; Tilman et al., 2001; Trenberth, 2004)，环境变量，如土壤盐分(Metternicht and Zinck, 2003)和土壤质量损耗(Asadi et al., 2008; Dobermann and Oberthiir, 1997; Liu et al., 2005b)等都有着重要影响。因此，精确的灌溉农田范围信息对于研究地表和大气的水交换(Boucher et al., 2004; Gordon et al., 2005; Ozdogan et al., 2006)、气候变化、灌溉需水量(Döll and Siebert, 2002)、水资源管理(Vörösmarty et al., 2005)、水文模拟和农业规划等都很重要。

目前已有一些研究绘制了全球的灌溉区图。其中之一是美国地质调查队利用 1992年 4 月至 1993 年 9 月的 1km AVHRR 数据制作的全球土地覆盖图(Loveland et al., 2000)。该图有 4 个灌溉类别:灌溉草地、稻田、热灌溉农田(Hot Irrigated Cropland)和冷灌溉农田(Cool Irrigated Cropland)。由于灌溉类别是该图整体分类体系的子集，因此灌溉类别的精度偏低。

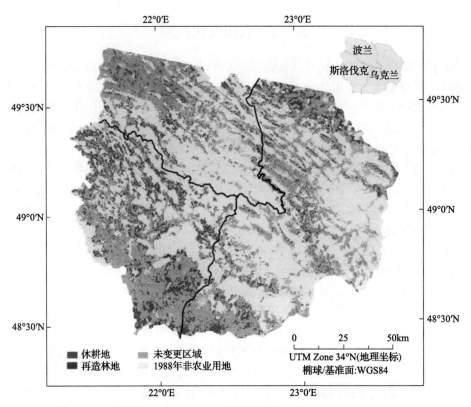

图 24.3　研究区内 1988～2000 年间的弃耕农田（Kuemmerle et al., 2008）

　　此外，全球粮食和农业组织与法兰克福大学合作制作了全球的灌区图（FAO 灌区图）（Döll and Siebert, 1999; Siebert and Döll, 2001; Siebert et al., 2005b）。FAO 灌区图MIRCA2000 显示了在 2000 年左右每个月的灌溉区和雨养区（Portmann et al., 2010）（图 24.4），图中包含了 26 种作物类型（小麦，水稻，玉米、大麦、黑麦、小米、高粱、大豆、向日葵、土豆、木薯、甘蔗、甜菜、油棕、油菜籽、花生、干豆、柑橘、枣椰树、葡萄、可可豆和咖啡豆）和 402 个空间单元的农时历信息。该图的空间分辨率为 5′×5′。

雨养收获面积占网格单元面积的比例/%

0.1　1　5　20　35　50　100　300
(a) 雨养收获面积占网格单元面积的比例

灌溉收获面积占网格单元面积的比例/%

0.1　1　5　20　35　50　100　300

(b) 灌溉收获面积占网格单元面积的比例

灌溉收获面积占总收获面积的比例/%

0.1　1　5　20　35　50　80　100

(c) 灌溉收获面积占网格中总收获面积的比例

图 24.4　全球 1998～2002 年雨养收获面积占网格单元面积的比例、
灌溉收获面积占网格单元面积的比例和灌溉收获面积占网格中总收获面积的比例
（Portmann et al., 2010）

　　国际水资源管理研究所（IWMI）也制作了一幅全球灌区图（Thenkabail et al., 2009; Thenkabail et al., 2008; Thenkabail et al., 2006）。该图的空间分辨率为 10km，由 10 年的 AVHRR NDVI、SPOT-VEGETATION、JERS-1 和 Landsat GeoCover 2000 等数据制作而成。灌区的面积统计信息包括年灌溉面积（Annualized Irrigated Area）和总的可灌溉面积（Total Area Available for Irrigation）。IWMI 灌区图提供了灌溉类别和灌溉强度信息，并且利用亚像元分解的方法得到了像元内灌溉面积的百分比值（Thenkabail et al., 2007）。

　　除了全球尺度的灌溉数据之外，也有些学者在其他尺度上绘制了灌区的分布图（Beltran and Belmonte, 2001; Biggs et al., 2006; Boken et al., 2004; Dheeravath et al., 2010; El-Magd et al., 2003; Ozdogan and Gutman, 2008; Thenkabail et al., 2005; Wriedt et al., 2009; Zhu et al., 2014）。例如，Ozdogan 和 Gutman（2008）联合使用决策树和回归树分类法制作了一幅美国的灌区分布图。决策树用于区分灌溉像元和非灌溉像元，回归树用于估算灌溉像元内的灌溉面积百分比。

图 24.5 是他们的技术流程图。该方法包括如下几个步骤：①利用年净辐射、降水量和潜热计算了辐射干旱指数(D)，然后利用辐射干旱指数进一步计算水可利用性参数(W)。他们发现水可利用性参数和灌溉面积丰度之间存在线性关系，以此，他们计算了灌溉潜力，并称之为有效灌溉潜力。②去除 MODIS 反射率时间序列数据中的云、雪和非农田像元，并计算 NDVI 和 GRI。GRI 为近红外波段反射率和绿波波段反射率的比值。③从 Landsat 影像上选取两套样本集：一套样本集为灌溉/非灌溉农田，用于训练决策树分类器(C4.5)区分灌溉和非灌溉区域；另一套样本集为 500m 分辨率像元内的灌溉面积百分比，用于训练回归树。该样本集是通过将 Landsat 影像分为灌溉和非灌溉区，然后降分辨率到 500m 而得到的。④联合使用决策树和回归树分类法及上一步收集的样本数据分类生成美国的灌溉区。

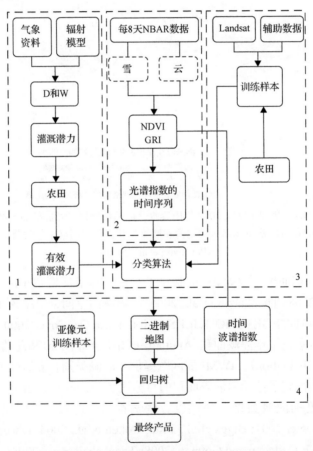

图 24.5　技术流程图(Ozdogan and Gutman, 2008)

图 24.6 是他们制作的灌溉图。结果显示，该图在美国西部的精度高于在美国东部的精度。他们也将自己做的灌溉图和 FAO 的全球灌溉区图进行了比较，结果显示他们的图可以获取更多的细节信息。另外，根据他们的图计算得到的灌溉面积与灌溉面积统计数据高度相关。

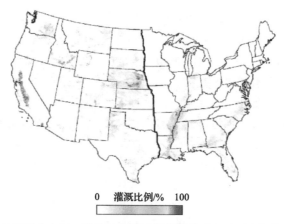

0　　灌溉比例/%　　100

图 24.6　美国 2001 年灌区分布图，粗的竖线用于将美国分成东西两个部分，分别进行精度评价
（Ozdogan and Gutman, 2008）

24.3　作物产量估算

目前基于遥感的作物产量估算方法，大致可以分为三大类：统计相关分析遥感估产方法（Shanahan et al., 2001; Liu et al., 2002; Panda et al., 2010; Dempewolf et al., 2014），基于遥感的生产效率模型（干物质量-产量模型）估产方法（Bastiaanssen and Ali, 2003; Lobell et al., 2003; Tao et al., 2005; Liu et al., 2010; Peng et al., 2014; Yuan et al., 2016）和遥感数据耦合作物生长模型的估产方法（Mo et al., 2005; Fang et al., 2008; Moriondo et al., 2007; Padilla et al., 2012; Wang et al., 2013; Wang et al., 2014）。其中统计相关分析遥感估产方法是通过构建波段、波段组合及各种遥感指数与产量或产量构成要素之间的统计关系表达式来实现估产的。基于遥感的生产效率模型是利用遥感数据估测作物地上干物质量,然后再依据干物质量与产量之间的关系来估算产量。遥感数据耦合作物生长模型的模拟预测方法引入遥感观测的作物生产参数去校正作物模型，通过作物模型模拟作物的生长过程和产量。本节针对前两种方法分别给出一个研究案例。

24.3.1　使用 NOAA-AVHRR NDVI 进行产量估算

基于时间序列 NDVI 的作物估产研究可以追溯到 20 世纪 80 年代，最普遍的方法是直接建立 NDVI 与作物产量之间的统计关系表达式（Mkhabela et al., 2005; Huang et al., 2014; Mashaba et al., 2017）。不同研究所用的 NDVI 的值并不同，有的使用原始 NDVI、有的使用作物生长季内的 NDVI 均值或累计值，还有的使用关键生育期 NDVI、NDVI 均值或 NDVI 累计值。尽管时序 NDVI 能反映年间的作物产量波动情况，但是无法反映出由于科技发展、生产力水平提高、田间管理技术改善所带来的产量增产趋势。为此，Huang 等（2013）综合使用历史时间序列产量数据和 NOAA-AVHRR NDVI 在中国的五个水稻主产省（黑龙江、四川、江西、湖南和广西）进行了水稻产量估算的研究。其基本思路是首先将历史产量数据分解为趋势产量和遥感产量两个部分，其中历史产量反映的是由技术因素所控制的产量组分，而遥感产量反映的是受温度、降水、病虫害等环境条件影响的产量组分，对趋势产量和遥感产量分别建模估算，然后求和得到待估算年份的最终产量估计值。研究所用的具体数据包括研究区 1981 年 7 月到 2006 年 12 月的 AVHRR NDVI 每 15 天合成数据的 8km 分辨率的最大化 NDVI 数据和来自于中国统计年鉴的 1979～2009 年省级历史水稻单产数据。

具体技术路线包括如下几个步骤：①利用 5 点滑动平均和线性回归两种方法对 1979～2009 年的历史产量数据进行去趋势处理，得到相应时间段的趋势产量序列。对比分析两种方法去趋势的效果，最终确定在黑龙江、河南、江西和四川 4 省使用线性回归方法进行去趋势处理，在广西使用 5 点滑动平均法进行去趋势处理；②利用历史产量数据减去线性回归的趋势产量数据得到遥感产量数据；③通过逐步回归方法建立 1982 到 2004 年期间遥感产量与 NDVI 变量之间的统计模型，对比不同方程的拟合效果，选择出各省最优的遥感估产模型，参与建模的 NDVI 变量如表 24.1 所示，最终选出的遥感估产模型如表 24.2 所示；④将计算出的趋势产量和遥感产量相加得到最终的产量估算值。

表 24.1　NDVI 变量及相应的计算公式 (Huang et al., 2013)

序号	NDVI变量	公式及含义
1	$NDVI_{maxb1}$	最大NDVI值出现的时相向前数第一个AVHRR NDVI值
2	$NDVI_{maxb2}$	最大NDVI值出现的时相向前数第二个AVHRR NDVI值
3	$NDVI_{maxb3}$	最大NDVI值出现的时相向前数第三个AVHRR NDVI值
4	$NDVI_{maxb4}$	最大NDVI值出现的时相向前数第四个AVHRR NDVI值
5	$NDVI_{max}$	生长季中的最大NDVI值
6	$NDVI_{maxa1}$	最大NDVI值出现的时相向后数第一个AVHRR NDVI值
7	$NDVI_{maxa2}$	最大NDVI值出现的时相向后数第二个AVHRR NDVI值
8	$NDVI_{maxb4\text{-}b3}$	$(NDVI_{maxb4} + NDVI_{maxb3})/2$
9	$NDVI_{maxb4\text{-}b2}$	$(NDVI_{maxb4} + NDVI_{maxb3} + NDVI_{maxb2})/3$
10	$NDVI_{maxb4\text{-}b1}$	$(NDVI_{maxb4} + NDVI_{maxb3} + NDVI_{maxb2} + NDVI_{maxb1})/4$
11	$NDVI_{maxb4\text{-}max}$	$(NDVI_{maxb4} + NDVI_{maxb3} + NDVI_{maxb2} + NDVI_{maxb1} + NDVI_{max})/5$
12	$NDVI_{maxb4\text{-}a1}$	$(NDVI_{maxb4} + NDVI_{maxb3} + NDVI_{maxb2} + NDVI_{maxb1} + NDVI_{max} + NDVI_{maxa1})/6$
13	$NDVI_{maxb4\text{-}a2}$	$(NDVI_{maxb4} + NDVI_{maxb3} + NDVI_{maxb2} + NDVI_{maxb1} + NDVI_{max} + NDVI_{maxa1} + NDVI_{maxa2})/7$
14	$NDVI_{maxb3\text{-}b2}$	$(NDVI_{maxb3} + NDVI_{maxb2})/2$
15	$NDVI_{maxb3\text{-}b1}$	$(NDVI_{maxb3} + NDVI_{maxb2} + NDVI_{maxb1})/3$
16	$NDVI_{maxb3\text{-}max}$	$(NDVI_{maxb3} + NDVI_{maxb2} + NDVI_{maxb1} + NDVI_{max})/4$
17	$NDVI_{maxb3\text{-}a1}$	$(NDVI_{maxb3} + NDVI_{maxb2} + NDVI_{maxb1} + NDVI_{max} + NDVI_{maxa1})/5$
18	$NDVI_{maxb3\text{-}a2}$	$(NDVI_{maxb3} + NDVI_{maxb2} + NDVI_{maxb1} + NDVI_{max} + NDVI_{maxa1} + NDVI_{maxa2})/6$
19	$NDVI_{maxb2\text{-}b1}$	$(NDVI_{maxb2} + NDVI_{maxb1})/2$
20	$NDVI_{maxb2\text{-}max}$	$(NDVI_{maxb2} + NDVI_{maxb1} + NDVI_{max})/3$
21	$NDVI_{maxb2\text{-}a1}$	$(NDVI_{maxb2} + NDVI_{maxb1} + NDVI_{max} + NDVI_{maxa1})/4$
22	$NDVI_{maxb2\text{-}a2}$	$(NDVI_{maxb2} + NDVI_{maxb1} + NDVI_{max} + NDVI_{maxa1} + NDVI_{maxa2})/5$
23	$NDVI_{maxb1\text{-}max}$	$(NDVI_{maxb1} + NDVI_{max})/2$
24	$NDVI_{maxb1\text{-}a1}$	$(NDVI_{maxb1} + NDVI_{max} + NDVI_{maxa1})/3$
25	$NDVI_{maxb1\text{-}a2}$	$(NDVI_{maxb1} + NDVI_{max} + NDVI_{maxa1} + NDVI_{maxa2})/4$
26	$NDVI_{max\text{-}a1}$	$(NDVI_{max} + NDVI_{maxa1})/2$
27	$NDVI_{max\text{-}a2}$	$(NDVI_{max} + NDVI_{maxa1} + NDVI_{maxa2})/3$
28	$NDVI_{maxa1\text{-}a2}$	$(NDVI_{maxa1} + NDVI_{maxa2})/2$

表 24.2　基于逐步回归的遥感产量估算模型（Huang et al., 2013）

研究区	模型	R	F-test	RMSE
黑龙江	$Y_{RS} = -849.158 + 0.137\text{NDVI}_{\text{max}a1}$	0.42*	4.508	361.99
湖南	$Y_{RS} = -1240.690 + 0.229m\text{NDVI}_{\text{max}b1-a2}$	0.69**	19.342	114.57
江西	$Y_{RS} = -1553.145 + 0.261m\text{NDVI}_{\text{max}b1-\text{max}}$	0.46**	5.689	166.38
四川	$Y_{RS} = -1495.515 + 0.403m\text{NDVI}_{\text{max}b4-b3}$	0.73**	24.238	207.07
广西	$Y_{RS} = -1832.285 + 1.138m\text{NDVI}_{\text{max}b4-b3} + 0.214\text{NDVI}_{\text{max}a2}$ $-1.315m\text{NDVI}_{\text{max}b4-b2} + 0.307_{\text{max}b2-b1}$	0.92**	25.103	87.70

*表示在 0.05 水平下显著；**表示在 0.01 水平下显著

图 24.7 显示的是 1982～2004 年产量观测值和预测值对比结果，表 24.3 是 2005 和 2006 两年的验证结果。2005 年和 2006 年的验证结果显示水稻产量的预测值和观测值的相对误差大约为 5.82%，总体来说该文提出的方法可以满足省级粮食产量的估算。作者也指出该文章所使用的方法也可以用于其他国家和其他作物类型的产量估算。

24.3.2　基于生产效率模型和遥感数据的玉米和大豆产量估算

光合作物是作物产量形成的主要物质来源，太阳光中只有一部分能被叶片光合作物利用。为此，研究者提出了植被生产力的概念来描述植物通过光合作用吸收大气中的

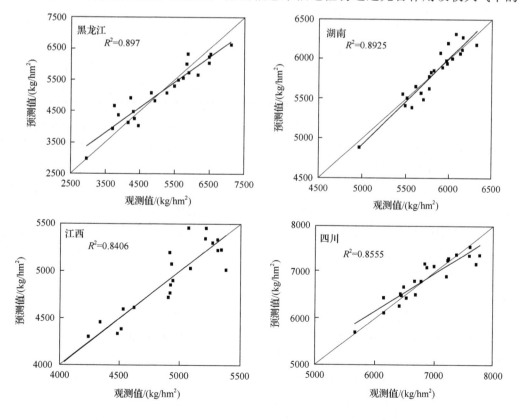

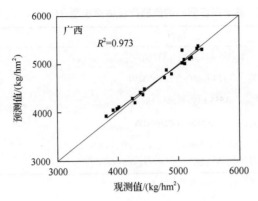

图 24.7　1982～2004 年间水稻观测产量与预测产量的对比(Huang et al., 2013)

表 24.3　观测和预测和水稻产量比较(Huang et al., 2013)

省	年份	参考值/(kg/hm²)	预测值/(kg/hm²)	相对误差/%
黑龙江	2005	6795.7	6780.7	−0.22
	2006	6261.3	6897.8	10.17
湖南	2005	6050.3	6337.5	4.75
	2006	6141.3	6441.2	4.88
江西	2005	5328.2	5545.9	4.09
	2006	5475.1	5634.9	2.92
四川	2005	7213.0	8018.4	11.17
	2006	6420.7	7680.3	19.62
广西	2005	4953.0	5028.98	1.53
	2006	5088.0	5053.44	−0.68

CO_2，转化光能为化学能，累积有机干物质的能力。植被生产力可以分为总初级生产力(Gross Primary Production, GPP)和净初级生产力(Net Primary Production, NPP)。总初级生产力是指在单位时间和单位面积上，绿色植物通过光合作用所固定的有机碳总量。净初级生产力是从总初级生产力中扣除植物自养呼吸所消耗的有机物后剩余的部分。GPP和NPP和作物生物量高度相关，因此常常被用于作物的估产研究。

　　Xin 等(2013)基于 MODIS GPP 产品数据，考虑不同作物光能利用率的差异及混合像元问题，提出了作物 GPP 的改进计算方法并用于美国中西部玉米和大豆的产量估计。其所用到的数据源主要包括：2009～2011 年来自 MOD15A2 的 8 天合成的 1km 的叶面积指数数据和光合有效辐射比率(FPAR)数据，来自 MOD17A2 的 8 天合成的 1km 的植被生产力数据，来自于美国农业部(USDA)国家农业统计局(NASS)的 Quick Stats 数据库的作物面积和产量数据和 30m 分辨率的作物数据层(Cropland Data Layer, CDL)，以及来自USGS 早期预警系统的作物灌溉分布图数据。

　　他们研究的主要步骤为：①利用 CDL 数据识别 MODIS 尺度相对纯净的玉米和大豆像元；②利用玉米和水稻的野外测量光能利用率值去替代 MOD17 算法中使用的作物光能利用率通用值，研究中使用的玉米和大豆的光能利用率值分别为 3.35g/MJ PAR 和

1.44g/MJ PAR；③将 MODIS GPP 像元值分解为作物 GPP 和其他植被 GPP 两部分，通过式(24.1)和式(24.2)计算某一特定 MODIS 像元中作物部分的 GPP 值；④利用式(24.7)通过作物 GPP 计算作物产量；⑤在美国中西部的 12 个州(北达科他州、南达科他州州、内布拉斯加州、堪萨斯州、明尼苏达州、爱荷华州、密苏里州、密歇根州、威斯康星州、伊利诺伊州、印第安纳州和俄亥俄州)进行玉米和大豆产量估算的验证。

$$GPP_{total,DOY_n} = GPP_{crop,DOY_n} + GPP_{other,DOY_n} \tag{24.1}$$

$$GPP_{other,DOY_n} = MR_{other,DOY_n} / (1 - CUE) \tag{24.2}$$

$$MR_{other,DOY_n} = Leaf\_MR_{other} + Froot\_MR_{other} \tag{24.3}$$

$$Leaf\_MR_{other} = LAI_{other}/SLA \times leaf\_mr\_base \times Q10\_mr^{[(Tavg-20.0/10.0]} \tag{24.4}$$

$$\begin{aligned} Froot\_MR_{other} = &LAI_{other}/SLA \times froot\_leaf\_ratio \times froot\_mr\_base \\ &\times Q10\_mr^{[(Tavg-20.0/10.0]} \end{aligned} \tag{24.5}$$

$$LAI_{other} \approx max(LAI_{total.DOY n=89:N_0}) \tag{24.6}$$

$$Yield = \sum_{n>N_0}^{n=N_1} GPP_{crop,DOY_n} \times \frac{HI}{(1+RS)} \times \frac{1}{1-MC} \tag{24.7}$$

式中，GPP_{total,DOY_n} 是 8 天合成的 MODIS GPP 数据集在一年中第 n 期的值，GPP_{crop,DOY_n} 表示 GPP_{total,DOY_n} 中作物贡献的部分，GPP_{other,DOY_n} 表示 GPP_{total,DOY_n} 中其他植被贡献的部分，MR_{other,DOY_n} 为其他植物用于维持性呼吸所消耗的能量(Kg C/d)，包含其他植被枝叶用于呼吸所消耗的能量 $Leaf\_MR_{other}$ 和根部用于呼吸所消耗的能量 $Froot\_MR_{other}$，CUE 为碳利用效率。LAI_{other} 为其他植被叶面积指数(m^2/m^2 地表)，SLA 为比叶面积(m^2 kg/C)。$LAI_{total.DOY n=89:N_0}$ 表示第 89 天到第 N_0 天期间的每 8 天合成的叶面积指数值，该研究中玉米和大豆的 N_0 分别取 129 和 137。leaf_mr_base 为每单位量作物枝叶在 20℃时每天的维持呼吸作用，froot_leaf_ratio 为根系与枝叶比例系数，froot_mr_base 为每单位量作物枝叶在 20℃时每天的维持呼吸作用[kg C Kg/(C/d)]，$Q10\_mr$ 是呼吸指数形状参数，Tavg 为日均气温(℃)。Yield 表示作物产量，HI 为收获指数，表示作物地上生物量转化为经济产量的比例，RS 为根冠比，MC 粮食含水率。公式中 LAI 来自于 MOD15，Tavg 来自于美国航空航天局数据同化办公室(DAO)的大尺度气象数据，玉米和大豆的 HI 分别取 0.53 和 0.42，RS 分别取 0.18 和 0.15，MC 分别取 0.11 和 0.10，其他参数来自于生物群落参数对照表 BPLUT(Running et al., 2000)。

图 24.8 和图 24.9 分别是美国中西部 12 个州玉米和大豆县级尺度和州级尺度产量估算结果和产量统计数据的对比图。表 24.4 对比展示了基于该文章提出的方法估算出的作物产量误差和由 MOD17 GPP 产品估算出的作物产量误差。研究结果显示基于该文章提出的方法估算的雨养玉米和大豆的产量和 NASS 调查数据高度相关，比基于原始 MOD17 GPP 产品估算出的产量精度高。

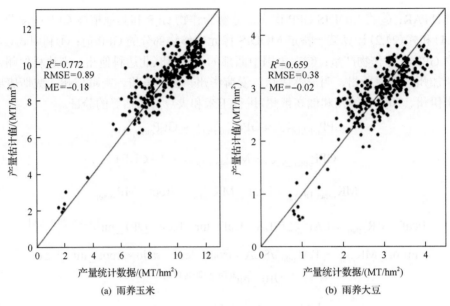

图 24.8　县级产量估算结果和产量统计数据的对比分析 (Xin et al., 2013)

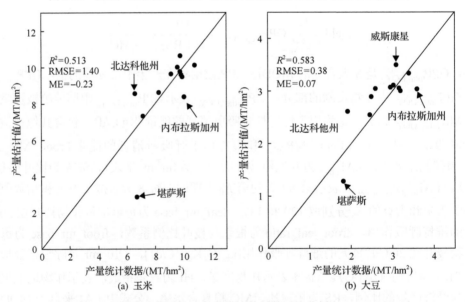

图 24.9　州级产量估算结果和产量统计数据的对比分析 (Xin et al., 2013)

表 24.4　产量估算结果与产量统计数据结果对比分析 (Xin et al., 2013)

年份	玉米			大豆		
	R^2	均方根误差/(MT/hm²)	平均误差/(MT/hm²)	R^2	均方根误差/(MT/hm²)	平均误差/(MT/hm²)
2009	0.55(0.15)	1.21(5.52)	−0.60(−5.39)	0.50(0.35)	0.38(0.86)	−0.07(0.77)
2010	0.54(0.22)	1.17(4.65)	−0.14(−4.38)	0.73(0.53)	0.30(0.97)	−0.09(0.89)
2011	0.77(0.46)	0.89(4.56)	−0.18(−4.28)	0.66(0.53)	0.38(1.06)	−0.02(0.95)

　　注：括号外是基于 Xin 等提出的方法估算的作物产量与产量统计数据的对比分析结果，括号内是基于 MOD17 GPP 产品估算出的作物产量对与产量统计数据的对比分析结果

24.4 农作物干旱监测

干旱是由水分收支或供求不平衡所形成的水分亏缺现象。国际上通常将干旱分为四类，分别是气象干旱、农业干旱、水文干旱和经济社会干旱，其中农业生态系统受干旱的影响最为直接和严重。以气象站点为基础的干旱指数精度较高，并且可以通过插值将点拓展到面，但还是会受插值方法和气象站点分布的影响，在气象站点分布稀疏的区域，无法准确地对农作物干旱情况进行大范围监测。相比于气象站点，遥感具有大范围实时监测的特点，所以基于遥感数据的干旱指数被广泛用于农作物干旱监测研究。

以遥感数据为基础的干旱指数从 20 世纪 90 年代末期开始涌现，包括归一化植被指数（Normalized Difference Vegetation Index, NDVI）、植被状态指数（Vegetation Condition Index, VCI）、植被供水指数（Vegetation Index, VSWI）和温度植被干旱指数（Temperature Vegetation Dryness Index, TVDI）。但是由于单一要素很难反映农业干旱综合信息，国内外学者尝试综合多种遥感数据来构建综合干旱指数，提高干旱监测的精度。例如：Kogan 等（1998）通过将 TCI 和 VCI 进行线性组合，提出植被健康指数（VHI）；Rhee 等（2010）利用 LST（Land Surface Temperature）、NDVI 和 TRMM（Tropical Rainfall Measuring Mission）的降水量数据，通过线性加权组合的方式构建了适合于干旱和湿润地区的干旱监测指数；Zhang 和 Jia（2013）将微波数据用于干旱监测，通过枚举的方式构建权重，构建出一系列适合于不同区域以及不同时间尺度的干旱指数；Hao 和 Aghakouchak（2014）在系统对比不同干旱监测指标的基础上，提出多变量干旱监测指标，该指标综合了降水和土壤水分等信息，被验证为有效的干旱监测指标。

本节介绍两个基于遥感数据的农作物干旱监测的案例，第一案例以 Patel 等（2012）的研究为例，介绍基于单一的 MODIS 遥感数据源进行农作物干旱监测的方法，第二个案例以 Rhee 等（2010）的研究为例，介绍联合使用多种遥感数据进行农作物干旱监测的方法。

24.4.1 基于 MODIS 数据的农作物干旱监测

Patel 等（2012）基于 MODIS 数据计算得到的植被温度条件指数（Vegetation Temperature Condition Index, VTCI）对印度古吉拉特邦 2000～2004 年间的农业干旱情况进行了分析。他们用到的数据包括：2000～2004 年无云时段（241～297）MODIS 的 8 天合成的 NDVI 数据和地表温度数据，20 个气象站点实测的最高温度、最低温度以及降雨数据，美国抗旱减灾中心提供的全国干旱监测图（United States Drought Monitor, USDM）以及从农业部获取的 1981～2000 年的农作物历史产量统计数据。

他们分析的主要步骤包括：①利用该地区 2000～2004 年无云时段（241～297）MODIS 的 NDVI 数据和地表温度数据，构建了 NDVI-Ts 空间，提取干湿边，并计算了 VTCI 指数[式（24.8）]；②利用 20 个气象站点实测数据计算农作物水分指数（CMI, Crop Moisture Index）（Palmer, 1968）；③对历史产量进行去趋势处理（Larson et al., 2004），并计算产量异常值[式（24.11）]；④分析 VTCI 和 CMI 及产量异常值之间的关系，根据 CMI 划分 VTCI

的干旱等级阈值 0.45～1.0 为正常，0.45～0.38 为轻旱，0.38～0.31 为中旱，0.31～0 为重旱；⑤对 VTCI 在监测干旱持续时间方面适用性进行研究。以 0.45 作为 VTCI 的分界点，其中 VTCI<0.45 划为干旱区，VTCI>0.45 为无旱区，对研究期内累积干旱天数进行统计，通过与实际作物产量进行比较，验证基于 VTCI 图像监测干旱持续时间的有效性。

$$VTCI = \frac{LST_{NDVIi\,max} - LST_{NDVIi}}{LST_{NDVIi\,max} - LST_{NDVIi\,min}} \tag{24.8}$$

$$LST_{NDVIi\,max} = a + bNDVI_i \tag{24.9}$$

$$LST_{NDVIi\,min} = a' + b'NDVI_i \tag{24.10}$$

其中，$LST_{NDVIi\,max}$ 为 NDVI 最大值对应的地表温度；$LST_{NDVIi\,min}$ 为 NDVI 最小值对应的地表温度，LST_{NDVIi} 表示某一 NDVI 对应的地表温度，a、b、a'、b' 为线性拟合得到的系数。

$$DYa_i = \left(\frac{Ya_i}{Yt_i} - 1\right) \times 100 \tag{24.11}$$

式中，DYa_i、Ya_i 和 Yt_i 分别表示第 i 年的产量异常值、实际产量和趋势产量。

研究结果见图 24.10～图 24.12，其中图 24.10 为干旱年份(2000 年和 2002 年)及无旱年份(2004 年)VTCI 空间分布情况，图 24.11 为研究区 2002 年干旱等级划分结果，图 24.12 为研究期内累积干旱天数统计结果。由图 24.10 可知 2000 年与 2002 年 VTCI 的值总体低于 2004 年 VTCI 值，2004 年 VTCI 值大部分在 0.5 以上。在干旱年份，旱情主要分布在中西部及北部地区，VTCI 值较高的区域说明灌溉情况较好，而最南端之所以有较高的 VTCI 值，是因为覆盖类型为森林。由图 24.11 可知，2002 年研究区内大部分区域处于重度干旱，重度干旱主要分布在中部和北部，中度干旱和轻度干旱所占比例较少，通过对干旱等级进行划分，可以更直观地描述干旱情况。由图 24.12 可以看出 2002 年干旱情况最为严重，2000 年次之，与实际作物产量进行比较，显示监测结果和实际情况相符。以上研究结果说明 VTCI 值可以很好地区分出干旱年份与无旱年份，并且可以用于干旱等级和干旱持续时间的分析。

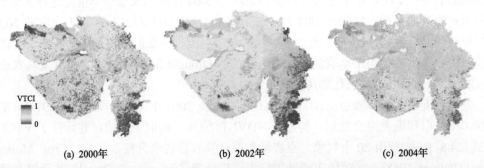

(a) 2000年　　　　　　　　(b) 2002年　　　　　　　　(c) 2004年

图 24.10　干旱年份(2000 年、2002 年)以及无旱年份(2004 年)第 249 天获取的 8 天合成数据计算得到的 VTCI 空间分布图(Patel et al., 2012)

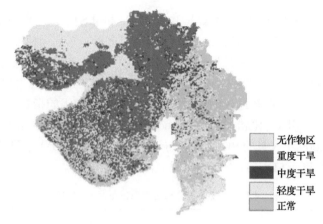

图 24.11　干旱等级情况分布图（2002 年）（Patel et al., 2012）

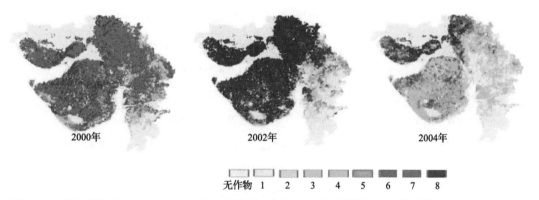

图 24.12　干旱年份（2000 年、2002 年）以及无旱年份（2004 年）干旱持续时间分布图（Patel et al., 2012）

24.4.2　基于多源数据的农作物干旱监测

Rhee 等（2010）利用地表温度、植被指数和 TRMM 卫星的降水数据构建了遥感干旱状态指数 SDCI（Scaled Drought Condition Index），并将其与常用的干旱指数（Z 指数、PDSI 和 SPI）进行对比分析，研究结果显示 SDCI 监测干旱的精度优于现有指标，且监测结果和美国干旱监测地图一致。

研究过程中用到的数据包括：来自于应用气候信息系统（Applied Climate Information System, ACIS）的气象站点的 1971～2009 年的月总降水量和月平均气温数据，2000 年至 2009 年的 MODIS 地表温度数据（MOD11A2）、归一化植被指数数据（MOD13A3）、地表反射率数据（MOD09A1）以及热带降雨测量卫星（TRMM）的月降水数据，美国抗旱减灾中心提供的全国干旱监测图（United States Drought Monitor, USDM）以及从美国国家农业统计局（NASS）获取的 1981～2000 年的农作物历史产量统计数据。

他们分析的主要步骤包括：①利用 MODIS 反射率数据计算归一化多波段干旱指数（NMDI, Normalized Multib and Drought Index）和归一化水体指数（NDWI, Normalized-differencewaterindex），由 NDVI 和 NDWI 进一步计算归一化差值干旱指数（NDDI,

Normalized Difference Drought Index)，由 NDVI 和 LST 进一步计算健康植被指数 (Vegetation Health Index, VHI)(Unganai and Kogan, 1998)；②利用植被指数、地表温度以及降水数据，通过对各分量与 3 月尺度 SPI 进行相关分析，判断三类要素的相对重要性，并选取了 3 组权重构建综合指数 CI(表 24.5)；③分析 SDCI 与站点气象干旱指数之间的相关系数，根据不同情况选择最优的综合干旱指数，并将最优的指数命名为 SDCI；④通过对比分析 SDCI 的年际变化和 VHI 及 Z-Index 的年际变化来评估 SDCI 的性能；⑤通过对比分析 2000～2009 年 5 月的 SDCI 地图与干旱区 5 月的 USDM 地图以及 SDCI 和产量之间关系来进一步验证 SDCI 在农作物干旱监测中的作用。

表 24.5 植被指数计算公式(Rhee et al., 2010)

名称	公式
NDVI (500m)	$(\rho_{band2} - \rho_{band1}) / (\rho_{band2} + \rho_{band1})$
NMDI	$(\rho_{band2} - (\rho_{band6} - \rho_{band7})) / (\rho_{band2} + (\rho_{band6} - \rho_{band7}))$
NDWI	$(\rho_{band2} - \rho_{band5(or6or7)}) / (\rho_{band2} + \rho_{band5(or6or7)})$
NDDI	$(NDVI - NDWI) / (NDVI + NDWI)$
Scaled LST	$(LST_{max} - LST) / (LST_{max} - LST_{min})$
Scaled NDVI (=VCI)	$(NDVI - NDVI_{min}) / (NDVI_{max} - NDVI_{min})$
Scaled NMDI	$(NMDI_{max} - NMDI) / (NMDI_{max} - NMDI_{min})$ 干旱区
	$(NMDI - NMDI_{min}) / (NMDI_{max} - NMDI_{min})$ 湿润区
Scaled NDWI	$(NDWI - NDWI_{min}) / (NDWI_{max} - NDWI_{min})$
Scaled NDDI	$(NDDI_{max} - NDDI) / (NDDI_{max} - NDDI_{min})$
Scaled TRMM	$(TRMM - TRMM_{min}) / (TRMM_{max} - TRMM_{min})$
VHI	$(1/2)$scaled LST $+ (1/2)$scaled NDVI
CI1	$(1/3)$scaled LST $+ (1/3)$scaled TRMM $+ (1/3)$scaled VI
CI2	$(1/4)$scaled LST $+ (2/4)$scaled TRMM $+ (1/4)$scaled VI
CI3	$(2/5)$scaled LST $+ (2/5)$scaled TRMM $+ (1/5)$scaled VI

注：ρ 表示光谱反射率；综合指数(CI1-CI3)中的 VI 是 NDVI、NMDI、NDWI 和 NDDI 中的一个；
　　TRMM 使用了 1–、3–、6–、9–和 12–五种时间尺度

他们的研究结果主要包括：

(1) 分析综合干旱指数与基于气象站点的干旱指数之间的相关系数发现在干旱区，LST、TRMM、NDVI 以 C2 的权重进行组合效果最好；在湿润区，LST、TRMM 和 NDDI6 以 C2 的方式组合效果最好。

(2) 对比分析 SDCI、VHI 和 Z 指数的年变化(图 24.13)发现 SDCI 和 Z 指数变化一致，VHI 由于没有直接使用降水数据，趋势和其他两个指数比较起来略有不同。

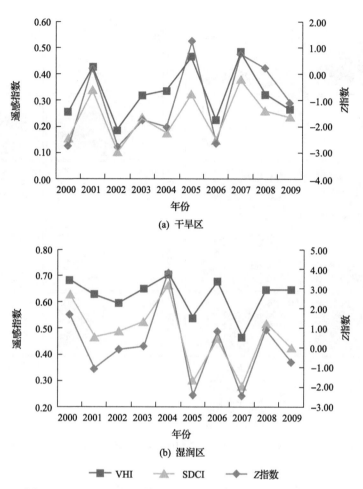

图 24.13　VHI、SDCI（使用 TRMM1）以及 Z 指数在湿润区和
干旱区年变化监测敏感性对比（Rhee et al., 2010）

　　（3）对比分析 SDCI 和 USDM 图（图 24.14）可以看出：在干旱地区，2000 年、2002 年、2006 年、2007 年以及 2009 年的 USDI 地图表现出来的干旱情况都可以通过 SDCI 成功监测到；在湿润地区，2008 年卡罗莱纳州的极端干旱情况在 SDCI 中没有识别。总体来说，SDCI 和 USDM 监测结果一致。

　　（4）分析 5～9 月的 SDCI 与作物产量间的关系发现在干旱区仅 5 月 SDCI 和棉花产量表现出显著的相关性，6 月和 7 月 SDCI 与玉米的产量显著相关性，9 月 SDCI 与大豆的产量显著相关。实验表明 TRMM 降水数据的时间尺度会对 SDCI 的适用性产生影响。

　　研究者指出，综合利用植被指数、地表温度和降水数据构建综合干旱指数，可以较好地对农业干旱进行监测，并且在未来的研究中，随着遥感数据的增多，监测精度也会不断提高。

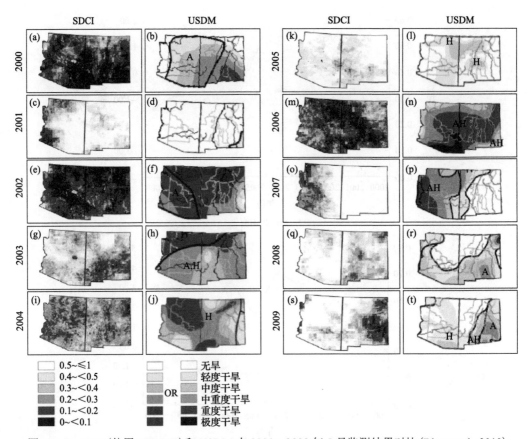

图 24.14　SDCI(使用 TRMM1)和 USDM 在 2000～2009 年 5 月监测结果对比(Rhee et al., 2010)

24.5　作物残茬监测

24.5.1　作物残茬覆盖度估算

作物残茬是指作物收割后遗留在农田上的物质。收获后保留作物残茬被认为是一种有效地防止土壤侵蚀的方法。作物残茬可以改进土壤结构，增加土壤有机质含量，减少土壤水分蒸发，帮助土壤固定二氧化碳。有效的作物残茬处理措施可以改进土壤质量。作物残茬还可以用作生物燃料。作物残茬信息有助于制定高效的农田管理措施和估算土壤碳储量。

传统作物残茬覆盖度的测量方法(如样线法、样点法或摄影技术等)效率低，精度易受调查员和样本代表性的影响。而利用遥感手段测量作物残茬覆盖度的方法高效且费用低(Daughtry et al., 1996; Sullivan et al., 2004)。

目前，可见光和微波遥感数据都已用于作物残茬的估算，然而两种方法都面临着一些挑战。首先，使用可见光遥感影像去识别作物残茬的最大难点在于如何精确的区分作物残茬和裸土。作物残茬和裸土的光谱特征非常相似，只在特定的波段上反射率强度有所差异。土壤的光谱受有机质、湿度、纹理、土壤颗粒分布、铁氧化物含量和表面粗糙度等多种因素的影响，而作物残茬的光谱受残茬分解程度、水分含量和收获时间的影响等。因此，作物残茬光谱和土壤光谱之间不存在一个统一的关系。其次，在微波遥感影像上，土壤和作物残茬的差异表现为后向散射系数的不同(McNairn and Brisco, 2004)。然而，雷达后向散射系数又易受表面粗糙度、土壤状态、土壤湿度和作物残茬分布等多变量的影响(McNairn et al., 2002)。

迄今为止，已发展了很多指数用于探测作物残茬，比如亮度指数(Brightness Index, BI)，归一化差异指数(Normalized Difference Index, NDI)，归一化耕作指数(Normalized Difference Tillage Index, NDTI)，归一化差异衰败指数(Normalized Difference Senescence Index, NDSVI)，归一化残茬差异植被指数(Normalized Difference Residue Index, NDRI)，土壤调整玉米残茬指数(Soil Adjusted Corn Residue Index, SACRI)，改进的土壤调整玉米残茬指数(Modified Soil Adjusted Corn Residue Index, MSACRI)，玉米残茬多波段指数(Crop Residue Index Multiband, CRIM)，纤维素吸收指数(Cellulose Absorption Index, CAI)，木质素吸收指数(Lignin Cellulose Absorption Index, LCA)和短波红外归一化差异植被指数(Shortwave Infrared Normalized Difference Residue Index, SINDRI)(Bannari et al., 2006; Biard and Baret, 1997)等。所有上述指数都试图加强土壤和作物残茬之间的光谱差异，这些指数的计算通常使用的是可见光波段(400~700nm)、近红外波段(700~1200nm，NIR)和短波红外波段(1200~2500nm, SWIR)(图 24.15)。通过研究发现，在这些指数中，纤维素吸收指数具有最高的精度，其次是木质素吸收指数(Serbin et al., 2009)。这是由于作物残茬主要是由纤维素、半纤维素和木质素构成，作物残茬吸收特性与纤维素以及木质素吸收特性高度相关。纤维素吸收指数可用于描述纤维素在 2102nm 波段上的吸收特性，其计算公式如下：

$$CAI = 100\left(\frac{R_{2031} + R_{2211}}{2} - R_{2101}\right) \tag{24.12}$$

式中，R 是反射率，下角标 2031、2101 和 2211 分别表示 11nm 波段宽度内的中心波段波长。

除了光谱指数外，遥感分类方法(如线性光谱分解)近年来也被用于作物残茬的测量(Bannari et al., 2006; Zhang et al., 2011a)。例如，Pacheco 和 McNairn(2010)利用 SPOT 和 Landsat 影像绘制了作物残茬图。他们基于地面数据从遥感影像上直接选择了三种残茬端元(玉米、大豆和谷物)和两种土壤端元(黏土和亚黏土)，然后利用 PCI Geomatica 软件包中的线性光谱分解模块估算了三种作物的残茬覆盖度，最后以地面调查得到的作物残茬百分比为参考样本，根据确定性系数(R^2)和均方根误差(RMSE)评价估算的作物残茬覆盖度精度。图 24.16 是他们的结果图之一。精度评价结果显示估算的和实测的作物残茬覆盖确定性系数在 0.58~0.78，均方根误差在 17.29%~20.74%。

利用雷达影像估算作物残茬通常要建立作物残茬覆盖度和雷达后向散射系数的线性关系(Zhang et al., 2011a)。然而，简单的线性关系并不能精确的刻画作物残茬覆盖度和雷达后向散射系数之间复杂的关系，从而使得利用雷达影像估算作物残茬覆盖度的精度

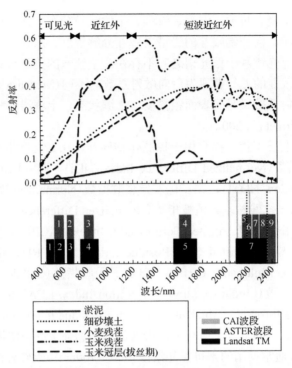

图 24.15　两种不同土壤类型，两种不同作物残茬和玉米冠层的可见光、近红外和短波红外反射率波谱，以及 Landsat TM、ASTER 和 CAI 波段的覆盖范围(Serbin et al., 2009)

小麦残茬获取时间为 6 月份，获取地点为一块带状耕作的农田，玉米残茬获取时间为 5 月份，获取地点为收获后留有残株的玉米地，玉米冠层光谱信息获取时间正值玉米的拔丝期

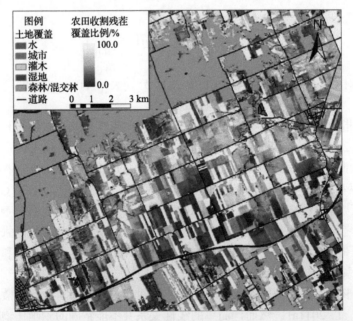

图 24.16　利用 2007 年 11 月 9 号 SPOT 影像和光谱混合分析方法估算的卡素曼伊西多尔(Casselman/St. Isidore)研究区的作物残茬覆盖度图(Pacheco and McNairn, 2010)

不够理想。例如 McNairn 等(2001)利用雷达后向散射系数研究了不同作物类型、残茬含水量和残茬数量之间的关系，发现雷达后向散射系数随着残茬含水量的增加而增加。McNairn 等(2002)检测了极化合成孔径雷达的线性极化和极化参数对作物残茬的敏感性，发现极化参数值随着作物残茬覆盖量和覆盖种类的变化而改变。

24.5.2　农作物秸秆焚烧监测

农作物秸秆焚烧是农田土地管理的一种普通手段。农作物秸秆焚烧有助于控制虫害、抑制杂草生长及准备地块已备耕作。但同时农作物秸秆焚烧会向大气释放大量的悬浮微粒和其他污染物，并且焚烧还会影响水文和生态环境。

卫星遥感是在区域和全球尺度上监测植被燃烧的唯一手段，并用于全球火灾监测数十多年。目前，Terra 和 Aqua 卫星的 MODIS 数据有一系列的全球火产品，包括火点数据产品和火烧迹地产品。MODIS 火产品的算法不断改进，具体算法可以参阅文献(Giglio et al., 2003; Roy et al., 2008; Roy et al., 2005)。简单来说，MODIS 火点数据产品由上下文算法反演而来。在该算法中，首先将一个像元的中红外和热红外亮温观测值与预先设定的阈值进行比较以确认火点，然后比较被检测像元和其周边像元的亮温，去除假的火点(Giglio et al., 2003)。图 24.17 展示了一个美国的火点密度图，该图中栅格的分辨率为 10km，每个栅格对应的是 MODIS 1km 火点数据探测到的火点数目。MODIS 火烧迹地产品由变化监测方法制作而成，该方法利用双向反射率模型估算每一个像元的理论双向反射率值，然后比较双向反射率的理论值和观测值，如果一个像元的理论值和观测值的差异大于阈值，则该像元被认为是火烧过的(Roy et al., 2005)。MODIS 火烧迹地产品的时间分辨率数据为月，空间分辨率为 500m，HDF 文件格式，正弦曲线等积投影。

监测农业焚烧常常使用 MODIS 火产品并联合其他数据(McCarty et al., 2007; McCarty et al., 2009; McCarty et al., 2008; Zhang et al., 2011b)。例如，McCarty 等(2009)联合使用 MODIS 500m 分辨率 8 天合成的反射率数据(MOD09A1)，1km 分辨率的 MODIS 火点数据(TERRA/AQUA，MOD14/MYD14)以及 1km MODIS 土地覆盖数据(MOD12)产品等监测了美国 2003 年到 2007 年作物生长季的秸秆燃烧情况。图 24.18 是该估算方法的技术流程。该方法主要包括两部分：对于燃烧面积大于 20hm² 的区域，使用归一化燃烧比例(dNBR)探测燃烧过的像元；对于燃烧面积小于 20hm² 的区域，利用 MODIS 1km 火点产品去标识燃烧过的像元，然后合并这两步的结果生成最终的燃烧图。其中，利用 dNBR 法探测燃烧过的像元有 3 个步骤：①基于 MODIS 地表反射率产品制作研究区的 dNBR 图。计算 dNBR 的具体方法可参阅文献(Lopez Garcia and Caselles, 1991)；②使用 MODIS 1km 土地覆盖数据产品对每景 MODIS 影像建立农田掩膜，从 dNBR 图中去除非农田区域，并生成一幅农田 dNBR 地图；③基于地面调查的结果，对每幅 dNBR 地图设定不同的燃烧阈值，如果 dNBR 图上一个像元的 dNBR 值大于阈值，则该像元被标识为燃烧过的像元。地面调查数据一共包括 296 个 GPS 调查点，这些调查点能充分代表美国

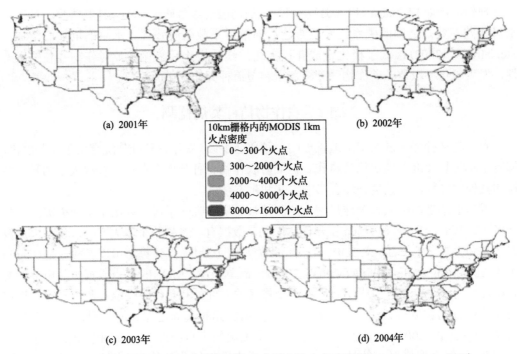

(a) 2001年

(b) 2002年

10km栅格内的MODIS 1km
火点密度
☐ 0～300个火点
▨ 300～2000个火点
▨ 2000～4000个火点
▨ 4000～8000个火点
■ 8000～16000个火点

(c) 2003年

(d) 2004年

图 24.17　由 MODIS1km 火点数据制作的美国大陆火点密度图(McCarty et al., 2007)

图中每个栅格的分辨率为 10km，栅格中显示的是 10km² 范围内 MODIS1km 火点数据监测到的火点数目(2001～2004)

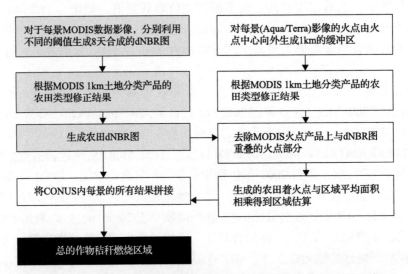

图 24.18　估算美国作物秸秆燃烧区的技术流程(McCarty et al., 2009)

各地作物轮作、土壤特性、灌溉活动和秸秆燃烧频率的差异。根据他们的研究，美国每年秸秆焚烧的农田范围约为 1239000hm²。图 24.19 是美国的农田秸秆焚烧图以及放大显示的加利福尼亚和路易斯安那州农田秸秆焚烧图。

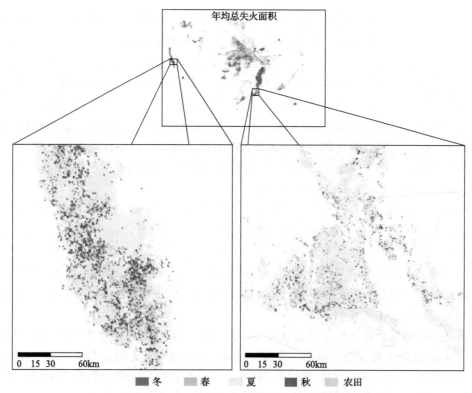

图 24.19　2003～2007 年各个季节的加利福尼亚和路易斯安那州的
农田燃烧的区域(McCarty et al., 2009)

图中火点显示为矩形点数据，冬季为 1～3 月，春季为 4～6 月，夏季为 7～9 月，秋季为 10～12 月

24.6　农田变化对地表参数和环境的影响

24.6.1　灌溉农业对地表参数的影响

土地管理如同土地覆盖/利用变化一样对气候系统有着很大的影响，然而土地管理对气候系统的影响尚未得到高度重视。灌溉是最重要的土地管理措施之一，人类试图通过灌溉方式在干旱区种植作物或者提高作物产量。

据估计，全球灌溉农业耗水量占了人类总耗水量的 84%(Shiklomanov, 2000)。在过去的 200 年里，灌溉农业迅速发展。全球的灌溉面积在 1800 年约为 800 万 hm^2，1900年约为 0.47 亿 hm^2(Shiklomanov, 2000)，而 2000 年增长到 2.74 亿 hm^2(Siebert et al., 2005a)。考虑到灌溉农田面积的激增及其对气候系统的潜在影响力，灌溉可能对人类当前气候系统的形成有影响，并将持续影响我们未来的气候系统。

迄今已有一些研究通过气象观测和模型模拟等方法来探讨灌溉对近地面空气温度(Bonfils and Lobell, 2007; Kueppers et al., 2007; Lobell and Bonfils, 2008; Mahmood et al., 2006)、能量交换(Devries, 1959; Douglas et al., 2006)、地下水(Kendy et al., 2004)、水蒸气(Boucher et al., 2004)以及降水(Barnston and Schickedanz, 1984; Lee et al., 2009; Lohar and Pal, 1995; Moore and Rojstaczer, 2001; Segal et al., 1998)的影响。观测研究方法通常是比较农田灌溉前后的温度差异(Adegoke et al., 2003; Mahmood et al., 2004)，或者是灌溉农田和非灌溉农田之间的温度差异(Christy et al., 2006; Segal et al., 1998)。模型模拟研究通常是比较不同灌溉模型(区域或全球，耦合或非耦合)模拟结果和控制模拟(无灌溉)结果之间的差异。而不同的研究采用不同的灌溉模拟方法，有的研究将模型中的土壤湿度固定在一个高值上(Kanamaru and Kanamitsu, 2008; Lobell et al., 2006a)，有的研究在灌溉区上强加一个固定的蒸散量(Boucher et al., 2004; Segal et al., 1998)，还有的研究基于作物生长季水的供需平衡关系建立灌溉模型，并将该灌溉模型结合到气候模型中进行研究(de Rosnay et al., 2003; Haddeland et al., 2006)。

然而，无论观测研究还是模拟研究都存在一些问题(Bonfils and Lobell, 2007; Lobell and Bonfils, 2008)。气候观测通常提供的是地面调查点的信息，而不是面上信息。此外，由于观测站点受土地利用类型、地理位置、海拔高度、距离城市/海洋远近程度等因素的影响，很难将灌溉影响从其他因素对观测点气候的影响中明确分离开来。而模型模拟结果受灌溉模拟参数(如灌溉位置、时间、方式和灌水量等)的影响大，可能过高或者过低地估计了灌溉对气候的影响。

遥感观测可以提供大尺度的地表参数信息(如土壤湿度、反照率、地表温度、植被覆盖等)，是研究灌溉对气候影响的一个潜力工具，特别是对缺乏地面观测数据或者地面数据受其他因素(如城市化)影响的区域。此外，遥感数据也可以整合到模型中使模型模拟更加准确。然而，目前利用遥感观测监测灌溉对气候影响的研究尚未深入。

Zhu 等(2011)利用遥感观测数据在中国的吉林省分析了灌溉对地表参数的影响。在该研究中涉及的地表参数包括反照率、地表温度、归一化植被指数、土壤湿度和蒸散量。反照率数据为 MODIS43C3 0.05°分辨率的 16 天合成产品，地表温度为 MYD11C3 0.05°分辨率的月地表温度和发射率产品，归一化植被指数为 MOD13C2 0.05°分辨率的月NDVI 数据集，土壤湿度为美国国家冰雪数据中心的 AMSR-E L3 地表湿度数据(Njoku, 2005)，蒸散量通过一个简单的数学方程计算而来(Wang and Liang, 2008)。为了评价灌溉对地表参数的影响，首先根据灌溉面积百分比将吉林省的灌区分为参考区、高灌溉区和低灌溉区三个部分，然后比较了它们之间的地表参数差异。

图 24.20 是对比结果。根据他们的结果，高灌溉区通常对应低反照率和地表温度，高土壤湿度、归一化植被指数和蒸散量。该研究证实了遥感观测是研究灌溉对地表参数影响的有效手段，可以作为气候观测和模型模拟研究的补充方法。

24.6.2　农田对地表温度的影响

不同模型模拟或观测数据分析的研究认为，集约农业会影响地表气候。地表温度(LST)通常被定义为地面的表层温度，是衡量地表过程、连接地表-大气相互作用和能量交换的重要参数之一。Ge(2010)在美国的大平原小麦种植带研究了农业对地表温度的影响，该研究运用了 MOD12C1 IGBP 分类体系的土地覆盖产品和 2002 年 8 月到 2008 年 7月 0.05°空间分辨率的月 MODIS LST 产品。

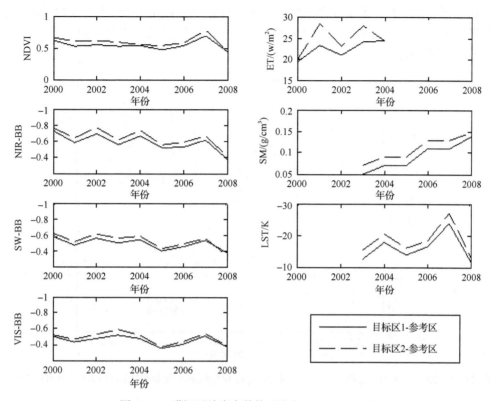

图 24.20　灌溉区地表参数的对比(Zhu et al., 2011)

图中，低灌溉区(目标 1)由灌溉百分比大于 30%的像元构成，高灌溉区(目标 2)由灌溉百分比大于 30%的像元构成，参考区由灌溉百分比介于 0 到 10%之间的像元构成。NIR-BB，SW-BB，VIS-BB 分别为近红外，短波，可见光地表反照率，SM 为土壤湿度，LST 为地表温度，ET 为蒸散量

首先，Ge(2010)利用 MODIS 土地覆盖图识别研究区中的冬小麦和草地像元(图 24.21)，

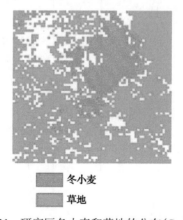

■ 冬小麦
■ 草地

图 24.21　研究区冬小麦和草地的分布(Ge, 2010)

然后比较了冬小麦和草地像元之间白天、夜间和全天的 LST 差异。图 24.22 和图 24.23
是该研究的部分结果。图 24.22 为 MODIS Aqua 观测到的小麦和草地 LST 差异。图 24.23
为小麦和草地 LST 日平均差异。

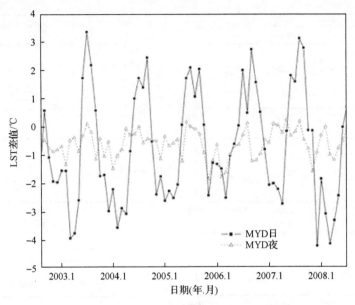

图 24.22　2002 年 8 月～2008 年 7 月 MODIS Aqua 观察到的小麦和草地间的 LST 差异(Ge, 2010)

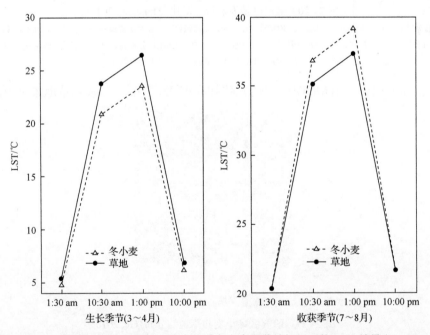

图 24.23　2002 年 8 月～2008 年 7 月生长季内小麦和草地间日平均 LST 差异(Ge, 2010)

研究结果显示小麦区在生长季期间表现出冷异常，在收割后表现出热异常。小麦地块的温度比周边区域的温度均一。该研究表明利用遥感观测研究地气交换也有一定潜力。

24.6.3　作物秸秆燃烧的影响

作物秸秆燃烧是大气悬浮颗粒和微量气体的重要来源之一，严重影响空气质量和公众健康(Badarinath et al., 2006; Zhang et al., 2011b)。最近几年，遥感观测已被用于研究作物秸秆燃烧对近地面气候和地表特性的影响(Badarinath et al., 2009; Serbin et al., 2009)。例如，McCarty 等(2009)联合使用多种卫星产品在印度-恒河平原研究了作物秸秆燃烧对气候的影响。他们所用到的数据包括 MODIS AOD 数据，印度遥感卫星 IRS-P4 水色监测 OCM(Ocean Color Monitor)和对流层探测器 MOPITT(Troposphere Instrument)CO 数据，EOS Aqua 卫星臭氧监测仪 OMI(Ozone Monitoring Instrument)数据生成的气溶胶指数数据 AI(Aerosol Index)和 MODIS 火产品。这些数据获取时间均为 2007 年 11 月，此时为印度-恒河平原作物秸秆焚烧的典型时间。此外，另一影响因素是印度的主要节日-排灯节在 2007 年 11 月 9 日举行。

为了研究作物秸秆焚烧对气溶胶光学厚度、气溶胶指数和 CO 的影响，他们比较了这些参数在排灯节前后的变化。图 24.24 显示的是这些参数对比的一个例子。他们还利用 HYSPLIT 模型进行了后向气流轨迹分析。研究结果显示，作物秸秆焚烧和节日烟火使得 550nm 处气溶胶光学厚度增加了 30%，同时还影响了阿拉伯海上空的气溶胶指数和 CO 含量。

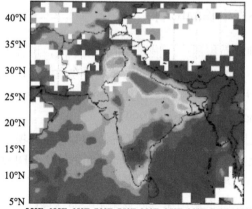

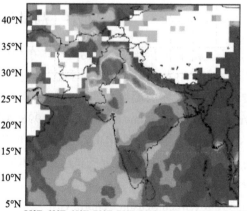

(a) 2007年11月1~10日　　(b) 2007年11月1~20日

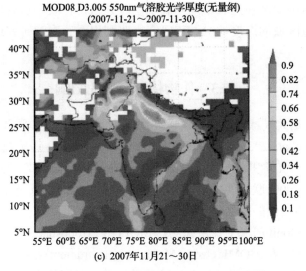

图 24.24　MODIS 550nm 处光学厚度 (Badarinath et al., 2009)

24.7　作物对气候变化的响应

气候是人类生存的基本环境条件，气候的变化给全球环境和人类生活带来诸多不利的影响，而农业对气候变化最为敏感，气候的变化直接影响到农业的发展。已有的研究表明气候的变化改变了农业种植区域(Newman, 1980)、种植制度和作物的生育期(Wang et al., 2004)，影响了农作物的光合作用效率、水分利用效率和作物产量(Parry et al., 1992; Terjung et al., 1989)等。本节将介绍两个基于遥感进行作物对气候变化响应研究的案例。

24.7.1　高温对小麦生长的影响

小麦是全球主要粮食作物之一，在全球种植面积最广。根据种植时期不同，可分为冬小麦和春小麦。在小麦生长季里，温度随小麦的生长发育逐渐上升，并在灌浆期达到最大值，灌浆期的温度会影响灌浆速率、叶片衰老速度以及小麦的产量(Wardlaw and Wrigley, 1994; Wardlaw and Moncur, 1995; Alkhatib and Paulsen, 1999)。

Lobell 等(2012)利用印度北部地区的卫星监测数据监测在温度高于 34℃生长环境中的小麦的衰老速度。其主要的试验数据和步骤包括：①基于中分辨率成像光谱仪(MODIS)卫星数据的植被指数产品，提取印度恒河平原的小麦返青期和衰老期，并对小麦的生长期总天数(Green Season Length, GSL)进行估计。②根据国家气候数据中心的《每日全球概况》(GSOD)的站点气候数据以及高分辨率全球气候数据库(World Clim Database)提供的多年平均的月最高和最低温度估算 1km 格网单元的日最低和最高温度，进而计算了两个生长度日参数，分别定义为 GDD 和 EDD。其中 GDD 计算的是温度在 0～30℃之间的累积生长度日，EDD 计算的是温度在 34℃以上的累积生长度日。③由于降雨可能与极热

有关，可以缓解水分胁迫，从而延缓衰老，因此研究中还收集了从美国国家航空航天局
(NASA)获得的格点降雨量数据。④根据返青期将研究区分为三组，分组建立 GDD、EDD、
降雨量和 GSL 回归方程[式(24.13)]。⑤为了探讨气候变化对作物生长季长度的影响，同
时使用建立的回归方程和作物模型模拟高温对作物生长季产量的影响。所使用的作物模型
包括作物环境资源综合系统(CERES-Wheat)模型和农业生产系统模拟器(APSIM)。具体分
析方法是将站点根据种植日期分成三组，找出每组中 EDD 的第 5，50 和 90 百分位数对
应的站点，以保证选择的站点能够覆盖到所有可能的极端高温情况。假设选择出的站点
的日气温升高 1℃，2℃，3℃和 4℃，分别计算温度升高后的 GDD 和 EDD 的值，并根
据回归公式估算 GSL 的变化。在无氮和水分胁迫的条件下，利用不同的作物模型模拟
温度升高对生长季长度和产量的影响。⑥对比分析基于回归模型和基于作物模型模拟
的结果。

$$GSL = \beta_0 + \beta_G GDD + \beta_E EDD + \beta_R RAIN \tag{24.13}$$

三种模型模拟结果表明，研究区内生长季缩短的长度和播种日期有关[图 24.25(a)]。
CERES-Wheat 和 APSIM 模拟的生长季缩短的长度比基于 MODIS 回归模型估算的生长季
缩短的长度要小，特别是晚播小麦。例如，当温度升高 2℃时，播种期为 11 月 25 日的
小麦，MODIS 回归、CERES 和 APSIM 预测的生长季缩短的天数分别为 9 天、6 天和 3
天。借助 CERES 模拟的生长季长度和产量变化的关系，研究者估算了基于回归模型估算
出的生长季长度缩短导致的产量损失。与 CERES 和 APSIM 模拟结果相比，MODIS 回
归预测的产量损失更多[图 24.25(b)]。该研究揭示了 CERES 和 APSIM 模型可能都低估
了温度升高对产量的影响，指出基于卫星数据提取的作物物候信息可以用来评价现有模
型的性能。

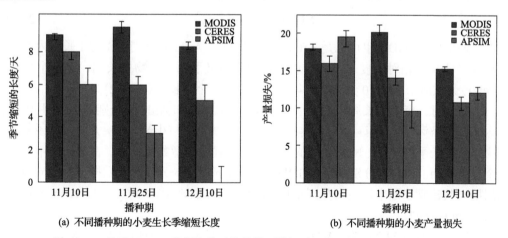

(a) 不同播种期的小麦生长季缩短长度   (b) 不同播种期的小麦产量损失

图 24.25 基于 MODIS 数据和基于作物模型模拟结果的比较(Lobell et al., 2012)

24.7.2 湿度和温度变化对作物物候的影响

气候条件是农业生产的关键因素，适宜的土壤温度和水分是作物生长的基础。气温

上升、降水季节性变化和光照条件改变等都会直接影响到粮食的产量。例如温带地区和热带地区的温度变化对农业生产有重要的影响(Piao et al., 2007)。短缺的水资源会导致雨养农业大面积的作物产量下降(Jeong et al., 2010)。

Brown 等(2012)在全球尺度分析了 1981 年到 2006 年期间作物物候对气候变化的响应。他们用到的数据包括：来源于美国航空航天局(NASA)全球监测与模型研究组(GIMMS)的 1981 年 7 月至 2006 年 12 月 8km 分辨率的 AVHRR NDVI 数据集；来自全球土地资料同化系统(GLDAS)的空间分辨率为 1°时间分辨率为 3h 的温度数据和湿度数据；来自于 Monfreda 等(2008)制作的分辨率为 5′×5′的全球作物分布图；来自于美国粮农组织(FAO)的 1982~2006 年的各个国家的旱作作物的产量数据，以及来自于美国农业部国家统计局(NASS)的 1982~2006 年的美国的小麦产量数据。

他们研究的基本流程为：

(1)数据预处理：将 GIMMS NDVI 数据从 8km 分辨率重采样到 0.08°。将 3h 的温度数据累加计算日平均温度，定义 5℃为作物开始生长的限界温度，用平均温度减去 5℃得到生长度日(GDD)，如果平均温度减去 5℃后为负值则不参与计算。将全球作物分布图重新采样到 0.08°，并提取旱作作物空间分布。

(2)模型构建和作物物候预测：基于 NDVI 数据，利用 White 等(2009)年提出的方法估算生长季开始日期和结束日期，进而计算成长季长度。利用一元二次回归模型[式(24.14)]对作物生长季的 NDVI 进行拟合，并估算最大 NDVI 值及最大 NDVI 值出现的时间，更多关于该模型的解释可以参见文献(Brown and de Beurs, 2008)。

(3)统计分析：基于一元二次回归模型预测出的物候数据，分析 1982~2006 年 24 年全球作物生长季开始，旺盛生长季时长(生长季开始到 NDVI 到达最大值时的时长)，生长季长度的年际变化趋势，以及农作物物候变化和农作物产量之间的关系。

$$\text{NDVI} = \alpha + \beta x + \gamma x^2 \tag{24.14}$$

其中，x 可以是 AGDD 也可以是 Arthum。AGDD 和 Arthum 分别为作物生长期内的累积生长度日和累积相对湿度。研究过程中，他们定义了两个作物生长期，第一个生长季(Cycle1)为从前一年的 10 月到下一年的 3 月，第二个生长季(Cycle2)为前一年的 4 月到下一年的 9 月。每个生长周期是 18 个月。因此 AGDD 和 Arthum 分别是 18 个月的累积生长度日和累积相对湿度。截距 α 表示生长季刚开始时的 NDVI，斜率 β 和二次参数 γ 共同决定了生长季的长度，NDVI 峰值和发生的位置由模型参数估计。在该研究中，针对每个生长周期，研究者分别利用 AGDD 和 Arthum 建立一元二次回归模型。对应两个生长周期一共建立了四个模型，分别记作 AGDD-Cycle1，AGDD-Cycle2，Arthum-Cycle1和 Arthum-Cycle2。

研究结果如图 24.26、图 24.27 所示。图 24.26 显示的是全球作物在 1982~2006 年期间生长季开始和生长季长度的变化趋势。图 24.26(a)中正值表示生长季推后，负值表示生长季提前，由图 24.26(a)可以看出西非萨赫勒地区、亚洲东南部和北美生长季开始时间有所推后，欧洲生长季开始时间有所提前。图 24.26(b)中正值表示生长季长度增加，负值表示生长季长度缩短，经研究者分析全球大约 27%的作物种植区域作物生长季延长，平均延长的时间为 2.3 天。

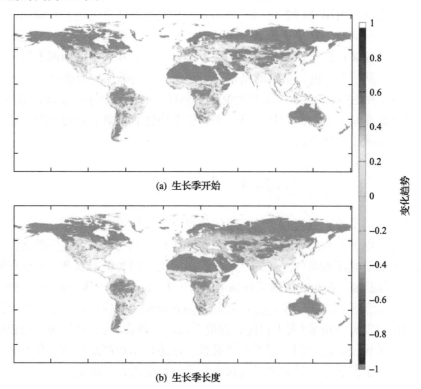

(a) 生长季开始

(b) 生长季长度

图 24.26　作物生长季开始和生长季长度的变化趋势图（Brown et al., 2012）

变化趋势用时间和研究变量之间的回归系数表示

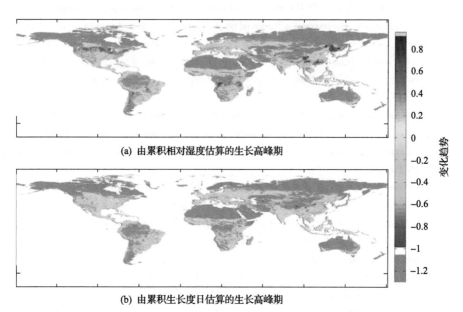

(a) 由累积相对湿度估算的生长高峰期

(b) 由累积生长度日估算的生长高峰期

图 24.27　生长高峰期的变化趋势（Brown et al., 2012）

变化趋势用时间和研究变量之间的回归系数表示

　　图 24.27 显示的是生长高峰期的变化趋势，图上正值表示生长高峰期推后，负值表示生长高峰期提前。由图 24.27 可以看出由累积相对湿度估算的生长高峰期推后的趋势比由累积生长度日估算的结果更显著。由累积相对湿度估算的结果显示美国东部和欧洲东部生长高峰期显著推后，而南亚干旱地区、印度、南美和北美西南部干旱地区旺盛生长季时长提前。基于生长度日估算的结果显示亚洲生长高峰期有所推后。

　　此外，研究者还指出 75 个国家中至少有 25%以上的像元显示产量统计数据和 NDVI 峰值出现时间存在显著相关，而且由第一个生长季构建的模型估算的 NDVI 峰值出现时间和产量统计数据相关性更高。

24.8　小　　结

　　本章重点介绍了遥感数据及产品在农田信息提取、作物产量估算、干旱监测、农田土地利用管理对地表参数的影响以及气候变化对作物生长的影响等方面的案例。然而，遥感在农业上的研究深入而广泛，并且逐步走向应用，例如精准农业、农业保险监测与评估、农业工程监测、农业政策效果评估等。另一方面，不断涌现的新型传感器(高光谱遥感数据，荧光遥感、偏振遥感、无人机遥感)为农业研究和应用提供了更丰富的数据资源，新近提出和发展的技术(人工智能、深度学习、大数据)为农业遥感信息提取与信息反演提供了技术途径。新型的应用需求势必推动遥感技术和产品的进一步发展，而农业遥感技术的进一步发展也必将促进现代农业发展的智能化和自动化。

参 考 文 献

Adegoke J O, Pielke R, Carleton A M. 2007. Observational and modeling studies of the impacts of agriculture-related land use change on planetary boundary layer processes in the central US. Agricultural and Forest Meteorology, 142: 203-215

Adegoke J O, Pielke R A, Eastman J, et al. 2003. Impact of irrigation on midsummer surface fluxes and temperature under dry synoptic conditions: A regional atmospheric model study of the U.S. high plains. Monthly Weather Review, 131: 556-564

Alkhatib K, Paulsen G M. 1999. High-temperature effects on photosynthetic processes in temperate and tropical cereals. Crop Science, 39(1): 119-125.

Amissah-Arthur A, Mougenot B, Loireau M. 2000. Assessing farmland dynamics and land degradation on Sahelian landscapes using remotely sensed and socioeconomic data. International Journal of Geographical Information Science, 14: 583-599

Asadi S S, Azeem S, Prasad A V S, et al. 2008. Analysis and mapping of soil quality in Khandaleru catchment area using remote sensing and GIS. Current Science, 95: 391-396

Badarinath K V S, Chand T R K, Prasad V K. 2006. Agriculture crop residue burning in the Indo-Gangetic Plains-A study using IRS-P6 AWiFS satellite data. Current Science, 91: 1085-1089

Badarinath K V S, Kharol S K, Sharma A R, et al. 2009. Analysis of aerosol and carbon monoxide characteristics over Arabian Sea during crop residue burning period in the Indo-Gangetic Plains using multi-satellite remote sensing datasets. Journal of Atmospheric and Solar-Terrestrial Physics, 71: 1267-1276

Bannari A, PacheCo A, Staenz K, et al. 2006. Estimating and mapping crop residues cover on agricultural lands using hyperspectral and IKONOS data. Remote Sensing of Environment, 104: 447-459

Barnston A G, Schickedanz P T. 1984. The effect of irrigation on warm season precipitation in the southern great plains. Journal of Climate and Applied Meteorology, 23: 865-888

Bastiaanssen W G M, Ali S. 2003. A new crop yield forecasting model based on satellite measurements applied across the Indus Basin, Pakistan. Agriculture Ecosystems and Environment, 94(3): 321-340

Begue A, Arvor D, Bellon B, et al. 2018. Remote sensing and cropping practices: A review. Remote Sensing, 10(2): 99

Beltran C M, Belmonte A C. 2001. Photogrammetric irrigated crop area estimation using landsat TM imagery in La Mancha, Spain. Engineering and Remote Sensing, 67: 1177-1184

Biard F, Baret F. 1997. Crop residue estimation using multiband reflectance. Remote Sensing of Environment, 59: 530-536

Biggs T W, Thenkabail P S, Gumma M K, et al. 2006. Parthasapadhi and H.N. Turral. irrigated area mapping in heterogeneous landscapes with MODIS time series, ground truth and census data, Krishna Basin, India. International Journal of Remote Sensing, 27: 4245-4266

Biradar C M, Thenkabail P S, Noojipady P, et al. 2009. A global map of rainfed cropland areas (GMRCA) at the end of last millennium using remote sensing. International Journal of Applied Earth Observation and Geoinformation, 11: 114-129

Boken V K, Hoogenboom G, Kogan F N, et al. 2004. Potential of using NOAA-AVHRR data for estimating irrigated area to help solve an inter-state water dispute. International Journal of Remote Sensing, 25: 2277-2286

Bonfils C, Lobell D. 2007. Empirical evidence for a recent slowdown in irrigation-induced cooling. Proceedings of the National Academy of Sciences of the United States of America, 104: 13582-13587

Boucher O, Myhre G, Myhre A. 2004. Direct human influence of irrigation on atmospheric water vapour and climate. Climate Dynamics, 22: 597-603

Brown M E, de Beurs K. 2008. Evaluation of multi-sensor semi-arid crop season parameters based on NDVI and rainfall. Remote Sensing of Environment, 112: 2261-2271

Brown M E, Beurs K M D, Marshall M. 2012. Global phenological response to climate change in crop areas using satellite remote sensing of vegetation, humidity and temperature over 26 years. Remote Sensing of Environment, 126(11): 174-183

Chlingaryan A, Sukkarieh S, Whelan B. 2018. Machine learning approaches for crop yield prediction and nitrogen status estimation in precision agriculture: A review. Computers and Electronics in Agriculture, 151: 61-69

Christy J R, Norris W B, Redmond K, et al. 2006. Methodology and results of calculating central California surface temperature trends: Evidence of human-induced climate change? Journal of Climate, 19: 548-563

Daughtry C S T, McMurtrey J E, Chappelle E W, et al. 1996. Measuring crop residue cover using remote sensing techniques. Theoretical and Applied Climatology, 54: 17-26

De Rosnay P, Polcher J, Laval K, et al. 2003. Integrated parameterization of irrigation in the land surface model ORCHIDEE. Validation over Indian Peninsula. Geophysical Research Letters, 30(19): 1986

Dempewolf J, Adusei B, Beckerreshef I, et al. 2014. Wheat yield forecasting for Punjab province from vegetation index time series and historic crop statistics. Remote Sensing, 6(10): 9653-9675

Devries D A. 1959. The influence of irrigation on the energy balance and the climate near the ground. Journal of Meteorology, 16: 256-270

Dheeravath V, Thenkabail P S, Chandrakantha G, et al. 2010. Irrigated areas of India derived using MODIS 500 m time series for the years 2001-2003. ISPRS Journal of Photogrammetry and Remote Sensing, 65: 42-59

Dobermann A, Oberthiir T. 1997. Fuzzy mapping of soil fertility-a case study on irrigated riceland in the Philippines. Geoderma, 77: 317-339

Döll P, Siebert S. 1999. A digital global map of irrigated areas. Report a9901, center for environmental systems research, University of Kassel, Kurt Wolters Strasse 3, 34109 Kassel, Germany

Döll P, Siebert S. 2002. Global modeling of irrigation water requirements. Water Resources Research, 38: 8-1-8-10

Douglas E M, Niyogi D, Frolking S, et al. 2006. Changes in moisture and energy fluxes due to agricultural land use and irrigation in the Indian Monsoon Belt. Geophysical Research Letters, 33(14): L14403

Doygun H. 2009. Effects of urban sprawl on agricultural land: a case study of KahramanmaraAY, Turkey. Environmental Monitoring and Assessment, 158: 471-478

El-Magd Abou I, Tanton T W. 2003. Improvements in land use mapping for irrigated agriculture from satellite sensor data using a multi-stage maximum likelihood classification. International Journal of Remote Sensing, 24: 4197-4206

Fang H, Liang S, Hoogenboom G, et al. 2008. Corn-yield estimation through assimilation of remotely sensed data into the CSE-CERES-Maize model. International Journal of Remote Sensing, 29(10): 3011-3032

Foley J A, DeFries R, Asner G P, et al. 2005. Global consequences of land use. Science, 309: 570-574

Frolking S, Qiu J J, Boles S, et al. 2002. Combining remote sensing and ground census data to develop new maps of the distribution of rice agriculture in China. Global Biogeochemical Cycles, 16(4): 38

Ge J J. 2010. MODIS observed impacts of intensive agriculture on surface temperature in the southern Great Plains. International Journal of Climatology, 30: 1994-2003

Giglio L, Descloitres J, Justice C O, et al. 2003. An enhanced contextual fire detection algorithm for MODIS. Remote Sensing of Environment, 87: 273-282

Gitelson A A. 2004. Wide dynamic range vegetation index for remote quantification of biophysical characteristics of vegetation. Journal of Plant Physiology, 161(2): 165-73

Goldewijk K K. 2001. Estimating global land use change over the past 300 years: The HYDE database. Global Biogeochemical Cycles, 15: 417-433

Gordon L J, Steffen W, Jonsson B F, et al. 2005. Human modification of global water vapor flows from the land surface. Proceedings of the National Academy of Sciences, 102: 7612-7617

Gumma M K, Nelson A, Thenkabail P S, et al. 2011. Mapping rice areas of South Asia using MODIS multitemporal data. Journal of Applied Remote Sensing, 5: 053547

Haddeland I, Lettenmaier D P, Skaugen T. 2006. Effects of irrigation on the water and energy balances of the Colorado and Mekong river basins. Journal of Hydrology, 324: 210-223

Hao Z, Aghakouchak A. 2014. A nonparametric multivariate multi-index drought monitoring framework. Journal of Hydrometeorology, 15(1): 89-101

Hazaymeh K, Hassan Q K. 2016. Remote sensing of agricultural drought monitoring: A state of art review. Aims Environmental Science, 3(4): 604-630

Huang J, Wang H, Dai Q, et al. 2014. Analysis of NDVI data for crop identification and yield estimation. IEEE Journal of Selected Topics in Applied Earth Observations and Remote Sensing, 7(11): 4374-4384

Huang J, Wang X, Li X, et al. 2013. Remotely sensed rice yield prediction using multi-temporal NDVI data derived from NOAA'S-AVHRR. Plos One, 8(8): e70816

Jeong S J, Ho C H, Brown M E, et al. 2010. Browning in desert bound-aries in Asia in recent decades. Journal of Geophysical Research-Atmospheres, 116: D02103

Kanamaru H, Kanamitsu M. 2008. Model diagnosis of nighttime minimum temperature warming during summer due to irrigation in the California central valley. Journal of Hydrometeorology, 9: 1061-1072

Karkee M, Steward B L, Tang L, et al. 2009. Quantifying sub-pixel signature of paddy rice field using an artificial neural network. Computers and Electronics in Agriculture, 65: 65-76

Kendy E, Zhang Y Q, Liu C M, et al. 2004. Groundwater recharge from irrigated cropland in the North China Plain: case study of Luancheng County, Hebei Province, 1949-2000. Hydrological Processes, 18: 2289-2302

Khan S, Hanjra M A. 2009. Footprints of water and energy inputs in food production-Global perspectives. Food Policy, 34: 130-140

Khanal S, Fulton J, Shearer S. 2017. An overview of current and potential applications of thermal remote sensing in precision agriculture. Computers and Electronics in Agriculture, 139: 22-32

Kogan F N. 1998. Global drought and flood-watch from NOAA polar-orbitting satellites. Advances in Space Research. 21: 477-480.

Kuemmerle T, Hostert P, Radeloff V C, et al. 2008. Cross-border comparison of post-socialist farmland abandonment in the Carpathians. Ecosystems, 11: 614-628

Kueppers L M, Snyder M A, Sloan L C. 2007. Irrigation cooling effect: Regional climate forcing by land-use change. Geophysical Research Letters, 34 (3) : GL028679

Lal R. 2004. Soil carbon sequestration impacts on global climate change and food security. Science, 304: 1623-1627

Lal R. 2007. Anthropogenic influences on world soils and implications to global food security. In: Sparks D L. Advances in Agronomy. San Diego: Elsevier Academic Press Inc

Larson D W, Jones E, Pannu R S, et al. 2004. Instability in Indian agriculture—a challenge to the green revolution technology. Food Policy, 29 (3) : 257-273

Lee E, Chase T N, Rajagopalan B, et al. 2009. Effects of irrigation and vegetation activity on early Indian summer monsoon variability. International Journal of Climatology, 29: 573-581

Liu J, Pattey E, Miller J R, et al. 2010. Estimating crop stresses, aboveground dry biomass and yield of corn using multi-temporal optical data combined with a radiation use efficiency model. Remote Sensing of Environment, 114 (6) : 1167-1177

Liu J Y, Liu M L, Tian H Q, et al. 2005a. Spatial and temporal patterns of China's cropland during 1990-2000: An analysis based on Landsat TM data. Remote Sensing of Environment, 98: 442-456

Liu W T, Kogan F. 2002. Monitoring Brazilian soybean production using NOAA/AVHRR based vegetation condition indices. International Journal of Remote Sensing, 23 (6) : 1161-1179

Liu W H, Zhao J Z, Ouyang Z Y, et al. 2005b. Impacts of sewage irrigation on heavy metal distribution and contamination in Beijing, China. Environment International, 31: 805-812

Liu X, Zhu X, PanY, et al. 2016. Agricultural drought monitoring: Progress, challenges, and prospects. Journal of Geographical Sciences, 26 (6) : 750-767

Lobell D B, Asner G P, Ortiz-Monasterio J I, et al. 2003. Remote sensing of regional crop production in the Yaqui valley, Mexico: estimates and uncertainties. Agriculture Ecosystems and Environment, 94 (2) : 205-220

Lobell D B, Sibley A, Ortizmonasterio J I. 2012. Extreme heat effects on wheat senescence in India. Nature Climate Change, 2 (3) : 186-189

Lobell D B, Asner G P. 2004. Cropland distributions from temporal unmixing of MODIS data. Remote Sensing of Environment, 93: 412-422

Lobell D B, Bonfils C. 2008. The effect of irrigation on regional temperatures: A spatial and temporal analysis of trends in California, 1934-2002. Journal of Climate, 21: 2063-2071

Lobell D B, Bala G, Bonfils C, et al. 2006a. Potential bias of model projected greenhouse warming in irrigated regions. Geophysical Research Letters, 33: L13709

Lobell D B, Bala G, Duffy P B. 2006b. Biogeophysical impacts of croplandmanagement changes on climate. Geophysical Research Letters, 33: L06708

Lohar D, Pal B. 1995. The effect of irrigation on premonsoon season precipitation over south-west Bengal, India. Journal of Climate, 8: 2567-2570

Lopez Garcia M J, Caselles V. 1991. Mapping burns and natural reforestation using thematic Mapper data. Geocarto International, 6 (1) : 31-37

Loveland T R, Reed B C, Brown J F, et al. 2000. Development of a global land cover characteristics database and IGBP DISCover from 1-km AVHRR data. International Journal of Remote Sensing, 21: 1303-1330

Mahlein A K, Oerke E C, Steiner U, et al. 2012. Recent advances in sensing plant diseases for precision crop protection. European Journal of Plant Pathology, 133 (1) : 197-209

Mahmood R, Foster S A, Keeling T, et al. 2006. Impacts of irrigation on 20th century temperature in the northern Great Plains. Global and Planetary Change, 54: 1-18

Mahmood R, Hubbard K G, Carlson C. 2004. Modification of growing-season surface temperature records in the northern Great Plains due to land-use transformation: Verification of modelling results and implication for global climate change. International Journal of Climatology, 24: 311-327

Mashaba Z, Chirima G, Botai J O, et al. 2017. Forecasting winter wheat yields using MODIS NDVI data for the Central Free State region, South African Journal of Science, 113 (11/12): 1-6

McCarty J L, Justice C O, Korontzi S. 2007. Agricultural burning in the Southeastern United States detected by MODIS. Remote Sensing of Environment, 108: 151-162

McCarty J L, Korontzi S, Justice C O, et al. 2009. The spatial and temporal distribution of crop residue burning in the contiguous United States. Science of the Total Environment, 407: 5701-5712

McCarty J L, Loboda T, Trigg S. 2008. A hybrid remote sensing approach to quantifying crop residue burning in the United States. Applied Engineering in Agriculture, 24: 515-527

McNairn H, Brisco B. 2004. The application of C-band polarimetric SAR for agriculture: a review. Canadian Journal of Remote Sensing, 30: 525-542

McNairn H, Duguay C, Boisvert J, et al. 2001. Defining the sensitivity of multi-frequency and multi-polarized radar backscatter to post-harvest crop residue. Canadian Journal of Remote Sensing, 27: 247-263

McNairn H, Duguay C, Brisco B, et al. 2002. The effect of soil and crop residue characteristics on polarimetric radar response. Remote Sensing of Environment, 80: 308-320

Metternicht G I, Zinck J A. 2003. Remote sensing of soil salinity: potentials and constraints. Remote Sensing of Environment, 85: 1-20

Mkhabela M S, Mkhabela M S, Mashinini N N. 2005. Early maize yield forecasting in the four agro-ecological regions of Swaziland using NDVI data derived from NOAA'S-AVHRR. Agricultural and Forest Meteorology, 129 (1-2): 1-9

Mo X, Liu S, Lin Z, et al. 2005. Prediction of crop yield, water consumption and water use efficiency with a svat-crop growth model using remotely sensed data on the north china plain. Ecological Modelling, 183 (2-3): 301-322

Monfreda C, Ramankutty N, Foley J A. 2008. Farming the planet: 2. Geographic distribution of crop areas, yields, physiological types, and net primary production in the year 2000. Global Biogeochemical Cycles, 22: GB1022

Moore N, Rojstaczer S. 2001. Irrigation-induced rainfall and the Great Plains. Journal of Applied Meteorology, 40: 1297-1309

Moriondo M, Maselli F, Bindi M. 2007. A simple model of regional wheat yield based on NDVI data. European Journal of Agronomy, 26 (3): 266-274

Murthy C S, Raju P V, Badrinath K V S. 2003. Classification of wheat crop with multi-temporal images: performance of maximum likelihood and artificial neural networks. International Journal of Remote Sensing, 24: 4871-4890

Newman J E. 1980. Climate Changeimpacton the growing season of the North American Corn Belt. Biometeorology, 7 (2): 128-142

Njoku E G. 2005. AMSR-E/Aqua daily L3 surface soil moisture, interpretive parms, & QC EASE-Grids, Jan 2005 to Dec 2006. Boulder, CO, USA: National Snow and Ice Data Center.Digital media. Availabe at https://wist.echo.nasa.gov/api/

Ozdogan M. 2010. The spatial distribution of crop types from MODIS data: Temporal unmixing using Independent Component Analysis. Remote Sensing of Environment, 114: 1190-1204

Ozdogan M, Gutman G. 2008. A new methodology to map irrigated areas using multi-temporal MODIS and ancillary data: An application example in the continental US. Remote Sensing of Environment, 112: 3520-3537

Ozdogan M, Salvucci G D, Anderson B C. 2006. Examination of the Bouchet-Morton complementary relationship using a mesoscale climate model and observations under a progressive irrigation scenario. Journal of Hydrometeorology, 7: 235-251

Pacheco A, McNairn H. 2010. Evaluating multispectral remote sensing and spectral unmixing analysis for crop residue mapping. Remote Sensing of Environment, 114: 2219-2228

Padilla F L M, Maas S J, González-Dugo M P, et al. 2012. Monitoring regional wheat yield in southern spain using the grami model and satellite imagery. Field Crops Research, 130 (2): 145-154

Palmer W C. 1968. Keeping track of crop moisture conditions, nationwide: The new crop moisture index. Weatherwise, 21 (4): 156-161

Panda S S, Ames D P, Panigrahi S. 2010. Application of vegetation indices for agricultural crop yield prediction using neural network techniques. Remote Sensing, 2 (3): 673-696

Parry M L, Swaminathan M S. 1992. Effects of Climate Changes on Food Production, Cambridge: Cambridge University Press

Patel N R, Parida B R, Venus V, et al. 2012. Analysis of agricultural drought using vegetation temperature condition index (VTCI) from Terra/MODIS satellite data. Environmental Monitoring and Assessment, 184 (12): 7153-7163

Paustian K, Andren O, Janzen H H, et al. 1997. Agricultural soils as a sink to mitigate CO_2 emissions. Soil Use and Management, 13: 230-244

Pena-Barragan J M, Ngugi M K, Plant R E, et al. 2011. Object-based crop identification using multiple vegetation indices, textural features and crop phenology. Remote Sensing of Environment, 115: 1301-1316

Peng D L, Huang J F, Li C J, et al. 2014. Modelling paddy rice yield using MODIS data. Agricultural and Forest Meteorology, 184 (1): 107-116

Piao S, Friedlingstein P, Ciais P, et al. 2007. Growing season ex- tension and its impact on terrestrial carbon cycle in the Northern Hemisphere over the past 2 decades. Global Biogeochemical Cycles, 21: GB3018

Portmann F T, Siebert S, Doll P. 2010. MIRCA2000-Global monthly irrigated and rainfed crop areas around the year 2000: A new high-resolution data set for agricultural and hydrological modeling. Global Biogeochemical Cycles, 24: 24

Ramankutty N, Foley J A. 1999. Estimating historical changes in global land cover: Croplands from 1700 to 1992. Global Biogeochemical Cycles, 13: 997-1027

Ramankutty N, Evan A T, Monfreda C, et al. 2008. Farming the planet: 1. Geographic distribution of global agricultural lands in the year 2000. Global Biogeochemical Cycles, 22: GB1003

Rhee J, Im J, Carbone G J. 2010. Monitoring agricultural drought for arid and humid regions using multi-sensor remote sensing data. Remote Sensing of Environment, 114 (12): 2875-2887

Rosenberg D M. 2000. Global-scale environmental effects of hydrological alterations. Bio Science, 50: 746-751

Roy D P, Boschetti L, Justice C O, et al. 2008. The collection 5 MODIS burned area product - Global evaluation by comparison with the MODIS active fire product. Remote Sensing of Environment, 112: 3690-3707

Roy D P, Jin Y, Lewis P E, et al. 2005. Prototyping a global algorithm for systematic fire-affected area mapping using MODIS time series data. Remote Sensing of Environment, 97: 137-162

Running S W, Thornton P E, Nemani R, et al. 2000. Global Terrestrial Gross and Net Primary Productivity from the Earth Observing System. Methods in Ecosystem Science. New York: Springer

Sakamoto T, Yokozawa M, Toritani H, et al. 2005. A crop phenology detection method using time-series MODIS data. Remote Sensing of Environment, 96 (3-4): 366-74

Segal M, Pan Z, Turner R W, et al. 1998. On the potential impact of irrigated areas in North America on summer rainfall caused by large-scale systems. Journal of Applied Meteorology, 37: 325-331

Sen Roy S, Mahmood R, Niyogi D, et al. 2007. Impacts of the agricultural Green Revolution - induced land use changes on air temperatures in India. Journal of Geophysical Research-Atmospheres, 112: D21108

Serbin G, Daughtry C S T, Hunt E R, et al. 2009. Effect of soil spectral properties on remote sensing of crop residue cover. Soil Science Society of America Journal, 73: 1545-1558

Shafian S, Rajan N, Schnell R, et al. 2018. Unmanned aerial systems-based remote sensing for monitoring sorghum growth and development. Plos One, 13 (5): 15

Shanahan J F, Schepers J S, Francis D D, et al. 2001. Use of remote-sensing imagery to estimate corn grain yield. Agronomy Journal, 93 (3): 583-589

Shibuo Y, Jarsjo J, Destouni G. 2007. Hydrological responses to climate change and irrigation in the Aral Sea drainage basin. Geophysical Research Letters, 34: L21406

Shiklomanov I A. 2000. Appraisal and assessment of world water resources. Water International, 25: 11-32

Siebert S, Döll P. 2001. A digital global map of irrigated areas-An update for Latin America and Europe. Kassel World Water Series 4, Center for Environmental Systems Research, University of Kassel, Germany, 14 pp+Appendix

Siebert S, Doll P. 2010. Quantifying blue and green virtual water contents in global crop production as well as potential production losses without irrigation. Journal of Hydrology, 384: 198-217.

Siebert S, Doll P, Hoogeveen J, et al. 2005a. Development and validation of the global map of irrigation areas. Hydrology and Earth System Sciences, 9: 535-547

Siebert S, Feick S, Döll P, et al. 2005b. Global map of irrigation areas Version 3.0. University of Frankfurt(Main), Germany, and FAO, Rome, Italy

Smith P, Martino D, Cai Z, et al. 2008. Greenhouse gas mitigation in agriculture. Philosophical Transactions of the Royal Society B-Biological Sciences, 363: 789-813

Sonobe R, Yamaya Y, Tani H, et al. 2018. Crop classification from Sentinel-2-derived vegetation indices using ensemble learning. Journal of Applied Remote Sensing, 12(2): 16

Steele-Dunne S C, McNairn H, Monsivais-Huertero A, et al. 2017. Radar remote sensing of agricultural canopies: A Review. IEEE Journal of Selected Topics in Applied Earth Observations and Remote Sensing, 10(5): 2249-2273

Stohlgren T J, Chase T N, Pielke R A S, et al. 1998. Evidence that local land use practices influence regional climate, vegetation, and stream flow patterns in adjacent natural areas. Global Change Biology, 4: 495-504

Sullivan D G, Shaw J N, Mask P L, et al. 2004. Evaluation of multispectral data for rapid assessment of wheat straw residue cover. Soil Science Society of America Journal, 68: 2007-2013

Tao F, Yokozawa M, Zhang Z, et al. 2005. Remote sensing of crop production in china by production efficiency models: models comparisons, estimates and uncertainties. Ecological Modelling, 183(4): 385-396

Terjung W H, Ji H Y, Hayes J T. 1989. Actual and potential yield for rain-fed andirrigation maize in China. International Journal of Biometeorology, 28: 115-135

Thenkabail P S, Biradar C M, Noojipady P, et al. 2007. Sub-pixel area calculation methods for estimating irrigated areas. Sensors, 7: 2519-2538

Thenkabail P S, Biradar C M, Noojipady P, et al. 2009. Global irrigated area map(GIAM), derived from remote sensing, for the end of the last millennium. International Journal of Remote Sensing, 30: 3679-3733

Thenkabail P S, Biradar C M, Noojipady P, et al. 2008. A global irrigated area map(GIAM) using remote sensing at the end of the last millennium. Colombo, Sri Lanka: International Water Management Institute

Thenkabail P S, Biradar C M T H, Noojipady P L, et al. 2006. An Irrigated Area Map of the World(1999) Derived from Remote Sensing. Research Report 105. Colombo, SriLanka: International Water Management Institute

Thenkabail P S, Schull M, Turral H. 2005. Ganges and Indus river basin land use/land cover(LULC) and irrigated area mapping using continuous streams of MODIS data. Remote Sensing of Environment, 95: 317-341

Tilman D, Fargione J, Wolff B, et al. 2001. Environmental change forecasting agriculturally driven global. Science, 292: 281

Trenberth K E. 2004. Rural land-use change and climate. Nature, 427: 213

Unganai L S, Kogan F N. 1998. Drought monitoring and corn yield estimation in Southern Africa from AVHRR data. Remote Sensing of Environment, 63: 219-232

Vörösmarty C J, Douglas E M, Green P A, et al. 2005. Geospatial indicators of emerging water stress: An application to Africa. Ambio, 34(3): 230-236

Wang H, Zhu Y, Li W, et al. 2014. Integrating remotely sensed leaf area index and leaf nitrogen accumulation with ricegrow model based on particle swarm optimization algorithm for rice grain yield assessment. Journal of Applied Remote Sensing, 8(1): 083674

Wang J, Li X, Lu L, et al. 2013. Estimating near future regional corn yields by integrating multi-source observations into a crop growth model. European Journal of Agronomy, 49(49): 126-140

Wang K C, Liang S L. 2008. An improved method for estimating global evapotranspiration based on satellite determination of surface net radiation, vegetation index, temperature, and soil moisture. Journal of Hydrometeorology, 9: 712-727

Wang R, Zhang Q, Wang Y, et al. 2004. Response of corn to climate warming in arid areas in northwest china. Acta Botanica Sinica, 46 (12)：1387-1392

Wardlaw I F, Wrigley C W. 1994. Heat tolerance in temperate cereals: an overview. Functional Plant Biology, 21 (6)：695-703

Wardlaw I F, Moncur L. 1995. The response of wheat to high temperature following anthesis. i. the rate and duration of kernel filling. Australian Journal of Plant Physiology, 22 (3)：391-397

Wardlow B D, Egbert S L, Kastens J H. 2007. Analysis of time-series MODIS 250 m vegetation index data for crop classification in the US Central Great Plains. Remote Sensing of Environment, 108: 290-310

White M A, de Beurs K, Didan K, et al, et al. 2009. Intercomparison, interpretation and assessment of spring phenology in North America estimated from remote sensing for 1982 to 2006. Global Change Biology, 15: 2335-2359

Wriedt G, van der Velde M, Aloe A, et al. 2009. A European irrigation map for spatially distributed agricultural modelling. Agricultural Water Management, 96: 771-789

Wu W B, Yang P, Tang H J, et al. 2010. Characterizing spatial patterns of phenology in cropland of china based on remotely sensed data. Agricultural Sciences in China, 9: 101-112

Xin Q, Gong P, Yu C, et al. 2013. A production efficiency model-based method for satellite estimates of corn and soybean yields in the midwestern U.S. Remote Sensing, 5 (11)：5926-5943

Yan H M, Liu J Y, Huang H Q, et al. 2009. Assessing the consequence of land use change on agricultural productivity in China. Global and Planetary Change, 67: 13-19

Yuan W, Chen Y, Xia J, et al. 2016. Estimating crop yield using a satellite-based light use efficiency model. Ecological Indicators, 60: 702-709

Zhang A, Jia G. 2013. Monitoring meteorological drought in semiarid regions using multi-sensor microwave remote sensing data. Remote Sensing of Environment, 134: 12-23

Zhang M, Li Q Z, Meng J H, et al. 2011a. Review of crop residue fractional cover monitoring with remote sensing. Spectroscopy and Spectral Analysis, 31: 3200-3205

Zhang X Y, Kondragunta S, Quayle B. 2011b. Estimation of biomass burned areas using multiple-satellite-observed active fires. IEEE Transactions on Geoscience and Remote Sensing, 49: 4469-4482

Zhao G X, Lin G, Warner T. 2004. Using Thematic Mapper data for change detection and sustainable use of cultivated land: a case study in the Yellow River delta, China. International Journal of Remote Sensing, 25: 2509-2522

Zheng B, Campbell J B, Serbin G, et al. 2014. Remote sensing of crop residue and tillage practices: Present capabilities and future prospects. Soil and Tillage Research, 138: 26-34

Zhu X, Liang S, Pan Y, et al. 2011. Agricultural irrigation impacts on land surface characteristics detected from satellite data products in Jilin Province, China. IEEE Journal of Selected Topics in Applied Earth Observations and Remote Sensing, 4: 721-729

Zhu X, Zhu W, Zhang J, et al. 2014. Mapping irrigated areas in China from remote sensing and statistical data. IEEE Journal of Selected Topics in Applied Earth Observations and Remote Sensing, 7 (11)：4490-4504

Zomeni M, Tzanopoulos J, Pantis J D. 2008. Historical analysis of landscape change using remote sensing techniques: An explanatory tool for agricultural transformation in Greek rural areas. Landscape and Urban Planning, 86: 38-46

第 25 章　森林覆盖变化：制图及其气候的影响评价*

作为地球上最大的陆地生态系统，森林变化是土地覆盖和土地利用变化中最热门的研究话题之一，人类活动及气候变化影响着森林资源的变化，而森林的变化又将对全球气候系统产生不可忽视的反馈作用。本章重点介绍遥感用于森林变化制图(25.2 节)及量化森林变化所引起的气候效应(25.3 节)的一般方法及其总的进展，并给出一些具体的例子(25.4 节)，包括南美亚马孙森林砍伐及中国近几十年来的森林恢复生态工程等，用于说明遥感数据在该研究领域的成功运用。

25.1　引　言

森林是指一定程度浓密的大范围树木覆盖的区域。自 2000 年来，联合国粮农组织(FAO)森林资源评估(FRA)对"森林"的具体定义得到了广泛的认可，即 5m 以上的树木占地至少 5hm²，且树冠覆盖面积超过 10%，或能达到以上条件且主要为森林用地的土地。该定义主要从土地利用的角度出发，排除了实际上主要为农业或城市用地的情况。据 FAO FRA 2015 年的调查，全球现有森林覆盖面积为 3.999 亿 hm²，相当于地球陆表总面积的 31%，人均拥有森林面积约为 0.6hm²(FAO, 2015)。森林由于多种用途和应用价值，如森林的生产力、在生态系统中所起的保护作用及森林产生的社会经济效益等，其管理越来越受到重视。

(1)森林和不属于森林的树木提供了许多各种不同的木材以及非木材的森林产品。可从森林中获取的产品很多，如用作建材和燃料的木材、食物(浆果、蘑菇、可食用植物和丛林动物)、饲料及其他非木材的森林产品。世界森林的三分之一主要用于木材和非木材类森林产品的生产。

(2)森林具有多种保护功能，如水土保持、防治雪崩、固定沙丘、沙漠化防治及沿海防护等。全球森林的 11%被设定为自然保护区，用于生物多样性的保护。可提供保护功能的森林已由 1990 年的 8%增长到了 2005 年的 9%。

(3)森林为人类提供了多种多样的社会和经济效益，例如，通过使用、处理和交易森林产品，投资森林产业，以及保护一些具有很高的文化、精神和娱乐价值的风景或名胜等，实现对整体经济的贡献。在欧洲，约 2.4%的森林用于娱乐、旅游、教育以及文化精神保护等。

森林变化动态如图 25.1 所示。森林砍伐或自然灾害可造成森林面积的减少。森林砍伐指人为的永久地去除森林，并将这部分土地用于农业或基础设施等其他用途。而森林面积的增长通常也有两种方式：人工造林(如在非林地上植树)，或在废弃的农业用地上

---

* 本章作者：江波[1]、梁顺林[2]
　1. 遥感科学国家重点实验室·北京市陆表遥感数据产品工程技术研究中心·北京师范大学地理科学学部；2. 美国马里兰大学帕克分校地理系

植树造林实现森林面积的自然扩大等。森林变化还包括重新造林，即在砍伐后的林地再造林，或经过一段相对较短时期后森林的自然更新等。

图 25.1 森林变化动态示意图(FAO, 2006)

对森林资源的管理和规划而言(如森林保护、发展等)，描绘和绘制森林覆盖非常关键。早在 20 世纪八九十年代 Landsat 卫星提供观测数据开始，卫星观测就已用于森林动态变化的检测。卫星遥感提供了一种切实可行的方法用于不同时空尺度下森林信息的识别、绘制、评价及变化检测等。作为一种快速而且经济的方法，遥感可用于每天检测数千英亩森林的退化、砍伐、其他扰动及森林恢复的情况等。与此同时，卫星规律的重访周期及观测的持续性，可提供高时空分辨率的数据从全球视角来揭示森林的区域效应，并有助于增进我们对于林业政策实施情况的了解。

25.2 森林变化制图

社会和经济需求的复杂性驱动着全球森林的大面积变化，并且不同区域的森林变化也不同。举个例子，热带森林、加拿大和西伯利亚的北方森林都正在经受砍伐，但在欧洲和气候温和的北美地区，森林在废弃的农业用地里又重新生长，这些变化都可改变森林对区域乃至全球气候系统的反馈作用。由于卫星观测数据在时空信息方面的优势，因此非常适用于森林变化制图。

25.2.1 基于土地覆盖制图的变化检测

森林变化的检测，主要包括森林扰动、森林退化及森林增长等动态信息的检测，是可持续森林管理工作中尤为关键的步骤，因此可靠的可表现森林变化信息的森林制图非常重要。遥感数据用于森林变化监测已有较长一段时间。评估及绘制土地覆盖变化时需要重点考虑遥感传感器的时空分辨率特征。其高空间分辨率的传感器数据(像元尺寸小于 4m)能更好地用于区域的变化检测，但由于其数据量巨大，很难应用于大面积区域(数百上千公顷)的快速成图。中到粗分辨率的传感器数据(像元尺寸大于 60m)虽适用于大范围区域，但可提供的小范围区域的扰动信息非常有限。相对而言，高分辨率的遥感数据(像元尺寸 5～30m)则是最佳选择，可提供足够高的空间分辨率信息用于经济有效地检测大尺度土地覆盖变化。迄今为止，除了 Landsat 数据(美国地质勘探局(USGS)提供 1972 年至今连续时长的数据下载)，还可获取越来越多的高分辨率可见光遥感数据(如 Sentinel-2)。因此，基于高分辨率数据的变化检测方法近些年来发展很快。

一般来说，从遥感可见光影像中直接提取的地表反射率数据，或计算的不同的变量和指数，如有效光合辐射(Photosynthetic Active Radiation, PAR)、归一化植被指数(Normalized Difference Vegetation Index, NDVI)、增强植被指数(Enhanced Vegetation Index, EVI)、土壤调节植被指数(Soil Adjusted Vegetation Index, SAVI)、地形变量(如坡度、坡向和高度等)及纹理变量(如异质性、地物尺寸和形状等)等，通常用于土地覆盖变化制图。

土地覆盖变化制图大致可分为两大类：传统的影像变化检测，以及基于时间序列分析的变化检测。下面将展开介绍。

1. 传统的影像变化检测

这是目前在土地覆盖变化制图中使用最广泛的一类方法。该方法要求至少两景在不同时期获取的同一位置的影像，其获取时间分别为检测初期及末期，然后根据一些指数(如NDVI、NBR <Normalized Burnt Ratio，归一化燃烧率>)在这两个时期的变化情况确定土地覆盖变化类型。该方法通常会运用至少两次以上，每次都需要比较两景影像或分类图。除此以外，如用于某一特定地类的变化检测，则该方法首先需要依据各个时期准确的地物类型的"掩膜"来识别该地类，例如用于森林变化检测，则首先需要准确识别森林。严格来说，该方法并没有提供检测时间段内的"动态变化"信息，因为只有一景影像用于对比，另外，该方法的精度易受影像几何校正及辐射校正精度的影响。

2. 基于时间序列分析的变化检测

典型的时间序列数据通常可以分解为三部分：长时期趋势、季节成分及残差(Kuenzer et al., 2015)。对于森林检测而言，最值得关注的则是季节成分以及去除了噪音的残差部分。时间序列分析方法首先需要收集一个时间段内连续的影像用于分析，因此获取感兴趣区的足够多且规律观测的影像尤为重要。尽管在过去几十年中，中低空间分辨率的遥感影像时间序列(如 AVHRR、MODIS)常用于变化检测，而近年来高分辨率影像(如Landsat)由于其丰富的空间信息越来越得到广泛使用。具体来说，基于时间序列分析的变化检测可分为四种：①阈值法；②曲线拟合法；③轨迹拟合法；④轨迹分段拟合法。图25.2给出了四种方法的图示。

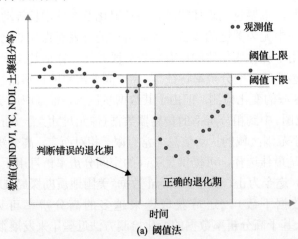

(a) 阈值法

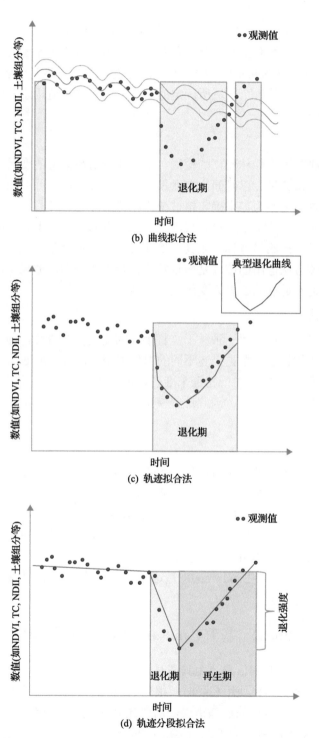

图 25.2　四种时间序列分析方法示意图(Hirschmugl et al., 2017)

1）阈值法

该方法在时间序列数据中基于阈值区分森林及非森林或变化及未变化的森林等信息。25.2.2 小节中将详细介绍基于此思路发展的一种森林变化制图的自动算法——植被变化追踪法(Vegetation Change Tracker, VCT)。该类方法的主要缺点是阈值由经验确定，不具有普适性，因此在某一个区域所确定的阈值，可能并不适用于其他的植被类型、分布密度或者变化模式等。

2）曲线拟合法

曲线拟合法通常用于森林变化的检测。指征地表植被信息的变量，如单波段反射率或者植被指数等光谱变量，以时间为自变量基于单个像元拟合回归函数，通过判断此回归函数的斜率是否显著不为零来确定植被变化趋势的存在，并且斜率的大小代表了变化趋势的强度，而斜率的符号(正/负)则代表了变化的方向(增加/减少)。回归函数的类型可以是一次线性或者二次曲线方程，尤其二次曲线方程的拟合系数包含了森林退化或恢复的重要信息。但该方法运用的前提是假设数据符合正态分布，如果不满足这样的条件，那么拟合的函数则不足以准确表达变化趋势信息。

3）轨迹拟合法

轨迹拟合法可以描述为"一种基于监督手段的变化检测方法，即根据训练样本的特征分别定义理想化的轨迹模型去描述不同的退化类型"(Kennedy et al., 2007)。该方法首先要求基于所选变量的波谱-时间特征来准确设定符合变化的轨迹模型。由于该方法根据选择的训练样本拟合轨迹模型，因此这些模型只能在有符合预设的情况下才能很好地发挥作用。

4）轨迹分段拟合法

该方法认为一段连续的轨迹可以用一组不同趋势的直线分段来表示。该方法的第一步需要首先确定分段的时刻及端点；第二步，通过这些确定的端点，基于点对点或者线性回归的方法来分段拟合最佳的变化轨迹。这种方法的一大优点是可以检测到突变事件，例如扰动、某些长时间持续的过程以及再生长等，而另一个优点则是不需要预先设定轨迹模型，而是直接由数据本身来确定轨迹的形态。但该方法一个主要的缺陷是并没有将物候的季节效应考虑在内。LandTrendR 是这类方法中最典型的一种算法(Kennedy et al., 2010)。

25.2.2　基于 Landsat 时间序列影像制图

正如 25.2.1 提到，时间信息，尤其高时间分辨率的卫星数据，对描绘土地覆盖和土地变化过程极其重要。如果使用相隔时间很长的观测，则很可能会有时间信息遗漏，为了最大程度地减少这种潜在的遗漏错误，需要建立密集的 Landsat 时间序列库(Landsat Time Series Stacks, LTSS)。为了提高运用 LTSS 进行土地覆盖变化分析的效率，Huang 等(2010)发展了名为"植被变化追踪"算法(VCT)用于森林变化制图，这种方法对一个 LTSS 里的所有影像同时分析。

　　VCT 方法基于土地覆盖和森林变化过程的波谱—时空特点，它包括两个主要步骤（图 25.3）：首先，对单幅影像进行掩膜及归一化处理，即标识出 LTSS 中的每一幅影像的水、云和云影，并识别一些森林样本。已识别的森林样本接下来用于计算一些指数，并运用这些指数判断森林。第二步即进行时间序列分析。一旦第一步完成，LTSS 中所有影像的指数和掩膜可生成时间序列轨迹，并最终得到森林变化制图产品。

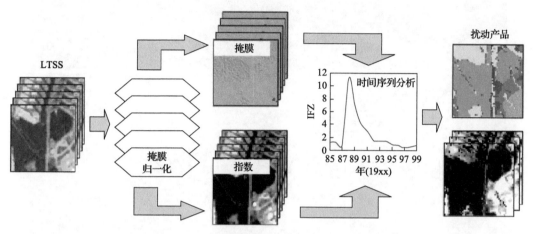

图 25.3　VCT 算法的流程图（Huang et al., 2010）

　　简而言之，VCT 算法第一步包括：陆地-水掩膜的生成、森林样本的识别、森林指数计算和云及云阴影的去除。在第一步完成后，对标记为云、云阴影或其他不合格的观测值剔除，并运用时序插值。最后得到的掩膜和指数用于确定变化的类别，并可生成一套属性值来描述变化地图。

　　VCT 算法可用于处理包含一定程度的不好观测值的单幅影像，这些不好的观测值将不会在最终生成的森林扰动年际地图上形成缺失或足迹（图 25.4）。VCT 方法通过一些方法来处理有问题观测值的影像：①自动掩除云和云阴影；②对确定的问题观测值进行时序插值替换；③运用连续观测值来确定森林及其变化；④同时考虑每一个 LTSS 的所有时间范围。但是，没有识别的并且连续存在的问题观测值会造成错误的判断结果，尤其在有大量的问题观测值存在的情况下，VCT 方法就会失效。总之，为了得到满意的森林扰动产品，LTSS 中最好使用高质量的影像。

　　VCT 算法已经过了广泛地测试。与人工视觉检验生成扰动年的产品比较，VCT 的大部分结果合理且可靠。设计精度评价指标显示，对每一年而言，扰动地图的整体精度大约为 80%，扰动类别确定的平均用户精度约为 70%，平均生产者精度约为 60%（Huang et al., 2010）。

25.2.3　MODIS VCF/VCC 产品

　　MODIS 科学组生产了一套植被连续覆盖 VCF（Vegetation Continuous Fields）产品，以及一套植被覆盖转变 VCC（Vegetation Cover Conversion）产品。

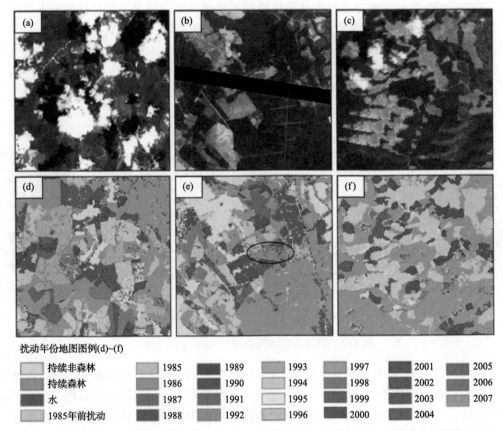

扰动年份地图图例(d)~(f)

▨ 持续非森林	▨ 1985	▨ 1989	▨ 1993	▨ 1997	▨ 2001	▨ 2005
▨ 持续森林	▨ 1986	▨ 1990	▨ 1994	▨ 1998	▨ 2002	▨ 2006
▨ 水	▨ 1987	▨ 1991	▨ 1995	▨ 1999	▨ 2003	▨ 2007
▨ 1985年前扰动	▨ 1988	▨ 1992	▨ 1996	▨ 2000	▨ 2004	

图 25.4　问题观测值，例如在影像中存在(a)云或云阴影影响；(b)影像缺失；(c)重复扫描等对 VCT 最后得到的扰动结果影响很小或几乎没有[(d)，(e)和(f)由(a)，(b)和(c)作为部分输入生成的结果]。但如果要得到 1988 年之前的扰动结果，(b)中的缺失行会造成 1988 年的结果和 1986 年的一样[(e)中所圈部分]。图像(a)～(c)为波段 4(红)、3(绿)和 2(蓝)假彩色显示(Huang et al., 2010)

1. MODIS VCF 产品

VCF 基于 500m 空间分辨率尺度上的全球陆表组分亚像元的估算值改进了传统的土地覆盖分类。这些地表组分的估算量表示为树木、草本植物和裸土覆盖的百分比，其中植被覆盖又根据叶面类型(阔叶和针叶)和生长期(常绿和落叶)作了进一步划分。通过这些连续的覆盖百分比的估算，用户还可以不用按照传统的地表覆盖分类，而是根据需求自定义植被类型。VCF 产品一年一期，也可用于分析植被密度随时间变化的情况。

VCF 产品算法具体的技术细节在 Hansen 等(2002)中有详细描述，该算法是运用了回归树算法的一个自动化过程。回归树是一种非线性的、与数据分布无关的算法，它非常适合于处理这种复杂的全球土地覆盖的波谱信息。训练数据作为因变量，由年 MODIS 矩阵形式的自变量做预测。回归树估算的结果再运用逐步回归和偏差矫正方法进行调整，最后得到的树木覆盖率再用来测量森林变化。图 25.5 显示了一个例子。

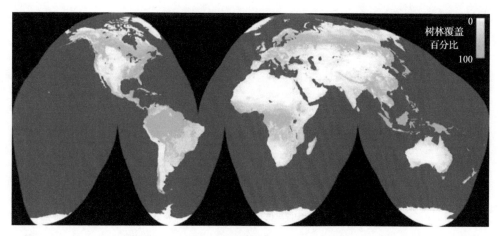

图 25.5　2001 年全球植被连续覆盖产品的树木覆盖率（Interrupted Goode Homolosine 投影）
（Hansen et al., 2003）

　　2011 年 MODIS VCF 算法进行了改进（DiMiceli et al., 2011）。早期第三版（Collection 3）的 MODIS VCF 产品的算法使用了机器学习软件建立回归树模型，但这是一个半自动的过程。而在新算法中，训练样本全部从 Landsat Geocover 数据集中选取，并且从购买的 NASA 科学数据及 Google Earth 中提供的超高分辨率数据来修正和完善训练数据。除了样本选取，模型的建立过程也有所改进，建立了 30 棵独立回归树，运用 MODIS 数据得到 30 个独立的估算结果，然后再平均这些结果得到最终的 VCF 产品。除此以外，新算法使用了不需要人为干涉的新的数据挖掘软件。图 25.6 展示了新旧 VCF 数据影像的结果比对，左边是旧版 500m 的 VCF 产品（已重采样到 250m 便于展示），而右边是新版 250m 的产品，可以看到新版数据（Collection 5）有更好的精度及空间细节。

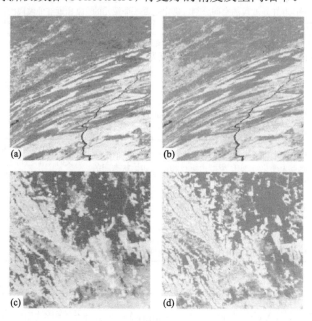

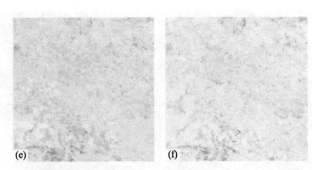

图 25.6　MODIS VCF 产品 500m (Collection 3) (左列) 与
新版 250m (Collection 5) (右列) 影像比较

图中深绿色表示浓密树木覆盖

2. MODIS VCC 产品

MODIS VCC 年产品提供了 250m 空间分辨率尺度四个季节植被覆盖变化的热点区域。同化的日 MODIS 数据用于收集尽可能多的无云、近天底观测值来评估植被覆盖变化，这些变化主要包括森林砍伐、洪水和森林火灾等。这套数据集可用于识别正在经历快速土地覆盖变化的区域，并可用更高分辨率的观测值(如 Landsat、IKONOS 影像)进一步描绘这些区域。VCC 算法的技术细节在 Zhan 等(2000)中有详细描述，并且简单总结在表 25.1 中。

表 25.1　MODIS VCC 产品算法过程(Zhan et al., 2000)

方法	原理	方法实现
红-近红外波段空间分割法	基于在给定的一年中的某个时间和纬度位置上，土地覆盖类别之间的红-近红外波段的空间分割，确定是否一个像元的值从一种土地覆盖类别的子空间变化到另一个	根据月份和纬度带在时刻 1 和时刻 2 的红波段和近红外波段的像元值，在查找表中找到对应的土地覆盖类别
红-近红外波段空间变化向量法	在红-近红外空间，基于一个像元在两个时刻的值所构成的矢量的角度和大小。变化的方向和强度定义为 $$\Theta = \arctan(\Delta\rho_{red} / \Delta\rho_{NIR})$$ $$A = \sqrt{(\Delta\rho_{red})^2 + (\Delta\rho_{NIR})^2}$$ 式中，Θ 为变化角度；A 为变化强度；ρ_{red} 为红波段反射率；ρ_{NIR} 为近红外波段反射率	根据角度和大小，在查找表中找到对应不同月份和纬度带的所有可能的土地覆盖类型变化
改进的 delta 空间阈值法	一个像元两个时刻的红波波段和近红外波段值的差值形成的空间(原点无变化)，变化类型由原点和像元初始状态间的角度和距离决定	在每个维度带上，根据"覆盖类型"查找表定义时刻 1 初始土地覆盖类型，再根据时刻 2 像元所在 delta 空间的扇区从"变化"查找表中确定变化类型
纹理法	检验时刻 1 和 2 的 3×3 核函数的 NDVI 变化系数，当变化系数超过阈值时定义为变化	对于不同的月份、维度带和初始像元类型，利用查找表定义不同土地覆盖变化的阈值
线性特征法	计算 3×3 核函数的像元与每个邻近像元的像元差值绝对值的平均值，根据定义的阈值判断是否出现线性特征	根据一定的准则判断线性特征是否只在时刻 2 而不在时刻 1 出现
综合方法		基于投票方法：当以上方法中至少三种确定发生变化则定义为变化

Zhan 等(2002)运用 VCC 方法评估了 Idaho-Montana 火烧区域的结果如图 25.7 所示，联合国农业森林服务部门 USFS(United States Department of Agriculture Forest)提供的地

面观测、直升机 GPS 和机载红外影像调查得到的火灾区域多边形用于该结果的验证。火烧区域的判断结果如图 25.8 所示，图中绿色表示正确识别的火烧区域，蓝色表示错误识别的火烧区域，红色为未识别的火烧区域。几何分析(Polygon-Wise Analysis)说明，这五种变化探测方法的大部分，以及融合五种方法，对于识别火灾烧过的区域都很有效。

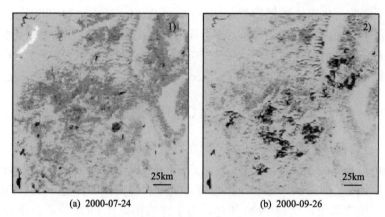

(a) 2000-07-24　　　　　　　　　　(b) 2000-09-26

图 25.7　2000 年 7 月 24 日 Idaho-Montana 火灾开始前(a)和 9 月 26 日火灾后(b)的
两景 MODIS 250m 影像(Zhan et al., 2002)

在 RGB 模式下 MODIS 1B 级产品波段 1 反射率由红、蓝显示，波段 2 反射率由绿显示。
图(b)影像中间黑紫区域代表火灾烧过的区域

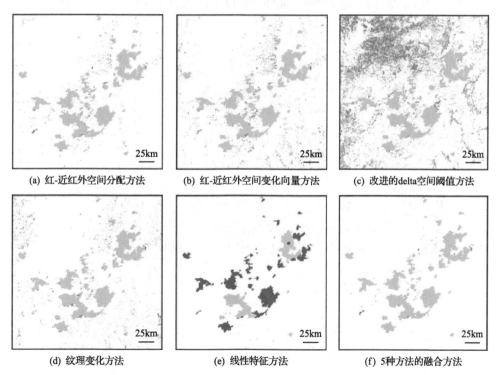

(a) 红-近红外空间分配方法　　(b) 红-近红外空间变化向量方法　　(c) 改进的delta空间阈值方法

(d) 纹理变化方法　　　　　　(e) 线性特征方法　　　　　　(f) 5种方法的融合方法

图 25.8　运用 VCC 变化探测方法得到的结果(Zhan et al., 2002)

绿色表示 VCC 算法和 USFS 多边形都正确识别的火烧区域，红色表示漏识区域，
蓝色表示错误识别区域，黑条表示 25km 长度

与 VCF 产品一样，新版本(Collection 5) VCC 算法也有所更新。原来的产品是融合五种不同的变化检测方法的估算结果，相比而言，更新后的算法则是运用不同的算法来确定不同的变化类型。森林退化区域，基于空间分割算法的估算结果，再通过比较现在植被与由决策树分类法确定的原有植被状况来确定。火烧区域，则通过比较相隔一年的两景影像的不同归一化火烧比例指数(dNBR) (van Wagtendonk et al., 2004)来确定。洪灾的确定则与森林退化区域确定的过程相似，首先使用决策树分类方法确定影像中的水体，然后与原始无变化的水体分布图作比较来确定受洪灾影响的区域，可参考 VCC 产品使用手册 http://glcf.umd.edu/library/guide/VCCuserguide.pdf。

25.2.4　2010 FAO FRA 遥感调查

现阶段，全球森林资源信息的主要来源是联合国粮农组织(FAO, United Nations Food and Agricultural Organization)的森林资源评估(FRA，Forest Resource Assessment)。森林资源数据主要由成员国提供，这些数据也作为全球森林变化的参考。FAO FRA 每隔 5～10 年更新一次调查结果，而自 1990 年起，为了评估和完善 FRA 的调查报告，遥感调查开始执行。2010 年，FRA 发布了全球森林的遥感调查报告。下一期的 FAO FRA 遥感森林调查报告将于 2020 年发布。

在 2010 年 FAO FRA 调查过程中采用了基于每个经纬度相交点的系统采样设计方法(图 25.9)，但由于地球曲线的影响，北纬 60°以上区域的采样减少。被调查区域覆盖全

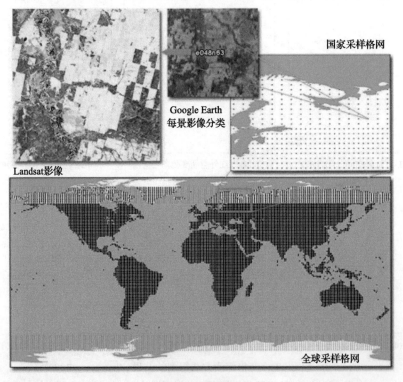

图 25.9　采样过程

球地表，共收集约 13500 个样本，其中有约 9000 个样本不为沙漠和冰雪覆盖。每个样本覆盖区域约为 10km×10km，即采样强度约为全球陆地表面的 1%。每块采样区域，1990 年、2000 年和 2005 年左右的 Landsat 影像，均由自动监督方法解译及分类。在每个时间间隔内有大约七百万个多边形被用于探测大于或等于 $5hm^2$ 的森林、森林增长及森林减少区域。

调查结果显示 2005 年全球森林总面积约为 36.9 亿 hm^2，而 2000 年和 1995 年分别约为 37.26 亿 hm^2 和 37.67 亿 hm^2，森林总面积在下降。但是，图 25.10 显示各区域森林退化和增长的情况有显著不同。

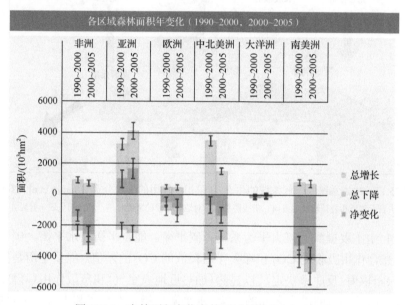

图 25.10　森林面积变化率的区域差异（FAO, 2010）

25.3　森林变化的气候效应

政府间气候变化专门委员会（Intergovernmental Panel on Climate Change, IPCC）指出，由于气候变化，美国森林的位置和组成发生了显著的区域性转变。气候变化有可能造成了北美森林地理分布的改变，包括重要的地区树种的分布，例如新英格兰糖枫、阿拉斯加州的寒带森林等。气候变化还会影响森林健康、森林生产力和一些特定树种的地理分布范围，从而影响木材生产、户外休闲活动、水质、野外动物以及碳存储效率等。

从另一方面来说，森林变化也可通过一系列过程来影响气候系统（图 25.11）（Chapin et al., 2008）。例如：①影响温室气体的排放，从而影响地球大气层顶的能量平衡；②改变地表反照率（地球表面反射的太阳辐射与总入射太阳辐射之比），从而影响生态系统输送到大气的热量；③改变蒸散作用（地表蒸发和叶面蒸腾），使地表温度降低，同时产生的水汽会影响云的形成并驱动大气混合；④改变与地表温度和云量紧密相关的长波辐射；⑤改变气溶胶含量（大气中对光有散射和吸收作用的小微粒）；⑥改变地表粗糙度，这将影响大气和地表耦合的强度，从而影响水和能量交换的效率。第一个过程通常被称为生物地球化学作用，而剩下的过程都称为生物地球物理作用。

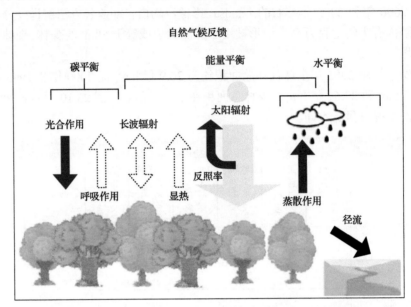

图 25.11　生态系统与气候系统的生态-气候相互作用的主要分类(Chapin et al., 2008)

箭头表示物质和能量转换的方向。实线箭头表示对地表气候的降温作用，虚线箭头表示升温作用

图 25.11 中主要提到了三大平衡系统：碳平衡、能量平衡及水平衡。碳平衡是指生态系统通过光合作用吸收的 CO_2 和呼吸作用释放的 CO_2 的差值。能量平衡是指入射太阳辐射、出射太阳辐射(反照率决定)、以显热(加热近地表空气)和蒸散作用(降低地表温度)以及长波辐射向外辐射的能量之间的平衡。水平衡是指生态系统和大气间通过降水输入、蒸散输出和地表径流存储形成的水分差值。以上各种生态系统和大气的交换都将对气候产生影响，如图 25.11 所示。蒸散和显热作用都可以使地表降温，但当蒸散过程起主要作用时地表降温更显著。其他受生态系统影响的生态系统及气候间的交互作用(未在图 25.11 中显示)还包括大气颗粒、CH_4、N_2O 和臭氧的影响，以及云反射作用等(Chapin et al., 2008)。

森林还具有固碳作用，因此会造成其他重要的生物地球物理变化。森林通常比其他植被有更低的地表反照率(入射太阳辐射与反射出去部分的比率)，因此能吸收更多的太阳辐射。另外，他们还能影响其他的生物地球物理地表特征，例如地表粗糙度，其可影响地表和大气之间能量和物质的交换。图 25.12 显示了森林对地表能量平衡的影响。由于森林有更大的粗糙度，因此与其他非森林生态系统相比有更大的热通量。热带雨林能产生很大的潜热通量，影响云的形成，从而反射出去更多的太阳辐射。而温带和寒带森林的能量辐射变化具有很强的季节性，并通过减少雪覆盖来减少季节性降温。森林及树木应当被视为水循环、能量循环及碳循环中的首要调节因子。在接下来的小节中，我们将从机理上简要介绍森林变化将如何影响温室气体、温度和降水。

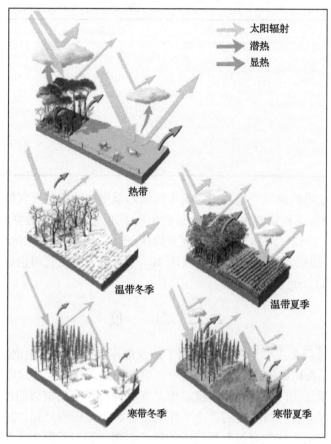

图 25.12　森林与非森林生态系统在热带、温带冬季、温带夏季、寒带冬季和寒带夏季对地表能量辐射的影响 (Anderson et al., 2011)

25.3.1　温室气体

森林通过光合作用固碳。植树造林可在生物体、粗木质残体和土壤有机碳库中累积碳，但不同的生物累积碳的比例差异很大，如表 25.2 所示。热带雨林单位面积的平均 C 存储和 C 吸收率全球最高，它占了陆地 C 固定量的最大部分，并且其降温作用是所有生物群落中最高的。热带森林砍伐导致的 C 净排放量占全球土地使用变化增加的 C 排放总量的 90% 以上，因此阻止热带雨林的砍伐将会大量减少由于土地使用变化造成的 C 排放 (Anderson et al., 2011)。Bala 等 (2007) 研究结果显示，如果热带雨林被完全砍伐，将会导致全球地表温度增加 0.9℃。除此以外，植被的蒸腾作用还与许多其他的生态的和生物地球化学过程紧密相连，例如氮循环等。

大气水汽是一种天然的、重要的且含量丰富的温室气体，而且其变化一直被认为与植被的变化紧密相连。水汽占大气总质量的 0.25%，即相当于覆盖整个地球表面约 2.5cm 高的水 (大气水以液滴和冰形式存在的总量极小) (Sheil, 2018)。水汽在水循环和辐射强迫

表 25.2　全球不同植被类型的面积和 C 存储量(Anderson and Goulden, 2011)

	面积/(M km²)	C 总量/GT	单位面积/[C/(kg·m²)]
热带雨林	17.5	553	31.6
温带森林	10.4	292	28.1
寒带森林	13.7	395	28.8
农作物	13.5	15	1.1
热带草原	27.6	326	11.8
温带草原	15.0	182	12.3

中是一个起主要作用的反馈变量,它影响了区域乃至全球的天气及气候。植被,尤其是森林,主要通过蒸散过程影响水汽含量。目前根据遥感及气象观测数据的证据证实(Jiang and Liang, 2013),1982～2008 年间中国北方地区(主要为中西部缺水区域)夏季绿色植被的增加使得该区域的水汽含量增加,且高达 30%的水汽含量变化可由该地区植被变化造成,详见 Jiang 和 Liang(2013)。

25.3.2　温　　度

森林一般通过两个主要的生物物理因子:反照率及蒸散来影响该区域的空气(距地 2m)及地表温度。森林通常比其他生态系统有更低的地表反照率,这意味着可吸收更多的太阳辐射用于增加该区域的地表温度,但是森林同时具有的很强的蒸散能力也会有降低温度的作用,因此森林对温度的“净”作用是这两个过程的总和。2003～2012 年间,森林覆盖变化引起的生物物理过程所造成的陆表变暖,相当于因为土地利用变化造成的 CO_2 排放造成的全球生物化学变暖信号的 18%(Alkama and Cescatti, 2016)。图 25.13 展示的是森林及其他地表覆盖类型的不同地表温度。

森林对温度的作用有明显的呈纬度带分布的模式,比如森林增加,可造成热带区域的强烈降温,温带地区的适度降温,以及高纬度地区的增温作用。反照率减小引起的增温一般随着纬度的增加而增强,而蒸散增强造成的降温则随着纬度的增高而减弱。据观察研究发现,北纬 45°是地表降温和增温的分界线,而空气温度变化的分界线为北纬 35°(Li et al., 2015)。即北纬 45°以北的森林增加有升温作用,例如北方森林,因为这些地区的森林增加造成的反照率增温作用远远大于蒸散造成的降温作用;而北纬 35°以南的森林增加则更倾向于降温,例如热带雨林,因为这些区域的森林增加会增强蒸散作用,其造成的温度降低远远大于反照率减小引起的增温。北纬 35°～45°的温带区域森林的增加倾向于适度降温,因为这两种生物物理过程对温度的影响强度相当,因此该区域森林变化对温度的“净”作用更取决于影响这两种生物物理作用相对强度的其他因素。

受不同的生物物理驱动因子影响,森林变化对昼夜地表温度的影响也不相同。举个例子,中国的森林转变为农业用地,使得白天的地表温度降低了 0.53K,而晚间温度则只降低 0.07K(Zhang and Liang, 2018),并且这样的温度效应随空间和季节显著变化

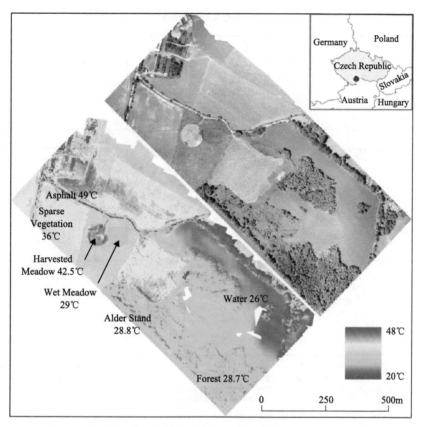

图 25.13　森林及其他地物对应的地表温度(Ellison et al., 2017)

(如图 25.14 显示)。总之，森林退化可造成全球大部分地区白天的增温及夜间的降温，且最强的日间增温出现在热带区域，最强的夜间降温则出现在北方高纬区域。从机理而言，日间地表温度主要由潜热通量带走的热量和吸收的短波辐射之间的差异造成，而夜间地表温度主要受白天地表存储的热量及近地表大气边界层影响。如果植树造林，则地表热容量增大(土壤湿度增加引起)，因此日间地表可以存储更多的热量，从而可增加夜间的地表温度；而白天近地表空气湿度增加(受日间增强的 ET 影响)，以及同时增多的边界层云量，很可能造成夜间长波下行辐射的增多以及长波上行辐射的减少，长波辐射的变化主要对夜间地表温度产生影响，也会造成夜间大气边界层比白天更薄及更稳定。另外，森林增加会使空气扰动减少，从而也会进一步增强夜间地表增温。

　　除此以外，森林变化对区域及全球的温度影响也取决于气候本身(如雪及降水)及人类活动(如灌溉)。比如说，植被与地表生物物理过程的交互作用在极端暖干和极端湿冷的年份可增强至平时正常年份的 5 倍(Forzieri et al., 2017)。

25.3.3　降　　水

　　森林在调节大气湿度通量及陆表降水的分布模式中具有重要作用。森林有很强的蒸散作用，而蒸散会直接影响大气水汽含量。已有的研究证实，森林向大气蒸发的水汽远

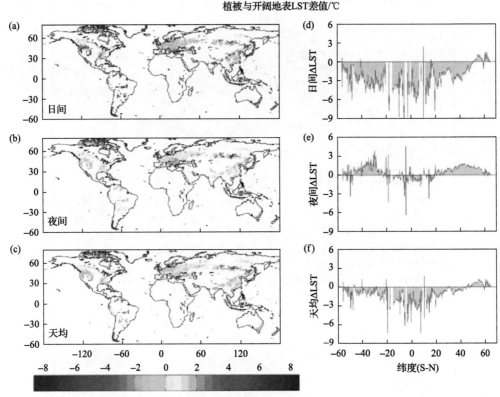

图 25.14　森林与开阔地表年均地表温度（LST）差异（Li et al., 2015）

森林变化对温度的作用由ΔLST 表示（森林地表温度减去开阔地地表温度），正（负）值表示森林的增温（降温）作用；

(a)～(c)年均 LST 空间分布（平均到 1°×1°格网），(d)～(f)日间、夜间及天均ΔLST 随纬度变化情况

（蓝线表示 t 检验通过的 95%置信区间）

多于其他植被。在水分充足条件下，与其他矮小的草本植被相比，森林可获取更高的平流能量，因此有助于向大气蒸散更多水分；即使干旱减少水分供给，森林因为其更深的根系，也能继续维持比草地等更高的蒸散水平。图 25.15 为拉丁美洲阿根廷中部区域森林和草地的蒸散各月均值的比较。

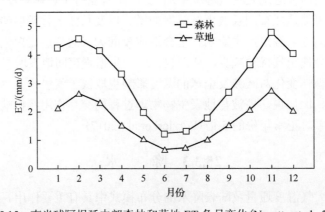

图 25.15　南半球阿根廷中部森林和草地 ET 各月变化（Nosetto et al., 2005）

除了直接影响大气中的水汽含量，森林在水汽输送的过程中也起了一定的作用。Makarieva 等(2007)提出了森林生物泵理论，即从海岸一直向内陆延伸的大面积的连续的森林，可以驱动并且维持造成内陆降雨的大气环流。该理论解释，由于森林的呼吸作用及冷凝过程，森林可降低所在区域上空的气压，因此能够吸引来自海洋的湿润空气，从而形成了携带充足水汽的盛行风，可在远离海洋的内陆地区形成降水。随后，其他的一些研究发现该理论提出的现象，在即使远离海洋的内陆森林中也有所表现(Jiang and Liang, 2013)。图25.16给出了生物泵理论的详细说明。但是，现阶段该理论仍存在争议。

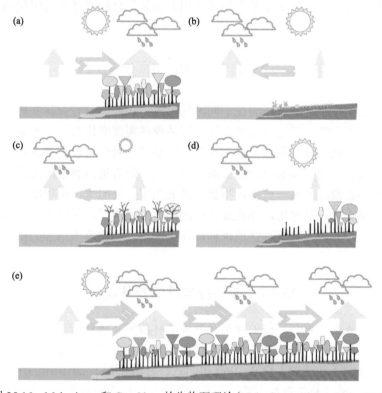

图25.16　Makarieva 和 Gorshkov 的生物泵理论(Makarieva and Gorshkov, 2007)

一个地区如果有强烈蒸发出现，则该地区的大气体积将以非常快的速率下降(实直立方向箭头，宽度表示相对通量强度)，造成的低气压将从蒸发较弱的地区引来更多的湿润空气(空心水平箭头)。该过程导致了大气水汽净输入到蒸发强烈的该地区。(a)晴空时，森林蒸发作用强烈，因此可从蒸发作用相对较弱的海洋上空引入水汽；(b)沙漠地区，蒸发更弱，水汽输入海洋；(c)季节性气候区域，在冬天干燥季节，太阳不能为森林蒸发提供足够的能量输入，因此水汽输入蒸发更强的海洋，而在夏季，水汽输送情况则与图(a)类似；(d)森林砍伐地区，净蒸发强度减弱，因此水汽输入海洋，造成该地区愈加干旱，更加无法维持森林生长；(e)湿润大陆，从海岸开始的连续的森林维持更高的蒸发，从而不断从海洋引入大量水汽

卫星观测也发现了森林的蒸散作用对降水的影响。热带的大部分区域，在森林上空停留十来天的气流可产生的降水量是同样条件下稀疏植被上空气流所产生降水量的至少两倍。空气相对湿度每增加10%，即可导致降水量增加两至三倍。通过分析卫星观测还发现，欧洲森林对云的形成有重要影响，从而也会影响云及降水。除此以外，森林释放到大气中的生物颗粒，如花粉、菌孢等，也会增多降水。因为当空气中的水汽达到饱和时，如果恰好有足够的凝结核，则更容易形成降水。而且，一些植被还非常有助于云中

水滴的冰冻过程，这对温带区域的降水形成非常关键。

陆表降水是一系列复杂过程的产物，植被只能产生有限的影响。但尽管如此，森林砍伐也已使森林产生的水汽量减少了至少 5%(全球陆表产生年总水汽量约为 $3000km^3$)，而且还在继续减少，现在发现这种现象与一些区域(如撒哈拉、西非、喀麦隆、亚马孙中部区域以及印度等)降水的减少以及季风的减弱存在关联。

目前森林等土地覆盖土地利用变化对气候影响的研究，主要是运用模型进行分析，然而需要更多的实际观测证据予以证实及完善。遥感技术的不断发展提供了更多的观测数据用于该主题的研究，25.4 小节介绍了运用遥感数据分析森林变化引起的气候效应的实例。

25.4　应　用　实　例

森林覆盖的变化对气候的影响在不同区域也各不相同，而且森林变化与气候相互作用还存在许多不确定性。遥感是用来探讨、评估森林覆盖变化对气候影响的最有效工具之一。基于卫星观测，以及从卫星观测反演出的参量，我们可以获得森林变化所造成的气候效应的强度和空间范围的定量化证据。近年来，随着遥感科学的发展，越来越多的地表特征参量遥感数据产品，如植被指数、地表温度、反照率、辐射能量、蒸散发、生物量，甚至包括大气产品等等，都在森林引起的气候效应等相关研究中发挥着越来越重要的作用。本节中我们以亚马孙盆地森林砍伐、中国森林覆盖率增加为例说明遥感数据在该领域的运用。

25.4.1　亚马孙盆地的森林砍伐

几千年来，人类一直与广阔的亚马孙盆地森林流域系统和谐相处，但是随着农业活动的增强和不断拓展，在过去几十年里，该区域森林砍伐和城市化进程达到了史无前例的速度。巴西亚马孙地区的人口从 1960 年的六百万增长到了 2010 年的两千五百万，而曾覆盖约 36 亿 hm^2 的热带森林，现今由于森林砍伐也已降至原来的三分之一，且剩余森林的 46%已碎片化，30%已退化，仅剩 20%处于成熟及相对无干扰的状态。

1. 森林砍伐现状

了解全球森林变化的时空信息非常重要。Hansen 等(2013)基于 Landsat 30m 卫星数据绘制了 2000~2012 年全球森林覆盖的范围、森林减少及增长的区域，并且绘制了每年森林减少的区域。该研究指出，在研究时间段内，全球森林由于扰动减少了 230 万 km^2，而同期森林仅增长了 80 万 km^2，热带地区的森林减少最多，其减少与增加面积的比例(减增比)最高(树木覆盖面积大于 50%区域可达到 3.6)，这意味着热带区域的森林砍伐仍在继续。图 25.17 显示了研究结果。热带地区是唯一一个森林面积年减少趋势显著的气候区域，每年森林面积减少的增加率为 $2101km^2$。热带雨林森林减少面积占全球森林减少总面积的 32%，并且至少有一半都发生在南美热带雨林。

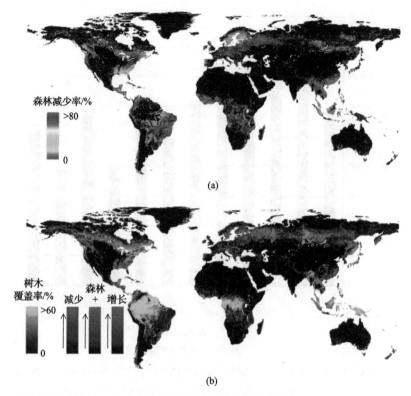

图 25.17　2000～2012 年全球森林减少率及覆盖率图 (Hansen et al., 2013)

图 (a) 表示全球森林减少率；图 (b) 森林覆盖率用绿色表示，红色表示森林减少，

蓝色表示森林增加，紫红色表示综合两种情况

　　全球所有国家中，巴西森林减少年增量最大，从 2003～2004 年超过 4 万 km²/a 降至 2010～2011 年不足 2 万 km²/a。但巴西森林的变化属于个例，因为实施了对森林砍伐严格控制的政策。图 25.18 显示了巴西森林每年减少的面积及趋势。尽管现有记录显示短期内巴西森林的砍伐已经减少，但一旦巴西政府改变森林管理的法律政策，则这一趋势很有可能发生改变。

　　2. 森林砍伐原因

　　修路是造成森林砍伐增强的主要经济活动之一。受利益驱动，非正规道路附近的森林都被砍伐，而且伐木工通过购买私人领地的砍伐权来减少砍伐成本。不过尽管这样的行为在这一地区非常普遍，大部分小土地私有者（<200hm²）仍然在他们的土地上保留了多于 50% 的成熟林和次生林构成的森林。其次，国内外市场对于牛等牲畜需求的增加也导致了该地区的土地利用变化。如 2003 年，约 23% 的森林砍伐是由于大部分土地私有者将森林直接转变为耕地所致，主要发生在巴西 Mato Grosso 州的 Cerrado 地区。除了牧场，受大豆出口需求增加的驱动，森林向农业用地转变的速度更快、面积更大，因此决定了二十世纪早期以来亚马孙地区森林减少的趋势。除此以外，选择性砍伐也会间接导致森林退化。据统计，1999～2003 年间，亚马孙盆地森林年砍伐面积与该地区森林年减少面

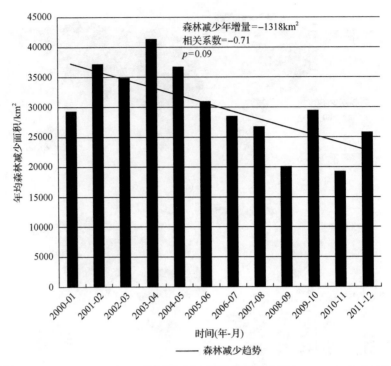

图 25.18 2000～2011 年巴西森林年减少面积统计直方图(Hansen et al., 2013)
由森林年减少面积拟合的趋势线的斜率表示了森林减少面积年变化量

积大致持平。为了方便砍伐，通常会修建砍伐专用道路，虽然砍伐区内的森林砍伐只是对森林的小的扰动，但却大大增加了非砍伐区的火灾风险，易造成森林减少。总而言之，在亚马孙盆地增加森林保护区可以有效地减缓森林减少。

3. 森林砍伐对能量和水平衡的改变

亚马孙盆地的降水，约有三分之二来自于大西洋产生的水汽，而其他的部分则主要来自于亚马孙具有发达根系的树木的蒸散作用形成的水汽。一项在亚马孙进行的长期研究指出，亚马孙盆地每年通过植被和土壤蒸散作用产生的水汽量约为 9.4 万亿升，其中一部分，约 3.4 万亿升的水汽输送到南美南部地区。这即意味着，在一个无任何干扰的生态系统中，除了在森林和大气间循环利用的这部分水，还将有相当一部分的水汽输出其他区域。

在亚马孙流域，如将森林全部改为牧场，反照率将由约 0.13 增长到约 0.18，而地表获取的净辐射将减少近 11%。大量的模型模拟和观测分析的研究认为，亚马孙盆地的森林砍伐将导致能量和水平衡产生两个主要变化：第一，地表吸收的净辐射所分配能量的变化，由于森林的砍伐减少了植被，因此将减少潜热通量而增加显热通量；第二，高反照率的牧场或农田取代了低反照率的浓密热带雨林，将会减少地表吸收的太阳辐射。

地表提供的能量和水分驱动着大气对流和降水形成。举个例子，在一条道路两旁为修建牧场所砍伐的森林绵延数万千米，但这些森林砍伐后的地区上方的空气更容易受热而上升，更易于吸引附近森林的湿润空气形成所谓的植被微风，这将减少附近森林的降雨，但增加了该牧场的云量、降水和雷暴雨天气。大范围(数百至数千平方千米)内不均匀的森林砍伐导致更复杂的大气环流变化，将造成伐光核心区降水的减少，尤其在雨季的开始和结束期，但其他森林区域的降水没有变化或有所增加。同时，这些变化也影响了可用的水分、光能，以及热带雨林的碳吸收，但目前尚未能很好地定量化这些影响。图 25.19 给出了亚马孙盆地植被的自然变化、变化的驱动因素，以及响应和反馈等之间的关联。

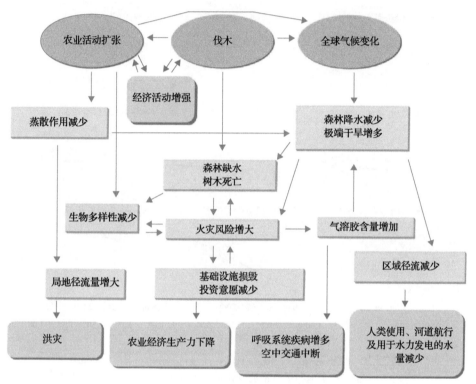

图 25.19　全球气候、土地利用、火灾、水文、生态及人类之间的相互作用示意图(Davidson et al., 2012)
椭圆表示驱动因子，方框和箭头表示过程，圆角方框表示对人类社会产生的后果

4. 观测实例

Silverio 等(2015)收集了覆盖亚马孙东南部地区 Xingu 盆地的一系列 MODIS 卫星数据产品，用于定量化该地区森林变化所引起的地表温度(LST)、净辐射(R_{net})、潜热(ET)及显热(H)等参量的变化。2001~2010 年，该研究区约 12%(18838km²)的森林已转化为农田(占比 2.4%)或牧场(占比 9.6%)，与此同时，又有部分牧场转化为了农田。该研究讨论了这三种土地覆盖或利用变化所带来的能量及水平衡的改变。图 25.20 的分析结果显示，总体来说，该地区的森林转换为农田和牧场引起的能量及水的变化更大，可使地表净辐射分别减少 18% 及 12%，蒸散发减少 32% 及 24%，而显热通量增加 6% 及 9%，从而使研究区的地表温度在研究期内共增加了约 0.3℃。

图 25.21(a)显示了三种土地利用转换的模式中，森林转换为牧场对地表温度带来的影响最大(增温约 0.2℃)。为了客观评价森林在稳定区域气候中的作用，图 25.21(b)还比较

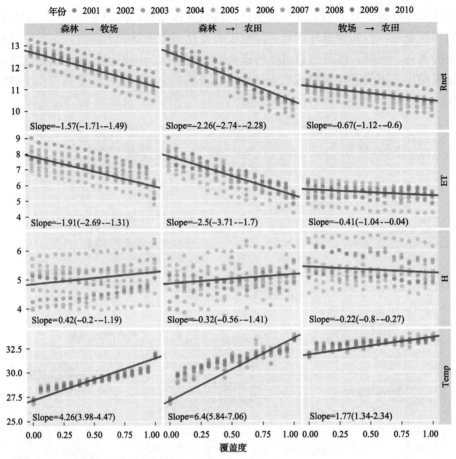

图 25.20   净辐射(R_{net})、潜热(ET)、显热(H)及陆表温度(Temp)
随三种土地利用转换的变化量(Silverio et al., 2015)

每幅图中横坐标为土地利用变化面积，纵坐标为各参量年均值(点)，拟合回归直线(实线)的斜率表示了多年年均变化量，
括号中数字表示了 2001～2010 年间最大及最小斜率。温度单位为摄氏度，其他能量参数单位为 MJ/(m^2 d)

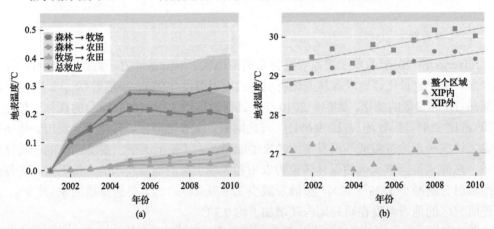

图 25.21   土地利用变化对白天地表温度(MOD11A2 LST 产品)的影响(Silverio et al., 2015)

(a)Xingu 地区三种土地利用变化在 2001～2010 年对地表温度的影响(阴影区表示第一和第三分位数)；
(b)Xingu 研究区(红)、Xingu 国家公园(XIP)区域内(绿)和外(蓝)年均地表温度趋势了森林保护区(XIP)区域内外及整个研究区的平均地表温度，2001 年保护区内 LST 比保护区外低约 1.9℃，而由于保护区外土地利用的改变，使保护区内外的地表温度差在 2010 年增大到了 2.5℃。总之，该项研究说明了森林在亚马孙区域气候调节中的重要作用。

25.4.2　中国森林变化

中国是一个幅员辽阔的自然环境多样化的国家，拥有北半球基本上所有的主要植被种类。但是，因为战争、传统农业耕作方式、其他的历史原因及近几十年以来经济的迅速发展等，中国面临着严峻的多种环境问题，如沙漠化、沙尘暴、土壤水分流失及土地退化等等。为了缓解环境退化，自 20 世纪 50 年代起，中国政府在全国范围内启动了一系列植树造林及森林恢复等多项工程，因此迄今为止，中国成为世界上森林种植面积最大的国家，并且越来越多的观测证据也证明了植被在中国许多区域增多的趋势。

1. 中国森林覆盖变化状况

中华人民共和国 1949 年成立时，林业基础极其薄弱。据估计，1949 年中国森林覆盖率仅约为 8.6%。在此之后，尽管中国政府一再强调保护森林资源的重要性，但因为资源开采不合理、森林火灾及病虫害等种种原因，森林退化现象仍然很严重。随着人口的快速增长，伴随着农业、工业和建筑业的快速发展，森林资源受到了过度开采，尤其在陡坡上的种植行为，又进一步加剧了森林生态系统的恶化以及生物多样性的减少，中国因此面临着一系列的自然灾害和危害，包括土壤侵蚀、沙漠化、沙尘暴、温室气体排放增加以及野外生物栖息地的严重减少等。

为了解决这些问题并改善生态环境，中国政府从 20 世纪 70 年代起启动了一系列主要的森林生态工程，这些工程规划区主要集中在中国的"三北区域(中国北部地区)"，该区域的大部分地区的常年年均降水量少于 600mm。这一系列的生态工程主要包括 1978 年在中国北方干旱半干旱区启动的"三北防护林工程(Three North Shelterbelt Forest Program, TNSFP)"，二十一世纪初为了控制沙尘暴启动的"北京—天津沙源控制工程(Beijing-Tianjin Sand Source Control Programs, BSSCP)"，1990 年启动的通过禁砍伐条例来保护自然森林的"自然森林保护工程(Natural Forest Conservation Program, NFCP)"，以及自 2000 年启动的将农田退还为森林或草原的"退耕还林还草工程(Grain To Green Program, GTGP)"等。在中国政府启动的一系列生态恢复工程中，三北防护林工程(TNSFP)是其中最著名的一个。该工程于 1978 年启动，并计划于 2050 年完成，工程规划区位于水资源匮乏及生态环境脆弱的中国三北地区(东北、西北和华北)，包括十三个省、市、自治区和直辖市(图 25.22)。这项工程的目的是通过植树造林阻止土壤沙化和沙尘暴，并有效改善这一区域的水文和气候状况。TNSFP 规划面积约占中国国土总面积的 42%，迄今为止，该工程已经完成造林 $30.6 \times 10^6 hm^2$，总投资高达四十亿人民币。

Jiang 等(2015)运用 AVHRR GIMMS 的最大归一化植被指数产品(NDVI)估算了 1982～2008 年间中国植被的生长趋势，其中 TNSFP 区域月平均 NDVI 距平值的时间序列在图 25.23 中显示，图中显示了植被显著的增长趋势。此外，根据中国林业年鉴的统计数据，截至 2008 年，中国森林总覆盖率已增加到了 20.36%，且在过去三十年间植树造林的面积一直处于增长状态。

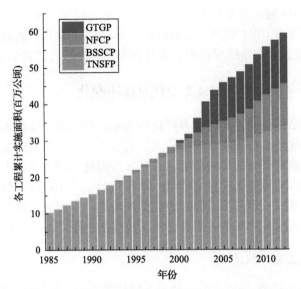

图 25.22　1985～2012 年，每个生态恢复工程的累计植树造林面积(Zhang et al., 2016)

1978 年启动 TNSFP，但直到 1986 年才可获取年植树面积的统计数据，因此 1985 年显示的是 1978～1985 年总植树造林面积。GTGP 和 NFCP 属于全国范围的生态恢复工程，但图中的统计数据只包括了中国北方省份，如黑龙江、吉林、辽宁、内蒙古、北京、天津、河北、陕西、山西、宁夏、甘肃、新疆和青海省

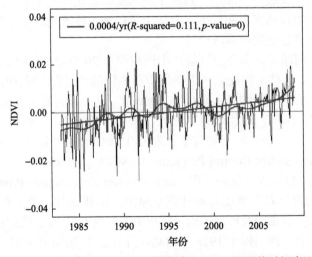

图 25.23　1982～2008 年三北防护林区域月 NDVI 距平值时间序列曲线

　　但是，值得注意的是，生态工程实施后植被的生长情况也不尽相同(Qiu et al., 2017)。实地调查的结果显示，种植树木和草地可同时增大植被覆盖并减少裸土[图 25.24(a)和(b)]。如站点 A，十年前是荒地，但现在已被植被覆盖了整个区域，而站点 C[图 25.24(c)]显示只有小树在山上成活，且几乎没有草地，因此该区域仅部分植被覆盖，说明植被只在适宜的地方生长。而另一些地区，如站点 D[图 25.24(d)]，即使植被覆盖没有显著变化，但裸土面积明显减少，这也对减少沙尘非常重要。

(a) 站点A植被覆盖　　　　　　　　(b) 站点B裸土

(c) 站点C少量植被　　　　　　　　(d) 站点D裸土减少

图 25.24　照片显示了 TNSFP 在不同土地类型的实施效果 (Qiu et al., 2017)

2. 中国森林变化的气候效应示例

(1) 黑龙江省森林变化及气候变暖

Gao (2012) 运用地理信息系统软件分析遥感数据，定量化中国东北地区黑龙江省在局部和区域尺度上的气候变暖与森林变化之间的关系。黑龙江省内有中国最大的原始森林，但 20 世纪 20 年代大面积的森林砍伐开始出现，但直到近几十年森林保护措施和植树造林工程才开始实施。

该研究工作收集了中国东北地区三幅不同时期经过目视解译得到的土地分类地图，第一幅为 1958 年的航空照片，第二幅和第三幅分别为 1980 年的 Landsat TM 影像和 2000 年的 ETM+ (Enhanced TM Plus) 影像。除此以外，研究者们还收集了该地区 28 个气象站的温度资料。首先，研究人员在 ArcGIS 软件平台上通过叠加比较三个时期的土地分类地图判断出森林砍伐区域；然后，他们通过拟合同时期内每个气象站点年均温度时间序列的线性回归模型得到各站点年均温的年变化趋势。图 25.25 显示 1958～2008 年间黑龙江省森林覆盖面积大幅减少；年均温距平值从六十年代至八十年代中期都在 1.5℃上下波动，并无显著趋势，而从八十年代中期以后温度开始上升，1990 年首次达到最高温 3.56℃，接着一直保持史无前例的高温直到 2000 年。很显然，变暖趋势在最近二十年加剧。图 25.26 也显示了该变暖规律，而整个中国地区年均温距平值仅在-0.5℃上下浮动。在充分考虑了其他因素的影响后，研究者认为该地区的森林砍伐是区域温度近几十年急剧升高的重要原因。

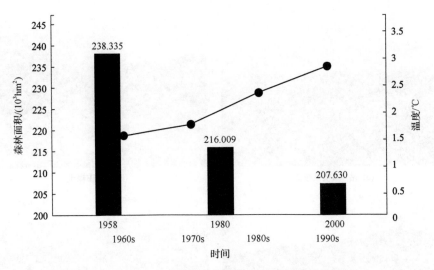

图 25.25　黑龙江省 1958~2000 年森林覆盖面积与年代际温度的关系(Gao and Liu, 2012)

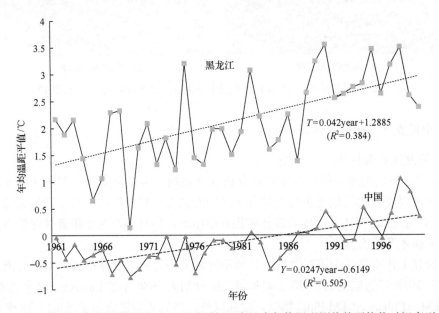

图 25.26　黑龙江省年均温趋势：(上方曲线)28 个站点年均温观测值的平均值时间序列；
(下方曲线，Ren et al., 2005) 1961~2000 年整个中国地区年均温距平值时间序列(Gao and Liu, 2012)

为了估算森林变化对当地气候的影响，研究人员首先计算了每个气象站点方圆 25km 内 1958~1980 年及 1980~2000 年的所有森林类型的森林变化量。图 25.27 显示了森林砍伐与气候变暖之间普遍有负相关关系存在。经过统计分析，他们还发现在有更多植被覆盖的地区年代际温度的增加较缓(图 25.28)。

该研究结果显示了森林砍伐与年代际温度变化之间的负相关关系。另外，研究结果还指出，初始森林覆盖面积也会影响年代际温度的升高。

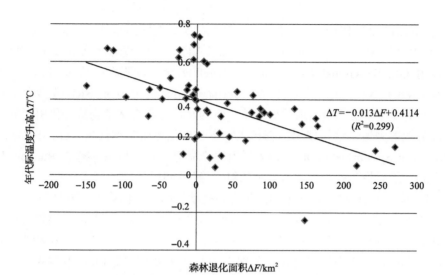

图 25.27　1958～1980 年及 1980～2000 年森林退化面积分别与 60～70 年代与
80～90 年代温度升高的关系(Gao and Liu, 2012)

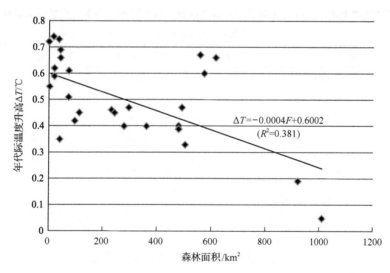

图 25.28　1980～2000 年平均森林覆盖面积与 20 世纪 80～90 年代温度升高的关系(Gao and Liu, 2012)

(2)中国东北地区森林扰动造成的辐射强迫

辐射强迫，通常用于评价单位面积上森林扰动造成的气候效应，并且可用于比较人类活动和自然原因驱动引起的气候变化。Zhang 等(2014)使用了中国东北地区 2000～2010 年间多种遥感产品，定量估算了森林扰动造成的森林生物量和地表反照率变化所引起的气候效应。该项研究考虑了四种森林扰动方式：火灾、虫害、伐木及森林种植和恢复，以及两种类型的辐射强迫：森林生物量变化引起的排放至大气的 CO_2 变化所驱动的辐射强迫，及土地覆盖类型变化引起的反照率变化驱动的辐射强迫，而"净"辐射强迫则定义为反照率驱动和 CO_2 驱动的辐射强迫的总和。

首先，研究人员运用 MODIS 年最大地表温度(LST)和年最大增强植被指数(EVI)数据，运用 MODIS 全球扰动指数(MGDI)算法来确定研究区内森林受到扰动的具体区域；其次，计算得到的 MGDI 结合 MODIS 火产品及 VCF 产品，逐像元确定森林扰动的类型；第三，运用 GLASS(Global LAnd Surface Satellite)全球反照率产品和 GEWEX(Global Energy and Water Exchanges)的地表能量(Surface Radiation Budget, SRB)数据估算由于四种扰动引起的反照率变化所造成辐射强迫；第四，估算因森林生物量变化引起的 CO_2 变化所造成的辐射强迫，这里使用的森林生物量数据是运用实测数据、GLAS(Geoscience Laser Altimeter System)和 MODIS 地表反射率产品等基于随机森林模型(Random Forest)等计算得到；最后将两种辐射强迫加和估算"净"辐射强迫。

表 25.3 总结了 2000～2010 年间四种森林扰动的面积，估算了"瞬时"及"年代际"三种辐射强迫(反照率驱动、CO_2 驱动及"净"辐射强迫)。结果显示，从数量级上来看，反照率和 CO_2 变化引起的辐射强迫相当。火灾、虫害、砍伐以及森林种植和恢复这四种森林扰动引起的瞬时"净"辐射强迫分别为 $0.53\pm0.08\text{W/m}^2$、$1.09\pm0.14\text{W/m}^2$、$2.23\pm0.27\text{W/m}^2$ 和 $0.14\pm0.04\text{W/m}^2$，而年代际"净"辐射强迫分别为 $2.24\pm0.11\text{W/m}^2$、$0.20\pm0.31\text{W/m}^2$、$1.06\pm0.41\text{W/m}^2$ 和 $-0.47\pm0.07\text{W/m}^2$。

表 25.3　森林扰动类型及对应的辐射强迫：森林砍伐、森林种植及恢复、森林火灾及森林病虫害
(Zhang et al., 2014)

扰动类型	森林砍伐	森林种植及恢复	森林火灾	森林病虫害
年扰动面积/10^6hm^2	0.15	2.89	1.26	0.57
瞬时反照率驱动的辐射强迫/(W/m²)	-0.2 ± 0.19	0.62 ± 0.03	-0.92 ± 0.06	0.65 ± 0.12
瞬时 CO_2 驱动的辐射强迫/(W/m²)	2.45 ± 0.08	-0.48 ± 0.01	1.44 ± 0.02	0.43 ± 0.03
十年反照率驱动的辐射强迫/(W/m²)	-1.48 ± 0.33	0.56 ± 0.04	-0.52 ± 0.08	-0.56 ± 0.28
十年 CO_2 驱动的辐射强迫/(W/m²)	2.53 ± 0.08	-1.03 ± 0.03	2.76 ± 0.08	0.76 ± 0.03

图 25.29 展示了 CO_2 驱动、反照率驱动以及"净"辐射强迫的时间轨迹。研究人员发现，不同的森林扰动所造成的"净"辐射强迫随时间有不同的变化，并且 CO_2 驱动的辐射强迫变化比反照率驱动的要相对稳定。在发生扰动之后的第一个四到五年内，火灾、虫害和砍伐所引起的"净"辐射强迫为正，但森林种植和恢复为负。分析结果指出每种森林扰动的机理都很复杂且各不同。

(3)中国北方地区植被变化的区域气候效应

Jiang(2015)提取了中国三北区域由于一系列生态工程实施造成的植被变化所引起的该区域月气候效应的观测证据。该研究使用了遥感数据(GIMMS NDVI)、地面气象观测数据(包括月均温<T/℃>、月最大温<T_{max}/℃>、月最低温<T_{min}/℃>、月温差<DTR/℃>、月降水<P/mm>、月均相对湿度<RH/%>、月均风速<W/(m/s)>及月总日照时数<SH/h，指代云覆盖>等)，运用双变量格兰杰因果检验模型，检验了 1982～2011 年生长季(5～9 月)植被变化与这些气象因子的关系。考虑到中国自然环境的差异，研究者根据降水、气温等差异将整个三北研究区分为四个气候区(东北区、东部干旱半干旱区、西部干旱半干旱区和华北区)。

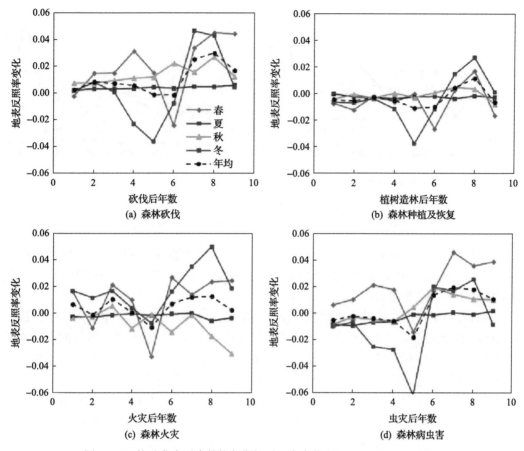

图 25.29 扰动发生后森林恢复期间反照率变化(Zhang and Liang, 2014)

研究人员首先运用遥感数据客观分析了 TNSFP 区域内的植被变化情况。结果显示，在过去的三十年里，TNSFP 大部分区域的植被虽有波动但以增长为主(图 25.30)，与图 25.23 的结果一致，而四个气候区均显示最快的增长时间段为 2007～2011 年。

接下来，格兰杰因果模型分别应用于四个气候区，逐一检验 NDVI 与所有气象因子可能存在的格兰杰因果关系。格兰杰因果检验是基于预测的角度来检验变量之间因果关系(如强迫和反馈)是否存在的一种统计方法，在不同的领域已得到广泛应用，也包括植

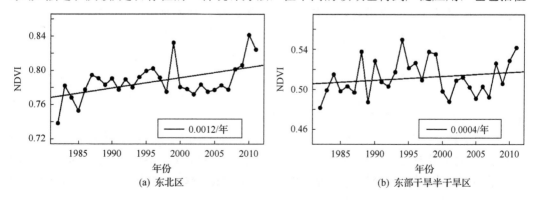

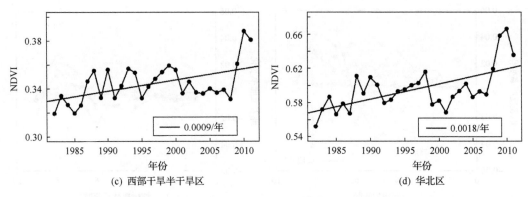

(c) 西部干旱半干旱区　　　　　　　　　　　　(d) 华北区

图 25.30　　1982~2011 年 TNSFP 四大气候区(东北区、东部干旱半干旱区、
西部干旱半干旱区和华北区)平均 NDVI 时间序列曲线图

被—气候的相互作用研究中。在本研究中，实施了 NDVI 和各气象因子互为因果关系的检验，为了便于描述，最后的结果归纳总结为温度效应($T/T_{min}/T_{max}$/DTR)、水效应(P/RH/SH)和风效应(W)。

该研究结果指出，植被和气候相互作用最敏感的区域是缺水的干旱半干旱区，该区域 NDVI 的变化是引起 T_{min} 变化的显著的格兰杰原因，并且其也对缺水地区的水气象循环有显著影响，但对风侵蚀的作用不显著。此外，该地区 NDVI 对温度和水相关因子的影响是振荡的，这意味着生态恢复工程的发展需要经过慎重考虑，尤其需要将植被影响的短期和长期效应考虑在内。其他区域中，中国东北区域的 NDVI 变化只对空气温度有显著的减弱作用，对别的气象因子并无显著影响，而华北地区的检验分析结果由于受快速城市化的影响并不足够客观。

25.5　小　　结

占陆地表面三分之一面积的森林，为自然系统和人类提供了生态、经济、社会及美化环境等多种服务，因此对森林的保护非常有必要。森林覆盖变化，主要包括植树造林(在没有树木的地方种植)、森林恢复、森林砍伐及森林退化等，被认为是应对气象变化的潜在的重要策略。森林变化通过生物物理和生物化学过程影响水循环、地表能量平衡及碳平衡等，从而对气候造成影响。诸多现状已经告诉我们必须要将保护森林付诸实践。在此之前，深入地了解森林变化的原因和后果，森林变化如何影响区域和全球气候，以及这些现象背后的机理，可为制定更合理的适应和调整气候变化的政策提供必要的依据。

卫星数据的出现使得对大区域的森林以及森林变化进行长期、稳定的检测和绘制成为可能。遥感技术可以实现在不同的空间、时间和主题上观测、识别、绘制及评估森林覆盖，并且近些年遥感数据还在森林变化影响的研究中发挥了重要作用。

绘制森林变化图是运用遥感手段进行变化检测的一项专门应用，自 20 世纪八九十年代 Landsat 数据出现以来就已用于森林制图(Running and Bauer, 1996; Singh, 1989)。不同卫星的可见光数据，无论粗空间分辨率(如 AVHRR、MODIS)还是高空间分辨率(如

Landsat) 数据，都可用于土地覆盖制图。粗空间分辨率的卫星数据由于其足够大的足迹及较短的重返周期更适用于大尺度的土地覆盖制图，但因为其在区域尺度的精度低，所以并不建议用于区域的专题制图 (Frey and Smith, 2007; Fritz et al., 2010)。而高空间分辨率的卫星数据可以用于描述区域异质性和动态变化，因此经常用于森林变化制图中，尤其现在有了更多可获取的高空间分辨率卫星数据，因此还可以建立起长时间序列影像用于分析。森林变化制图的方法主要包括传统的影像变化检测和时间序列数据分析。传统的影像变化检测方法可以绘制出两个时期的变化情况，但这种方法不能给出变化的具体过程以及变化效率或持续性等方面的信息。分析时间序列卫星观测数据是广泛用于森林变化制图的另一种方法 (Kennedy et al., 2007; Schroeder et al., 2014; Shimabukuro et al., 2014)，该方法还可以分为四类：阈值法、曲线拟合法、轨迹拟合法及轨迹分段拟合法。

在过去的几十年里，卫星数据在森林变化影响的研究中发挥着越来越重要的作用。曾经我们对于森林变化如何影响气候的理解主要通过建立气候模型进行研究，但模型的不确定性较大，尤其与土地覆盖分类及生物物理过程建模和参数化相关的这类模型 (Mahmood et al., 2010; Pielke et al., 2011)。总之，现在急需观测证据来更好地理解森林变化的气候效应。另一方面，建立连续时间序列的卫星观测数据为进行森林变化及其气候效应的研究提供了全新视角。比如，近期有研究使用了卫星观测数据来揭示区域气候对全球变绿的不同响应 (Forzieri et al., 2017)。另外，多种遥感方法的应用也可为解译和归因分析提供更可靠的信息。

运用遥感数据和遥感技术研究森林变化及其影响虽已有成功应用的例子，但仍需解决很多挑战。比如，使用不同的数据源，运用不同的变化检测方法，以及对类别的不同定义等，都可能使同一区域的森林变化制图结果产生较大差异。除此以外，对现有遥感产品的精度验证工作还不够充分，并且遥感产品的时间长度有限，限制了其在植被气候相互影响研究中的运用，另外遥感数据的空间尺度问题也还存在争议。尽管如此，对于森林变化及其影响的研究而言，遥感仍是不可取代的工具，并且在不久的将来仍然是研究热点。

参 考 文 献

Alkama R, Cescatti A. 2016. Biophysical climate impacts of recent changes in global forest cover. Science, 351: 600-604

Anderson R G, Canadell J G, Randerson J T, et al. 2011. Biophysical considerations in forestry for climate protection. Frontiers in Ecology and the Environment, 9: 174-182

Anderson R G, Goulden M L. 2011. Relationships between climate, vegetation, and energy exchange across a montane gradient. Journal of Geophysical Research, 116: G01026

Bala G, Caldeira K, Wickett M, et al. 2007. Combined climate and carbon-cycle effects of large-scale deforestation. Proceedings of the National Academy of Sciences of the United States of America, 104: 6550-6555

Chapin F S, Randerson J T, McGuire A D, et al. 2008. Changing feedbacks in the climate-biosphere system. Frontiers in Ecology and the Environment, 6: 313-320

Davidson E A, de Araujo A C, Artaxo P, et al. 2012. The Amazon basin in transition. Nature, 481: 321-328

DiMiceli C M, Carroll M, Sohlberg R A, et al. 2011. Annual Global Automated MODIS Vegetation Continuous Fields (MOD44B) at 250m Spatial Resolution for Data Years Beginning Day 65, 2000-2010, Collection 5 Percent Tree Cover. In. University of Maryland, College Park, MD, USA

Ellison D, Morris C E, Locatelli B, et al. 2017. Trees, forests and water: Cool insights for a hot world. Global Environmental Change-Human and Policy Dimensions, 43: 51-61

FAO. 2005. Global Forest Resources Assessment 2005: Progress towards sustainable forest management. Rome: Food and Agriculture Organization of the United Nations

FAO. 2010. Global Forest Resources Assessment 2010. Rome: Food and Agriculture Organization of the United Nations

FAO. 2015. Global Forest Resources Assessment 2015. Rome: Food and Agriculture Organization of the United Nations

Forzieri G, Alkama R, Miralles D G, et al. 2017. Satellites reveal contrasting responses of regional climate to the widespread greening of Earth. Science, 356: 1180

Frey K E, Smith L C. 2007. How well do we know northern land cover? Comparison of four global vegetation and wetland products with a new ground-truth database for West Siberia. Global Biogeochemical Cycles, 21: GB1016

Fritz S, See L, Rembold F. 2010. Comparison of global and regional land cover maps with statistical information for the agricultural domain in Africa. International Journal of Remote Sensing, 31: 2237-2256

Gao J, Liu Y. 2012. De(re)forestation and climate warming in subarctic China. Applied Geography, 32: 281-290

Hansen M C, DeFries R S, Townshend J R G, et al. 2003. Global percent tree cover at a spatial resolution of 500 meters: First results of the MODIS vegetation continuous fields algorithm. Earth Interactions, 7: 1-15

Hansen M C, DeFries R S, Townshend J R G, et al. 2002. Towards an operational MODIS continuous field of percent tree cover algorithm: examples using AVHRR and MODIS data. Remote Sensing of Environment, 83: 303-319

Hansen M C, Potapov P V, Moore R, et al. 2013. High-resolution global maps of 21st-century forest cover change. Science, 342: 850-853

Hirschmugl M, Gallaun H, Dees M, et al. 2017. Methods for mapping forest disturbance and degradation from optical earth observation data: a review. Current Forestry Reports, 3: 32-45

Huang C Q, Coward S N, Masek J G, et al. 2010. An automated approach for reconstructing recent forest disturbance history using dense Landsat time series stacks. Remote Sensing of Environment, 114: 183-198

Jiang B, Liang S L. 2013. Improved vegetation greenness increases summer atmospheric water vapor over Northern China. Journal of Geophysical Research: Atmospheres, 118: 8129-8139

Jiang B, Liang S L, Yuan W P. 2015. Observational evidence for impacts of the vegetation changes in the three-north region in China on local surface climate using Granger Causality test. Journal of Geophysical Research-Biogeosciences, 120: 1-12

Kennedy R E, Cohen W B, Schroeder T A. 2007. Trajectory-based change detection for automated characterization of forest disturbance dynamics. Remote Sensing of Environment, 110: 370-386

Kennedy R E, Yang Z, Cohen W B. 2010. Detecting trends in forest disturbance and recovery using yearly Landsat time series: 1. LandTrendr—Temporal segmentation algorithms. Remote Sensing of Environment, 114: 2897-2910

Kuenzer C, Dech S, Wagner W. 2015. Remote sensing time series revealing land surface dynamics: Status quo and the pathway ahead. Remote Sensing Time Series, 22: 1-24

Li Y, Zhao M S, Motesharrei S, et al. 2015. Local cooling and warming effects of forests based on satellite observations. Nature Communications, 6: 6603

Mahmood R, Pielke R A, Sr Hubbard K G, et al. 2010. Impects of land use/land cover change on climate and future research priorities. Bulletin of the American Meteorological Society, 91: 37-46

Makarieva A, Gorshkov V. 2007. Biotic pump of atmospheric moisture as driver of the hydrological cycle on land. Hydrology and Earth System Sciences, 11: 1013-1033

Nosetto M D, Jobbagy E G, Paruelo J M. 2005. Land-use change and water losses: the case of grassland afforestation across a soil textural gradient in central Argentina. Global Change Biology, 11: 1101-1117

Pielke R A, Pitman A, Niyogi D, et al. 2011. Land use/land cover changes and climate: modeling analysis and observational evidence. Wiley Interdisciplinary Reviews: Climate Change, 2: 828-850

Qiu B W, Chen G, Tang Z H, et al. 2017. Assessing the Three-North Shelter Forest Program in China by a novel framework for characterizing vegetation changes. ISPRS Journal of Photogrammetry and Remote Sensing, 133: 75-88

Ren G Y, Xu M Z, Chu Z Y, et al. 2005. Changes of surface air temperature in China during 1951-2004. Climatic and Environmental Research, 10: 717-727

Running T, Bauer M. 1996. Change detection in forest ecosystems with remote sensing digital imagery. Remote Sensing Reviews, 13: 207-234

Schroeder T A, Healey S P, Moisen G G, et al. 2014. Improving estimates of forest disturbance by combining observations from Landsat time series with US forest service forest inventory and analysis data. Remote Sensing of Environment, 154: 61-73

Sheil D. 2018. Forests, atmospheric water and an uncertain future: the new biology of the global water cycle. Forest Ecosystems, 5: 19

Shimabukuro Y E, Beuchle R, Grecchi R C, et al. 2014. Assessment of forest degradation in Brazilian Amazon due to selective logging and fires using time series of fraction images derived from Landsat ETM+ images. Remote Sensing Letters, 5: 773-782

Silverio D, Brando P M, Macedo M N, et al. 2015. Agricultural expansion dominates climate changes in southeastern Amazonia: the overlooked non-GHG forcing. Environmental Research Letters, 10(10): 104015

Singh A. 1989. Digital change detection techniques using remotely-sensed data. International Journal of Remote Sensing, 10: 989-1003

van Wagtendonk J W, Root R R, Key C H. 2004. Comparison of AVIRIS and Landsat ETM+ detection capabilities for burn severity. Remote Sensing of Environment, 92: 397-408

Zhan X, Defries R, Townshend J R G, et al. 2000. The 250 m global land cover change product from the Moderate Resolution Imaging Spectroradiometer of NASA's Earth Observing System. International Journal of Remote Sensing, 21: 1433-1460

Zhan X, Sohlberg R A, Townshend J R G, et al. 2002. Detection of land cover changes using MODIS 250m data. Remote Sensing of Environment, 83: 336-350

Zhang Y, Peng C H, Li W Z, et al. 2016. Multiple afforestation programs accelerate the greenness in the 'Three North' region of China from 1982 to 2013. Ecological Indicators, 61: 404-412

Zhang Y Z, Liang S L. 2014. Surface radiative forcing of forest disturbances over northeastern China. Environmental Research Letters, 9: 024002

Zhang Y Z, Liang S L. 2018. Impacts of land cover transitions on surface temperature in China based on satellite observations. Environmental Research Letters, 13: 024010